本书部分精彩案例

建模技术

案例11 复制对象 页码：13

练习001 制作向日葵 页码：14

案例22 旋转：花瓶 页码：28

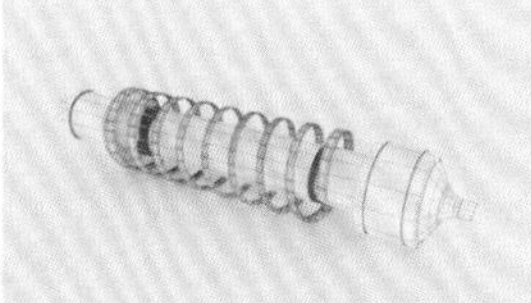

案例23 放样：减震器 页码：29

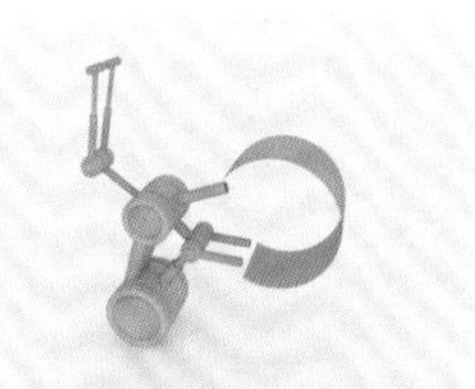

案例26 双轨成形2 工具：机械臂 页码：32

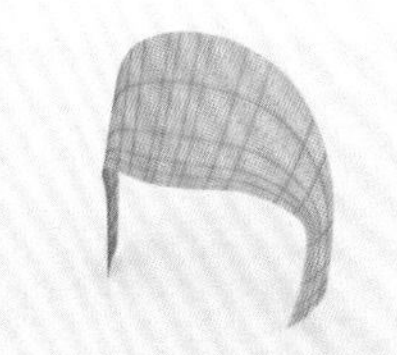

案例28 方形：外壳 页码：34

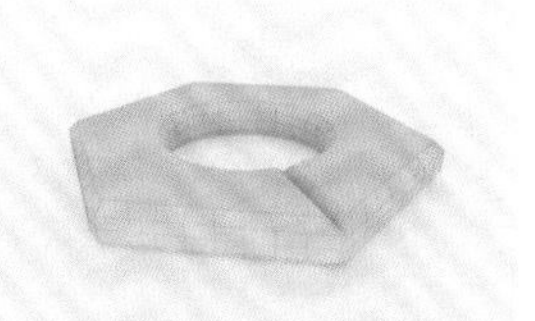

案例29 倒角+：螺帽 页码：34

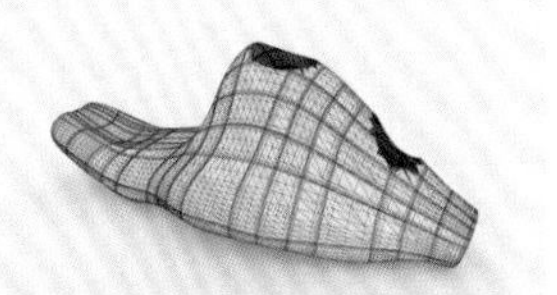

案例33 修剪工具：黄金 页码：39

案例34 布尔：椅子 页码：40

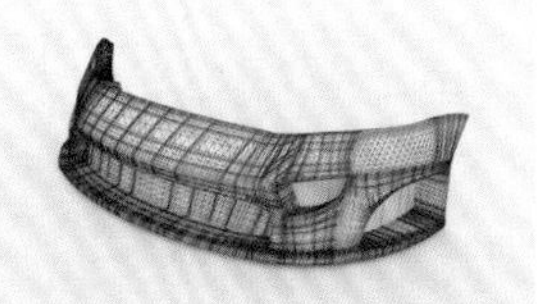

案例35 附加曲面：汽车挡板 页码：41

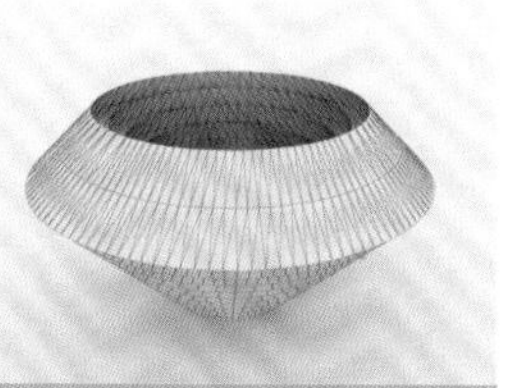

案例37 偏移曲面：装饰品 页码：43

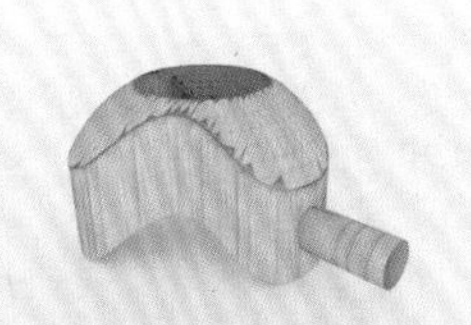

案例41 自由形式圆角：艺术品 页码：47

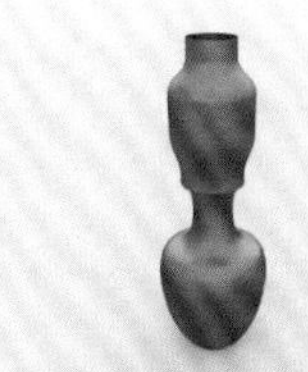

案例42 圆角混合工具：陶器 页码：48

本书部分精彩案例

案例43 缝合曲面点：鲨鱼头 页码：49

案例44 雕刻几何体工具：火山岩 页码：50

练习002 制作瓶子 页码：51

练习004 制作节能灯 页码：52

练习005 制作骰子 页码：53

练习006 制作茶壶 页码：54

案例46 结合/分离：雪人 页码：57

案例47 提取：卡通恐龙 页码：58

案例48 布尔：糖果盒 页码：59

案例51 生成洞：盔甲 页码：61

案例55 附加到多边形工具：挂饰 页码：67

案例57 交互式分割工具：怪物尾巴 页码：69

案例60 添加分段：魔方 页码：73

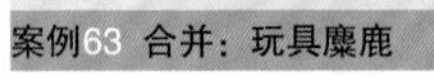

案例63 合并：玩具麋鹿 页码：76

本书部分精彩案例

练习007 制作巧克力 页码：80

练习008 制作司南 页码：80

案例67 工业储存罐 页码：84

案例68 沙漏 页码：87

案例69 小号 页码：91

案例70 战斗机 页码：100

案例71 古董电话 页码：106

案例72 琵琶 页码：111

案例76 点光源：镜头光斑页码：106

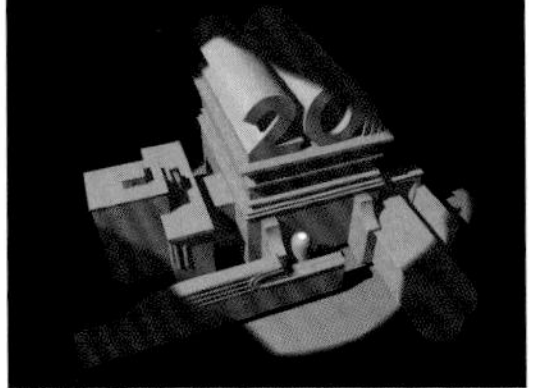
案例77 聚光灯：光栅效果页码：111

案例78 区域光：水果静物页码：121

案例79 体积光：橡树页码：122

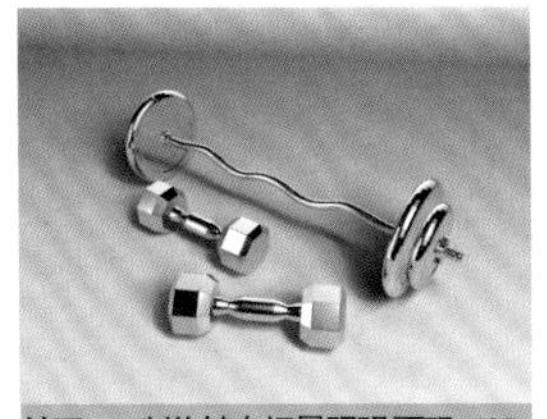
练习012 制作健身场景照明页码：123

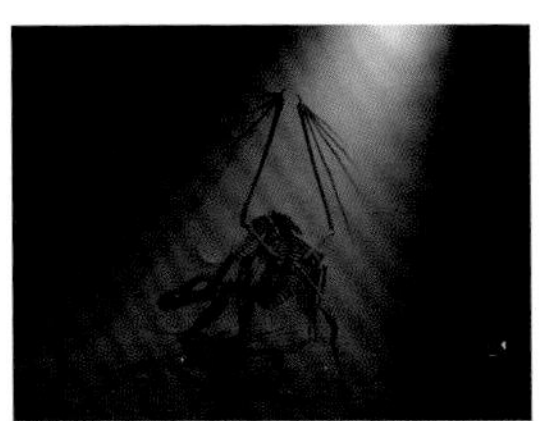
练习013 制作灯光雾效果 页码：80

案例80 汽车 页码：126

案例82 角色照明 页码：128

案例83 景深：石狮子 页码：133

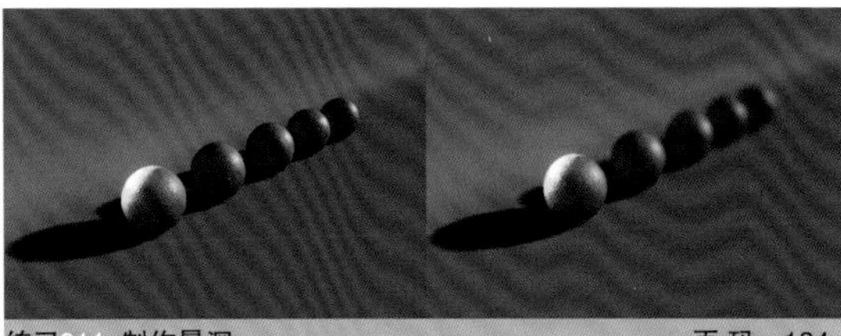
练习014 制作景深 页 码：134

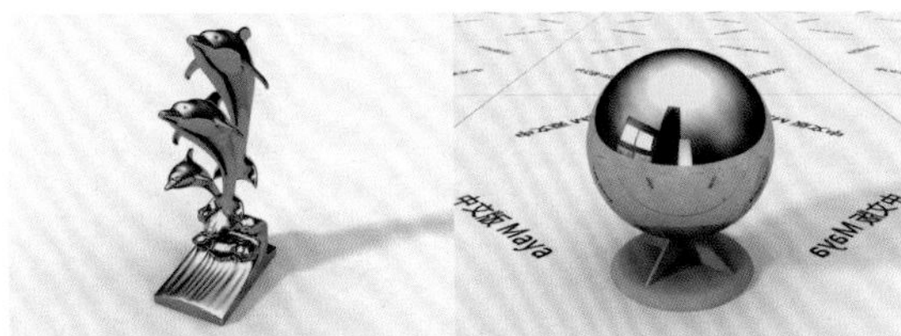

案例90 Blinn 材质：黄铜材质 页码：141

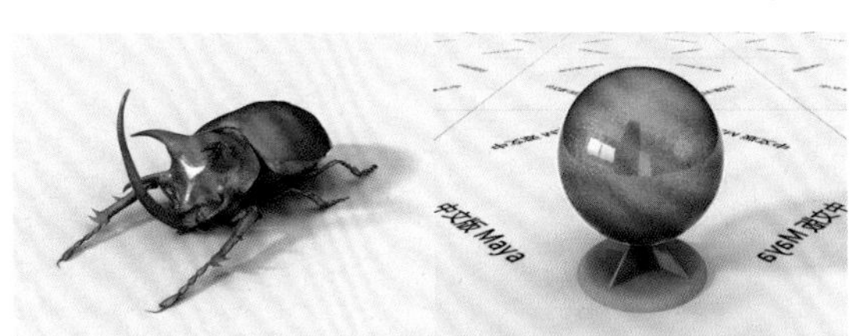
案例93 mi_car_paint_phen_x材质：昆虫甲壳材质 页码：144

本书部分精彩案例

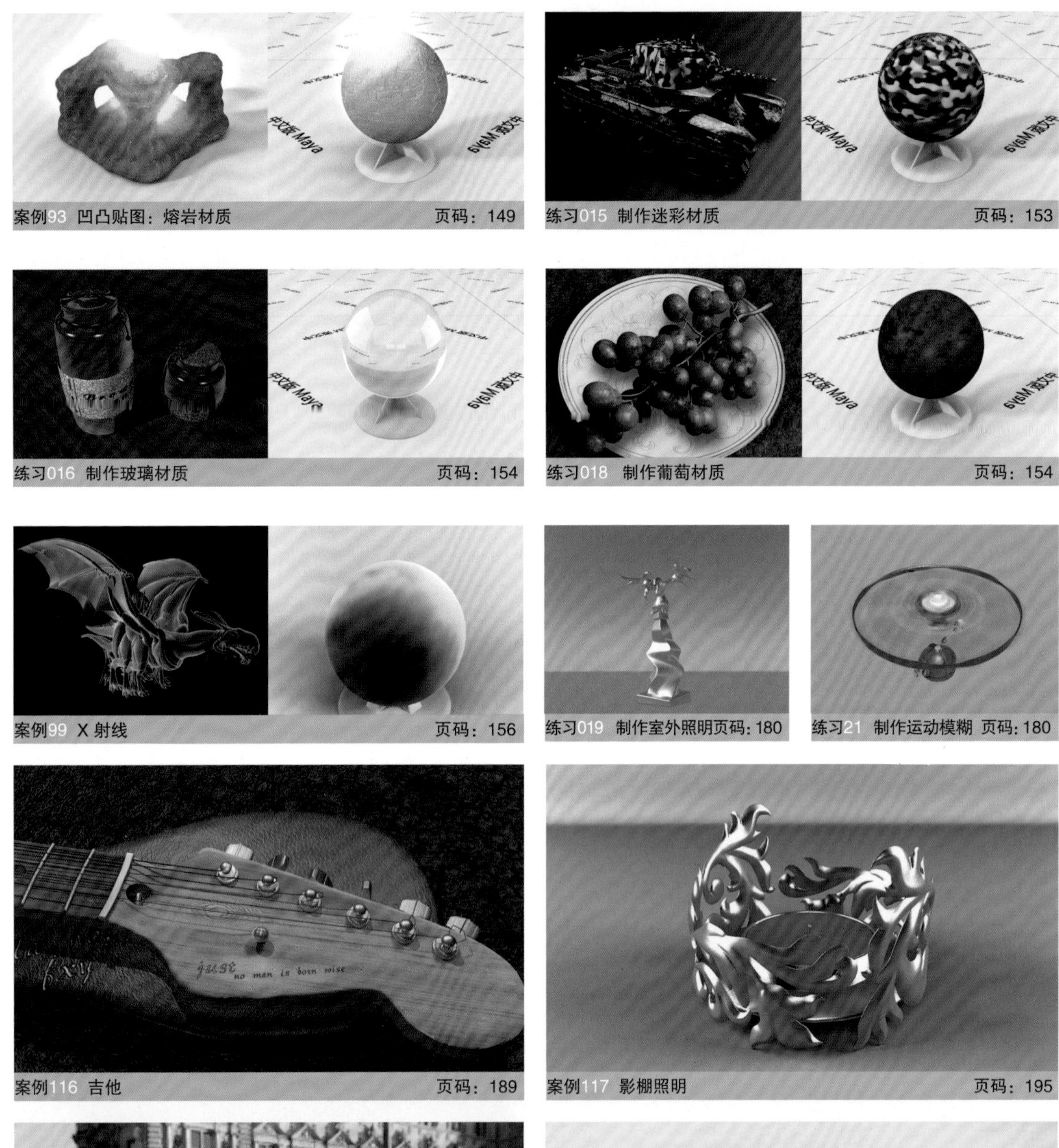

案例93 凹凸贴图：熔岩材质 页码：149

练习015 制作迷彩材质 页码：153

练习016 制作玻璃材质 页码：154

练习018 制作葡萄材质 页码：154

案例99 X 射线 页码：156

练习019 制作室外照明页码：180

练习21 制作运动模糊 页码：180

案例116 吉他 页码：189

案例117 影棚照明 页码：195

案例118 跑车 页码：198

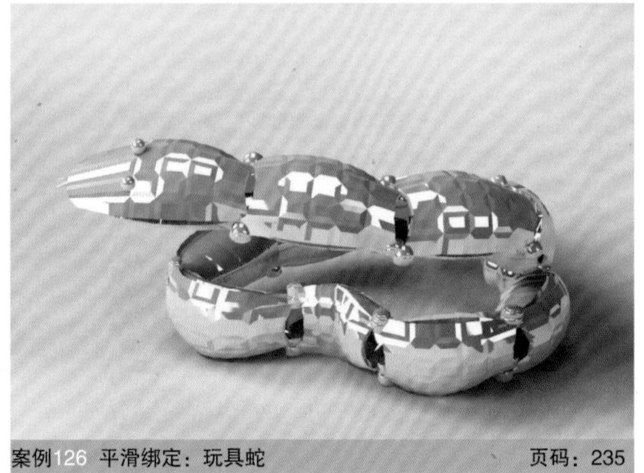

案例126 平滑绑定：玩具蛇 页码：235

本书部分精彩案例

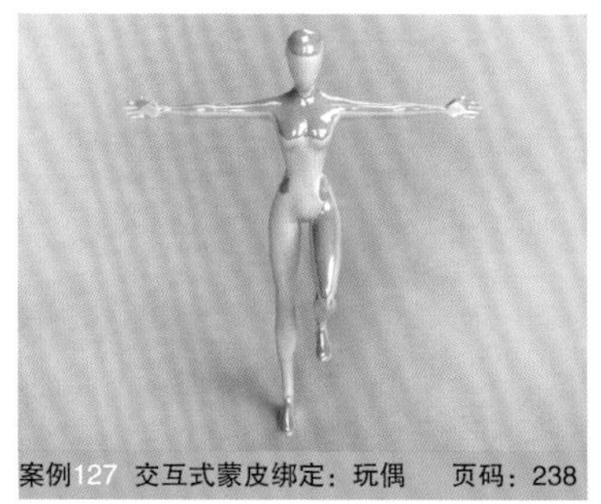

案例127 交互式蒙皮绑定：玩偶 页码：238

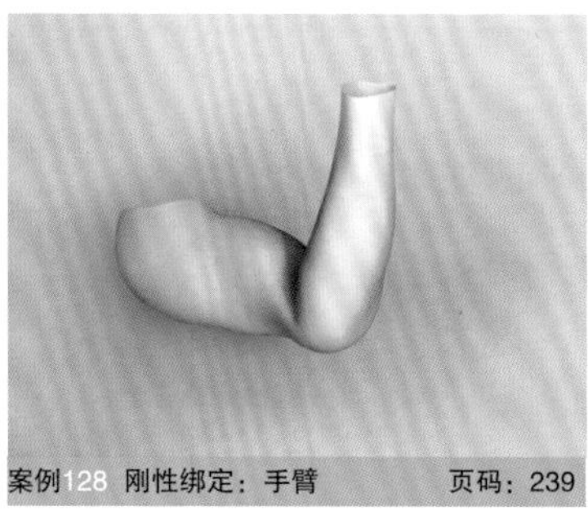

案例128 刚性绑定：手臂 页码：239

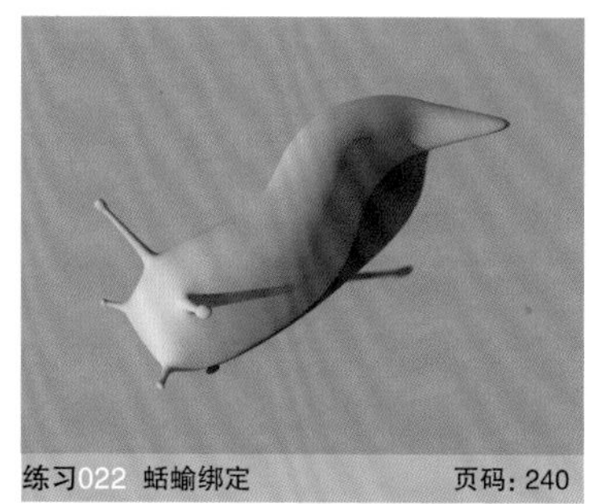

练习022 蛞蝓绑定 页码：240

案例129 设置关键帧：帆船动画 页码：242

案例132 晶格：小马 页码：249

案例133 簇：鲨鱼眼皮 页码：251

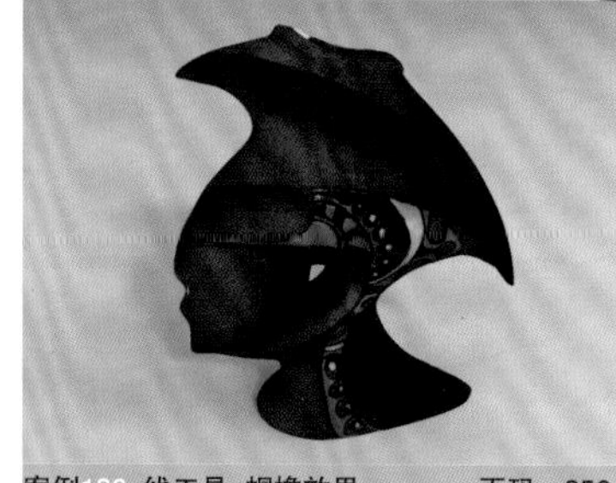

案例136 线工具：帽檐效果 页码：256

案例137 设置运动路径关键帧：鱼儿游动 页码：257

案例138 连接到运动路径：金鱼游动 页码：259

本书部分精彩案例

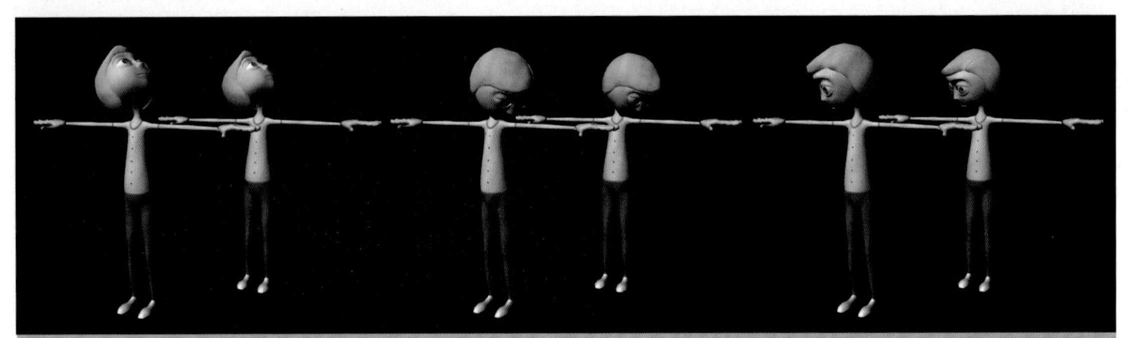
案例140 方向约束：头部旋转动画 页码：263

练习025 制作飞机飞翔 页码：266

案例141 鲨鱼的刚性绑定与编辑 页码：268

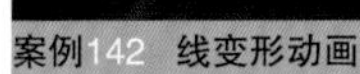
案例142 线变形动画 页码：274

案例143 生日蜡烛 页码：277

案例144 白头鹰舞动动画 页码：280

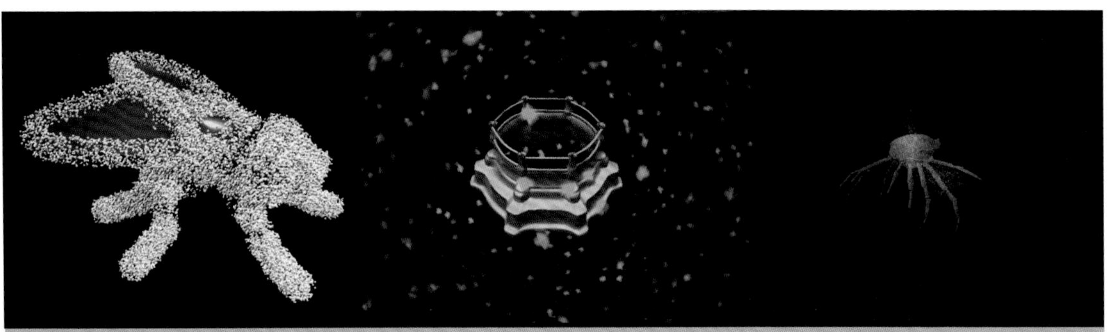

练习146 从对象发射粒子 页码：304

练习151 实例化器（替换）：蝴蝶群 页码：318

练习026 制作太空场景 页码：334

练习027 制作下雨 页码：334

练习164 创建屏障约束：蝙蝠坠落动画 页码：345

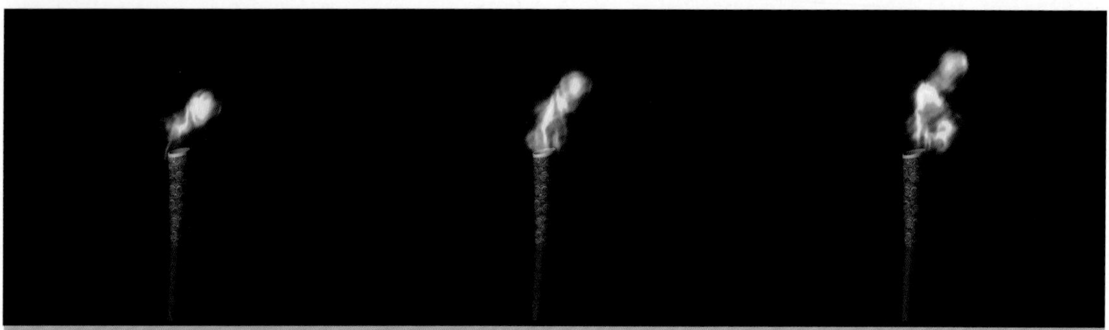

案例171 创建火：火炬动画 页码：357

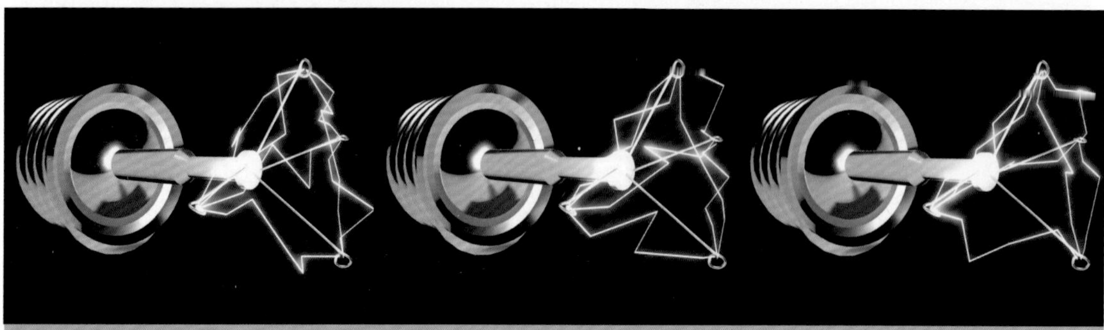

案例173 创建闪电：灯丝动画 页码：360

案例175 创建曲线流：章鱼触角粒子流动画 页码：363

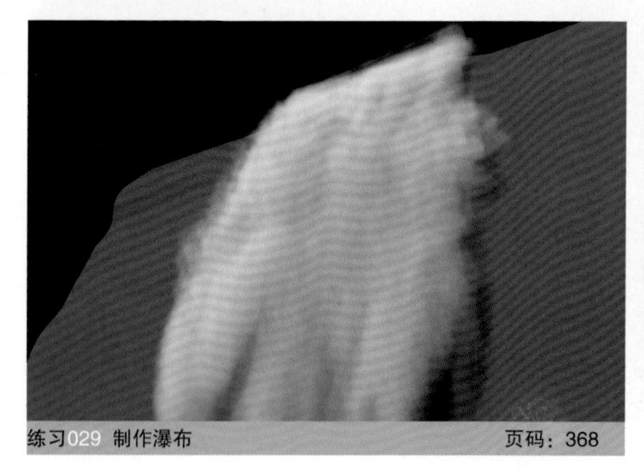

练习029 制作瀑布 页码：368

练习030 制作浓烟 页码：368

中文版 Maya 2014 案例教程

微课版

互联网 + 数字艺术教育研究院 策划
夏远 党亮元 主编

人 民 邮 电 出 版 社
北 京

图书在版编目（CIP）数据

中文版Maya 2014案例教程 / 夏远，党亮元主编. -- 北京：人民邮电出版社，2016.3（2022.7重印）
ISBN 978-7-115-41246-1

Ⅰ. ①中… Ⅱ. ①夏… ②党… Ⅲ. ①三维动画软件－教材 Ⅳ. ①TP391.41

中国版本图书馆CIP数据核字(2015)第292879号

内 容 提 要

本书以 Maya 2014 为基础，结合案例制作的设计思路和制作技巧，按建模、灯光、摄影机、材质、渲染、动画和特效七大部分介绍了 Maya 2014 强大的功能。本书以“完全实例”的形式进行编写，分为 17 章，共 206 个实例，内容包括 Maya 2014 的基础操作、曲面建模技术、多边形建模技术、灯光技术、摄影机技术、纹理与材质技术、渲染技术、绑定技术、动画技术、粒子系统、刚/柔体与约束、流体与效果等。全书内容精练、结构清晰、思路明确，概括了动画制作的最核心技术；每个案例均包含特有的制作分析、重点软件工具（命令）、详细的制作步骤和总结概括；每个拓展练习都有明确的制作提示。通过案例和综合练习的训练，读者可以使用 Maya 2014 自主制作一些三维效果。

本书不仅可作为普通高等院校相关专业的教材，还可供相关行业及专业工作人员学习和参考。另外，本书所有实例均使用 Maya 2014 和 VRay 2.0 制作，请务必注意。

◆ 主　　编　夏　远　党亮元
责任编辑　邹文波
执行编辑　税梦玲
责任印制　彭志环
◆ 人民邮电出版社出版发行　　北京市丰台区成寿寺路 11 号
邮编　100164　　电子邮件　315@ptpress.com.cn
网址　http://www.ptpress.com.cn
北京七彩京通数码快印有限公司印刷
◆ 开本：787×1092　1/16　　彩插：4
印张：23.5　　2016 年 3月第 1 版
字数：699 千字　　2022 年 7月北京第 7 次印刷

定价：54.00 元

读者服务热线：(010)81055256　印装质量热线：(010)81055316
反盗版热线：(010)81055315

前言

编写目的

Maya在模型塑造、场景渲染、动画及特效等方面，都能生产出电影级产品，因此其在影视广告、角色动画、游戏设计和电影特效等领域都占据着主导地位。结合优秀的第三方插件，如简单、渲染效果逼真、速度较快的VRay渲染器，Maya的功能和效率能更上一层楼。为了让读者能够快速且牢固地掌握Maya软件及VRay渲染器的用法，人民邮电出版社充分发挥在线教育方面的技术优势、内容优势和人才优势，潜心研究，为读者提供一种“纸质图书+在线课程”相配套，全方位学习Maya软件的解决方案。读者可根据个人需求，利用图书和“微课云课堂”平台上的在线课程进行碎片化、移动化的学习，以便快速全面地掌握Maya软件以及与之相关联的其他软件。

平台支撑

“微课云课堂”目前包含近50000个微课视频，在资源展现上分为“微课云”“云课堂”这两种形式。“微课云”是该平台中所有微课的集中展示区，用户可随需选择；“云课堂”是在现有微课云的基础上，为用户组建的推荐课程群，用户可以在“云课堂”中按推荐的课程进行系统化学习，或者将“微课云”中的内容进行自由组合，定制符合自己需求的课程。

➢ **“微课云课堂”主要特点**

微课资源海量，持续不断更新：“微课云课堂”充分利用了出版社在信息技术领域的优势，以人民邮电出版社60多年的发展积累为基础，将资源经过分类、整理、加工以及微课化之后提供给用户。

资源精心分类，方便自主学习：“微课云课堂”相当于一个庞大的微课视频资源库，按照门类进行一级和二级分类，以及难度等级分类，不同专业、不同层次的用户均可以在平台中搜索自己需要或者感兴趣的内容资源。

多终端自适应，碎片化移动化：绝大部分微课时长不超过十分钟，可以满足读者碎片化学习的需要；平台支持多终端自适应显示，除了在PC端使用外，用户还可以在移动端随心所欲地进行学习。

➢ **“微课云课堂”使用方法**

扫描封面上的二维码或者直接登录“微课云课堂”（www.ryweike.com）→用手机号码注册→在用户中心输入本书激活码（b4e5ea97），将本书包含的微课资源添加到个人账户，获取永久在线观看本课程微课视频的权限。

此外，购买本书的读者还将获得**一年期价值168元的VIP会员资格**，可免费学习50000微课视频。

附带资源

本书案例按“操作思路→操作命令→操作步骤→案例总结→补充练习”这一思路进行编排，具有以下特点。

操作思路：对案例对象进行分析，找出最简单、最高效的制作思路和制作方法，训练读者的分析能力。

操作命令：讲解制作过程中所需工具的理论知识，理论内容的设计以“必需、够用、实用”为度，着重实际训练。

制作步骤：按照分析得出的操作思路，以简练、通俗易懂的语言叙述操作步骤，力求步骤条理清晰。另外，在部分步骤中嵌入了“技巧与提示”，介绍工作中常用的操作技巧和注意事项。

案例总结：对整个案例进行概括分析，总结案例的练习目的和应用方向、操作中需要注意的地方、在行业领域中的注意事项。

补充练习：设置练习案例，练习已讲常用命令和工具的使用方法，通过综合性的练习巩固所学知识。

资源下载

为方便读者线下学习及教学，本书提供207个案例及练习的微课视频、初始文件、素材、贴图、最终效果图，以及200套常用单体模型，PPT课件等资源，用户请登录“微课云课堂”网站并激活本课程，然后在“云课堂”页面找到“中文版Maya 2014案例教程”，进入下图所示界面，点击“下载地址一”或“下载地址二”进行下载。

中文版Maya 2014案例教程

本课程主要内容包括Maya 2014的基础操作、曲面建模技术、多边形建模技术、灯光技术、摄影机技术、纹理与材质技术、渲染技术、绑定技术、动画技术、粒子系统、刚/柔体与约束、流体与效果等，以“完全实例”的形式介绍了Maya 的建模、灯光、摄影机、材质、渲染、动画和特效七大功能，共包含206个实例，并在配套的教程中详述了设计思路和制作技巧。 本课程中所选案例难度有大有小，视频讲解清晰，步骤完整。建议在掌握了课堂案例后，先根据教程中的制作提示完成拓展练习，然后再查看视频教学。相信在完成176个课堂案例和30个拓展案例之后，您可以独立自主制作三维效果。

附件：下载地址一　提取码：mfbs

下载地址二　提取码：6519

致　谢

本书由互联网+数字艺术研究院策划，由夏远、党亮元任主编，相关专业制作公司的设计师为本书提供了很多精彩的商业案例，在此表示感谢。

编　者

2015年10月

目录

第01章 Maya 2014的基本操作1

第02章 曲面建模技术..........15

第14章 动画技术综合运用......267

第15章 粒子系统......303

第16章 刚/柔体与约束......335

第17章 流体与效果......347

第 01 章

Maya 2014 的基本操作

Maya是美国Autodesk公司出品的一款三维动画制作软件，它在模型塑造、场景渲染、动画及特效等方面都能制作出高品质的产品，因而在影视广告、角色动画、游戏设计和电影特效等领域占据着主导地位。本章主要介绍Maya 2014的界面组成、文件操作、视图操作以及对象操作等常用操作技巧。通过本章的学习，可以掌握对Maya 2014的基础操作，还能根据个人的操作习惯打造一个专属于自己的快捷操作方式，以便提高制作动画的效率。

本章学习要点

掌握Maya界面元素及编辑方法
掌握Maya文件的操作方法
掌握Maya基本变换工具的使用方法
掌握视图的操作方法
掌握复制对象的使用方法
掌握Maya捕捉的使用方法
掌握快捷命令的设置方法

案例01 认识Maya 2014

场景位置	无
案例位置	无
视频位置	Media>CH01>1. 认识 Maya 2014.mp4
学习目标	启动并观察 Maya 2014

（扫码观看视频）

【操作步骤】

01 双击快捷图标，Maya 2014启动画面如图1-1所示。

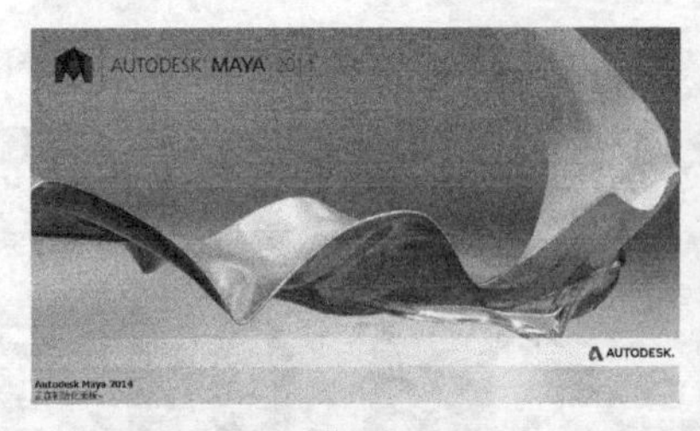

图1-1

02 第一次启动Maya 2014时，会弹出【1分钟启动影片】对话框和【新特性亮显设置】对话框。如果不想在启动时弹出这两个对话框，可以取消选择对话框左下角的【启动时显示此】选项，如图1-2所示。

03 Maya 2014的工作界面分为"标题栏""菜单栏""状态栏""工具架""工具箱""工作区""通道盒/层编辑器"动画控制区"命令栏"和"帮助栏"等，如图1-3所示。

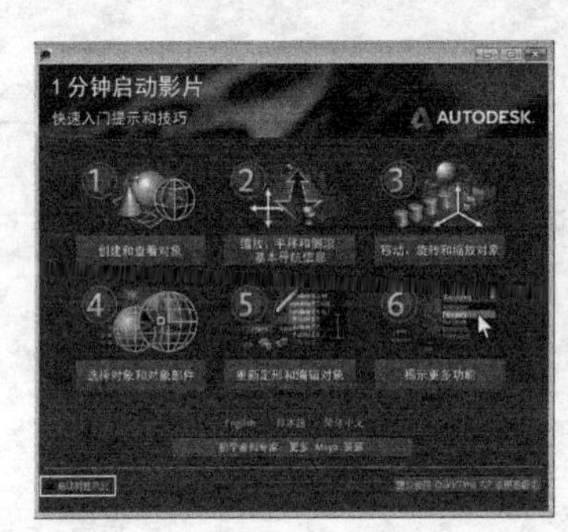

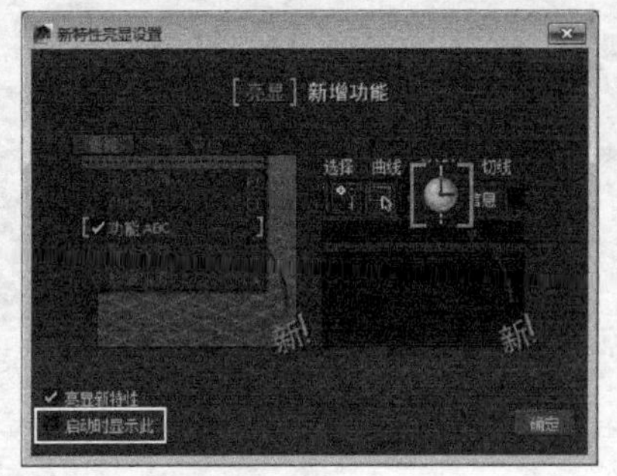

图1-2

图1-3

工作界面具体介绍

标题栏：显示软件版本、文件保存目录和文件名称。

菜单栏：集合了Maya所有的命令。

状态栏：集合了常用的视图操作命令。

工具架：集合了Maya各个模块下最常用的命令。

工具箱：集合了Maya最基本、最常用的变换工具。

工作区：作业的主要活动区域。

通道盒/层编辑器：通道盒用于修改节点属性；层编辑器用于管理场景对象。

动画控制区：主要用来制作动画。

命令栏：输入MEL命令或脚本命令。

帮助栏：为用户提供简单的帮助信息。

视图快捷栏：控制视图中对象的显示方式。

案例02
编辑 Maya 界面

场景位置	无
案例位置	无
视频位置	Media>CH01>2. 编辑 Maya 界面 .mp4
学习目标	学习如何调整 Maya 界面

（扫码观看视频）

01 02 03 04 05 06 07 08 09 10 11 12 13 14 15 16 17

【设置工具】

本例的设置工具是【首选项】对话框，如图1-4所示。

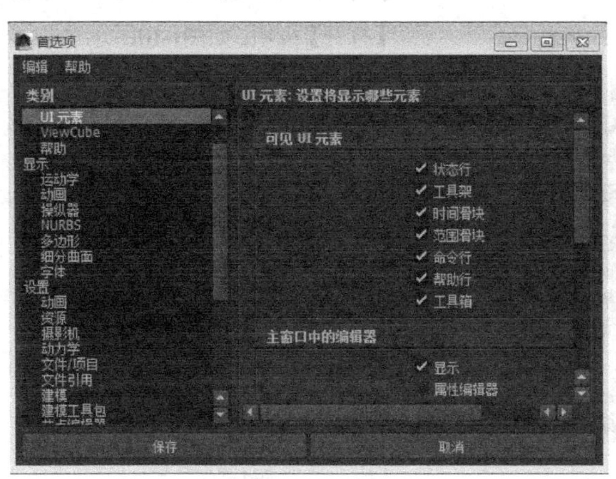

图1-4

【设置步骤】

01 执行【窗口】>【设置/首选项】>【首选项】命令，将会弹出【首选项】对话框，如图1-5所示。

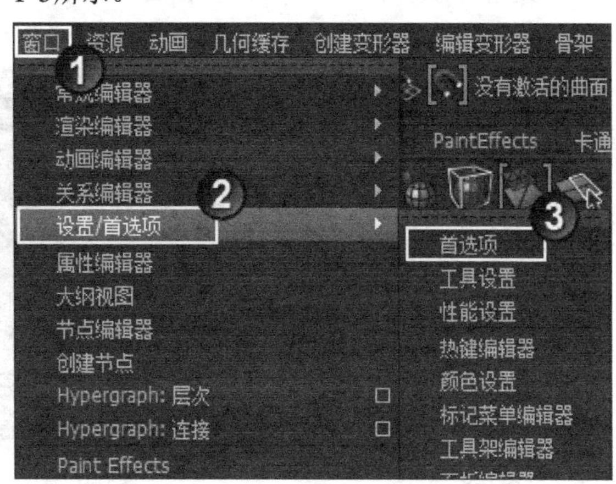

图1-5

技巧与提示

单击Maya界面右下角的按钮也可打开【首选项】对话框。

02 在【首选项】对话框的左侧选择【UI元素】类别，取消选择右侧可见UI元素的选项，如图1-6所示。

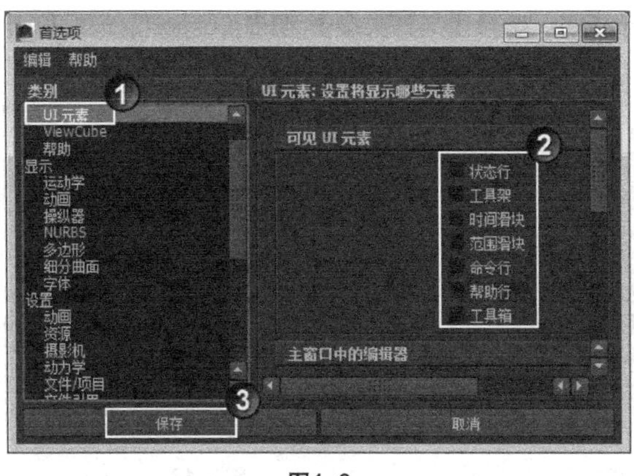

图1-6

03 单击【保存】按钮，效果如图1-7所示。

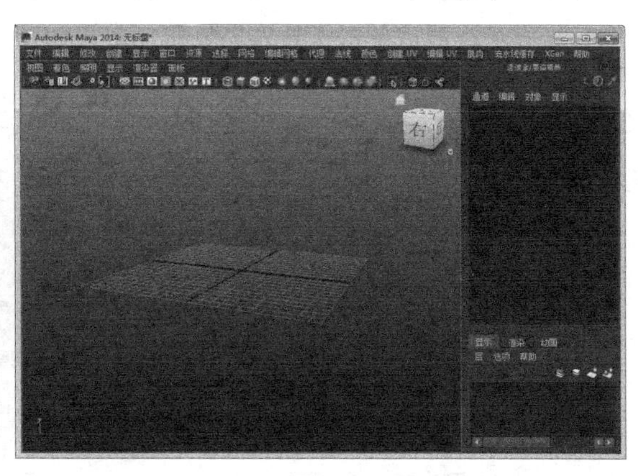
图1-7

【案例总结】

本案例是通过隐藏一些UI元素，来了解如何使用【首选项】设置Maya的界面。【首选项】对话框中还包括一些其他的基础属性，在以后的章节中将逐步介绍其属性设置。

案例03 文件操作

场景位置	Scene>CH01>A1.mb、A2.mb
案例位置	无
视频位置	Media>CH01>3. 文件操作 .mp4
学习目标	学习如何新建、打开、保存、导入和导出场景

（扫码观看视频）

【操作命令】

单击菜单栏的【文件】菜单，如图1-8所示。在菜单中选择相应的命令，可以执行相关操作。

【操作步骤】

01 执行【文件】>【打开场景】命令，会弹出【打开】对话框，如图1-9所示。

02 在左侧的【文件夹书签】中选择【我的计算机】，在文件列表中选择“scene>CH01>A1.mb”，单击【打开】按钮，如图1-10所示。

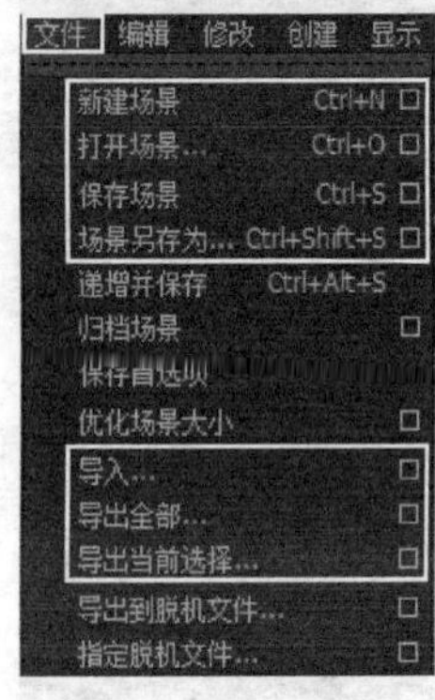

图1-8

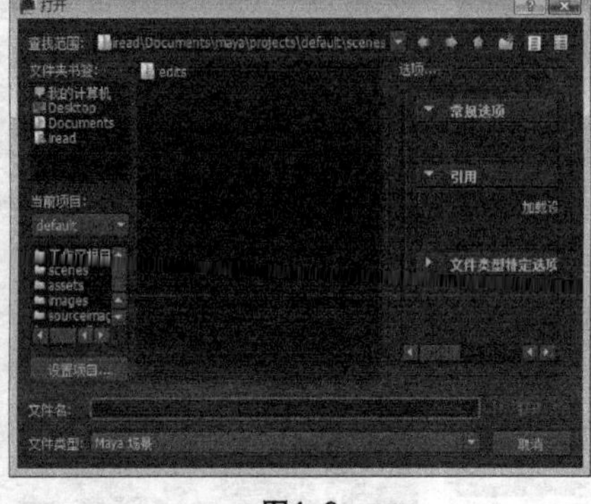

图1-9

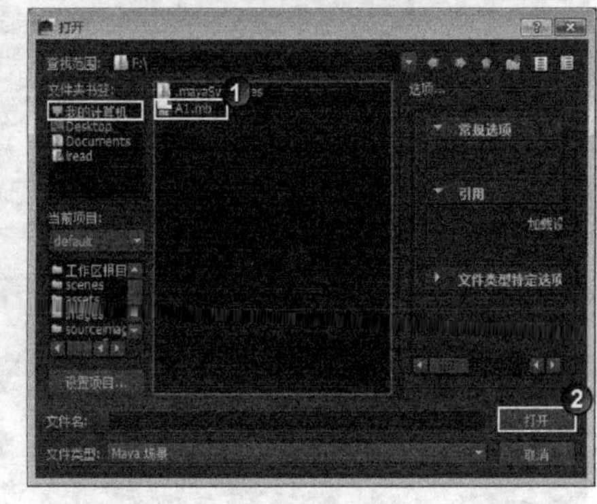

图1-10

技巧与提示

为了便于观察，这里将背景色调整为浅灰色，按快捷键Alt+B可实现调整背景色。单击视图窗口中的按钮，即可隐藏或显示栅格。

03 执行【文件】>【导入】命令，在弹出的对话框左侧的【文件夹书签】中选择【我的计算机】，在文件夹列表中选择“Scene>CH01>A2.mb”，如图1-11所示。最后单击【导入】按钮，效果如图1-12所示。

04 选择苹果模型，执行【文件】>【导出当前选择】命令，在弹出的对话框左侧的【文件夹书签】中选择Desktop（桌面），输入文件名为Apple_model，选择【文件类型】为FBX export。最后单击【导出当前选择】按钮，如图1-13所示。

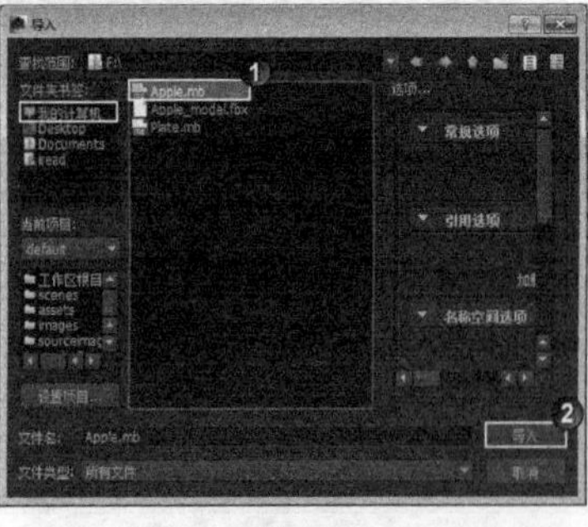

图1-11

图1-12

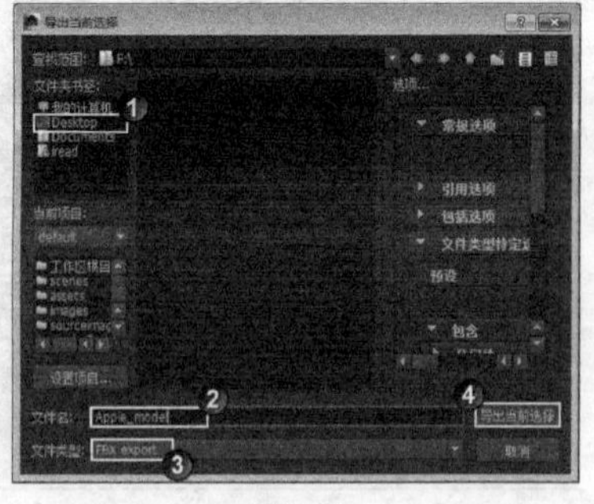

图1-13

技巧与提示

FBX: FBX是Maya的一个集成插件，也是Filmbox这套软件所使用的格式，现在改称Motionbuilder。FBX文件最大的用途是在诸如3ds Max、Maya、Softimage等软件间进行模型、材质、动作和摄影机信息的互导，这样就可以发挥3ds Max和Maya等软件的优势。可以说，FBX方案是最好的互导方案。

05 执行【文件】>【场景另存为】命令，在弹出的对话框左侧的【文件夹书签】中选择Desktop，输入文件名为My_Scene，如图1-14所示。最后单击【另存为】按钮，效果如图1-15所示。

06 执行【文件】>【新建场景】命令，场景恢复到初始状态，如图1-16所示。

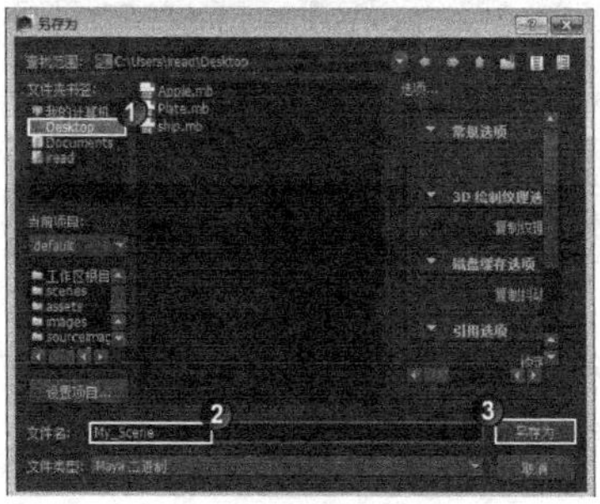

图1-14

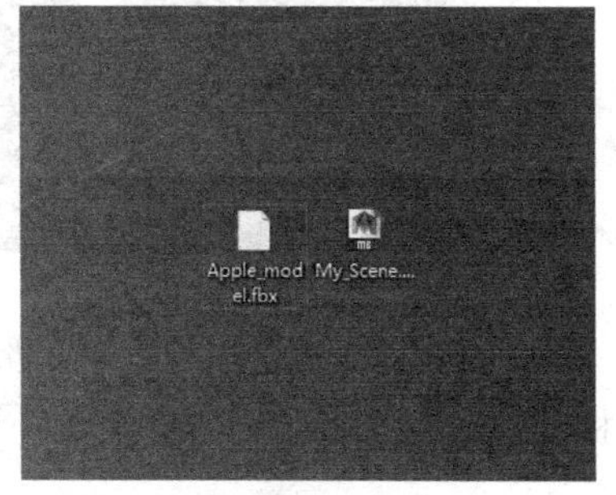

图1-15

图1-16

技巧与提示

【导入】、【导出】命令与【打开】、【保存】命令的区别在于，【导入】、【导出】命令可编辑大量文件格式，而【打开】和【保存】命令只能编辑Maya ASCⅡ和Maya 二进制。另外【导入】命令可在同一场景中导入多个文件，而【打开】命令只能在一个场景中打开一个文件。

【导出全部】命令是将场景中所有对象导出。

【案例总结】

本案例是通过对文件进行一系列操作，来学习如何对文件进行基础操作。在文件格式和保存方式等方面需多加注意。

案例04 场景归档

场景位置	Scene>CH01>A3.mb
案例位置	无
视频位置	Media>CH01>4. 场景归档 .mp4
学习目标	归档场景

（扫码观看视频）

【操作命令】

本例的操作命令是【文件】菜单下的【归档场景】命令，如图1-17所示。

【操作步骤】

01 打开场景“Scene>CH01>A3.mb”，如图1-18所示。

02 保存当前场景到桌面，输入文件名为Bowl，如图1-19所示。

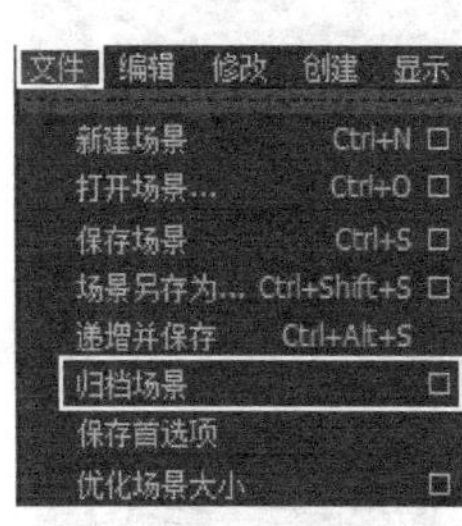

图1-17

图1-18

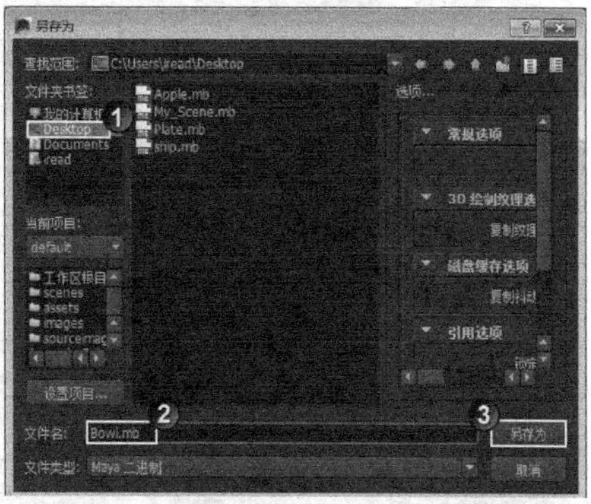

图1-19

技巧与提示

在归档场景前，必须先保存场景，否则将不能进行归档场景操作。

03 执行【文件】>【归档场景】命令，如图1-20所示。

04 执行【归档场景】命令后，Maya会在另存为的文件路径生成一个名为Bowl.mb.zip的压缩文件，如图1-21所示。

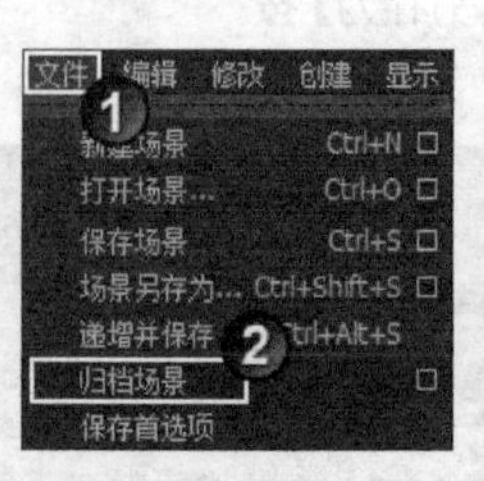

图1-20

图1-21

【案例总结】

本案例是通过归档Maya场景，来学习如何对文件进行归档。归档场景后，压缩文件中包含了场景及相关文件，以便于转移到其他计算机。

案例05 创建和设置项目

场景位置	无
案例位置	无
视频位置	Media>CH01>4. 创建和设置项目 .mp4
学习目标	创建和设置项目

（扫码观看视频）

【操作命令】

本例的操作命令是文件下的【项目窗口】对话框和【设置项目】对话框，如图1-22所示。

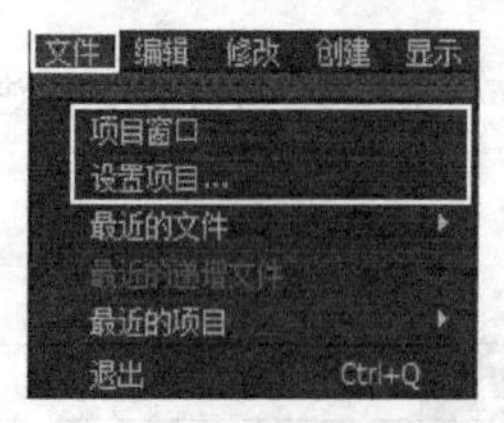

图1-22

【操作步骤】

01 执行【文件】>【项目窗口】命令，打开【项目窗口】对话框，如图1-23所示。这时不能在【当前项目】中输入项目名称，也不能修改项目路径。

02 单击【新建】按钮后，即可编辑项目名称和路径，如图1-24所示。

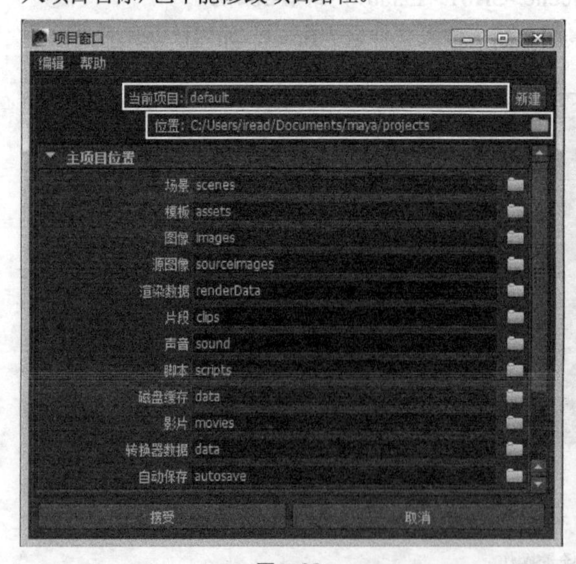

图1-23

图1-24

03 输入项目名为My_Project，单击【位置】后面的按钮设置项目路径为“D:/”，单击【接受】按钮，如图1-25所示。

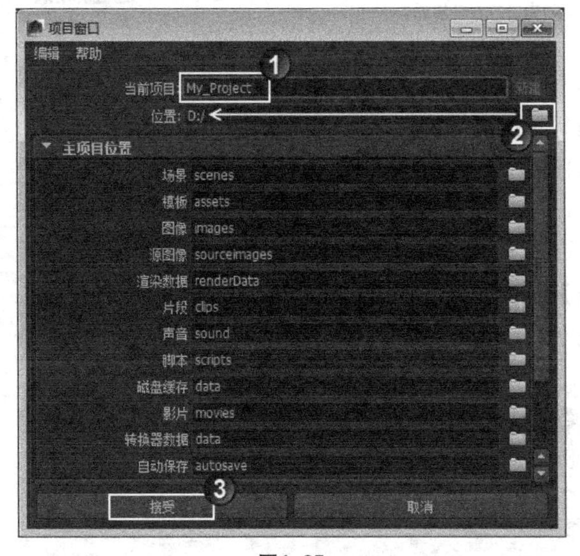

图1-25

技巧与提示

打开D盘下的My_Project文件夹，如图1-26所示。在生成的项目文件中包含很多文件夹，与【项目窗口】中的【主项目位置】卷展栏中的选项对应，用来存储相应的文件。

图1-26

04 执行【文件】>【设置项目】命令，在弹出的【设置项目】对话框中，选择D盘下的My_Project文件夹，单击【设置】按钮，即可将My_Project设置为当前项目，如图1-27所示。

图1-27

技巧与提示

创建并设置好项目后，当Maya需要调用或存储相关文件时，会直接读取或指定到项目文件中对应的文件夹里。例如，Maya生成的图像默认存储的路径是项目下的image文件夹；Maya读取的贴图默认读取的路径是项目下的sourceimages文件夹；Maya读取和存储场景的默认路径是项目下的scenes文件夹。

【案例总结】

本案例是通过创建并设置自己的Maya项目，来学习如何创建和设置项目。Maya项目非常重要，不仅能方便管理，还能避免一些不必要的麻烦，所以在制作中务必先创建并设置好项目。

案例06
视图的操作

场景位置	Scene>CH01>A4.mb
案例位置	无
视频位置	Media>CH01>6. 视图的操作 .mp4
学习目标	如何学习对视图进行各种操作

（扫码观看视频）

【操作命令】

用Alt+鼠标左键、Alt+鼠标中键和Alt+鼠标右键等快捷键可以对视图进行操作，并在各个视图中进行切换操作，视图界面如图1-28所示。

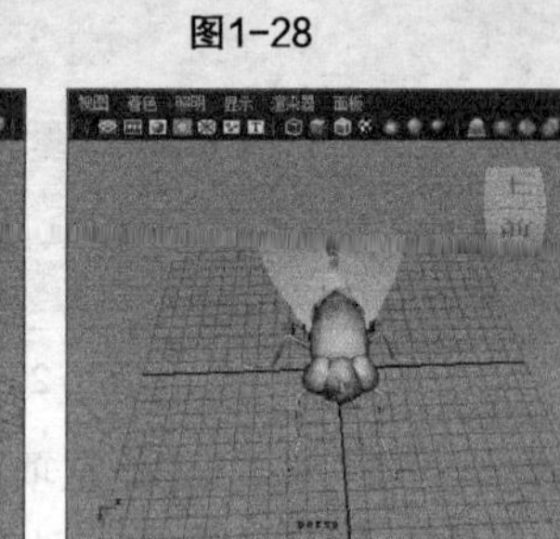
图1-28

【操作步骤】

01 执行【文件】>【打开场景】命令，打开【打开】对话框，选择“Scene>CH01>A4.mb”文件，接着单击【打开】按钮，如图1-29所示。场景打开后，效果如图1-30所示。

02 按住Alt键，然后单击鼠标左键并拖曳光标，即可旋转视图，如图1-31所示。

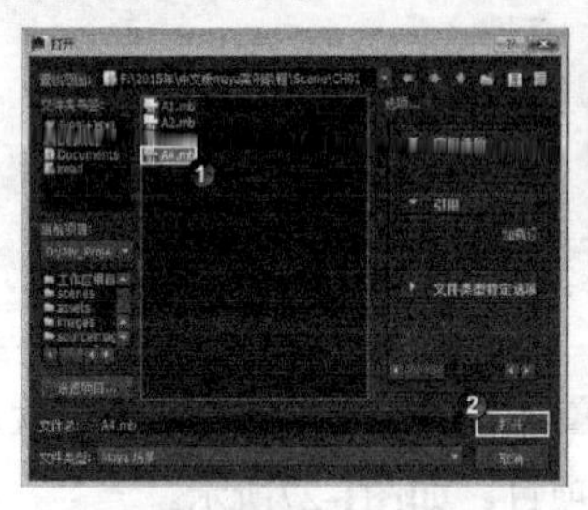
图1-29

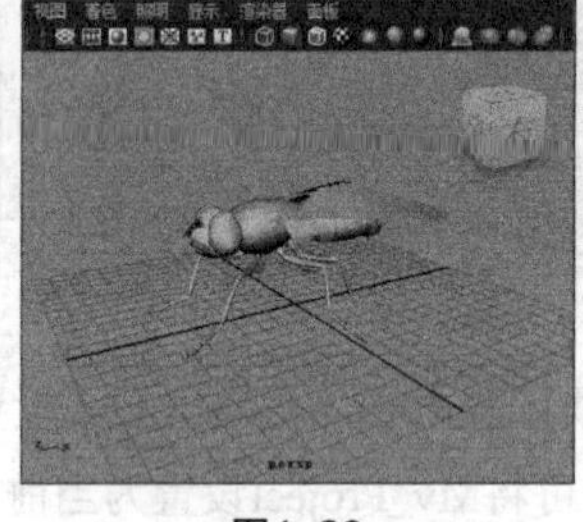
图1-30

图1-31

技巧与提示

当旋转视图时，左下角的世界坐标和右上角的ViewCube，也会发生相应的变化。

世界坐标的红、绿、蓝箭头分别用来表示*x*、*y*、*z*轴。

03 按住Alt键，然后按住鼠标滚轮并拖曳光标，即可移动视图，如图1-32所示。

04 再按住Alt键，然后按住鼠标右键并拖曳光标，可以缩放视图，如图1-33所示。

05 按下Space键，视图变为4个部分，分别为上视图、透视图、前视图、右视图，如图1-34所示，然后将光标移动到任一视图区域中，再按下Space键，即可切换到相应的视图。

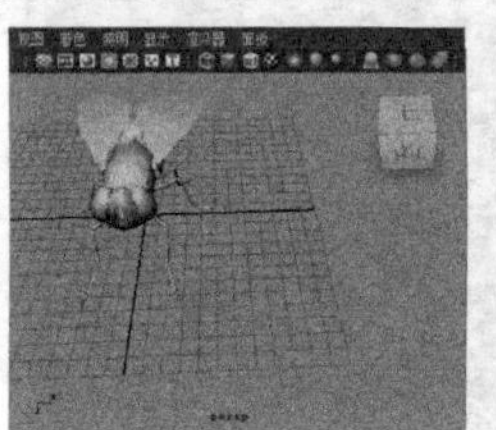
图1-32

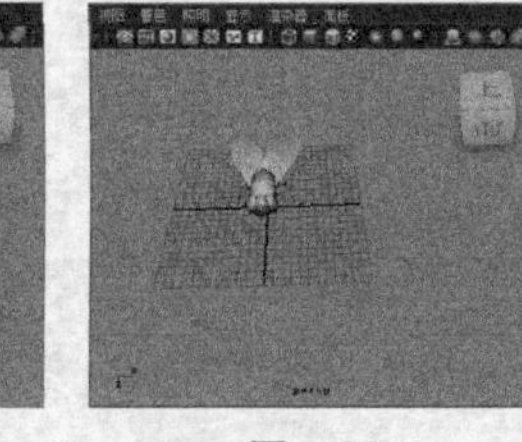
图1-33

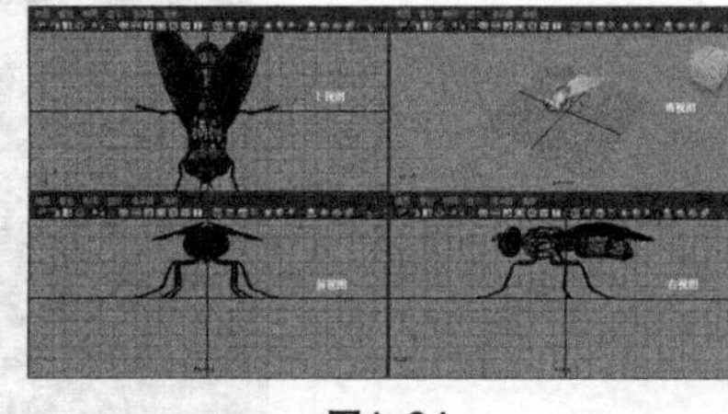
图1-34

技巧与提示

在界面的左侧通过按钮和按钮，也可以在透视图和四视图间进行切换。

在选定某个对象的前提下，可以使用F键使选择对象在当前视图最大化显示。最大化显示的视图是根据光标所在位置来判断的，将光标放在想要放大的区域内，再按F键就可以将选择的对象最大化显示在视图中。

使用快捷键Shift+F可以一次性将全部视图最大化显示。

使用快捷键Shift+A可以将场景中的所有对象全部显示在所有视图中。

【案例总结】

本案例是通过对视图进行一系列操作，来熟悉Maya中的三维空间关系以及操作方法。视图区域占Maya总体界面的很大比例，而且整个制作过程都是在视图中完成的，其重要性不言而喻。

案例07 对象的基本操作

场景位置	Scene>CH01>A5.mb
案例位置	无
视频位置	Media>CH01>6. 对象的基本操作 .mp4
学习目标	学习如何对对象进行各种变换操作

（扫码观看视频）

【操作命令】

本例的操作命令是Maya界面左侧的工具箱，如图1-35所示。

工具箱各种工具介绍

选择工具：用于选取对象。

套索工具：可以在一个范围内选取对象。

绘制选择工具：以画笔的形式选取对象。

移动工具：用来选择并移动对象。

旋转工具：用来选择并旋转对象。

缩放工具：用来选择并缩放对象。

选择工具（Q）
套索工具
绘制选择工具
移动工具（W）
旋转工具（E）
缩放工具（R）
最后使用的工具

图1-35

【操作步骤】

01 打开“Scene>CH01>A5.mb”文件，然后按Q键激活选择工具，接着选择勺子模型，如图1-36所示。

02 按W键激活移动工具，然后鼠标指针按住红色箭头（*x*轴），接着拖曳鼠标向左移动，如图1-37所示。

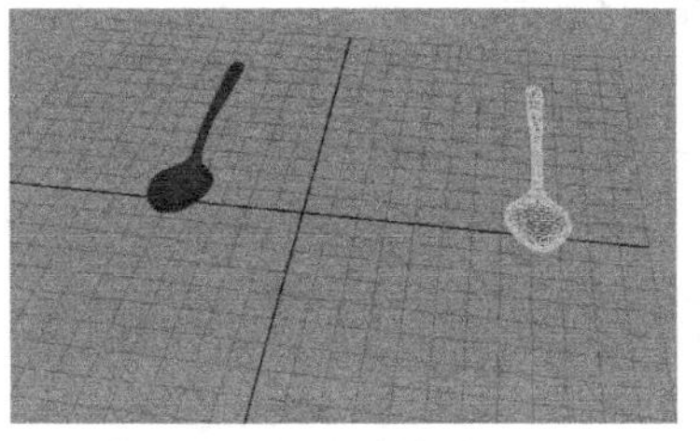

图1-36

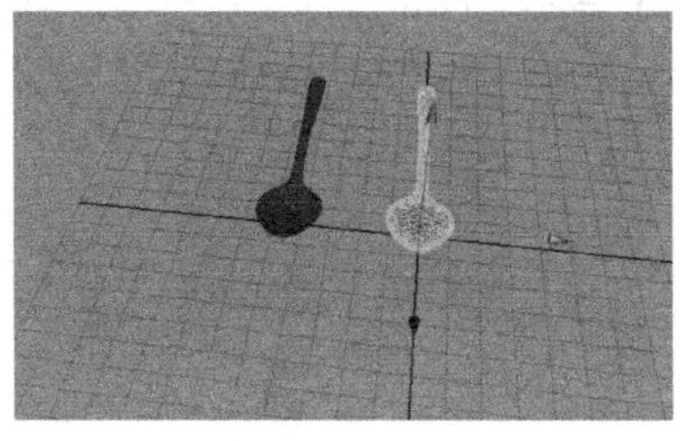

图1-37

技巧与提示

将光标移动到箭头中心的黄色虚线区域内，按住左键并拖曳光标，可使对象同时在*x*、*y*、*z*方向上移动。

03 按E键激活旋转工具，然后鼠标指针按住蓝色圆环（*y*轴），接着拖曳鼠标向左旋转，如图1-38所示。

04 按R键激活缩放工具，然后鼠标指针按住中间的黄色方块，接着拖曳鼠标整体放大模型，如图1-39所示。

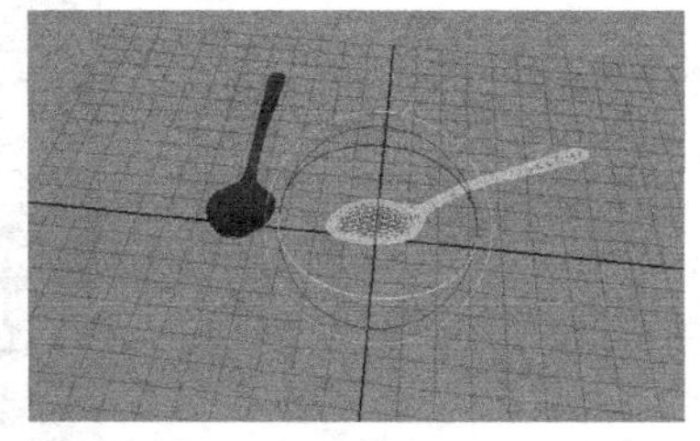

图1-38

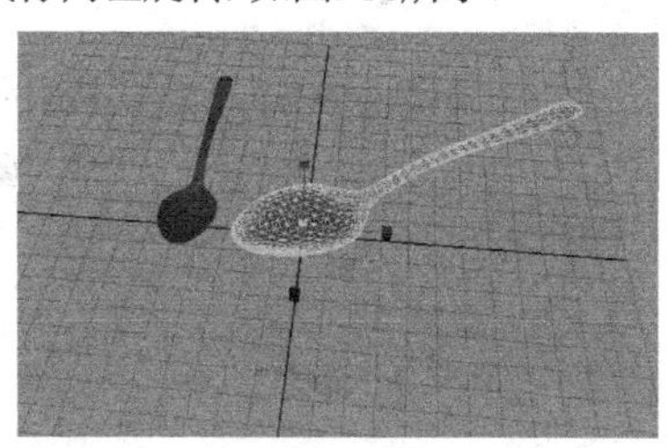

图1-39

技巧与提示

按住Shift键，单击或框选对象，就会加选1个对象或多个对象；再次单击，就会减选。按住Ctrl键，单击或框选对象，就会减选1个对象或多个对象。按住快捷键Shift+Ctrl的同时单击或框选对象，就会加选1个或多个对象。利用好加选和减选技巧，会提高工作效率。

对对象进行变换操作，实际上就是在修改对象在三维空间里的坐标。在界面右侧的【通道盒/层编辑器】面板中，记录着对象的变换信息，如图1-40所示。

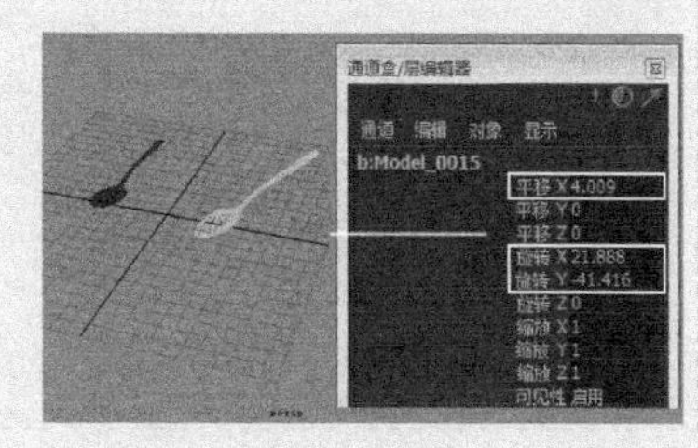

图1-40

【案例总结】

本案例是通过对对象进行一系列变换操作，来熟悉对象的基本操作。任何复杂的模型、动画等效果都是通过这些基本操作完成的，在实际工作中使用频率相当高。

案例08 设置工具架

场景位置	无
案例位置	无
视频位置	Media>CH01>8. 设置工具架 .mp4
学习目标	学习如何设置工具架

（扫码观看视频）

【操作步骤】

01 在工具架上选择【自定义】标签，如图1-41所示。

图1-41

02 展开【文件】下拉菜单，按住快捷键Ctrl+Shift，再依次单击【新建场景】、【打开场景】、【保存场景】，这时【自定义】标签下的工具栏就添加了3个对应的快捷命令，如图1-42所示。

图1-42

技巧与提示

菜单栏中的任何命令，都可以被用来创建快捷命令。

03 右键单击快捷命令，选择【删除】命令，即可删除快捷命令，如图1-43所示。

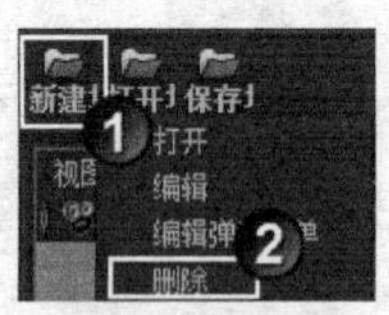

图1-43

技巧与提示

单击工具架左侧的■按钮，可以执行一些关于工具架的操作，如图1-44所示。

【工具架编辑器】可用来编辑和管理工具架，为快捷命令更换图标、重命名、修改工具提示等，如图1-45所示。

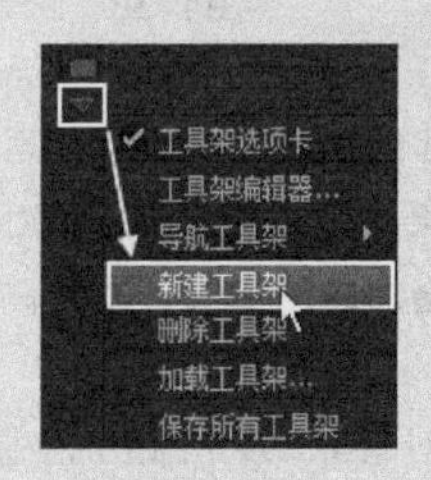

图1-44

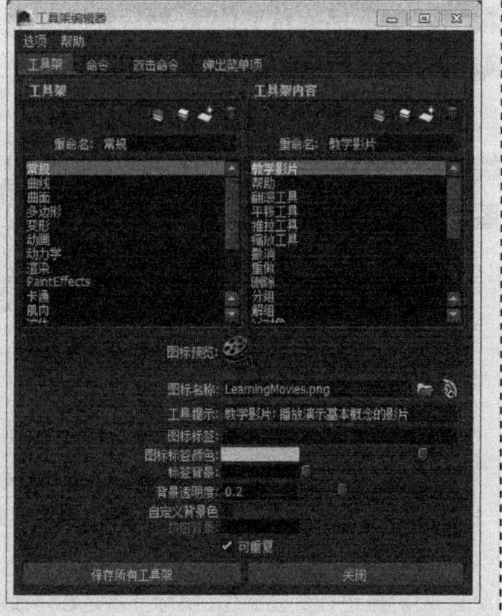

图1-45

【案例总结】

本案例是通过添加快捷命令，来熟悉对工具架的操作。工具架是一个常用的快捷操作方式，在实际工作中打造一个符合自己习惯的工具架，将会大大提高制作效率。

案例09 热盒的运用

场景位置	无
案例位置	无
视频位置	Media>CH01>9. 热盒的运用 .mp4
学习目标	如何使用 Maya 热盒

（扫码观看视频）

【操作思路】

使用Ctrl、Shift、Space键，结合鼠标右键调用热盒。

【操作步骤】

01 按住Space键，在弹出的热盒中将光标移动到中间的，并按住左键，在弹出的子选项中将光标往左边的【顶视图】移动，使【顶视图】选项背景以蓝色填充时，松开鼠标，这时视图就切换到上视图了，如图1-46所示。

02 切换到透视图，按住Shift键，在视图中按住鼠标右键，选择右侧的【多边形球体】选项，如图1-47所示。

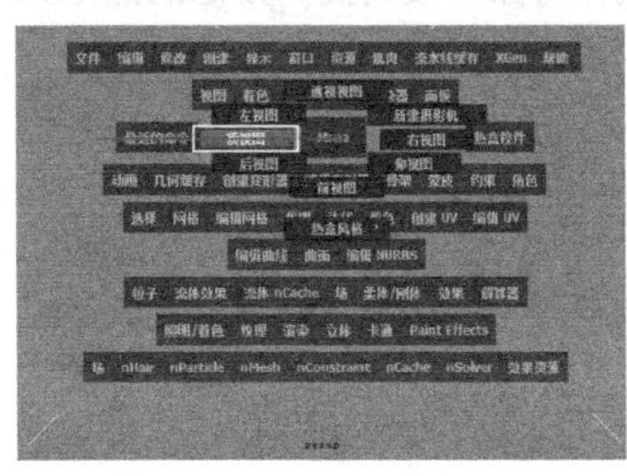
图1-46

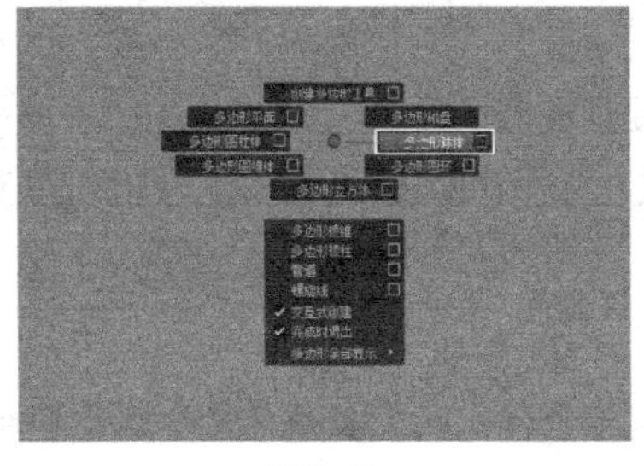
图1-47

技巧与提示

为了全面介绍热盒的操作方法，涉及了多边形，但这里不过多介绍，相关知识会在后面详细讲解。

03 在视图中的任何区域，单击鼠标左键，即可创建一个多边形球体，如图1-48所示。

04 在视图中的空白处，按住鼠标右键，会弹出组件类型的选项，如图1-49所示。

05 按住Shift键，同时在视图中按住鼠标右键，会弹出基于编辑多边形命令的选项，如图1-50所示。

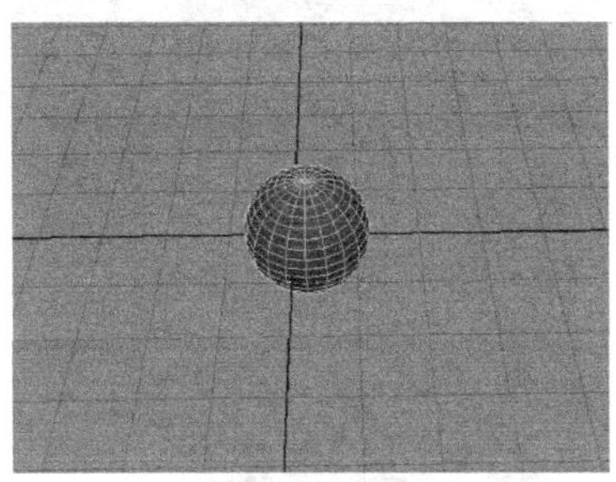
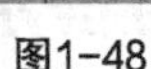
图1-48

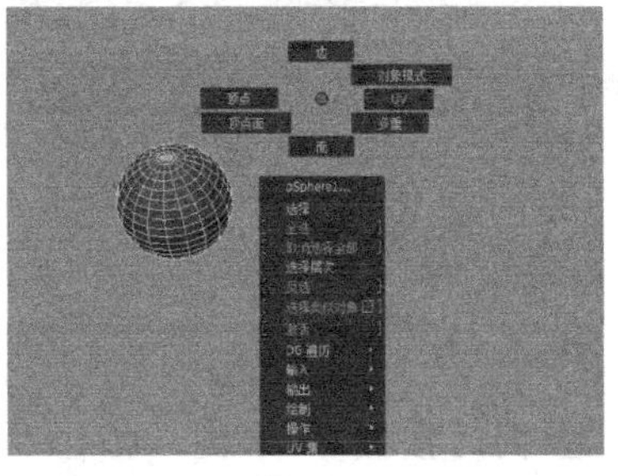
图1-49

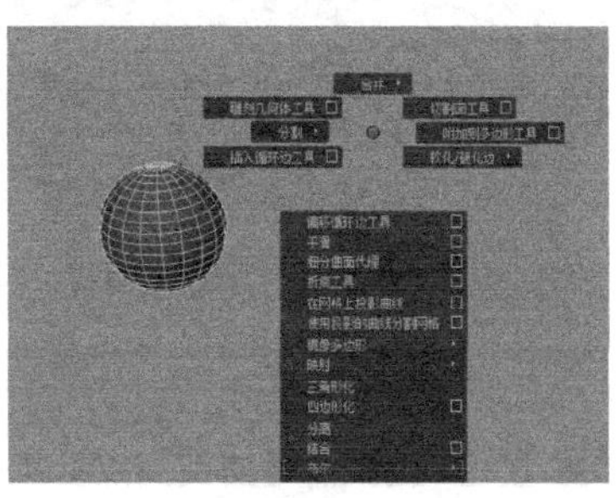
图1-50

技巧与提示

菜单栏中的命令，都可以在热盒中调用。

06 这里按住Shift键弹出的选项与图1-47不同，是因为热盒会针对不同对象、不同组件显示不同的命令，如图1-51所示。

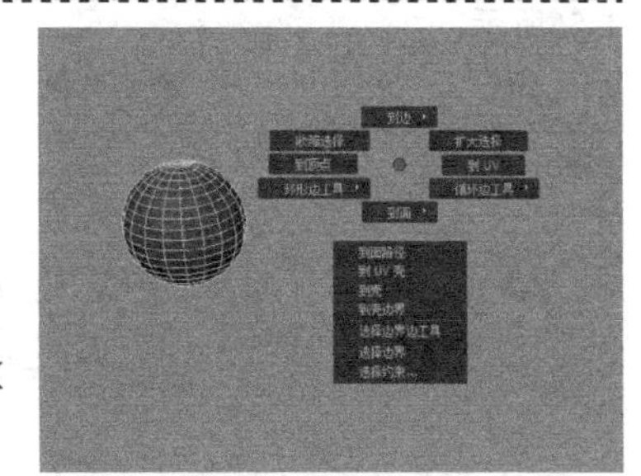
图1-51

【案例总结】

本案例是通过调用选项的热盒，来认识热盒的强大及快速。热盒是Maya独有且高效的一种操作技巧，其中放置了大量的Maya命令。在不同对象上调用热盒时，热盒会显示与对象相关的命令。刚开始使用热盒时，会感觉很麻烦、很混乱；一旦掌握热盒的使用，在实际工作中的效率将会大大提高。

案例10 捕捉工具

场景位置	Scene>CH01>A6.mb
案例位置	无
视频位置	Media>CH01>10. 捕捉工具 .mp4
学习目标	掌握捕捉工具的特点及操作方法

（扫码观看视频）

【重点工具】

本例的重点工具是捕捉工具，如图1-52所示。

图1-52

捕捉工具介绍

捕捉到栅格：将对象捕捉到栅格上。当激活该按钮时，可以使对象在栅格点上进行移动，快捷键为X键。

捕捉到曲线：将对象捕捉到曲线上。当激活该按钮时，操作对象将被捕捉到指定的曲线上，快捷键为C键。

捕捉到投影中心：将对象捕捉到选定网格或NURBS曲面的中心。

捕捉到点：将选择对象捕捉到指定的点上。当激活该按钮时，操作对象将被捕捉到指定的点上，快捷键为V键。

捕捉到视图平面：将对象捕捉到视图平面上。

激活选定对象：将选定曲面转化为激活的曲面。该按钮与【修改】菜单下的【激活】作用一样。

【操作步骤】

01 打开“Scene>CH01>A6.mb”，如图1-53所示。

02 选择中间的瓶子模型，按W键激活移动工具，再按住X键激活【捕捉到栅格】工具。按住中键并拖曳光标到栅格边缘，模型就会跟随光标捕捉到栅格点上，如图1-54所示。

03 按住C键激活【捕捉到曲线】工具，将光标移动到曲线上。按住中键并拖曳光标，模型就会跟随光标在曲线上滑动，如图1-55所示。

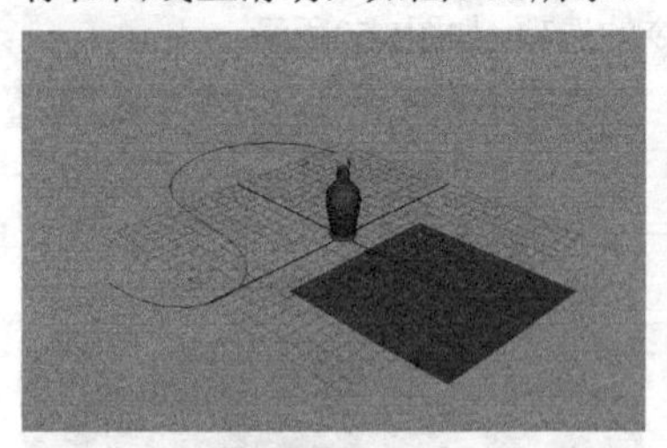

图1-53

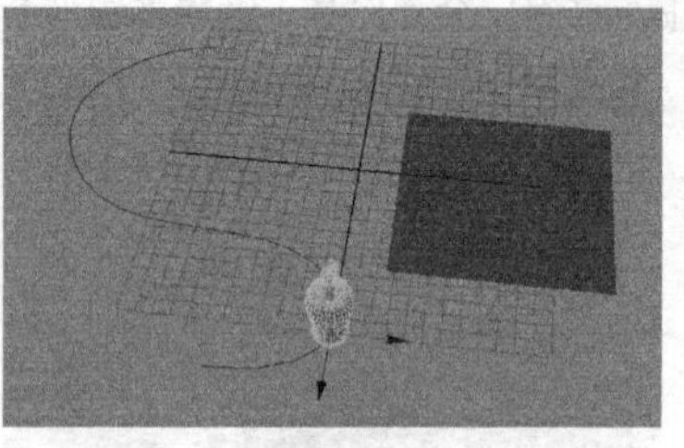

图1-54

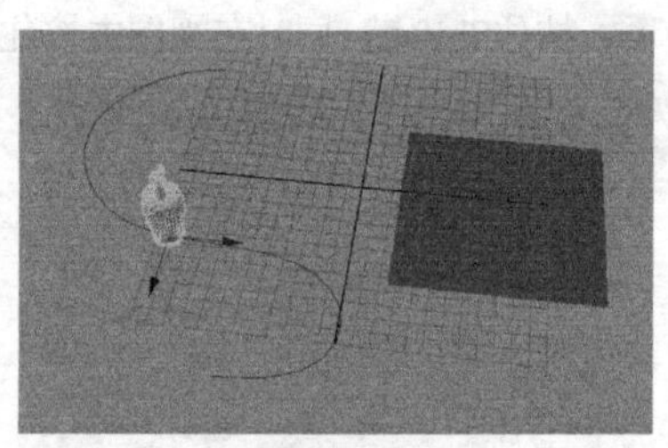

图1-55

04 按住V键激活【捕捉到点】工具，按住中键并拖曳光标到多边形平面的一角，模型就会跟随光标捕捉到平面的角落上，如图1-56所示。

05 同时按住D、X键，按住中键并拖曳光标到栅格中心（世界坐标中心），瓶子模型的轴心点就被捕捉到栅格中心，如图1-57所示。

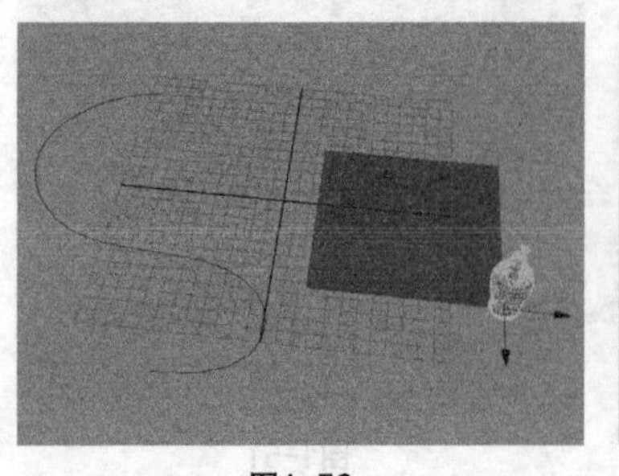

图1-56

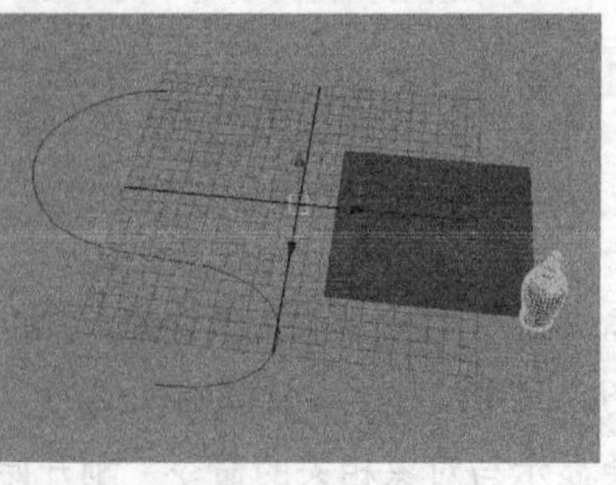

图1-57

技巧与提示

按住D键可以改变对象的轴心点，按Insert键可激活或取消轴心点。改变轴心点后，对象的变换操作会发生重大变化。可通过【修改】菜单下的【居中枢轴】，将轴心点移动到对象的中心。

【案例总结】

本案例是通过将对象捕捉到不同物体上，来认识Maya的捕捉工具。捕捉工具在实际工作中经常用到，须多加练习。

案例 11 复制对象

场景位置	Scene>CH01>A7.mb
案例位置	Example>CH01>A1>A1.mb
视频位置	Media>CH01>11. 复制对象 .mp4
学习目标	掌握各种复制的特点和技巧

（扫码观看视频）

【操作思路】

对太阳模型进行分析，可知太阳周围的光圈是由一模一样的立体三角形组成的，使用【特殊复制】命令可快速、简单地制作该案例效果。

最终效果图

【操作命令】

本例的操作命令是【特殊复制】命令，单击【编辑】>【特殊复制】后的■设置按钮，弹出【特殊复制选项】对话框，如图1-58所示。

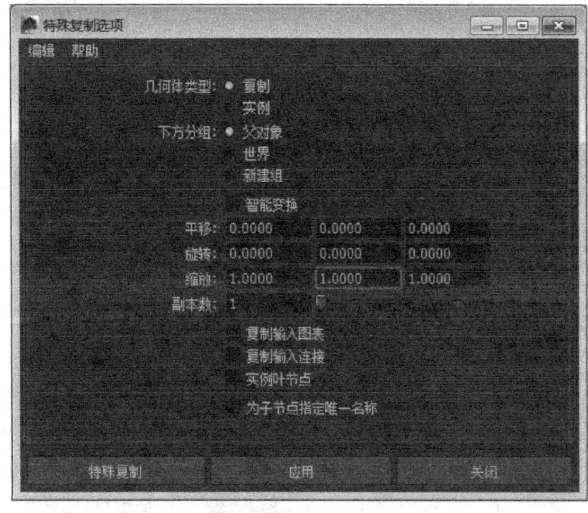

图1-58

特殊复制选项介绍

复制：用于复制对象，默认选择此选项。

实例：复制出来的是选择对象的一个实例。

移动：3个参数分别为x、y、z方向上的移动单位。

旋转：3个参数分别为x、y、z方向上的旋转单位。

缩放：3个参数分别为x、y、z方向上的缩放单位。

副本数：要复制对象的个数。

【操作步骤】

01 打开“Scene>CH01>A6.mb”，如图1-59所示。

02 选择三角体，然后按W键激活移动工具，接着按住X键激活【捕捉到栅格】工具■。按住箭头的中心并拖曳模型到圆柱体的一侧，如图1-60所示。

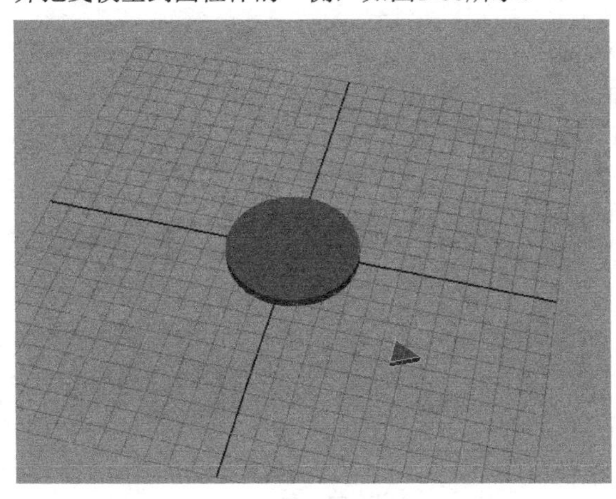
图1-59

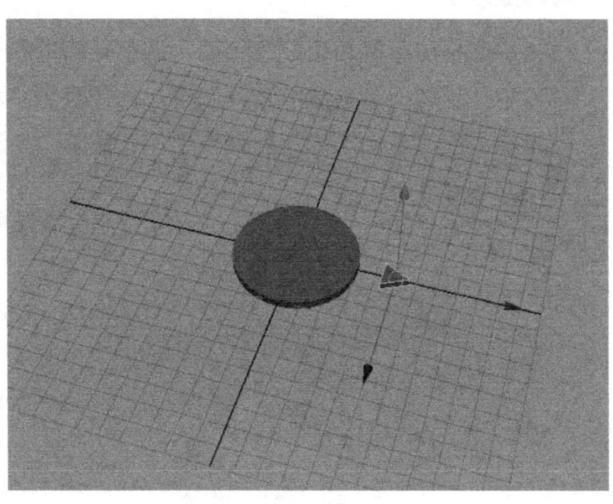
图1-60

03 同时按住D、X键，然后拖曳轴心点到坐标中心，如图1-61所示。

04 单击【编辑】>【特殊复制】命令后的设置按钮，然后在【特殊复制选项】对话框中修改【旋转Y】为36（旋转的三个属性框分别对应的是x、y、z方向）、【副本数】为9，再单击【特殊复制】按钮，如图1-62所示。

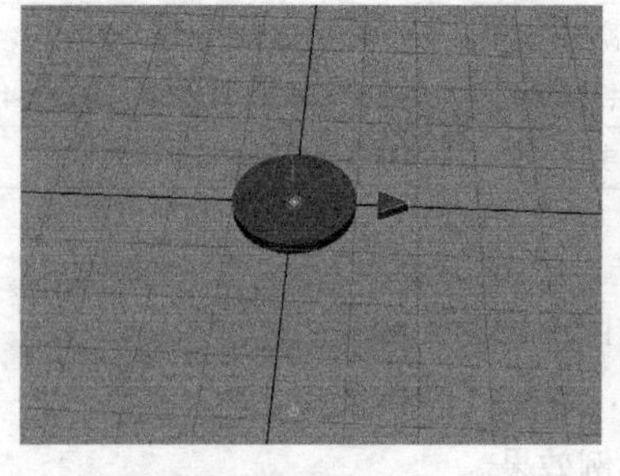

图1-61

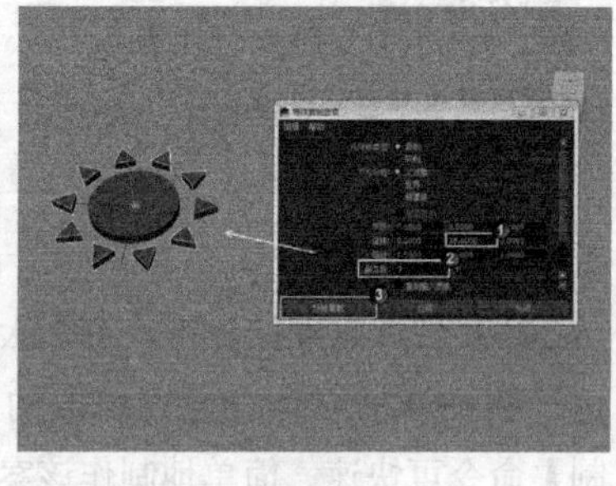

图1-62

技巧与提示

将轴心点移动到坐标中心后，复制出来的对象就会沿中心复制一圈。

【复制】结合【粘贴】命令，主要用于复制文本，基本不用于可复制对象。复制的新对象会被分组，并且与源对象重合。

执行【复制】命令后，会复制并选择新对象，新对象与源对象重合。

【复制并变换】命令将复制出来的对象继承上一个对象的变换信息，从变换属性来看，【复制并变换】出来的对象发生了规律性的变化，如图1-63所示。

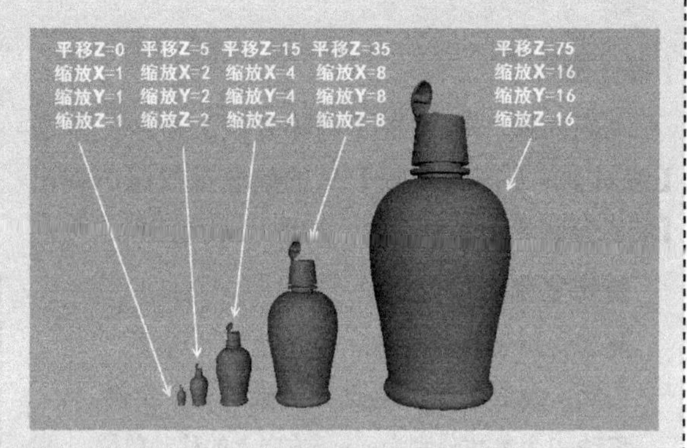

图1-63

【案例总结】

本案例是通过制作一个卡通太阳，来掌握【特殊复制】命令的使用。在Maya中，复制有多个命令，且都有各自的特点，结合使用，可做出一些特殊效果。

练习 001 制作向日葵

场景位置	Scene>CH01>A8.mb
案例位置	Example>CH01>A2>A2.mb
视频位置	Media>CH01>12. 制作向日葵 .mp4
技术需求	使用【捕捉到栅格】工具、【特殊复制】命令、【居中枢轴】命令制作效果

（扫码观看视频）

向日葵效果图如图1-64所示。

【制作提示】

第1步：移动花瓣到花心的一侧，调整花瓣的轴心点。

第2步：复制一个花瓣作为第二层，并调整大小和旋转角度。

第3步：使用【特殊复制】命令制作花瓣。

步骤如图1-65所示。

图1-64

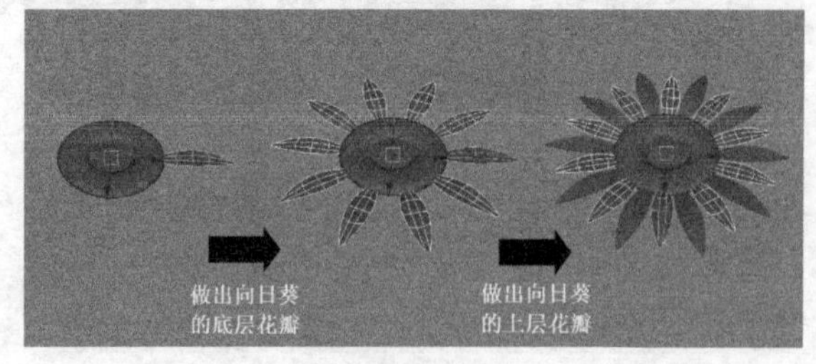

图1-65

第 02 章

曲面建模技术

NURBS即曲面，它是非均匀有理B样条曲线（Non-Uniform Rational B-Splines）的缩写，是一种基于数学函数来描绘曲线和曲面的方式。曲面建模通过参数来控制曲面对象达到任何想要的精度，这就是曲面对象的最大优势。曲面建模可以简单、方便地创建平滑连续的曲面，从而能够制作出逼真、生动的造型。本章将介绍Maya 2014的曲面建模技术，包括曲线与曲面的创建和编辑方法。用曲线生成曲面，通过综合使用这些方法可以制作一些复杂、逼真的曲面模型。

本章学习要点

掌握如何创建曲线
掌握如何编辑曲线
掌握如何用曲线创建曲面
掌握如何创建曲面对象
掌握如何编辑曲面对象
掌握曲面建模的流程与方法

案例12 创建曲线与曲面

场景位置	无
案例位置	无
视频位置	Media>CH02>1. 创建曲线与曲面 .mp4
学习目标	掌握创建和编辑曲面对象

（扫码观看视频）

【操作命令】

本例的操作命令是【创建】菜单下的曲线和曲面命令，如图2-1所示。

【操作步骤】

01 执行【创建】>【CV曲线工具】命令，在视图中多次单击鼠标左键，再按Enter键完成曲线的创建，如图2-2所示。

02 选择曲线，按住鼠标右键将会弹出热盒，如图2-3所示。

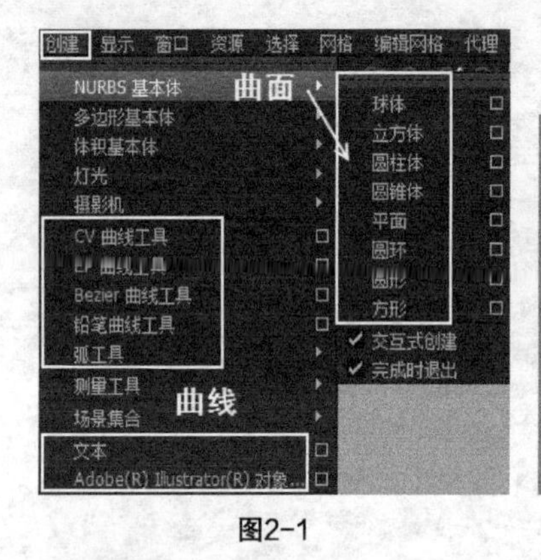

图2-1

图2-2

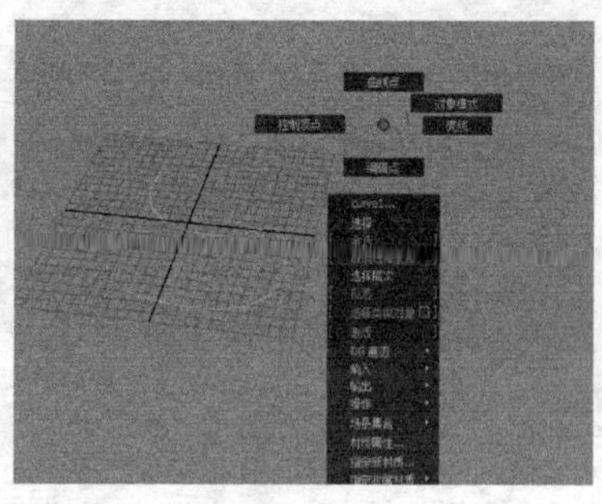
图2-3

技巧与提示

曲线点：可向曲线添加曲线点，通过【编辑曲线】>【插入结】，可将曲线点转换成编辑点。

控制顶点：控制点是壳线的交界点。通过对控制点的调节，可以在保持曲线良好平滑度的前提下对曲线进行调整，从而达到想要的造型且不破坏曲线的连续性，这充分体现了曲面的优势。

编辑点：在Maya中，编辑点用一个小叉来表示。编辑点是曲线上的结构点，每个编辑点都在曲线上，也就是说曲线都必须经过编辑点。

壳线：壳线是控制点的边线。在曲面中，可以通过壳线来选择一组控制点对曲面进行变形操作。

对象模式：整个曲线即为对象模式。

03 选择【控制顶点】组件，然后移动控制点，可改变曲线形状，如图2-4所示。

04 新建场景，执行【创建】>【NURBS 基本体】>【球体】，然后在视图中拖曳光标，即可创建曲面对象，如图2-5所示。

05 选择曲面，按住鼠标右键将会弹出热盒，如图2-6所示。

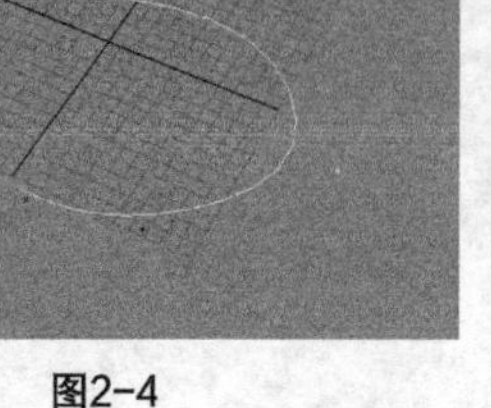
图2-4

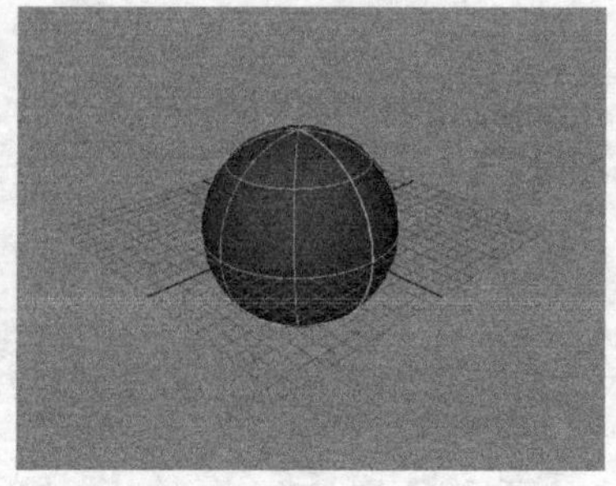
图2-5

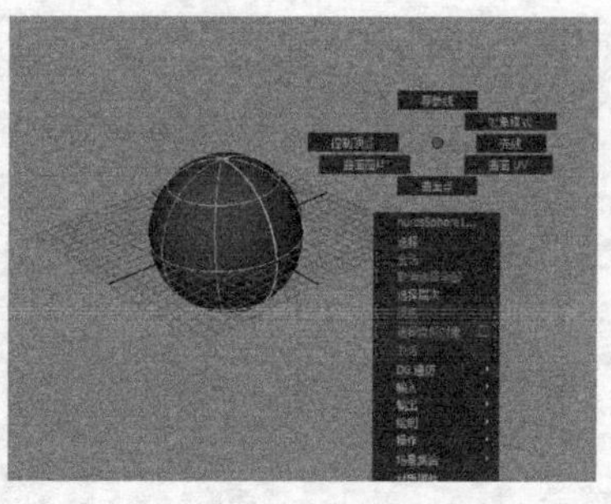
图2-6

技巧与提示

等参线：等参线是U方向和V方向上的网格线，用来决定曲面的精度。

控制点：和曲线的控制点作用类似，都是壳线的交点，可以很方便地控制曲面的平滑度。在大多数情况下，都是通过控制点来对曲面进行调整。

曲面面片：NURBS曲面上的等参线将曲面分割成无数的面片，每个面片都是曲面面片。另外，可以将曲面上的曲面面片复制出来加以利用。

曲面点：是曲面上等参线的交点。

06 选择【控制顶点】组件，然后移动控制点，可改变曲面形状，如图2-7所示。

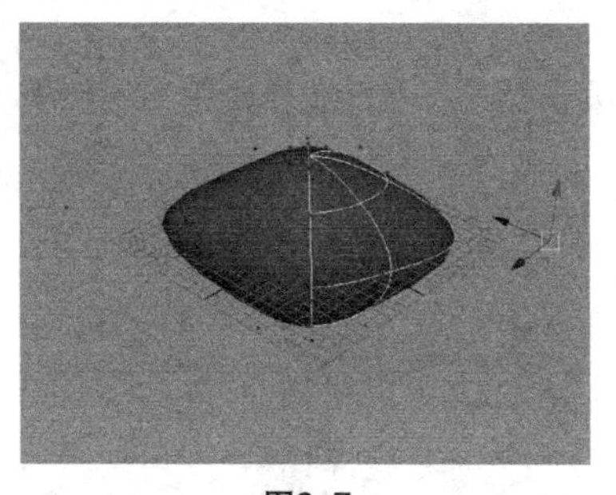

图2-7

【案例总结】

本案例是通过创建并编辑曲线和曲面，来掌握曲线、曲面的特性和基本操作。无论多复杂的曲面模型，都必须经过这些基本操作来完成，因此务必熟练掌握。

技巧与提示

创建完对象后在右侧的【通道盒】中，可以编辑对象变换的属性，还可以编辑历史记录中的属性，如图2-8所示。

历史记录是对对象执行过命令后，被记录下来的信息，信息包括了命令中的一些属性和选项。历史记录会影响后面的操作，并且历史记录越多，占用的系统资源也越多，所以要适当地清理历史记录。执行【编辑】>【按类型删除】>【历史】命令，可删除选择对象的历史记录，如图2-9所示。

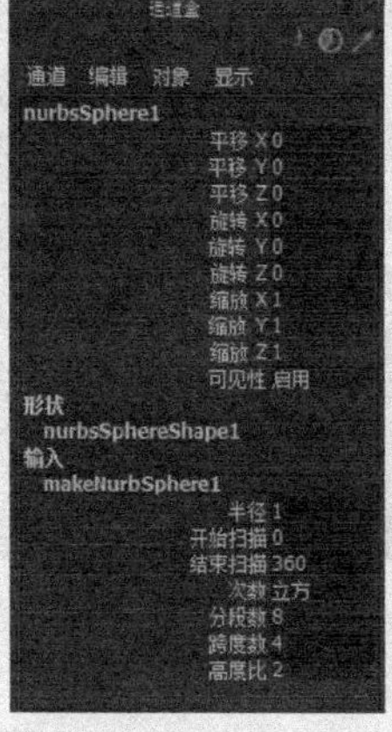

图2-8

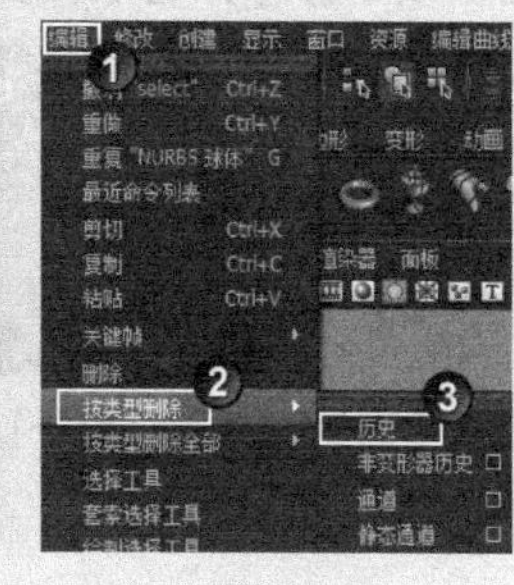

图2-9

执行【编辑】>【按类型删除全部】>【历史】命令，可删除场景中所有对象的历史记录。

案例13 复制曲面曲线：轮胎

场景位置	Scene>CH02>B1.mb
案例位置	Example>CH02>B1.mb
视频位置	Media>CH02>2. 复制曲面曲线：轮胎 .mp4
学习目标	学习如何将曲面上的曲线复制出来

（扫码观看视频）

【操作思路】

对轮胎造型进行分析，进入模型的等参线模式，选择要复制的曲面，使用【复制曲面曲线】命令复制曲线。

【操作命令】

本例的操作命令是【编辑曲线】>【复制曲面曲线】命令，如图2-10所示。

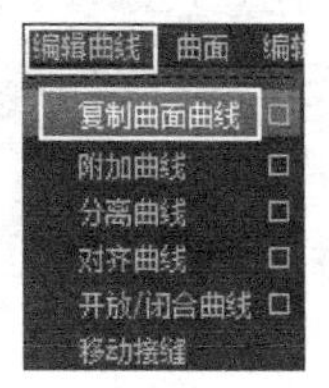

图2-10

最终效果图

【操作步骤】

01 打开场景“Scene>CH02>B1.mb”，然后按5键进入实体显示状态，如图2-11所示。

图2-11

技巧与提示

1键：普通显示模式。

2键：边界框光滑显示模式。

3键：光滑显示模式。

4键：线框显示模式，也可通过视图窗口中的按钮激活。

5键：实体显示模式，也可通过视图窗口中按钮激活。

6键：纹理贴图显示模式，也可通过视图窗口中按钮激活。

7键：灯光显示模式，也可通过视图窗口中按钮激活。

02 在模块下拉菜单中，选择【曲面】模块，如图2-12所示

03 选择轮胎模型并按住鼠标右键，在弹出的热盒中选择【等参线】编辑模式，然后选择轮胎中间的等参线，如图2-13所示

04 执行【编辑曲线】>【复制曲面曲线】命令，将表面曲线复制出来，如图2-14所示。

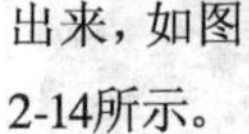

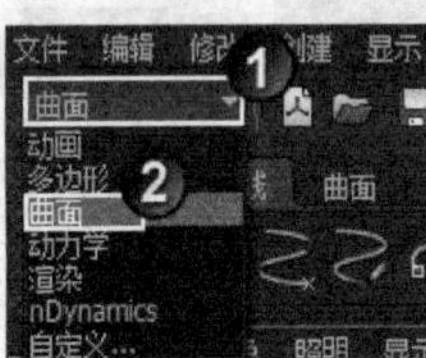

图2-12

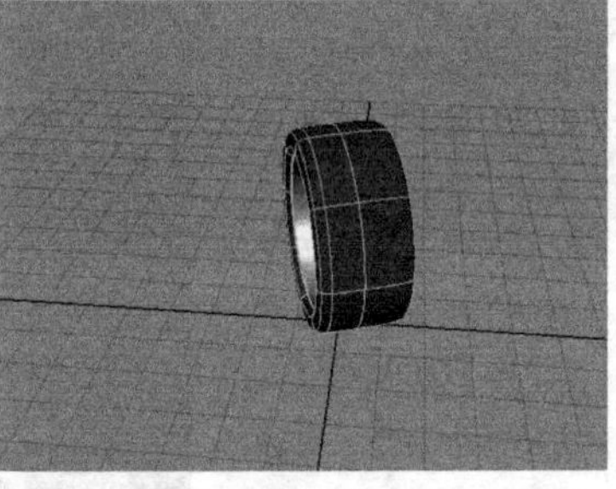

图2-13

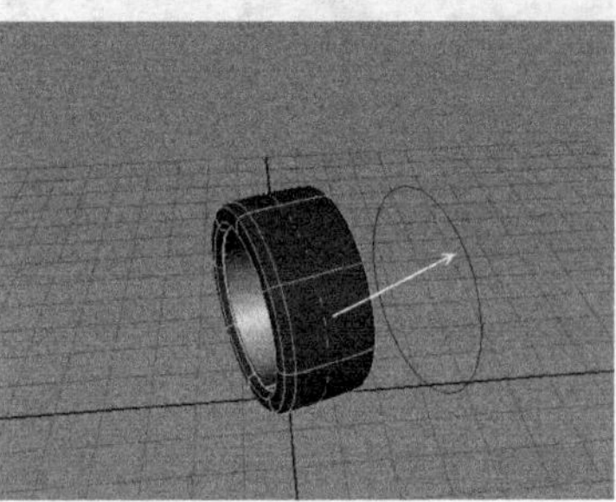

图2-14

【案例总结】

本案例是通过提取一条曲线，来掌握【复制曲面曲线】命令的使用。该命令可以精确地复制出模型表面的轮廓线，在曲面建模中经常用到。

案例 14 附加曲线：五角星

场景位置	Scene>CH02>B2.mb
案例位置	Example>CH02>B2.mb
视频位置	Media>CH02>3. 附加曲线：五角星 .mp4
学习目标	学习如何将两条曲线合并为一条

（扫码观看视频）

【操作思路】

对五角星造型进行分析，调整两条曲线的位置，使它们首尾相连。选择两条曲线，使用【附加曲线】命令连接。

【操作命令】

本例使用【编辑曲线】>【附加曲线】命令将两条断开的曲线连接起来，如图2-15所示。

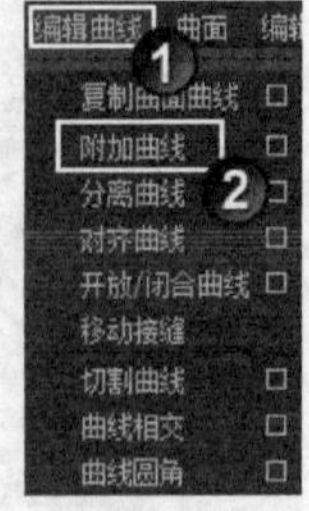

图2-15

最终效果图

【操作步骤】

01 打开场景“Scene>CH02>B2.mb”，然后执行【窗口】>【大纲视图】命令，打开【大纲视图】对话框，从对话框中和视图中都可以观察到曲线是断开的，如图2-16所示。

02 选择一条曲线，然后按住Shift键加选另外一条曲线，如图2-17所示。

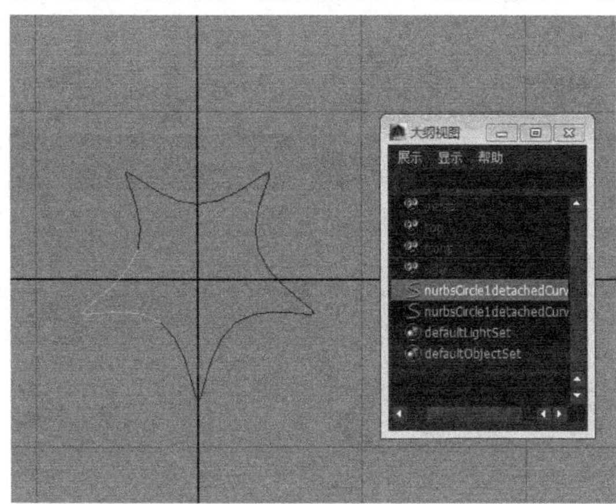

图2-16

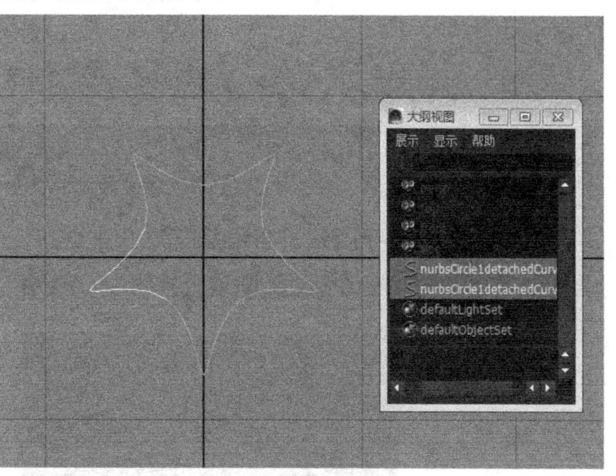

图2-17

03 单击【编辑曲线】>【附加曲线】命令后面的□设置按钮，然后在弹出的对话框中选择【连接】选项，如图2-18所示。

04 单击【附加】按钮，最终效果如图2-19所示。

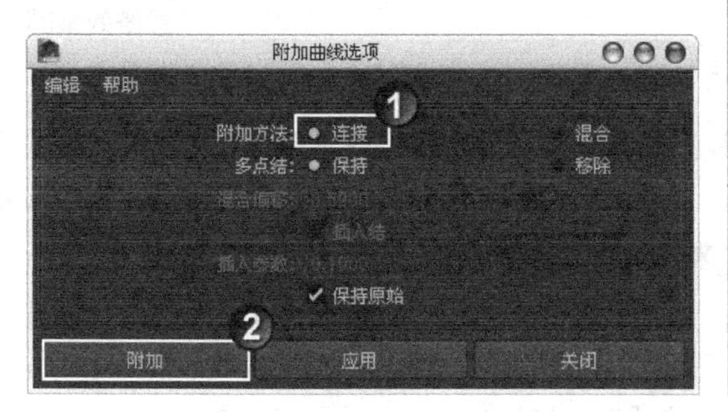

图2-18

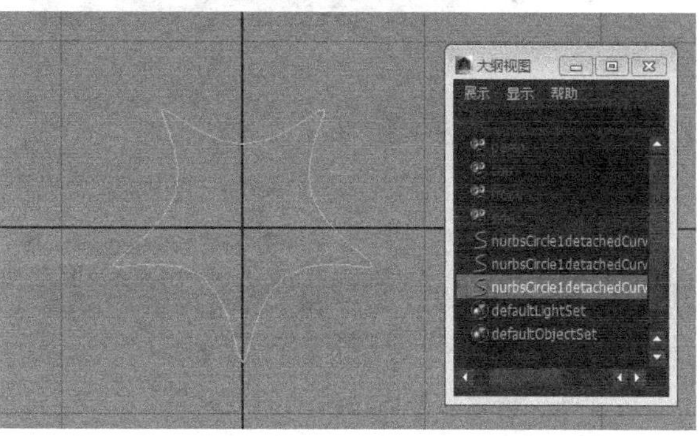

图2-19

技巧与提示

使用附加曲线前，一定要注意曲线之间的间隔。可以结合捕捉工具，使两条曲线首尾相连。

曲线有方向性，应确保曲线的方向符合操作的要求。选择曲线并按住鼠标右键，在弹出的热盒中选择【控制顶点】选项，可查看曲线的方向。空心方框的一端为曲线的起始点，实心点为结束点，如图2-20所示。

选择曲线上的编辑点，执行【编辑曲线】>【分离曲线】命令，可将曲线分离。

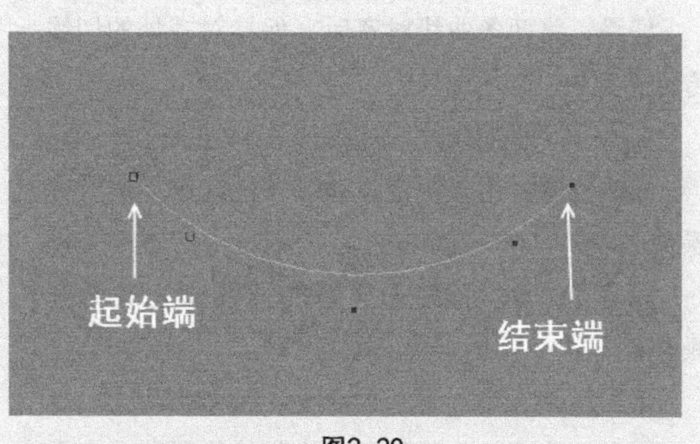

图2-20

【案例总结】

本案例是通过连接曲线，来掌握【附加曲线】命令的。使用【附加曲线】命令可以做出很多复杂的曲线，从而生成复杂的曲面。在操作过程中，一定要注意曲线的方向。

案例 15 对齐曲线：桃心

场景位置	Scene>CH02>B3.mb
案例位置	Example>CH02>B3.mb
视频位置	Media>CH02>4. 对齐曲线：桃心 .mp4
学习目标	学习如何将两条曲线对齐

（扫码观看视频）

【操作思路】

对桃心造型进行分析，选择两条曲线，使用【对齐曲线】命令，将分开的曲线对齐。

最终效果图

【操作命令】

本例的操作命令是【编辑曲线】>【对齐曲线】命令，单击【对齐曲线】命令后面的□设置按钮，打开【对齐曲线选项】对话框，如图2-21所示。

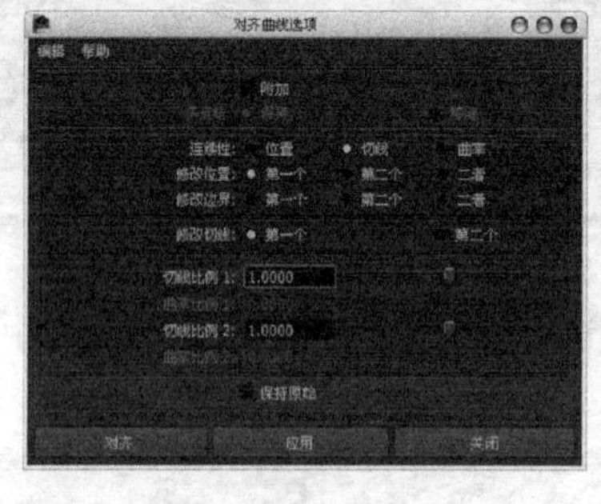

图2-21

对齐曲线选项参数介绍

附加：将对接后的两条曲线连接为一条曲线。

多点结：用来选择是否保留附加处的结构点。【保持】为保留结构点；【移除】为移除结构点，移除结构点时，附加处将变成平滑的连接效果。

连续性：决定对齐后连接处的连续性。

位置：使两条曲线直接对齐，而不保持对齐处的连续性。

切线：将两条曲线对齐后，保持对齐处的切线方向一致。

曲率：将两条曲线对齐后，保持对齐处的曲率一致。

修改位置：用来决定移动哪条曲线来完成对齐操作。

第一个：移动第1个选择的曲线来完成对齐操作。

第二个：移动第2个选择的曲线来完成对齐操作。

二者：将两条曲线同时向均匀的位置移动来完成对齐操作。

修改边界：以改变曲线外形的方式来完成对齐操作。

第一个：改变第1个选择的曲线来完成对齐操作。

第二个：改变第2个选择的曲线来完成对齐操作。

二者：将两条曲线同时向均匀的位置改变外形来完成对齐操作。

修改切线：使用【切线】或【曲率】对齐曲线时，该选项决定改变哪条曲线的切线方向或曲率来完成对齐操作。

第一个：改变第1个选择的曲线。

第二个：改变第2个选择的曲线。

切线比例1：用来缩放第1个选择曲线的切线方向的变化大小。一般使用该选项后，都要在【通道盒】里修改参数。

切线比例2：用来缩放第2个选择曲线的切线方向的变化大小。一般使用该命令后，都要在【通道盒】里修改参数。

曲率比例1：用来缩放第1个选择曲线的曲率大小。

曲率比例2：用来缩放第2个选择曲线的曲率大小。

保持原始：选择该选项后会保留原始的两条曲线。

【操作步骤】

01 打开场景“Scene>CH02>B3.mb”，如图2-22所示。

02 选择两条曲线，然后单击【对齐曲线】命令后面的■设置按钮，打开【对齐曲线选项】对话框，具体参数设置如图2-23所示。

03 单击【对齐】按钮，效果如图2-24所示。

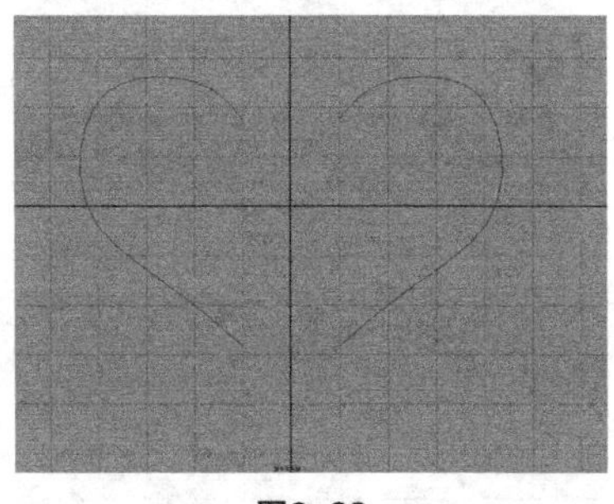

图2-22

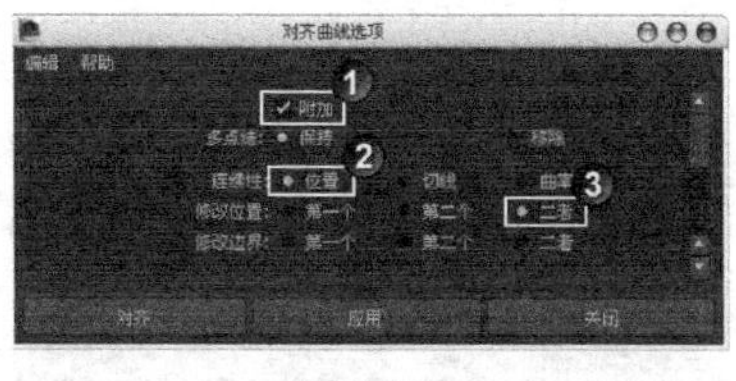

图2-23

图2 -24

【案例总结】

本案例是通过对齐桃心，来掌握【对齐曲线】命令的使用。该命令可将两条曲线快速对齐，避免了手动调整时烦琐、费时的过程。使用【对齐曲线】可以按两条曲线的最近点对齐，也可以按曲线上的指定点对齐。

案例 16 开放 / 闭合曲线：圆圈

场景位置	Scene>CH02>B4.mb
案例位置	Example>CH02>B4.mb
视频位置	Media>CH02>5. 开放 / 闭合曲线：圆圈 .mp4
学习目标	学习如何将有豁口的曲线闭合

（扫码观看视频）

【操作思路】

对圆圈造型进行分析，选择要闭合的曲线，使用【开放/闭合曲线】命令快速闭合曲线。

【操作命令】

本例的操作命令是【编辑曲线】>【开放/闭合曲线】命令，单击【开放/闭合曲线】命令后面的■设置按钮，打开【开放/闭合曲线选项】对话框，如图2-25所示。

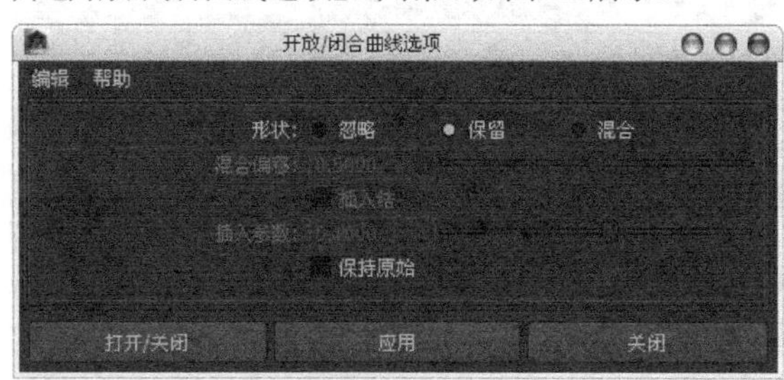

图2-25

最终效果图

开放/闭合曲线选项参数介绍

形状： 执行【开放/闭合曲线】命令后，该选项用来设置曲线的形状。

忽略： 执行【开放/闭合曲线】命令后，不保持原始曲线的形状。

保留： 通过加入CV点来尽量保持原始曲线的形状。

混合： 通过该选项可以调节曲线的形状。

混合偏移： 当选择【混合】选项时，该选项用来调节曲线的形状。

插入结： 当封闭曲线时，在封闭处插入点，以保持曲线的连续性。

保持原始： 保留原始曲线。

【操作步骤】

01 打开场景“Scene>CH02>B4.mb”，如图2-26所示。

02 单击【开放/闭合曲线】命令后面的▣设置按钮，打开【开放/闭合曲线选项】对话框，然后分别将【形状】选项设置为【忽略】、【保留】、【混合】3种连接方式。观察曲线的闭合效果，如图2-27~图2-29所示。

图2-26

图2-27

图2-28

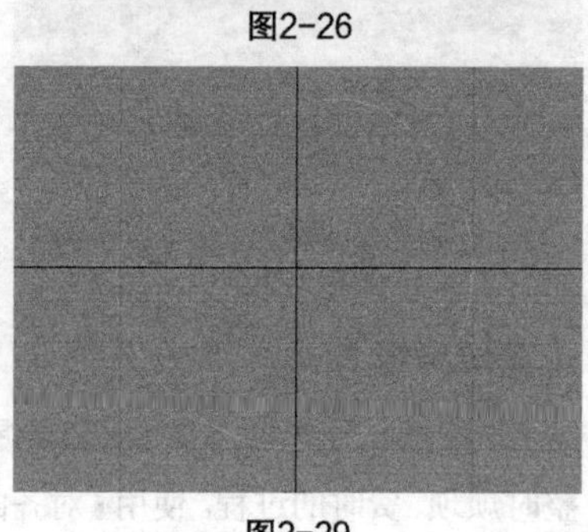

图2-29

【案例总结】

本案例是通过开放和闭合曲线，来掌握【开放/闭合曲线】命令，将开放曲线变成封闭曲线，或将封闭曲线变成开放曲线。在实际制作过程中，设置合适的连接方式，可节省不少时间。

案例 17 切割曲线：黑桃图案

场景位置	Scene>CH02>B5.mb
案例位置	Example>CH02>B5.mb
视频位置	Media>CH02>6. 切割曲线：黑桃图案 .mp4
学习目标	学习如何分离两条曲线相交的部分

（扫码观看视频）

【操作思路】

对黑桃造型进行分析，使用【切割曲线】命令来切割黑桃图案，最后将多余曲线删除。

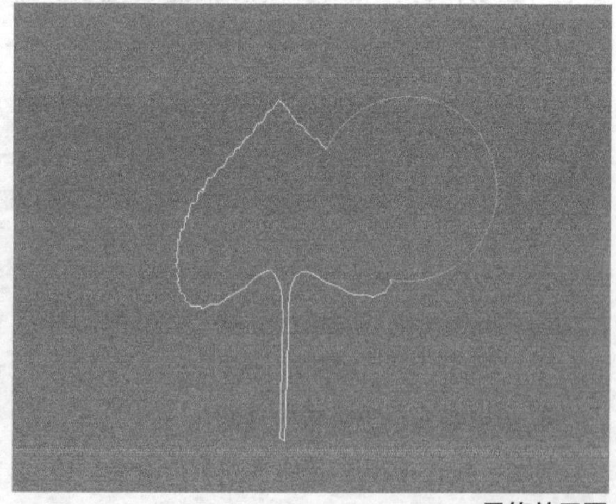

最终效果图

【操作命令】

本例的操作命令是【编辑曲线】>【切割曲线】命令，打开【切割曲线选项】对话框，如图2-30所示。

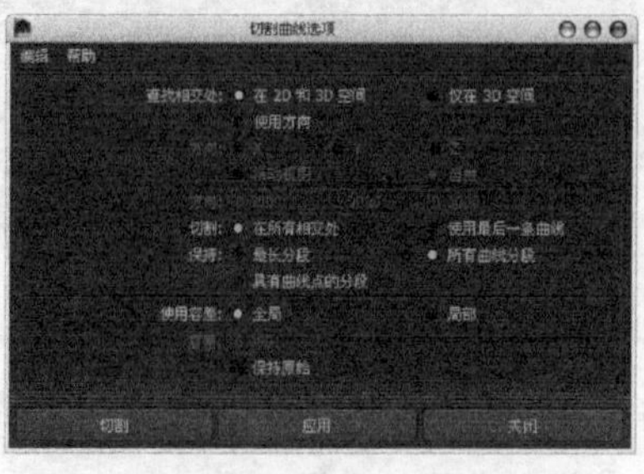

图2-30

切割曲线选项参数介绍

查找相交处：用来选择两条曲线的投影方式。

在2D和3D空间：在正交视图和透视图中求出投影交点。

仅在3D空间：只在透视图中求出交点。

使用方向：使用自定义方向来求出投影交点，有x、y、z轴、【活动视图】和【自由】5个选项可以选择。

切割：用来决定曲线的切割方式。

在所有相交处：切割所有选择曲线的相交处。

使用最后一条曲线：只切割最后选择的一条曲线。

保持：用来决定最终保留和删除的部分。

最长分段：保留最长线段，删除较短线段。

所有曲线分段：保留所有的曲线段。

具有曲线点的分段：根据曲线点的分段进行保留。

【操作步骤】

01 打开场景“Scene>CH02>B5.mb”，如图2-31所示。

02 选择两段曲线，然后执行【编辑曲线】>【切割曲线】命令，这时两条曲线的相交处会被剪断，如图2-32所示

03 选择多余曲线并删除，如图2-33所示。

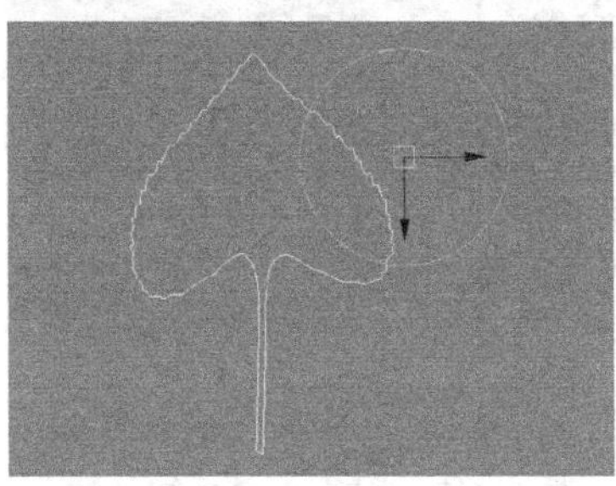

图2-31

图2-32

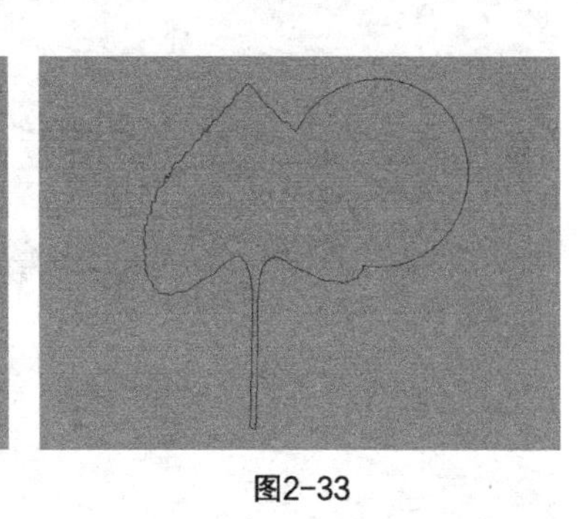

图2-33

【案例总结】

本案例是通过切割黑桃图案，来掌握【切割曲线】命令的操作方法。切割后的曲线会分成若干条曲线，可结合前面学习的【附加曲线】命令将多条曲线合并为一个。

案例 18 插入结：几何图案

场景位置	Scene>CH02>B6.mb
案例位置	Example>CH02>B6.mb
视频位置	Media>CH02>7. 插入结：几何图案 .mp4
学习目标	学习如何为曲线添加编辑点

（扫码观看视频）

【操作思路】

对曲线造型进行分析，选择要添加区域，在【插入结选项】对话框中设置合适参数，为几何图案增加编辑点。

【操作命令】

本例的操作命令是【编辑曲线】>【插入结】命令，打开【插入结选项】对话框，如图2-34所示。

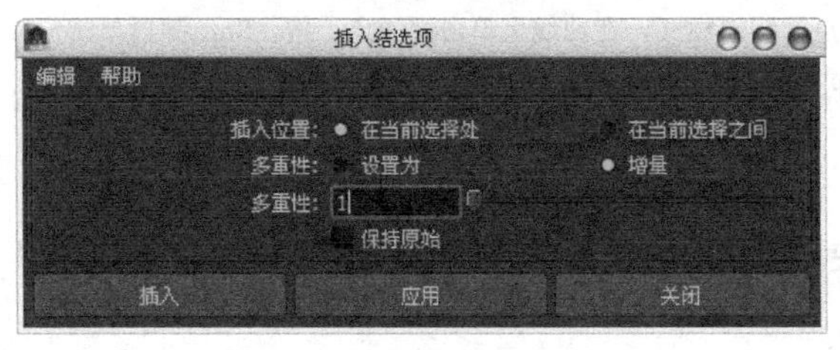

图2-34

最终效果图

插入结选项参数介绍

插入位置：用来选择增加点的位置。

在当前选择处：将编辑点插入指定的位置。

在当前选择之间：在选择点之间插入一定数目的编辑点。当选择该选项后，会将最下面的【多重性】选项更改为【要插入的结数】。

【操作步骤】

01 打开场景“Scene>CH02>B6.mb”， 如图2-35所示。

02 然后在曲线上按住鼠标右键，在弹出的菜单中选择【编辑点】选项，进入编辑点模式，如图2-36所示。

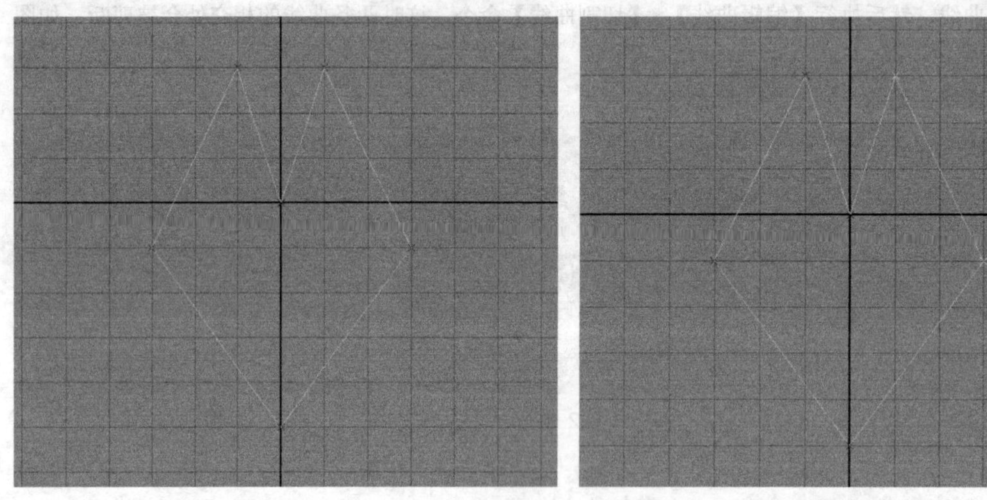

图2-35　　图2-36

03 打开【插入结选项】对话框，具体参数设置如图2-37所示，最终效果如图2-38所示。

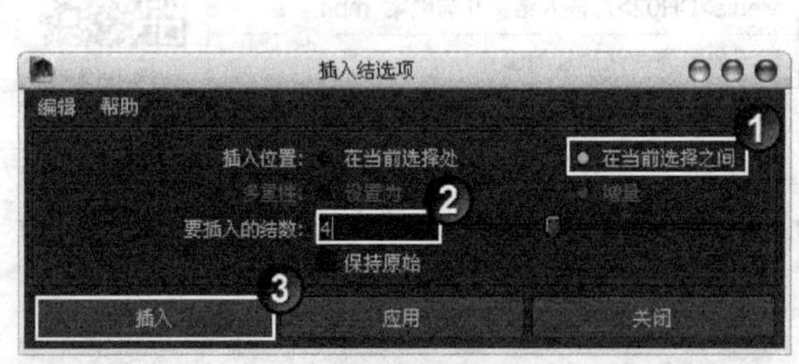

图2-37

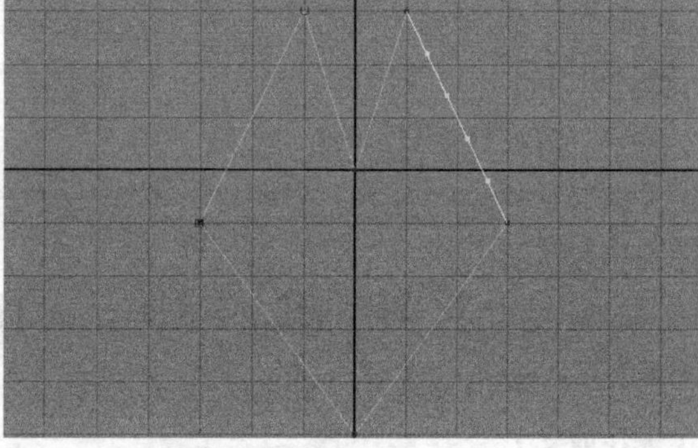

图2-38

技巧与提示

在曲线的任意位置都可添加编辑点。进入曲线的【编辑点】编辑模式，在曲线上单击添加点，按住Shift键再单击，可添加多个编辑点。添加完点后，再执行【插入结】命令，可对曲线添加编辑点。

【案例总结】

本案例是通过为对象增加编辑点，来掌握如何使用【插入结】命令。在实际工作中，为了制作理想的曲线效果，会时常为曲线添加点并进行调整。

案例 19
偏移曲线：苹果图案

场景位置	Scene>CH02>B7.mb
案例位置	Example>CH02>B7.mb
视频位置	Media>CH02>8. 偏移曲线：苹果图案 .mp4
学习目标	学习如何偏移复制曲线

（扫码观看视频）

【操作思路】

对曲线造型进行分析，在【偏移曲线选项】对话框中，设置好偏移距离等参数。

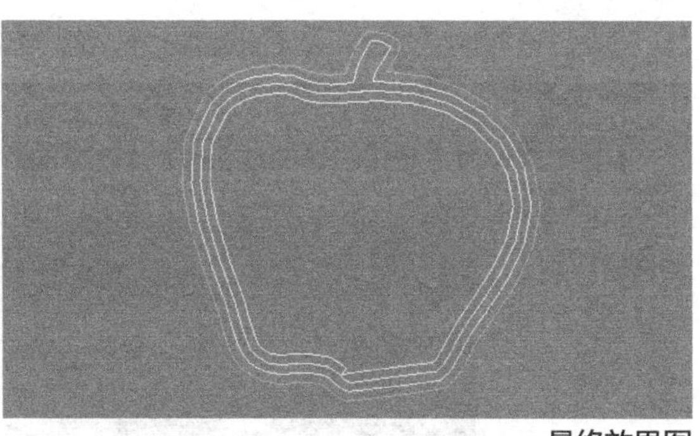
最终效果图

【操作命令】

本例的操作命令是【编辑曲线】>【偏移曲线】命令，打开【偏移曲线选项】对话框，如图2-39所示。

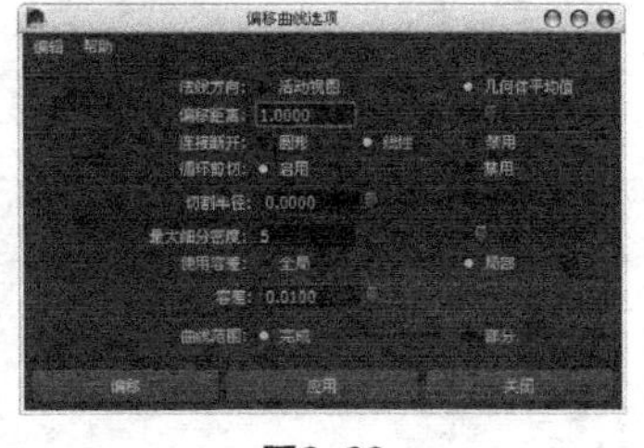
图2-39

偏移曲线选项参数介绍

法线方向：设置曲线偏移的方法。

活动视图：以视图为标准来定位偏移曲线。

几何平均值：以法线为标准来定位偏移曲线。

偏移距离：设置曲线的偏移距离，该距离是曲线与曲线之间的垂直距离。

连接断开：在进行曲线偏移时，由于曲线偏移后的变形过大，会出现断裂现象，该选项可以用来连接断裂曲线。

圆形：断裂的曲线之间以圆形的方式连接起来。

线性：断裂的曲线之间以直线的方式连接起来。

禁用：关闭【连接断开】功能。

循环剪切：在偏移曲线时，曲线自身可能会产生交叉现象，该选项可以用来剪切掉多余的交叉曲线。【启用】为开起该功能，【禁用】为关闭该功能。

切割半径：在切割后的部位进行倒角，可以产生平滑的过渡效果。

最大细分密度：设置当前容差值下几何偏移细分的最大次数。

曲线范围：设置曲线偏移的范围。

完全：整条曲线都参与偏移操作。

部分：在曲线上指定一段进行偏移。

【操作步骤】

01 打开场景“Scene>CH02>B7.mb”，如图2-40所示。

02 打开【偏移曲线选项】对话框，然后设置【法线方向】为【几何平均值】、【偏移距离】为0.2，如图2-41所示。

03 连续单击3次【应用】按钮，将曲线偏移3次，最终效果如图2-42所示。

图2-40

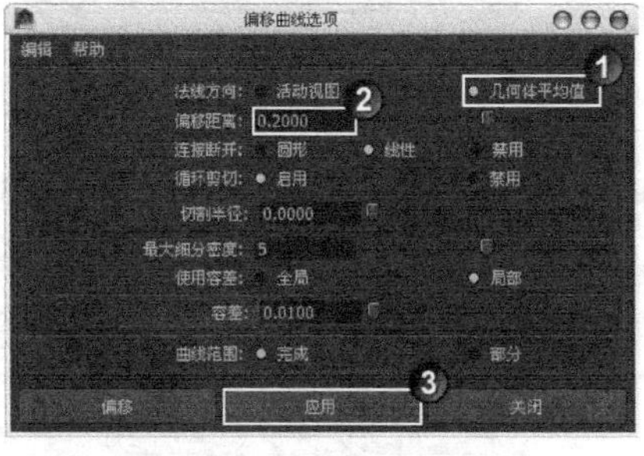

图2-41

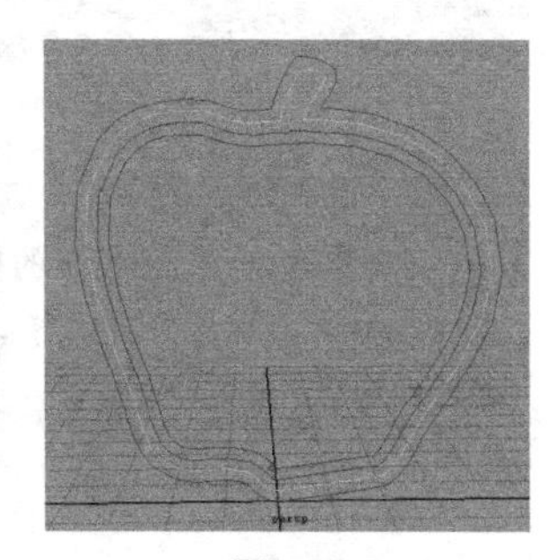
图2-42

【案例总结】

本案例是通过制作特殊曲线，来掌握【偏移曲线】命令的使用。该命令可偏移复制出曲线，常用来制作一些特殊效果。

案例20 重建曲线：符文

场景位置	Scene>CH02>B8.mb
案例位置	Example>CH02>B8.mb
视频位置	Media>CH02>9. 重建曲线：符文 .mp4
学习目标	学习如何增加或减少曲线控制点

（扫码观看视频）

【操作思路】

对曲线造型进行分析，在【重建曲线选项】对话框中，调整合适的参数。

【操作命令】

本例的操作命令是【编辑曲线】>【重建曲线】命令，打开【重建曲线选项】对话框，如图4-43所示。

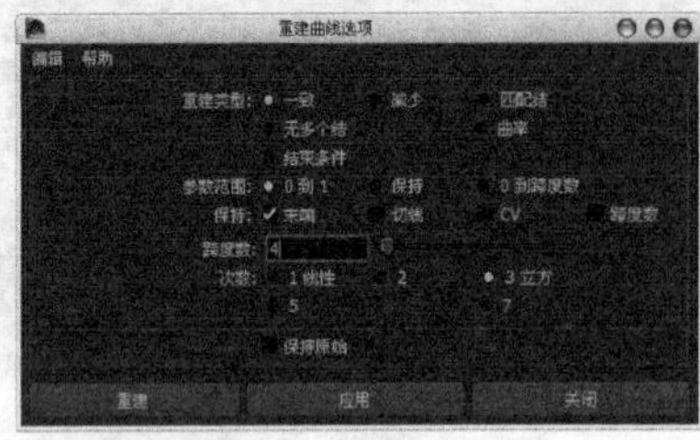
图4-43

最终效果图

重建曲线选框参数介绍

重建类型：选择重建的类型。

一致：用统一方式来重建曲线。

减少：由【容差】值来决定重建曲线的精简度。

匹配结：通过设置一条参考曲线来重建原始曲线，可重复执行，原始曲线将无穷趋向于参考曲线的形状。

无多个结：删除曲线上的附加结构点，保持原始曲线的段数。

曲率：在保持原始曲线形状和度数不变的情况下，插入更多的编辑点。

结束条件：在曲线的终点指定或除去重合点。

【操作步骤】

01 打开场景“Scene>CH02>B8.mb”，如图2-44所示。

02 选择曲线，然后打开【重建曲线选项】对话框，设置【跨度数】为30，如图2-45所示。

03 单击【重建】按钮，最终效果如图2-46所示。

图2-44

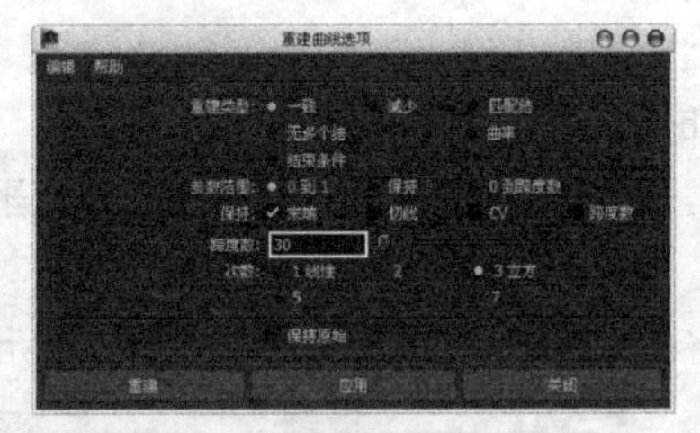
图2-45

图2-46

技巧与提示

经过重建以后，曲线上的控制点减少，并且曲线变得光滑，如图2-47所示。

图2-47

【案例总结】

本案例是通过减少曲线控制点，来掌握【重建曲线】命令的使用。该命令可以修改曲线的一些属性，如结构点的数量和次数等。在使用【铅笔曲线工具】绘制曲线时，还可以使用【重建曲线】命令曲线进行平滑处理。

案例 21
平滑曲线：咒印

场景位置	Scene>CH02>B9.mb
案例位置	Example>CH02>B9.mb
视频位置	Media>CH02>10. 平滑曲线：咒印 .mp4
学习目标	学习如何使曲线平滑

（扫码观看视频）

【操作思路】

对曲线造型进行分析，在【平滑曲线选项】对话框中，调整合适的参数。

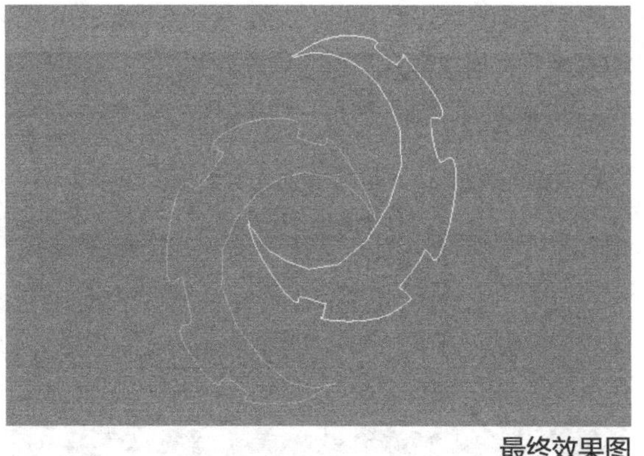

最终效果图

【操作命令】

本例的操作命令是【编辑曲线】>【平滑曲线】命令，打开【平滑曲线选项】对话框，如图2-48所示。

图2-48

平滑曲线选项参数介绍

平滑度：设置曲线的平滑程度。数值越大，曲线越平滑。

【操作步骤】

01 打开场景“Scene>CH02>B9.mb”，如图2-49所示。

02 单击【平滑曲线】命令后面的■设置按钮，打开【平滑曲线选项】对话框，然后设置【平滑度】为30，如图2-50所示。

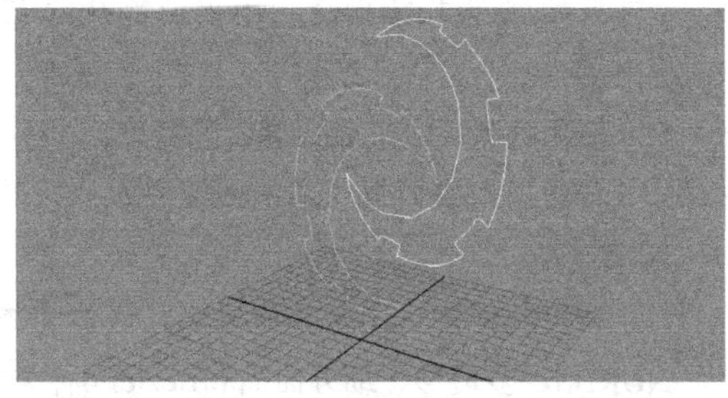

图2-49

图2-50

03 单击【平滑】按钮，最终效果如图2-51所示。

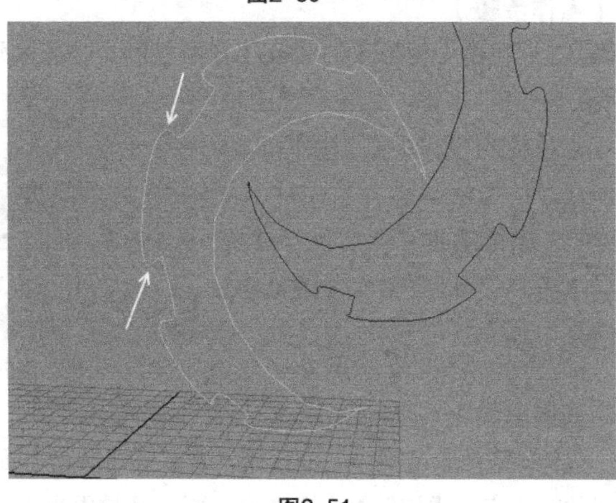

图2-51

【案例总结】

本案例是通过平滑曲线，来掌握【平滑曲线】命令的使用。该命令可以在不减少曲线结构点数量的前提下使曲线变得更加光滑。在使用【铅笔曲线工具】绘制曲线时，一般都要通过该命令来进行光滑处理。如果要减少曲线的结构点，可以使用【重建曲线】命令来设置曲线重建后的结构点数量。

案例22 旋转：花瓶

场景位置	无
案例位置	Example>CH02>B10.mb
视频位置	Media>CH02>11. 旋转：花瓶 .mp4
学习目标	学习如何用曲线做出对称模型

（扫码观看视频）

【操作思路】

对花瓶造型进行分析，花瓶是一个圆润的中心对称物体。用曲线绘制出花瓶的轮廓，将轴心点移至中心，再使用【旋转】命令做出花瓶。

【操作命令】

本例的操作命令是【曲面】>【旋转选项】命令，打开【旋转选项】对话框，如图2-52所示。

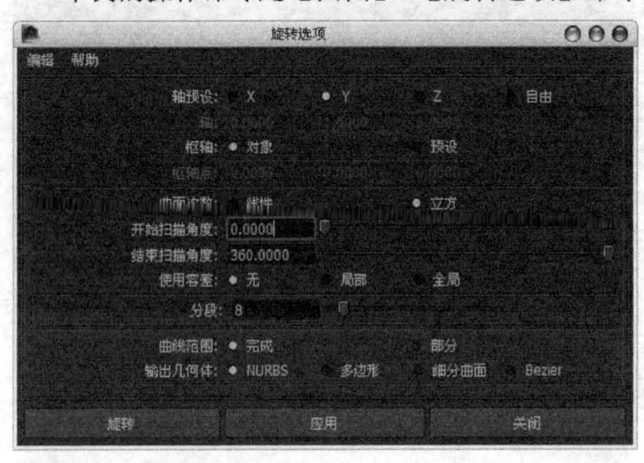

图2-52

最终效果图

旋转选项参数介绍

轴预设： 用来设置曲线旋转的轴向，共有x□y□z轴和【自由】4个选项。

枢轴： 用来设置旋转轴心点的位置。

对象： 以自身的轴心位置作为旋转方向。

预设： 通过坐标来设置轴心点的位置。

枢轴点： 用来设置枢轴点的坐标。

曲面次数： 用来设置生成的曲面的次数。

线性： 表示为1阶，可生成不平滑的曲面。

立方： 可生成平滑的曲面。

开始/结束扫描角度： 用来设置开始/结束扫描的角度。

使用容差： 用来设置旋转的精度。

分段： 用来设置生成曲线的段数。段数越多，精度越高。

输出几何体： 用来选择输出几何体的类型，有NURBS、多边形、细分曲面和Bezier 4种类型。

【操作步骤】

01 在右视图中使用【CV曲线】工具绘制出花瓶的轮廓线，如图2-53所示。

02 按住D、X键，把轮廓线的轴心点捕捉到坐标中心，如图2-54所示。

03 选择轮廓线，然后执行【旋转】命令，最终效果如图2-55所示。

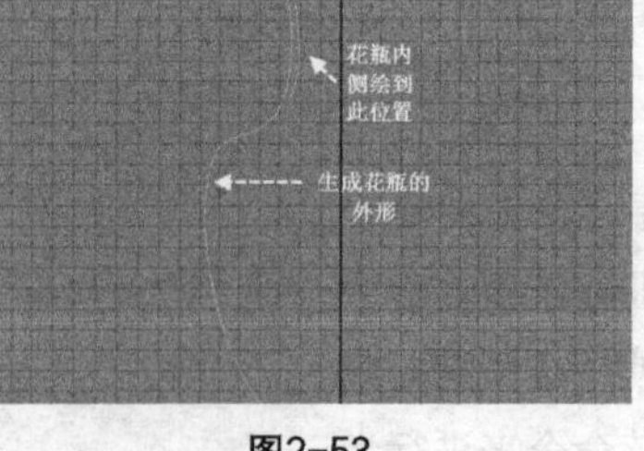

图2-53

图2-54

图2-55

【案例总结】

本案例是通过制作一个花瓶，来掌握【旋转】命令的使用。使用【旋转】命令时，一定要注意轮廓线的轴心点。【旋转】命令非常重要，经常用来创建一些对称的物体。

案例23 放样：减震器

场景位置	Scene>CH02>B10.mb
案例位置	Example>CH02>B11.mb
视频位置	Media>CH02>12. 放样：减震器 .mp4
学习目标	学习如何使用【放样】命令生成曲面

（扫码观看视频）

【操作思路】

对减震器造型进行分析，其弹簧呈螺旋形。选择螺旋曲线，复制曲线并调整其间距，使用【放样】命令可根据曲线形状生成弹簧曲面。

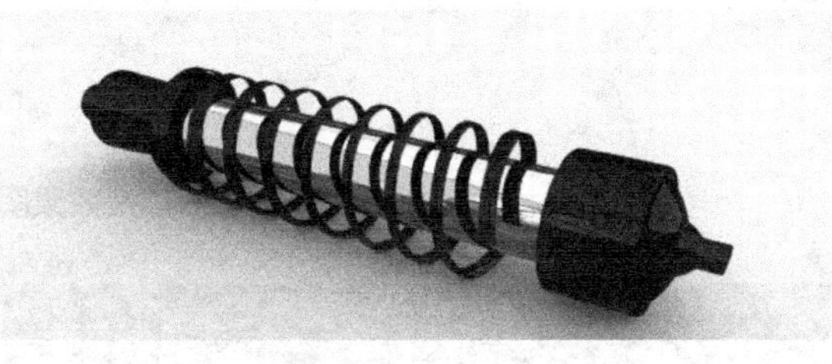

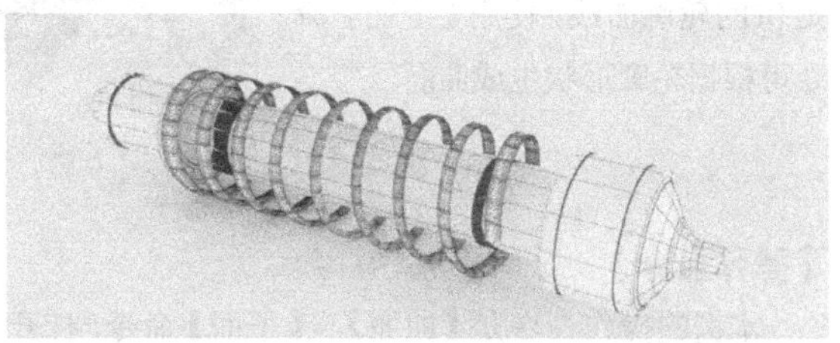

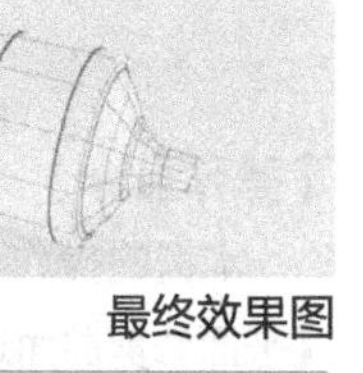

最终效果图

【操作命令】

本例的操作命令是【曲面】>【放样选项】命令，打开【放样选项】对话框，如图2-56所示。

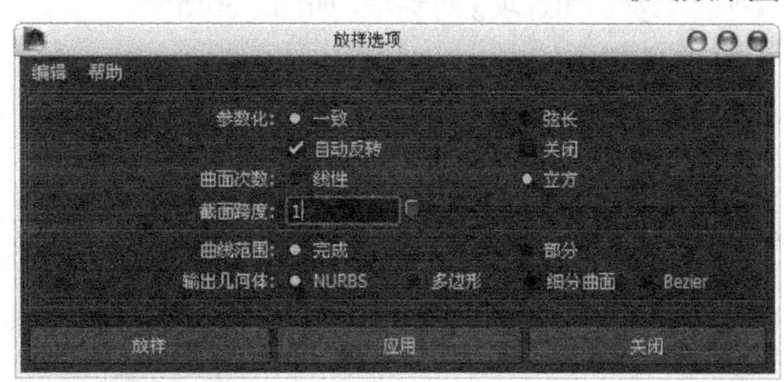

图2-56

放样选项参数介绍

参数化：用来改变放样曲面的V向参数值。

一致：统一生成的曲面在V方向上的参数值。

弦长：使生成的曲面在V方向上的参数值等于轮廓线之间的距离。

自动反转：在放样时，因为曲线方向的不同会出现曲面扭曲现象。该选项可以自动统一曲线的方向，使曲面不会出现扭曲现象。

关闭：选择该选项后，生成的曲面会自动闭合。

截面跨度：用来设置生成曲面的分段数。

【操作步骤】

01 打开场景“Scene>CH02>B10.mb”，如图2-57所示。

02 复制出两条螺旋线，并调整好螺旋线之间的距离，如图2-58所示。

03 两两选择曲线，然后执行【放样】命令，最终效果如图2-59所示。

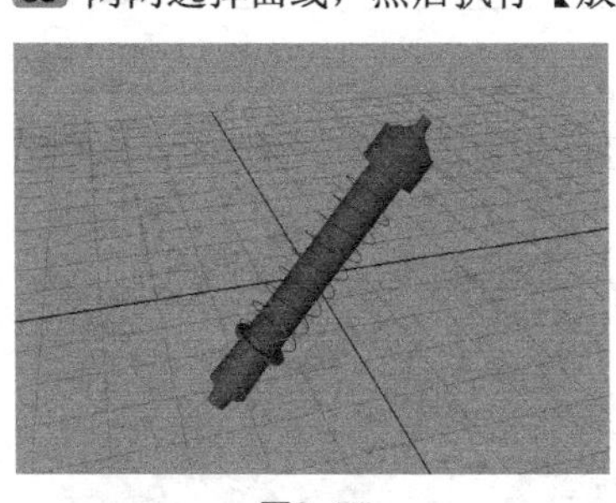

图2-57

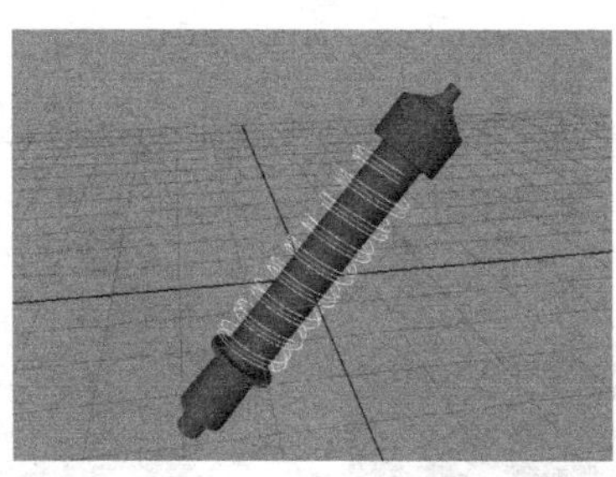

图2-58

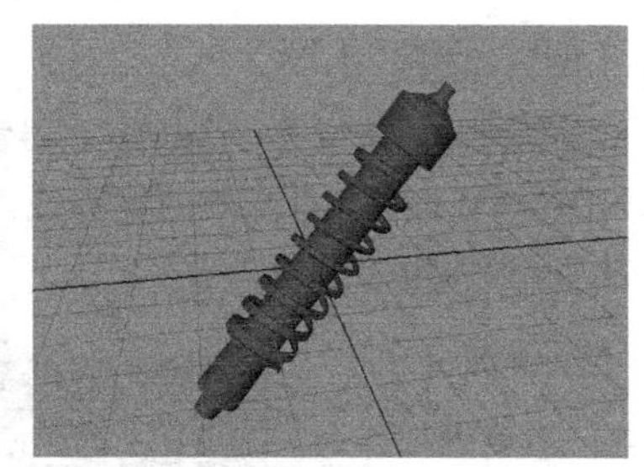

图2-59

【案例总结】

本案例是通过制作一个减震器上的弹簧，来掌握【放样】命令的使用。【放样】命令不仅可以在两条曲线间生成曲面，也可为多条轮廓线生成一个曲面。需要注意的是，选择曲线时要依次进行，不能跨越进行。

案例24 平面：雕花

场景位置	Scene>CH02>B11.mb
案例位置	Example>CH02>B12.mb
视频位置	Media>CH02>13. 平面：雕花 .mp4
学习目标	学习如何使用【平面】命令生成曲面

（扫码观看视频）

【操作思路】

对雕花造型进行分析，雕花是一个具有艺术感的平面。选择场景提供的轮廓曲线，使用【平面】命令可根据轮廓形状生成曲面。

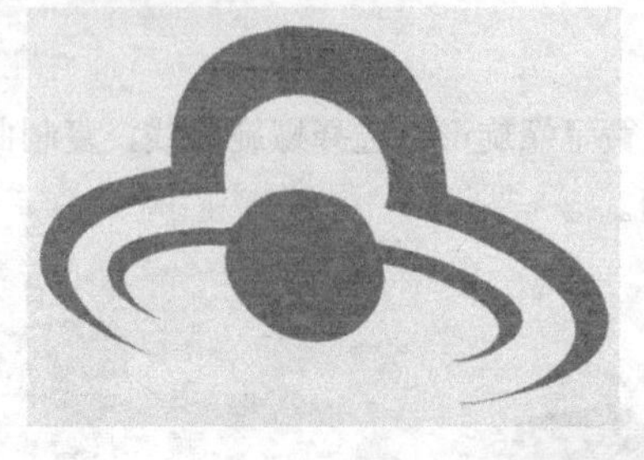

最终效果图

【操作命令】

本例的操作命令是【曲面】>【平面】命令，打开【平面修剪曲面选项】对话框，如图2-60所示。

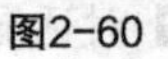
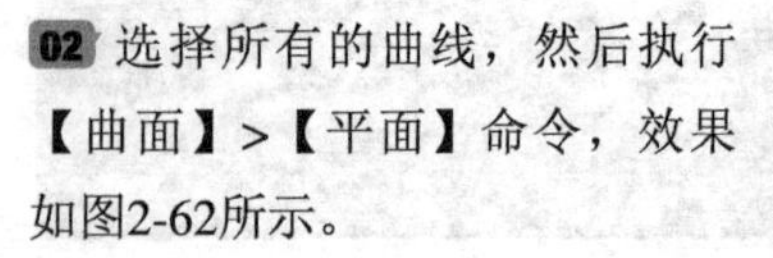

图2-60

【操作步骤】

01 打开场景“Scene>CH02>B11.mb”，如图2-61所示。

02 选择所有的曲线，然后执行【曲面】>【平面】命令，效果如图2-62所示。

图2-61

图2-62

【案例总结】

本案例是通过制作雕花，来掌握【平面】命令的使用。使用【平面】命令可以将封闭的曲线、路径和剪切边等生成一个平面，但这些曲线、路径和剪切边都必须位于同一平面内。

案例25 挤出：武器管

场景位置	Scene>CH02>B12.mb
案例位置	Example>CH02>B13.mb
视频位置	Media>CH02>14. 挤出：武器管 .mp4
学习目标	学习如何根据曲线造型生成曲面

（扫码观看视频）

【操作思路】

对武器管造型进行分析，武器管是一个光滑的管状物，先绘制路径曲线确定武器管的走向，再绘制NUBRS圆形作为武器管的轮廓线，最后使用【挤出】命令生成武器管。

【操作命令】

本例的操作命令是【曲面】>【挤出】命令，打开【挤出选项】对话框，如图2-63所示。

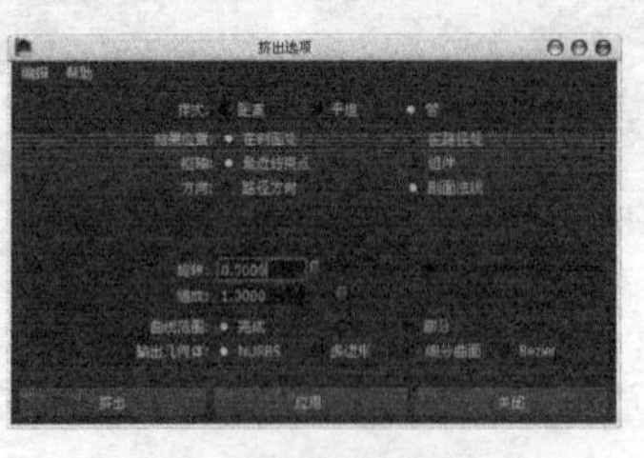
图2-63

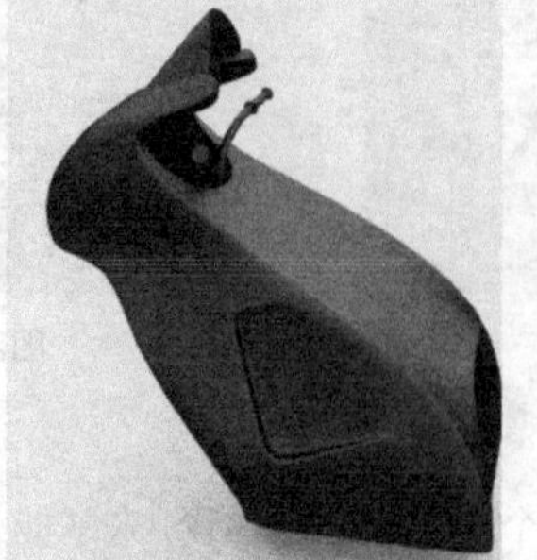
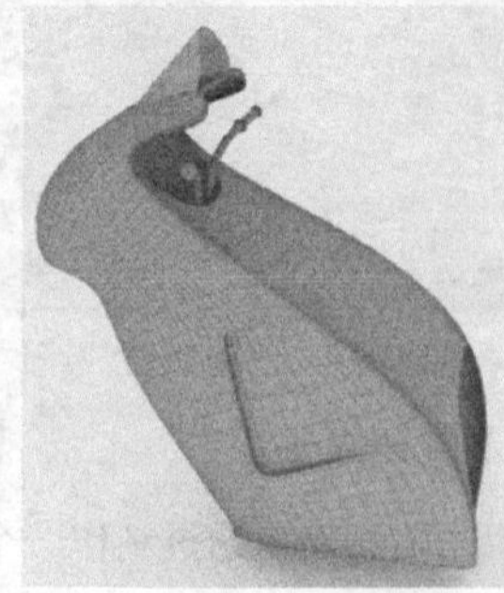
最终效果图

挤出选项参数介绍

样式： 用来设置挤出的样式。

距离: 将曲线沿指定距离挤出。

平坦: 将轮廓线沿路径曲线挤出，但在挤出过程中始终平行于自身的轮廓线。

管: 将轮廓线以与路径曲线相切的方式挤出曲面，这是默认的创建方式。如图2-64所示是3种挤出方式产成的曲面效果。

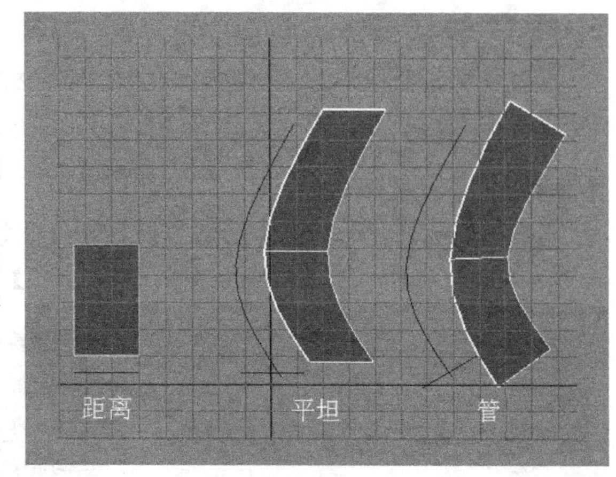

图2-64

结果位置： 决定曲面挤出的位置。

在剖面处: 挤出的曲面在轮廓线上。如果轴心点没有在轮廓线的几何中心，那么挤出的曲面将位于轴心点上。

在路径处: 挤出的曲面在路径上。

枢轴： 用来设置挤出时的枢轴点类型。

最近结束点: 使用路径上最靠近轮廓曲线边界盒中心的端点作为枢轴点。

组件: 让各轮廓线使用自身的枢轴点。

方向： 用来设置挤出曲面的方向。

路径方向: 沿着路径的方向挤出曲面。

剖面法线: 沿着轮廓线的法线方向挤出曲面。

旋转： 设置挤出的曲面的旋转角度。

缩放: 设置挤出的曲面的缩放量。

【操作步骤】

01 打开场景“Scene>CH02>B12.mb”，如图2-65所示。

02 使用【CV曲线】工具在武器管中绘制一条路径曲线，如图2-66所示。

03 绘制一个圆形，并调整大小、位置，如图2-67所示。

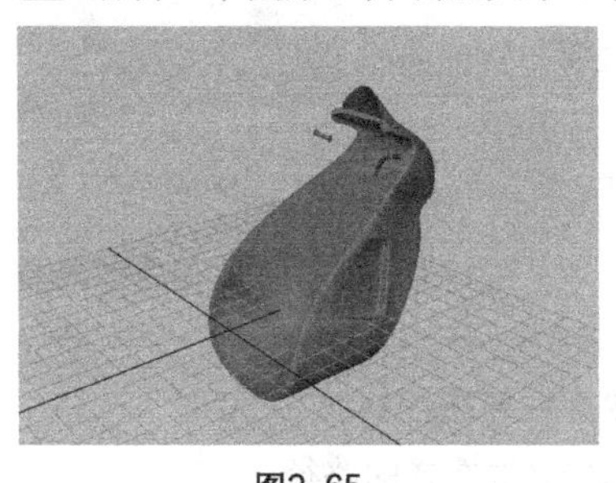
图2-65

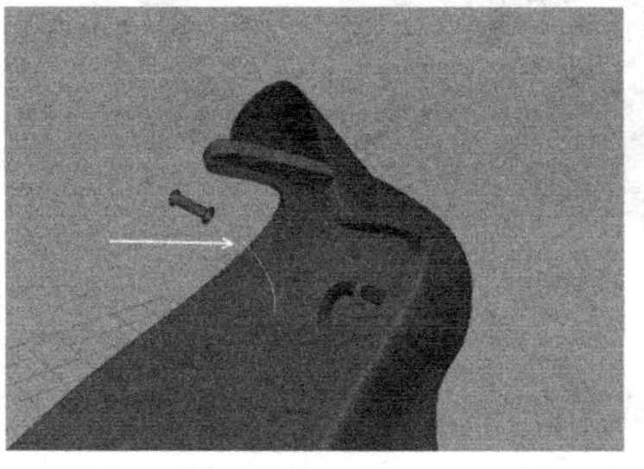
图2-66

图2-67

04 选择圆形，然后按住Shift键加选曲线，打开【挤出选项】对话框，具体参数设置如图2-68所示。最后单击【挤出】按钮，效果如图2-69所示。

05 由于挤出来的对象大小不合适，这时可先选择圆形，然后使用【缩放】工具将其等比例缩小，这样可改变挤出对象的大小，最终效果如图2-70所示。

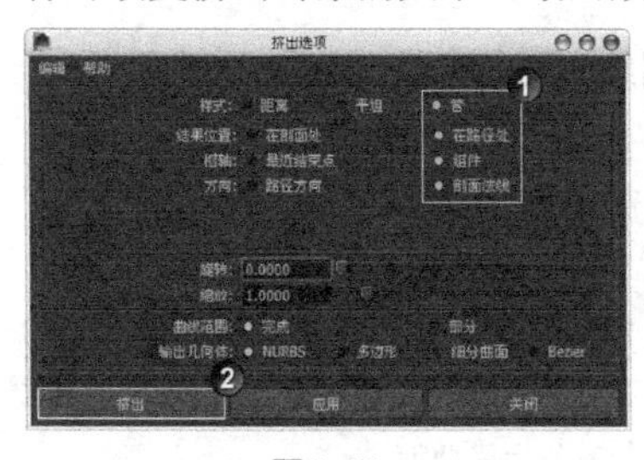

图2-68

图2-69

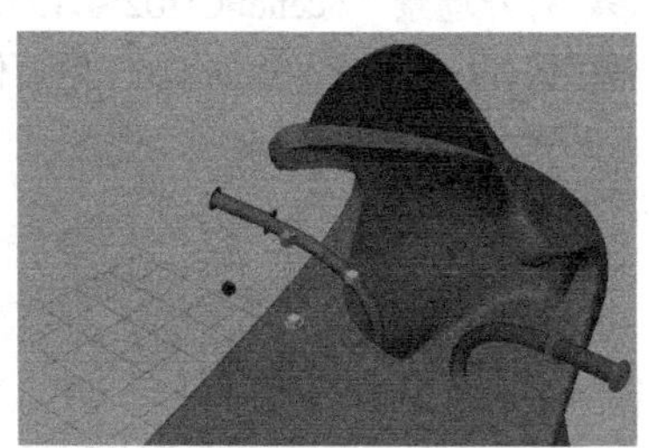
图2-70

技巧与提示

由于有历史记录的影响，这里也可调整圆形轮廓线和路径线，使生成的曲面发生相应的变形，当调整到满意的效果后，可删除历史记录。

【案例总结】

本案例是通过制作一个武器管，来掌握【挤出】命令的使用。在制作复杂的效果时，应多花时间调整好曲线的形状，以便后面生成满意的曲面效果。使用【挤出】命令前，要先选择轮廓线，再选择路径线。

案例26 双轨成形2工具：机械臂

场景位置	Scene>CH02>B13.mb
案例位置	Example>CH02>B14.mb
视频位置	Media>CH02>15. 双轨成形 2 工具：机械臂 .mp4
学习目标	学习如何使用【双轨成形】工具生成曲面

（扫码观看视频）

【操作思路】

对机械臂造型进行分析，机械臂右侧有一个圆弧形状的挡板。绘制、调整好机械臂右侧圆弧的路径线和轮廓线，执行【双轨成形2工具】命令，生成圆弧形挡板。

【操作命令】

本例的操作命令是【曲面】>【双轨成形】>【双轨成形2工具】命令，打开【双轨成形2选项】对话框，如图2-71所示。

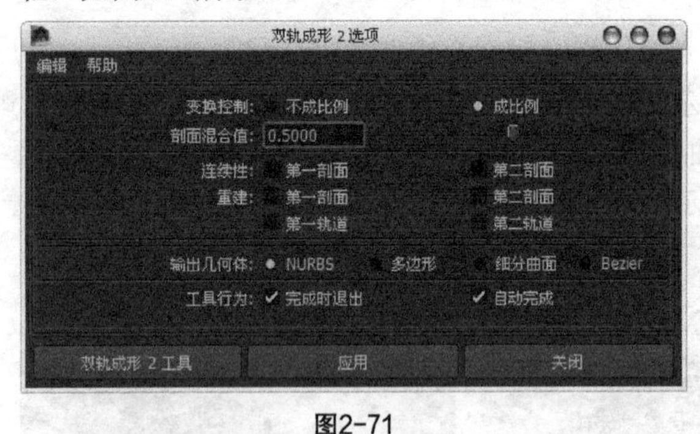

图2-71

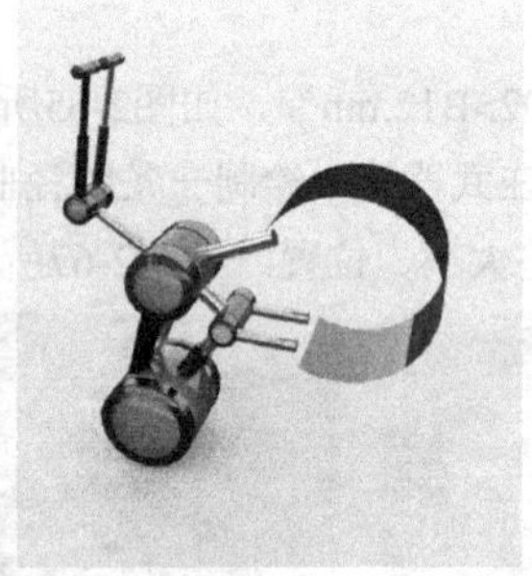
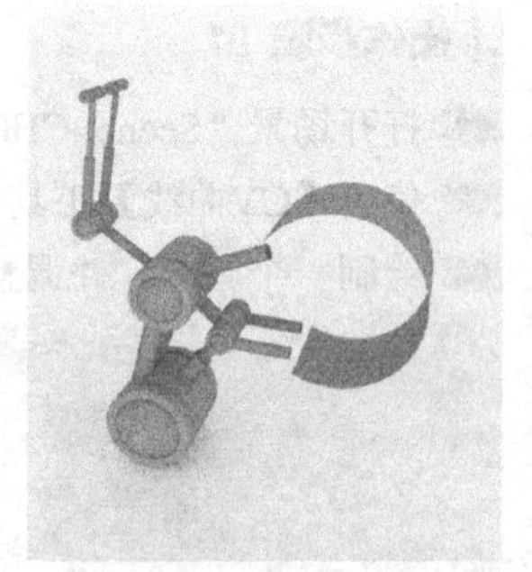
最终效果图

双轨成形2选项参数介绍

变换控制：用来设置轮廓线的成形方式。

不成比例：以不成比例的方式扫描曲线。

成比例：以成比例的方式扫描曲线。

连续性：保持曲面切线方向的连续性。

重建：重建轮廓线和路径曲线。

第一轨道：重建第1次选择的路径。

第二轨道：重建第2次选择的路径。

【操作步骤】

01 打开场景“Scene>CH02>B13.mb”，如图2-72所示。

02 按住C键捕捉曲线的端点，然后使用【EP曲线工具】命令在曲线的两端绘制两条直线，如图2-73所示。

图2-72

图2-73

技巧与提示

轮廓线和曲线必须相交，否则不能生成曲面。

03 选择两条弧线，然后按住Shift键加选连接弧线的两条直线，执行【曲面】>【双轨成形】>【双轨成形2工具】命令菜单，最终效果如图2-74所示。

图2-74

> **技巧与提示**
>
> 双轨成形工具里的其他命令使用方法一样，只要明确路径曲线和轮廓曲线，就能绘制出想要的效果。

【案例总结】

本案例是通过制作一个机械臂，来掌握【双轨成形】工具的使用。该工具常用来制作硬表面模型，例如汽车外壳、飞机外壳等。可将制作好的硬表面模型转换成多变形，再赋予纹理贴图和材质，做出一些产品级效果。

案例27 边界：碎片

场景位置	Scene>CH02>B14.mb
案例位置	Example>CH02>B15.mb
视频位置	Media>CH02>16. 边界：碎片 .mp4
学习目标	学习如何使用【边界】命令生成曲面

（扫码观看视频）

【操作思路】

对碎片造型进行分析，碎片中间有缺口，选择缺口处的轮廓曲线执行【边界】命令，可在缺口处生成曲面。

【操作命令】

本例的操作命令是【曲面】>【边界】命令，打开【边界选项】对话框，如图2-75所示。

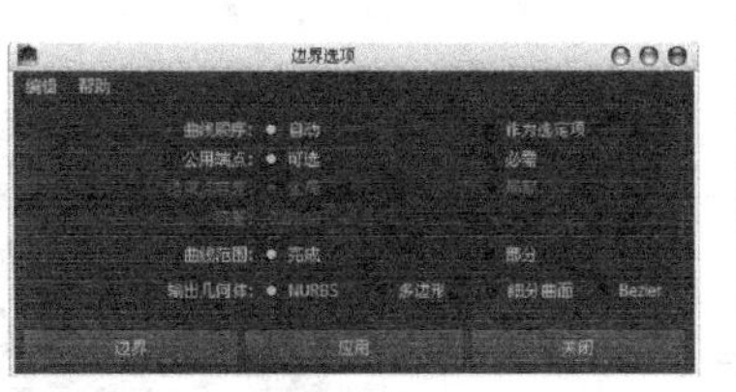

图2-75

最终效果图

边界选项参数介绍

曲线顺序： 用来选择曲线的顺序。

自动： 使用系统默认的方式创建曲面。

作为选定项： 使用选择的顺序来创建曲面。

公用端点： 判断生成曲面前曲线的端点是否匹配，从而决定是否生成曲面。

可选： 在曲线端点不匹配的时候也可以生成曲面。

必需： 在曲线端点必须匹配的情况下才能生成曲面。

【操作步骤】

01 打开场景“Scene>CH02>B14.mb”，如图2-76所示。

02 选择4条相交的边线，如图2-77所示。

03 执行【曲面】>【边界】命令，并复制生成的曲面，移至模型的一侧，效果如图2-78所示。

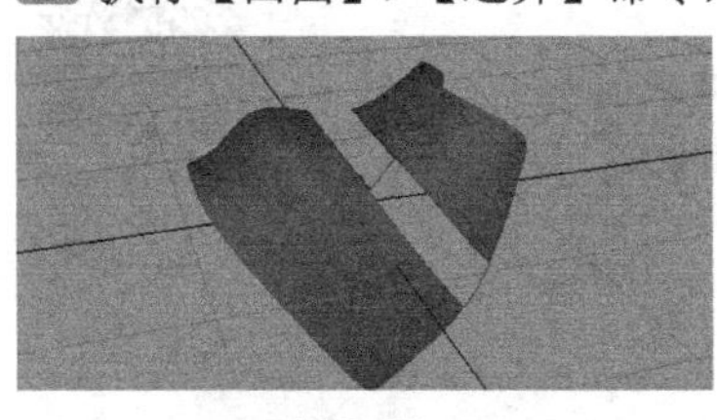

图2-76

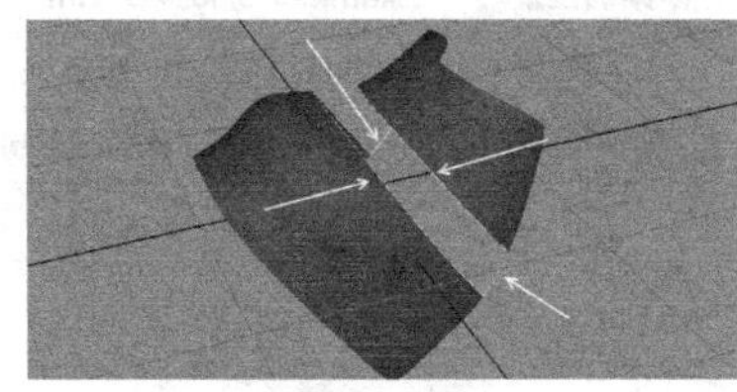

图2-77

图2-78

【案例总结】

本案例是通过制作一个碎片，来掌握【边界】命令的使用。【边界】命令的特点是，可以在非平面状态，为3条以上相交曲线生成曲面。选择曲线时没有顺序限制，但通常是对边选择。

案例28 方形: 外壳

场景位置	Scene>CH02>B15.mb
案例位置	Example>CH02>B16.mb
视频位置	Media>CH02>17. 方形 : 外壳 .mp4
学习目标	学习如何使用【方形】命令生成曲面

（扫码观看视频）

【操作思路】

对外壳造型进行分析，外壳模型是不规则的曲面构成。选择要生成曲面的轮廓曲线执行【方形】命令，可根据轮廓线形状生成曲面。

【操作命令】

本例的操作命令是【曲面】>【方形】命令，打开【方形曲面选项】对话框，如图2-79所示。

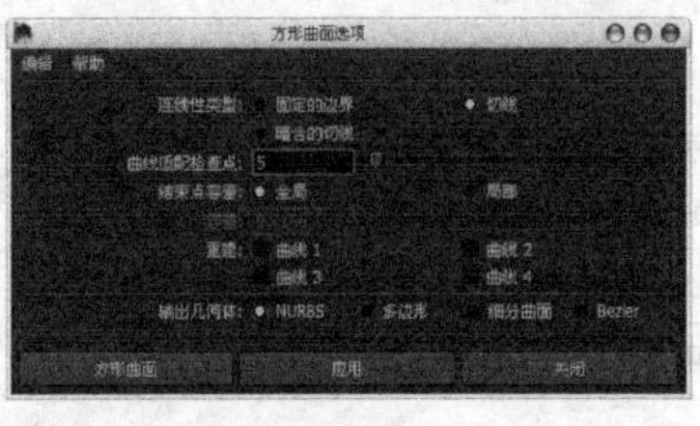

图2-79

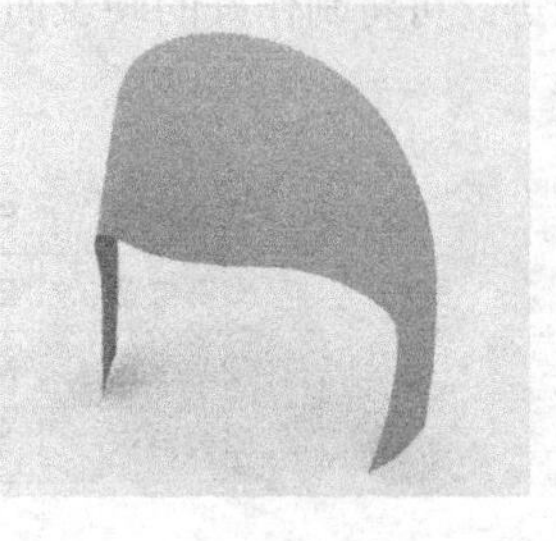

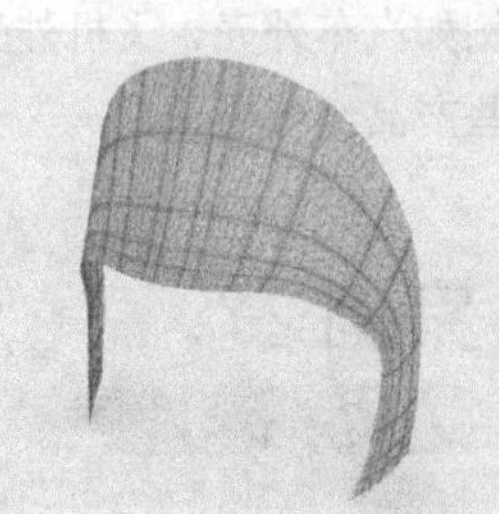

最终效果图

方形曲面选项参数介绍

连续性类型：用来设置曲面间的连续类型。

固定的边界：不对曲面间进行连续处理。

切线：使曲面间保持连续。

暗含的切线：根据曲线在平面的法线上创建曲面的切线。

【操作步骤】

01 打开场景“Scene>CH02>B15.mb”，如图2-80所示。

02 依次选择4条曲线，如图2-81所示。

03 执行【曲面】>【方形】命令，效果如图2-82所示。

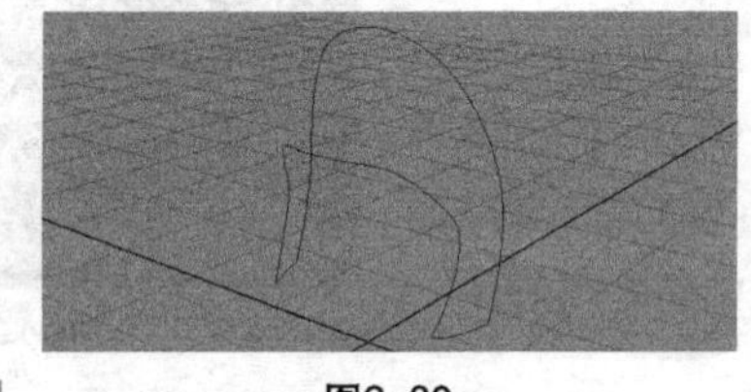

图2-80

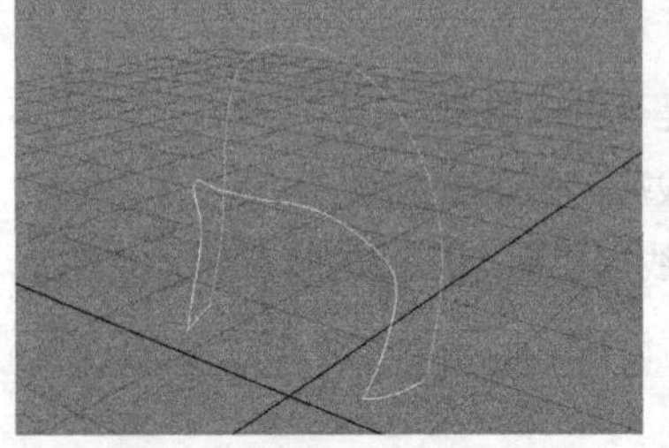

图2-81

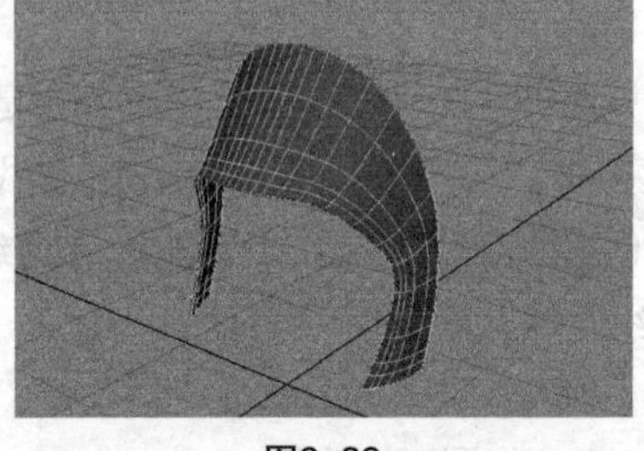

图2-82

【案例总结】

本案例是通过制作一个外壳，来掌握【方形】命令的使用。【边界】命令可以在3条以上的相交曲线生成复杂曲面，选择曲线时要依次选择，否则不能生成曲面。

案例29 倒角+: 螺帽

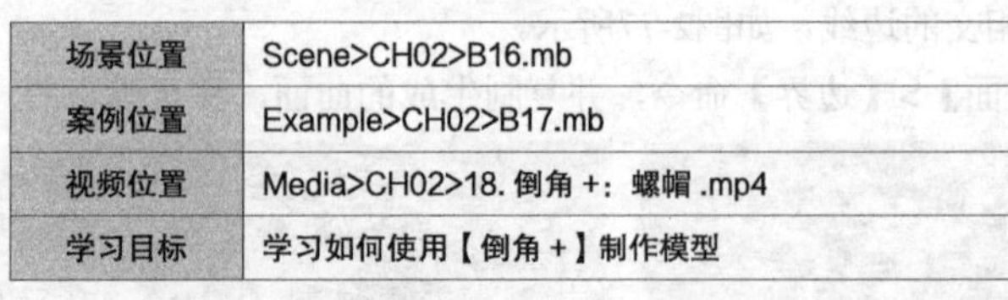

场景位置	Scene>CH02>B16.mb
案例位置	Example>CH02>B17.mb
视频位置	Media>CH02>18. 倒角 +：螺帽 .mp4
学习目标	学习如何使用【倒角 +】制作模型

（扫码观看视频）

【操作思路】

对螺帽造型进行分析，螺帽模型是一个封闭的曲面，选择轮廓曲线，在【倒角+选项】对话框中设置属性，根据需要可生成不同造型的模型。

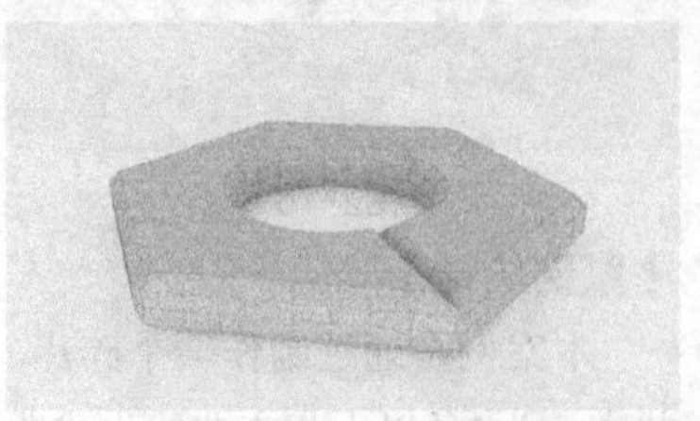

最终效果图

【操作命令】

本例的操作命令是【曲面】>【倒角+】命令，打开【倒角+选项】对话框，如图2-83所示。

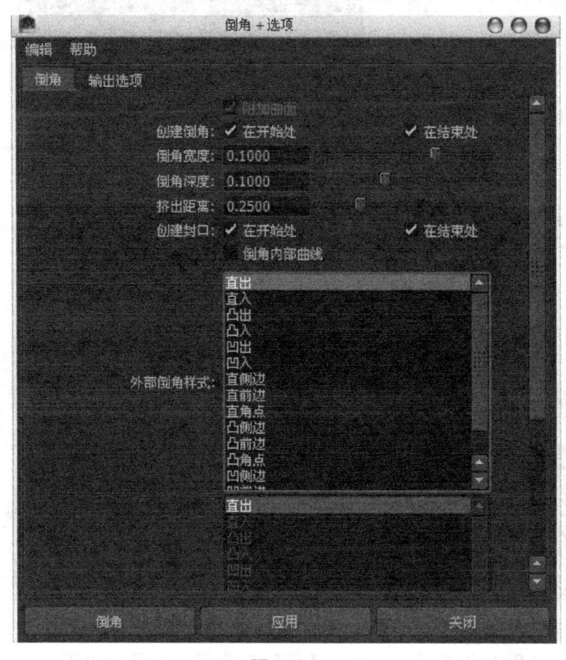

图2-83

倒角+选项参数介绍

创建倒角：

在开始处：离曲线较近的一端创建倒角。

在结束处：离曲线较远的一端创建倒角。

倒角宽度：设置倒角的宽度。

倒角深度：设置倒角的深度。

挤出距离：设置挤出面的距离。

创建封口：

在开始处：离曲线较近的一端创建封口。

在结束处：离曲线较远的一端创建封口。

倒角内部曲线：激活该选项，可精确地控制曲面。

外部/内部倒角样式：可选择外部/内部倒角的形状。

技巧与提示

【倒角+】命令是【倒角】命令的加强版，可控性更强。

【操作步骤】

01 打开场景“Scene>CH02>B16.mb”，如图2-84所示。

02 选择曲线，然后执行【曲面】>【倒角+】命令，效果如图2-85所示。

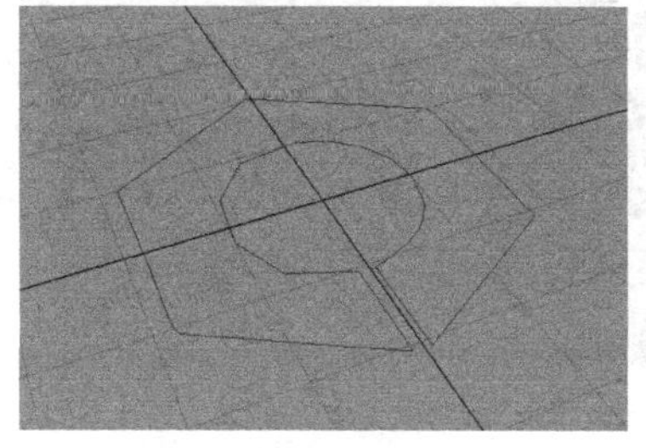

图2-84

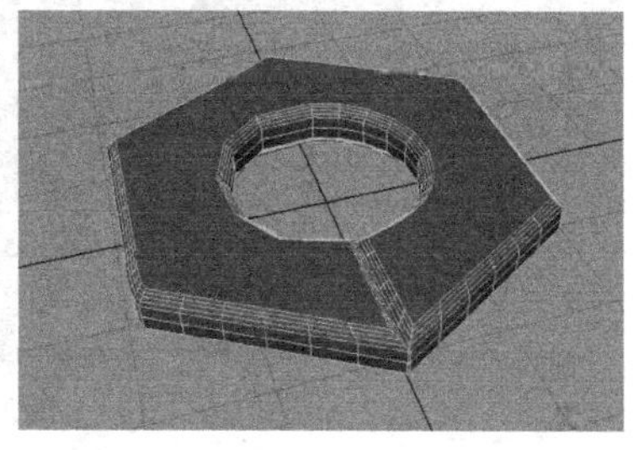

图2-85

【案例总结】

本案例是通过制作一个螺帽，来掌握【倒角+】命令的。使用该命令可生成完全闭合的曲面模型，而【倒角】命令只能生成未封口的曲面。

案例30 复制NURBS面片：面具

场景位置	Scene>CH02>B17.mb
案例位置	Example>CH02>B18.mb
视频位置	Media>CH02>19. 复制 NURBS 面片: 面具 .mp4
学习目标	学习如何从曲面上复制 NURBS 面片

【操作思路】

对面具造型进行分析，右侧的曲面是从面具上复制出来的，选择面具模型，进入【曲面面片】编辑模式，选择要复制的面片，执行【复制NURBS面片】命令，可复制出选择的曲面面片。

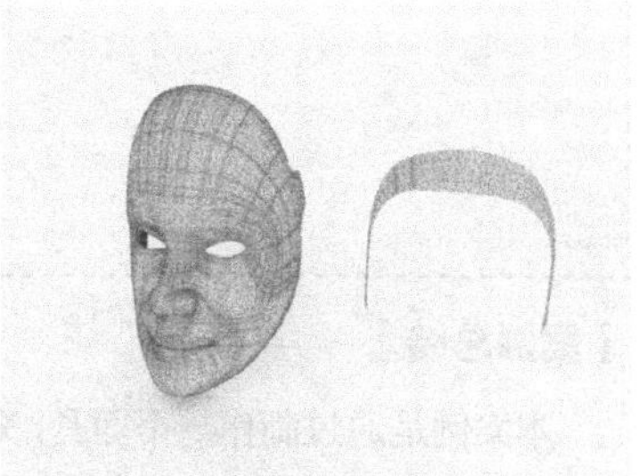

最终效果图

【操作命令】

本例的操作命令是【编辑NUBRS】>【复制NURBS面片】命令，打开【复制NURBS面片选项】对话框，如图2-86所示。

复制NURBS面片选项
编辑 帮助
与原始对象分组
复制 应用 关闭

图2-86

复制NURBS面片选项参数介绍

与原始对象分组：选择该选项时，复制出来的面片将作为原始物体的子物体。

【操作步骤】

01 打开场景“Scene>CH02>B17.mb”，如图2-87所示。

02 在模型上按住鼠标右键，在热盒中选择【曲面面片】选项，进入面片编辑模式，如图2-88所示。

03 选择模型上的面片，如图2-89所示

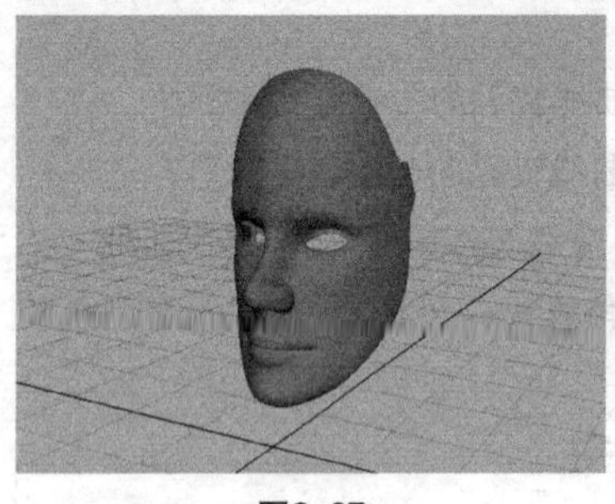

图2-87

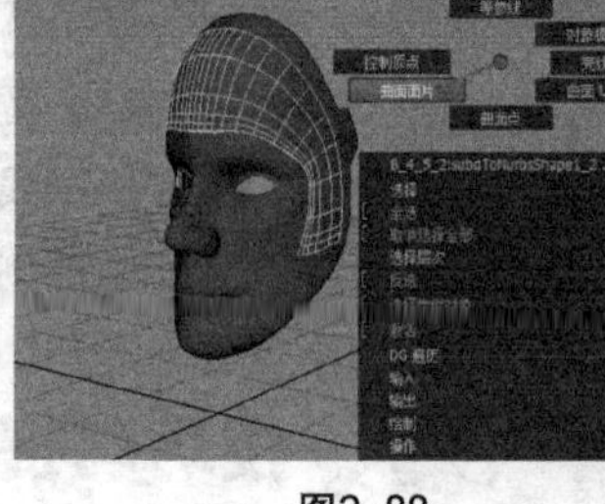

图2-88

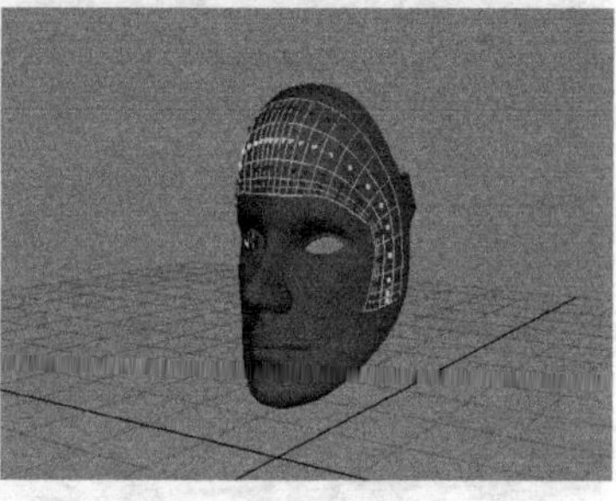

图2-89

04 打开【复制NURBS面片选项】对话框，选择【与原始对象分组】选项，单击【复制】按钮，如图2-90所示。最终效果如图2-91所示。

图2-90

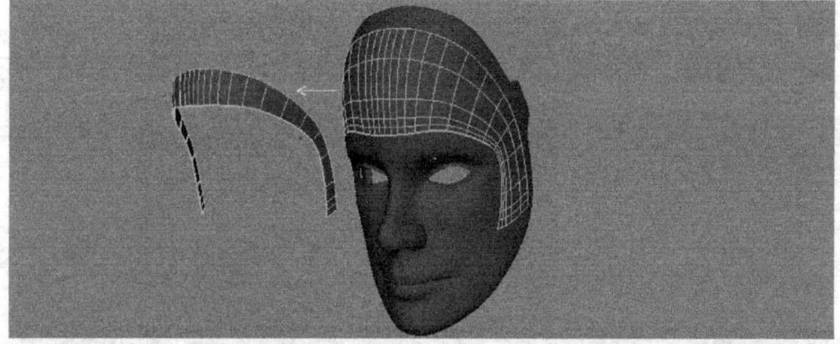

图2-91

技巧与提示

这时复制出来的曲面与原始曲面是群组关系，当移动复制出来的曲面时，原始曲面不会跟着移动，但是当移动原始曲面时，复制出来的曲面也会跟着移动，如图2-92所示。

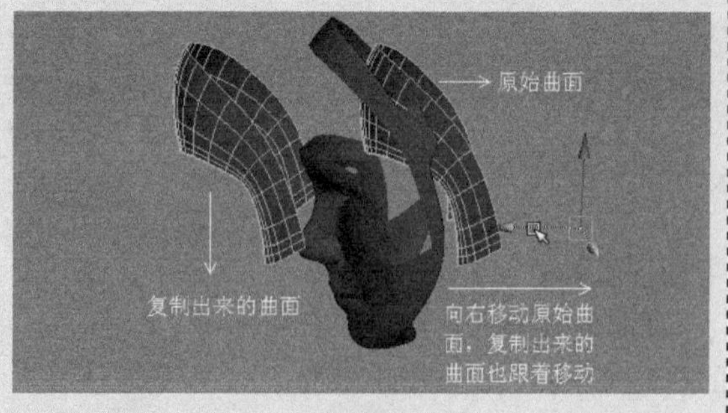

图2-92

【案例总结】

本案例是通过制作一个面具，来掌握【复制NURBS面片】命令的使用。使用该命令可复制出选择的曲面面片，复制出来的曲面可制作一些和源对象贴合的造型，例如手腕上的腕带、脖子上的项链等。

案例 31
在曲面上投影曲线：烟灰缸

场景位置	Scene>CH02>B18.mb
案例位置	Example>CH02>B19.mb
视频位置	Media>CH02>20. 在曲面上投影曲线：烟灰缸 .mp4
学习目标	学习如何在曲面上投影曲线

（扫码观看视频）

【操作思路】

对烟灰缸造型进行分析，烟灰缸上有一个Maya字样的镂空雕花。选择场景提供文字曲线和模型，调整到合适的角度。最后执行【在曲面上投影曲线】，可将Maya曲线投影到曲面上。

最终效果图

【操作命令】

本例的操作命令是【编辑NUBRS】>【在曲面上投影曲线】命令，打开【在曲面上投影曲线选项】对话框，如图2-93所示。

图2-93

在曲面上投影曲线选项参数介绍

沿以下项投影：用来选择投影的方式。

活动视图：用垂直于当前激活视图的方向作为投影方向。

曲面法线：用垂直于曲面的方向作为投影方向。

【操作步骤】

01 打开场景“Scene>CH02>B18.mb”，如图2-94所示。

02 切换到前视图，选择文字和模型，如图2-95所示。

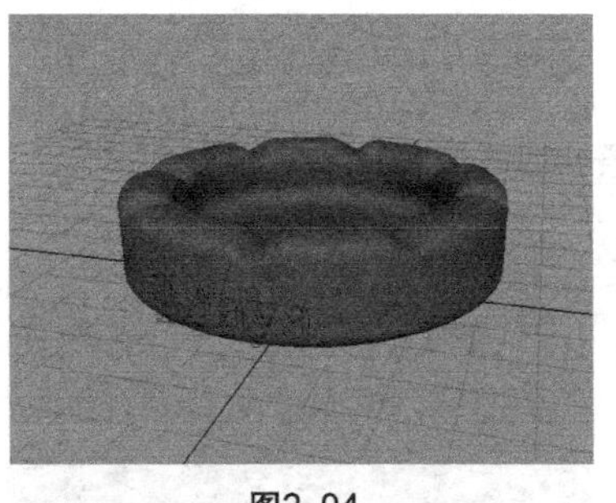

图2-94

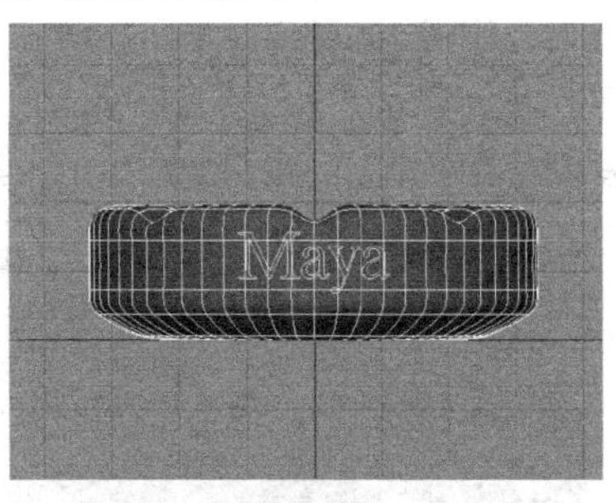

图2-95

技巧与提示

投影生成曲线的位置，是根据摄影机角度来确定的。因此，投影前一定要调整好摄影机角度。

03 打开【在曲面上投影曲线选项】对话框，设置【沿以下项投影】为【曲面法线】，单击【投影】按钮，如图2-96所示。最终效果如图2-97所示。

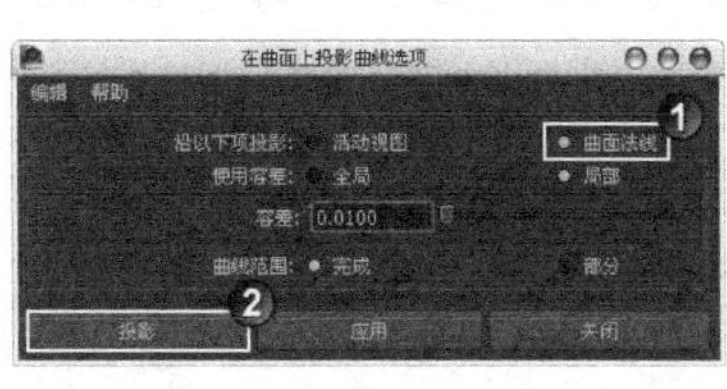

图2-96

图2-97

【案例总结】

本案例是通过制作一个烟灰缸，来掌握【在曲面上投影曲线】命令的使用。将曲线投影到曲面上后，可以得到与曲面表面相贴合的曲线，为后面制作特殊效果做准备。

案例32 曲面相交：机械零件

场景位置	Scene>CH02>B19.mb
案例位置	Example>CH02>B20.mb
视频位置	Media>CH02>21. 曲面相交：机械零件 .mp4
学习目标	学习如何在曲面间提取相交曲线

（扫码观看视频）

【操作思路】

对机械零件造型进行分析，机械零件由3个球体和一个特殊结构的管状物组成。选择两个或多个曲面对象，执行【曲面相交】命令，可以生成球体和管状物相交处的曲线。

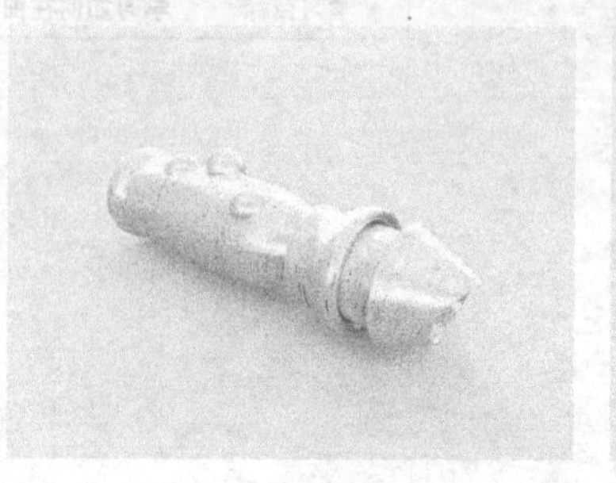

最终效果图

【操作命令】

本例的操作命令是【编辑NUBRS】>【曲面相交】命令，打开【曲面相交选项】对话框，如图2-98所示。

图2-98

曲面相交选项参数介绍

为以下项创建曲线：用来决定生成曲线的位置。

第一曲面：在第一个选择的曲面上生成相交曲线。

两个面：在两个曲面上生成相交曲线。

曲线类型：用来决定生成曲线的类型。

曲面上的曲线：生成的曲线为曲面曲线。

3D世界：选择该选项后，生成的曲线是独立的曲线。

【操作步骤】

01 打开场景"Scene>CH02>B19.mb"，如图2-99所示。

02 选择主体模型和一个球体，如图2-100所示

03 执行【曲面相交】命令，此时发现在两个模型的相交处产生了一条曲线，如图2-101所示。

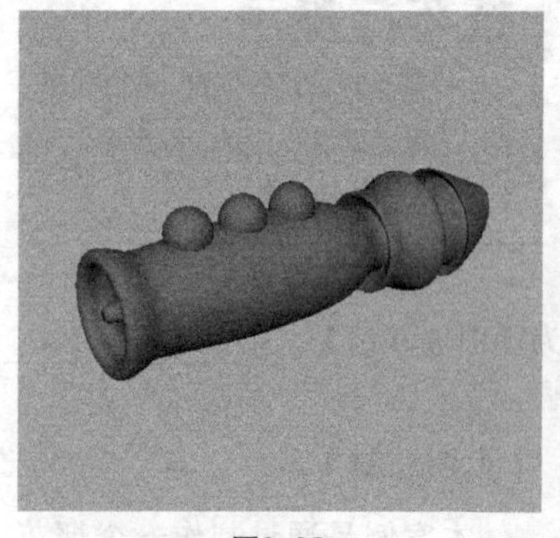
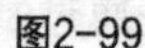
图2-99

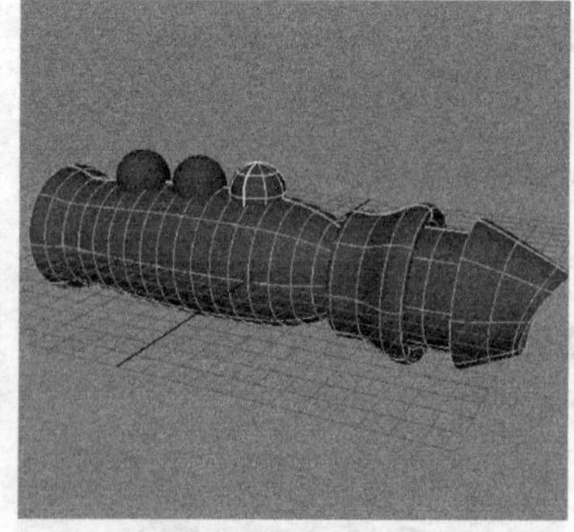
图2-100

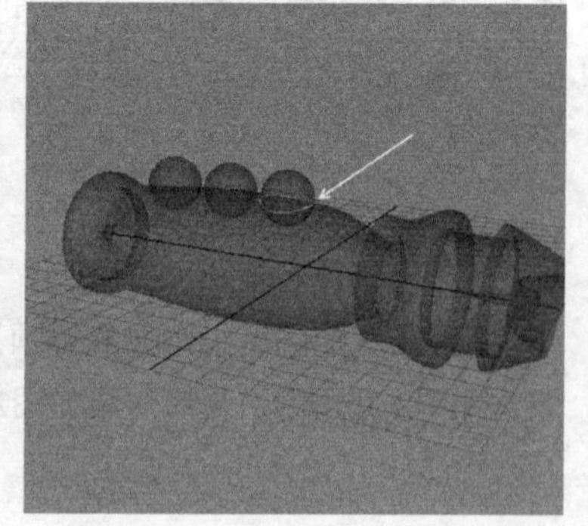
图2-101

【案例总结】

本案例是通过制作一个机械零件，来掌握【曲面相交】命令的使用。将曲面间相交处的曲线提取出来，结合其他命令可制作复杂效果。

案例33 修剪工具：黄金

场景位置	Scene>CH02>B20.mb
案例位置	Example>CH02>B21.mb
视频位置	Media>CH02>22. 修剪工具：黄金 .mp4
学习目标	学习如何在曲面上去除多余部分

（扫码观看视频）

【操作思路】

对黄金造型进行分析，金块上有两个圆形的缺口。在曲面上生成圆形曲线，使用【修剪工具】命令，按曲线的形状去除多余部分以生成缺口。

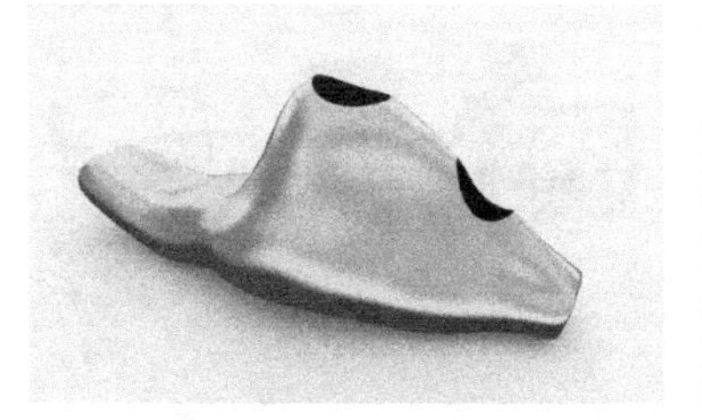
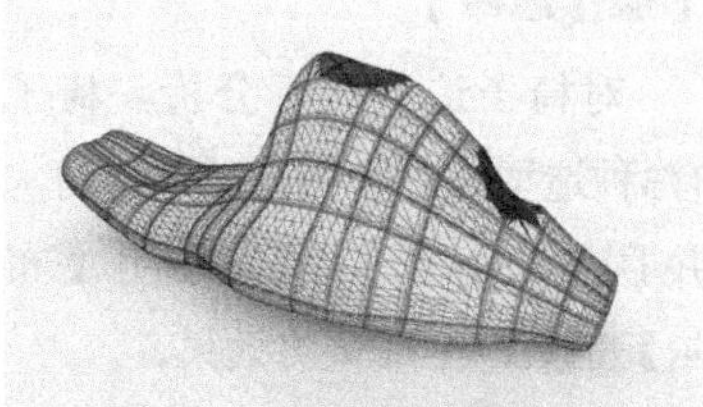
最终效果图

【操作命令】

本例的操作命令是【编辑NUBRS】>【修剪工具】命令，可以根据曲面上的曲线来对曲面进行修剪。打开【工具设置】对话框，如图2-102所示。

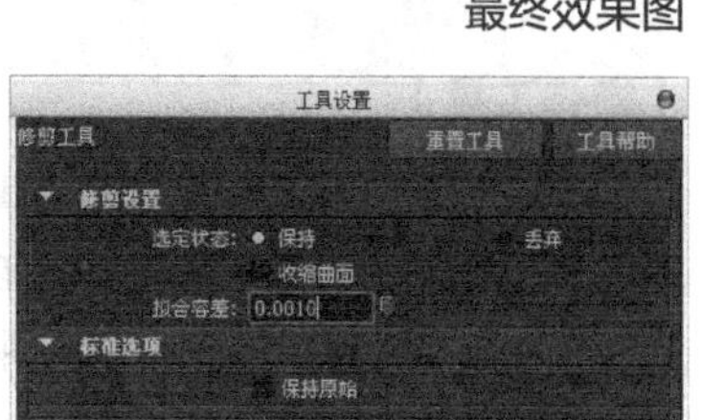

图2-102

修剪工具参数介绍

选定状态：用来决定选择的部分是保留还是丢弃。

保持：保留选择部分，去除未选择部分。　　丢弃：保留去掉部分，去掉选择部分。

【操作步骤】

01 打开场景"Scene>CH02>B20.mb"，如图2-103所示。

02 选择其中一个圆锥体和下面的模型，执行【编辑NURBS】>【曲面相交】命令，在相交处创建一条相交曲线，然后在另外一个圆锥体和模型之间创建一条相交曲线，如图2-104所示。

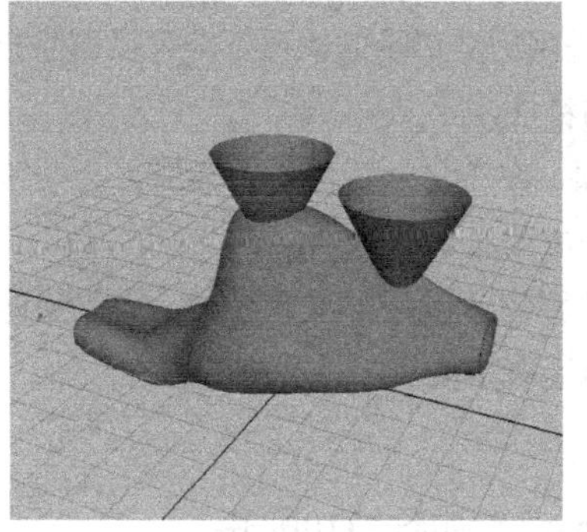
图2-103

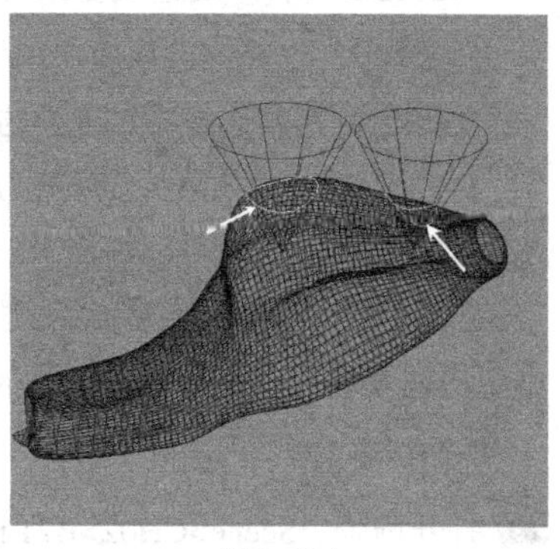
图2-104

03 先选择下面的模型，执行【编辑NURBS】>【修剪工具】命令，单击下面需要保留的模型，如图2-105所示，最后按Enter键确认修剪操作，效果如图2-106所示。

04 选择两个圆锥体，然后按Delete键将其删除，修剪效果如图2-107所示。

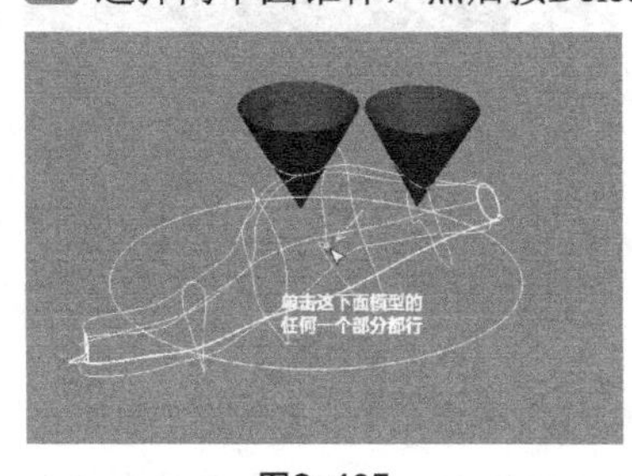

图2-105

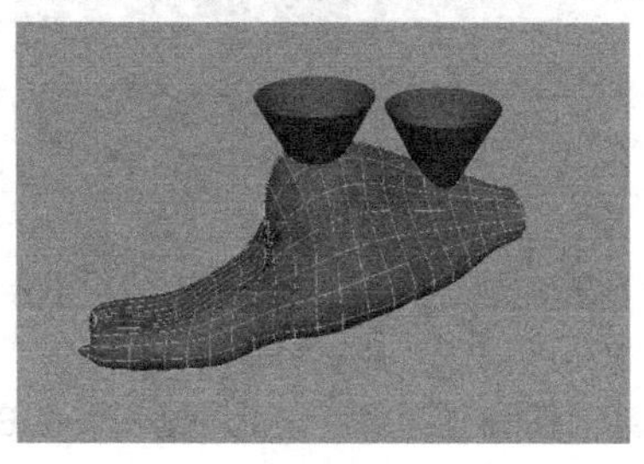
图2-106

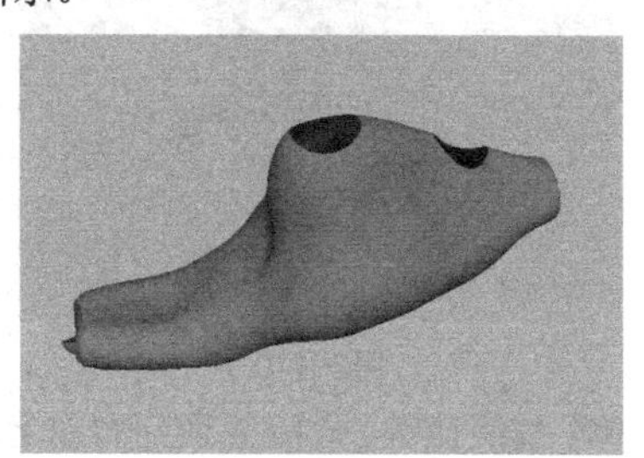
图2-107

【案例总结】

本案例是通过制作一个金块，来掌握【修剪工具】命令的使用。在使用该命令前，要结合前面所学的【在曲面上投影曲线】、【曲面相交】命令，生成合适的曲线。

案例34 布尔：椅子

场景位置	Scene>CH02>B21.mb
案例位置	Example>CH02>B22.mb
视频位置	Media>CH02>23. 布尔：椅子 .mp4
学习目标	学习如何使用【布尔】工具下的 3 个子命令

（扫码观看视频）

【操作思路】

对椅子造型进行分析，椅子有3种造型，每种都有球形结构，并且效果各不相同。使用【布尔】工具，生成最终效果。

最终效果图

【操作工具】

本例的操作工具是【编辑NUBRS】>【布尔】工具，【布尔】工具包含3个子命令，分别是【并集工具】、【差集工具】和【交集工具】，如图2-108所示。

下面以【并集工具】为例来讲解【布尔】工具的使用方法。打开【NURBS布尔并集选项】对话框，如图2-109所示。

图2-108

图2-109

NURBS布尔并集选项参数介绍

删除输入：选择该选项后，在关闭历史记录的情况下，可以删除布尔运算的输入参数。

工具行为：用来选择布尔工具的特性。

完成后退出：如果关闭该选项，在布尔运算操作完成后，会继续使用布尔工具，这样不必继续在菜单中选择布尔工具就可以进行下一次的布尔运算。

层级选择：选择该选项后，选择物体进行布尔运算时，会选择物体所在层级的根节点。如果需要对群组中的对象或者子物体进行布尔运算，应关闭该选项。

【操作步骤】

01 打开场景“Scene>CH02>B21.mb”，如图2-110所示。

02 执行【编辑NUBRS】>【布尔】>【并集工具】命令，单击椅子坐垫，按Enter键，再单击球体，如图2-111所示。旋转视图至椅子底部，效果如图2-112所示。

图2-110

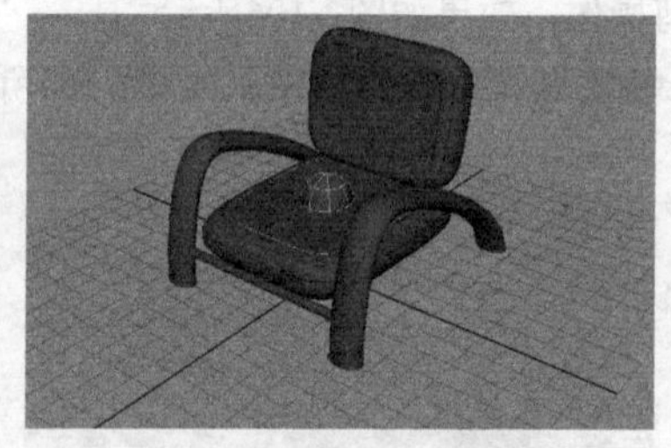
图2-111

图2-112

03 按快捷键Ctrl+Z返回到布尔运算前的模型效果。执行【编辑NUBRS】>【布尔】>【差集工具】命令，单击椅面，按Enter键，再单击球体，这样球体与椅面的相交部分会得以保留，而未相交部分会被去掉，如图2-113所示。

04 按快捷键Ctrl+Z返回到布尔运算前的模型效果。执行【编辑NUBRS】>【布尔】>【交集工具】命令，单击椅面，按Enter键，再单击球体，这样就只保留相交部分，如图2-114所示。

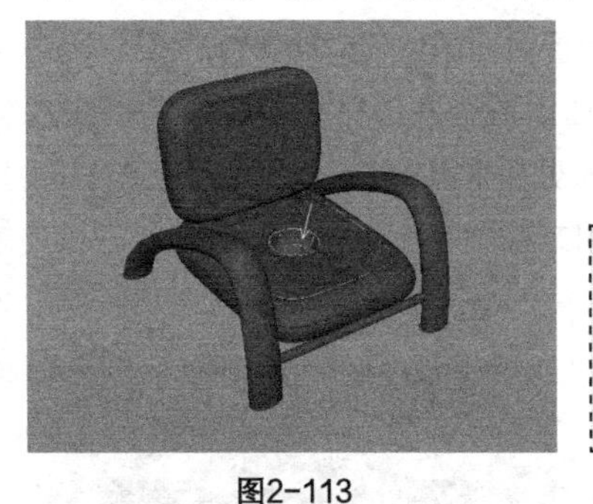

图2-113

技巧与提示

使用【差集工具】时要注意，选择曲面的顺序不一样，生成的结果也不一样。

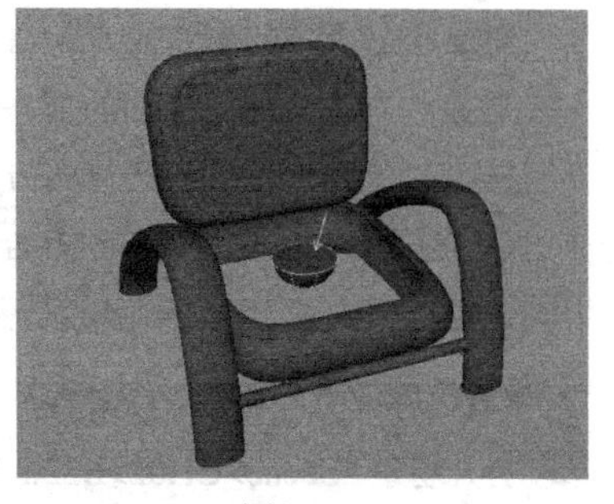

图2-114

技巧与提示

【布尔】工具对曲面的法线很敏感，法线的方向会影响最终的效果，所以一定要确保法线方向正确。

法线的方向确定了对象的正反面，影响了制作模型、显示贴图、结算动力学等效果。执行【显示】>NURBS>【法线（着色模式）】命令，可显示或隐藏曲面的法线。指示线所指方向，就是法线的正方向，即模型的正面，如图2-115所示。

执行【编辑NUBRS】>【反转曲面方向】命令，可反转法线方向。

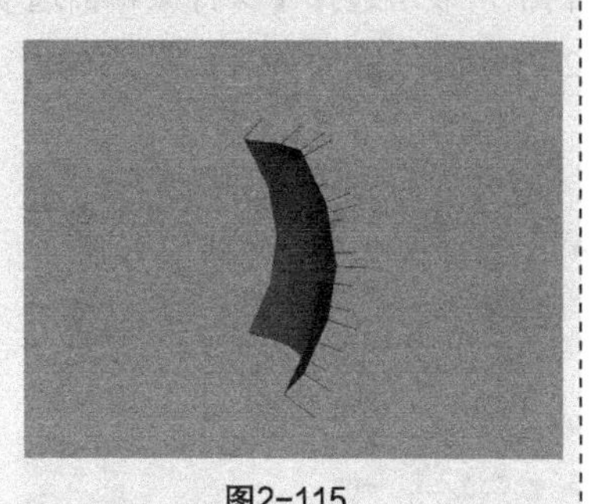

图2-115

【案例总结】

本案例是通过制作椅子，来掌握【布尔】工具的使用。使用【布尔】工具可让两个曲面相互影响，生成一些特殊造型。在使用【布尔】工具时，一定要注意选择对象的顺序和法线的方向。

案例35 附加曲面：汽车挡板

场景位置	Scene>CH02>B22.mb
案例位置	Example>CH02>B23.mb
视频位置	Media>CH02>24. 附加曲面：汽车挡板 .mp4
学习目标	学习如何将两个曲面合并为一个

（扫码观看视频）

【操作思路】

对汽车挡板造型进行分析，汽车挡板是一个呈流线形的曲面。选择要合并的两个曲面，执行【附加曲面】命令，可将多个挡板部件合并为一个。

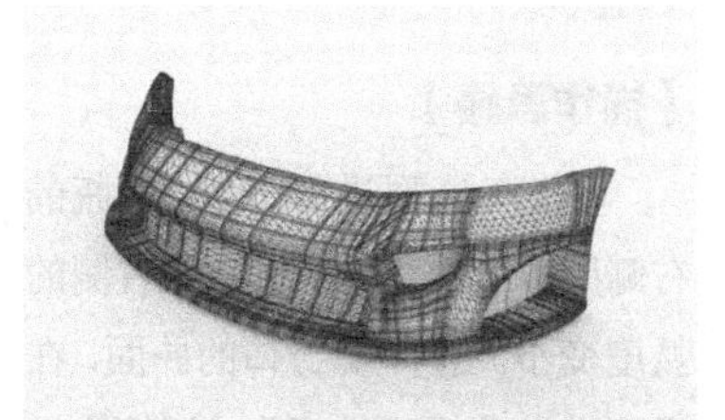

最终效果图

【操作命令】

本例的操作命令是【编辑NUBRS】>【附加曲面】命令，打开【附加曲面选项】对话框，如图2-116所示。

图2-116

附加曲面选项参数介绍

附加方法: 用来选择曲面的附加方式。

连接：不改变原始曲面的形态进行合并。

混合：让两个曲面以平滑的方式进行合并。

多点结: 使用【连接】方式进行合并时，该选项可以用来决定曲面接合处的复合结构点是否保留下来。

混合偏移: 设置曲面的偏移倾向。

插入结: 在曲面的合并部分插入两条等参线，使合并后的曲面更加平滑。

插入参数: 用来控制等参线的插入位置。

【操作步骤】

01 打开场景“Scene>CH02>B22.mb”，如图2-117所示。

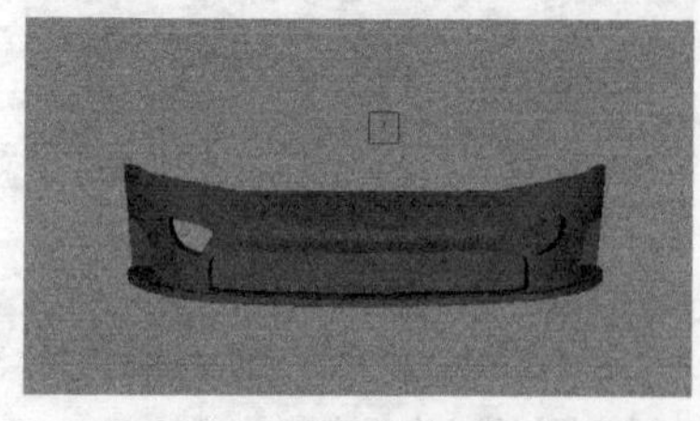

图2-117

02 选择如图2-118所示的两个曲面，然后打开【附加曲面选项】对话框，取消选择【保持原始】选项，最后单击【附加】按钮，如图2-119所示，最终效果如图2-120所示。

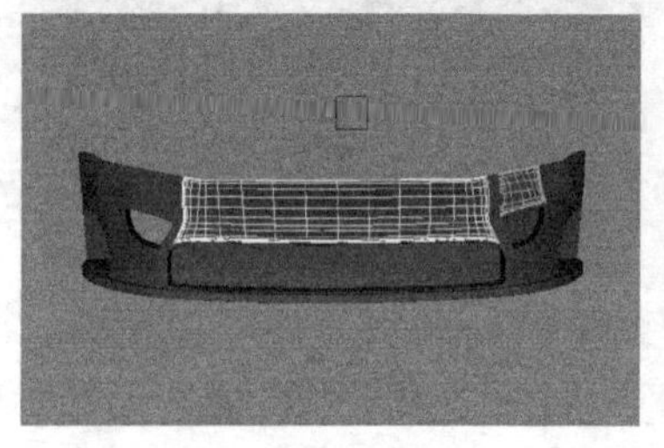

图2-118

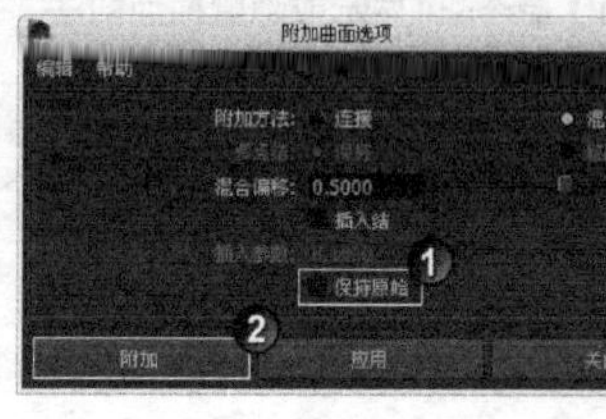

图2-119

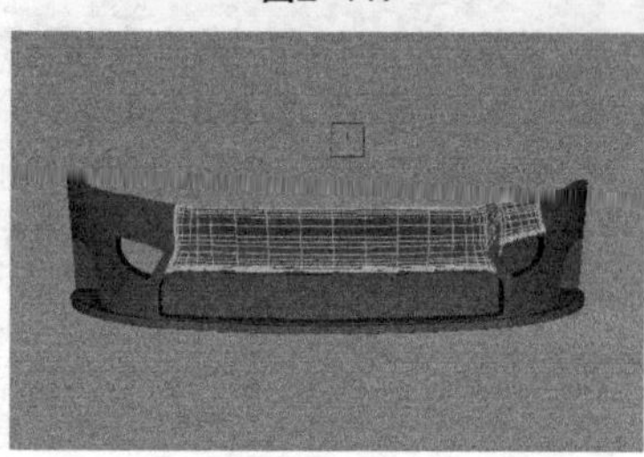

图2-120

【案例总结】

本案例是通过制作一个汽车挡板，来掌握【附加曲面】命令的使用。使用该命令合并两个曲面时，可在曲面间生成面片将曲面连接。

案例36 开放/闭合曲面：药瓶

场景位置	Scene>CH02>B23.mb
案例位置	Example>CH02>B24.mb
视频位置	Media>CH02>25. 开放/闭合曲面：药瓶 .mp4
学习目标	学习如何对曲面进行封口

（扫码观看视频）

【操作思路】

对药瓶造型进行分析，药瓶的右侧原本有个缺口，封口后右侧的弧度变小。选择要封口的曲面，在【开放/闭合曲面选项】对话框中设置属性，最后进行封口。

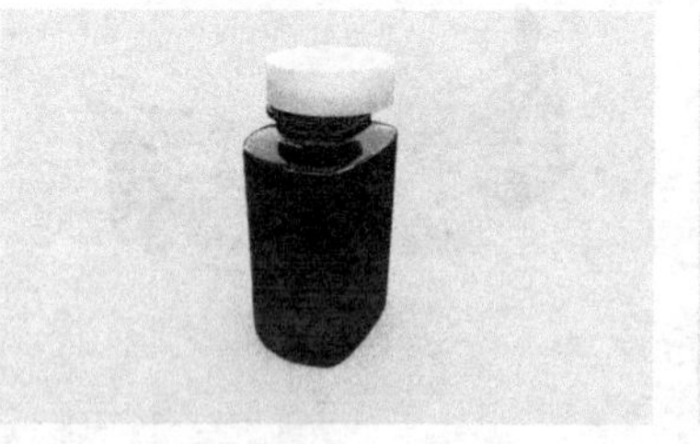

最终效果图

【操作命令】

本例的操作命令是【编辑NUBRS】>【开放/闭合曲面】命令，打开【开放/闭合曲面选项】对话框，如图2-121所示。

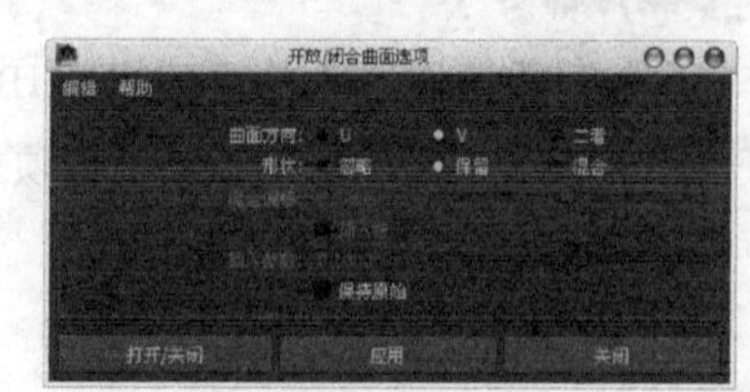

图2-121

开放/闭合曲面选项参数介绍

曲面方向: 用来设置曲面打开或封闭的方向，有U、V和【二者】3个方向可以选择。

形状: 用来设置执行【开放/闭合曲面】命令后曲面的形状变化。

忽略: 不考虑曲面形状的变化，直接在起始点处打开或封闭曲面。

保留: 尽量保护开口处两侧曲面的形态不发生变化。

混合: 尽量使封闭处的曲面保持光滑的连接效果，同时会产生大幅度的变形。

【操作步骤】

01 打开场景“Scene>CH02>B23.mb”，如图2-122所示。

02 选择曲面，打开【开放/闭合曲面选项】对话框，设置【曲面方向】为【二者】，单击【打开/关闭】按钮，如图2-123所示。

03 这时可以观察到原来断开的曲面已经封闭在一起了，最终效果如图2-124所示。

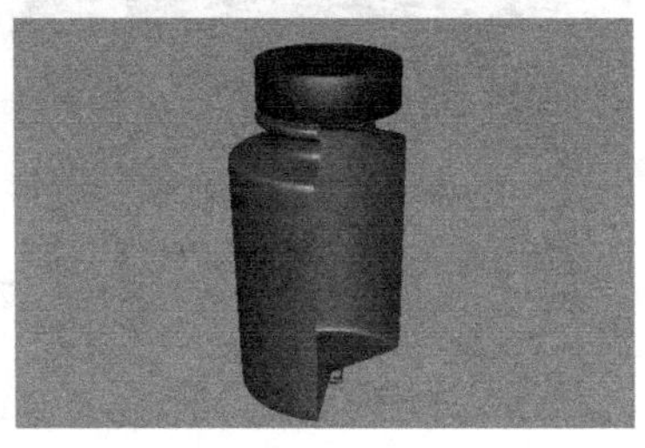

图2-122

图2-123

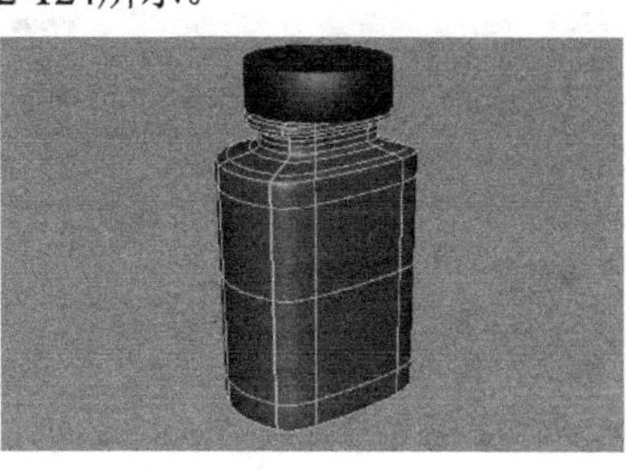

图2-124

【案例总结】

本案例是通过制作一个药瓶，来掌握【开放/闭合曲面】命令的使用。该命令可对NURBS曲面自动断开和连接面片，在选项对话框中设置属性，可对不同方向产生作用。

案例37 偏移曲面：装饰品

场景位置	Scene>CH02>B24.mb
案例位置	Example>CH02>B25.mb
视频位置	Media>CH02>26. 偏移曲面：装饰品 .mp4
学习目标	学习如何偏移复制曲面

（扫码观看视频）

【操作思路】

对装饰品造型进行分析，装饰品是由多个曲面递增组成的在【偏移曲面选项】对话框中设置属性，最后偏移复制曲面。

最终效果图

【操作命令】

本例的操作命令是【编辑NUBRS】>【偏移曲面】命令，打开【偏移曲面选项】对话框，如图2-125所示。

图2-125

偏移曲面选项参数介绍

方法: 用来设置曲面的偏移方式。

曲面拟合: 在保持曲面曲率的情况下复制一个偏移曲面。

CV拟合: 在保持曲面CV控制点位置偏移的情况下复制一个偏移曲面。

偏移距离: 用来设置曲面的偏移距离。

【操作步骤】

01 打开场景“Scene>CH02>B24.mb”，如图2-126所示。

02 选择圆锥模型，打开【偏移曲面选项】对话框，设置【偏移距离】为2，单击【应用】按钮，如图2-127所示，效果如图2-128所示。

03 单击【应用】按钮8次，复制出的最终效果如图2-129所示。

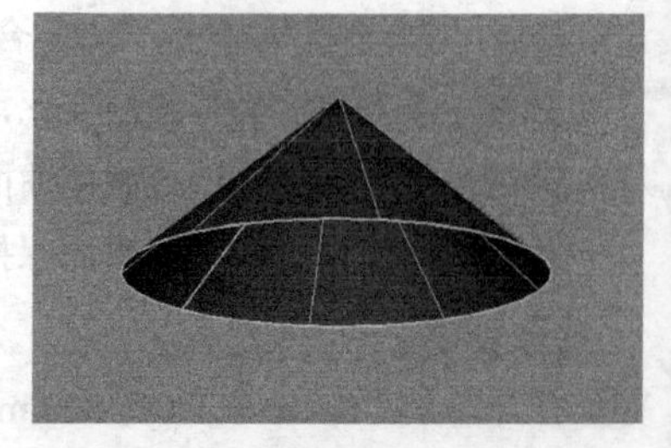

图2-126

图2-127

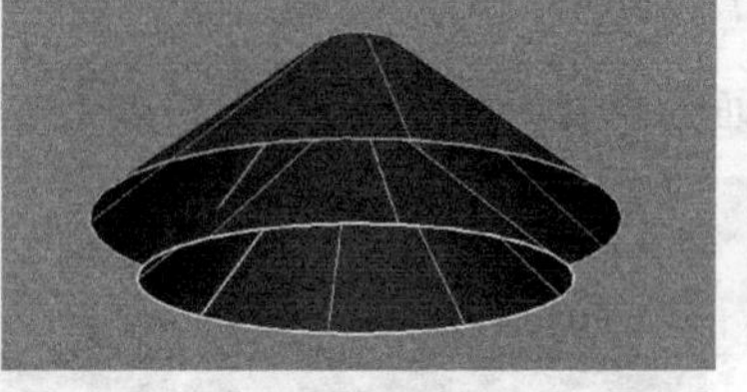

图2-128

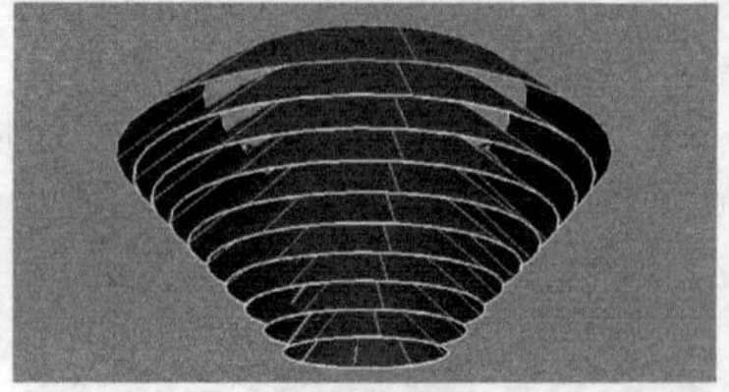

图2-129

【案例总结】

本案例是通过制作一个装饰品，来掌握【偏移曲面】命令的使用。该命令可以使曲面在面积上呈递增趋势，并且伴有规律性的偏移。

案例38 重建曲面：高脚杯

场景位置	Scene>CH02>B25.mb
案例位置	Example>CH02>B26.mb
视频位置	Media>CH02>27. 重建曲面：高脚杯 .mp4
学习目标	学习如何增加或减少曲面的分段数

（扫码观看视频）

【操作思路】

对高脚杯造型进行分析，杯子外形圆润，表面光滑。在【重建曲面选项】对话框中设置分段数，增加高脚杯的分段数，从而使模型光滑。

最终效果图

【操作命令】

本例的操作命令是【编辑NUBRS】>【重建曲面】命令，打开【重建曲面选项】对话框，如图2-130所示。

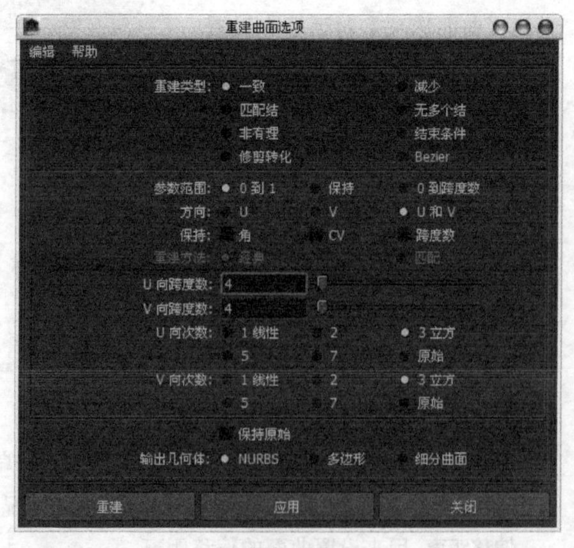

图2-130

重建曲面选项参数介绍

重建类型: 用来设置重建的类型，这里提供了8种重建类型，分别是一致、减少、匹配结、无多个结、非有理、结束条件、修剪转化和Bezier。

参数范围: 用来设置重建曲面后UV的参数范围。

0到1: 将UV参数值的范围定义在0~1。

保持: 重建曲面后，UV方向的参数值范围保持原始范围值不变。

0到跨度数：重建曲面后，UV方向的范围值是0到实际的段数。

方向: 设置沿着曲面的哪个方向来重建曲面。

保持: 设置重建后要保留的参数。

角： 让重建后的曲面的边角保持不变。

CV: 让重建后的曲面的控制点数目保持不变。

跨度数： 让重建后的曲面的分段数保持不变。

U/V向跨度数: 用来设置重建后的曲面在U/V方向上的段数。

U/V向次数: 设置重建后的曲面的U/V方向上的次数。

【操作步骤】

01 打开场景“Scene>CH02>B25.mb”，可以观察到模型的结构线比较少，如图2-131所示。

02 选择模型，打开【重建曲面选项】对话框，设置【U向跨度数】为60、【V向跨度数】为20，如图2-132所示

03 单击【重建】按钮，最终效果如图2-133所示。

图2-131

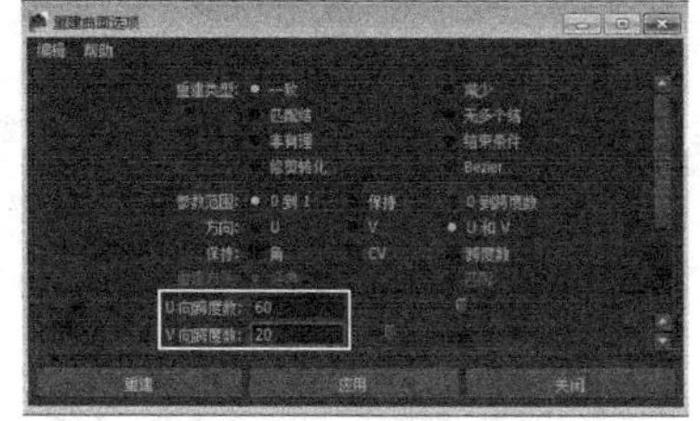

图2-132

图2-133

技巧与提示

提高模型的分段数，可以提高模型的精度，但不是越高越好，应根据实际需要确定。

【案例总结】

本案例是通过制作一个高脚杯，来掌握【重建曲面】命令的使用。在实际工作中，该命令经常使用，是控制曲面模型分段数的有效方法。

案例39 圆化工具：礼盒

场景位置	Scene>CH02>B26.mb
案例位置	Example>CH02>B27.mb
视频位置	Media>CH02>28. 圆化工具：礼盒 .mp4
学习目标	掌握如何使锐利的边缘变得圆滑

（扫码观看视频）

【操作思路】

对礼盒造型进行分析，礼盒整体棱边都是硬角，只有一处圆角。执行【圆化工具】命令，再选择要平滑的相交曲面，调整工具手柄按Enter键确认，可使曲面的硬角变得圆润。

最终效果图

【操作命令】

本例的操作命令是【编辑NUBRS】>【圆化工具】命令，打开【工具设置】对话框，如图2-134所示。

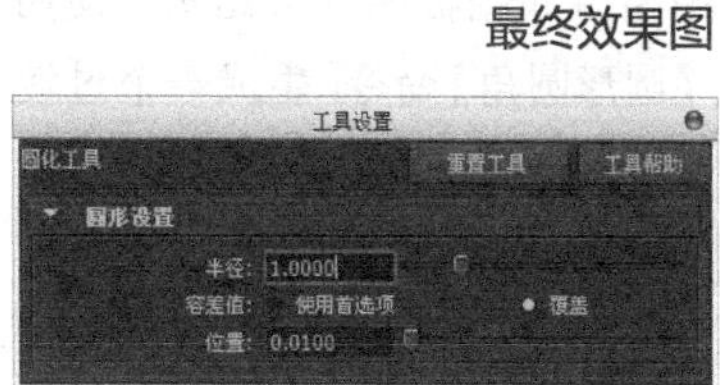

图2-134

【操作步骤】

01 打开场景“Scene>CH02>B26.mb”，如图2-135所示。

02 选择立方体，然后按住鼠标右键，在热盒中选择【曲面面片】选项，进入面片编辑模式，如图2-136所示。

图2-135

图2-136

03 选择【圆化工具】，然后框选两个相交面片，如图2-137所示。此时相交面片上会出现一个圆化手柄，如图2-138所示。

04 在【通道盒】中将曲面的圆化【半径】设置为0.5，如图2-139所示。然后按Enter键确认圆化操作，最终效果如图2-140所示。

图2-137

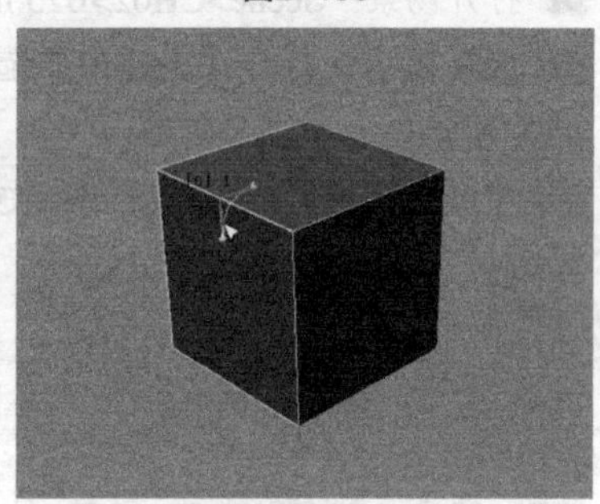

图2-138

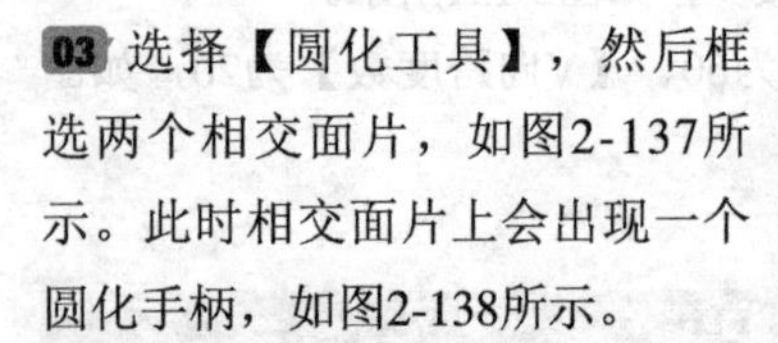

图2-139

图2-140

技巧与提示

在圆化曲面时，曲面与曲面之间的夹角需要在15°~165°，否则不能产生正确的结果。

【案例总结】

本案例是通过制作一个礼盒，来掌握【圆化工具】命令的使用。该命令可快速、方便地在相交曲面间，产生光滑的过渡效果。

案例40 圆形圆角：巫师帽

场景位置	Scene>CH02>B27.mb
案例位置	Example>CH02>B28.mb
视频位置	Media>CH02>29. 圆形圆角：巫师帽 .mp4
学习目标	学习如何在两曲面间生成光滑的曲面

（扫码观看视频）

【操作思路】

对巫师帽造型进行分析，帽子由帽身和帽檐两部分组成。使用【圆形圆角】命令，生成一个过渡自然的曲面连接帽身和帽檐。

最终效果图

【操作命令】

本例的操作命令是【编辑NUBRS】>【圆形圆角】命令，打开【圆形圆角选项】对话框，如图2-141所示。

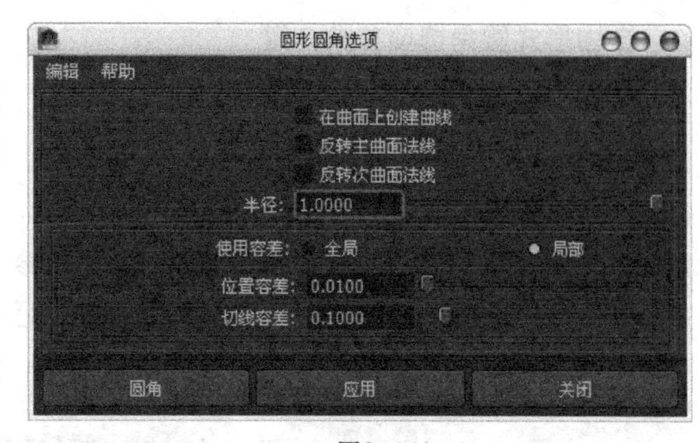

图2-141

圆形圆角选项参数介绍

在曲面上创建曲线: 选择该选项后，在创建光滑曲面的同时会在曲面与曲面的交界处创建一条曲面曲线，以方便修剪操作。

反转主曲面法线: 该选项用于反转主要曲面的法线方向，并且会直接影响到创建的光滑曲面的方向。

反转次曲面法线: 该选项用于反转次要曲面的法线方向。

半径: 设置圆角的半径。

【操作步骤】

01 打开场景“Scene>CH02>B27.mb”，如图2-142所示。

02 选择所有的模型，然后执行【编辑NURBS】>【曲面圆角】>【圆形圆角】命令，如图2-143所示。

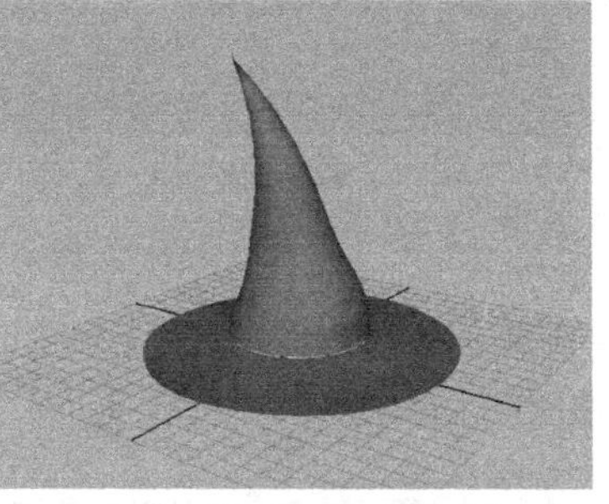

图2-142

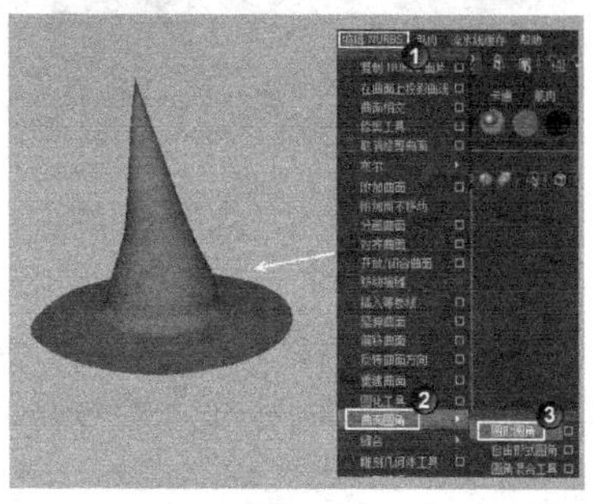

图2-143

【案例总结】

本案例是通过制作一个巫师帽，来掌握【圆形圆角】命令的使用。该命令在两个曲面间生成一个过渡光滑的曲面，并且不会对原始曲面产生影响。

案例 41 自由形式圆角：艺术品

场景位置	Scene>CH02>B28.mb
案例位置	Example>CH02>B29.mb
视频位置	Media>CH02>30. 自由形式圆角：艺术品 .mp4
学习目标	学习如何在曲线和曲面间生成曲面

（扫码观看视频）

【操作思路】

对艺术品造型进行分析，艺术品由两部分组成。使用【自由形式圆角】命令，可生成一个独立的曲面，连接两个曲面对象。

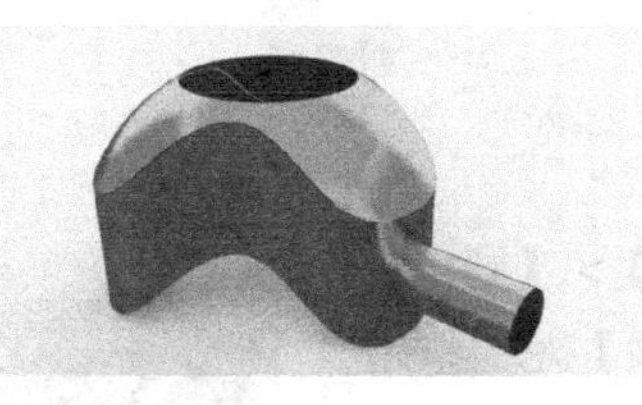

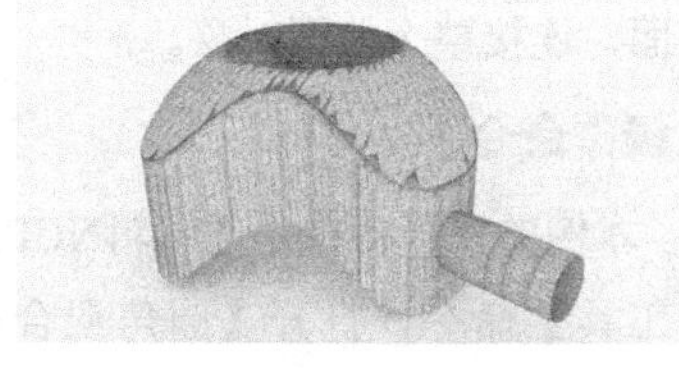

最终效果图

【操作命令】

本例的操作命令是【编辑NUBRS】>【自由形式圆角】命令，打开【自由形式圆角选项】对话框，如图2-144所示。

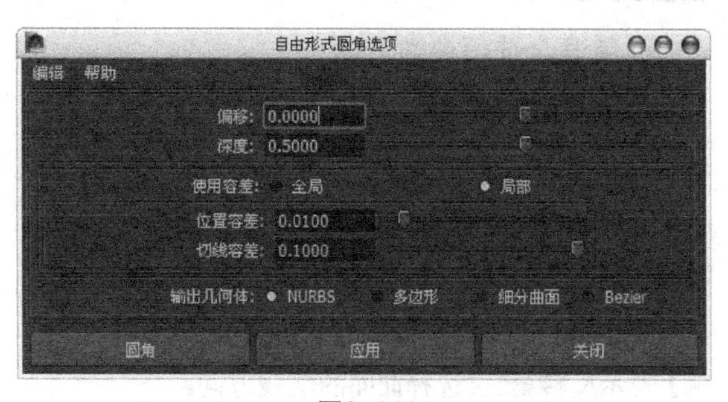

图2-144

自由形式圆角选项参数介绍

偏移：设置圆角曲面的偏移距离。

深度：设置圆角曲面的曲率变化。

【操作步骤】

01 打开场景“Scene>CH02>B28.mb”，如图2-145所示。

02 在圆柱体上按住鼠标右键，在热盒中选择【等参线】选项，选择如图2-146所示的等参线。

03 按住Shift键加选圆形曲线，执行【编辑NURBS】>【曲面圆角】>【自由形式圆角】命令，最终效果如图2-147所示。

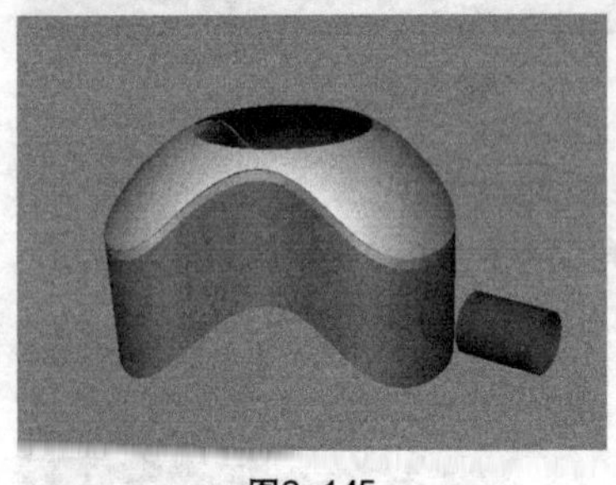

图2-145

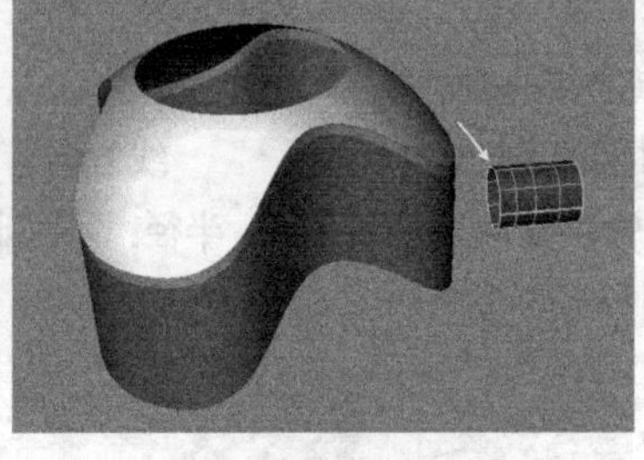

图2-146

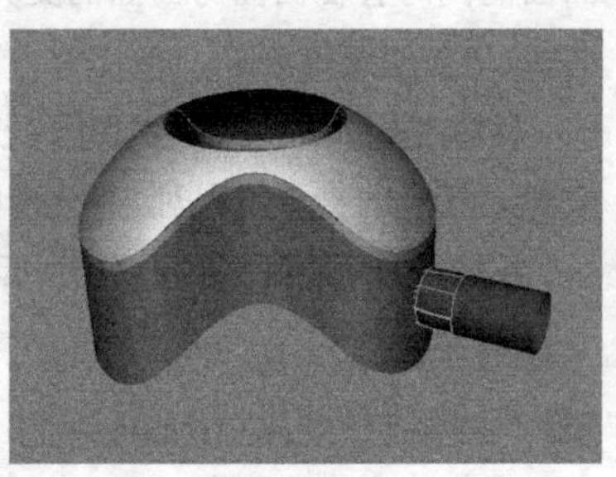

图2-147

【案例总结】

本案例是通过制作一个艺术品，来掌握【自由形式圆角】命令的使用。该命令可在曲线和曲面间生成一个光滑曲面，并且不会对原始曲面产生影响。

案例42 圆角混合工具：陶器

场景位置	Scene>CH02>B29.mb
案例位置	Example>CH02>B30.mb
视频位置	Media>CH02>31. 圆角混合工具：陶器 .mp4
学习目标	学习如何在曲面间生成特殊造型的曲面

（扫码观看视频）

【操作思路】

对陶器造型进行分析，陶器由多个曲面对象构成。使用【圆角混合工具】命令，可生成独立曲面，连接整个曲面对象。

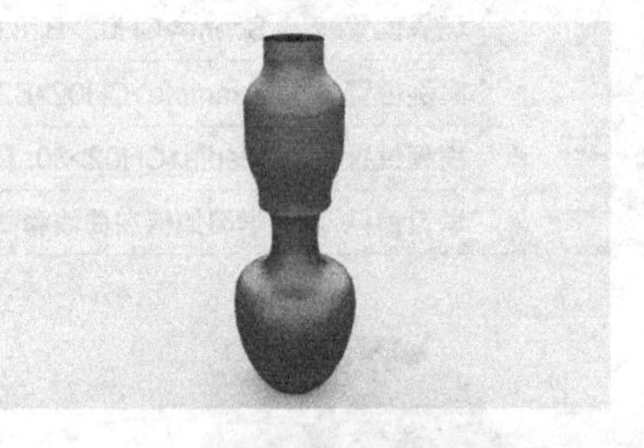

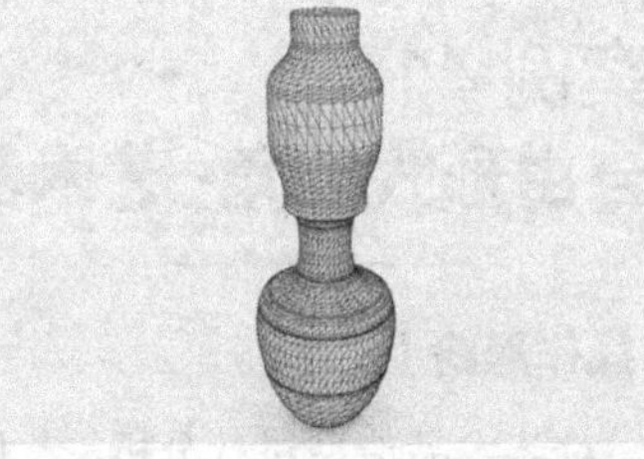

最终效果图

【操作命令】

本例的操作命令是【编辑NUBRS】>【圆角混合工具】命令，打开【圆角混合选项】对话框，如图2-148所示。

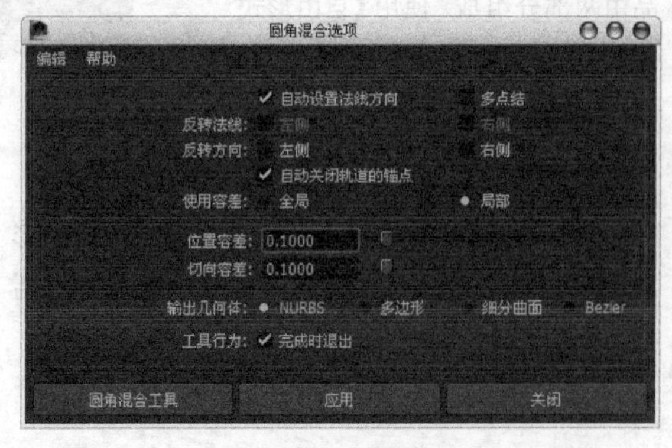

图2-148

圆角混合选项参数介绍

自动设置法线方向：选择该选项后，Maya会自动设置曲面的法线方向。

反转法线：当取消选择【自动设置法线方向】选项时，该选项才可选，主要用来反转曲面的法线方向。【左侧】表示反转第1次选择曲面的法线方向；【右侧】表示反转第2次选择曲面的法线方向。

反转方向：当取消【自动设置法线方向】选项时，该选项可以用来纠正圆角的扭曲效果。

自动关闭轨道的锚点: 用于纠正两个封闭曲面之间圆角产生的扭曲效果

【操作步骤】

01 打开场景“Scene>CH02>B29.mb”，如图2-149所示。

02 选择上面的两个模型，进入等参线编辑模式。选择【圆角混合工具】，单击中间模型顶部的环形等参线，再按Enter键确认选择操作：单击顶部模型底部的环形等参线，并按Enter键确认圆角操作，如图2-150所示。

03 采用相同的方法为下面的模型和中间的模型制作出圆角效果，如图2-151所示。

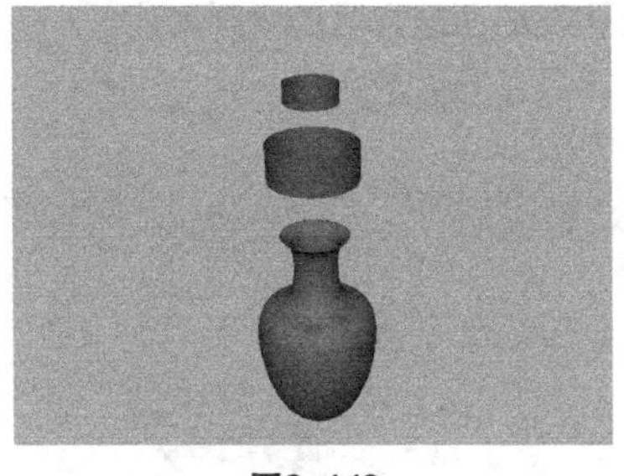
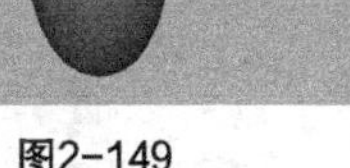

图2-149

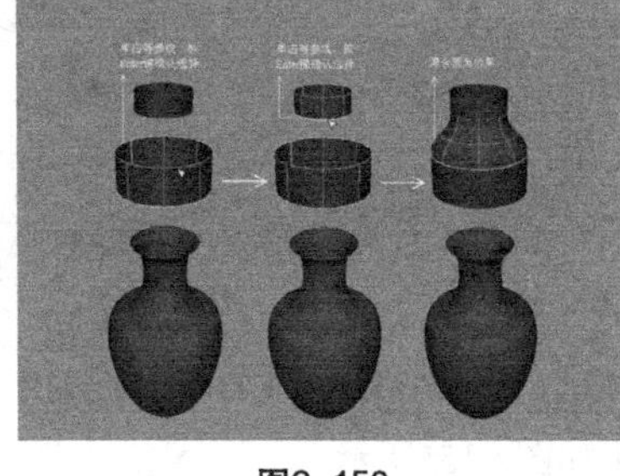

图2-150

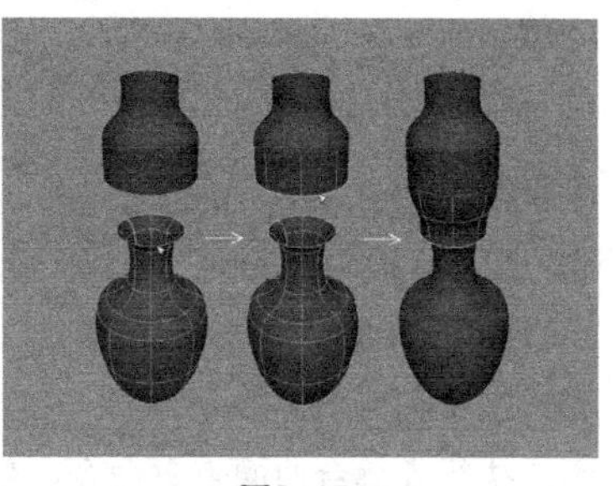

图2-151

【案例总结】

本案例是通过制作一个陶器，来掌握【圆角混合工具】命令的使用。该命令可在曲面间生成一个光滑、有转折的曲面，并且不会对原始曲面产生影响。

案例43 缝合曲面点：鲨鱼头

场景位置	Scene>CH02>B30.mb
案例位置	Example>CH02>B31.mb
视频位置	Media>CH02>32. 缝合曲面点：鲨鱼头 .mp4
学习目标	学习如何将有缝隙的曲面连接。

（扫码观看视频）

【操作思路】

对鲨鱼造型进行分析，鲨鱼模型由多个曲面构成，并且曲面间有一定缝隙。使用【全局缝合】命令，连接曲面。

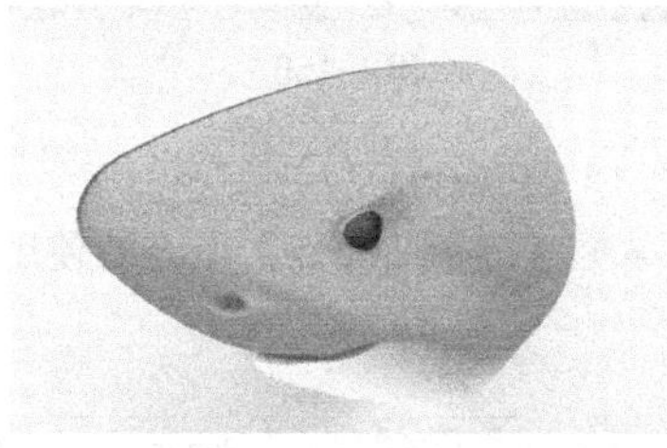
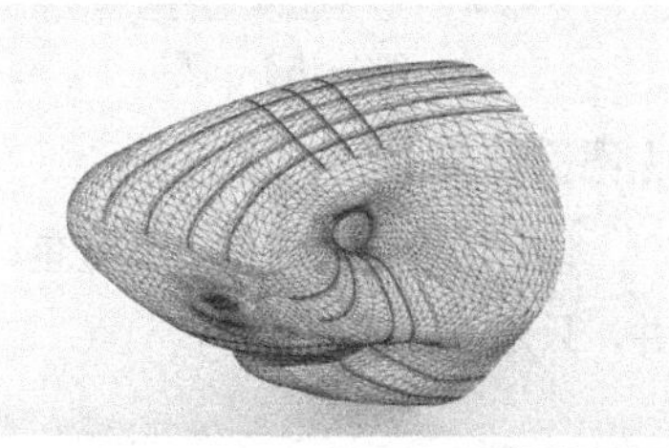

最终效果图

【操作命令】

本例的操作命令是【编辑NUBRS】>【全局缝合】命令，打开【全局缝合选项】对话框，如图2-152所示。

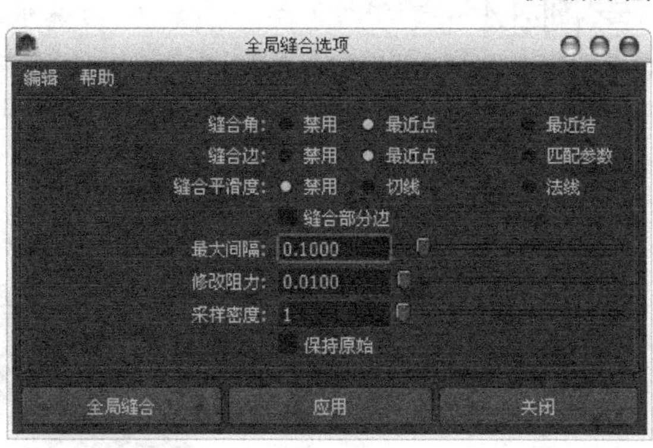

图2-152

全局缝合选项参数介绍

缝合角: 设置边界上的端点以何种方式进行缝合。

禁用： 不缝合端点。

最近点： 将端点缝合到最近的点上。

最近结： 将端点缝合到最近的结构点上。

缝合边: 用于控制缝合边的方式。

禁用： 不缝合边。

最近点： 缝合边界的最近点，并且不受其他参数的影响。

匹配参数：根据曲面与曲面之间的参数一次性对应起来，以产生曲面缝合效果。

缝合平滑度：用于控制曲面缝合的平滑方式。

禁用：不产生平滑效果。

切线：让曲面缝合边界的方向与切线方向保持一致。

法线：让曲面缝合边界的方向与法线方向保持一致。

缝合部分边：当曲面在允许的范围内，让部分边界产生缝合效果。

最大间隔：当进行曲面缝合操作时，该选项用于设置边和角点能够进行缝合的最大距离，超过该值将不能进行缝合。

修改阻力：用于设置缝合后曲面的形状。数值越小，缝合后的曲面越容易产生扭曲变形；若数值过大，在缝合处可能不会产生平滑的过渡效果。

采样密度：设置在曲面缝合时的采样密度。

【操作步骤】

01 打开场景“Scene>CH02>B30.mb”，可以发现鱼嘴顶部的曲面没有缝合在一起，如图2-153所示。

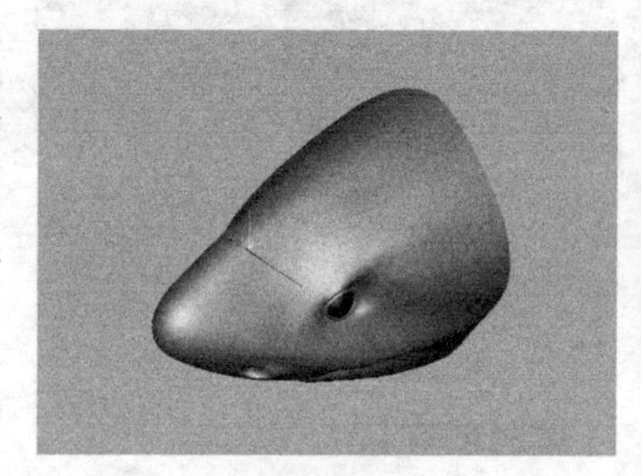

图2-153

02 进入控制顶点编辑模式，选择相邻的两个顶点，如图2-154所示。执行【缝合曲面点】命令，效果如图2-155所示。

03 采用相同的方法将其他没有缝合起来的控制顶点缝合起来，完成后的效果如图2-156所示。

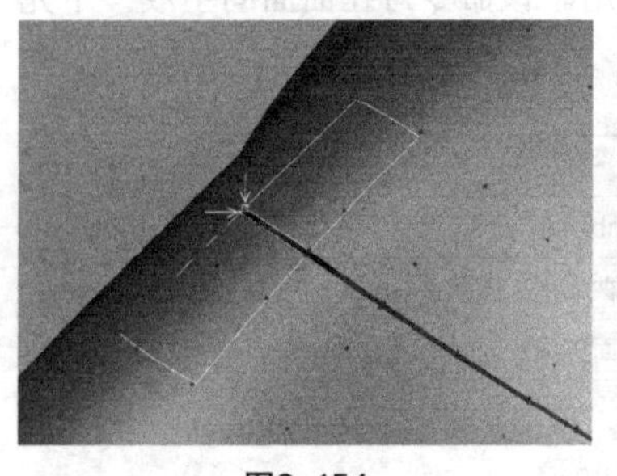

图2-154

图2-155

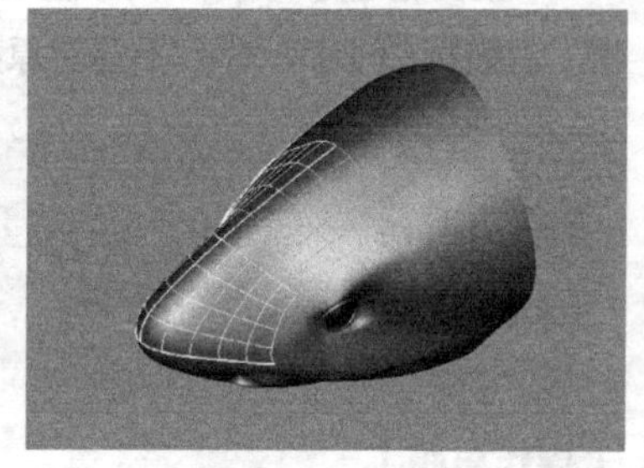

图2-156

【案例总结】

本案例是通过制作一个鲨鱼，来掌握【缝合曲面点】命令的使用。使用该命令连接的控制点没有合并，只是重合在一起。

案例44
雕刻几何体工具：火山岩

场景位置	Scene>CH02>B31.mb
案例位置	Example>CH02>B32.mb
视频位置	Media>CH02>33. 雕刻几何体工具：火山岩.mp4
学习目标	学习如何制作不规则的曲面造型

（扫码观看视频）

【操作思路】

对火山岩造型进行分析，模型造型呈不规则状。使用【雕刻几何体工具】面板中的工具，根据需要设置笔刷，绘制火山岩造型。

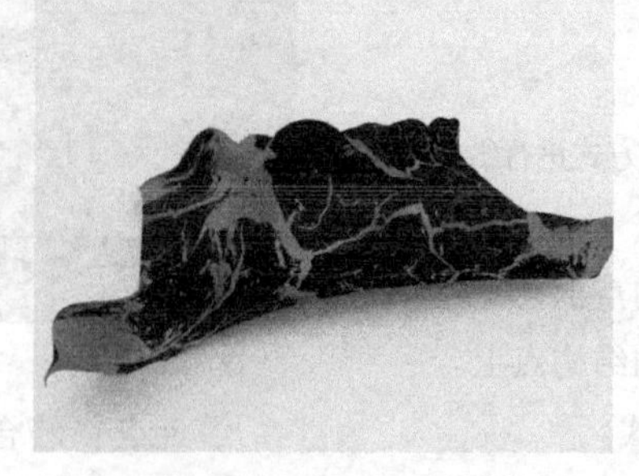

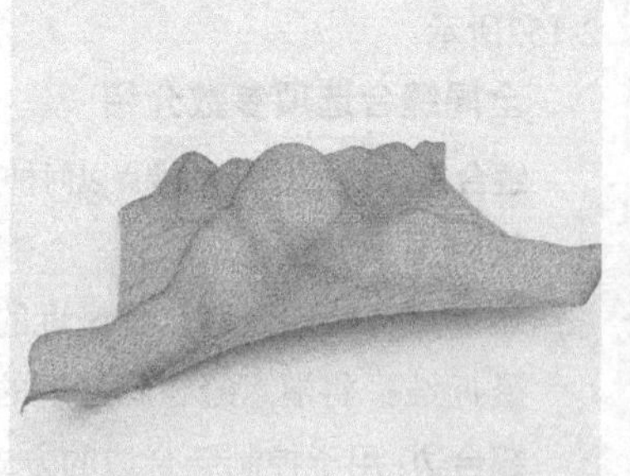

最终效果图

【操作命令】

本例的操作命令是【编辑NUBRS】>【雕刻几何体工具】，打开该工具的【工具设置】对话框，如图2-157所示。

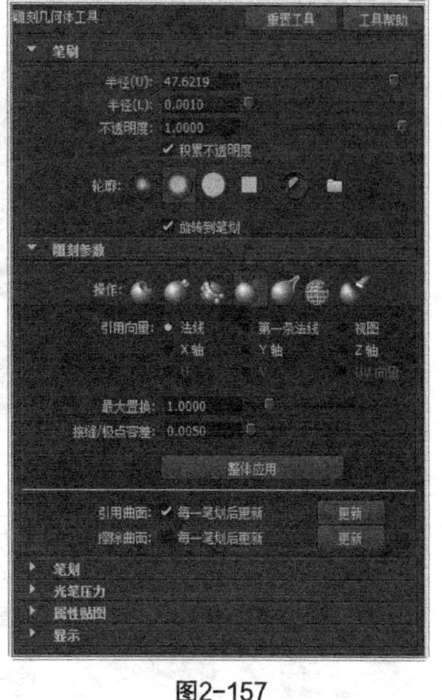

图2-157

雕刻几何体工具参数介绍

半径(U)：用来设置笔刷的最大半径上限。

半径(L)：用来设置笔刷的最小半径下限。

不透明度：用来控制笔刷压力的不透明度。

轮廓：用来设置笔刷的形状。

操作：用来设置笔刷的绘制方式，共有7种绘制方式，如图2-158所示。

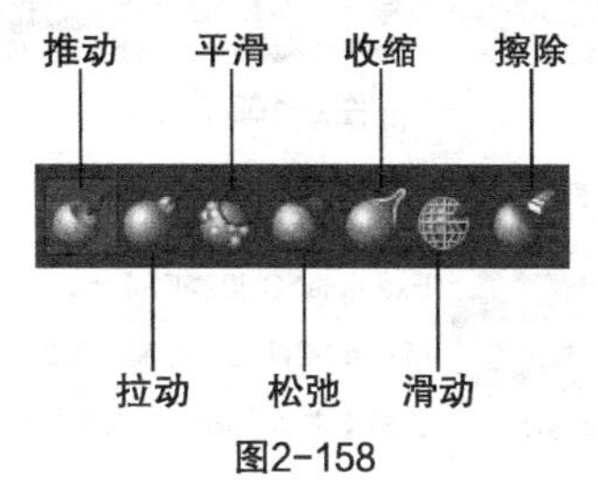

图2-158

【操作步骤】

01 打开场景“Scene>CH02>B31.mb”，如图2-159所示。

02 选择【雕刻几何体工具】，打开【工具设置】对话框，设置选择【操作】模式为【拉动】，如图2-160所示。

03 选择好操作模式以后，使用【雕刻几何体工具】在曲面上进行绘制，使其成为山体形状，完成后的效果如图2-161所示。

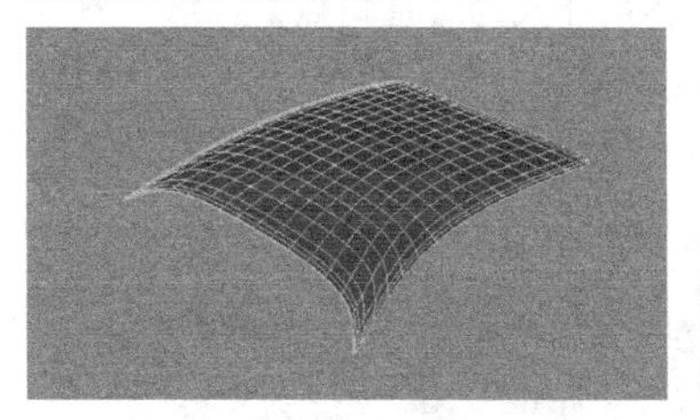
图2-159

图2-160

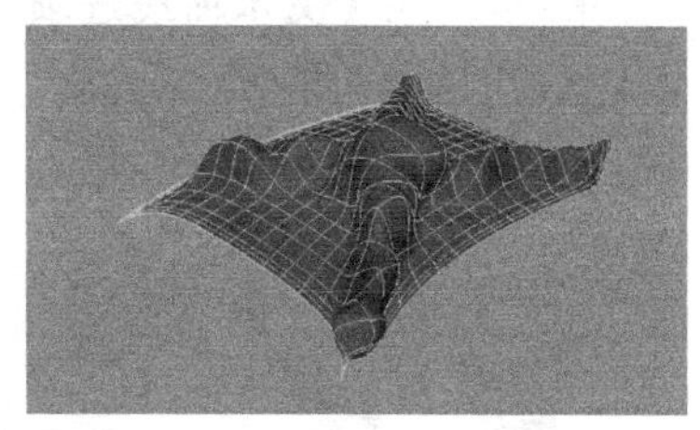
图2-161

【案例总结】

本案例是通过制作一个火山岩，来掌握【雕刻几何体工具】的使用。该工具集成了很多功能，通过笔刷绘制模型，是创建随机造型的利器。

场景位置	无
案例位置	Example>CH02>B33.mb
视频位置	Media >CH02>34. 制作瓶子 .mp4
技术需求	使用【EP 曲线工具】、【旋转】命令制作效果

（扫码观看视频）

效果如图2-162所示。

图2-162

【制作提示】

第1步：绘制瓶子的轮廓线。

第2步：使用【旋转】命令生成瓶身。

第3步：用圆柱体制作瓶盖。

步骤如图2-163所示。

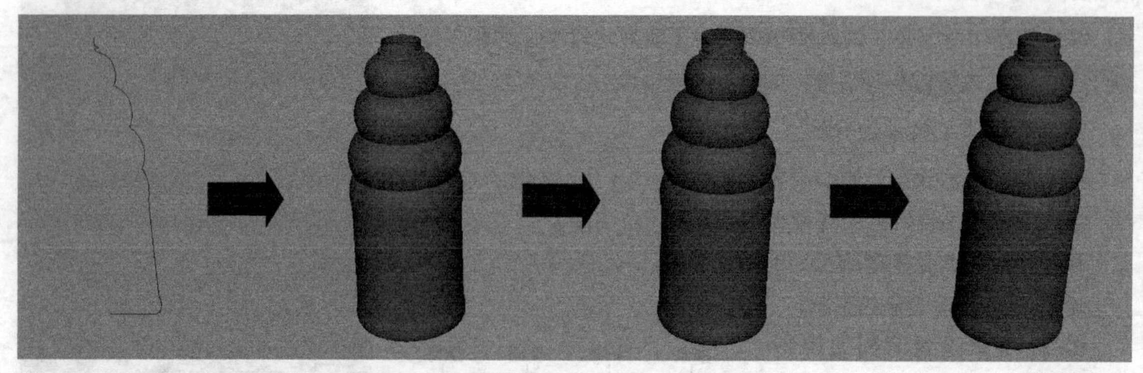

图2-163

练习 003
制作三维字体

场景位置	无
案例位置	Example>CH02>B34.mb
视频位置	Media >CH02>35. 制作三维字体 .mp4
技术需求	使用【文本】命令来制作效果

（扫码观看视频）

效果如图2-164所示。

【制作提示】

第1步：执行【创建】>【文本】命令。

第2步：在【文本曲线选项】对话框中【文本】后面的文本框输入Maya。

第3步：设置字体、样式、字号。

第4步：设置倒角样式为【直角点】。

步骤如图2-165所示。

图2-164

图2-165

练习 004
制作节能灯

场景位置	无
案例位置	Example>CH02>B35.mb
视频位置	Media >CH02>36. 制作节能灯 .mp4
技术需求	使用【挤出】、【圆化工具】命令来制作效果

（扫码观看视频）

效果如图2-166所示。

【制作提示】

第1步：用NURBS圆柱体制作灯泡基座。

第2步：创建一个多边形的螺旋体，通过调整参数制作出节能灯管的螺纹。

第3步：绘制出灯管的U形曲线，然后创建一个

图2-166

NURBS圆形，通过【挤出】命令制作出灯管模型。

第4步：通过复制的方法制作出其他的灯管，然后删除模型历史记录、冻结模型的变换，并删除无用的曲线。

步骤如图2-167所示。

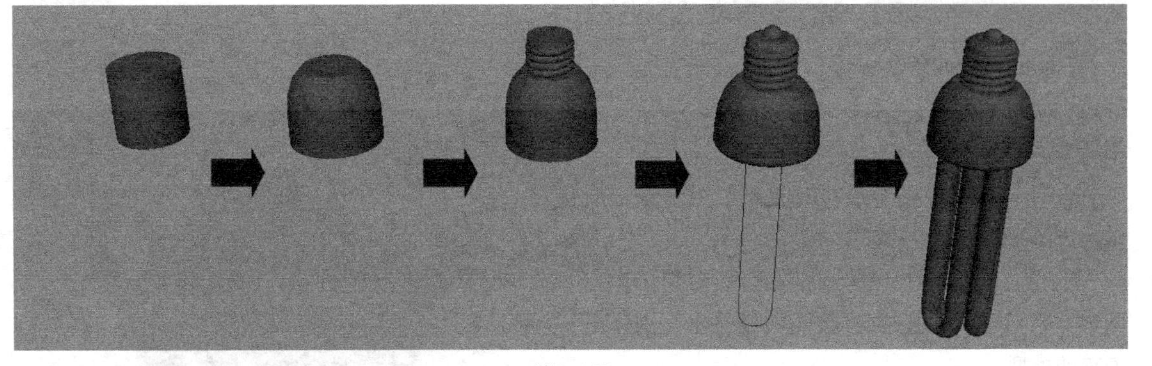

图2-167

练习005 制作骰子

场景位置	无
案例位置	Example>CH02>B36.mb
视频位置	Media >CH02>37. 制作骰子 .mp4
技术需求	使用【圆化工具】、【布尔】命令来制作效果

（扫码观看视频）

效果如图2-168所示。

图2-168

【制作提示】

第1步：创建一个立方体并调整大小。

第2步：对边缘进行光滑处理。

第3步：使用【布尔】命令制作骰子上的点数。

步骤如图2-169所示。

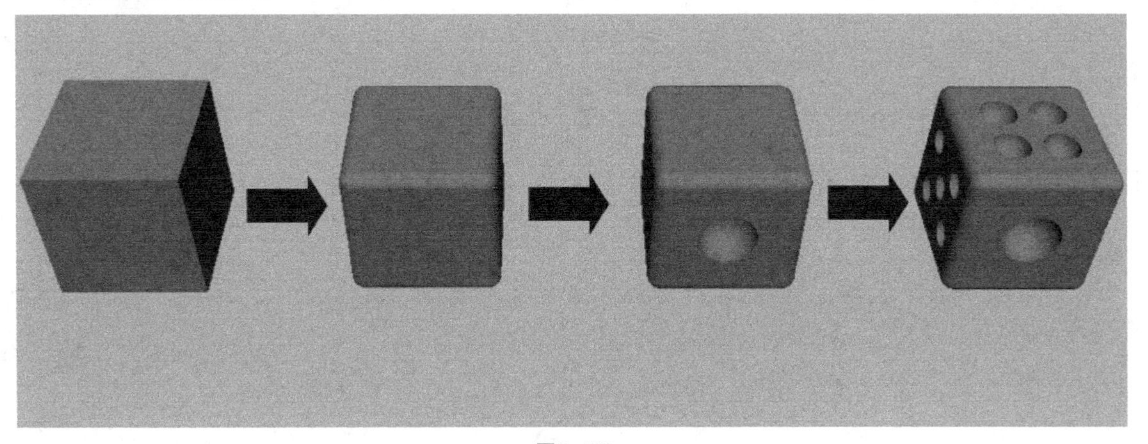

图2-169

练习006 制作茶壶

场景位置	无
案例位置	Example>CH02>B37.mb
视频位置	Media >CH02>38. 制作茶壶 .mp4
技术需求	使用【EP 曲线工具】、【挤出】、【旋转】、【自由形式圆角】命令来制作效果

（扫码观看视频）

效果如图2-170所示。

图2-170

【制作提示】

第1步：在前视图中绘制EP曲线，然后通过旋转的方法制作出壶身的模型。

第2步：在场景中绘制一条曲线和一个NURBS圆形，然后使NURBS圆形按照曲线挤出，制作出壶嘴的模型。

第3步：使用制作壶嘴的方法制作出壶柄的模型。

第4步：删除模型的历史记录和场景中的曲线，然后从壶嘴的模型上重新复制出曲线，再将曲线投影到壶身的模型上，最后使用【自由形式圆角】命令将复制出的曲线和投影到壶身模型上的曲线生成倒角结构。

步骤如图2-171所示。

图2-171

第 03 章

多边形建模技术

多边形建模是目前三维软件流行的建模方法之一，早期主要用于游戏，现在被各个行业广泛应用。通过对点、线、面组件的调整，可制作任意结构的模型。在UV方面，不同于曲面有固定的UV，多边形可自定义UV，根据需要对UV进行手动编辑，对后续贴图有着灵活的控制。本章将介绍Maya 2014的多边形建模技术，包括如何创建多边形对象、编辑多边形层级和编辑多边形网格。本章是一个很重要的章节，基本上包含了所以实际工作中运用到的多边形建模技术。

本章学习要点

掌握如何创建多边形
掌握如何编辑多边形
掌握如何切换各个层级
掌握如何光滑多边形
掌握多边形建模的流程与方法

案例45 创建多边形：积木

场景位置	无
案例位置	Example>CH03>C1.mb
视频位置	Media>CH03>1. 创建多边形：积木 .mp4
学习目标	学习如何创建和编辑多边形

（扫码观看视频）

【操作思路】

对积木造型进行分析，积木都是由一些简单的几何体组成的。可在【多边形基本体】菜单下创建需要的基本体，再对其进行编辑。

最终效果图

【操作命令】

本例的操作命令是【创建】-【多边形基本体】菜单下的各个命令，如图3-1所示。

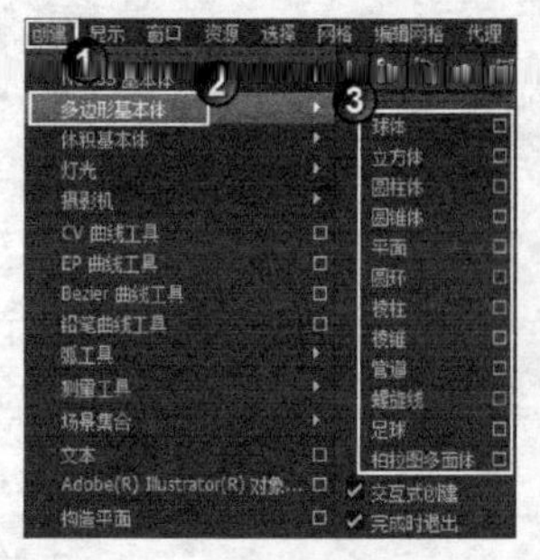

图3-1

技巧与提示

也可在工具架上快速创建多边形基本体，如图3-2所示。

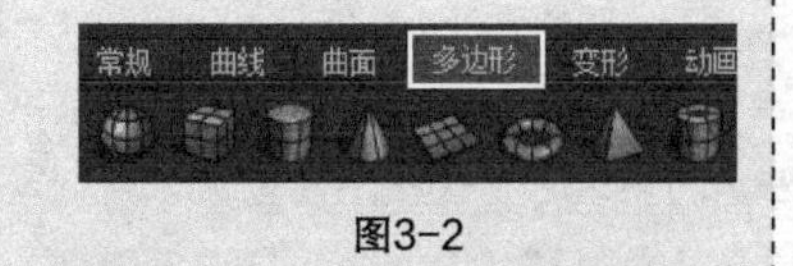

图3-2

【操作步骤】

01 创建多边形基本体，分别为立方体、球体、棱锥体、圆柱体、圆锥体，如图3-3所示。

02 复制出两个立方体，设置一个立方体的【缩放Y】为4，设置另一个立方体的【缩放X】为3、【缩放Y】为2，效果如图3-4所示。

03 选择立方体，按住鼠标右键，在热盒中选择【顶点】编辑模式，如图3-5所示。

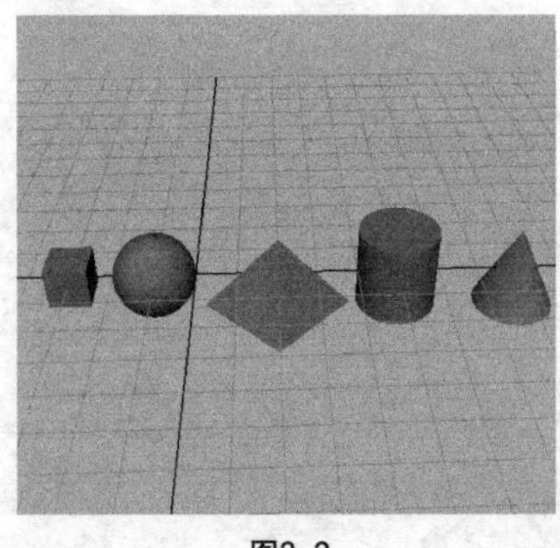

图3-3

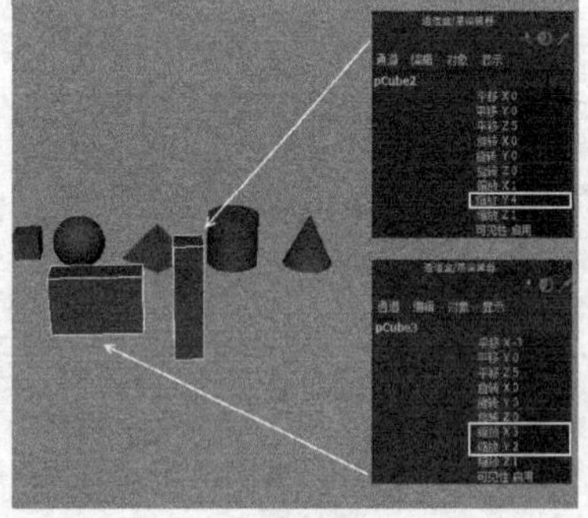

图3-4

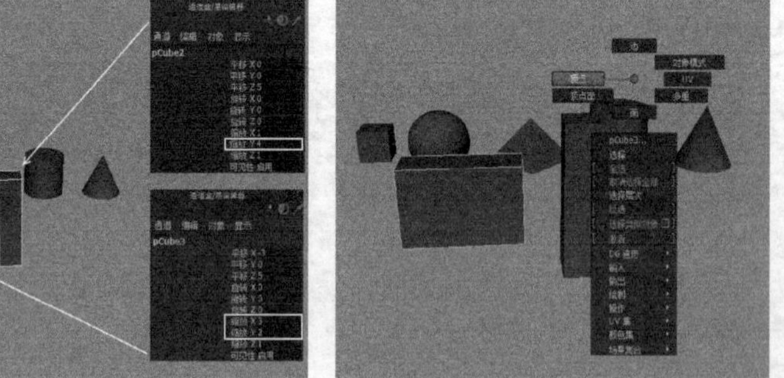

图3-5

04 选择顶端的顶点，激活【缩放工具】将顶点收缩至中间，如图3-6所示。

图3-6

05 选择立方体，复制出一个。设置立方体的参数【宽度】为2、【高度】为2、【深度】为2，长方体的参数为【缩放X】为2、【缩放Y】为1、【缩放Z】为0.5，如图3-7所示。

06 搭建这些几何体，最终效果如图3-8所示。

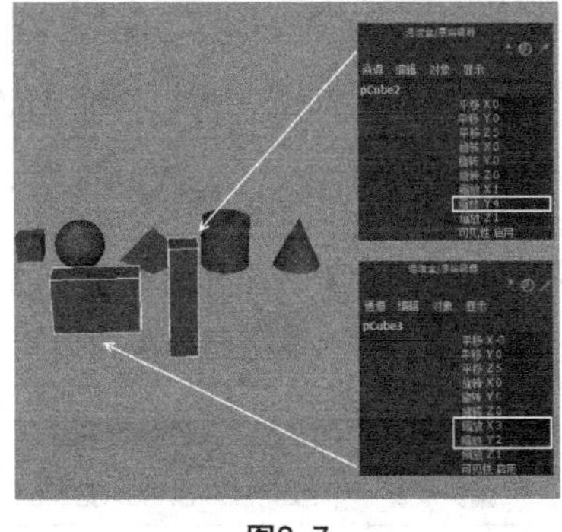
图3-7

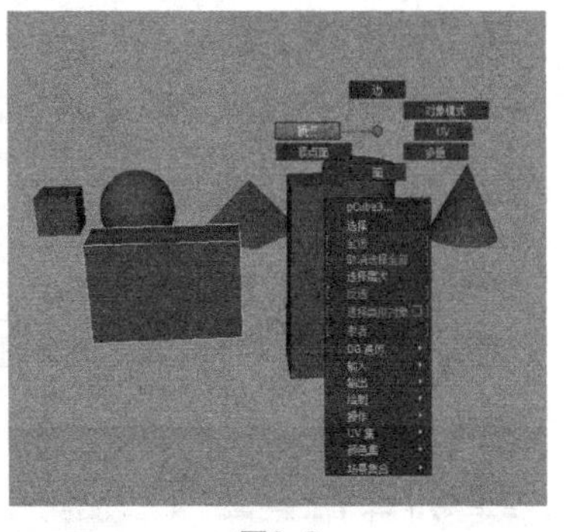
图3-8

【案例总结】

本案例是通过制作一个积木造型，来掌握多边形的创建和编辑。该案例较为简单，是多边形操作的基础，需要多加练习。

案例46 结合 / 分离：雪人

场景位置	Scene>CH03>C1.mb
案例位置	Example>CH03>C2.mb
视频位置	Media>CH03>2. 结合 / 分离：雪人 .mp4
学习目标	学习如何将多个多边形对象结合或分离

（扫码观看视频）

【操作思路】

对雪人造型进行分析，雪人模型是由多个多边形对象组成的，将它们结合后便于操作和管理。使用【结合】或【分离】命令，可达到最终效果。

最终效果图

【操作命令】

本例的操作命令是【网格】>【结合】和【分离】命令，如图3-9所示。

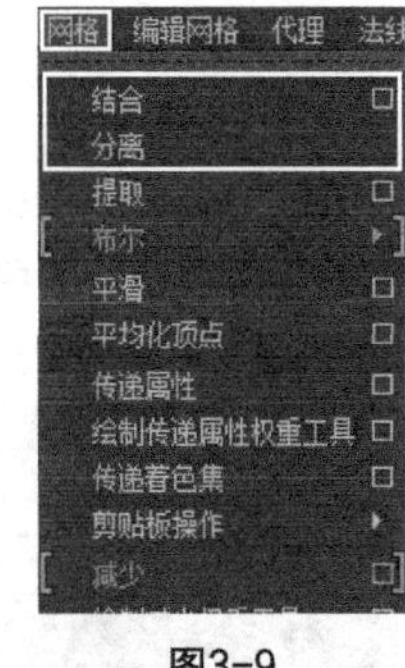

图3-9

【操作步骤】

01 打开场景“Scene>CH03>C1.mb”，并打开【大纲视图】，可以发现雪人模型由多个多边形对象组成，如图3-10所示。

02 选择所有模型，执行【网格】>【结合】命令，此时可以观察到模型已经结合成一个整体了，如图3-11所示。

03 选择雪人模型，执行【网格】>【分离】命令，此时可以观察到模型又分离成多个对象了，如图3-12所示。

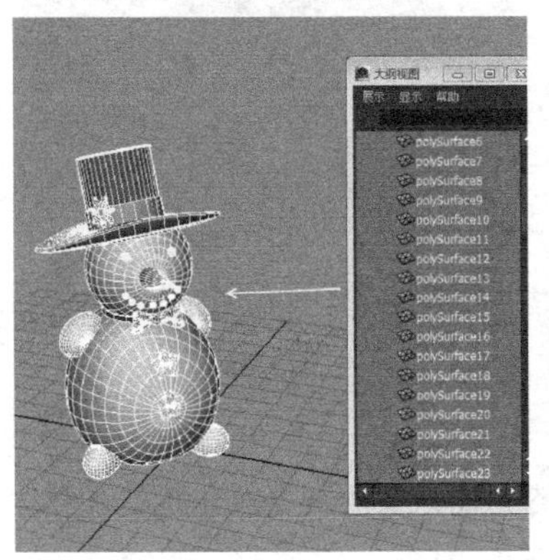
图3-10

图3-11

图3-12

技巧与提示

在执行【结合】或【分离】命令后，选择对象会生成组，并且轴心点会移至坐标中心。

【案例总结】

本案例是通过制作一个雪人，来掌握【结合】和【分离】命令的使用。在制作过程中，将多个多边形对象合并之后，可以方便地管理，后续还可以对模型整体进行调整。

案例47
提取：卡通恐龙

场景位置	Scene>CH03>C2.mb
案例位置	Example>CH03>C3.mb
视频位置	Media>CH03>3. 提取：卡通恐龙 .mp4
学习目标	学习如何从多边形对象中提取选中的面

（扫码观看视频）

【操作思路】

选择卡通恐龙模型，进入【面】编辑模式；再选择要提取的面，执行【提取】命令。

最终效果图

【操作命令】

本例使用【网格】>【提取】命令将两段断开的曲线连接起来，如图3-13所示。

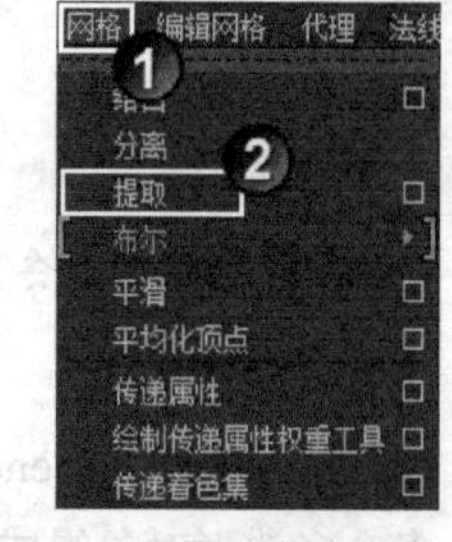

图3-13

【操作步骤】

01 打开场景“Scene>CH03>C2.mb”，如图3-14所示。

02 选择模型按住鼠标右键进入【面】编辑模式，再选择耳朵部分的面，如图3-15所示。

03 执行【网格】>【提取】命令，并将提取的面向上移动，如图3-16所示。

图3-14

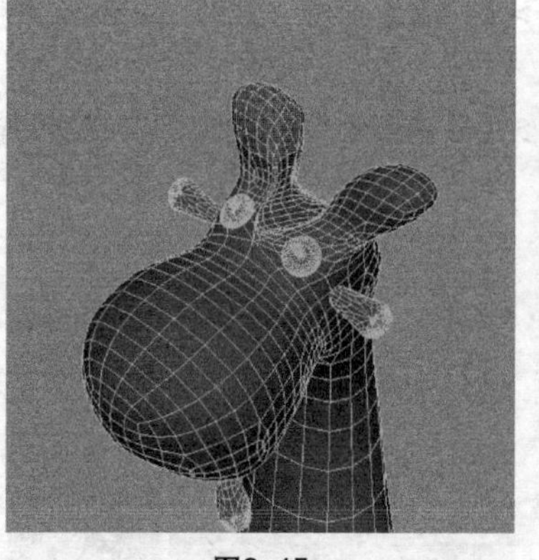

图3-15

图3-16

【案例总结】

本案例是通过提取恐龙耳朵，来掌握【提取】命令的使用。该命令可将对象的某一部分提取出来，单独进行编辑，当达到满意的效果后，再通过【结合】命令，将模型合并。

案例48 布尔：糖果盒

场景位置	Scene>CH03>C3.mb
案例位置	Example>CH03>C4.mb
视频位置	Media>CH03>4. 布尔：糖果盒 .mp4
学习目标	学习如何使用多边形的布尔工具

（扫码观看视频）

【操作思路】

选择多边形，分别执行【并集】、【差集】、【交集】命令，得到三种不同结果。

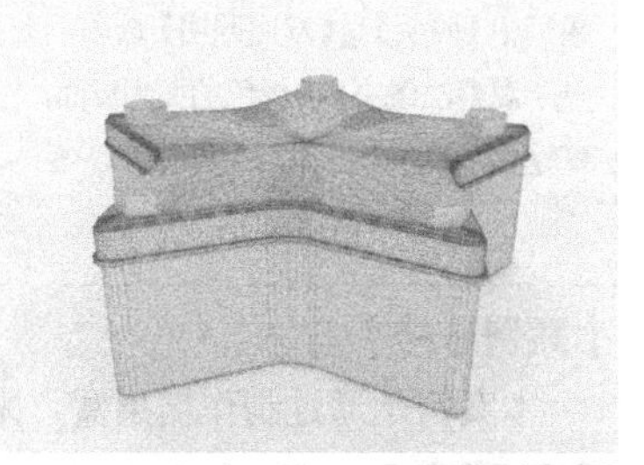

最终效果图

【操作命令】

本例的操作命令是【网格】>【布尔】>【并集】、【差集】、【交集】命令，如图3-17所示。

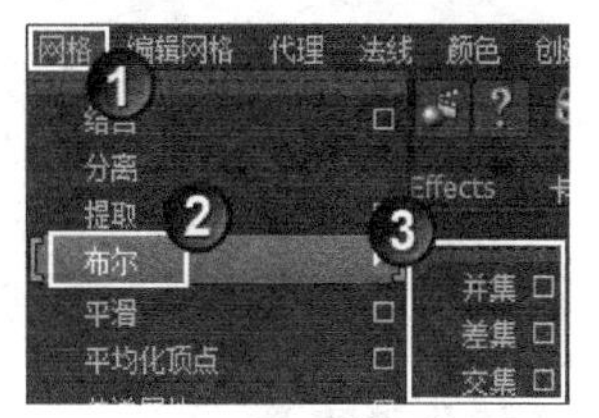

图3-17

【操作步骤】

01 打开场景“Scene>CH03>C3.mb”，并打开【大纲视图】，选择盒身并按快捷键Ctrl+H将其隐藏，如图3-18所示。

02 复制出3组对象，以便观察不同的效果，如图3-19所示。

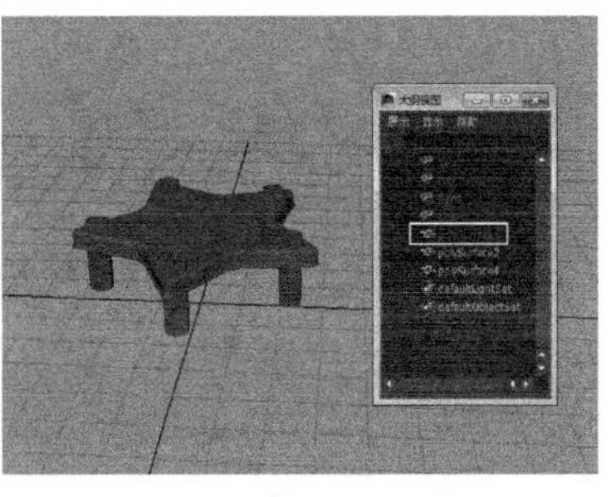

图3-18

技巧与提示

对象隐藏后，在【大纲视图】中该对象名会变成灰色，如图3-18所示。

03 选择第一组模型，执行【并集】命令，效果如图3-20所示。

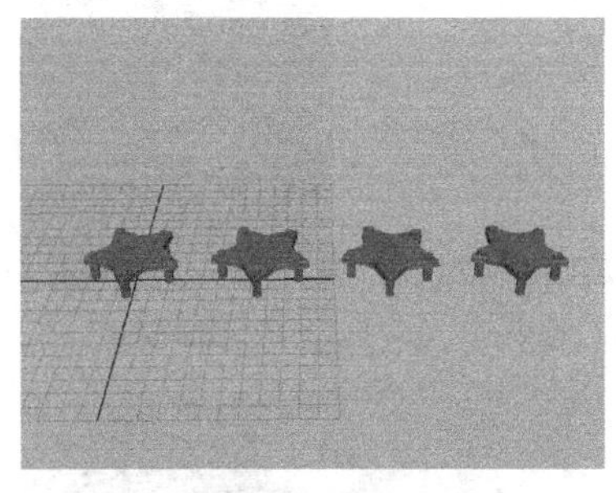

图3-19

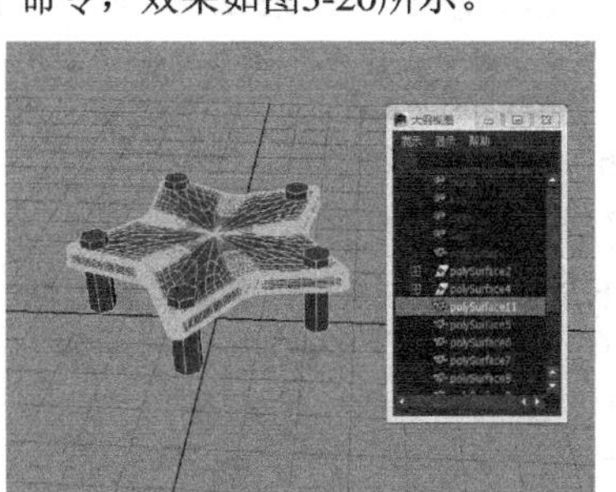

图3 -20

技巧与提示

执行【布尔】菜单中的命令后，原对象会生成组，如图3-20所示。

04 在第二组模型中，先选择螺丝，再选择盒盖，执行【差集】命令，如图3-21所示。

05 在第三组模型中，先选择盒盖，再选择螺丝，执行【差集】命令，与第二组模型对比如图3-22所示。

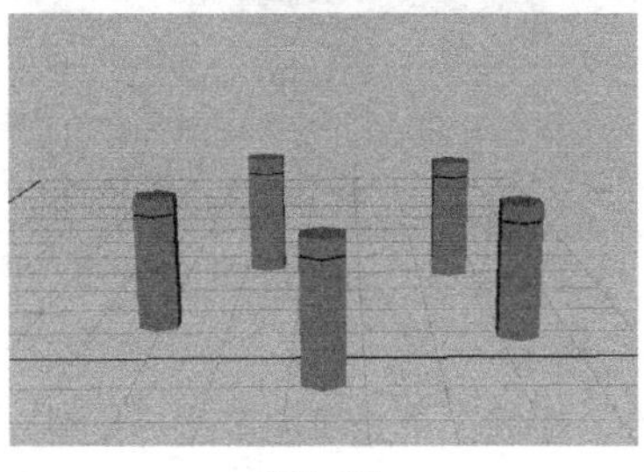

图3-21

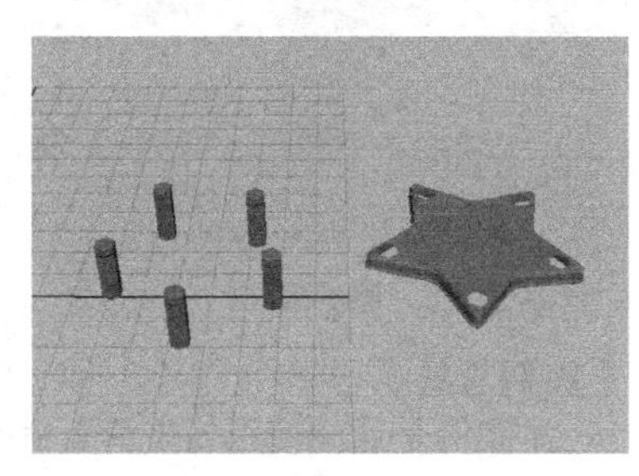

图3-22

技巧与提示

选择对象的顺序不一样，差集后的效果也不一样。

多边形与NURBS曲面一样，也需要注意法线的方向，执行【法线】>【反向】命令，可改变多边形的法线方向。

在建模过程中，通常会关闭视图窗口中【照明】>【双面照明】选项，以便于观察法线方向。黑色的面为反面，即法线的反方向，如图3-23所示。

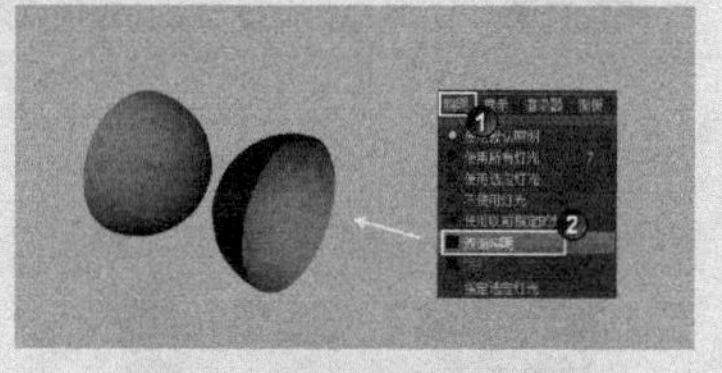

图3-23

06 选择第四组模型，执行【交集】命令，如图3-24所示。

图3-24

【案例总结】

本案例是通过制作糖果盒，来掌握多边形下的【布尔】命令的使用。多边形的【布尔】与NURBS曲面的【布尔】工具在功能上是一样的，只是作用对象和使用方法不一样。

案例49 平滑：玻璃杯

场景位置	Scene>CH03>C4.mb
実例位置	Example>CH03>C5.mb
视频位置	Media>CH03>5. 平滑：玻璃杯 .mp4
学习目标	学习如何生成光滑的多边形

（扫码观看视频）

【操作思路】

对玻璃杯造型进行分析，初始模型是一个面数较少的多边形对象，且过渡太过生硬。使用【平滑】命令，可得到光滑的模型。

最终效果图

【操作命令】

本例的操作命令是【网格】>【平滑】命令，如图3-25所示。

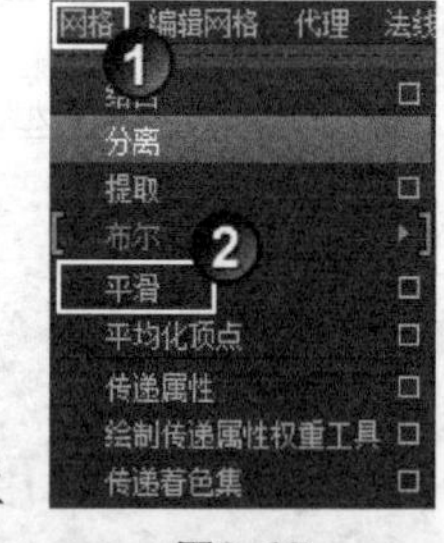

图3-25

【操作步骤】

01 打开场景"Scene>CH03>C4.mb"，如图3-26所示。

02 选择模型，执行【网格】>【平滑】命令，如图3-27所示。

03 在【通道盒】面板中，找到polySmoothFace1下的【分段】属性，将其参数设置为2，效果如图3-28所示。

图3-26

图3-27

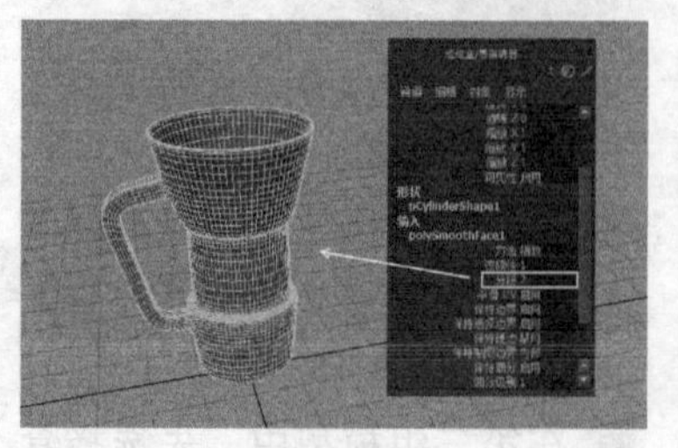

图3-28

【案例总结】

本案例是通过使用【平滑】命令，生成一个光滑的多边形模型。【平滑】的分段数越高，多边形的面就越多，模型就越光滑，但要合理控制分段数。

案例50 填充洞：椅子

场景位置	Scene>CH03>C5.mb
案例位置	Example>CH03>C6.mb
视频位置	Media>CH03>6. 填充洞：椅子 .mp4
学习目标	学习如何填充多边形上的孔洞

（扫码观看视频）

【操作思路】

对椅子造型进行分析，椅垫上有一个方形缺口。使用【填充洞】命令，可修补椅垫上的缺口。

最终效果图

【操作命令】

本例的操作命令是【网格】>【填充洞】命令，如图3-29所示。

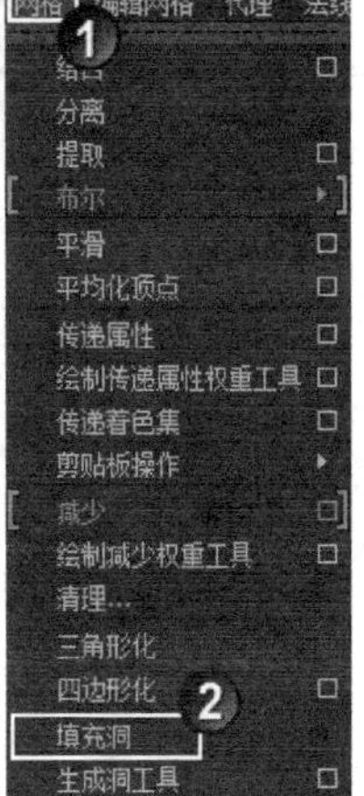

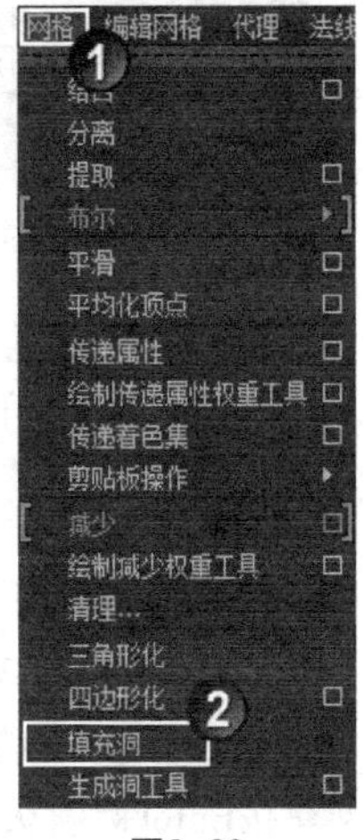

图3-29

【操作步骤】

01 打开场景“Scene>CH03>C5.mb”，可以观察到椅垫中间有一个洞，如图3-30所示。

02 选择椅垫模型，执行【网格】>【填充洞】命令，效果如图3-31所示。

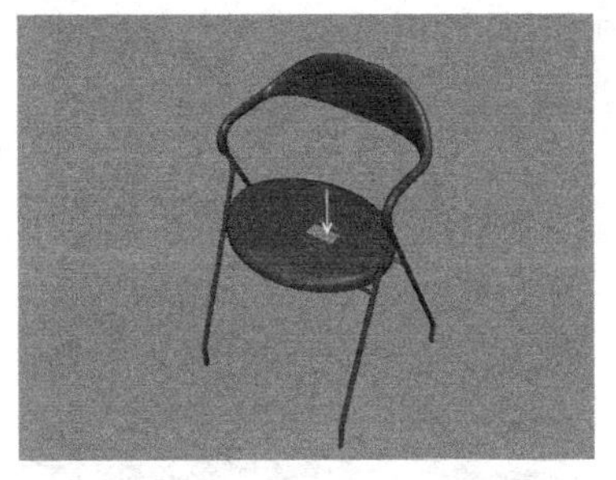

图3-30

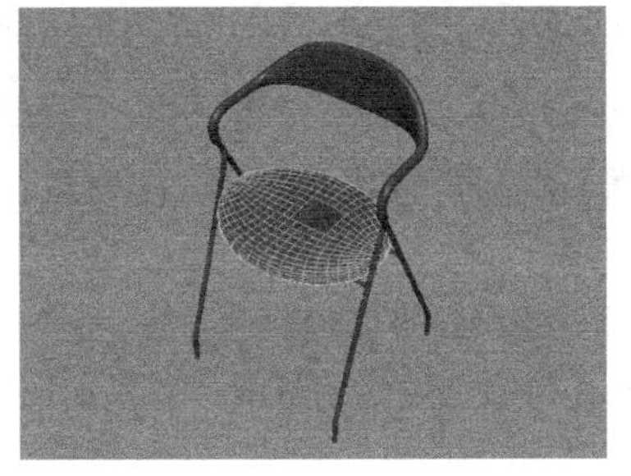

图3-31

【案例总结】

本案例是通过修补椅垫上的缺口，来掌握【填充洞】命令的使用。选择缺口周围的边，执行【填充洞】命令，可填充指定的缺口。

案例51 生成洞：盔甲

场景位置	Scene>CH03>C6.mb
案例位置	Example>CH03>C7.mb
视频位置	Media>CH03>7. 生成洞：盔甲 .mp4
学习目标	学习如何在多边形上投射出特殊效果的造型

（扫码观看视频）

【操作思路】

对盔甲造型进行分析，胸前有一个能量圈造型。将能量圈造型的平面与盔甲结合，再使用【生成洞】命令，将平面造型投射到盔甲上。

最终效果图

【操作命令】

本例的操作命令是【网格】>【生成洞】命令，如图3-32所示。

图3-32

【操作步骤】

01 打开场景“Scene>CH03>C6.mb”，如图3-33所示。

02 选择面片与盔甲，执行【网格】>【结合】命令，将其结合为一个整体，如图3-34所示。

图3-33

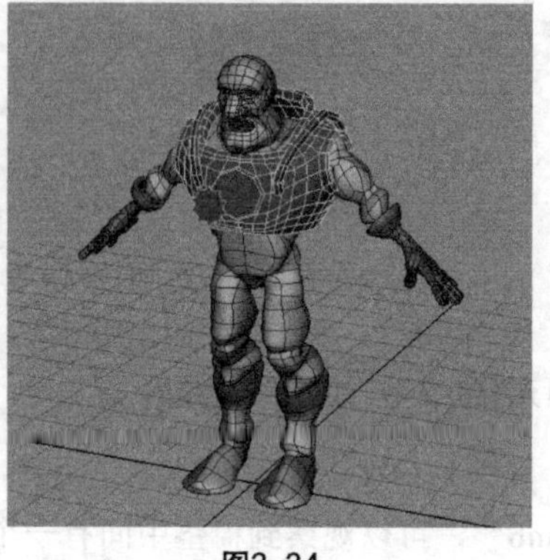

图3-34

技巧与提示

如果在创建洞时，参考对象没有与要生成洞对象合并，则将不能创建。这时就需要使用【结合】命令将两个对象结合成一个整体。

03 打开【生成洞工具】的【工具设置】对话框，设置【合并模式】为【投影第一项】，如图3-35所示。

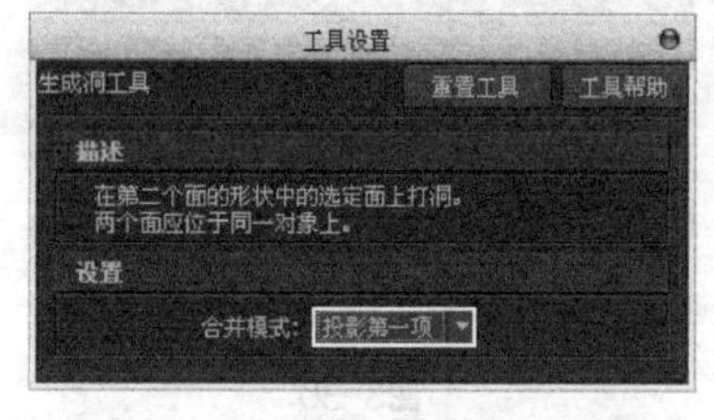

图3-35

04 单击面片，再单击盔甲胸口的面，效果如图3-36所示。

05 按Enter键确认，盔甲上就生成了特殊造型的能量圈，效果如图3-37所示。

06 按住鼠标右键选择【顶点】编辑模式，选择面片点，将点移动到胸口处，如图3-38所示。

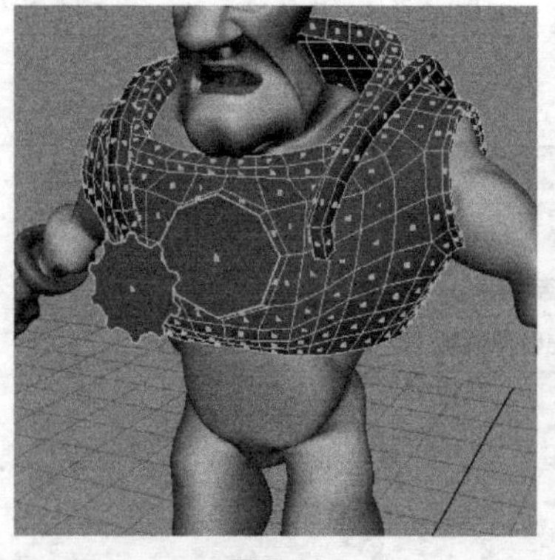

图3-36

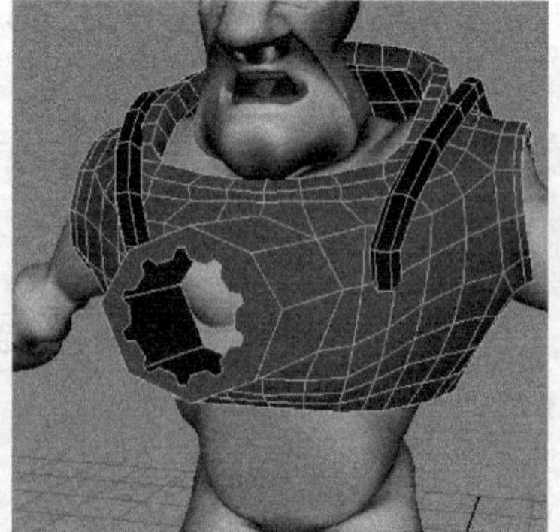

图3-37

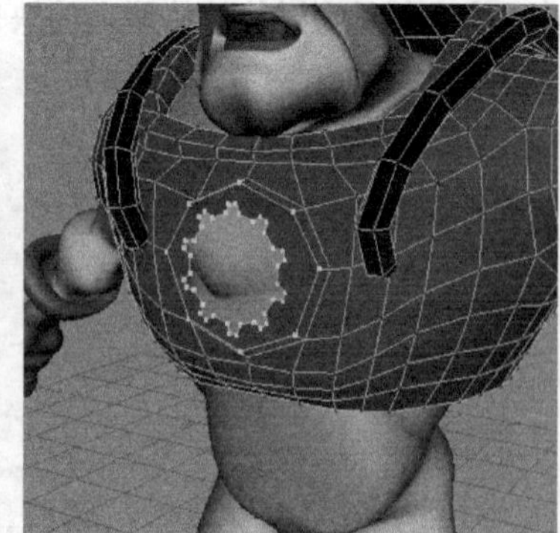

图3-38

【案例总结】

本案例是通过制作一个盔甲能量圈造型，来掌握如何使用【生成洞】命令。该命令可以制作一些特殊效果，类似于NURBS的【在曲面上投影曲线】。

案例52
创建多边形工具：金箔

场景位置	无
案例位置	Example>CH03>C8.mb
视频位置	Media>CH03>8. 创建多边形工具：金箔 .mp4
学习目标	学习如何创建特殊造型的多边形平面

（扫码观看视频）

【操作思路】

对金箔造型进行分析，该模型是一个左右对称的规则图形。使用【创建多边形工具】结合【捕捉到栅格】工具，创建树的模型。

最终效果图

【操作工具】

本例的操作工具是【网格】>【创建多边形工具】，打开【工具设置】面板，如图3-39所示。

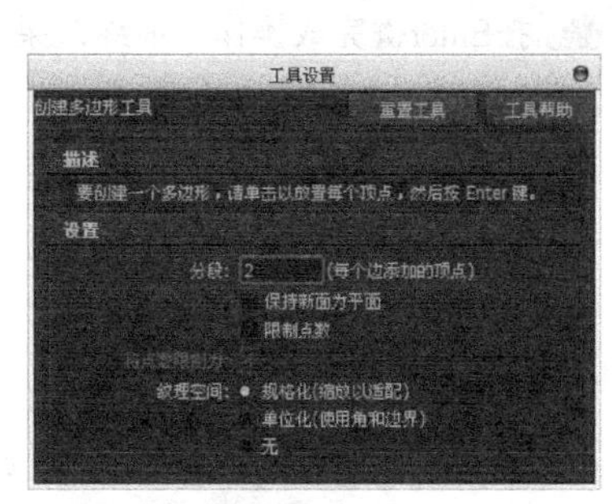

图3-39

创建多边形工具参数介绍

分段：指定要创建多边形的边的分段数量。

保持新面为平面：默认情况下，使用【创建多边形工具】添加的任何面位于附加到的多边形网格的相同平面。如果要将多边形附加在其他平面上，可以禁用【保持新面为平面】选项。

限制点数：指定新多边形所需的顶点数量。值为4可以创建四条边的多边形（四边形）；值为3可以创建三条边的多边形（三角形）。

将点数限制为：选择【限制点数】选项后，用来设置点数的最大数量。

纹理空间：指定如何为新多边形创建 UV纹理坐标。

规格化（缩放以适配）：启用该选项后，纹理坐标将缩放以适合0~1范围内的UV纹理空间，同时保持UV面的原始形状。

单位化（使用角和边界）：启用该选项后，纹理坐标将放置在纹理空间0~1的角点和边界上。具有3个顶点的多边形将具有一个三角形UV纹理贴图（等边），而具有3个以上顶点的多边形将具有一个方形UV纹理贴图。

无：不为新的多边形创建UV。

【操作步骤】

01 新建一个场景，切换到前视图，然后激活【捕捉到栅格】，使用【创建多边形工具】在栅格上单击，确定起点，如图3-40所示。

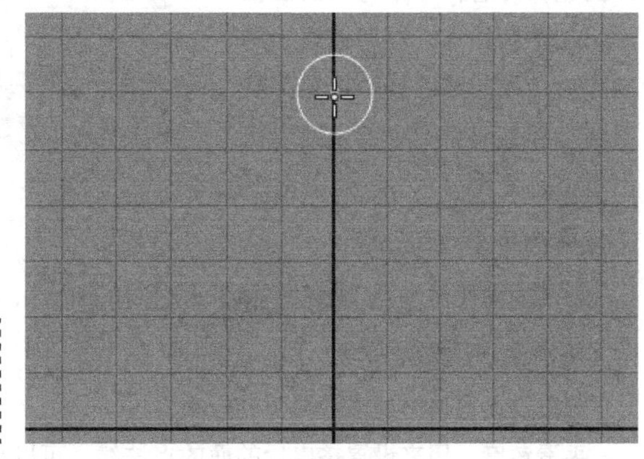

图3-40

技巧与提示

在使用【创建多边形工具】绘制点时，按住鼠标中键并拖曳，可移动当前点。

02 在另外一个栅格点上单击，确定第2个点，如图3-41所示。

03 继续创建出其他的点，当要闭合多边形时，在起点处单击，如图3-42所示

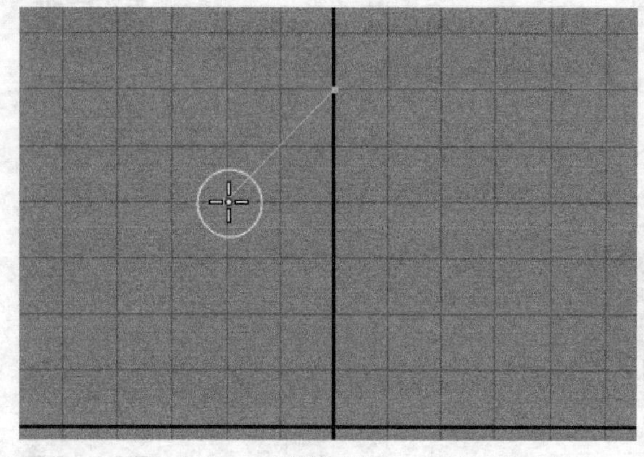

图3-41

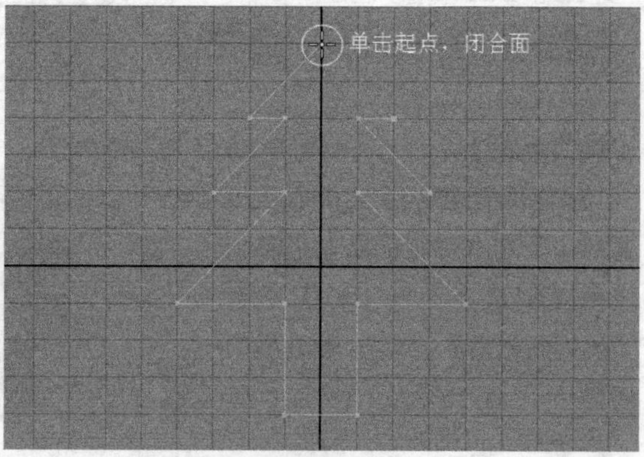

图3-42

04 按Enter键完成操作，最终效果如图3-43所示。

图3-43

【案例总结】

本案例是通过制作金箔平面，来掌握【创建多边形工具】的使用。该工具用来创建各种特殊造型的多边形平面，结合使用其他命令可生成特殊效果。

案例53 挤出：恐龙牙齿

场景位置	Scene>CH03>C7.mb
案例位置	Example>CH03>C9.mb
视频位置	Media>CH03>9. 挤出：恐龙牙齿 .mp4
学习目标	学习如何沿路径线挤出造型

（扫码观看视频）

【操作思路】

对牙齿造型进行分析，不将牙齿整体可看作一个弯曲的圆锥形。创建圆柱体，再用曲线绘制出牙齿造型的路径线，设置【挤出面选项】对话框中的参数，挤出牙齿的造型。

最终效果图

【操作命令】

本例的操作命令是【编辑网格】>【挤出】命令，打开【挤出面选项】对话框，如图3-44所示。

挤出面选项参数介绍

分段：设置挤出的多边形面的段数。

平滑角度：用来设置挤出后的面的点法线，可以得到平面的效果，一般情况下使用默认值。

偏移：设置挤出面的偏移量。正值表示将挤出面缩小；负值表示将挤出面扩大。

厚度：设置挤出面的厚度。

曲线：设置是否沿曲线挤出面。

无：不沿曲线挤出面。

选定：表示沿曲线挤出面，但前提是必须创建有曲线。

已生成：选择该选项后，挤出时将创建曲线，并会将曲线与组件法线的平均值对齐。

锥化：控制挤出面另一端的大小，使其从挤出位置到终点位置形成一个过渡的变化效果。

扭曲：使挤出的面产生螺旋状效果。

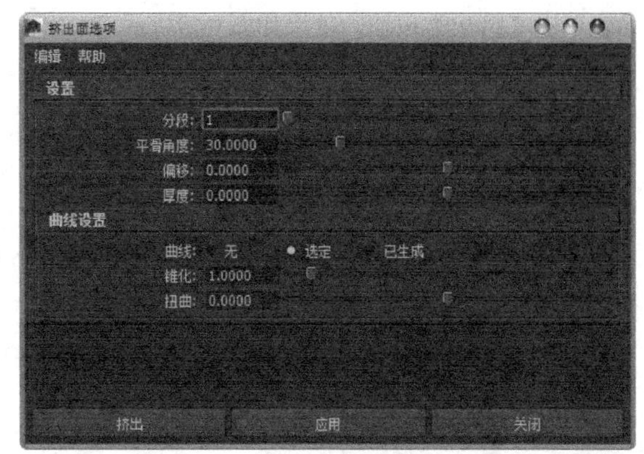

图3-44

【操作步骤】

01 打开场景“Scene>CH03>C7.mb”，如图3-45所示。

02 切换到右视图，绘制一条EP曲线，如图3-46所示。

图3-45

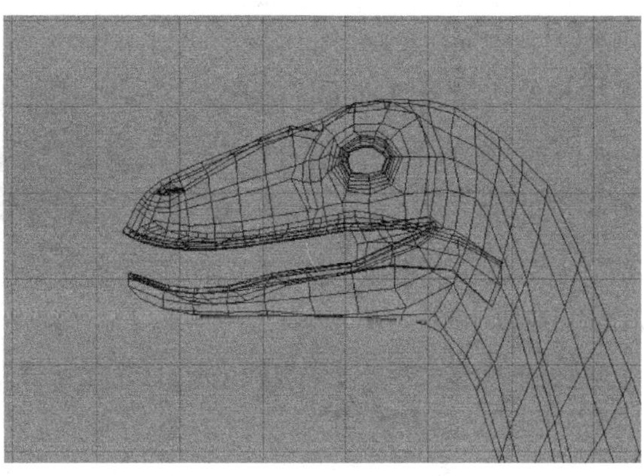

图3-46

03 创建一个圆柱体，调整其大小，将轴心点移至圆柱体一端的中心，再把圆柱体捕捉到曲线的起始端，旋转圆柱体，使圆柱体方向和曲线起始端方向匹配，如图3-47所示。

04 选择圆柱体顶端的面，加选曲线，在【挤出面选项】对话框中，设置其参数如图3-48所示。

图3-47

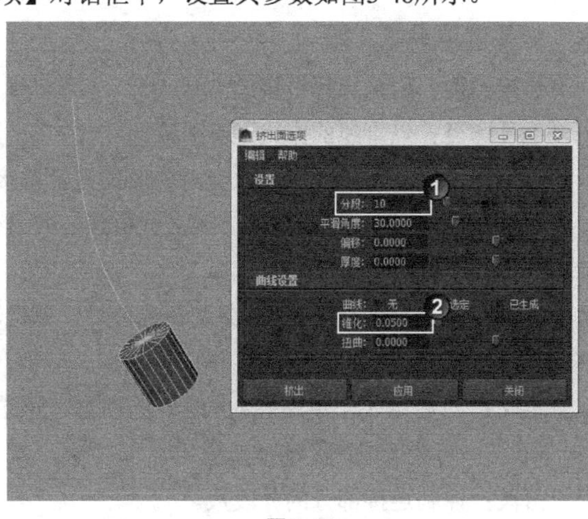

图3-48

05 单击【挤出】按钮，效果如图3-49所示。

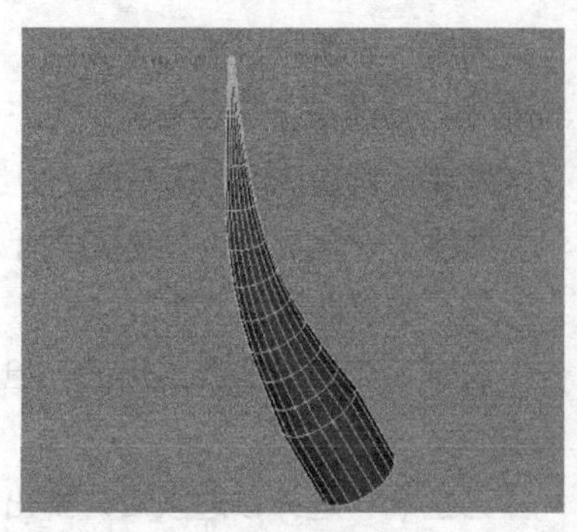

图3-49

【案例总结】

本案例是通过使用【挤出】命令，来制作一个牙齿模型。使用【挤出】命令可以沿多边形面、边或点进行挤出，从而得到新的多边形面。该命令在建模中非常重要，使用频率相当高。

案例54 桥接：烛台

场景位置	Scene>CH03>C8.mb
案例位置	Example>CH03>C10.mb
视频位置	Media>CH03>10. 桥接：烛台 .mp4
学习目标	学习如何在模型间生成多边形

（扫码观看视频）

【操作思路】

对烛台造型进行分析，烛台小人的头部由多边形连接。选择要连接的边，再设置【桥接选项】对话框中的参数，执行【桥接】命令连接模型。

最终效果图

【操作命令】

本例的操作命令是【编辑网格】>【桥接】命令，打开【桥接选项】对话框，如图3-50所示。

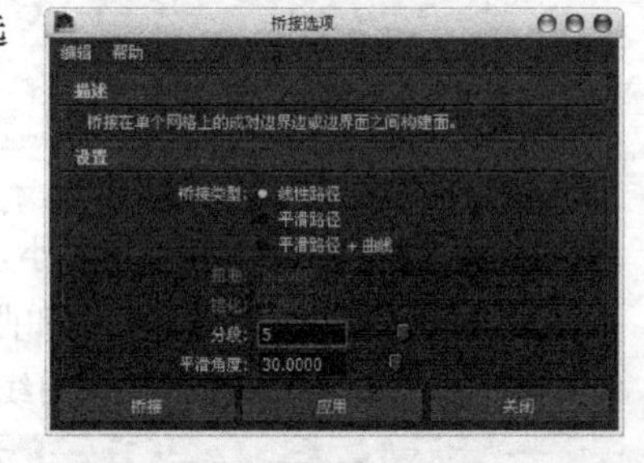

图3-50

桥接选项参数介绍

桥接类型：用来选择桥接的方式。

线性路径：以直线的方式进行桥接。

平滑路径：使连接的部分以光滑的形式进行桥接。

平滑路径+曲线：以平滑的方式进行桥接，并且会在内部产生一条曲线。可以通过曲线的弯曲度来控制桥接部分的弧度。

扭曲：当启用【平滑路径+曲线】选项时，该选项才可用，可使连接部分产生扭曲效果，并且以螺旋的方式进行扭曲。

锥化：当启用【平滑路径+曲线】选项时，该选项才可用，主要用来控制连接部分的中间部分的大小，可以与两头形成渐变的过渡效果。

分段：控制连接部分的分段数。

平滑角度：用来改变连接部分的点的法线的方向，以达到平滑的效果，一般使用默认值。

【操作步骤】

01 打开场景“Scene>CH03>B7.mb”，如图3-51所示。

02 进入【边】编辑模式，然后选择两个洞口的边，如图3-52所示。

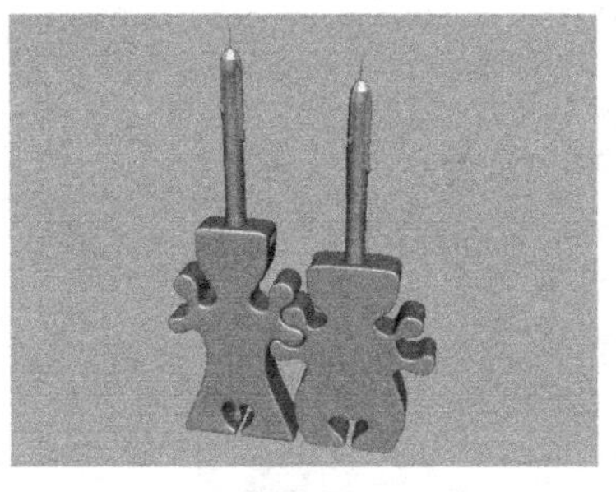

图3-51

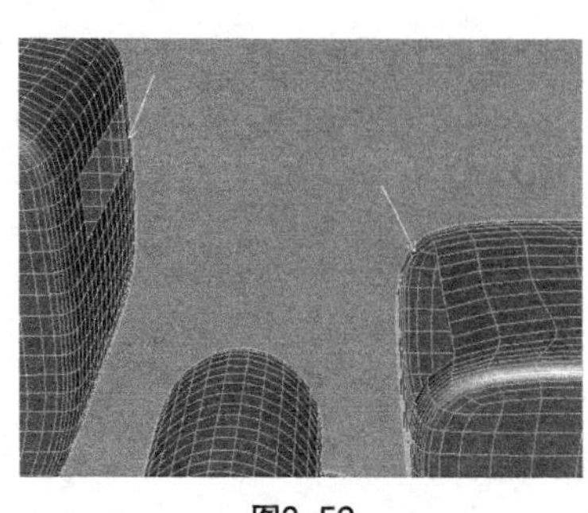

图3-52

03 打开【桥接选项】对话框，然后设置【桥接类型】为【平滑路径】，接着设置【分段】为7，如图3-53所示。单击【桥接】按钮，最终效果如图3-54所示。

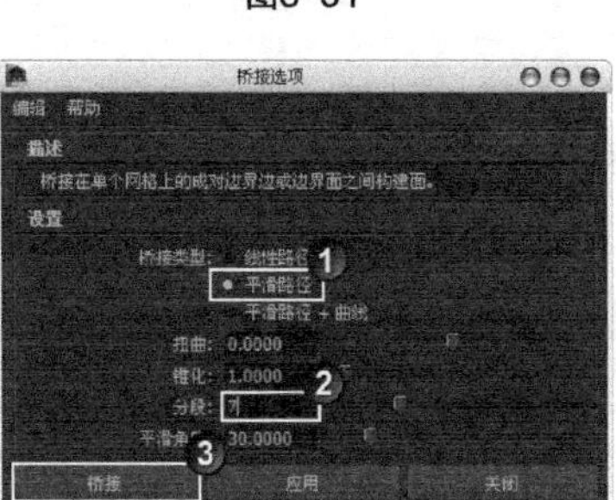

图3-53

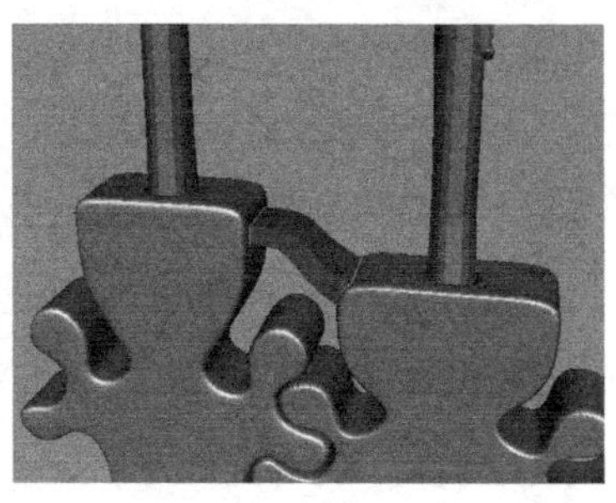

图3-54

【案例总结】

本案例是通过连接烛台，来掌握【桥接】命令的使用。使用【桥接】命令可以在一个多边形对象内的两个洞口之间产生桥梁式的连接效果，连接方式可以是线性连接，也可以是平滑连接。

案例55 附加到多边形工具：挂饰

场景位置	Scene>CH03>C9.mb
案例位置	Example>CH03>C11.mb
视频位置	Media>CH03>11. 附加到多边形工具：挂饰 .mp4
学习目标	学习如何修补缺口

（扫码观看视频）

【操作思路】

对挂饰造型进行分析，挂饰表面有两个缺口，使用【附加到多边形工具】命令可修补缺口。

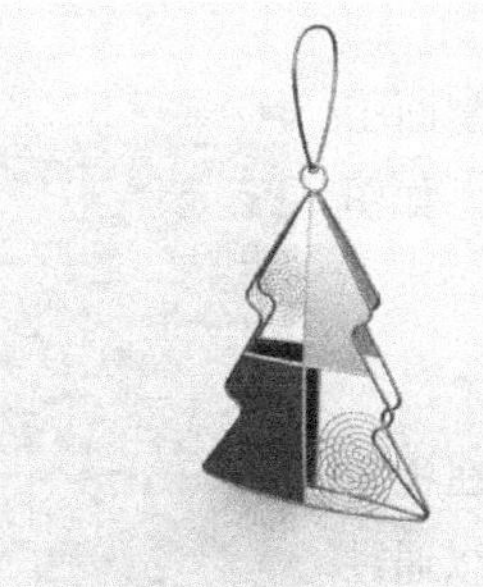

最终效果图

【操作命令】

本例的操作命令是【编辑网格】>【附加到多边形工具】命令，如图3-55所示。

【操作步骤】

01 打开场景“Scene>CH03>C9.mb”，如图3-56所示。

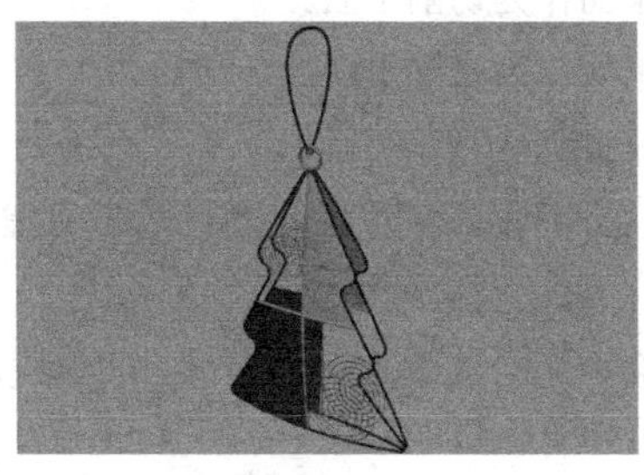

图3-56

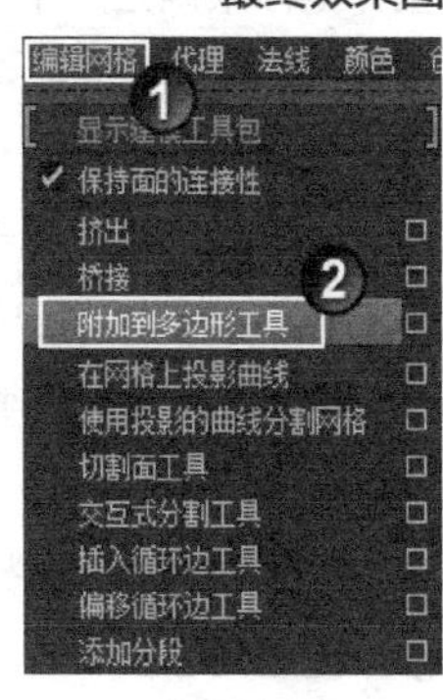

图3-55

02 选择【附加到多边形工具】，然后分别单击需要附加成面的边，如图3-57所示，接着按Enter键完成操作，最终效果如图3-58所示。

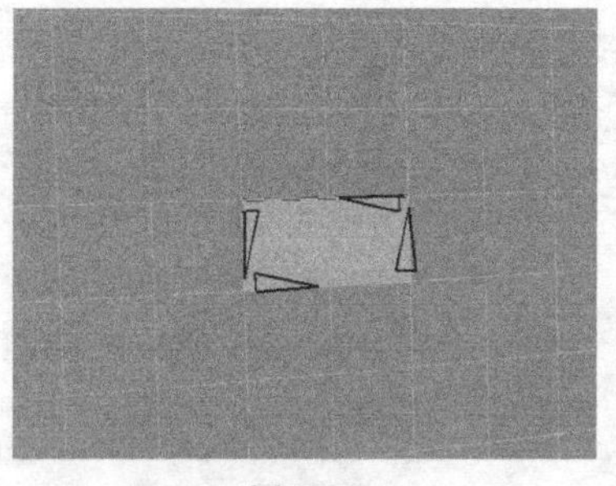
图3-57

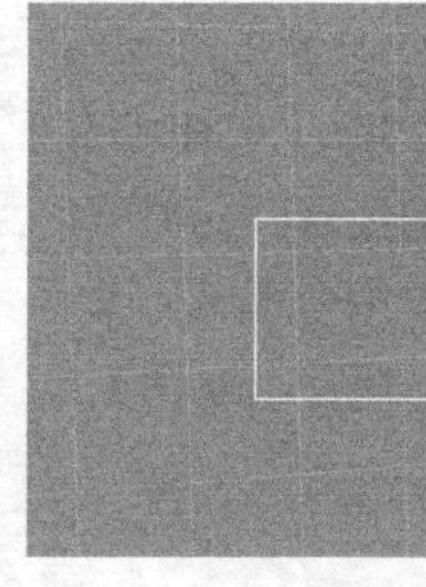
图3-58

【案例总结】

本案例是通过修补挂饰缺口，来掌握【附加到多边形工具】命令的使用。该命令与【填充洞】命令类似，可根据需要来运用。

案例56 切割面工具：怪兽

场景位置	Scene>CH03>C10.mb
案例位置	Example>CH03>C12.mb
视频位置	Media>CH03>12. 切割面工具：怪兽 .mp4
学习目标	学习如何切割多边形

（扫码观看视频）

【操作思路】

对怪兽造型进行分析，怪兽沿中间分成左右两部分。使用【切割面工具】命令切割多边形，可将多边形对象按轴向分割。

最终效果图

【操作命令】

本例的操作命令是【编辑网格】>【切割面工具】命令，打开【切割面工具选项】对话框，如图3-59所示。

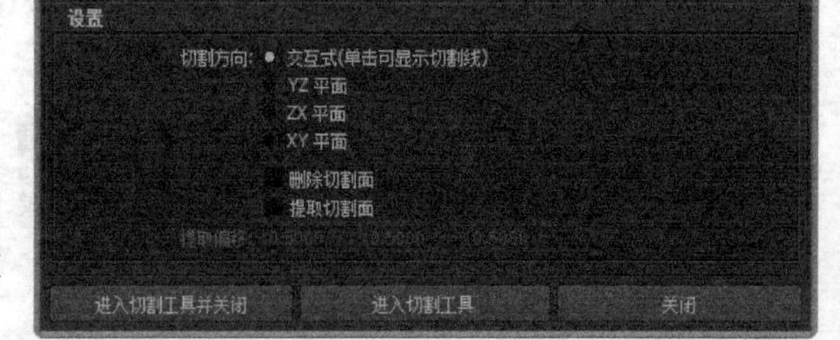

图3-59

切割面工具选项参数介绍

切割方向：用来选择切割的方向。可以在视图平面上绘制一条直线来作为切割方向，也可以通过世界坐标来确定一个平面作为切割方向。

交互式（单击可显示切割线）：通过拖曳光标来确定一条切割线。

YZ平面：以平行于*yz*轴所在的平面作为切割平面。

ZX平面：以平行于*xz*轴所在的平面作为切割平面。

XY平面：以平行于*xy*轴所在的平面作为切割平面。

删除切割面：选择该选项后，会产生一条垂直于切割平面的虚线，并且垂直于虚线方向的面将被删除。

提取切割面：选择该选项后，会产生一条垂直于切割平面的虚线，并且垂直于虚线方向的面将被偏移一段距离。

【操作步骤】

01 打开场景“Scene>CH03>C10.mb”，如图3-60所示。

02 选择模型，打开【剪切面工具选项】对话框，然后设置【切割方向】为【YZ平面】，选择【提取切割面】选项，如图3-61所示

03 单击【切割】按钮，最终效果如图3-62所示。

图3-60

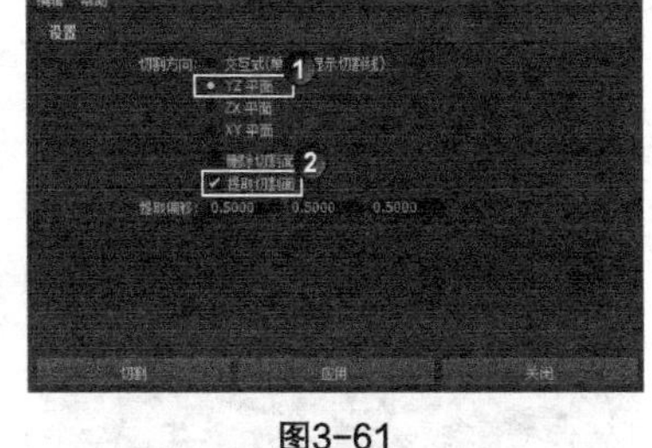

图3-61

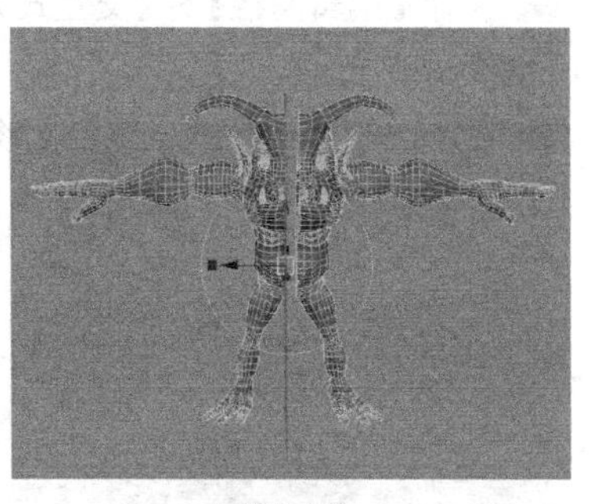

图3-62

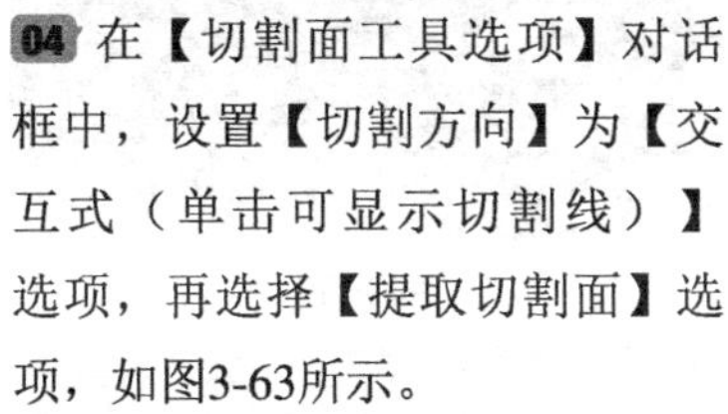

04 在【切割面工具选项】对话框中，设置【切割方向】为【交互式（单击可显示切割线）】选项，再选择【提取切割面】选项，如图3-63所示。

05 切换到前视图，按住鼠标左键并拖曳光标，可按任意角度切割多边形对象，如图3-64所示。

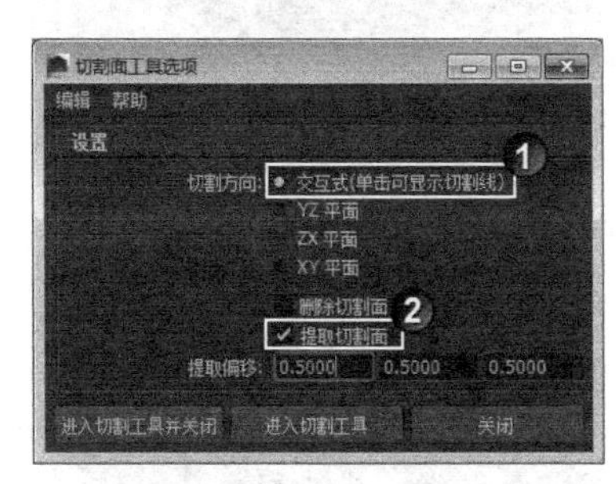

图3-63

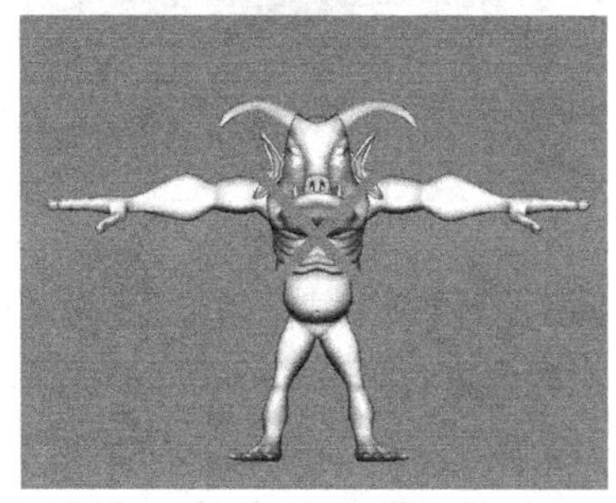

图3-64

技巧与提示

使用【交互式（单击可显示切割线）】的切割方式时，视角（摄像机角度）会影响切割的角度。调整切割角度时，按Shift键可使切割线产生45、90、135、180等规律性角度。

【案例总结】

本案例是通过制作切割多边形，来掌握【切割面工具】命令的使用。该命令像切刀一样，在多边形上生成笔直的边。

案例57 交互式分割工具：怪物尾巴

场景位置	Scene>CH03>C11.mb
案例位置	Example>CH03>C13.mb
视频位置	Media>CH03>13.交互式分割工具：怪物尾巴.mp4
学习目标	学习如何为多边形对象添加加边

（扫码观看视频）

【操作思路】

对怪物造型进行分析，这里为怪物制作了一条尾巴。使用【交互式分割工具】命令，在怪物臀部绘制尾巴轮廓，然后挤出尾巴。

最终效果图

【操作命令】

本例的操作命令是【编辑网格】>【交互式分割工具】命令，如图3-65所示。

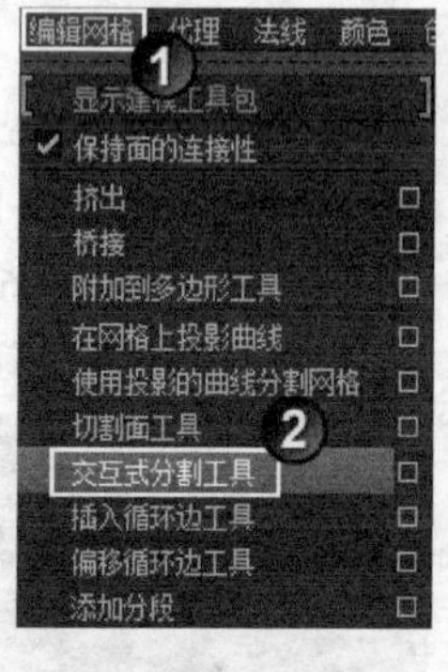

图3-65

【操作步骤】

01 打开场景“Scene>CH03>C11.mb”，如图3-66所示。

02 执行【编辑网格】>【交互式分割工具】命令，在怪物臀部绘制分割点，效果如图3-67所示。

03 按Enter键确认操作，为多边形添加边，如图3-68所示。

图3-66

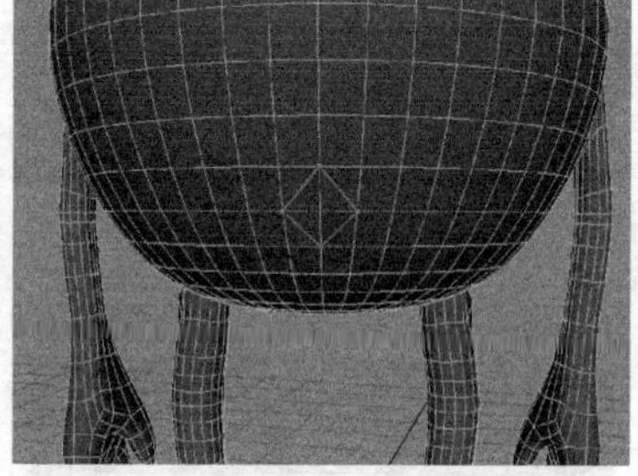

图3-67

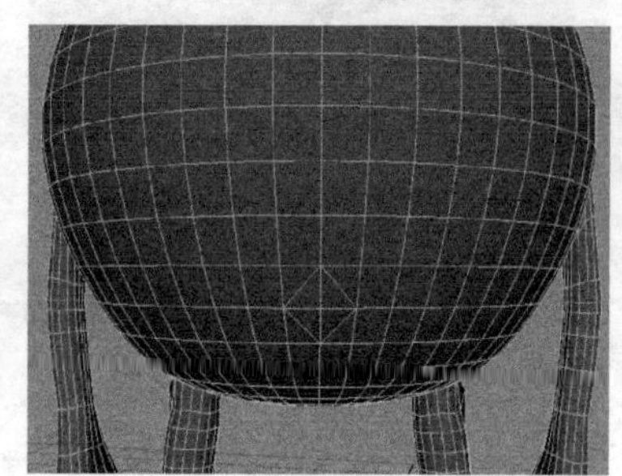

图3-68

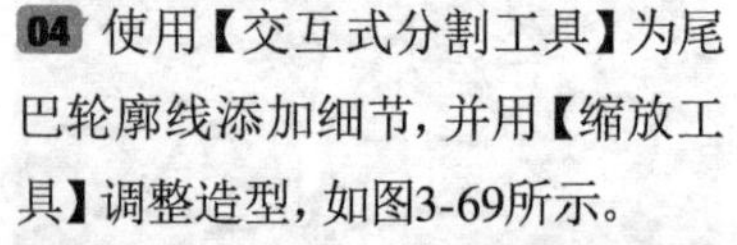

04 使用【交互式分割工具】为尾巴轮廓线添加细节，并用【缩放工具】调整造型，如图3-69所示。

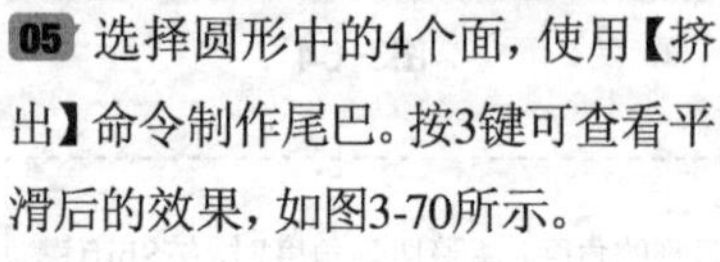

05 选择圆形中的4个面，使用【挤出】命令制作尾巴。按3键可查看平滑后的效果，如图3-70所示。

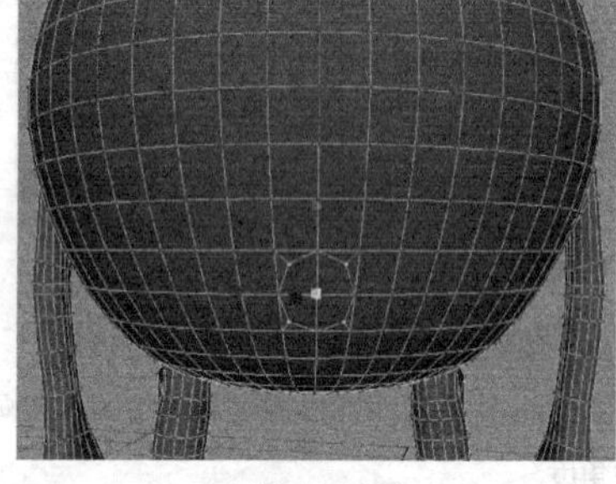

图3-69

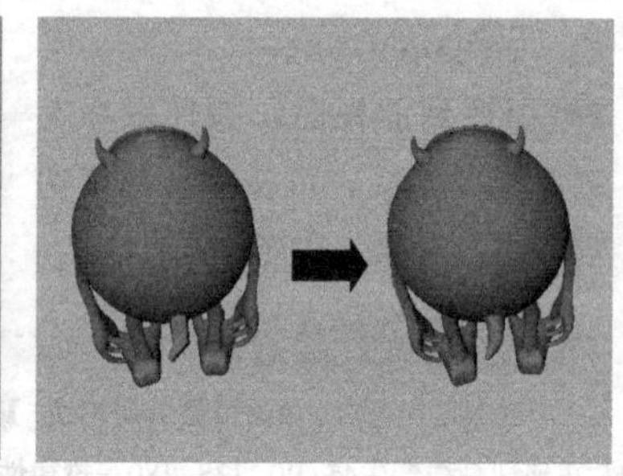

图3-70

【案例总结】

本案例是通过制作怪物的尾巴，来掌握【交互式分割工具】命令的使用。该命令可自由地在多边形表面添加边，在制作特殊造型的模型时经常用到。

案例58 插入循环边工具：糖果盘

场景位置	Scene>CH03>C12.mb
案例位置	Example>CH03>C14.mb
视频位置	Media>CH03>14. 插入循环边工具：糖果盘 .mp4
学习目标	学习如何在多边形上添加连续的边

（扫码观看视频）

【操作思路】

对糖果盘造型进行分析，该模型表面平滑。使用【插入循环边工具】添加一条连续的边，为模型增加细节。

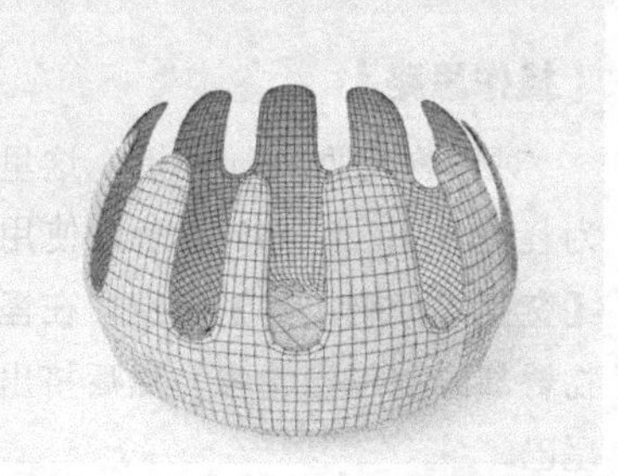

最终效果图

【操作命令】

本例的操作命令是【编辑网格】>【插入循环边工具】命令，打开【工具设置】面板，如图3-71所示。

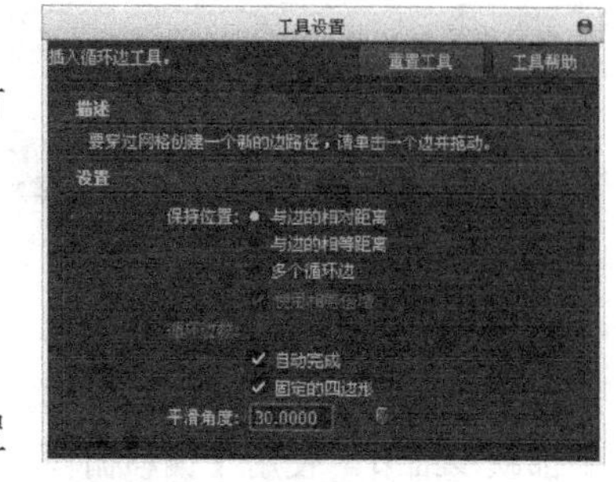

图3-71

插入循环边工具参数介绍

保持位置：指定如何在多边形网格上插入新边。

与边的相对距离：基于选定边上的百分比距离，沿着选定边放置点插入边。

与边的相等距离：沿着选定边按照基于单击第一条边的位置的绝对距离放置点插入边。

多个循环边：根据【循环边数】中指定的数量，沿选定边插入多个等距循环边。

使用相等倍增：该选项与剖面曲线的高度和形状相关。使用该选项的时候，应用最短边的长度来确定偏移高度。

循环边数：当启用【多个循环边】选项时，【循环边数】选项用来设置要创建的循环边数量。

自动完成：启用该选项后，只要单击并拖动到相应的位置，然后释放鼠标，就会在整个环形边上立即插入新边。

固定的四边形：启用该选项后，会自动分割由插入循环边生成的三边形和五边形区域，以生成四边形区域。

平滑角度：指定在操作完成后，是否自动软化或硬化沿环形边插入的边。

【操作步骤】

01 打开场景“Scene>CH04>B12.mb”，如图3-72所示。

02 选择【插入循环边工具】，然后单击纵向的边即可在单击处插入一条环形边，如图3-73所示。

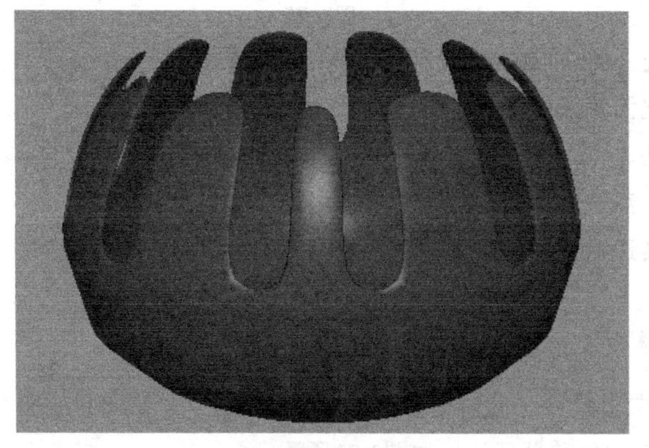
图3-72

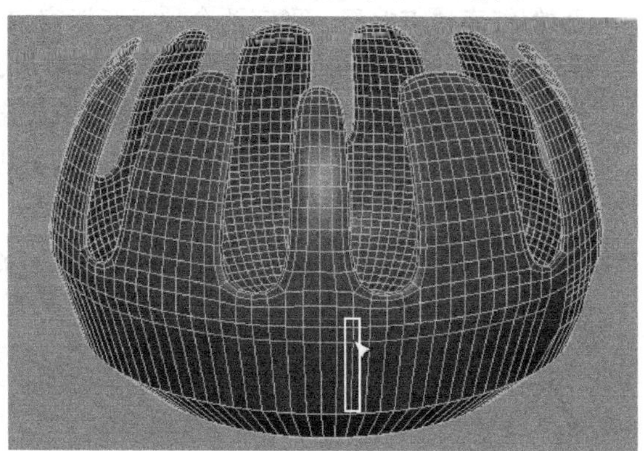
图3-73

03 继续插入一些环形边，使多边形的布线更加均匀，完成后的效果如图3-74所示。

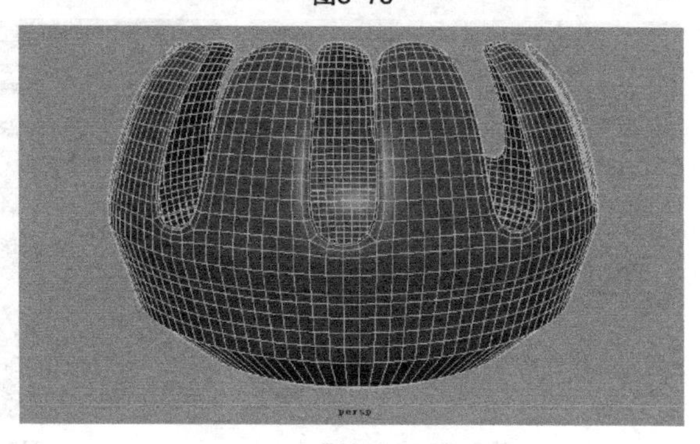
图3-74

【案例总结】

本案例是通过插入一条连续的边，来掌握【插入循环边工具】命令的使用。该命令在多边形建模中，使用频率较高。

案例59 偏移循环边工具：胸像

场景位置	Scene>CH03>C13.mb
案例位置	Example>CH03>C15.mb
视频位置	Media>CH03>15. 偏移循环边工具：胸像 .mp4
学习目标	学习如何在边的两侧各添加一条循环边

（扫码观看视频）

【操作思路】

对胸像造型进行分析，模型眼部缺少细节。使用【偏移循环边工具】，为眼部添加循环边。

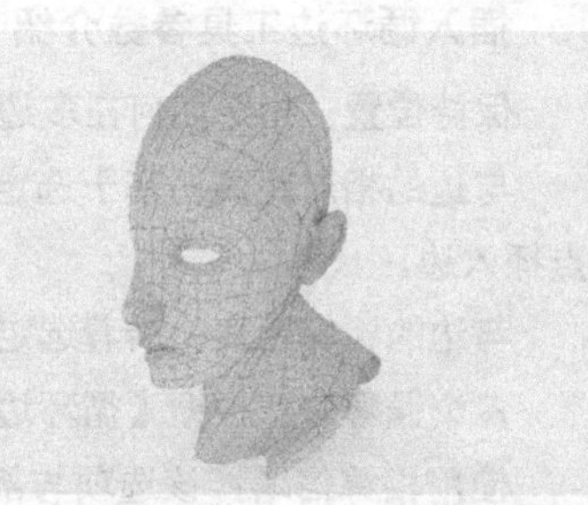

最终效果图

【操作命令】

本例的操作命令是【编辑网格】>【偏移循环边工具】命令，打开【偏移循环边工具选项】对话框，如图3-75所示。

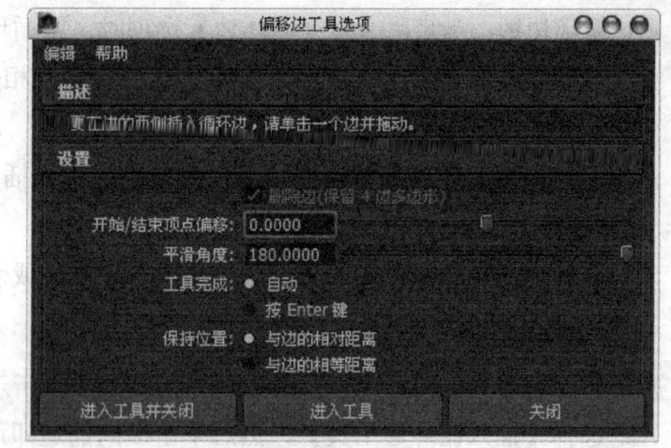

图3-75

偏移循环边工具重要参数介绍

删除边（保留4边多边形）：在内部循环边上偏移边时，在循环的两端创建的新多边形可以是三边的多边形。

开始/结束顶点偏移：确定两个顶点在选定边（或循环边中一系列连接的边）两端上的距离将从选定边的原始位置向内偏移还是向外偏移。

平滑角度：指定完成操作后是否自动软化或硬化沿循环边插入的边。

保持位置：指定在多边形网格上插入新边的方法。

与边的相对距离：基于沿选定边的百分比距离，沿选定边定位点预览定位器。

与边的相等距离：点预览定位器基于单击第一条边的位置，沿选定边在绝对距离处进行定位。

【操作步骤】

01 打开场景“Scene>CH03>C13.mb”，如图3-76所示。

02 选择模型，执行【编辑网格】>【偏移循环边工具】命令，此时模型会自动进入边级别。接着单击眼睛上的循环边，这样就在该循环边的两侧生成两条新的偏移循环边，如图3-77所示。

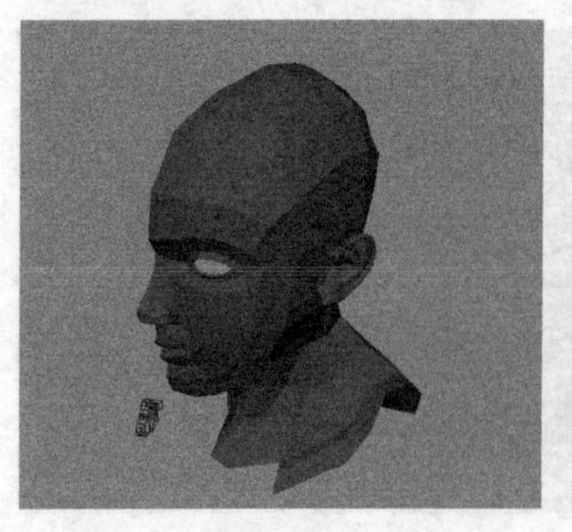

图3-76

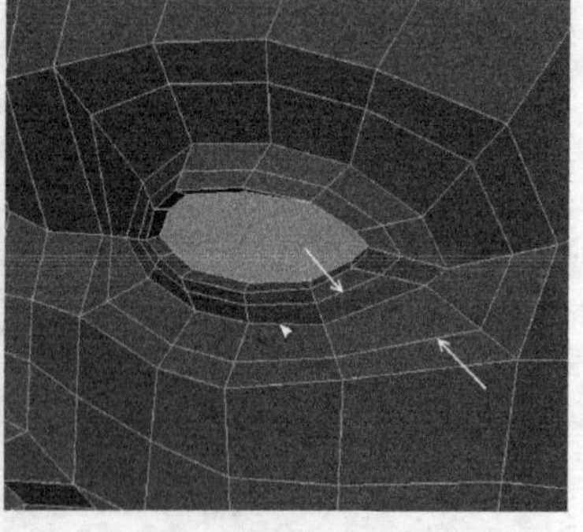

图3-77

【案例总结】

本案例是通过为模型眼部添加细节，来掌握【偏移循环边工具】命令的使用。该命令在使用时，生成的边按两侧宽度比例进行偏移。

案例60
添加分段：魔方

场景位置	Scene>CH03>C14.mb
案例位置	Example>CH03>C16.mb
视频位置	Media>CH03>16. 添加分段：魔方 .mp4
学习目标	学习如何为多边形添加分段

（扫码观看视频）

【操作思路】

对魔方造型进行分析，选择魔方中间的面，在【添加面的分段选项】对话框中设置好参数，为模型添加分段数。

最终效果图

【操作命令】

本例的操作命令是【编辑网格】>【添加分段】命令，打开【添加面的分段数选项】对话框，如图3-78所示。

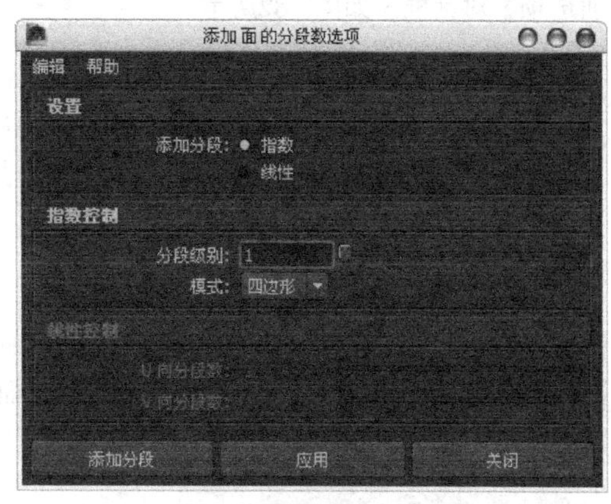

图3-78

添加面的分段数选项参数介绍

添加分段：设置选定面的细分方式。

指数：以递归方式细分选定的面。也就是说，选定的面将被分割成两半，然后每一半进一步分割成两半，依此类推。

线性：将选定面分割为绝对数量的分段。

分段级别：设置选定面上细分的级别，其取值范围为1~4。

模式：设置细分面的方式。

四边形：将面细分为四边形。

三角形：将面细分为三角形。

U/V向分段数：将【添加分段】设置为【线性】时，这两个选项才可用。这两个选项主要用来设置沿多边形U向和V向细分的分段数量。

【操作步骤】

01 打开场景“Scene>CH03>C14.mb”，然后进入面级别，选择中间的面，如图3-79所示。

02 打开【添加面的分段数选项】对话框，然后设置【添加分段】为【指数】，接着设置【分段级别】为4，如图3-80所示。

03 单击【添加分段】按钮，效果如图3-81所示。

图3-79

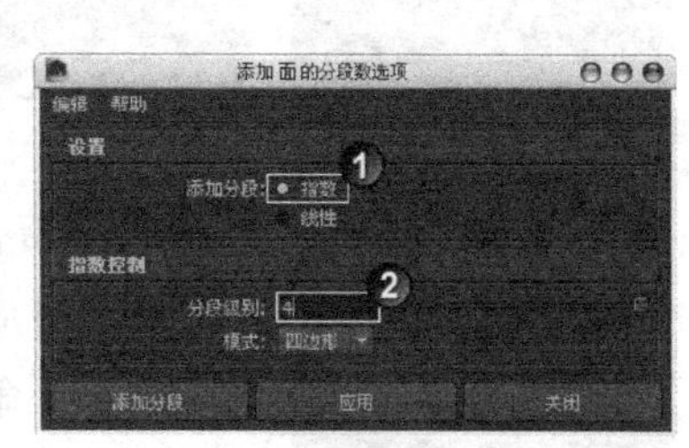

图3-80

图3-81

【案例总结】

本案例是通过为一个面增加分段数，来掌握【添加分段】命令的使用。该命令添加的边，都是均匀分布的。

案例 61 刺破面：狼牙棒

场景位置	Scene>CH03>C15.mb
案例位置	Example>CH03>C17.mb
视频位置	Media>CH03>17. 刺破面：狼牙棒 .mp4
学习目标	学习如何在多边形表面生成棱锥

（扫码观看视频）

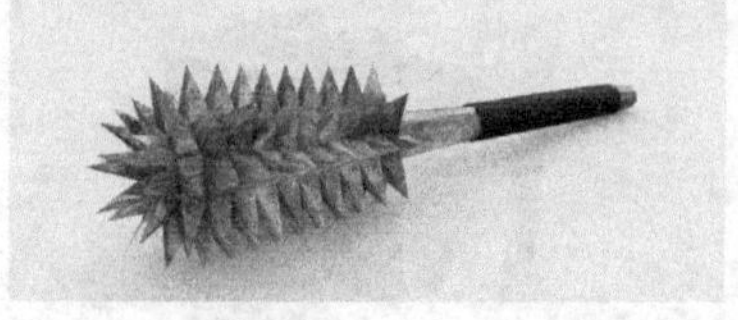

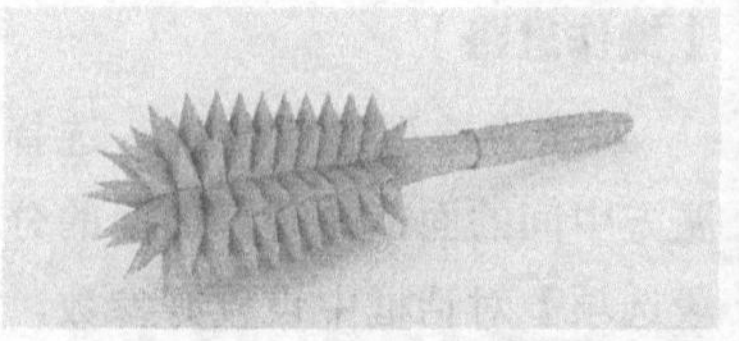

最终效果图

【操作思路】

对狼牙棒造型进行分析，狼牙棒前段布满尖刺。选择要生成尖刺的面，使用【刺破面】命令生成尖刺。

【操作命令】

本例的操作命令是【编辑网格】>【刺破面】命令，打开【刺破面选项】对话框，如图3-82所示。

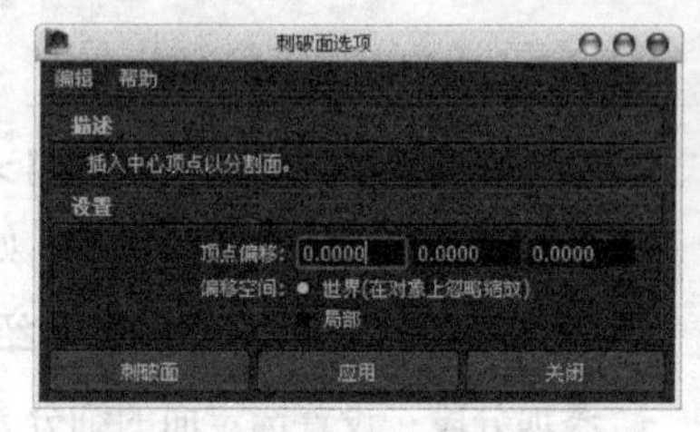

图3-82

刺破面选项参数介绍

顶点偏移：偏移【刺破面】命令得到的顶点。

偏移空间：设置偏移的坐标系。【世界】表示在世界坐标空间中偏移；【局部】表示在局部坐标空间中偏移。

【操作步骤】

01 打开场景“Scene>CH03>C15.mb”，进入【面】编辑模式，选择要生成尖刺的面，如图3-83所示。

02 在【编辑网格】菜单下，取消选择【保持面的连接性】选项，如图3-84所示

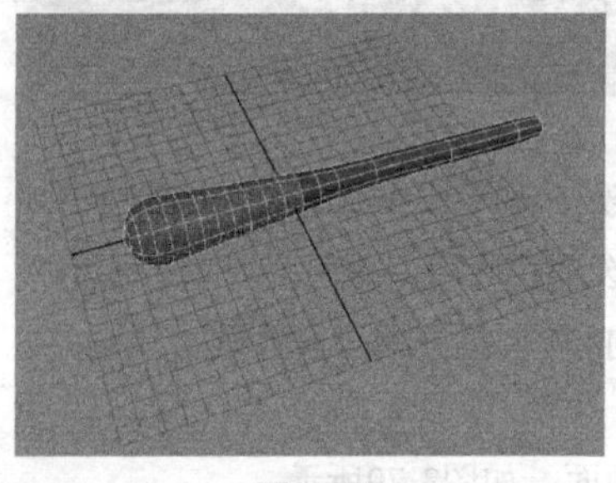

图3-83

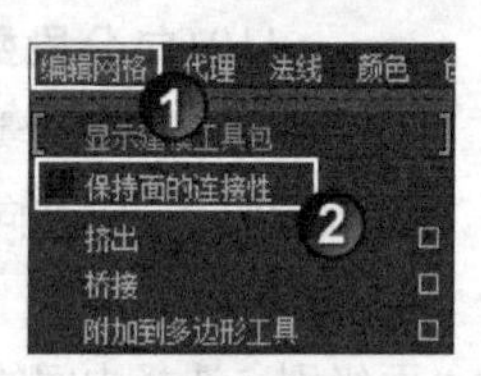

图3-84

技巧与提示

取消选择【保持面的连接性】选项后，选择的面不再作为一个整体，而是以每一块面为单位。

03 执行【编辑网格】>【刺破面】命令，如图3-85所示。

04 执行【编辑网格】>【刺破面】命令，在【通道盒】面板中设置参数【局部平移】为2，如图3-86所示。

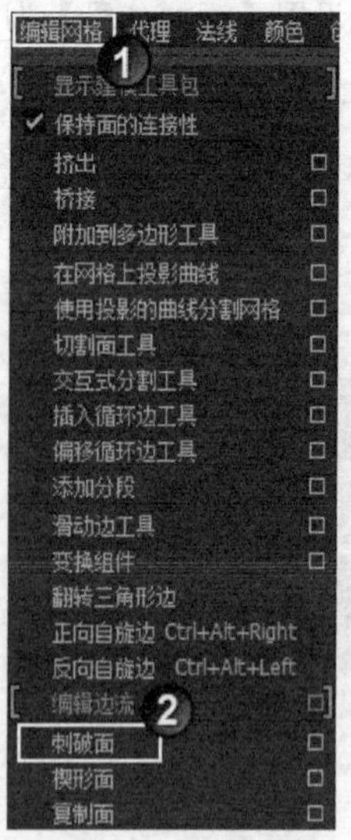

图3-85

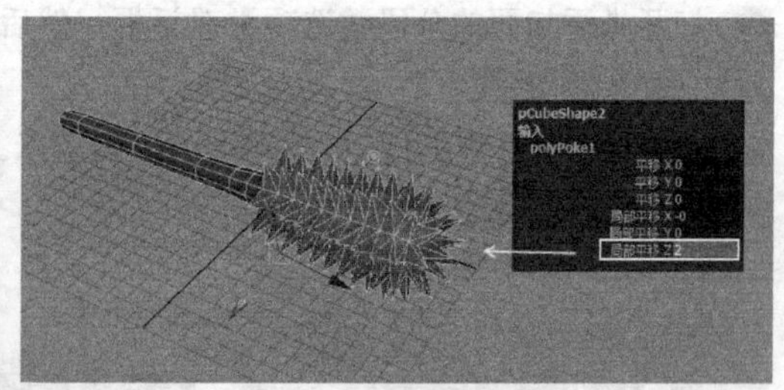

图3-86

【案例总结】

本案例是通过制作一个狼牙棒，来掌握【刺破面】命令的使用。该命令可在平面内部生成若干条边相交于内心，在制作类似尖刺的模型时经常用到。

案例62
复制面：玩具士兵

场景位置	Scene>CH03>C16.mb
案例位置	Example>CH03>C18.mb
视频位置	Media>CH03>18. 复制面：玩具士兵 .mp4
学习目标	学习如何复制多边形上的面

（扫码观看视频）

【操作思路】

对玩具士兵造型进行分析，玩具士兵的鼻子被克隆了一份。使用【复制面】命令，可将鼻子复制出来。

最终效果图

【操作命令】

本例的操作命令是【编辑网格】>【复制面】命令，打开【复制面选项】对话框，如图3-87所示。

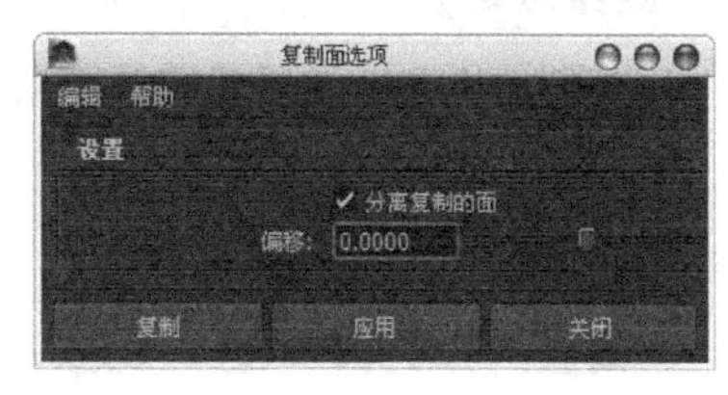

图3-87

复制面选项参数介绍

分离复制的面： 选择该选项后，复制出来的面将成为一个独立部分。

偏移： 用来设置复制出来的面的偏移距离。

【操作步骤】

01 打开场景“Scene>CH03>C16.mb”，如图3-88所示。

02 进入面级别，选择如图3-89所示的面。接着执行【复制面】命令，效果如图3-90所示。

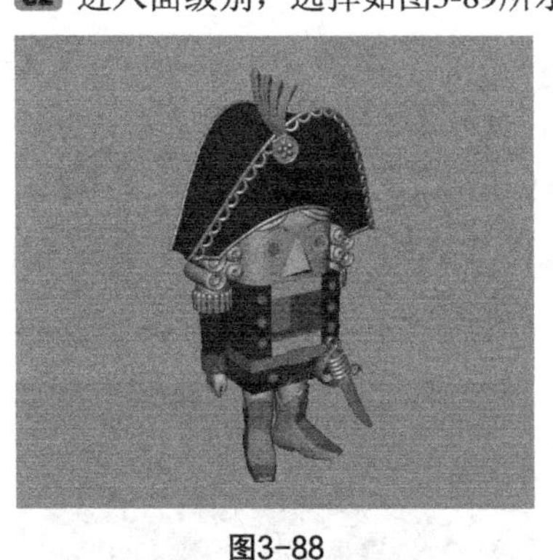
图3-88

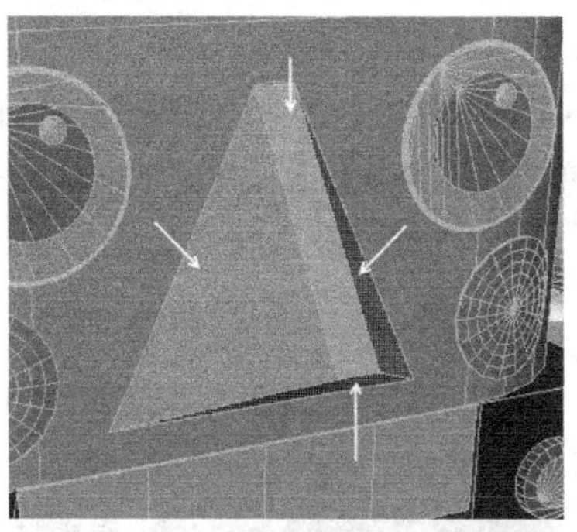
图3-89

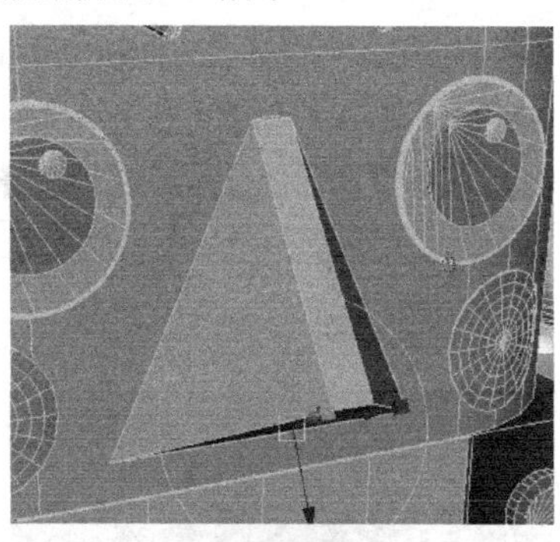
图3-90

03 单击物体坐标控制手柄右上角的交互式控制器，切换到世界坐标控制手柄，然后将复制的面拖出来，最终效果如图3-91所示。

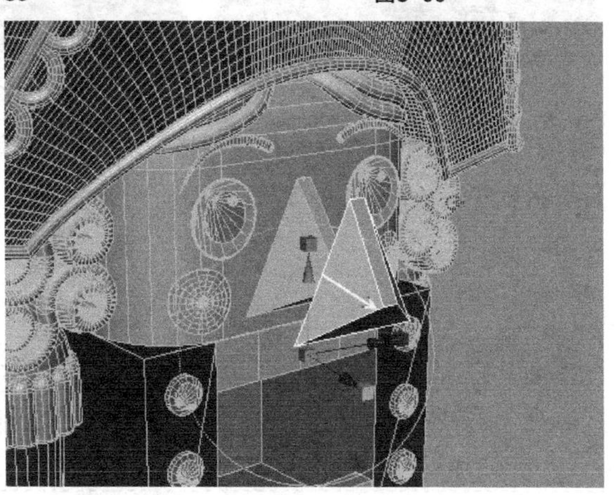
图3-91

【案例总结】

本案例是通过制作复制玩具士兵的鼻子，来掌握【复制面】命令的使用。该命令常用于复制人体上的面，再将复制的面做成衣服等贴身物品。

案例63 合并：玩具麋鹿

场景位置	Scene>CH03>C17.mb
案例位置	Example>CH03>C19.mb
视频位置	Media>CH03>19. 合并：玩具麋鹿 .mp4
学习目标	学习如何将顶点或边合并

（扫码观看视频）

【操作思路】

对玩具麋鹿造型进行分析，玩具麋鹿是一个完整、独立的对象。选择模型，使用【特殊复制】命令复制另一半模型，然后将两个模型合并，使用【合并】命令将点合并。

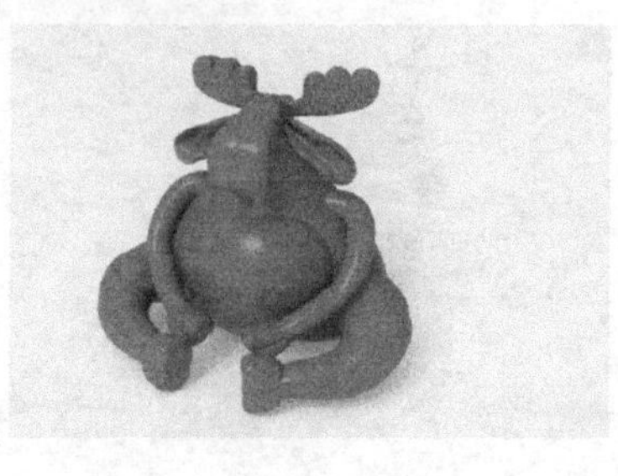

最终效果图

【操作命令】

本例的操作命令是【编辑网格】>【合并】命令，打开【合并顶点选项】对话框，如图3-92所示。

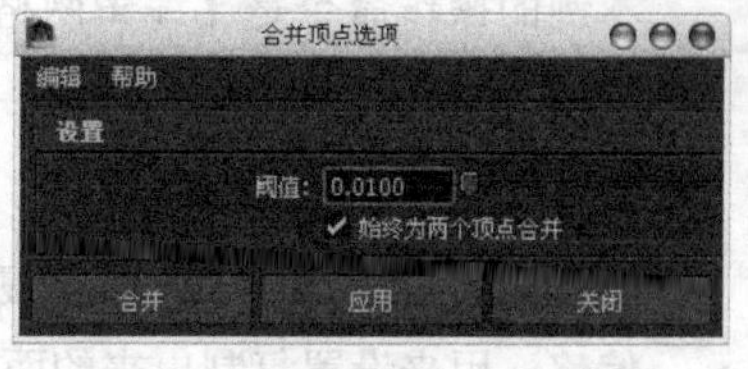

图3-92

合并顶点选项参数介绍

阈值：在合并顶点时，该选项可以指定一个极限值，凡距离小于该值的顶点都会被合并在一起，而距离大于该值的顶点不会合并在一起。

始终为两个顶点合并：当选择该选项并且只选择两个顶点时，无论【阈值】是多少，它们都将被合并在一起。

【操作步骤】

01 打开场景“Scene>CH03>C17.mb”，如图3-93所示。

02 选择模型，然后单击【编辑】>【特殊复制】命令后的▣设置按钮，打开【特殊复制选项】对话框，具体参数设置如图3-94所示。接着单击【特殊复制】按钮，效果如图3-95所示。

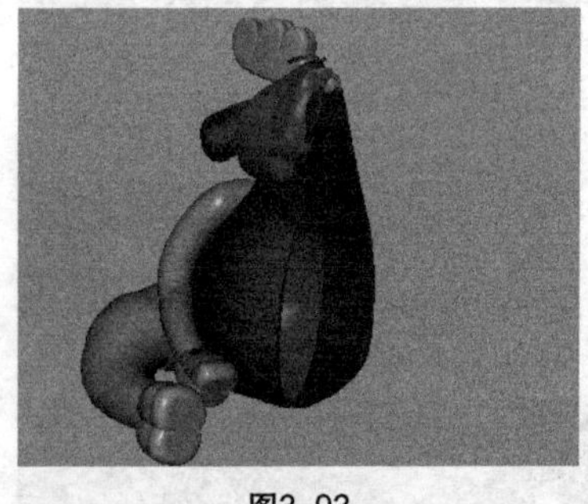
图3-93

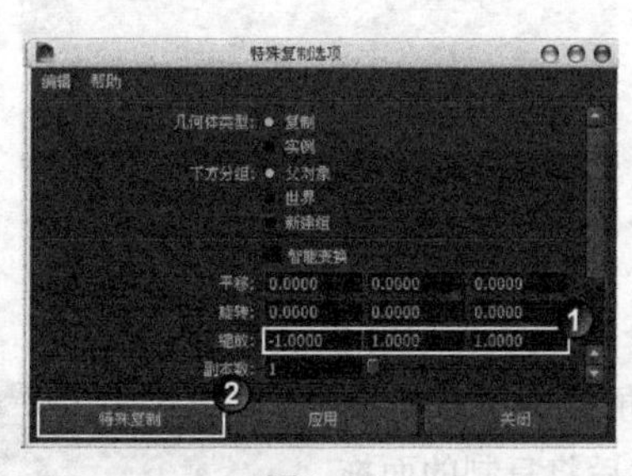

图3-94

图3-95

03 选择两个模型，然后执行【网格】>【结合】命令，将两个多边形对象结合成一个多边形对象，如图3-96所示。

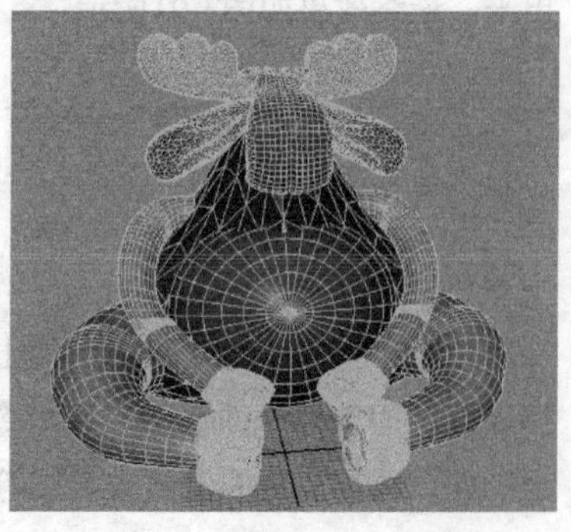
图3-96

技巧与提示

两个多边形虽然合并到一起，但是中间的点并没有合并，只是重叠在一起。

04 进入顶点级别，切换到顶视图，框选择间的顶点，如图3-97所示。

05 执行【编辑网格】>【合并】命令（使用默认参数），此时顶点就会被合并起来，如图3-98所示。

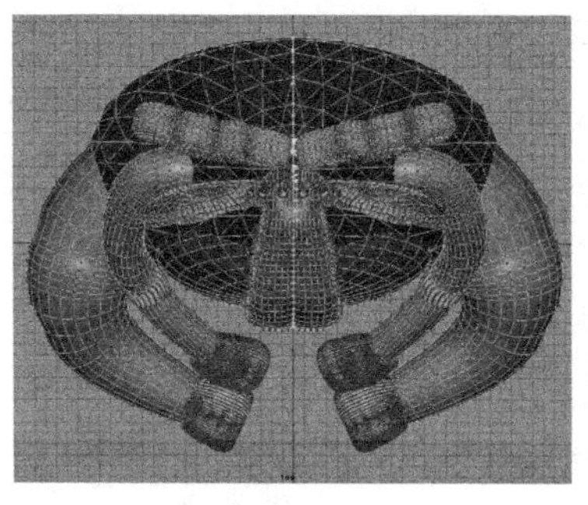

图3-97

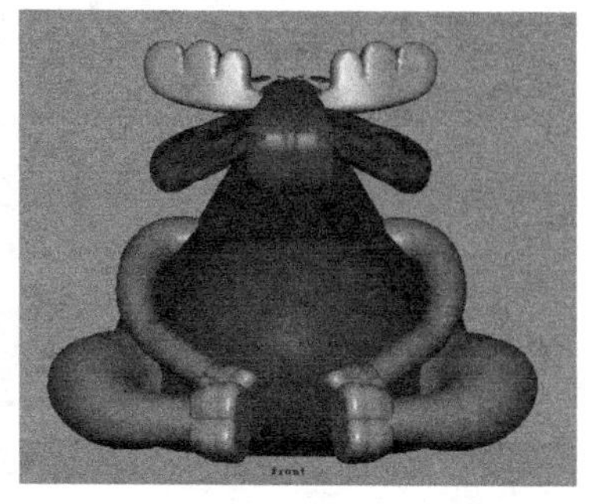

图3-98

【案例总结】

本案例是通过复制麋鹿的另一半模型，并合并中间的点，来掌握【合并】命令的使用。在用多边形制作对称模型时，可先做一半模型，再复制出另一半，然后将它们合并为一个整体。

案例64
删除边 / 顶点：巫毒人偶

场景位置	Scene>CH03>C18.mb
案例位置	Example>CH03>C20.mb
视频位置	Media>CH03>20. 删除边 / 顶点：巫毒人偶 .mp4
学习目标	学习如何在多边形上删除点和边

（扫码观看视频）

【操作思路】

对巫毒人偶造型进行分析，人偶嘴部的顶点被删除了。选择嘴部的顶点，使用【删除边/顶点】命令将多余的点删除。

最终效果图

【操作命令】

本例的操作命令是【编辑网格】>【删除边/顶点】命令，如图3-99所示。

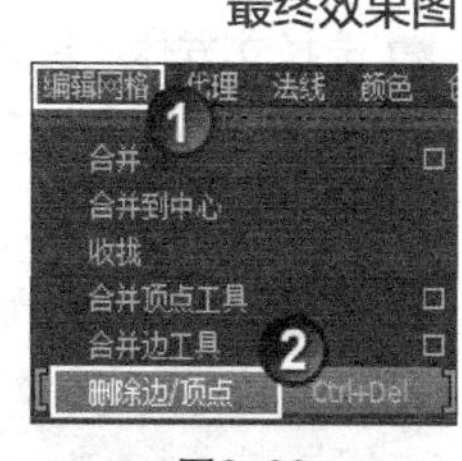

图3-99

【操作步骤】

01 打开场景“Scene>CH03>C18.mb”，如图3-100所示。

02 进入【顶点】编辑模式，选择嘴部的顶点，如图3-101所示。

03 执行【删除边/顶点】命令，效果如图3-102所示。

图3-100

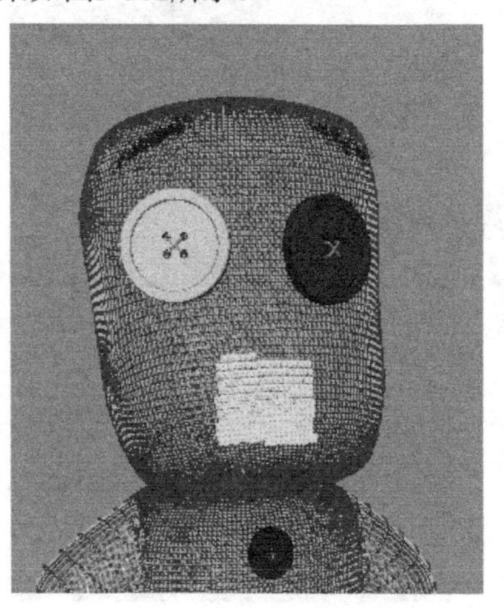

图3-101

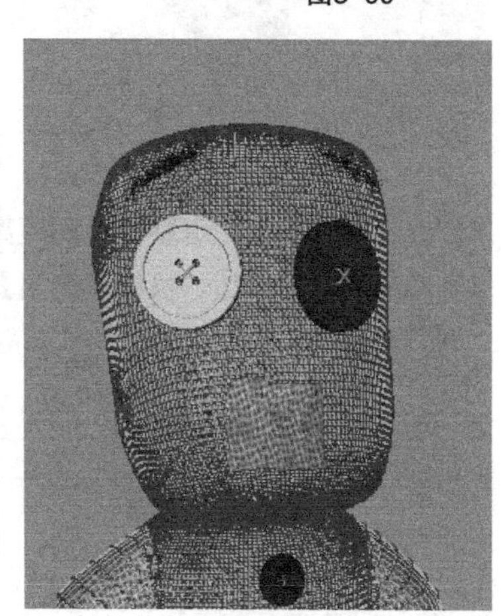

图3-102

技巧与提示

按Delete键可删除对象，在删除边时，所在边上的点会保留下来，如图3-103所示。

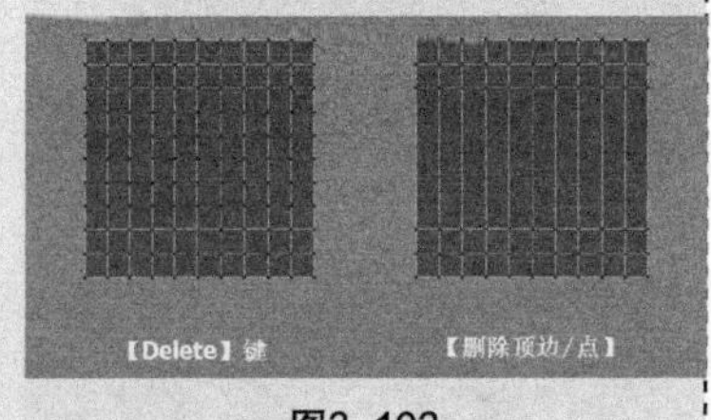

图3-103

【案例总结】

本案例是通过制作巫毒人偶的嘴部，来掌握【删除边/顶点】命令的使用。在建模过程中，会经常用到删除点、边、面的命令。

案例65 倒角：战锤

场景位置	Scene>CH03>C19.mb
案例位置	Example>CH03>C21.mb
视频位置	Media>CH03>21. 倒角：战锤 .mp4
学习目标	学习如何平滑锋利的棱边

（扫码观看视频）

【操作思路】

对战锤造型进行分析，战锤的边缘过渡自然，选择锤头的棱边，执行【倒角】命令可达到理想效果。

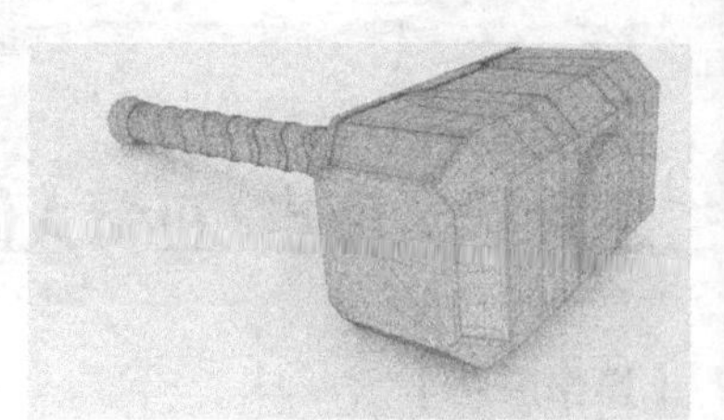
最终效果图

【操作命令】

本例的操作命令是【编辑网格】>【倒角】命令，如图3-104所示。

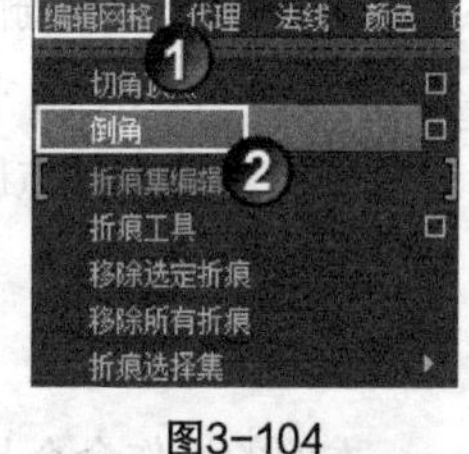

图3-104

【操作步骤】

01 打开场景“Scene>CH03>B19.mb”，如图3-105所示。

02 选择立方体，进入【边】编辑模式，并选择两端的边，如图3-106所示。

03 执行【编辑网格】>【倒角】命令，效果如图3-107所示。

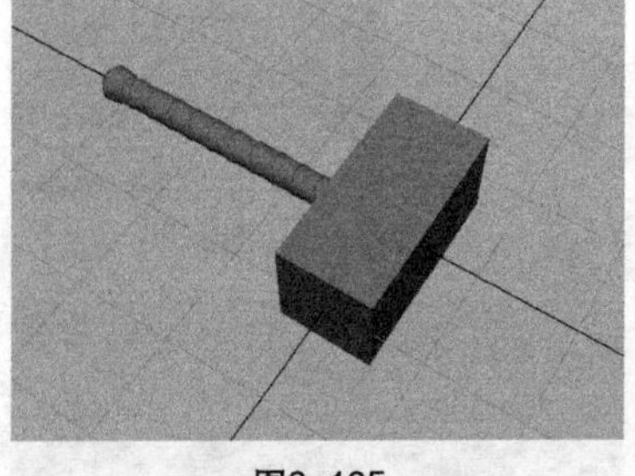
图3-105

图3-106

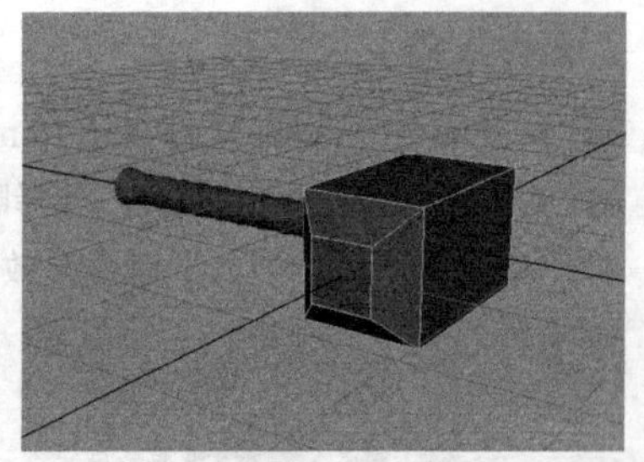
图3-107

04 选择两端的面，调整大小和距离，如图3-108所示。

05 选择边缘的棱边，执行【倒角】命令，并在【通道盒】中设置【偏移】为0.45，效果如图3-109所示

图3-108

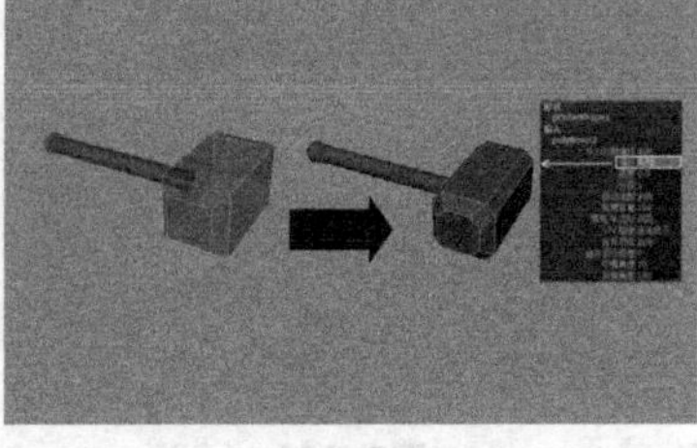
图3-109

【案例总结】

本案例是通过制作一个战锤，来掌握【倒角】命令的使用。在制作边缘锐利的模型时，通常要用【倒角】命令处理一下，因为在现实中边缘绝对锋利的物体很少。

案例66
软硬边：狼人

场景位置	Scene>CH03>C20.mb
案例位置	Example>CH03>C22.mb
视频位置	Media>CH03>22. 软硬边：狼人 .mp4
学习目标	学习如何在不改变结构的情况下平滑模型

（扫码观看视频）

【操作思路】

对狼人造型进行分析，狼人模型面数较少，但整体线条平滑。执行【硬化边】命令观察效果，再执行【软化边】命令观察效果。

最终效果图

【操作命令】

本例的操作命令是【法线】菜单下的【软化边】命令和【硬化边】命令，如图3-110所示。

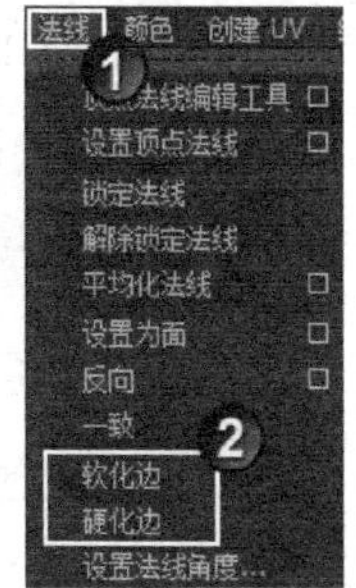

图3-110

【操作步骤】

01 打开场景“Scene>CH03>B20.mb”，如图3-111所示。

02 选择狼人模型，执行【法线】>【硬化边】命令，效果如图3-112所示。

03 选择狼人模型，执行【法线】>【软化边】命令，效果如图3-113所示。

图3-111

图3-112

图3-113

04 软、硬化的模型对比效果，如图3-114所示。

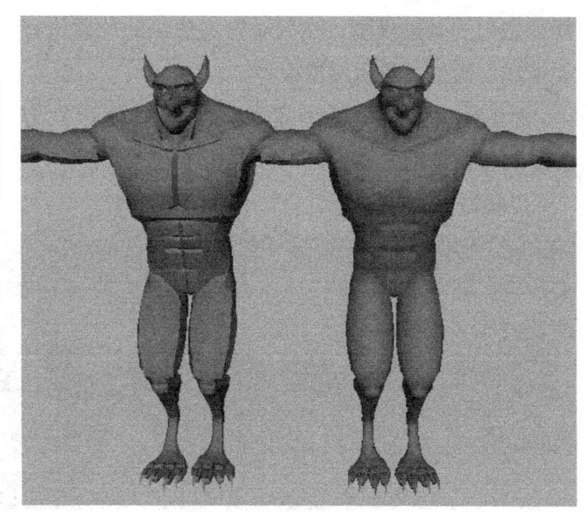
图3-114

技巧与提示

创建完模型后，检查模型是否需要软、硬化。执行软、硬化后的模型，在烘焙贴图时会对贴图造成影响。

【案例总结】

本案例是通过平滑和硬化狼人模型，来掌握【软化边】和【硬化边】命令的使用。在多边形建模中，面数较少的模型可对其进行【软化边】命令操作，使模型平滑，尤其是在制作游戏模型时使用频繁。【硬化边】命令可以得到边缘生硬的效果，根据需要可对选择的部分面进行硬化。

练习007 制作巧克力

场景位置	无
案例位置	Example>CH03>C23.mb
视频位置	Media>CH03>23. 制作巧克力 .mp4
技术需求	使用【插入循环边】、【挤出】命令制作效果

（扫码观看视频）

效果图如图3-115所示。

图3-115

【制作提示】

第1步：创建一个圆柱体制作盒子模型。

第2步：创建一个立方体制作桃心巧克力模型。

第3步：复制模型。

步骤如图3-116所示。

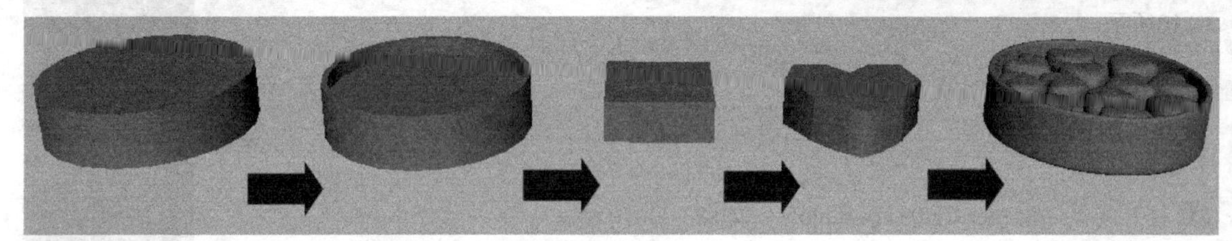
图3-116

练习008 制作司南

场景位置	无
案例位置	Example>CH03>C24mb
视频位置	Media>CH03>24. 制作司南 .mp4
技术需求	使用【挤出】命令制作效果

（扫码观看视频）

效果图如图3-117所示。

图3-117

【制作提示】

第1步：创建一个多边形面片。

第2步：通过【挤出】等操作将多边形面片转换为磁勺的基础模型，然后对模型边缘的位置进行“卡线”操作，最后圆滑模型。

第3步：使用多边形基本体（圆柱体和立方体）制作出司南的底座。

步骤如图3-118所示。

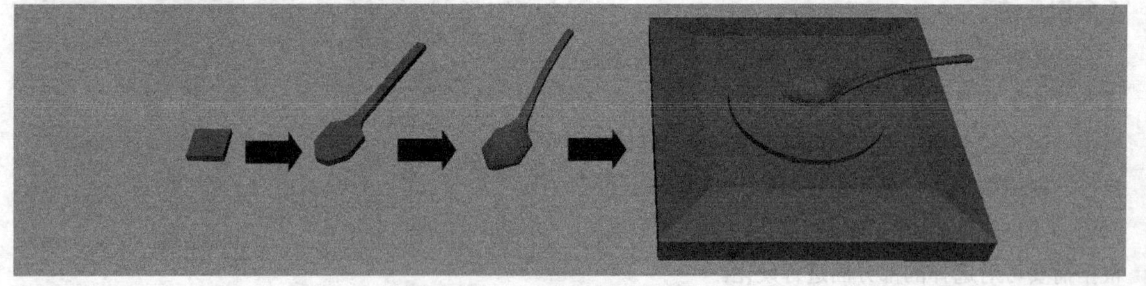
图3-118

练习 009 制作锁头

场景位置	无
案例位置	Example>CH03>C25.mb
视频位置	Media>CH03>25. 制作锁头 .mp4
技术需求	使用【切角顶点】、【切割面工具】、【桥接】命令制作效果

（扫码观看视频）

效果图如图3-119所示。

图3-119

【制作提示】

第1步：创建一个立方体，然后通过对立方体进行编辑制作出锁身的基本模型。

第2步：通过【切角顶点】、【切割面工具】等命令对锁身模型进行编辑。

第3步：通过圆柱体模型制作出锁舌的基本模型。

第4步：使用【桥接】命令编辑锁舌的具体形态，并调整锁舌的结构。

第5步：对模型进行最终的调整。

步骤如图3-120所示。

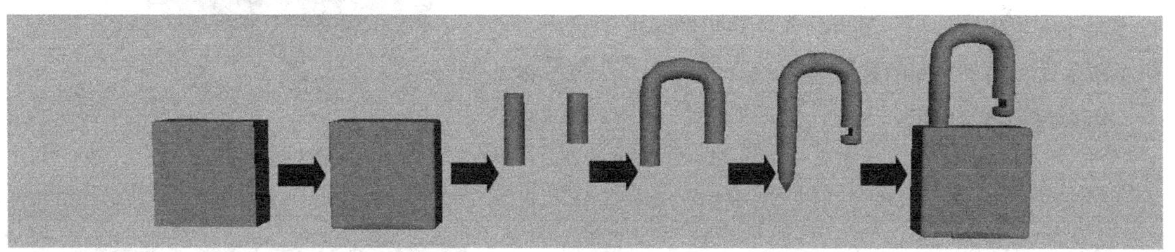
图3-120

练习 010 制作蛞蝓

场景位置	无
案例位置	Example>CH03>C26.mb
视频位置	Media>CH03>26. 制作蛞蝓 .mp4
技术需求	使用【挤出】、【插入循环边】命令制作效果

（扫码观看视频）

效果图如图3-121所示。

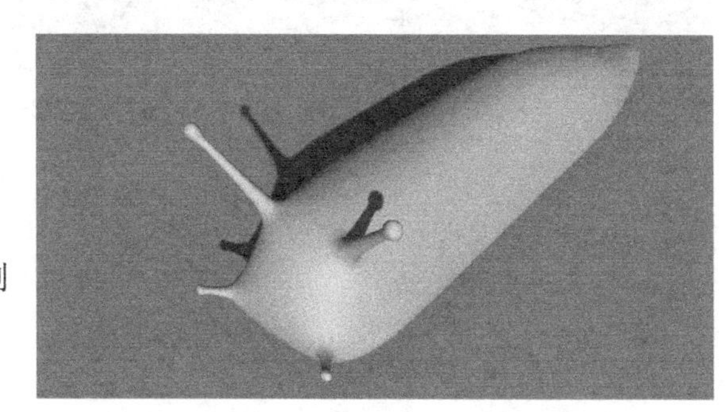
图3-121

【制作提示】

第1步：创建立方体调整其大型。

第2步：从立方体中间删除一侧。

第3步：使用【挤出】、【插入循环边】命令制作触须。

第4步：复制出模型的另一半，使之完整。

步骤如图3-122所示。

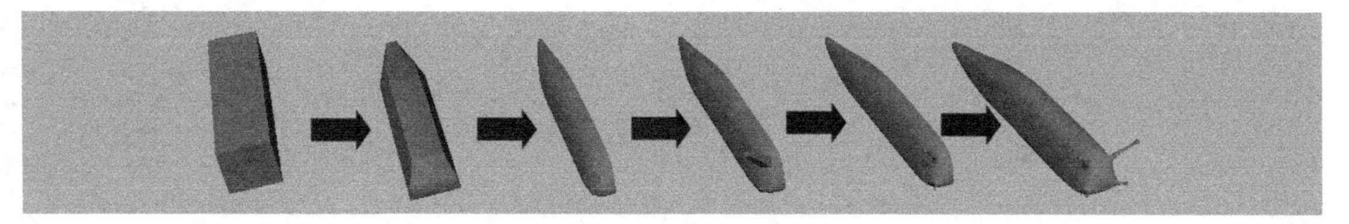
图3-122

练习 011 制作手雷

场景位置	无
案例位置	Example>CH03>C27.mb
视频位置	Media>CH03>27. 制作手雷 .mp4
技术需求	使用【挤出】、【插入循环边】、【倒角】命令制作效果

（扫码观看视频）

效果图如图3-123所示。

【制作提示】

第1步：创建一个圆柱体，然后通过【挤出】命令和【缩放工具】调整圆柱体，制作出手雷的主体。

第2步：创建一个立方体，通过删除面、【插入循环边】、【挤出】等操作，制作出手雷的盖柄。

第3步：再次创建一个立方体，通过对点的移动和对面的挤出制作出手雷的顶部。

第4步：创建两个圆环制作出手雷的扣环，再创建一个立方体，接着绘制一条曲线并通过【挤出】命令制作出手雷盖柄扣，最后创建一个圆锥体制作出手雷主体和盖子之间的融合结构。

步骤如图3-124所示。

图3-123

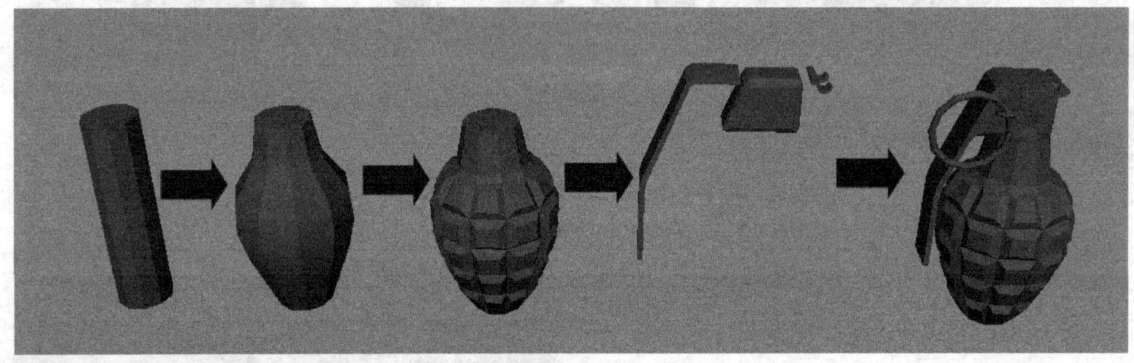

图3-124

第 04 章

建模技术综合运用

模型是三维产业中的基石，无论是三维动画还是游戏都是从模型开始的，所以模型在整个制作流程中是非常重要的。Maya的建模功能是非常强大的，通过对球体、立方体、圆柱体等一些基本体的操作，可以制作一些逼真、复杂的模型。本章主要使用曲面和多边形的各个命令制作模型，再结合两种方式制作模型。本章案例由易到难，通过练习可使建模技能有所提升。

本章学习要点

拓展制作思路
强化曲面建模
强化多边形建模
熟练使用各个命令
结合曲面和多边形制作模型

案例67 工业储存罐

场景位置	无
案例位置	Example>CH04>D1.mb
视频文件	Media>CH04>1. 工业储存罐 .mp4
技术掌握	强化使用 NURBS 基本体制作模型

（扫码观看视频）

【操作思路】

对工业储存罐造型进行分析，储存罐是由一些基本几何体构成的。用圆柱体制作储存罐主体和支架，立方体制作底座。

最终效果图

【操作工具】

本例使用了NURBS圆柱体、圆锥体、立方体来制作模型。

【操作步骤】

制作罐体模型

01 执行【创建】>【NURBS基本体】>【圆柱体】命令，在场景中创建一个圆柱体模型，具体参数设置如图4-1所示，模型效果如图4-2所示。

02 选择圆柱体顶部的面片模型，使用【移动工具】将其向上移动至如图4-3所示的位置。

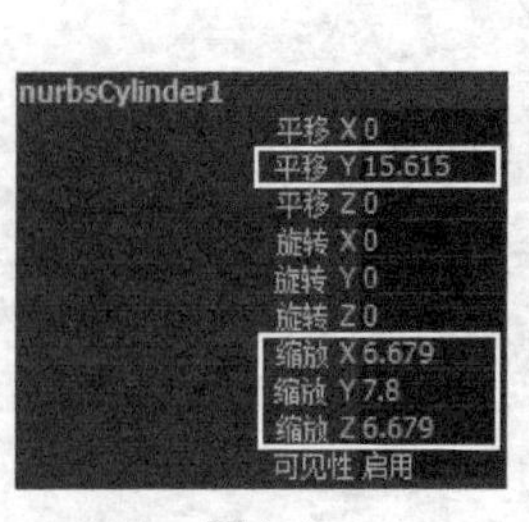

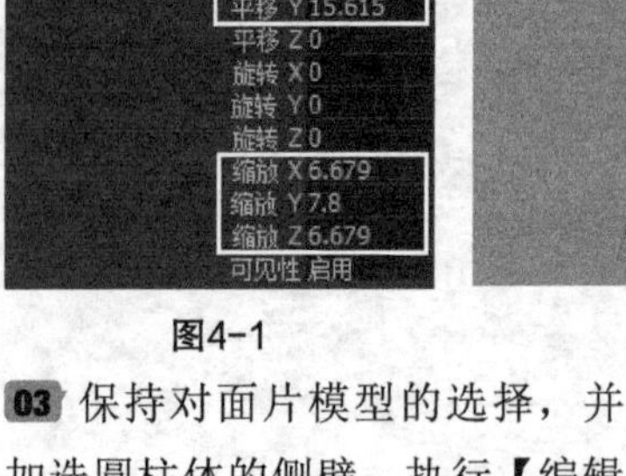

图4-1

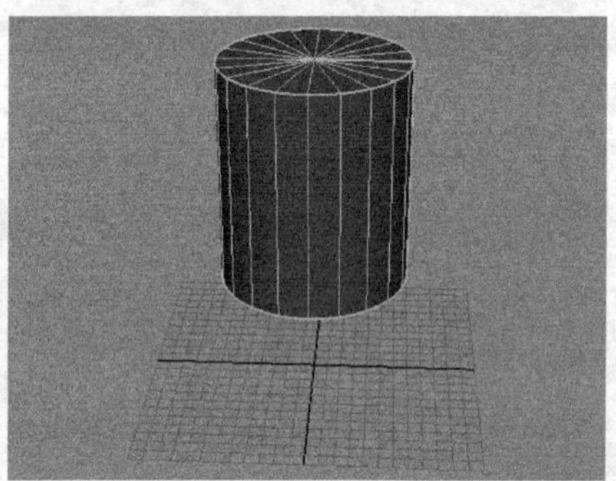

图4-2

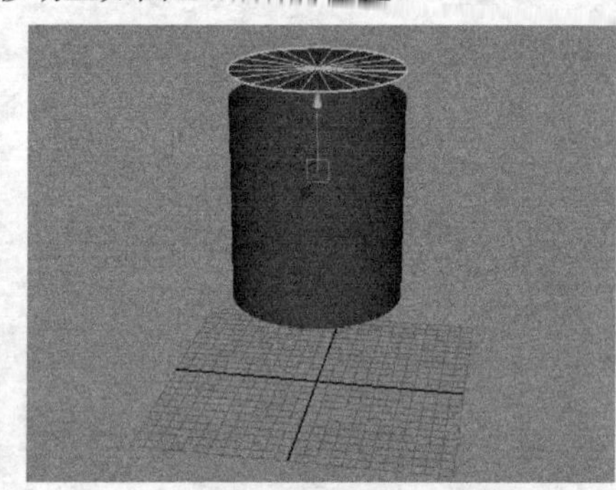

图4-3

03 保持对面片模型的选择，并加选圆柱体的侧壁，执行【编辑NURBS】>【缝合】>【全局缝合】命令，在【通道盒】面板中的globalStitch1选项组下设置【最大间隔】为4，如图4-4所示，缝合后的模型效果如图4-5所示。

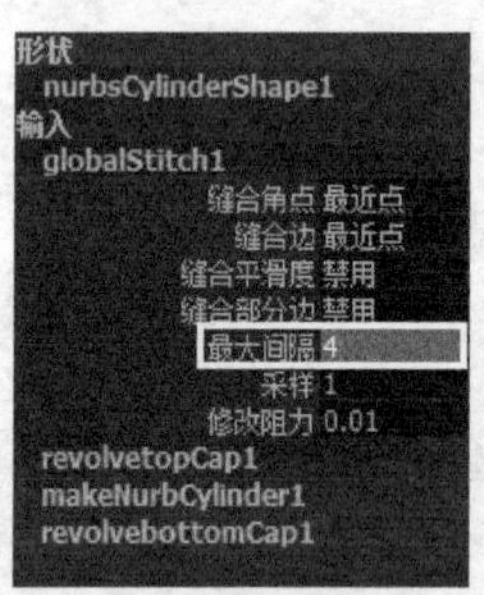

图4-4

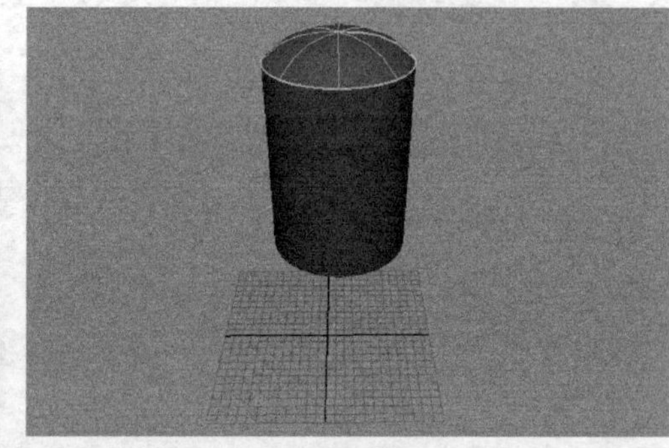

图4-5

04 执行【创建】>【NURBS基本体】>【圆锥体】命令，在场景中创建一个圆锥体模型作为储存罐的底部，具体参数设置如图4-6所示，模型效果如图4-7所示。

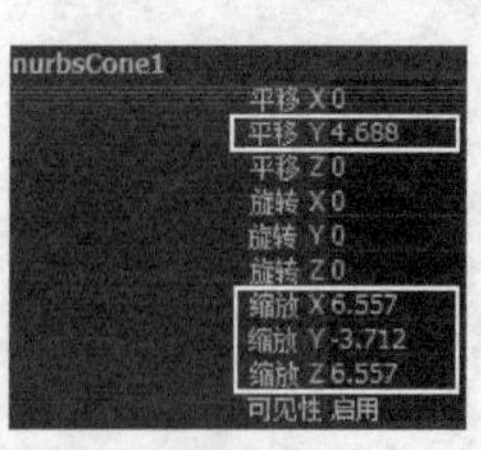

图4-6

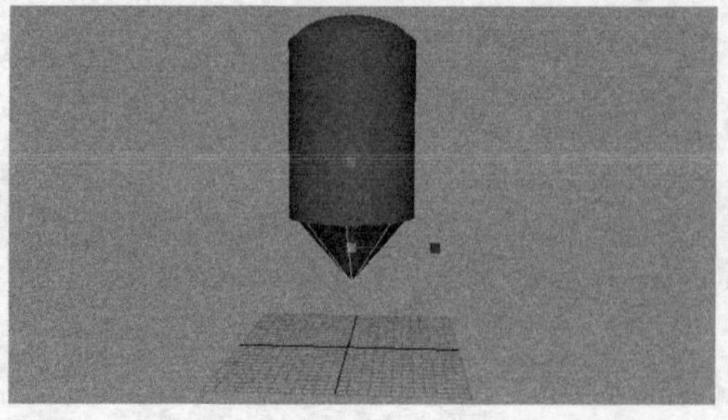

图4-7

制作支架模型

01 执行【创建】>【NURBS基本体】>【圆柱体】命令，在场景中创建一个圆柱体模型作为储存罐的支架，具体参数设置如图4-8所示，模型效果如图4-9所示。

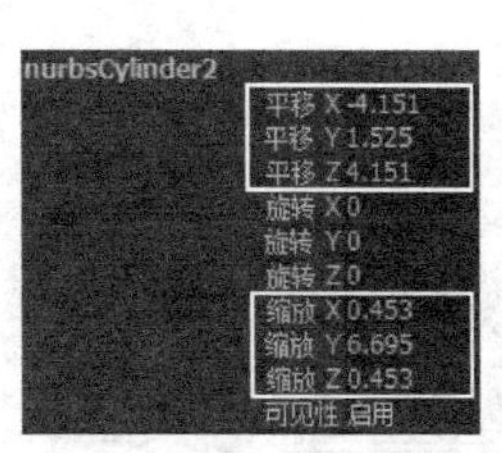

图4-8

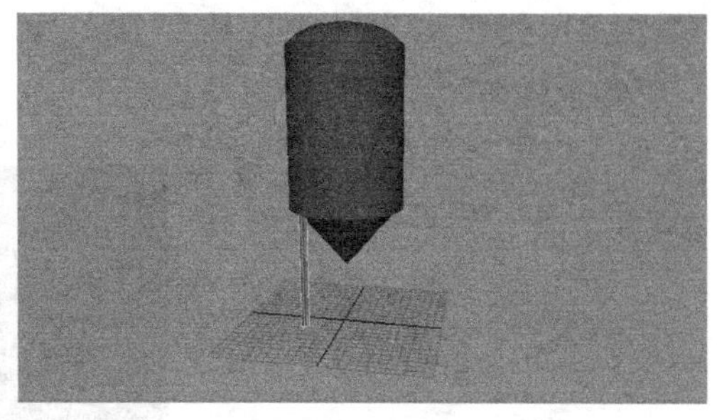
图4-9

02 选择上一步创建的圆柱体，在顶视图中按快捷键Ctrl+D将其复制3份，并分别移动到合适的位置，如图4-10所示。在透视图中的4个支架，效果如图4-11所示。

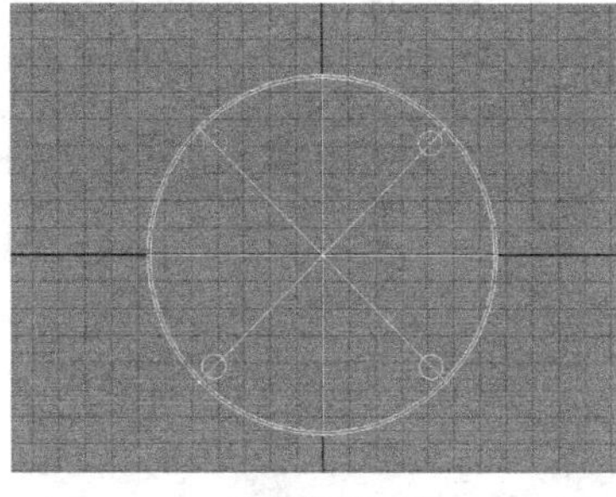
图4-10

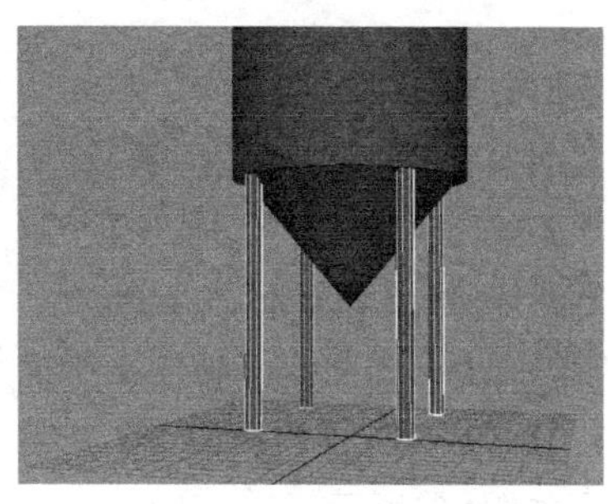
图4-11

03 创建两个圆柱体，然后沿z轴分别旋转45°和-45°，形成X形的支架，使用【移动工具】将其拖曳至如图4-12所示的位置，按快捷键Ctrl+G成组模型。

04 切换到顶视图，按快捷键Ctrl+D复制两组X形的支架，并分别移动至如图4-13所示的位置，X形支架在透视图中的效果如图4-14所示。

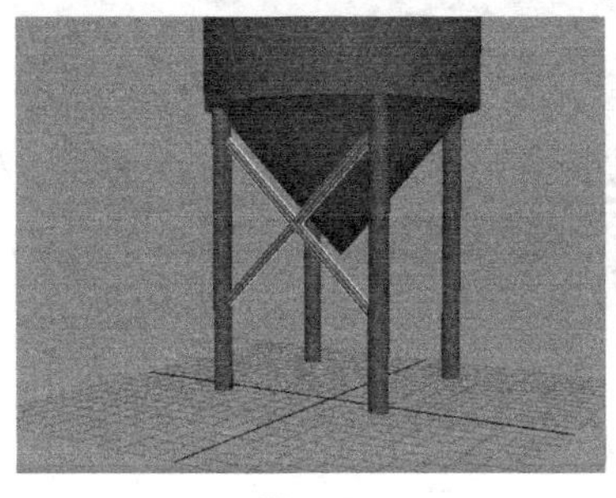
图4-12

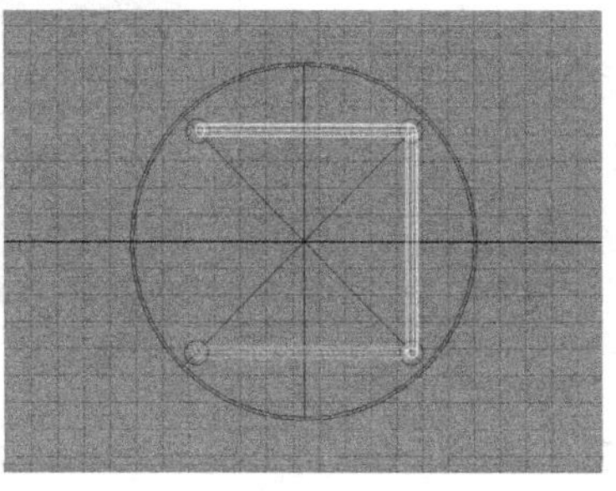
图4-13

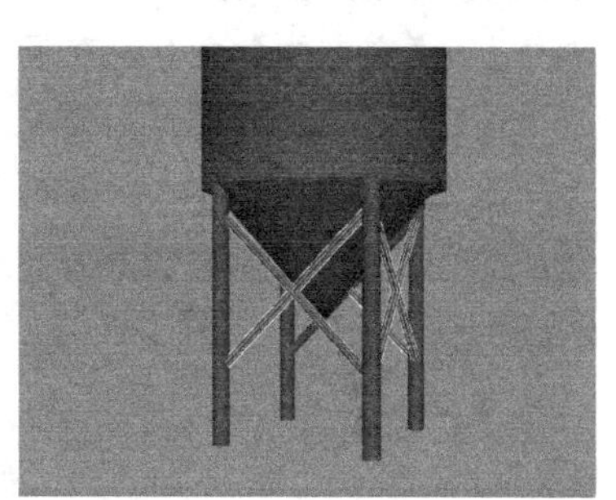
图4-14

制作攀梯模型

01 在场景中创建一个NURBS圆柱体，作为攀梯的一侧，具体参数设置如图4-15所示，模型效果如图4-16所示。

02 将上一步创建的NURBS圆柱体复制出一个，拖曳至如图4-17所示的位置，制作出攀梯的另一侧。

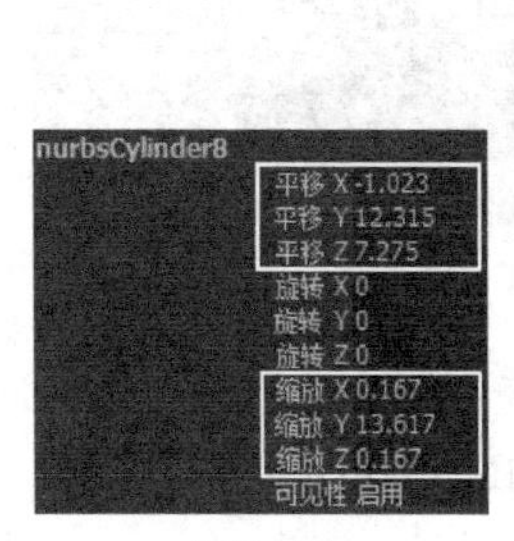

图4-15

图4-16

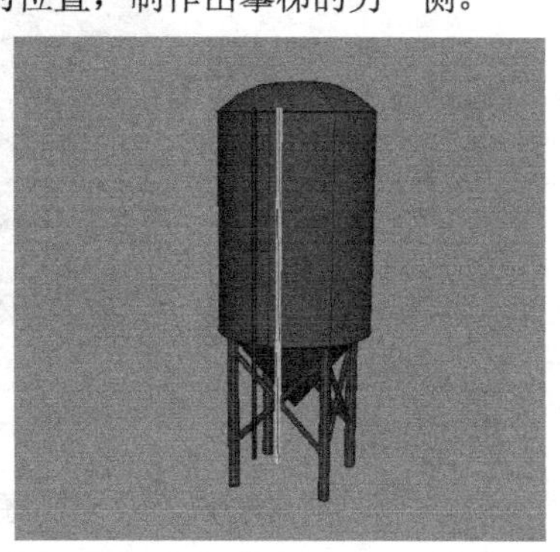
图4-17

03 创建一个NURBS圆柱体，然后沿z轴旋转90°，具体参数设置如图4-18所示，在透视图中的模型效果如图4-19所示。

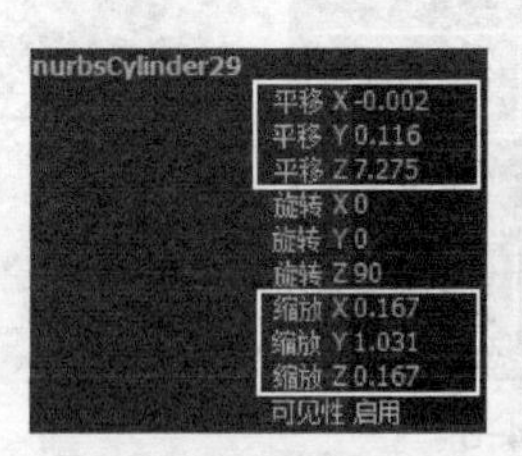

图4-18

图4-19

04 将上一步创建的NURBS圆柱体复制多个，然后使用【移动工具】分别拖曳至合适的位置，制作出攀梯模型，如图4-20所示。

05 使用同样的方法制作出攀梯与罐体之间的连接结构，模型效果如图4-21所示。

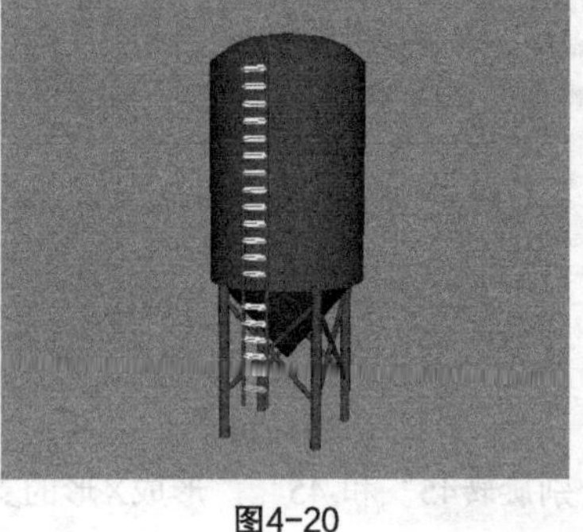

图4-20

图4-21

制作底部结构

06 执行【创建】>【NURBS基本体】>【立方体】命令，在场景中创建一个立方体模型作为工业储存罐的底座，具体参数设置如图4-22所示，模型效果如图4-23所示。

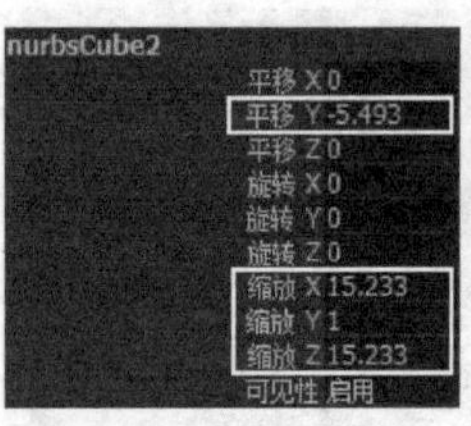

图4-22

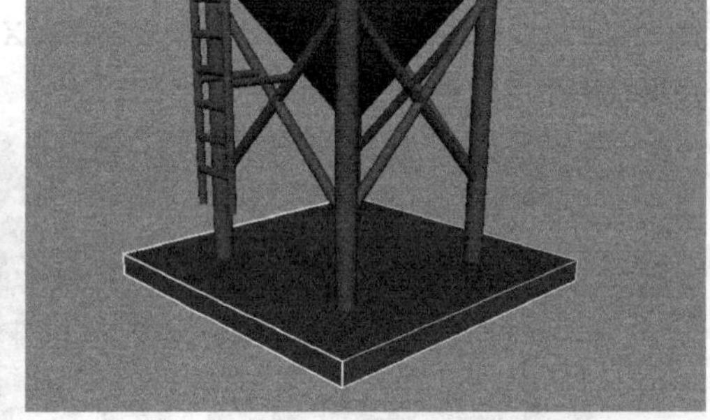

图4-23

07 再次创建一个立方体模型作为工业储存罐的底部结构，具体参数设置如图4-24所示，模型效果如图4-25所示。工业储存罐模型的最终效果如图4-26所示。

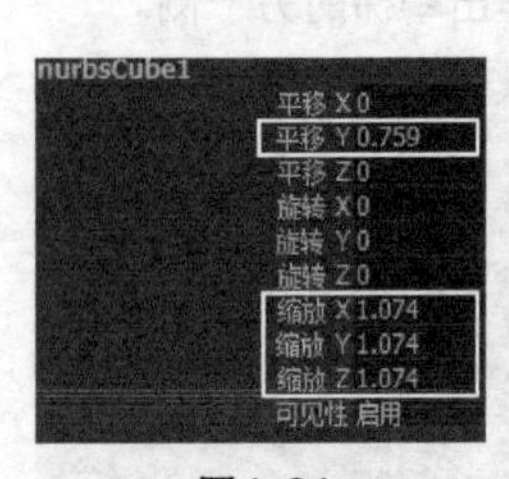

图4-24

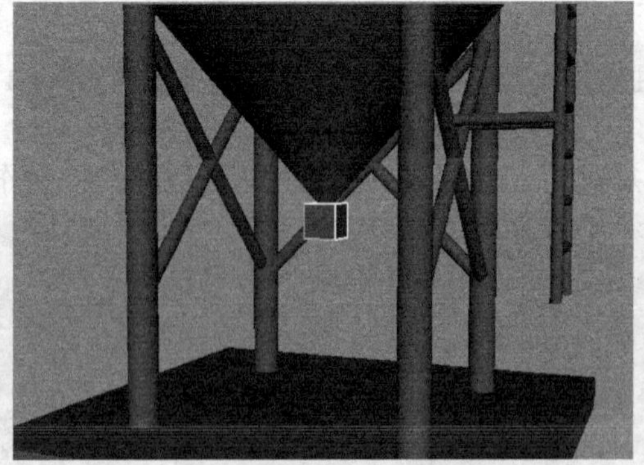

图4-25

图4-26

【案例总结】

本案例是通过制作工业储存罐，来掌握NURBS基本体综合使用。该模型是由NURBS基本体搭建，技术难度较小，但制作前应多观察模型结构。

案例68 沙漏

场景位置	无
案例位置	Example>CH04>D2.mb
视频文件	Media>CH04>2. 沙漏 .mp4
技术掌握	强化使用绘制的曲线生成模型

（扫码观看视频）

【操作思路】

对沙漏造型进行分析，沙漏中间的玻璃器皿和四个支柱可以用曲线绘制轮廓线，再使用【旋转】生成曲面，上下两端的底座可以用圆柱体制作。

最终效果图

【操作命令】

本例使用了【圆弧工具】、【圆化工具】、【EP曲线工具】、【附加曲线】命令。

【操作步骤】

制作沙罐

01 进入前视图，执行【创建】>【弧工具】>【两点圆弧】命令，在场景中绘制一段两点圆弧，默认情况下生成的圆弧是朝向左侧的，如图4-27所示。通过拖曳手柄将圆弧反转过来，如图4-28所示。

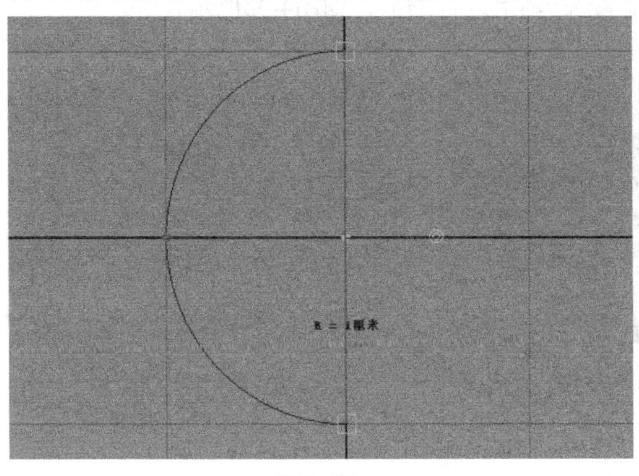

图4-27

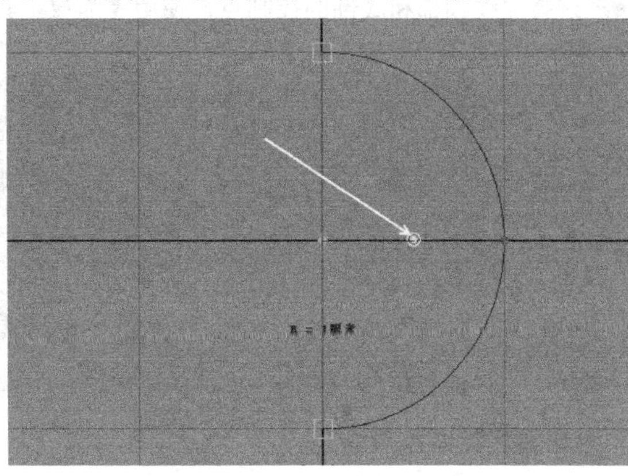

图4-28

02 选择圆弧曲线，在【编辑曲线】>【重建曲线】命令后面单击■按钮，在弹出的【重建曲线选项】对话框中设置【跨度数】为5，单击【重建】按钮，如图4-29所示。

03 选择曲线，然后按快捷键Ctrl+D复制出一条曲线，使用【移动工具】■将复制出来的曲线向上拖曳至和原曲线有一点缝隙的位置处，如图4-30所示。

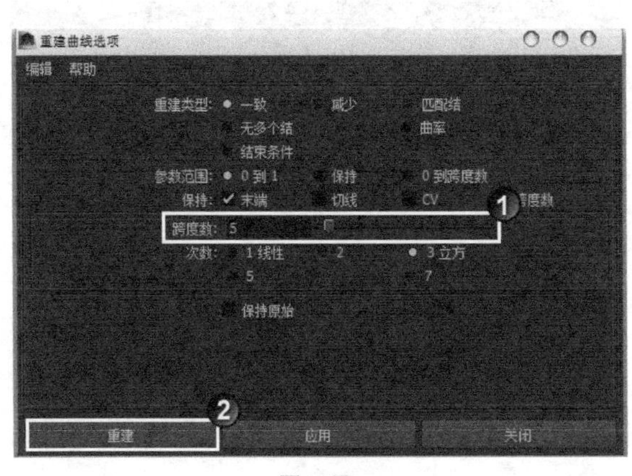

图4-29

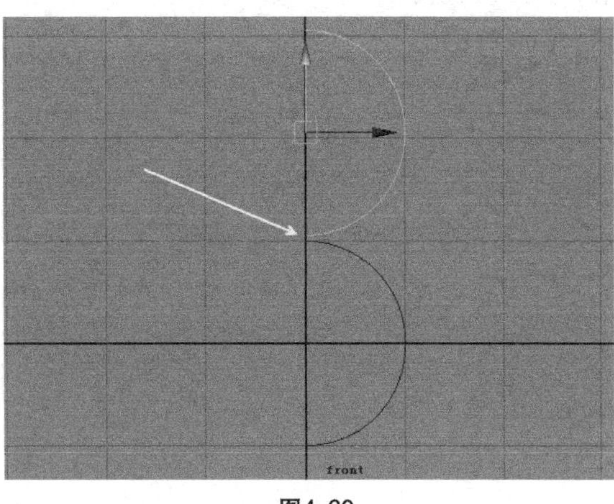

图4-30

04 在【编辑曲线】>【附加曲线】命令后面单击■按钮，在弹出的【附加曲线选项】对话框中取消选择【保持原始】选项，单击【附加】按钮，如图4-31所示，曲线效果如图4-32所示。

图4-31

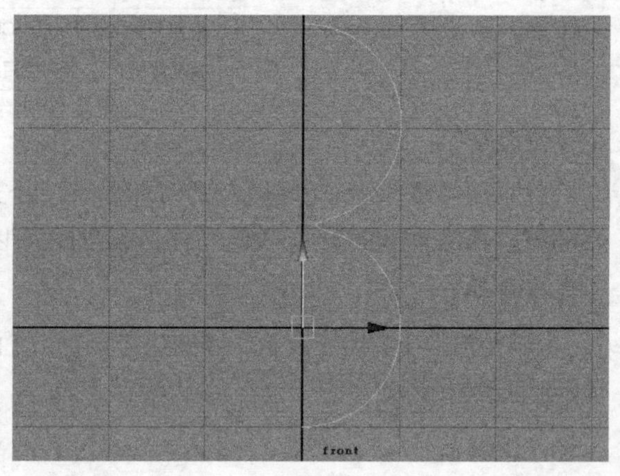

图4-32

05 选择曲线，执行【曲面】>【旋转】命令，生成的曲面效果如图4-33所示。

06 选择曲线，进入曲线的【控制顶点】级别，使用【移动工具】■将曲线上的控制点按照图4-34所示进行调整。

07 选择曲线顶部和底部的控制点，使用【缩放工具】■在y轴上进行缩放，如图4-35所示。

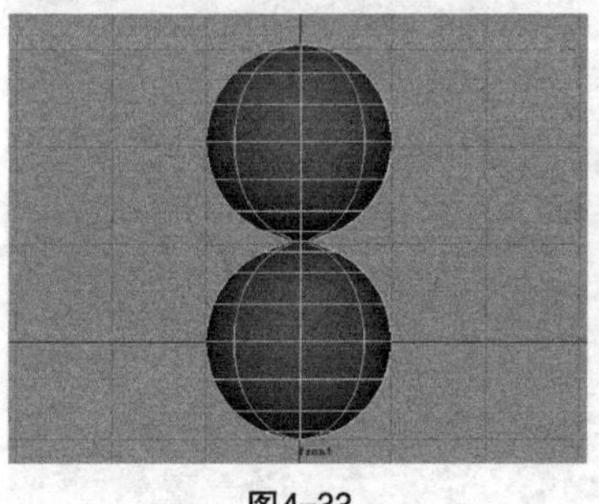

图4-33

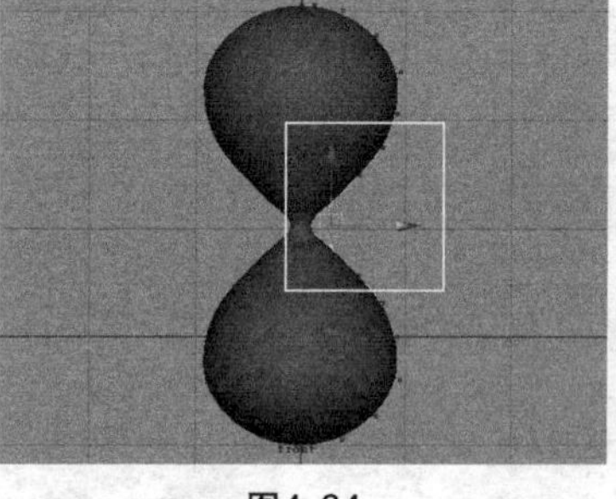

图4-34

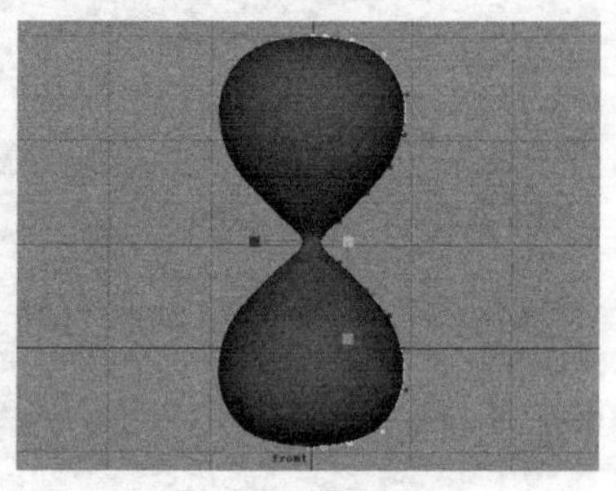

图4-35

制作底盘和顶盖模型

01 在【创建】>【NURBS基本体】>【圆柱体】命令后面单击■按钮，在弹出的【NURBS圆柱体选项】对话框中设置【半径】为1.3、【高度】为0.3，将【封口】属性设置为【二者】，单击【创建】按钮，如图4-36所示。

02 选择圆柱体模型的相交曲面，执行【编辑NURBS】>【圆化工具】命令，对相交曲面进行圆化的操作，如图4-37所示。

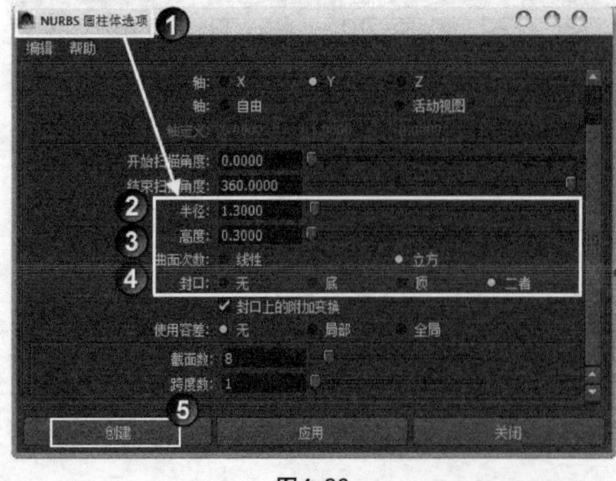

图4-36

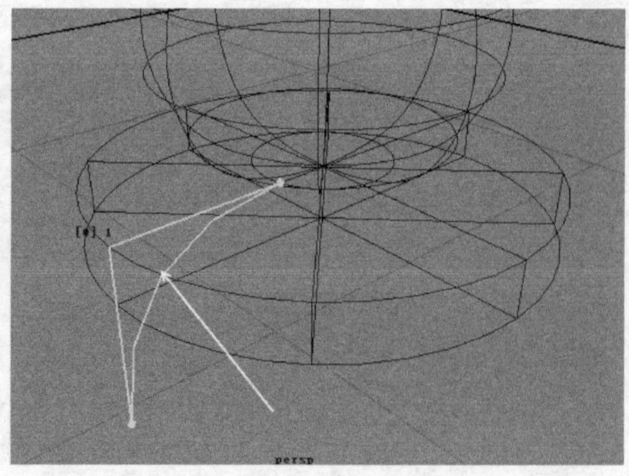

图4-37

03 在【通道盒】中将两段倒角的【半径】设置为0.05，按Enter键确认。此时可以观察到圆柱体已经完成了圆化的操作，模型效果如图4-38所示。

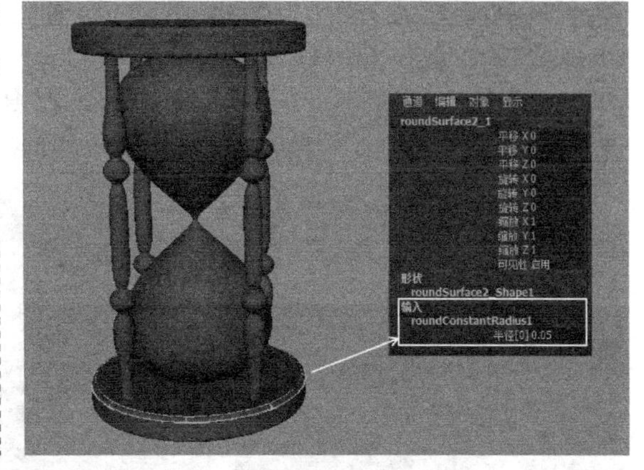

图4-38

技巧与提示

在圆化曲面时，曲面与曲面之间的夹角需要在15°~165°，否则不能产生正确的结果。圆化的两个独立面的重合边的长度要保持一致，否则只能在短边上产生圆化效果。

04 使用同样的方法对圆柱体的底部边缘进行圆化的操作，如图4-39所示。

05 框选底部圆柱体的所有模型，按快捷键Ctrl+D将其复制一份，使用【移动工具】将复制出来的模型拖曳到沙罐模型的顶部，如图4-40所示。

图4-39

图4-40

制作支柱模型

01 执行【创建】>【EP曲线工具】命令，在前视图中绘制一条如图4-41所示的曲线。

02 进入曲线的【控制顶点】级别，使用【移动工具】调整曲线的控制点，达到曲线圆滑的效果，如图4-42所示。

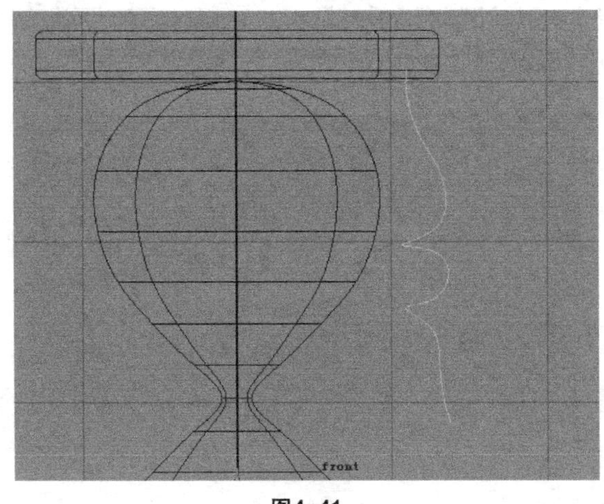

图4-41

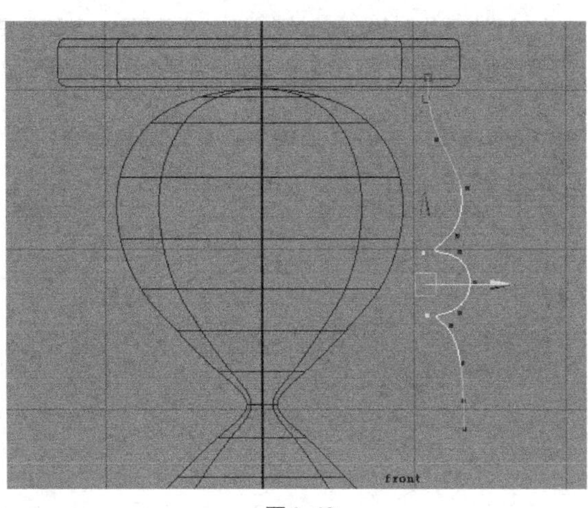

图4-42

01 02 03 04 05 06 07 08 09 10 11 12 13 14 15 16 17

03 按Insert键将曲线的坐标拖曳到如图4-43所示的位置，操作完成以后再次按一下Insert键。

04 选择曲线，执行【曲面】>【旋转】命令，旋转生成的模型效果如图4-44所示。

05 进入曲线的【控制顶点】级别，使用【移动工具】参照在上一步骤中执行【旋转】命令生成的曲面来调整曲线的控制点，效果如图4-45所示。当曲线的形态调整完成后，删除用来参照的曲面。

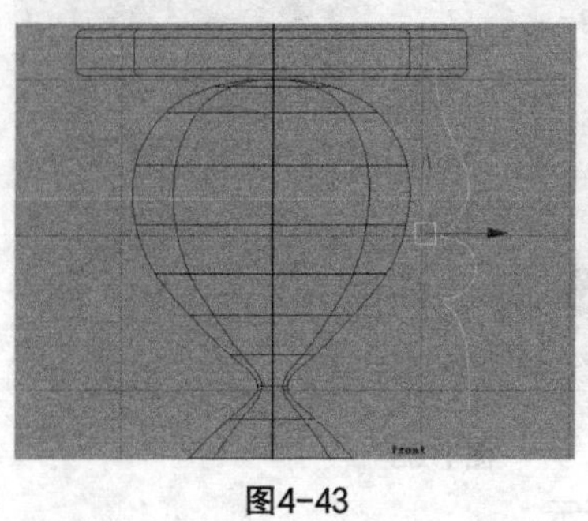

图4-43

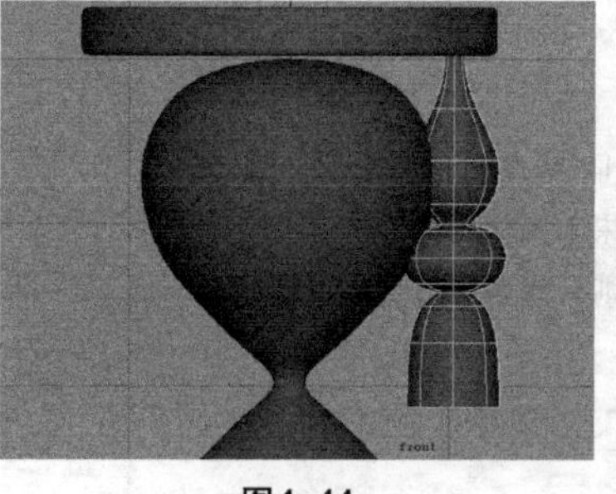

图4-44

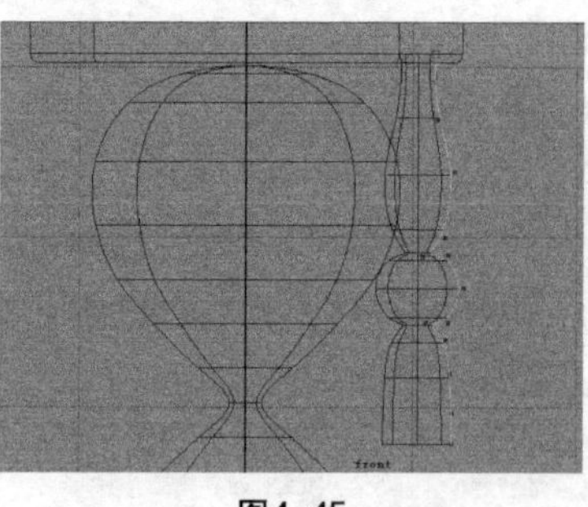

图4-45

06 选择曲线，按快捷键Ctrl+D复制出一条曲线，在【通道盒】中将【缩放Y】参数设置为-1，使用【移动工具】将复制出来的曲线向下拖曳至和原曲线有一点缝隙的位置处，如图4-46所示。

07 在【编辑曲线】>【附加曲线】命令后面单击按钮，在弹出的【附加曲线选项】对话框中将【附加方法】设置为【混合】，取消选择【保持原始】选项，单击【附加】按钮，如图4-47所示。

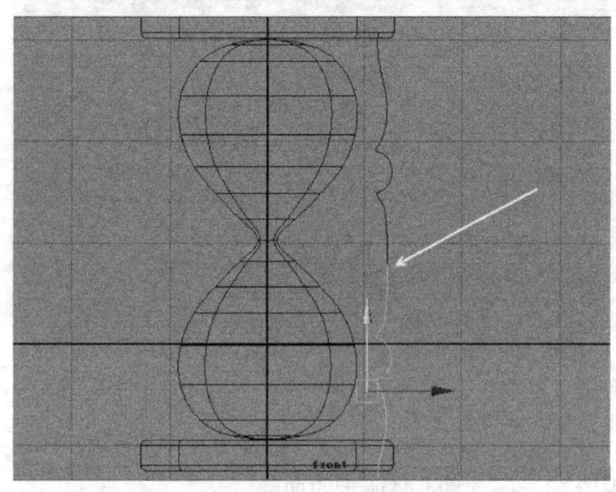

图4-46

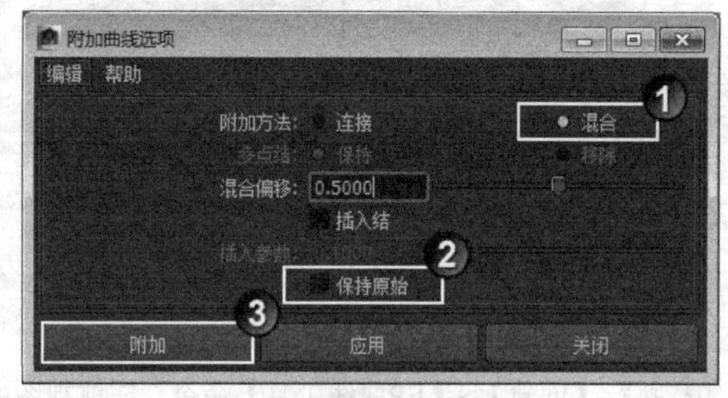

图4-47

技巧与提示

【附加曲线】命令在编辑曲线时经常使用到，熟练掌握该命令可以创建出复杂的曲线。NURBS曲线在创建时无法直接产生直角的硬边，这是由NURBS曲线本身的特性所决定的，因此需要通过该命令将不同次数的曲线连接在一起。

08 选择曲线，执行【曲面】>【旋转】命令，生成沙漏支柱的曲面模型，如图4-48所示。

图4-48

整理场景

01 在顶视图中复制出3个沙漏支柱的曲面模型，然后使用【移动工具】将它们分别拖曳到如图4-49所示的位置。

02 选择所有的物体模型，执行【编辑】>【按类型删除】>【历史】命令，清除所有模型的历史记录，然后执行【修改】>【冻结变换】命令，冻结物体【通道盒】中的属性，如图4-50所示。

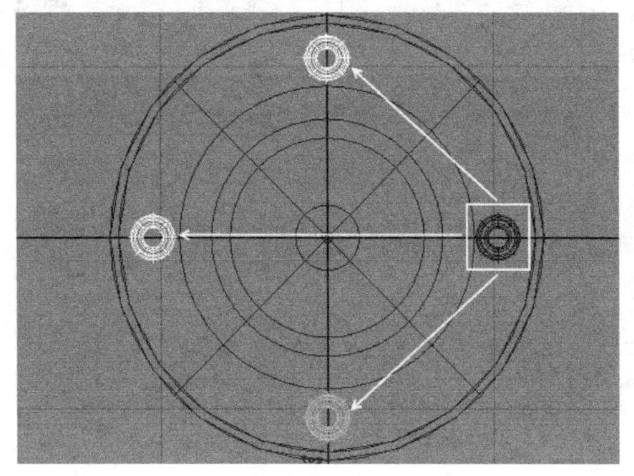

图4-49

图4-50

03 确保所有的物体模型处于选择状态，按快捷键Ctrl+G成组物体模型，执行【窗口】>【大纲视图】命令，并在【大纲视图】窗口中删除无用的曲线和节点，将group1的名称设置为sandglass，模型最终效果如图4-51所示。

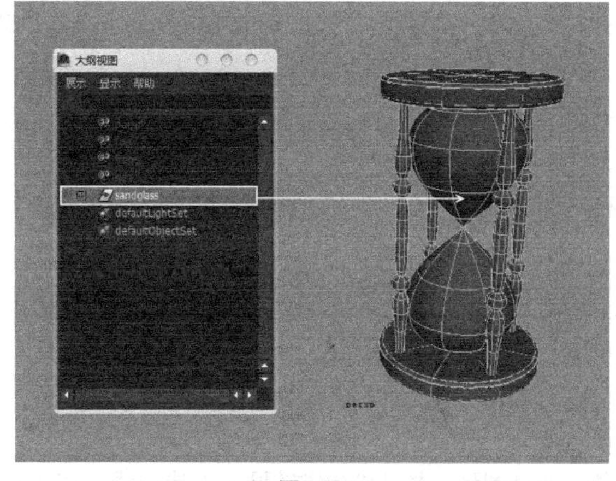

图4-51

【案例总结】

本案例是通过制作沙漏，来熟练掌握NURBS生成曲面的方法。曲面的生成方法很多，由曲线来制作曲面模型，可以快速生成复杂模型；通过修改曲线可相应调整曲面的外形，在修改方面非常灵活。

案例69 小号

场景位置	无
案例位置	Example>CH04>D3.mb
视频文件	Media>CH04>3. 小号 .mp4
技术掌握	强化使用曲面命令

（扫码观看视频）

【操作思路】

对小号造型进行分析，小号主体是由圆柱体弯曲成一个圆角矩形，喇叭口向外扩张。所以用曲线绘制出小号主体的轮廓线，使用曲面的【挤出】命令生成曲面。零件也是由圆柱体组成的，可使用曲面的【倒角】等命令增加细节。

【操作命令】

本例使用了【CV曲线工具】、【挤出】、【插入等参线】、【倒角】、【修剪工具】、【曲面相交】命令。

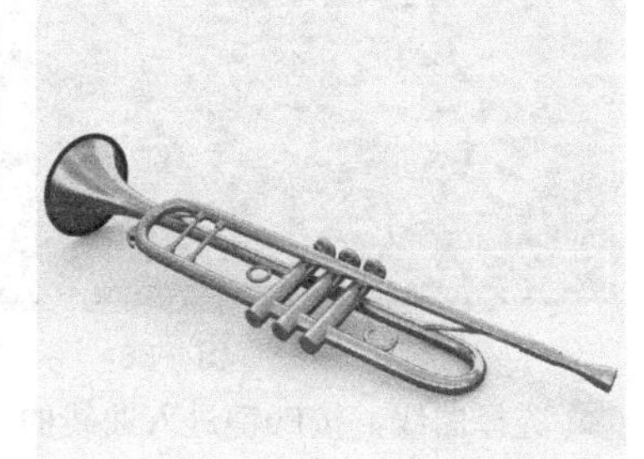

最终效果图

【操作步骤】

制作主体模型

01 执行【创建】>【CV曲线工具】命令，使用【捕捉到栅格】工具，在右视图中绘制一条如图4-52所示的曲线。绘制完成后按Enter键结束，效果如图4-53所示。

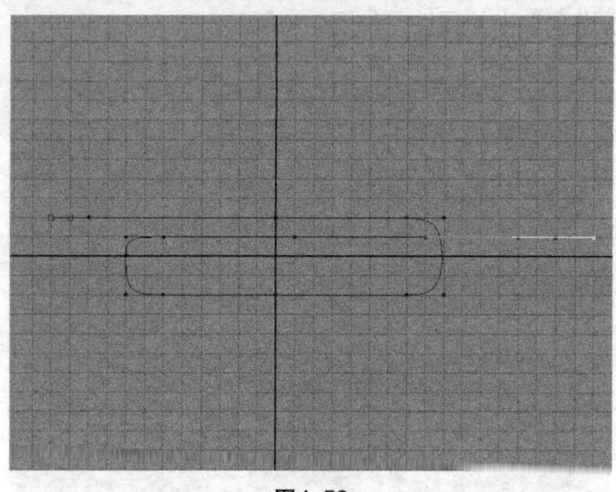

图4-52

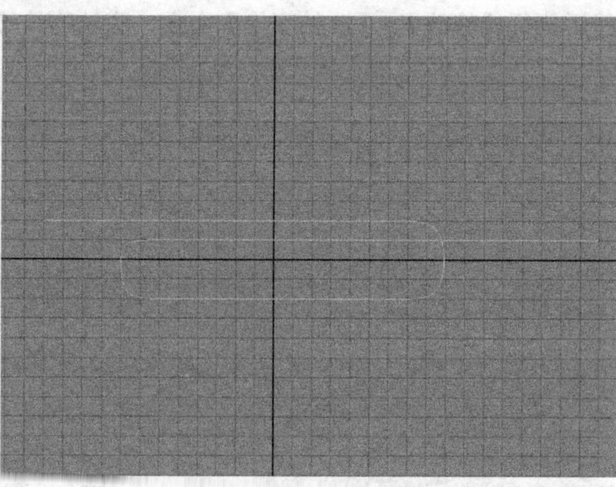

图4-53

02 执行【创建】>【NURBS基本体】>【圆形】命令，在场景中绘制一个NURBS圆形，如图4-54所示。

03 选择NURBS圆形，然后在【通道盒】中对其参数进行调整，如图4-55所示。

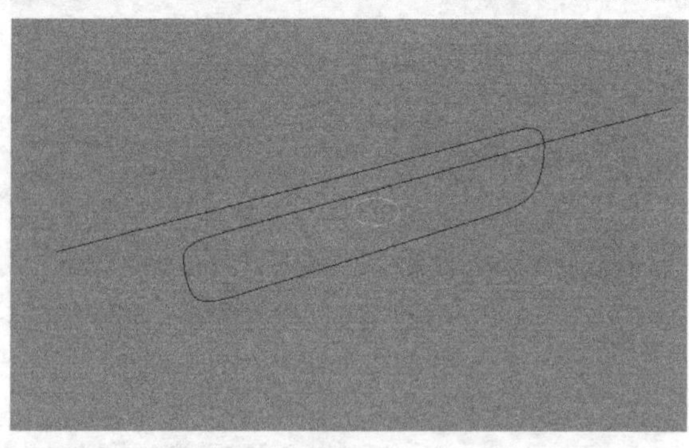

图4-54

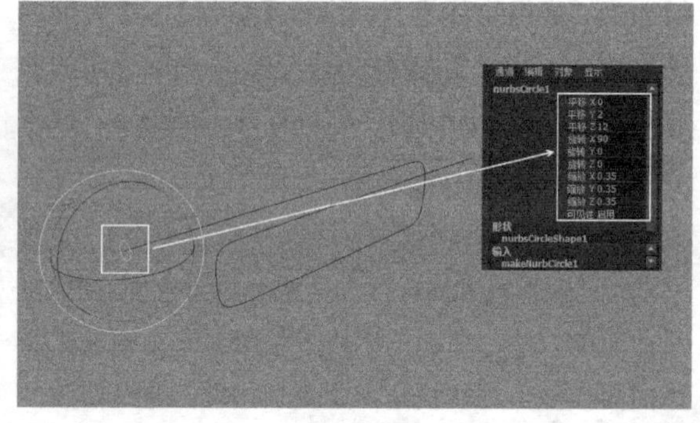

图4-55

04 选择圆形，按住Shift键的同时加选曲线，在【曲面】>【挤出】命令后面单击按钮，在弹出的【挤出选项】对话框中进行如图4-56所示的设置。单击【挤出】按钮，模型效果如图4-57所示。

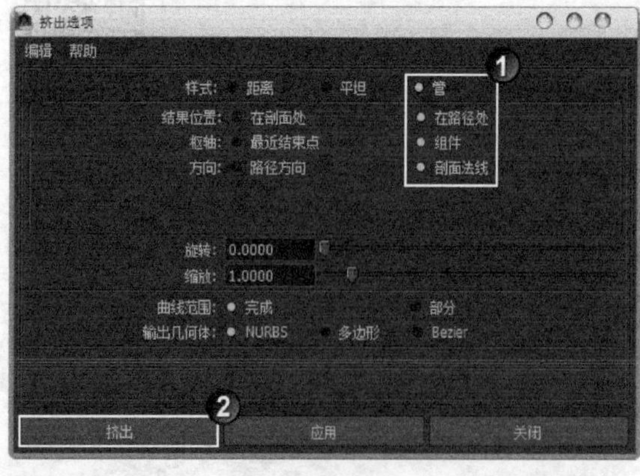

图4-56

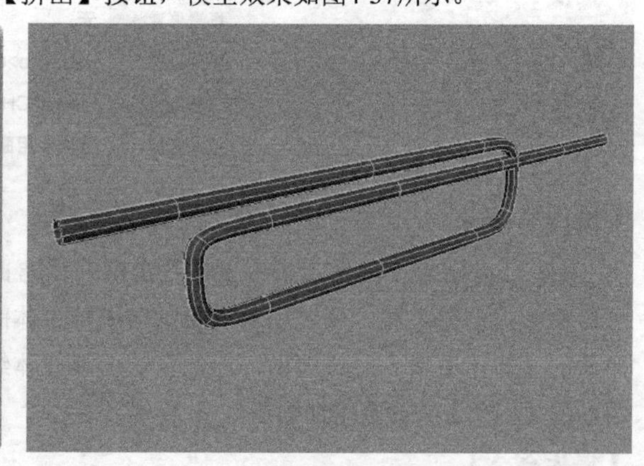

图4-57

05 选择曲线，按F9键进入曲线的【控制顶点】级别，在右视图中选择模型顶部的控制点，并在前视图中将选择的顶点向左移动少许，如图4-58所示。

06 使用同样的方法选择模型中间的控制点并在前视图向右移动少许，如图4-59所示。

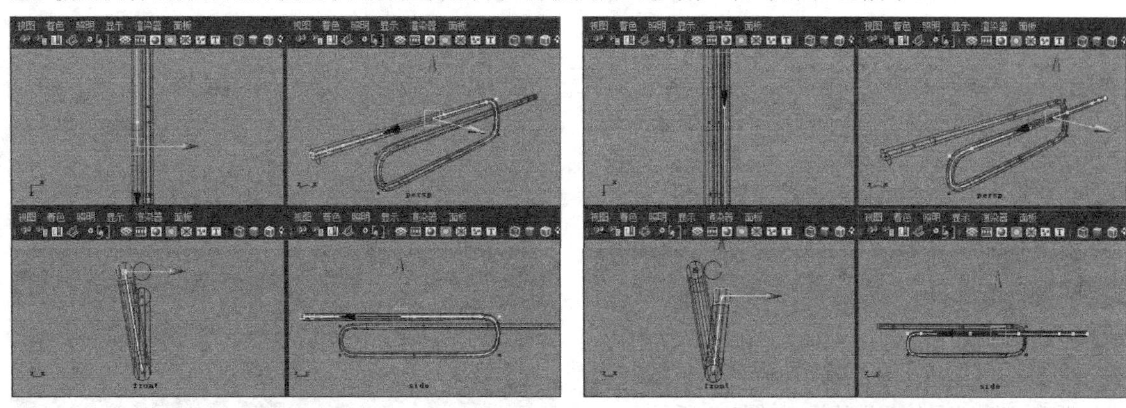

图4-58

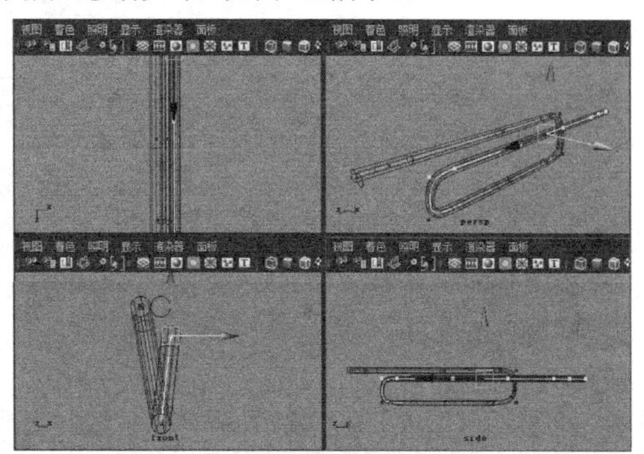

图4-59

07 选择如图4-60所示的控制点，然后使用【移动工具】向上拖曳，模型效果如图4-61所示。

08 选择曲线拐角位置的控制顶点，在前视图中使用【移动工具】调整位置，使生成的NURBS圆管模型在前视图中过渡圆滑，如图4-62所示。

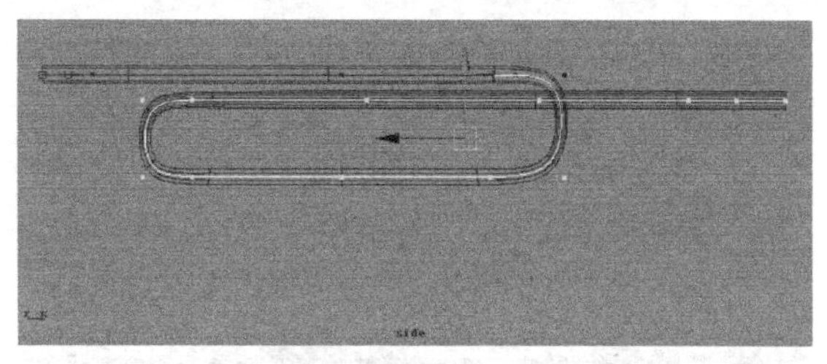

图4-60

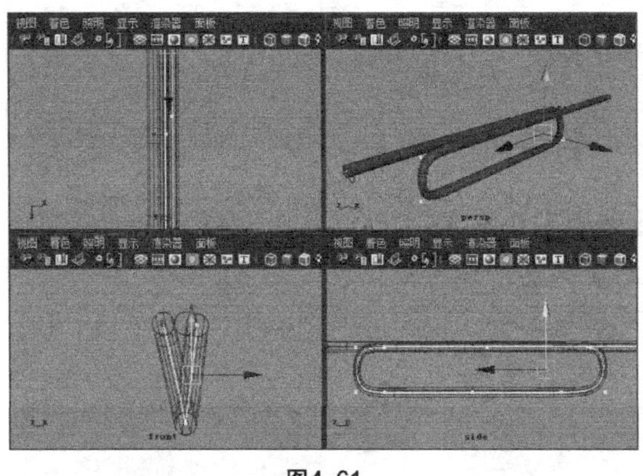

图4-61

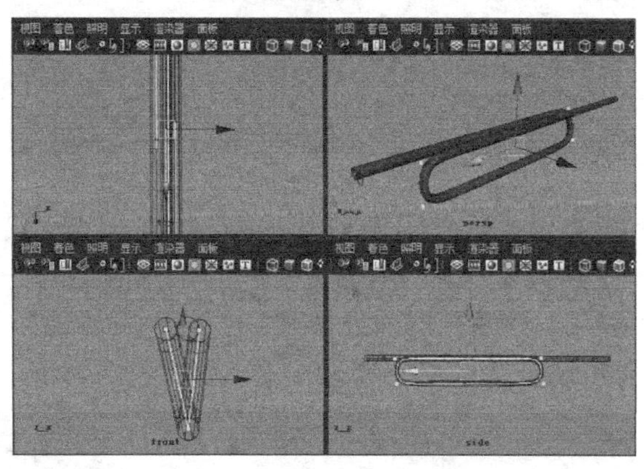

图4-62

09 使用【缩放工具】对曲线拐角位置的控制顶点进行缩放，如图4-63所示。现在的模型已经有了小号的主体形态，如图4-64所示。

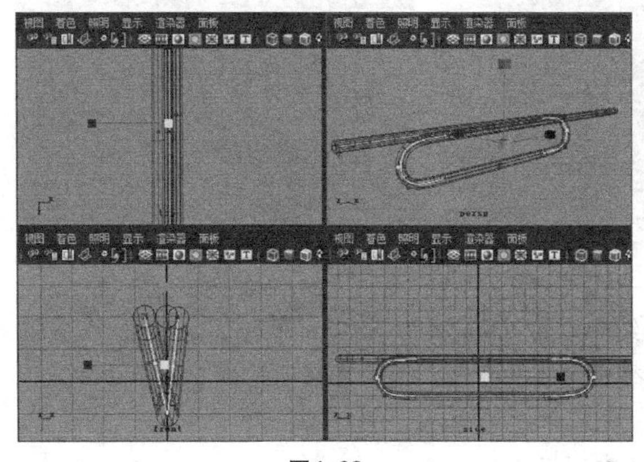

图4-63

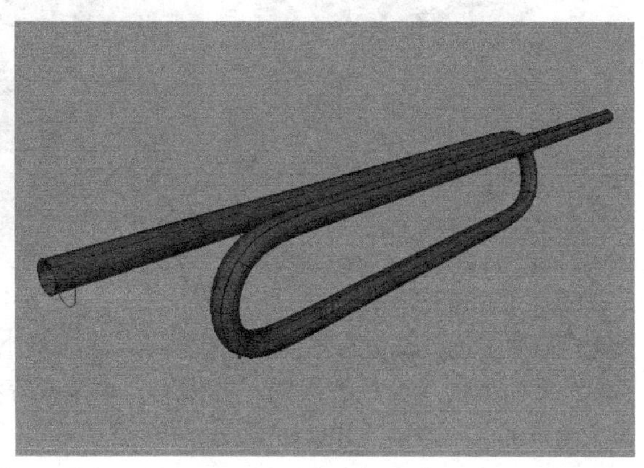

图4-64

制作喇叭口

01 选择NURBS圆管模型，执行【编辑】>【按类型删除】>【历史】命令，删除其历史记录。接着删除场景中的NURBS曲线和NURBS圆形，如图4-65所示。

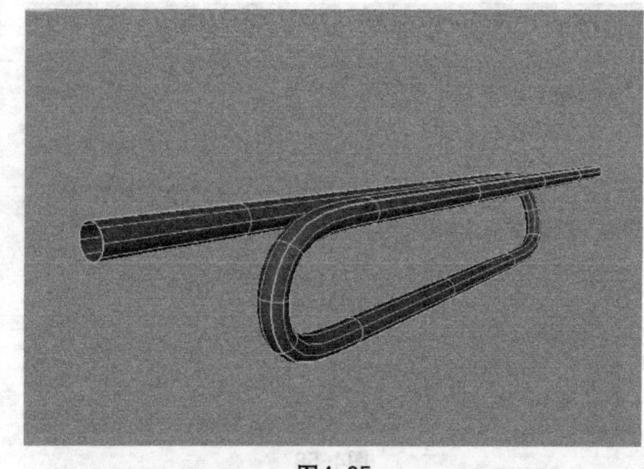

图4-65

02 选择曲面，按F9键进入曲面的【控制顶点】级别，在右视图中选择右端的控制顶点，使用【缩放工具】对选择的顶点进行缩放操作，模型效果如图4-66所示。

03 再次使用【缩放工具】对曲面右端的控制顶点进行调整，调整小号的前端结构，如图4-67所示。

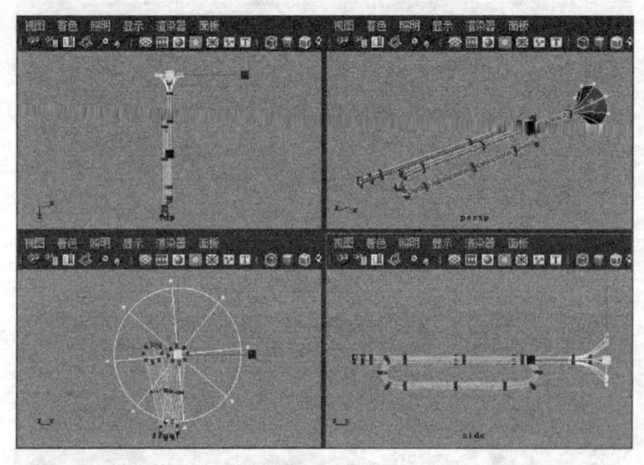

图4-66

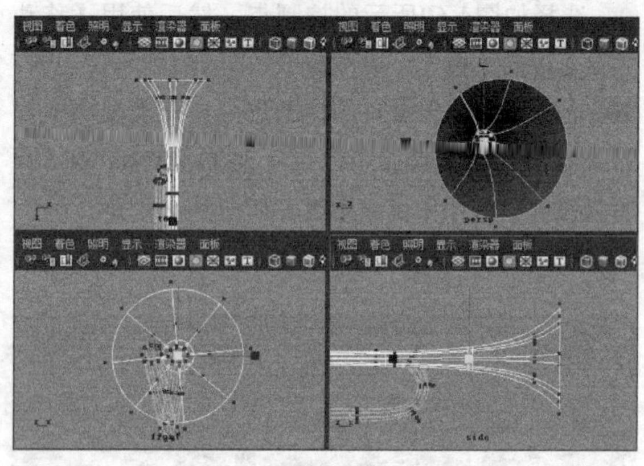

图4-67

04 确定曲面处于选择状态，进入曲面的【等参线】级别，选择如图4-68所示的等参线，执行【编辑NURBS】>【插入等参线】命令，并在曲面上插入一条等参线，如图4-69所示。

05 进入曲面的【壳线】级别，选择环形边缘的壳线，使用【移动工具】适当改变壳线的位置，如图4-70所示。

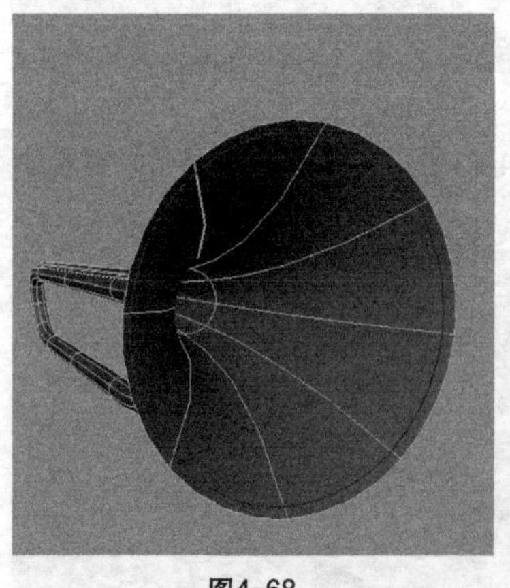

图4-68

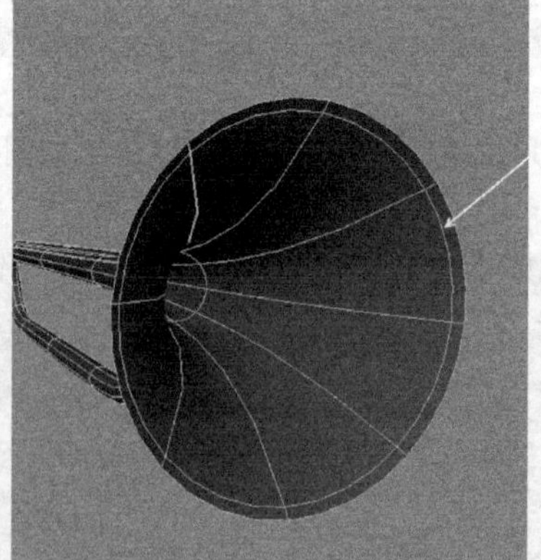

图4-69

图4-70

06 在曲面上选择并插入等参线，以获得充足的拓扑结构，如图4-71所示。

07 进入曲面的【壳线】级别，选择上一步插入等参线生成的壳线，使用【移动工具】和【缩放工具】对其进行调整，效果如图4-72所示。

08 使用同样的方法制作出小号喇叭口的卷边，如图4-73所示。

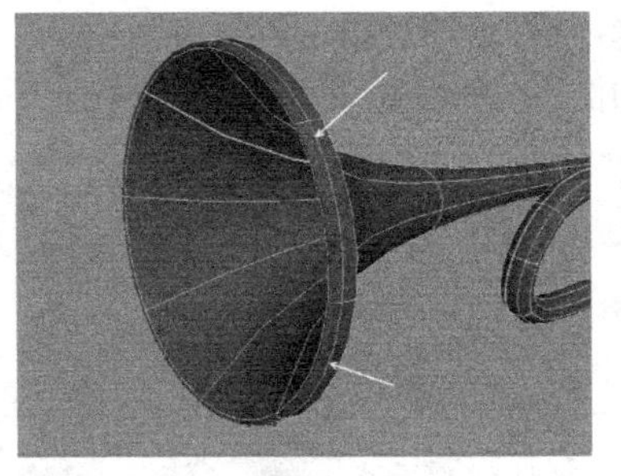

图4-71

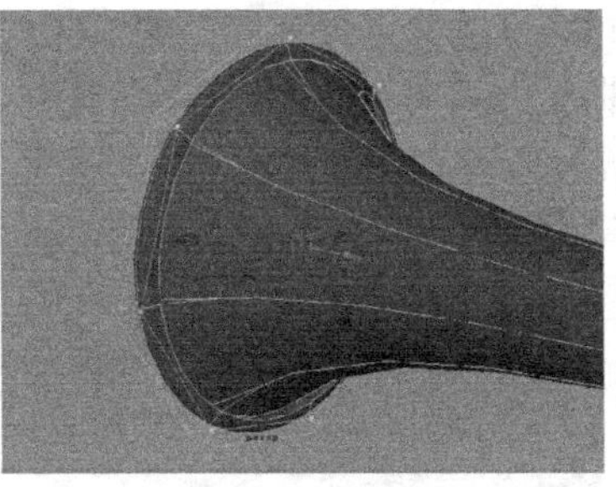

图4-72

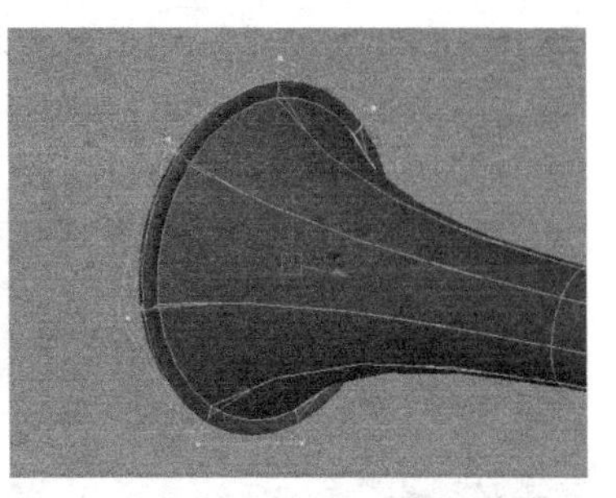

图4-73

制作杯形号嘴

01 选择曲面，进入其【控制顶点】级别，选择号嘴部位的控制点，按住Ctrl键的同时使用【缩放工具】沿z轴进行缩放，将号嘴的部位调整得细一些，如图4-74所示。

02 在号嘴部位增加几条等参线，以获得充足的拓扑结构，如图4-75所示。

03 进入曲面的【壳线】级别，然后选择最边缘的壳线，接着使用【缩放工具】调整出号嘴的大致形态，如图4-76所示。

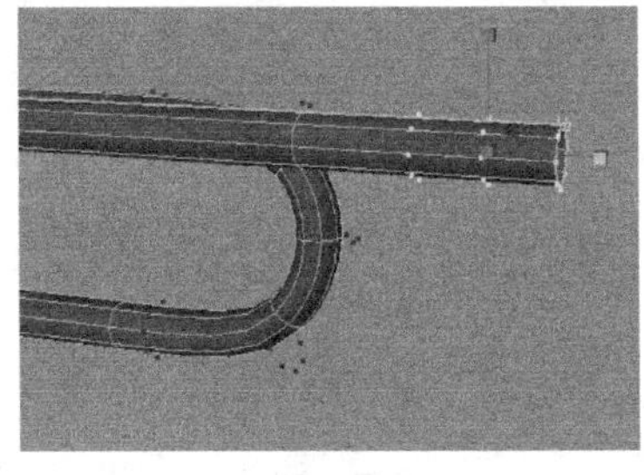

图4-74

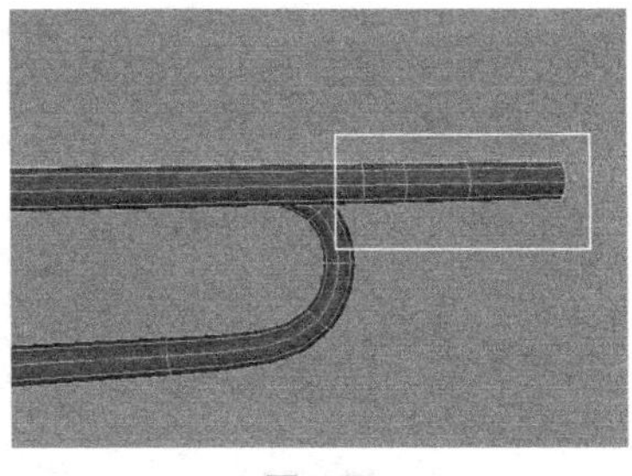

图4-75

图4-76

04 同样使用【缩放工具】对曲面末端的控制点进行调整，调整出小号杯形号嘴的结构，如图4 77所示。

05 进入曲面的【等参线】级别，然后在如图4-78所示的位置添加一条等参线。

06 执行【编辑NURBS】>【插入等参线】命令，在曲面上插入一条等参线，进入曲面的【壳线】级别，使用【移动工具】和【缩放工具】对壳线进行调整，模型效果如图4-79所示。

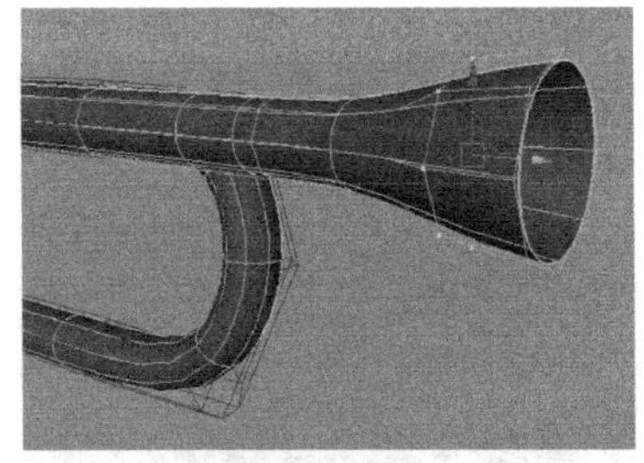

图4-77

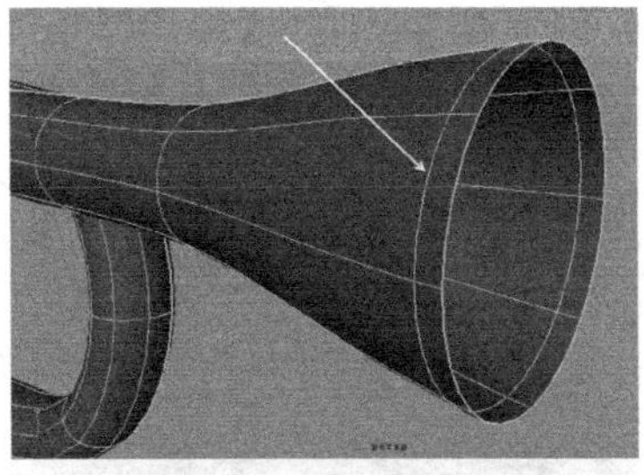

图4-78

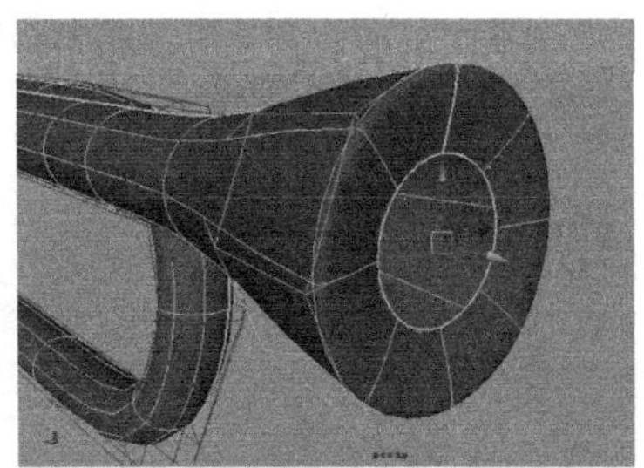

图4-79

07 使用同样的方法增加等参线，调整壳线，将小号的杯形号嘴调整得圆滑一些，如图4-80所示。

08 进入曲面的【等参线】级别，选择如图4-81所示的等参线。

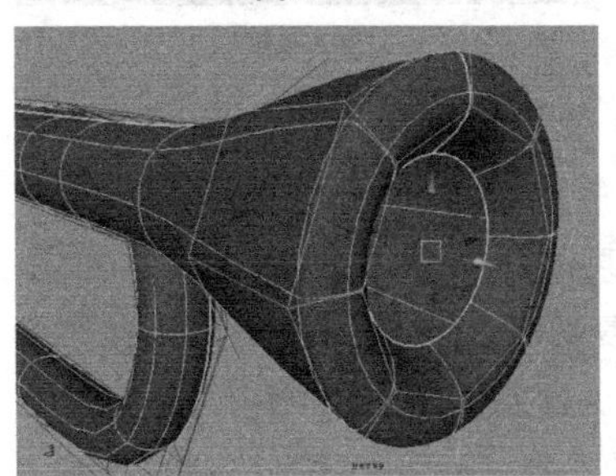

图4-80

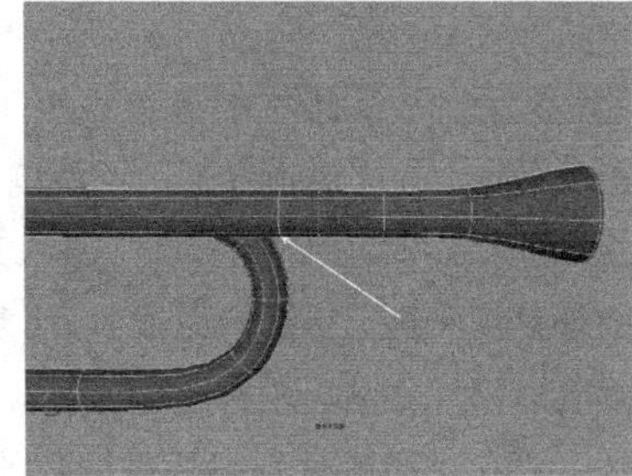

图4-81

09 执行【编辑曲线】>【复制表面曲线】命令，将表面曲线复制出来，如图4-82所示。

10 选择复制出来的曲线，执行【曲面】>【倒角】命令，为曲线添加倒角，如图4-83所示。

11 在【通道盒】中按照如图4-84所示的参数对倒角部位进行调整。

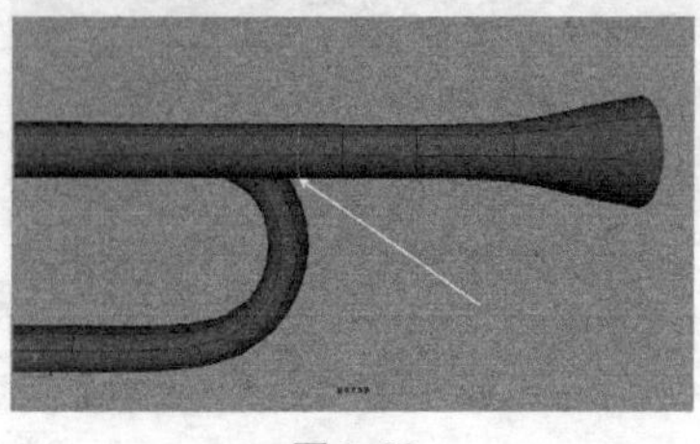
图4-82

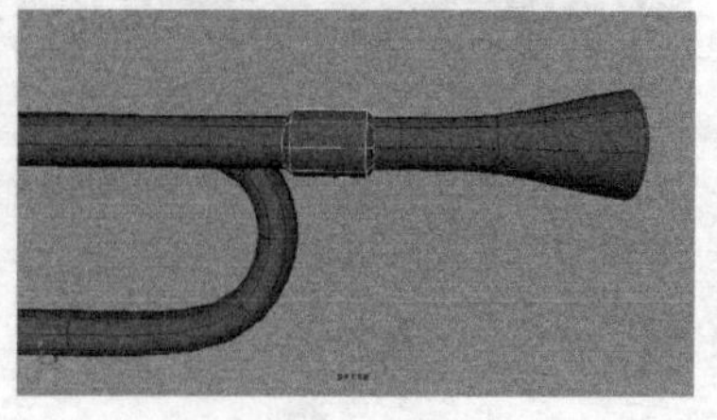
图4-83

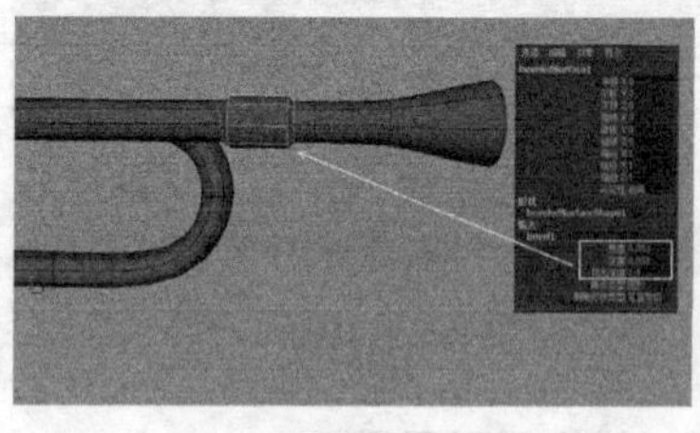
图4-84

制作活塞按键

01 执行【创建】>【NURBS基本体】>【圆形】命令，在场景中创建一个NURBS的圆形，使用【移动工具】和【缩放工具】对圆形的大小和位置进行调整，模型效果如图4-85所示。

02 选择圆形曲线，执行【曲面】>【倒角】命令，为曲面添加倒角，如图4-86所示。

03 使用【移动工具】将曲面沿y轴向下拖曳，然后在【通道盒】中按照如图4-87所示的参数进行设置。

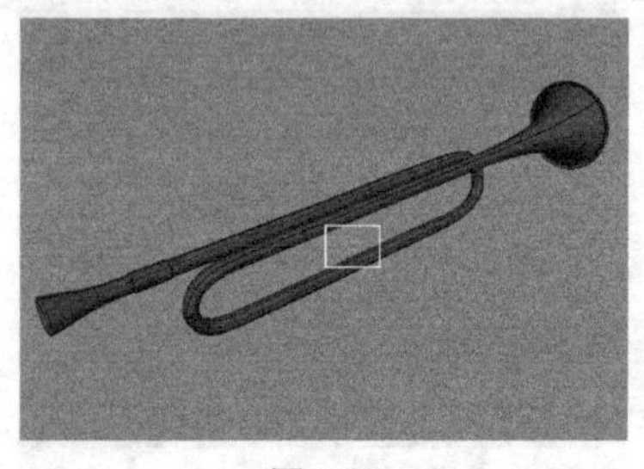
图4-85

图4-86

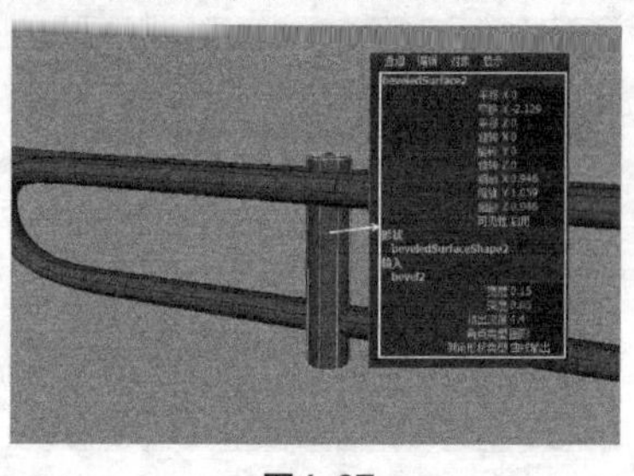
图4-87

04 进入曲面的【等参线】级别，然后选择模型底部边缘的等参线，接着执行【曲面】>【平面】命令，将曲面底部封闭，如图4-88所示。

05 确保曲面处于选择状态，进入曲面的【壳线】级别，选择曲面顶部边缘的壳线，并使用【缩放工具】将其缩放少许，如图4-89所示。

06 再次进入曲面的【等参线】级别，然后选择顶部边缘的等参线，如图4-90所示。

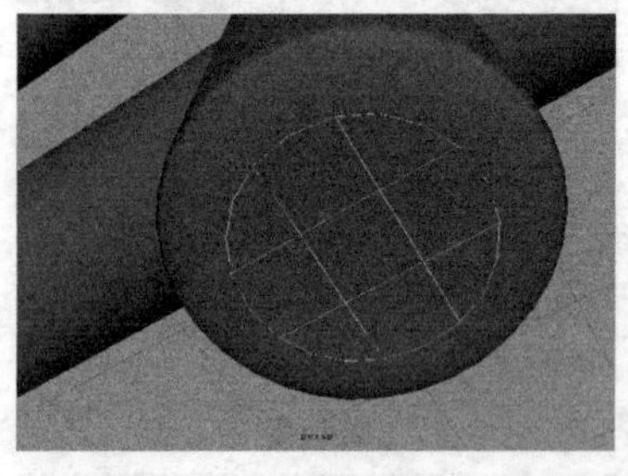
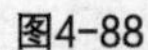
图4-88

图4-89

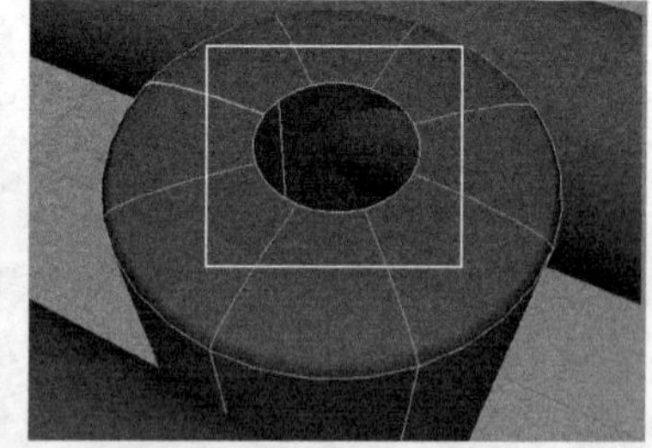
图4-90

07 确保上一步骤中的等参线处于选择状态，执行【曲面】>【倒角】命令，在【通道盒】中调整倒角的参数，如图4-91所示。

08 选择上一步生成的曲面，进入其【等参线】级别，选择曲面顶部的等参线，执行【编辑曲线】>【复制曲面曲线】命令，将表面曲线复制出来，如图4-92和图4-93所示。最后执行【曲面】>【倒角】命令，并在【通道盒】中调整倒角的参数，制作出活塞按键的顶部，如图4-94所示。

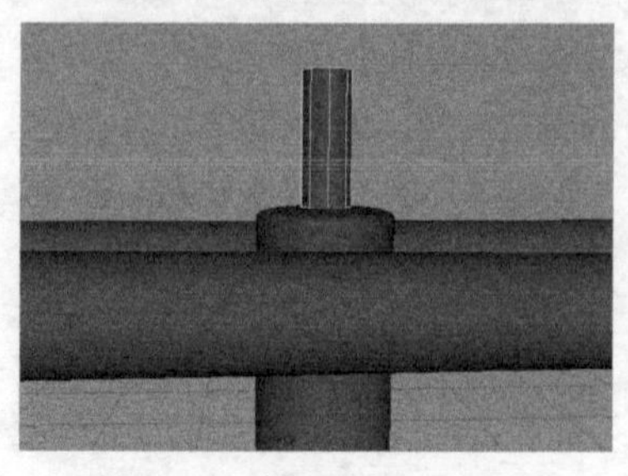
图4-91

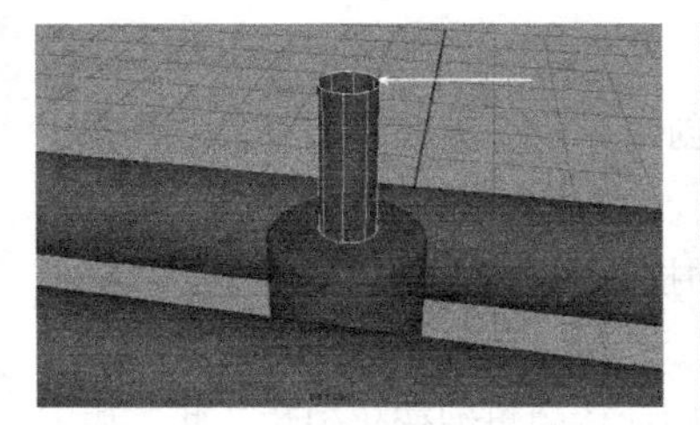

图4-92

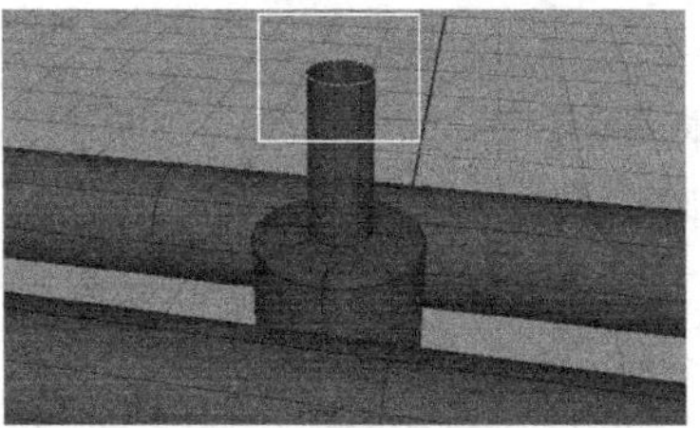

图4-93

图4-94

09 进入活塞按键顶部曲面模型的【等参线】级别，选择顶部边缘的等参线，执行【曲面】>【平面】命令，将曲面顶部封闭，如图4-95所示。现在活塞按键的模型就制作完成了，效果如图4-96所示。

图4-95

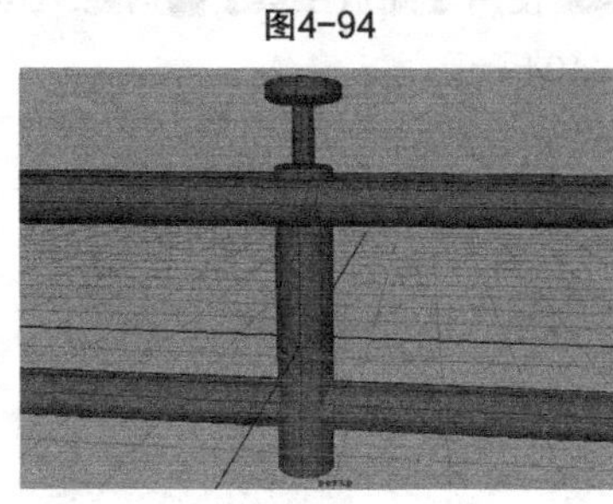

图4-96

10 选择构成活塞按键的所有模型，执行【编辑】>【按类型删除】>【历史】命令，删除其历史记录。按快捷键Ctrl+G成组模型，再执行【窗口】>【大纲视图】命令，并在【大纲视图】窗口中将组重命名为button，如图4-97所示。

11 正常情况下，在button组中会有几条之前创建曲面模型遗留下来的NURBS曲线，需要将其删除，如图4-98所示。

12 选择button模型组，然后按快捷键Ctrl+D复制组，使用【移动工具】将复制出来的组拖曳到合适的位置，如图4-99所示。

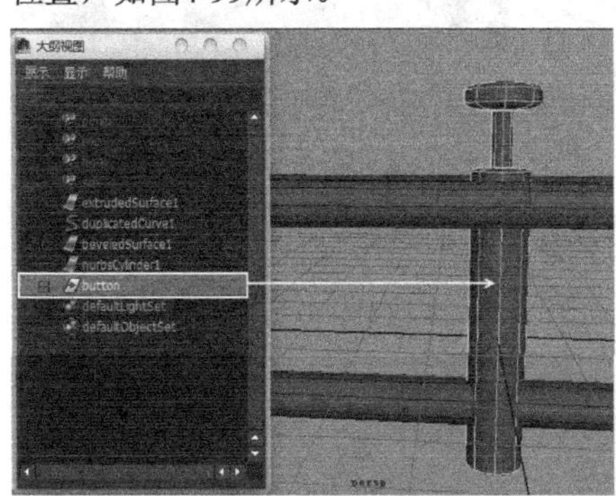

图4-97

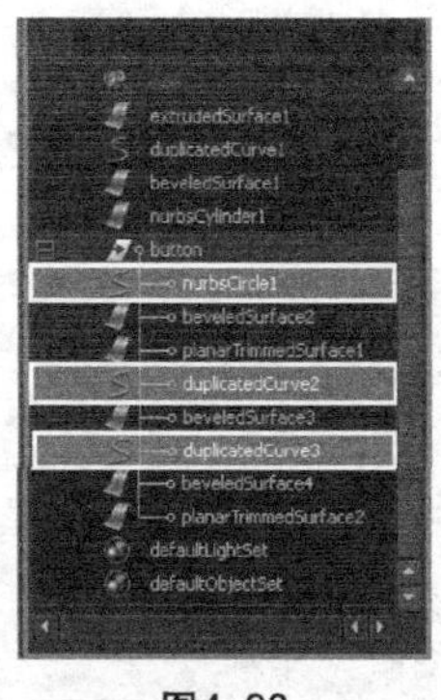

图4-98

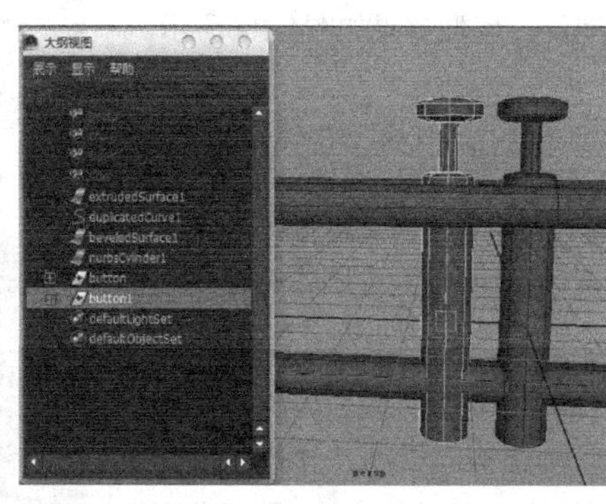

图4-99

13 使用同样的方法再次复制模型组，并拖曳到合适的位置，如图4-100所示。现在就完成了小号活塞按键的制作，如图4-101所示。

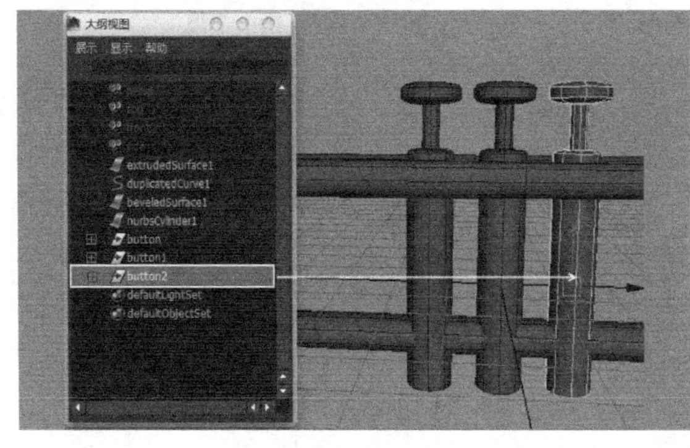

图4-100

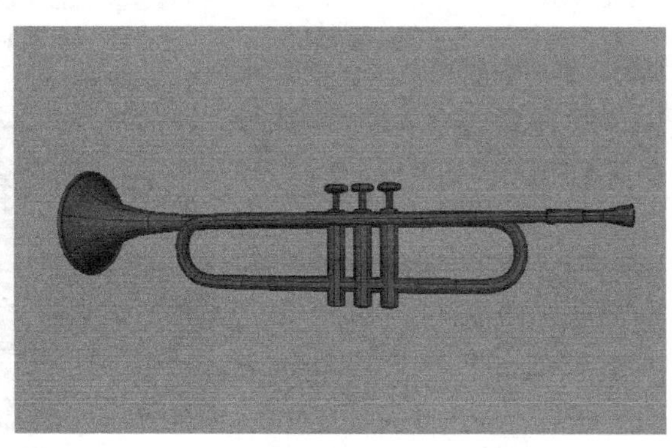

图4-101

制作其他细节

01 执行【创建】>【NURBS基本体】>【圆柱体】命令，在场景中创建一个NURBS圆柱体，制作出小号扬音管之间的连接结构，参数如图4-102所示。

02 选择NURBS圆柱体，进入其【控制顶点】级别，选择中间部分的控制点，使用【缩放工具】进行缩放，将圆柱体中间部位调整得细一些，如图4-103所示。

03 使用【缩放工具】调整NURBS圆柱体其他部位的控制点，使圆柱体的粗细变化匀称一些，如图4-104所示。

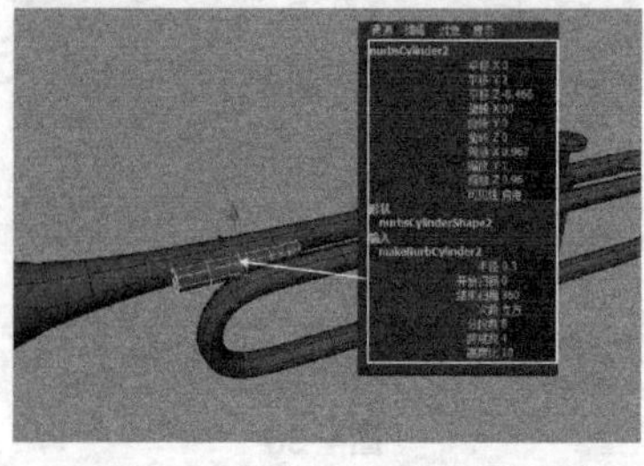

图4-102

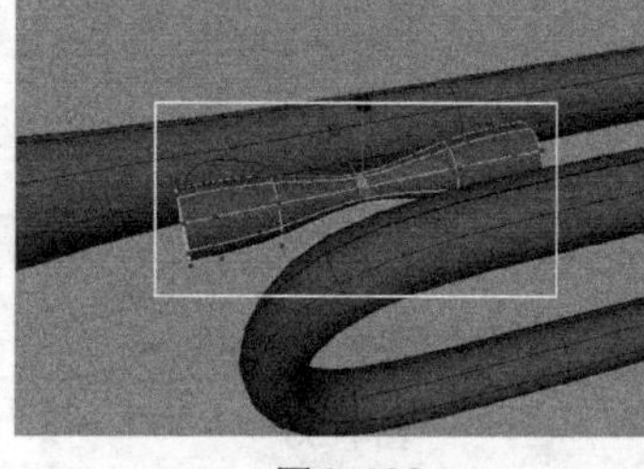

图4-103

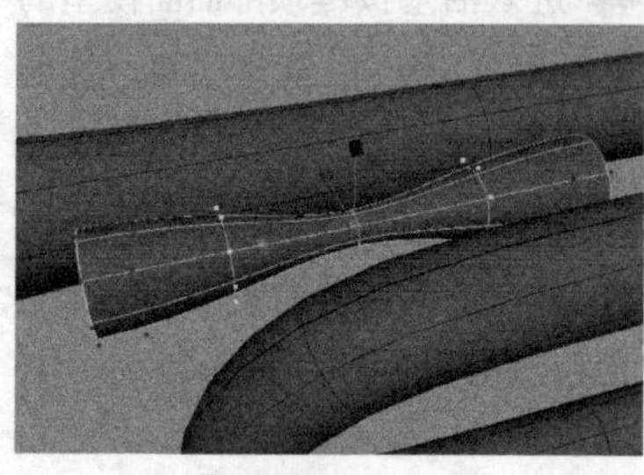

图4-104

04 在顶视图中使用【移动工具】和【缩放工具】对NURBS圆柱体的控制点进行调整，使其在顶视图中穿插于小号的扬音管之间，如图4-105所示。

05 切换到透视图中，然后使用【移动工具】和【缩放工具】对NURBS圆柱体的控制点进行调整，避免出现可以看到的穿插漏洞，模型效果如图4-106所示。

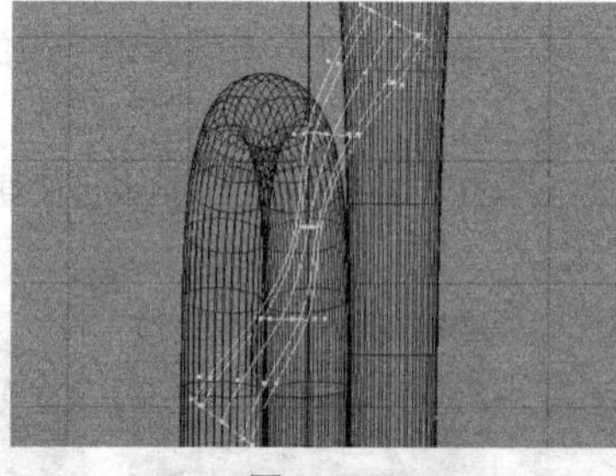

图4-105

图4-106

06 将视图旋转到小号喇叭口的位置，可以看到之前制作的连接结构模型的多余部分和小号的喇叭口的穿插效果，如图4-107所示。选择连接结构的模型并加选小号的模型，执行【编辑NURBS】>【曲面相交】命令，操作完成后的效果如图4-108所示。

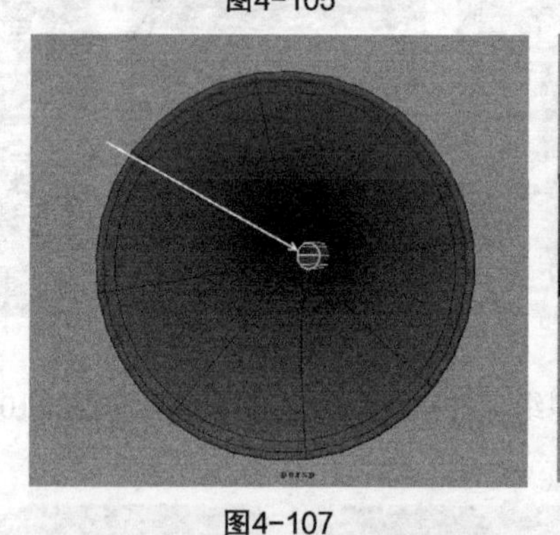

图4-107

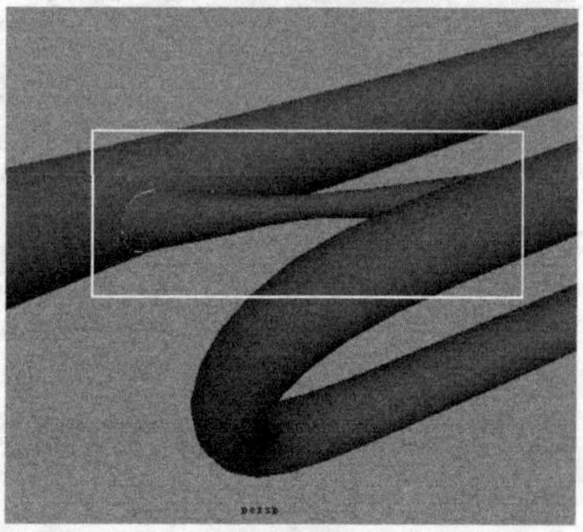

图4-108

07 选择曲面模型，执行【编辑NURBS】>【修剪工具】命令，在需要保留的区域单击鼠标左键，如图4-109所示的部分。按Enter键完成操作，现在模型就不再有穿插的效果了，如图4-110所示。

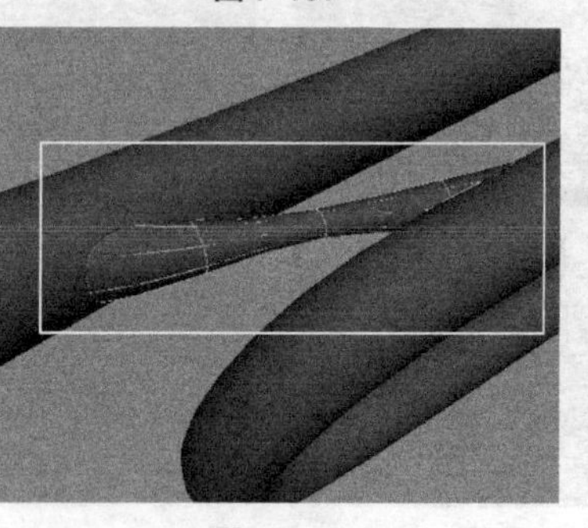

图4-109

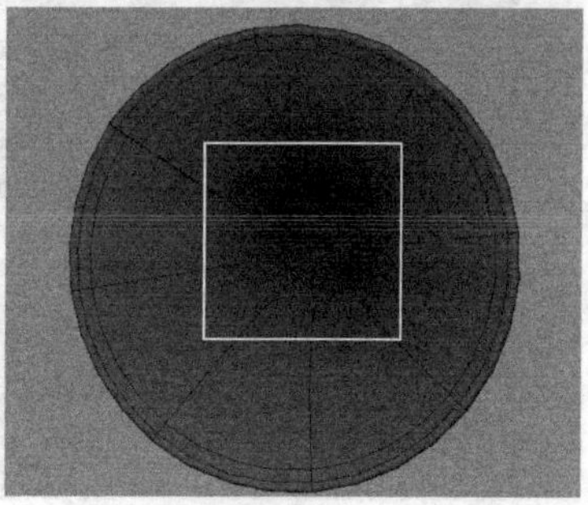

图4-110

08 使用同样的方法制作出小号后端的连接结构模型，如图4-111所示。

09 执行【创建】>【NURBS基本体】>【圆环】命令，在场景中创建一个NURBS圆环作为小号前端的挂环，在【通道盒】中设置各项参数，如图4-112所示。

10 在场景中创建一个NURBS圆环，使用【移动工具】将圆环沿*z*轴移动3.539个距离单位，接着使用【缩放工具】将其沿*y*轴旋转-60°、沿*z*轴旋转90°，在【通道盒】中设置【半径】为0.6、【结束扫描】为240、【高度比】为0.2，如图4-113所示。

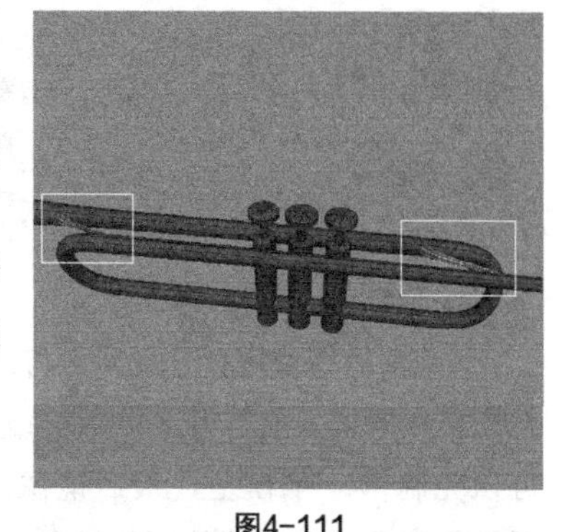

图4-111

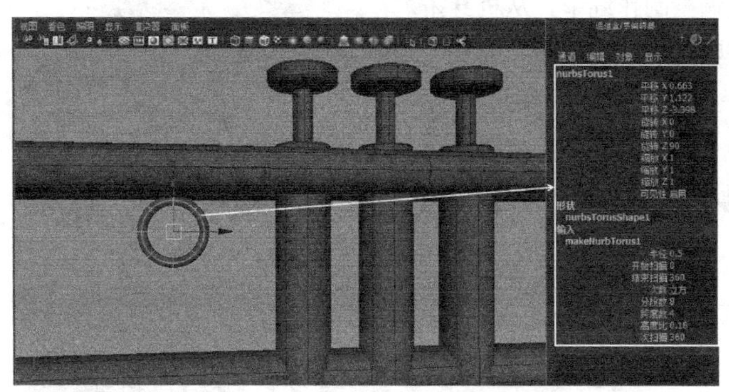

图4-112

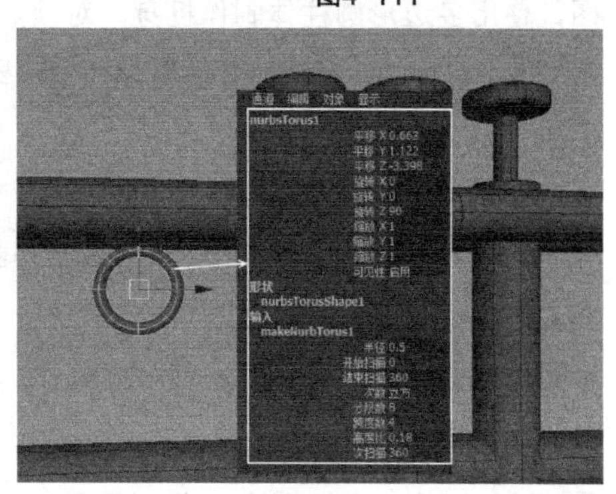

图4-113

11 选择开放圆环的一条等参线，执行【曲面】>【平面】命令，效果如图4-114所示。

12 使用同样的方法对这个开放圆环的另一端也进行封面，如图4-115所示。

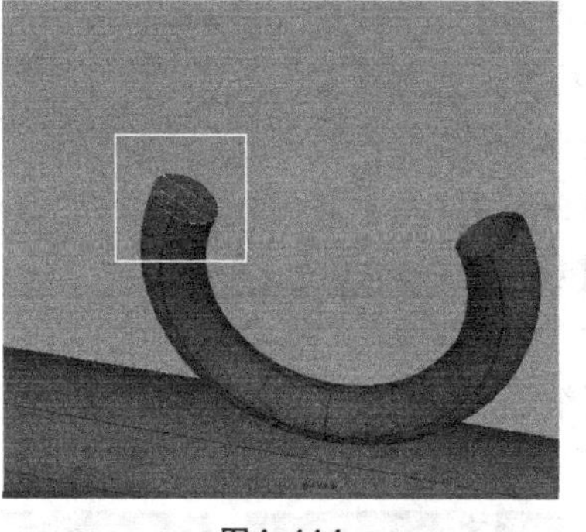

图4-114

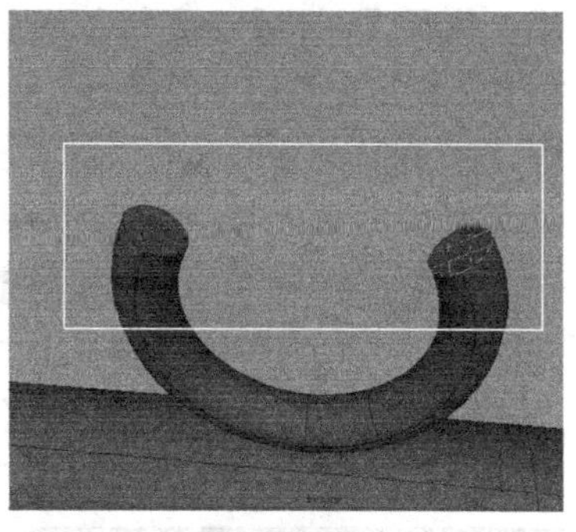

图4-115

13 使用前面学习过的【圆化】、【挤出】等方法制作出小号的防尘盖，模型效果如图4-116所示。小号模型到此就已经全部制作完毕，模型的最终效果如图4-117所示。

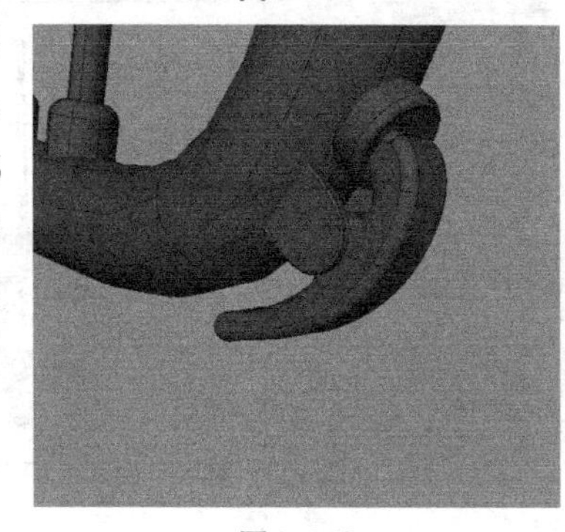

图4-116

图4-117

【案例总结】

本案例是通过制作小号模型，来强化【CV曲线工具】、【挤出】、【插入等参线】、【倒角】、【修剪工具】、【曲面相交】命令的综合运用。在制作复杂模型的时候，可将模型拆分为多个简单部件，通过组合这些简单部件，来达到复杂的造型效果。

案例70 战斗机

场景位置	无
案例位置	Example>CH04>D4.mb
视频文件	Media>CH04>4. 战斗机 .mp4
技术掌握	强化使用多边形命令

（扫码观看视频）

【操作思路】

对战斗机模型进行分析，可将战斗机分为机身、机翼、进气口、发动机、尾翼、起落架、导弹7部分。战斗机整体是一个对称模型，可以先制作一半模型，最后镜像复制另一半。在视图中导入参考图，使用多边形圆柱体制作机身，对顶点调整制作细节，从机身拓展至战斗机整体，最后制作起落架和导弹以丰富细节。

最终效果图

【操作命令】

本例使用了【圆柱体】、【挤出】、【合并顶点工具】、【插入循环边工具】、【合并到中心】、【切割面工具】、【合并】、【桥接】、【镜像几何体】、【复制面】命令。

【操作步骤】

创建机身

01 在上、前、右视图中，分别导入对应的参考图。执行【创建】>【多边形基本体】>【圆柱体】命令，在视图中创建一个圆柱体，其各项参数设置如图4-118所示。

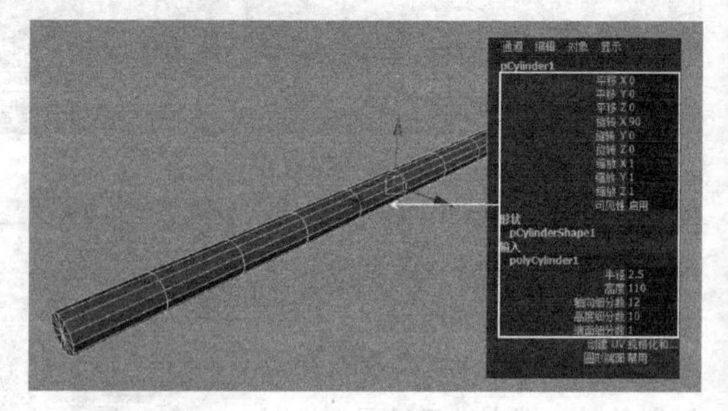
图4-118

02 将视图切换到右视图，进入模型的【顶点】级别，参照视图中的参考图片使用【移动工具】对圆柱体上的点进行调整，概括出飞机的侧面形态，如图4-119所示。

03 将视图切换到前视图，使用【缩放工具】将圆柱体缩放到参考图片中飞机主体的大小，如图4-120所示。

图4-119

图4-120

创建机翼

01 执行【编辑网格>切割面工具】命令，在飞机的主体上为飞机的机翼增加一条线，如图4-121所示。

02 在右视图选择机翼位置的面，执行【编辑网格】>【挤出】命令，接着使用【移动工具】在顶视图将挤压出来的面拖曳出一些，如图4-122所示。

图4-121

图4-122

技巧与提示

现在可以发现，刚才只是对模型的一半进行了操作，而模型另一半的面暂时不删除。因为过早地删除这一半的面，会给后面对模型的某些局部进行缩放时带来不必要的麻烦。

03 拖曳出的面一定不是整齐的，使用【缩放工具】在*x*轴方向上缩放几次，这样挤压出来的面就在*x*轴上变得整齐了，如图4-123所示。

04 执行【编辑网格】>【合并顶点工具】命令，将机翼前段的两个点合并起来，如图4-124所示。

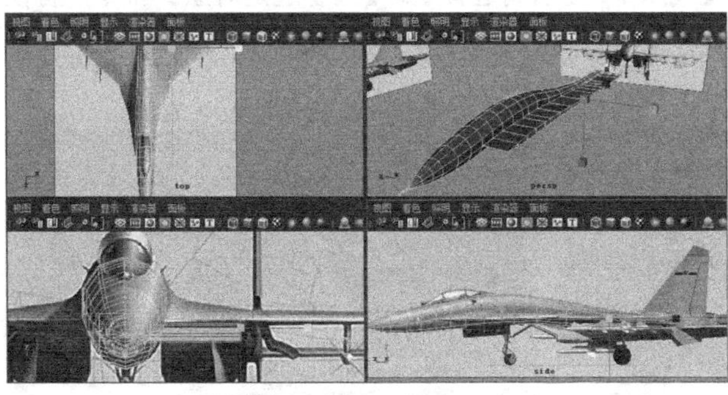
图4-123

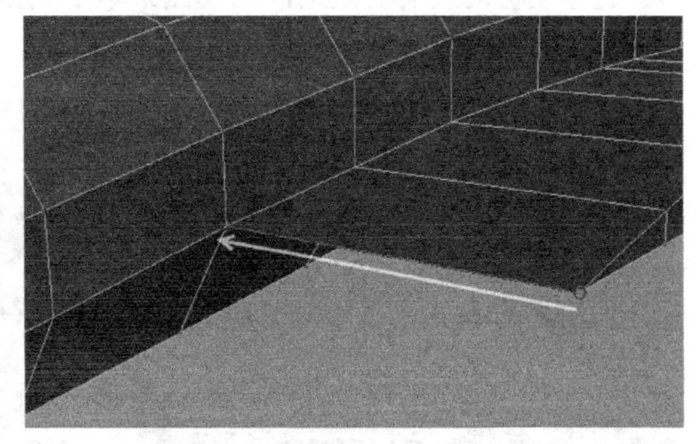
图4-124

05 在顶视图中使用【移动工具】将挤压出来的点与参考图片对位，如图4-125所示。

06 在前视图、右视图以及透视图中也需要对形体进行调整，如图4-126所示。

图4-125

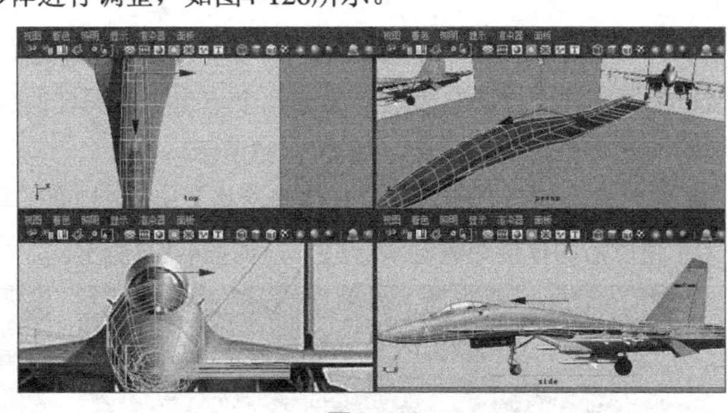
图4-126

07 选择机翼根部的面，然后执行【编辑网格】>【挤出】命令，接着将视图切换到顶视图，并使用【移动工具】将挤出的面移动出来，最后参照参考图片使用【缩放工具】将基础的面缩放到合适的大小，如图4-127所示。

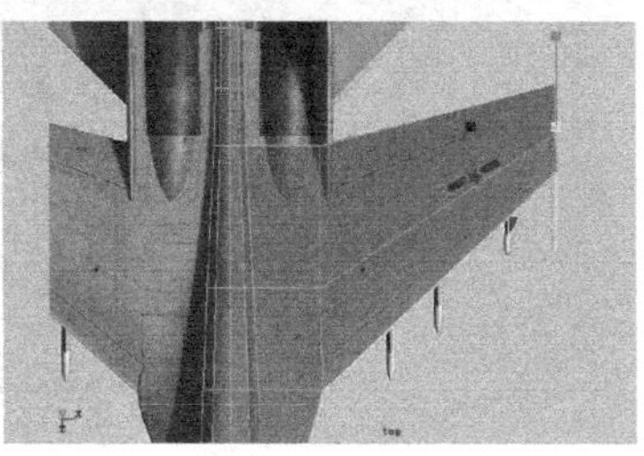
图4-127

制作飞机发动机

01 执行【创建】>【多边形基本体】>【圆柱体】命令，在视图中再创建一个圆柱体作为飞机的发动机。圆柱体的各项参数设置如图4-128所示，效果如图4-129所示。

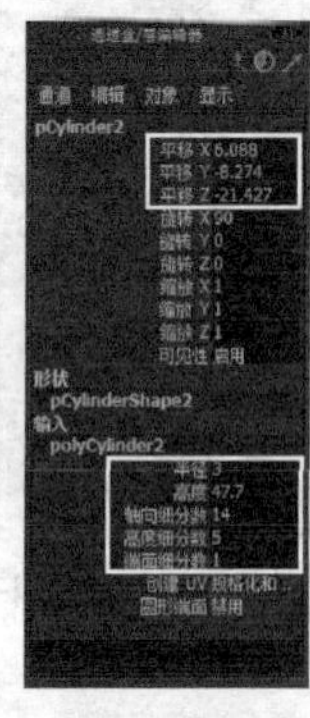

图4-128

图4-129

02 在右视图中选择上一步创建的圆柱体，执行【编辑网格】>【插入循环边工具】命令，并在适当的位置插入循环边，如图4-130所示。

03 保持对模型的选择，进入其【顶点】级别，并选择模型末端的点，参照参考图片使用【缩放工具】进行缩放，再对插入的循环边线进行缩放，使模型变得圆滑一些，如图4-131所示。

04 选择飞机的发动机模型，在视图菜单中执行【显示】>【隔离选择】>【查看选定对象】命令，将模型单独显示出来。选择模型中间面上的4个点，执行【编辑网格】>【合并到中心】命令，将这4个点合并到一起，使用同样的方法对其他的点也进行同样的操作，如图4-132所示。

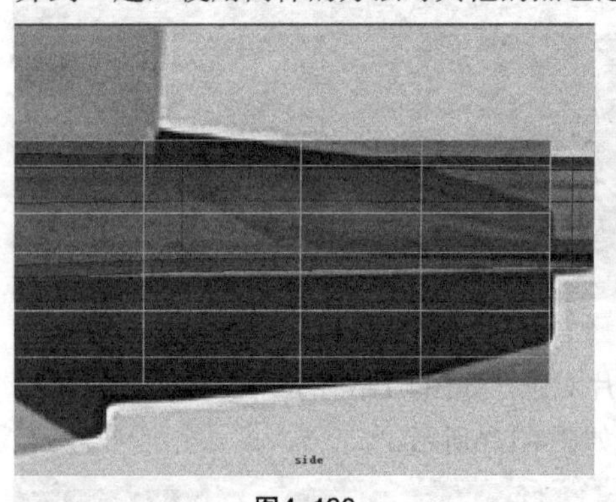

图4-130

图4-131

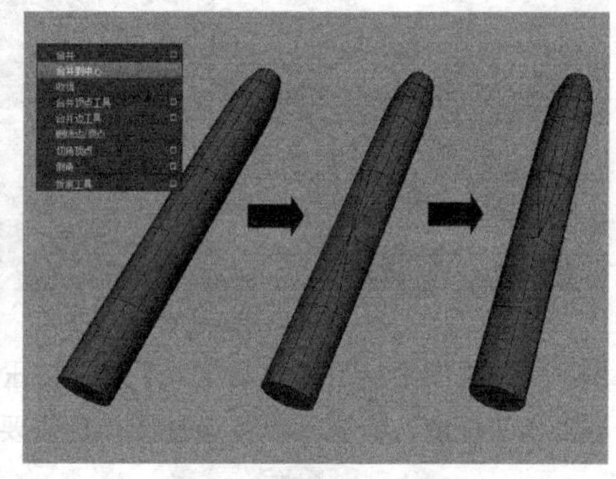

图4-132

05 使用同样的方法对模型下面的几个点也进行同样的操作，并使用【移动工具】对两边的线进行移动，使模型变得圆滑一些，如图4-133所示。

06 删除多余的几个面，执行【编辑网格】>【切割面工具】命令，在模型上精细地切分出几条线（这是为了使以后的焊接边缘圆滑一些），如图4-134所示。

图4-133

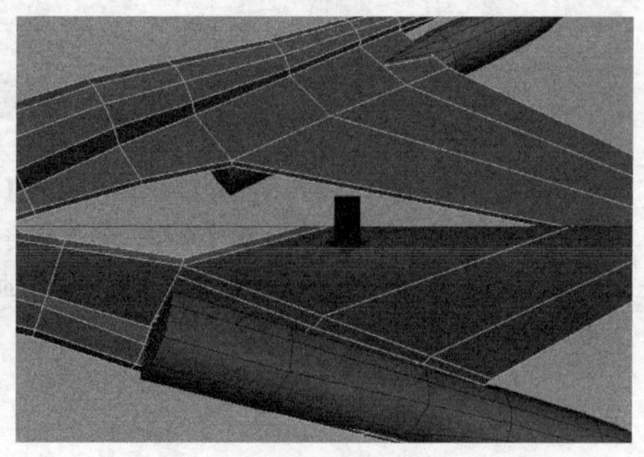

图4-134

07 选择机身的模型再加选发动机的模型，执行【网格】>【结合】命令，将选择的两个模型合并，接着再选择两个模型之间临近的点，并执行【编辑网格】>【合并】命令，焊接这些点，如图4-135所示。

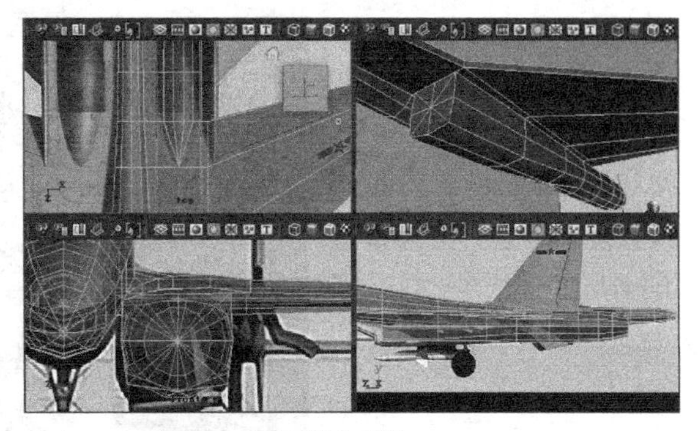

图4-135

技巧与提示

在焊接点的时候，如果两个顶点之间距离很远，可以使用【合并到中心】命令，或者使用【捕捉到点工具】先将顶点吸附到一起，再执行【编辑网格】>【合并】命令。

08 执行【编辑网格】>【切割面工具】命令，在发动机和机身相接的位置增加两条线，并使用【移动工具】和【缩放工具】将发动机的始端调整得圆滑一些，如图4-136所示。

09 选择机身靠近发动机一侧的面，执行【编辑网格】>【挤出】命令，在顶视图中使用【移动工具】将挤压出来的面拖曳出来，并按照参考图调整具体形态，对靠近发动机始端的几个面和机身侧面的几个面执行【编辑网格】>【桥接】命令，效果如图4-137所示。

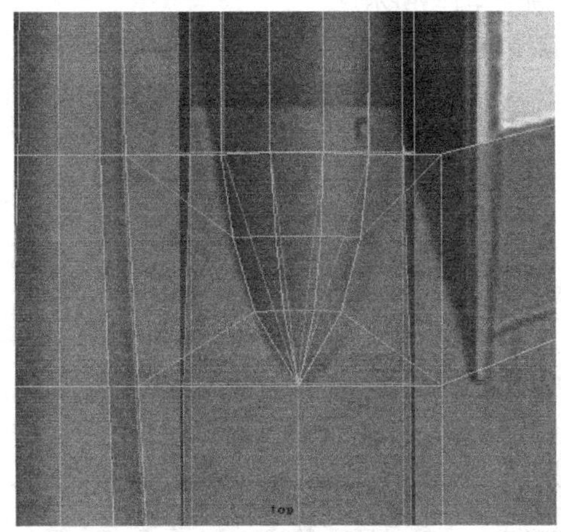

图4-136

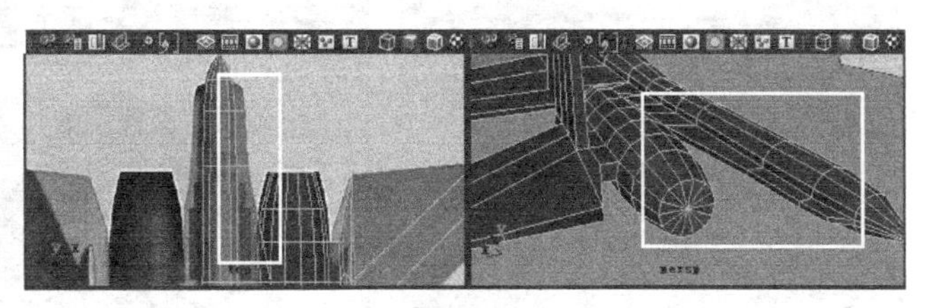

图4-137

10 使用制作机翼的方法制作出飞机的尾翼，如图4-138所示。

11 选择飞机发动机尾部的面，执行【编辑网格】>【挤出】命令，并将新挤出的面缩小一些，按G键重复执行【挤出】命令，并将新挤出的面移动到发动机内部，使用同样的挤出方法制作出机翼的末端、发动机前面的进气孔和机身前端的指针，如图4-139所示。

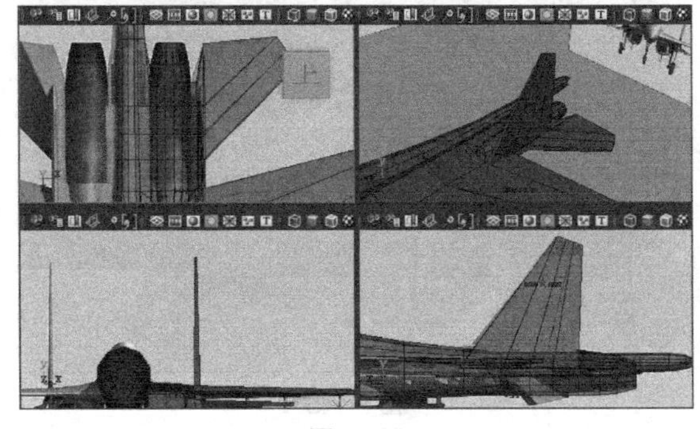

图4-138

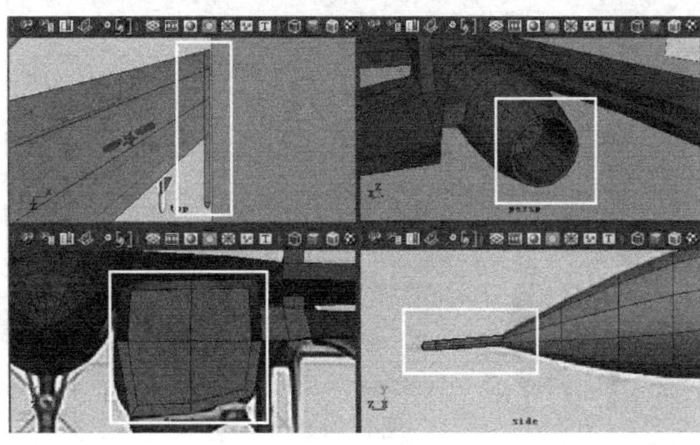

图4-139

12 选择飞机模型，执行【网格】>【镜像几何体】命令，并在【通道盒】中按照图4-140所示的参数设置进行调整，效果如图4-141所示。

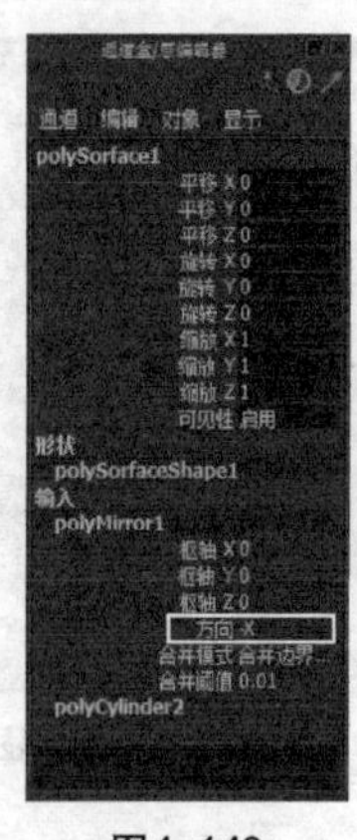

图4-140

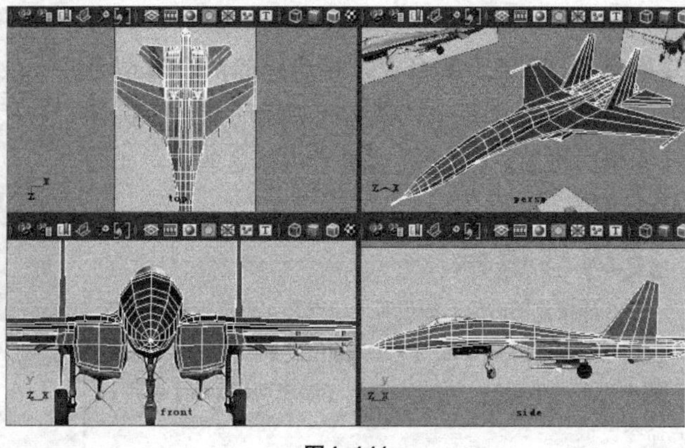

图4-141

调整并整理细节

01 进入模型的【面】级别，选择飞机起落架舱部位的面，执行【编辑网格】>【复制面】命令，将这几个面复制出来，执行【编辑网格】>【挤出】命令，挤出飞机起落架舱的内部，如图4-142所示。

02 执行【编辑网格】>【切割面工具】命令，在飞机驾驶舱的位置切分出两条线，进入模型的【顶点】级别，并使用【移动工具】调整驾驶舱顶部的玻璃罩形态，如图4-143所示。

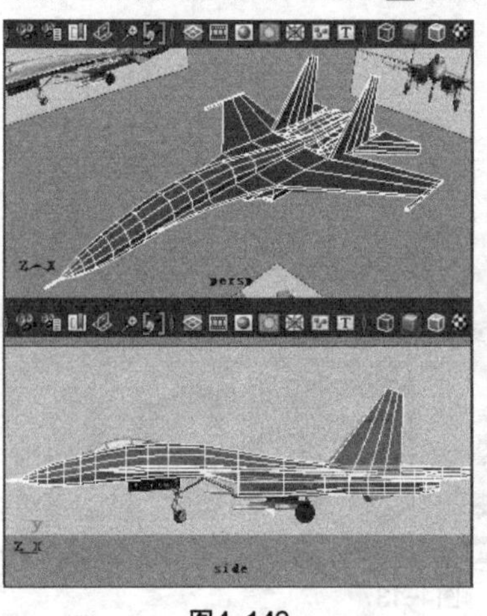

图4-142

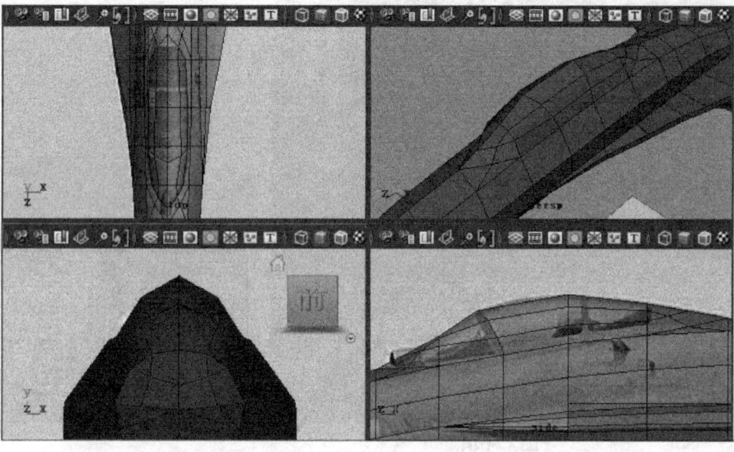

图4-143

03 飞机的起落架和轮胎的制作就相对简单了许多，无非就是使用基本形体（立方体和圆柱体）堆积起来的，如图4-144所示。

04 使用同样的方法制作飞机的后起落架和轮胎，如图4-145所示。

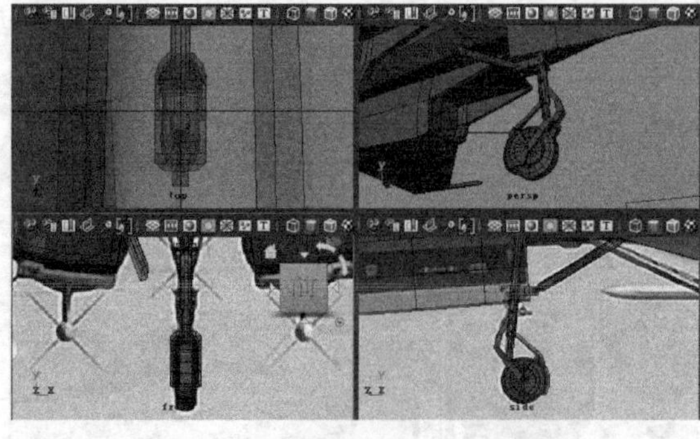

图4-144

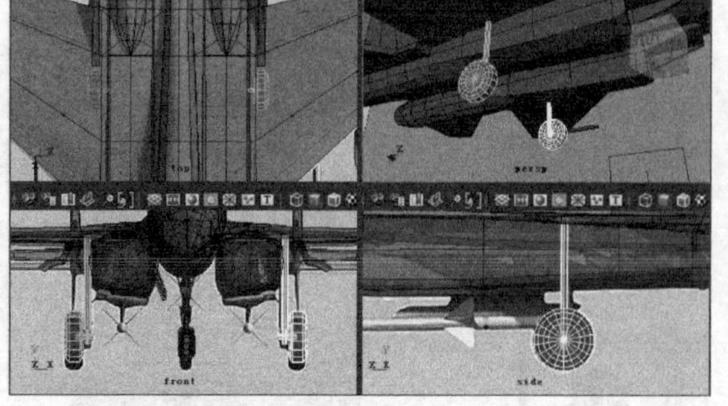

图4-145

05 使用圆锥体和圆柱体编辑组合成导弹的模型，其制作过程如图4-146所示。

06 将创建好的导弹模型复制几个，然后分别移动到合适的位置上，最终效果如图4-147所示。

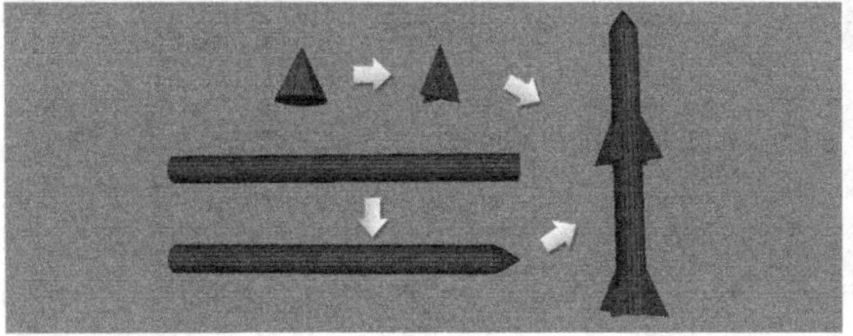

图4-146

图4-147

【案例总结】

本案例是通过制作战斗机，来熟练掌握多边形命令的使用。战斗机模型结构较复杂，制作前分析充分，在制作过程中会减小难度。实际工作中，对称模型只做一半，最后镜像复制出另一半。

案例 71 古董电话

场景位置	无
案例位置	Example>CH04>D5.mb
视频文件	Media>CH04>5. 古董电话 .mp4
技术掌握	结合运用多边形和曲面

（扫码观看视频）

【操作思路】

对古董电话模型进行分析，可将电话分为话筒、底座两大部分。话筒模型的转折很多可用曲线生成，底座较为简单，使用多边形立方体可快速制作出模型。拨号转盘上有若干个圆孔，使用多边形圆柱体再结合【布尔】制作。

最终效果图

【操作命令】

本例使用了多边形的【立方体】、【挤出】、【插入循环边工具】、【圆柱体】、【平滑】、【结合】、【布尔】命令，以及曲面的【EP曲线工具】、【旋转】、【球体】、【圆形】、【挤出】命令。

【操作步骤】

制作底座

01 执行【创建】>【多边形基本体】>【立方体】命令，在场景中创建一个立方体，具体参数设置如图4-148所示。

02 进入模型的【面】级别，选择底部边缘的面，执行【编辑网格】>【挤出】命令，将面片挤出一定的厚度，如图4-149所示。

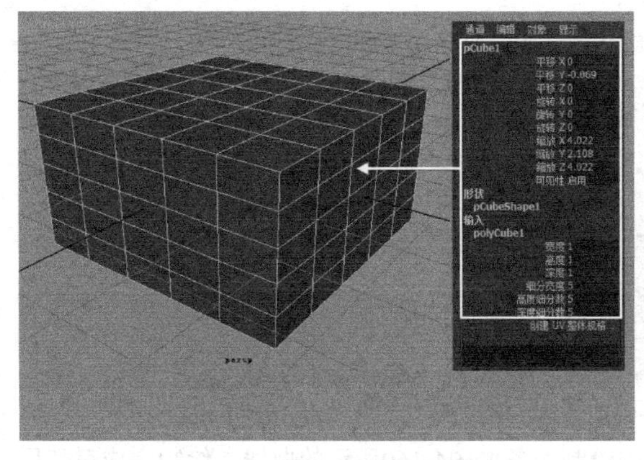

图4-148

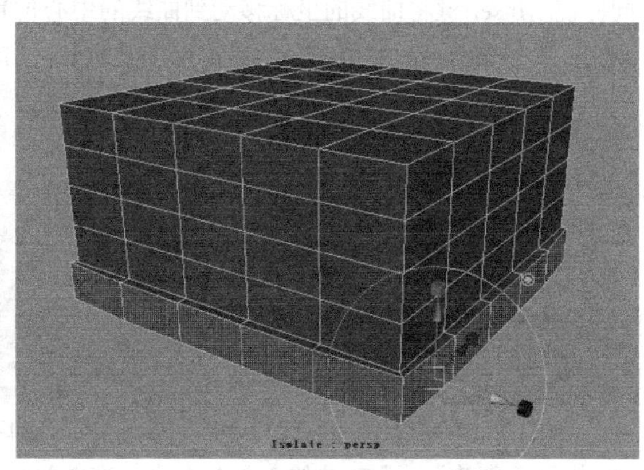

图4-149

03 按数字键3将模型圆滑显示，可以看到底部过于圆滑，如图4-150所示。执行【编辑网格】>【插入循环边工具】命令，在如图4-151所示的位置插入一条环形边。

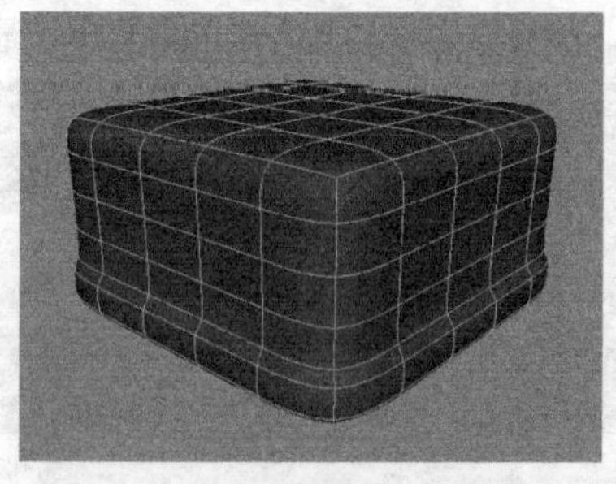
图4-150

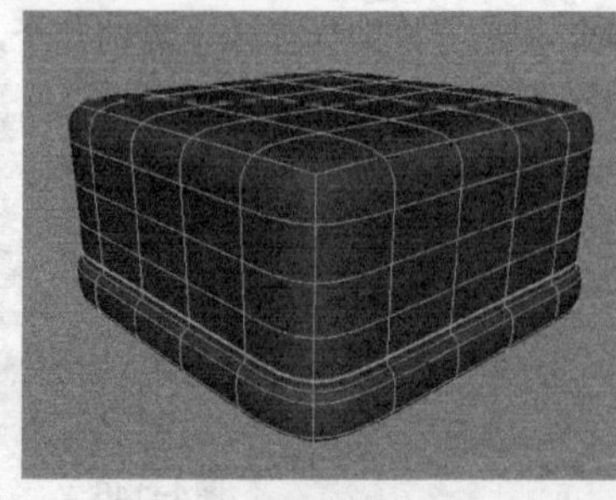
图4-151

04 使用【挤出】命令对底部的面进行多次挤压，制作出古董电话的底座，如图4-152和图4-153所示。

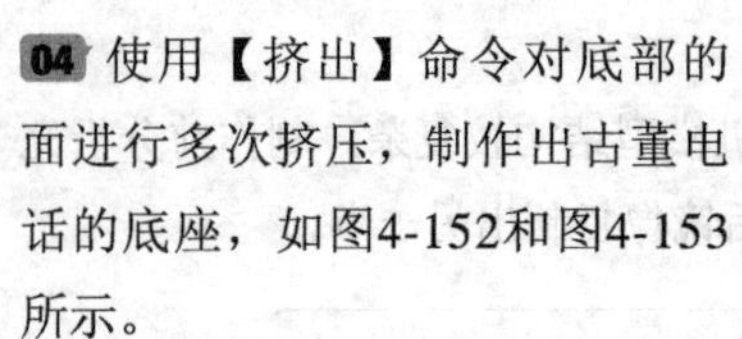

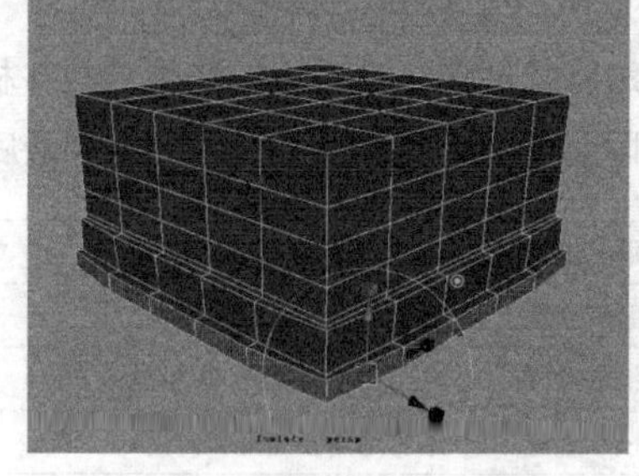
图4-152

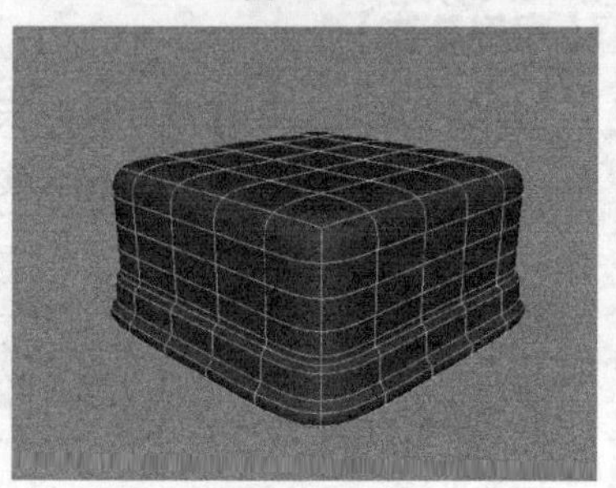
图4-153

制作听筒

01 在前视图中执行【创建】>【EP曲线工具】命令，绘制一条如图4-154所示的曲线。

02 按Insert键将曲线的坐标移动到如图4-155所示的位置，操作完成以后再次按下Insert键。

03 选择曲线，执行【曲面】>【旋转】命令，可以看到曲线的旋转效果是错误的，如图4-156所示。

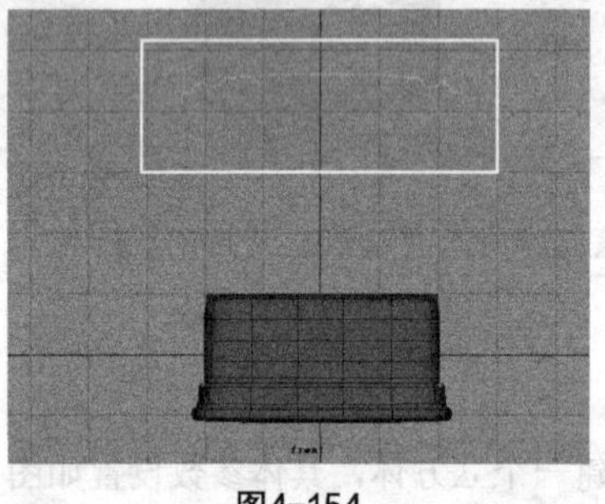
图4-154

图4-155

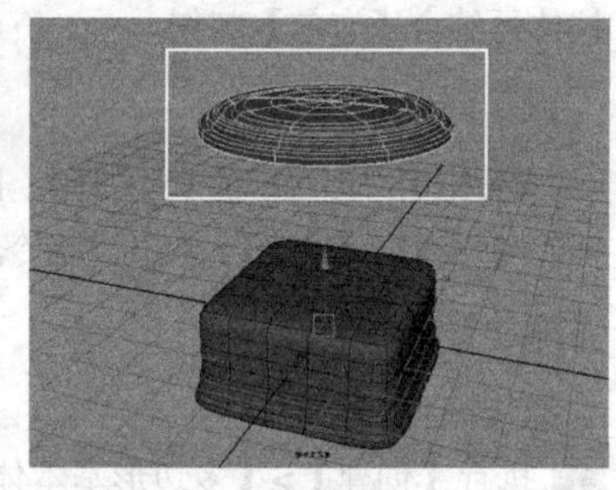
图4-156

04 在【通道盒】中对revolvel（旋转）选项下的参数进行如图4-157所示的设置。

05 在前视图中再次执行【创建】>【EP曲线工具】命令，绘制一条如图4-158所示的曲线，绘制完成后同样使用Insert键将曲线的坐标移动到曲线的中心位置。

06 选择上一步绘制的曲线，然后执行【曲面】>【旋转】命令，效果如图4-159所示。

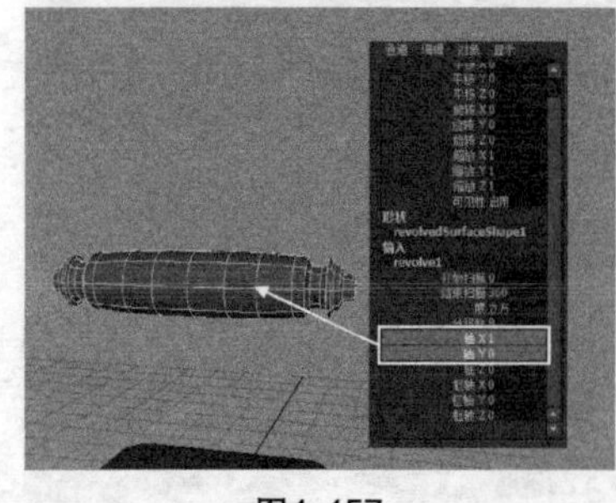
图4-157

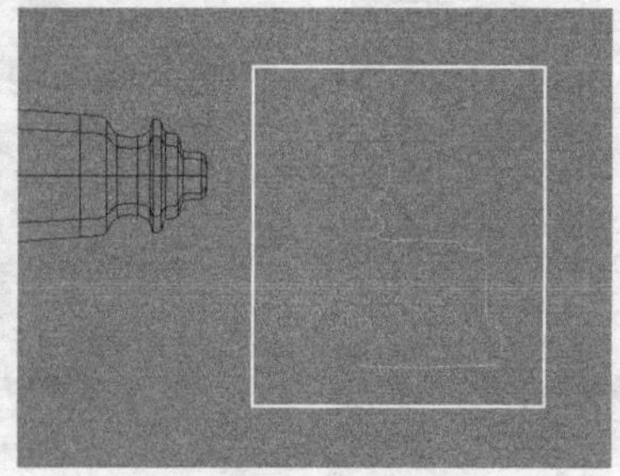
图4-158

图4-159

07 执行【创建】>【EP曲线工具】命令，在前视图中绘制一条如图4-160所示的曲线，绘制完成后使用

Insert键将曲线的坐标移动到曲线的中心位置。

08 选择上一步绘制的曲线，执行【曲面】>【旋转】命令，效果如图4-161所示。

09 执行【创建】>【多边形基本体】>【圆柱体】命令，在视图中创建一个圆柱体，如图4-162所示。

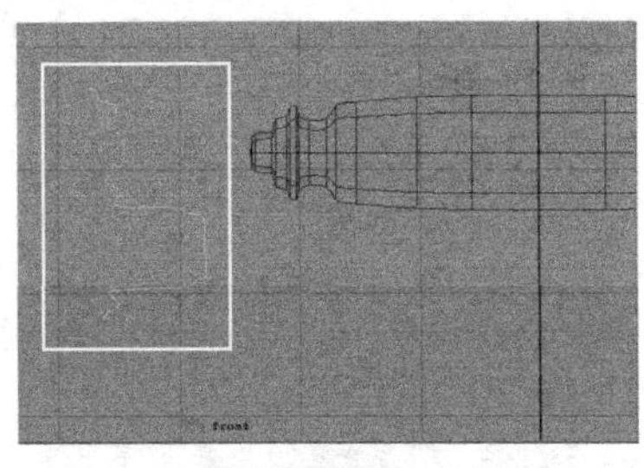
图4-160

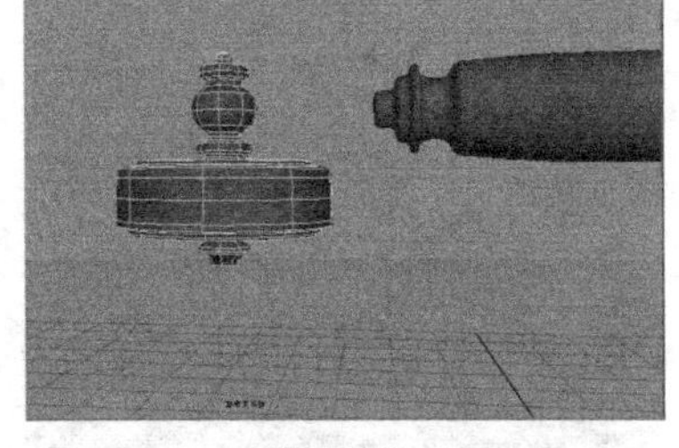
图4-161

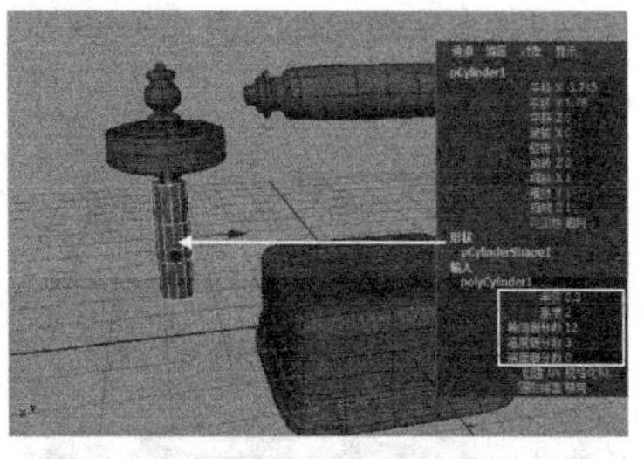
图4-162

10 进入圆柱体的【顶点】级别，然后使用【旋转工具】对圆柱体的顶点进行调整，效果如图4-163所示。

11 执行【编辑网格】>【插入循环边工具】命令，在如图4-164所示的位置插入几条环形边，并使用【移动工具】将其调整得圆滑一些。

12 进入圆柱体的【面】级别，选择所有的面，执行【编辑网格】>【挤出】命令，将话筒的模型面片挤出一定的厚度，如图4-165所示。

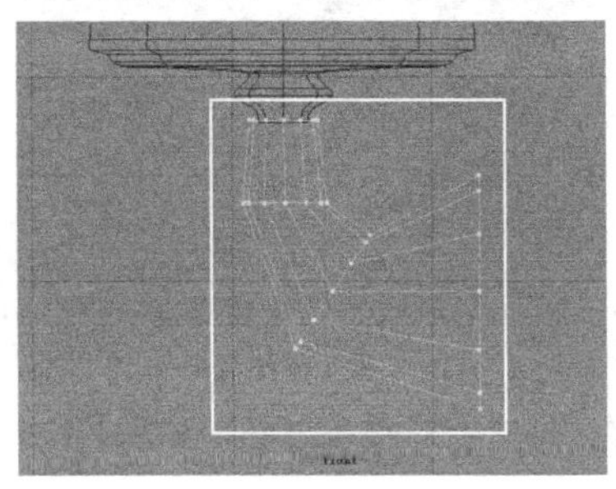
图4-163

图4-164

图4-165

13 现在电话的听筒部分就制作完成了，它们之间的距离、位置等关系在这一步中并不正确，需要在后面的工作中不断调整，如图4-166所示。

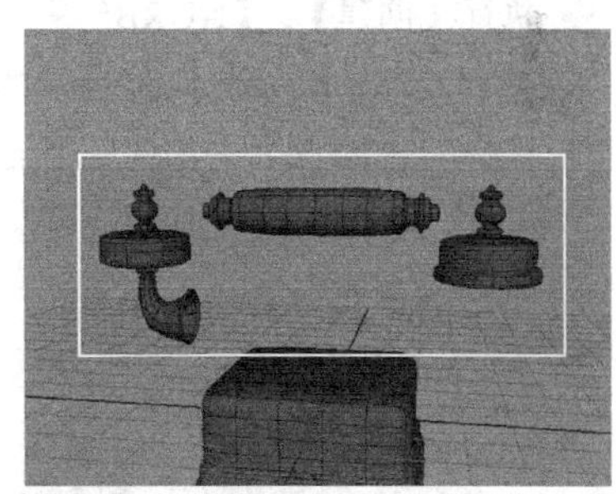
图4-166

制作支架

01 执行【创建】>【NURBS基本体】>【球体】命令，在场景中创建一个NURBS球体，如图4-167所示。

02 进入NURBS球体的【控制顶点】级别，使用【缩放工具】对控制点进行调整，效果如图4-168所示。

03 执行【创建】>【EP曲线工具】命令，在前视图中绘制一条如图4-169所示的曲线。

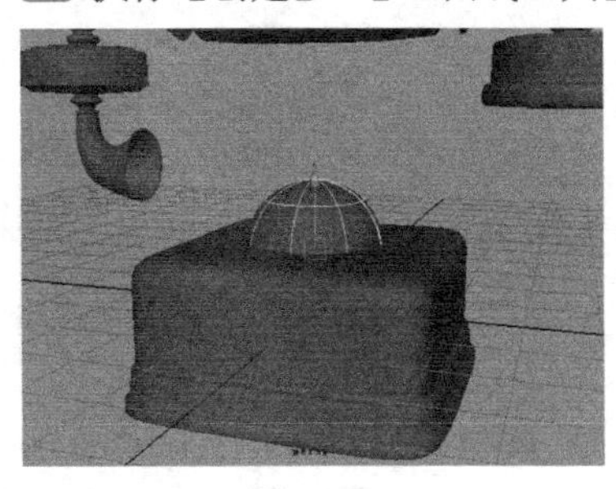
图4-167

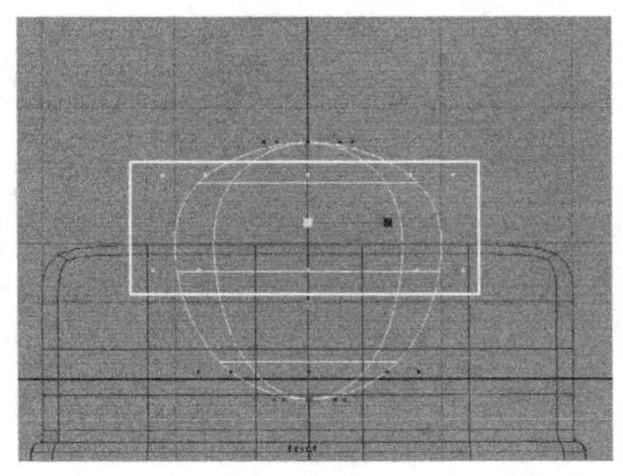
图4-168

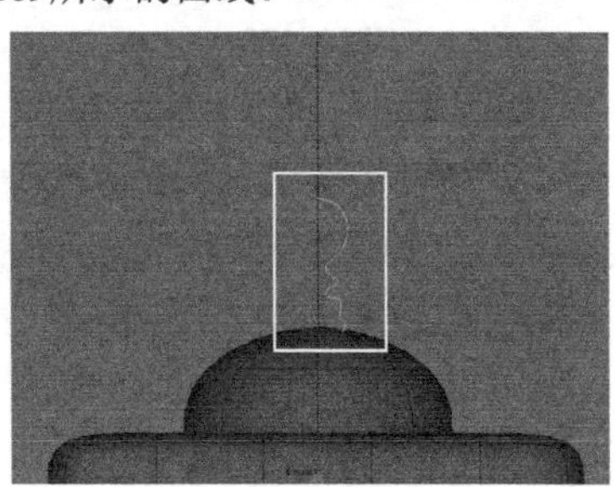
图4-169

04 选择上一步绘制的曲线，执行【曲面】>【旋转】命令，效果如图4-170所示。

05 执行【创建】>【多边形基本体】>【立方体】命令，在场景中创建一个立方体，如图4-171所示。

06 进入立方体的【顶点】级别，使用【移动工具】将立方体的点调整至如图4-172所示的形态。

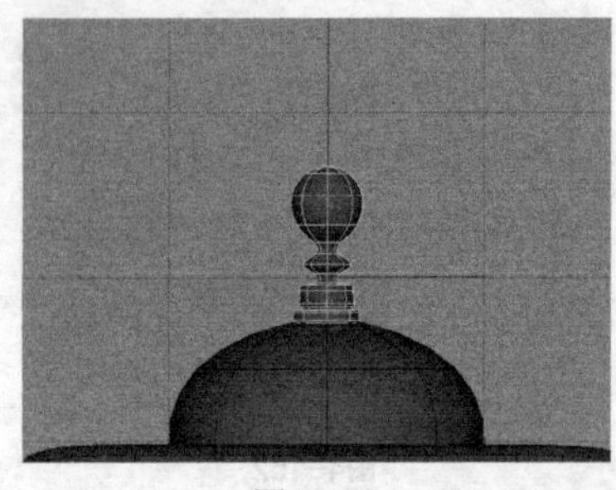

图4-170

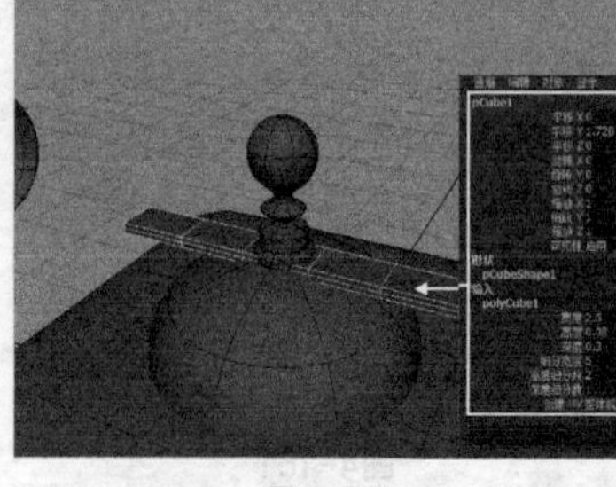

图4-171

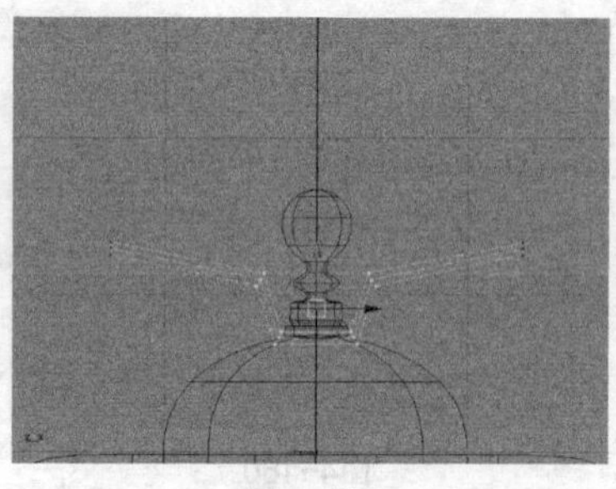

图4-172

07 按数字键3将网格模型圆滑显示，此时可以观察到模型特别圆滑。执行【编辑网格】>【插入循环边工具】命令，在如图4-173所示的位置插入两条环形边。

08 执行【创建】>【EP曲线工具】命令，在前视图中绘制一条如图4-174所示的曲线，在右视图中绘制一条如图4-175所示的U形曲线。

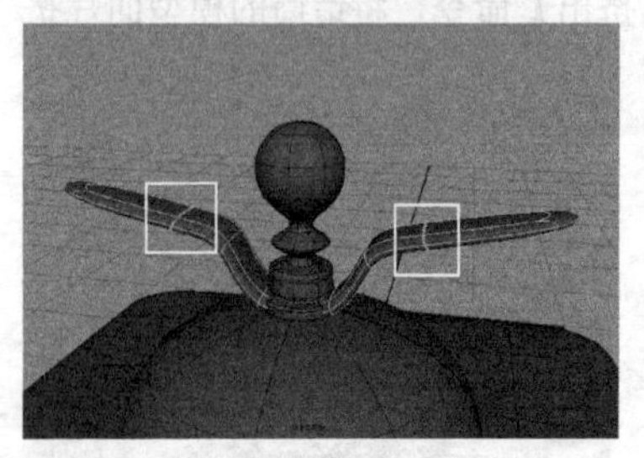

图4-173

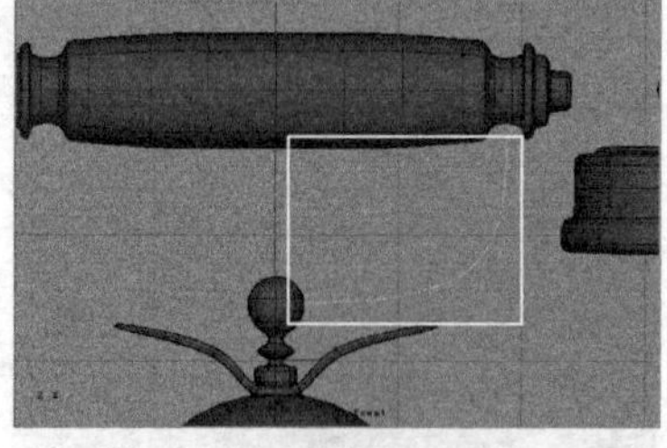

图4-174

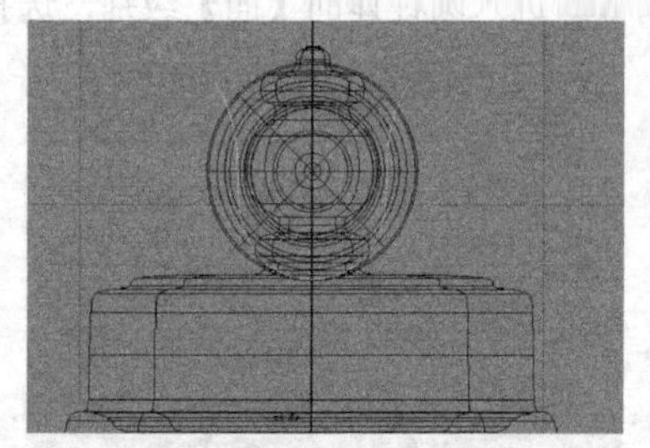

图4-175

09 在透视图中使用【移动工具】调整上一步绘制的两条曲线的位置，使它们对接在一起，如图4-176所示。

10 执行【创建】>【NURBS基本体】>【圆形】命令，在场景中创建一个NURBS圆形，使用【移动工具】将其移动至如图4-177所示的位置。

11 选择NURBS圆形并加选底部的曲线，执行【曲面】>【挤出】命令，效果如图4-178所示。

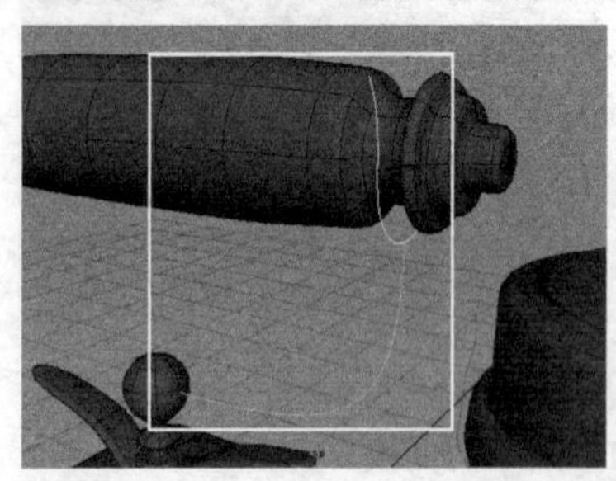

图4-176

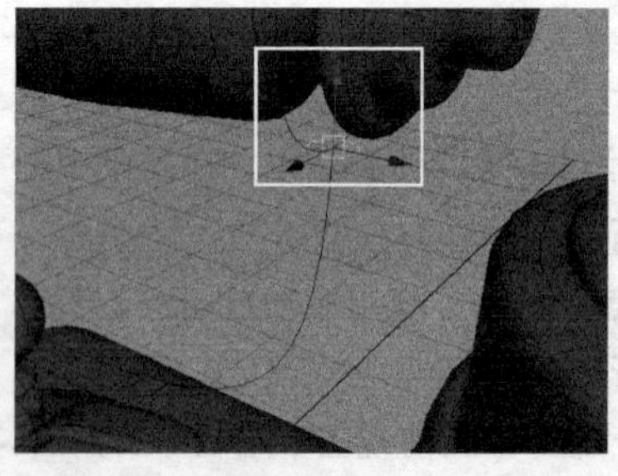

图4-177

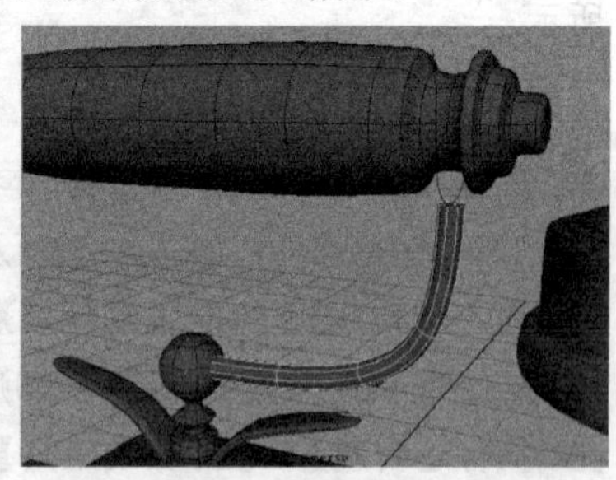

图4-178

12 在场景中创建一个NURBS圆形，并使用【移动工具】将其移动至如图4-179所示的位置，选择NURBS圆形并加选U形曲线，执行【曲面】>【挤出】命令，效果如图4-180所示。

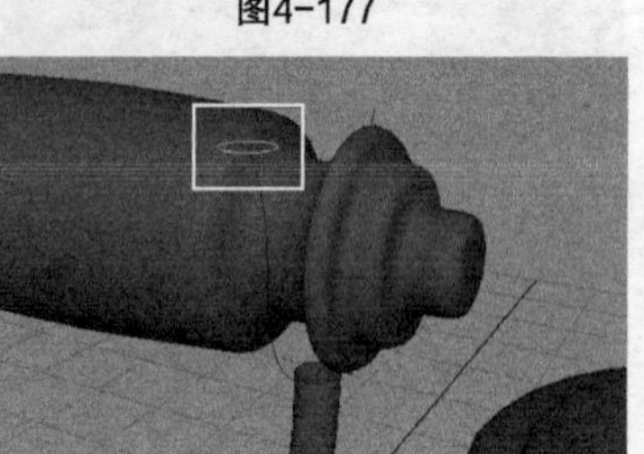

图4-179

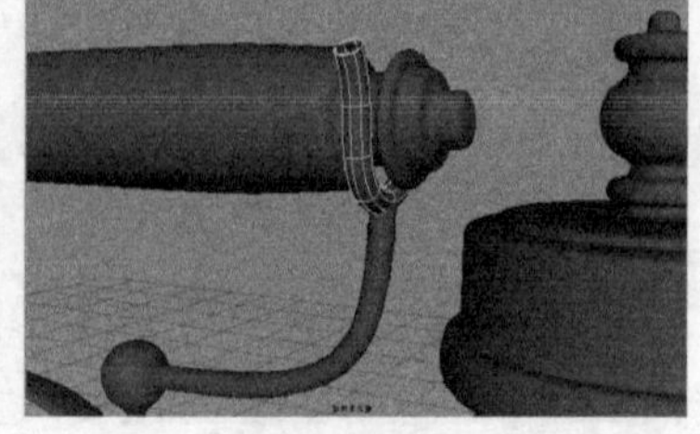

图4-180

13 执行【创建】>【NURBS基本体】>【球体】命令，在场景中创建两个NURBS球体，使用【移动工具】将其分别移动至如图4-181所示的位置，制作出电话支架上的装饰，这样就制作出了半个支架的模型。

14 选择制作完成的半个支架模型，然后按快捷键Ctrl+G创建一个组，使用快捷键Ctrl+D复制出另外半个支架模型，在复制出来的组的【通道盒】中设置【缩放X】为-1。现在古董电话的支架部分就制作完成了，效果如图4-182所示。

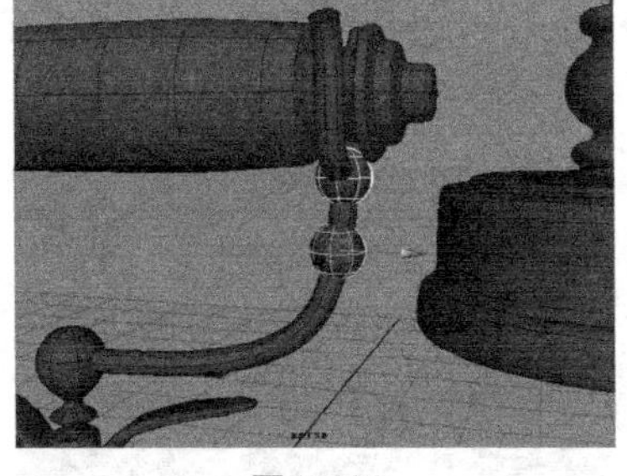

图4-181

图4-182

制作拨号器

01 执行【创建】>【多边形基本体】>【圆柱体】命令，在视图中创建一个圆柱体，如图4-183所示。

02 进入圆柱体模型的【面】级别，选择顶部的面，执行【编辑网格】>【挤出】命令，将面片向内挤出一定的距离，如图4-184所示。

03 继续使用【挤出】命令对圆柱体顶部的面进行多次挤出操作，效果如图4-185所示。

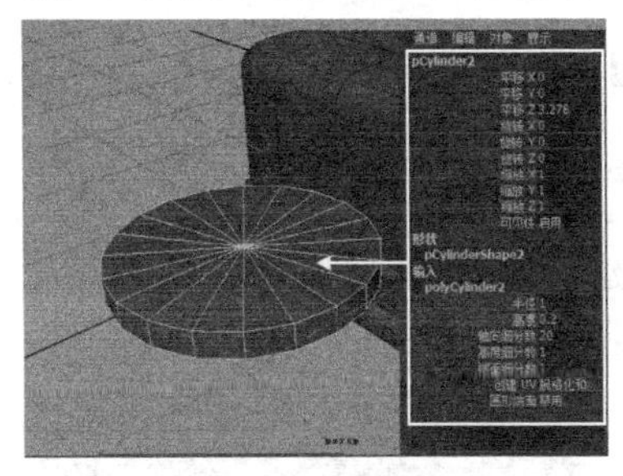

图4-183

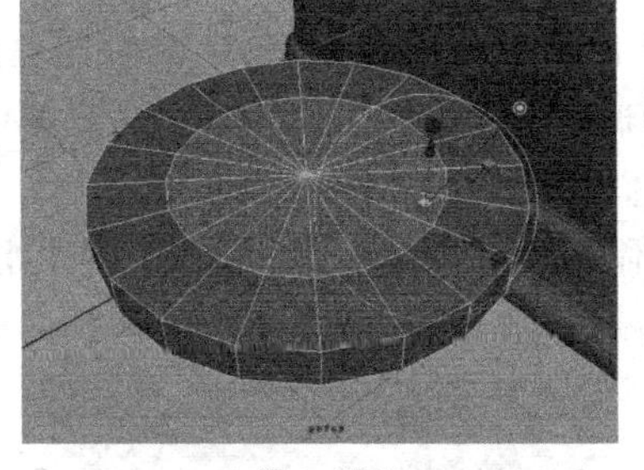

图4-184

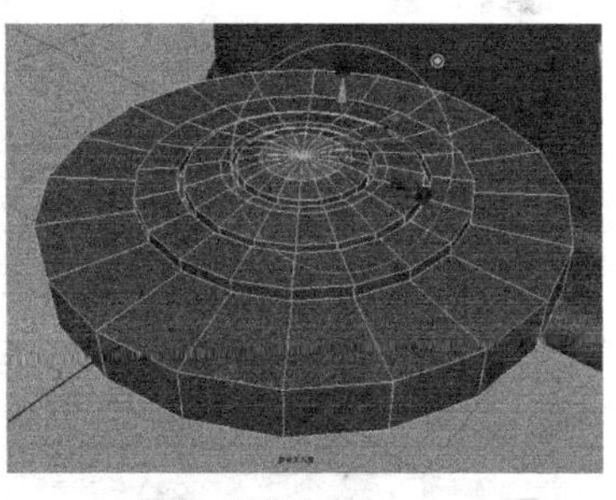

图4-185

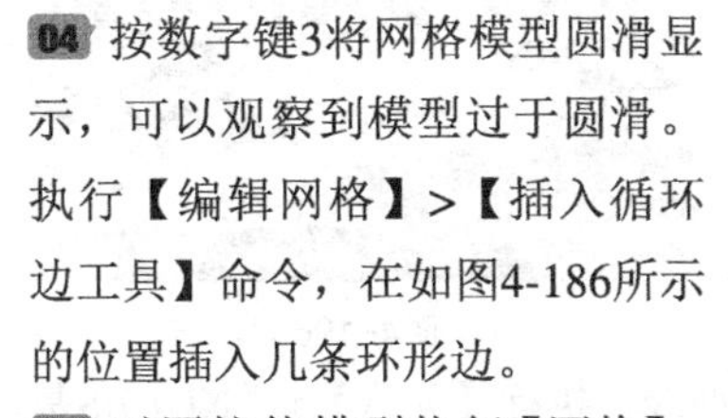

04 按数字键3将网格模型圆滑显示，可以观察到模型过于圆滑。执行【编辑网格】>【插入循环边工具】命令，在如图4-186所示的位置插入几条环形边。

05 对圆柱体模型执行【网格】>【平滑】命令，效果如图4-187所示。

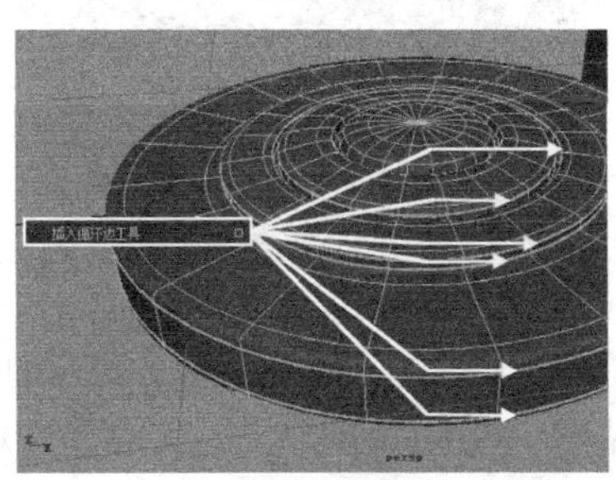

图4-186

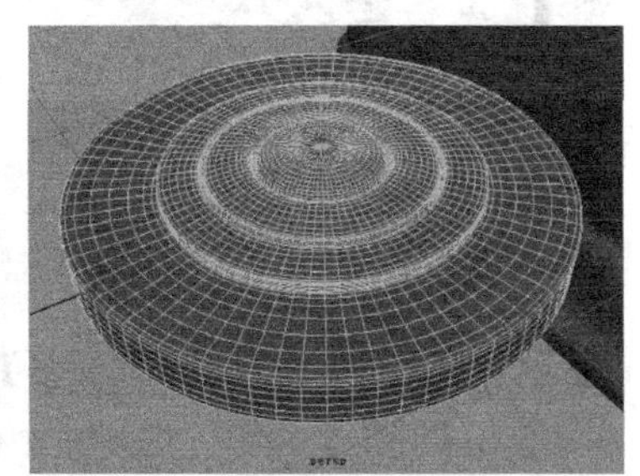

图4-187

06 执行【创建】>【多边形基本体】>【圆柱体】命令，在视图中创建一个圆柱体，如图4-188所示。

07 对上一步创建的圆柱体模型执行【网格】>【平滑】命令，效果如图4-189所示。

08 选择圆柱体模型，然后按快捷键Ctrl+D将其复制10份，并使用【移动工具】分别进行摆放，效果如图4-190所示。

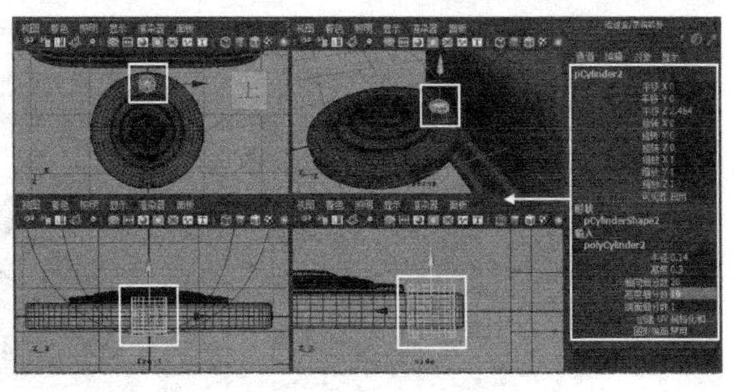

图4-188

09 选择最开始创建的圆柱体和复制出来的圆柱体，执行【网格】>【结合】命令，效果如图4-191所示。

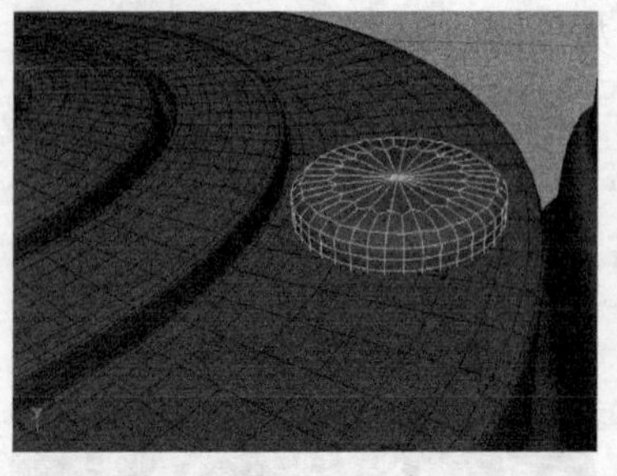

图4-189

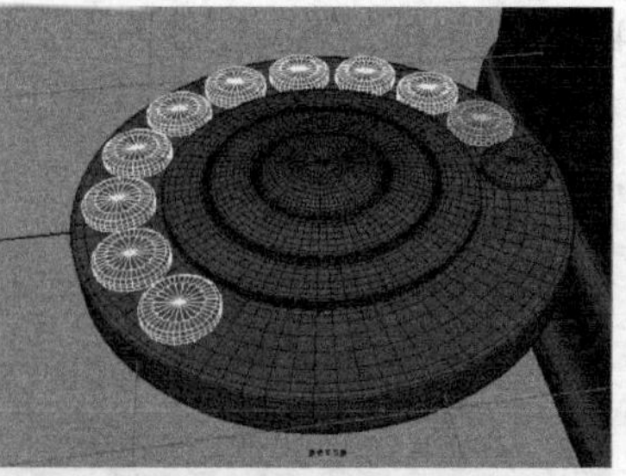
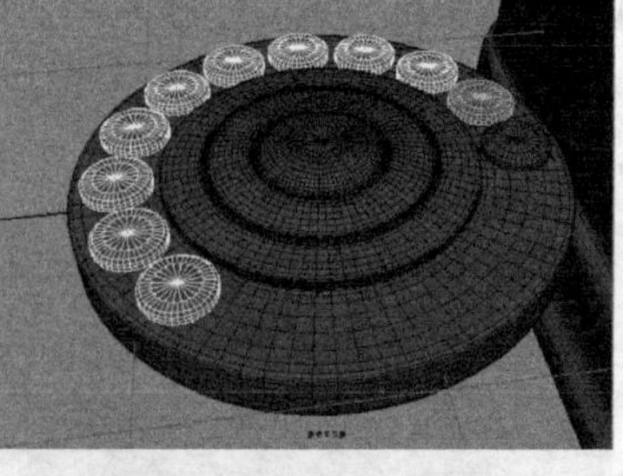

图4-190

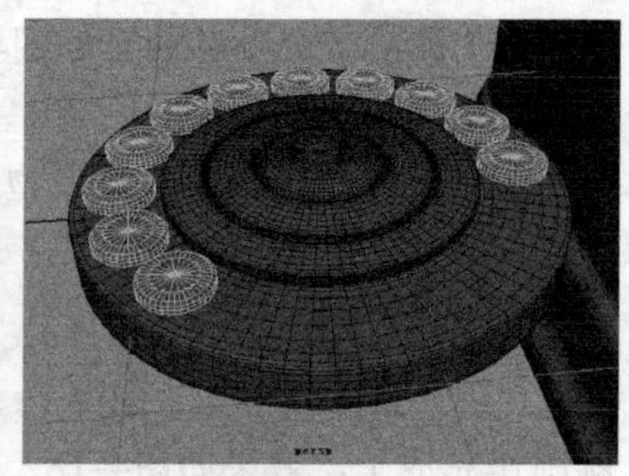

图4-191

10 选择大的圆柱体，加选合并在一起的小圆柱体，执行【网格】>【布尔】>【差集】命令，效果如图4-192所示。

11 使用【移动工具】和【旋转工具】将拨号器的模型摆放到合适的位置，如图4-193所示。

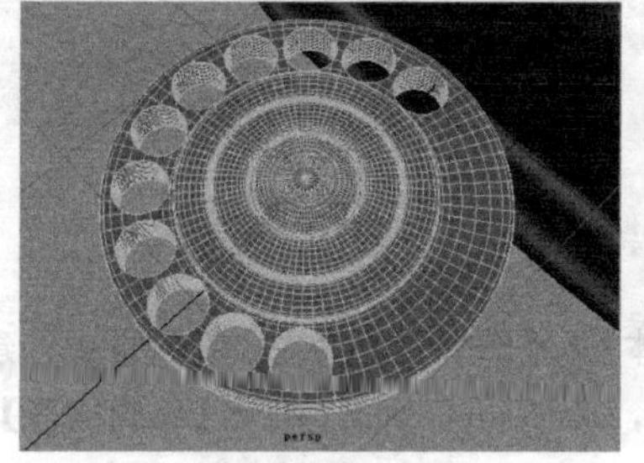

图4-192

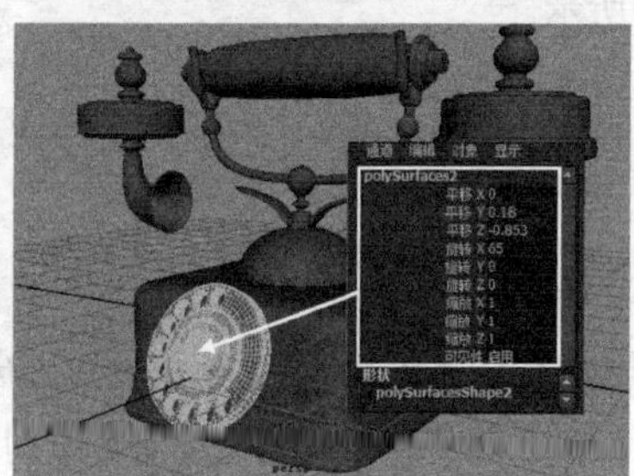

图4-193

最终调整

01 选择场景中所有的模型，执行【编辑】>【按类型删除】>【历史】命令，删除模型的历史记录，接着使用【移动工具】在前视图中调整电话听筒和话筒的位置，如图4-194所示。

02 选择场景中无用的曲线，将它们删除，如图4-195所示。

03 执行【创建】>【NURBS基本体】>【圆柱体】命令，在场景中创建一个圆柱体模型，制作出电话的听筒、手柄和话筒之间的连接结构，如图4-196所示。

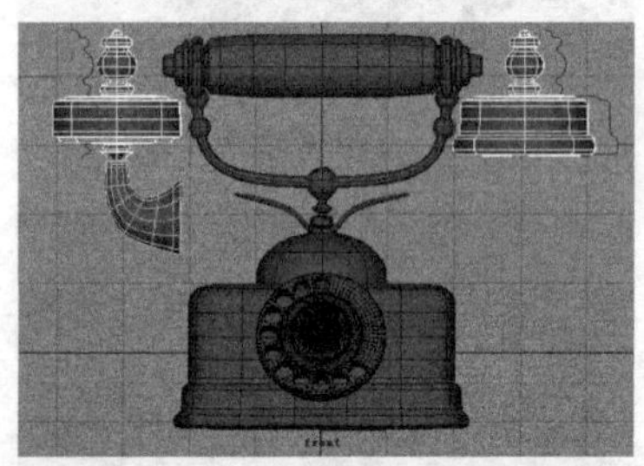

图4-194

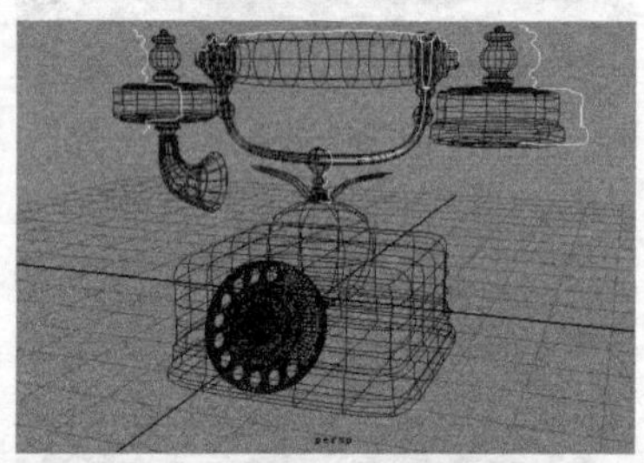

图4-195

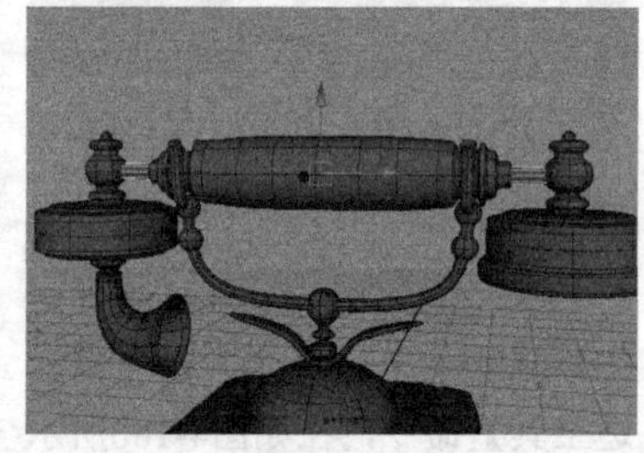

图4-196

04 执行【创建】>【EP曲线工具】命令，绘制一条如图4-197所示的曲线。执行【创建】>【NURBS基本体】>【圆形】命令，在场景中创建一个NURBS圆形，并使用【移动工具】将其移动至曲线的始端，选择NURBS圆形并加选曲线，执行【曲面】>【挤出】命令，制作出电话线的模型。

05 整理场景，古董电话模型的最终效果如图4-198所示。

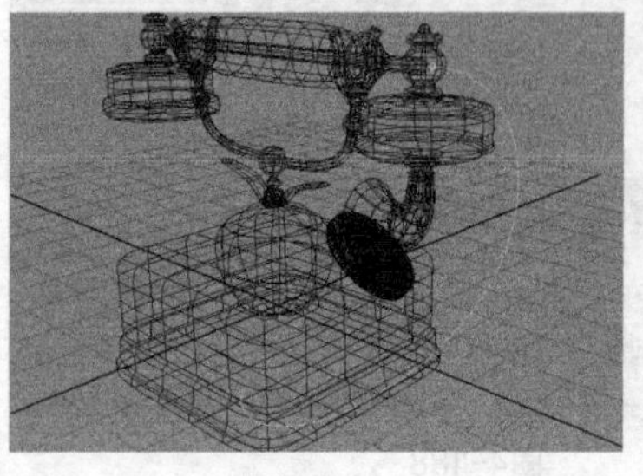

图4-197

图4-198

【案例总结】

本案例是通过制作古董电话，来巩固NURBS建模和多边形建模工具的使用；同时掌握NURBS建模和多边形建模各自的优点，在建模工作中取其长处，达到高效率、高品质的目的。

案例72 琵琶

场景位置	无
案例位置	Example>CH04>D6.mb
视频文件	Media>CH04>6. 琵琶 .mp4
技术掌握	强化运用多边形命令

（扫码观看视频）

【操作思路】

对琵琶模型进行分析，将琵琶分为琴身、琴头、琴枕、琴码、琴弦五部分。用多边形球体概括出琵琶的大形，使用【挤出】命令制作琴头，使用【创建多边形工具】命令制作琴码。

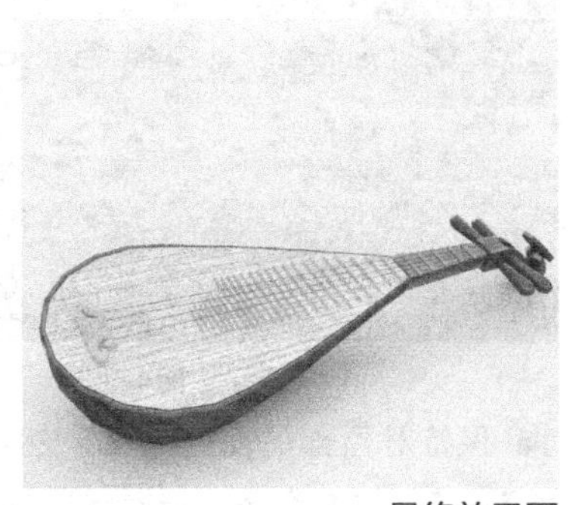
最终效果图

【操作命令】

本例使用了【球体】、【挤出】、【立方体】、【CV曲线工具】、【圆柱体】、【创建多边形工具】、【镜像切割】、【切割面工具】命令。

【操作步骤】

创建琵琶主体

01 执行【创建】>【多边形基本体】>【球体】命令，在视图中创建一个球体，在【通道盒】中进行如图4-199所示的设置，效果如图4-200所示。

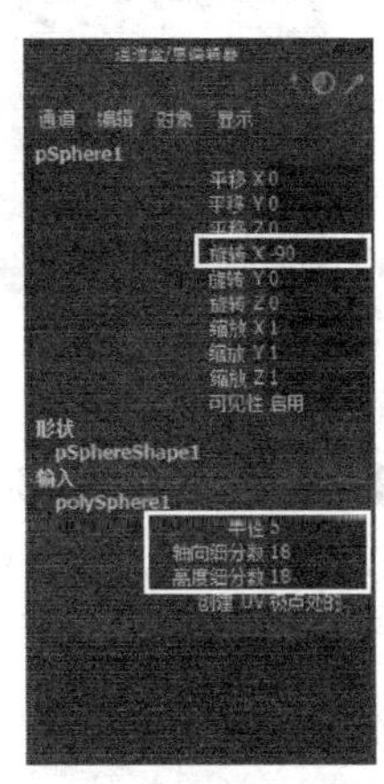

图4-199

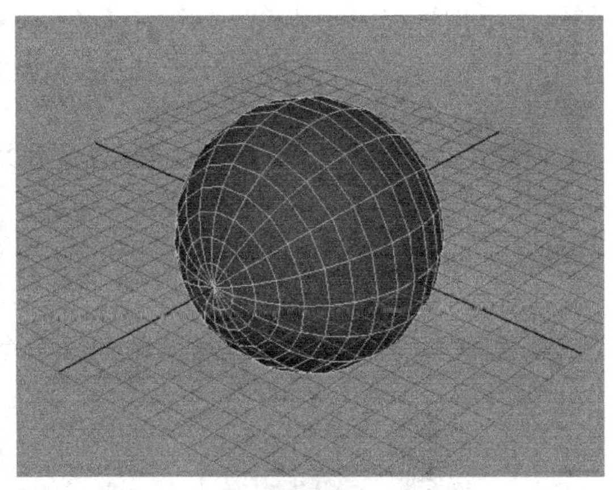
图4-200

02 按F10键进入模型的【边】级别，然后在顶视图中选择球体一半的边线，并将其删除，如图4-201和图4-202所示。

03 按F11键进入模型的【面】级别，然后选择半球体顶部的一个面，如图4-203所示。

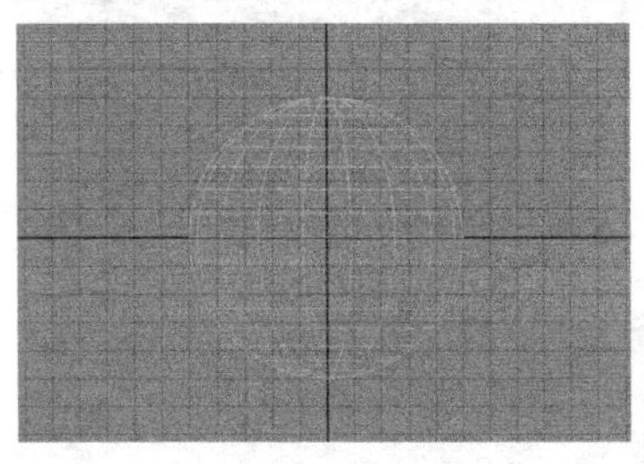
图4-201

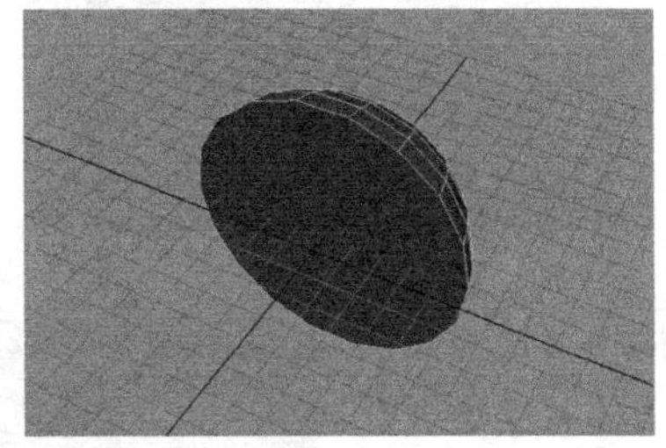
图4-202

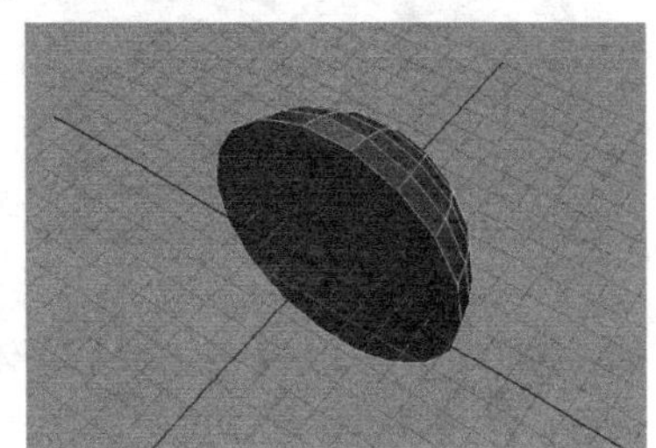
图4-203

04 双击【移动工具】，然后在弹出的【工具设置】面板中选择【软选择】选项，并设置【衰减模式】为【表面】、【衰减半径】为3.79，接着在【衰减曲线】上通过单击鼠标左键增加几个点，最后将【差值】设置为【线性】，如图4-204所示。

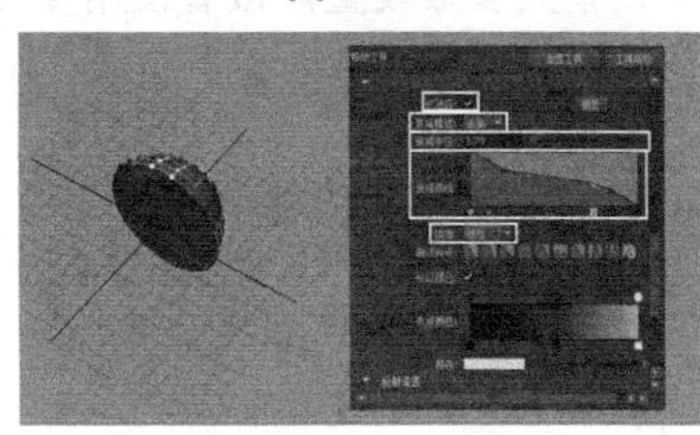
图4-204

05 使用【移动工具】将半球体顶部的面沿y轴进行移动，如图4-205所示，结果如图4-206所示。

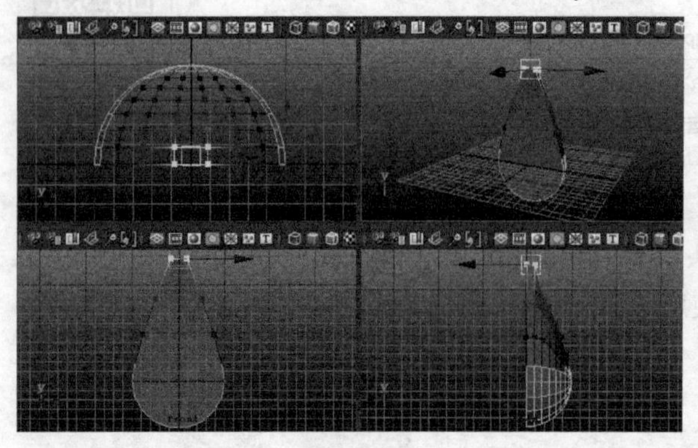

图4-205

图4-206

06 保持对顶部的面的选择，然后执行【编辑网格】>【挤出】命令，接着将选择的面挤出成如图4-207所示的效果。

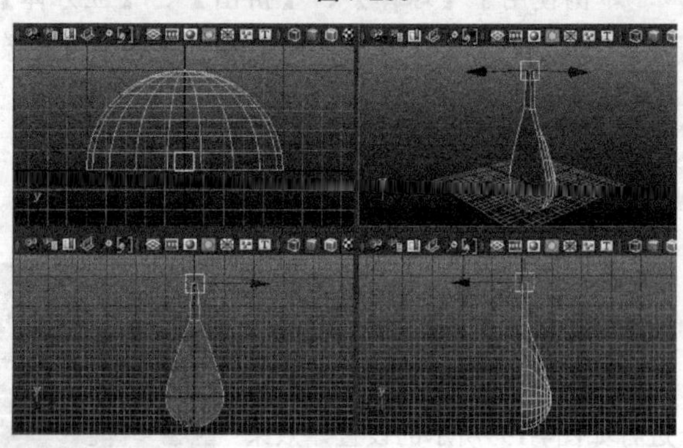

图4-207

制作琵琶琴头

01 执行【创建】>【多边形基本体】>【立方体】命令，在场景中创建一个立方体，在【通道盒】中调整其参数，如图4-208所示。

02 将视图切换到右视图，执行【创建】>【CV曲线工具】命令，接着绘制一条如图4-209所示的曲线。

03 选择之前创建的立方体模型，按F11键进入其【面】级别，选择顶部两侧的面，按住Shift键加选上一步绘制的曲线，执行【编辑网格】>【挤出】命令，并在【通道盒】中设置【分段】为18、【锥化】为0.4，如图4-210所示。

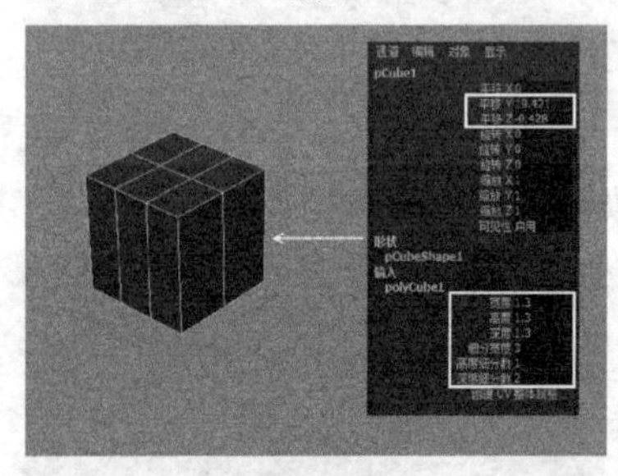

图4-208

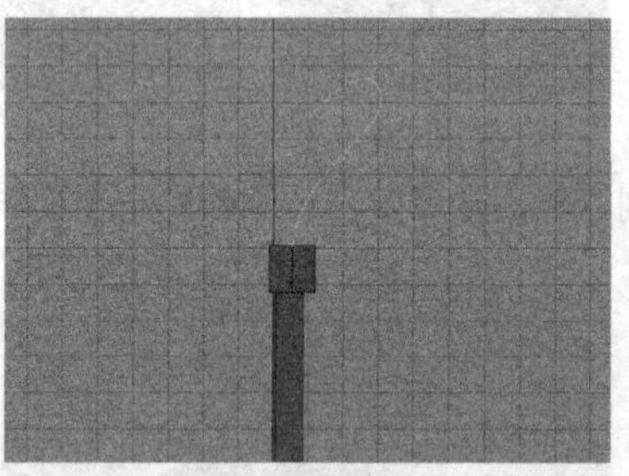

图4-209

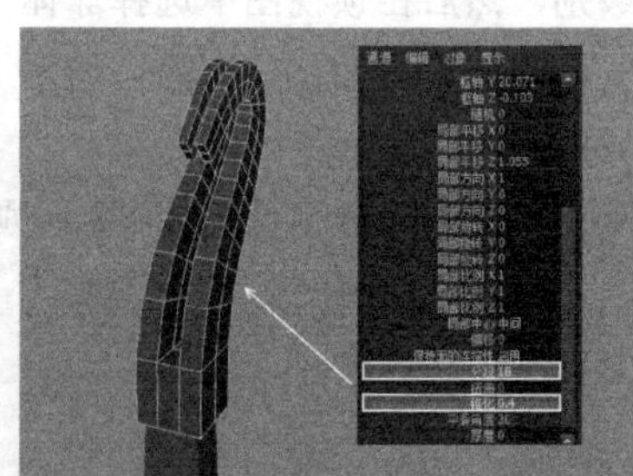

图4-210

04 执行【创建】>【多边形基本体】>【圆柱体】命令，在场景中创建一个圆柱体，并在【通道盒】中调整其参数设置，接着使用【移动工具】将圆柱体移动到合适的位置，如图4-211所示。

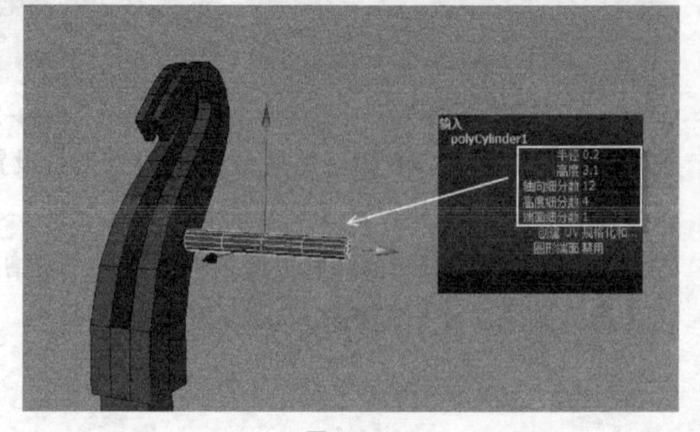

图4-211

05 按F9键进入圆柱体的【顶点】级别，框选环形的段数点，并进行合理的缩放，做出琵琶的卷弦器，如图4-212所示。

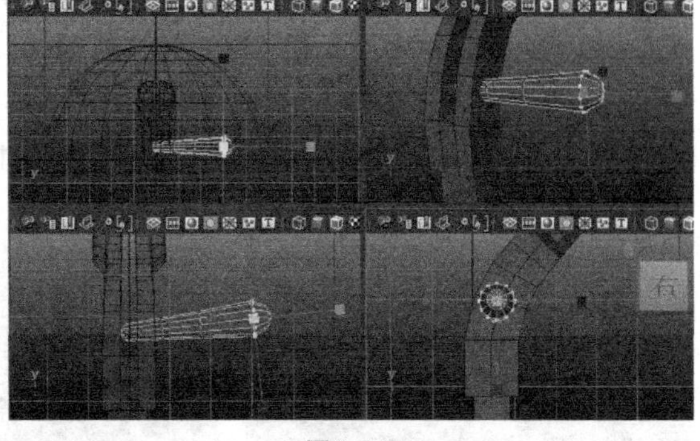

图4-212

06 选择卷弦器模型，执行【编辑】>【复制】命令，复制出几个卷弦器，使用【移动工具】和【旋转工具】进行位置和方向上的调整，如图4-213所示。

07 选择琵琶琴头两侧的几个面，执行【编辑网格】>【挤出】命令，并通过控制手柄将多边形调整成如图4-214所示的效果。

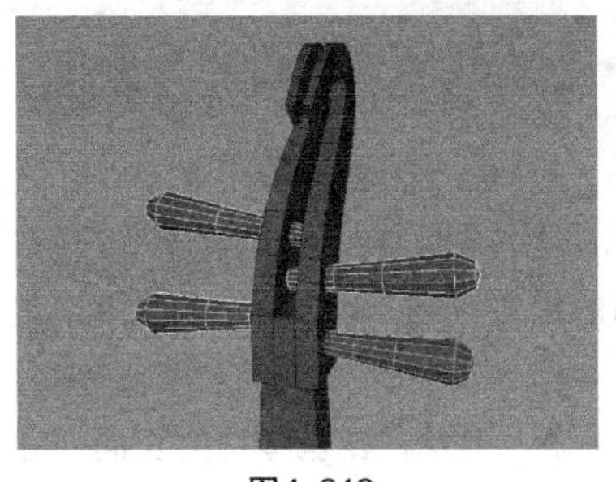

图4-213

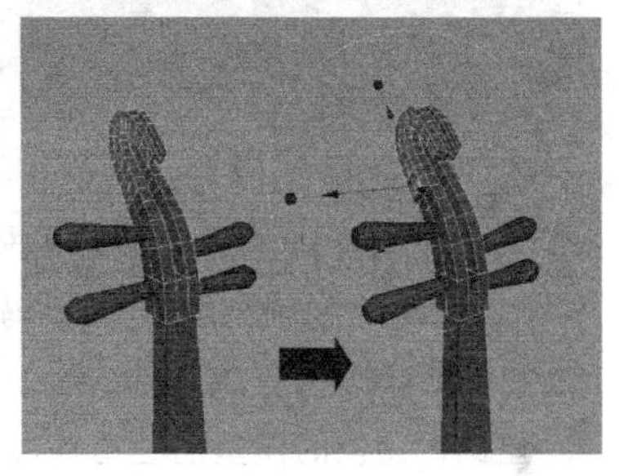

图4-214

制作琵琶配件

01 执行【创建】>【多边形基本体】>【圆柱体】命令，在场景中再次创建一个圆柱体，在【通道盒】中调整相应的参数设置，接着使用【移动工具】将调整好的圆柱体移动到合适的位置，如图4-215所示。

02 选择圆柱体前面的面，执行【编辑网格】>【挤出】命令，通过控制手柄将挤出的多边形调整成如图4-216所示的效果。

03 重复几次【挤出】的操作，将该物体调整出【阶梯】的感觉，使得层次更加丰富，如图4-217所示。

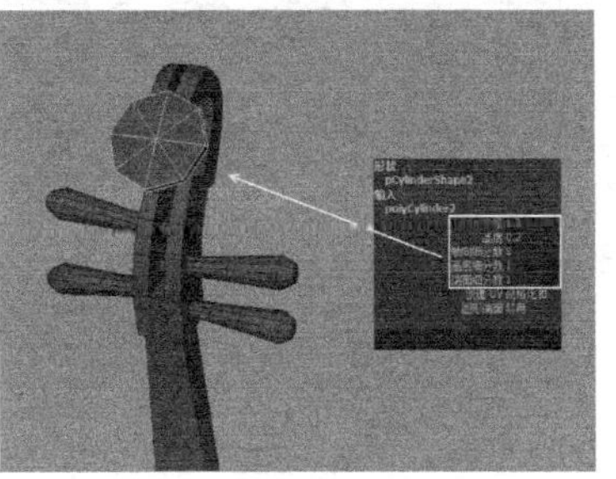

图4-215

图4-216

04 执行【创建】>【多边形基本体】>【圆柱体】命令，在场景中再次创建一个圆柱体，并在【通道盒】中调整其参数设置，制作出琵琶琴枕的模型，接着使用【移动工具】将其移动到合适的位置，如图4-218所示。

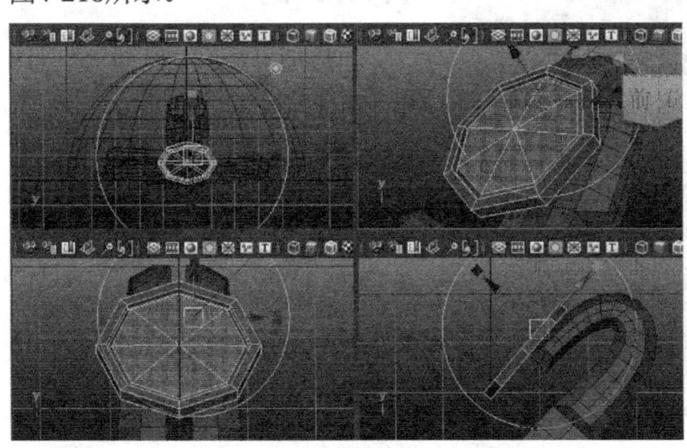

图4-217

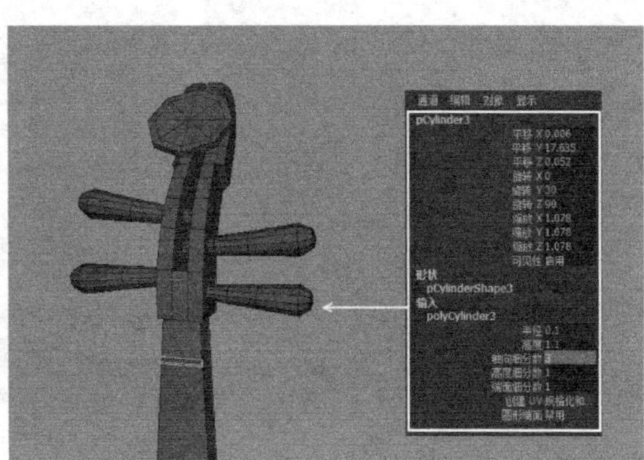

图4-218

05 选择琵琶琴枕的模型，执行【编辑】>【复制】命令，复制出几个琴枕模型，使用【缩放工具】将复制的模型沿x轴进行缩放，制作出长度不一的琵琶琴枕，如图4-219所示。

06 执行【网格】>【创建多边形工具】命令，在前视图中绘制出琵琶琴码的多边形轮廓，当绘制完成后按Enter键结束命令，如图4-220所示。

07 此时琵琶琴码还只是一个面片，按F10键进入其【面】级别，选择该面，执行【编辑网格】>【挤出】命令，通过控制手柄将多边形调整成如图4-221所示的效果。

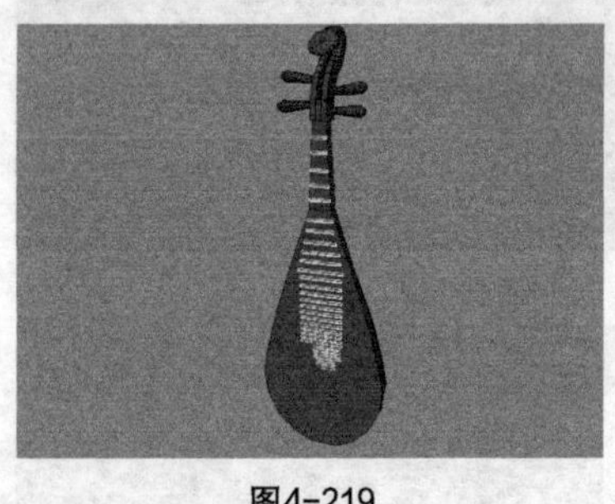
图4-219

图4-220

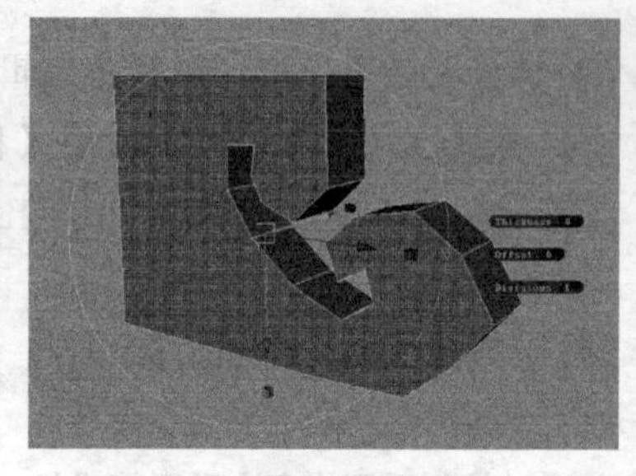
图4-221

08 选择琵琶琴码模型，执行【网格】>【镜像切割】命令，并将控制手柄移动到接近中心的位置，这样就对称地复制出了琵琶琴码的另外一半，并且已经与原来的一半很好地焊接在一起了，如图4-222所示。

09 至此，琵琶的模型已经初具形态了，但是在琵琶琴身的正面还存在一个很大的多边面。执行【编辑网格】>【切割面工具】命令，将这个多边面划分为几个四边面，如图4-223所示。

10 对琵琶琴码的模型也进行同样的操作，如图4-224所示。

图4-222

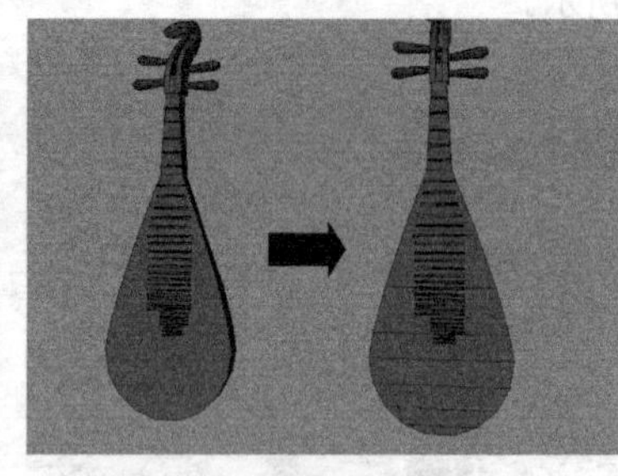
图4-223

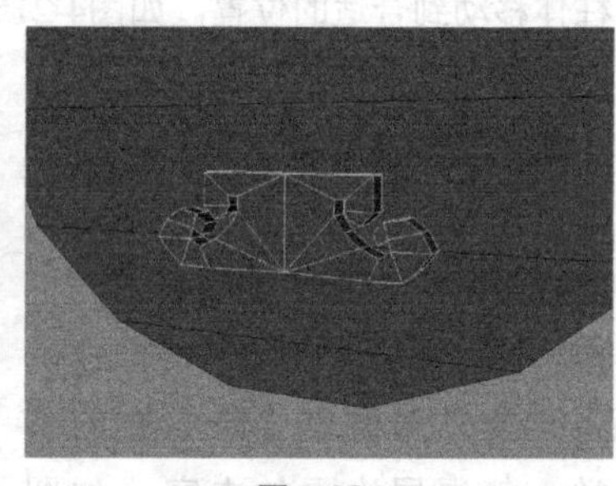
图4-224

11 执行【创建】>【多边形基本体】>【圆柱体】命令，创建一个圆柱体作为琵琶的琴弦，在【通道盒】中调整其参数设置，并使用【移动工具】将其移动到合适的位置，如图4-225所示。

12 选择调整好的琴弦模型，复制出3个模型，调整其位置，最终效果如图4-226所示。

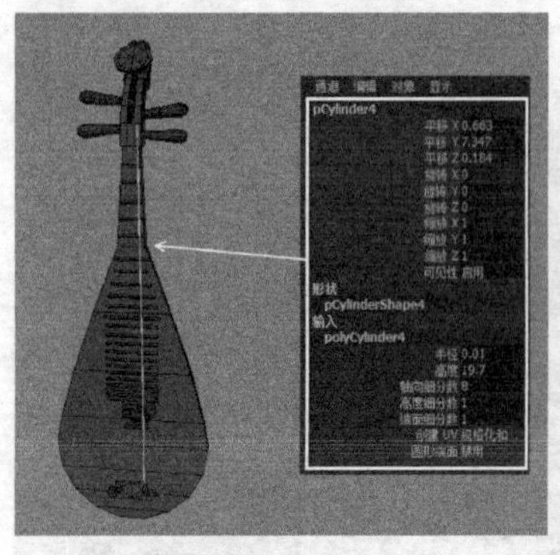

图4-225

图4-226

【案例总结】

本案例是通过制作琵琶模型，来熟练掌握多边形建模的技巧。在制作过程中，较多地使用到【软选择】功能、【线性挤出工具】命令，还有一些多边形操作命令，可强化建模技巧，拓展制作思路。

第 05 章

灯光技术

现实世界中，我们之所以能看见五彩缤纷的事物，是因为光传播时发生的一系列物理现象。在三维世界里，同样需要光来照亮虚拟世界，这样才能“看见”它。Maya自带了六种灯光，用来模拟现实世界中不同的灯光效果，通过这六种灯光的照明可以让作品表达出理想的情感和氛围效果。本章将介绍Maya 2014的灯光技术，包含如何创建与操作灯光、灯光的类型与作用、灯光的属性等。在制作过程中，根据每种灯光的特点和作用，来搭建照明场景，提升作品的效果。

本章学习要点

掌握如何创建和操作灯光
掌握灯光的类型
掌握灯光参数的设置方法
掌握阴影的设置方法
掌握灯光特效的设置方法

案例73
创建和编辑 Maya 灯光

场景位置	无
案例位置	无
视频位置	Media>CH05>1. 创建和编辑 Maya 灯光 .mp4
学习目标	学习如何创建和编辑灯光

（扫码观看视频）

【操作命令】

本例的操作命令是【创建】>【灯光】菜单下的各个命令，如图5-1所示。

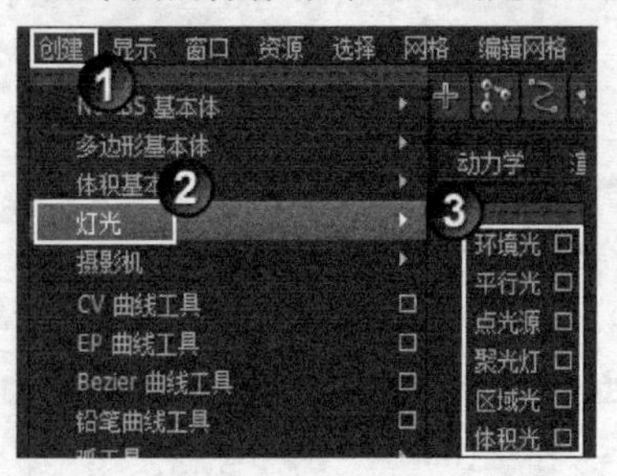

图5-1

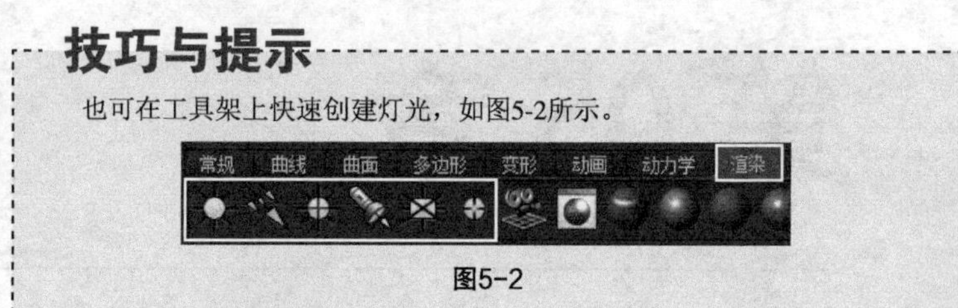

技巧与提示

也可在工具架上快速创建灯光，如图5-2所示。

图5-2

【操作步骤】

01 执行【创建】>【灯光】>【平行光】命令，选择创建的平行光，并对其进行移动、旋转和缩放操作，如图5-3所示。

02 执行【创建】>【灯光】>【聚光灯】命令，选择创建的聚光灯，按T键打开灯光的目标点和发光点的控制手柄，拖动控制手柄改变聚光灯的方向，如图5-4所示。

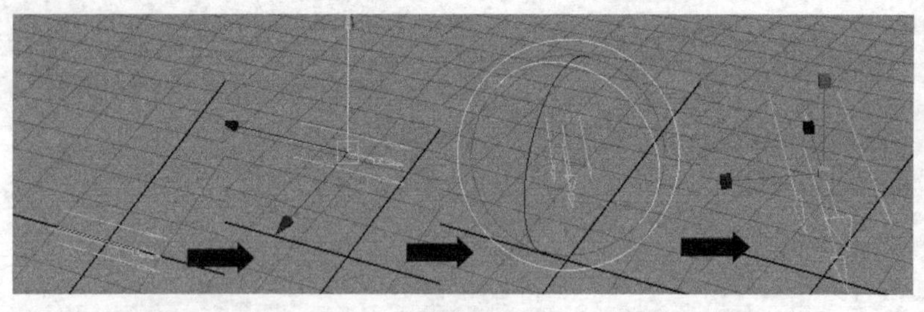

图5-3

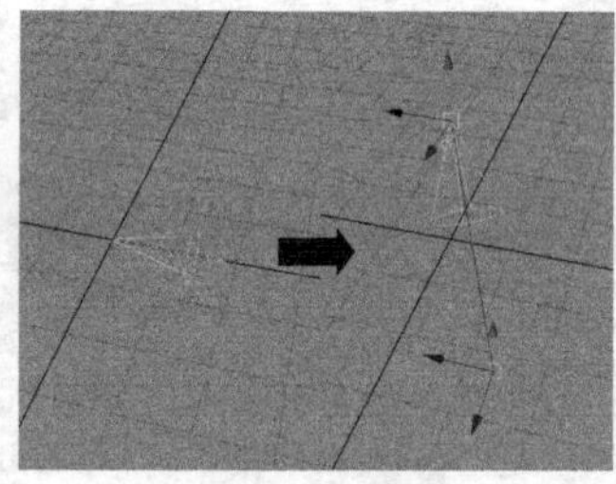

图5-4

03 执行【创建】>【灯光】>【区域光】命令，选择创建的区域光，在视图窗口中执行【面板】>【沿选定对象观看】命令。这时摄像机就切换到灯光的视角（视图），对灯光视角进行平移、旋转和缩放操作，可以在透视图看到区域光发生了相应的变化，如图5-5所示。

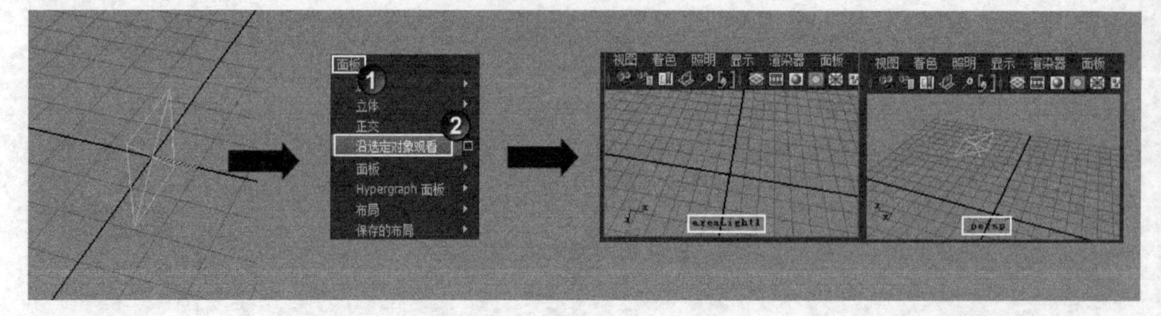

图5-5

【案例总结】

本案例是通过创建和编辑灯光，来掌握Maya的灯光是如何操作的。案例介绍了3种灯光操作的方式，在实际工作中都是常用的方法，应多加练习。

案例74
环境光：机器人

场景位置	Scene>CH05>E1.mb
案例位置	Example>CH05>E1.mb
视频位置	Media>CH05>2. 环境光：机器人 .mp4
学习目标	学习如何创建和操作环境光

（扫码观看视频）

【操作思路】

对机器人效果进行分析，灯光均匀地从一点发射出来，使用环境光照射模型。

最终效果图

【操作命令】

本例的操作命令是【创建】>【灯光】>【环境光】命令，如图5-6所示。

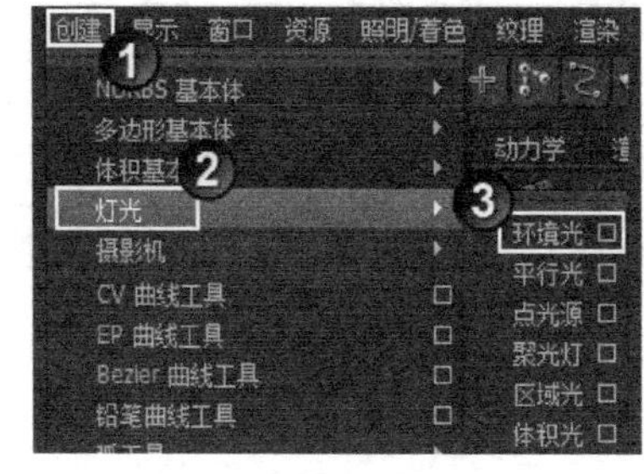

图5-6

【操作步骤】

01 打开场景“Scenes>CH05>E1.mb”，如图5-7所示。

02 创建环境光，设置坐标为【平移 X】为30、【平移Y】为20、【平移 Z】为15，如图5-8所示。

03 按快捷键Ctrl+A打开【属性编辑器】面板，在【环境光属性】卷展栏下找到【颜色】属性，单击后面的色块，然后在弹出来的颜色板中设置参数，如图5-9所示。

图5-7

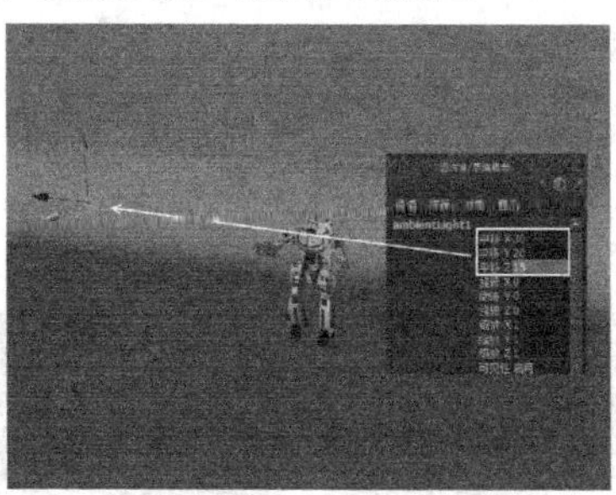
图5-8

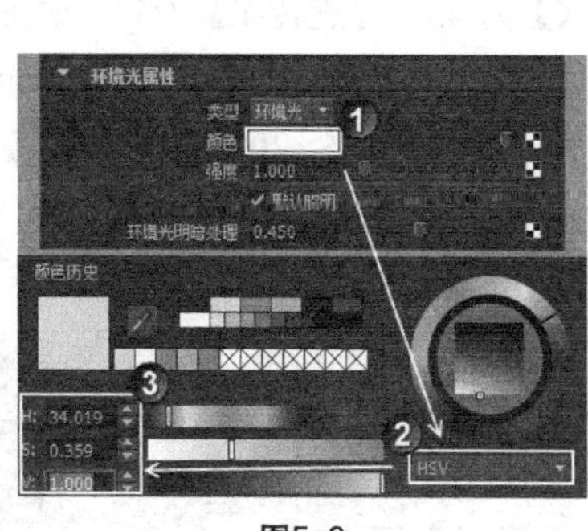

图5-9

04 调整视角，移至机器人的45度角，如图5-10所示。

05 单击状态行的【渲染当前帧】按钮，如图5-11所示。此时会弹出【渲染视图】窗口，并渲染当前场景，效果如图5-12所示。

图5-10

图5-11

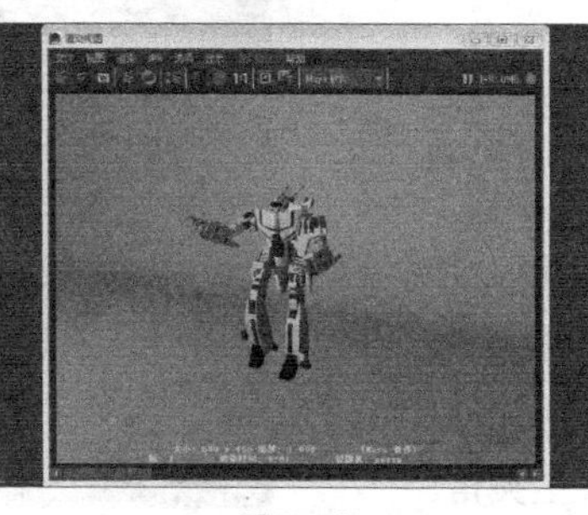
图5-12

【案例总结】

本案例是通过制作一个环境光，来掌握如何创建和操作环境光。环境光发出的光线能够均匀地照射场景中所有的物体，可以模拟现实生活中物体受周围环境照射的效果，类似于漫反射光照。

案例75 平行光：盆景

场景位置	Scene>CH05>E2.mb
案例位置	Example>CH05>E2.mb
视频位置	Media>CH05>3. 平行光：盆景 .mp4
学习目标	学习如何创建和操作平行光

（扫码观看视频）

【操作思路】

对红盆景效果进行分析，灯光均匀地照亮整个场景，盆景的阴影投射到地面上，可使用平行光照射模型。

最终效果图

【操作命令】

本例使用【创建】>【灯光】>【平行光】命令，如图5-13所示。

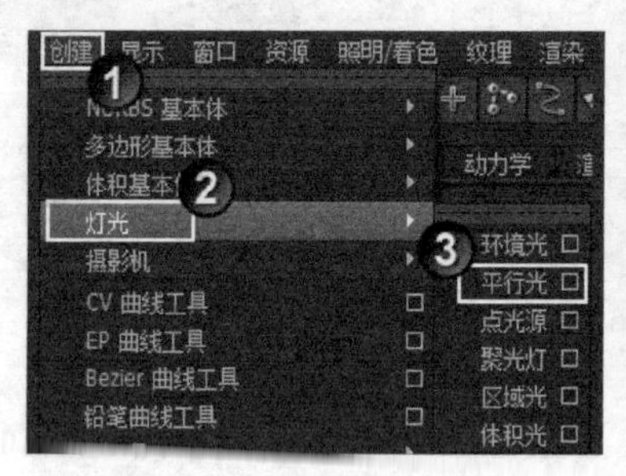

图5-13

【操作步骤】

01 打开场景“Scene>CH05>E2.mb”，如图5-14所示。

图5-14

02 执行【创建】>【灯光】>【平行光】命令，创建一盏平行光，在【通道盒】中设置参数【平移 Y】为2.5、【平移 Z】为8、【旋转 X】为-45、【旋转 Y】为50，如图5-15所示。

03 按快捷键Ctrl+A打开【属性编辑器】面板，设置灯光的【颜色】为（H:180，S:.204，B:1）、【强度】为1.5，然后展开【深度贴图阴影属性】复卷展栏，再勾选【使用深度贴图阴影】选项，设置【分辨率】为2048，如图5-16所示。

图5-15

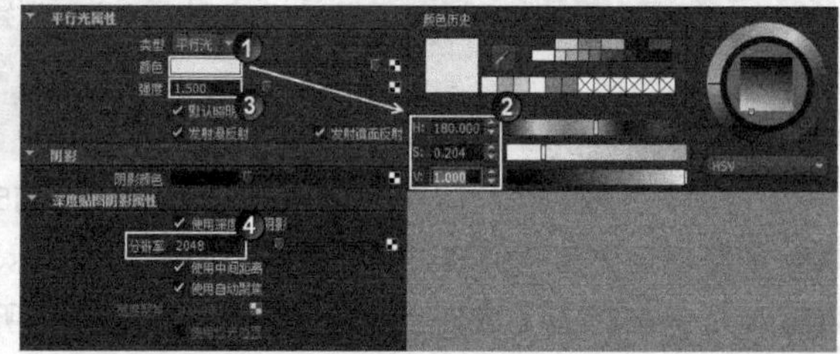

图5-16

04 单击【渲染当前帧】按钮，渲染当前场景，如图5-17所示。

图5-17

【案例总结】

本案例是通过制作盆景的照明效果，来掌握如何创建和操作平行光。平行光的照明效果只与灯光的方向有关，与其位置没有任何关系。就像太阳光一样，其光线是相互平行的，不会产生夹角。

场景位置	无
案例位置	Example>CH05>E3.mb
视频位置	Media>CH05>4. 点光源：镜头光斑 .mp4
学习目标	学习如何使用点光源制作光斑效果

案例76 点光源：镜头光斑

（扫码观看视频）

【操作思路】

对镜头光斑效果进行分析，当镜头中有光源时会出现光斑和光晕，可使用点光源来制作光斑效果。

【操作命令】

本例使用【创建】>【灯光】>【点光源】命令，如图5-18所示。

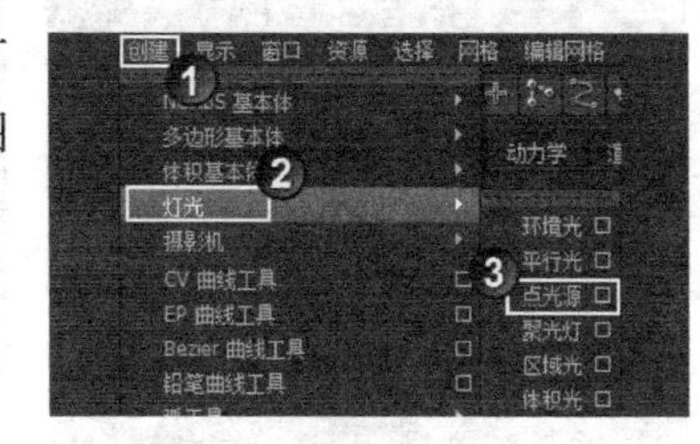
图5-18

最终效果图

【操作步骤】

01 新建场景，执行【创建】>【灯光】>【点光源】命令，在场景中创建一盏点光源，如图5-19所示。

02 按快捷键Ctrl+A打开【属性编辑器】面板，然后在【灯光效果】卷展栏下单击【灯光辉光】选项后面的按钮，创建一个opticalFX1辉光节点，如图5-20所示。此时在场景中可以观察到灯光多了一个球形外框，如图5-21所示。

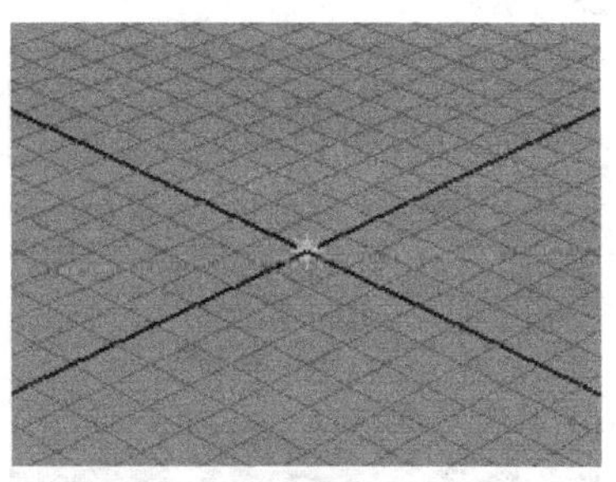
图5-19

图5-20

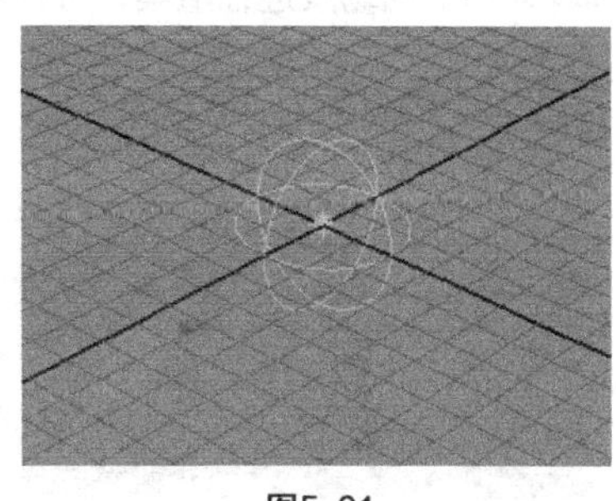
图5-21

03 单击【渲染当前帧】按钮，渲染当前场景，如图5-22所示。

04 设置辉光节点的属性，参数如图5-23所示。

05 单击【渲染当前帧】按钮，渲染当前场景，如图5-24所示。

图5-22

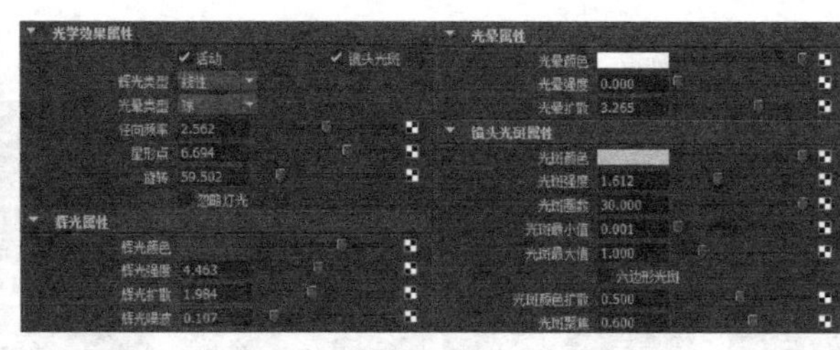
图5-23

图5-24

【案例总结】

本案例是通过制作镜头光斑效果，来掌握如何创建和操作点光源。点光源就像一个灯泡，从一个点向外均匀地发射光线，所以产生的阴影是发散状的。

案例77 聚光灯：光栅效果

场景位置	Scene>CH05>E3.mb
案例位置	Example>CH05>E4.mb
视频位置	Media>CH05>5. 聚光灯：光栅效果 .mp4
学习目标	学习如何制作光栅效果

（扫码观看视频）

【操作思路】

对光栅效果进行分析，光圈边缘部分被遮挡，可在聚光灯下的【挡光板】选项制作光栅效果。

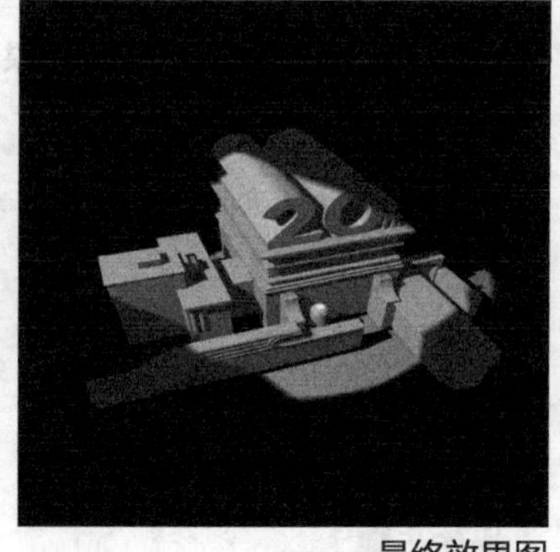
最终效果图

【操作命令】

本例使用【创建】>【灯光】>【聚光灯】命令，如图5-25所示。

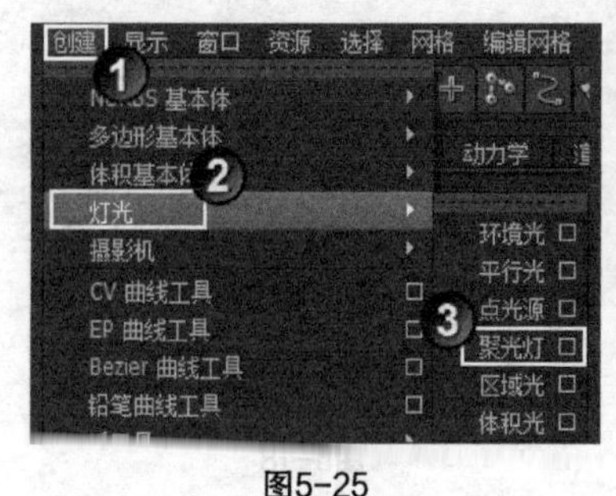

图5-25

【操作步骤】

01 打开场景“Scene>CH05>E3.mb”，如图5-26所示。

02 执行【创建】>【灯光】>【聚光灯】命令， 选择聚光灯，在视图中执行【面板】>【沿选定对象观看】命令进入摄影机视角，选择一个角度，如图5-27所示。

03 对当前的场景进行渲染，可以观察到并没有产生光栅效果，如图5-28所示。

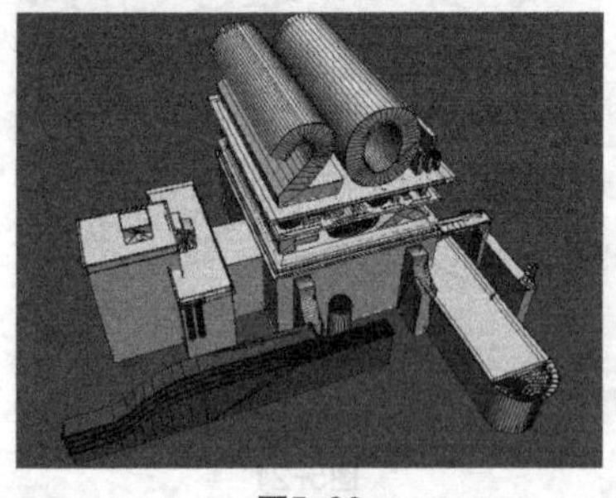
图5-26

图5-27

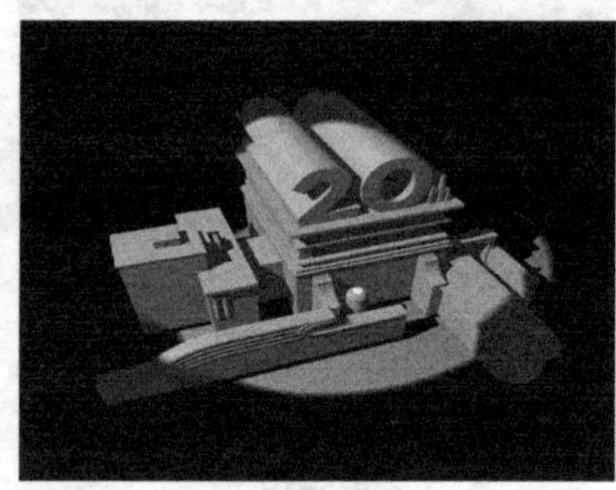
图5-28

04 打开聚光灯的【属性编辑器】面板，然后在【灯光效果】卷展栏下勾选【挡光板】选项，这样就开启了光栅功能，接着调节好挡光板的各项参数，如图5-29所示。

05 选择聚光灯，按T键会出现4条直线，可以使用鼠标左键拖曳这4条直线，以改变光栅的形状，如图5-30所示。

06 光栅形状调节完成后，渲染当前场景，最终效果如图5-31所示。

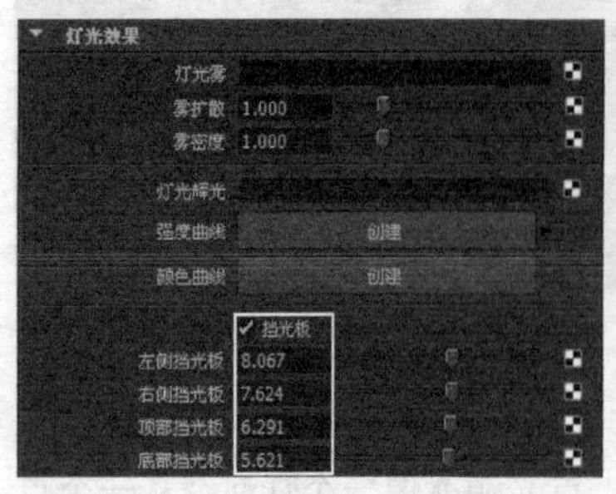

图5-29

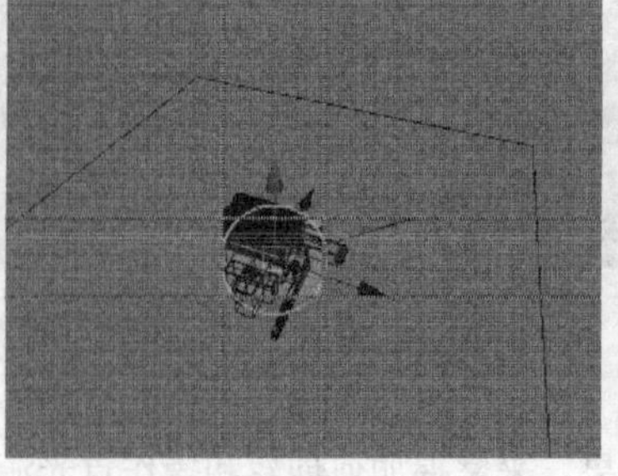
图5-30

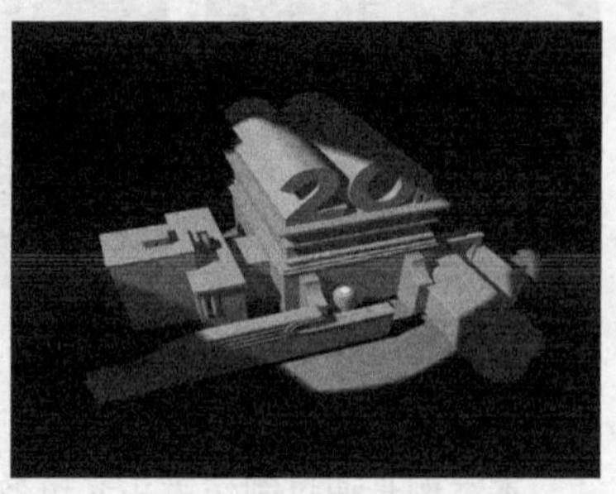
图5-31

技巧与提示

【挡光板】选项下的4个参数分别用来控制灯光在左、右、顶、底4个方向上的光栅位置，可以调节数值让光栅发生相应的变化。

【案例总结】

本案例是通过制作光栅效果，来掌握如何创建和操作聚光灯。聚光灯是一种非常重要的灯光，具有明显的光照范围，类似于手电筒的照明效果。它在三维空间中形成一个圆锥形的照射范围，突出场景中的重点，在实际工作中经常被使用到。

案例78 区域光：水果静物

场景位置	Scene>CH05>E4.mb
案例位置	Example>CH05>E5.mb
视频位置	Media>CH05>6. 区域光：水果静物 .mp4
学习目标	学习如何使用区域光

（扫码观看视频）

【操作思路】

对水果静物场景进行分析，光源来自场景的右侧，是一个具有一定面积的光源，使用【区域光】命令为场景照明。

【操作命令】

本例使用【创建】>【灯光】>【区域光】命令，如图5-32所示。

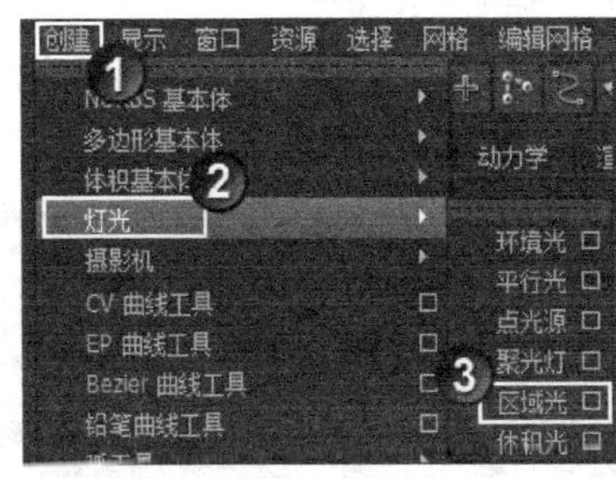

图5-32

最终效果图

【操作步骤】

01 打开场景“Scene>CH05>E4.mb”，，如图5-33所示。

02 执行【创建】>【灯光】>【区域光】命令，设置【平移X】为18.981、【平移 Y】为5.337、【平移Z】为1.391、【旋转 X】为-15.682、【旋转 Y】为86.842、【缩放 X/Y/Z】为2，如图5-34所示。

03 选择区域光，打开其【属性编辑器】面板，设置【强度】为1.5，如图5-35所示。

图5-33

图5-34

图5-35

04 调整视图角度，渲染当前场景，最终效果如图5-36所示。

图5-36

【案例总结】

本案例是通过制作水果静物照明，来掌握如何创建和操作区域光。区域光与其他灯光有很大的区别，比如聚光灯或点光源的发光点都只有一个，而区域光的发光点是一个区域，可以产生很真实的柔和阴影。

案例79 体积光：橡树

场景位置	Scene>CH05>E5.mb
案例位置	Example>CH05>E6.mb
视频位置	Media>CH05>7. 体积光：橡树 .mp4
学习目标	学习如何使用体积光

（扫码观看视频）

【操作思路】

对橡树场景进行分析，灯光的照射范围很小，而且光线衰减得很强，可使用【体积光】为场景照明。

最终效果图

【操作命令】

本例的操作命令是【创建】>【灯光】>【体积光】命令，如图5-37所示。

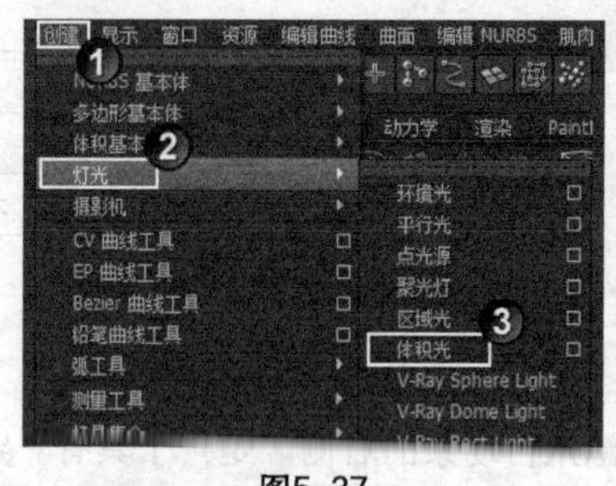

图5-37

【操作步骤】

01 打开场景“Scene>CH05>E5.mb”，如图5-38所示。

02 执行【创建】>【灯光】>【体积光】命令，选择体积光设置【平移X】为20、【平移 Y】为30、【缩放 X/Y/Z】为60，如图5-39所示。

图5-38

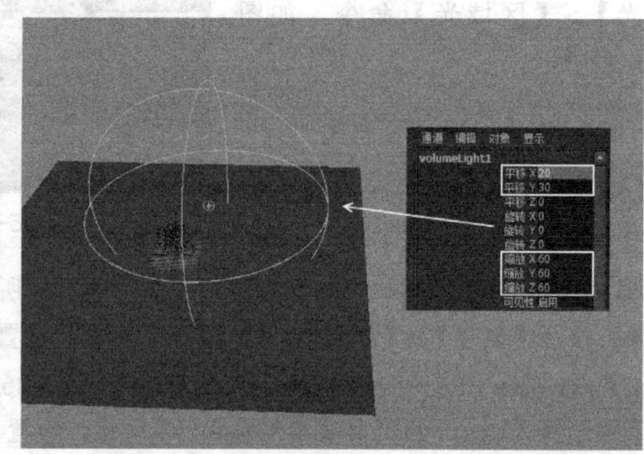

图5-39

03 打开体积光的【属性编辑器】面板，设置【颜色】为（H:180，S:0.078，V:1）、【强度】为5，如图5-40所示。

04 单击【显示渲染设置】按钮，打开【渲染设置】窗口，设置【使用以下渲染器渲染】选项为mental ray，如图5-41所示。

05 调整视图角度，渲染当前场景，效果如图5-42所示。

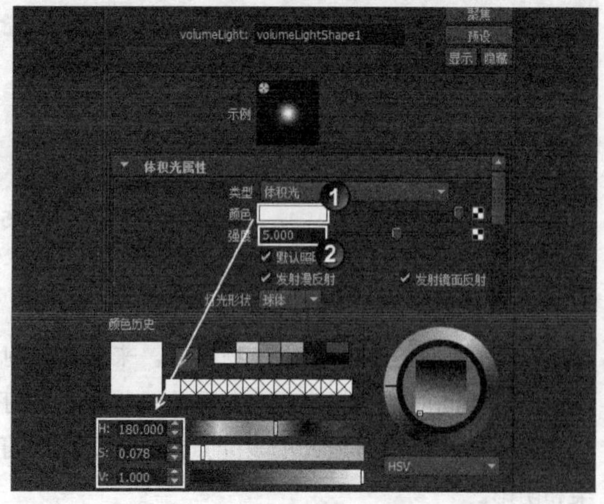

图5-40

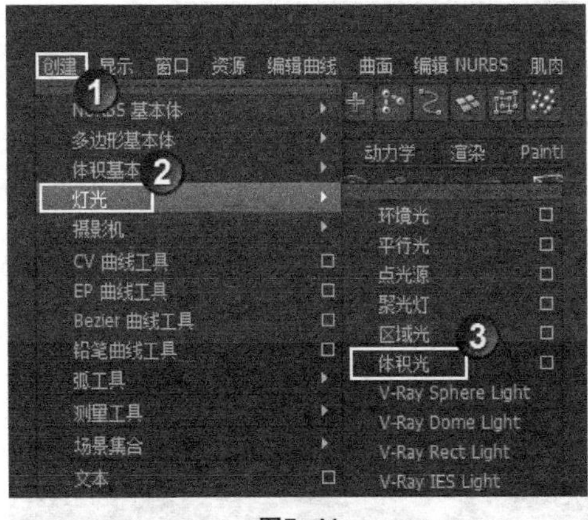

图5-41

图5-42

【案例总结】

本案例是通过制作橡树照明，来掌握如何创建和操作体积光。体积光是一种特殊的灯光，可以为灯光的照明空间约束一个特定的区域，并只对这个特定区域内的物体产生照明，而其他的空间则不会产生照明。

练习 012 制作健身场景照明

场景位置	Scene>CH05>E6.mb
案例位置	Example>CH05>E7.mb
视频位置	Media>CH05>8. 制作健身场景照明 .mp4
技术需求	使用区域光制作效果

（扫码观看视频）

效果图如图5-43所示。

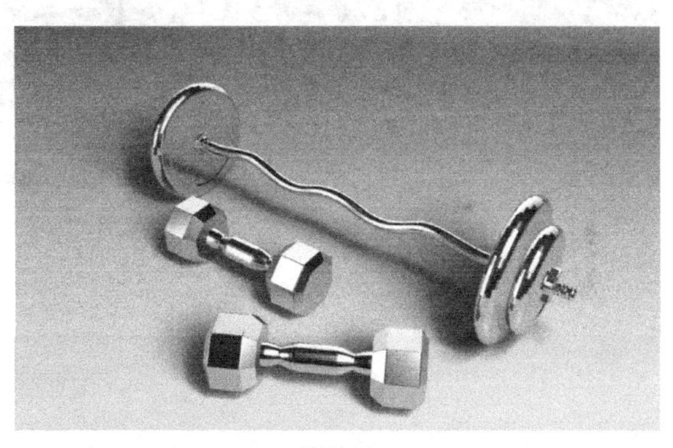
图5-43

【制作提示】

第1步：创建一盏区域光作为主光源，放置在器材的右侧，调整面积光的大小，使之能照亮整个场景。

第2步：创建一盏区域光作为辅助光，放置在器材的左侧，面积和灯光强度小于主光源，使之照亮场景的暗部。

第3步：设置渲染器为mental ray，渲染当前场景。

步骤如图5-44所示。

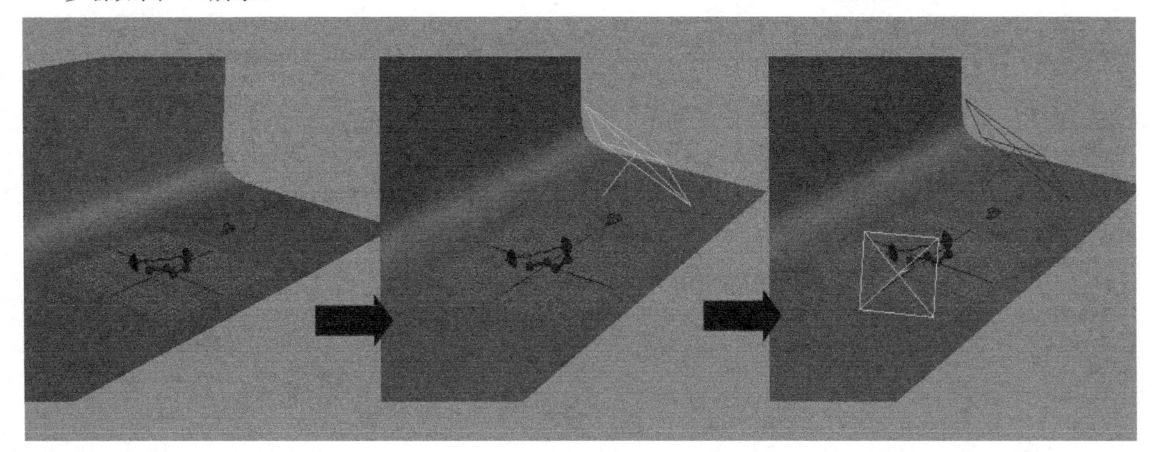
图5-44

练习 013
制作灯光雾效果

场景位置	Scene>CH05>E7.mb
案例位置	Example>CH05>E8.mb
视频位置	Media>CH05>9. 制作灯光雾效果 .mp4
技术需求	使用聚光灯的【灯光雾】制作效果

（扫码观看视频）

效果图如图5-45所示。

图5-45

【制作提示】

第1步：创建聚光灯并调整好角度。

第2步：打开聚光灯的【属性编辑器】面板，激活【灯光雾】选项。

第3步：渲染当前场景。

步骤如图5-46所示。

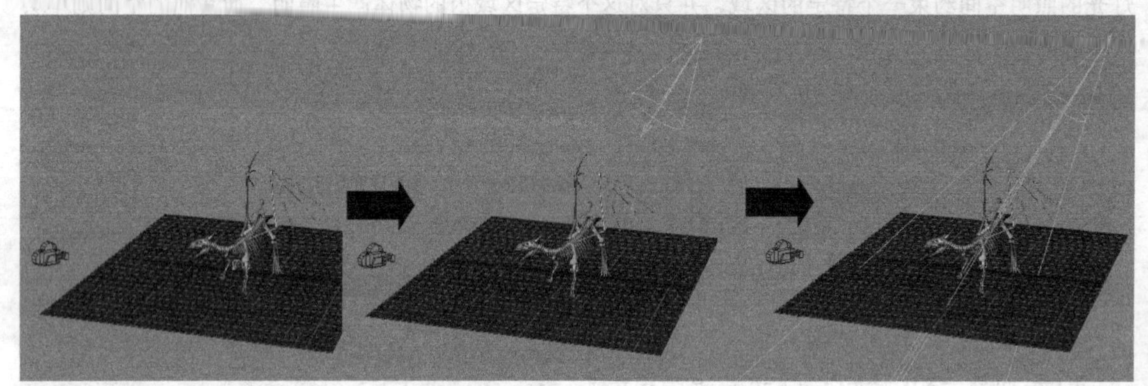
图5-46

第06章

灯光技术综合运用

在Maya世界中，一个场景往往包含多个灯光，每个灯光都有各自的作用，使用不当会让作品效果大打折扣，甚至会毁掉整个作品，因此合理地使用Maya灯光极为重要。在为场景布光时不能只注重软件技巧，还要了解摄影学中灯光照明方面的知识，布光的目的就是在二维空间中表现出三维空间的真实感与立体感。本章主要通过案例实战来强化Maya灯光的使用技巧，包括制作逼真的灯光阴影、灯光色调的效果和影响、灯光搭建的技巧、控制灯光的照射对象。

本章学习要点

掌握如何开启光线跟踪阴影
掌握灯光色调的作用
掌握布光技巧
强化灯光的操作
控制灯光的影响对象

案例80 汽车

场景位置	Scene>CH06>F1.mb
案例位置	Example>CH06>F1.mb
视频文件	Media>CH06>1. 汽车 .mp4
学习目标	学习如何开启光线跟踪阴影

（扫码观看视频）

【操作思路】

对汽车效果进行分析，主光源是一块多边形平面构成的“光板”照亮汽车，辅助光是一盏区域光照亮汽车尾部的背景。

最终效果图

【操作命令】

本例使用【创建】>【灯光】>【区域光】命令，如图6-1所示。

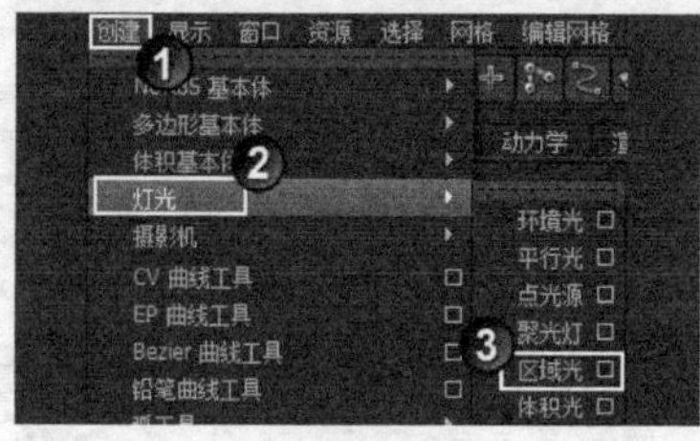

图6-1

【操作步骤】

01 打开场景“Scene>CH06>F1.mb”，如图6-2所示。

02 创建一盏区域光，在通道盒中设置【平移 Y】为6.387、【平移 Z】为-13.862、【旋转 X】为-204.611、【旋转 Z】为180、【缩放 X/Y/Z】为3.849，如图6-3所示。

03 打开区域光的【属性编辑器】面板，设置【颜色】为（H:0，S:0，V:0.073）、【强度】为0.5，如图6-4所示。

图6-2

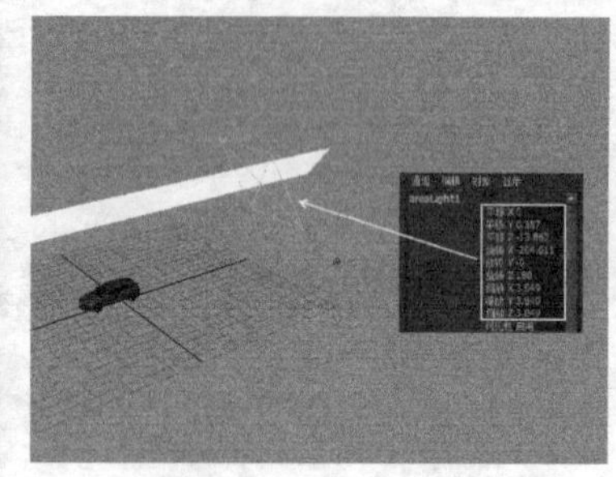
图6-3

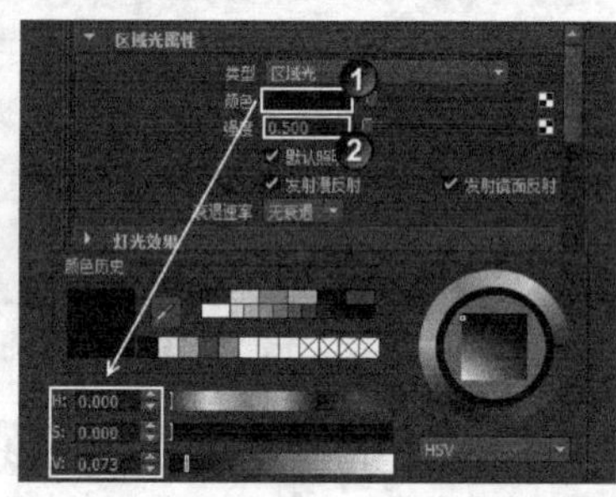

图6-4

04 展开【阴影】卷展栏下的【光线跟踪阴影属性】复卷展栏，接着选择【使用光线跟踪阴影】选项，并设置【阴影光线数】为10，如图6-5所示。

05 打开【渲染设置】面板，然后设置渲染器为mental ray渲染器，如图6-6所示。

06 以摄影机视角来渲染当前场景，最终效果如图6-7所示。

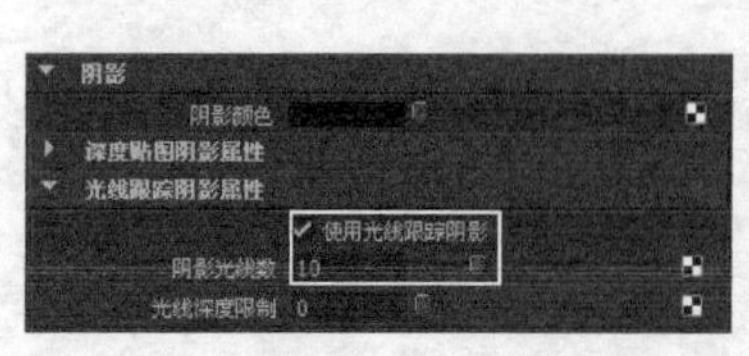

图6-5

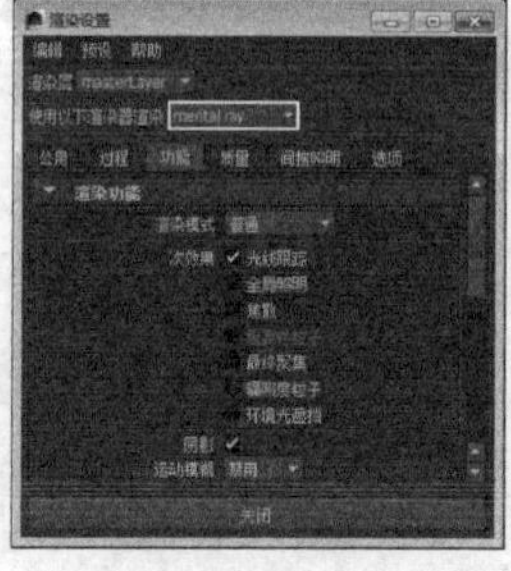

图6-6

图6-7

【案例总结】

本案例是通过制作汽车场景，来掌握如何开启【光线跟踪阴影】。【光线跟踪阴影】是跟踪光线路径来生成阴影，可以生成比较真实的阴影效果，并且可以使透明物体生成透明的阴影。

案例 81 胖男孩儿

场景位置	Scene>CH06>F2.mb
案例位置	Example>CH06>F2.mb
视频文件	Media>CH06>2. 胖男孩儿 .mp4
学习目标	学习如何制作冷暖对比效果

（扫码观看视频）

【操作思路】

对胖男孩儿效果进行分析，左侧灯光为暖色的主光源照亮整个场景，右侧为冷色的辅助光，形成冷暖对比。

【操作命令】

本例的操作命令是【平行光】和【区域光】命令。

最终效果图

【操作步骤】

01 打开场景“Scene>CH06>F2.mb”，如图6-8所示。

02 创建平行光，设置坐标为【平移 X】为-7.292、【平移Y】为4.759、【旋转 X】为-32.54、【旋转Y】为-54.422、【缩放 X/Y/Z】为2.431。创建区域光，设置坐标为【平移 X】为9.596、【平移Y】为6.64、【平移Z】为2.524、【旋转 X】为-24.172、【旋转Y】为73.733、【缩放 X/Y/Z】为5.167，如图6-9所示。

图6-8

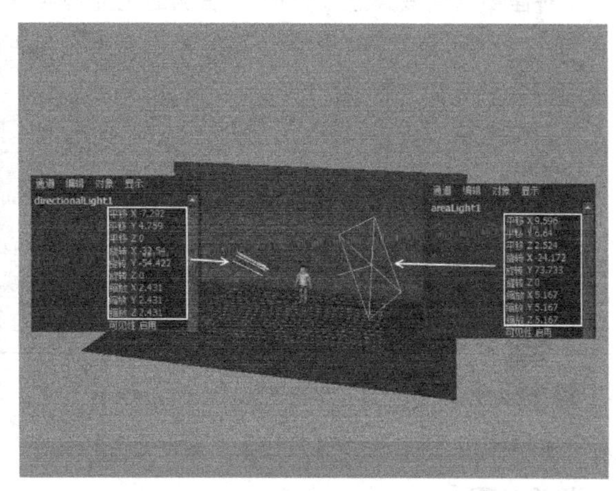

图6-9

03 在【属性编辑器】面板中，设置平行光的【颜色】为（H:35.789，S:0.545，V:1）、【强度】为0.8，设置区域光的【颜色】为（H:180，S:0.659，V:1）、【强度】为0.035，如图6-10所示。

04 打开【渲染设置】窗口，设置渲染器为mental ray，如图6-11所示。

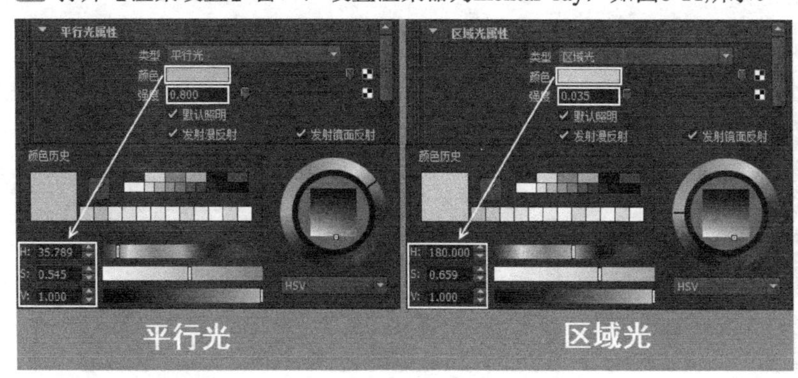

图6-10

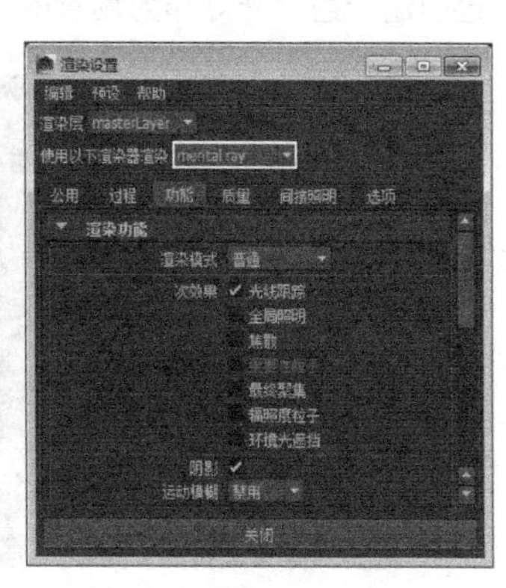

图6-11

05 调整视图角度，渲染当前场景，效果如图6-12所示。

图6-12

【案例总结】

本案例是通过为胖男孩儿场景进行照明，来掌握如何制作冷暖对比效果。该效果使色调相互衬托，增强色彩冲击力，是色彩构成中常用的一种手法。

案例82 角色照明

场景位置	Scene>CH06>F3.mb
案例位置	Example>CH06>F3.mb
视频文件	Media>CH06>3. 角色照明 .mp4
学习目标	学习如何创建和操作平行光

（扫码观看视频）

【操作思路】

对怪物角色效果进行分析，右侧的主光源照亮整个角色，左侧的辅助光照明角色的暗部，后面的轮廓光照亮角色的边缘，使角色从背景中凸显出来。

最终效果图

技巧与提示

三点照明中的主光源一般为物体提供主要照明作用，可以体现灯光的颜色倾向，并且主光源在所有灯光中产生的光照效果是最强烈的；辅助光源主要用来为物体进行辅助照明，用以补充主光源没有照射到的区域；背景光一般放置在与主光源相对的位置，主要用来照亮物体的轮廓，也称为“轮廓光”。

【操作命令】

本例使用【创建】>【灯光】>【平行光】命令，如图6-13所示。

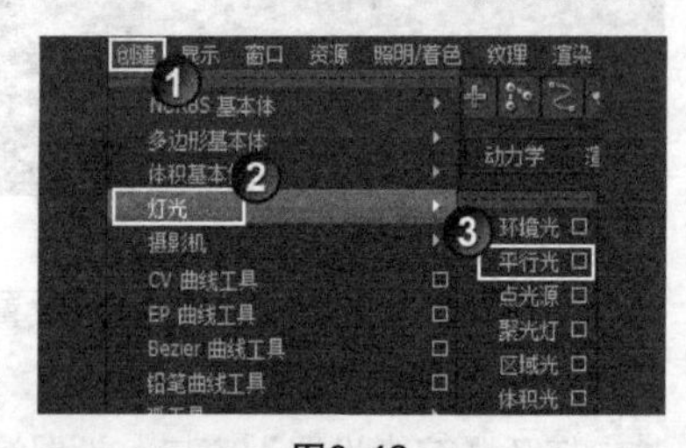

图6-13

【操作步骤】

01 打开场景“Scene>CH06>F3.mb”，如图6-14所示。

02 执行【创建】>【灯光】>【聚光灯】命令，在如图6-15所示的位置创建一盏聚光灯作为场景的主光源。

图6-14

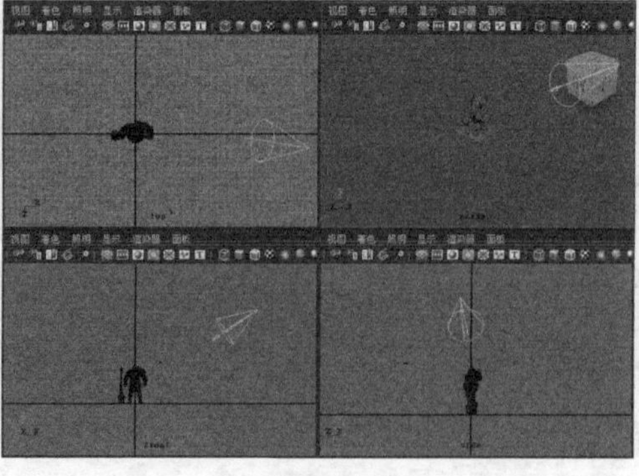
图6-15

03 打开主光源的【属性编辑器】面板，然后在【聚光灯属性】卷展栏下设置【颜色】为（R:242，G:255，B:254）、【强度】为1.48，接着设置【圆锥体角度】为40、【半影角度】为60；展开【阴影】卷展栏的【深度贴图阴影属性】复卷展栏，然后选择【使用深度贴图阴影】选项，接着设置【分辨率】为4069，具体参数设置如图6-16所示。

04 在如图6-17所示的位置创建一盏聚光灯作为辅助光源。

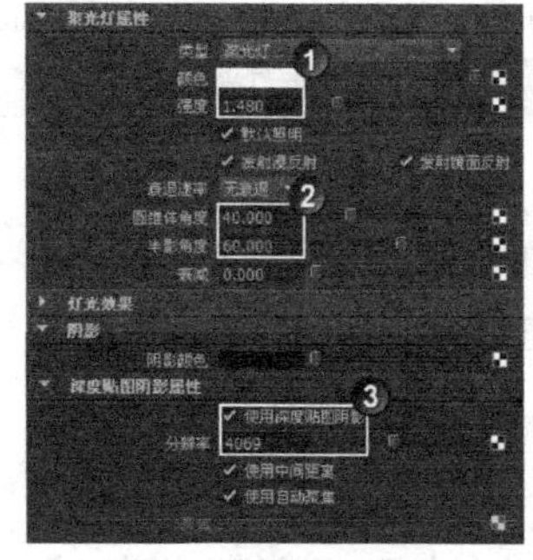

图6-16

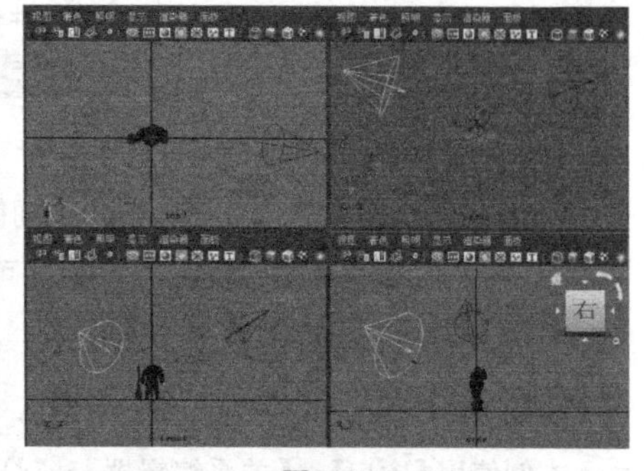

图6-17

05 打开辅助光源的【属性编辑器】面板，然后在【聚光灯属性】卷展栏下设置【颜色】为（R:187，G:197，B:196）、【强度】为0.5，接着设置【圆锥体角度】为70、【半影角度】为10，具体参数设置如图6-18所示。

06 测试渲染当前场景，效果如图6-19所示。

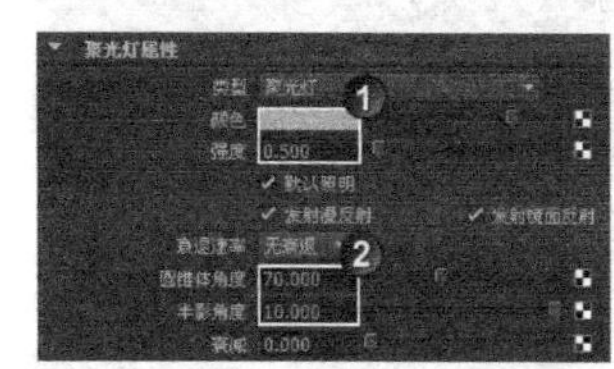

图6-18

图6-19

07 在怪物背后创建一盏聚光灯作为背景光，其位置如图6-20所示。

08 打开背景光的【属性编辑器】面板，然后在【聚光灯属性】卷展栏下设置【颜色】为（R:247，G:192，B:255）、【强度】为0.8，接着设置【圆锥体角度】为60、【半影角度】为10，具体参数设置如图6-21所示。

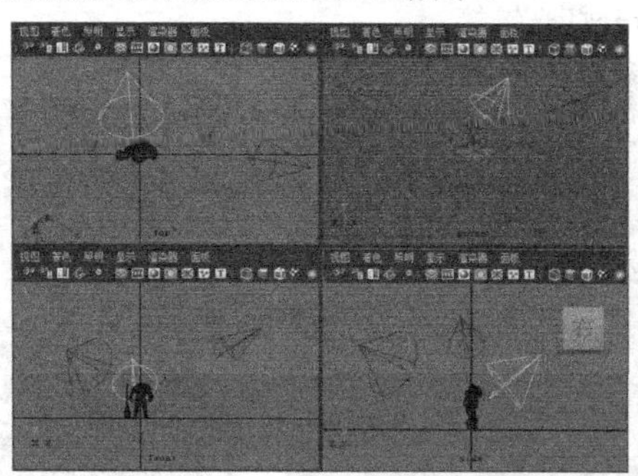

图6-20

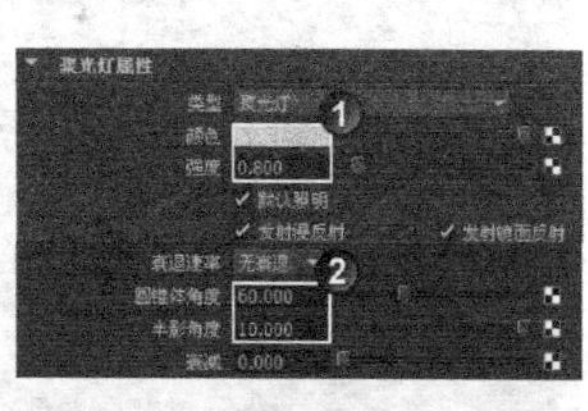

图6-21

09 渲染当前场景，最终效果如图6-22所示。

图6-22

【案例总结】

本案例是通过角色照明效果，来掌握如何搭建三点布光。三点布光是一种传统、基础的布光方法，应用领域非常广，常用于小型场景中的照明，大型场景可分为若干个小场景进行布置。

案例83 打断灯光链接

场景位置	Scene>CH06>F4.mb
案例位置	Example>CH06>F4.mb
视频文件	Media>CH06>4. 打断灯光链接 .mp4
学习目标	学习如何打断灯光链接

（扫码观看视频）

【操作思路】

对打断灯光链接效果进行分析，中间的鹿因为不受灯光照明，所以呈黑色。在【关系编辑器】窗口中，可链接或断开对象与灯光的链接，从而决定对象是否受到灯光影响。

最终效果图

【操作命令】

本例使用【窗口】>【关系编辑器】>【灯光链接】>【以灯光为中心】命令，如图6-23所示。打开【关系编辑器】窗口，如图6-24所示。

【操作步骤】

01 打开场景“Scene>CH06>F4.mb”，如图6-25所示。然后测试渲染当前场景，效果如图6-26所示。

02 打开【关系编辑器】，在左侧的【光源】信息栏里选择spotLight，在右侧的【受照明对象】信息栏里选择b模型，断开灯光链接。

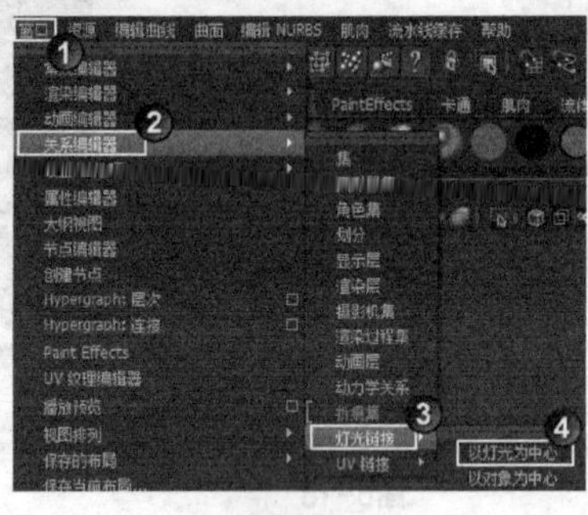

图6-23

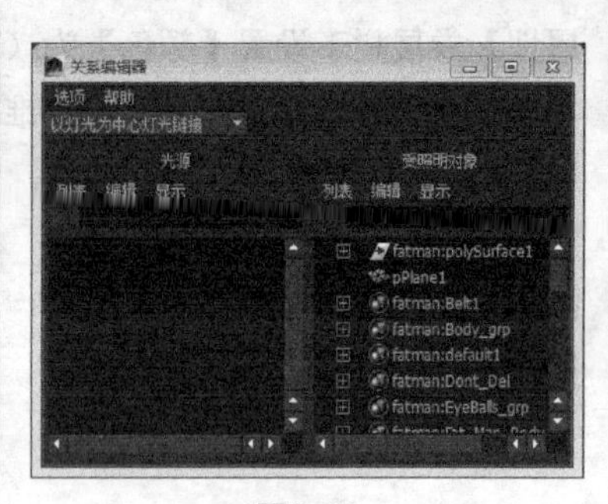

图6-24

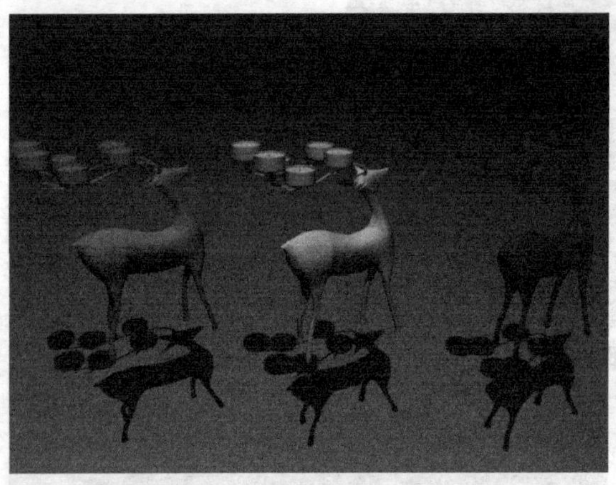

图6-25

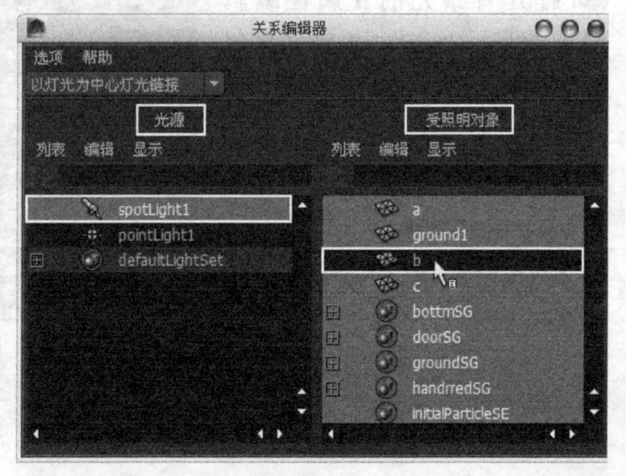

图6-26

03 再次渲染当前场景，发现中间的鹿已经不受灯光影响了，效果如图6-27所示。

图6-27

【案例总结】

本案例是通过制作打断灯光链接效果，来掌握如何使用【关系编辑器】命令。在实际工作中，为了达到特殊的视觉效果，往往会设置个别灯光影响指定对象，而通过【关系编辑器】可以方便地管理灯光及受影响的对象。

第 07 章

摄影机技术

在现实中摄影机的作用是记录视频图像，而Maya中的摄影机更像是“眼睛”。Maya中的四个视图都有与之对应的摄影机，初始时是隐藏状态。这些“眼睛”一直与用户紧密相连，只是默默地在背后参与。进入Maya界面，是通过四个视图的摄影机观察场景；最后的渲染，是将三维场景以二维的形式投射到摄影机。本章将介绍Maya 2014的摄影机技术，包含摄影机的类型、各种摄影机的作用、摄影机的基本设置、摄影机工具等。本章内容比较简单，大家只需要掌握比较重要的知识点即可，如“景深”的运用。

本章学习要点

了解摄影机的类型
掌握摄影机的基本设置
掌握摄影机工具的使用方法
掌握摄影机景深特效的制作方法

案例84 创建和编辑摄影机

场景位置	无
案例位置	无
视频位置	Media>CH07>1. 创建和编辑摄影机 .mp4
学习目标	学习如何创建和编辑摄影机

（扫码观看视频）

【操作命令】

本例的操作命令是【创建】>【摄影机】菜单下的各个命令，如图7-1所示。

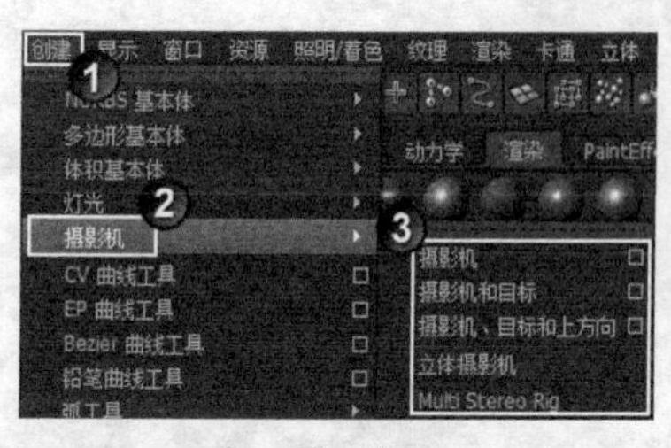

图7-1

【操作步骤】

01 执行【创建】>【摄影机】>【摄影机】命令，选择创建的摄影机，并对其进行移动、旋转和缩放操作，如图7-2所示。

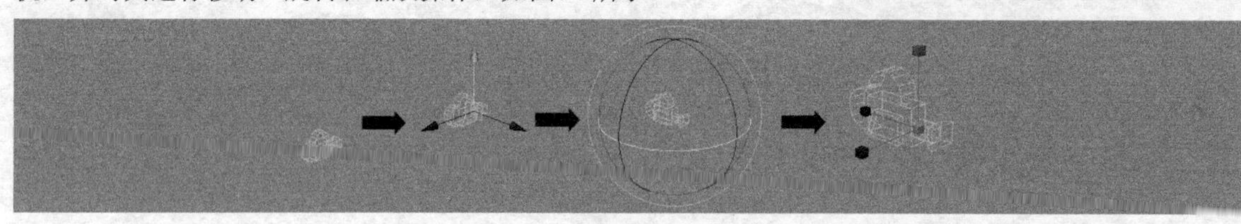
图7-2

02 执行【创建】>【摄影机】>【摄影机和目标】命令，选择创建的摄影机，对其进行移动和缩放操作，然后选择目标操作器并进行移动，如图7-3所示。

图7-3

03 执行【创建】>【摄影机】>【摄影机、目标和上方向】命令，选择创建的摄影机，对其进行移动和缩放操作。选择目标操作器，对其进行移动操作。选择上方向操作器，对其进行移动操作，如图7-4所示。

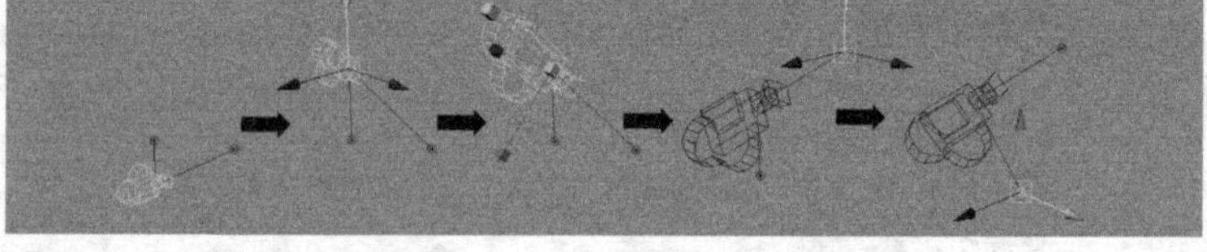
图7-4

【案例总结】

本案例是通过创建和编辑摄影机，来掌握Maya的摄影机是如何操作的。三种摄影机的属性一样，只是操作方式略微不同，可根据需要来使用。

案例85 焦距：鱼眼镜头

场景位置	Scene>CH07>G1.mb
案例位置	Example>CH07>G1.mb
视频位置	Media>CH07>2. 焦距：鱼眼镜头 .mp4
学习目标	学习如何制作鱼眼镜头效果

（扫码观看视频）

最终效果图

【操作思路】

对鱼眼镜头效果进行分析，鱼眼镜头的视角更大。通过修改摄影机的【焦距】属性，可得到鱼眼效果。

【操作工具】

本例的操作工具是摄影机属性编辑器面板的【摄影机属性】卷展栏下的【焦距】选项，如图7-5所示。

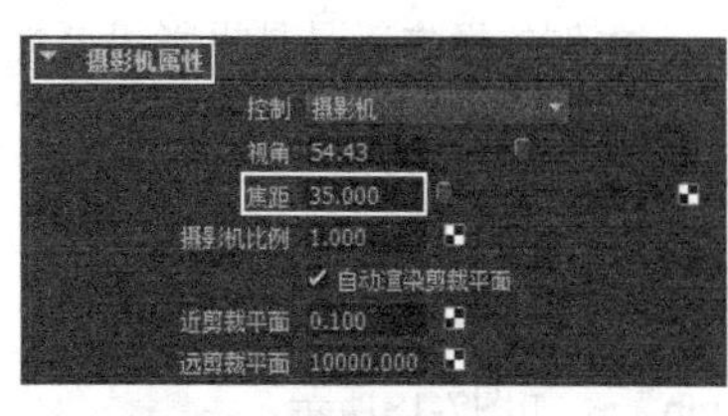

图7-5

【操作步骤】

01 打开场景“Scene>CH07>G1.mb”，如图7-6所示。

02 在视图中执行【面板】>【沿选定对象观看】命令，并激活按钮，效果如图7-7所示。

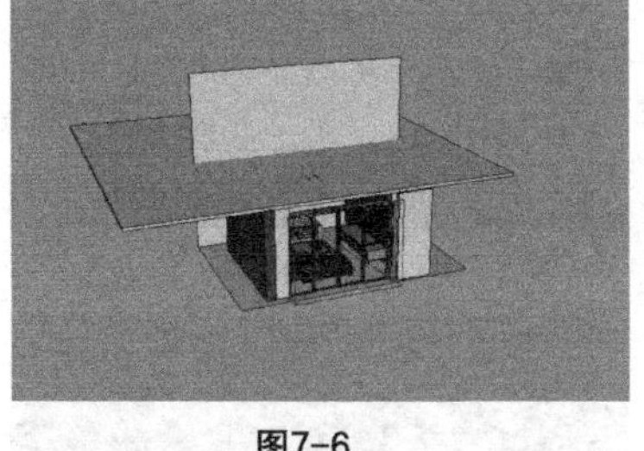

图7-6

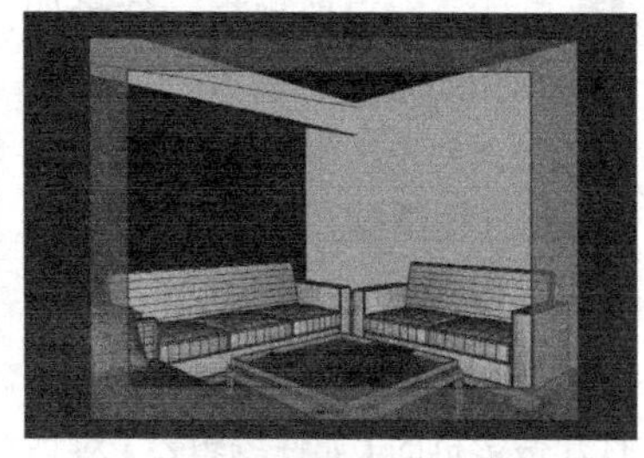
图7-7

03 打开渲染视图，执行【渲染】>【渲染】>camera2命令，如图7-8所示，渲染后的效果如图7-9所示。

04 打开【大纲视图】，选择camera2打开它的【属性编辑器】，在【摄影机属性】卷展栏下修改【焦距】为12，如图7-10所示。

05 再次渲染，效果如图7-11所示。

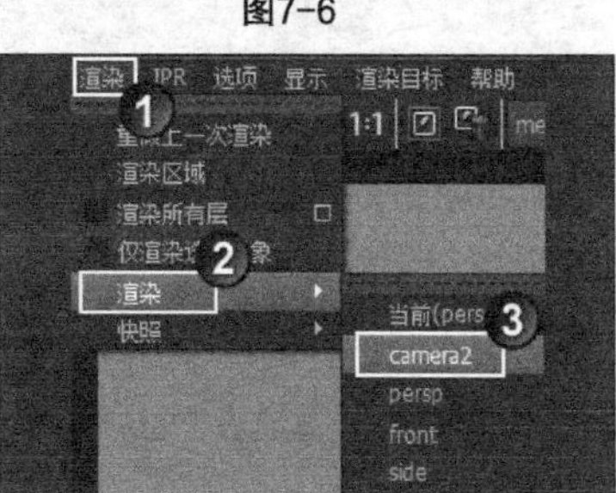

图7-8

图7-9

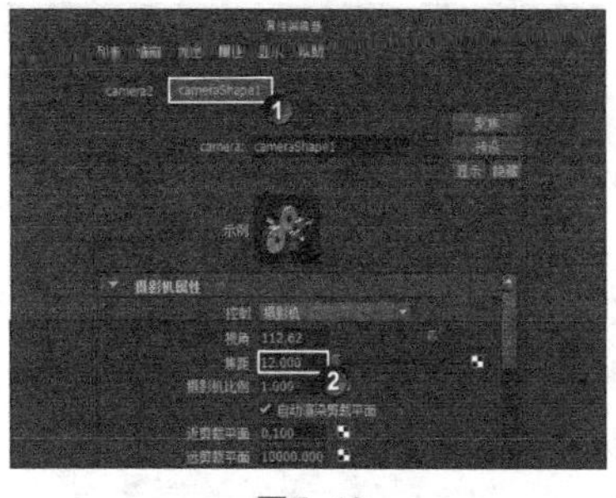
图7-10

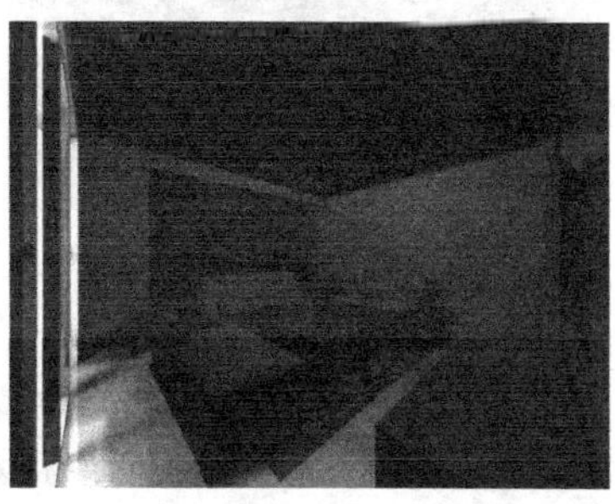
图7-11

【案例总结】

本案例是通过制作鱼眼镜头效果，来掌握【摄影机属性】卷展栏下参数的设置。可根据需要调整参数，制作想要的效果。

案例86 景深：石狮子

场景位置	Scene>CH07>G2.mb
案例位置	Example>CH07>G2.mb
视频位置	Media>CH07>3. 景深：石狮子 .mp4
学习目标	学习如何制作景深效果

（扫码观看视频）

【操作思路】

对景深效果进行分析，远处的石狮子增加了模糊效果，以突出近处的石狮子，激活摄影机的【景深】选项可制作景深效果。

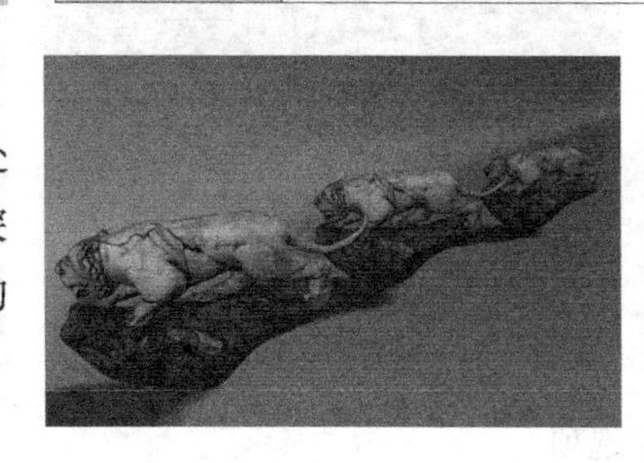
最终效果图

【操作工具】

本例的操作工具是摄影机属性编辑器面板的【景深】卷展栏下的【景深】选项，如图7-12所示。

图7-12

【操作步骤】

01 打开场景“Scene>CH07>G2.mb”，如图7-13所示。

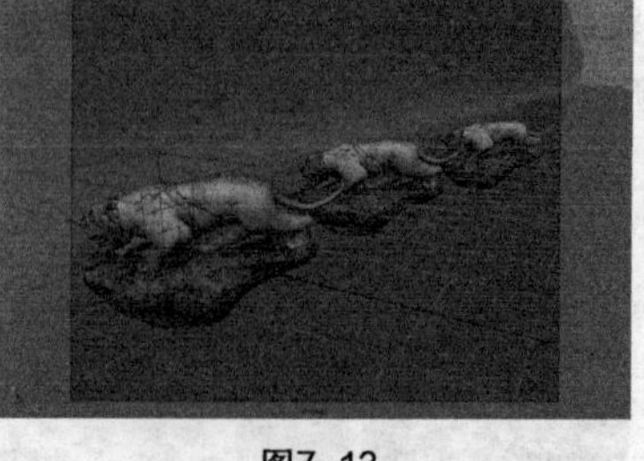

图7-13

02 测试渲染当前场景，效果如图7-14所示。可以观察到此时的渲染效果并未产生景深特效。

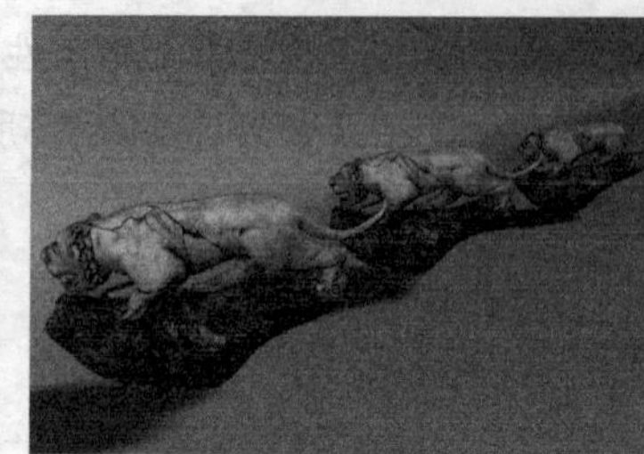

图7-14

03 执行视图菜单中的【视图】>【选择摄影机】命令，选择视图中的摄影机，然后按快捷键Ctrl+A打开摄影机的【属性编辑器】对话框，接着在【景深】卷展栏下选择【景深】选项，如图7-15所示。

图7-15

> **技巧与提示**
>
> 【聚焦距离】选项用来设置景深范围的最远点与摄影机的距离；【F制光圈】选项用来设置景深范围的大小，值越大，景深越大。

04 测试渲染当前场景，效果如图7-16所示。可以观察到场景中已经产生了景深特效，但是景深太大，使场景变得很模糊。

05 将【聚焦距离】设置为5.5、【F制光圈】设置为50，如图7-17所示。然后渲染当前场景，最终效果如图7-18所示。

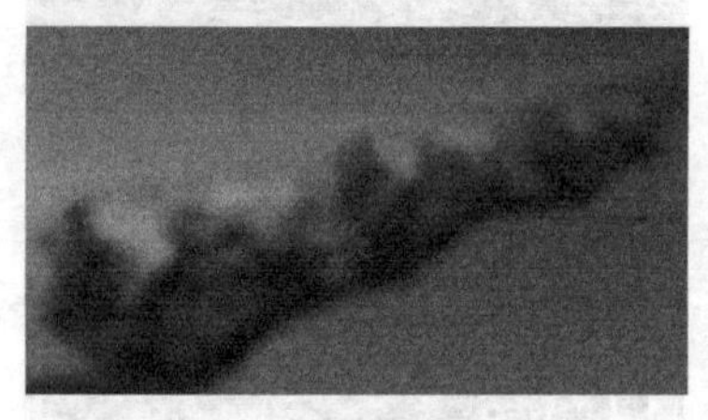

图7-16

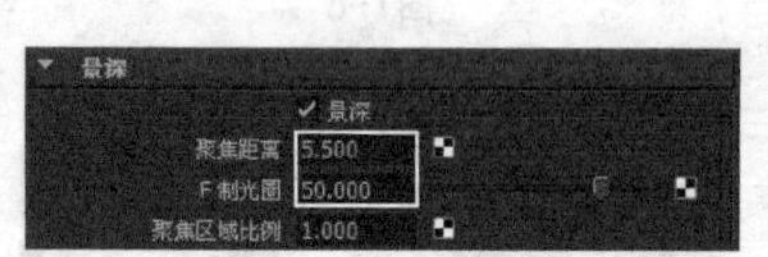

图7-17

图7-18

【案例总结】

本案例是通过制作景深效果，来掌握如何开启摄影机的景深。合理地使用景深效果，可以很好地突出主题，不同景深参数下的景深效果也不相同。

练习 014 制作景深

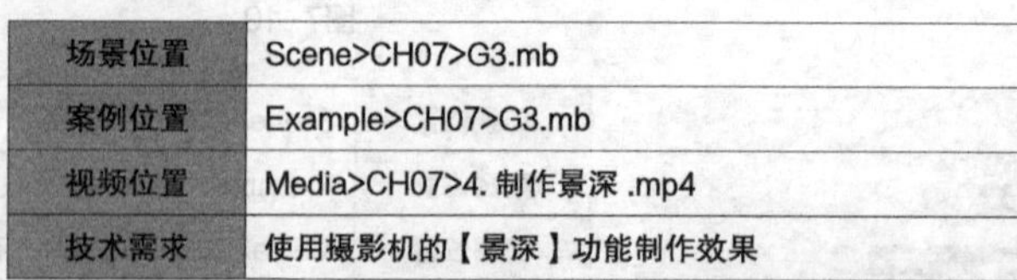

场景位置	Scene>CH07>G3.mb
案例位置	Example>CH07>G3.mb
视频位置	Media>CH07>4. 制作景深 .mp4
技术需求	使用摄影机的【景深】功能制作效果

（扫码观看视频）

默认渲染（左图）与景深效果（右图）如图7-19所示。

图7-19

【制作提示】

第1步：打开场景调整视角。

第2步：选择摄影机，打开【属性编辑器】面板。

第3步：激活摄影机的【景深】选项。

第 08 章

纹理与材质技术

纹理泛指物体面上的花纹或线条，是物体上呈现的线形纹路，如凹凸、刮痕和图案都可以用纹理贴图来实现。这样可以增强物体的真实感，通过对模型添加纹理贴图，来丰富模型的细节。材质是指物体的质地，也就是物体的本质，例如这个物体看起来是金属、是木料，或者是玻璃等。本章将介绍Maya 2014的纹理与材质技术，包括UV编辑、Hypershade（材质编辑器）的用法、材质类型、材质属性、纹理运用等知识点。本章是一个非常重要的章节，也是本书中一个比较难的章节，请大家务必对本章课堂案例中的常见材质多加练习，以掌握材质设置的方法与技巧。

本章学习要点

掌握如何编辑UV

掌握如何创建与编辑材质

掌握Maya材质类型

掌握Maya纹理类型

掌握如何混合使用材质与纹理

案例87 编辑 UV

场景位置	Scene>CH08>H1.mb
案例位置	Example>CH08>H1.mb
视频位置	Media>CH08>1. 编辑 UV.mp4
学习目标	学习如何编辑多边形 UV

（扫码观看视频）

【操作工具】

本例的操作工具是【窗口】菜单下的【UV纹理编辑器】，打开【UV纹理编辑器】窗口，如图8-1所示。

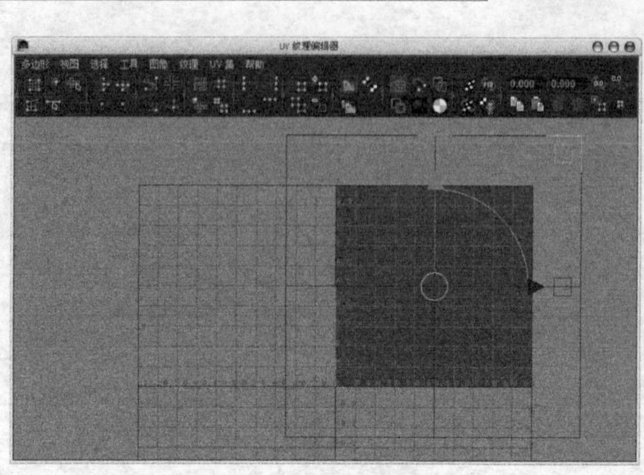
图8-1

UV纹理编辑器的工具介绍

平滑UV工具：使用该工具可以按交互方式展开或松弛UV。

UV涂抹工具：将选定UV及其相邻UV的位置移动到用户定义的一个缩小的范围内。

在U方向上翻转选定UV：在U方向上翻转选定UV的位置。

在V方向上翻转选定UV：在V方向上翻转选定UV的位置。

逆时针旋转选定UV：以逆时针方向按45°旋转选定UV的位置。

顺时针旋转选定UV：以顺时针方向按45°旋转选定UV的位置。

沿选定边分离UV：沿选定边分离UV，从而创建边界。

将选定UV分离为每个连接边一个UV：沿连接到选定UV点的边将UV彼此分离，从而创建边界。

将选定边或UV缝合到一起：沿选定边界附加UV，但不在“UV纹理编辑器”对话框的视图中一起移动它们。

移动并缝合选定边：沿选定边界附加UV，并在“UV纹理编辑器”对话框视图中一起移动它们。

选择要在UV空间中移动的面：选择连接到当前选定的UV的所有UV面。

将选定UV捕捉到用户指定的栅格：将每个选定UV移动到纹理空间中与其最近的栅格交点处。

展开选定UV：在尝试确保UV不重叠的同时，展开选定的UV网格。

将选定UV与最小U值对齐：将选定UV的位置对齐到最小U值。

将选定UV与最大U值对齐：将选定UV的位置对齐到最大U值。

将选定UV与最小V值对齐：将选定UV的位置对齐到最小V值。

将选定UV与最大V值对齐：将选定UV的位置对齐到最大V值。

切换着色UV显示：以半透明的方式对选定UV壳进行着色，以便可以确定重叠的区域或UV缠绕顺序。

【操作步骤】

01 打开场景“Scene>CH08>H1.mb”，如图8-2所示。

02 选择咖啡模型，执行【窗口】菜单下的【UV纹理编辑器】命令，打开【UV纹理编辑器】，如图8-3所示。

图8-2

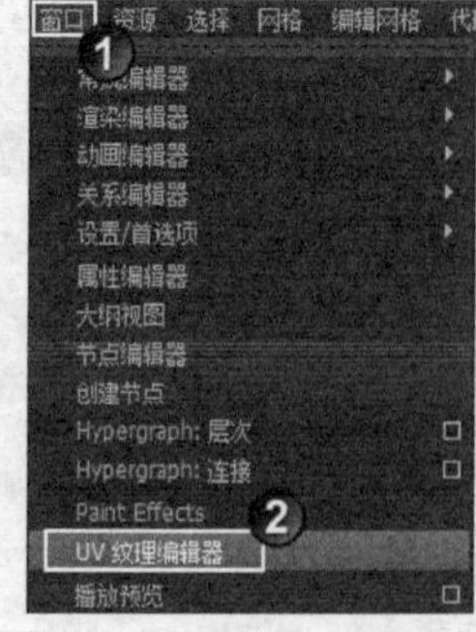

图8-3

03 单击【创建UV】>【平面映射】命令后的■设置按钮，如图8-4所示

04 在【平面映射选项】对话框中，设置【投影源】为【Y轴】，如图8-5所示。

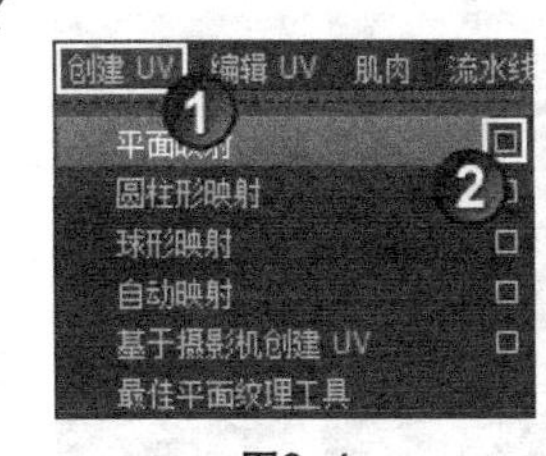

图8-4

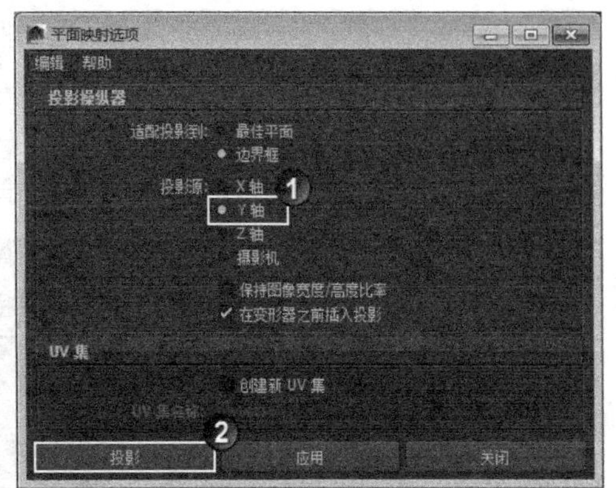

图8-5

05 单击【投影】按钮后，咖啡模型的UV发生了相应的变化，如图8-6所示

06 选择西红柿，执行【创建UV】>【球形映射】命令，选择移动滑块并拖动使UV完全展开，如图8-7所示。

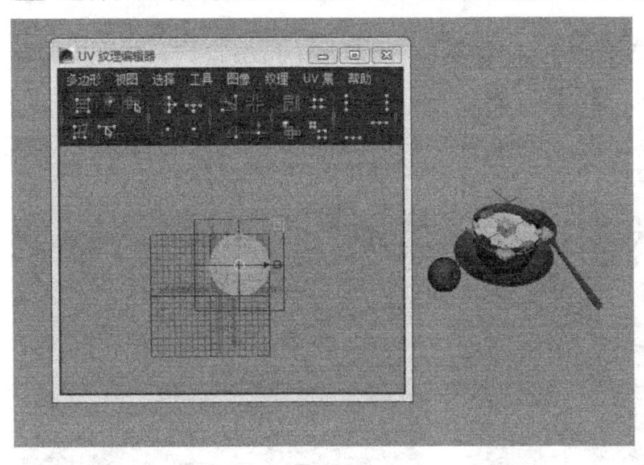

图8-6

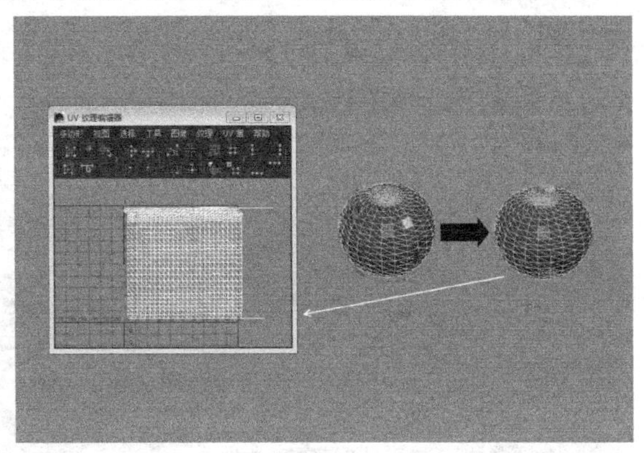

图8-7

07 选择咖啡杯进入【面】编辑模式，然后选择杯身，执行【创建UV】>【圆柱体映射】命令，选择移动滑块并拖动使UV完全展开，如图8-8所示。

08 选择勺子，执行【创建UV】>【自动映射】命令，如图8-9所示。

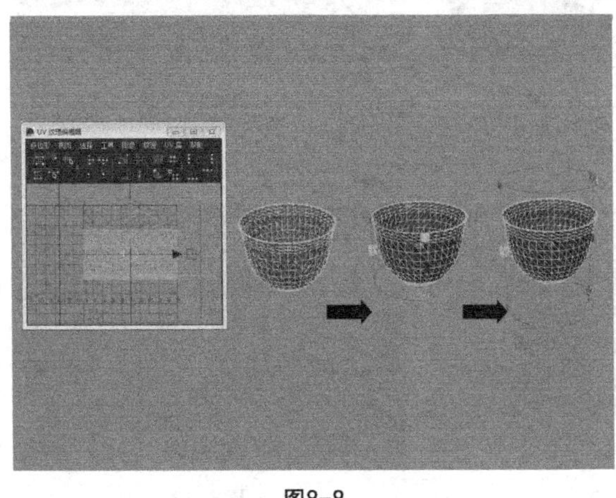

图8-8

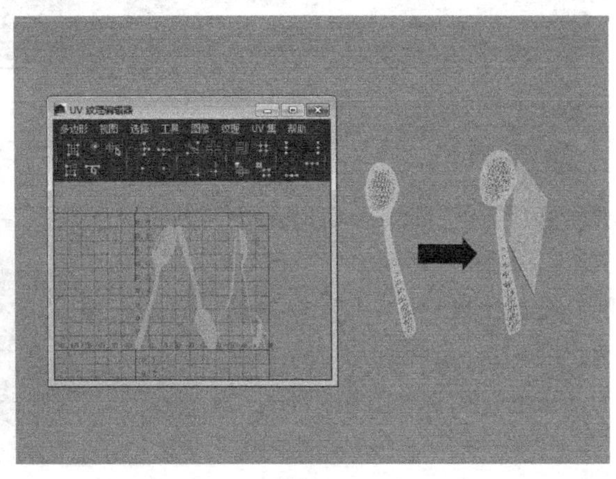

图8-9

【案例总结】

本案例是通过为场景模型分配UV，来掌握如何编辑UV。分配UV的作用，就是让贴图正确的在模型上显示，所以编辑UV是非常重要、不可或缺的一环。

案例88
Lambert材质：墙面材质

场景位置	Scene>CH08>H2.mb
案例位置	Example>CH08>H2.mb
视频位置	Media>CH08>2. Lambert材质：墙面材质.mp4
学习目标	学习如何制作墙面材质

（扫码观看视频）

【操作思路】

对墙面材质进行分析，墙面经过粉刷后不会产生高光，Lambert材质可以很好地模拟没有高光的物质，修改Lambert材质的【颜色】属性为白色制作墙面材质。

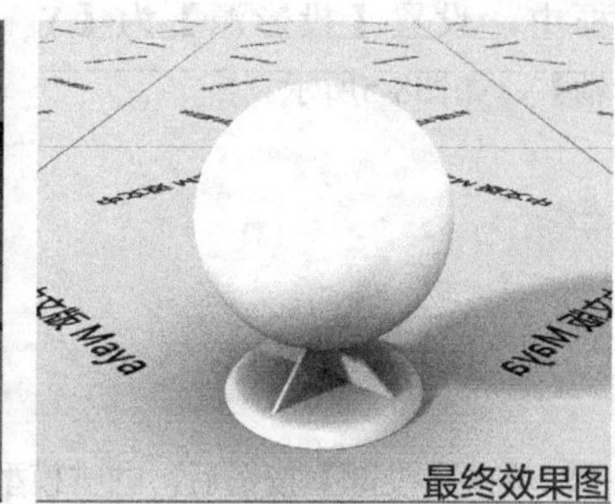

最终效果图

【操作命令】

本例的操作命令是【窗口】>【渲染器编辑器】>Hypershade命令，打开Hypershade窗口，如图8-10所示。另外还有Lambert材质，其属性面板如图8-11所示。

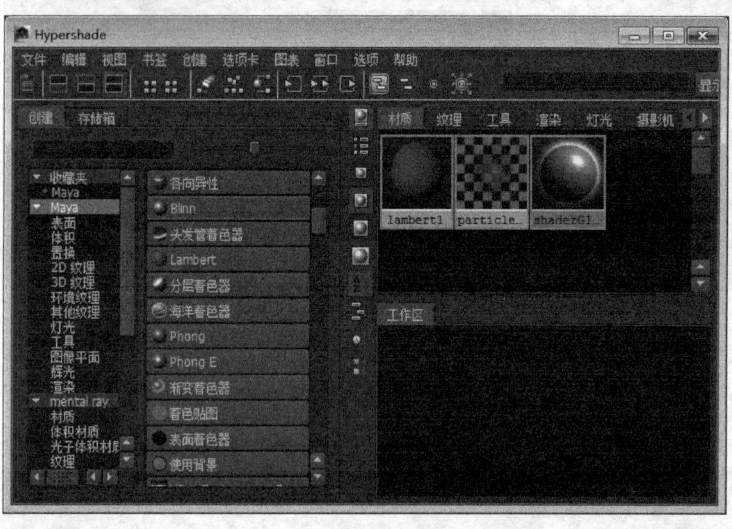

图8-10

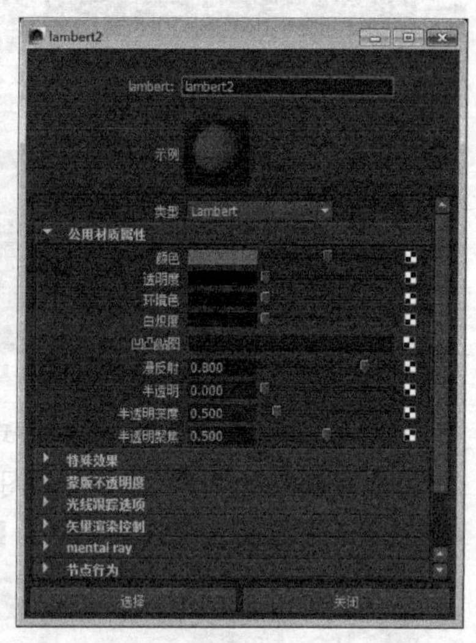

图8-11

【操作步骤】

01 打开场景“Scene>CH08>H2.mb”，如图8-12所示。

02 执行【窗口】>【渲染器编辑器】>Hypershade命令，打开Hypershade窗口，如图8-13所示。

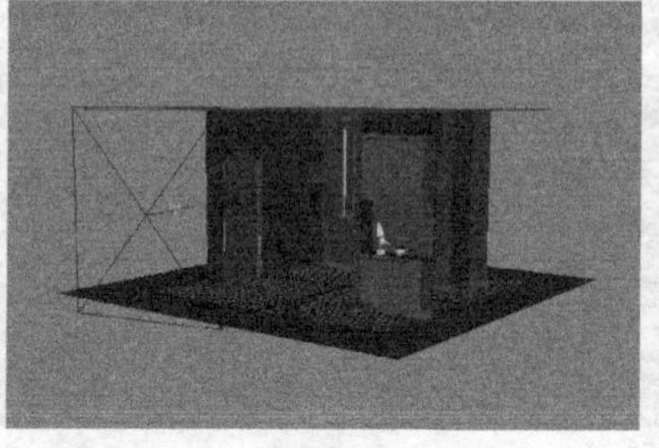

图8-12

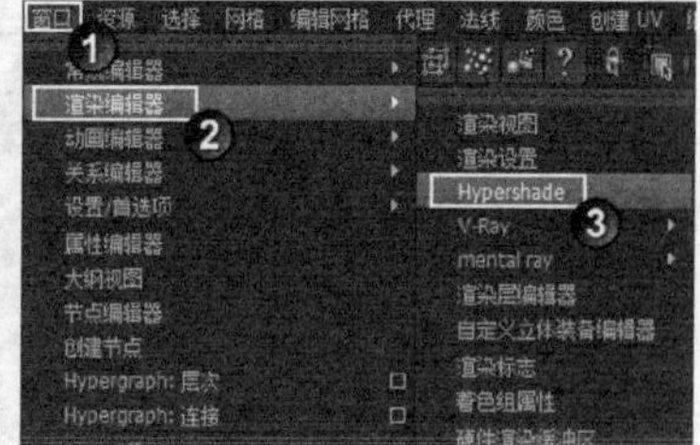

图8-13

03 在Hypershade窗口中，创建一个Lambert材质，如图8-14所示。

04 双击Lambert材质图标，在Lambert材质的属性编辑器中，设置颜色模式为HSV，设置【颜色】为（H:0，S:0，V:1.2），如图8-15所示。

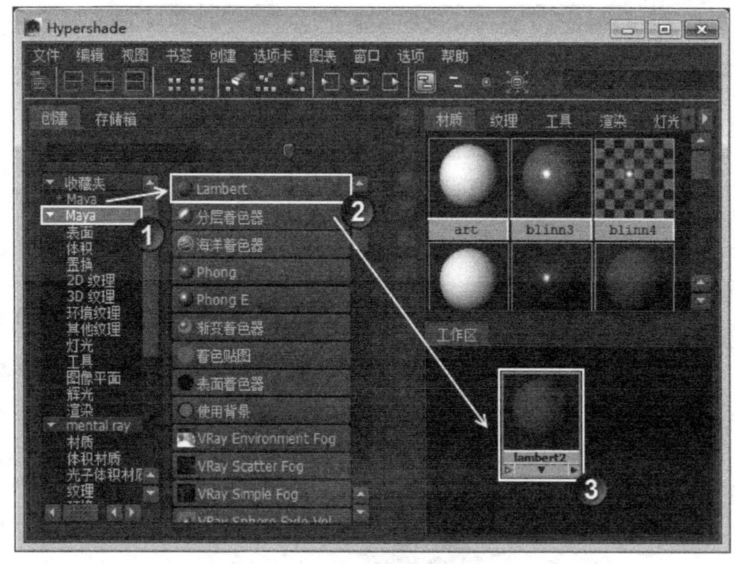

图8-14

图8-15

05 选择墙面模型，如图8-16所示。

06 在Hypershade窗口中，将光标移动到新建的Lambert材质图标上，按住鼠标右键，在弹出的热盒中选择【为当前选择指定材质】，如图8-17所示。

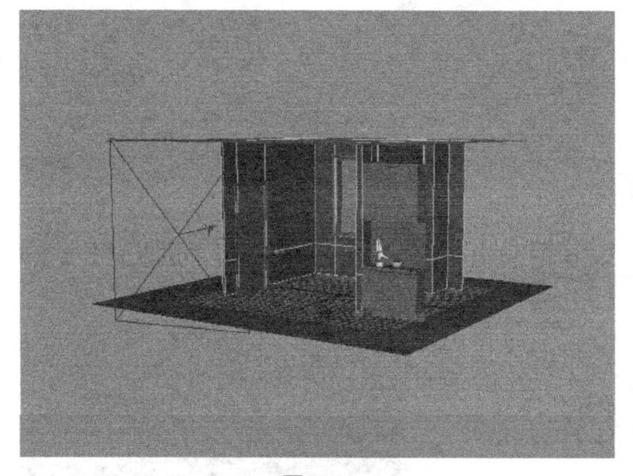

图8-16

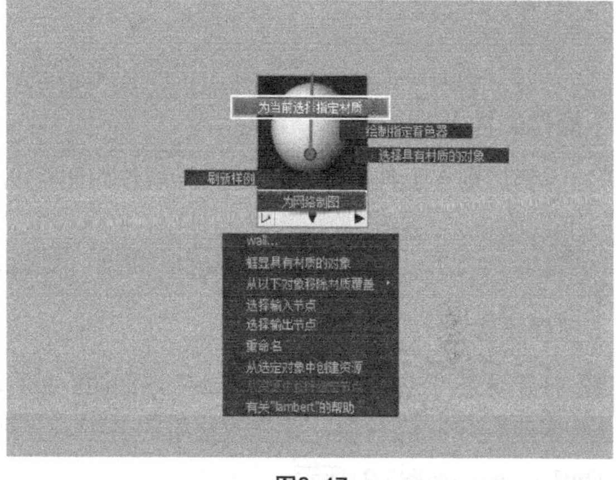

图8-17

07 单击【渲染当前帧】按钮，渲染当前场景，效果如图8-18所示。

图8-18

技巧与提示

将光标移动到材质图标上，按住鼠标中键并拖曳到模型上，也可将材质赋予给模型。

【案例总结】

本案例是通过墙面材质，来掌握Lambert材质的使用。该材质主要用来模拟无高光的物质，如墙面、卫生纸、旧木料等。

案例89
Phong材质：塑料材质

场景位置	Scene>CH08>H3.mb
案例位置	Example>CH08>H3.mb
视频位置	Media>CH08>3. Phong 材质：塑料材质 .mp4
学习目标	学习如何制作塑料材质

（扫码观看视频）

【操作思路】

对塑料材质进行分析，亚光塑料相比于墙面材质多了高光属性，Phong材质可以很好地模拟塑料材质，【镜面反射着色】卷展栏下的属性用来控制对象的反射效果。

最终效果图

【操作工具】

本例的操作工具是Phong材质，其属性如图8-19所示。

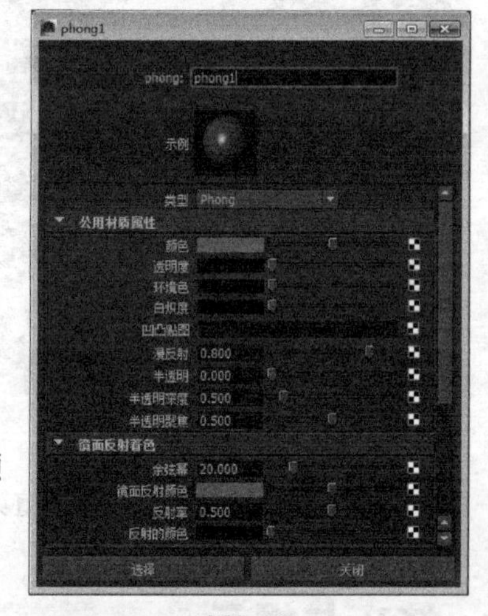

图8-19

【操作步骤】

01 打开场景“Scene>CH08>H3.mb”，如图8-20所示。

02 创建4个Phong材质，并修改材质的名字，分别为teeth、eyes、rabit1、sew，如图8-21所示。

03 设置teeth材质的【颜色】为（H:0，S:0，V:1），eyes材质的【颜色】为（H:0，S:0，V:0），rabit1材质的【颜色】为（H:339.102，S:0.293，V:1），sew材质的【颜色】为（H:18.138，S:0.255，V:0.235），如图8-22所示。

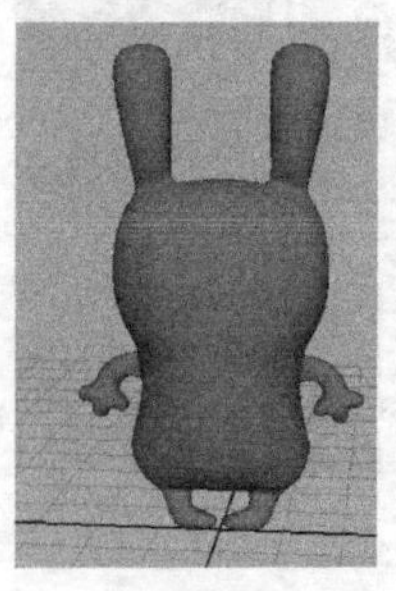

图8-20

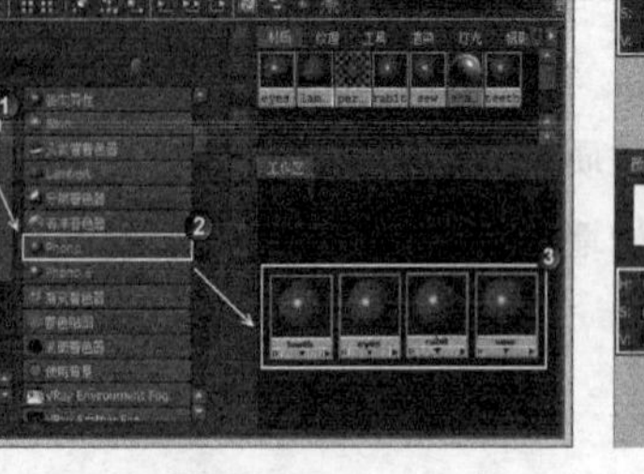

图8-21

图8-22

04 将材质赋予到对应的模型上，如图8-23所示。

05 渲染当前场景，效果如图8-24所示。

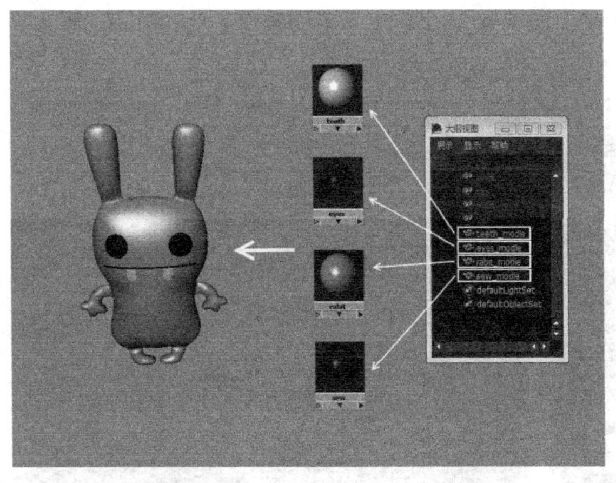

图8-23

图8-24

【案例总结】

本案例是通过制作塑料材质，来掌握Phong材质的使用。该材质相比于Lambert材质，增加了反射属性，常用于模拟塑料。

案例 90 Blinn 材质：黄铜材质

场景位置	Scene>CH08>H4.mb
案例位置	Example>CH08>H4.mb
视频位置	Media>CH08>4. Blinn 材质：黄铜材质 .mp4
学习目标	学习如何制作黄铜材质

（扫码观看视频）

【操作思路】

对黄铜材质进行分析，黄铜有属于自身的金黄色，其表面有强烈高光和反射度，但反射不会出现特别清晰的镜面效果。另外，并不是所有黄铜的高光度和反射强度都相同，其用途不同，相应属性也会不同。使用Blinn材质，可以很好地模拟金属材质。

最终效果图

【操作工具】

本例的操作工具是Blinn材质，其属性如图8-25所示。

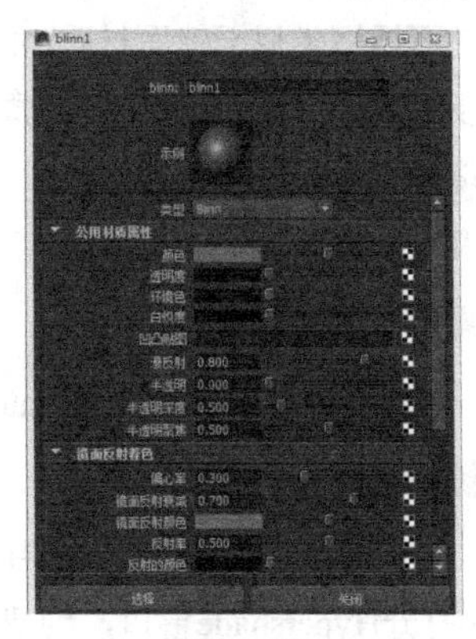

图8-25

【操作步骤】

01 打开场景“Scene>CH08>H4.mb”，如图8-26所示。

图8-26

02 创建一个Blinn材质，如图8-27所示。

03 打开其【属性编辑器】面板，然后在【公用材质属性】卷展栏下设置【颜色】为黑色，接着在【镜面反射着色】卷展栏下设置【偏心率】为0.219、【镜面反射衰减】为1、【反射率】为0.8，最后设置【镜面反射颜色】为（R:255，G:187，B:0），具体参数设置如图8-28所示。

图8-27

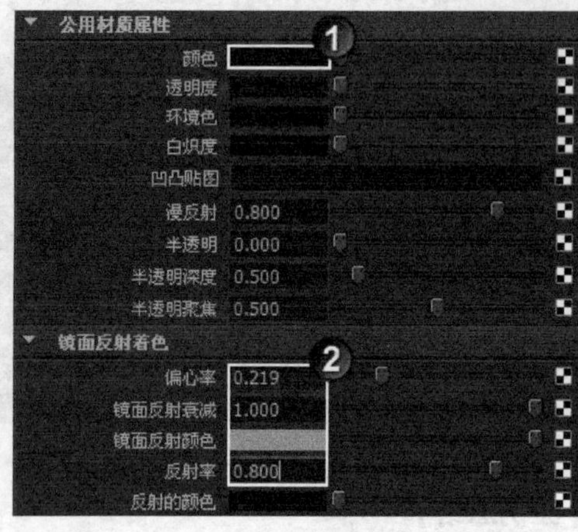

图8-28

04 将设置好的Blinn材质赋予给模型，然后渲染当前场景，最终效果如图8-29所示。

图8-29

【案例总结】

本案例是通过黄铜材质，来掌握Blinn材质的使用。Blinn材质是Maya自带的，由于可以模拟任何效果，所以被称为万能材质。

案例 91 mia_material_x材质：不锈钢材质

场景位置	Scene>CH08>H5.mb
案例位置	Example>CH08>H5.mb
视频位置	Media>CH08>5. mia_material_x 材质——不锈钢材质 .mp4
学习目标	学习如何制作不锈钢材质

（扫码观看视频）

【操作思路】

对不锈钢材质进行分析，不锈钢表面有强烈高光和反射度。这里的不锈钢类似于镜面材质，由于高反射的作用，容器上会反射周围环境。使用mia_material_x材质，可以很好地模拟金属材质。

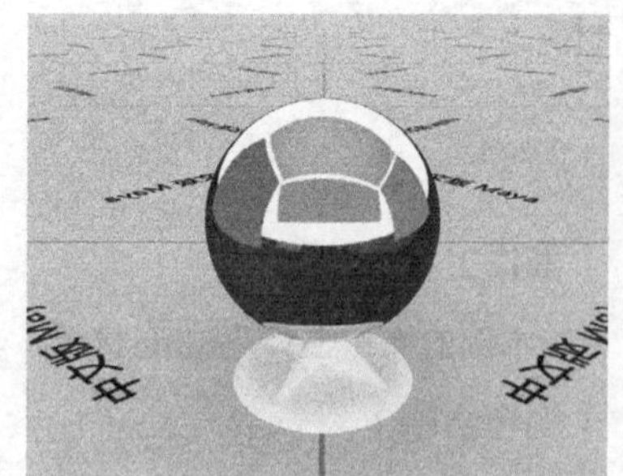

最终效果图

【操作工具】

本例的操作工具是mia_material_x材质，其属性如图8-30所示。

【操作步骤】

01 打开场景“Scene>CH08>H5.mb”，如图8-31所示。

02 打开Hypershade窗口，创建mia_material_x材质，如图8-32所示。

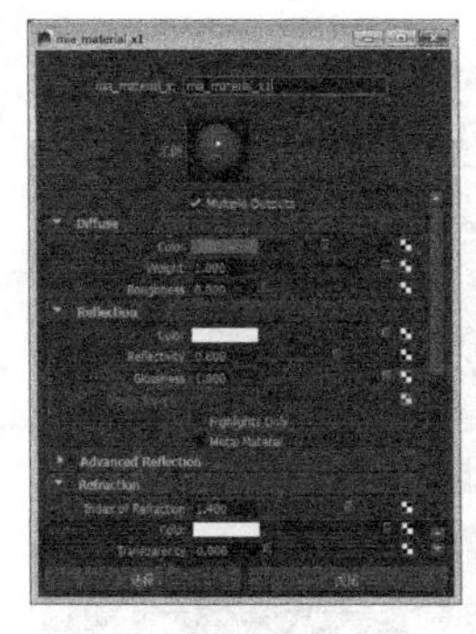

图8-30

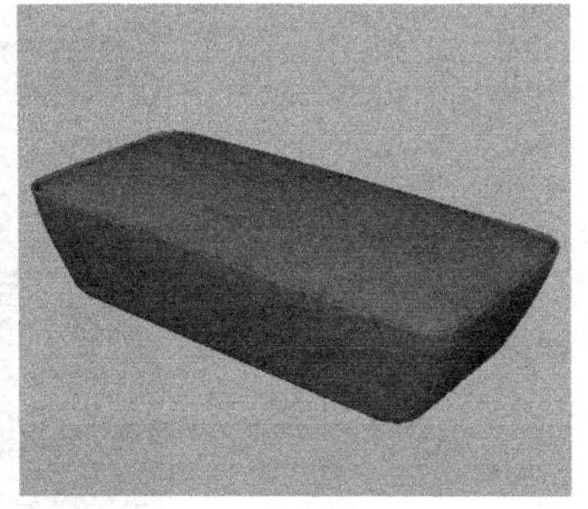

图8-31

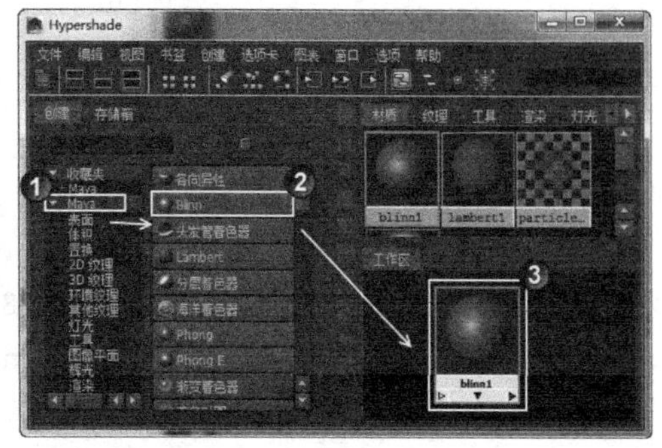

图8-32

03 双击mia_material_x材质图标，在Diffuse（漫反射）卷展栏中，设置Color（颜色）为（H:0，S:0，V:0.15）、Roughness（粗糙度）为0.5，在Reflection（反射）卷展栏中，设置Reflectivity（反射率）为1、Glossiness（光泽度）为0.5，在BRDF（双向反射分布函数）卷展栏中设置0 Degree Reflectoin（0度反射）为0.82，如图8-33所示。

04 将该材质赋予给容器模型，设置渲染器为mental ray，渲染当前场景，效果如图8-34所示。

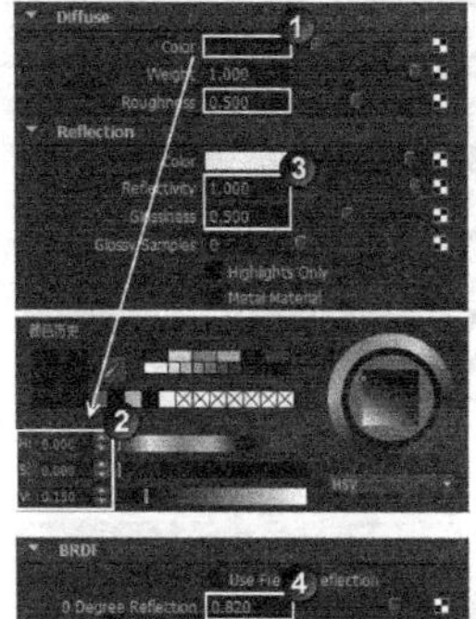

图8-33

图8-34

技巧与提示

不同的渲染器有它独有的材质，而且要用对应的渲染器进行渲染。有的渲染器支持其他渲染器的材质，但是很少。如果渲染不出效果，先检查是否选择对应的渲染器。这里使用的是mental ray的材质，渲染时注意选择对应的渲染器。

【案例总结】

本案例是通过制作不锈钢材质，来掌握mental ray的mia_material_x材质的使用。该材质是mental ray渲染器的万能材质，可以模拟任何效果，跟Maya自带的Blinn类似。

案例 92 dielectric_material材质：汤材质

场景位置	Scene>CH08>H6.mb
案例位置	Example>CH08>H6.mb
视频位置	Media>CH08>6.dielectric_material 材质：汤材质 .mp4
学习目标	学习如何制作透明液体材质

（扫码观看视频）

【操作思路】

对汤材质进行分析，汤也就是透明液体表面有强烈高光和反射度，并且带有透明折射效果。水的折射率为1.33，折射率越高，折射量越大，色散越严重。钻石之所以有五彩斑斓的反光，就是因为折射率很高。使用dielectric_material材质，可以很好地模拟透明材质。

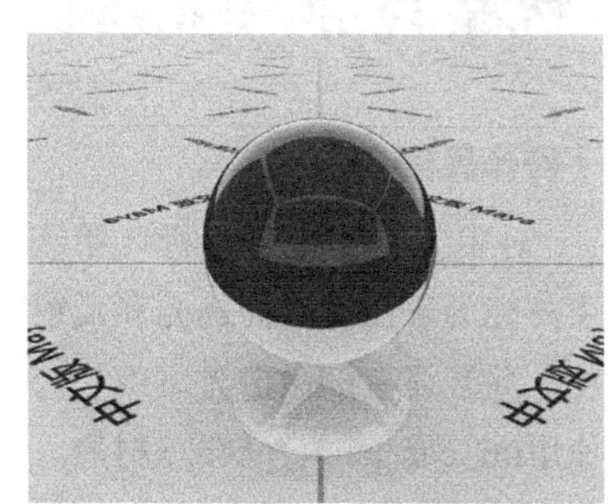

最终效果图

【操作工具】

本例的操作工具是dielectric_material材质，其属性如图8-35所示。

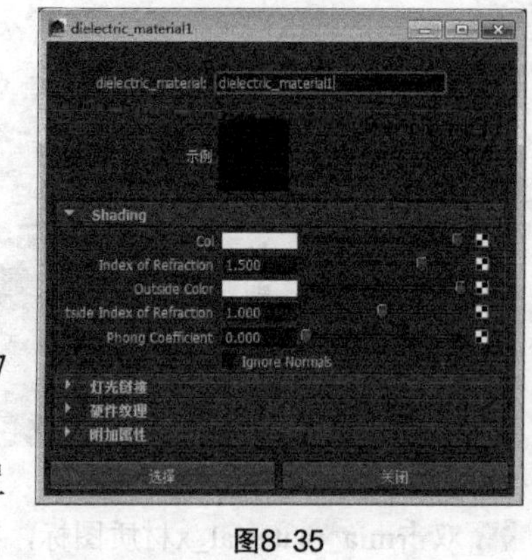

图8-35

【操作步骤】

01 打开场景“Scene>CH08>H6.mb”，如图8-36所示。

02 打开Hypershade窗口，创建dielectric_material材质，如图8-37所示。

03 双击mia_material_x材质图标，在其【属性编辑器】面板中设置Col（颜色）为（H:29，S:0.5，V:1），如图8-38所示。

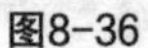

图8-36

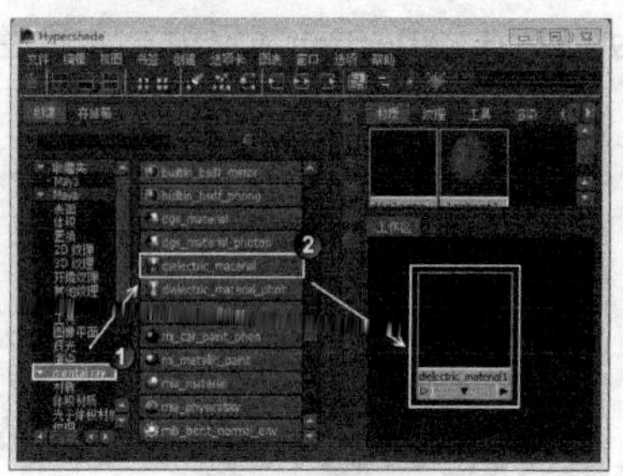

图8-37

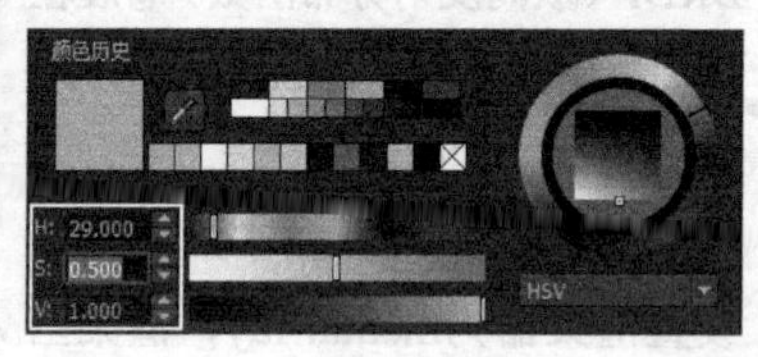

图8-38

04 将该材质赋予给“汤”模型，效果如图8-39所示。

05 渲染当前场景，效果如图8-40所示。

图8-39

图8-40

【案例总结】

本案例是通过制作汤材质，来掌握mental ray的dielectric_material材质的使用。该材质常用于模拟透明物质的效果，如水、玻璃、钻石等。

案例 93 mi_car_paint_phen_x材质：昆虫甲壳材质

场景位置	Scene>CH08>H7.mb
案例位置	Example>CH08>H7.mb
视频位置	Media>CH08>7. mi_car_paint_phen_x 材质：昆虫甲壳材质 .mp4
学习目标	学习如何制作昆虫甲壳材质

（扫码观看视频）

【操作思路】

对甲壳材质进行分析，甲壳虫外壳的表面有强烈高光和反射度，并且还有细微的光斑效果。使用mi_car_paint_phen_x材质，可以很好地模拟亮漆材质。

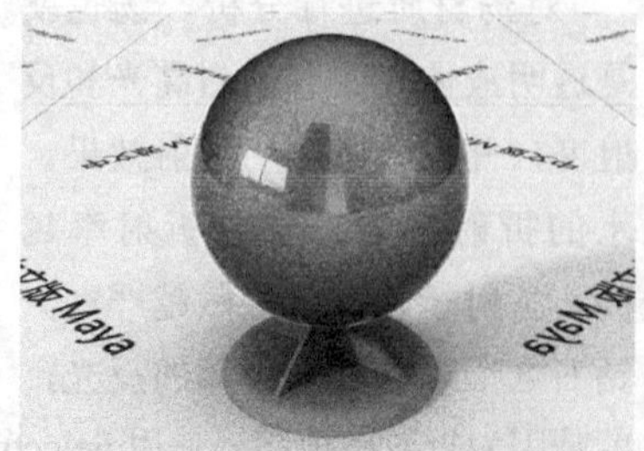

最终效果图

【操作工具】

本例的操作工具是mi_car_paint_phen_x材质，其属性如图8-41所示。

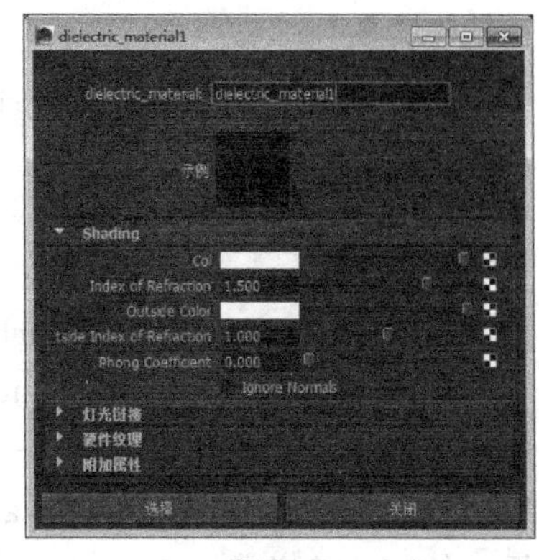
图8-41

【操作步骤】

01 打开场景“Scene>CH08>H7.mb”，如图8-42所示。

02 打开Hypershade对话框，然后创建一个mi_car_paint_phen_x（车漆）材质，如图8-43所示。

03 打开mi_car_paint_phen_x（车漆）材质的【属性编辑器】面板，然后在Flake Parameters（片参数）卷展栏下设置Flake Color（片颜色）为（R:211，G:211，B:211），并设置Flake Weight（片权重）为3；展开Reflection Parameters（反射参数）卷展栏，然后设置Reflection Color（反射颜色）为（R:169，G:185，B:255），接着Edge Factor（边缘因子）为7，具体参数设置如图8-44所示。

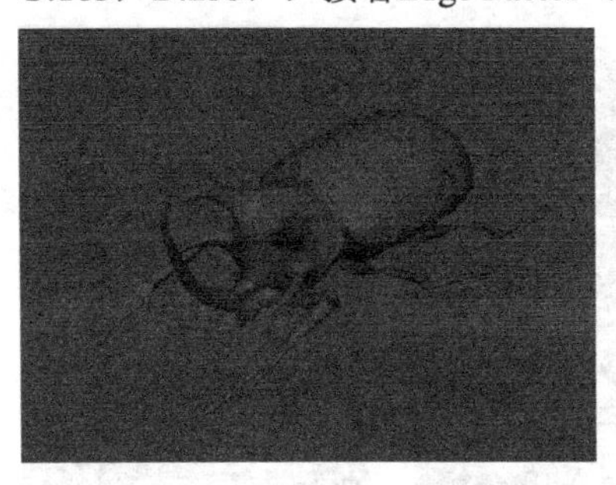
图8-42

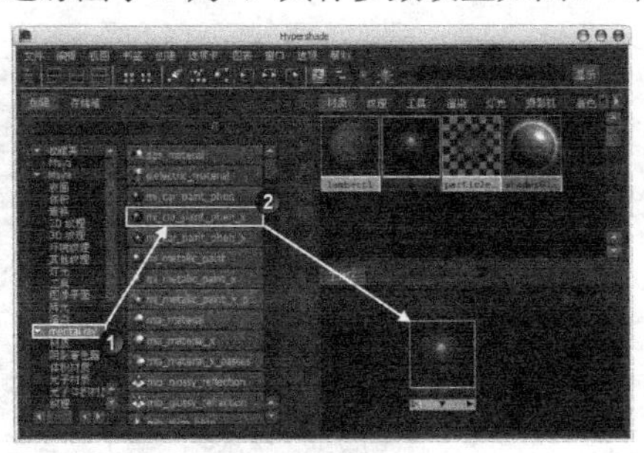
图8-43

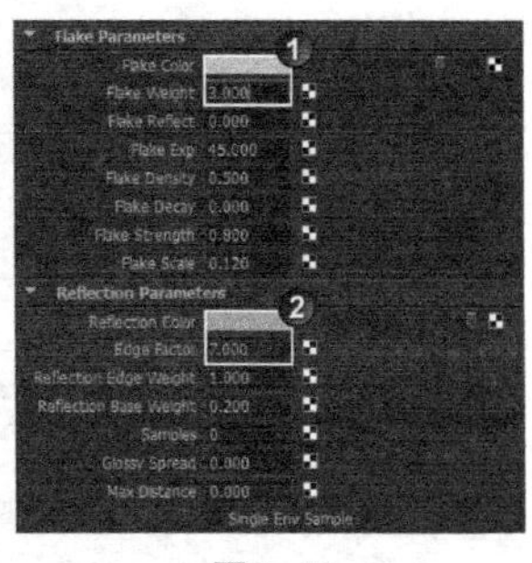
图8-44

04 将mi_car_paint_phen_x（车漆）材质指定给甲壳虫模型，然后测试渲染当前场景，效果如图8-45所示。

图8-45

【案例总结】

本案例是通过制作甲壳虫材质，来掌握mental ray的mi_car_paint_phen_x材质的使用。该材质常用于模拟亮漆材质，例如钢琴表面、车漆等效果。

案例94 misss_fast_simple_maya材质：蜡烛材质

场景位置	Scene>CH08>H8.mb
案例位置	Example>CH08>H8.mb
视频位置	Media>CH08>8. misss_fast_simple_maya 材质：蜡烛材质 .mp4
学习目标	学习如何制作蜡烛材质

（扫码观看视频）

【操作思路】

对蜡烛材质进行分析，蜡烛材质具有反射和高光属性，除此之外还具有通透性。光线照射到蜡烛后，穿透表面达到一定深度。mental ray的misss_fast_simple_maya材质，可以很好地模拟蜡烛材质。

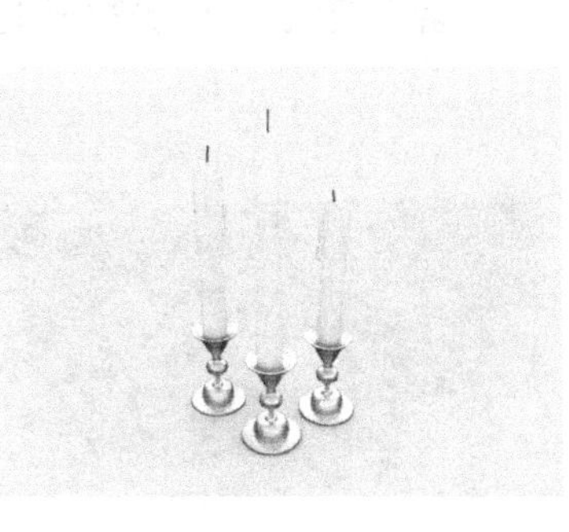

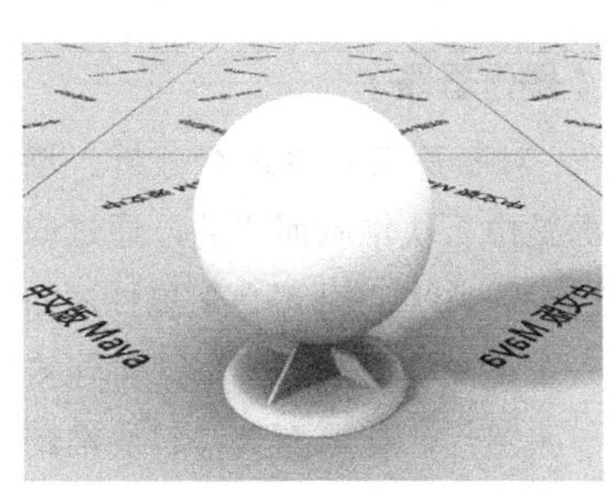

最终效果图

【操作工具】

本例的操作工具是misss_fast_simple_maya材质，其属性如图8-46所示。

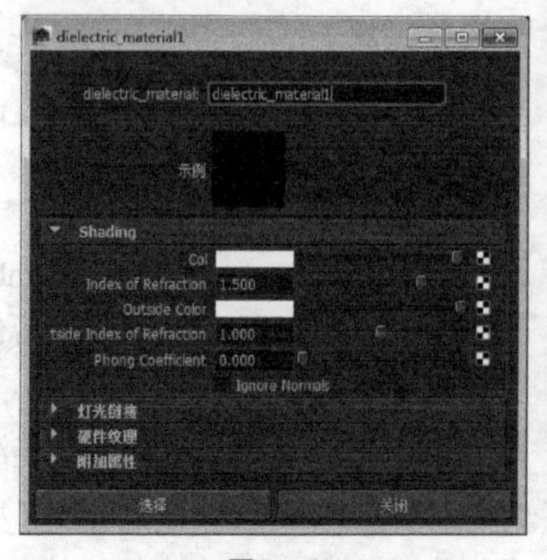

图8-46

【操作步骤】

01 打开场景“Scene>CH08>H8.mb”，如图8-47所示。

02 打开Hypershade窗口，创建misss_fast_simple_maya材质，如图8-48所示。

03 双击misss_fast_simple_maya材质，打开其【属性编辑器】面板，在Subsurface Scattering Layer卷展栏中设置Front SSS Color为（H:29，S:0.2，V:1）、Back SSS Color为（H:29，S:0.4，V:1），如图8-49所示。

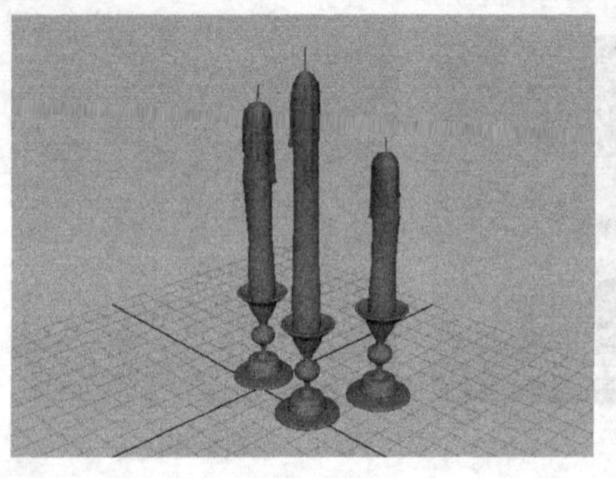
图8-47

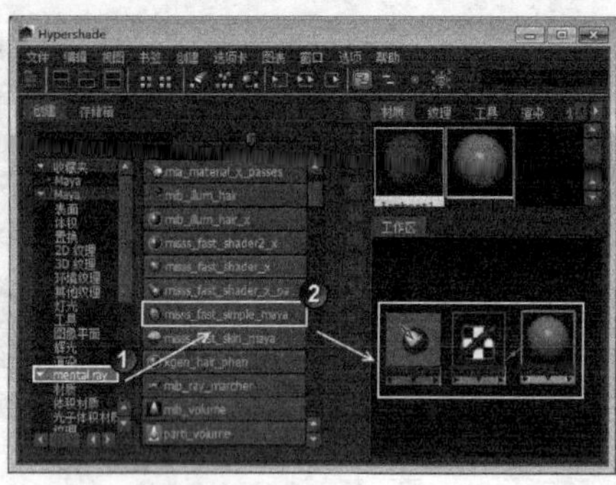

图8-48

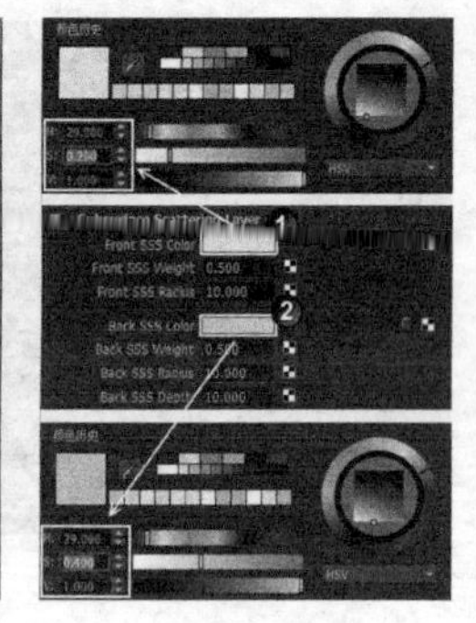
图8-49

04 将该材质赋予给蜡烛模型，并渲染当前场景，效果如图8-50所示。

图8-50

【案例总结】

本案例是通过制作蜡烛材质，来掌握mental ray的misss_fast_simple_maya材质的使用。该材质具有SSS效果，也就是次表面散射效果，常常用来模拟皮肤、蜡烛、纸张等有通透性的物质。

案例 95 文件贴图：藤蔓墙材质

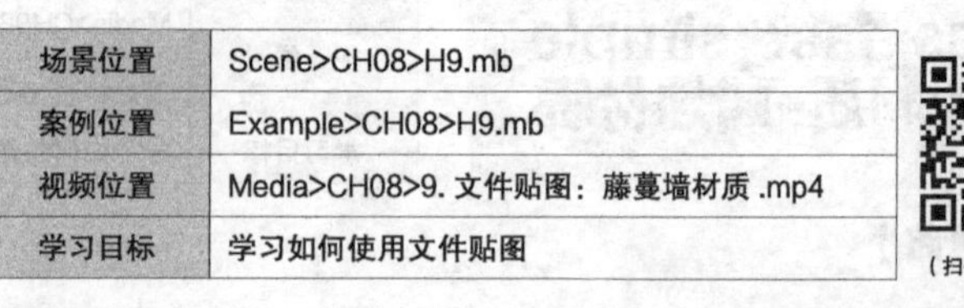

场景位置	Scene>CH08>H9.mb
案例位置	Example>CH08>H9.mb
视频位置	Media>CH08>9. 文件贴图：藤蔓墙材质 .mp4
学习目标	学习如何使用文件贴图

（扫码观看视频）

【操作思路】

对藤蔓墙效果进行分析，墙面是由石块堆砌而成的，通过向Lambert材质的【颜色】属性添加一个【文件】贴图节点，可连接一张图片，使墙面具有石块堆砌的效果。

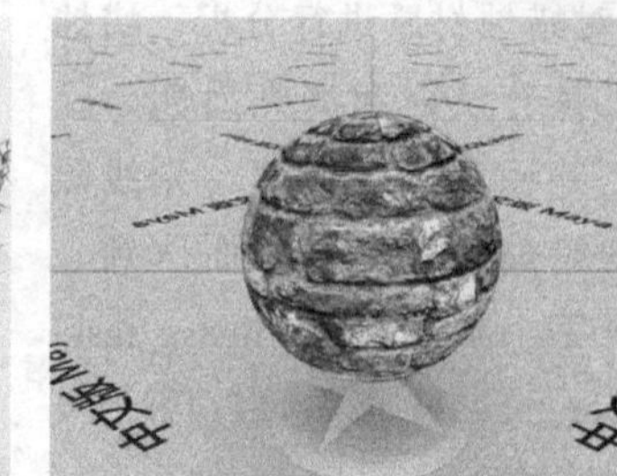
最终效果图

【操作工具】

本例的操作工具是【文件】贴图，其属性如图8-51所示。

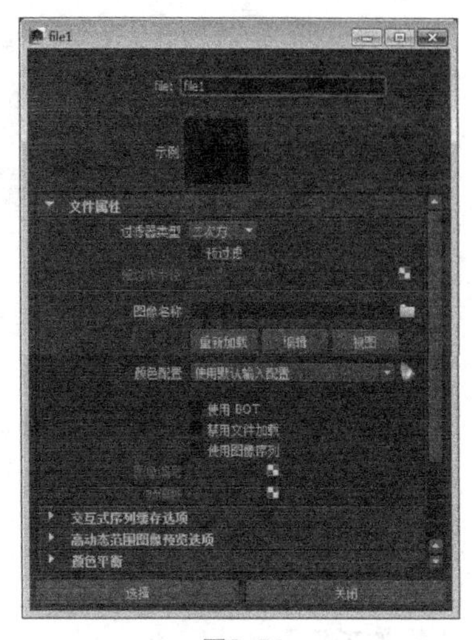

图8-51

【操作步骤】

01 打开场景“Scene>CH08>H9.mb”，如图8-52所示。

02 打开Hypershade窗口，创建Lambert材质，如图8-53所示。

03 双击Lambert材质，在其【属性编辑器】面板中单击【颜色】后面的按钮，如图8-54所示。

图8-52

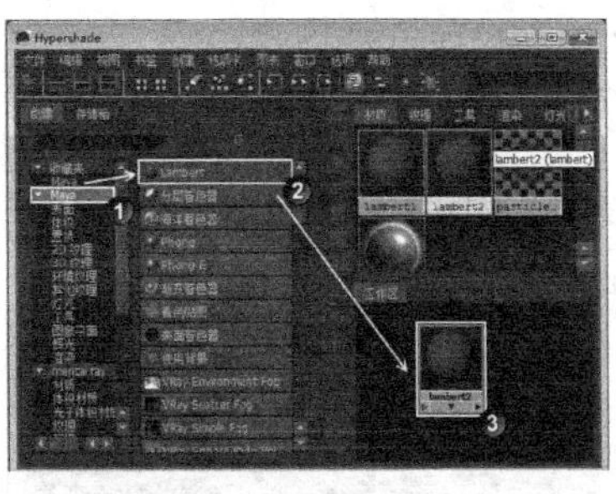

图8-53

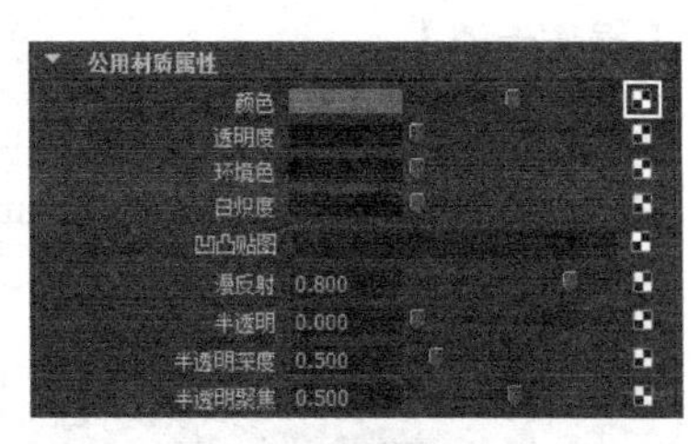

图8-54

04 在弹出的【创建渲染节点】对话框中，单击【文件】节点，如图8-55所示。

05 在【文件】节点的【属性编辑器】面板中，单击按钮为其指定图片“Example>CH08>H9>brick13.jpg”，如图8-56所示。

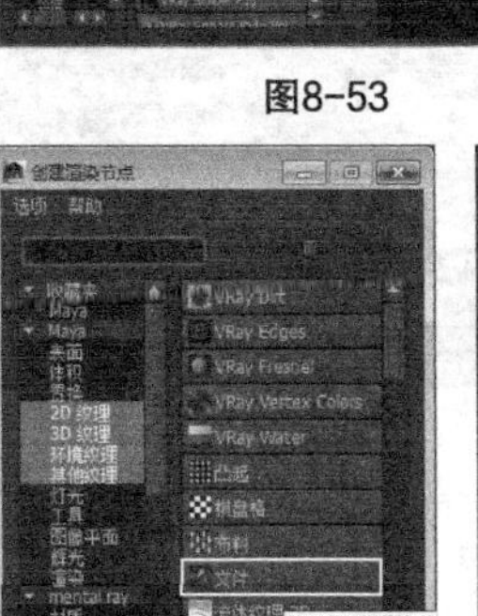

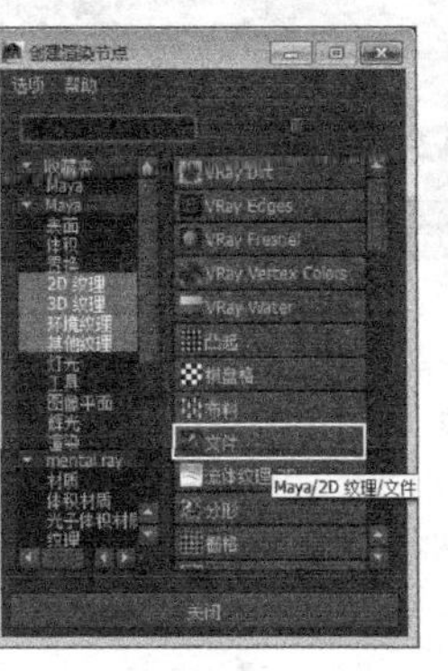

图8-55

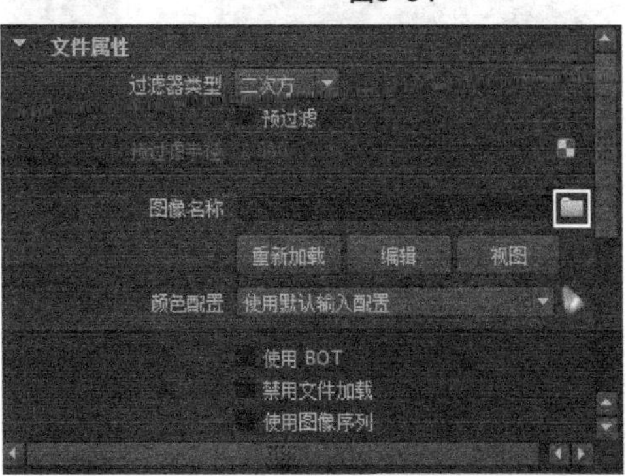

图8-56

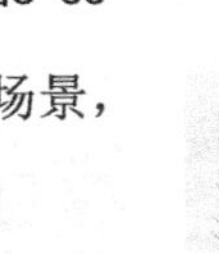

06 将该材质赋予给墙面模型，并渲染当前场景，效果如图8-57所示。

【案例总结】

本案例是通过制作藤蔓墙材质，来掌握文件贴图的使用方法。该节点可以连接大量格式的图片。在实际工作中，材质的众多属性都需要文件节点来控制，例如高光贴图、法线贴图、置换贴图等。

图8-57

案例96 渐变贴图：苹果蒂材质

场景位置	Scene>CH08>H10.mb
案例位置	Example>CH08>H10.mb
视频位置	Media>CH08>10. 渐变贴图：苹果蒂材质 .mp4
学习目标	学习如何制作苹果蒂材质

（扫码观看视频）

【操作思路】

对苹果蒂材质进行分析，苹果蒂顶端由于缺少养分而枯萎呈暗褐色，但蒂身依然保持墨绿色，【渐变】可以很好地模拟这种色彩自然过渡的效果。

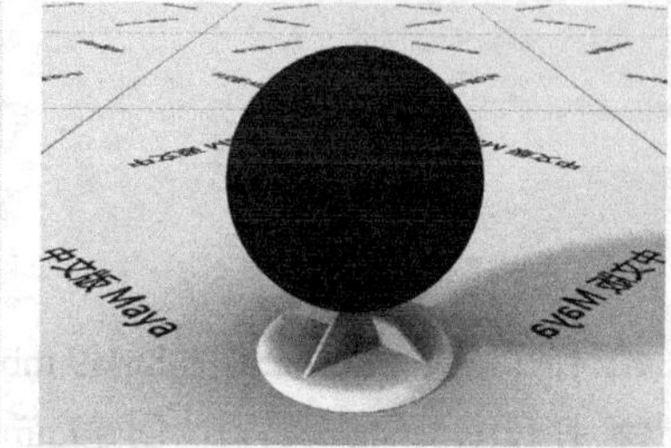

最终效果图

【操作工具】

本例的操作工具是【渐变贴图】，其属性如图8-58所示。

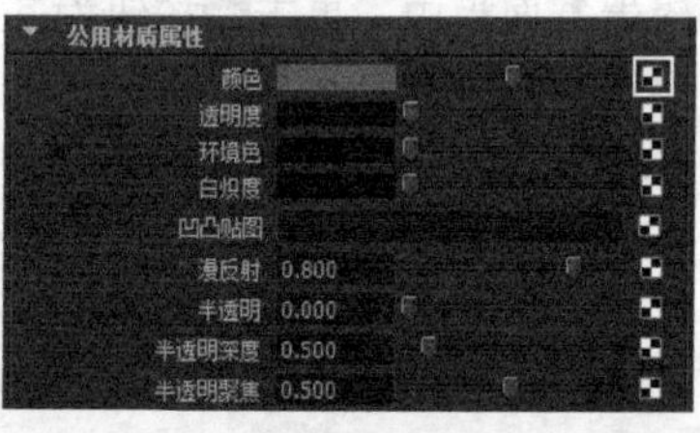

图8-58

【操作步骤】

01 打开场景“Scene>CH08>H10.mb”，如图8-59所示。

02 打开Hypershade窗口，创建Lambert材质，如图8-60所示。

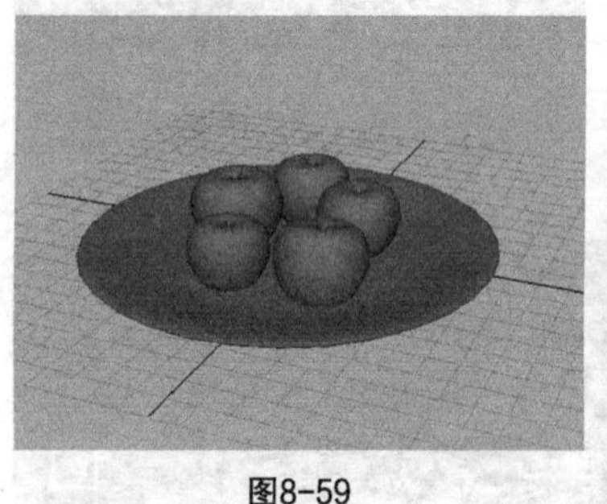

图8-59

图8-60

03 双击Lambert材质，在其【属性编辑器】面板中单击【颜色】后面的按钮，如图8-61所示。

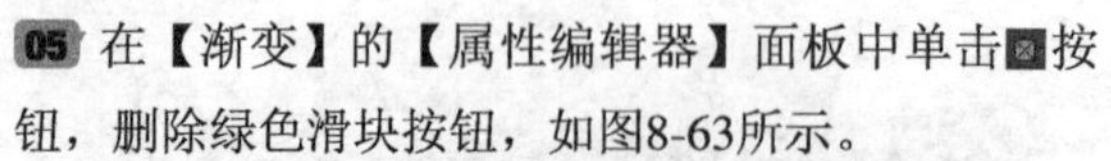

图8-61

04 在弹出的【创建渲染节点】对话框中，单击【渐变】节点，如图8-62所示。

05 在【渐变】的【属性编辑器】面板中单击按钮，删除绿色滑块按钮，如图8-63所示。

06 在【渐变】节点的【属性编辑器】面板中，选择上面的滑块按钮，设置【选定颜色】为（H:21.105，S:0.449，V:0.174）、【选定位置】为0.795。选择下面的滑块按钮，设置【选定颜色】为（H:120，S:0.216，V:0.186）、【选定位置】为0.54，如图8-64所示。

07 将该材质赋予给苹果蒂模型，并渲染当前场景，效果如图8-65所示。

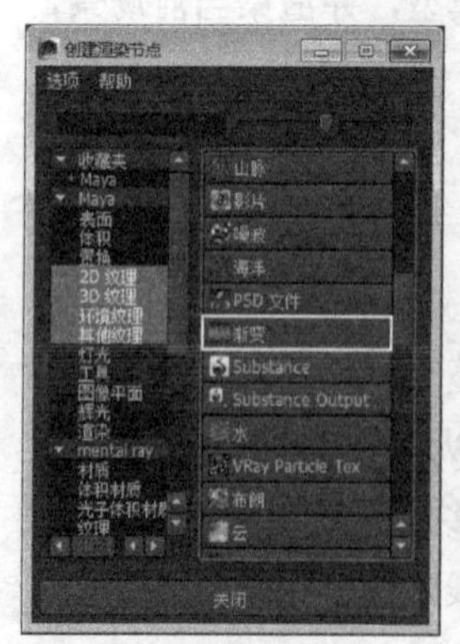

图8-62

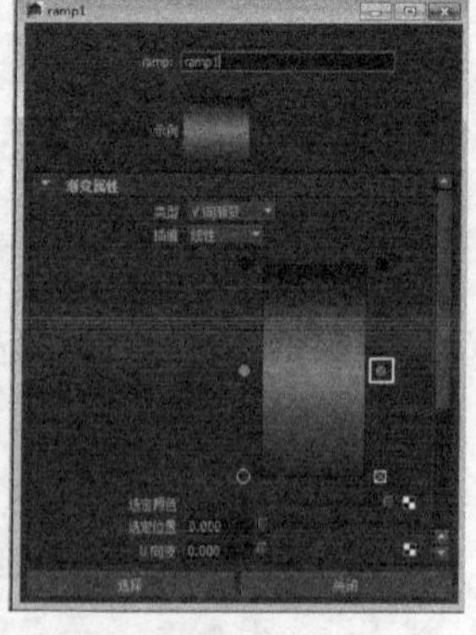

图8-63

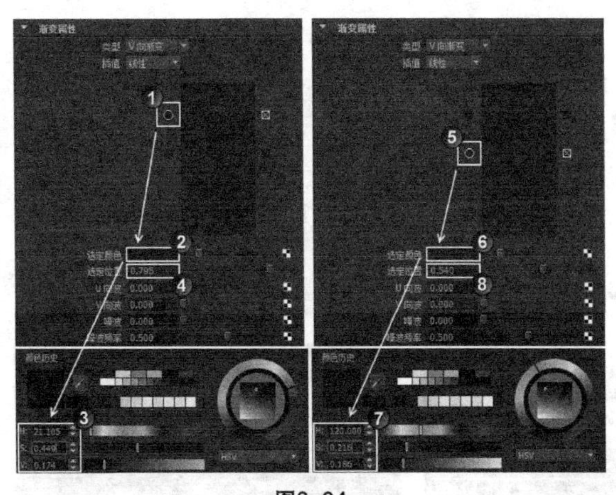

图8-64

图8-65

【案例总结】

本案例是通过制作苹果蒂材质，来掌握【渐变】贴图的使用方法。该节点的渐变类型有很多种，根据需要可模拟非常多的效果，将其设置为黑白渐变，可控制其他节点的属性。

案例 97 凹凸贴图：熔岩材质

场景位置	Scene>CH08>H11.mb
案例位置	Example>CH08>H11.mb
视频位置	Media>CH08>11. 凹凸贴图：熔岩材质 .mp4
学习目标	学习如何制作熔岩材质

（扫码观看视频）

【操作思路】

对熔岩材质进行分析，熔岩是地壳运动所产生的物质，由于高温熔化成不规则形态，并伴有发光的效果。这里综合使用了【文件】、【渐变】等节点，还添加了凹凸效果以增加熔岩的细节。

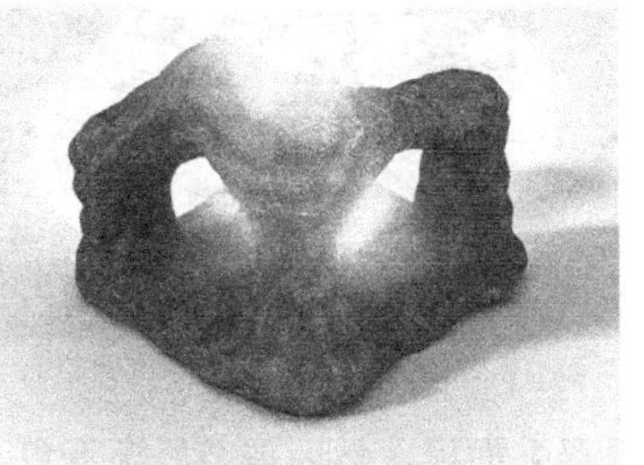

最终效果图

【操作工具】

本例的操作工具是【凹凸】贴图，其属性如图8-66所示。

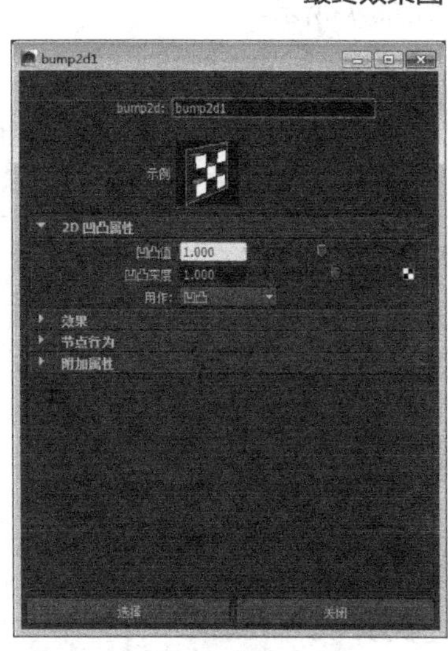

图8-66

切割面工具重要参数介绍

切割方向：用来选择切割的方向。可以在视图平面上绘制一条直线来作为切割方向，也可以通过世界坐标来确定一个平面作为切割方向。

交互式（单击可显示切割线）：通过拖曳光标来确定一条切割线。

YZ平面：以平行于*yz*轴所在的平面作为切割平面。

ZX平面：以平行于*xz*轴所在的平面作为切割平面。

XY平面：以平行于*xy*轴所在的平面作为切割平面。

删除切割面：选择该选项后，会产生一条垂直于切割平面的虚线，并且垂直于虚线方向的面将被删除。

提取切割面：选择该选项后，会产生一条垂直于切割平面的虚线，并且垂直于虚线方向的面将被偏移一段距离。

【操作步骤】

01 打开打开场景“Scene>CH08>H11.mb”文件，如图8-67所示。

02 创建一个Blinn材质（命名为rongyan）和【文件】节点，然后打开【文件】节点的【属性编辑器】面板，接着加载“Example>CH08>H10>07Lb.jpg”文件，如图8-68所示。

03 按住鼠标中键将【文件】节点拖曳到rongyan材质球上，然后在弹出的菜单中选择【凹凸贴图】命令，如图8-69所示。

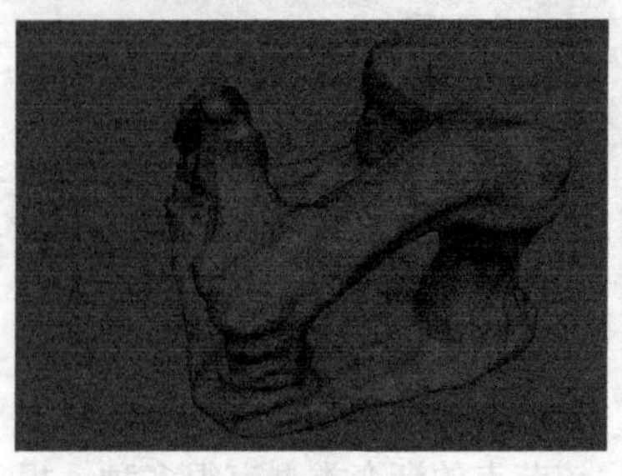

图8-67

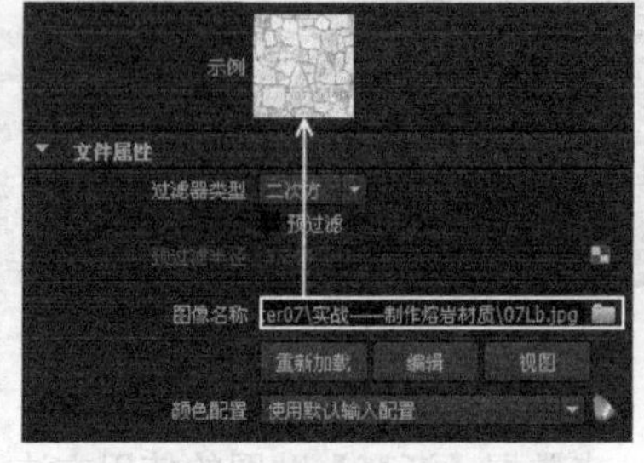

图8-68

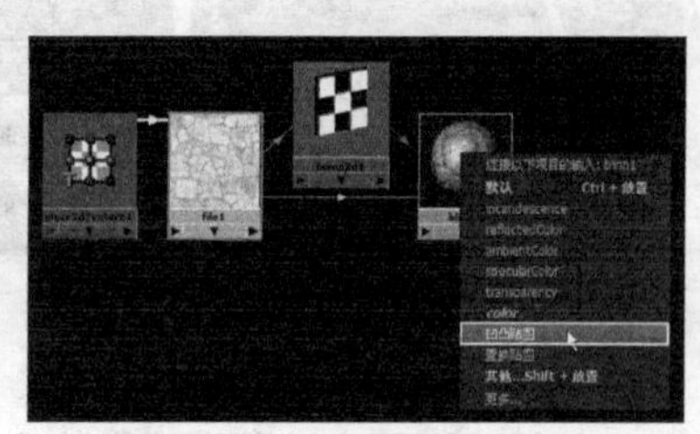

图8-69

04 选择【文件】节点，然后在Hypershade对话框中执行【编辑】>【复制】>【已连接到网络】命令，复制出一个【文件】节点，得到如图8-70所示的节点连接。

05 创建一个【渐变】节点，然后按住鼠标中键将该节点拖曳到复制出来的【文件】节点上，接着在弹出的菜单中选择color Gain（颜色增益）命令，如图8-71所示，得到的节点连接如图8-72所示。

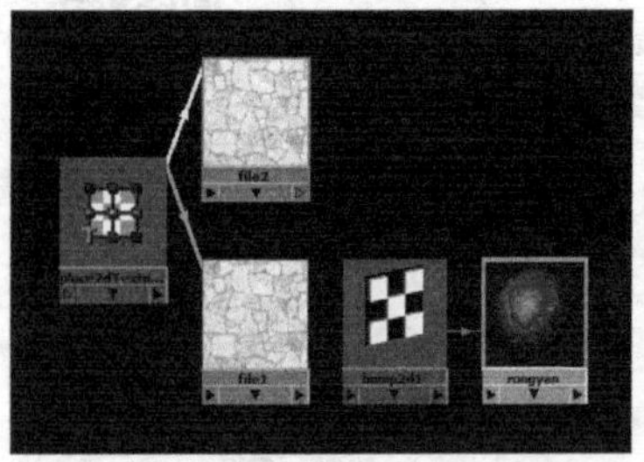

图8-70

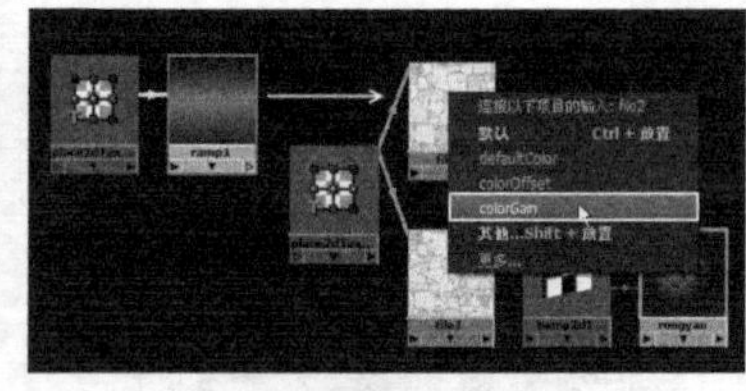

图8-71

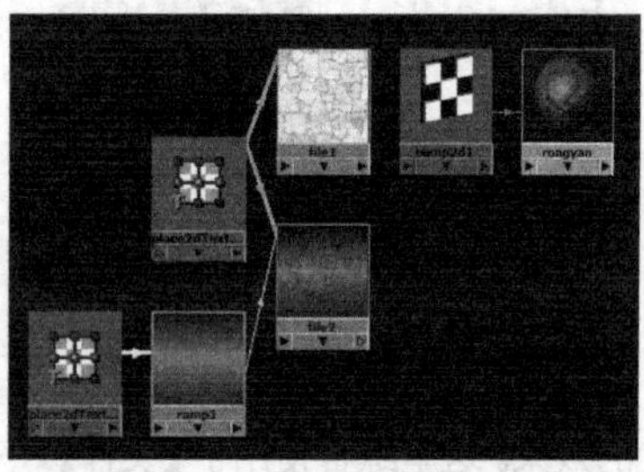

图8-72

06 打开【渐变】节点的【属性编辑器】面板，然后调节好渐变色，如图8-73所示。

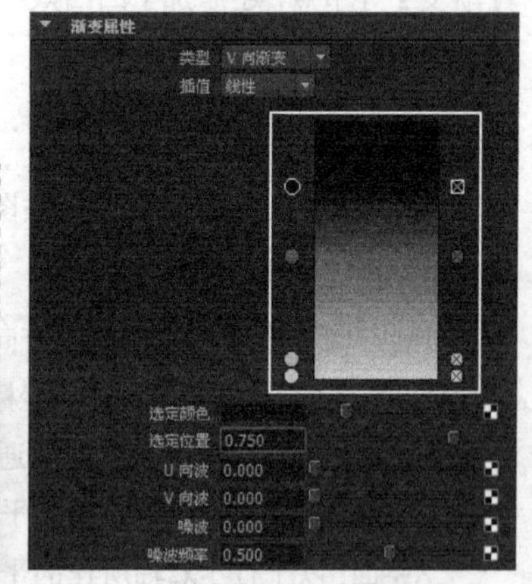

图8-73

技巧与提示

步骤06中一共有4个色标，而默认的色标只有3个，这样色标就不够用了。如果要添加色标，在色条的左侧单击鼠标左键即可。

07 创建一个【亮度】节点，然后按住鼠标中键将复制出来的【文件】节点（即file2节点）拖曳到【亮度】节点上，接着在弹出的菜单中选择value（数值）命令，如图8-74所示。

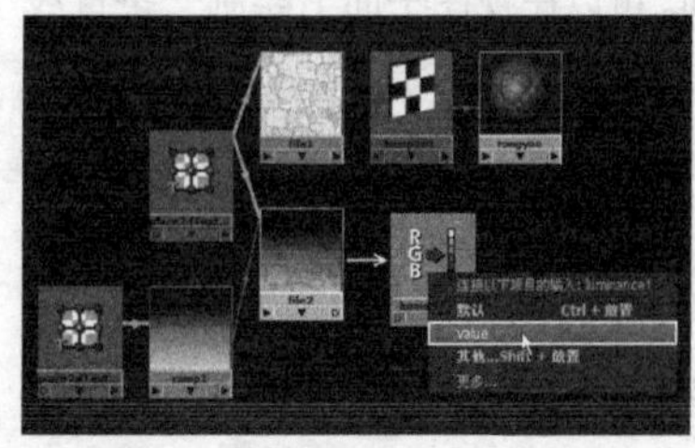

图8-74

技巧与提示

【亮度】节点的作用是将RGB颜色模式转换成灰度颜色模式。

08 创建一个【置换】节点，然后将【亮度】节点的outValue（输出数值）属性连接到【置换】节点的displacement（置换）属性上，如图8-75所示。

09 将rongyan指定给模型，然后测试渲染当前场景，可以观察到熔岩已经具有了置换效果，如图8-76所示。

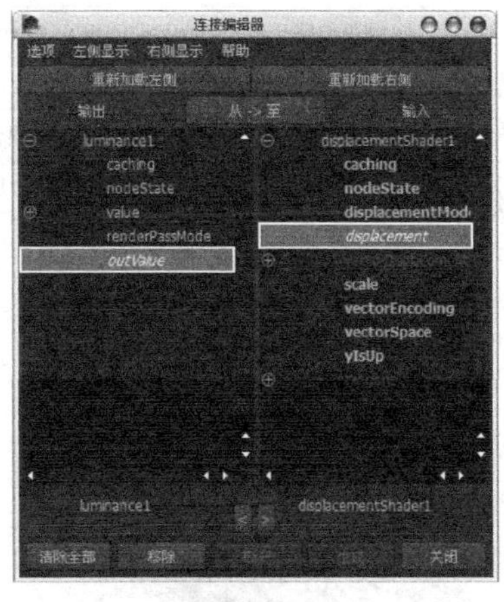

图8-75

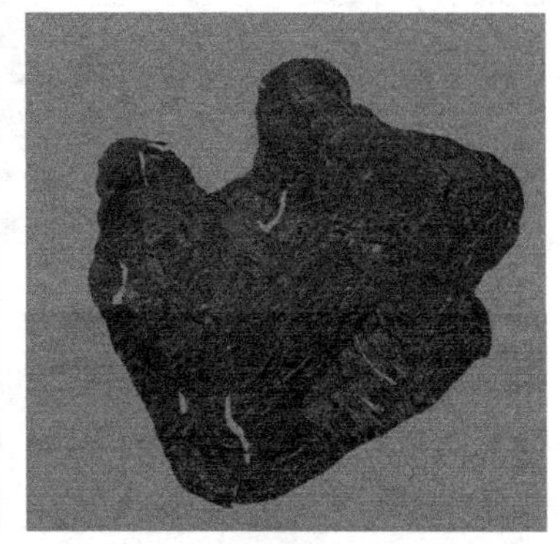
图8-76

10 打开file2节点的【属性编辑器】面板，然后在【效果】卷展栏下单击【颜色重映射】属性后面的【插入】按钮，如图8-77所示。接着测试渲染当前场景，效果如图8-78所示。

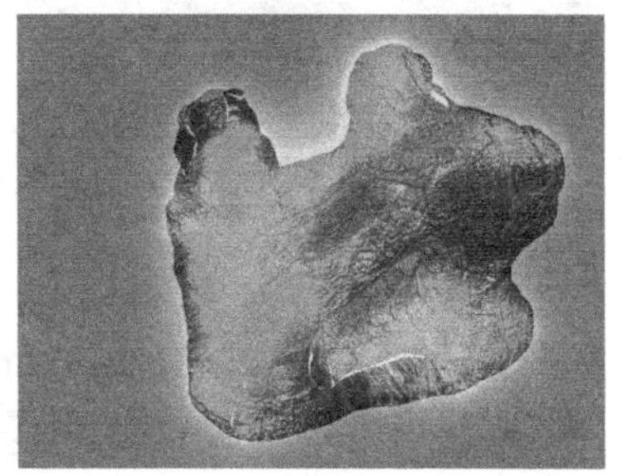
图8-78

11 打开RemapRamp1节点的【属性编辑器】面板，然后调节好渐变色，如图8-79所示。

图8-77

12 将RemapRamp1节点的outAlpha（输出Alpha）属性连接到rongyan材质的glowIntensity（辉光强度）属性上，如图8-80所示，得到的节点连接如图8-81所示。

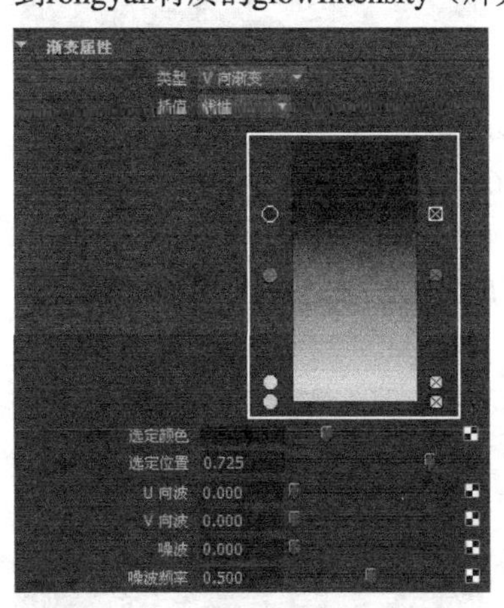

图8-79

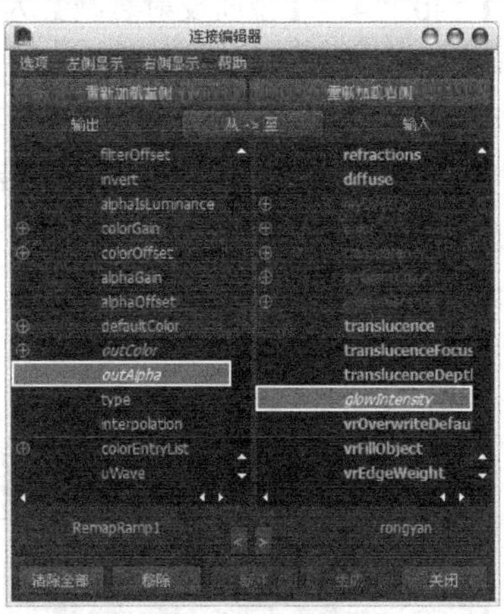

图8-80

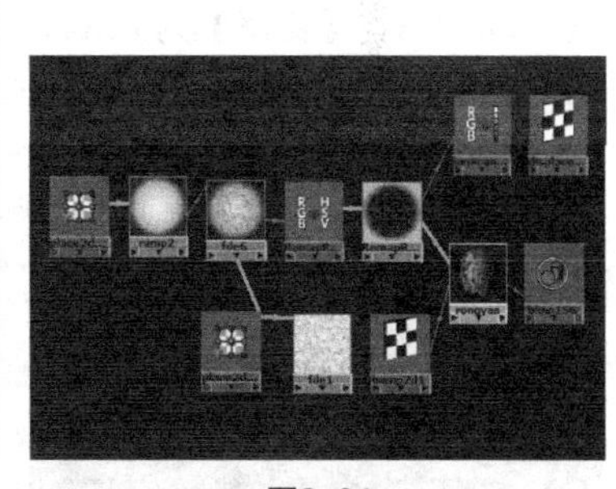
图8-81

13 渲染当前场景，最终效果如图8-82所示。

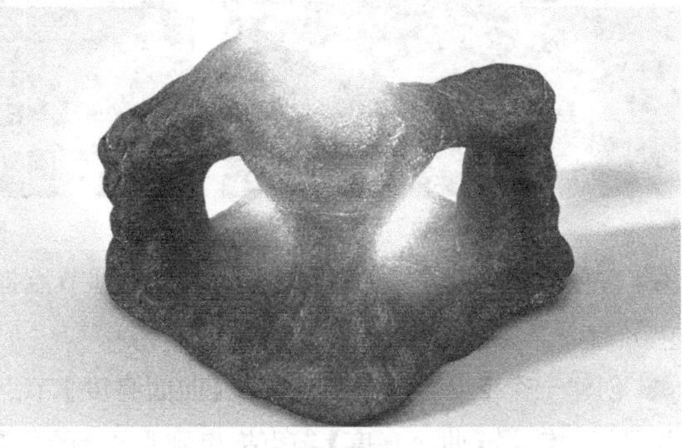
图8-82

【案例总结】

本案例是通过制作熔岩材质，来掌握【凹凸贴图】这一属性的使用。【凹凸贴图】属性可连接一张黑白图片，用于给对象表面增加立体感的细节，是贴图中常用的一种。

案例98 混合颜色：玛瑙材质

场景位置	Scene>CH08>H12.mb
案例位置	Example>CH08>H12.mb
视频位置	Media>CH08>12. 混合颜色：玛瑙材质 .mp4
学习目标	学习如何制作玛瑙材质

（扫码观看视频）

【操作思路】

对玛瑙材质进行分析，玛瑙是玉髓类矿物的一种，有半透明或不透明的，表面平坦光滑，玻璃光泽，有的较凹凸不平，蜡状光泽。Blinn材质可以很好地模拟玛瑙的光泽效果，再连接上【分形】节点等为其添加细节。

最终效果图

【操作工具】

本例的操作工具是【混合颜色】节点，其属性如图8-83所示。

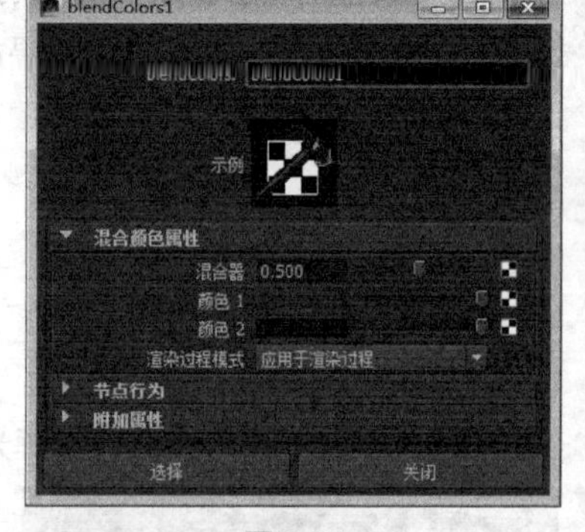

图8-83

【操作步骤】

01 打开场景“Scene>CH08>H12.mb”，如图8-84所示。

02 创建一个Blinn材质，打开其【属性编辑器】面板，然后在【公用材质属性】卷展栏下设置【漫反射】为0.951、【半透明】为0.447、【半透明深度】为2.073、【半透明聚焦】为0.301，接着在【镜面反射着色】卷展栏下设置【偏心率】为0.114、【镜面反射衰减】为0.707、【反射率】为0.659，再设置【镜面反射颜色】为（R:128，G:128，B:128）、【反射的颜色】为（R:0，G:0，B:0），如图8-85所示。

03 创建一个【分形】纹理节点，打开其【属性编辑器】面板，然后在【分形属性】卷展栏下设置【阈值】为0.333、【比率】为0.984、【频率比】为5.976，接着在【颜色平衡】卷展栏下设置【默认颜色】为（R:17，G:17，B:17）、【颜色增益】为（R:29，G:65，B:36），最后设置【Alpha增益】为0.407，具体参数设置如图8-86所示。

图8-84

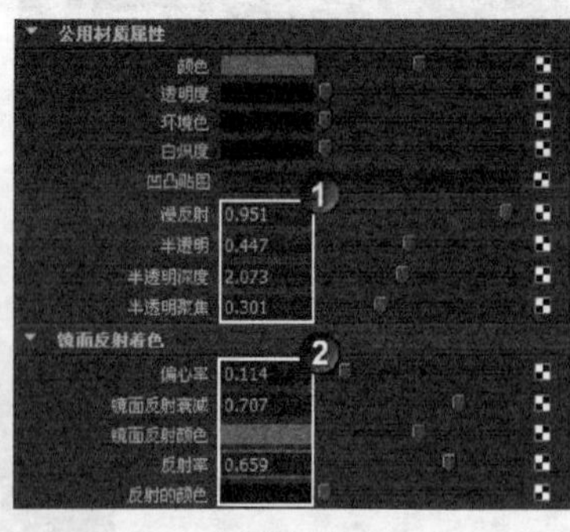

图8-85

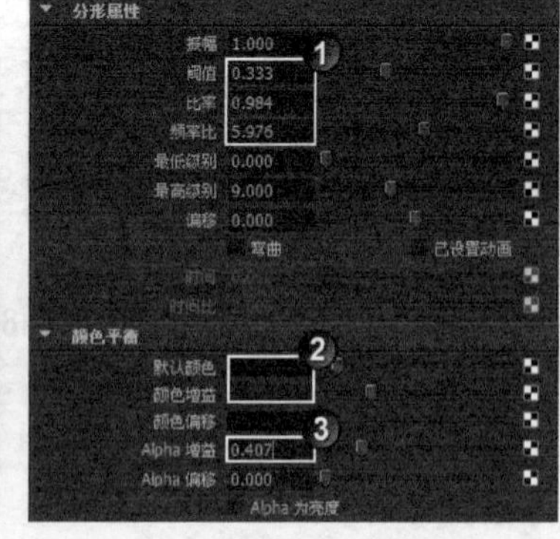

图8-86

04 按住鼠标中键将调整好的【分形】纹理节点拖曳到Blinn材质上，然后在弹出的菜单中选择color（颜色）命令，如图8-87所示。

05 创建一个【混合颜色】节点和【曲面亮度】节点，然后打开【混合颜色】节点的【属性编辑器】面板，按住鼠标中键将【曲面亮度】节点拖曳到【混合颜色】节点的【混合器】属性上，接着设置【颜色1】为黑色、

【颜色2】为白色，如图8-88所示。

06 按住鼠标中键将【混合颜色】节点拖曳到Blinn材质节点上，然后在弹出的菜单中选择ambientColor（环境色）命令，如图8-89所示。

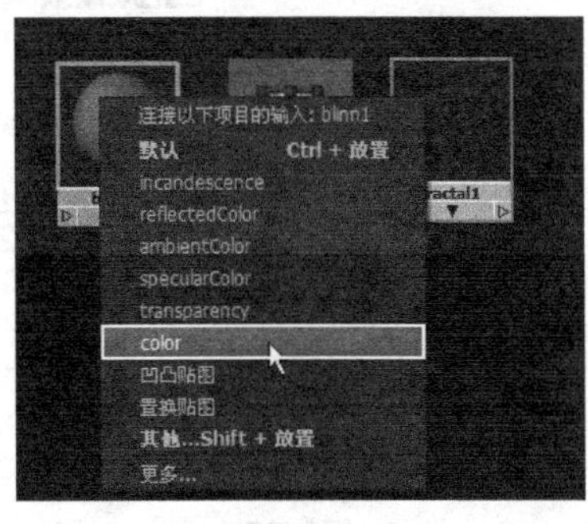

图8-87

图8-88

图8-89

07 再次创建一个【分形】纹理节点，然后按住鼠标中键将其拖曳到Blinn材质节点的【凹凸贴图】属性上，如图8-90所示。接着在【2D凹凸属性】卷展栏下设置【凹凸深度】为0.1，如图8-91所示。制作好的材质节点，如图8-92所示。

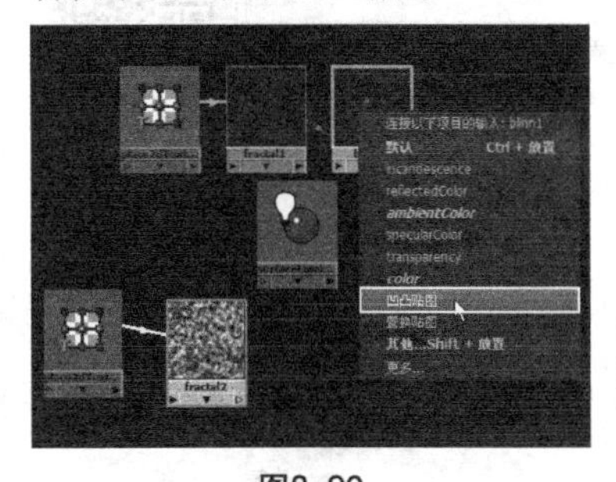

图8-90

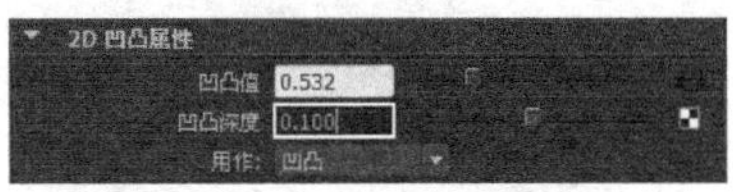

图8-91

图8-92

08 将制作好的Blinn材质指定给青蛙模型，然后渲染当前场景，最终效果如图8-93所示。

图8-93

【案例总结】

本案例是通过制作玛瑙材质，来掌握【混合颜色】节点的使用。该节点可将两种颜色混合，常用于控制材质中的属性。

练习 015 制作迷彩材质

场景位置	Scene>CH08>H13.mb
案例位置	Example>CH08>H13.mb
视频位置	Media>CH08>13. 制作迷彩材质 .mp4
技术需求	使用 Lambert 材质、【分形】节点、【层纹理】节点制作效果

（扫码观看视频）

效果图如图8-94所示。

本练习需要制作迷彩材质，如图8-95所示

图8-94

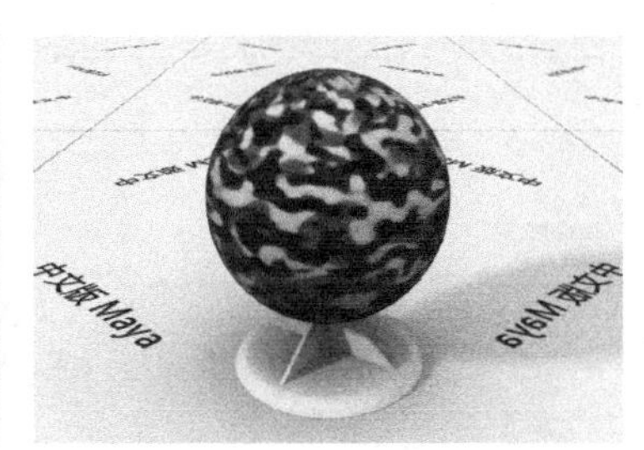

图8-95

练习 016 制作玻璃材质

场景位置	Scene>CH08>H14.mb
案例位置	Example>CH08>H14.mb
视频位置	Media>CH08>14. 制作玻璃材质 .mp4
技术需求	使用 Blinn 材质制作效果

（扫码观看视频）

效果图如图8-96所示。

本练习需要制作玻璃材质，如图8-97所示。

图8-96

图8-97

练习 017 制作车漆材质

场景位置	Scene>CH08>H15.mb
案例位置	Example>CH08>H15.mb
视频位置	Media>CH08>15. 制作车漆材质 .mp4
技术需求	使用 mi_car_paint_phen_x 材质制作效果

（扫码观看视频）

效果图如图8-98所示。

本练习需要制作玻璃材质，如图8-99所示

图8-98

图8-99

练习 018 制作葡萄材质

场景位置	Scene>CH08>H16.mb
案例位置	Example>CH08>H16.mb
视频位置	Media>CH08>16. 制作葡萄材质 .mp4
技术需求	使用 misss_fast_simple_maya 材质、【文件】节点制作效果

（扫码观看视频）

效果图如图8-100所示。

本练习需要制作葡萄材质，如图8-101所示

图8-100

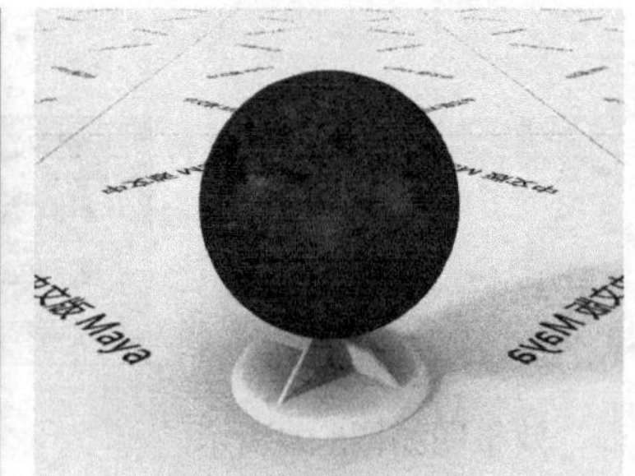

图8-101

第 09 章

纹理与材质技术综合运用

在制作三维作品的过程中，没有纹理和材质的模型俗称“白模”。白模虽然也具有一定的艺术价值，但不是一个完整的模型。在完成白模后还要对其进行UV的分配，UV的分配决定了纹理能否正确地在模型上显示。Maya提供了大量的纹理和材质，这些纹理和材质经过有条理的组合，为模型编织出“华丽的外衣”。本章主要强化纹理和材质技术，将这两项技术综合运用。因为在实际工作中，纹理和材质往往是紧密结合在一起的，只有熟练使用纹理和材质技术，才能制作一个有价值的模型。

本章学习要点

掌握Maya提供的纹理节点
掌握Maya提供的材质节点
拓展制作材质的思路
掌握纹理和材质的连接知识
强化纹理与材质的综合使用

案例99 X射线

场景位置	Scene>CH09>I1.mb
案例位置	Example>CH09>I1.mb
视频位置	Media>CH09>1. X射线 .mp4
学习目标	学习如何制作X射线材质

【操作思路】

对X射线材质进行分析，X射线能穿透一些不透明物质，例如皮肤、书、木料等。不能穿透的物质呈白色，越是不能穿透就越白。

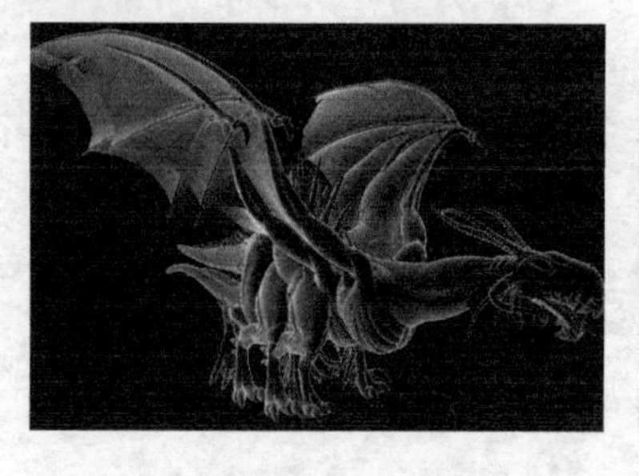

最终效果图

【操作工具】

本例的操作工具是【乘除】节点、【采样器信息】节点、【向量积】节点、【混合颜色】节点、【凹陷】节点和【灰泥】节点，如图9-1所示。

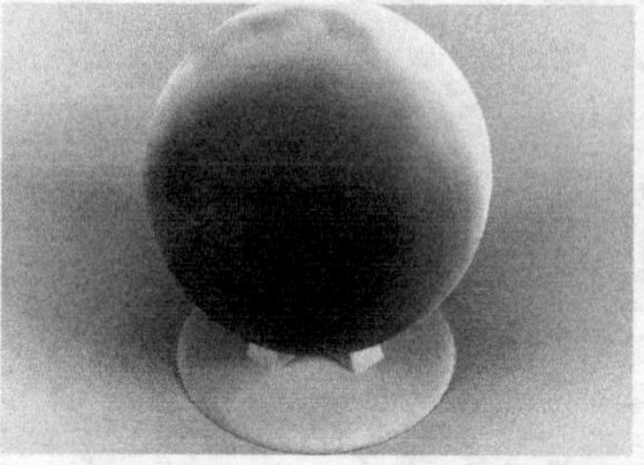

图9-1

【操作步骤】

01 打开场景“Scene>CH09>I1.mb”，如图9-2所示。

02 创建一个【表面着色器】材质（命名为X_shexian），然后创建【乘除】节点、【采样器信息】节点、【向量积】节点、【混合颜色】节点、【凹陷】节点和【灰泥】节点，如图9-3所示。

03 打开【灰泥】节点的【属性编辑器】面板，然后设置【通道1】的颜色为（R:171，G:251，B:255），设置【通道2】的颜色为（R:196，G:254，B:255），如图9-4所示。

图9-2

图9-3

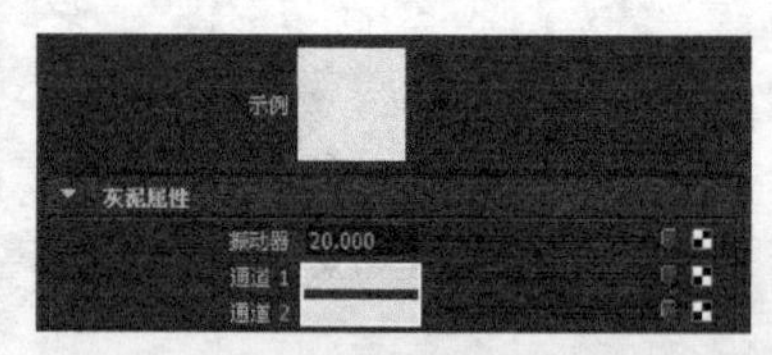

图9-4

04 打开【凹陷】节点的【属性编辑器】面板，然后在【法线选项】卷展栏下设置【法线融化】为0.021，如图9-5所示。

05 将【采样器信息】节点的rayDirection（光线方向）属性连接到【乘除】节点的input1（输入1）属性上，如图9-6所示。

06 打开【乘除】节点的【属性编辑器】面板，然后设置【运算】为【相乘】，设置【输入2】为（-1，-1，-1），如图9-7所示。

图9-5

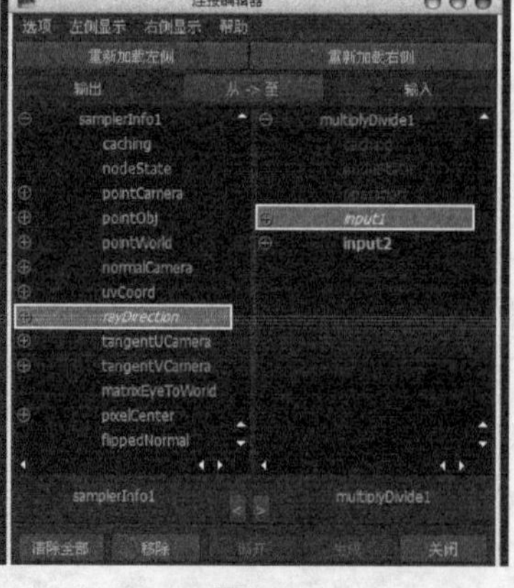

图9-6

07 将【乘除】节点的output（输出）属性连接到【向量积】节点的input1（输入1）属性上，如图9-8所示。

08 将【凹陷】属性的outNormal（输出法线）属性连接到【向量积】节点的input2（输入2）属性上，如图9-9所示。

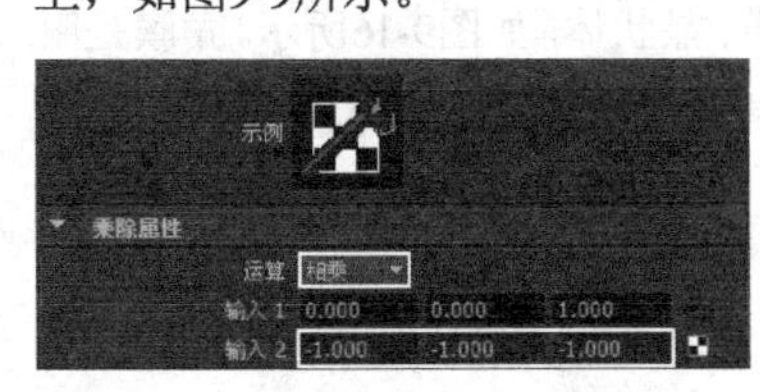

图9-7

图9-8

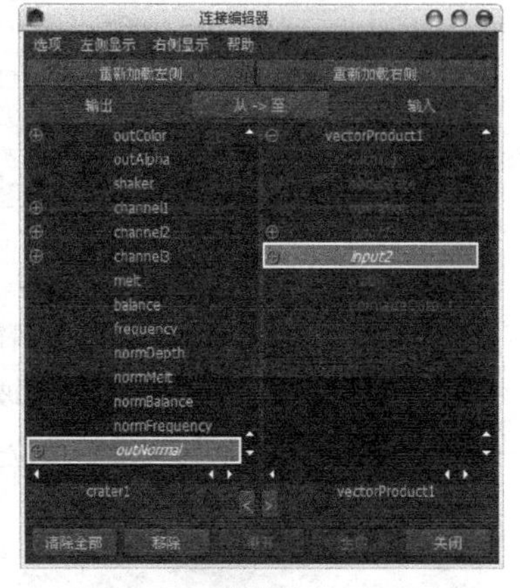

图9-9

09 将【灰泥】节点的outColor（输出颜色）属性连接到【混合颜色】节点的color2（颜色2）属性上，如图9-10所示。

10 将【向量积】节点的OutputX（输出X）属性连接到【混合颜色】节点的blender（混合器）属性上，如图9-11所示。

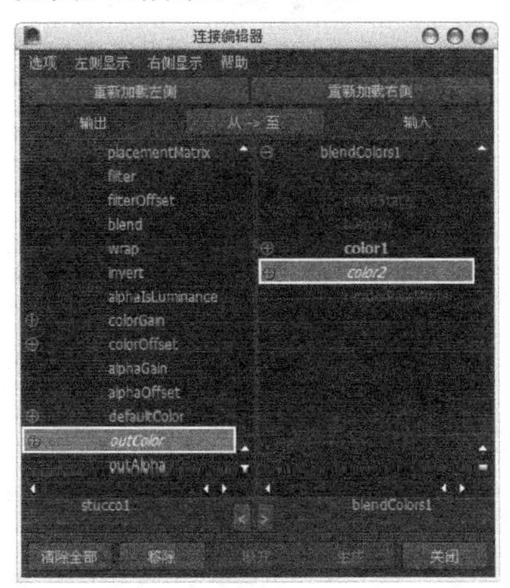

图9-10

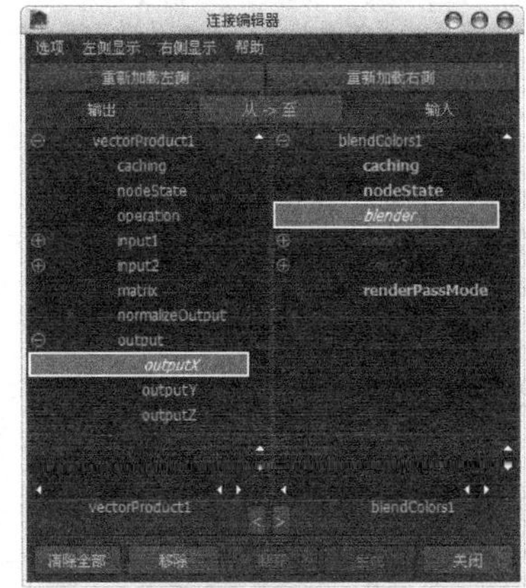

图9-11

11 打开【混合颜色】节点的【属性编辑器】面板，然后设置【颜色1】为（R:27，G:0，B:0），如图9-12所示。

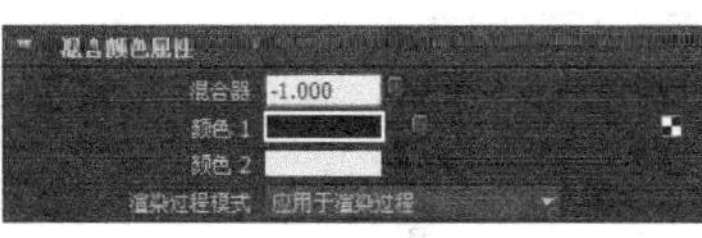

图9-12

12 将【混合颜色】节点的output（输出）属性连接到X_shexian材质节点的outColor（输出颜色）上，如图9-13所示，制作好的材质节点如图9-14所示。

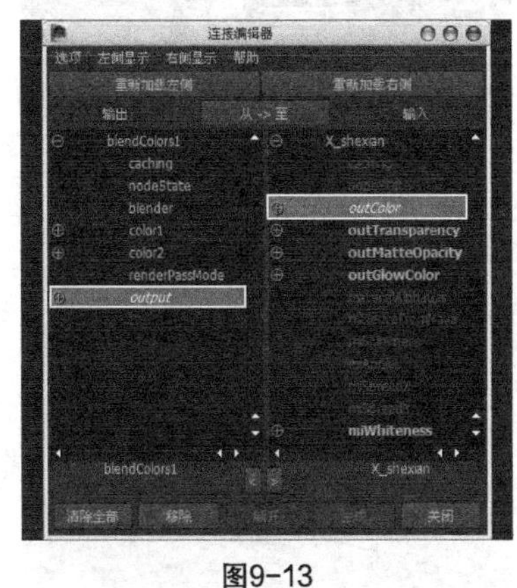

图9-13

13 将制作好的X_shexian材质指定给模型，然后渲染当前场景，最终效果如图9-15所示。

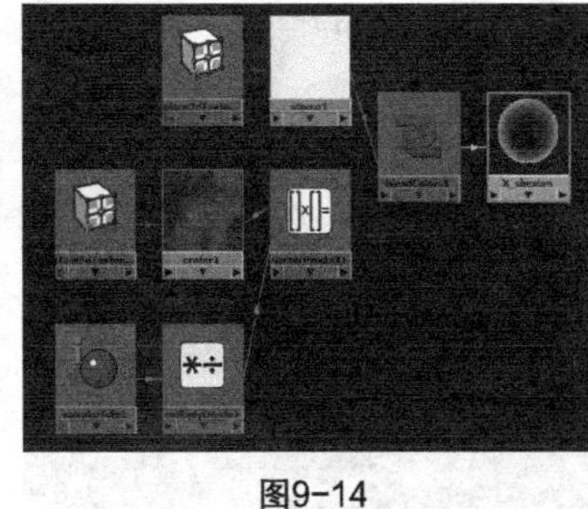

图9-14

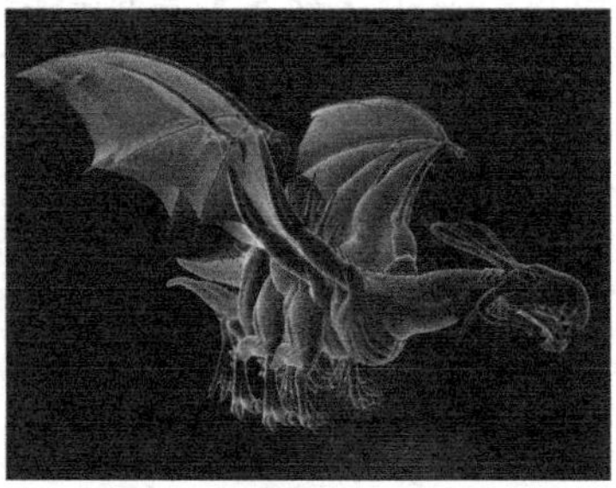

图9-15

【案例总结】

本案例是通过X射线材质，来掌握【乘除】、【采样器信息】、【向量积】、【混合颜色】、【凹陷】和【灰泥】节点的综合运用。

案例100 眼睛

场景位置	Scene>CH09>I2.mb
案例位置	Example>CH09>I2.mb
视频位置	Media>CH09>2. 眼睛 .mp4
学习目标	学习如何制作眼睛材质

（扫码观看视频）

【操作思路】

对眼睛材质进行分析，制作眼睛需要3个部分的材质，分别是角膜、虹膜、晶状体，如图9-16所示。角膜是眼球最外层具有高反射、透明类似于玻璃的效果，角膜后面还有血管；虹膜是眼睛最明显的结构，反映了眼睛的最终效果，都有凹凸效果；晶状体位于最里层类似于黑洞效果。

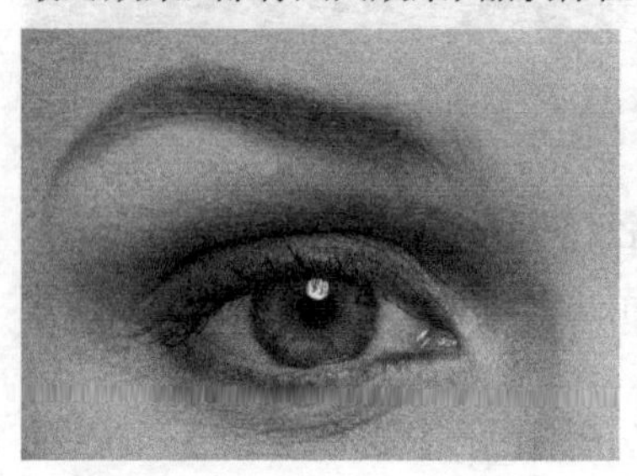

最终效果图

图9-16

【操作工具】

本例的操作工具是Blinn材质，【文件】、【渐变】、【投影】节点，如图9-17所示。

图9-17

【操作步骤】

01 打开场景“Scene>CH09>I2.mb”，如图9-18所示。

02 下面制作角膜材质。创建一个Blinn材质，打开其【属性编辑器】面板，将材质命名为eyeball2，在【镜面反射着色】卷展栏下设置【偏心率】为0.07、【反射率】为0.2，设置【镜面反射颜色】为（R:247，G:247，B:247），如图9-19所示。

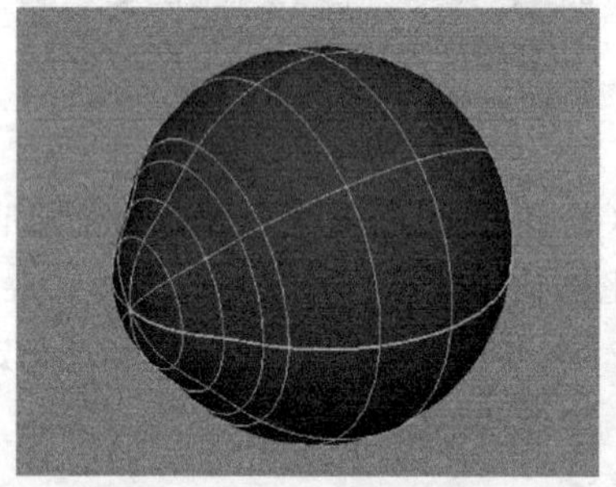

图9-18

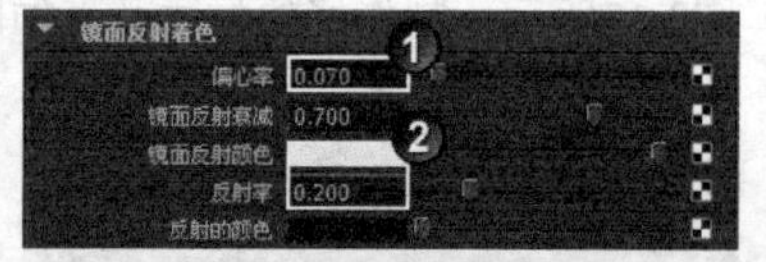

图9-19

03 展开【公用材质属性】卷展栏，单击【颜色】属性后面的按钮，并在弹出的【创建渲染节点】对话框中单击【文件】节点，在弹出的面板中加载“Example>CH09>I2>projection.als”文件，如图9-20所示。将材质指定给角膜模型，效果如图9-21所示。

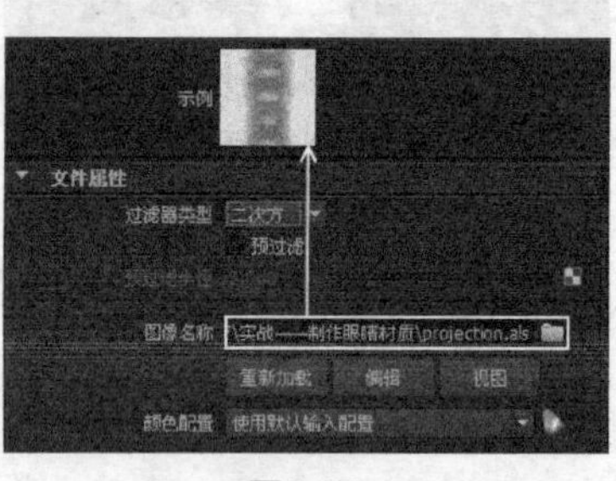

图9-20

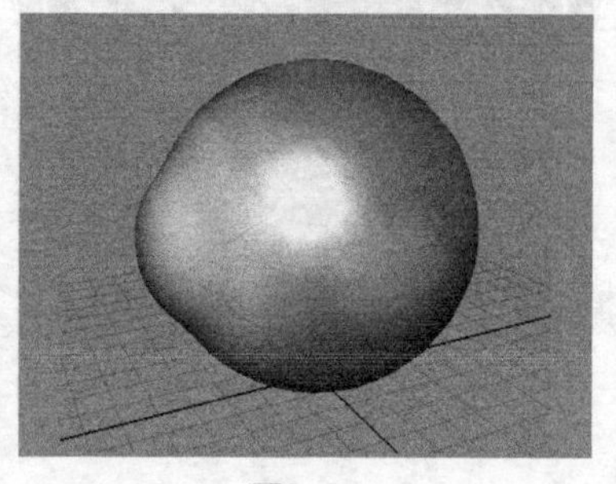

图9-21

04 在【公用材质属性】卷展栏下单击【透明度】属性后面的按钮，在弹出的【创建渲染节点】对话框中单击【文件】节点，在弹出的面板中加载“Example>CH09>I2>ramp.als”文件，如图9-22所示。

05 在【公用材质属性】卷展栏下单击【凹凸贴图】属性后面的按钮，打开【创建渲染节点】对话框，在【文件】节点上单击鼠标右键，并在弹出的菜单中选择【创建为投影】命令，如图9-23所示。

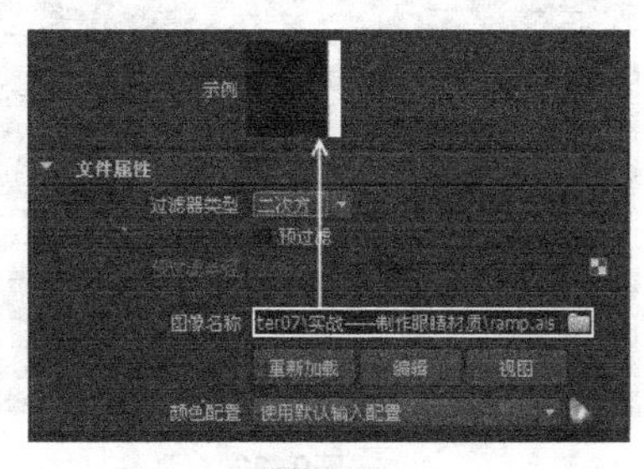

图9-22

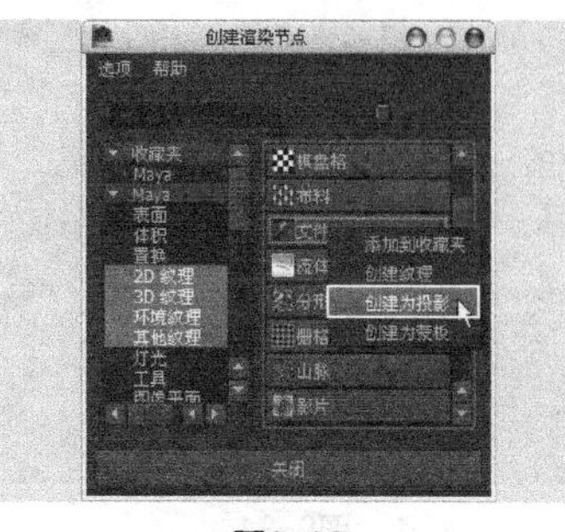

图9-23

06 选择【投影】节点，如图9-24所示。然后在其【属性编辑器】面板中的【投影】属性卷展栏下单击【适应边界框】按钮，如图9-25所示。

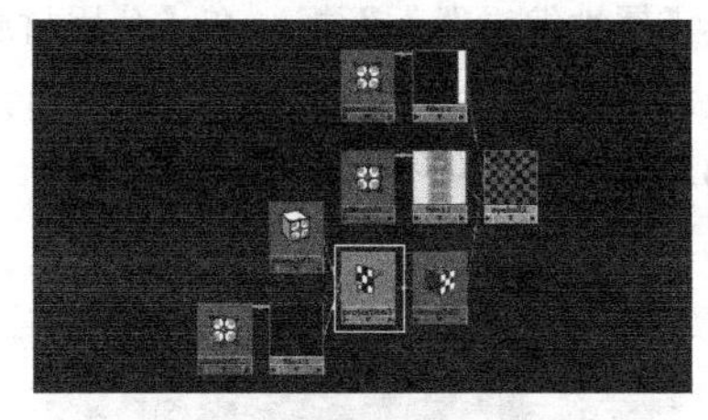

图9-24

图9-25

07 选择【凹凸贴图】属性的【文件】节点，然后在其【属性编辑器】面板中的【文件属性】卷展栏下加载“Example>CH09>I2>bump.tif”文件，如图9-26所示，制作好的角膜材质节点如图9-27所示。

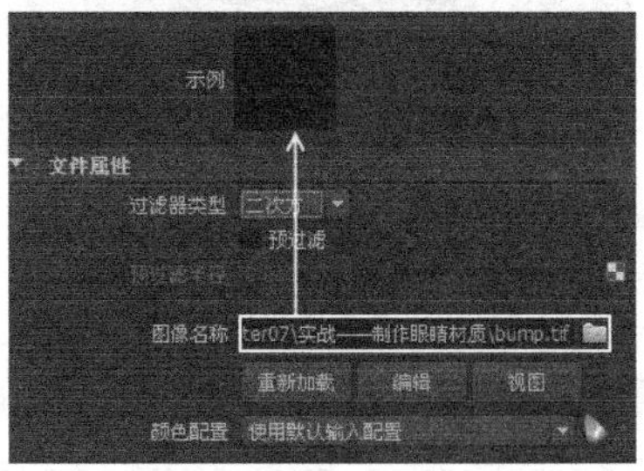

图9-26

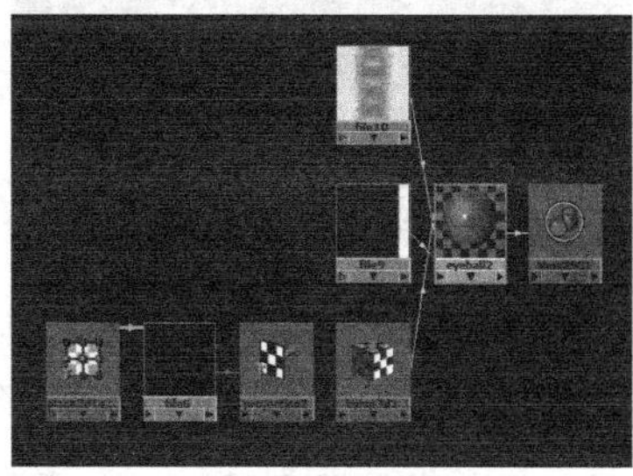

图9-27

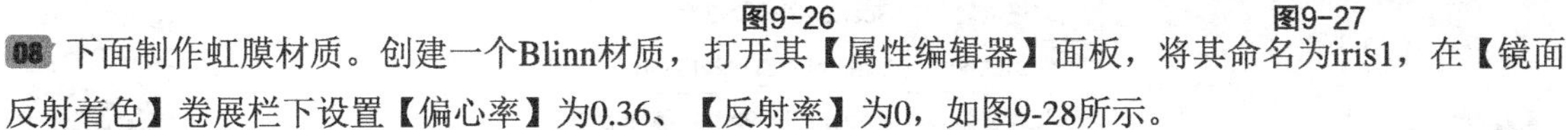

08 下面制作虹膜材质。创建一个Blinn材质，打开其【属性编辑器】面板，将其命名为iris1，在【镜面反射着色】卷展栏下设置【偏心率】为0.36、【反射率】为0，如图9-28所示。

09 展开【公用材质属性】卷展栏，在【颜色】贴图通道中加载“Example>CH09>I2>eye.tif”文件，如图9-29所示。

10 创建一个【渐变】节点，在【渐变属性】卷展栏下设置【类型】为【圆形渐变】、【插值】为【平滑】，设置第1个色标的颜色为黑色，设置第2个色标的颜色为（R:124，G:110，B:79），如图9-30所示。

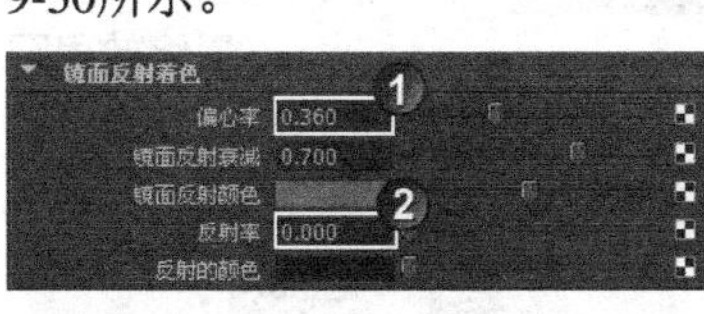

图9-28

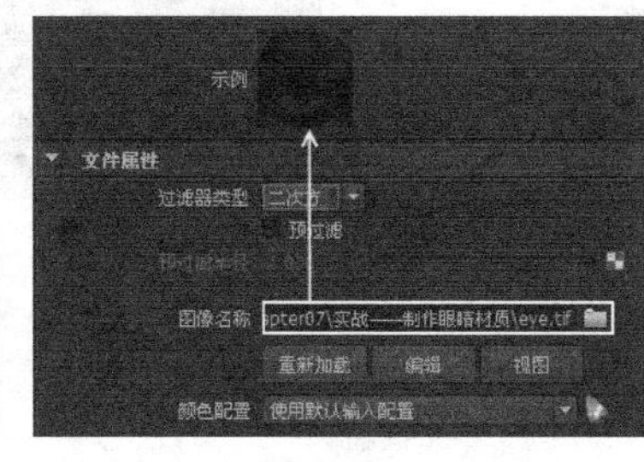

图9-29

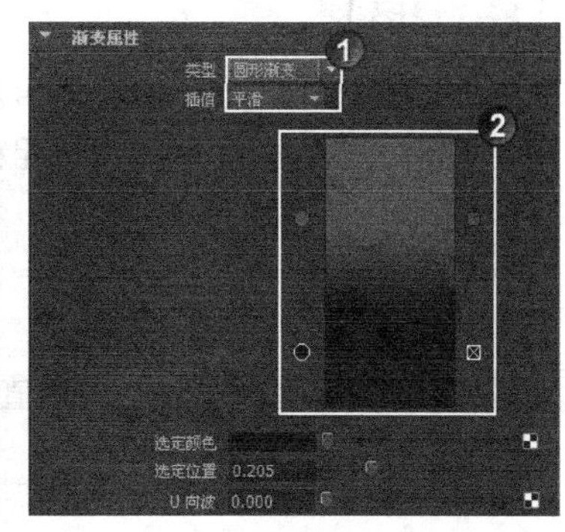

图9-30

11 按住鼠标中键将【渐变】节点拖曳到iris1材质上，在弹出的菜单中选择specularColor（镜面反射颜色）命令，如图9-31所示。

12 选择【文件】节点，在Hypershade对话框中执行【编辑】>【复制】>【着色网格】命令，复制出一个【文件】节点，如图9-32所示。

13 按住鼠标中键将复制出来的【文件】节点拖曳到iris1材质上，在弹出的菜单中选择【凹凸贴图】命令，如图9-33所示，制作好的材质节点如图9-34所示。

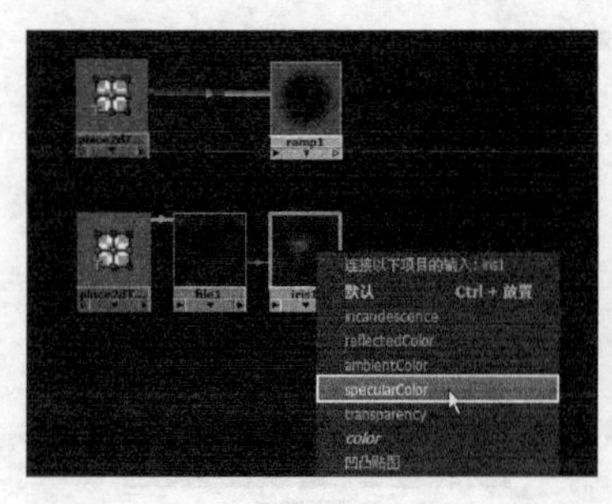

图9-31

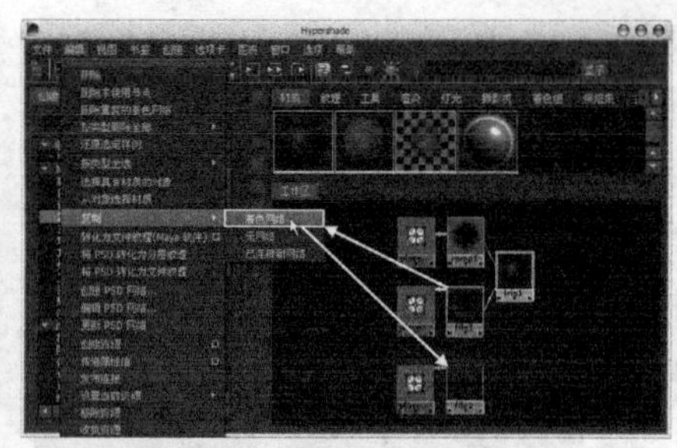
图9-32

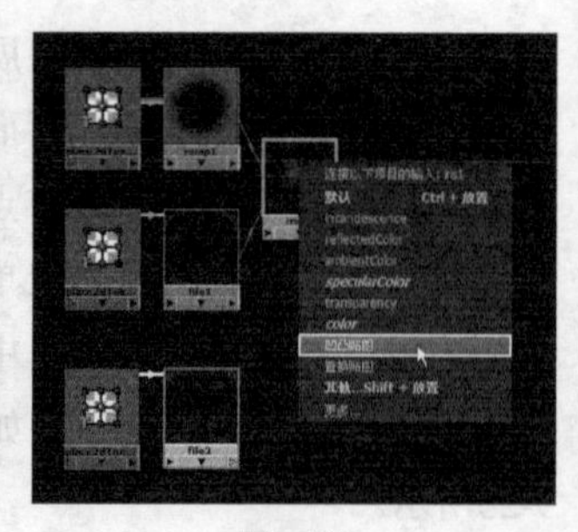
图9-33

14 创建一个Lambert材质，打开其【属性编辑器】面板，在【公用材质属性】卷展栏下设置【颜色】为黑色，将Lambert材质、iris1材质指定给晶状体与瞳孔模型，效果如图9-35所示。

15 渲染当前场景，最终效果如图9-36所示。

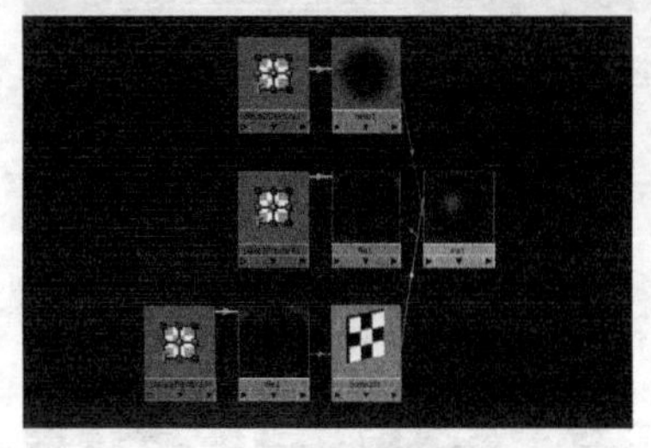
图9-34

图9-35

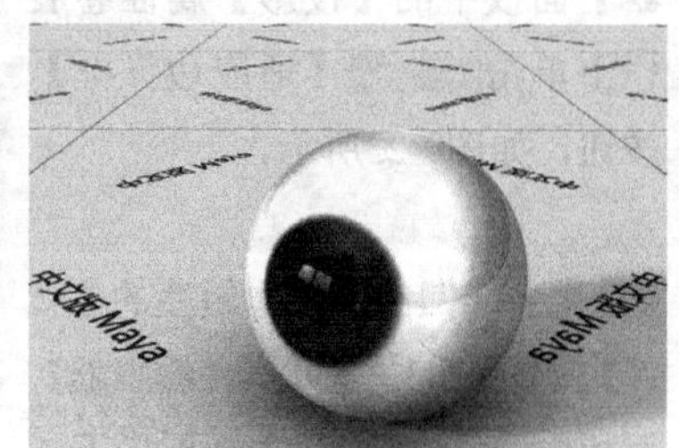

图9-36

【案例总结】

本案例是通过制作眼睛材质，来掌握Blinn材质，【文件】、【渐变】、【投影】节点的综合运用。

案例 101 冰雕

场景位置	Scene>CH09>I3.mb
案例位置	Example>CH09>I3.mb
视频位置	Media>CH09>3. 冰雕 .mp4
学习目标	学习如何制作冰雕材质

（扫码观看视频）

【操作思路】

对冰雕材质进行分析，冰具有反射、高光的特点，还有一些通透感，并且表面粗糙。

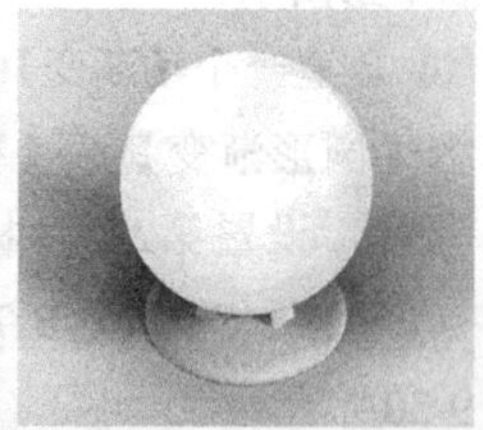
最终效果图

【操作工具】

本例的操作工具是Phong材质、【混合颜色】、【采样器信息】、【凹凸3D】、【匀值分形】、【凹凸2D】、【噪波】、【分形】节点，如图9-37所示。

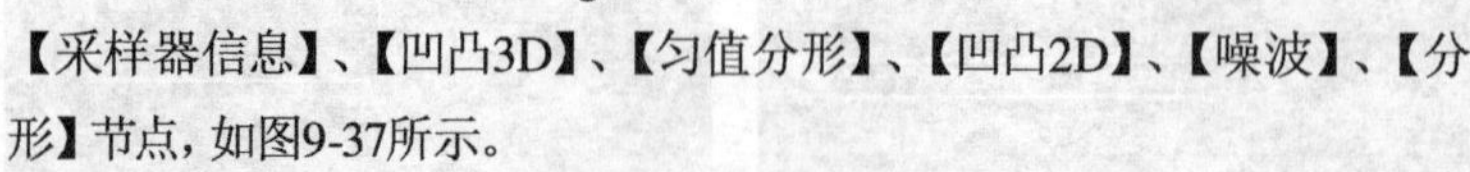

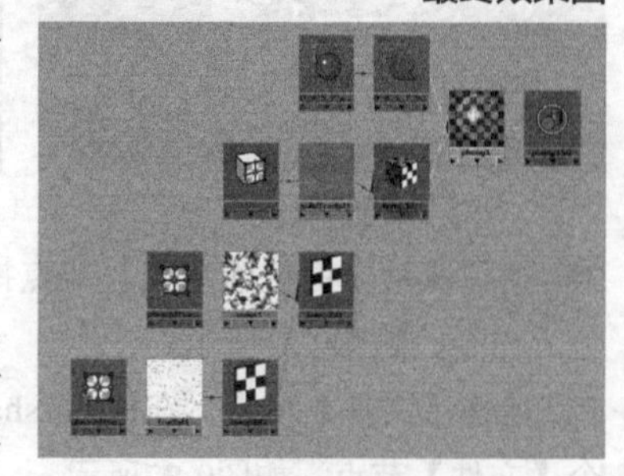
图9-37

【操作步骤】

01 打开场景“Scene>CH09>I3.mb”，如图9-38所示。

02 创建一个Phong材质，然后打开其【属性编辑器】面板，设置【颜色】和【环境色】为白色，再设置【余弦幂】为11.561，设置【镜面反射颜色】为白色，如图9-39所示。

03 展开【光线跟踪选项】卷展栏，然后选择【折射】选项，设置【折射率】为1.5、【灯光吸收】为1、【表面厚度】为0.789，如图9-40所示。

图9-38

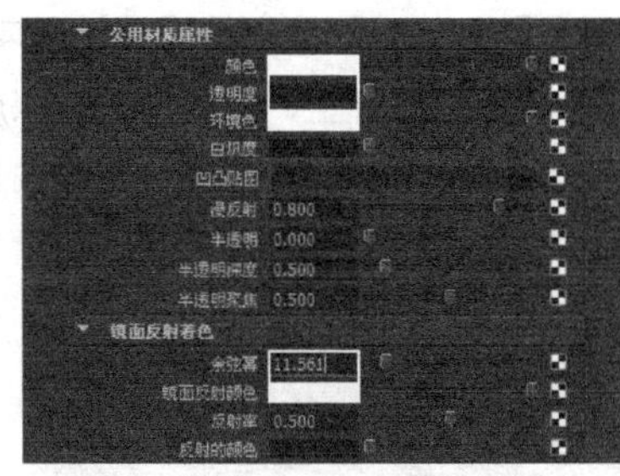

图9-39

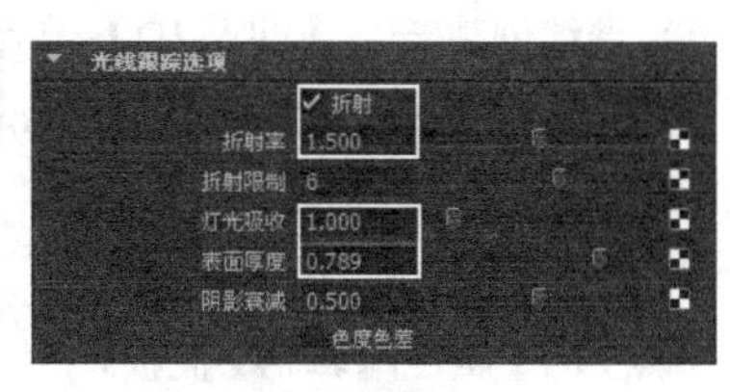

图9-40

04 创建一个【混合颜色】节点，然后打开其【属性编辑器】面板，设置【颜色1】为白色、【颜色2】为（R:171，G:171，B:171），如图9-41所示。

05 按住鼠标中键将【混合颜色】节点拖曳到Phong材质节点上，然后在弹出的菜单中选择transparency（半透明）命令，如图9-42所示。

06 创建一个【采样器信息】节点，然后将该节点的facingRatio（面比率）属性连接到【混合颜色】节点的blender（混合器）属性上，如图9-43所示。

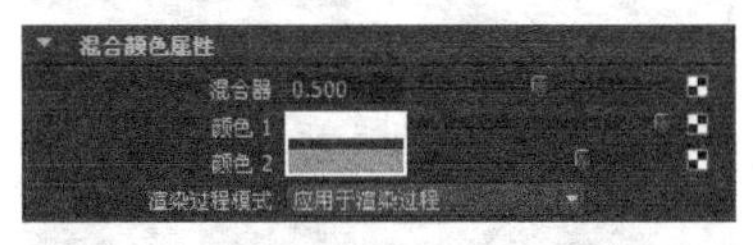

图9-41

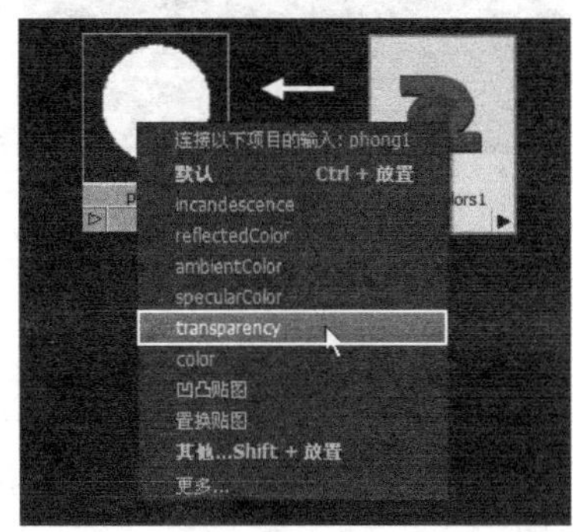

图9-42

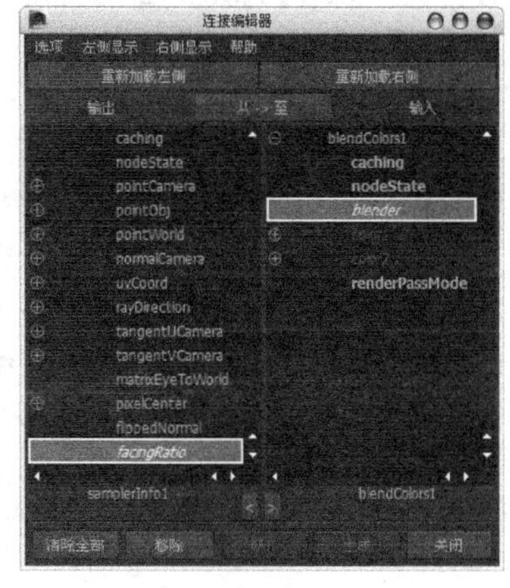

图9-43

07 创建一个【凹凸3D】节点，然后按住鼠标中键将其拖曳到Phone材质节点上，在弹出的菜单中选择【凹凸贴图】命令，如图9-44所示。

08 创建一个【匀值分形】节点，然后打开【凹凸3D】节点的【属性编辑器】面板，按住鼠标中键将【匀值分形】节点拖曳到【凹凸3D】节点的【凹凸值】属性上，并设置【凹凸深度】为0.9，如图9-45所示。

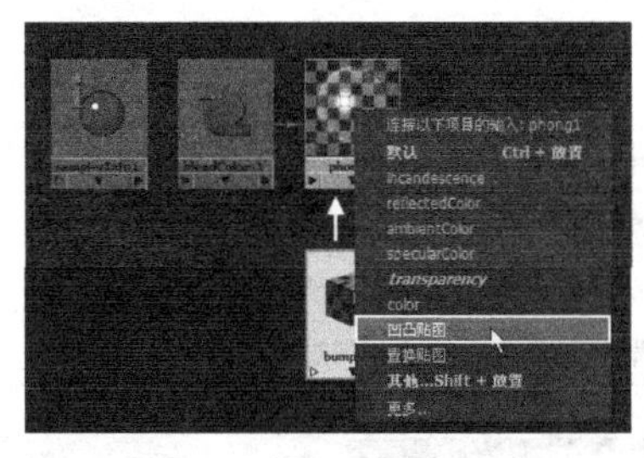

图9-44

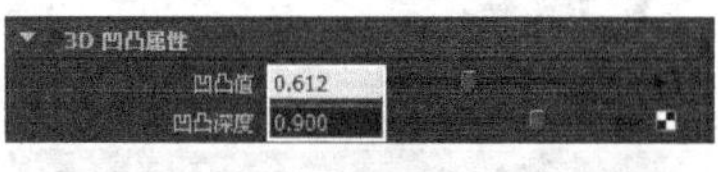

图9-45

09 打开【匀值分形】节点的【属性编辑器】面板，然后设置【振幅】为0.4、【比率】为0.6，如图9-46所示。

技巧与提示

注意，在默认情况下nomalCamera（法线摄影机）属性处于隐藏状态，可以在【连接编辑器】对话框中执行【右侧显示】>【显示隐藏项】命令将它显示出来。

10 创建一个【凹凸2D】节点，然后将该节点的outNormal（输出法线）属性连接到【凹凸3D】节点的nomalCamera（法线摄影机）属性上，如图9-47所示。

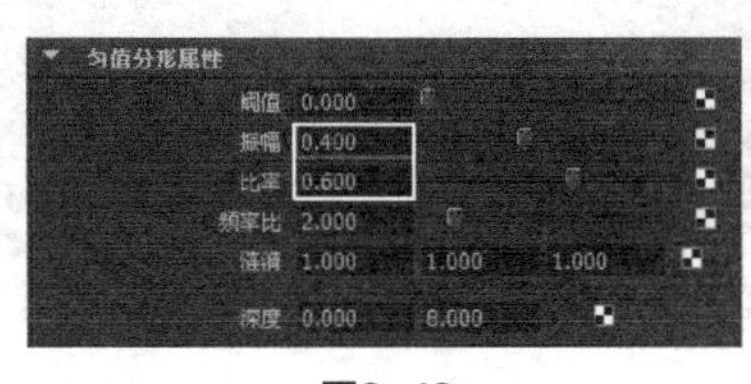

图9-46

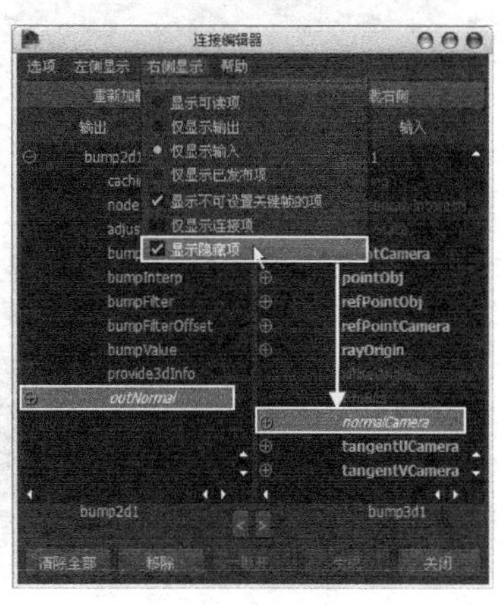

图9-47

11 创建一个【噪波】节点，然后打开【凹凸2D】节点的【属性编辑器】面板，按住鼠标中键将【噪波】节点拖曳到【凹凸2D】节点的【凹凸值】属性上，设置【凹凸深度】为0.04，如图9-48所示。

12 继续创建一个【凹凸2D】节点，然后将该节点的outNomal（输出法线）属性连接到第1个【凹凸2D】节点（即bump2d1节点）的nomalCamera（法线摄影机）属性上，如图9-49所示。

13 创建一个【分形】节点，然后打开第2个【凹凸2D】节点（即bump2d2节点）的【属性编辑器】面板，按住鼠标中键将【分形】节点拖曳到bump2d2节点的【凹凸值】属性上，并设置【凹凸深度】为0.03，如图9-50所示，材质节点连接如图9-51所示。

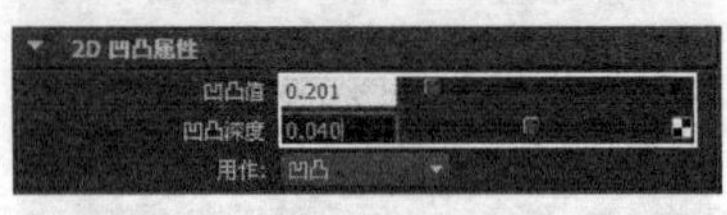

图9-48

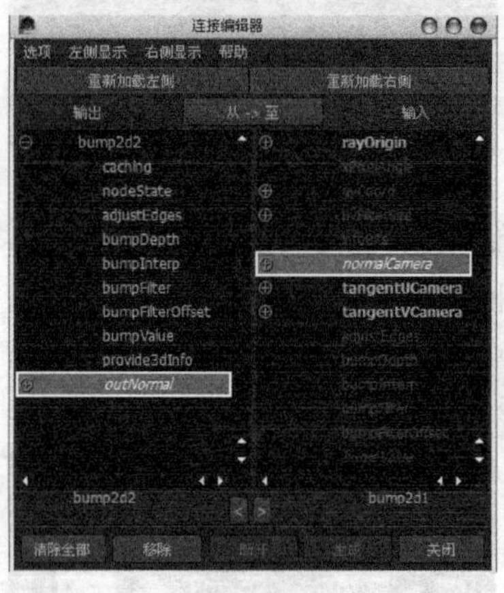

图9-49

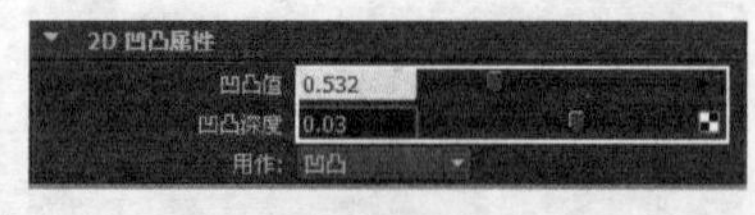

图9-50

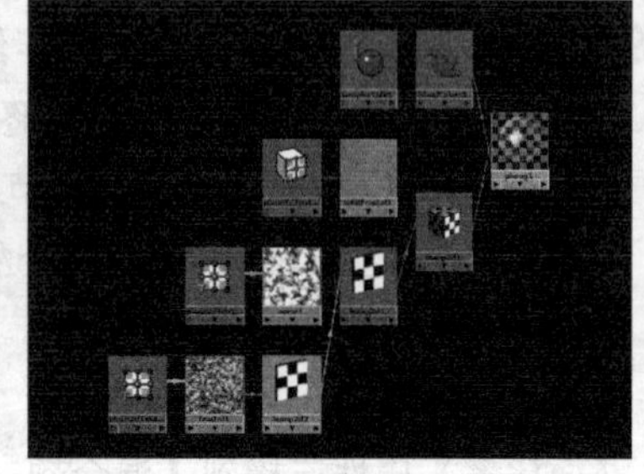
图9-51

14 将制作好的Phong材质球指定给场景中的模型，然后渲染当前场景，最终效果如图9-52所示。

图9-52

【案例总结】

本案例是通过制作冰雕，来掌握Phong材质、【混合颜色】、【采样器信息】、【凹凸3D】、【匀值分形】、【凹凸2D】、【噪波】、【分形】节点的综合运用。

案例 102 卡通鲨鱼

场景位置	Scene>CH09>l4.mb
案例位置	Example>CH09>l4.mb
视频位置	Media>CH09>4. 卡通鲨鱼 .mp4
学习目标	学习如何制作卡通材质

（扫码观看视频）

最终效果图

【操作思路】

对卡通材质进行分析，卡通的类型有很多，本例的效果类似于色阶图。

【操作工具】

本例的操作工具是Blinn材质、【着色贴图】、【渐变】节点，如图9-53所示。

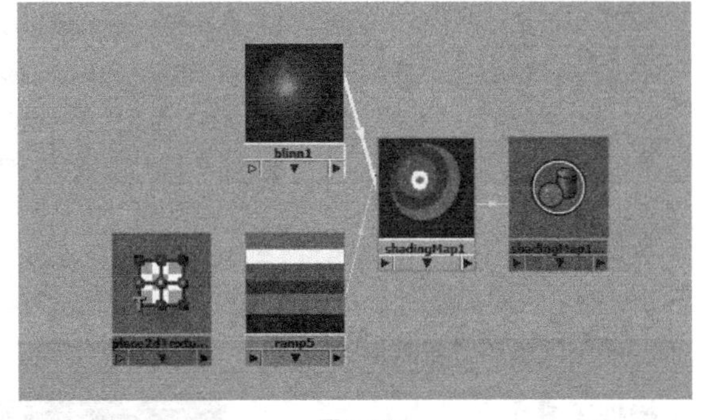

图9-53

【操作步骤】

01 打开场景“Scene>CH09>I4.mb”，如图9-54所示。

02 创建一个【着色贴图】材质节点，然后打开其【属性编辑器】面板，单击【颜色】属性后面的按钮，并在弹出的【创建渲染节点】对话框中单击Blinn节点，设置【着色贴图颜色】为（R:0，G:6，B:60），如图9-55所示。

图9-54

图9-55

03 切换到Blinn节点的参数设置面板，然后在【颜色】贴图通道中加载一个【渐变】节点，设置【插值】为【无】，调节好渐变色，如图9-56所示。

04 将制作好的材质赋予给模型，然后渲染当前场景，最终效果如图9-57所示。

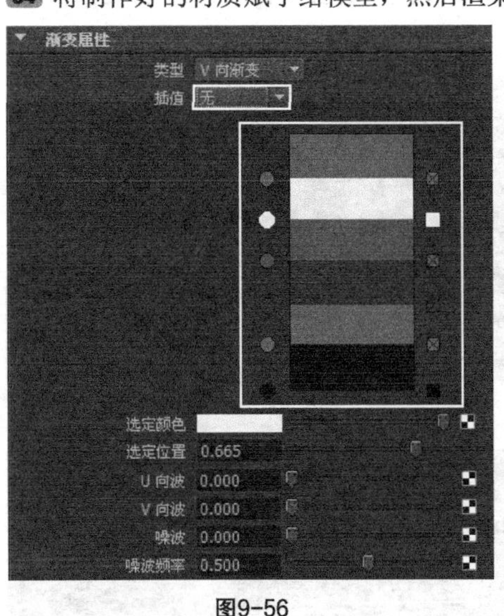

图9-56

图9-57

【案例总结】

本案例是通过制作卡通鲨鱼，来掌握Blinn材质，【着色贴图】、【渐变】节点的综合运用。

案例103 铁甲虫

场景位置	Scene>CH09>I5.mb
案例位置	Example>CH09>I5.mb
视频位置	Media>CH09>5. 铁甲虫 .mp4
学习目标	学习如何制作金属材质、水珠材质、树叶材质

（扫码观看视频）

【操作思路】

对铁甲虫材质进行分析，可将铁甲虫材质分为叶片材质、外壳材质、触角材质、尾部材质、粪便材质、水珠材质和背景材质。

【操作工具】

Blinn、【文件】、mib_illum_phong、mib_illum_phong、dgs_menterial、mi_car_paint_phen、dielectric_material、Lambert节点，如图9-58所示。

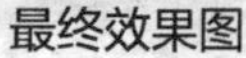

最终效果图

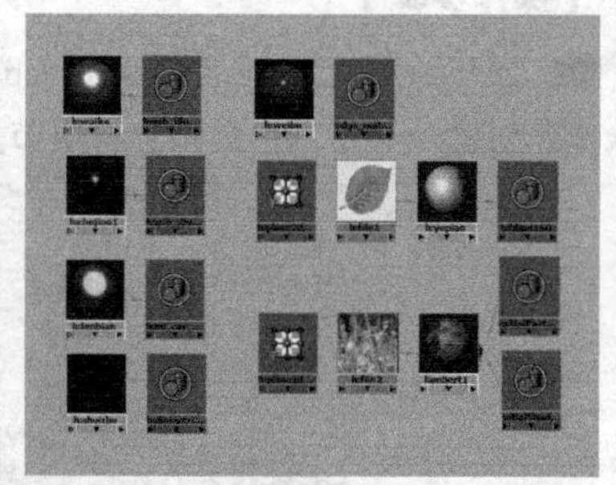

图9-58

【操作步骤】

打开场景"Scene>CH09>I5.mb"，如图9-59所示。

图9-59

叶片材质

01 打开Hypershade窗口，创建一个Blinn材质，打开其【属性编辑器】面板，并设置材质名称为yepian，在【颜色】贴图通道中加载"Example>CH09>I5>yepian.jpg"文件，设置【过滤器类型】为【禁用】，如图9-60所示。

02 展开【文件】节点的【颜色平衡】卷展栏，然后设置【颜色增益】为（R:254，G:254，B:128），如图9-61所示。

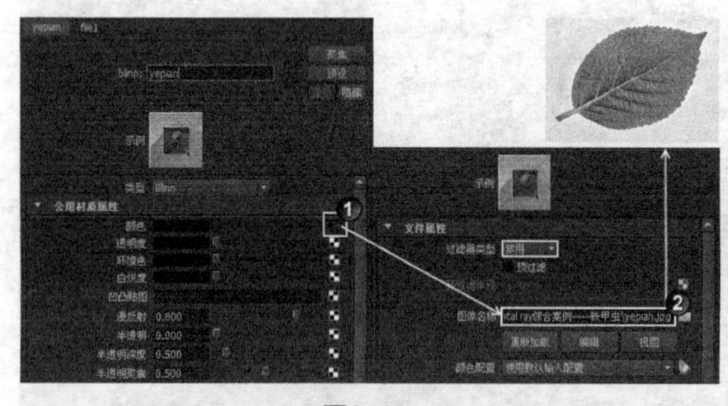

图9-60

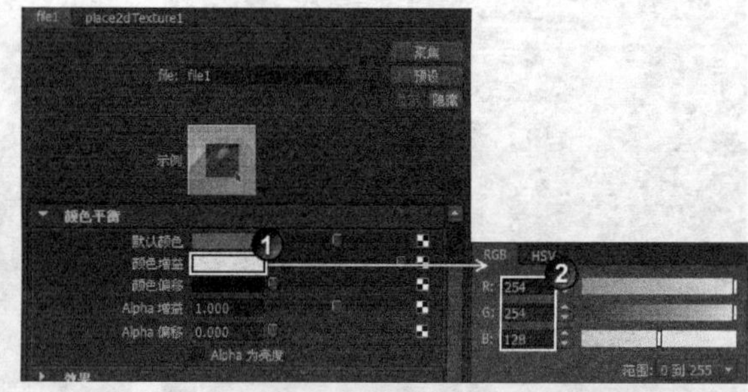

图9-61

外壳材质

01 选择mental ray材质，然后创建一个mib_illum_phong材质，如图9-62所示。

02 打开mib_illum_phong材质的【属性编辑器】面板，然后将材质命名为waike，具体参数设置如图9-63所示。

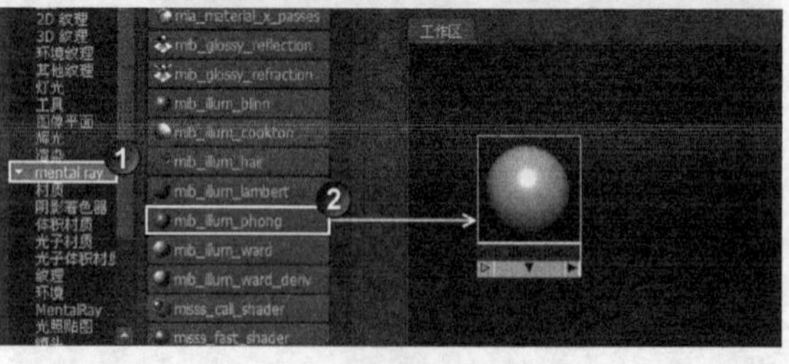

图9-62

设置步骤：

①设置【环境系数】颜色为（R:101，G:101，B:101）。

②设置【环境光】颜色为（R:2，G:2，B:2）。

③设置【漫反射】颜色为（R:110，G:104，B:111）。

④设置【镜面反射】颜色为白色。

⑤设置【指数】为27.276。

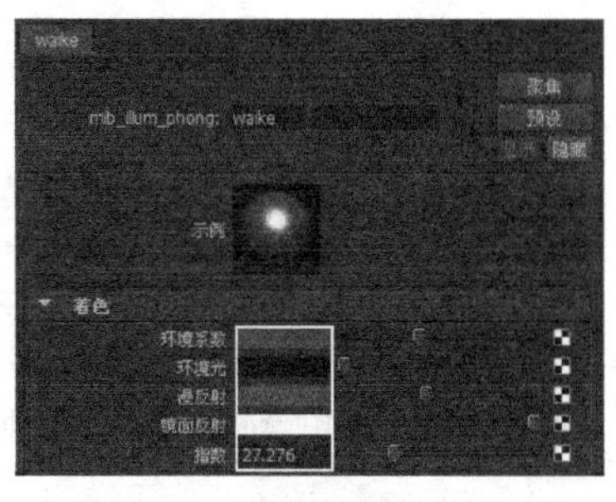

图9-63

触角和脚材质

创建一个mib_illum_phong材质，然后打开其【属性编辑器】面板，设置材质名称为chujiao，具体参数设置如图9-64所示。

设置步骤：

①设置【环境系数】、【环境光】和【漫反射】颜色为黑色。

②设置【镜面反射】颜色为白色。

③设置【指数】为85.952。

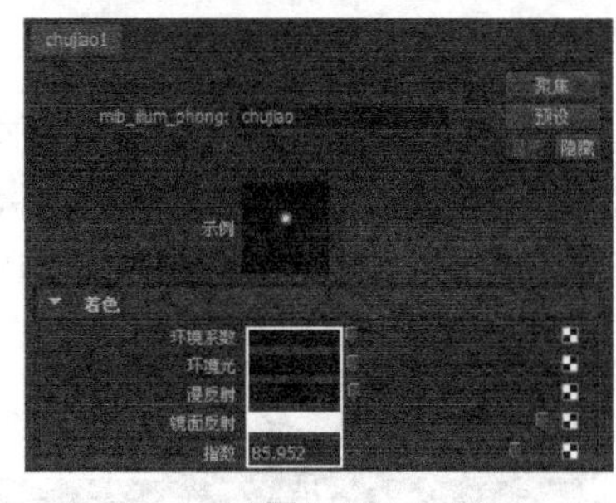

图9-64

尾部材质

创建一个dgs_menterial材质，然后打开其【属性编辑器】面板，将其命名为weibu，具体参数设置如图9-65所示。

设置步骤：

①设置【漫反射】颜色为（R:252，G:242，B:207）。

②设置【有光泽】颜色为（R:21，G:17，B:0）。

③设置【镜面反射】颜色为（R:80，G:80，B:80）。

④设置【反光】为13.274。

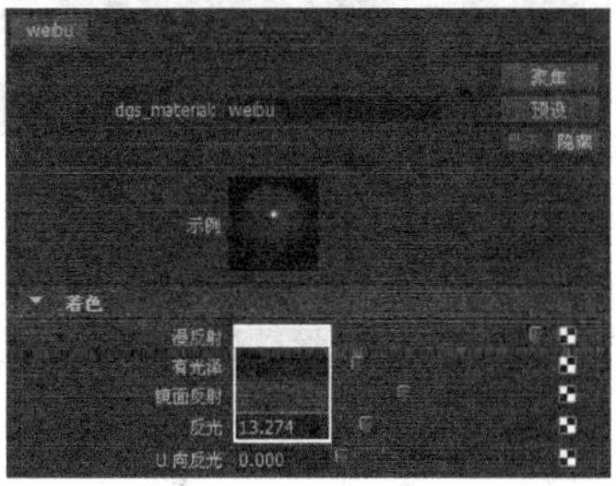

图9-65

粪便材质

创建一个mi_car_paint_phen材质，然后打开其【属性编辑器】面板，将其命名为fenbian，具体参数设置如图9-66所示。

设置步骤：

①设置Base Color（基本颜色）为（R:12，G:1，B:0），然后设置Edge Color Bias（边颜色偏移）为35.49、Lit Color（灯光颜色）为（R:8，G:8，B:8）、Lit Color Bias（灯光颜色偏移）为15.91、Diffuse Weight（漫反射权重）为1.02、Diffuse Bias（漫反射偏移）为1.03。

②设置Spec（镜面反射）和Spec Sec（第2镜面反射）的颜色为（R:255，G:255，B:0），然后设置Spec Sec Weight（第2镜面反射权重）为0.6。

③设置Global Weight（全局权重）为14.36。

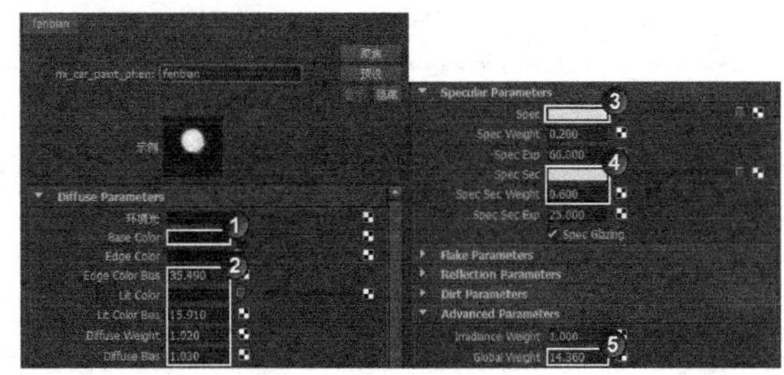

图9-66

水珠材质

创建一个dielectric_material材质，然后打开其【属性编辑器】面板，并将其命名为shuizhu，设置Col（颜色）为（R:765，G:765，B:765）、【折射率】为1.3，设置Outside Index of Refraction（外部折射率）

为1.33，具体参数设置如图9-67所示。

图9-67

技巧与提示

Index of Refraction（折射率）和Outside Index of Refraction（外部折射率）是不同的。Outside Index of Refraction（外部折射率）表示所指定材质的物体外部的折射率，一般用于制作盛满液体的容器中的液体材质。

背景材质

01 创建一个Lambert材质，然后打开其【属性编辑器】面板，在【颜色】贴图通道中加载“Example>CH09>I5>cc.jpg”文件，设置【漫反射】为0.967，如图9-68所示。

02 将制作好的材质分别指定给相应的模型，效果如图9-69所示。

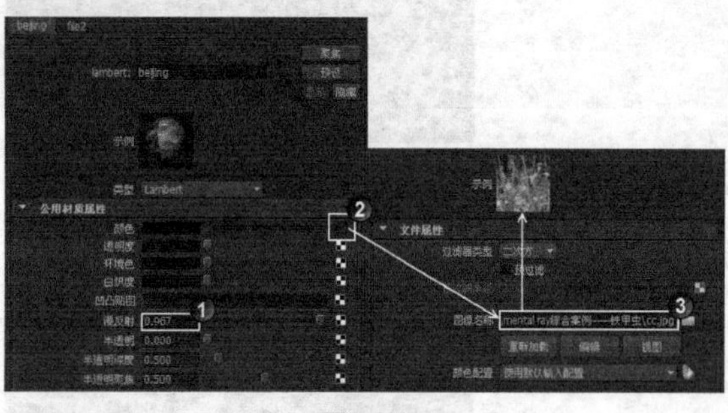

图9-68

图9-69

渲染场景

渲染当前场景，效果如图9-70所示。

图9-70

【案例总结】

本案例是通过制作铁甲虫材质，来掌握Blinn、【文件】、mib_illum_phong、创建一个mib_illum_phon、dgs_menterial、mi_car_paint_phen、dielectric_material、Lambert节点的综合运用。

第 10 章

渲染技术

渲染，英文名Render，是对场景对象进行着色的过程。当然这并不是简单的着色过程，Maya会经过相当复杂的运算，将虚拟的三维场景投影到二维平面上，从而形成最终输出的图像。渲染是三维作品的最后一道工序，是最耗费时间、资源的一个流程，因此正确地设置渲染参数会大大提高生产效率。本章主要介绍Maya的渲染器类型，分别为软件渲染器、向量渲染器、mental ray渲染器、VRay渲染器（第三方渲染器），以及各个渲染器的重要参数和设置方法。通过本章的学习，可以提升渲染的质量和效率。

本章学习要点

掌握“Maya软件”渲染器的使用方法与技巧
掌握向量渲染器的使用方法与技巧
掌握mental ray渲染器的使用方法与技巧
掌握VRay渲染器的灯光类型
掌握VRay渲染器的基础材质
掌握VRay渲染器的使用方法与技巧

案例104 软件渲染器：水墨画效果

场景位置	Scene>CH10>J1.mb
案例位置	Example>CH10>J1.mb
视频位置	Media>CH10>1. 软件渲染器：水墨画效果 .mp4
学习目标	学习如何使用 Maya 软件渲染器

（扫码观看视频）

【操作思路】

对水墨画效果进行分析，水墨画是中国的国画，其精髓在于浓淡相生，全浓全淡都没有精神。使用Maya软件渲染器，可以很好地发挥水墨材质的效果。

最终效果图

【操作工具】

本例的操作工具是软件渲染器的【渲染设置】窗口，如图10-1所示。

图10-1

【操作步骤】

01 打开场景“Scene>CH10>J1.mb”，调整视角并渲染当前场景，可以看到渲染的水墨虾有很多锯齿，如图10-2所示。

02 打开【渲染设置】窗口，在Maya软件选项卡下，设置【边缘抗锯齿】为【最高质量】、【着色】为10、【最大着色】为10，如图10-3所示

03 再次渲染当前场景，可以发现渲染质量达到产品级效果，如图10-4所示。

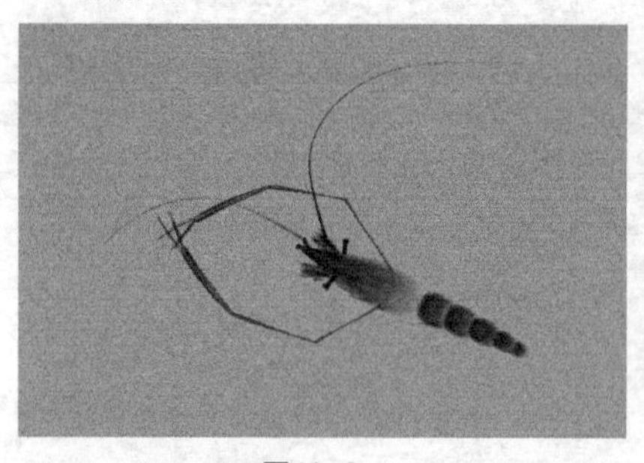
图10-2

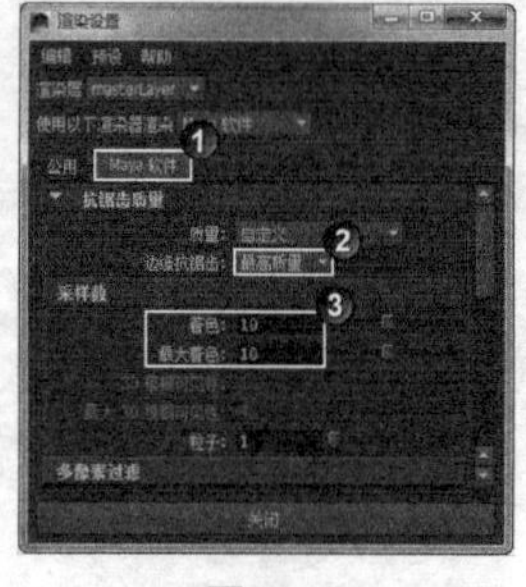
图10-3

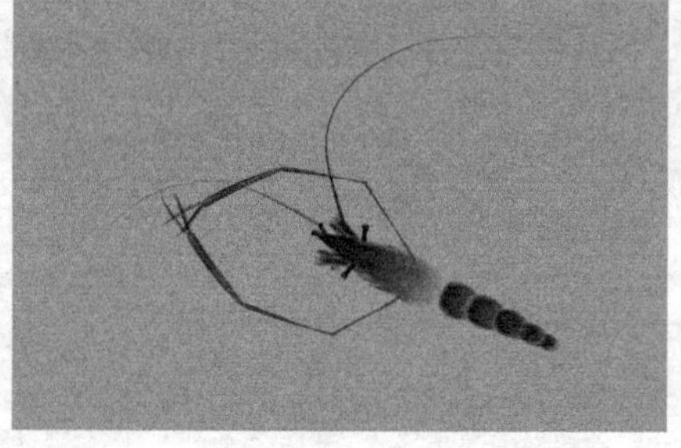
图10-4

【案例总结】

本案例是通过制作水墨虾效果，来掌握软件渲染器的使用。该渲染器是利用CPU在渲染，渲染质量和可控性都很不错。

案例105 向量渲染器：线框图

场景位置	Scene>CH10>J2.mb
案例位置	Example>CH10>J2.mb
视频位置	Media>CH10>2. 向量渲染器：线框图 .mp4
学习目标	学习如何使用向量渲染器

（扫码观看视频）

【操作思路】

对线框效果图进行分析，线框图是由线条构成，通常用于展示三维模型的布线，也可制作一些特殊效果。使用向量渲染器，可快速方便地制作线框图。

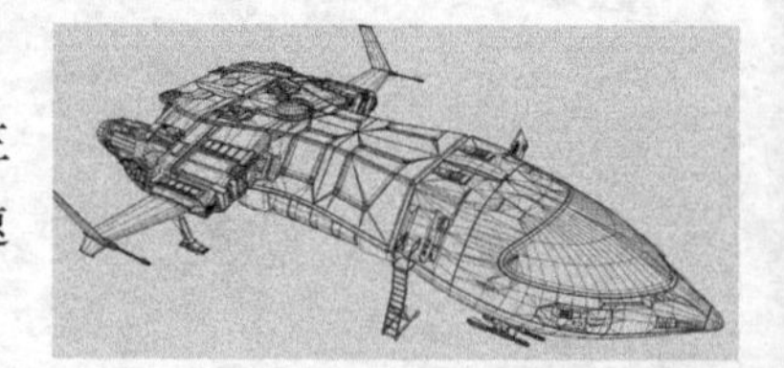
最终效果图

【操作工具】

本例的操作工具是向量渲染器的【渲染设置】窗口，如图10-5所示。

图10-5

【操作步骤】

01 打开场景“Scene>CH10>J2.mb”，如图10-6所示。

02 执行视图菜单中的【视图】>【摄影机属性编辑器】命令，打开摄影机的【属性编辑器】面板，然后在【环境】卷展栏下设置【背景色】为浅灰色（R:217，G:217，B:217），如图10-7所示。

03 打开【渲染设置】窗口，然后设置渲染器为【Maya向量】，具体参数设置如图10-8所示。

04 渲染当前场景，最终效果如图10-9所示。

图10-6

图10-7

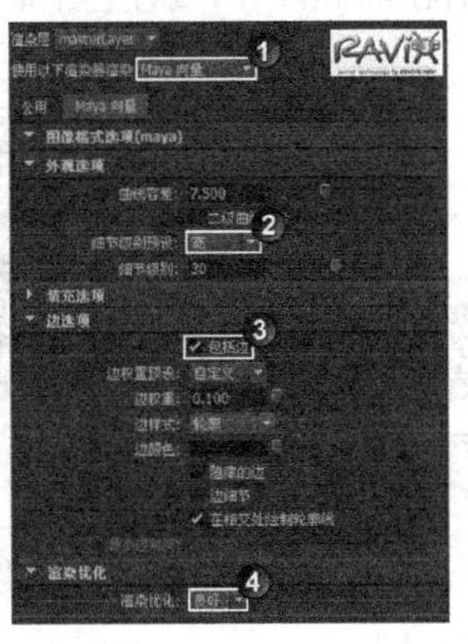

图10-8

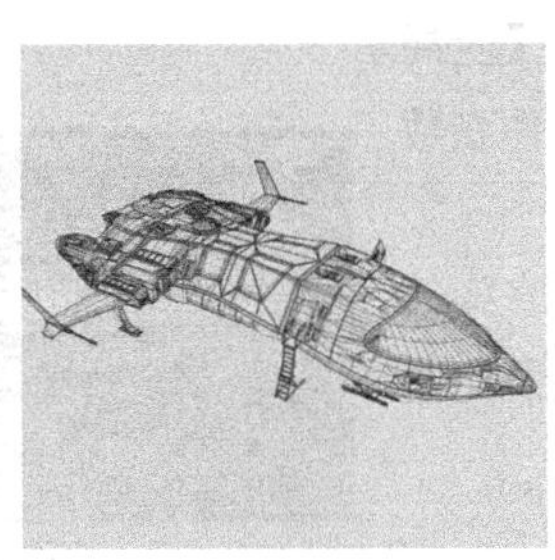

图10-9

【案例总结】

本案例是通过制作线框图效果，来掌握向量渲染器的使用。该渲染器用来创建各种位图图像格式（如IFF、TIFF等）或2D矢量格式的固定格式渲染（如卡通、艺术色调、艺术线条、隐藏线和线框）。

案例106 mental ray渲染器的全局照明

场景位置	Scene>CH10>J3.mb
案例位置	Example>CH10>J3.mb
视频位置	Media>CH10>3.mental ray渲染器的全局照明.mp4
学习目标	学习如何使用mental ray制作全局照明效果

（扫码观看视频）

【操作思路】

对全局照明场景进行分析，全局照明（Global Illumination）简称GI，用来模拟光线在遇到对象后发生反弹，从而照亮场景中其他对象。使用mental ray的【全局照明】功能，可以很好地模拟这一效果。

【操作工具】

本例的操作工具是mental ray渲染器【渲染设置】窗口下的【全局照明】功能，如图10-10所示。

最终效果图

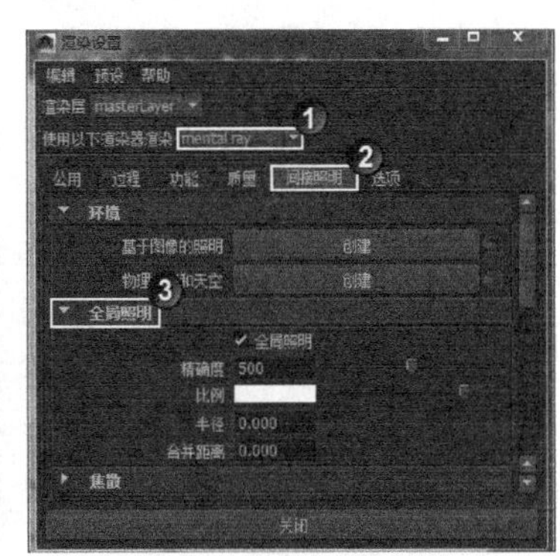

图10-10

【操作步骤】

01 打开场景“Scene>CH10>J3.mb”，如图10-11所示。

02 打开【渲染设置】窗口，然后设置渲染器为mental ray渲染器，接着测试渲染当前场景，效果如图10-12所示。

03 单击【间接照明】选项卡，然后在【全局照明】卷展栏下选择【全局照明】选项，接着设置【精确度】为100，如图10-13所示。

图10-11

图10-12

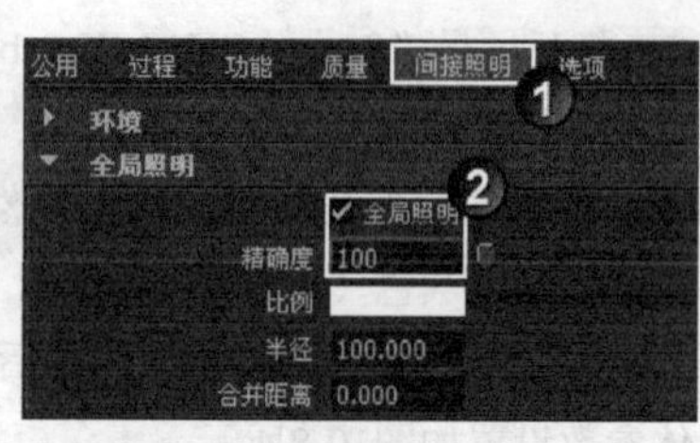

图10-13

04 选择聚光灯，打开其【属性编辑器】面板，然后在mental ray属性栏下展开【焦散和全局照明】复卷展栏，接着选择【发射光子】选项，最后设置【光子密度】为100000、【指数】为1.3、【全局照明光子】为1000000，具体参数设置如图10-14所示。

05 测试渲染当前场景，渲染结果布满斑点并不理想，效果如图10-15所示。

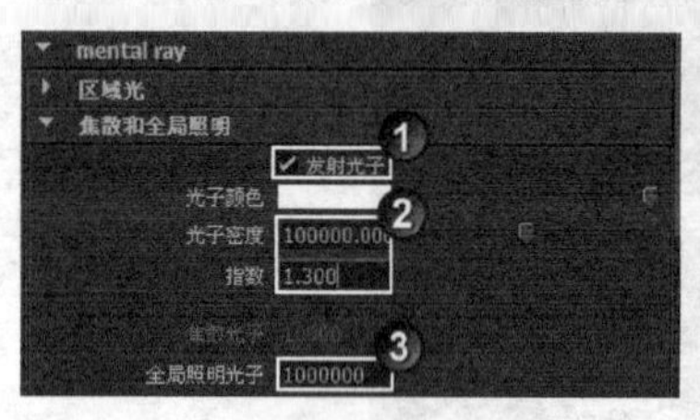

图10-14

图10-15

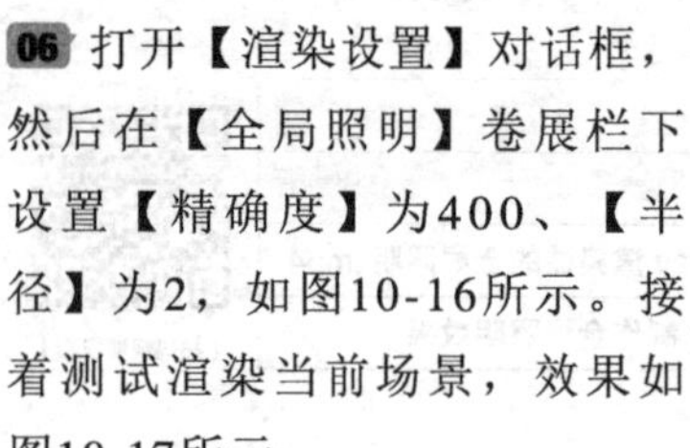

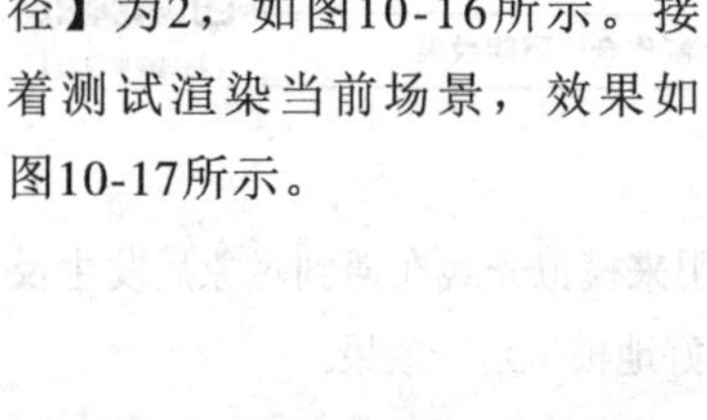

06 打开【渲染设置】对话框，然后在【全局照明】卷展栏下设置【精确度】为400、【半径】为2，如图10-16所示。接着测试渲染当前场景，效果如图10-17所示。

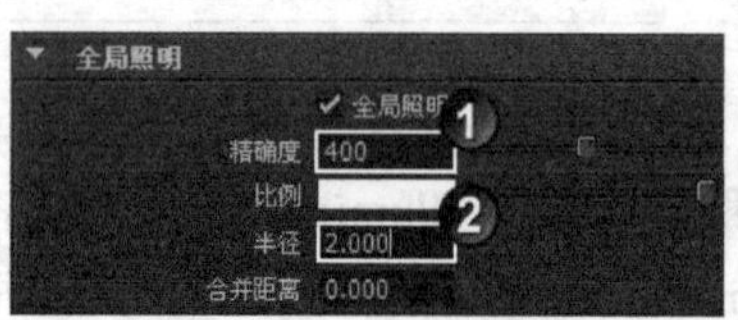

图10-16

图10-17

07 打开【渲染设置】窗口，然后在【全局照明】卷展栏下设置【精确度】为3000、【半径】为100，如图10-18所示。

08 渲染当前场景，最终效果如图10-19所示。

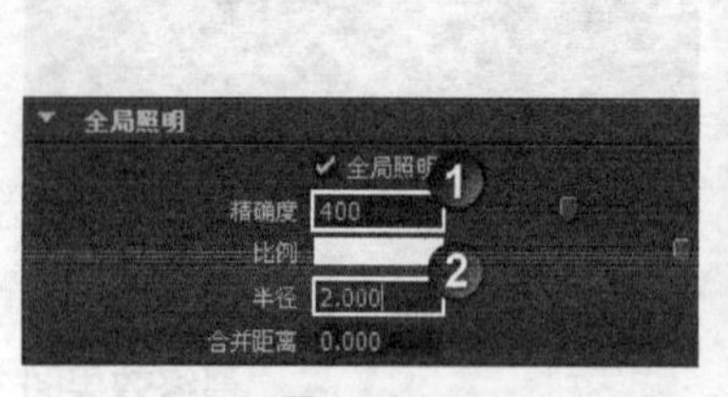

图10-18

图10-19

【案例总结】

本案例是通过制作全局照明效果，来掌握mental ray渲染器的全局照明功能。该功能是使用灯光发出的光子在场景中模拟碰撞、反弹，来照亮整个场景。

案例107 mental ray渲染器的焦散效果

场景位置	Scene>CH10>J4.mb
案例位置	Example>CH10>J4.mb
视频位置	Media>CH10>4.mental ray 渲染器的焦散效果 .mp4
学习目标	学习如何使用 mental ray 渲染器制作焦散效果

（扫码观看视频）

01 02 03 04 05 06 07 08 09 10 11 12 13 14 15 16 17

【操作思路】

对焦散效果进行分析，焦散是指当光线穿过一个透明物体时，由于对象表面的不平整，使得光线折射并没有平行发生，出现漫折射，投影表面出现光子分散。使用mental ray的【焦散】功能，可以逼真地模拟这一物理现象。

【操作工具】

本例的操作工具是mental ray渲染器【渲染设置】窗口下的【焦散】功能，如图10-20所示。

最终效果图

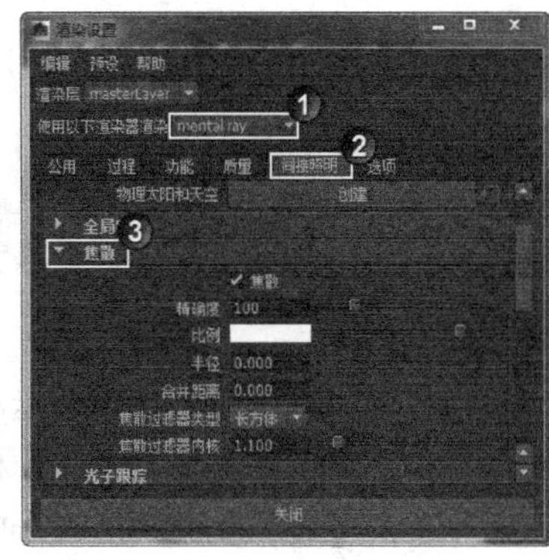

图10-20

【操作步骤】

01 打开场景“Scene>CH10>J4.mb”，如图10-21所示。

02 打开【渲染设置】窗口，然后设置渲染器为mental ray渲染器，接着测试渲染当前场景，可以看到没有焦散效果，如图10-22所示。

03 场景中创建了一盏聚光灯，其位置如图10-23所示。

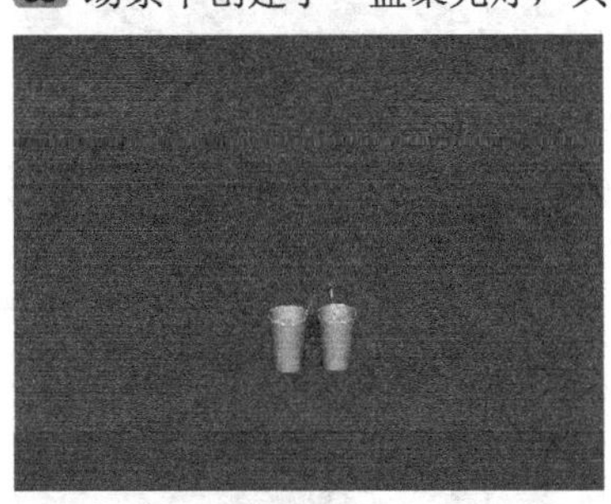

图10-21

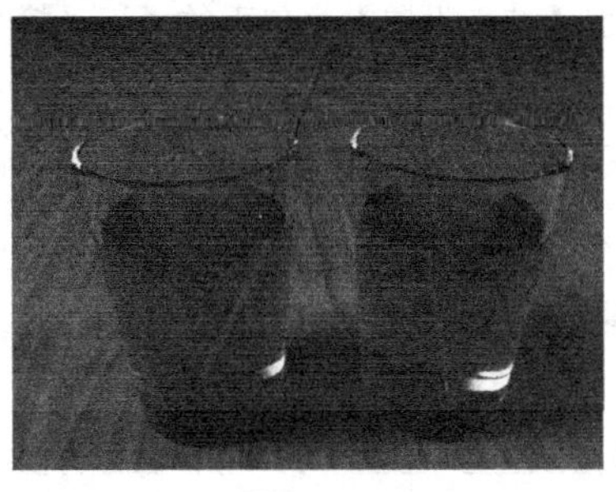

图10-22

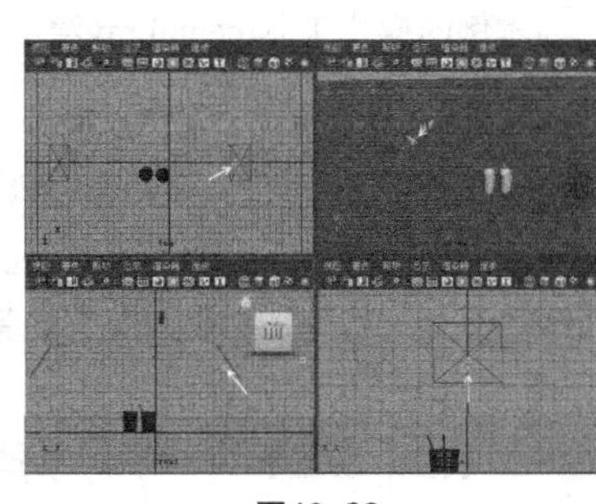

图10-23

04 打开聚光灯的【属性编辑器】面板，然后在mental ray属性栏下展开【焦散和全局照明】复卷展栏，接着选择【发射光子】选项，最后设置【光子密度】为8000、【指数】为1.3、【焦散光子】为800000，如图10-24所示。

05 测试渲染当前场景，效果如图10-25所示。

06 打开【渲染设置】对话框，单击【间接照明】选项卡，然后在【焦散】卷展栏下选择【焦散】选项，接着设置【精确度】为50，如图10-26所示。

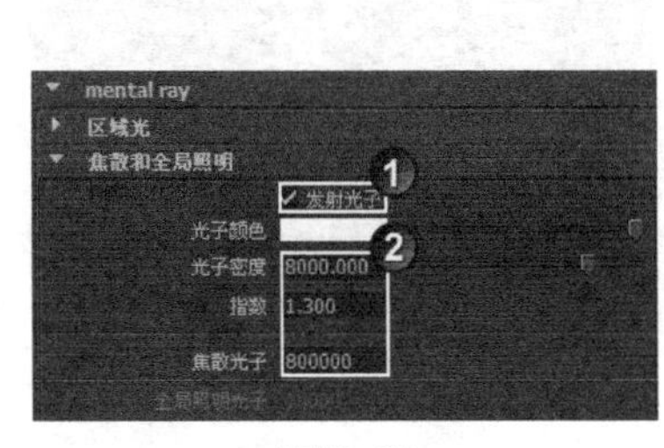

图10-24

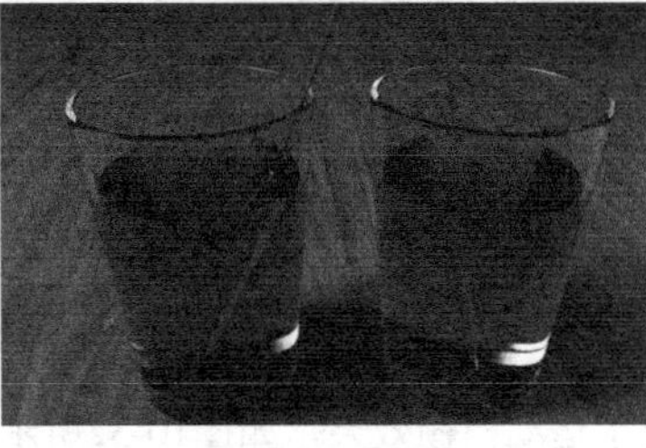

图10-25

图10-26

07 渲染当前场景，最终效果如图10-27所示。

图10-27

【案例总结】

本案例是通过制作焦散效果，来掌握mental ray渲染器的焦散功能。使用该功能时，需要注意灯光发射的光子数量。

案例108 mental ray渲染器的运动模糊

场景位置	Scene>CH10>J5.mb
案例位置	Example>CH10>J5.mb
视频位置	Media>CH10>5. mental ray 渲染器的运动模糊 .mp4
学习目标	学习如何使用 mental ray 渲染器制作运动模糊

（扫码观看视频）

【操作思路】

对运动模糊效果进行分析，运动模糊是静态场景或一系列的图片像电影或是动画中快速移动的物体造成明显的模糊拖动痕迹。使用mental ray的【运动模糊】功能，可以很好地模拟这一效果。

最终效果图

【操作工具】

本例的操作工具mental ray渲染器【渲染设置】窗口下的【运动模糊】功能，如图10-28所示。

图10-28

【操作步骤】

01 打开场景“Scene>CH10>J5.mb”，如图10-29所示。

02 以camera1的视角渲染当前场景，可以看到汽车并无特殊效果，如图10-30所示

03 在【渲染设置】窗口中，选择【质量】选项卡，展开【运动模糊】卷展栏，设置【运动模糊】为完全、【运动步数】为3、【时间采样】为3，如图10-31所示。

图10-29

图10-30

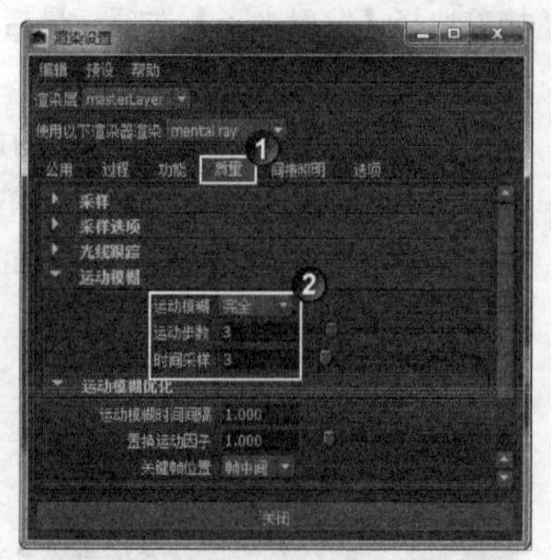

图10-31

04 再次渲染，可以观察到汽车具有了运动模糊效果，如图10-32所示。

【案例总结】

本案例是通过制作汽车飞驰，来掌握mental ray渲染器的运动模糊功能。在工作中通常会使用后期软件来制作运动模糊效果，因为渲染器制作该效果的渲染时间很长。

图10-32

案例 109 物理太阳和天空照明

场景位置	Scene>CH10>J6.mb
案例位置	Example>CH10>J6.mb
视频位置	Media>CH10>6. 物理太阳和天空照明 .mp4
学习目标	学习如何使用 mental ray 的物理太阳和天空照明

（扫码观看视频）

【操作思路】

对物理太阳和天空照明效果进行分析，场景被刚刚升起的太阳照亮。使用mental ray的【物理太阳和天空照明】功能，可以精确地模拟现实中的日光照射。

最终效果图

【操作工具】

本例的操作工具是mental ray渲染器【渲染设置】窗口下的【物理太阳和天空】功能，如图10-33所示。

图10-33

【操作步骤】

01 打开场景“Scene>CH10>J6.mb”，如图10-34所示。

02 单击【显示渲染设置】按钮，弹出【渲染设置】窗口，如图10-35所示。

03 选择渲染器为mental ray，切换到【功能选项卡】选择【全局照明】和【最终聚集】选项，再切换到【间接照明】选项卡下，单击【创建】按钮，如图10-36所示。

图10-34

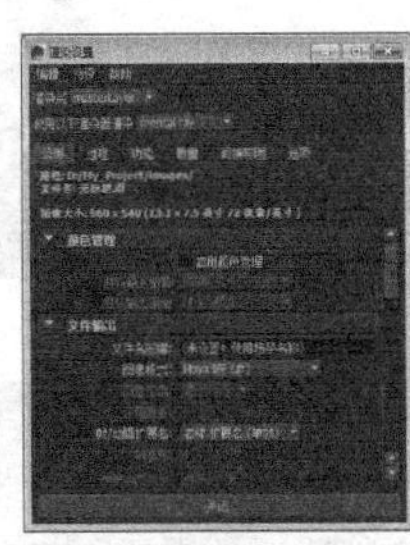

图10-35

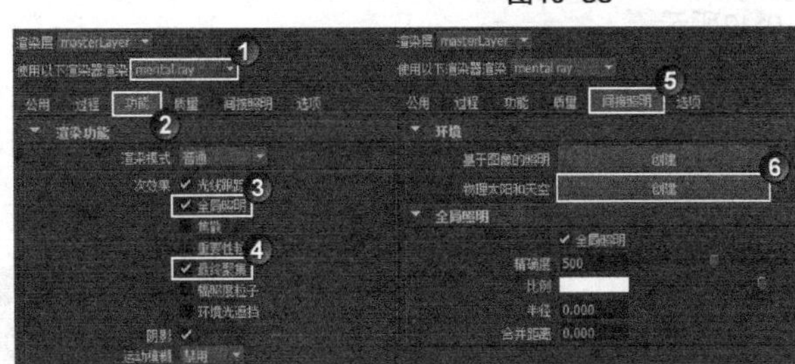

图10-36

04 这时场景中自动创建了一盏平行光，选择平行光，在通道栏中设置【平移Y】为60、【旋转X】为9、【旋转Y】为105、【旋转Z】为31、【缩放X/Y/Z】为5，如图10-37所示。

05 打开【渲染视图】窗口，执行【渲染】>【渲染】>camera1命令，如图10-38所示，最终效果如图10-39所示。

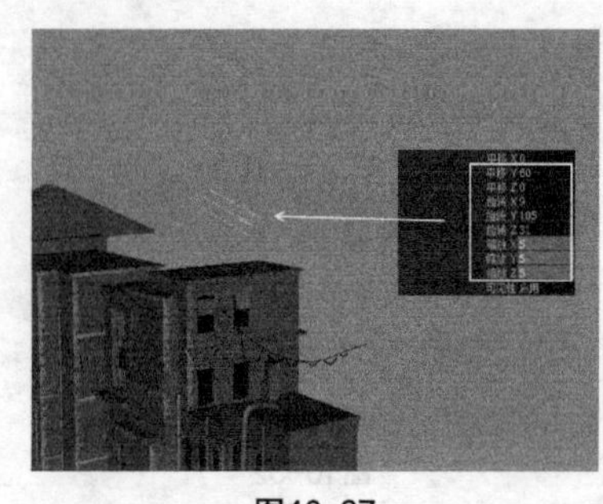

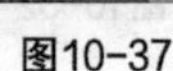

图10-37

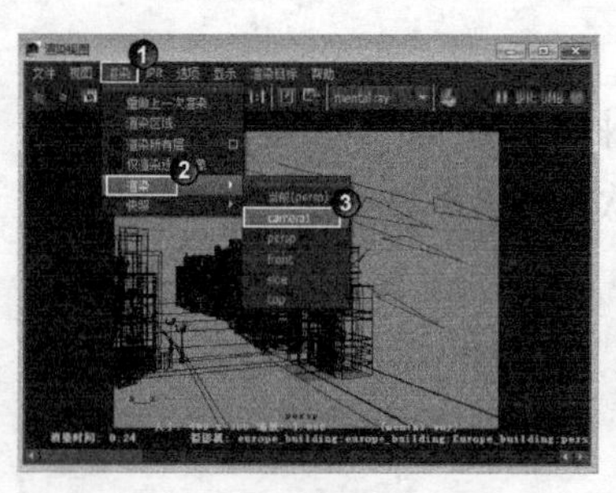

图10-38

图10-39

【案例总结】

本案例是通过制作街区场景，来掌握mental ray的【物理太阳和天空照明】功能。该功能可以模拟现实世界中任何时刻的日光照射，根据灯光角度的变化而变化。

案例 110 基于图像的照明

场景位置	Scene>CH10>J7.mb
案例位置	Example>CH10>J7.mb
视频位置	Media>CH10>7. 基于图像的照明.mp4
学习目标	学习如何使用 mental ray 的基于图像照明

（扫码观看视频）

【操作思路】

对基于图像的照明效果进行分析，场景整体被照亮，背景出现了蓝天白云。使用mental ray的【基于图像的照明】功能，可以用HDRI贴图为场景照明，提供用户想要的环境光效果。

最终效果图

【操作工具】

本例的操作工具是mental ray渲染器【渲染设置】窗口下的【基于图像的照明】功能，如图10-40所示。

图10-40

【操作步骤】

01 打开场景“Scene>CH10>J7.mb”，如图10-41所示。

02 单击【显示渲染设置】按钮，弹出【渲染设置】窗口，如图10-42所示。

03 选择渲染器为mental ray，切换到【功能选项卡】选择【全局照明】和【最终聚集】选项，再切换到【间接照明】选项卡下，单击【创建】按钮，如图10-43所示。

图10-41

图10-42

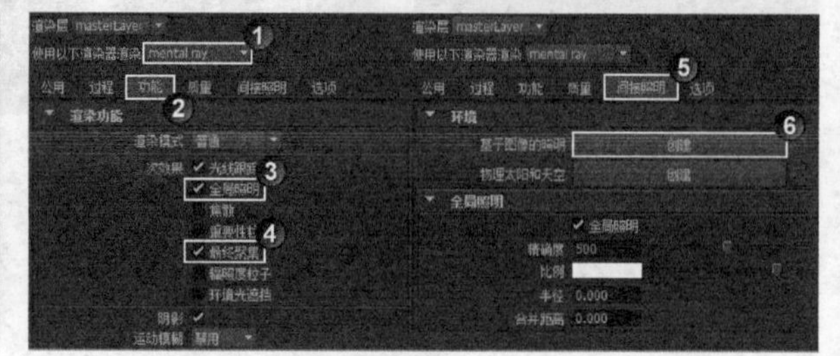

图10-43

04 在弹出的【属性编辑器】面板中，单击按钮指定HDRI贴图为“Example>CH10>J7> DH004LP.hdr”，如图10-44所示。

05 打开【渲染视图】窗口，执行【渲染】>【渲染】>camera1命令，如图10-45所示，最终效果如图10-46所示。

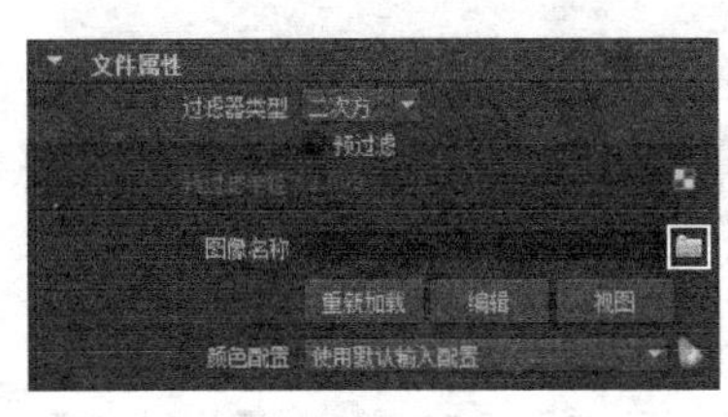

图10-44

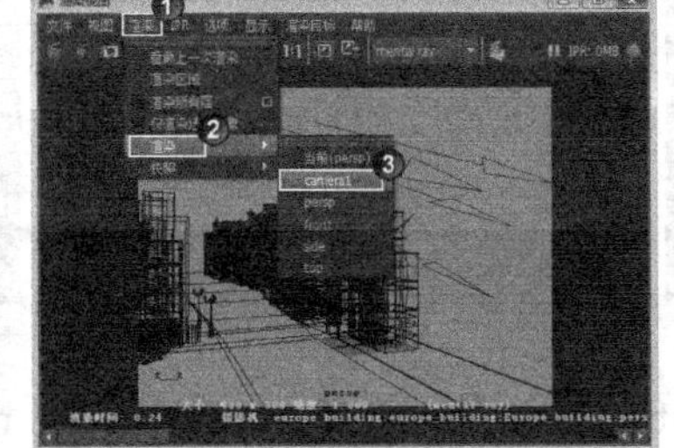

图10-45

图10-46

【案例总结】

本案例是通过制作街区场景，来掌握mental ray的【基于图像的照明】功能。HDRI文件记录了图片环境中的照明信息，因此我们可以使用这种图像来照亮场景。

案例 111 认识 VRay 灯光

场景位置	Scene>CH10>J8.mb
案例位置	Example>CH10>J8.mb
视频位置	Media>CH10>8. 认识 VRay 灯光 .mp4
学习目标	学习如何使用 VRay 渲染器的灯光

（扫码观看视频）

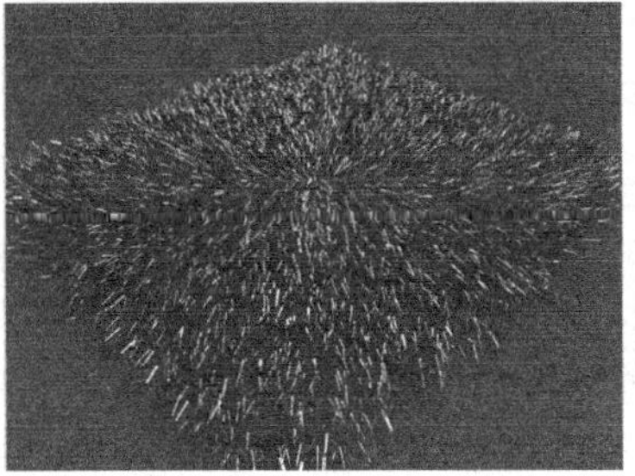

最终效果图

【操作工具】

本例的操作工具是【创建】>【灯光】菜单下的VRay灯光，如图10-47所示。

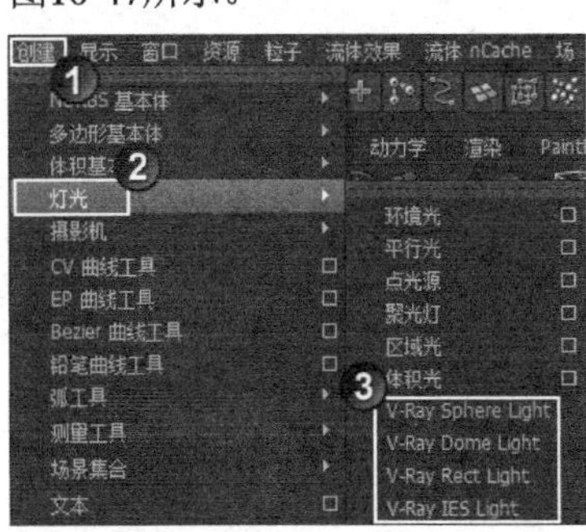

图10-47

【操作步骤】

01 打开场景“Scene>CH10>J8.mb”，执行【创建】>【灯光】>V-ray Sphere Light命令，如图10-48所示。

02 选择灯光，在通道盒中设置【平移 Y】为12、【缩放 X/Y/Z】为4，如图10-49所示。

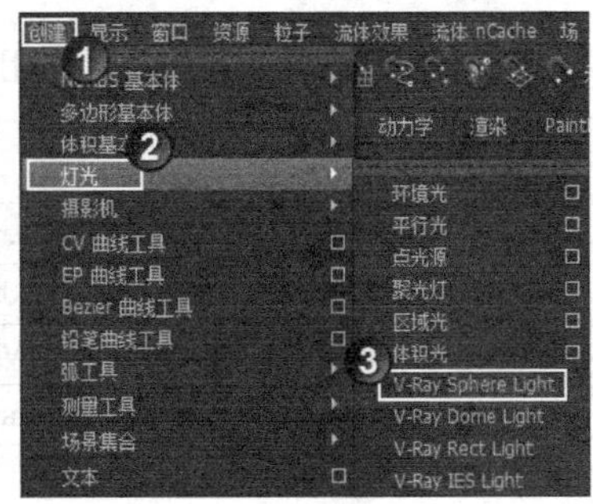

图10-48

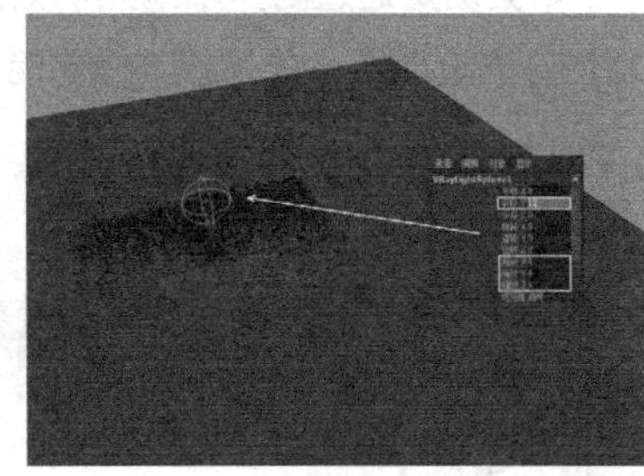

图10-49

03 调整视图角度并渲染当前场景，效果如图10-50所示。

04 打开场景“Scene>CH10>J8.mb”，执行【创建】>【灯光】>V-ray Dome Light命令，如图10-51所示。

05 调整视图角度并渲染当前场景，效果如图10-52所示。

图10-50

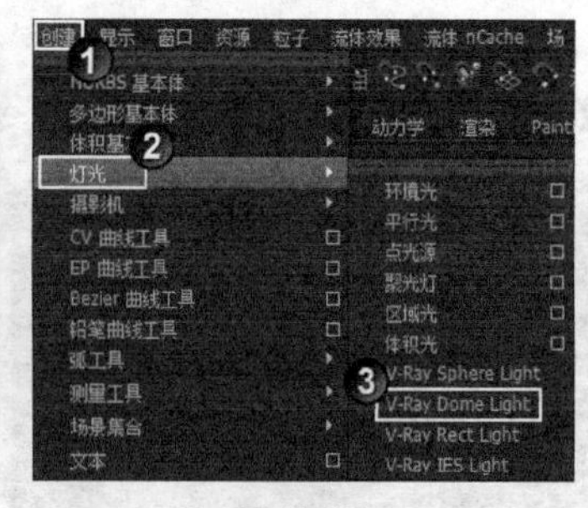

图10-51

图10-52

06 打开场景“Scene>CH10>J8.mb”，执行【创建】>【灯光】>V-ray Rect Light命令，如图10-53所示。在通道盒中设置【平移 X】为-67.279、【平移 Y】为35.309、【平移 Z】为79.609、【旋转 X】为-18.836、【旋转 Y】为-40.541、【缩放 X/Y/Z】为30.917，如图10-54所示。

07 调整视图角度并渲染当前场景，效果如图10-55所示。

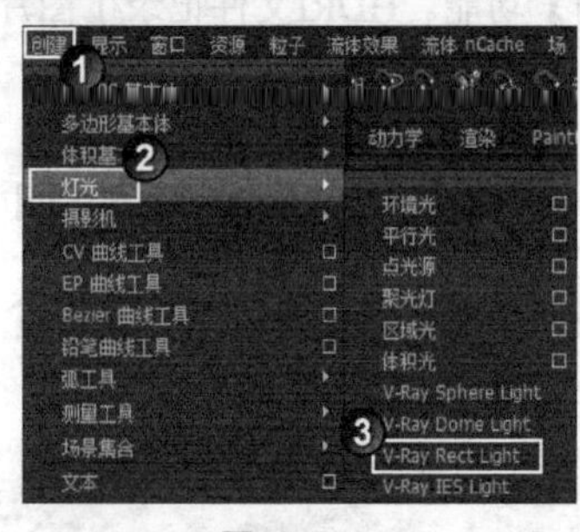

图10-53

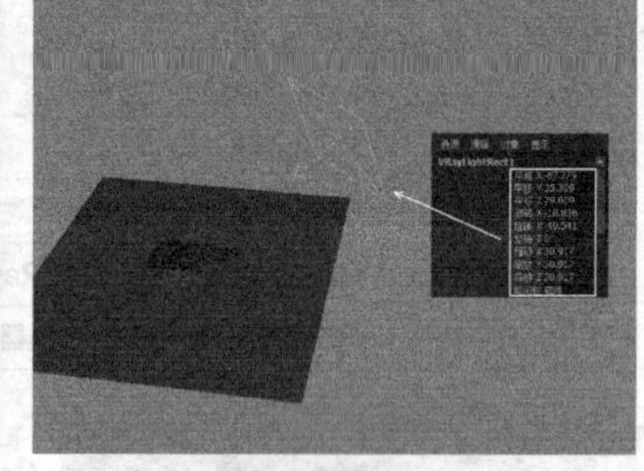

图10-54

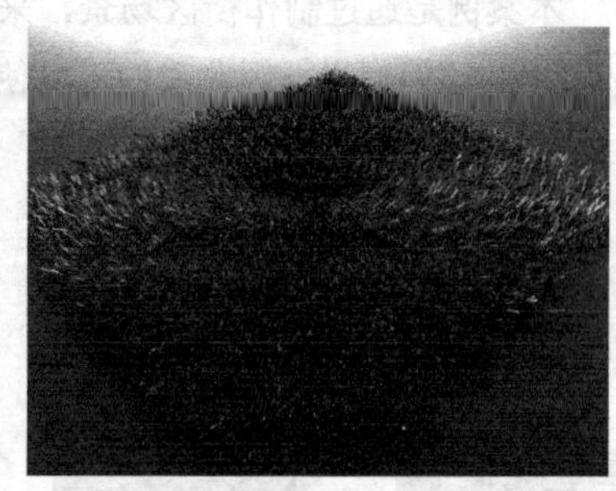

图10-55

技巧与提示

VRay IES Light（VRay IES灯）主要用来模拟光域网的效果，但是需要导入光域网文件才能起作用。光域网是灯光的一种物理性质，决定了灯光在空气中的发散方式。不同的灯光在空气中的发散方式是不一样的，比如手电筒会发出一个光束。这说明由于灯光自身特性的不同，其发出的灯光图案也不相同，而这些图案就是光域网造成的，如图10-56所示是一些常见光域网的发光形状。

VRay IES Light通常用于室内效果图，这里不做过多介绍。

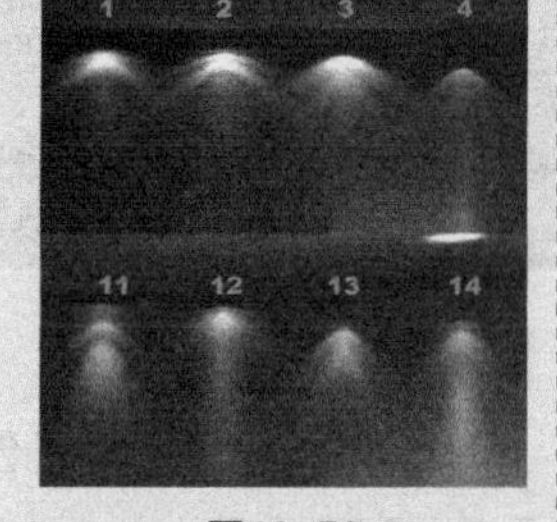

图10-56

【案例总结】

本案例是通过制作草地照明效果，来掌握VRay灯光的类型和作用。相比于Maya的灯光，VRay渲染器的灯光速度快、效果好、操作简单等。

案例 112 VRay Mtl 材质：分子结构

场景位置	Scene>CH10>J9.mb
案例位置	Example>CH10>J9.mb
视频位置	Media>CH10>9. VRay Mtl 材质：分子结构 .mp4
学习目标	学习如何制作 VRay 的玻璃材质

（扫码观看视频）

【操作思路】

对分子结构材质进行分析，分子结构中的球体为透明玻璃材质，使用VRay渲染器的VRayMtl材质，可制作玻璃材质。

【操作工具】

本例的操作工具是VRay渲染器的VRayMtl材质，如图10-57所示。

【操作步骤】

01 打开场景“Scene>CH10>J9.mb”，如图10-58所示。

02 打开Hypershade窗口，选择VRayMtl材质，如图10-59所示。

03 双击VRayMtl材质，在其【属性编辑器】面板中，展开Relection（反射）卷展栏，设置Relection Color为（H:0，S:0，V:1），如图10-60所示。

最终效果图

图10-57

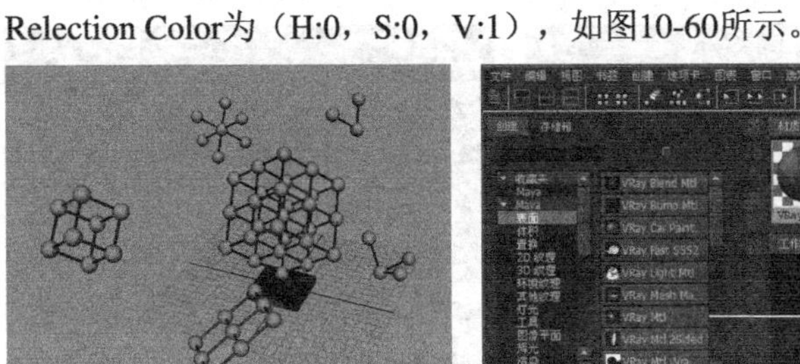

图10-58　　图10-59　　图10-60

04 展开Refration（折射）卷展栏，设置Refration Color为（H:0，S:0，V:1）、Refration IOR为1.333、Fog Color为（H:180，S:0.036，V:1），Fog bias为0.05，如图10-61所示。

05 将玻璃材质赋予给球体并渲染当前场景，效果如图10-62所示。

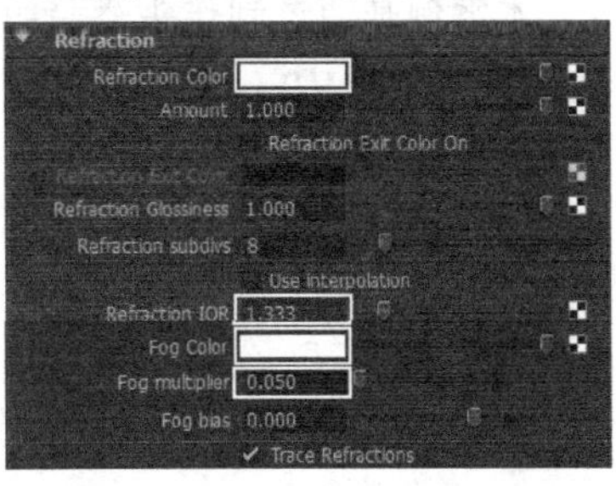

图10-61

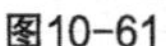

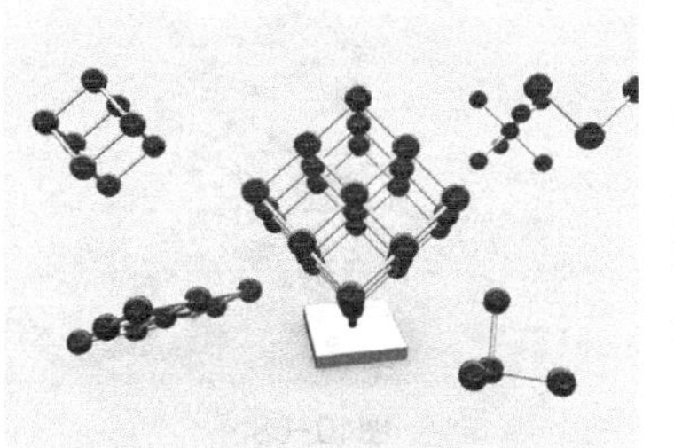

图10-62

【案例总结】

本案例是通过制作玻璃材质，来掌握VRay渲染器的VRay Mtl材质。该材质类似于mental ray渲染器的mia_material_x材质，可以模拟任何材质。

案例 113
VRay 渲染器的全局照明

场景位置	Scene>CH10>J10.mb
案例位置	Example>CH10>J10.mb
视频位置	Media>CH10>10.VRay 渲染器的全局照明 .mp4
学习目标	学习如何使用 VRay 渲染器的全局照明功能

（扫码观看视频）

最终效果图

【操作思路】

对VRay渲染器的全局照明效果进行分析，与mental ray渲染器的全局照明效果一样，VRay也提供了一套高质量的全局照明方案。

【操作工具】

本例的操作工具是VRay渲染器的【渲染设置】窗口，如图10-63所示。

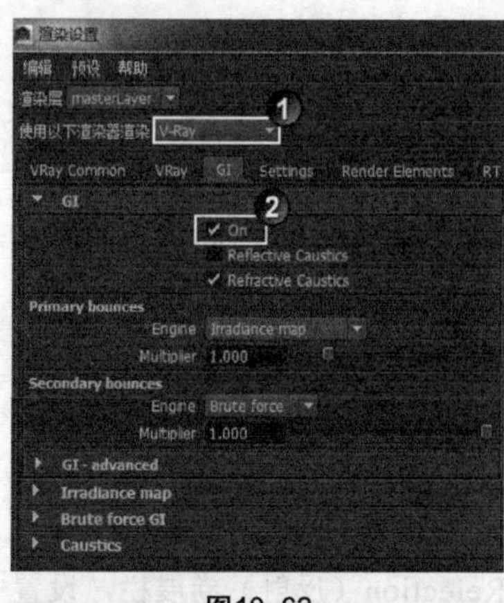

图10-63

【操作步骤】

01 打开场景“Scene>CH10>J10.mb”，如图10-64所示。

02 打开【渲染视图】窗口，单击【渲染】>【渲染】>camera1，如图10-65所示，渲染结果如图10-66所示。

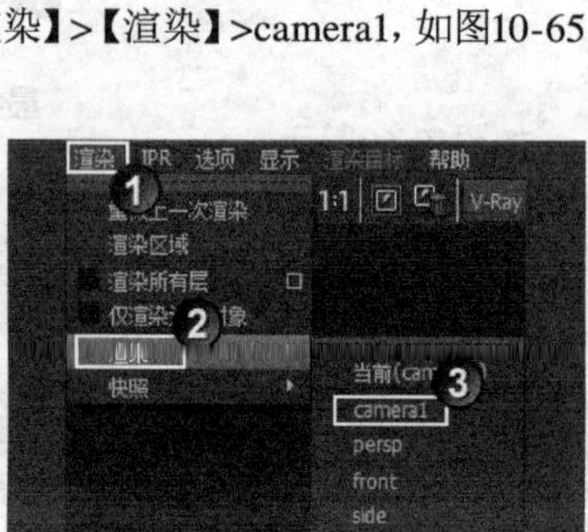
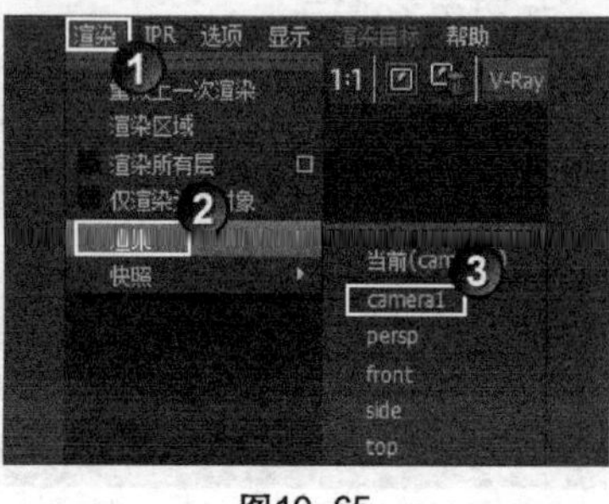

图10-64 图10-65 图10-66

03 打开【渲染设置】窗口，设置渲染器为V-Ray，在GI（全局照明）选项卡下的GI卷展栏中选择On，如图10-67所示。再次渲染，效果如图10-68所示。

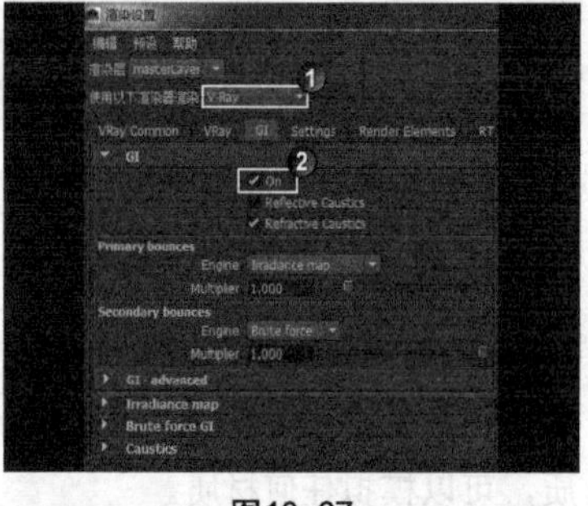

图10-67

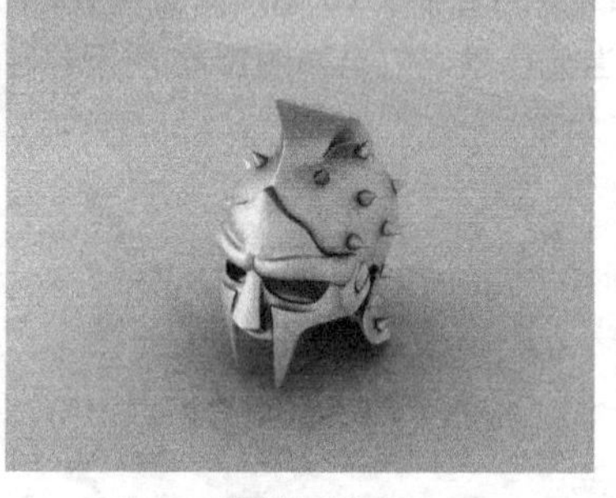

图10-68

【案例总结】

本案例是通过制作头盔照明效果，来掌握VRay渲染器的全局照明功能。相比于mental ray渲染器的全局照明，VRay渲染器具有速度快、效果好、操作简单等优点。

案例 114 VRay 渲染器的焦散效果

场景位置	Scene>CH10>J11.mb
案例位置	Example>CH10>J11.mb
视频位置	Media>CH10>11. VRay 渲染器的焦散效果 .mp4
学习目标	学习如何使用 VRay 渲染器制作焦散效果

（扫码观看视频）

【操作思路】

对灯泡场景进行分析，灯泡玻璃在受到光的作用后，产生焦散现象。使用VRay渲染器的【焦散】功能，可以很好地模拟这一效果。

【操作工具】

本例的操作工具是VRay渲染器的【渲染设置】窗口，如图10-69所示。

最终效果图

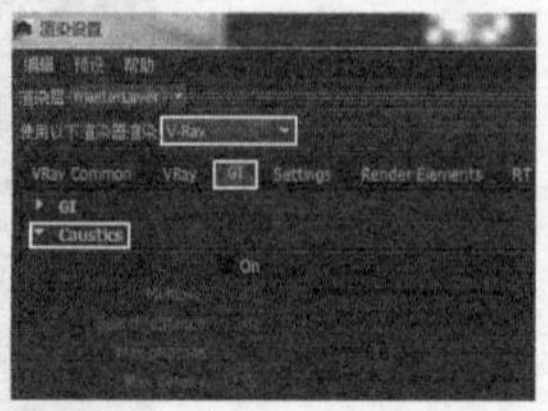

图10-69

【操作步骤】

01 打开【渲染设置】窗口，然后设置渲染器为VRay渲染器，接着在Resolution（分辨率）卷展栏下设置Width（宽度）为2500、Height（高度）为1875，如图10-70所示。

02 在Image sampler（图像采样器）卷展栏下设置Sampler type（采样器类型）为Adaptive subdivision（自适应细分），然后设置AA filter type（抗锯齿过滤器类型）为CatmulllRom（强化边缘清晰），如图10-71所示。

03 为了获得更加真实的效果，在Environment（环境）卷展栏下选择Override Environment（覆盖环境）选项，接着分别在GI texture（GI纹理）、Reflection texture（反射纹理）和Refraction texture（折射纹理）通道加载“案例文件>CH07>f>balkon_sunset_02_wb_small.hdr”文件，如图10-72所示。

04 展开Color mapping（颜色映射）卷展栏，然后设置Dark multiplier（暗部倍增）为2、Bright multiplier（亮部倍增）为1.5，如图10-73所示。

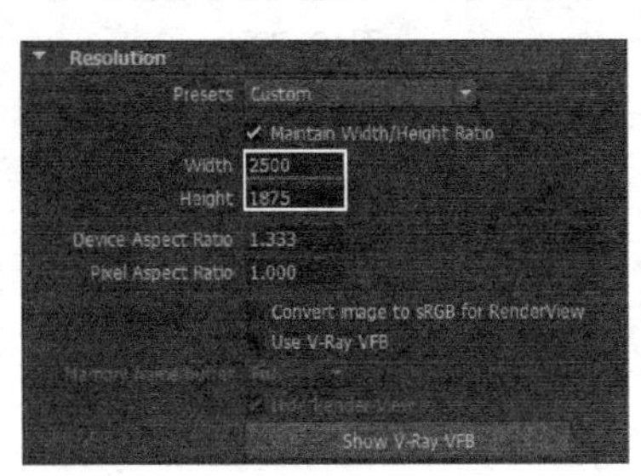

图10-70

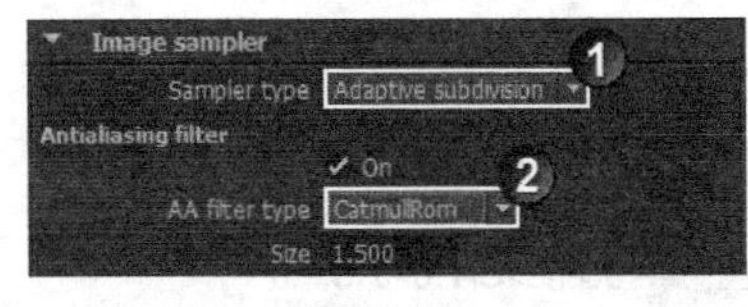

图10-71

图10-72

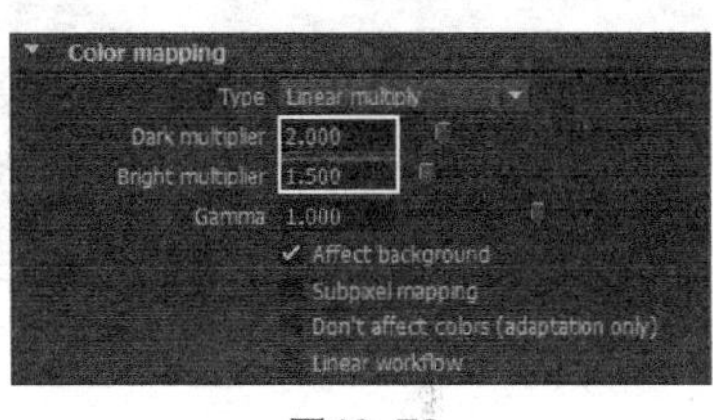

图10-73

05 展开GI卷展栏，然后选择On（启用）选项，接着在Primary bounces（首次反弹）选项组下设置Engine（引擎）为Irradiance map（发光贴图），最后在Secondary bounces（二次反弹）选项组下设置Engine（引擎）为Light cache（灯光缓存），如图10-74所示。

06 展开Irradiance map（发光贴图）卷展栏，然后设置Current preset（当前预设）为Custom（自定义），并设置Min rate（最小比率）为-3、Max rate（最大比率）为0，接着选择Enhance details（增强细节）选项，具体参数设置如图10-75所示。

07 展开Light cache（灯光缓存）卷展栏，然后设置Subdivs（细分）为1000，如图10-76所示。

08 展开Caustics（焦散）卷展栏，然后选择On（启用）选项，接着设置Multiplier（倍增器）为9、Search distance（搜索距离）为20、Max photons（最大光子数）为30，具体参数设置如图10-77所示。

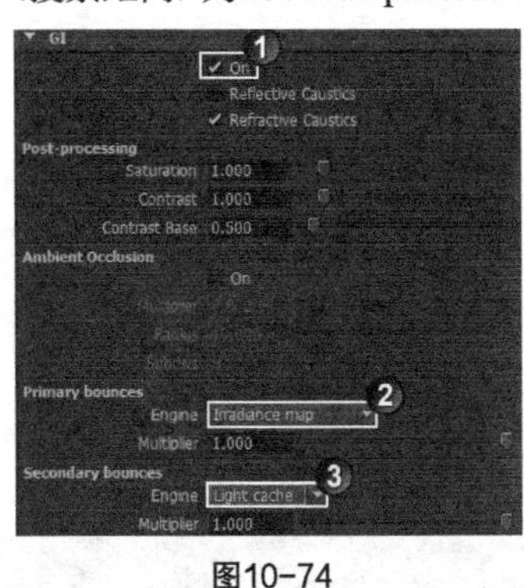

图10-74

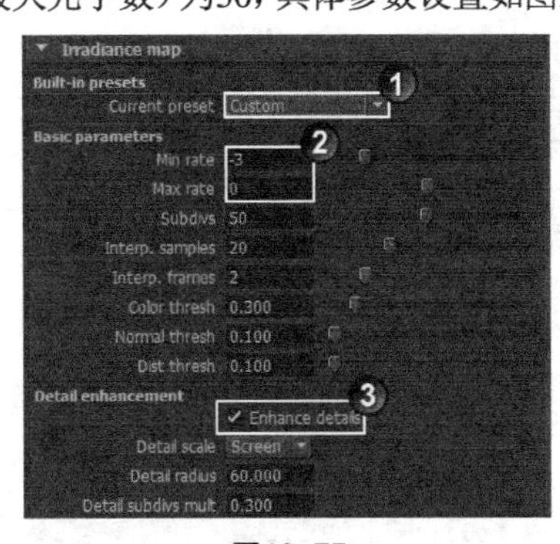

图10-75

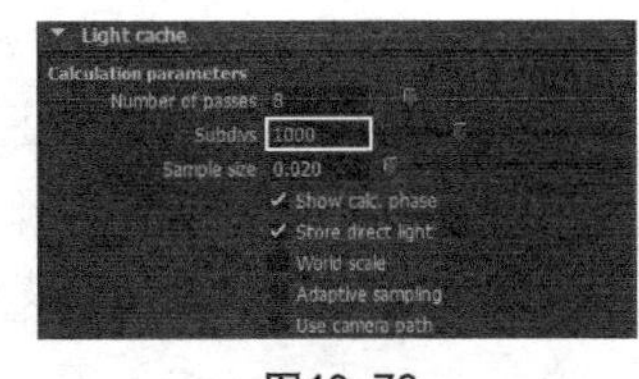

图10-76

图10-77

09 渲染当前场景，最终效果如图10-78所示。

图10-78

【案例总结】

本案例是通过制作灯泡场景，来掌握VRay渲染器的【焦散】功能。焦散效果是VRay的强项，不仅模拟的质量很高，而且速度相对较快，有“焦散之王”的美称。

练习 019 制作室外照明

场景位置	Scene>CH10>J12.mb
案例位置	Example>CH10>J12.mb
视频位置	Media>CH10>12. 制作室外照明 .mp4
技术需求	使用【物理太阳和天空照明】制作效果

（扫码观看视频）

效果图如图10-79所示。

【制作提示】

第1步：打开【渲染设置】窗口，设置渲染器为mental ray。

第2步：创建【物理太阳和天空照明】

第3步：调整灯光角度。

图10-79

练习 020 制作优质阴影

场景位置	Scene>CH10>J13.mb
案例位置	Example>CH10>J13.mb
视频位置	Media>CH10>13. 制作优质阴影 .mp4
技术需求	使用【渲染设置】窗口来制作效果

（扫码观看视频）

效果图如图10-80所示。

【制作提示】

第1步：打开灯光的【属性编辑器】面板，增加【阴影光线数】的值。

第2步：打开【渲染设置】窗口，设置渲染器为mental ray。

第3步：在【光线跟踪】卷展栏下增加【阴影】的值。

默认参数的效果如图10-81所示。

图10-80

图10-81

练习 021 制作运动模糊

场景位置	Scene>CH10>J14.mb
案例位置	Example>CH10>J14.mb
视频位置	Media>CH10>14. 制作运动模糊 .mp4
技术需求	使用【渲染设置】窗口来制作效果

（扫码观看视频）

效果图如图10-82所示。

【制作提示】

第1步：打开【渲染设置】窗口，设置渲染器为mental ray。

第2步：激活运动模糊功能。

第3步：调整参数。

未开启运动模糊如图10-83所示。

图10-82

图10-83

第 11 章

渲染技术综合运用

制作三维作品的过程，就像制作陶瓷一样，前期需要精细地制坯和绘彩，到最后要经历漫长的烧成过程，这就是渲染令人期待、令人兴奋的地方。但是在计算机中，渲染背后却是大量的数据，经过复杂的运算，最后才呈现在我们面前。因此对渲染器进行合理的设置，可以减少计算量，提升制作效率。本章主要通过综合运用纹理技术、材质技术、灯光技术、渲染技术，来强化渲染的设置技巧。使用的渲染器有软件渲染器、mental ray渲染器和VRay渲染器，这些都能制作高质量的三维作品。

本章学习要点

强化软件渲染器的运用
强化mental ray渲染器的运用
强化VRay渲染器的运用
强化灯光的布置
强化渲染的设置

案例 115 台灯场景

场景位置	Scene>CH11>K1.mb
案例位置	Example>CH11>K1.mb
视频位置	Media>CH11>1. 台灯场景 .mp4
学习目标	强化玻璃材质、金属材质、塑料材质和灯光的制作

（扫码观看视频）

【操作思路】

对台灯场景进行分析，场景材质中有：背景材质、金属材质、塑料材质、灯罩材质、玻璃材质，灯光有：一盏主光源和一盏辅光源，两盏灯光均为聚光灯。

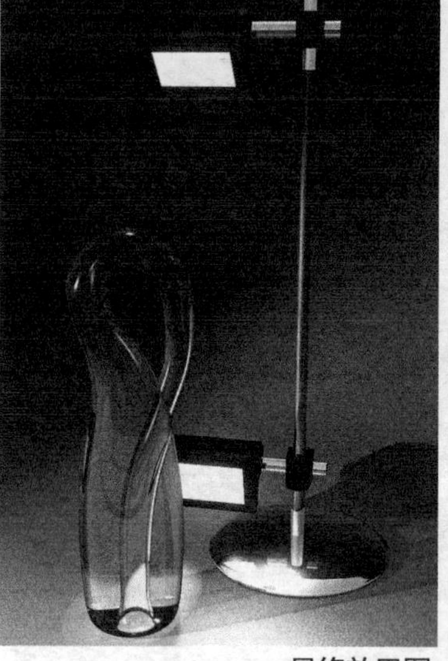
最终效果图

【操作工具】

本例的操作工具是Blinn材质、mib_amb_occlusion节点、【表面着色器】节点、【环境铬】节点、【渐变】节点、【分形】节点、【聚光灯】和【关系编辑器】窗口，如图11-1所示。

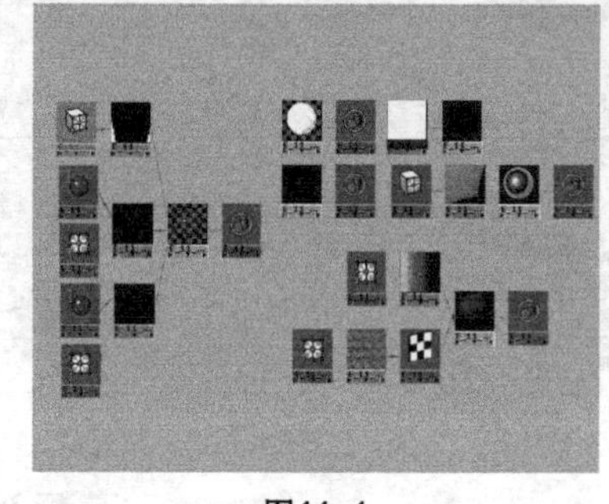
图11-1

【操作步骤】

制作背景材质

01 打开场景“Scene>CH11>K1.mb”，如图11-2所示。

02 打开Hypershade窗口，创建一个Blinn材质，并将其命名为beijing，如图11-3所示。

03 在【公用材质属性】卷展栏下的【颜色】属性中加载一个【渐变】节点，在【凹凸贴图】通道中加载【分形】节点。在【镜面反射着色】卷展栏下设置【偏心率】为0.521、【镜面反射衰减】为0.083，设置【镜面反射颜色】为（R:59，G:59，B:59），设置【反射率】为0.02，如图11-4所示。

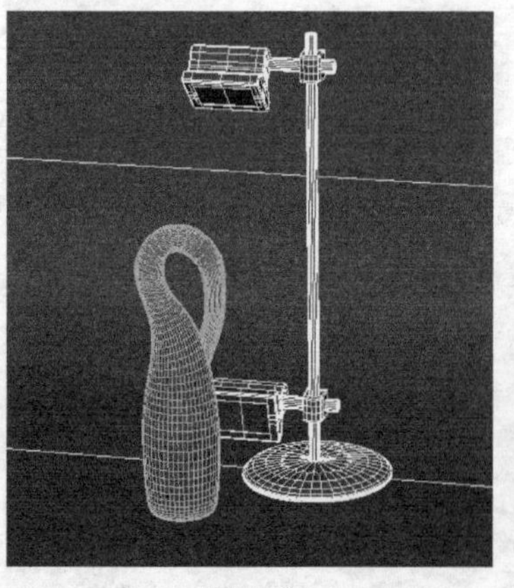
图11-2

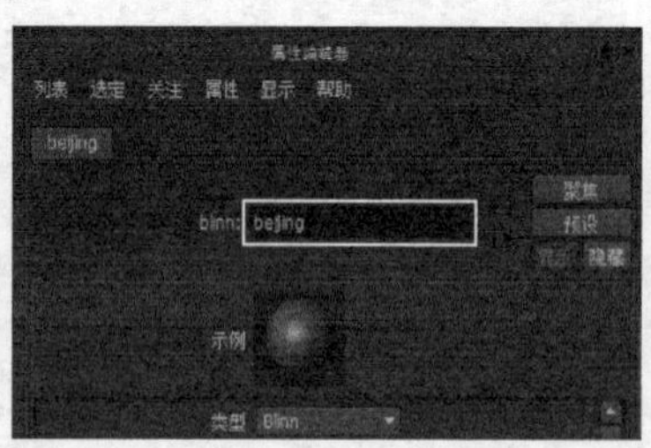

图11-3

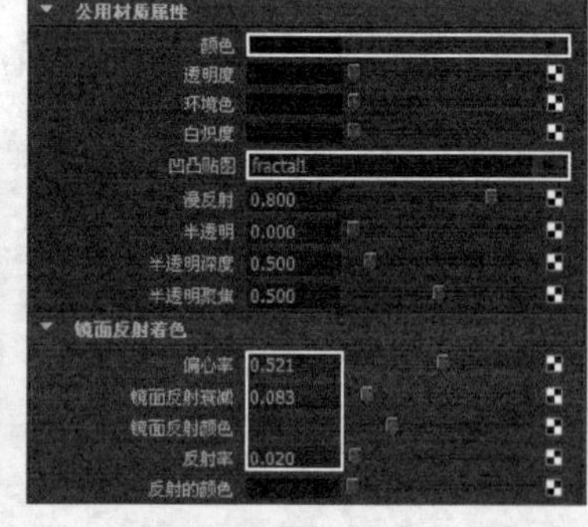

图11-4

04 打开【渐变】节点的参数设置面板，设置【类型】为【U向渐变】、【插值】为【平滑】。依次设置4个色标的颜色为（R:65，G:26，B:12）、（R:178，G:102，B:43）、（R:202，G:115，B:57）、（R:240，G:201，B:95），如图11-5所示。

05 打开【分形】节点的参数设置面板，设置【振幅】为0.636、【比率】为0.669、【频率比】为2.711，如图11-6所示。

06 打开【分形】节点的place2dTexture节点的参数设置面板，设置【UV向重复】为（60，60），如图11-7所示。

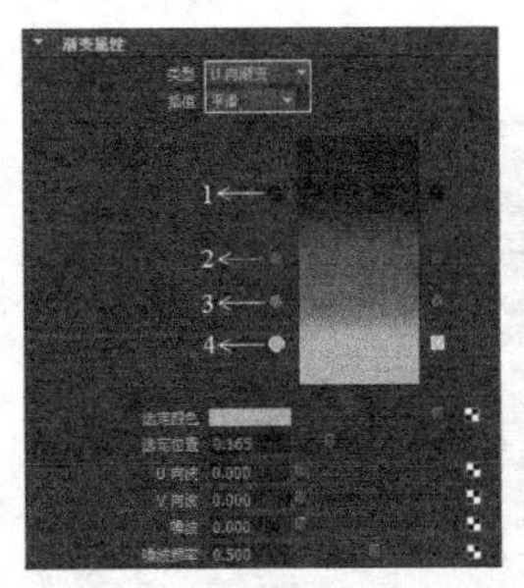

图11-5

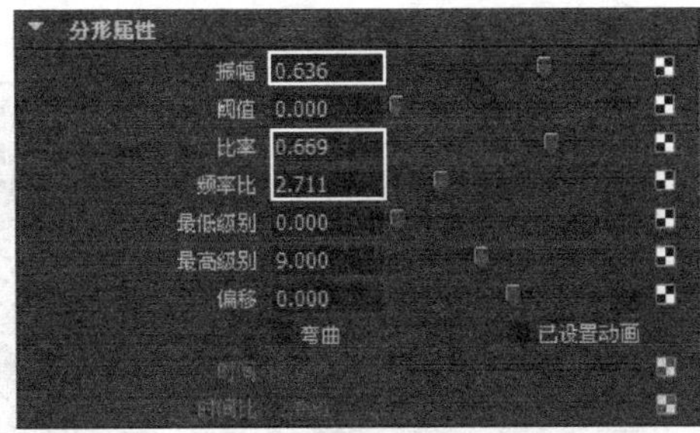

图11-6

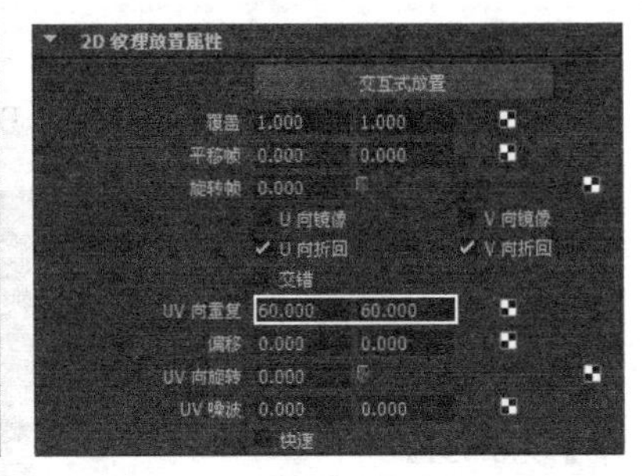

图11-7

07 打开bump2d1节点的参数设置面板，设置【凹凸深度】为0.007，如图11-8所示，制作好的材质节点连接效果如图11-9所示。

08 选择背景物体，如图11-10所示，将制作好的beijing指定给该模型。

图11-8

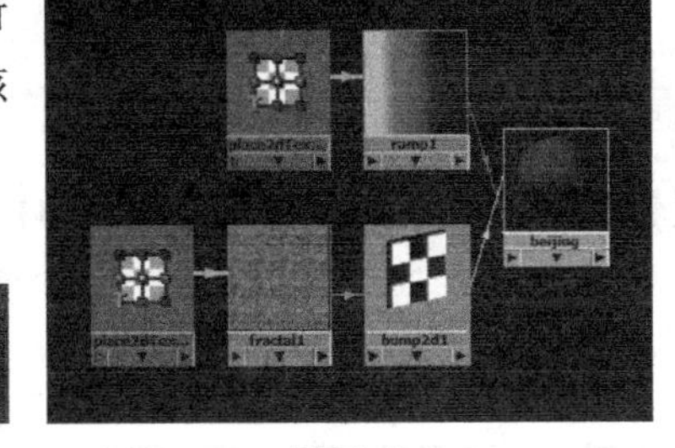

图11-9

图11-10

制作金属材质

01 创建一个Blinn材质，并将其更名为jinshu，具体参数设置如图11-11所示。

设置步骤：

①设置【颜色】为(R:53, G:36, B:15)，设置【环境色】为黑色。

②设置【偏心率】为0.281、【镜面反射衰减】为0.661，设置【镜面反射颜色】为白色，设置【反射率】为0.901，在【反射的颜色】通道中加载一个【环境铬】节点。

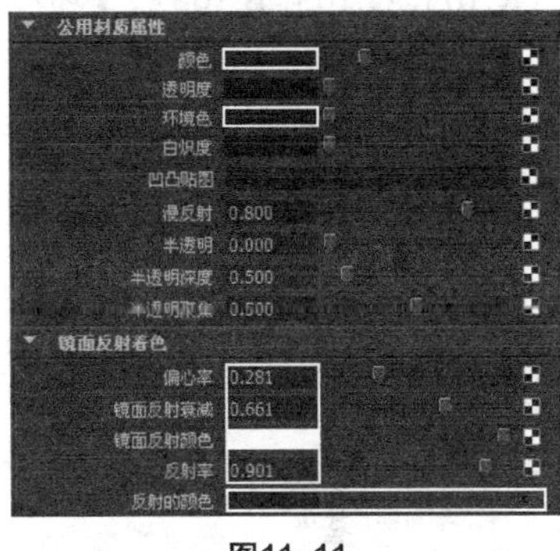

图11-11

02 打开【环境铬】节点的参数设置面板，具体参数设置如图11-12所示。

设置步骤：

①设置【天空颜色】为（R:255，G:219，B:218）、【天顶颜色】为（R:255，G:229，B:168）、【灯光颜色】为（R:255，G:223，B:189）。

②设置【地面颜色】为（R:169，G:164，B:153）。

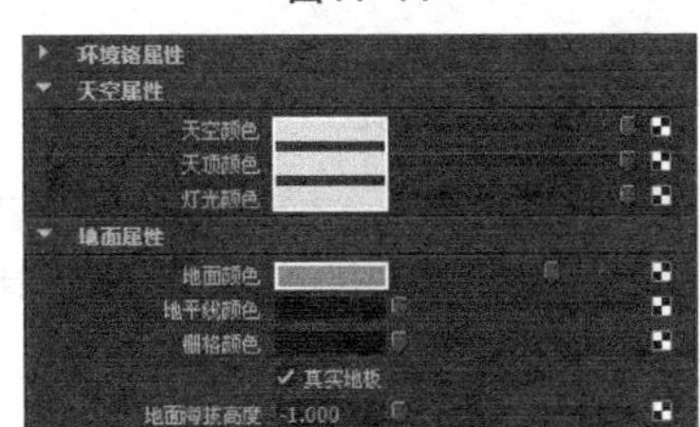

图11-12

03 选择如图11-13所示的模型，将制作好的jinshu材质指定给该模型。

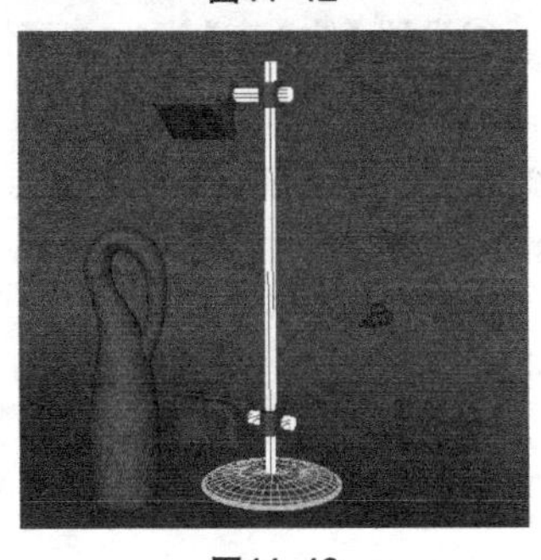

图11-13

制作塑料材质

01 创建一个Blinn材质，将其更名为suliao，具体参数设置如图11-14所示。

设置步骤：

①设置【颜色】为（R:2，G:1，B:2）。

②设置【偏心率】为0.298、【镜面反射衰减】为0.43，设置【镜面反射颜色】为（R:145，G:145，B:145），设置【反射率】为0.331。

02 选择如图11-15所示的模型，将制作好的suliao材质指定给该模型。

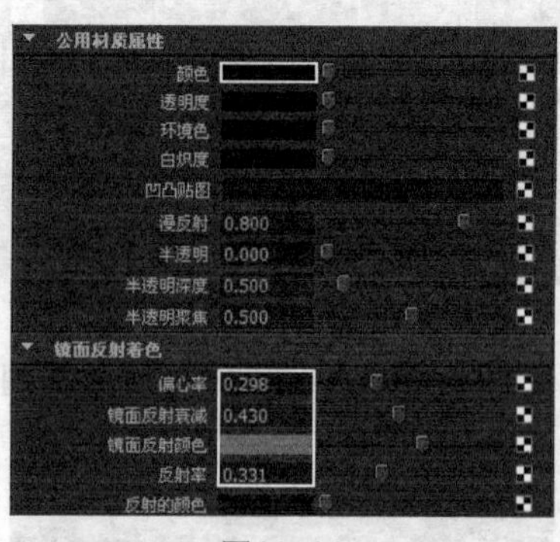

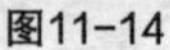

图11-14

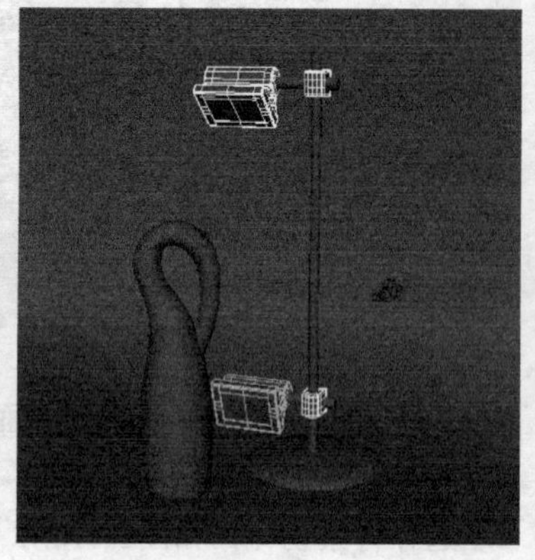

图11-15

制作灯罩材质

01 创建一个Blinn材质，并将其更名为dengzhao，具体参数设置如图11-16所示。

设置步骤：

①设置【颜色】为（R:243，G:244，B:255）、【透明度】颜色为（R:103，G:103，B:103）、【环境色】为（R:245，G:254，B:255）。

②设置【镜面反射颜色】为（R:228，G:228，B:228）。

③设置【辉光强度】为0.165。

02 选择如图11-17所示的灯罩模型，将制作好的dengzhao材质指定给该模型。

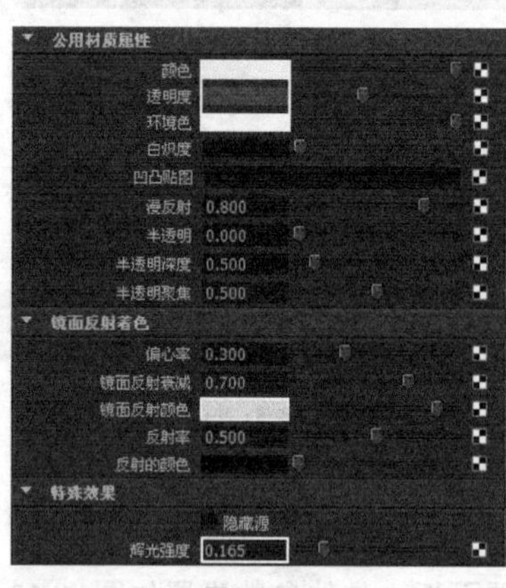

图11-16

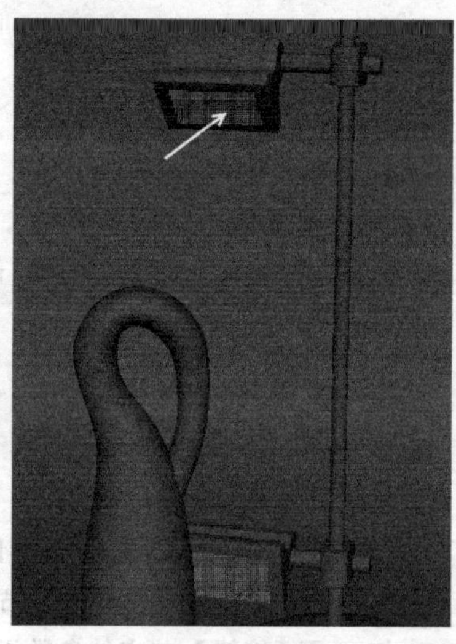

图11-17

制作玻璃材质

01 创建两个【采样器信息】节点和一个Blinn材质节点，打开Blinn材质节点的【属性编辑器】面板，并将其更名为Glass，具体参数设置如图11-18所示。

设置步骤：

①设置【颜色】为黑色，设置【漫反射】为0。

②设置【偏心率】为0.06、【镜面反射衰减】为2，设置【镜面反射颜色】为（R:222，G:224，B:224）。

02 创建一个【渐变】纹理节点，打开其【属性编辑器】面板，具体参数设置如图11-19所示。

设置步骤：

①设置第1个色标的颜色为（R:6，G:6，B:6）。

②设置第2个色标的颜色为（R:31，G:31，B:31）。

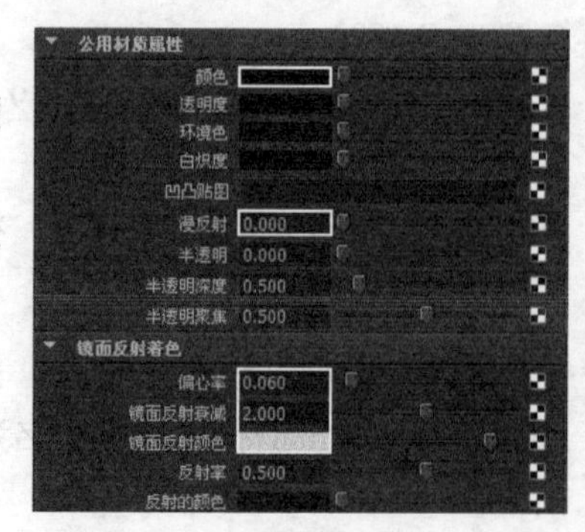

图11-18

03 继续创建一个【渐变】纹理节点，打开其【属性编辑器】面板，设置【插值】为【平滑】，具体参数设置如图11-20所示。

设置步骤：

①设置第1个色标的颜色为（R:220，G:240，B:228）。

②设置第2个色标的颜色为（R:35，G:35，B:35）。

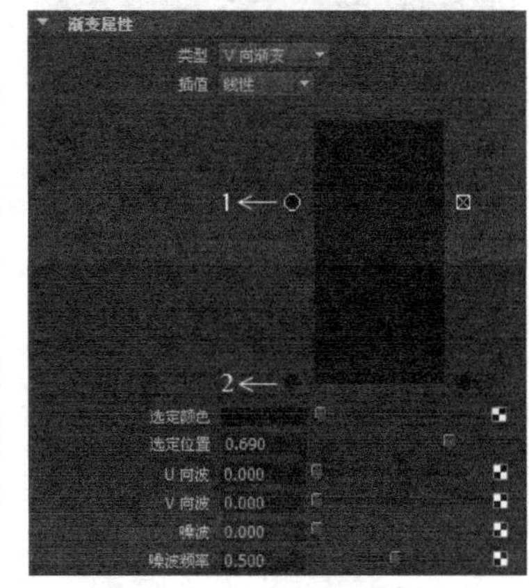

图11-19

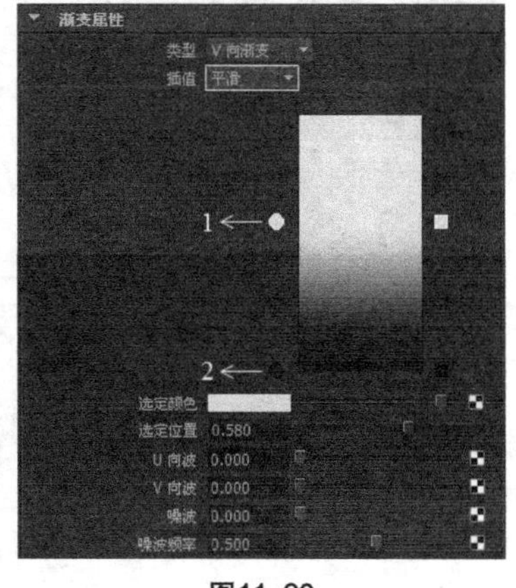

图11-20

04 将samplerInfo1节点的facingRatio（面比率）属性连接到ramp1节点的vCoord（V坐标）属性上，如图11-21所示。将samplerInfo2节点的facingRatio（面比率）属性连接到ramp2节点的vCoord（V坐标）属性上。

05 创建一个【环境铬】节点，打开其【属性编辑器】面板，具体参数设置如图11-22所示。

06 打开与【环境铬】节点连接的place3dTexture1节点的【属性编辑器】面板，设置【缩放】为（35.533，55.687，34.6），如图11-23所示。

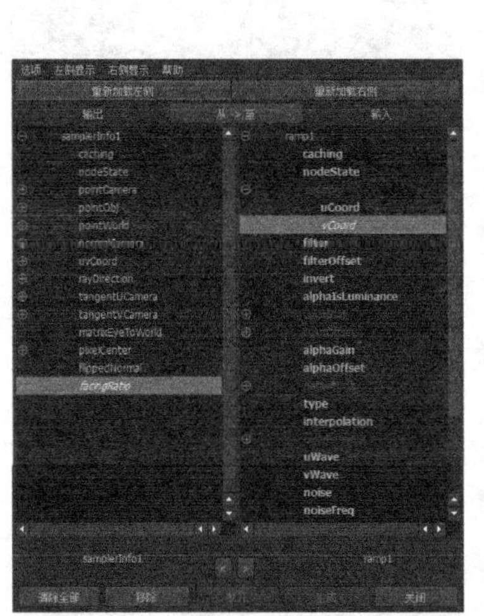

图11-21

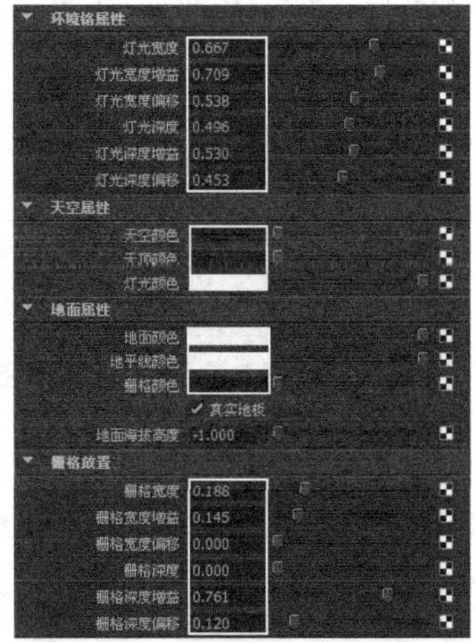

图11-22

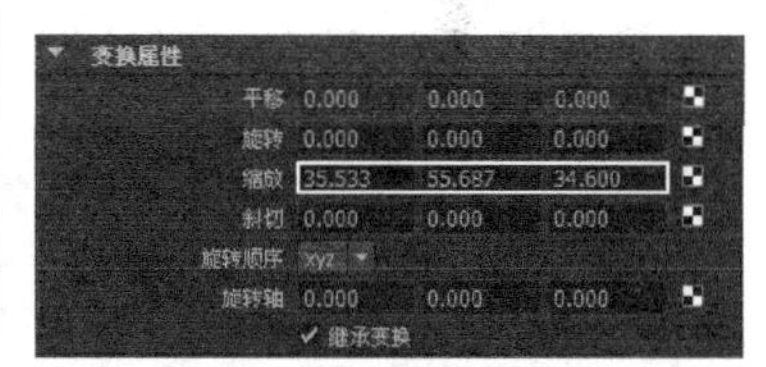

图11-23

07 将ramp1节点的outColor（输出颜色）属性连接到Glass材质节点的tansparency（透明度）属性上，如图11-24所示。将ramp2节点的outAlpha（输出Alpha）属性连接到Glass材质节点的reflectivity（反射率）属性上，如图11-25所示。将envChrome1节点的outColor（输出颜色）属性连接到Glass材质节点的reflectedColor（反射颜色）属性上，如图11-26所示。制作好的材质节点连接效果，如图11-27所示。

图11-24

图11-25

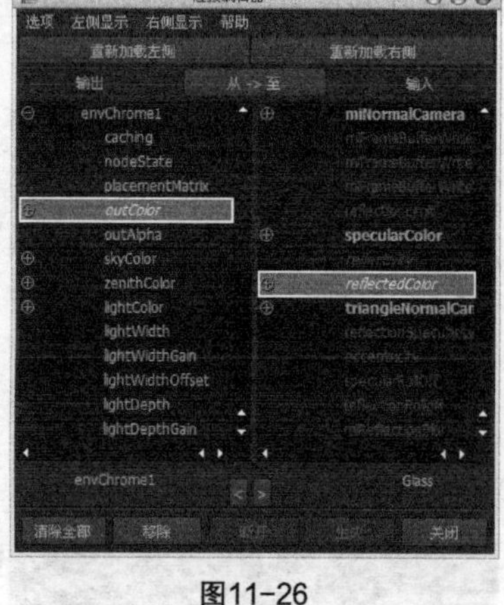

图11-26

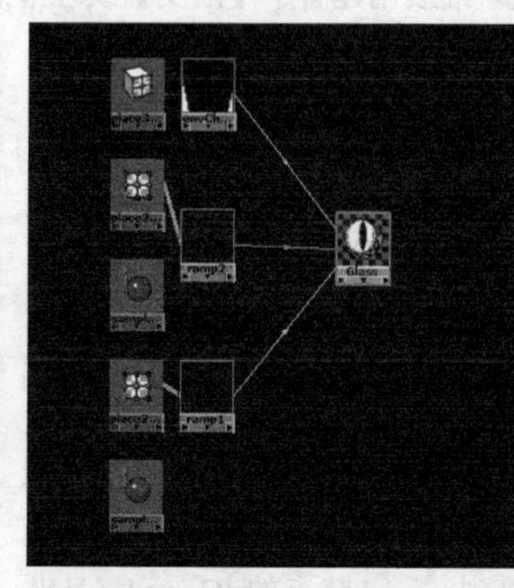
图11-27

08 选择如图11-28所示的玻璃瓶，将制作好的Glass材质指定给该模型。

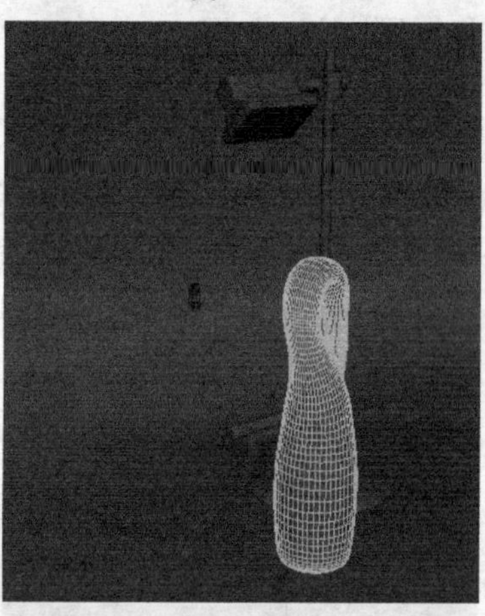
图11-28

创建主光源

01 在灯罩内创建一盏聚光灯作为照亮场景的主光源，如图11-29所示。

02 打开聚光灯的【属性编辑器】面板，将其更名为zhuguang，具体参数设置如图11-30所示。

设置步骤：

①设置【颜色】为（R:255，G:240，B:212），设置【强度】为2，设置【圆锥体角度】为43.13、【半影角度】为10.567、【衰减】为75.868。

②选择【使用光线跟踪阴影】选项，设置【灯光半径】为0.587、【阴影光线数】为6、【光线深度限制】为3。

图11-29

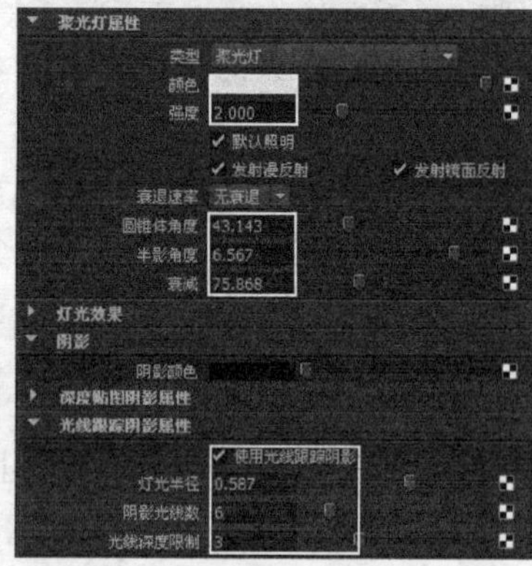

图11-30

创建辅助光源

01 在如图11-31所示的位置创建一盏聚光灯作为照亮背景的辅助光源，打开其【属性编辑器】面板，并将其更名为beijingdeng，设置【颜色】为（R:226，G:154，B:103）、【强度】为0.4，设置【圆锥体角度】为175.533、【半影角度】为-2.066，如图11-32所示。

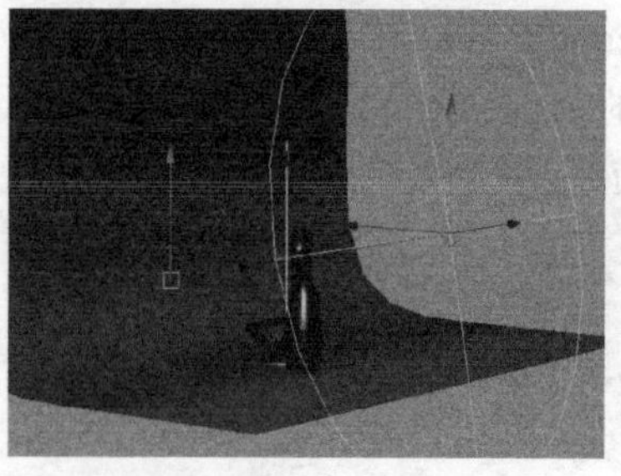
图11-31

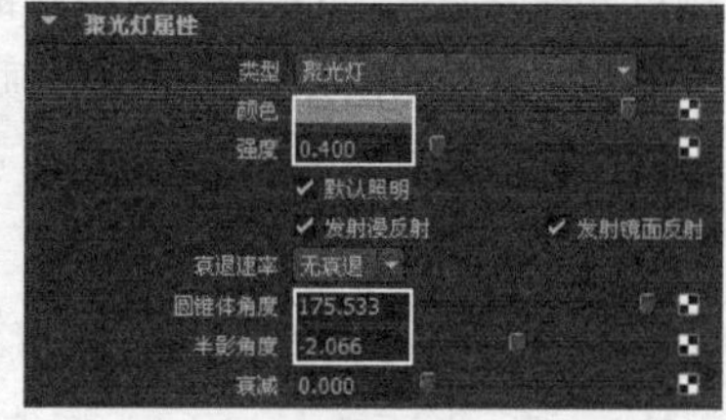

图11-32

02 在如图11-33所示的位置创建一盏聚光灯作为辅助光源，打开其【属性编辑器】面板，并将其更名为fuzhu1，设置【颜色】为白色、【强度】为0.2、【圆锥体角度】为41.658、【半影角度】为-7.851，设置【阴影颜色】为（R:164，G:164，B:164），如图11-34所示。

图11-33

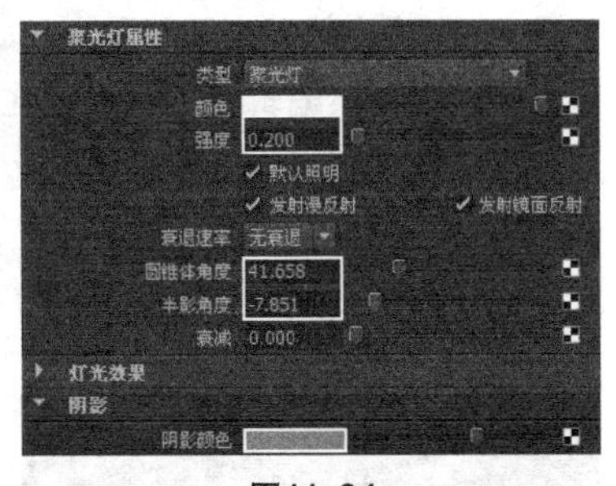

图11-34

03 切换到【渲染】模块，执行【照明/着色】>【灯光链接编辑器】>【以灯光为中心】命令，打开【关系编辑器】窗口，在列表的左侧选择fuzhu1灯光，在列表的右侧选择pCylinder1物体，这样可以排除fuzhu1灯光对这个物体的影响，如图11-35所示。

04 在如图11-36所示的位置创建一盏平行光作为辅助光源，打开其【属性编辑器】面板，并将其更名为fuzhu2，设置【强度】为0.4，如图11-37所示。

图11-35

图11-36

图11-37

05 打开【关系编辑器】窗口，在列表的左侧选择fuzhu2灯光，在列表的右侧选择pCylinder1物体，这样可以排除灯光对这个物体的影响，如图11-38所示。

06 在如图11-39所示的位置创建一盏聚光灯作为辅助光源，打开其【属性编辑器】面板，并将其更名为fuzhu3，设置【颜色】为（R:227，G:255，B:242），设置【圆锥体角度】为41.658、【半影角度】为-7.851，再选择【使用光线跟踪阴影】选项，设置【灯光半径】为0.165、【阴影光线数】为6、【光线深度限制】为3，如图11-40所示。

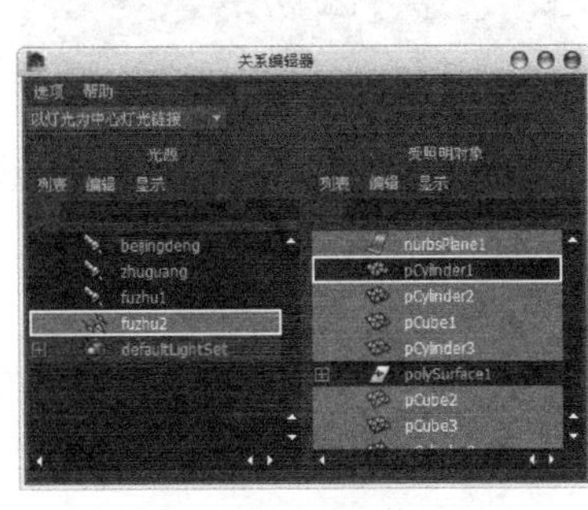

图11-38

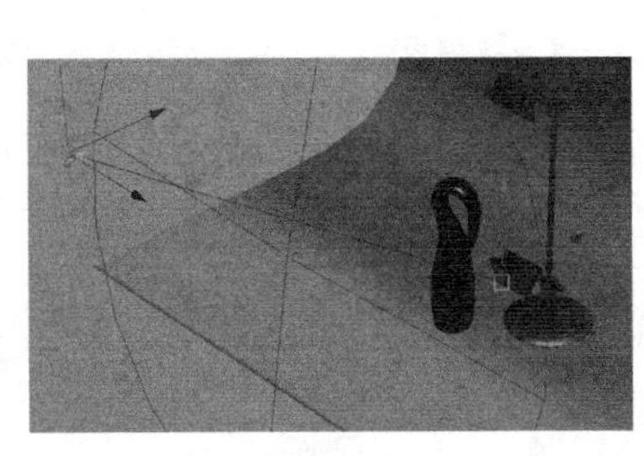

图11-39

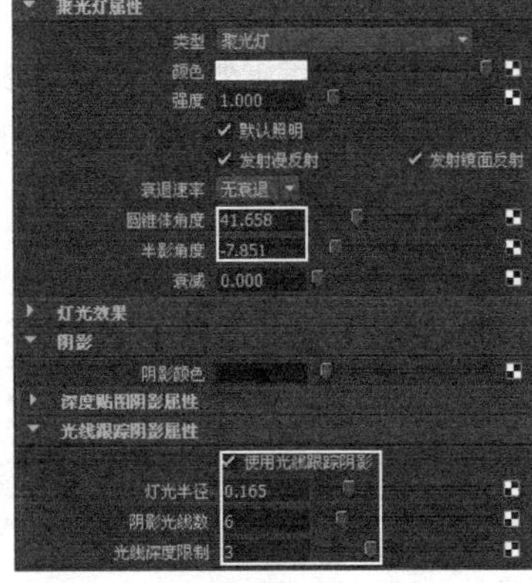

图11-40

07 在如图11-41所示的灯罩内创建一盏聚光灯作为辅助灯光，打开其【属性编辑器】面板，并将其更名为fuzhu4，设置【颜色】为（R:255，G:242，B:192）、【强度】为3，设置【圆锥体角度】为41.658、

【半影角度】为-7.851，再选择【使用光线跟踪阴影】选项，设置【灯光半径】为0.165、【阴影光线数】为6、【光线深度限制】为3，如图11-42所示。

08 打开【关系编辑器】窗口，在列表的左侧选择fuzhu4灯光，在列表的右侧选择pCylinder1物体，这样可以排除灯光对这个物体的影响，如图11-43所示。

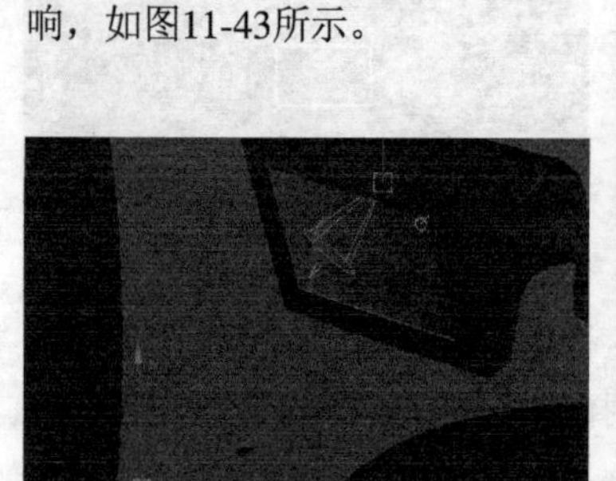
图11-41

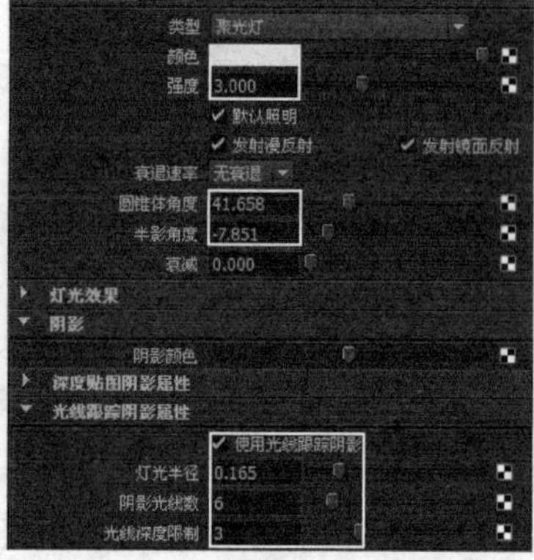

图11-42

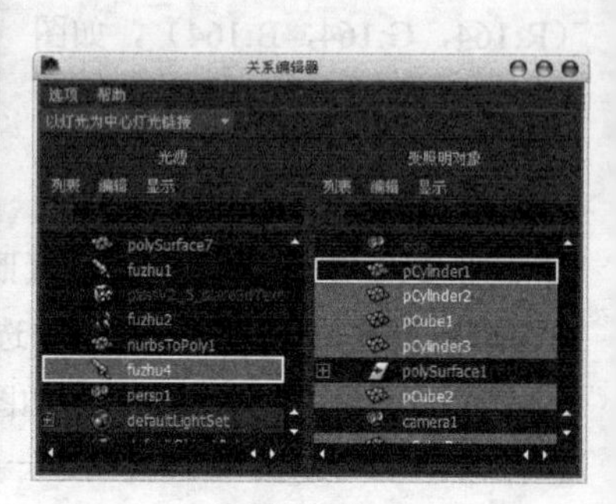

图11-43

09 在如图11-44所示的位置创建一盏点光源作为辅助灯光，打开其【属性编辑器】面板，并将其更名为fuzhu5，设置【颜色】为（R:244，G:241，B:228）、【强度】为0.826，关闭【发射漫反射】选项，如图11-45所示。

10 打开【关系编辑器】窗口，在列表的左侧选择fuzhu5灯光，在列表的右侧选择如图11-46所示的物体，这样可以排除灯光对这些物体的影响。

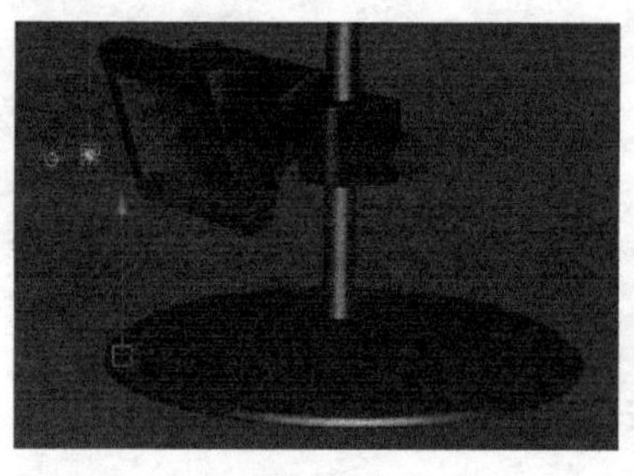
图11-44

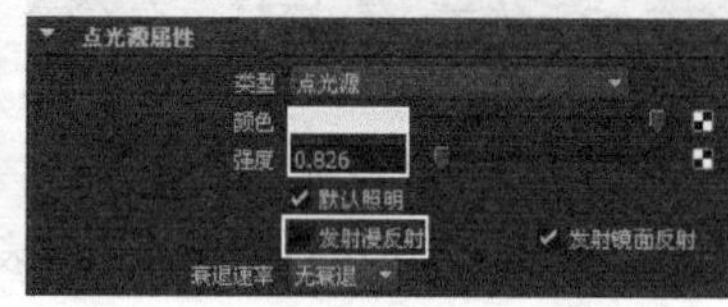

图11-45

图11-46

11 在fuzhu5灯光附近创建一盏点光源，以增强照明效果，如图11-47所示。打开其【属性编辑器】面板，并将其更名为fuzhu6，设置【颜色】为（R:255，G:251，B:237）、【强度】为0.496，关闭【发射漫反射】选项，如图11-48所示。

12 打开【关系编辑器】窗口，在列表的左侧选择fuzhu6灯光，在列表的右侧选择如图11-49所示的物体，这样可以排除灯光对这些物体的影响。

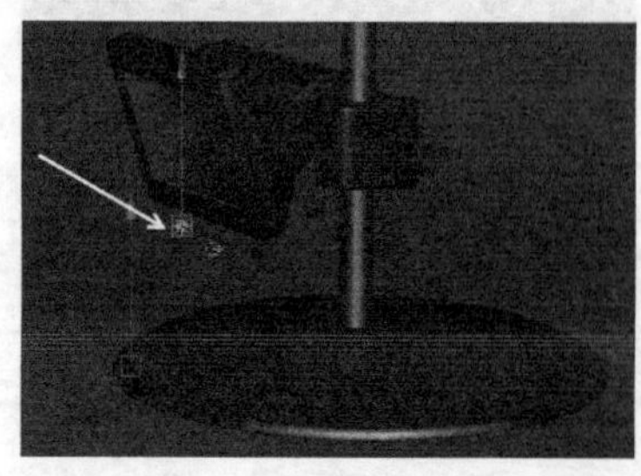
图11-47

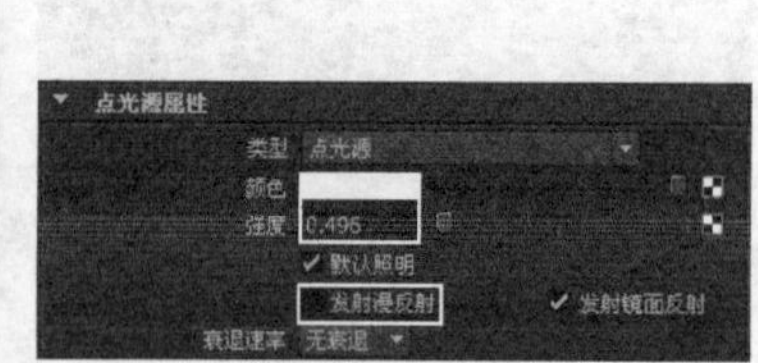

图11-48

图11-49

13 在fuzhu6灯光的附近再创建一盏点光源，如图11-50所示。打开其【属性编辑器】面板，并将其更名为fuzhu7，设置【颜色】为（R:255，G:251，B:237）、【强度】为3，关闭【发射漫反射】选项，如图

11-51所示。

14 打开【关系编辑器】窗口，在列表的左侧选择fuzhu7灯光，在列表的右侧选择如图11-52所示的物体，这样可以排除灯光对这些物体的影响。

图11-50

图11-51

图11-52

渲染设置

01 在视图菜单中执行【面板】>【视图】>【camera1】命令，切换到摄影机视图，如图11-53所示。

02 打开【渲染设置】窗口，设置渲染器为【Maya软件】渲染器，设置渲染尺寸为1500×2181，如图11-54所示。

03 单击【Maya软件】选项卡，在【抗锯齿质量】卷展栏下设置【质量】为【产品级质量】，如图11-55所示。

04 渲染当前场景，最终效果如图11-56所示。

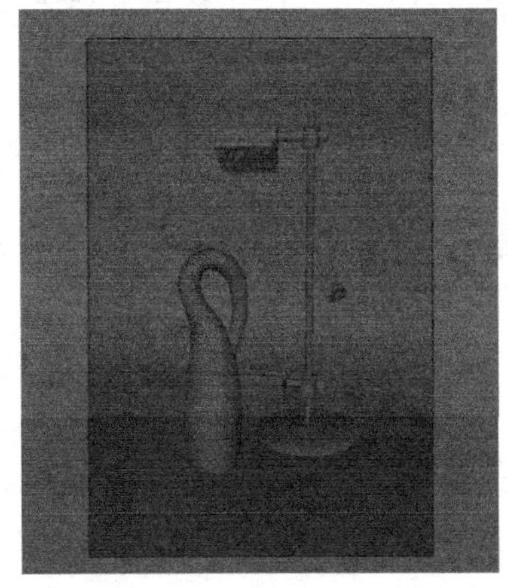

图11-53

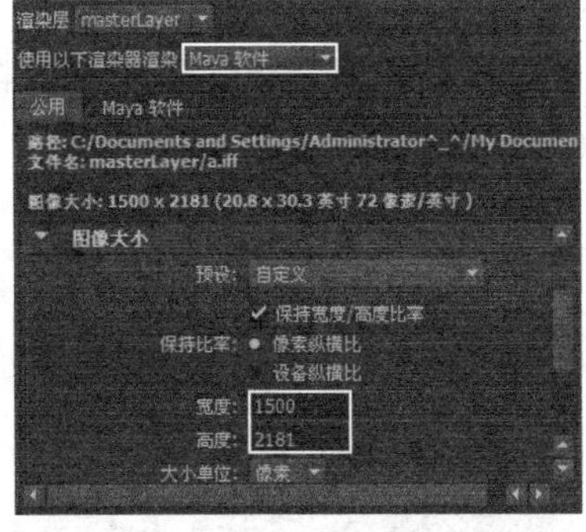

图11-54

图11-55

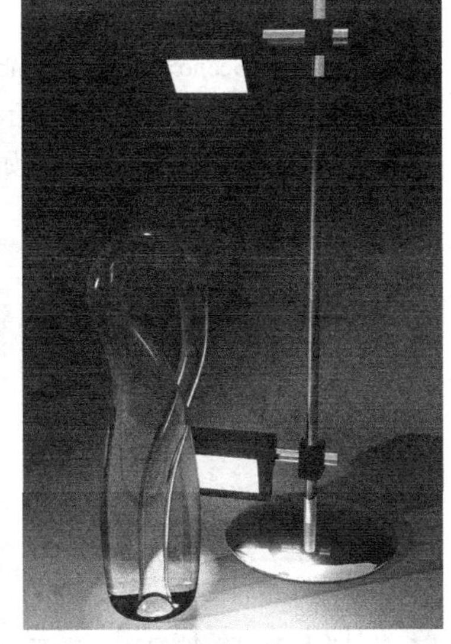

图11-56

【案例总结】

本案例是通过制作一个台灯场景，来强化Blinn材质、mib_amb_occlusion节点、【表面着色器】节点、【环境铬】节点、【渐变】节点、【分形】节点、【聚光灯】和【关系编辑器】窗口的综合运用。

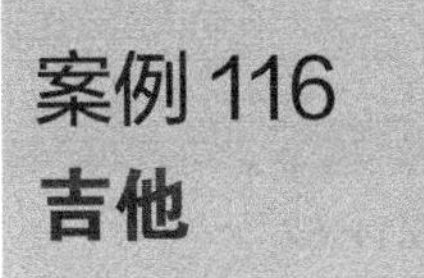

案例 116 吉他

场景位置	Scene>CH11>K2.mb
案例位置	Example>CH11>K2.mb
视频位置	Media>CH11>2. 吉他 .mp4
学习目标	强化木料材质、金属材质、皮革材质、地面材质和灯光的制作

（扫码观看视频）

【操作思路】

对吉他场景进行分析，场景中有吉他、琴套和地面3个物体，材质包含木料、金属、皮革、地面4大

类。在对该场景制作材质前，先要对场景进行UV分配，才能将贴图正确地附着在模型上。整个场景需要若干个聚光灯，为场景照明。

【操作工具】

本例的操作工具是Lambert材质、Blinn材质、【分形】节点、【环境铬】节点、【布料】节点、【关系编辑器】窗口、【UV纹理编辑器】窗口，材质如图11-57所示。

最终效果图

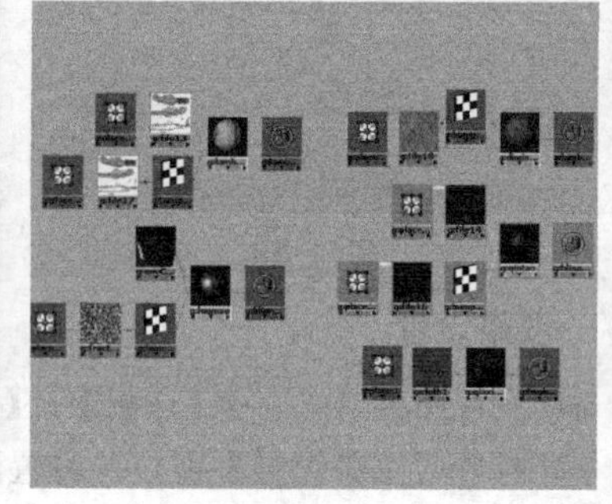

图11-57

【操作步骤】

制作琴头材质

01 打开场景“Scene>CH11>K2.mb”，如图11-58所示。

02 选择琴头模型，如图11-59所示。执行【窗口】>【UV纹理编辑器】命令，打开【UV纹理编辑器】窗口，观察模型的UV分布情况，如图11-60所示。

图11-58

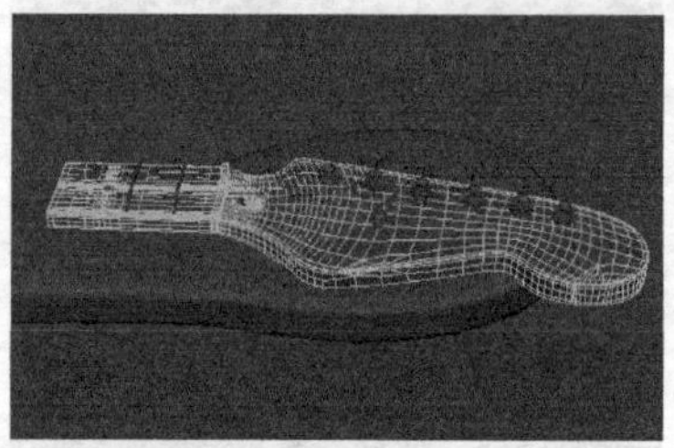

图11-59

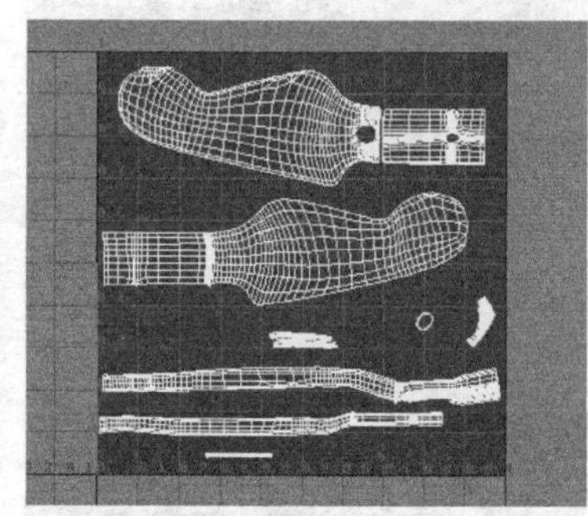

图11-60

03 在UV上单击鼠标右键，在弹出的菜单中选择UV命令，全选琴头的UV，如图11-61所示。

04 在【UV纹理编辑器】窗口中执行【多边形】>【UV快照】命令，在弹出的【UV快照】对话框中进行如图11-62所示的设置。

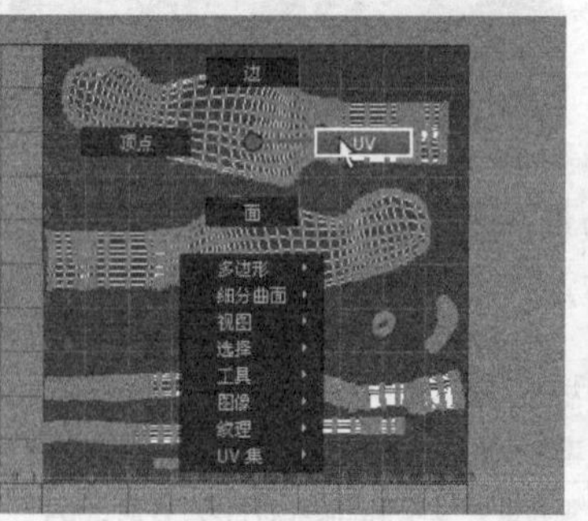

图11-61

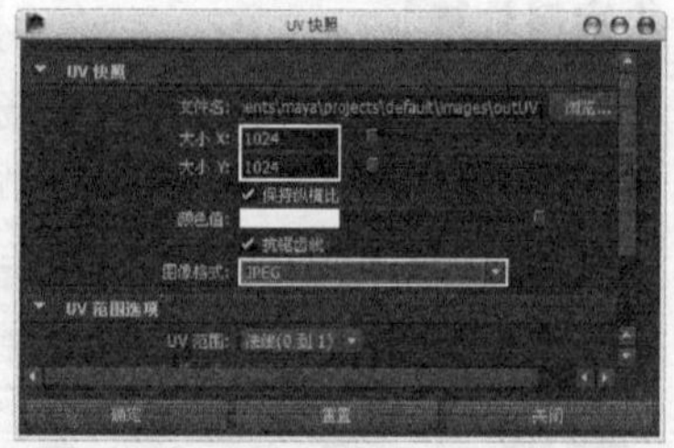

图11-62

05 将保存好的琴头UV图片导入Photoshop中，根据UV的分布绘制出贴图，完成后的效果如图11-63所示。

06 创建一个Lambert材质，将其更名为jitamianban，分别在【颜色】通道和【凹凸贴图】通道中加载

"Example>CH11>K2>qin.jpg"文件，如图11-64所示。

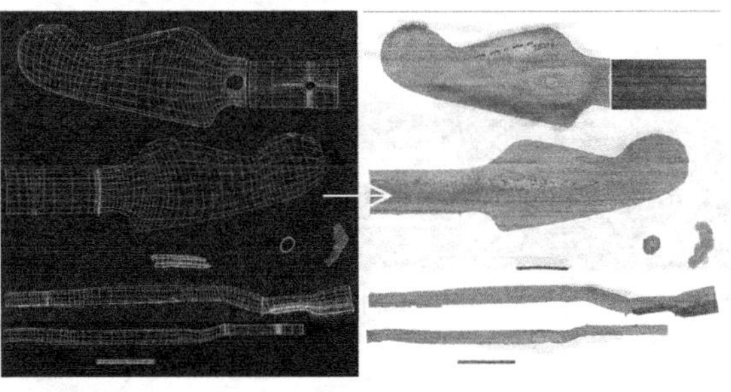

图11-63

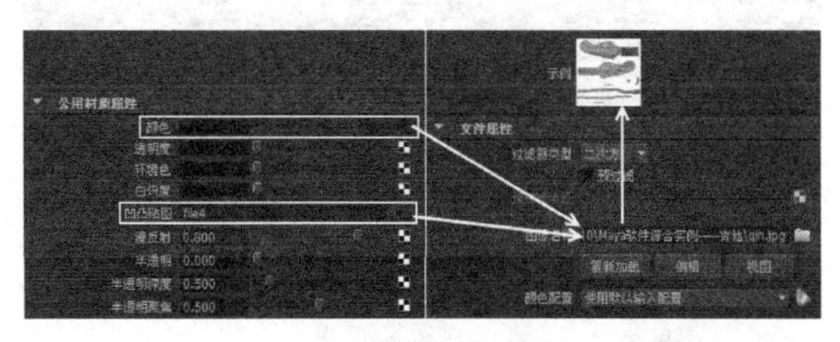

图11-64

07 打开bump2d2节点的【属性编辑器】面板，设置【凹凸深度】为0.08，如图11-65所示。

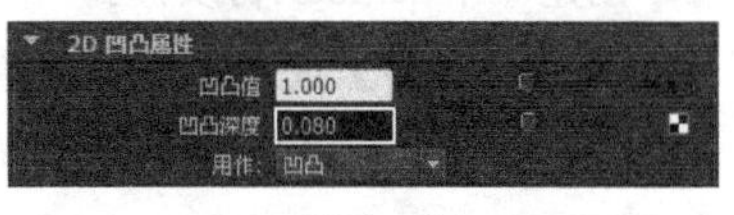

图11-65

制作螺帽材质

01 创建一个Blinn材质，打开其【属性编辑器】面板，并设置材质名称为luomao，具体参数设置如图11-66所示。

设置步骤：

①设置【颜色】为黑色，在【凹凸贴图】通道中加载一个【分形】纹理节点，设置【漫反射】为0.6。

②设置【偏心率】为0.331、【镜面反射衰减】为0.917，设置【镜面反射颜色】为（R:251，G:255，B:251），再设置【反射率】为0.6，在【反射的颜色】通道中加载一个【环境铬】节点。

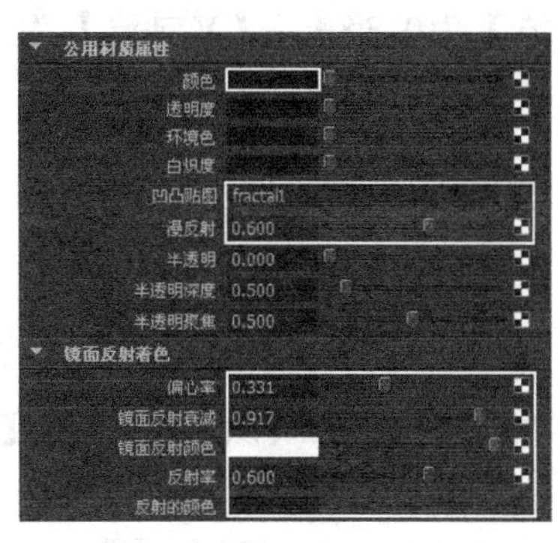

图11-66

02 打开与【分形】节点相连的place2dTexture5节点的【属性编辑器】面板，设置【UV向重复】为（15，15），如图11-67所示。

03 打开bump2d节点的【属性编辑器】面板，设置【凹凸深度】为0.09，如图11-68所示。

04 打开【环境铬】节点的【属性编辑器】面板，具体参数设置如图11-69所示。

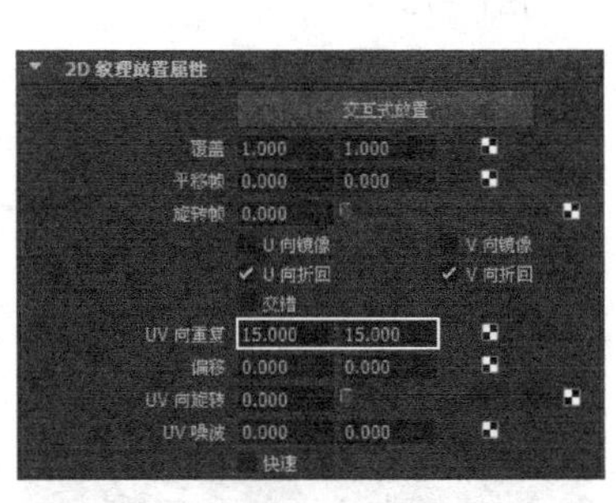

图11-67

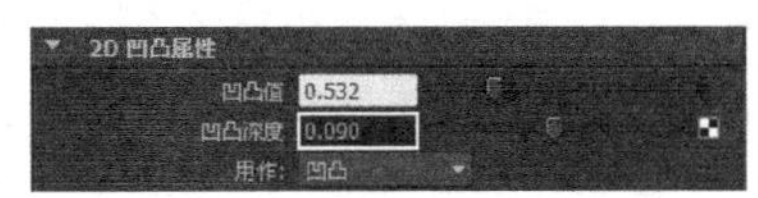

图11-68

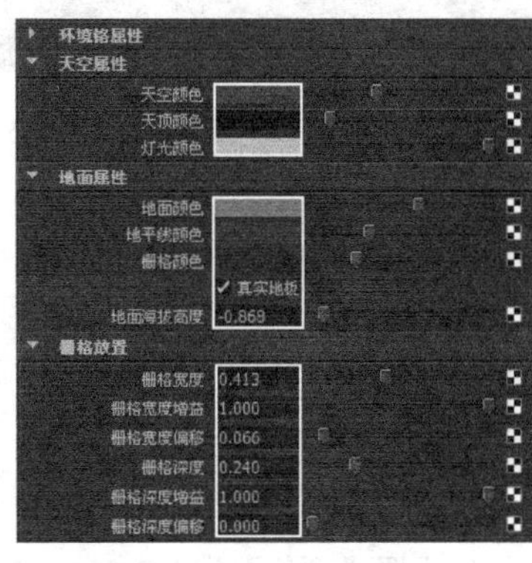

图11-69

制作琴套材质

01 创建一个Blinn节点，打开其【属性编辑器】面板，并设置材质名称为qintao，分别在【颜色】通道和【凹凸贴图】通道中加载"Example>CH11>K2>qintao.jpg"文件，如图11-70所示。

02 打开bump2d3节点的【属性编辑器】面板，设置【凹凸深度】为0.1，如图11-71所示。

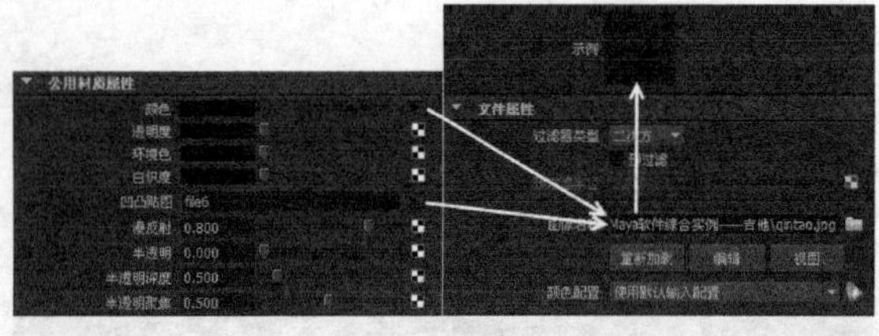

图11-70

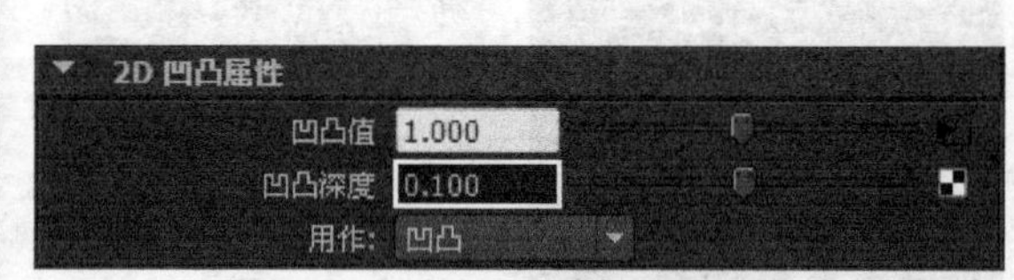

图11-71

制作琴弦材质

01 创建一个Lambert材质，打开其【属性编辑器】面板，并设置材质名称为qinxian，在【颜色】通道中加载一个【布料】纹理节点，设置【漫反射】为0.648，如图11-72所示。

02 打开【布料】节点的【属性编辑器】面板，设置【间隙颜色】为（R:136，G:98，B:27）、【U向颜色】为（R:104，G:62，B:59）、【V向颜色】为（R:73，G:73，B:73），设置【U向宽度】为0.107、【V向宽度】为0.595、【U向波】为0.384、【V向波】为0.021，具体参数设置如图11-73所示。

图11-72

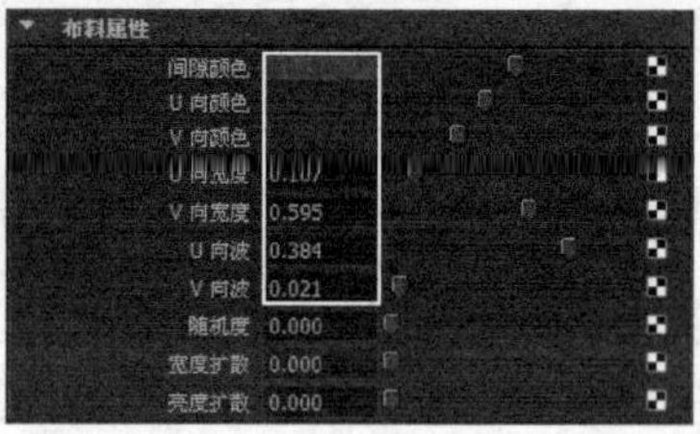

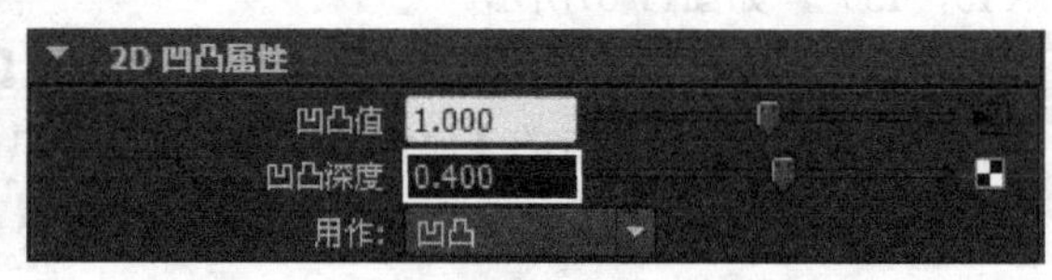

图11-73

03 接下来制作地面材质，创建一个Lambert材质，打开其【属性编辑器】面板，并设置材质名称为dimian，分别在【颜色】通道和【凹凸贴图】通道中加载“Example>CH11>K2>地面.jpg”文件，如图11-74所示。

04 打开bump2d4节点的【属性编辑器】面板，设置【凹凸深度】为0.4，如图11-75所示。

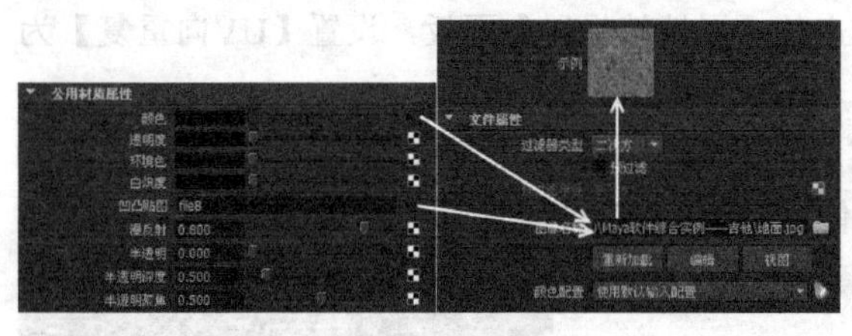

图11-74

图11-75

创建主光源

01 在如图11-76所示的位置创建一盏聚光灯作为场景的主光源。

图11-76

02 打开聚光灯的【属性编辑器】面板，将其更名为zhuguang，具体参数设置如图11-77所示。

设置步骤：

①设置【颜色】为（R:213，G:179，B:116）、【强度】为1.24，设置【圆锥体角度】为151.734、【半影角度】为4.545。

②设置【阴影颜色】为（R:123，G:123，B:123），选择【使用光线跟踪阴影】选项，设置【灯光半径】为0.03、【阴影光线数】为6。

03 切换到【渲染】模块，执行【照明/着色】>【灯光链接编辑器】>【以灯光为中心】命令，打开【关系编辑器】窗口，在列表的左侧选择zhuguang灯光，在列表的右侧选择dimian物体，这样可以排除灯光对这个物体的影响，如图11-78所示。

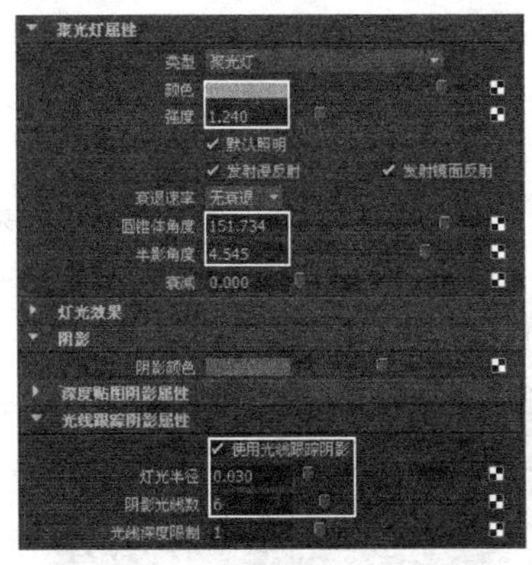

图11-77

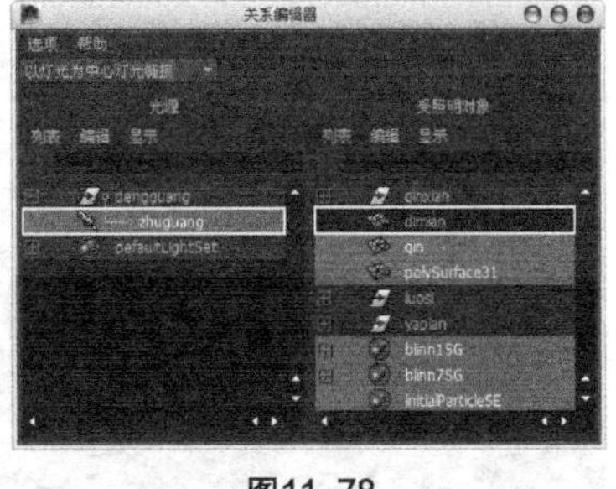

图11-78

创建辅助光源

01 在如图11-79所示的位置创建一盏聚光灯作为场景的辅助光源，打开其【属性编辑器】面板，并将其更名为fuzhu1，设置【颜色】为（R:141，G:148，B:161）、【强度】为0.744，设置【圆锥体角度】为175.536、【半影角度】为0.744，具体参数设置如图11-80所示。

图11-79

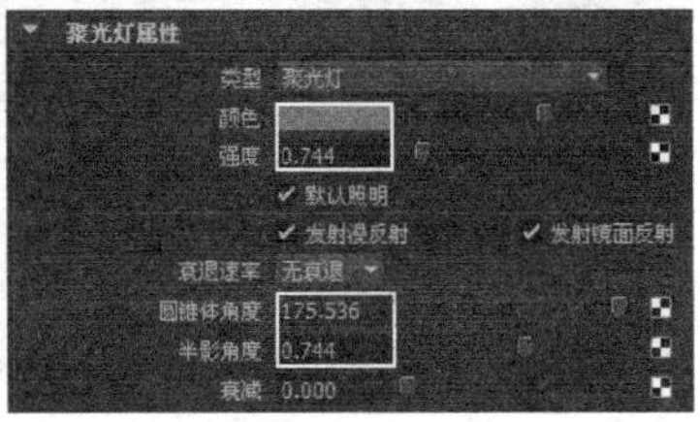

图11-80

02 在如图11-81所示的位置创建一盏聚光灯作为场景的辅助光源，打开其【属性编辑器】面板，将其更名为fuzhu2，具体参数设置如图11-82所示。

设置步骤：

①设置【颜色】为（R:189，G:218，B:207）、【强度】为0.744，设置【圆锥体角度】为105.621、【半影角度】为8.182。

②设置【阴影颜色】为（R:62，G:34，B:17），选择【使用光线跟踪阴影】选项，设置【灯光半径】为5、【阴影光线数】为5。

图11-81

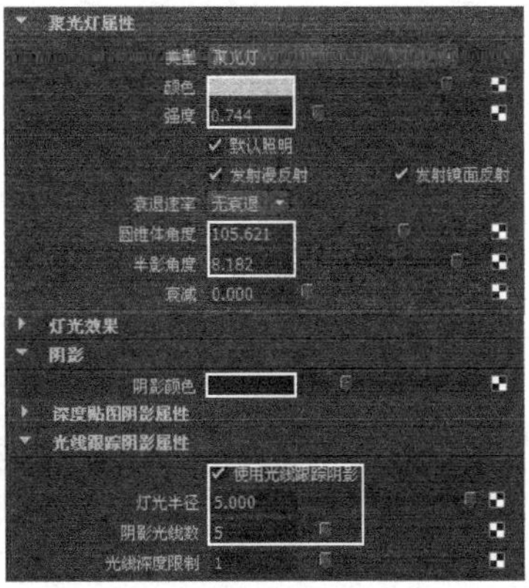

图11-82

03 在如图11-83所示的位置创建一盏聚光灯作为场景的辅助光源，打开其【属性编辑器】面板，并将其更名为fuzhu3，设置【颜色】为（R:151，G:157，B:167）、【强度】为0.3，设置【衰退速率】为【线性】、【圆锥体角度】为58.023、【半影角度】为4.546，具体参数设置如图11-84所示。

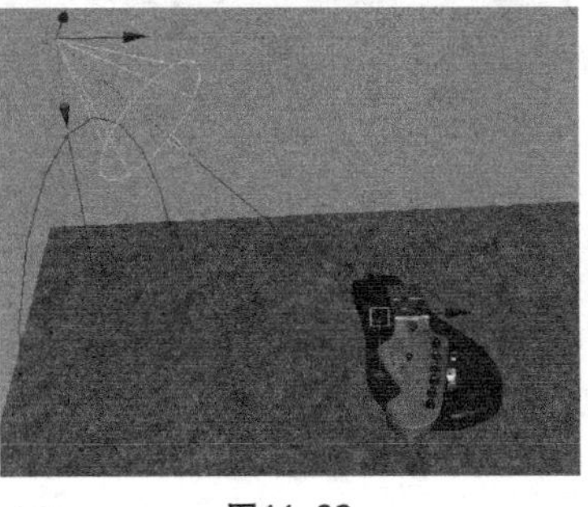

图11-83

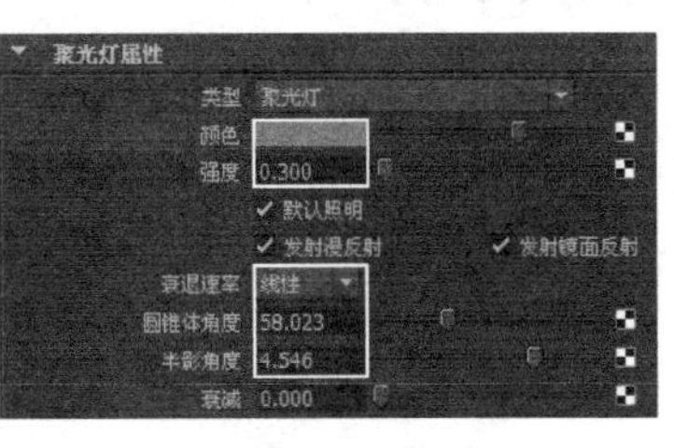

图11-84

04 在如图11-85所示的位置创建一盏聚光灯作为场景的辅助光源，打开其【属性编辑器】面板，并将其更名为fuzhu4，具体参数设置如图11-86所示。

设置步骤：

①设置【颜色】为（R:175，G:229，B:255），关闭【发射漫反射】选项，设置【圆锥体角度】为119.007。

②选择【使用光线跟踪阴影】选项，设置【灯光半径】为3。

图11-85

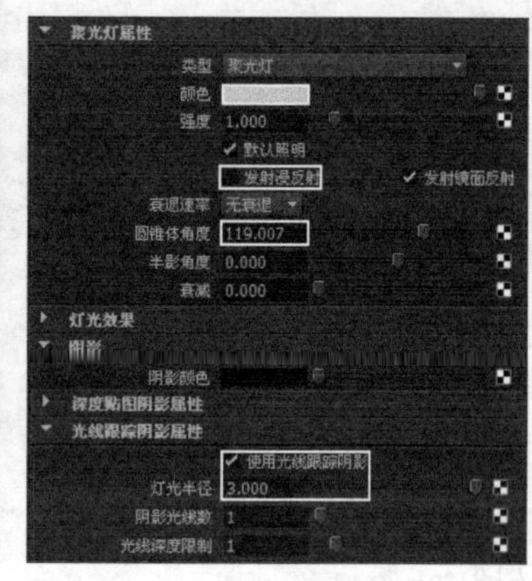

图11-86

渲染设置

01 切换到摄影机视图，打开【渲染设置】窗口，设置渲染器为【Maya软件】渲染器，设置渲染尺寸为2500×1388，如图11-87所示。

02 单击【Maya软件】选项卡，在【抗锯齿质量】卷展栏下设置【质量】为【产品级质量】，如图11-88所示。

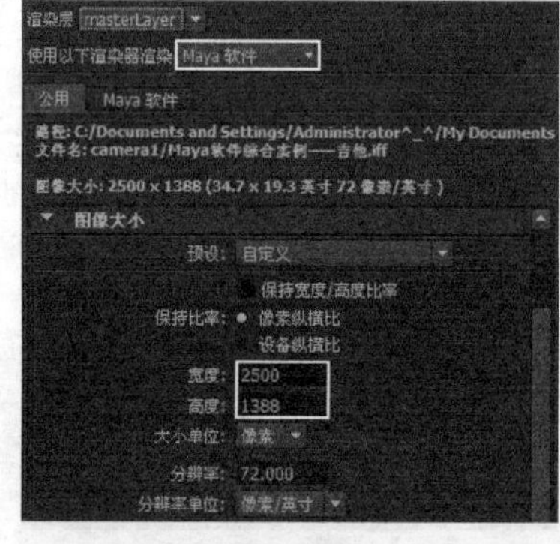

图11-87

图11-88

03 渲染当前场景，最终效果如图11-89所示。

图11-89

【案例总结】

本案例是通过制作吉他场景，来强化Lambert材质、Blinn材质、【分形】节点、【环境铬】节点、【布料】节点、【关系编辑器】窗口、【UV纹理编辑器】窗口的综合运用。

案例 117 影棚照明

场景位置	Scene>CH11>K3.mb
案例位置	Example>CH11>K3.mb
视频位置	Media>CH11>3. 影棚照明 .mp4
学习目标	强化场景照明技术

（扫码观看视频）

【操作思路】

对摄影棚场景进行分析，场景中只有一个银器和背景，三盏区域光分别从前、左、右对场景进行照明模拟摄影棚灯光效果。

【操作工具】

本例的操作工具是【CV曲线工具】、【放样】命令、V-Ray Rect Light、VRay Mtl材质、【渲染设置】窗口、Hypershade窗口，如图11-90所示。

最终效果图

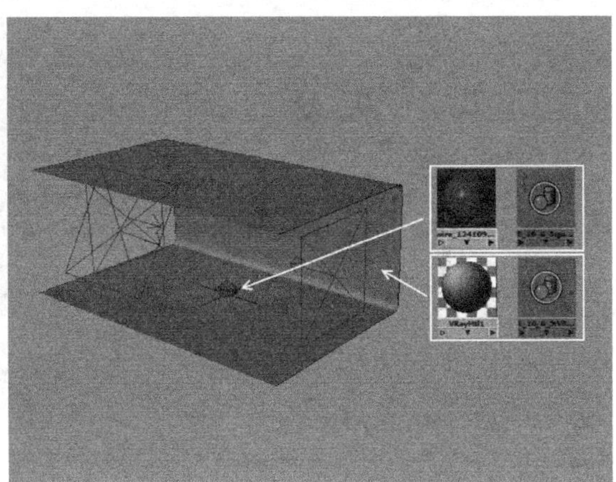
图11-90

【操作步骤】

01 打开场景“Scene>CH11>K3.mb”，如图11-91所示。

02 按Space键进入右视图，然后执行【创建】>【CV曲线工具】菜单命令，绘制一条如图11-92所示的曲线。

图11-91

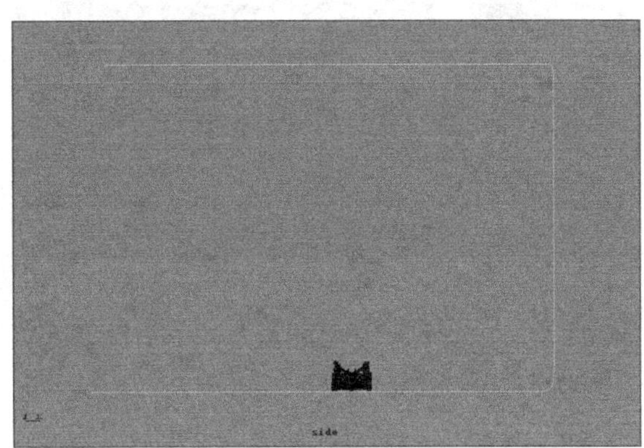
图11-92

03 在透视图中选择上一步绘制的曲线，然后使用【移动工具】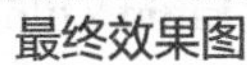将曲线移动到场景左侧，按快捷键Ctrl+D复制出另一条曲线，并将复制的曲线移动到场景右侧，如图11-93所示。

04 选择两条曲线，然后执行【曲面】>【放样】菜单命令生成曲面，现在影棚的简易场景就搭建完成了，如图11-94所示。

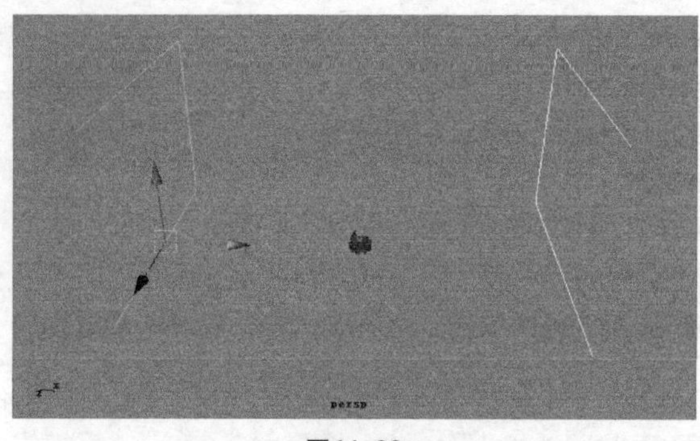
图11-93

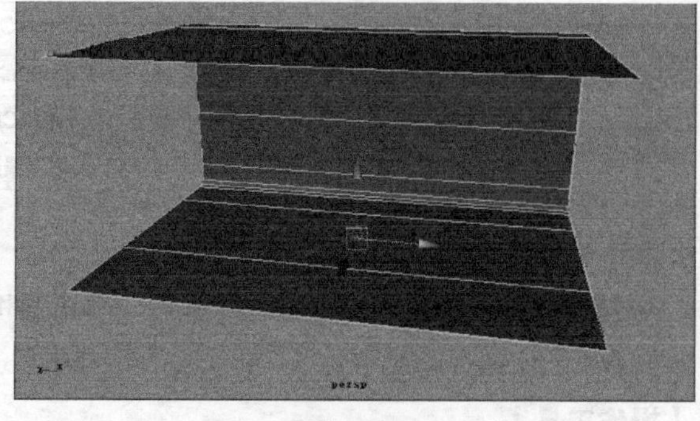
图11-94

05 接下来进行灯光设置，执行【创建】>【灯光】>V-Ray Rect Light菜单命令，在场景中创建一盏VRay矩形灯，并将该灯光调整到如图11-95所示的位置和大小，具体参数设置如图11-96所示。

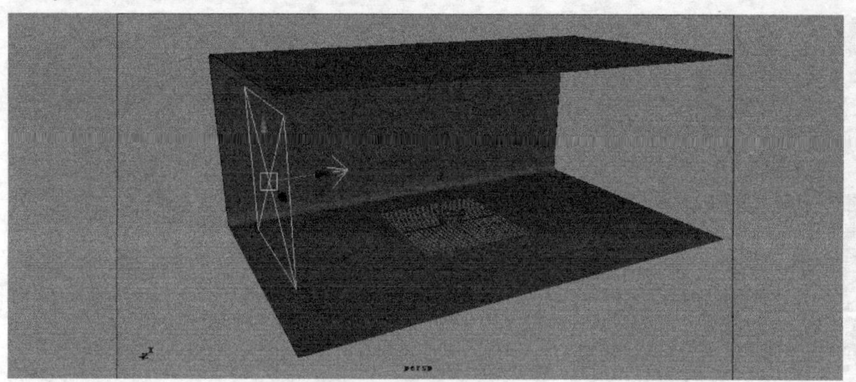
图11-95

图11-96

06 打开VRay矩形灯的【属性编辑器】，然后设置Light color（灯光颜色）为（H:238，S:0.225，V:1.000），再设置Intensity multiplier（强度倍增）为12，如图11-97所示。

07 保持对VRay矩形灯的选择，然后按快捷键Ctrl+D复制出另一盏灯，将复制出的VRay矩形灯旋转180°，并使用【移动工具】将其移动到场景的另一侧，如图11-98所示。

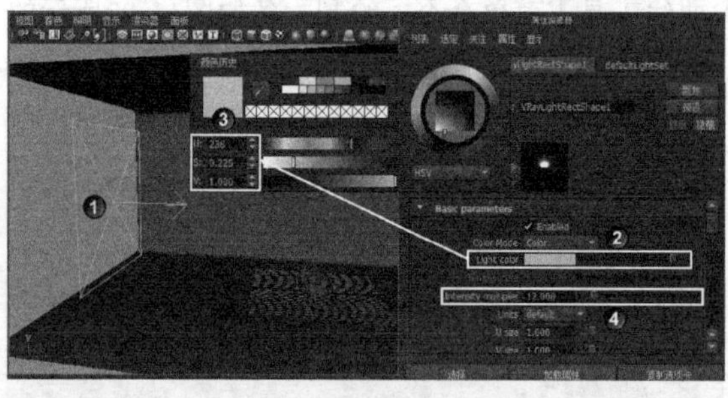
图11-97

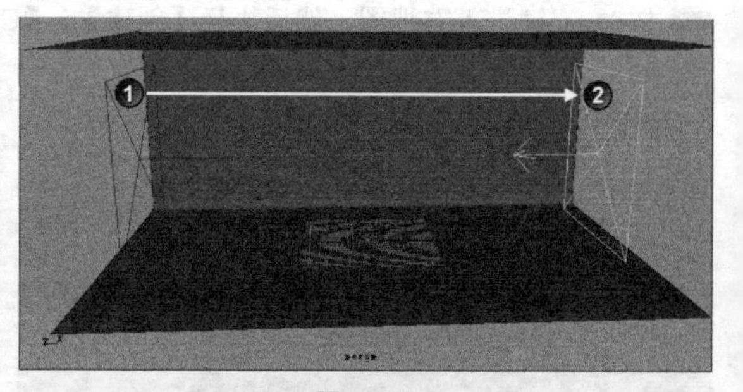
图11-98

08 选择复制出来的VRay矩形灯，然后在其【属性编辑器】中设置Light color（灯光颜色）为（H:60，S:0.124，V:0.916），再将Intensity multiplier（强度倍增）设置为10，如图11-99所示。

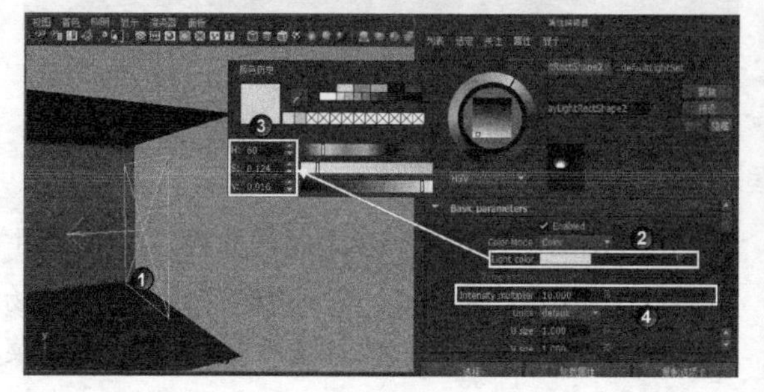
图11-99

09 使用同样的方法将最先创建的VRay矩形灯再次复制一个，然后将其调整至如图11-100所示的位置，具体参数设置如图11-101所示。

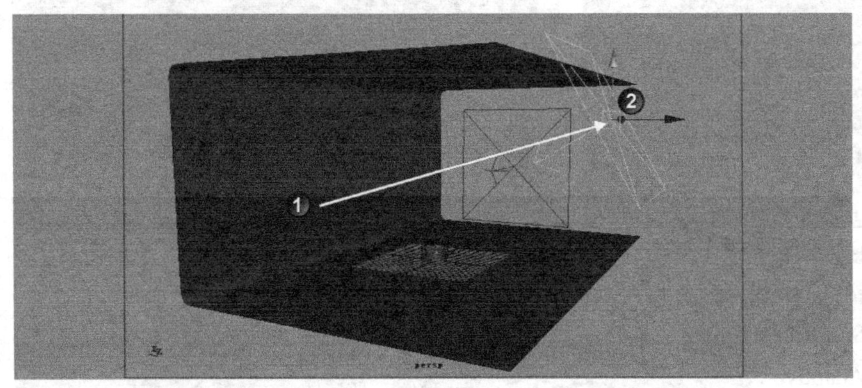

图11-100

图11-101

10 选择上一步复制出来的VRay矩形灯，然后在其【属性编辑器】中设置Light color（灯光颜色）为纯白色，再将Intensity multiplier（强度倍增）设置为4，如图11-102所示。

11 打开【渲染设置】窗口，然后将渲染器调整为VRay，如图11-103所示。

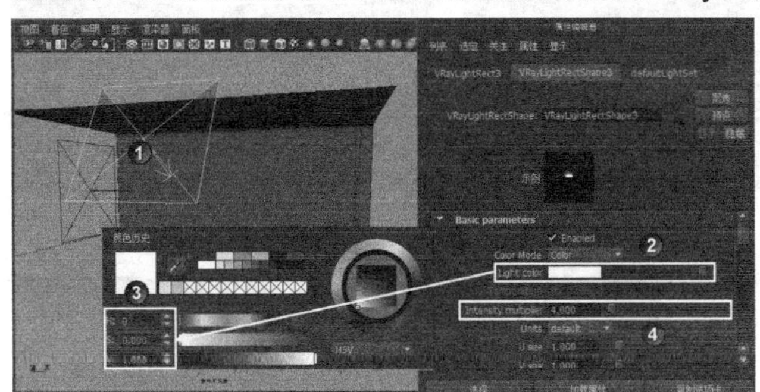

图11-102

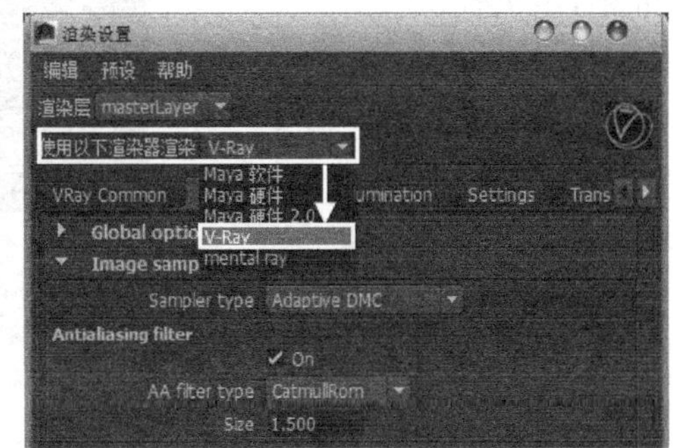

图11-103

12 渲染当前透视图，效果如图11-104所示。可以在渲染结果中看到基本的光影信息表现出来了，但是图中的阴影部分出现【躁点】现象，主要原因是场景中灯光的采样不够。

13 接下来进行渲染设置，选择场景中的VRay矩形灯，然后在其【属性编辑器】中设置Subdivs（细分）为24，如图11-105所示（对其他的两盏灯光也执行同样的操作）。

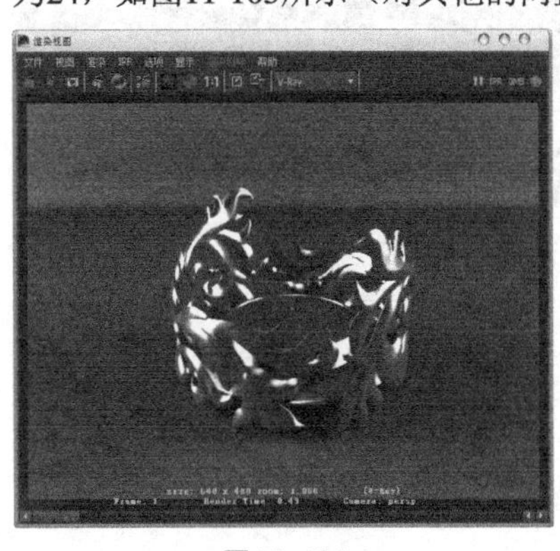

图11-104

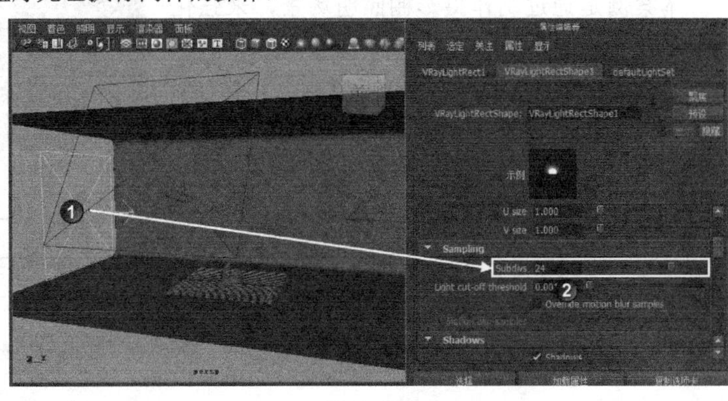

图11-105

14 执行【窗口】>【渲染编辑器】>Hypershade菜单命令，打开Hypershade窗口，然后创建一个VRay Mtl材质，双击材质球打开其【属性编辑器】，并将材质的Diffuse Color（漫反射颜色）设置为（H:0，S:0，V:0.671），如图11-106所示。

15 在Hypershade窗口中将制作好的VRay Mtl材质赋予场景中的曲面模型，如图11-107所示。

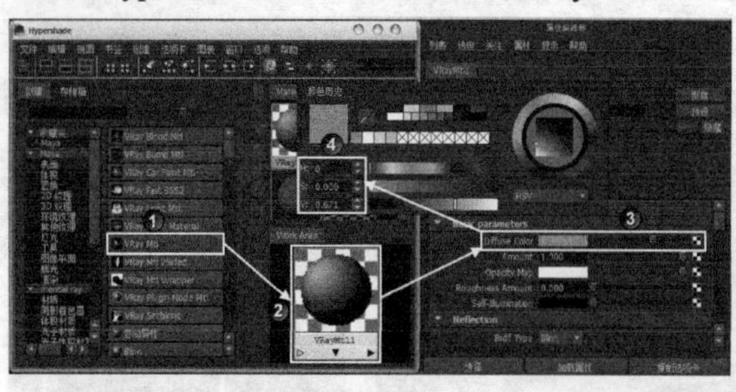

图11-106

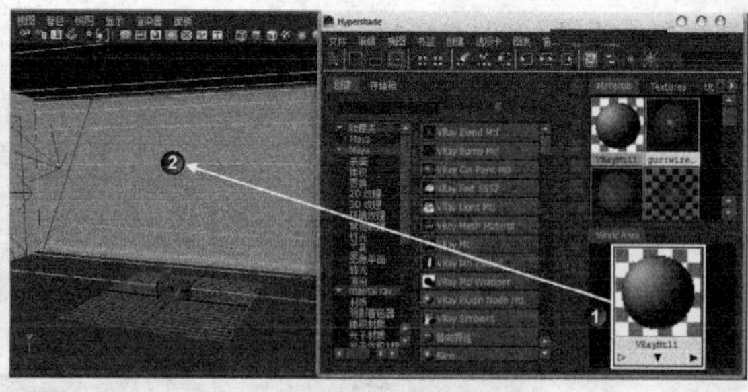

图11-107

16 打开【渲染设置】对话框，将渲染尺寸设置为1024×768，如图11-108所示。

17 在VRay选项卡中将Sampler type（采样类型）设置为Adaptive DMC（自适应DMC），再将AA filter type（AA过滤类型）设置为CatmullRom（强化边缘清晰），如图11-109所示。

图11-108

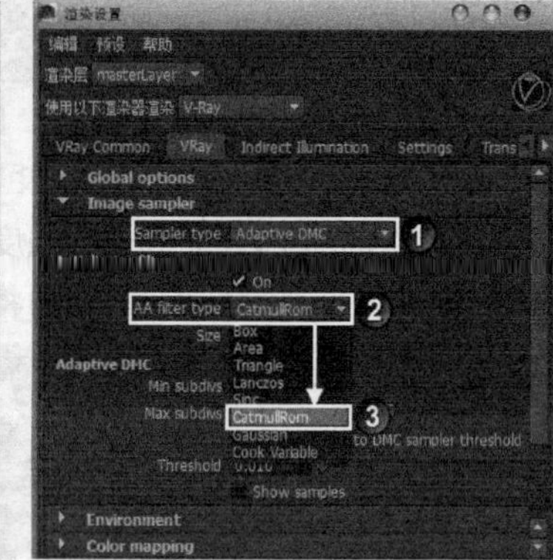

图11-109

18 渲染视图，最终效果如图11-110所示。

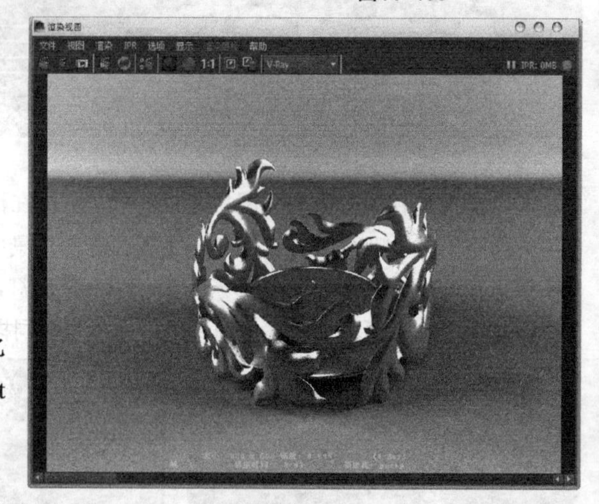

图11-110

【案例总结】

本案例是通过制作摄影棚照明场景，来强化【CV曲线工具】、【放样】命令、V-Ray Rect Light灯光、VRay Mtl材质、【渲染设置】窗口、Hypershade窗口的综合运用。

案例 118 跑车

场景位置	Scene>CH11>K4.mb
案例位置	Example>CH11>K4.mb
视频位置	Media>CH11>4. 跑车 .mp4
学习目标	强化金属材质、塑料材质、玻璃材质、车漆材质和 HDRI 照明的制作

（扫码观看视频）

【操作思路】

对跑车场景进行分析，场景由跑车和背景组成。跑车包含的材质有：车漆材质、金属材质、塑料材质、玻璃材质，背景是由HDRI贴图构成并为场景提供照明。

【操作工具】

本例的操作工具是【大纲视图】窗口、【平面】命令、【渲染设置】窗口、Phone材质、Lambert材质、mi_car_paint_phen_x材质、【采样器信息】节点、【渐变】节点、【文件】节点、【UV纹理编辑器】窗口，材质如图11-111所示。

最终效果图

图11-111

【操作步骤】

01 打开场景“Scene>CH11>K4.mb”，如图11-112所示。

02 执行【窗口】>【大纲视图】命令，在【大纲视图】窗口中可以观察到对场景中汽车的模型材质相同部位已经进行了分组操作，在后面制作材质时可以很方便地选择它们，如图11-113所示。

图11-112

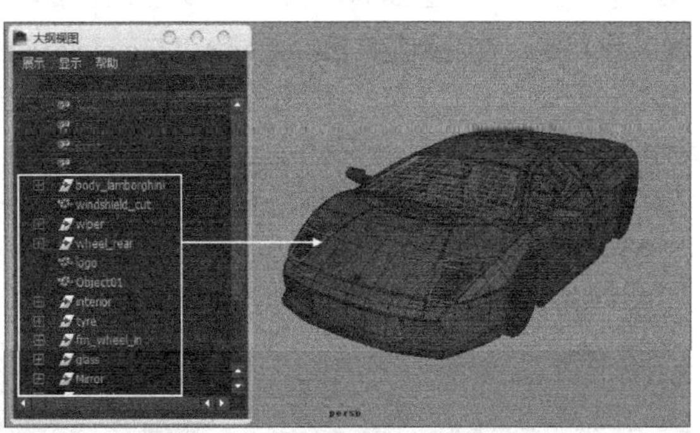

图11-113

03 在视图右侧的【通道盒】下方，可以在层编辑器中看到有一个图层，图层中的模型是场景中汽车上的玻璃物体，如图11-114所示。

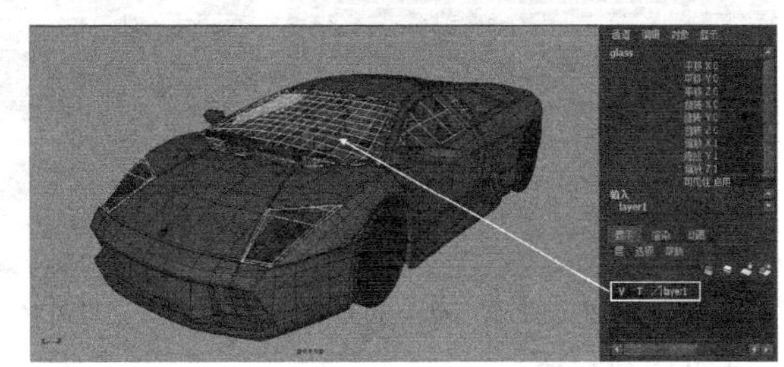

图11-114

设置渲染环境

01 执行【创建】>【Polygon基本体】>【平面】命令，在场景中创建一个平面，并使用【移动工具】将平面移动到汽车轮胎下面以作为地面，如图11-115所示。

02 打开【渲染设置】窗口，将渲染器调整为mental ray，如图11-116所示。

图11-115

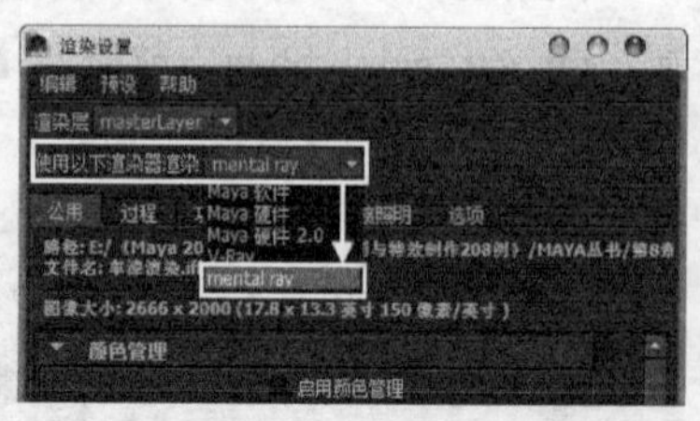

图11-116

03 在【间接照明】选项卡的【环境】卷展栏下单击【基于图像的照明】参数后面的【创建】按钮 创建 ，创建利用纹理或贴图为场景提供照明的球体，如图11-117和图11-118所示。

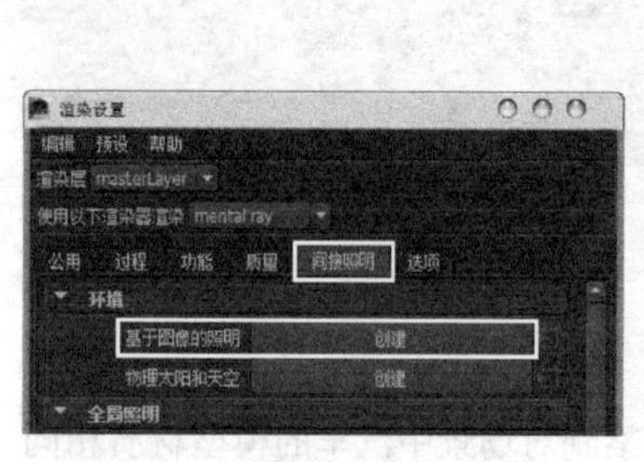

图11-117

图11-118

04 选择上一步创建的环境球，展开其【属性编辑器】，在【基于图像的照明属性】卷展栏下单击【图像名称】参数后面的按钮，并导入“Example>CH11>K4>DH222SN.hdr”文件，如图11-119所示。

05 回到【渲染设置】窗口的【间接照明】选项卡中，展开【最终聚焦】卷展栏，选择【最终聚焦】选项，如图11-120所示。

06 对场景进行渲染，在渲染窗口中可以看到场景已经被这张环境图片照亮了，如图11-121所示。

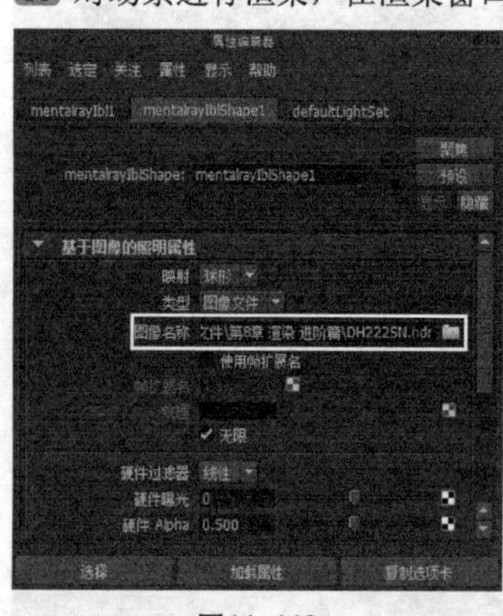

图11-119

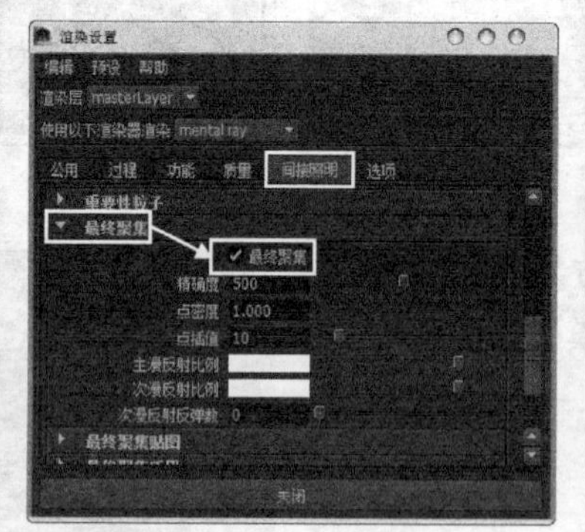

图11-120

图11-121

制作金属材质

01 执行【窗口】>【渲染编辑器】>【Hypershade】命令，打开Hypershade窗口，创建一个Phone材质，如图11-122所示。

02 双击材质球打开其【属性编辑器】，将材质球的名称修改为metal1，将材质的【颜色】设置为（H:19，S:0.100，V:0.050），具体参数设置如图11-123所示。

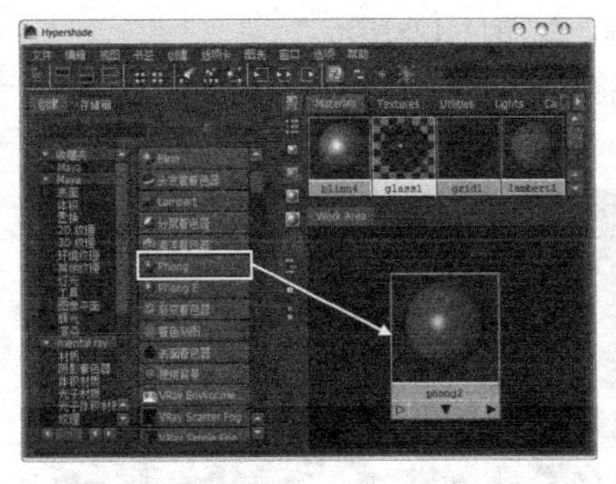

图11-122

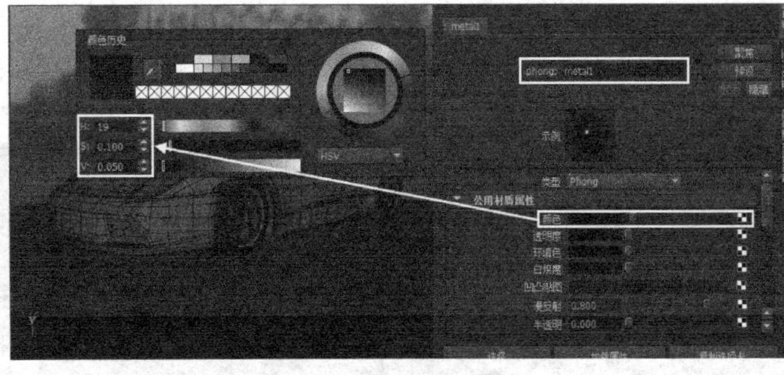

图11-123

03 展开【镜面反射着色】卷展栏，具体参数设置如图11-124所示。

设置步骤：

①设置【余弦幂】为70，将【镜面反射颜色】设置为纯白色。

②将【反射率】设置为0.250，设置【反射的颜色】为纯黑色。

04 在【大纲视图】窗口中选择frn_wheel_in组，在Hypershade窗口中将metal1材质赋予模型，如图11-125所示。

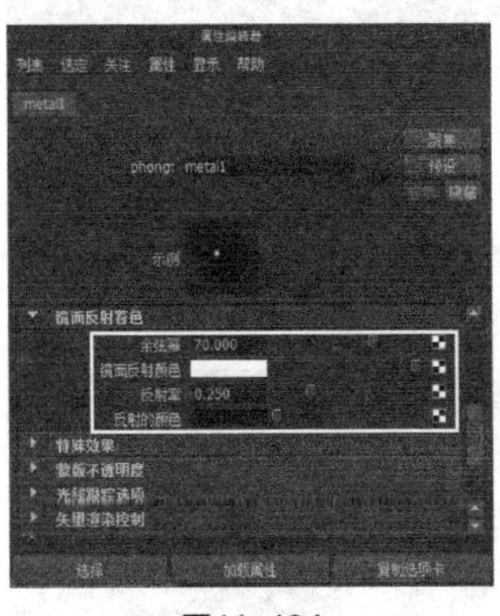

图11-124

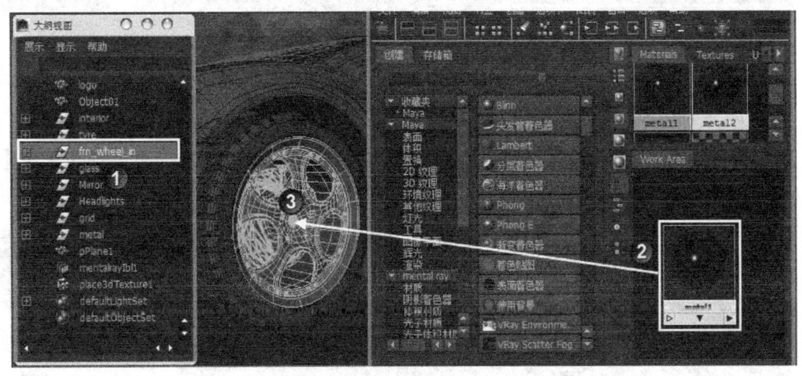

图11-125

制作轮胎材质

01 在Hypershade窗口中创建一个Lambert材质，如图11-126所示。

02 双击材质球打开【属性编辑器】面板，将材质球的名称修改为wheel，具体参数设置如图11-127所示。

设置步骤：

①设置材质的【颜色】为（H:0，S:0.000，V:0.150）。

②设置【漫反射】为0.892。

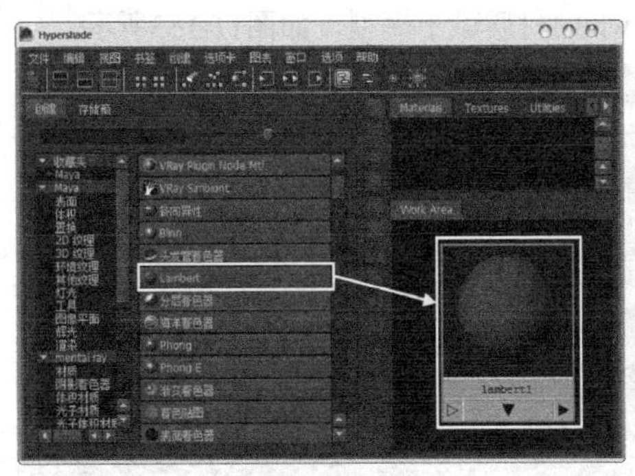

图11-126

图11-127

03 单击【凹凸贴图】参数后面的按钮，创建一个【皮革】纹理，如图11-128所示。

04 在【皮革】纹理的属性中，将【细胞颜色】调整为纯白色，将【折痕颜色】调整为纯黑色，具体参数设置如图11-129所示。

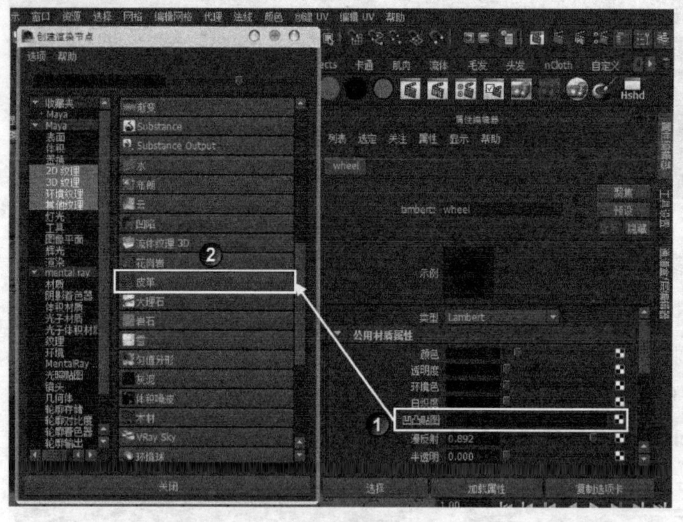

图11-128

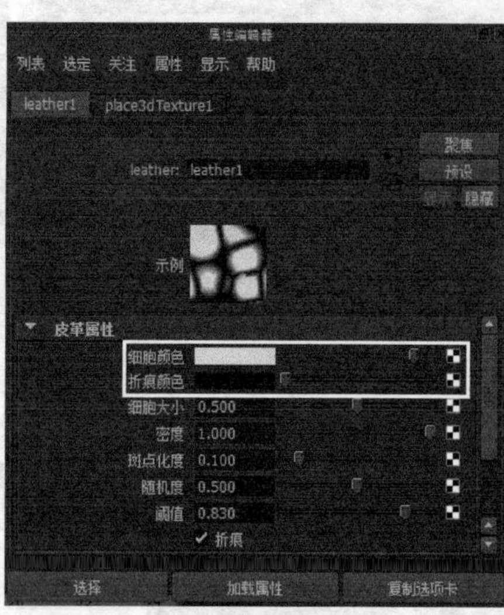

图11-129

05 在Hypershade窗口中双击bump3d1节点，在【属性编辑器】中将【凹凸深度】设置为0.3，具体参数设置如图11-130所示。

06 在【大纲视图】窗口中选择tyre组中的全部模型，执行【创建UV】>【自动映射】命令，如图11-131所示。

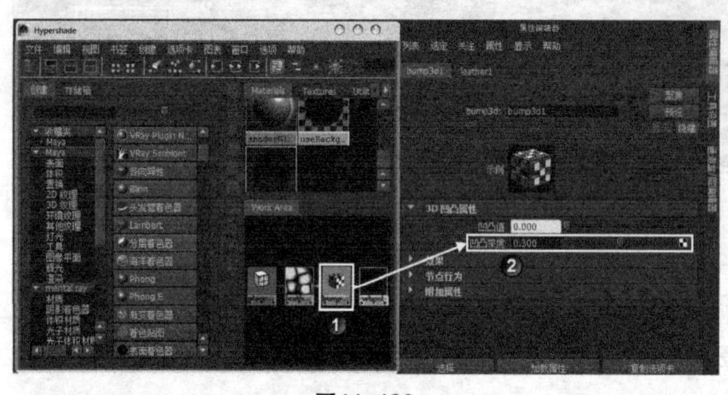

图11-130

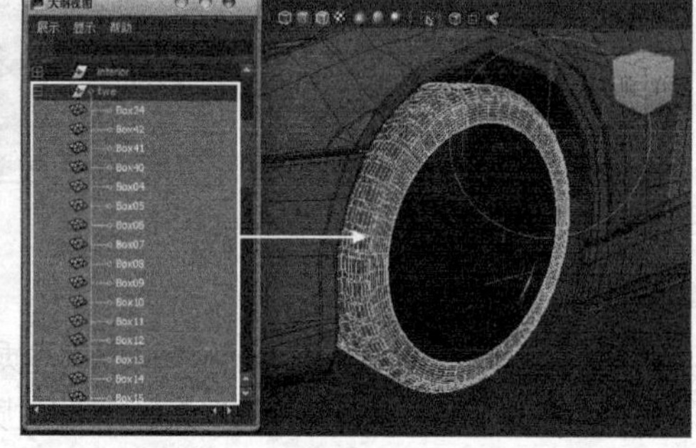

图11-131

07 在Hypershade窗口中双击place3dTexture1节点，在其【属性编辑器】中设置Scale（缩放）为3.000、3.000和3.000，如图11-132所示。

08 在【大纲视图】窗口中选择tyre组，在Hypershade窗口中将wheel材质赋予模型，如图11-133所示。

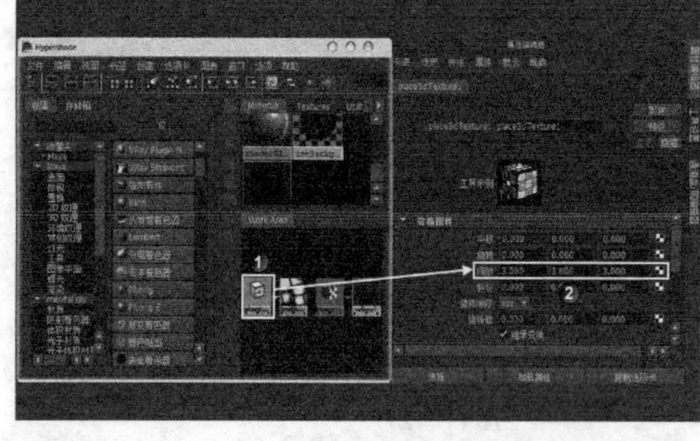

图11-132

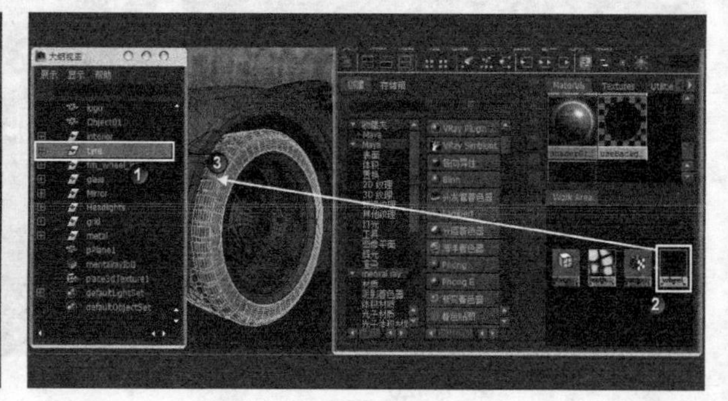

图11-133

09 对汽车的轮胎部位进行渲染，效果如图11-134所示。

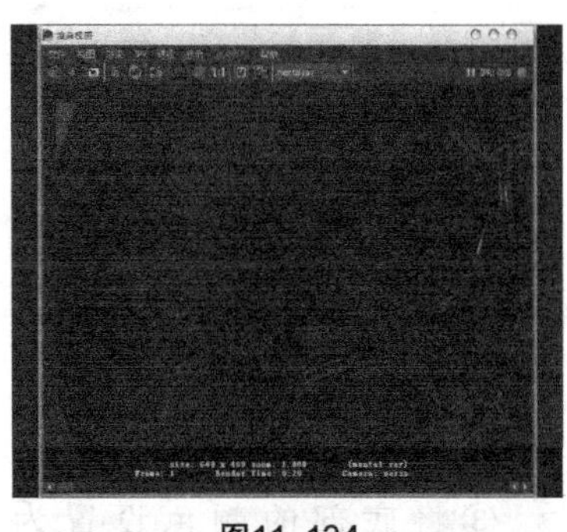

图11-134

制作车漆材质

01 车漆材质是本案例的重点，在Hypershade窗口的mental ray目录下创建一个mi_car_paint_phen_x材质，如图11-135所示。

02 双击材质球打开【属性编辑器】面板，将材质的Base Color（基础颜色）设置为（H:0, S:0.000, V:0.122），具体参数设置如图11-136所示。

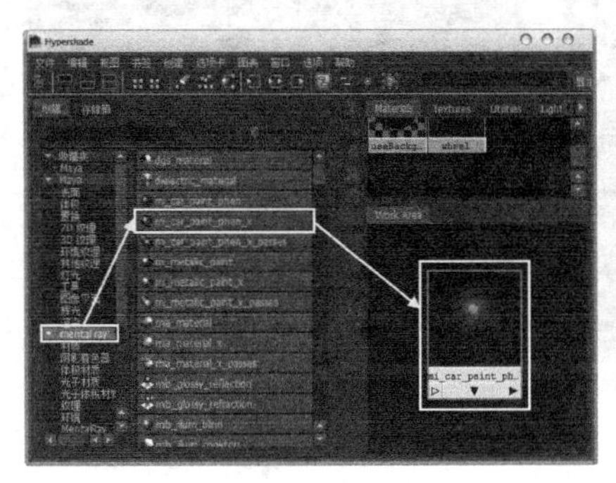

图11-135

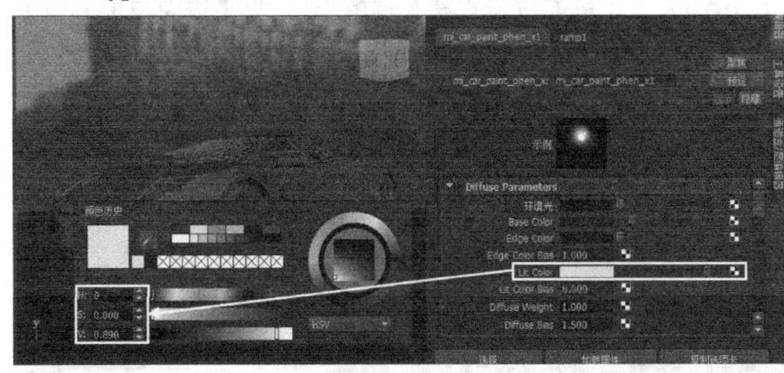

图11-136

03 将mi_car_paint_phen_x材质球的Lit Color（亮点颜色）设置为（H:0，S:0.000，V:0.890），具体参数设置如图11-137所示。

04 在Hypershade窗口中再创建一个【采样器信息】节点和一个【渐变】节点，如图11-138所示。

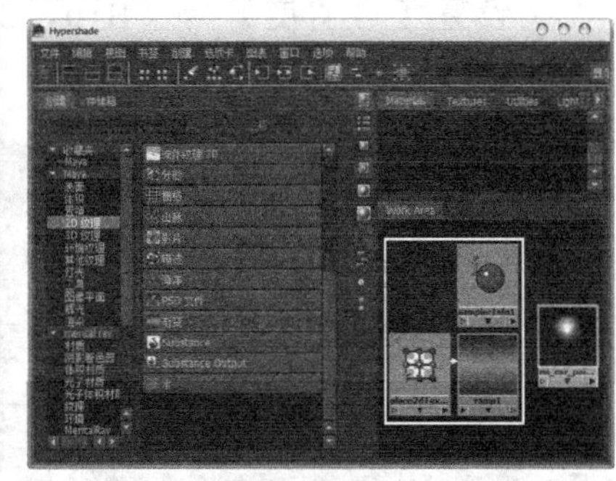

图11-137

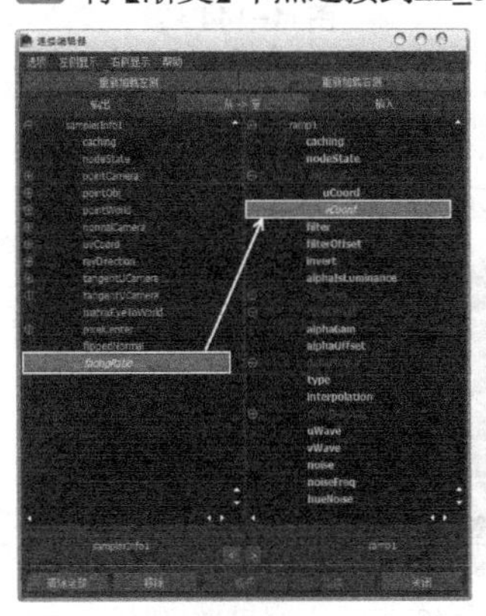

图11-138

05 将【采样器信息】节点的facingRatio属性和【渐变】节点的vCoord属性连接，如图11-139所示。

06 将【渐变】节点连接到mi_car_paint_phen_x材质的Reflection Color（反射颜色）属性上，如图11-140所示。

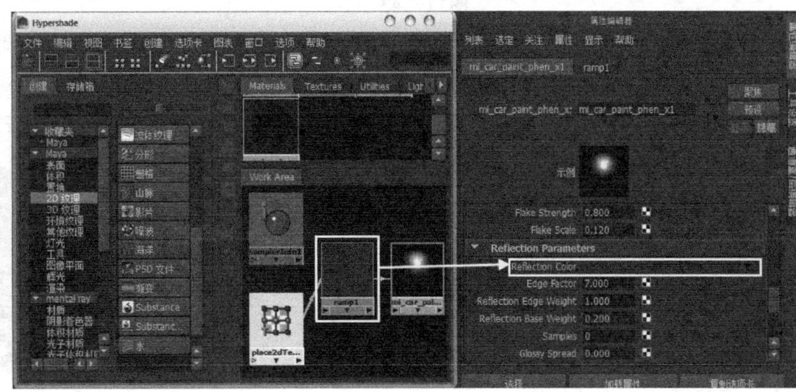

图11-139

图11-140

07 选择【渐变】节点，在【属性编辑器】中进行设置，具体参数设置如图11-141所示。

设置步骤：

①设置【插值】方式为【平滑】。

②将顶部的颜色设置为（H:0，S:0.000，V:0.496），删除中间的颜色。

③将底部的颜色设置为（H:0，S:0.000，V:0.028）。

08 对汽车的前半部分进行渲染，可以清晰地看到车漆材质在棱角部位特有的【亮斑】（图中的A部位）和车漆的反射效果（图中的B部位），如图11-142所示。

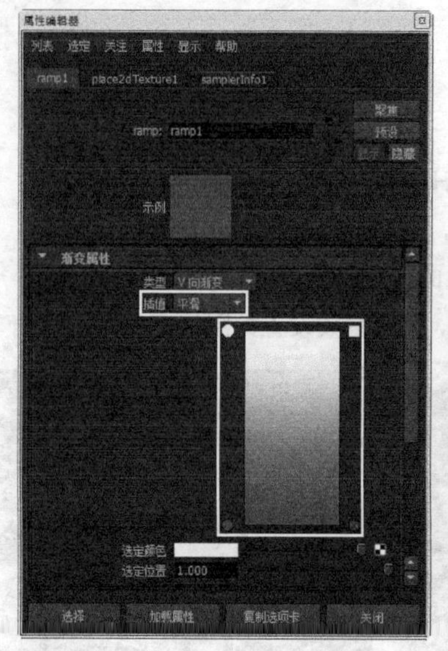
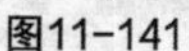

图11-141

图11-142

制作玻璃材质

01 在Hypershade窗口中创建一个Blinn材质球，并将其命名为glass，具体参数设置如图11-143所示。

设置步骤：

①设置【颜色】为纯黑色。

②设置【透明度】为（H:0，S:0.000，V:0.360）。

02 将glass材质球的【偏心率】设置为0.081，将【镜面反射衰减】调整为1，将【镜面反射颜色】设置为纯白色，具体参数设置如图11-144所示。

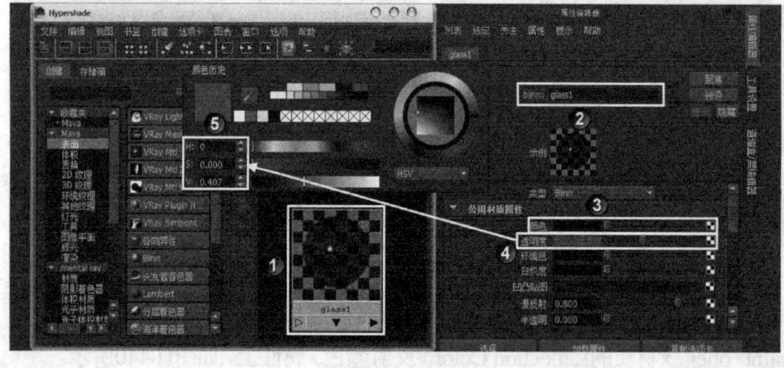

图11-143

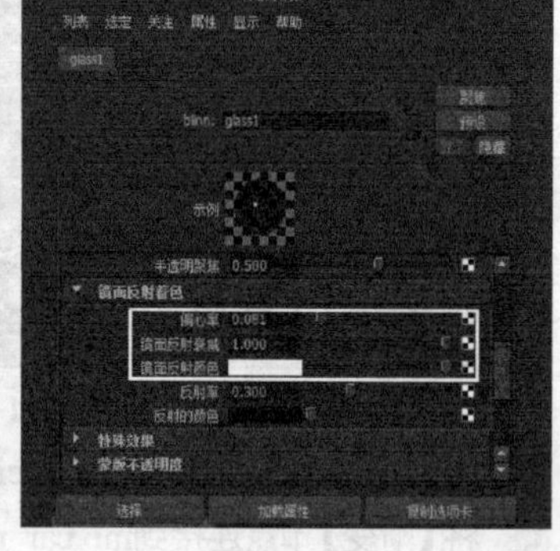

图11-144

03 使用制作车漆材质同样的办法，创建一个【渐变】节点，并将【渐变】节点【插值】方式设置为【平滑】，同时对渐变的颜色进行调整，如图11-145所示。

04 将【渐变】节点连接到glass材质球的【反射率】属性上，如图11-146所示。

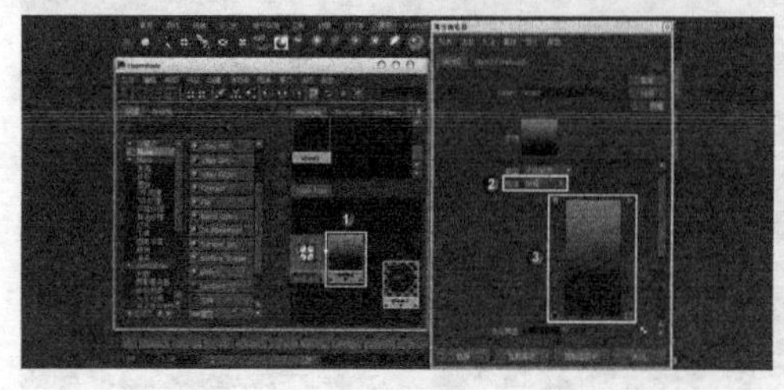

图11-145

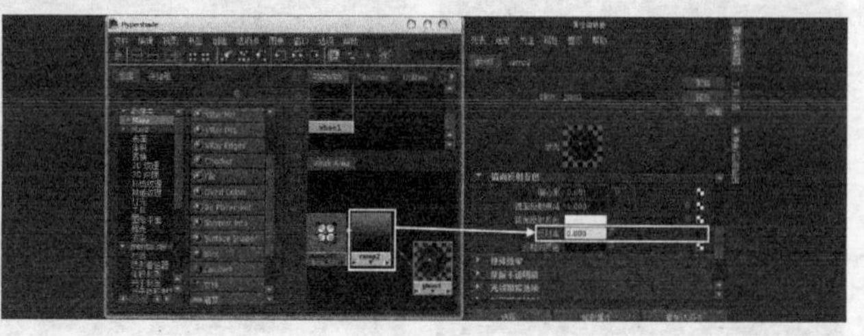

图11-146

05 在层编辑器中的layer1图层上按住鼠标右键不放，在弹出的菜单中选择【选择对象】选项，选择场景中需要赋予玻璃材质的物体，在Hypershade窗口中将glass材质球赋予物体，如图11-147所示。

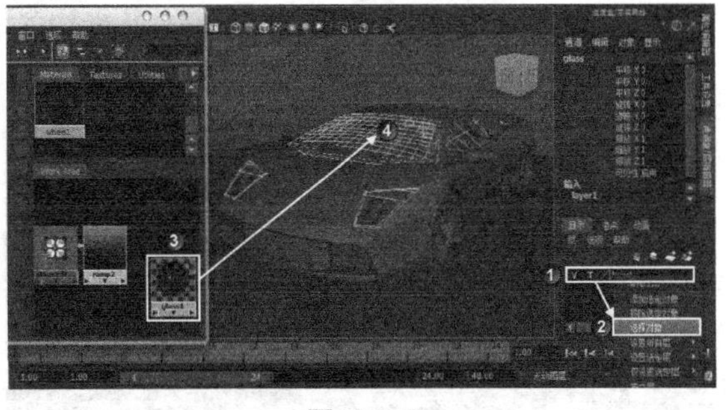

图11-147

制作其他细节材质

01 在Hypershade窗口中创建一个Blinn材质球，并将其命名为logo1，展开【镜面反射着色】卷展栏，具体参数设置如图11-148所示。

设置步骤：

①设置【偏心率】为0.106。

②设置【镜面反射衰减】为1、【镜面反射颜色】为灰色。

③设置【反射率】为0.179。

02 在Hypershade窗口中再创建一个【文件】节点，如图11-149所示。

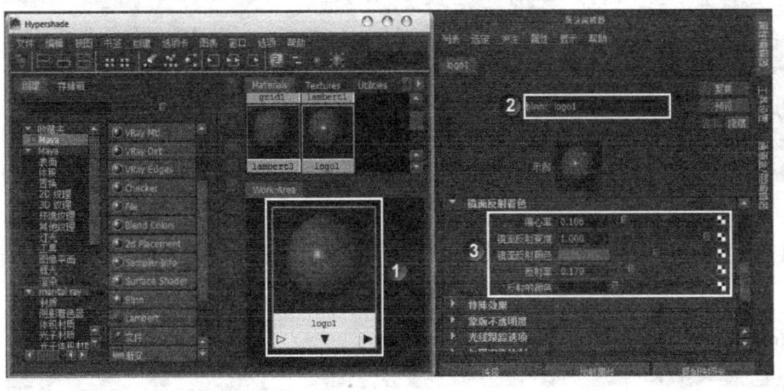

图11-148

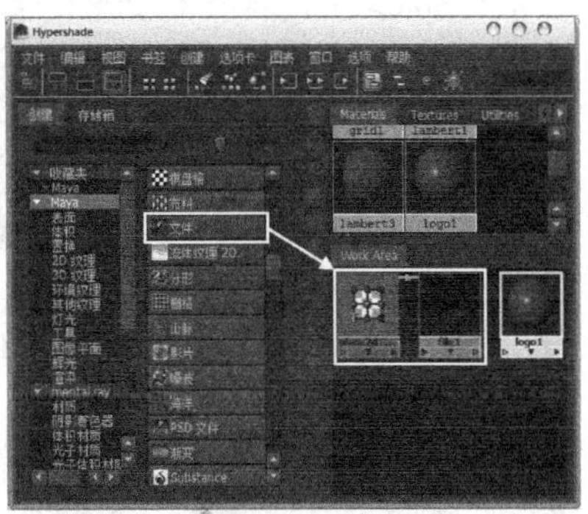

图11-149

03 在【文件】节点的【属性编辑器】中单击【图像名称】参数后面的按钮，并导入“Example>CH11>K4LAMBORGHINI_Logo.bmp”文件，如图11-150所示。

04 将【文件】节点连接到logo1材质球的【颜色】属性上，如11-151所示。

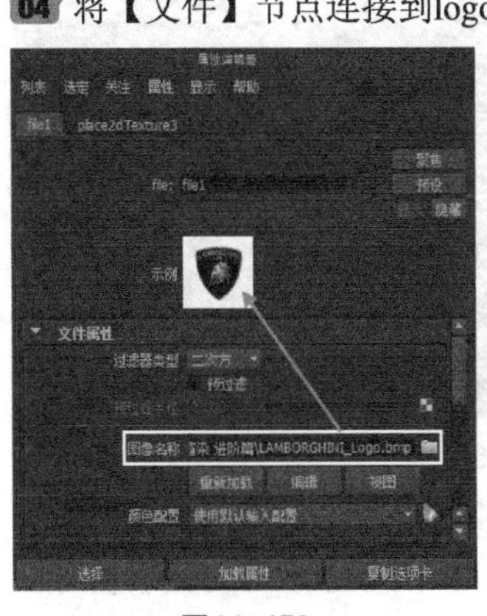

图11-150

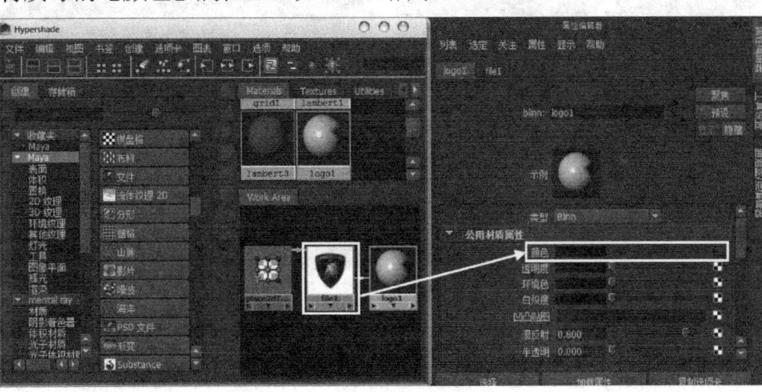

图11-151

05 将logo1材质球赋予场景中汽车的标志模型，如图11-152所示。

06 选择汽车的标志模型，执行【窗口】>【UV纹理编辑器】命令，在【UV纹理编辑器】窗口中选择模型的UV顶点，并使用【缩放工具】对其进行合理的缩放，使贴图文件与标志模型吻合，如图11-153所示。

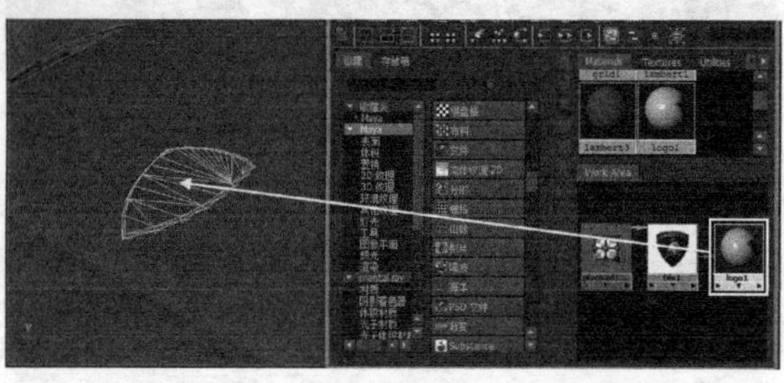

图11-152

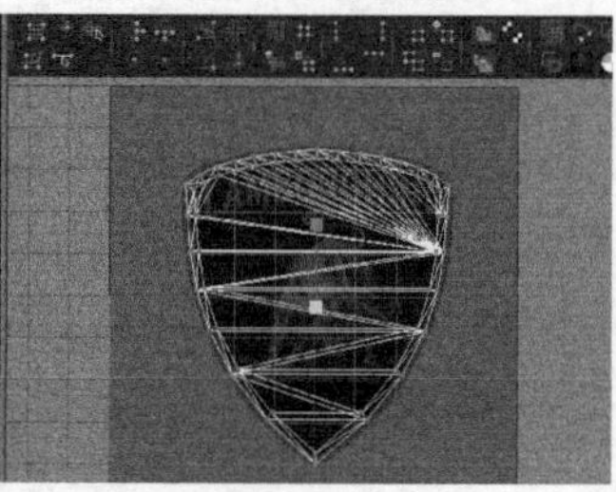

图11-153

07 在Hypershade窗口中创建一个Blinn材质球，并将其命名为grid1，展开【公用材质属性】卷展栏，具体参数设置如图11-154所示。

设置步骤：

①设置材质的【颜色】为暗黑色。

②创建一个【文件】节点，并导入"Example>CH11>K4>8332088.bmp"文件。

③将【文件】节点连接到grid1材质球的【凹凸贴图】属性上。

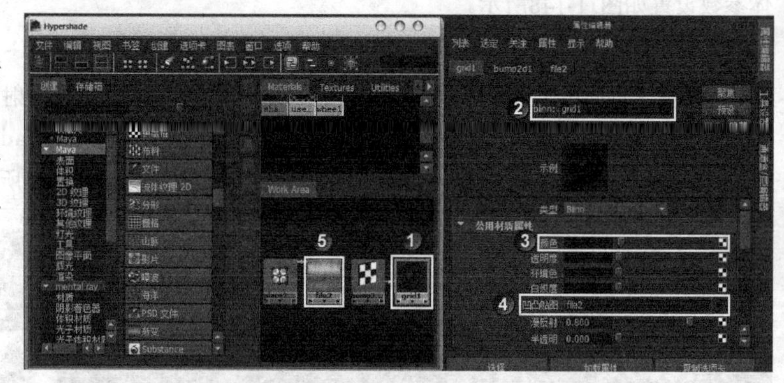

图11-154

08 在Hypershade窗口中双击bump2d1节点，在其【属性编辑器】中将【凹凸深度】设置为0.2，具体参数设置如图11-155所示。

09 将grid1材质赋予场景中汽车前面的通风网格模型，如图11-156所示。

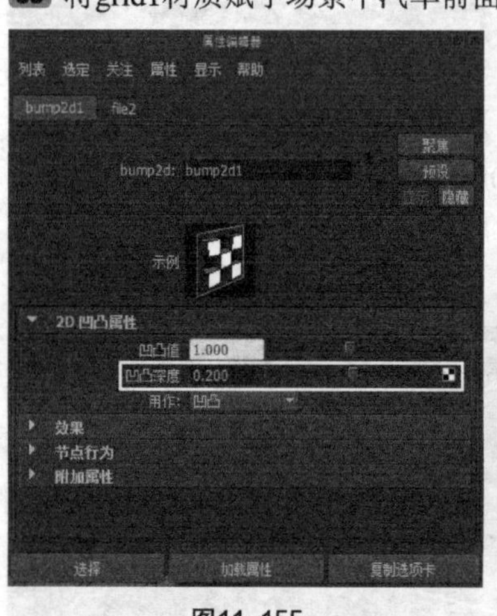

图11-155

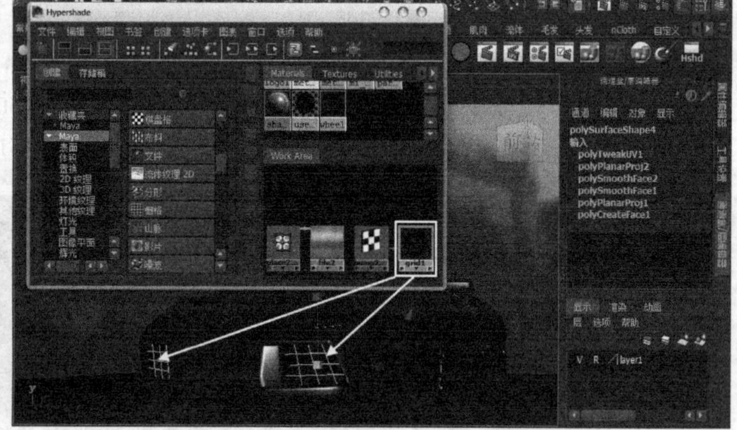

图11-156

10 进行至此，剩余的材质就相对容易制作了。可以通过复制和修改其他的材质球进行快速的编辑，比如，车内座椅的材质可以和轮胎使用同一个材质；后视镜可以和车漆使用同一个材质；车灯的材质可以复制金属的材质，将【反射率】提高一些就可以了，如图11-157所示。

11 地面的材质使用一种极为简单并且有效的方法。在Hypershade窗口中创建一个【使用背景】材质，将该材质球赋予场景中的地面模型，如图11-158所示。

图11-157

图11-158

12 对整个场景进行渲染，可以看到目前还有两个问题，一是地面的反射过于强烈，二是背景的画面与整个画面有些不协调，如图11-159所示。

13 在Hypershade窗口中双击【使用背景】材质，在【属性编辑器】中将【反射率】设置为0.030，如图11-160所示。

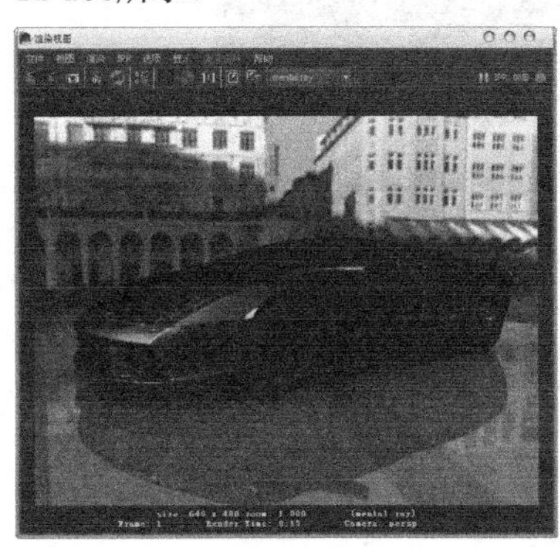

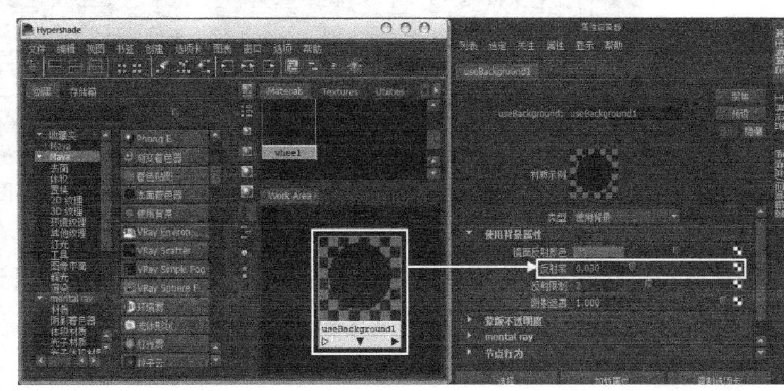

图11-159

图11-160

14 再次渲染场景，如图11-161所示。此时地面反射的问题已经解决了，只有场景中汽车和背景的融合问题了。可以将车漆材质的颜色调整得浅一些，或者将背景图片调整得暗一些（更准确地说是对比度增强一些）。

15 选择间接照明的环境球，使用【旋转工具】调整一个合适的角度，如图11-162所示。

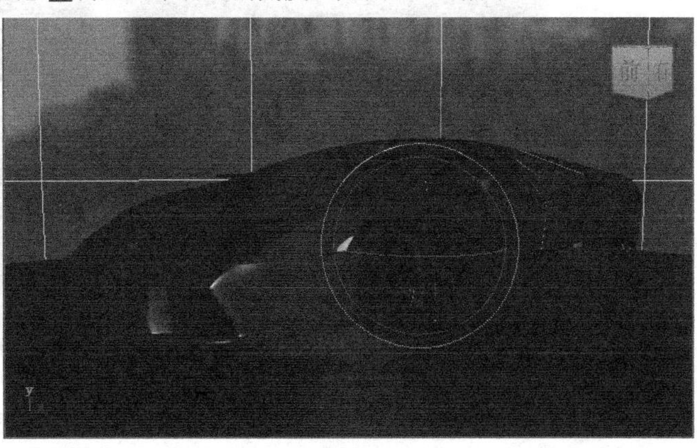

图11-161

图11-162

16 将车漆的基本颜色降低，并提高反射，对场景进行渲染。现在汽车的车漆感觉更强烈了，如图11-163所示。

图11-163

最终的渲染设置

01 打开【渲染设置】窗口，将【图像格式】设置为Maya IFF，如图11-164所示。

02 将渲染尺寸设置为2666×2000，具体参数设置如图11-165所示。

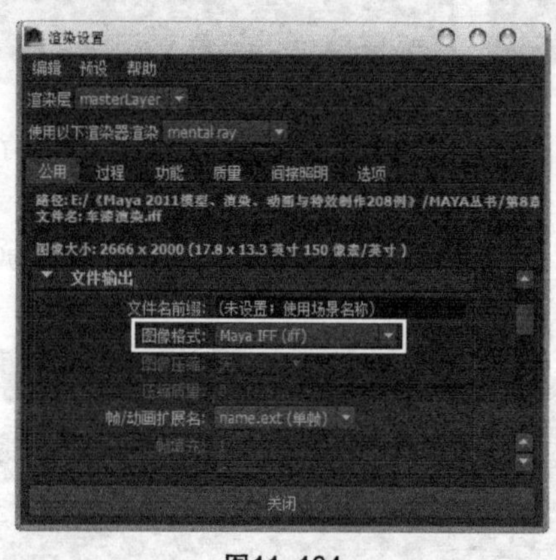

图11-164

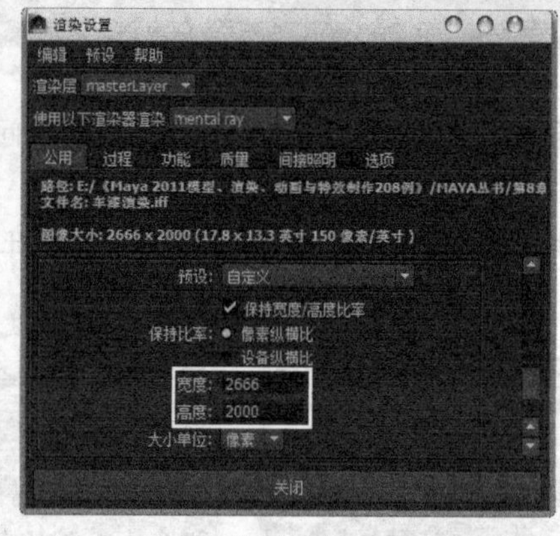

图11-165

03 在【质量】选项卡中将【采样模式】调整为【旧版采样模式】，将【最高采样级别】设置为2，在【采样选项】卷展栏下将【过滤器】类型设置为米切尔，并设置【过滤大小】为（4、4）、选择【抖动】选项，在【光线跟踪】卷展栏下选择【光线跟踪】选项，并设置【反射】和【折射】为10、【最大跟踪深度】为20，具体参数设置如图11-166和图11-167所示。

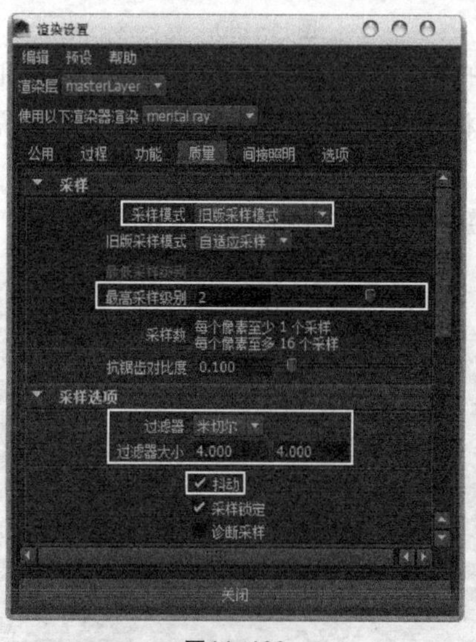

图11-166

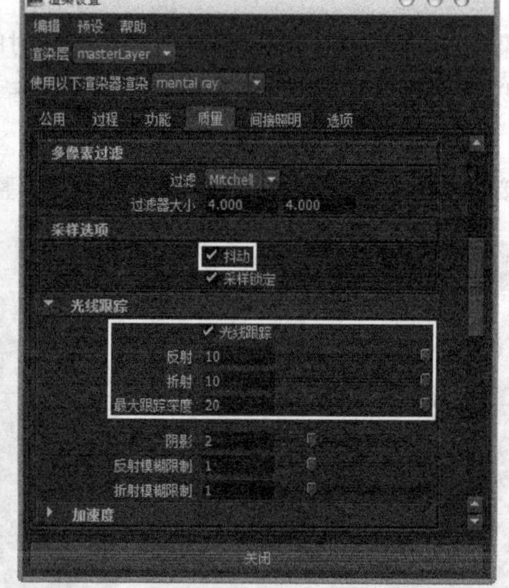

图11-167

04 在【间接照明】选项卡的【最终聚焦】卷展栏中选择【最终聚焦】选项，设置【精确度】为500，具体参数设置如图11-168所示。

05 渲染当前场景，效果如图11-169所示。

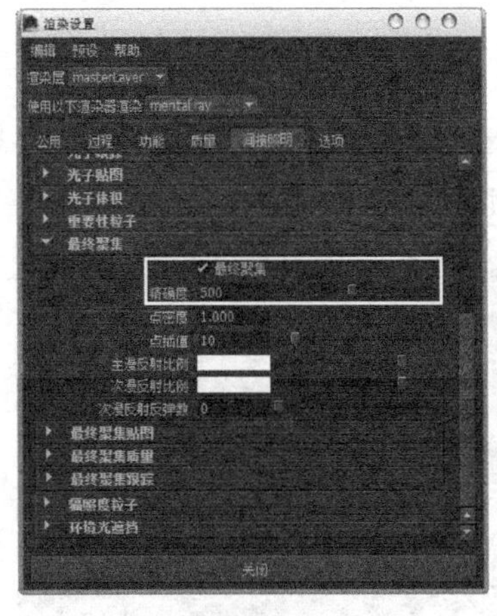

图11-168

图11-169

【案例总结】

本案例是通过制作跑车场景，来强化【大纲视图】窗口、【平面】命令、【渲染设置】窗口、Phone材质、Lambert材质、mi_car_paint_phen_x材质、【采样器信息】节点、【渐变】节点、【文件】节点、【UV纹理编辑器】窗口的综合运用。

案例 119 古典桌面

场景位置	Scene>CH11>K5.mb
案例位置	Example>CH11>K5.mb
视频位置	Media>CH11>5. 古典桌面 .mp4
学习目标	强化纸张材质、地毯材质、小提琴材质、金属材质和灯光的制作

（扫码观看视频）

【操作思路】

对古典桌面场景进行分析，场景里元素很多，有：杯子、剑、乐谱、地毯、链子、小提琴，用到的材质有：乐谱材质、毯子材质、小提琴材质、黄铜材质、杯子材质。照明采用的是经典的“三点布光”法，三盏区域光为场景照明，然后HDRI贴图为场景增加环境光效果。

【操作工具】

本例的操作工具是【大纲视图】窗口、摄影机、区域光、【渲染设置】窗口、Hypershade窗口、【文件】节点、Lambert材质、Phone材质、Blinn材质、mia_material_x材质、【山脉】节点、【采样器信息】节点、【渐变】节点，材质如图11-170所示。

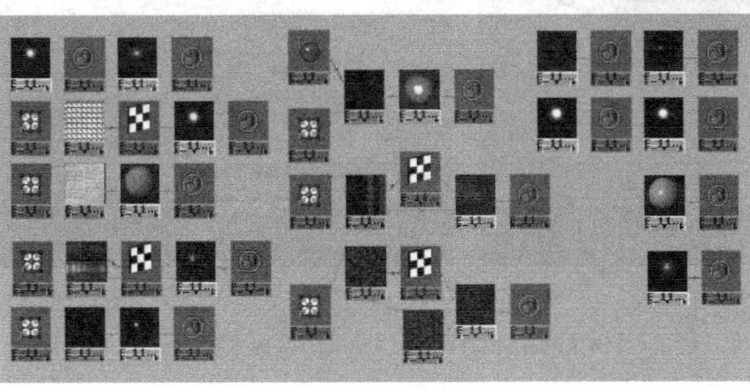

图11-170

【操作步骤】

01 打开场景“Scene>CH11>K5.mb”，如图11-171所示。

02 执行【窗口】>【大纲视图】命令，在【大纲视图】窗口中可以观察到对场景中的物体已经进行了命名和分组，而且是按照模型物体材质的分类来进行分组的，如图11-172所示。

图11-171

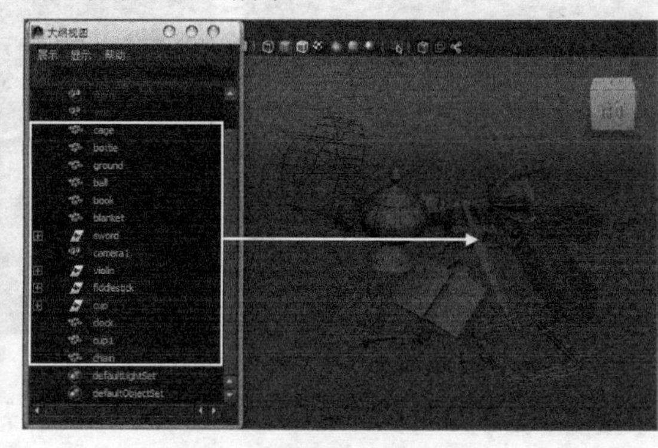

图11-172

03 选择场景中的摄影机，在视图右侧的【通道盒】中，可以看到该摄影机的基本参数都是被冻结的，这是为了避免对场景进行编辑的时候发生误操作，导致改变摄影机的位置或者角度，如图11-173所示。

04 在视图菜单中执行【面板】>【透视】>【camera2】命令，这样可以在摄影机视图中观察场景，可以看到场景中的模型分布较为合理，如图11-174所示。

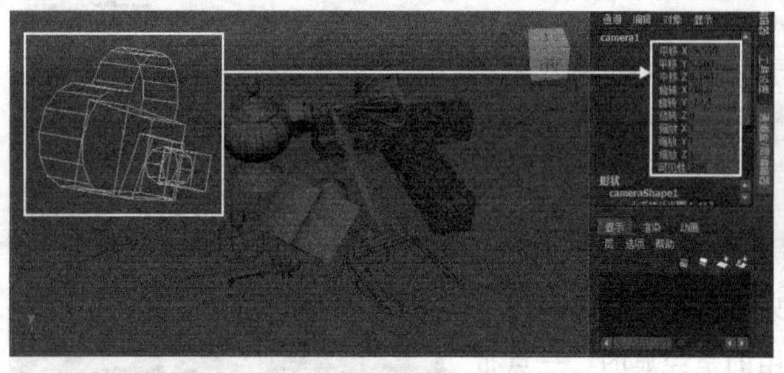

图11-173

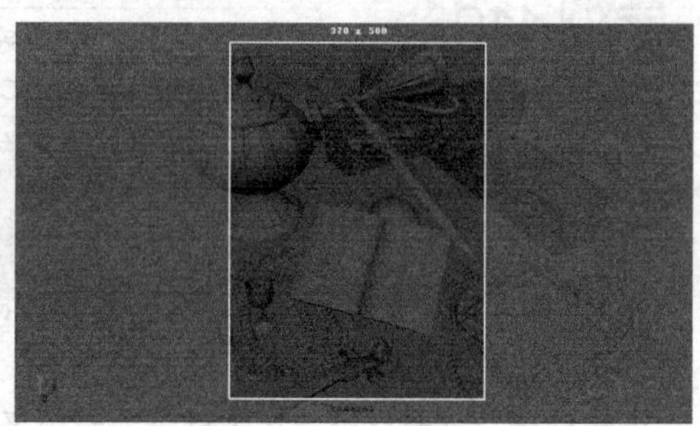

图11-174

设置灯光

01 执行【创建】>【灯光】>【区域光】命令，在场景中依次创建3盏区域光，其中灯光A为辅光源、灯光B为主光源、灯光C为补光源，如图11-175所示。

02 选择辅光源，按快捷键Ctrl+A打开其【属性编辑器】，设置【颜色】为（H:60，S:0.344，V:1.000），再设置【强度】为0.200，具体参数设置如图11-176所示。

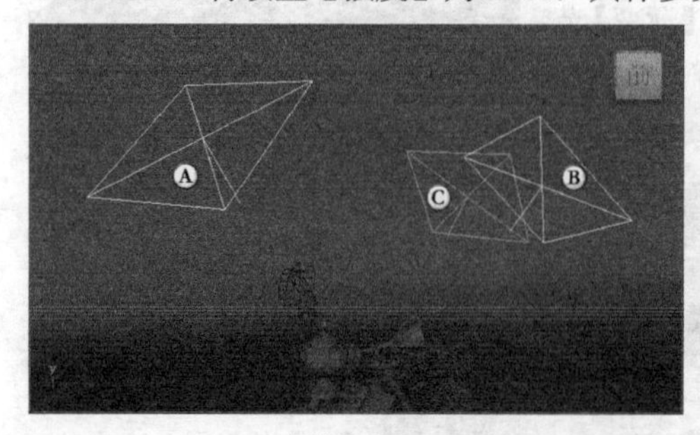

图11-175

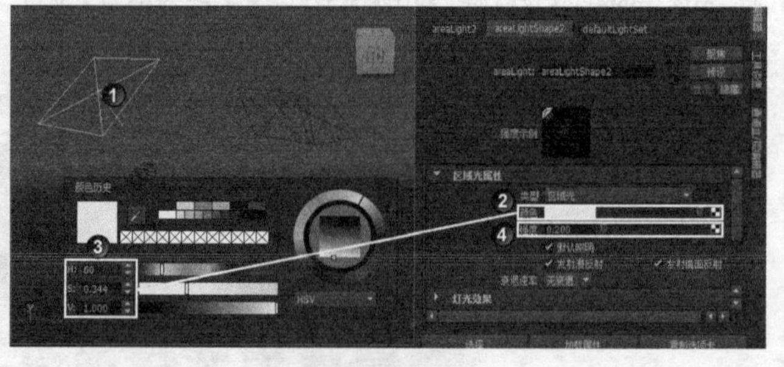

图11-176

03 展开【阴影】卷展栏，展开【光线跟踪阴影属性】子卷展栏，选择【使用光线跟踪阴影】选项，具体参数设置如图11-177所示。

04 选择主光源，在【属性编辑器】中设置【颜色】为（H:360，S:0.207，V:1.000），设置【强度】为0.900，具体参数设置如图11-178所示。

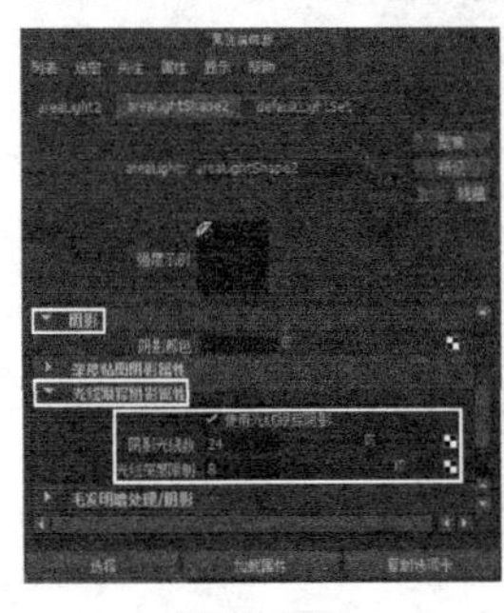

图11-177

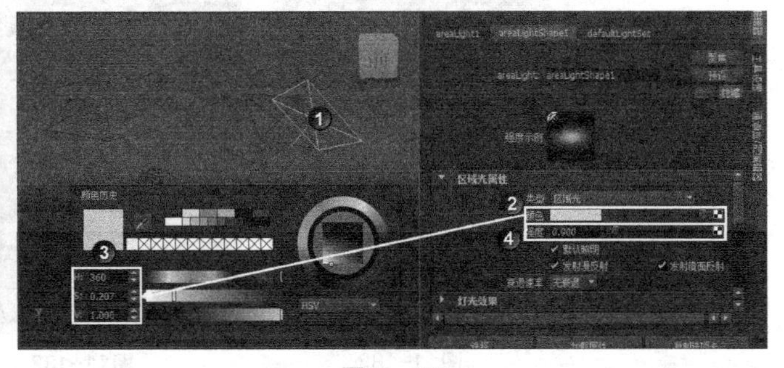

图11-178

05 展开【阴影】卷展栏，展开【光线跟踪阴影属性】子卷展栏，选择【使用光线跟踪阴影】选项，具体参数设置如图11-179所示。

06 选择补光源，在【属性编辑器】中设置【颜色】为（H:360，S:0.207，V:1.000），将【强度】设置为0.300，具体参数设置如图11-180所示。

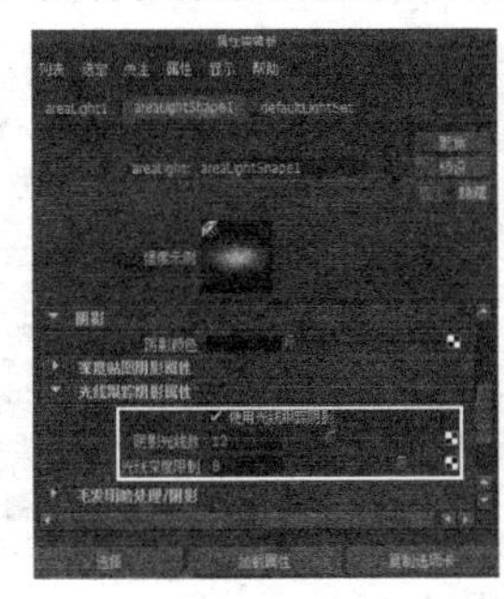

图11-179

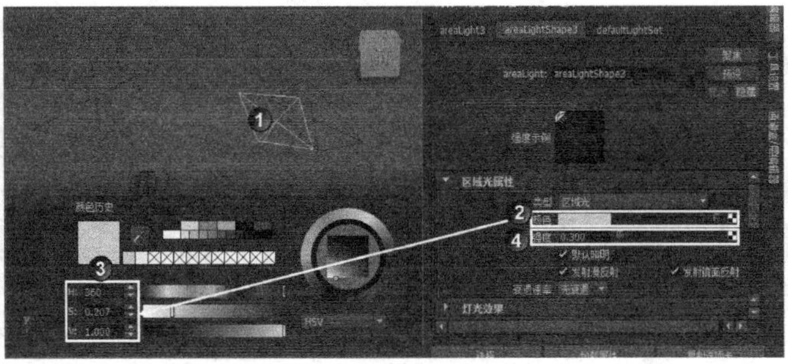

图11-180

07 展开【阴影】卷展栏，展开【光线跟踪阴影属性】子卷展栏，选择【使用光线跟踪阴影】选项，具体参数设置如图11-181所示。

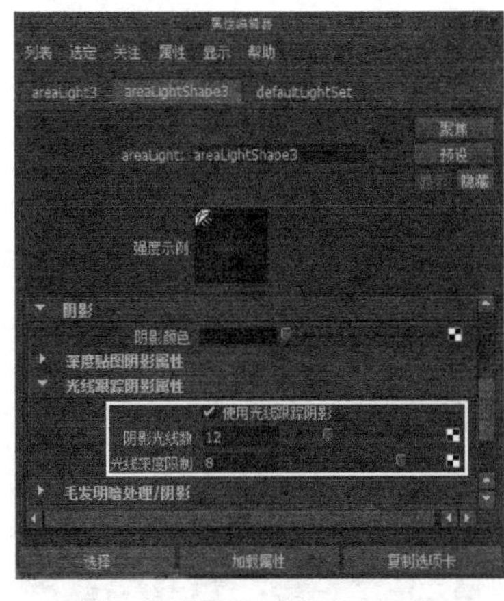

图11-181

预渲染设置

01 打开【渲染设置】窗口，将渲染器调整为mental ray，将【可渲染摄影机】调整为camera1，设置渲染尺寸为370×500，并选择【保持宽度/高度比率】选项，具体参数设置如图11-182所示。

02 在【质量】选项卡下设置【采样模式】为【旧版采样模式】，如图11-183所示。

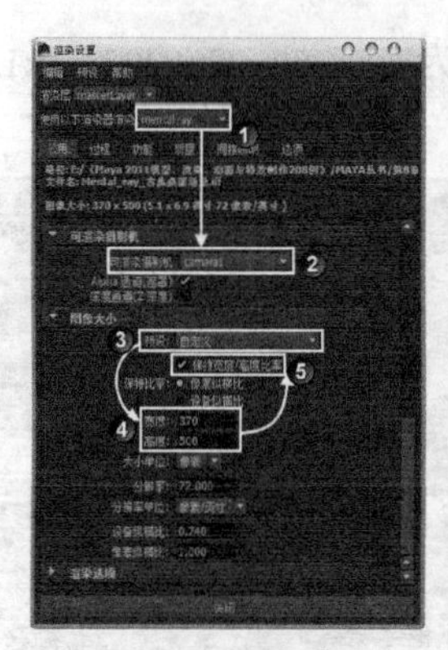
图11-182

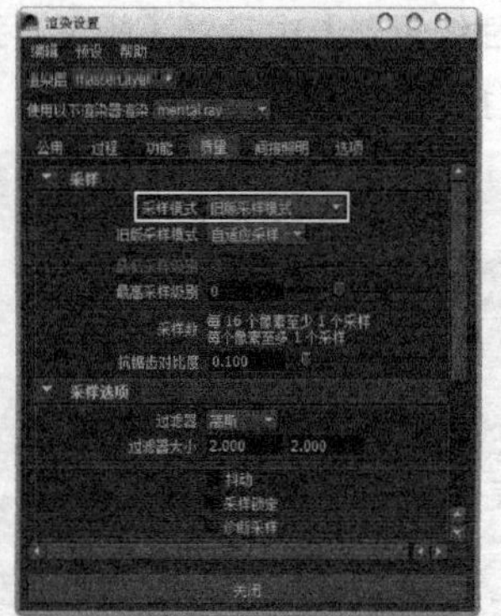
图11-183

03 切换到【间接照明】选项卡中，在【环境】卷展栏下单击【基于图像的照明】参数后面的【创建】按钮，创建利用纹理或贴图为场景提供照明的球体，并在环境球的【属性编辑器】中单击【图像名称】参数后面的按钮，导入“Example>CH11>K5.mb >kitchen.hdr”文件，设置【颜色倍增】为（H:0，S:0.000，V:0.149），具体参数设置如图11-184和图11-185所示。

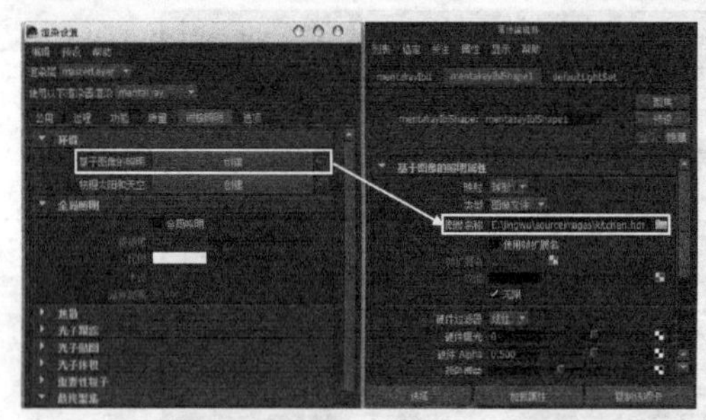
图11-184

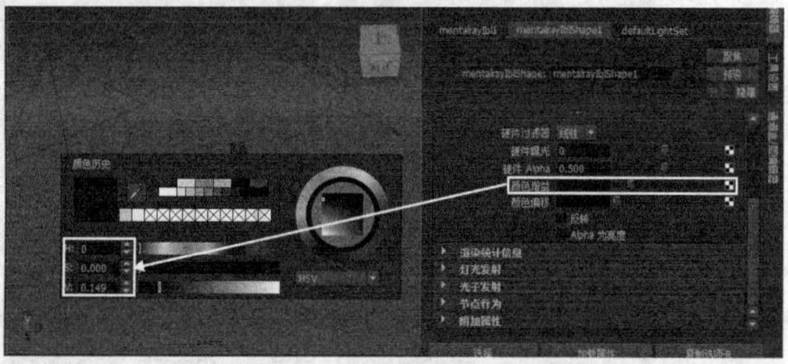

图11-185

04 在【渲染设置】窗口的【间接照明】选项卡下选择【最终聚焦】选项，【精确度】参数保持默认的100即可，如图11-186所示。

05 渲染当前摄影机视图，可以看到场景中的模型已经被灯光照亮，具有了基本的光影关系，如图11-187所示。

图11-186

图11-187

制作乐谱材质

01 执行【窗口】>【渲染编辑器】>Hypershade命令，打开Hypershade窗口，创建一个Lambert材质，并在【属性编辑器】面板中将该材质球命名为book，如图11-188所示。

02 在book材质的【颜色】参数后面单击按钮，在弹出的选项面板中增加一个【文件】节点，如图11-189所示。

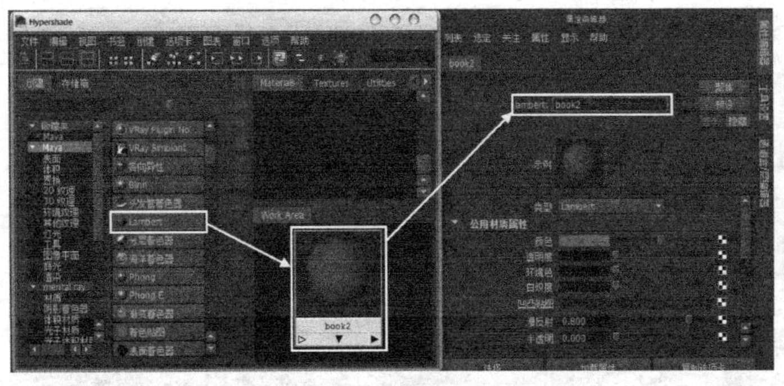

图11-188

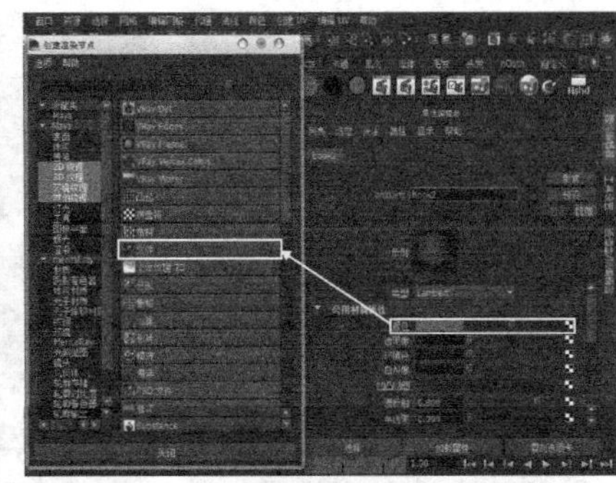

图11-189

03 在【文件】节点的【属性编辑器】中单击【图像名称】参数后面的按钮，并导入“Example>CH11>K5.mb >music.jpg”文件，如图11-190所示。

04 按住鼠标中键将book材质拖曳到场景中的乐谱模型上，将book材质赋予模型，如图11-191所示。

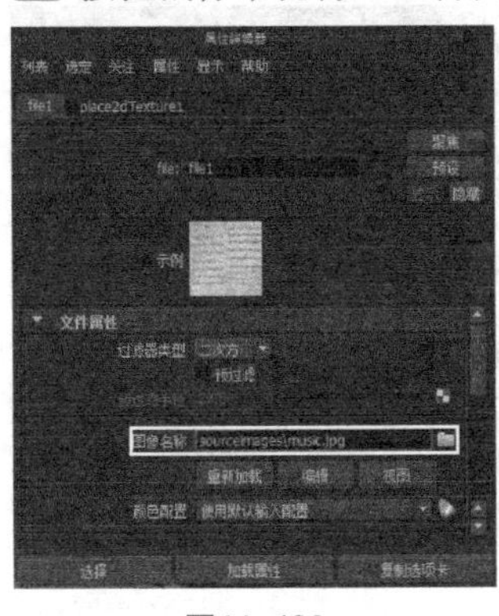

图11-190

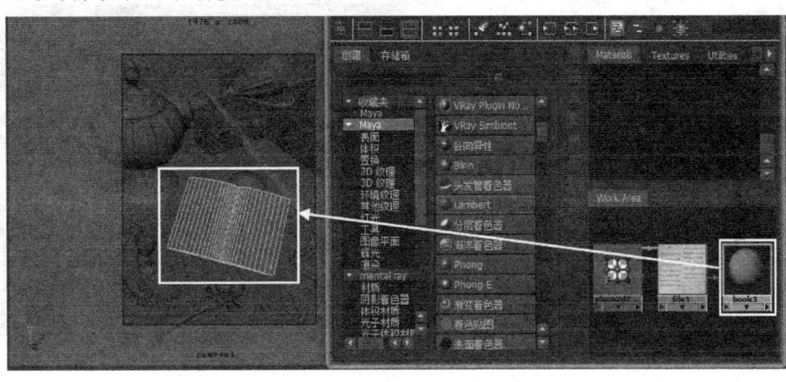

图11-191

制作地毯材质

01 在Hypershade窗口中再次创建一个Lambert材质，并将材质命名为dimian，如图11-192所示。

02 在dimian材质的【颜色】参数后面单击按钮，在弹出的选项面板中增加一个【文件】节点，如图11-193所示。

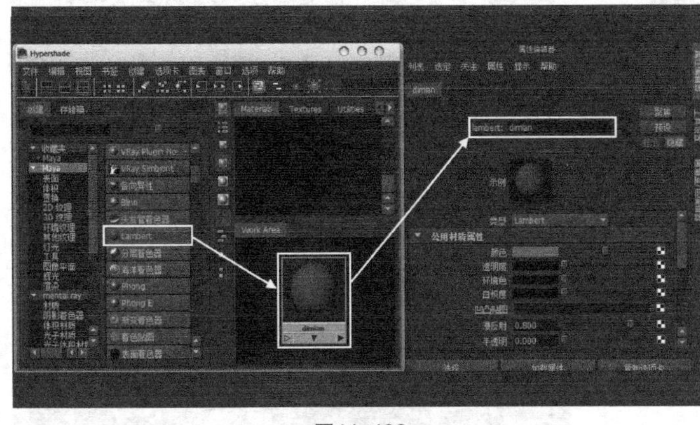

图11-192

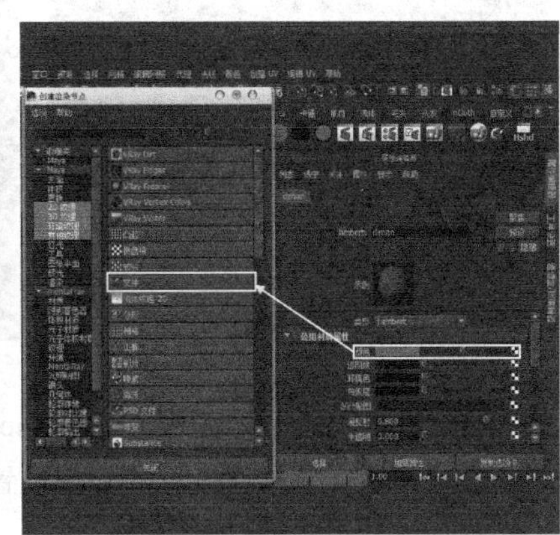

图11-193

03 在【文件】节点的【属性编辑器】中单击【图像名称】参数后面的按钮，并导入“Example>CH11>K5.mb >FabricPatterns0070_S_1.bmp”文件，如图11-194所示。

04 将dimian材质赋予场景中的ground模型，可以看到纹理在模型上的拉伸比较大，如图11-195所示。

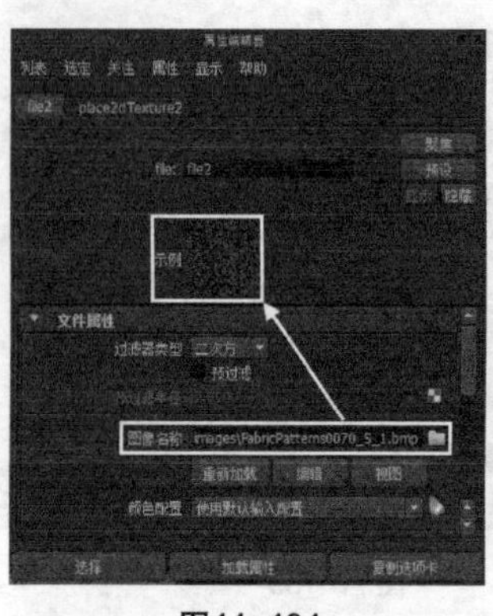
图11-194

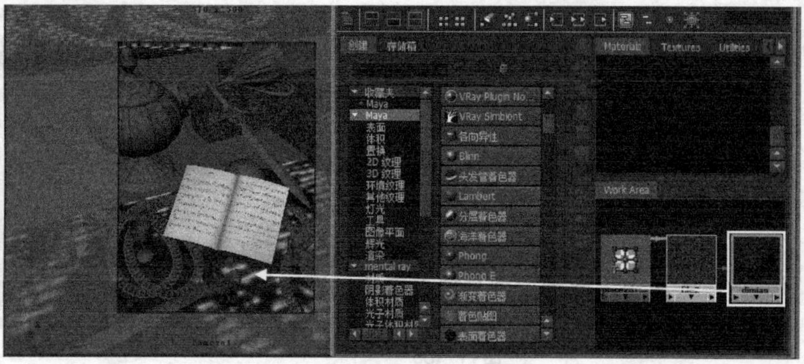

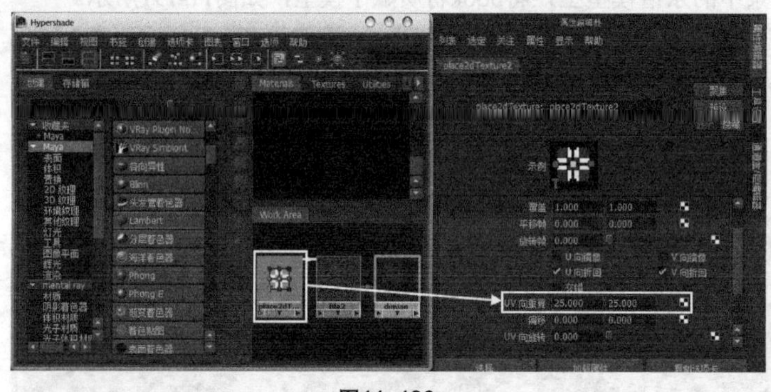
图11-195

05 在Hypershade窗口中选择place2dTexture2节点，在【属性编辑器】中设置【UV向重复】为25和25，如图11-196所示。操作完成后，视图中的显示效果如图11-197所示。

图11-196

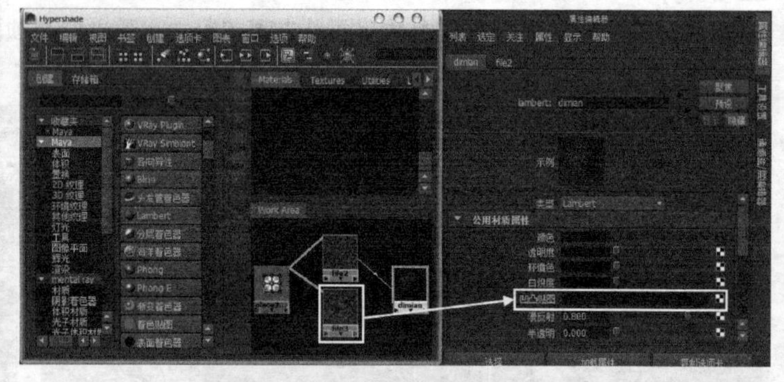
图11-197

06 在Hypershade窗口中选择file2纹理节点，在Hypershade窗口中执行【编辑】>【复制】>【已连接到网络】命令，复制出file3纹理节点，使file2纹理节点和file3纹理节点共用一个place2dTexture2节点，如图11-198所示。

07 将file3纹理节点连接到dimian材质的【凹凸贴图】属性上，如图11-199所示。

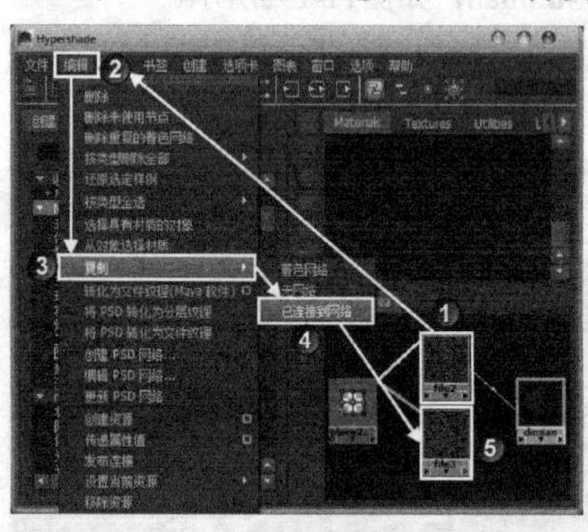
图11-198

图11-199

08 完成上一步操作后会生成一个bump2d1节点，选择该节点，在【属性编辑器】中设置【凹凸深度】为-0.04，如图11-200所示。

09 渲染当前摄影机视图，可以看到毯子的凹凸感被很好地表现出来了，如图11-201所示。

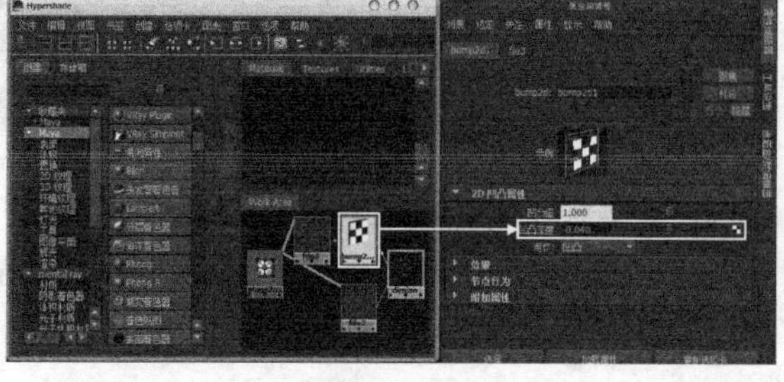
图11-200

10 下面来制作另外一个毯子的材质。首先在Hypershade窗口中再次创建一个Lambert材质，并将材质命名为blanket，如图11-202所示。

图11-201

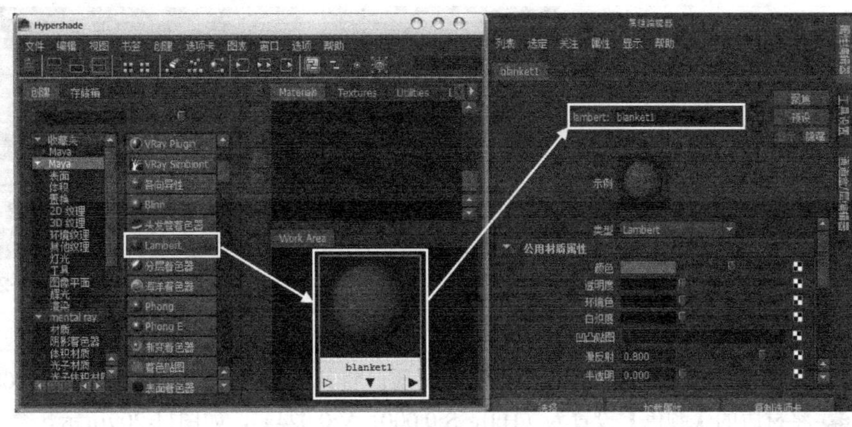

图11-202

11 在blanket材质的【颜色】参数后面单击▣按钮，在弹出的选项面板中增加一个【文件】节点，如图11-203所示。

12 在【文件】节点的【属性编辑器】中单击【图像名称】参数后面的▭按钮，并导入"Example>CH11>K5.mb >blanket_texture.bmp"文件，如图11-204所示。

图11-203

图11-204

13 在Hypershade窗口中将file4节点连接到blanket材质的【凹凸贴图】属性上，如图11-205所示。

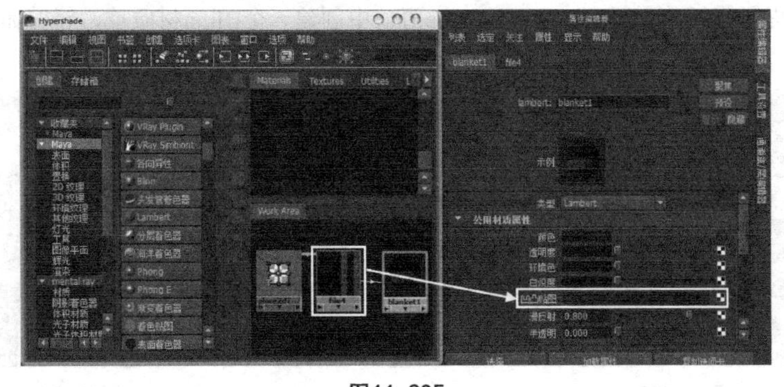

图11-205

14 选择bump2d2节点，在【属性编辑器】中设置【凹凸深度】为0.3，如图11-206所示。

15 将blanket材质赋予场景中的模型，如图11-207所示。

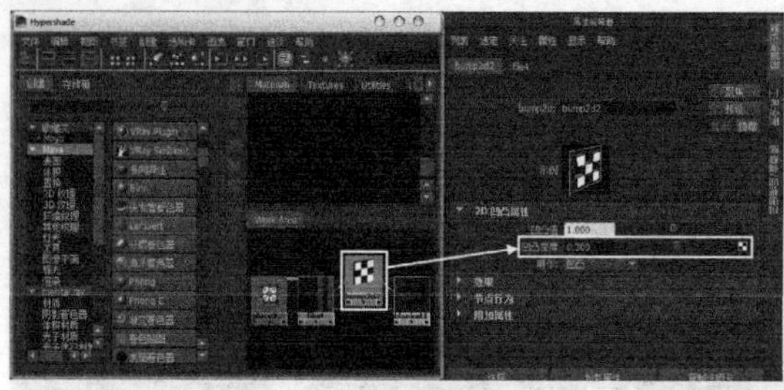

图11-206

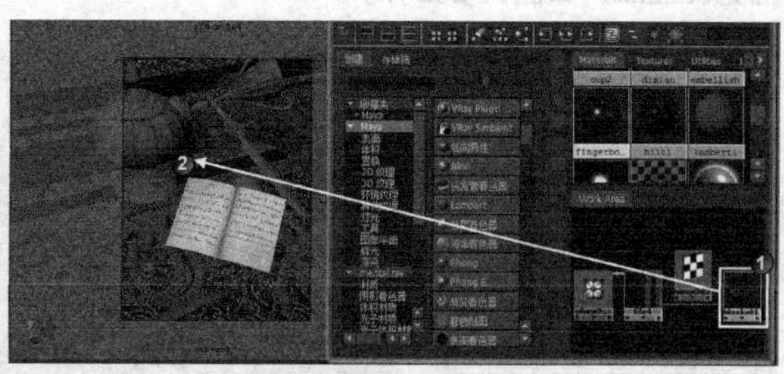

图11-207

制作小提琴材质

01 在Hypershade窗口中创建一个Phone材质，将其名称修改为violin，如图11-208所示。

02 将材质的【颜色】设置为（H:0，S:0.000，V:0.024），如图11-209所示。

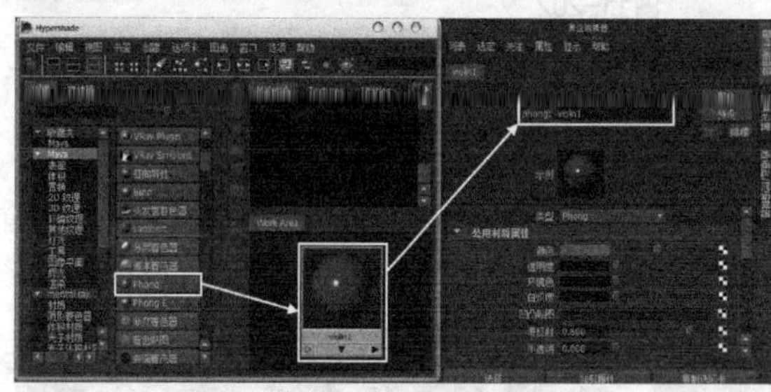

图11-208

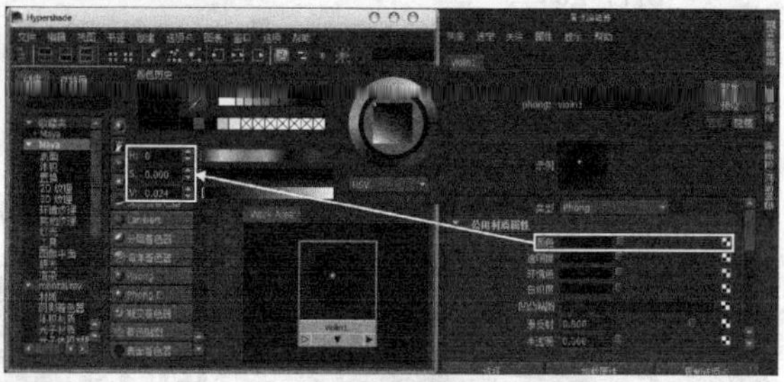

图11-209

03 在材质球的【镜面反射着色】卷展栏中，将【余弦幂】参数设置为100，将【镜面反射颜色】设置为（H:0，S:0.000，V:0.967），将【反射率】设置为0.545，将【反射的颜色】设置为纯黑色，如图11-210所示。

04 将violin材质赋予场景中小提琴的琴头模型，如图11-211所示。

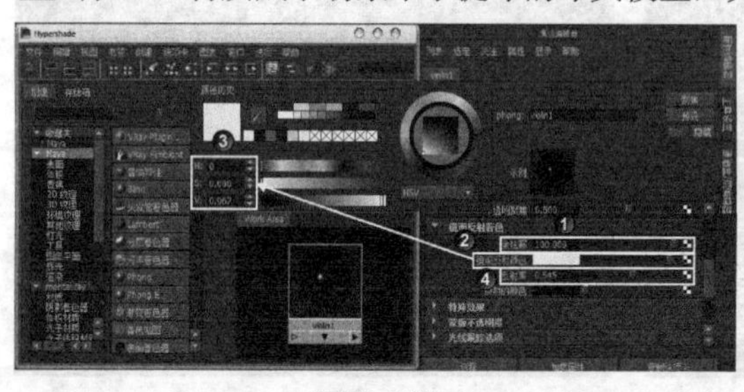

图11-210

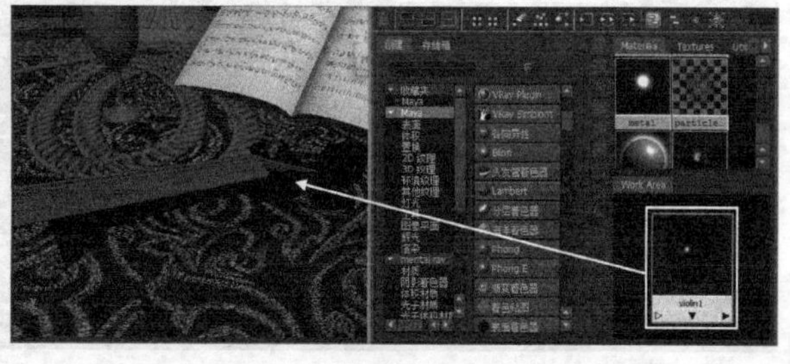

图11-211

05 这个violin材质同样适用于奖杯的底座，将该材质赋予奖杯的底座模型，如图11-212所示。

06 接下来制作小提琴指板的材质，在Hypershade窗口中创建一个Blinn材质球，将其命名为fingerboard，如图11-213所示。

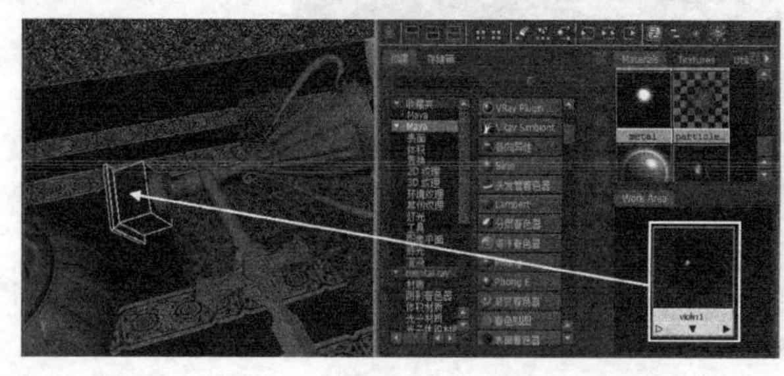

图11-212

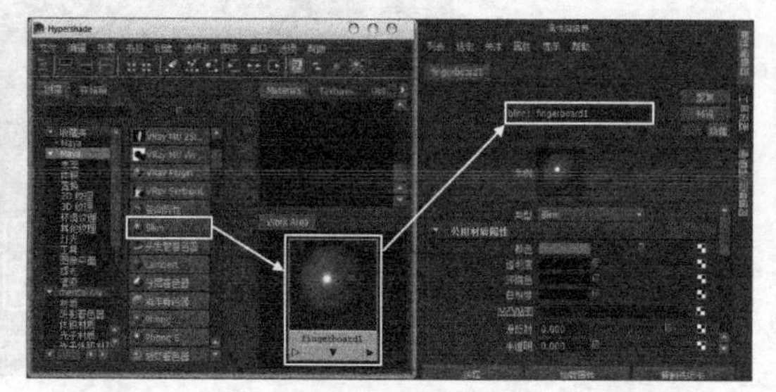

图11-213

07 在fingerboard材质的【颜色】参数后面单击▣按钮，在弹出的选项面板中增加一个【文件】节点，如图11-214所示。

08 在【文件】节点的【属性编辑器】中单击【图像名称】参数后面的▣按钮，并导入"Example>CH11>K5.mb >violin_fingerboard.jpg文件"，如图11-215所示。

图11-214

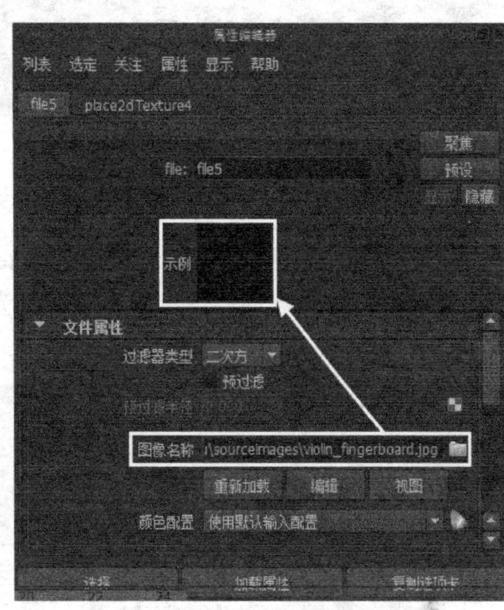

图11-215

09 将fingerboard材质球的【偏心率】设置为0.13，将【镜面反射衰减】调整为1，再将【镜面反射颜色】设置为纯白色，具体参数设置如图11-216所示。

10 将fingerboard材质赋予场景中的小提琴指板模型，如图11-217所示。

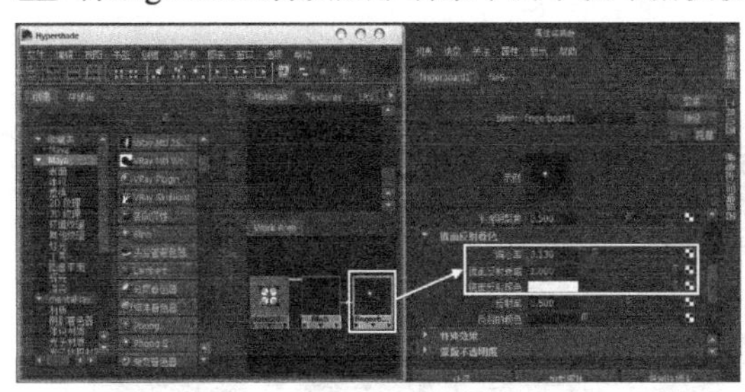

图11-216

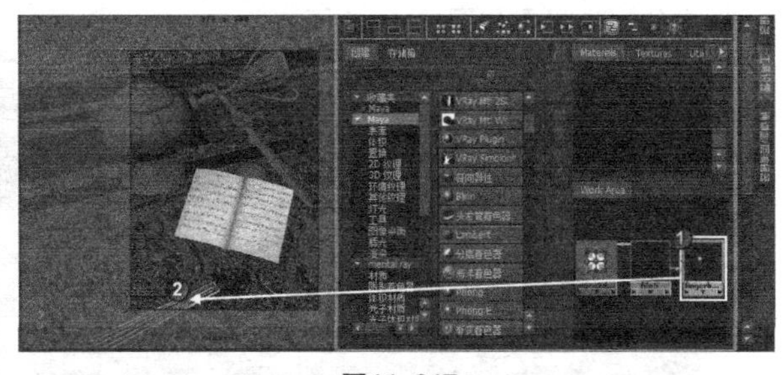

图11-217

11 在Hypershade窗口中选择violin材质球，按快捷键Ctrl+D将其复制一个，将复制出来的材质球命名为string，如图11-218所示。

12 将string材质的【颜色】设置为（H:46，S:0.118，V:0.922），如图11-219所示。

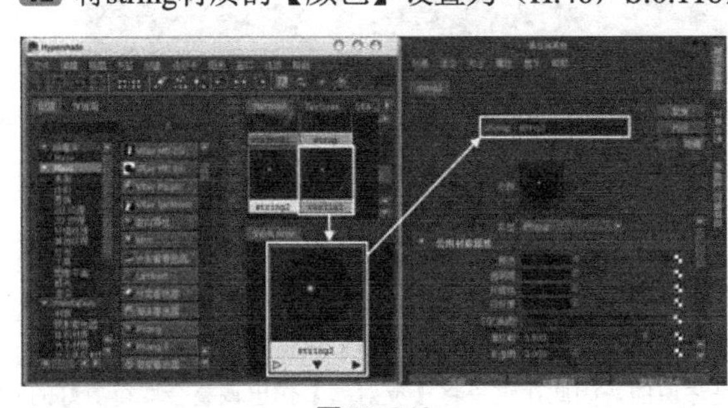

图11-218

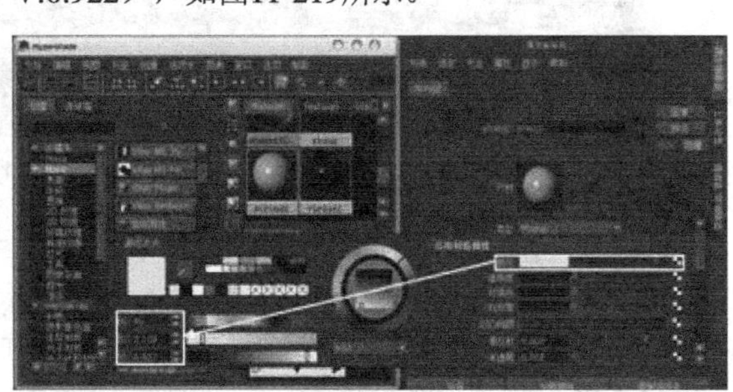

图11-219

13 将string材质赋予场景中的琴弦和马尾琴弓模型，如图11-220所示。

14 将violin材质赋予场景中的小提琴弓模型，如图11-221所示。

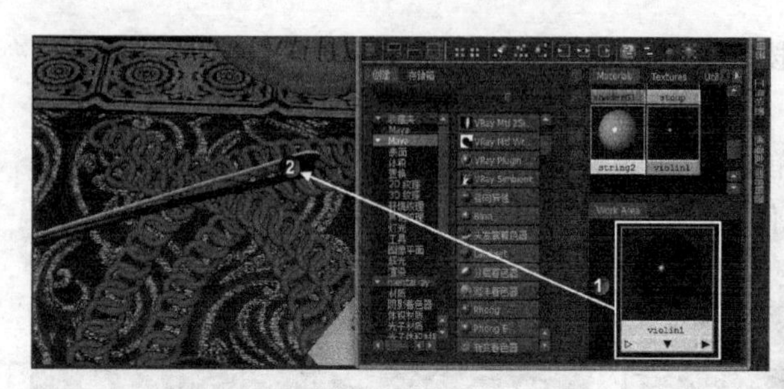

图11-220

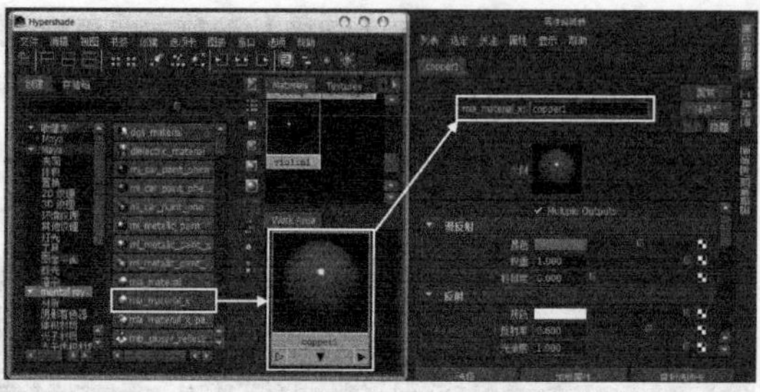

图11-221

制作黄铜材质

01 在Hypershade窗口中创建一个mia_material_x材质，将其命名为copper，如图11-222所示。

02 在【漫反射】卷展栏下设置【颜色】为（H:31，S:0.8，V:1.000），将【权重】参数调整为0.104，如图11-223所示。

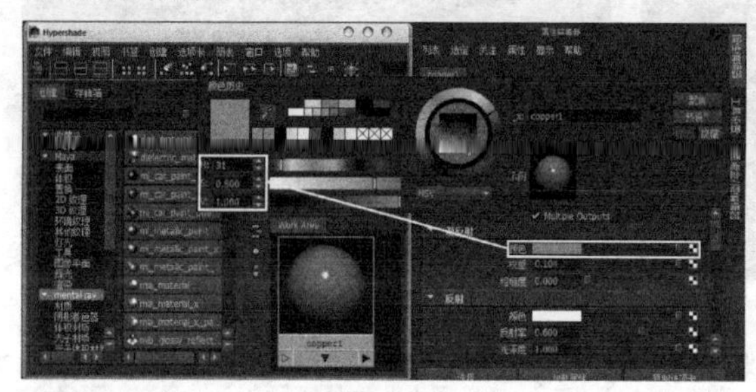

图11-222

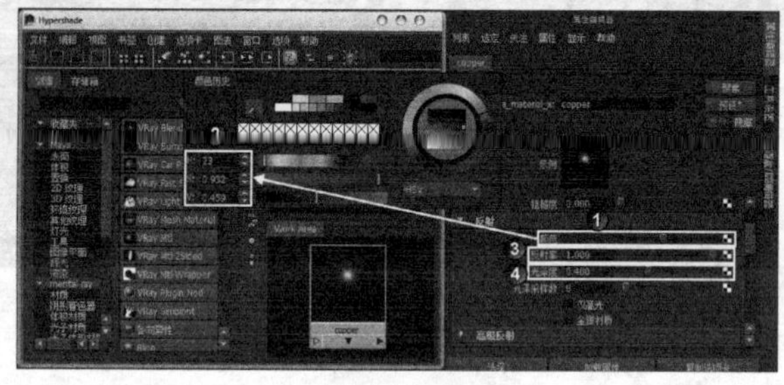

图11-223

03 在【反射】卷展栏下设置【颜色】为（H:24，S:0.932，V:0.459）、【反射率】为1、【光泽度】为0.4，具体参数设置如图11-224所示。

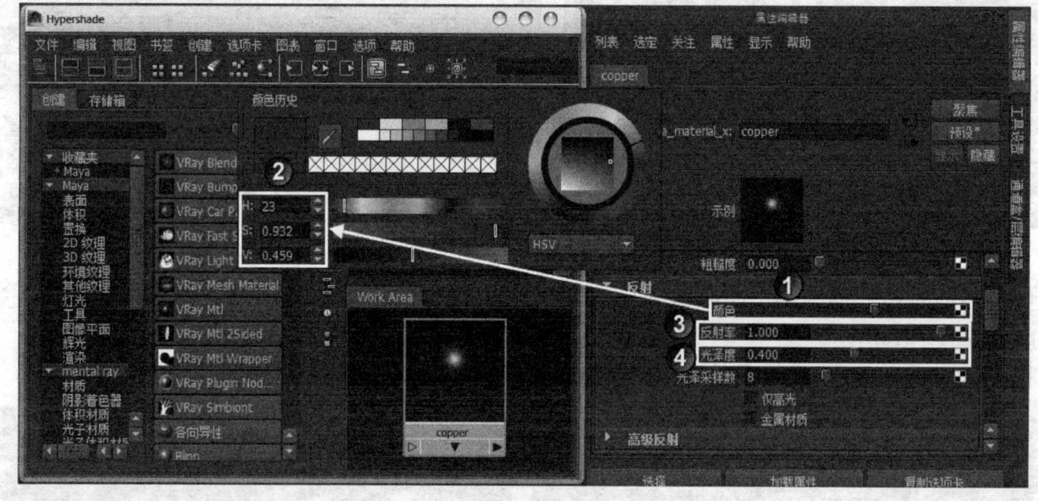

图11-224

技巧与提示

经过前面的学习可以知道，当一个材质的【反射率】参数被设置为1的时候，最终将渲染出和镜面一样的效果。但是在本案例中，为了避免曝光的现象产生，因此降低了【基于图像照明】的HDR的【颜色倍增】数值，如果将材质的【反射率】参数设置为真实世界的参数，那么渲染的最终结果会是漆黑的，因此在这里将【反射率】作出调整会取得更好的效果。

04 在BRDF卷展栏中设置【0度反射】为0.9、【BRDF曲线】为1.65，具体参数设置如图11-225所示。

05 将copper材质赋予场景中的cage模型和球体模型，如图11-226所示。

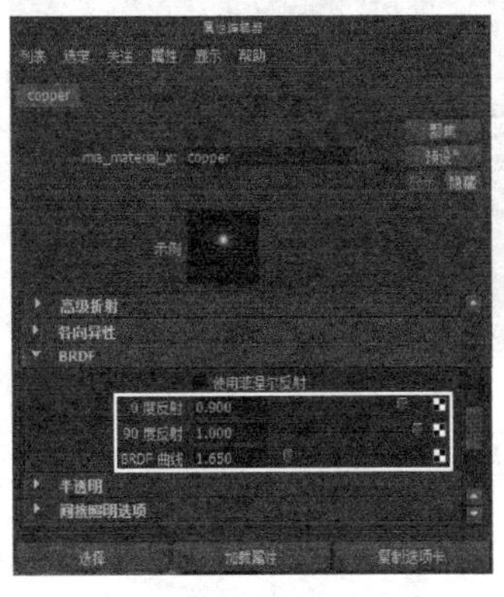

图11-225

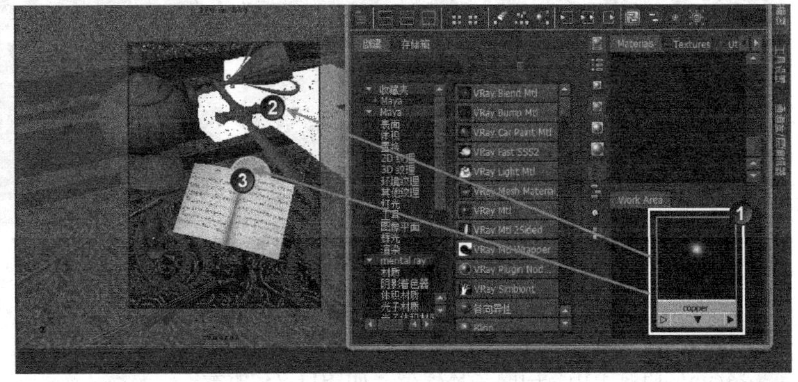

图11-226

制作其他衍生材质

01 在上面的步骤中使用mia_material_x材质制作出了黄铜材质，那么由这个制作完成的黄铜材质还可以通过简单的修改衍生出很多其他材质。在Hypershade窗口中选择copper材质球，按快捷键Ctrl+D将其复制出一个，将复制出来的材质球命名为chain，如图11-227所示。

02 在chain材质的【漫反射】卷展栏中将【颜色】修改为（H:33，S:0.8，V:0.8），具体参数设置如图11-228所示。

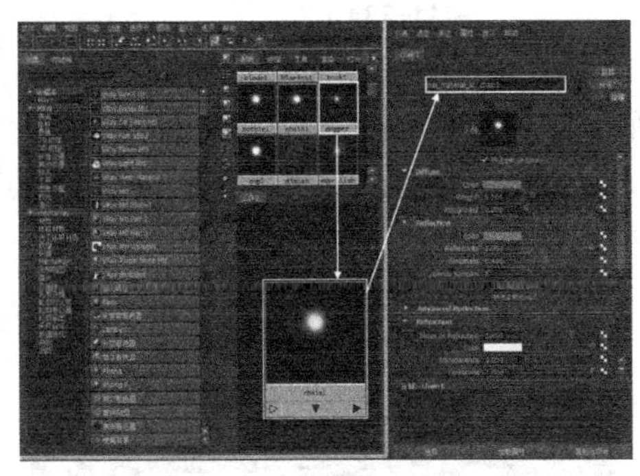

图11-227

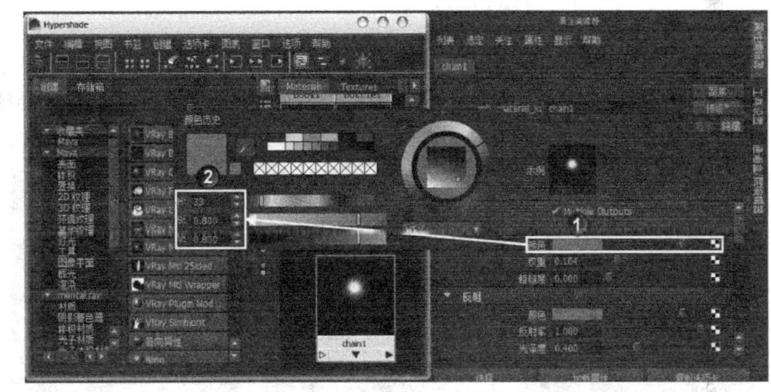

图11-228

03 在chain材质的【反射】卷展栏中将【颜色】修改为（H:33，S:0.804，V:0.8），具体参数设置如图11-229所示。

04 将chain材质赋予场景中的clock和chain模型，如图11-230所示。

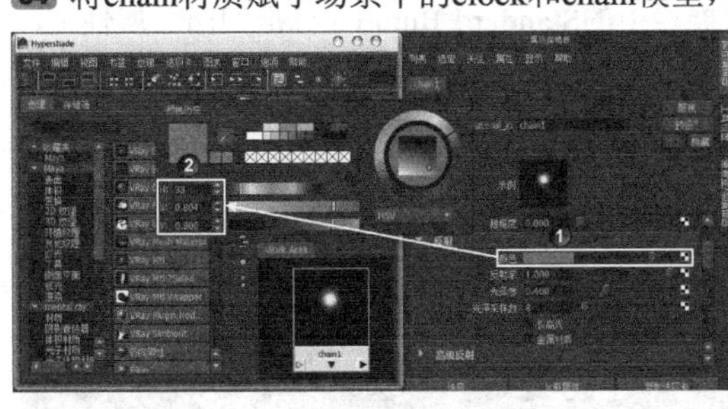

图11-229

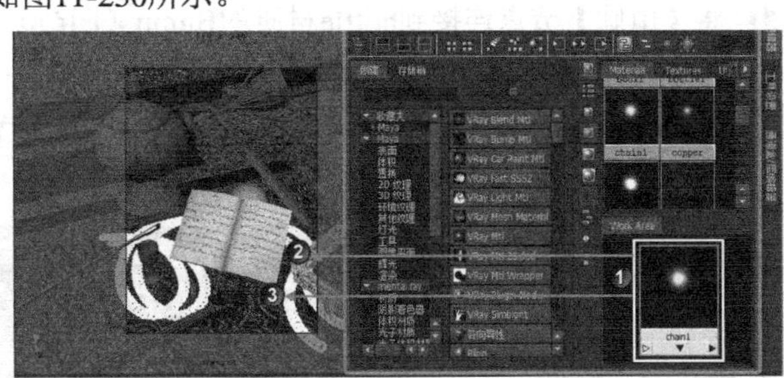

图11-230

05 在Hypershade窗口中选择chain材质球并复制一个，将复制出来的材质球命名为cup，如图11-231所示。

06 在cup材质的【漫反射】卷展栏中设置【颜色】为（H:34，S:0.562，V:1），具体参数设置如图11-232所示。

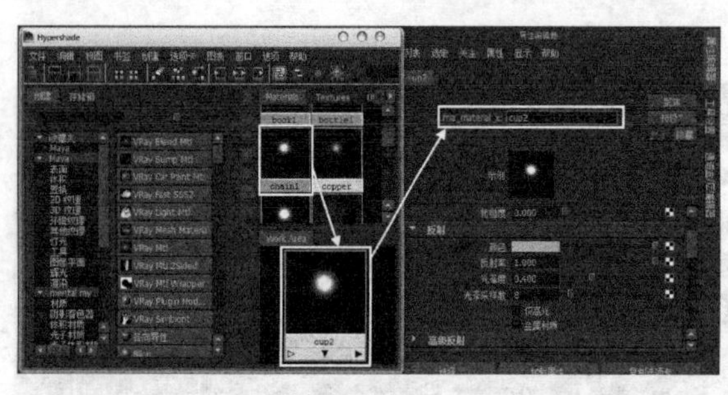

图11-231

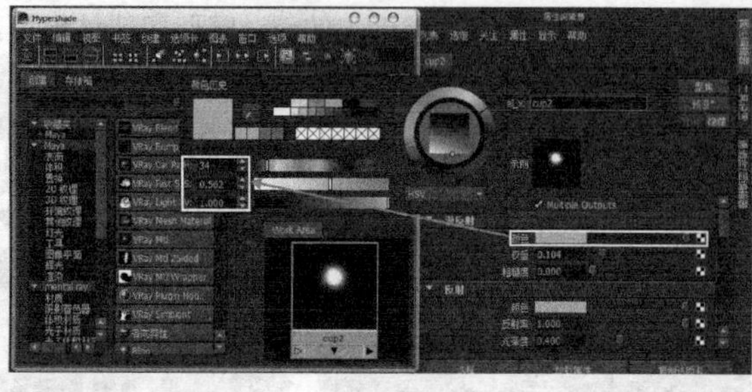

图11-232

07 在cup材质的【反射】卷展栏中将【颜色】修改为（H:33，S:0.561，V:1），具体参数设置如图11-233所示。

08 将cup材质赋予场景中的奖杯模型，如图11-234所示。

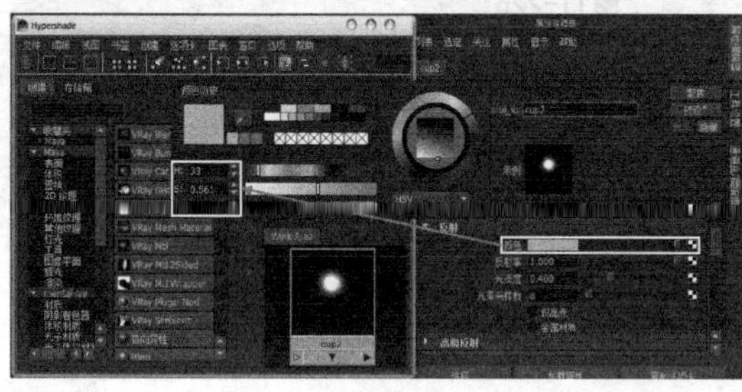

图11-233

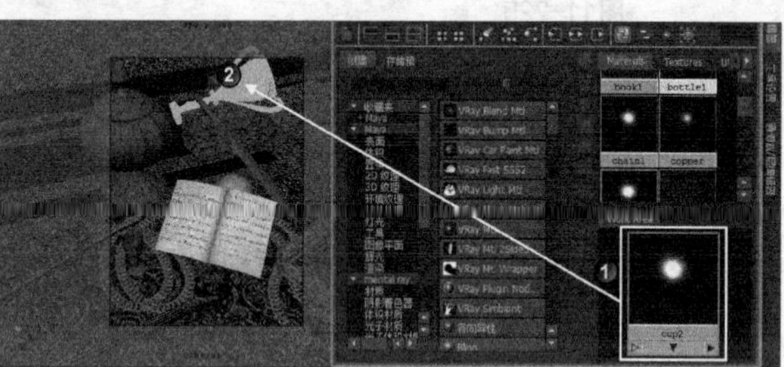

图11-234

09 在Hypershade窗口中选择copper材质球并复制一个，将复制出来的材质球命名为bottle，如图11-235所示。

10 在Hypershade窗口中创建一个【山脉】节点，如图11-236所示。

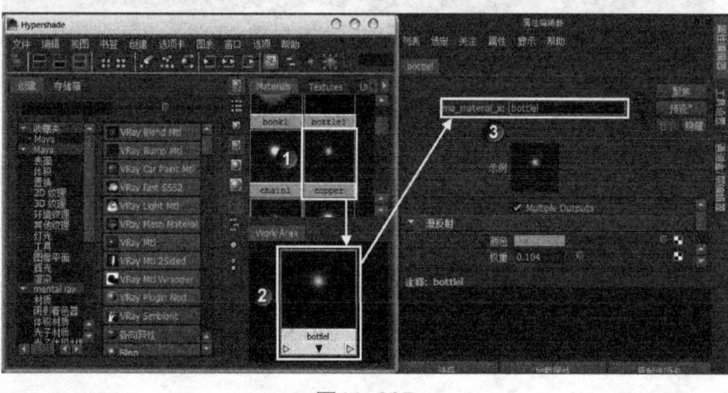

图11-235

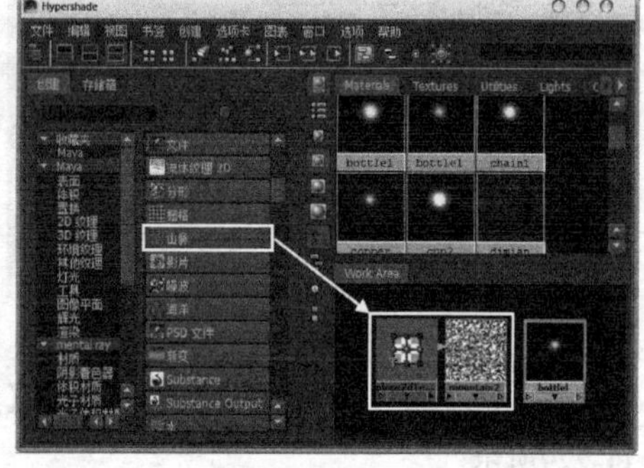

图11-236

11 将【山脉】节点连接到bottle材质的Bump（凹凸）卷展栏中的Standard Bump（标准凹凸）属性上，如图11-237所示。

12 选择【山脉】节点与bottle材质连接产生的bump2d节点，在【属性编辑器】中将【凹凸深度】参数设置为0.015，具体参数设置如图11-238所示。

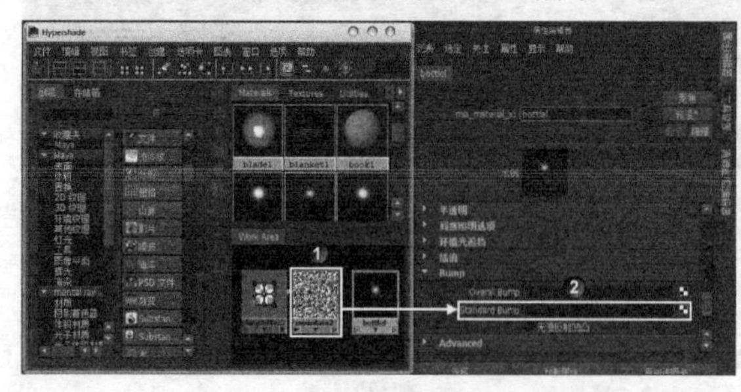

图11-237

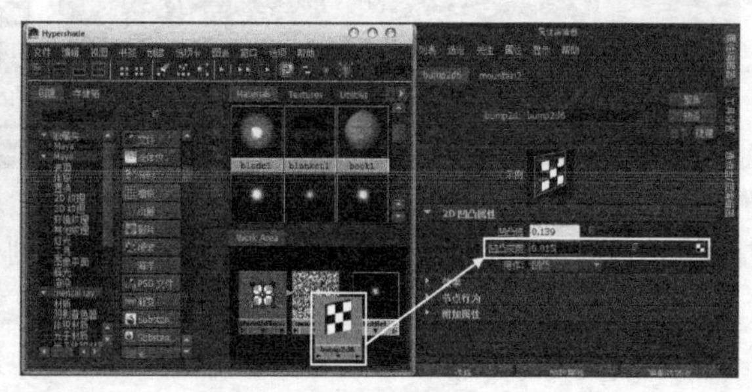

图11-238

13 在Hypershade窗口中双击【山脉】节点前面的place2dTexture节点，在【属性编辑器】中将【UV向重复】设置为（200，200），具体参数设置如图11-239所示。

14 在bottle材质的【反射】卷展栏中将【颜色】修改为（H:31，S:0.8，V:1），具体参数设置如图11-240所示。

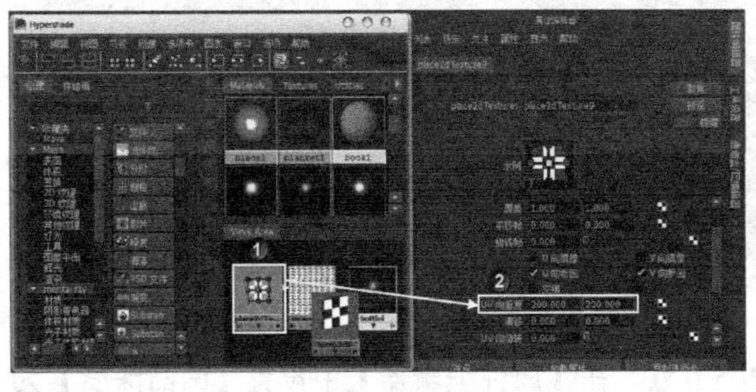

图11-239

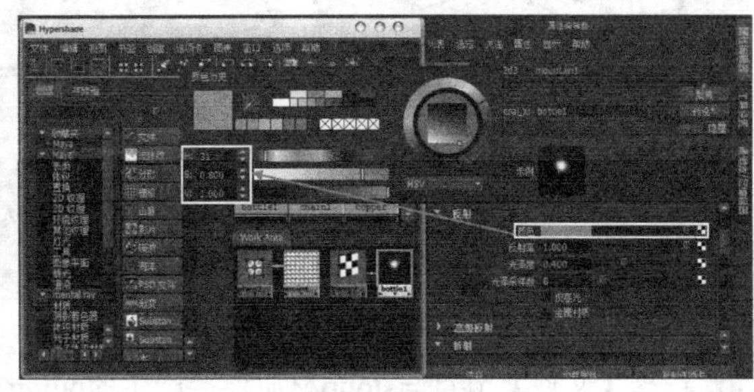

图11-240

15 将bottle材质赋予场景中的器皿模型，如图11-241所示。

16 现在已经制作了场景中多半的模型材质，先渲染一下当前摄影机视图，查看预览渲染效果，如图11-242所示。

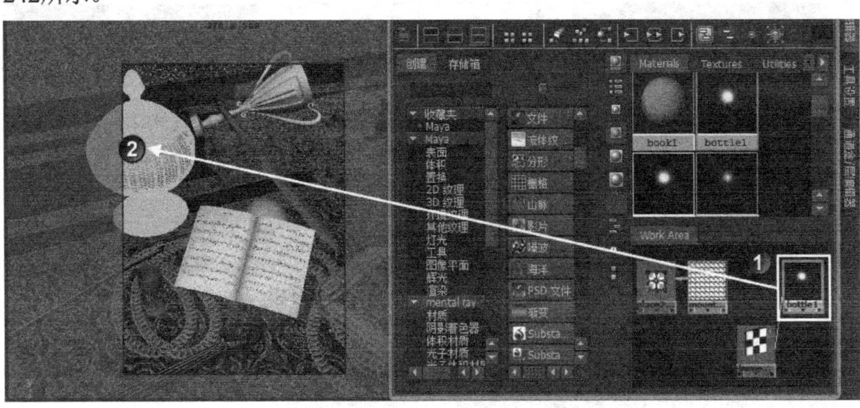

图11-241

图11-242

制作杯子材质

01 在Hypershade窗口中创建一个Phone材质，将材质球的名称修改为stoup，如图11-243所示。

02 在stoup材质的【颜色】参数后面单击按钮，在弹出的选项面板中增加一个【文件】节点，如图11-244所示。

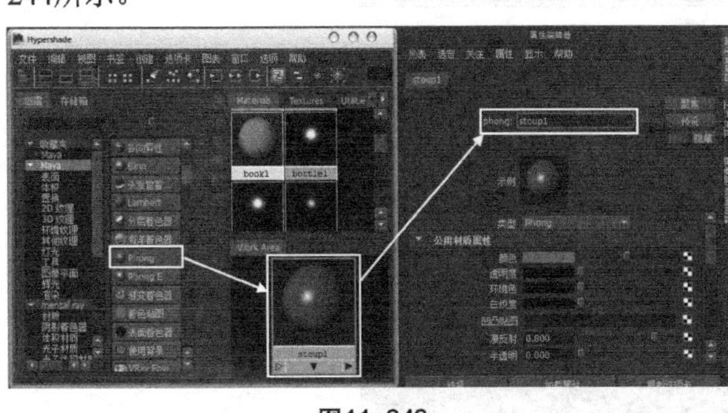

图11-243

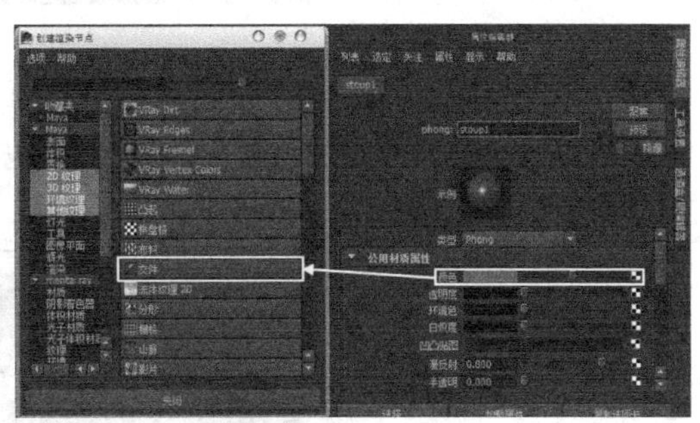

图11-244

03 在【文件】节点的【属性编辑器】中单击【图像名称】参数后面的按钮，并导入“Example>CH11>K5.mb >kelch12_.jpg”文件，如图11-245所示。

04 将【文件】节点连接到stoup材质的【凹凸贴图】属性上，如图11-246所示。

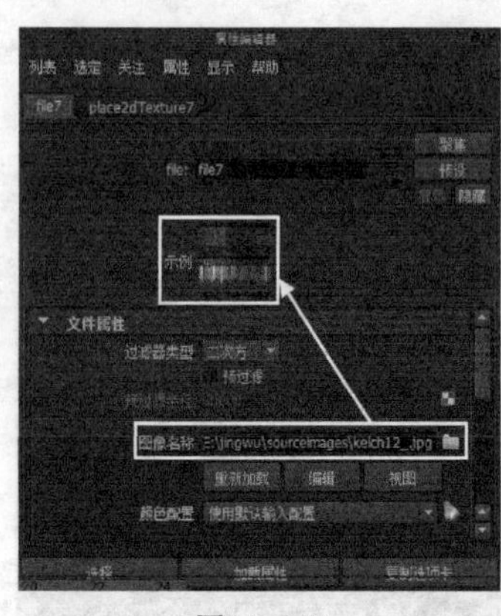

图11-245

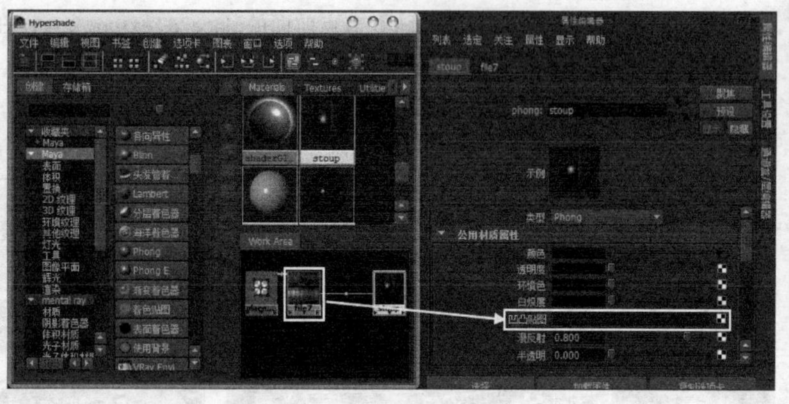

图11-246

05 选择【文件】节点与stoup材质连接产生的bump2d5节点，在【属性编辑器】中设置【凹凸深度】为0.8，具体参数设置如图11-247所示。

06 在stoup材质球的【镜面反射着色】卷展栏中设置【镜面反射颜色】为（H:32，S:0.713，V:1）、【余弦幂】为26.699，具体参数设置如图11-248所示。

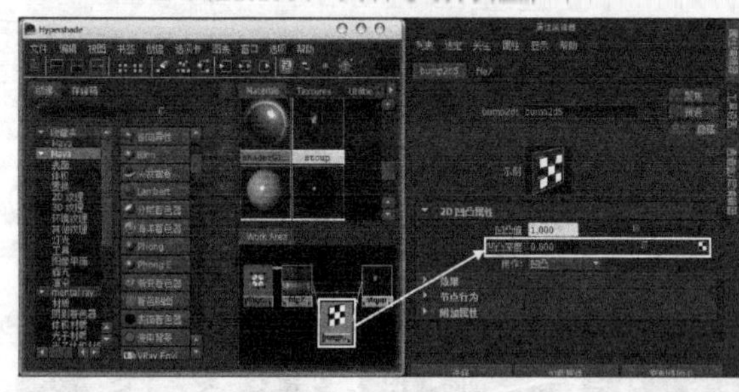

图11-247

图11-248

07 将stoup材质赋予场景中的杯子模型，如图11-249所示。

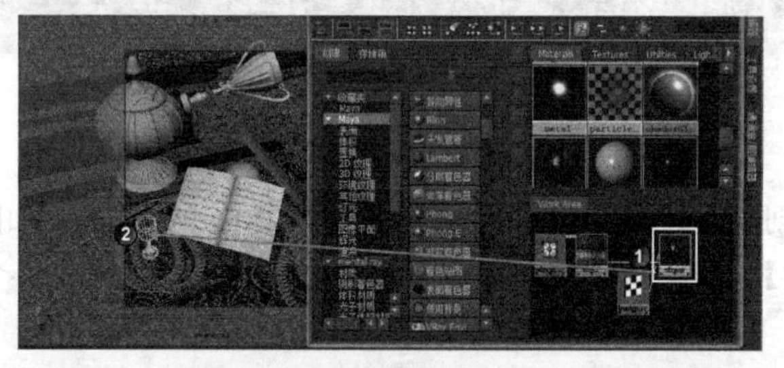

图11-249

制作短剑材质

01 场景中的短剑由多个模型组成，因此材质也需分开制作。在Hypershade窗口中创建一个Phong材质，将其命名为blade，如图11-250所示。

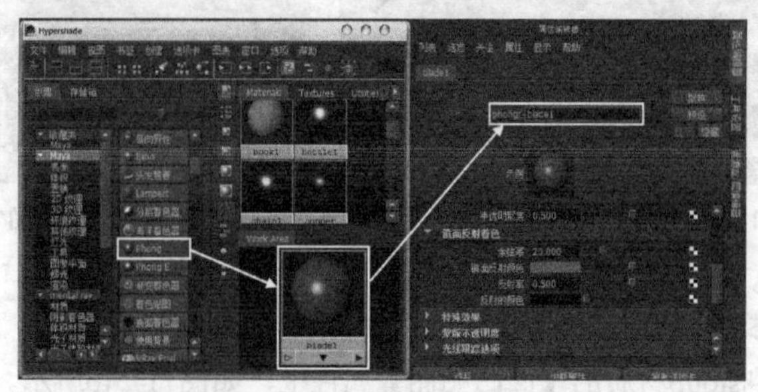

图11-250

02 将blade材质的【颜色】设置为（H:41，S:0.52，V:0.098），再设置【环境色】为（H:40，S:0.5，V:0.1），具体参数设置如图11-251和图11-252所示。

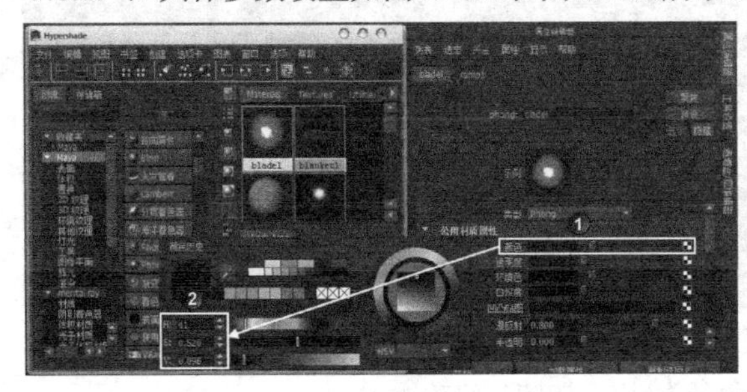

图11-251

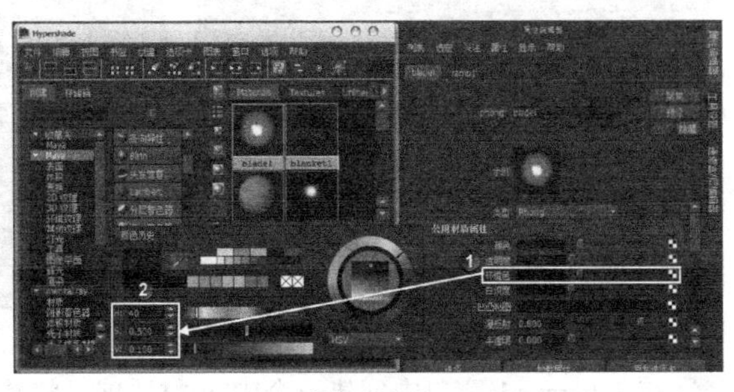

图11-252

03 展开【镜面反射着色】卷展栏，将【余弦幂】设置为94.423，再将【镜面反射颜色】设置为纯白色，将【反射率】设置为0.959，具体参数设置如图11-253所示。

04 在Hypershade窗口中创建一个【采样器信息】节点和一个【渐变】节点，如图11-254所示。

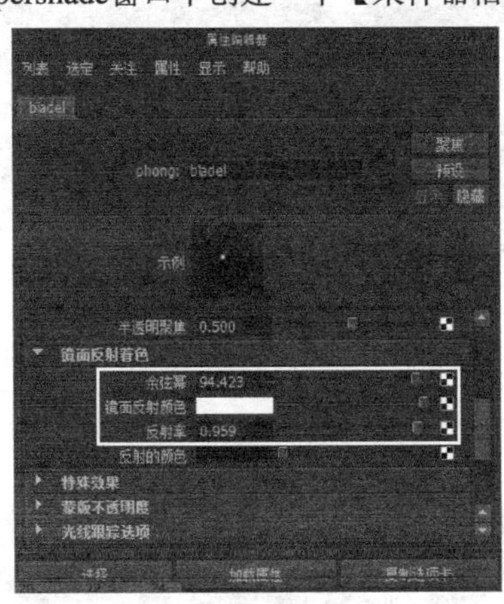

图11-253

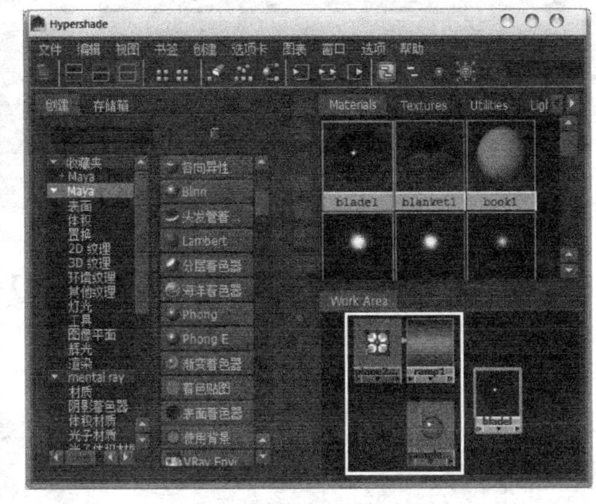

图11-254

05 将【采样器信息】节点的facingRatio属性和【渐变】节点的vCoord属性连接，如图11-255所示。

06 将【渐变】节点连接到blade材质的【反射的颜色】属性上，如图11-256所示。

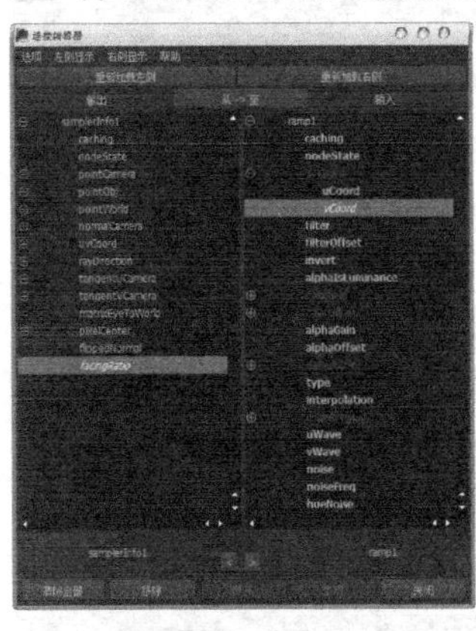

图11-255

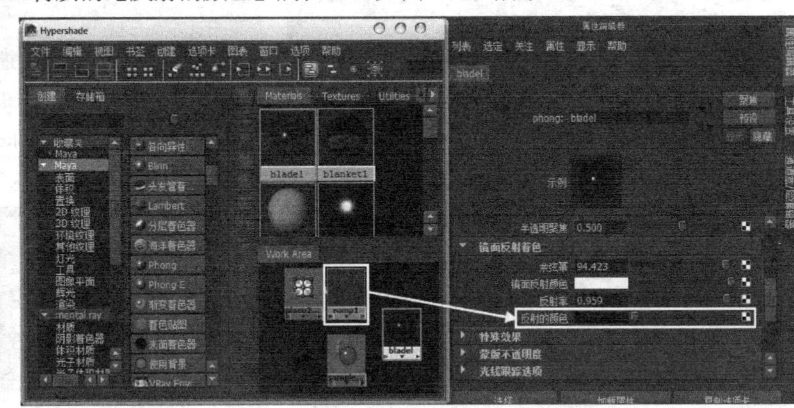

图11-256

07 选择【渐变】节点，在【属性编辑器】中将【插值】方式设置为【平滑】，将顶部的颜色设置为纯白色，再将中间的颜色设置为（H:32，S:0.635，V:0.674），并按照下图移动到合适的位置，将底部的颜色设置为黑色，具体参数设置如图11-257所示。

08 将blade材质赋予场景中短剑的剑刃模型，如图11-258所示。

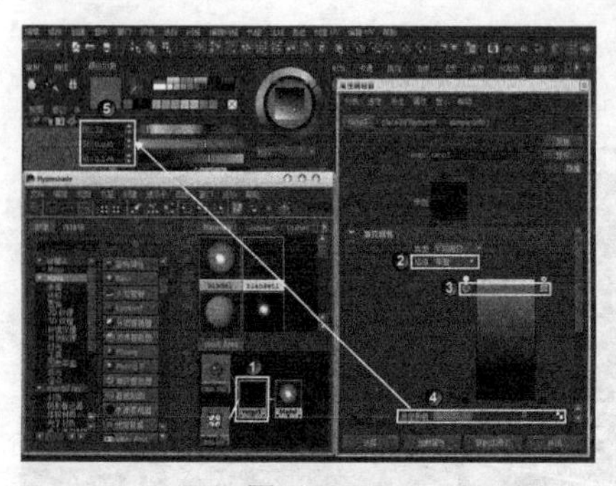

图11-257

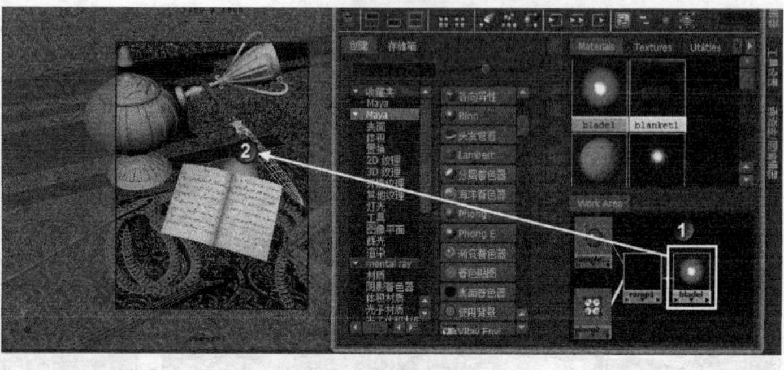

图11-258

09 在Hypershade窗口中创建一个Blinn材质球，将其命名为hilt，如图11-259所示。

10 将hilt材质的【颜色】调整为黑色，如图11-260所示。

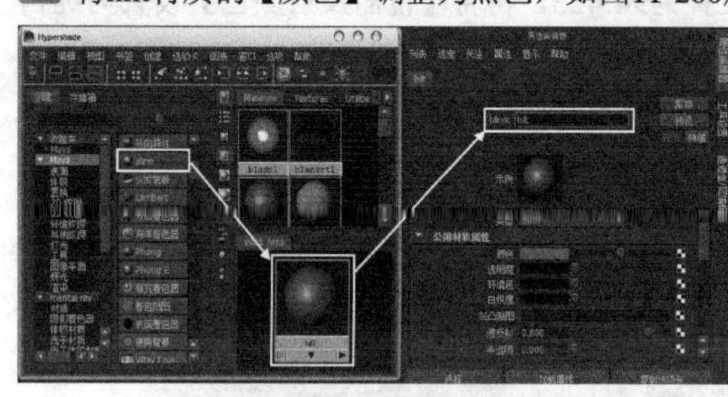

图11-259

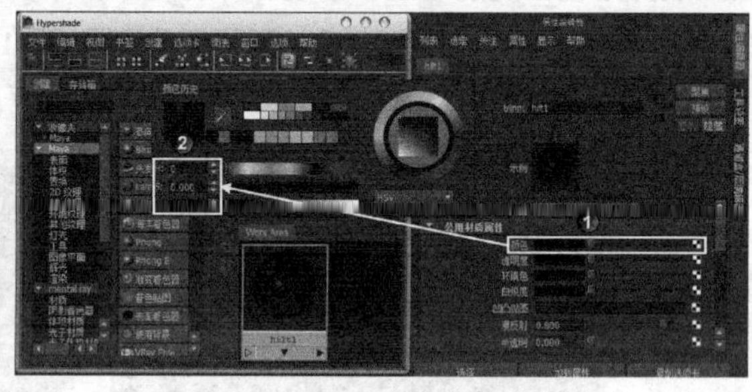

图11-260

11 在【镜面反射着色】卷展栏下将hilt材质的【偏心率】设置为0.13，再将【镜面反射颜色】设置为（H:0，S:0，V:0.577），具体参数设置如图11-261所示。

12 将hilt材质赋予场景中的剑柄模型，如图11-262所示。

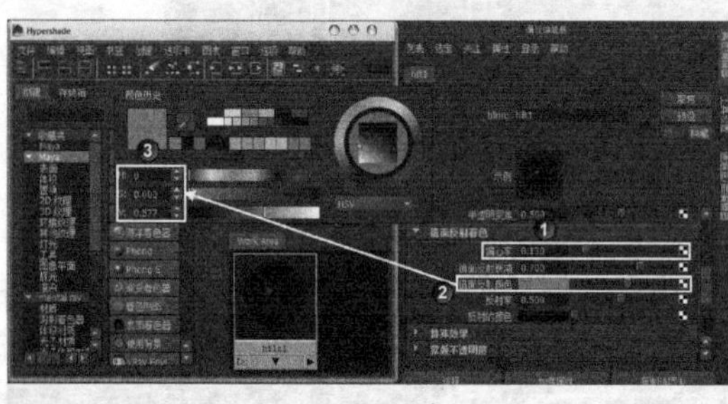

图11-261

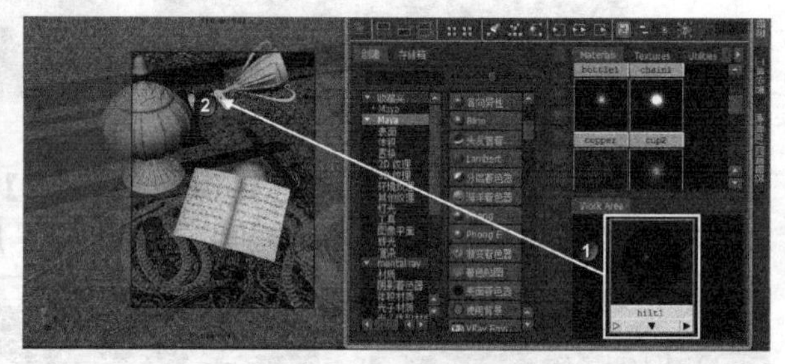

图11-262

13 在Hypershade窗口中创建一个mi_car_paint_phen_x材质，并将其命名为embellish，如图11-263所示。

14 将embellish材质赋予短剑上的装饰模型，如图11-264所示。

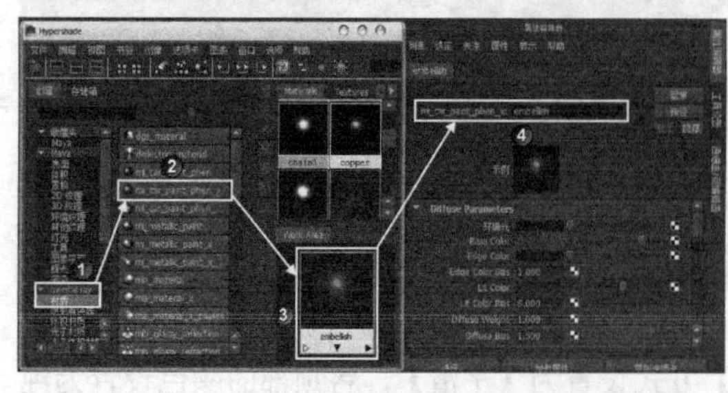

图11-263

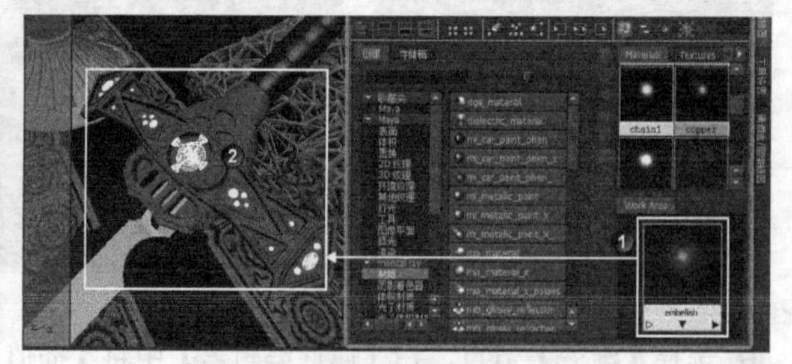

图11-264

15 在Hypershade窗口中选择cup2材质球并复制一个，将复制出来的材质球命名为metal，如图11-265所示。

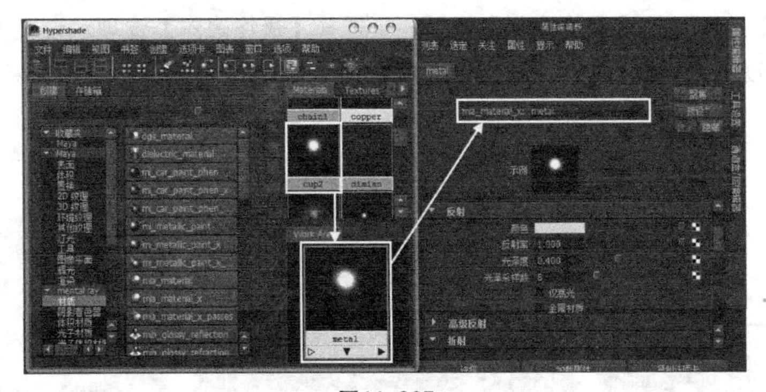

图11-265

16 在metal材质的【漫反射】卷展栏中将【颜色】修改为（H:33，S:0.404，V:1），在【反射】卷展栏中将【颜色】修改为（H:41，S:0.393，V:1），具体参数设置如图11-266和图11-267所示。

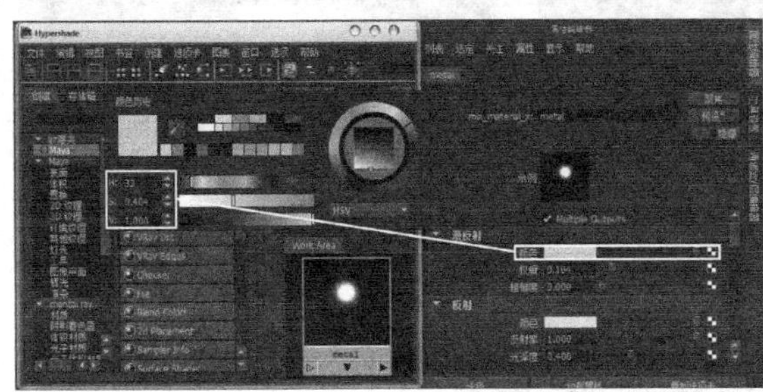

图11-266

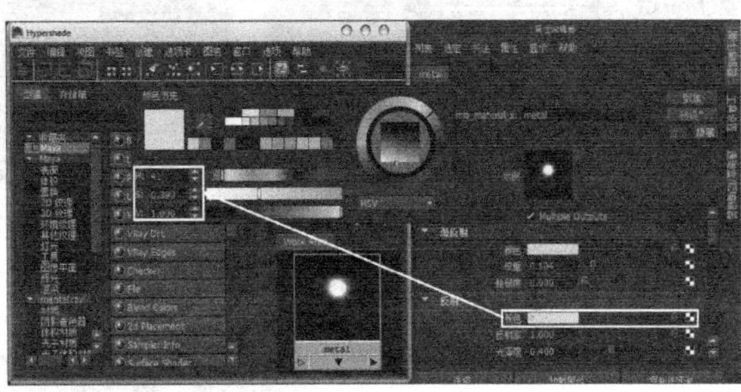

图11-267

17 将metal材质赋予组成短剑的其他模型，如图11-268所示。

18 至此，我们已经创建了场景中需要的所有材质。在最终渲染之前，先使用预渲染的设置渲染当前摄影机视图，预览一下简单的渲染效果，如图11-269所示。

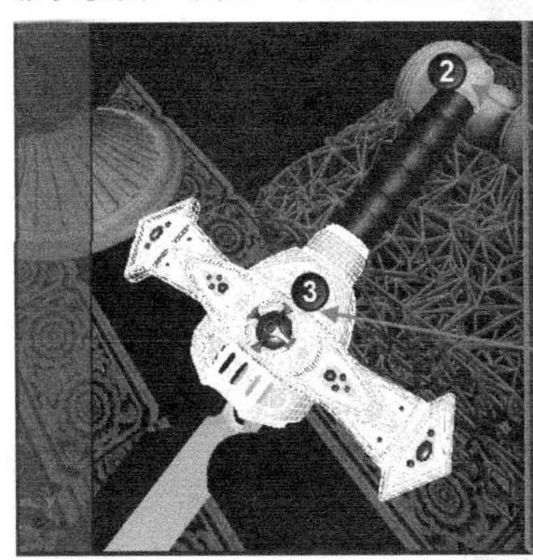

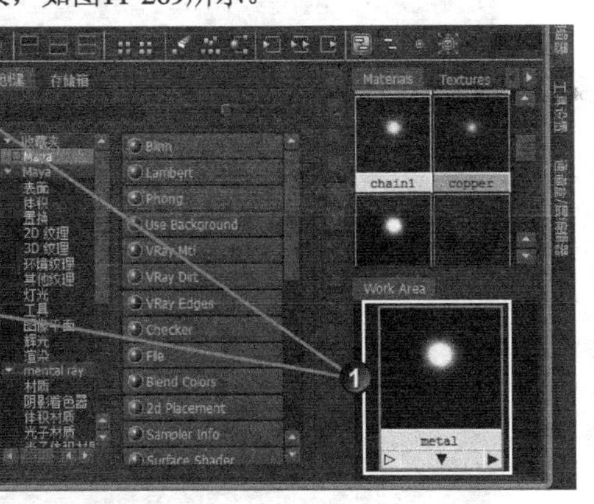

图11-268

图11-269

最终渲染设置

01 打开【渲染设置】窗口，由于在设置预渲染参数的时候选择了【保持宽度/高度比率】选项，因此将【高度】参数调整为2000，【宽度】参数会按照此前的比例自动调整为1476，具体参数设置如图11-270所示。

02 在【质量】选项卡中将【采样模式】调整为【旧版采样模式】，将【最高采样级别】设置为2，在【采样选项】卷展栏下将【过滤器】类型设置为米切尔，并设置【过滤大小】为4、4，再选择【抖动】选项，具体参数设置如图11-271所示。

03 在【间接照明】选项卡的【最终聚焦】卷展栏下选择【最终聚焦】选项，设置【精确度】为500，如图11-272所示。设置完成以后将文件储存至本地磁盘，以免在渲染过程中出现断电等意外而导致文件丢失。

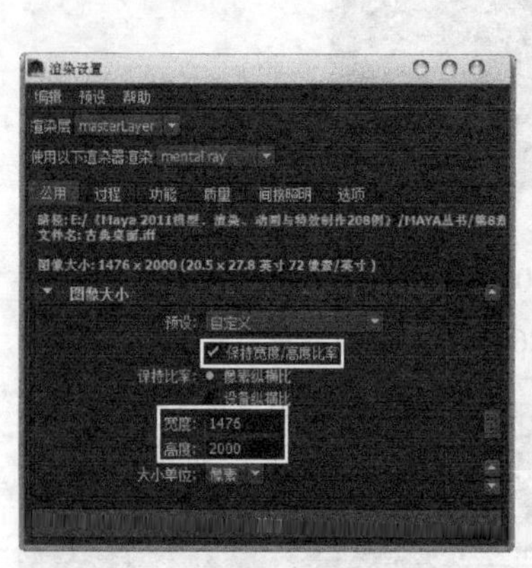

图11-270

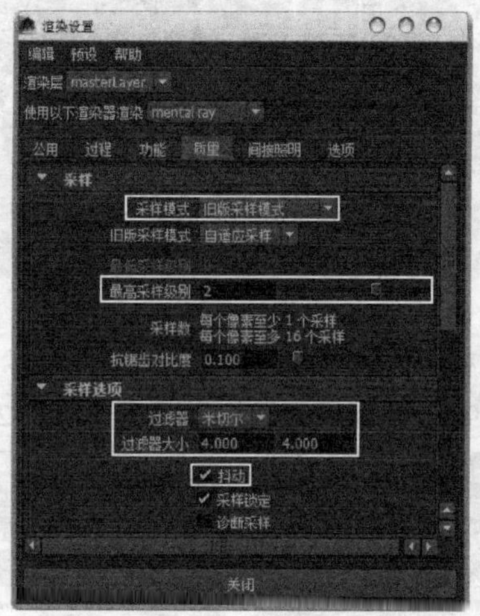

图11-271

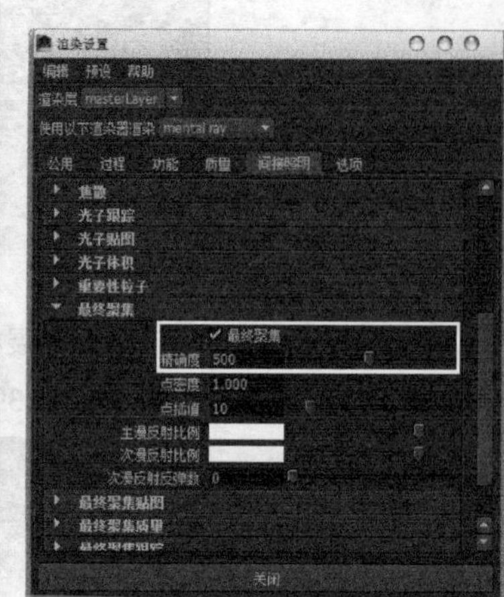

图11-272

04 渲染当前场景，最终效果如图11-273所示。

图11-273

【案例总结】

本案例是通过制作古典桌面，来强化【大纲视图】窗口、摄影机、区域光、【渲染设置】窗口、Hypershade窗口、【文件】节点、Lambert材质、Phone材质、Blinn材质、mia_material_x材质、【山脉】节点、【采样器信息】节点、【渐变】节点的综合运用。

第 12 章

绑定技术

现实生活中，脊椎动物运动是由于肌肉带动骨骼，从而使躯体运动。但是在三维世界中恰恰相反，角色运动是通过骨骼运动，然后带动肌肉，来模拟现实世界的人物和动物运动。所以在制作角色动画前，必须为角色绑定骨架，然后将模型通过蒙皮包裹到骨架上。当然并不是只有角色动画才需要绑定技术，机械动画同样也需要绑定和蒙皮技术。本章主要介绍骨架的创建与编辑、蒙皮的类型与制作技巧，通过学习可以对绑定技术有一个全面的了解，为深入学习绑定打下坚实的基础。

本章学习要点

掌握如何创建骨架
掌握如何编辑骨架
掌握蒙皮的类型和特点
掌握如何蒙皮

案例120 关节工具：人体骨架

场景位置	无
案例位置	Example>CH12>L1.mb
视频位置	Media>CH12>1. 关节工具：人体骨架 .mp4
学习目标	学习如何创建骨架

（扫码观看视频）

【操作思路】

对骨架造型进行分析，整个骨架是由多个关节组成，使用【关节工具】可创建关节。

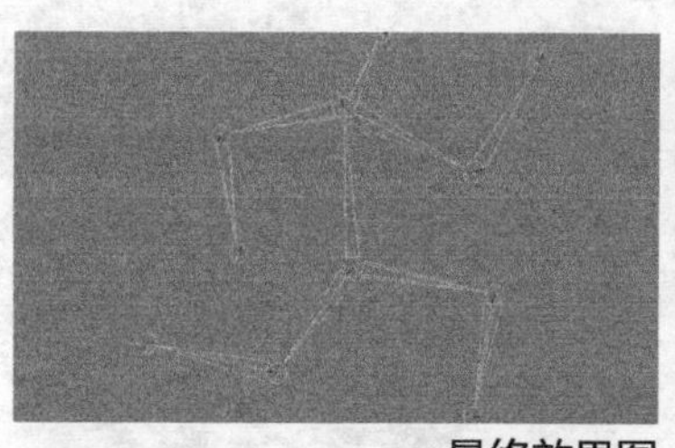

最终效果图

【操作命令】

本例的操作命令是【骨架】>【关节工具】命令，打开【关节工具】的【工具设置】面板，如图12-1所示。

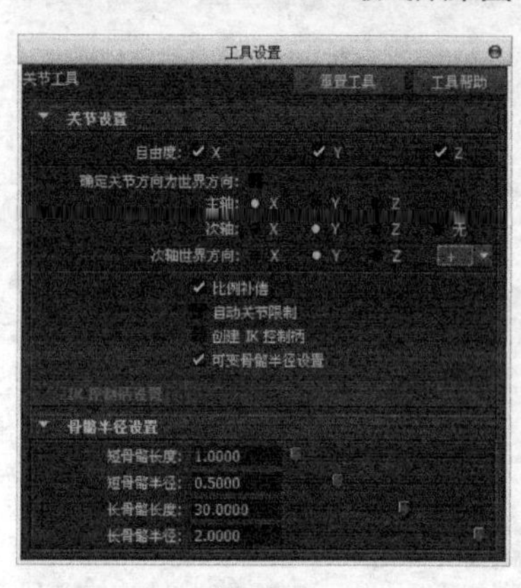

图12-1

关节工具参数介绍

自由度： 指定被创建关节的哪些局部旋转轴向能被自由旋转，共有*x*、*y*、*z*3个选项。

确定关节方向为世界方向： 选择该选项后，被创建的所有关节局部旋转轴向将与世界坐标轴向保持一致。

主轴： 设置被创建关节的局部旋转主轴方向。

次轴： 设置被创建关节的局部旋转次轴方向。

次轴世界方向： 为使用【关节工具】创建的所有关节的第2个旋转轴设定世界轴（正或负）方向。

比例补偿： 选择该选项时，在创建关节链后，当对位于层级上方的关节进行比例缩放操作时，位于其下方的关节和骨架不会自动按比例缩放；如果关闭该选项，当对位于层级上方的关节进行缩放操作时，位于其下方的关节和骨架也会自动按比例缩放。

自动关节限制： 当选择该选项时，被创建关节的一个局部旋转轴向将被限制，使其只能在180°范围之内旋转。被限制的轴向就是与创建关节时被激活视图栅格平面垂直的关节局部旋转轴向，被限制的旋转方向在关节链小于180°夹角的一侧。

技巧与提示

【自动关节限制】选项适用于类似有膝关节旋转特征的关节链的创建，该选项的设置不会限制关节链的开始关节和末端关节。

可变骨骼半径设置： 选择该选项后，可以在【骨骼半径设置】卷展栏下设置短/长骨骼的长度和半径。

创建IK控制柄： 当选择该选项时，【K控制柄设置】卷展栏下的相关选项才起作用。这时，使用【关节工具】创建关节链会自动创建一个IK控制柄。创建的IK控制柄将从关节链的第1个关节开始，到末端关节结束。

短骨骼长度： 设置一个长度数值来确定哪些骨为短骨骼。

短骨骼半径： 设置一个数值作为短骨的半径尺寸，它是骨半径的最小值。

长骨骼长度： 设置一个长度数值来确定哪些骨为长骨。

长骨骼半径： 设置一个数值作为长骨的半径尺寸，它是骨半径的最大值。

【操作步骤】

01 执行【骨架】>【关节工具】命令，当光标变成十字形时，在视图中单击左键，创建出第1个关节，然后在该关节的上方单击一次左键，创建出第2个关节（这时在两个关节之间会出现一根骨），接着在当前关节的上方单击一次左键，创建出第3个关节，如图12-2所示。

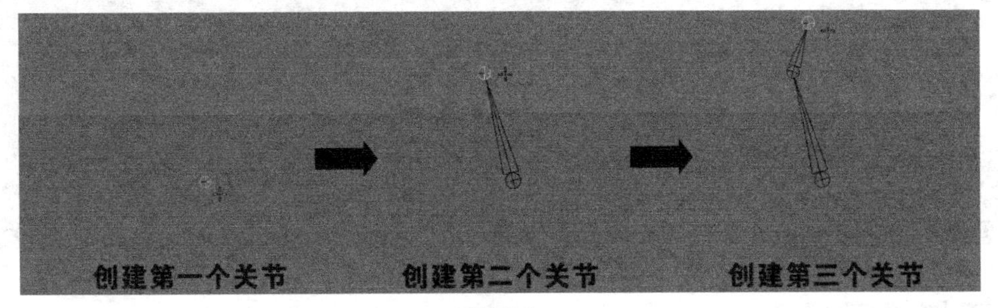

图12-2

技巧与提示

当创建一个关节后，如果对关节的放置位置不满意，可以按住鼠标中键单击并拖曳当前处于选择状态的关节，然后将其移动到需要的位置即可；如果已经创建了多个关节，想要修改之前创建关节的位置时，可以使用方向键↑和↓来切换选择不同层级的关节。当选择了需要调整位置的关节后，再按住鼠标中键单击并拖曳当前处于选择状态的关节，将其移动到需要的位置即可。

注意，以上操作必须在没用结束【关节工具】操作的情况下才有效。

02 创建其他的肢体链分支。按一次↑方向键，选择位于当前选择关节上一个层级的关节，在其右侧位置依次单击两次左键，创建出第4和第5个关节，如图12-3所示。

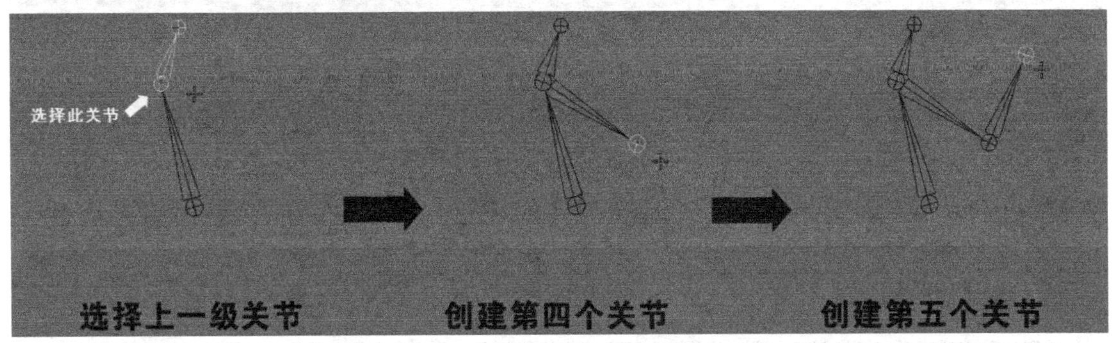

图12-3

03 在左侧创建肢体链分支。连续按两次↑方向键，选择位于当前选择关节上两个层级处的关节，然后在其左侧位置依次单击两次左键，创建出第6和第7个关节，如图12-4所示。

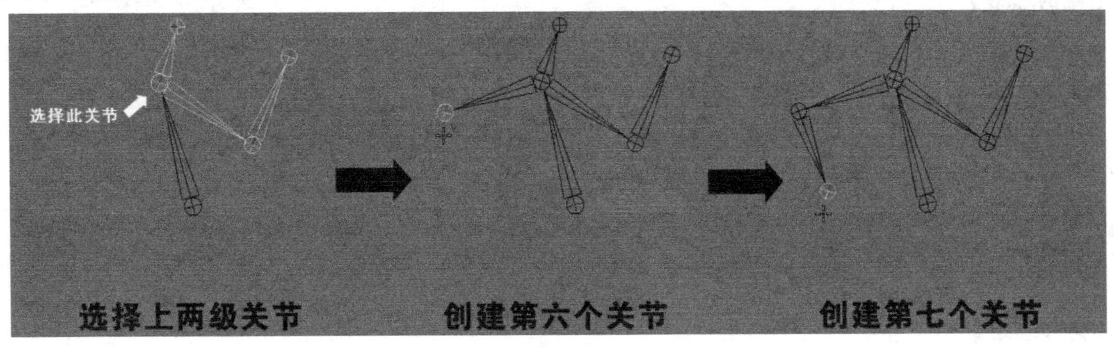

图12-4

04 在下方创建肢体链分支。连续按3次↑方向键，选择位于当前选择关节上3个层级处的关节，然后在其右侧位置依次单击两次左键，创建出第8和第9个关节，如图12-5所示。

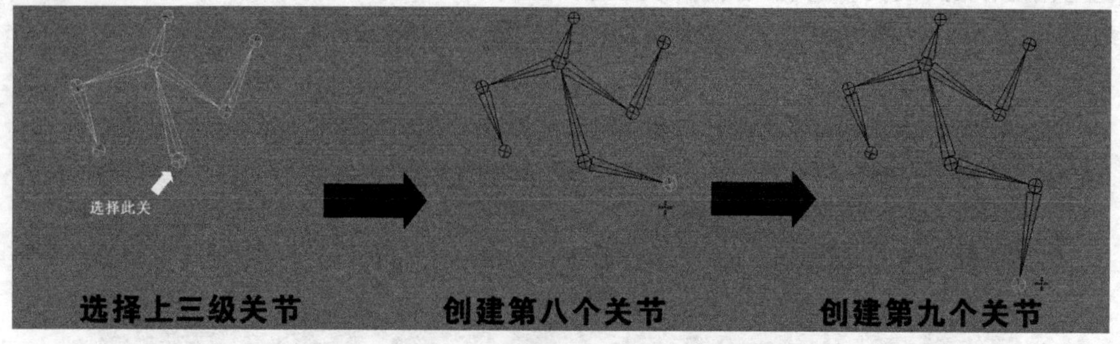

图12-5

技巧与提示

可以使用相同的方法继续创建出其他位置的肢体链分支。不过这里要尝试采用另外一种方法，所以可以先按Enter键结束肢体链的创建。下面将采用添加关节的方法在现有肢体链中创建关节链分支。

05 重新选择【关节工具】，在想要添加关节链的现有关节上单击一次左键（选择该关节，以确定新关节链将要连接的位置），依次单击两次左键，创建出第10和第11个关节，按Enter键结束肢体链的创建，如图12-6所示。

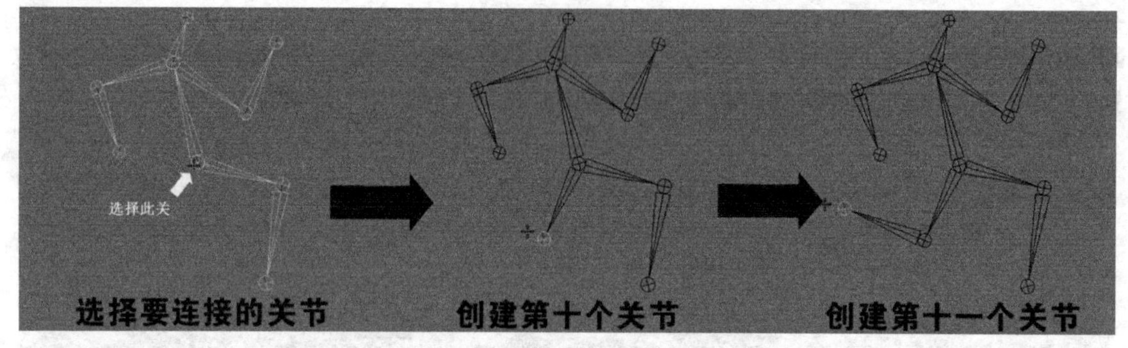

图12-6

技巧与提示

使用这种方法可以在已经创建完成的关节链上随意添加新的分支，并且能在指定的关节位置处对新旧关节链进行自动连接。

【案例总结】

本案例是通过制作一个骨架造型，来掌握如何创建关节。该案例较为简单，是绑定操作的基础，需要多加练习。

案例121 插入关节工具：增加关节效果

场景位置	Scene>CH12>L1.mb
案例位置	Example>CH12>L2.mb
视频位置	Media>CH12>2. 插入关节工具：增加关节效果 .mp4
学习目标	学习如何增加关节

（扫码观看视频）

【操作思路】

对关节造型进行分析，关节初始为两段，又为其增加了一节，使用【插入关节工具】命令可增加关节。

【操作命令】

本例的操作命令是【骨架】>【插入关节工具】，如图12-7所示。

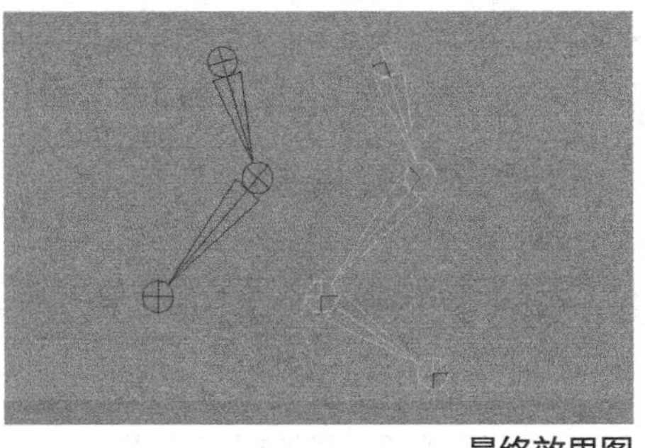
最终效果图

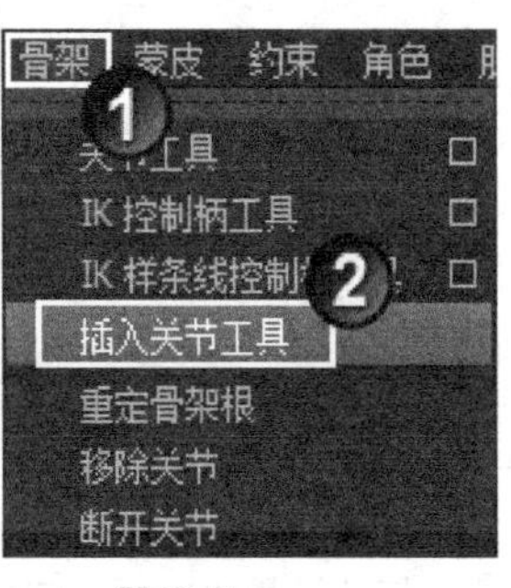

图12-7

【操作步骤】

01 打开场景“Scene>CH12>L1.mb”，如图12-8所示。

02 选择【插入关节工具】，按住鼠标左键在要插入关节的地方拖曳光标，这样就可以在相应的位置插入关节，如图12-9所示。

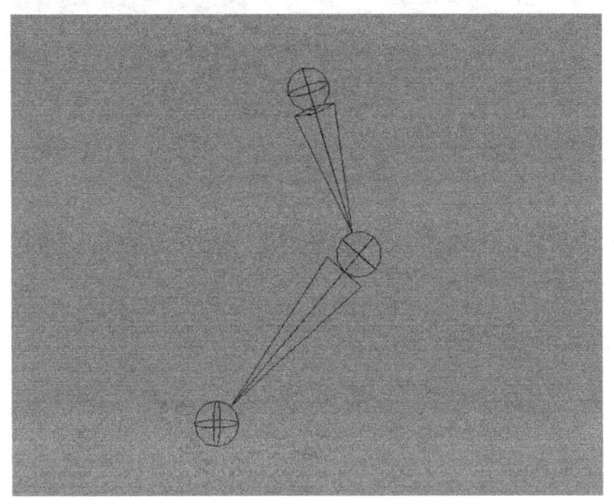
图12-8

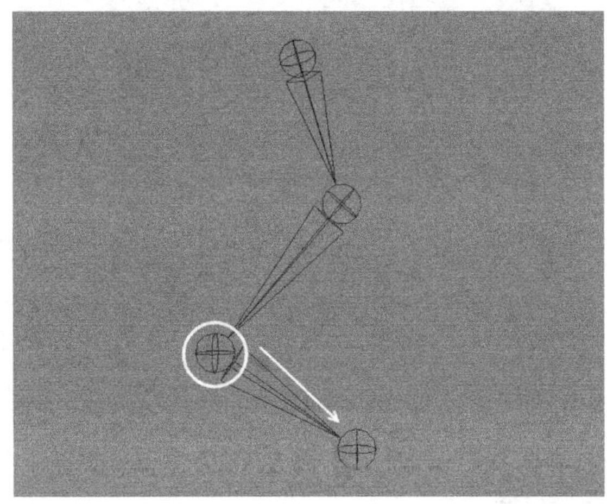
图12-9

【案例总结】

本案例是通过增加关节，来掌握如何使用【插入关节工具】。在创建关节时，如果少了几段关节，可通过【插入关节工具】命令添加。

案例 122 重设骨架根：反转骨架方向

场景位置	Scene>CH12>L2.mb
案例位置	Example>CH12>L3.mb
视频位置	Media>CH12>3. 重设骨架根：反转骨架方向 .mp4
学习目标	学习如何反转骨架方向

（扫码观看视频）

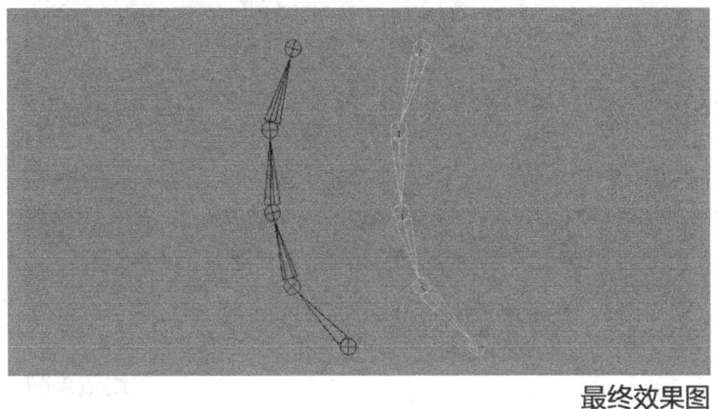
最终效果图

【操作思路】

对关节造型进行分析，两套关节方向相反，使用【重定骨架根】命令，可反转骨架的方向。

【操作命令】

本例的操作命令是【骨架】>【重定骨架根】命令，如图12-10所示。

图12-10

【操作步骤】

01 打开场景“Scene>CH12>L2.mb”，然后选择第5个根关节，如图12-11所示。

02 执行【骨架】>【重设骨架根】命令，此时可以发现joint5关节已经变成了所有关节的父关节，如图12-12所示。

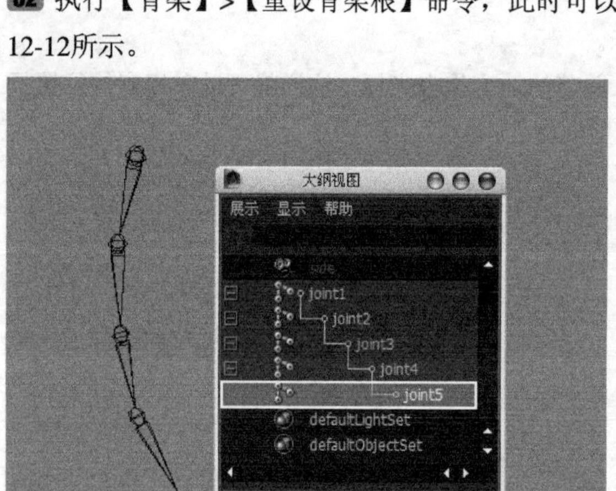

图12-11

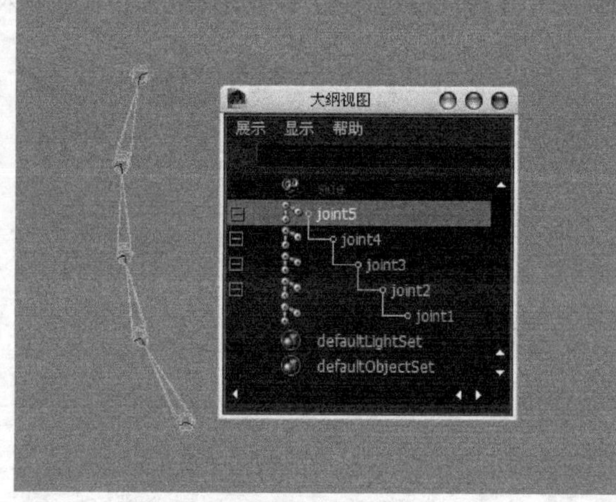

图12-12

【案例总结】

本案例是通过反转骨架方向，来掌握【重设骨架根】命令。该命令可改变骨架层级关系，使骨架的方向反转。

案例123 移除关节：减少关节效果

场景位置	Scene>CH12>L3.mb
案例位置	Example>CH12>L4.mb
视频位置	Media>CH12>4. 移除关节：减少关节效果 .mp4
学习目标	学习如何减少中间的关节

（扫码观看视频）

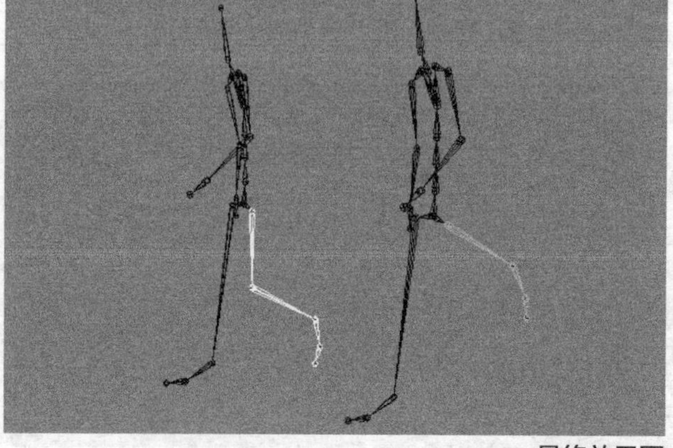

最终效果图

【操作思路】

对减少关节效果进行分析，人体骨架的大腿和小腿变成一个关节，使用【移除关节】命令可移除关节。

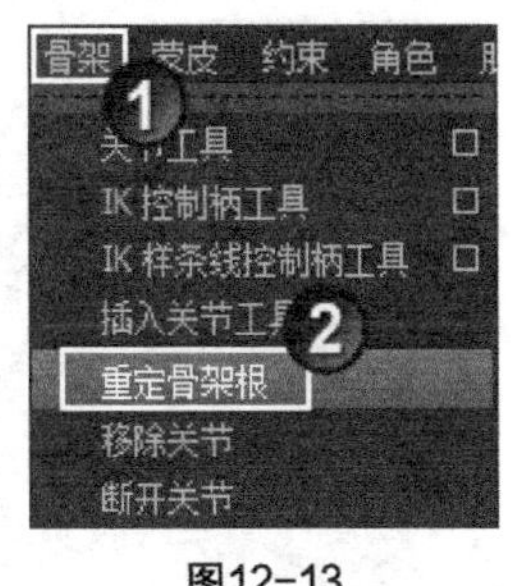

图12-13

【操作命令】

本例的操作命令是【骨架】>【移除关节】命令，如图12-13所示。

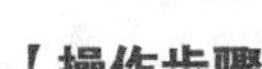

【操作步骤】

01 打开场景“Scene>CH12>L3.mb”，如图12-14所示。

02 选择要移除的关节joint25，如图12-15所示。然后执行【骨架】>【移除关节】命令，这样就可以将关节移除掉，如图12-16所示。

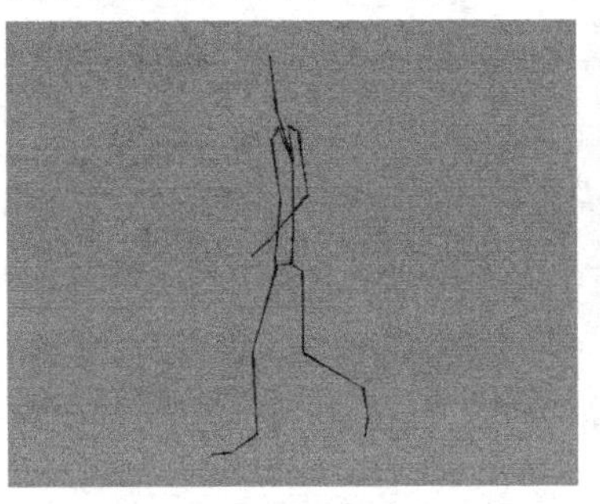
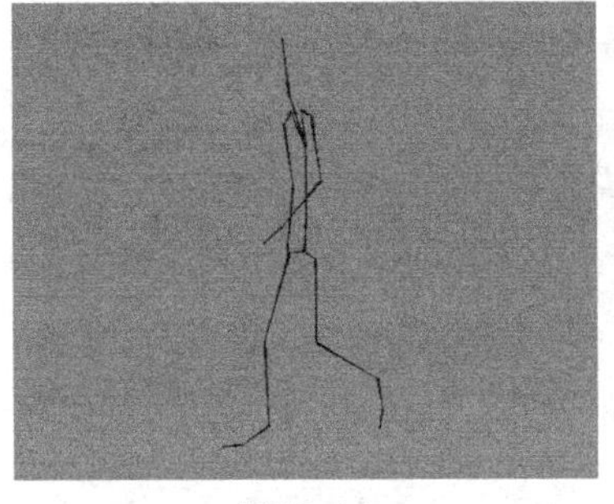
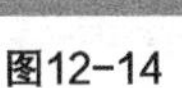
图12-14

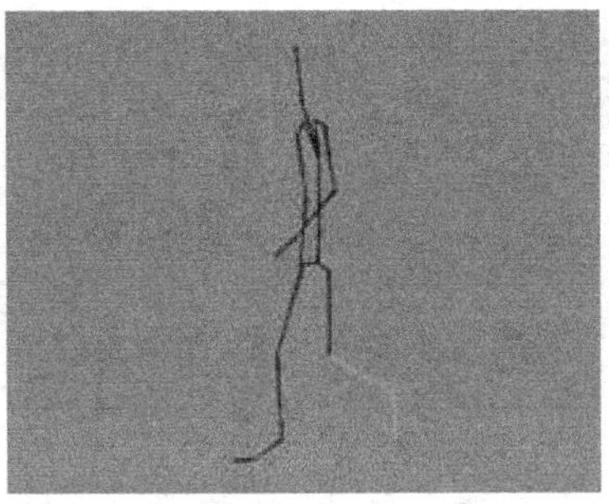
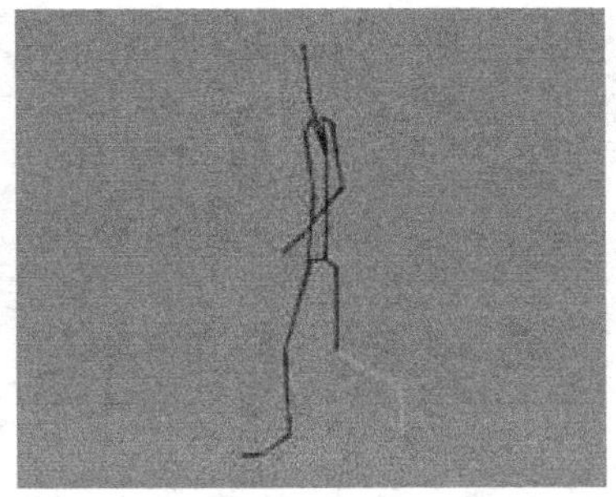
图12-15

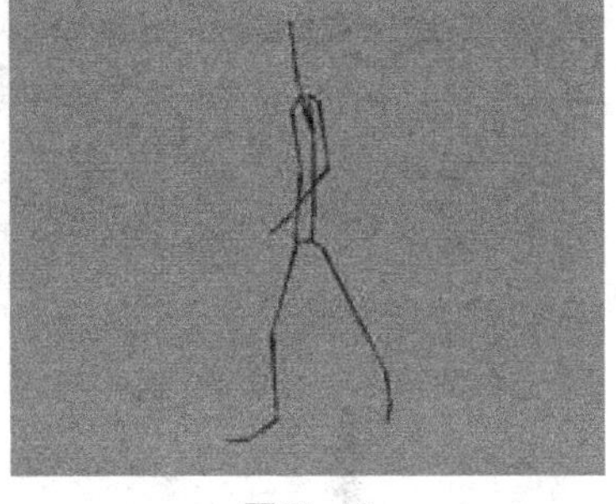
图12-16

【案例总结】

本案例是通过移除选择的关节，来掌握【移除关节】命令的使用。该命令一次只能移除一个关节，但移除当前关节后并不影响它的父级和子级关节的位置关系。

案例124 断开/连接关节：断开/连接关节效果

场景位置	Scene>CH12>L4.mb
案例位置	Example>CH12>L5.mb
视频位置	Media>CH12>5. 断开/连接关节：断开/连接关节效果.mp4
学习目标	学习如何断开/连接关节

（扫码观看视频）

【操作思路】

对减少关节效果进行分析，人体骨架的大腿和小腿断开，使用【断开关节】和【连接关节】命令可断开和连接关节。

【操作命令】

本例的操作命令是【骨架】菜单下的【断开关节】和【连接关节】命令，如图12-17所示。

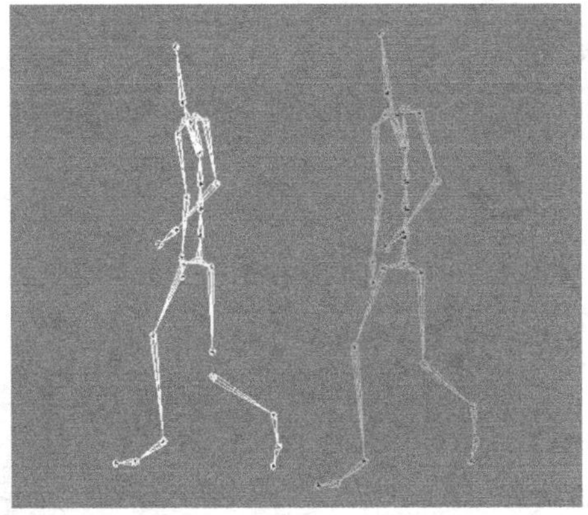
最终效果图

图12-17

【操作步骤】

01 打开场景“Scene>CH12>L4.mb”，如图12-18所示。

02 选择要断开的关节，如图12-19所示。然后执行【骨架】>【断开关节】命令，这样就可以将选择的关节断开，效果如图12-20所示。

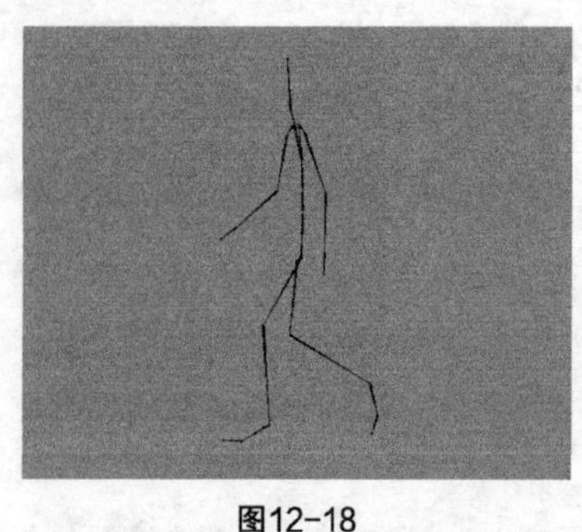

图12-18

图12-19

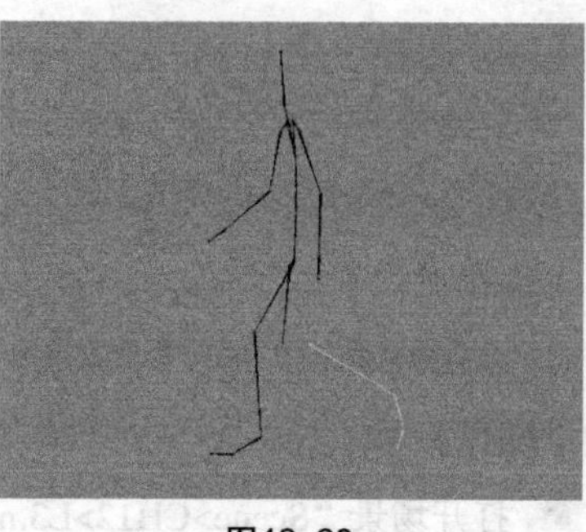

图12-20

03 先选择关节A，然后按住Shift键加选关节B，如图12-21所示。接着执行【骨架】>【连接关节】命令，效果如图12-22所示。

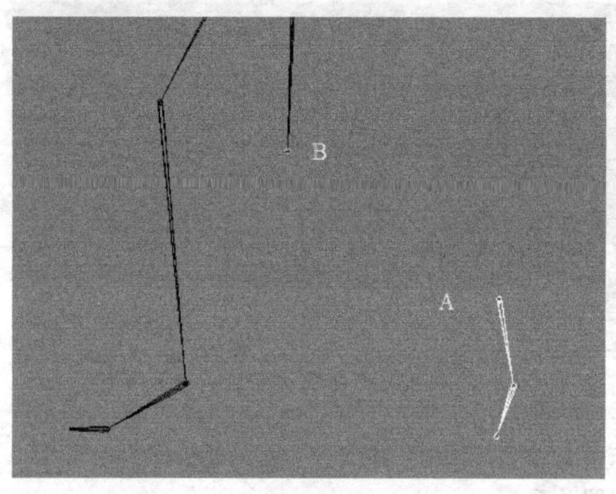

图12-21

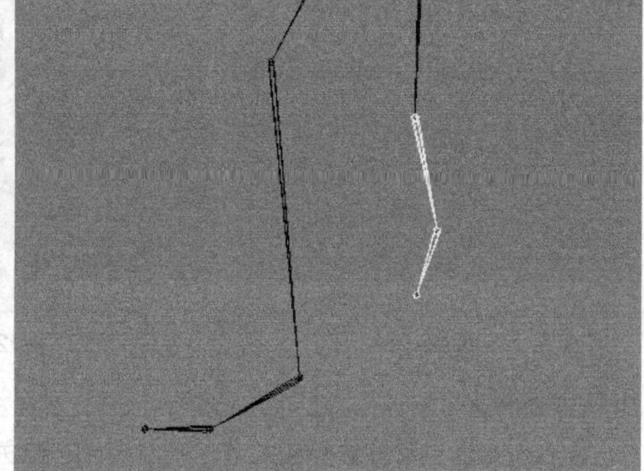

图12-22

【案例总结】

本案例是通过断开和连接关节，来掌握【断开关节】和【连接关节】命令的使用。这两个命令很简单，但是在工作中很实用，使用时注意要选择的对象。

案例 125 镜像关节：镜像复制关节

场景位置	Scene>CH12>L5.mb
案例位置	Example>CH12>L6.mb
视频位置	Media>CH12>6. 镜像关节：镜像复制关节 .mp4
学习目标	学习如何镜像复制关节

（扫码观看视频）

【操作思路】

对骨架造型进行分析，镜像出来的骨架沿骨架根的中心轴进行复制，使用【镜像关节】命令可镜像复制关节。

【操作命令】

本例的操作命令是【骨架】>【镜像关节】命令，打开【镜像关节选项】对话框，如图12-23所示。

最终效果图

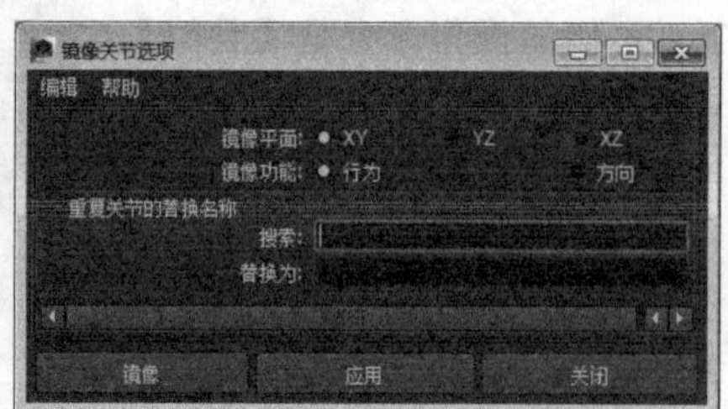

图12-23

【操作步骤】

01 打开场景“Scene>CH12>L5.mb”，如图12-24所示。

02 选择整个关节链，然后打开【镜像关节选项】对话框，接着设置【镜面平面】为YZ，如图12-25所示。单击【镜像】按钮，最终效果如图12-26所示。

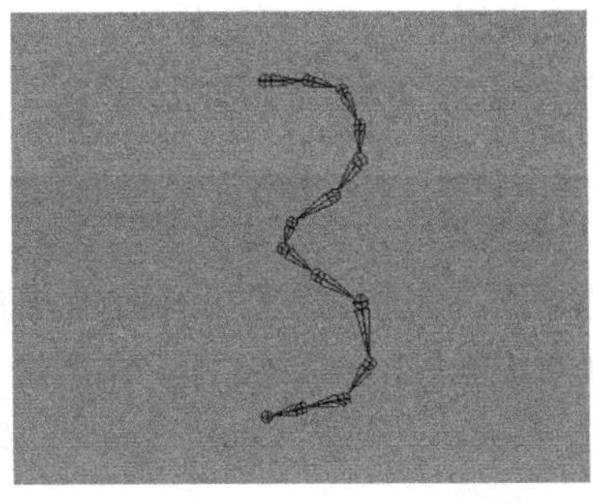

图12-24

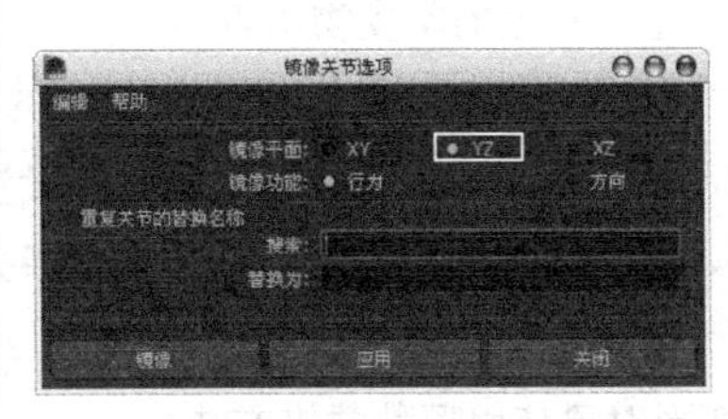

图12-25

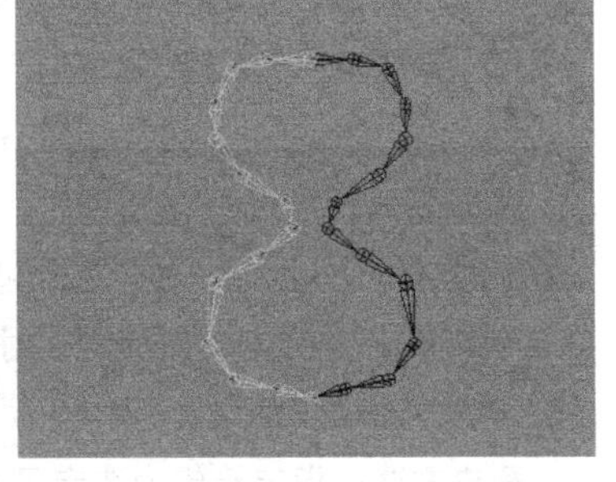

图12-26

【案例总结】

本案例是通过镜像复制骨架，来掌握【镜像关节】命令的使用。在执行该命令前，应注意镜像的对称轴。

案例 126 平滑绑定：玩具蛇

场景位置	Scene>CH12>L6.mb
案例位置	Example>CH12>L7.mb
视频位置	Media>CH12>7. 平滑绑定：玩具蛇 .mp4
学习目标	学习如何平滑绑定对象

（扫码观看视频）

【操作思路】

对玩具蛇造型进行分析，玩具蛇有很多截，使用【平滑绑定】命令可多个关节共同影响被蒙皮模型表面（皮肤）上同一个蒙皮物体点。

最终效果图

【操作命令】

本例的操作命令是【蒙皮】>【绑定蒙皮】>【平滑绑定】命令，如图12-27所示。单击后面的■设置按钮，打开【平滑绑定选项】对话框，如图12-28所示。

平滑绑定选项参数介绍

绑定到：指定平滑蒙皮操作将绑定整个骨架还是只绑定选择的关节，共有以下3个选项。

关节层次：当选择该选项时，选择的模型表面（可变形物体）将被绑定到骨架链中的全部关节上，即使选择了根关节之外的一些关节。该选项是角色蒙皮操作中常用的绑定方式，也是系统默认的选项。

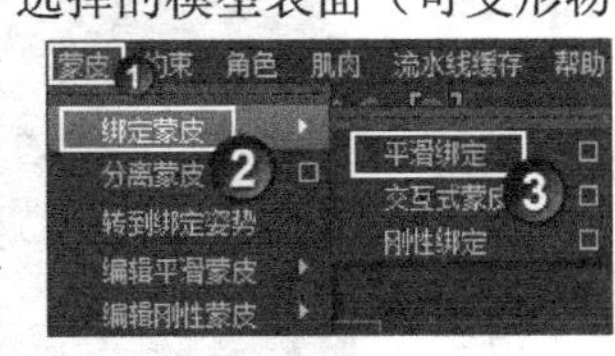

图12-27

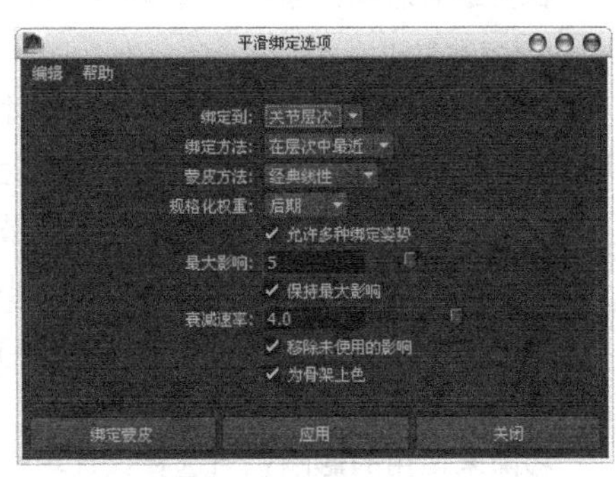

图12-28

选定关节：当选择该选项时，选择的模型表面（可变形物体）将被绑定到骨架链中选择的关节上，而不是绑定到整个骨架链。

对象层次：当选择该选项时，这个选择的模型表面（可变形物体）将被绑定到选择的关节或非关节变换节点（如组节点和定位器）的整个层级。只有选择这个选项，才能利用非蒙皮物体（如组节点和定位器）与模型表面（可变形物体）建立绑定关系，使非蒙皮物体能像关节一样影响模型表面，产生类似皮肤的变形效果。

绑定方法：指定关节影响被绑定物体表面上的蒙皮物体点是基于骨架层次还是基于关节与蒙皮物体点的接近程度，共有以下两个选项。

在层次中最近：当选择该选项时，关节的影响基于骨架层次。在角色设置中，通常需要使用这种绑定方法，因为它能防止产生不适当的关节影响。例如在绑定手指模型和骨架时，使用这个选项可以防止一个手指关节影响与其相邻近的另一个手指上的蒙皮物体点。

最近距离：当选择该选项时，关节的影响基于它与蒙皮物体点的接近程度。当绑定皮肤时，Maya将忽略骨架的层次。因为它能引起不适当的关节影响，所以在角色设置中通常需要避免使用这种绑定方法。例如在绑定手指模型和骨架时，使用这个选项可能导致一个手指关节影响与其相邻近的另一个手指上的蒙皮物体点。

蒙皮方法：指定希望为选定可变形对象使用哪种蒙皮方法。

经典线性：如果希望得到基本平滑蒙皮变形效果，可以使用该方法。这个方法允许出现一些体积收缩和收拢变形效果。

双四元数：如果希望在扭曲关节周围变形时保持网格中的体积，可以使用该方法。

权重已混合：这种方法基于绘制的顶点权重贴图，是【经典线性】和【双四元数】蒙皮的混合。

规格化权重：设定如何规格化平滑蒙皮权重。

无：禁用平滑蒙皮权重规格化。

交互式：如果希望精确使用输入的权重值，可以选择该模式。当使用该模式时，Maya会从其他影响添加或移除权重，以便所有影响的合计权重为1。

后期：选择该模式时，Maya会延缓规格化计算，直至变形网格。

允许多种绑定姿势：设定是否允许让每个骨架用多个绑定姿势。如果正绑定几何体的多个片到同一骨架，该选项非常有用。

最大影响：指定可能影响每个蒙皮物体点的最大关节数量。该选项默认设置为5，对于四足动物角色这个数值比较合适。如果角色结构比较简单，可以适当减小这个数值，以优化平滑绑定计算的数据量，提高工作效率。

保持最大影响：选择该选项后，平滑蒙皮几何体在任何时间都不能具有比【最大影响】指定数量更大的影响数量。

衰减速率：指定每个关节对蒙皮物体点的影响随着点到关节距离的增加而逐渐减小的速度。该选项数值越大，影响减小的速度越慢，关节对蒙皮物体点的影响范围也越大；该选项数值越小，影响减小的速度越快，关节对蒙皮物体点的影响范围也越小，如图12-29所示。

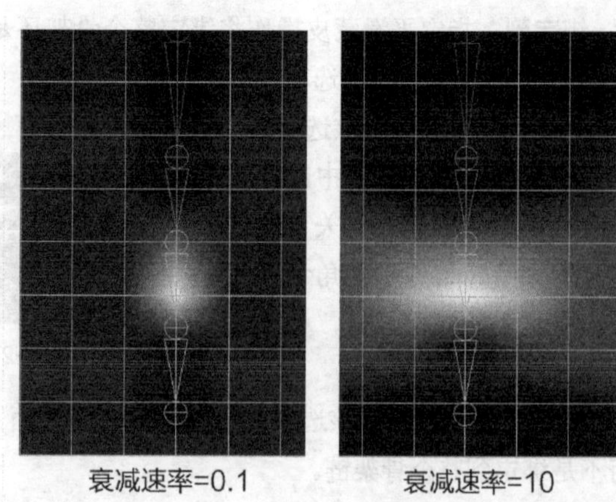

图12-29

移除未使用的影响：当选择该选项时，平滑绑定皮肤后可以断开所有蒙皮权重值为0的关节和蒙皮物体点之间的关联，避免Maya对这些无关数据进行检测计算。当想要减小场景数据的计算量、提高场景播放速度时，选择该选项将非常有用。

为骨架上色：当选择该选项时，被绑定的骨架和蒙皮物体点将变成彩色，使蒙皮物体点显示出与影响它们的关节和骨头相同的颜色。这样可以很直观地区分不同关节和骨头在被绑定可变形物体表面上的影响范围，如图12-30所示。

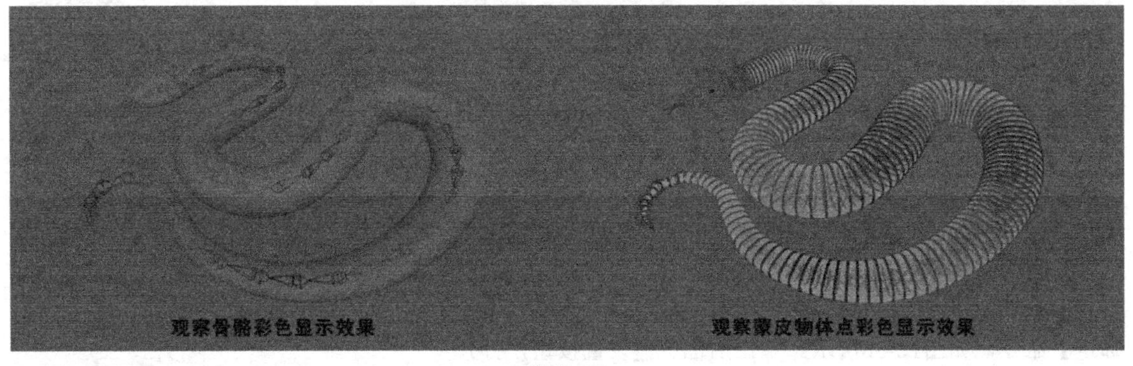

图12-30

【操作步骤】

01 打开场景“Scene>CH12>L6.mb”，如图12-31所示。

02 选择模型和骨架，如图12-32所示，执行【蒙皮】>【绑定蒙皮】>【平滑绑定】命令。

03 为了方便下面的操作，先选择骨架，然后按快捷键Ctrl+H将其隐藏，如图12-33所示。

图12-31

图12-32

图12-33

04 进入控制顶点级别，选择其中一个控制顶点，如图12-34所示。用【移动工具】对控制顶点进行移动操作，可以观察到变形效果很平滑，但有较明显的扭曲痕迹，如图12-35所示。

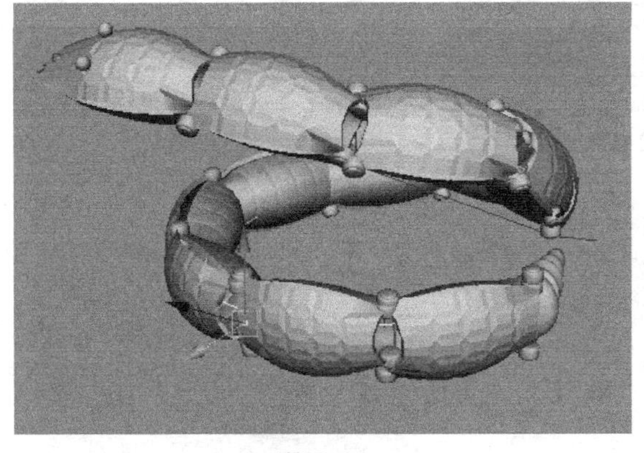

图12-34

图12-35

【案例总结】

本案例是通过绑定一个玩具蛇模型，来掌握如何使用【平滑绑定】命令。采用平滑绑定方式绑定的模型表面上的每个蒙皮物体点可以由多个关节共同影响，而且每个关节对该蒙皮物体点影响力的大小是不同的。这个影响力大小用蒙皮权重来表示，是在进行绑定皮肤计算时由系统自动分配的。

案例 127 交互式蒙皮绑定：玩偶

场景位置	Scene>CH12>L7.mb
案例位置	Example>CH12>L8.mb
视频位置	Media>CH12>8. 交互式蒙皮绑定选项：玩偶 .mp4
学习目标	学习如何交互式绑定对象

（扫码观看视频）

【操作思路】

对玩偶造型进行分析，人偶模型很简单，可使用【交互式蒙皮绑定】命令进行绑定。

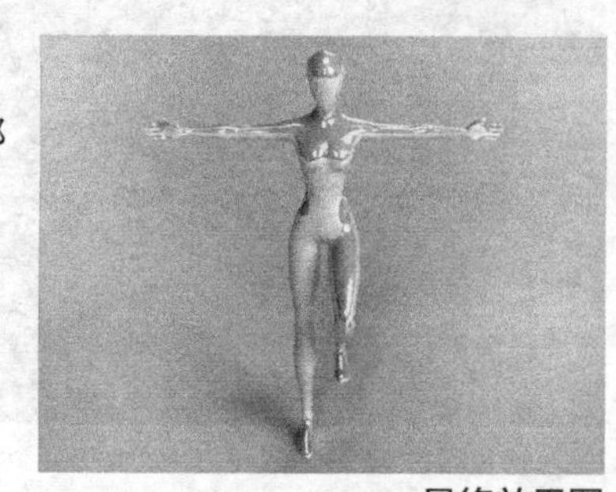
最终效果图

【操作命令】

本例的操作命令是【蒙皮】>【绑定蒙皮】>【交互式蒙皮绑定】命令，如图12-36所示。单击后面的■设置按钮，打开【交互式蒙皮绑定选项】对话框，如图12-37所示。

【操作步骤】

01 打开场景"Scene>CH12>L7.mb"，如图12-38所示。

02 选择模型与root关节，执行【蒙皮】>【绑定蒙皮】>【交互式蒙皮绑定】命令。此时视图中会出现一个交互式控制柄，如图12-39所示。

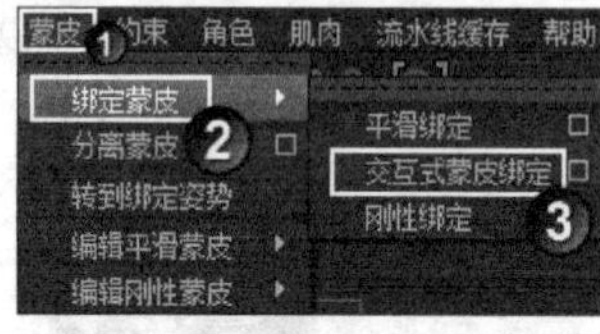

图12-36

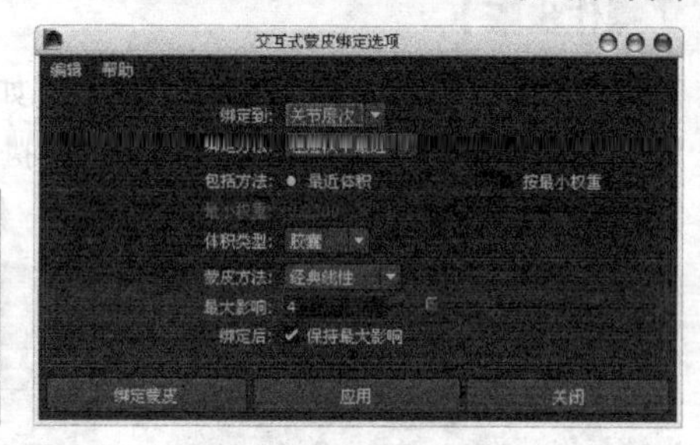

图12-37

03 选择脚底的控制曲线，然后用【移动工具】■为腿部摆一个弯曲姿势，如图12-40所示。

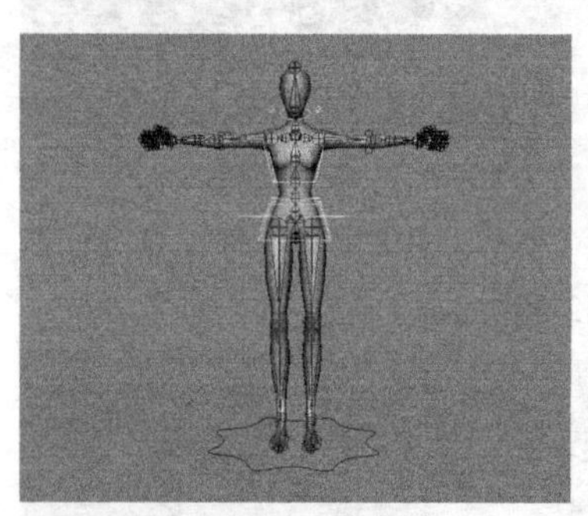
图12-38

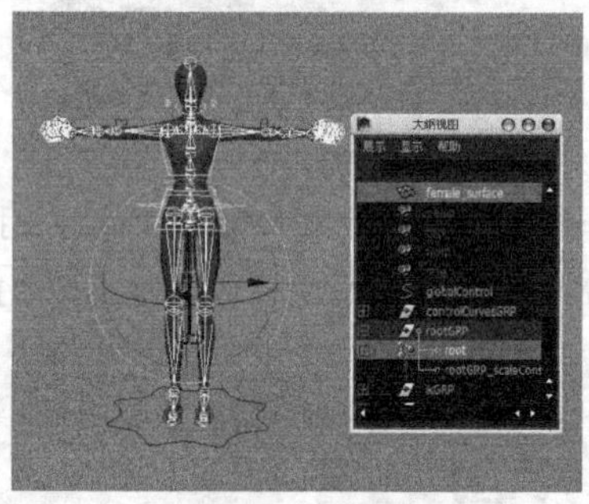
图12-39

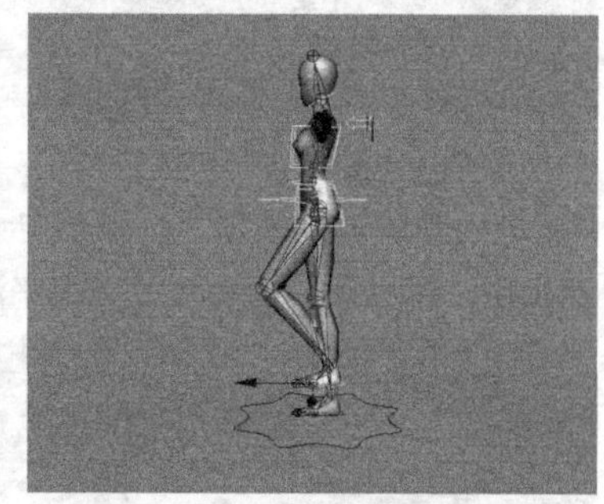
图12-40

技巧与提示

将视图旋转到模型背面，可以发现大腿部位显示为黑色。这说明这部分的权重是错误的，模型出现了穿插现象，影响了不该影响的区域，需要重新调整这个区域的权重，如图12-41所示。

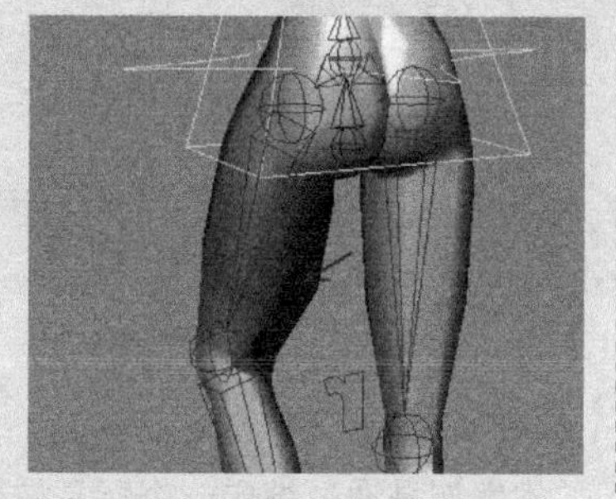
图12-41

04 单击【蒙皮】>【编辑平滑蒙皮】>【交互式蒙皮绑定工具】命令后面的■按钮，打开该工具的【工具设置】对话框，选择leftHip关节，如图12-42所示。对交互式控制柄进行移动、旋转、缩放操作，以调整这部分的权重，如图12-43所示。

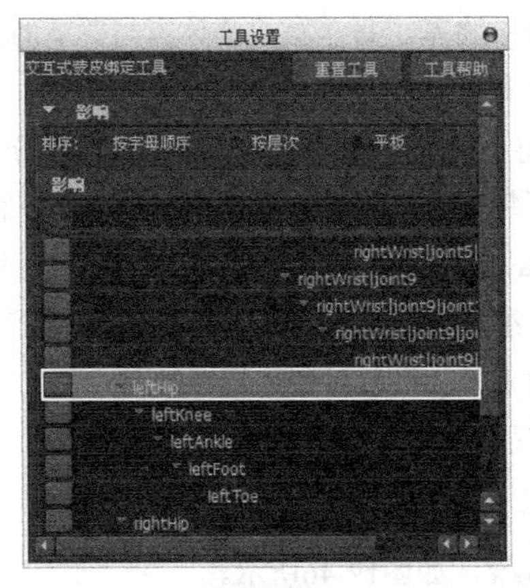

图12-42

图12-43

【案例总结】

本案例是绑定一个玩偶模型，来掌握【交互式蒙皮绑定】命令的使用。该命令可以通过一个包裹对象来实时改变绑定的权重分配，这样可以大大减少权重分配的工作量。

案例128 刚性绑定：手臂

场景位置	Scene>CH12>L8.mb
案例位置	Example>CH12>L9.mb
视频位置	Media>CH12>9. 刚性绑定：手臂 .mp4
学习目标	学习如何刚性绑定对象

（扫码观看视频）

【操作思路】

对手臂造型进行分析，手臂只有一个活动关节，使用【刚性绑定】命令可模拟手臂运动时的变形。

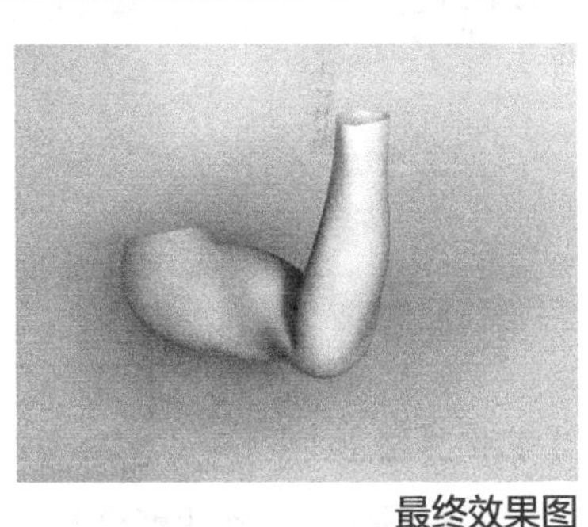

最终效果图

【操作命令】

本例的操作命令是【蒙皮】>【绑定蒙皮】>【刚性绑定】命令，如图12-44所示。单击后面的■设置按钮，打开【刚性绑定选项】对话框，如图12-45所示。

刚性绑定蒙皮选项参数介绍

绑定到： 指定刚性蒙皮操作将绑定整个骨架还是只绑定选择的关节，共有以下3个选项。

完整骨架： 当选择该选项时，被选择的模型表面（可变形物体）将被绑定到骨架链中的全部关节上，即使选择了根关节之外的一些关节。该选项是角色蒙皮操作中常用的绑定方式，也是系统默认的选项。

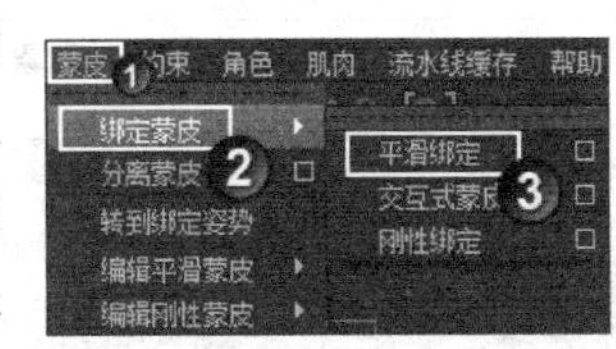

图12-44

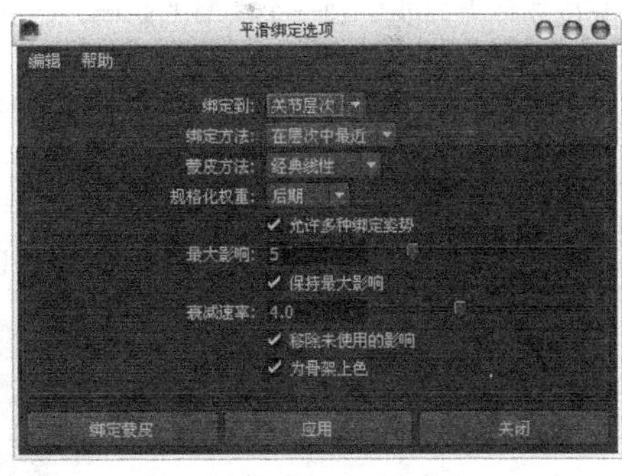

图12-45

选定关节： 当选择该选项时，被选择的模型表面（可变形物体）将被绑定到骨架链中选择的关节上，而不是绑定到整个骨架链。

强制全部： 当选择该选项时，被选择的模型表面（可变形物体）将被绑定到骨架链中的全部关节上，其中也包括那些没有影响力的关节。

为关节上色： 当选择该选项时，被绑定的关节上会自动分配与蒙皮物体点组相同的颜色。当编辑蒙皮物体点组成员（关节对蒙皮物体的影响范围）时，选择这个选项将有助于以不同的颜色区分各个关节所影响蒙皮物体点的范围。

绑定方法： 可以选择一种刚性绑定方法，共有以下两个选项。

最近点：当选择该选项时，Maya将基于每个蒙皮物体点与关节的接近程度，自动将可变形物体点放置到不同的蒙皮物体点组中。对于每个与骨连接的关节，都会创建一个蒙皮物体点组，组中包括与该关节最靠近的可变形物体点。Maya将不同的蒙皮物体点组放置到一个分区中，这样可以保证每个可变形物体点只能在一个唯一的组中，最后每个蒙皮物体点组被绑定到与其最靠近的关节上。

划分集：当选择该选项时，Maya将绑定在指定分区中已经被编入蒙皮物体点组内的可变形物体点。应该有和关节一样多的蒙皮物体点组，每个蒙皮物体点组被绑定到与其最靠近的关节上。

划分：当设置【绑定方法】为【划分集】时，该选项才起作用。可以在列表框中，选择想要刚性绑定的蒙皮物体点组所在的划分集名称。

【操作步骤】

01 打开场景“Scene>CH12>L8.mb”，如图12-46所示。

02 执行【骨架】>【关节工具】命令，在前视图中为手臂创建一条关节链，如图12-47所示。

03 选择手臂和关节链，然后执行【蒙皮】>【绑定蒙皮】>【刚性绑定】命令，选择处于最低层级的关节joint3并进行旋转操作，可以观察到手臂变形效果很自然，但是略显生硬，如图12-48所示。

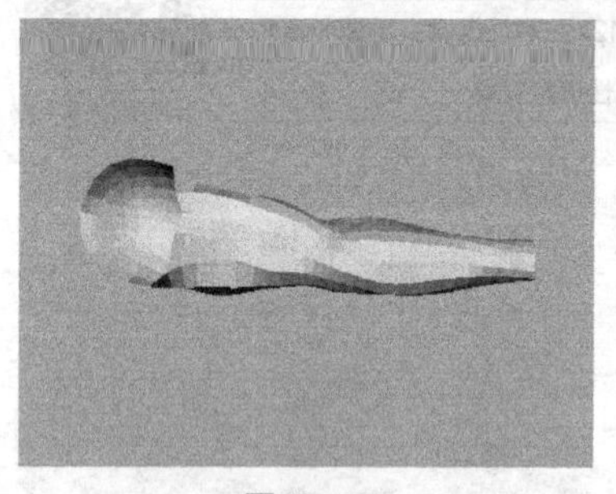

图12-46

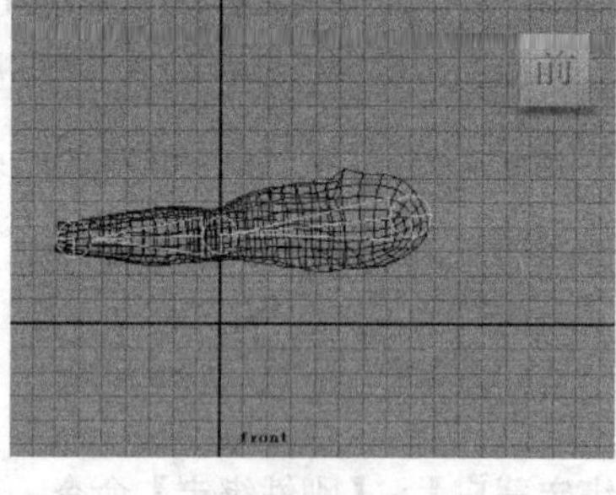

图12-47

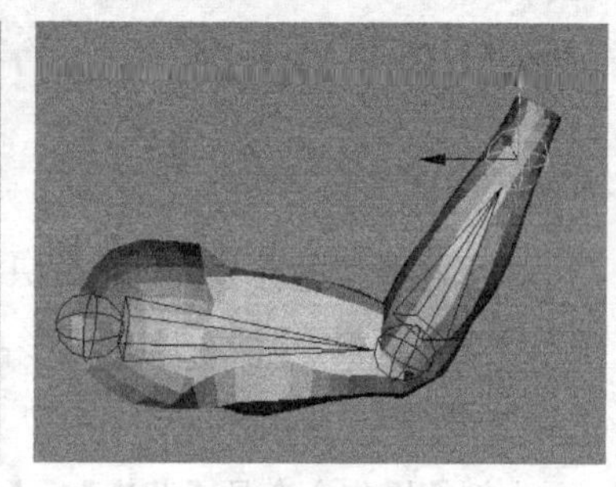

图12-48

【案例总结】

本案例是绑定一个手臂模型，来掌握【刚性绑定】命令的使用。与平滑绑定方式不同，在刚性绑定中每个蒙皮物体点只能受到一个关节的影响，而在平滑绑定中每个蒙皮物体点能受到多个关节的共同影响。

练习 022 蛞蝓绑定

场景位置	Scene>CH12>L9.mb
案例位置	Example>CH12>L10.mb
视频位置	Media>CH12>10. 蛞蝓绑定 .mp4
技术需求	使用【关节工具】、【平滑蒙皮】、【绘制蒙皮权重工具】来制作效果

（扫码观看视频）

效果图如图12-49所示。

【制作提示】

第1步：为蛞蝓制作骨架。

第2步：为蛞蝓蒙皮。

第3步：为蛞蝓绘制权重。

步骤如图12-50所示。

图12-49

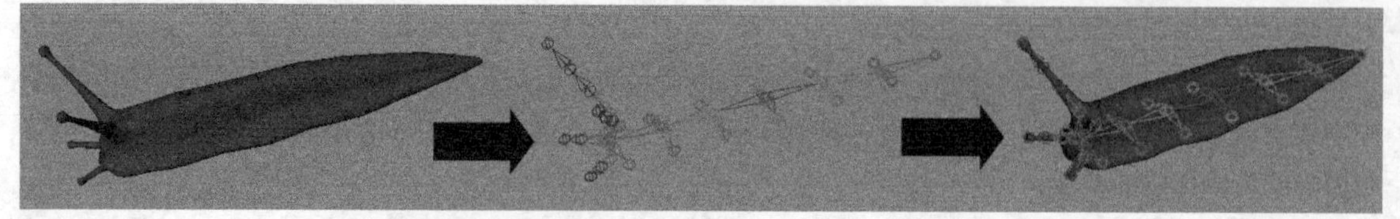

图12-50

第13章

动画技术

Maya之所以是最为流行的顶级三维动画软件之一，就是因为其强大、高效的动画系统。Maya的动画模块包含了动画、变形器、绑定三大方面，其中变形器的使用非常广泛，在建模方面也有极大作用。本章主要介绍在Maya 2014中关键帧的设置、变形器的类型和使用方法、路径动画的设置、常用约束的使用方法。这里要提醒大家，仅靠本章的内容是无法完全掌握动画技术的，大家不仅要仔细学习本章的各项重要动画技术，而且还要对这些重要技术多进行练习。

本章学习要点

掌握如何设置关键帧
掌握变形器的类型和用法
掌握如何创建路径动画
掌握如何创建约束

案例129 设置关键帧：帆船动画

场景位置	Scene>CH13>M1.mb
案例位置	Example>CH13>M1.mb
视频位置	Media>CH13>1. 设置关键帧：帆船动画 .mp4
学习目标	学习如何设置关键帧

（扫码观看视频）

最终效果图

【操作思路】

对帆船动画进行分析，帆船从左侧移动到右侧，使用【设置关键帧】命令为帆船设置移动动画。

【操作命令】

本例的操作命令是【动画】>【设置关键帧】命令，如图13-1所示。单击后面的■设置按钮，打开【设置关键帧选项】对话框，如图13-2所示。

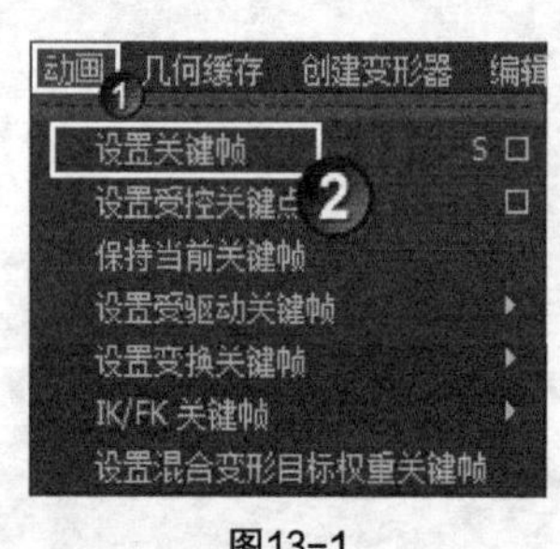

图13-1

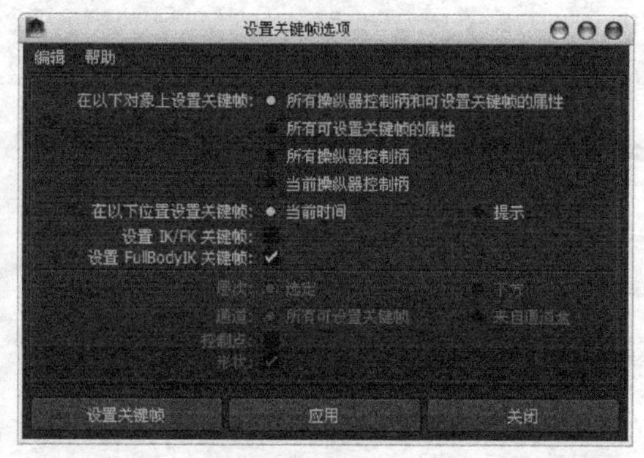

图13-2

设置关键帧选项介绍

在以下对象上设置关键帧：指定将在哪些属性上设置关键帧，提供了以下4个选项。

所有操纵器控制柄和可设置关键帧的属性：当选择该选项时，将为当前操纵器和选择物体的所有可设置关键帧属性记录一个关键帧，这是默认选项。

所有可设置关键帧的属性：当选择该选项时，将为选择物体的所有可设置关键帧属性记录一个关键帧。

所有操纵器控制柄：当选择该选项时，将为选择操纵器所影响的属性记录一个关键帧。例如，当使用【旋转工具】时，将只会为【旋转X】、【旋转Y】和【旋转Z】属性记录一个关键帧。

当前操纵器控制柄：当选择该选项时，将为选择操纵器控制柄所影响的属性记录一个关键帧。例如，当使用【旋转工具】操纵器的*y*轴手柄时，将只会为【旋转y】属性记录一个关键帧。

在以下位置设置关键帧：指定在设置关键帧时将采用何种方式确定时间，提供了以下两个选项。

当前时间：当选择该选项时，只在当前时间位置记录关键帧。

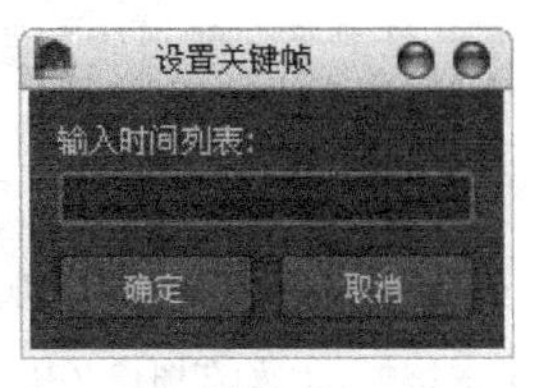

图13-3

提示：当选择该选项时，在执行【设置关键帧】命令时会弹出一个【设置关键帧】对话框，询问在何处设置关键帧，如图13-3所示。

设置IK/FK关键帧：当选择该选项，在为一个带有IK手柄的关节链设置关键帧时，能为IK手柄的所有属性和关节链的所有关节记录关键帧，从而创建平滑的IK/FK动画。只有当【所有可设置关键帧的属性】选项处于选择状态时，这个选项才会有效。

设置FullBodyIK关键帧：当选择该选项时，可以为全身的IK记录关键帧，一般保持默认设置。

层次：指定在有组层级或父子关系层级的物体中，将采用何种方式设置关键帧，提供了以下两个选项。

选定：当选择该选项时，将只在选择物体的属性上设置关键帧。

下方：当选择该选项时，将在选择物体和它的子物体属性上设置关键帧。

通道：指定将采用何种方式为选择物体的通道设置关键帧，提供了以下两个选项。

所有可设置关键帧：当选择该选项时，将在选择物体所有的可设置关键帧通道上记录关键帧。

来自通道盒：当选择该选项时，将只为当前物体从【通道盒】中选择的属性通道设置关键帧。

控制点：当选择该选项时，将在选择物体的控制点上设置关键帧。这里所说的控制点可以是NURBS曲面的CV控制点、多边形表面顶点或晶格点。如果在要设置关键帧的物体上存在有许多控制点，Maya将会记录大量的关键帧，这样会降低Maya的操作性能。所以只有当非常有必要时，才打开这个选项。

技巧与提示

请特别注意，当为物体的控制点设置了关键帧后，如果删除物体构造历史，将导致动画不能正确工作。

形状：当选择该选项时，将在选择物体的形状节点和变换节点设置关键帧；如果关闭该选项，将只在选择物体的变换节点设置关键帧。

【操作步骤】

01 打开场景“Scene>CH13>M1.mb”，如图13-4所示。

02 选择帆船模型，保持时间滑块在第1帧，然后在【通道盒】中的【平移X】属性上单击鼠标右键，接着在弹出的菜单中选择【为选定项设置关键帧】命令，记录下当前时间【平移X】属性的关键帧，如图13-5所示。

03 将时间滑块拖曳到第24帧，然后设置【平移X】为40，并在该属性上单击鼠标右键，接着在弹出的菜单中选择【为选定项设置关键帧】命令，记录下当前时间【平移X】属性的关键帧，如图13-6所示。

图13-4

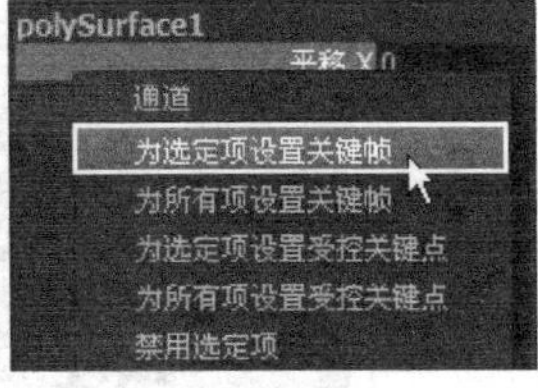

图13-5

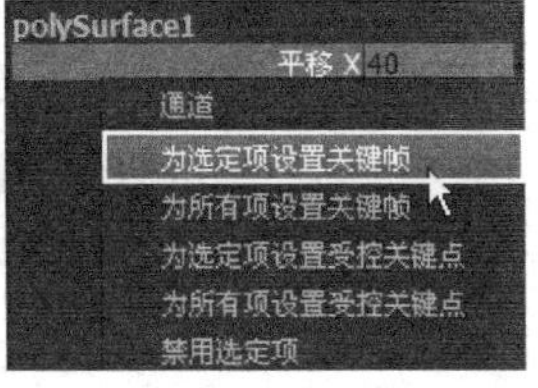

图13-6

04 单击【向前播放】按钮▶，可以观察到帆船已经在移动了。

技巧与提示

若要取消没有受到影响的关键帧属性，可以执行【编辑】>【按类型删除】>【静态通道】命令，删除没有用的关键帧。比如在图13-7中，为所有属性都设置了关键帧，而实际起作用的只有【平移X】属性，执行【静态通道】命令后，就只保留为【平移X】属性设置的关键帧，如图13-8所示。

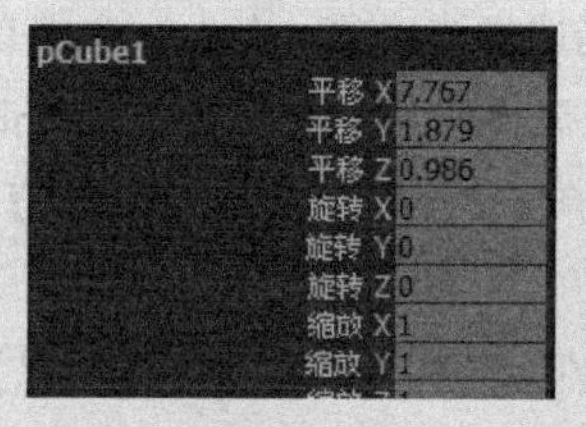

图13-7

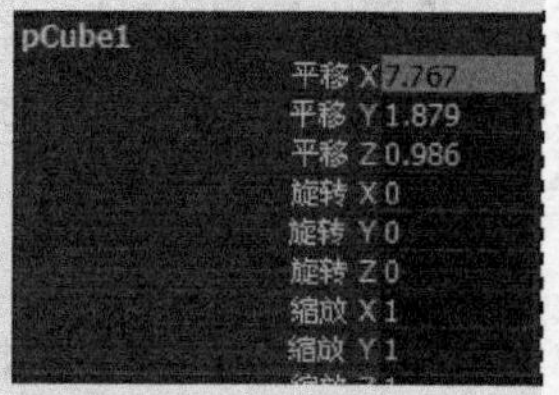

图13-8

若要删除已经设置好的关键帧，可以先选择对象，然后执行【编辑】>【按类型删除】>【通道】命令，或在【时间轴】上选择要删除的关键帧，接着单击鼠标右键，最后在弹出的菜单中选择【删除】命令即可。

【案例总结】

本案例是通过制作帆船航行动画，来掌握【设置关键帧】命令的使用。该命令是最基础的生成动画方式，应多加练习。

案例 130 创建动画快照：轨迹实体化

场景位置	Scene>CH13>M2.mb
案例位置	Example>CH13>M2.mb
视频位置	Media>CH13>2. 创建动画快照：轨迹实体化 .mp4
学习目标	学习如何制作轨迹实体化效果

（扫码观看视频）

最终效果图

【操作思路】

对重影动画效果进行分析，人体运动轨迹以实体形式记录下来。使用【创建动画快照】命令，可制作该效果。

【操作命令】

本例的操作命令是【动画】>【创建动画快照】命令，如图13-9所示。单击后面的■设置按钮，打开【动画快照选项】对话框，如图13-10所示。

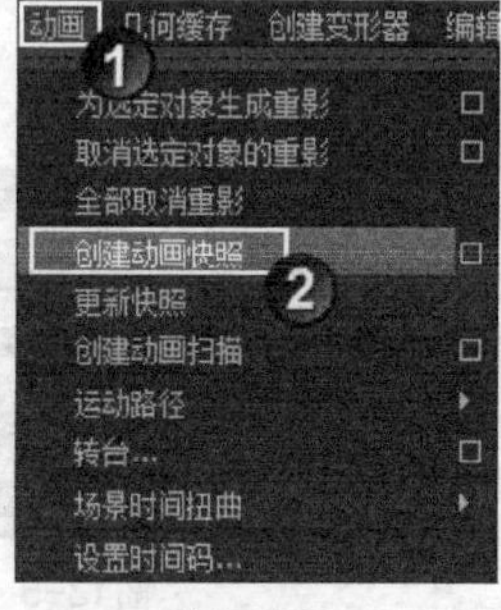

图13-9

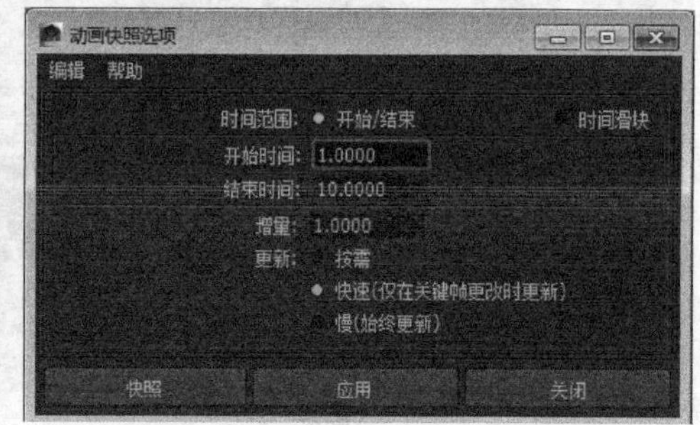

图13-10

【操作步骤】

01 打开场景“Scene>CH13>M2.mb”，如图13-11所示。

02 在【大纲视图】中选择run1_skin（即人体模型），如图13-12所示。

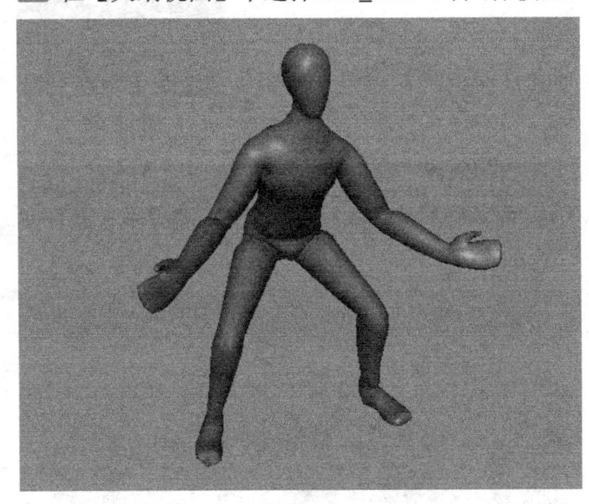

图13-11

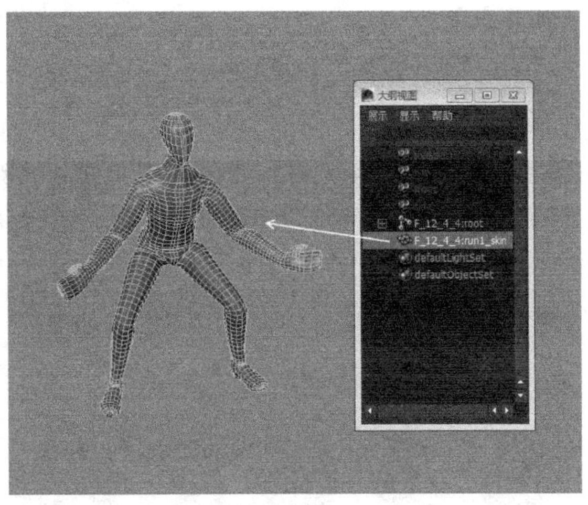

图13-12

03 单击【动画】>【创建动画快照】命令后面的■设置按钮，打开【动画快照选项】对话框，设置【结束时间】为50、【增量】为5，如图13-13所示。单击【快照】命令，效果如图13-14所示。

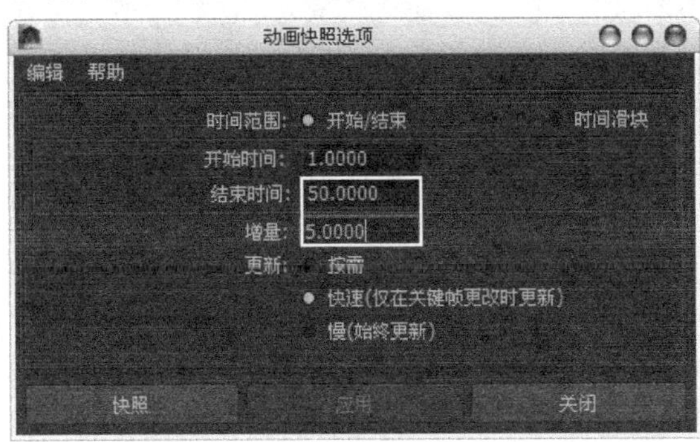

图13-13

图13-14

【案例总结】

本案例是通过让运动轨迹实体化，来掌握【创建动画快照】命令的使用。该命令是在时间范围内，每隔*n*个增量复制一个模型。

案例 131
混合变形：表情动画

场景位置	Scene>CH13>M3.mb
案例位置	Example>CH13>M3.mb
视频位置	Media>CH13>3. 混合变形：表情动画 .mp4
学习目标	学习如何制作人物面目表情动画

（扫码观看视频）

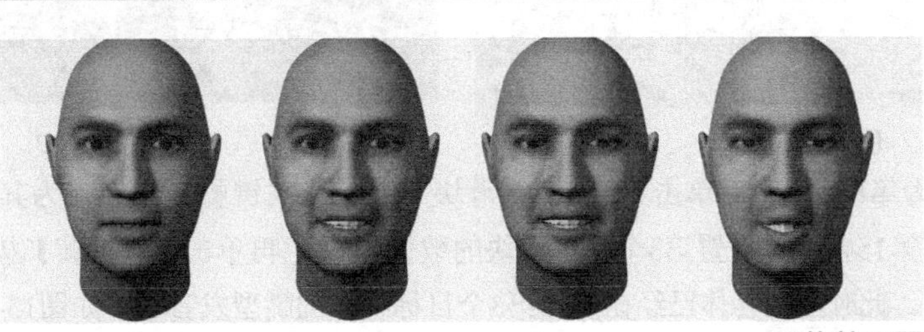

最终效果图

【操作思路】

对表情动画进行分析，人物有4个表情。使用【混合变形】命令可将多个表情整合在一起，并根据需要进行切换。

【操作命令】

本例的操作命令是【创建变形器】>【混合变形】命令，如图13-15所示。

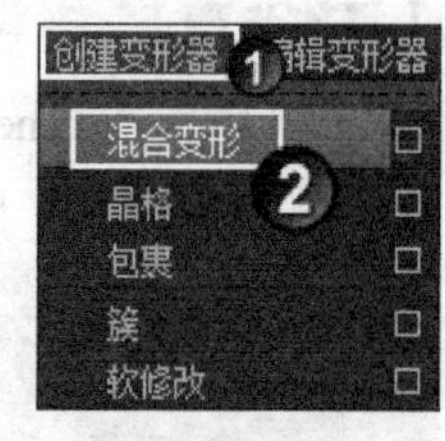

图13-15

【操作步骤】

01 打开场景“Scene>CH13>M3.mb”，如图13-16所示。

02 选择目标物体，按住Shift键的同时加选基础物体，如图13-17所示，执行【创建变形器】>【混合变形】命令。

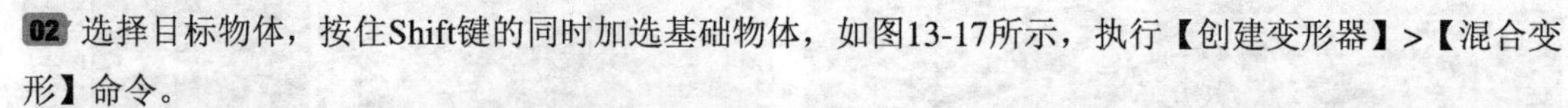

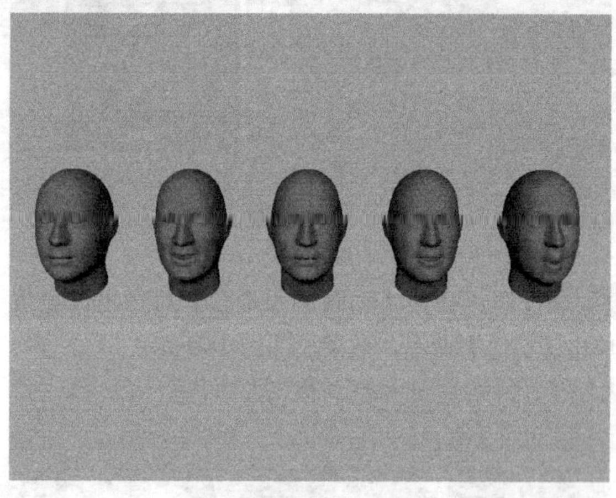

图13-16

图13-17

03 执行【窗口】>【动画编辑器】>【混合变形】命令，打开【混合变形】对话框，此时该对话框中已经出现4个权重滑块，这4个滑块的名称都是以目标物体命名的。当调整滑块的位置时，基础物体就会按照目标物体逐渐变形，如图13-18所示。

04 确定当前时间为第1帧，然后在【混合变形】对话框中单击【所有项设置关键帧】按钮，如图13-19所示。

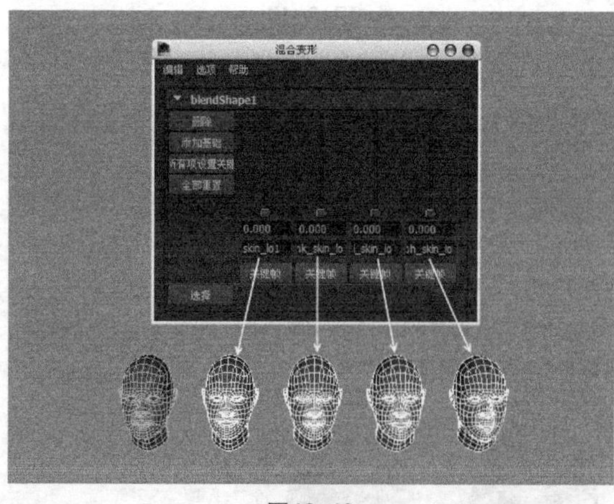

图13-18

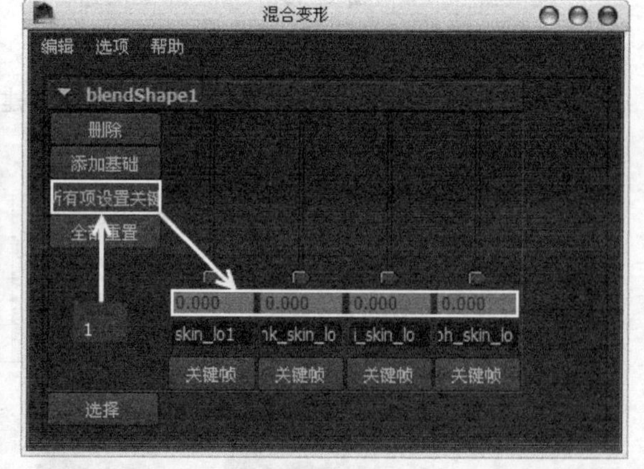

图13-19

05 确定当前时间为第8帧，然后单击第3个权重滑块下面的【关键帧】按钮，为其设置关键帧，如图13-20所示。接着在第15帧位置设置第3个权重滑块的数值为0.8，再单击【关键帧】按钮，为其设置关键帧，如图13-21所示。此时基础物体已经在按照第3个目标物体的嘴型发音了，如图13-22所示。

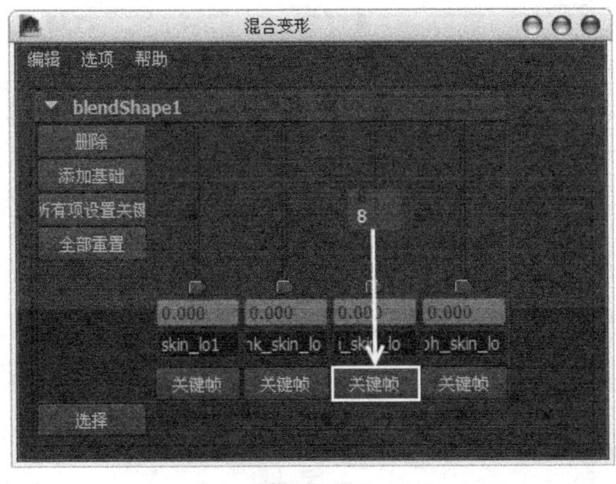

图13-20

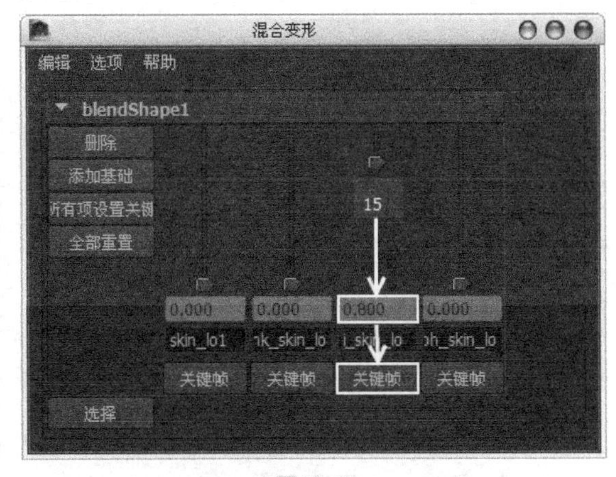

图13-21

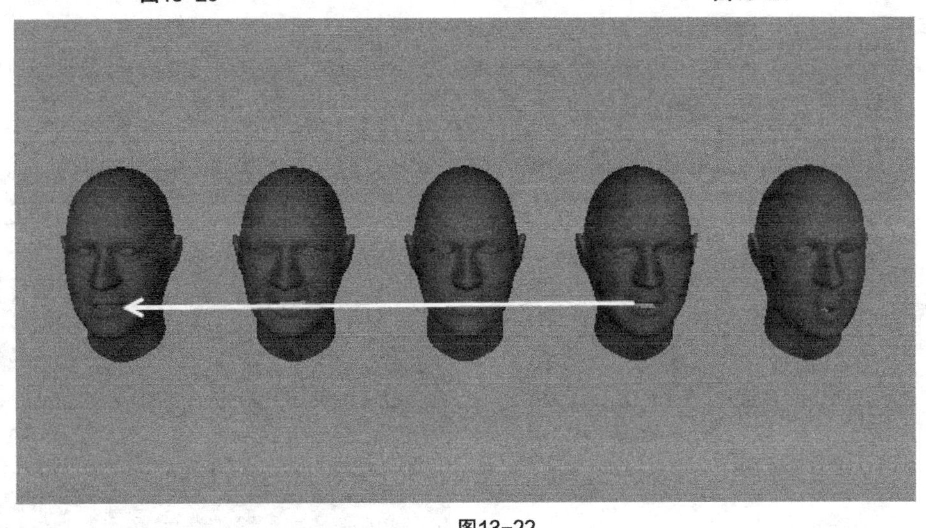

图13-22

06 在第18帧位置设置第3个权重滑块的数值为0，单击【关键帧】按钮，为其设置关键帧，如图13-23所示。在第16帧位置设置第4个权重滑块的数值为0，再单击【关键帧】按钮，为其设置关键帧，如图13-24所示。

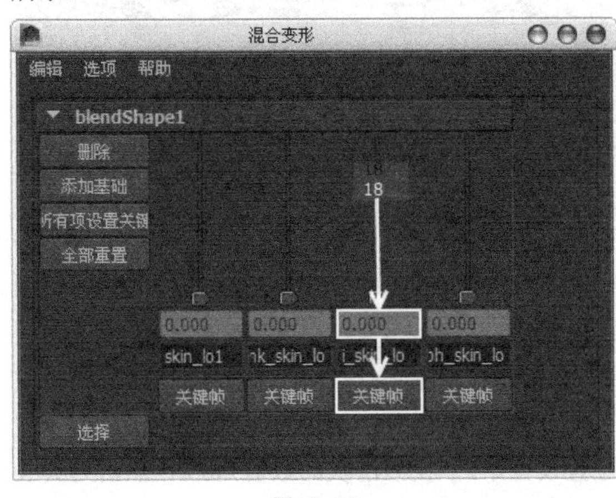

图13-23

图13-24

07 在第19帧位置设置第4个权重滑块的数值为0.8，然后为其设置关键帧，如图13-25所示，接着在第23帧位置设置第4个权重滑块的数值为0，并为其设置关键帧，如图13-26所示。

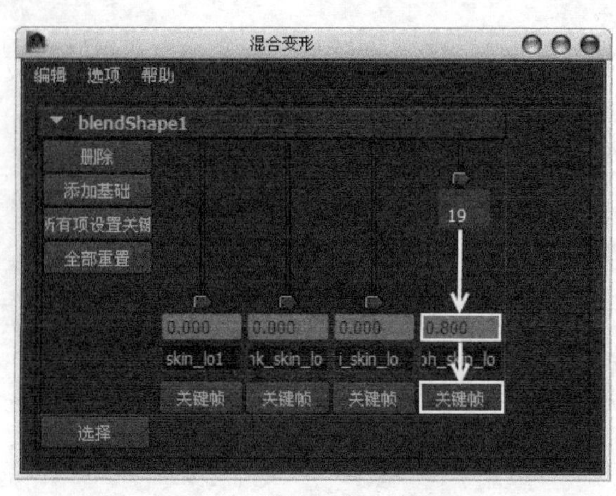

图13-25

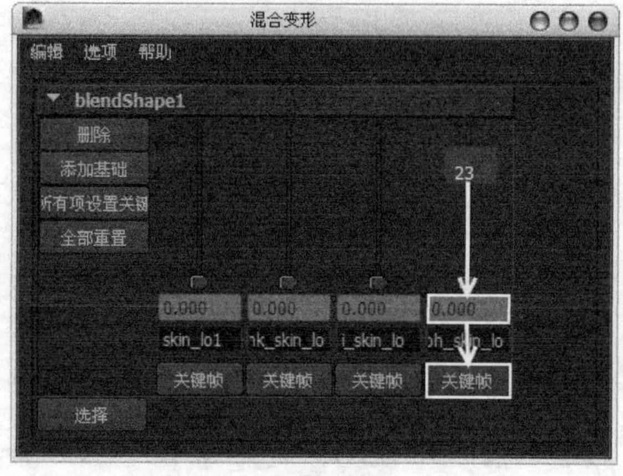

图13-26

08 播放动画，此时可以观察到人物的基础模型已经在发音了，如图13-27所示。

09 下面为基础模型添加一个眨眼的动画。在第14帧、第18帧和第21帧分别设置第2个权重滑块的数值为0、1、0，并分别为其设置关键帧，如图13-28~图13-30所示。

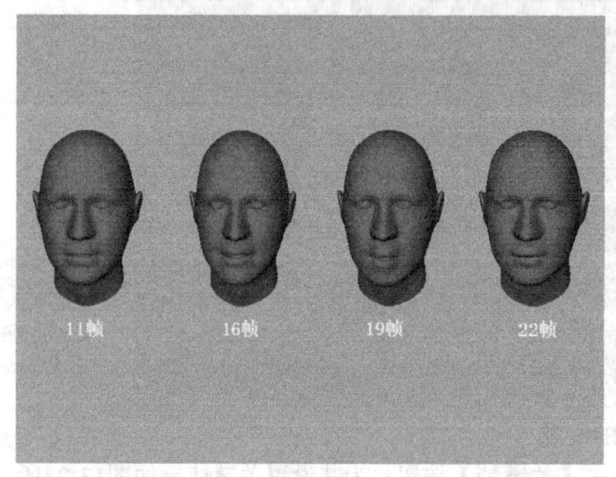

图13-27

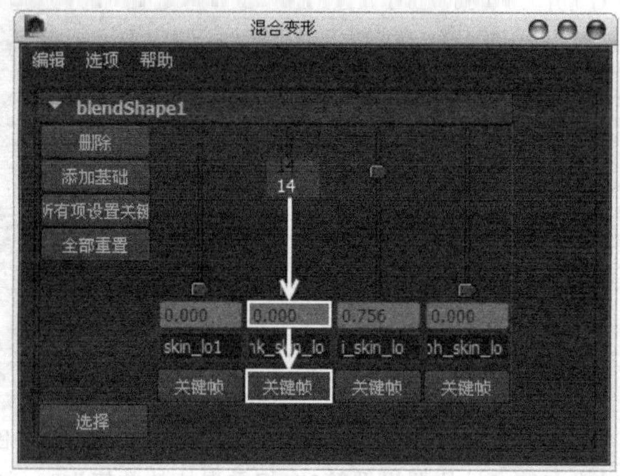

图13-28

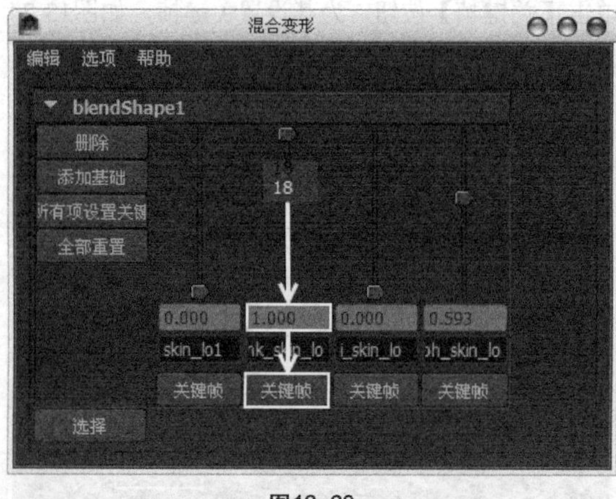

图13-29

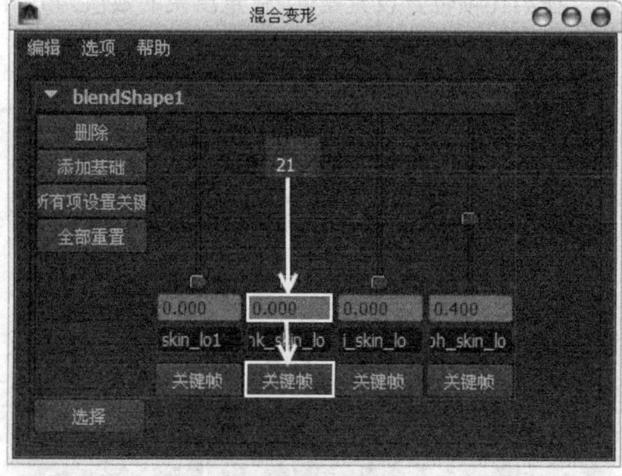

图13-30

10 下面为基础模型添加一个微笑的动画。在第10帧位置设置第1个权重滑块的数值为0.4，然后为其设置关键帧，如图13-31所示。

11 播放动画，可以观察到基础物体的发音、眨眼和微笑动画已经制作完成了，最终效果如图13-32所示。

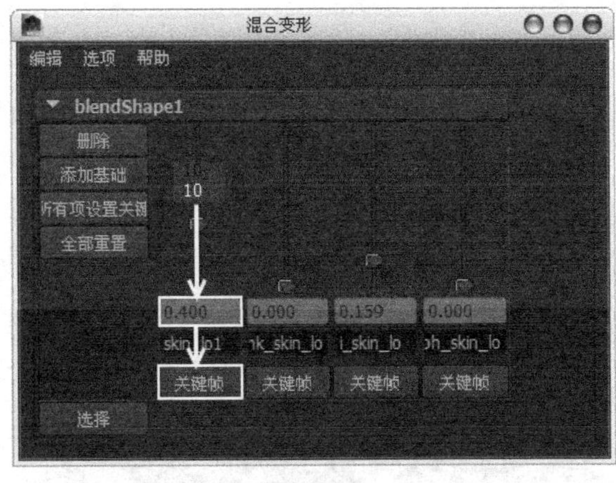

图13-31

6帧 12帧 16帧 20帧

图13-32

技巧与提示

删除混合变形的方法主要有以下两种。

第1种：首先选择基础物体模型，然后执行【编辑】>【按类型删除】>【历史】命令。这样在删除模型构造历史的同时，也就删除了混合变形。需要注意的是，这种方法会将基础物体上存在的所有构造历史节点全部删除，而不仅仅删除混合变形节点。

第2种：执行【窗口】>【动画编辑器】>【混合变形】命令，打开【混合变形】对话框，然后单击【删除】按钮，将相应的混合变形节点删除。

【案例总结】

本案例是通过制作一个表情动画，来掌握【混合变形】命令的使用。该命令可将一个物体的形状以平滑过渡的方式改变到另一个物体的形状，常用于制作角色表情动画。

案例132 晶格：小马

场景位置	Scene>CH13>M4.mb
案例位置	Example>CH13>M4.mb
视频位置	Media>CH13>4. 晶格：小马 .mp4
学习目标	学习如何使用晶格制作变形

（扫码观看视频）

最终效果图

【操作思路】

对变形效果进行分析，小马造型变得夸张，具有迪斯尼式的卡通风格，使用【晶格】命令可使对象变形。

【操作命令】

本例的操作命令是【创建变形器】>【晶格】命令，如图13-33所示。

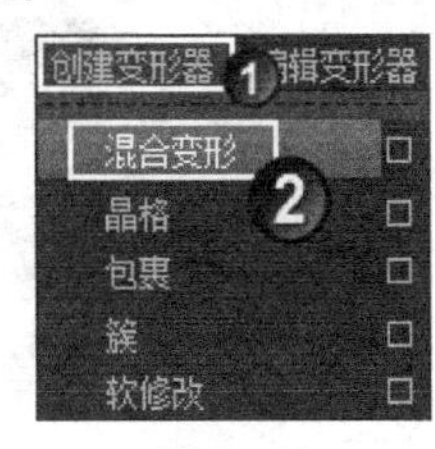

图13-33

【操作步骤】

01 打开场景“Scene>CH13>M4.mb”，如图3-34所示。

02 选择小马模型，然后执行【创建变形器】>【晶格】命令，创建一个【晶格】变形器，效果如图13-35所示。

图13-34

图13-35

03 选择晶格，然后在【通道盒】中设置【S分段数】为2、【T分段数】为8、【U分段数】为2，如图13-36所示。

04 选择晶格框，按住鼠标右键，在热盒中选择【晶格点】编辑模式，如图13-37所示。

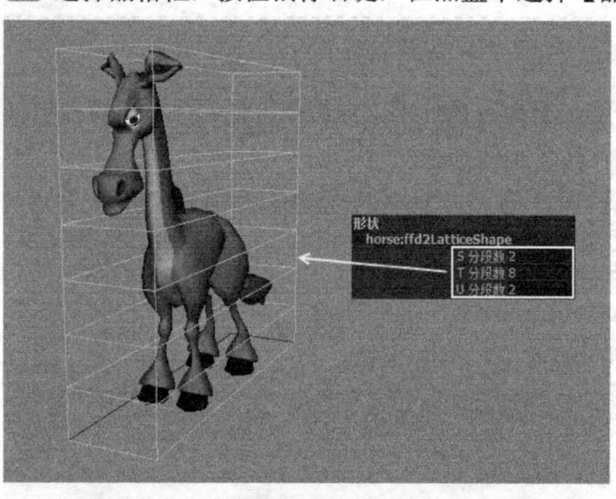

图13-36

图13-37

05 选择相应的晶格点，然后对其进行相应的调整，如图13-38所示。

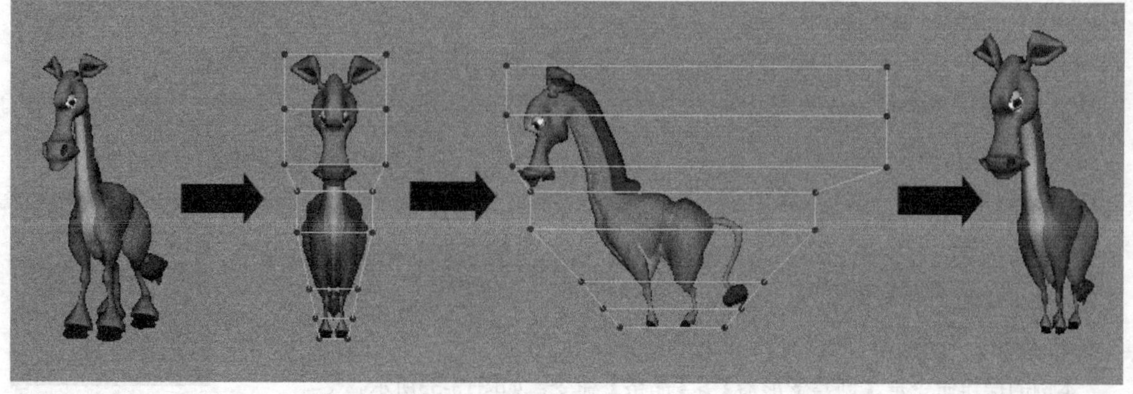

图13-38

06 选择小马模型，删除它的历史记录以确定变形效果，如图13-39所示。

图13-39

【案例总结】

本案例是通过制作夸张的小马造型，来掌握【晶格】命令的使用。该命令可制作复杂的变形效果，是建模中常用的命令。

案例 133 簇：鲨鱼眼皮

场景位置	Scene>CH13>M5.mb
案例位置	Example>CH13>M5.mb
视频位置	Media>CH13>5. 簇：鲨鱼眼皮 .mp4
学习目标	学习如何使用簇

（扫码观看视频）

【操作思路】

对眼皮造型进行分析，使鲨鱼眼皮凸出来一部分。使用【簇】命令，可将多个对象列为一组，并对其整体进行调整。

最终效果图

【操作命令】

本例的操作命令是【创建变形器】>【簇】命令，如图13-40所示。单击后面的设置按钮，打开【簇选项】对话框，如图13-41所示。

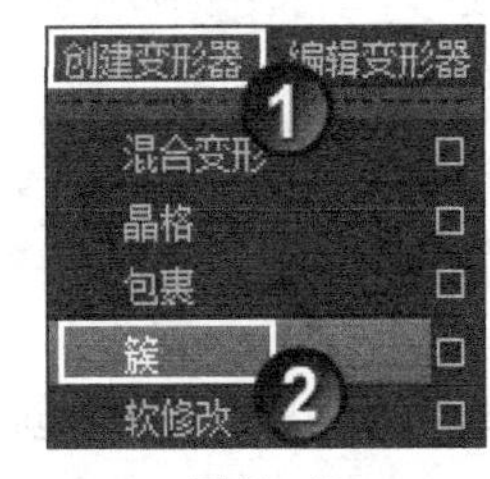

图13-40

图13-41

簇选项参数介绍

模式： 指定是否只有当【簇】变形器手柄自身进行变换（移动、旋转、缩放）操作时，【簇】变形器才能对可变形物体产生变形影响。

相对： 如果选择该选项，只有当【簇】变形器手柄自身进行变换操作时，才能引起可变形物体产生变形效果；当关闭该选项时，如果对【簇】变形器手柄的父（上一层级）物体进行变换操作，也能引起可变形物体产生变形效果，如图13-42所示。

封套： 设置【簇】变形器的比例系数。如果设置为0，将不会产生变形效果；如果设置为0.5，将产生全部变形效果的一半；如果设置为1，会得到完全的变形效果。

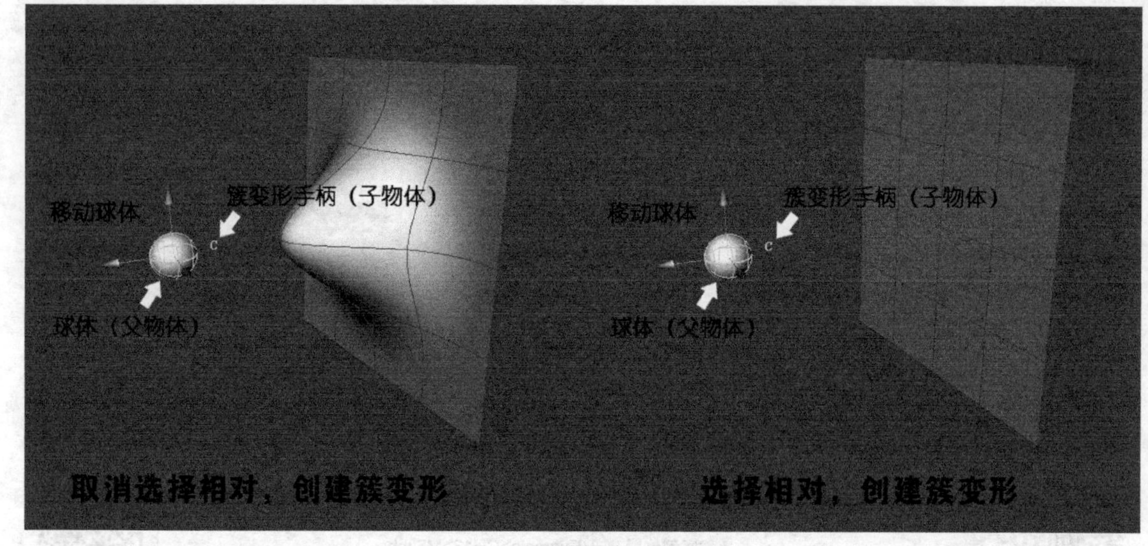

图13-42

技巧与提示

注意，Maya中顶点和控制点是无法成为父子关系的，但可以为顶点或控制点创建簇，即间接实现其父子关系。

【操作步骤】

01 打开场景“Scene>CH13>M5.mb”，如图13-43所示。

02 进入控制顶点编辑模式，然后选择图13-44所示的顶点。

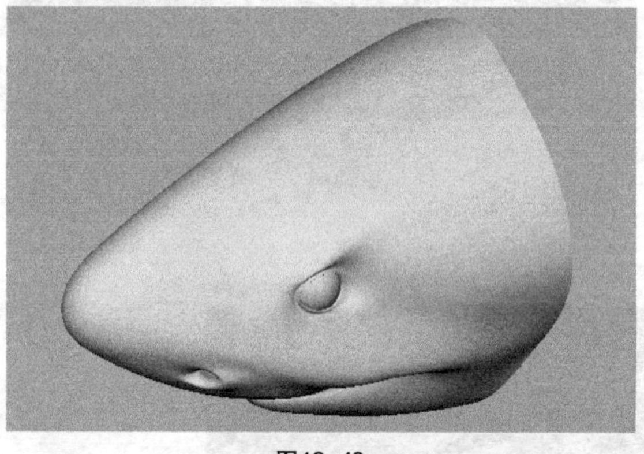

图13-43

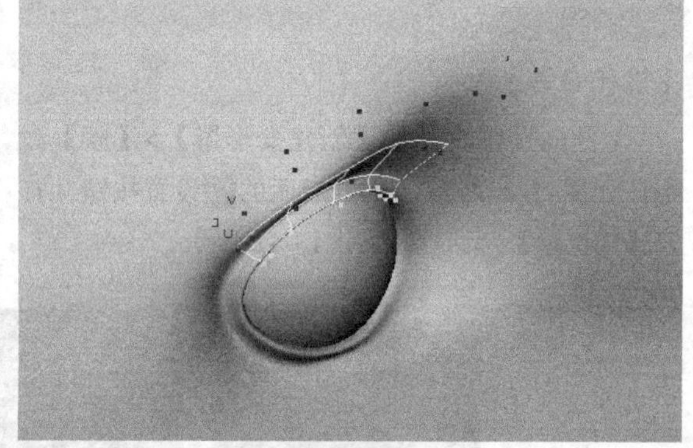

图13-44

03 打开【簇选项】对话框，选择【相对】选项，如图13-45所示。单击【创建】按钮，创建一个【簇】变形器，此时在眼角处会出现一个“C”图标，如图13-46所示。

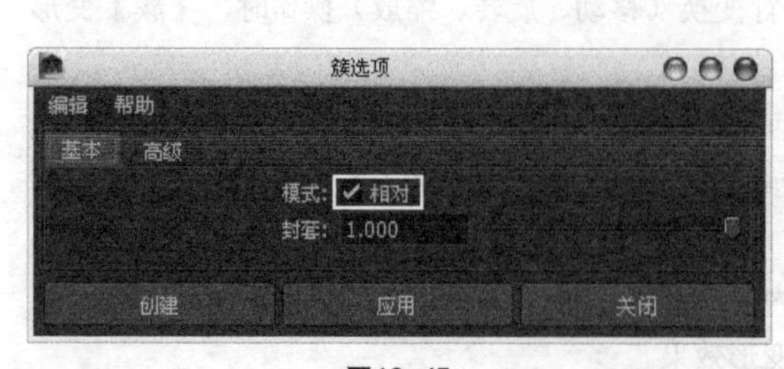

图13-45

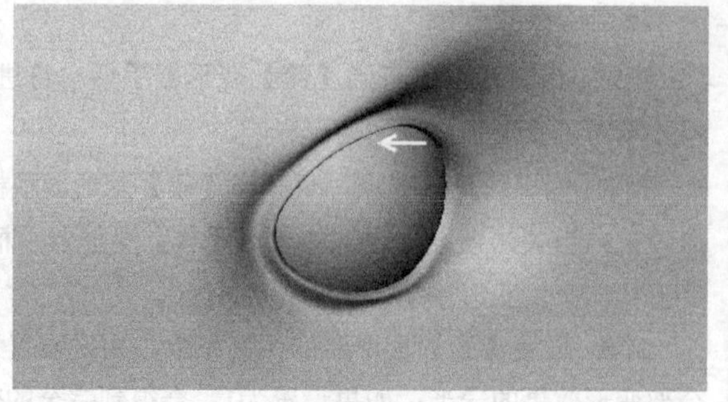

图13-46

04 移动工具C图标，对眼角进行拉伸，使其变成眼皮形状，如图13-47所示。

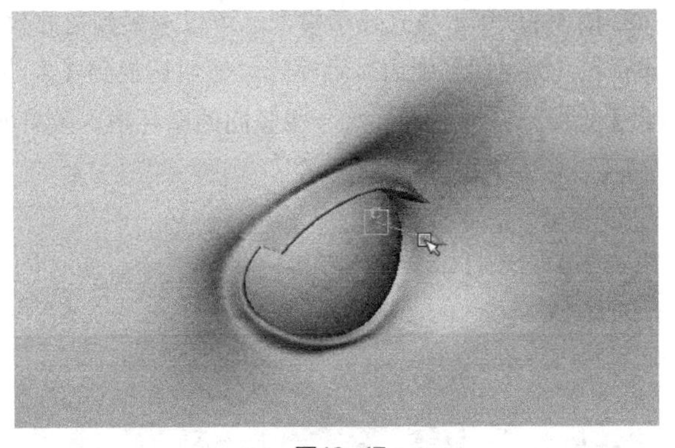

图13-47

【案例总结】

本案例是通过控制一组控制点，来掌握【簇】命令的使用。该命令可以控制NURBS曲线或曲面的控制点、多边形曲面的顶点、细分曲面的顶点和晶格物体的晶格点，调整【簇】控制器可得到一些特殊效果。

案例134 扭曲：螺旋效果

场景位置	无
案例位置	Example>CH13>M6.mb
视频位置	Media>CH13>6. 扭曲：螺旋效果 .mp4
学习目标	学习如何使对象扭曲

（扫码观看视频）

【操作思路】

对螺丝造型进行分析，螺丝呈螺旋状，使用【扭曲】命令可使对象产生扭曲变形。

【操作命令】

本例的操作命令是【创建变形器】>【非线性】>【扭曲】命令，如图13-48所示。

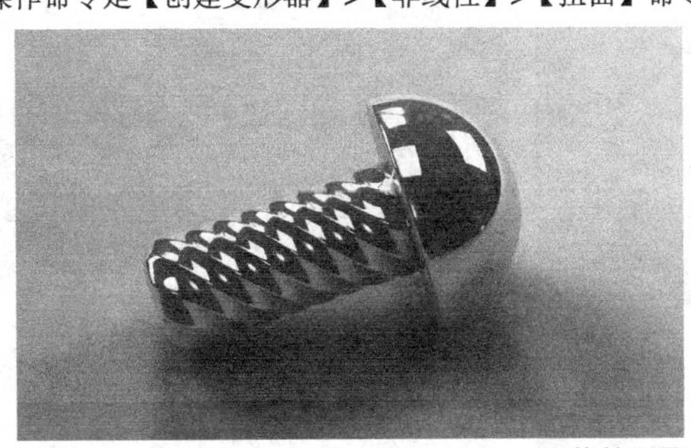

最终效果图

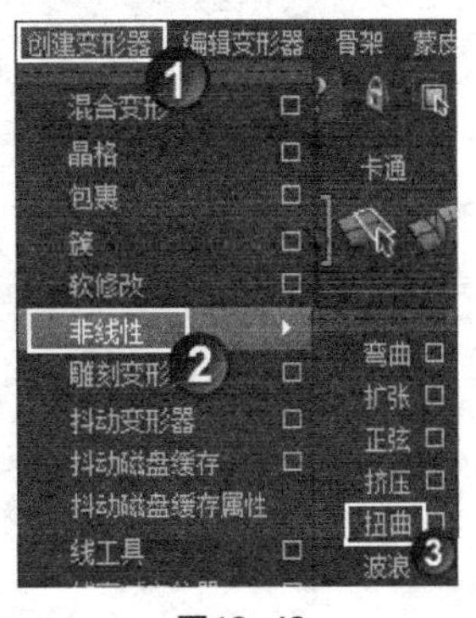

图13-48

【操作步骤】

01 执行【创建】>【多边形基本体】>【圆柱体】命令，在场景中创建一个圆柱体，然后在【通道盒】中设置【轴向细分数】为10、【高度细分数】为8，如图13-49所示。

02 执行【创建变形器】>【非线性】>【扭曲】命令，然后在【通道盒】中设置【开始角度】为150，如图13-50所示。

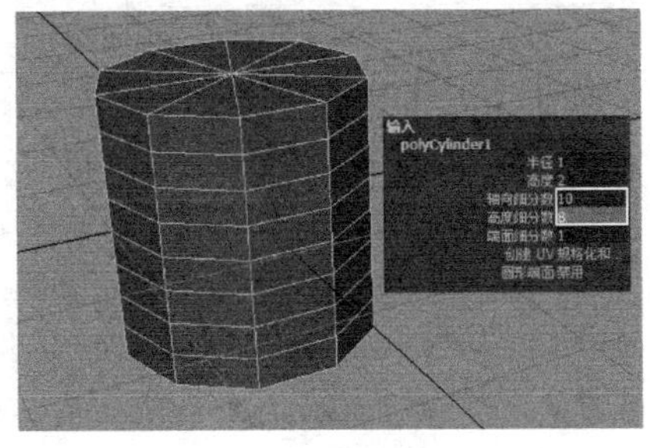

图13-49

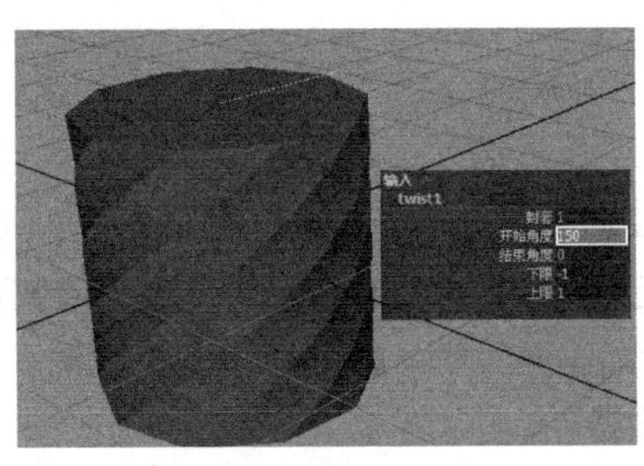

图13-50

03 按 3键以平滑模式显示模型，可以观察到扭曲效果并不明显，如图13-51所示。

04 按 1键返回到硬边显示模式，然后切换到【多边形】模块。接着执行【编辑网格】>【插入循环边工具】命令，在模型上插入一些竖向的循环边，效果如图13-52所示。

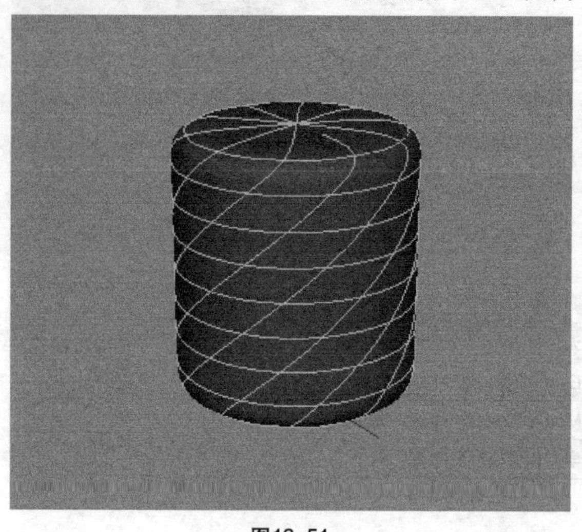

图13-51

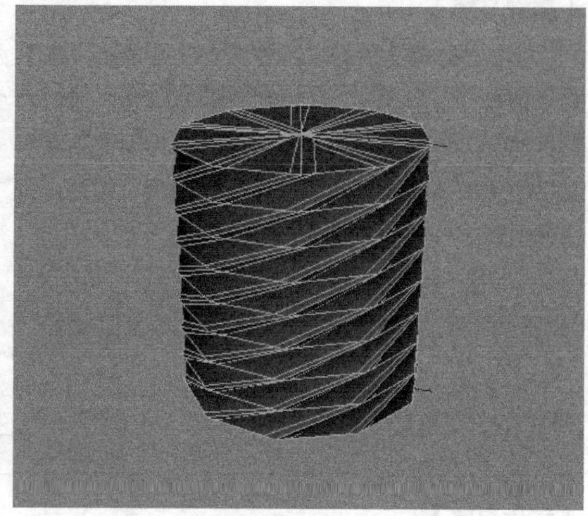

图13-52

05 按 3键以平滑模式显示模型，可以观察到扭曲效果已经非常明显了，如图13-53所示。

06 在【大纲视图】中选择模型和变形器，然后缩放成如图13-54所示的形状。

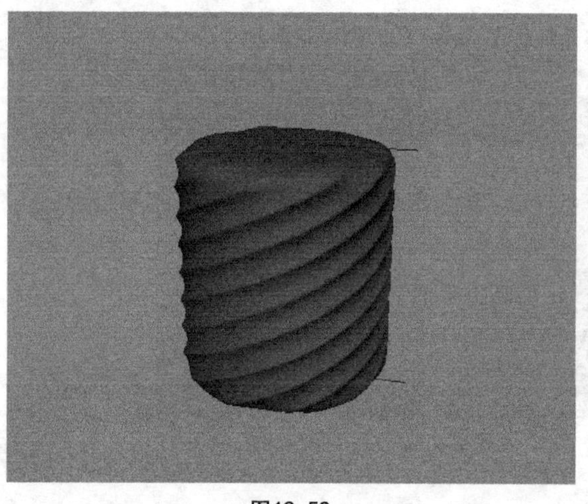

图13-53

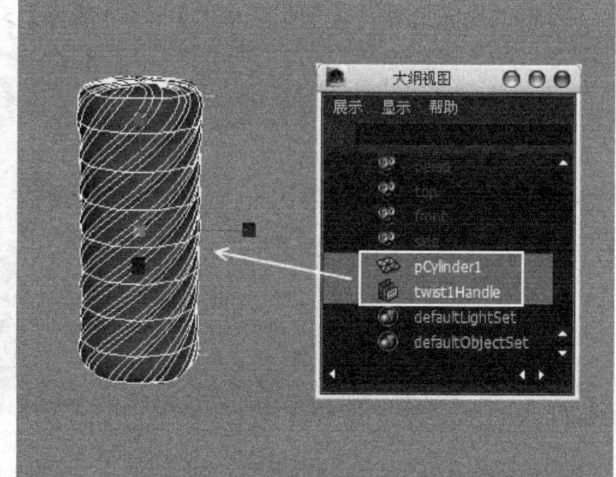

图13-54

07 选择模型，然后执行【编辑】>【按类型删除】>【历史】命令，删除【扭曲】节点，接着创建一个螺帽，最终效果如图13-55所示。

图13-55

【案例总结】

本案例是通过制作一个螺丝模型，来掌握【扭曲】命令的使用。使用该命令时，模型的分段数不能太少，应根据需要来调整。

案例135 抖动变形器：腹部抖动动画

场景位置	Scene>CH13>M6.mb
案例位置	Example>CH13>M7.mb
视频位置	Media>CH13>7. 抖动变形器：腹部抖动动画 .mp4
学习目标	学习如何制作抖动效果

（扫码观看视频）

最终效果图

【操作思路】

对抖动效果进行分析，人物的腹部发生了变形。使用【抖动变形器】工具，可模拟腹部抖动的效果。

【操作命令】

本例的操作命令是【创建变形器】>【抖动变形器】命令，如图13-56所示。

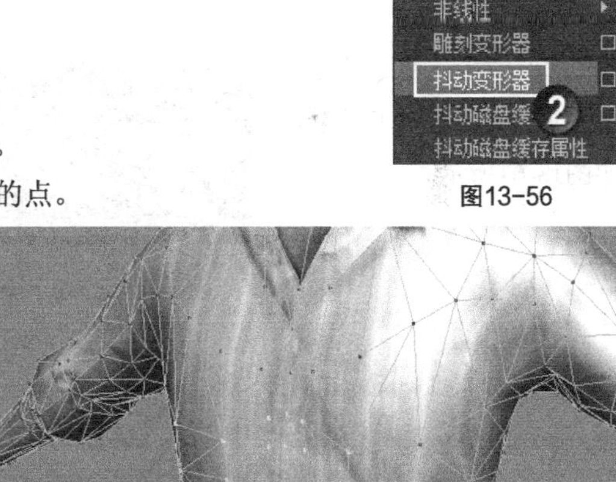

图13-56

【操作步骤】

01 打开场景“Scene>CH13>M6.mb”，如图13-57所示。

02 激活【绘制选择工具】，然后选择如图13-58所示的点。

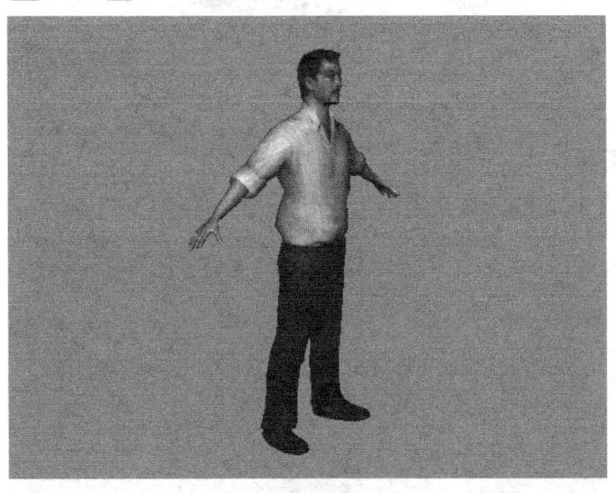
图13-57

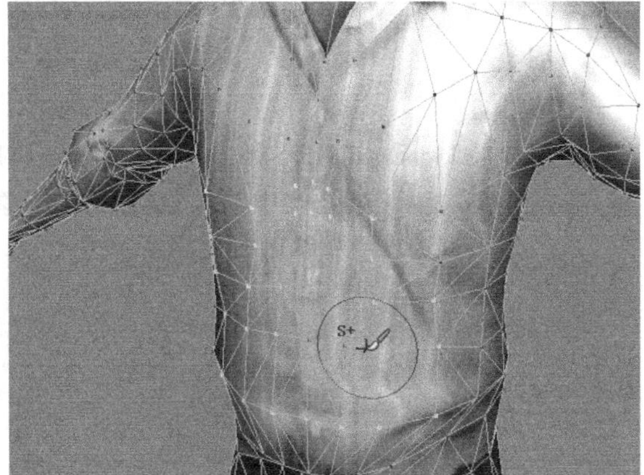
图13-58

03 执行【创建变形器】>【抖动变形器】命令，然后按快捷键Ctrl+A打开【属性编辑器】面板，接着在【抖动属性】卷展栏下设置【阻尼】为0.931、【抖动权重】为1.988，如图13-59所示。

04 为人物模型设置一个简单的位移动画，然后播放动画，可以观察到腹部发生了抖动变形效果，如

图13-60所示。

图13-59

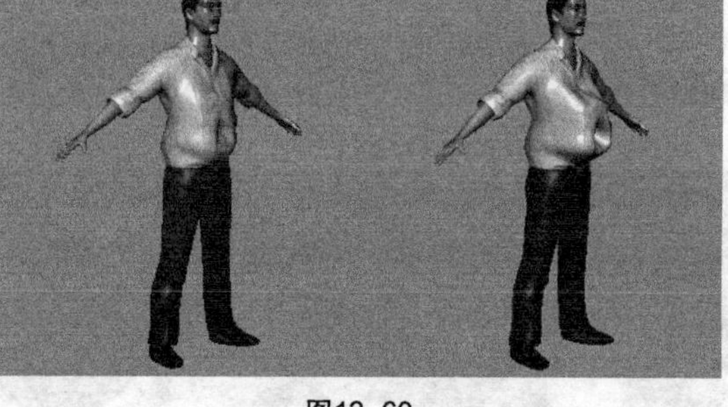

图13-60

【案例总结】

本案例是通过制作肚皮抖动效果，来掌握【抖动变形器】命令的使用。该命令常用于表现在运动中摆动的效果，如抖动的脂肪和摆动的昆虫触须等。

案例 136
线工具：帽檐效果

场景位置	Scene>CH13>M7.mb
案例位置	Example>CH13>C8.mb
视频位置	Media>CH13>8. 线工具：帽檐效果 .mp4
学习目标	学习如何用曲线改变多边形造型

（扫码观看视频）

【操作思路】

对帽檐效果进行分析，模型的一侧有一个向外伸展的帽檐。将模型设置为激活对象，在表面绘制出一条曲线，然后使用【线工具】拉出帽檐。

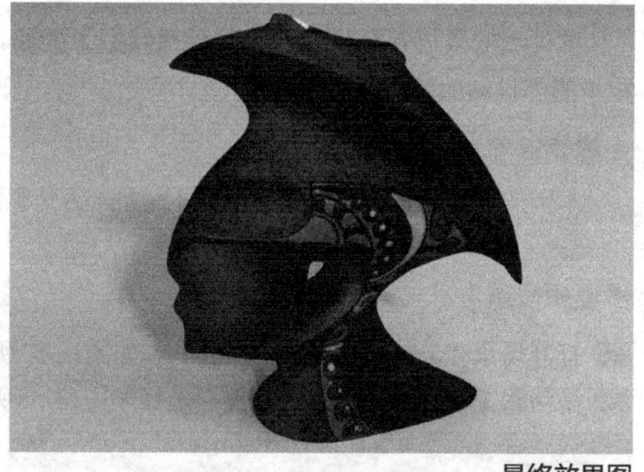

最终效果图

【操作命令】

本例的操作命令是【创建变形器】>【线工具】，如图13-61所示。

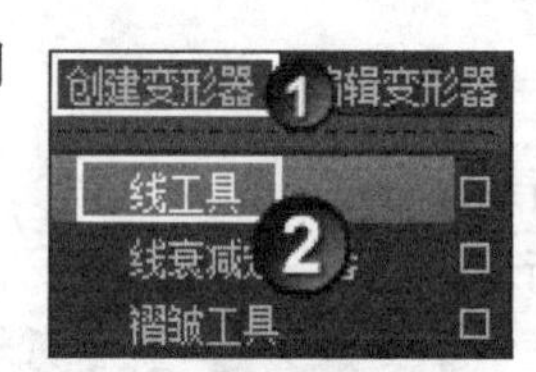

图13-61

【操作步骤】

01 打开场景“Scenes>CH13>M7.mb”，如图13-62所示。

02 选择模型，然后在状态栏中单击【激活选定对象】按钮，将其激活为工作表面，如图13-63所示。

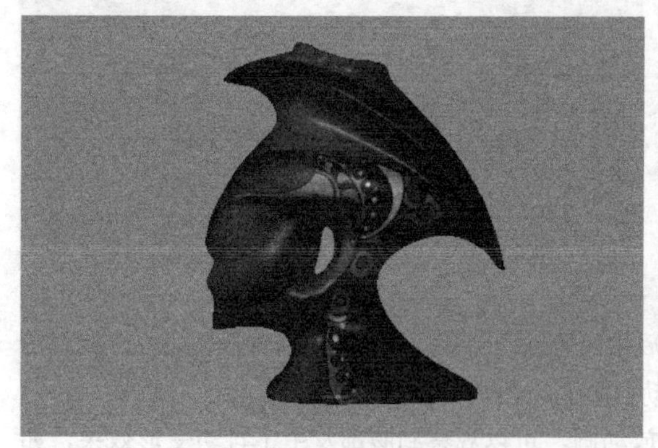

图13-62

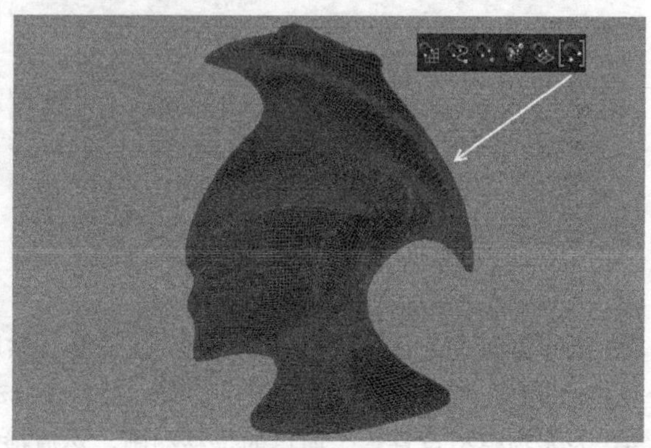

图13-63

03 执行【创建】>【EP曲线工具】命令，然后在如图13-64所示的位置绘制一条曲线。

04 先选择模型，然后执行【创建变形器】>【线工具】命令，并按Enter键确认操作。接着使用【线工具】单击曲线，再按Enter键确认操作。最后使用【移动工具】将曲线向外拖曳一段距离，如图13-65所示。

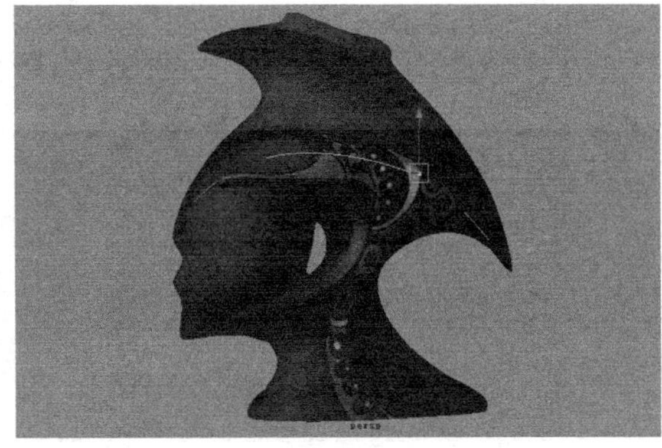

图13-64

图13-65

【案例总结】

本案例是通过制作帽檐，来掌握【线工具】命令的使用。该命令就好像雕刻家手中的雕刻刀，经常被用于角色模型面部表情的调节。

案例137 设置运动路径关键帧：鱼儿游动

场景位置	Scene>CH13>M8.mb
案例位置	Example>CH13>M9.mb
视频位置	Media>CH13>9. 设置运动路径关键帧：鱼儿游动 .mp4
学习目标	学习如何通过关键帧制作路径动画

（扫码观看视频）

最终效果图

【操作思路】

对鱼儿游动动画进行分析，鱼儿沿设置的关键帧路径游动。选择模型执行【设置运动路径关键帧】命令，为模型设置移动关键帧，然后调整生成的运动路径曲线，可使模型沿曲线移动。

【操作命令】

本例的操作命令是【动画】>【运动路径】>【设置运动路径关键帧】命令，如图13-66所示。

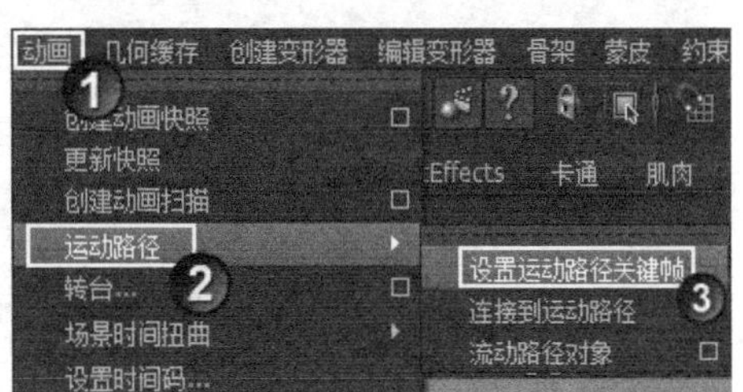

图13-66

【操作步骤】

01 打开场景“Scene>CH13>M8.mb”，如图13-67所示。

02 选择鱼模型，然后执行【动画】>【运动路径】>【设置运动路径关键帧】命令，在第1帧位置设置一个运动路径关键帧，如图13-68所示。

图13-67

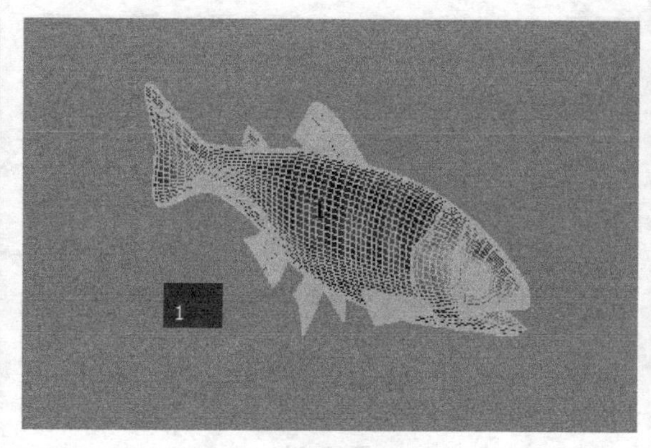

图13-68

03 确定当期时间为48帧，然后将鱼拖曳到其他位置，接着执行【设置运动路径关键帧】命令，此时场景视图会自动创建一条运动路径曲线，如图13-69所示。

04 确定当期时间为60帧，然后将鱼模型拖曳到另一个位置，接着执行【设置运动路径关键帧】命令，效果如图13-70所示。

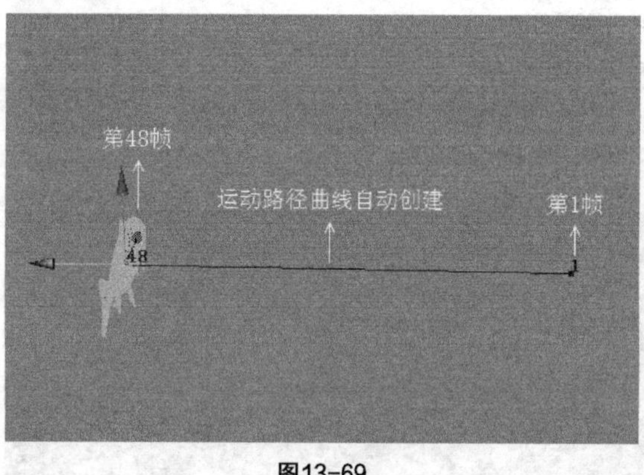

图13-69

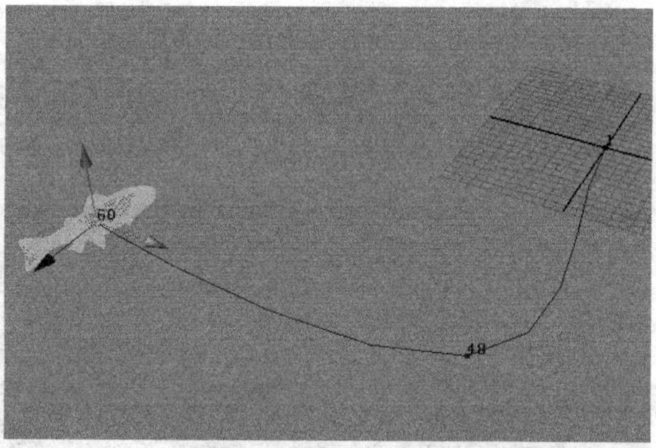

图13-70

05 选择曲线，进入【控制顶点】级别，然后调节曲线形状，以改变鱼的运动路径，如图13-71所示。

06 播放动画，可以观察到鱼沿着运动路径发生了运动效果，但是鱼头并没有沿着路径的方向运动，如图13-72所示。

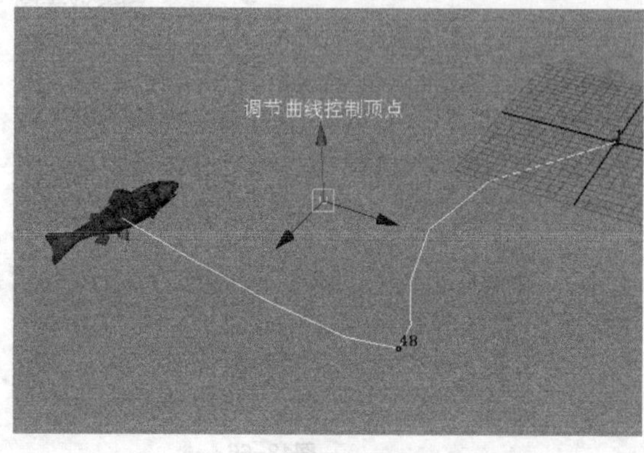

图13-71

图13-72

07 选择鱼模型，然后在【工具盒】中单击【显示操纵器工具】，显示出操纵器，如图13-73所示。

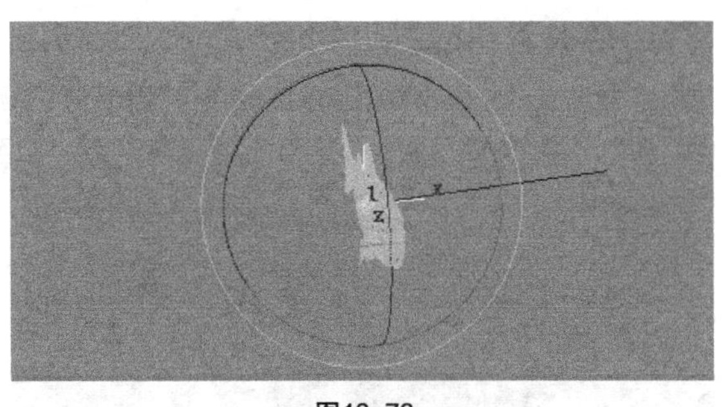

图13-73

08 将鱼模型的方向旋转到与曲线方向一致，如图13-74所示，然后播放动画，可以观察到鱼头已经沿着曲线的方向运动了，如图13-75所示。

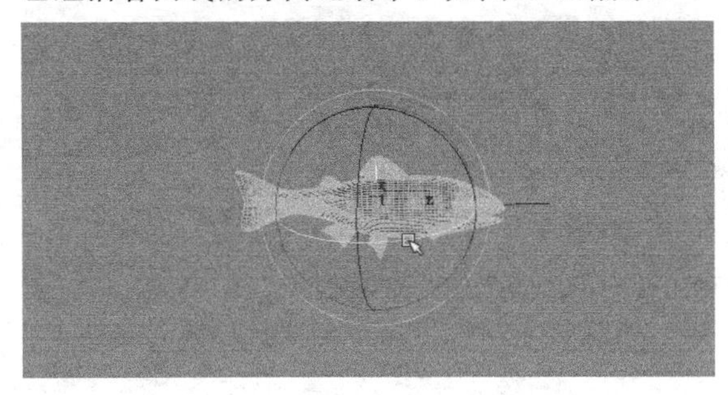

图13-74

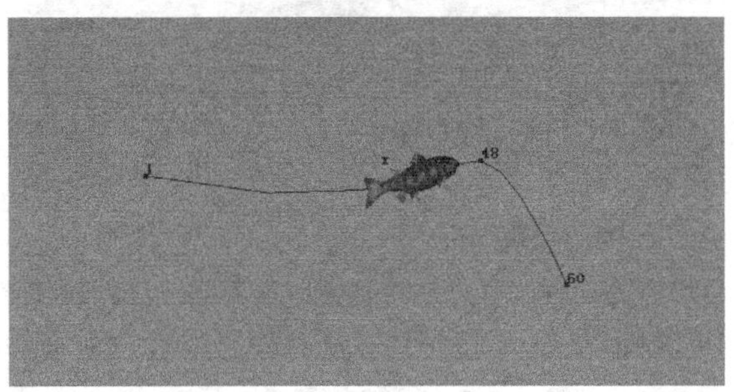

图13-75

【案例总结】

本案例是通过制作关键帧路径动画，来掌握【设置运动路径关键帧】命令的使用。使用这种方法，在创建运动路径动画之前不需要创建作为运动路径的曲线，路径曲线会在设置运动路径关键帧的过程中自动被创建。

案例138 连接到运动路径：金鱼游动

场景位置	Scene>CH13>M9.mb
案例位置	Example>CH13>M10.mb
视频位置	Media>CH13>10. 连接到运动路径：金鱼游动 .mp4
学习目标	学习如何通过自定义曲线制作路径动画

（扫码观看视频）

最终效果图

【操作思路】

对金鱼游动动画进行分析，金鱼是沿指定的曲线来运动。创建一条路径线，选择模型加选路径线，执行【连接到运动路径】命令，可使模型沿曲线移动。

【操作命令】

本例的操作命令是【动画】>【运动路径】>【连接到运动路径】命令，如图13-76所示。

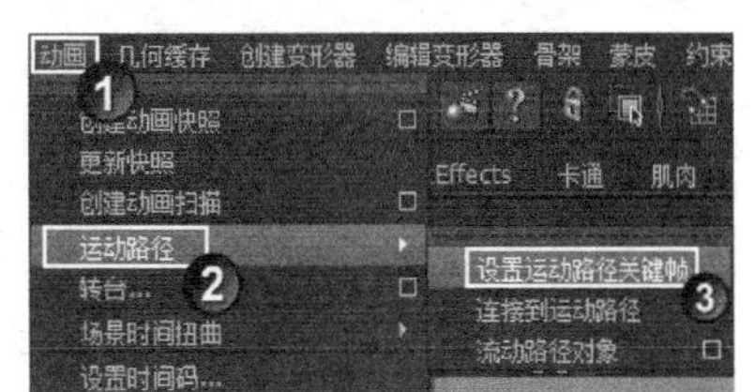

图13-76

【操作步骤】

01 打开场景“Scene>CH13>M9.mb”，如图13-77所示。

02 创建一条NURBS曲线作为金鱼的运动路径，如图13-78所示。

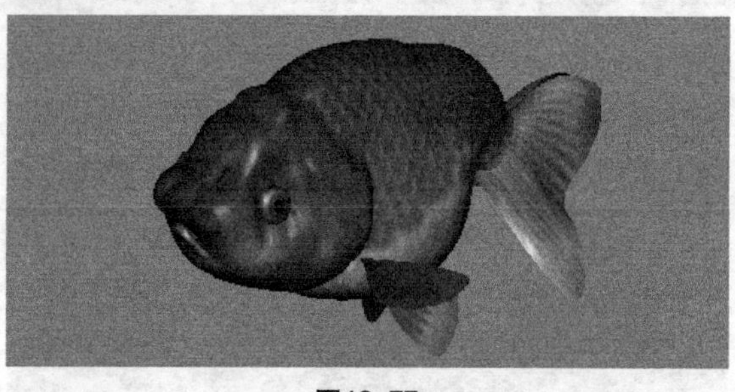

图13-77

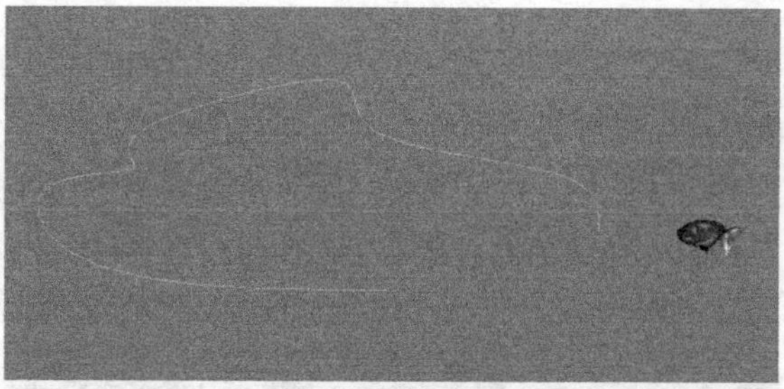

图13-78

03 选择金鱼，然后按住Shift键加选曲线，接着执行【动画】>【运动路径】>【连接到运动路径】命令，如图13-79所示。

04 播放动画，可以观察到金鱼沿着曲线运动，但游动的朝向不正确，如图13-80所示。

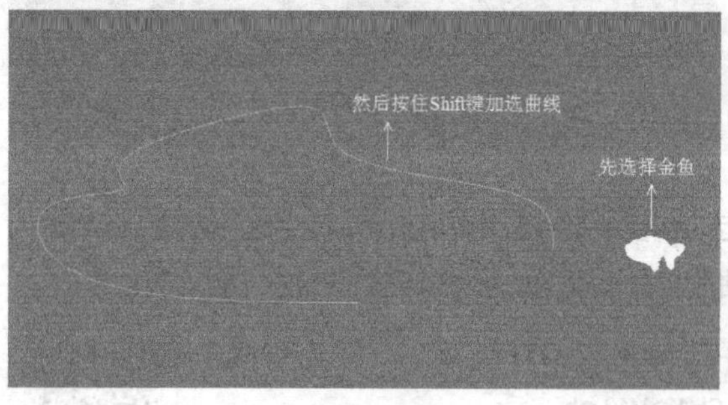

图13-79

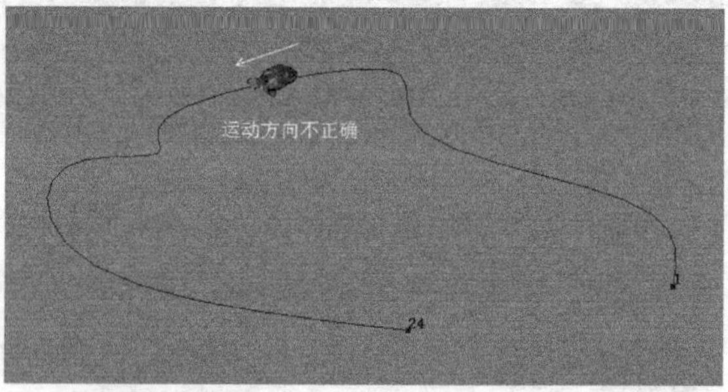

图13-80

05 选择金鱼模型，然后在【通道盒】中设置【上方向扭曲】为180，如图13-81所示。接着播放动画，可以观察到金鱼的运动朝向已经正确了，如图13-82所示。

motionPath1
U 值 0.467
前方向扭曲 0
上方向扭曲 180
侧方向扭曲 0

图13-81

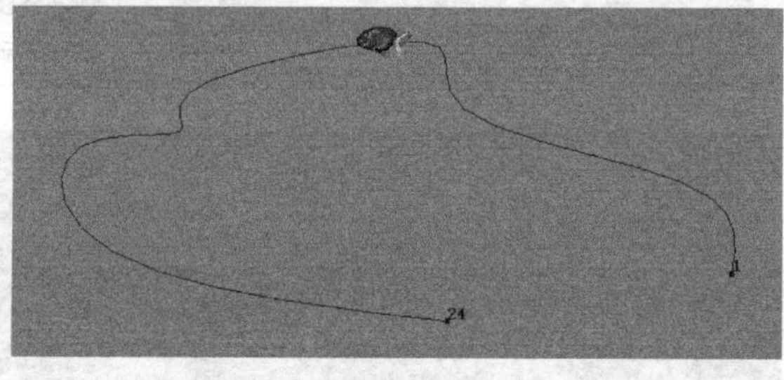

图13-82

技巧与提示

金鱼在曲线上运动时，在曲线的两端会出现带有数字的两个运动路径标记，这些标记表示金鱼开始和结束的运动时间，如图13-83所示。

若要改变金鱼在曲线上的运动速度或距离，可以通过在【曲线图编辑器】对话框中编辑动画曲线来完成。

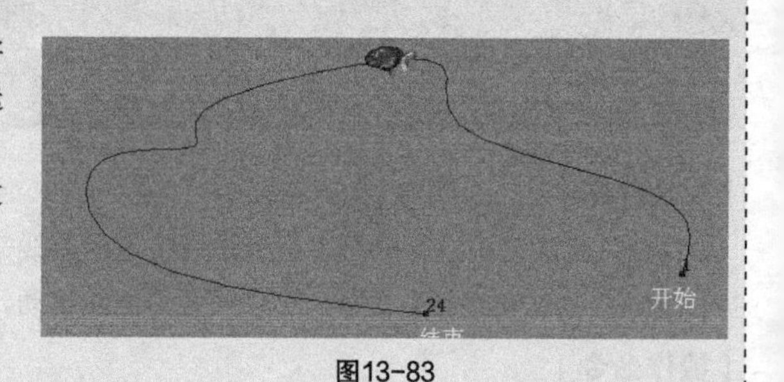

图13-83

【案例总结】

本案例是通过制作金鱼游动动画，来掌握【连接到运动路径】命令的使用。该命令可以将选定对象放置和连接到当前曲线，当前曲线将成为运动路径。

案例139 流动路径对象：字母穿越动画

场景位置	Scene>CH13>M10.mb
案例位置	Example>CH13>M11.mb
视频位置	Media>CH13>11. 流动路径对象：字母穿越动画 .mp4
学习目标	学习如何在模型间生成多边形

（扫码观看视频）

最终效果图

【操作思路】

对字母穿越动画进行分析，立体文字依次沿设置的路径移动。创建一条路径线，选择模型加选路径线，执行【流动路径对象】命令，可使三维文字沿曲线移动。

【操作命令】

本例的操作命令是【动画】>【运动路径】>【流动路径对象】命令，如图13-84所示。单击后面的▣设置按钮，打开【流动路径对象选项】对话框，如图13-85所示。

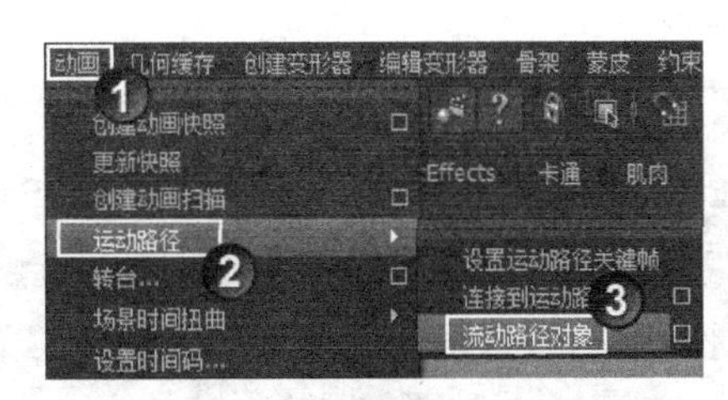

图13-84

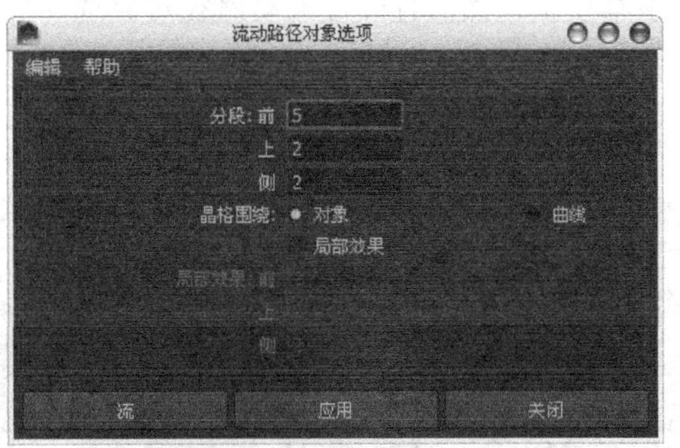

图13-85

流动路径对象选项参数介绍

分段：代表将创建的晶格部分数。【前】、【上】和【侧】与创建路径动画时指定的轴相对应。

晶格围绕：指定创建晶格物体的位置，提供了以下两个选项。

对象：当选择该选项时，将围绕物体创建晶格，这是默认选项。

曲线：当选择该选项时，将围绕路径曲线创建晶格。

局部效果：当围绕路径曲线创建晶格时，该选项将非常有用。如果创建了一个很大的晶格，多数情况下，可能不希望在物体靠近晶格一端时仍然被另一端的晶格点影响。例如，如果设置【晶格围绕】为【曲线】，并将【分段:前】设置为35，这意味着晶格物体将从路径曲线的起点到终点共有35个细分。当物体沿着路径曲线移动通过晶格时，它可能只被3~5个晶格分割度围绕。如果【局部效果】选项处于关闭状态，这个晶格中的所有晶格点都将影响物体的变形，从而可能会导致物体脱离晶格。因为距离物体位置较远的晶格点也会影响到它，如图13-86所示。

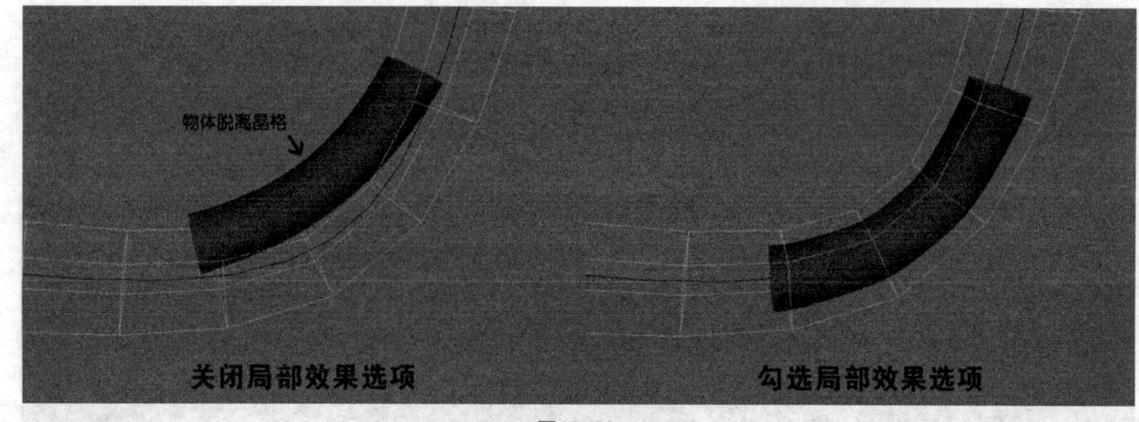

图13-86

局部效果：利用【前】、【上】和【侧】3个属性数值输入框，可以设置晶格能够影响物体的有效范围。一般情况下，设置的数值应该使晶格点的影响范围覆盖整个被变形的物体。

【操作步骤】

01 打开场景“Scene>CH13>M10.mb”，如图13-87所示。

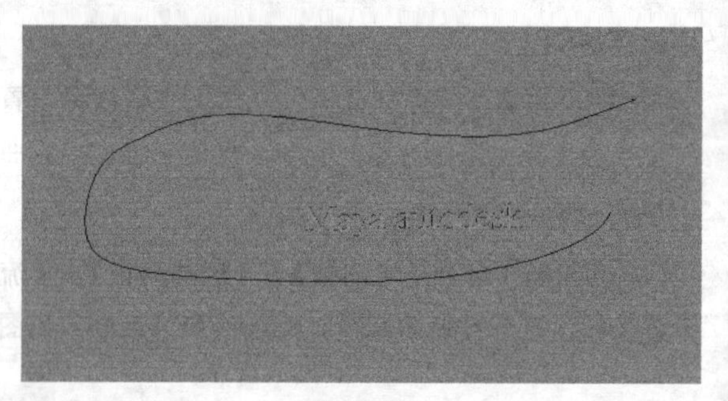

图13-87

02 选择字幕模型，然后按住Shift键加选曲线，接着打开【连接到运动路径选项】对话框，再设置【时间范围】为【开始/结束】，并设置【结束时间】为150，如图13-88所示。

03 选择字幕模型，然后打开【流动路径对象选项】对话框，接着设置【分段:前】为15，如图13-89所示。

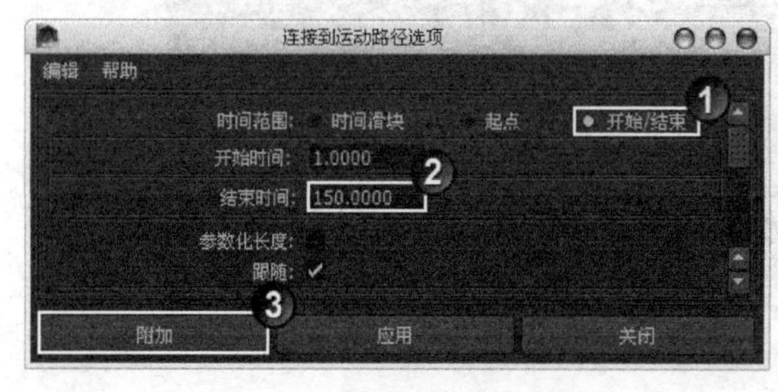

图13-88

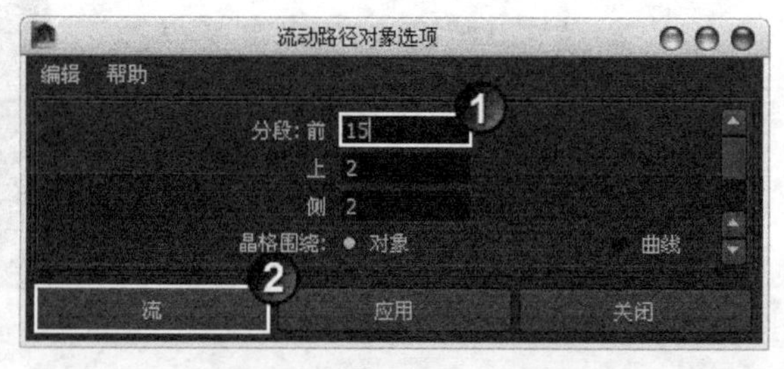

图13-89

04 切换到摄影机视图，然后播放动画，可以观察到字幕沿着运动路径曲线慢慢穿过摄影机视图之外，如图13-90所示。

图13-90

【案例总结】

本案例是通过制作字母穿越动画，来掌握【流动路径对象】命令的使用。该命令可以沿着当前运动路径或围绕当前物体周围创建晶格变形器，使物体沿路径曲线运动的同时也能跟随路径曲线曲率的变化改变自身形状，创建出一种流畅的运动路径动画效果。

案例140 方向约束：头部旋转动画

场景位置	Scene>CH13>M11.mb
案例位置	Example>CH13>M12.mb
视频位置	Media>CH13>12. 方向约束头部旋转动画.mp4
学习目标	学习如何通过约束来制作旋转效果

（扫码观看视频）

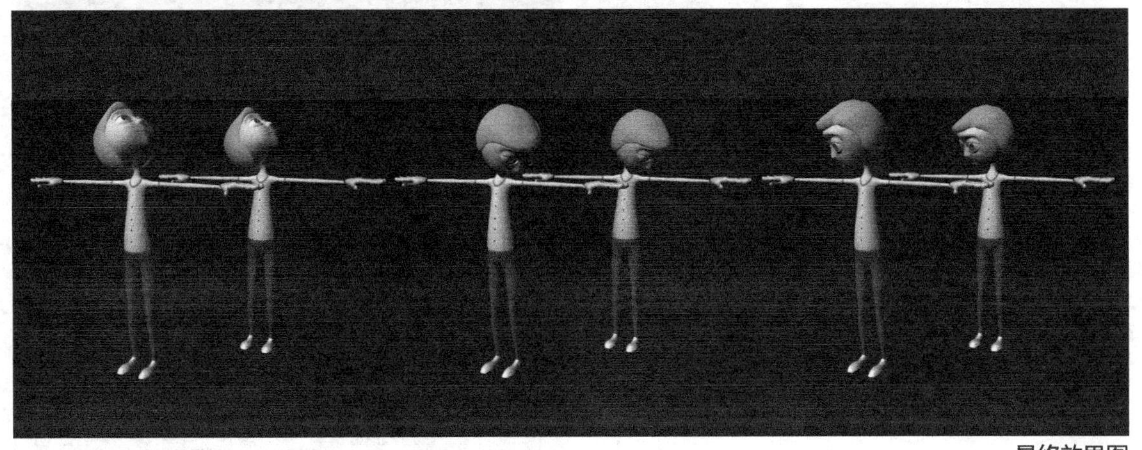

最终效果图

【操作思路】

对头部旋转动画进行分析，头部可绕脖子旋转。使用【方向】命令，可对头部进行约束。

【操作命令】

本例的操作命令是【约束】>【方向】命令，如图13-91所示。单击后面的■设置按钮，打开【方向约束选项】对话框，如图13-92所示。

图13-91

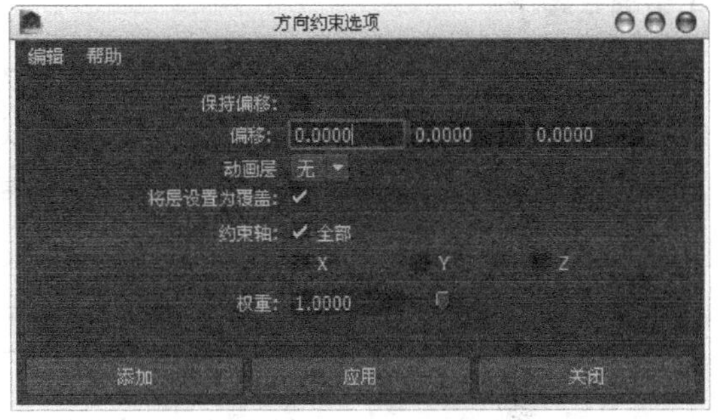

图13-92

方向约束选项参数介绍

保持偏移：当选择该选项时，创建【方向】约束后，被约束物体的相对旋转将保持在创建约束之前的状态，即可以保持约束物体之间的空间关系和旋转角度不变；如果关闭该选项，可以在下面的【偏移】选项中输入数值来确定被约束物体的偏移方向。

偏移：设置被约束物体偏移方向X、Y、Z坐标的弧度数值。

约束轴：指定约束的具体轴向，既可以单独约束X、Y、Z其中的任何轴向，又可以选择【全部】选项来同时约束3个轴向。

权重：指定被约束物体的方向能被目标物体影响的程度。

【操作步骤】

01 打开场景“Scene>CH13>M11.mb”，如图13-93所示。

02 先选择头部A，然后按住Shift键加选头部B，接着打开【方向约束选项】对话框，选择【保持偏移】选项，如图13-94所示。

03 选择头部B，在【通道盒】中可以观察到【旋转X】、【旋转Y】和【旋转Z】属性被锁定了，这说明头部B的旋转属性已经被头部A的旋转属性所影响，如图13-95所示。

图13-93

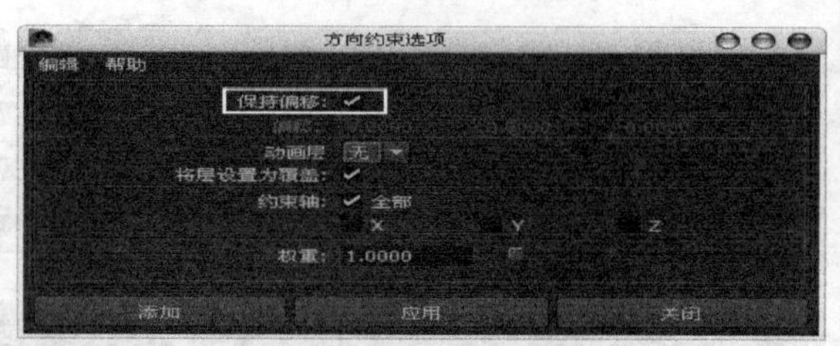

图13-94

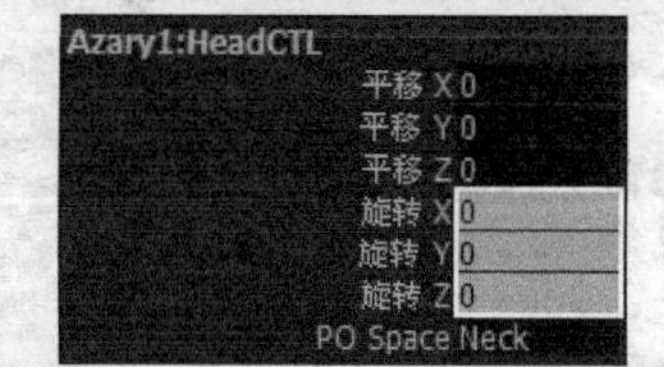

图13-95

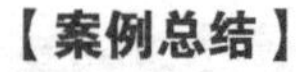用【旋转工具】旋转头部A，可以发现头部B也会跟着做相同的动作，但只限于旋转动作，如图13-96所示。

图13-96

【案例总结】

本案例是通过制作头部旋转约束，来掌握【方向】约束命令的使用。该命令可以将一个物体的方向与另一个或更多其他物体的方向相匹配，对于制作多个物体的同步变换方向非常有用。

练习 023 制作波浪

场景位置	无
案例位置	Example>CH13>M13.mb
视频位置	Media>CH13>13. 制作波浪 .mp4
技术需求	使用【波浪】命令制作效果

（扫码观看视频）

效果如图13-97所示。

图13-97

【制作提示】

第1步：创建一个多边形平面，增加其分段数。

第2步：选择平面执行【创建变形器】>【非线性】>【波浪】命令。

第3步：调整【波浪】的参数改变波浪外形。

步骤如图13-98所示。

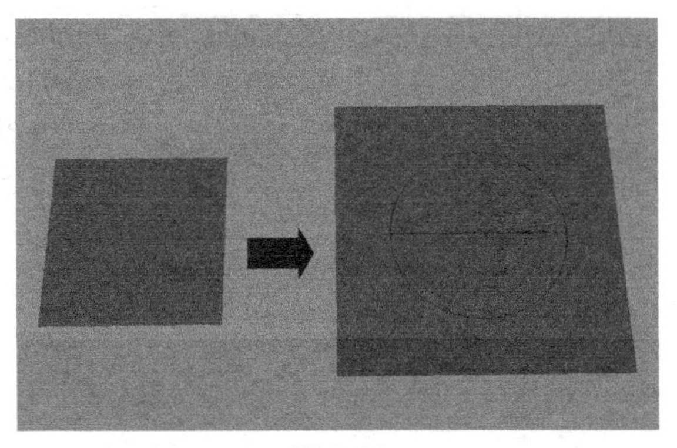

图13-98

练习 024 制作眼睛转动

场景位置	Scene>CH13>M12.mb
案例位置	Example>CH13>M14.mb
视频位置	Media>CH13>14. 制作眼睛转动 .mp4
技术需求	使用【目标】命令制作效果

（扫码观看视频）

效果如图13-99所示。

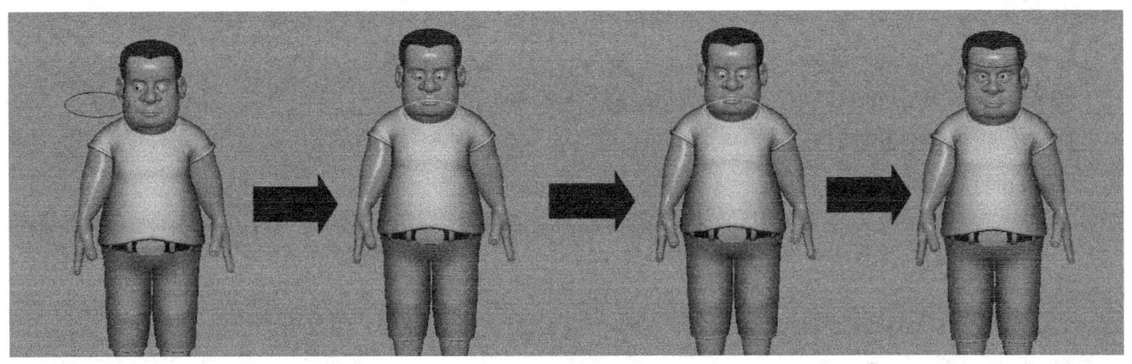

图13-99

【制作提示】

第1步：创建一个NURBS【圆形】，将其调整为椭圆形状。

第2步：将曲线移至眼睛的正前方，加选眼球执行【目标】命令。

第3步：移动曲线观察效果。

步骤如图13-100所示。

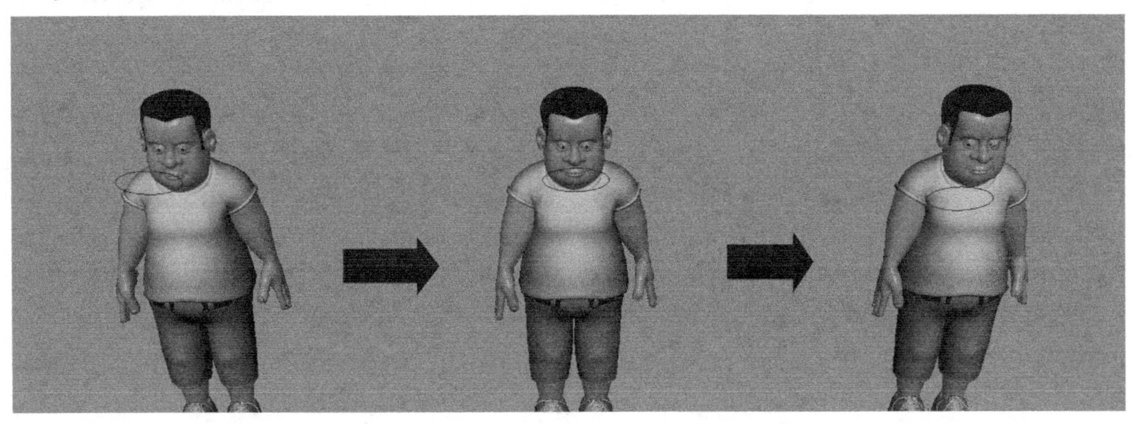

图13-100

练习025 制作飞机飞翔

场景位置	Scene>CH13>M13.mb
案例位置	Example>CH13>M15.mb
视频位置	Media>CH13>15. 制作飞机飞翔 .mp4
技术需求	使用【连接到运动路径】命令制作效果

（扫码观看视频）

效果如图13-101所示。

图13-101

【制作提示】

第1步：绘制一条路径曲线。

第2步：选择飞机和曲线执行【连接到运动路径】命令。

第3步：根据需要调整方向。

步骤如图13-102所示。

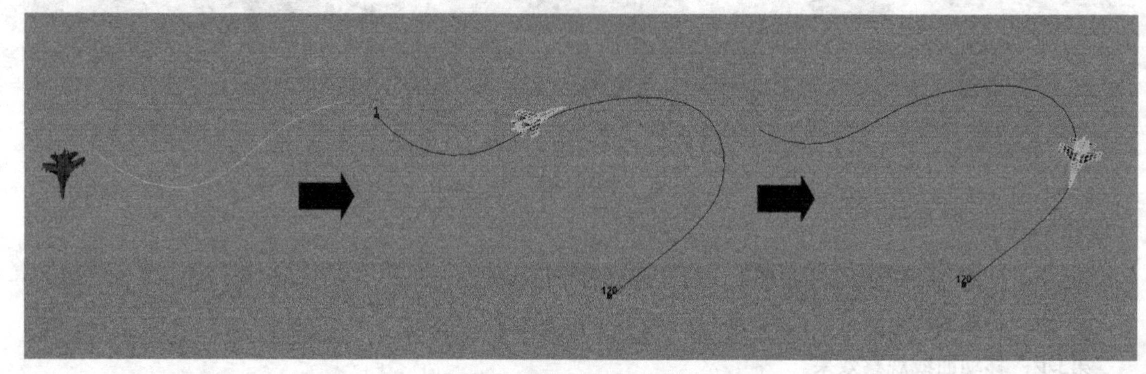

图13-102

第 14 章

动画技术综合运用

Maya之所以能成为行业的领先者，就是因为其强大的动画功能，从骨架到蒙皮再到绘制权重，处理起来都很得心应手。在影视动画领域，Maya是制作者的首选工具，而且很多其他软件处理过的数据，都会导入Maya中再进行处理。可以说，Maya是三维动画制作中的枢纽。在游戏领域，Maya越来越受到重视。从模型到动画，Maya都为游戏提供了高效的制作方案。本章主要通过案例的制作，来强化Maya的绑定技巧、变形器的使用、骨骼动画的制作，为制作流畅、自然的动画效果打下坚实的基础。

本章学习要点

强化绑定的使用技巧
强化变形器的使用技巧
强化骨骼动画的制作
强化综合动画的制作
拓展动画的制作思路

案例141 鲨鱼的刚性绑定与编辑

场景位置	Scene>CH14>N1.mb
案例位置	Example>CH14>N1.mb
视频位置	Media>CH14>1. 鲨鱼的刚性绑定与编辑 .mp4
学习目标	强化对模型进行刚性绑定

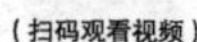
（扫码观看视频）

最终效果图

【操作思路】

对鲨鱼造型进行分析，本例不是采用直接将模型表面绑定到骨架的常规方式，而是采用一种间接的绑定方式。具体来说，就是首先为NURBS多面片角色模型创建【晶格】变形器，然后将晶格物体作为可变形物体刚性绑定到角色骨架上，让角色关节的运动带动晶格点运动，再由晶格点运动影响角色模型表面产生皮肤变形效果。

【操作命令】

本例的操作命令是【晶格】、【骨架】、【刚性绑定】命令。

【操作步骤】

打开场景“Scene>CH14>N1.mb”，如图14-1所示。

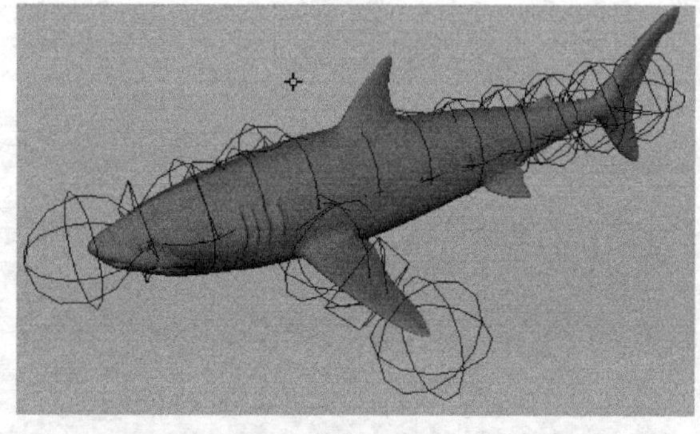
图14-1

为鲨鱼身体模型创建晶格变形器

01 在前视图中框选除左右两侧鱼鳍表面之外的全部CV控制点，如图14-2所示。

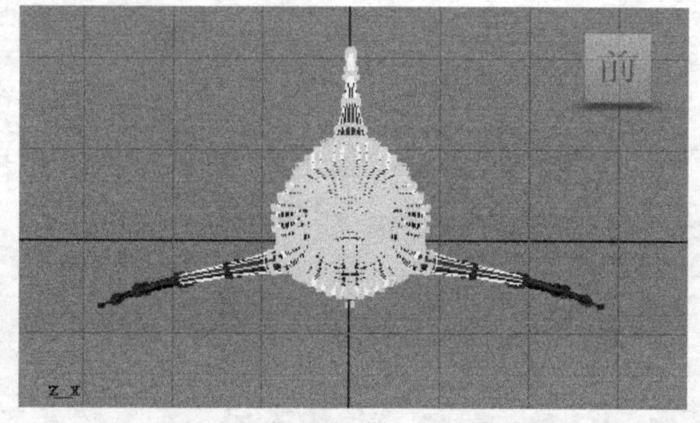

图14-2

技巧与提示

本场景锁定了鲨鱼模型，需要在【层编辑器】中将鲨鱼的层解锁后才可编辑，如图14-3所示。

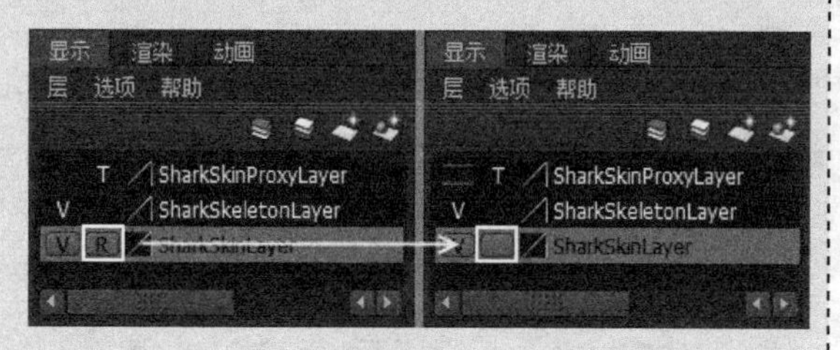

图14-3

02 单击【创建变形器】>【晶格】命令后面的设置按钮，打开【晶格选项】对话框，设置【分段】为（5，5，25），如图14-4所示。单击【创建】按钮，完成晶格物体的创建，效果如图14-5所示。

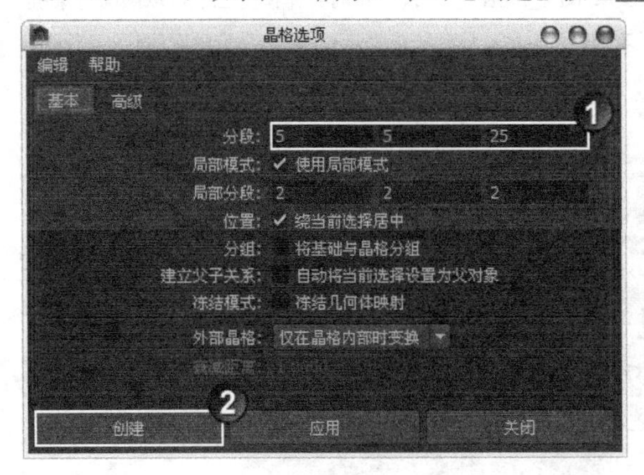

图14-4

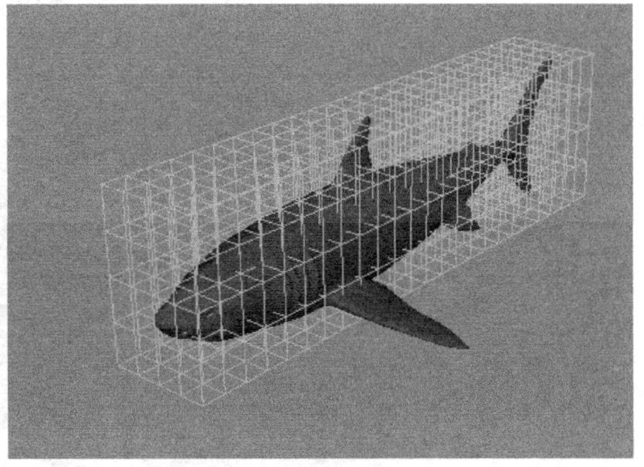

图14-5

将晶格物体与角色骨架建立刚性绑定关系

01 选择鲨鱼骨架链的根关节shark_root，按住Shift键加选要绑定的影响晶格物体ffd1Lattice，如图14-6所示。

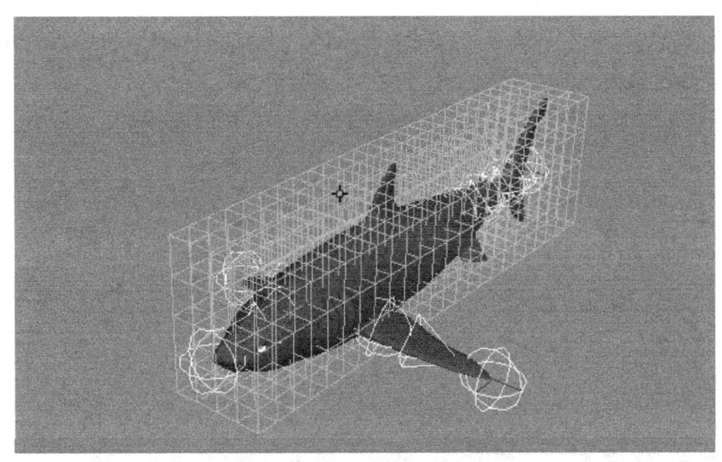

图14-6

02 单击【蒙皮】>【绑定蒙皮】>【刚性绑定】命令后面的设置按钮，打开【刚性绑定蒙皮选项】对话框，设置【绑定到】为【完整骨架】，选择【为关节上色】选项，设置【绑定方法】为【最近点】，如图14-7所示。单击【绑定蒙皮】按钮，完成刚性蒙皮绑定操作，效果如图14-8所示。

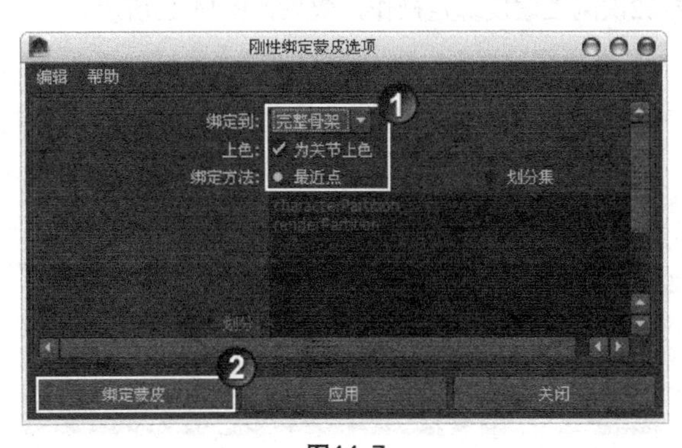

图14-7

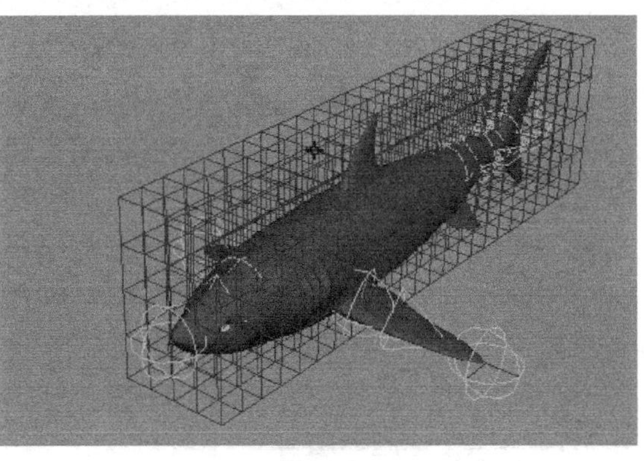

图14-8

01 02 03 04 05 06 07 08 09 10 11 12 13 14 15 16 17

技巧与提示

这时如果用【移动工具】选择并移动鲨鱼骨架链的根关节shark_root，会发现鲨鱼的身体模型已经可以跟随骨架链同步移动，但是左右两侧鱼鳍表面仍然保持在原来的位置，如图14-9所示。这样还需要进行第2次刚性绑定操作，将左右两侧鱼鳍表面上的CV控制点（未受到晶格影响的CV控制点）绑定到与其最靠近的鱼鳍关节上。

图14-9

03 首先选择鲨鱼骨架链中位于左右两侧的鱼鳍关节shark_leftAla和shark_rightAla，按住Shift键加选左右两侧鱼鳍表面上未受到晶格影响的CV控制点，如图14-10所示。

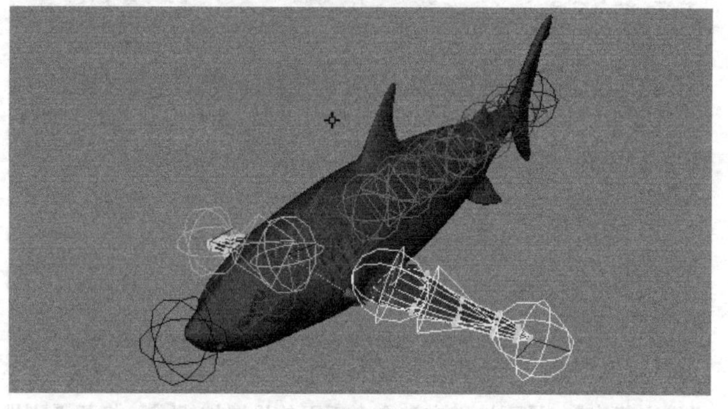

图14-10

04 单击【蒙皮】>【绑定蒙皮】>【刚性绑定】命令后面的设置按钮，打开【刚性绑定蒙皮选项】对话框，设置【绑定到】为【选定关节】，关闭【为关节上色】选项，设置【绑定方法】为【最近点】，如图14-11所示。单击【绑定蒙皮】按钮，完成第2次刚性蒙皮绑定操作，效果如图14-12所示。

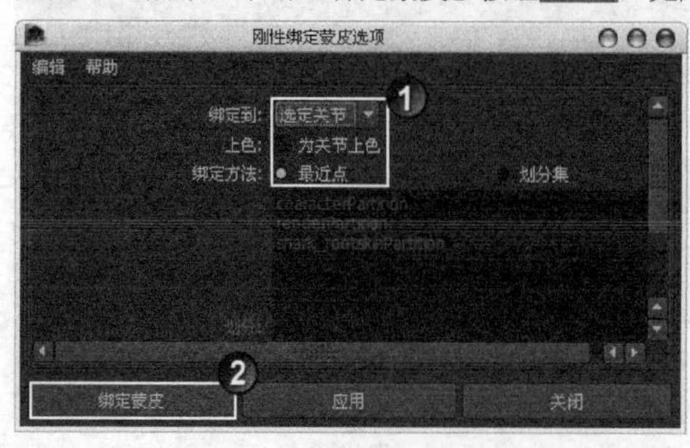

图14-11

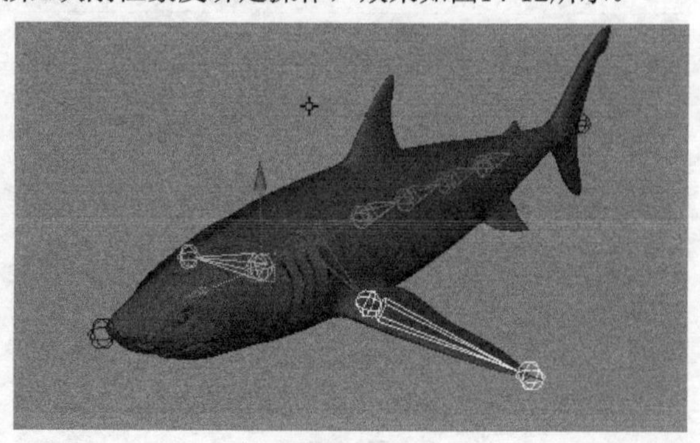

图14-12

编辑刚性蒙皮物体点组成员

01 查看当前选择鱼鳍关节影响的刚性蒙皮物体点组成员。执行【编辑变形器】>【编辑成员身份工具】命令，进入编辑刚性蒙皮物体点组成员操作模式。单击选择左侧鱼鳍关节shark_leftAla，这时被该关节影响的刚性蒙皮物体点组中所有蒙皮点都将以黄色高亮显示，如图14-13所示。

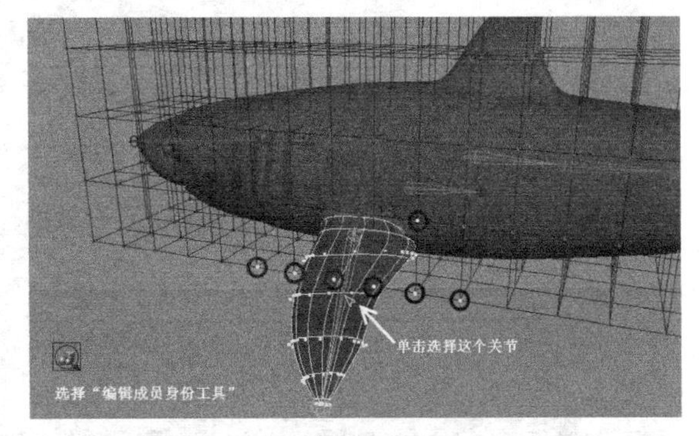

图14-13

02 从当前刚性蒙皮点组中去除不需要的晶格点。按住用鼠标左键Ctrl键单击选择最下方6个高亮显示晶格点外侧的两个（在图中用白色圆圈标记出来了），使它们变为非高亮显示状态，将这两个晶格点从当前关节影响的刚性蒙皮点组中去除，如图14-14所示。

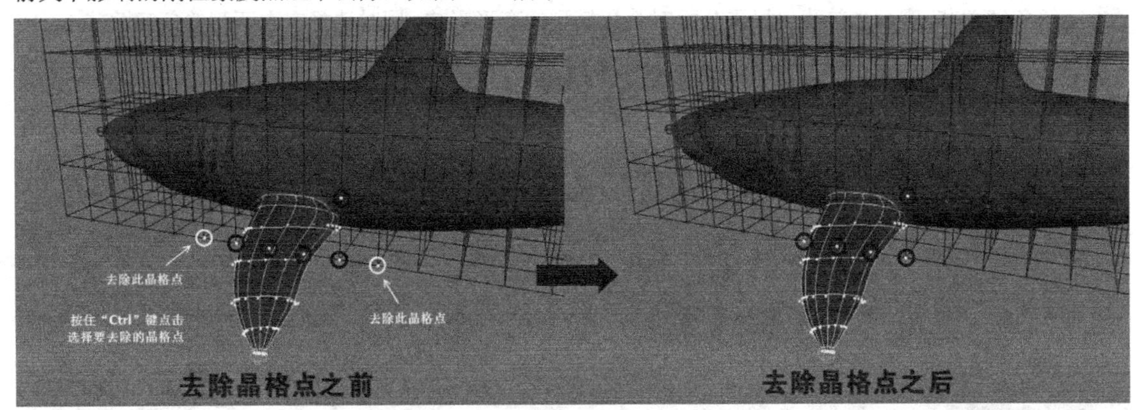

图14-14

03 向当前刚性蒙皮点组中添加需要的晶格点。按住用鼠标左键Shift键单击选择位于鱼鳍表面上方3个非高亮显示的晶格点，使它们变为高亮显示，将这3个晶格点（在图中用白色圆圈标记出来了）添加到当前关节影响的刚性蒙皮点组中，如图14-15所示。

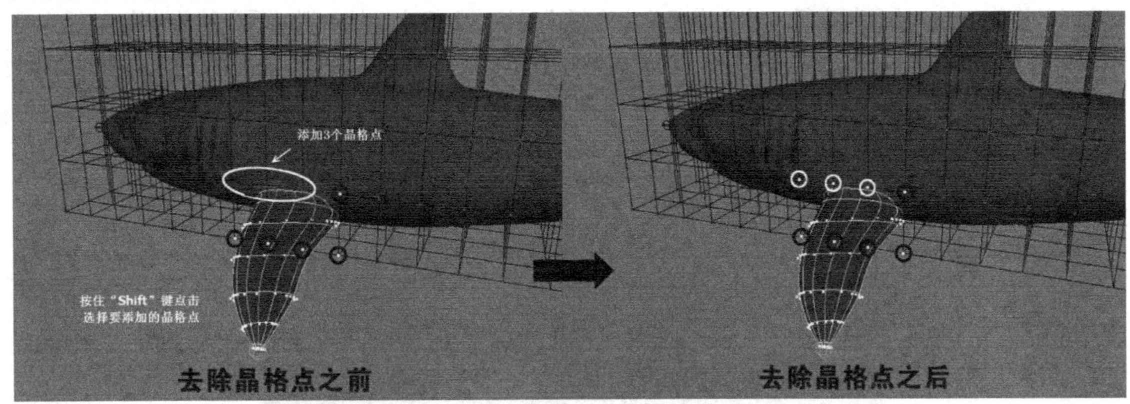

图14-15

04 用相同的方法完成右侧鱼鳍关节影响的刚性蒙皮物体点组成员编辑操作。对于鲨鱼身体的其他关节，都可以先采用【编辑成员身份工具】查看是否存在分配不恰当的蒙皮点组成员，如果存在，利用添加或去除的方法进行蒙皮物体点组成员编辑操作，如图14-16所示。

图14-16

编辑刚性蒙皮晶格点权重

01 旋转鱼鳍关节，观察当前蒙皮权重分配对鲨鱼模型的变形影响。同时选择左右两侧的鱼鳍关节shark_leftAla和shark_rightAla，使用【旋转工具】沿z轴分别旋转+35°和-35°（也可以直接在【通道盒】中设置【旋转 Z】为±35），做出鱼鳍上下摆动的姿势，这时观察鲨鱼模型的变形效果如图14-17所示。

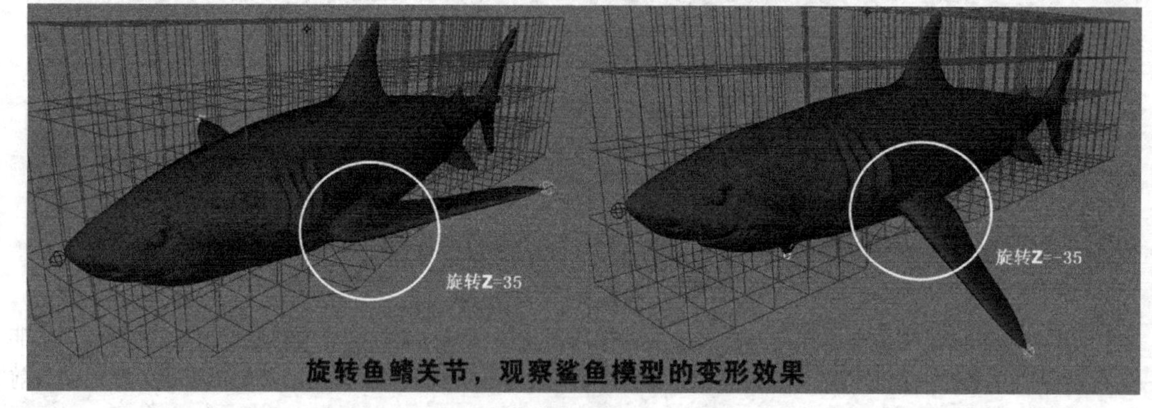

图14-17

02 在晶格物体上单击鼠标右键，从弹出菜单中选择【晶格点】命令，然后选择受鱼鳍关节影响的8个晶格点，执行【窗口】>【常规编辑器】>【组件编辑器】命令，打开【组件编辑器】对话框，单击【刚性蒙皮】选项卡，最后将位于晶格下方中间位置处的两个晶格点的权重数值设置为0.2，其余6个晶格点的权重数值设置为0.1。设置完成后按Enter键确认修改操作，如图14-18所示。

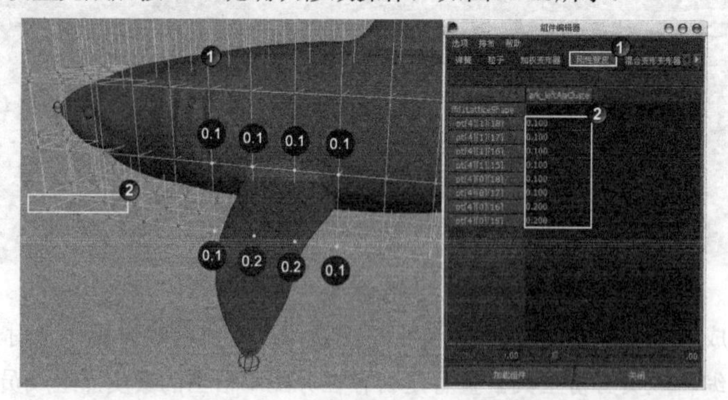

图14-18

03 旋转脊椎和尾部关节，观察当前蒙皮权重分配对鲨鱼身体模型的变形影响。同时选择5个脊椎关节，从shark_spine至shark_spine4和一个尾部关节shark_tail，使用【旋转工具】沿y轴旋转-30°，做出身体蹍曲的姿势，这时观察鲨鱼身体模型的变形效果如图14-19所示。

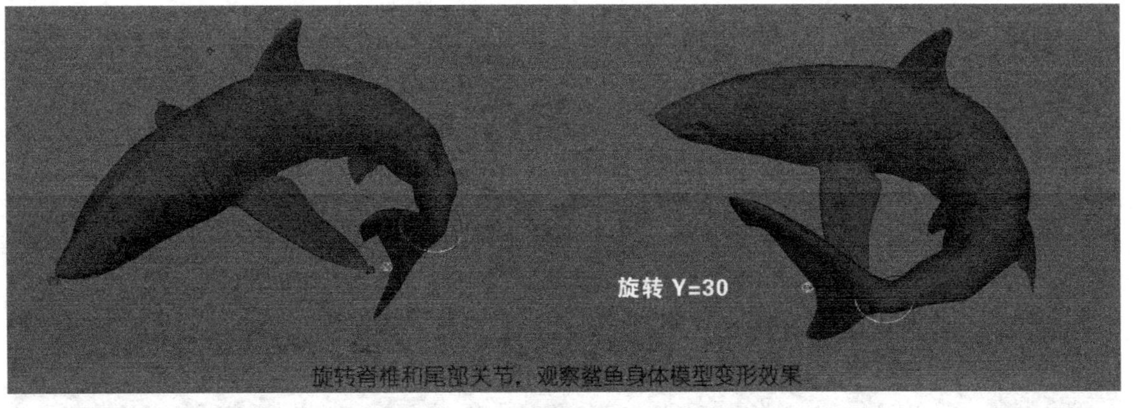

图14-19

04 修改关节对晶格点的影响力。最大化显示顶视图，进入【晶格点编辑】级别，然后按住Shift键用鼠标左键框取选择如图14-20所示的4列共20个晶格点，接着在【组件编辑器】对话框中将这些晶格点的权重数值全部修改为0.611。

05 继续用鼠标左键框取选择中间的一列共5个晶格点，然后在【组件编辑器】对话框中将这些晶格点的权重值全部修改为0.916，如图14-21所示。

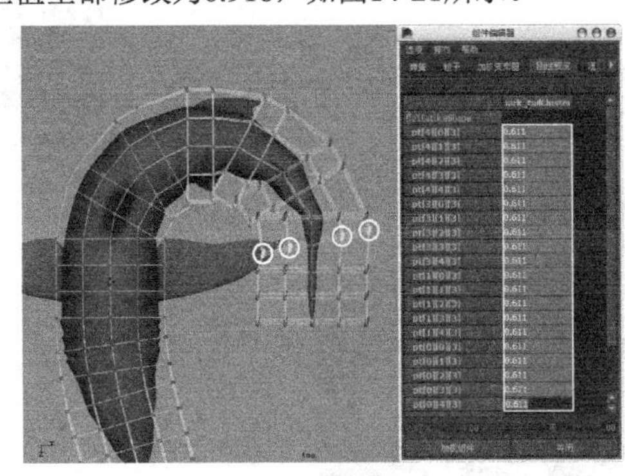

图14-20

图14-21

06 按顺序继续调整上面一行晶格点的权重值。按住Shift键用鼠标左键框取选择如图14-22所示的4列共20个晶格点，然后在【组件编辑器】对话框中将这些晶格点的权重值全部修改为0.222。

07 继续用鼠标左键框取选择中间的一列共5个晶格点，然后在【组件编辑器】对话框中将这些晶格点的权重值全部修改为0.111，如图14-23所示。

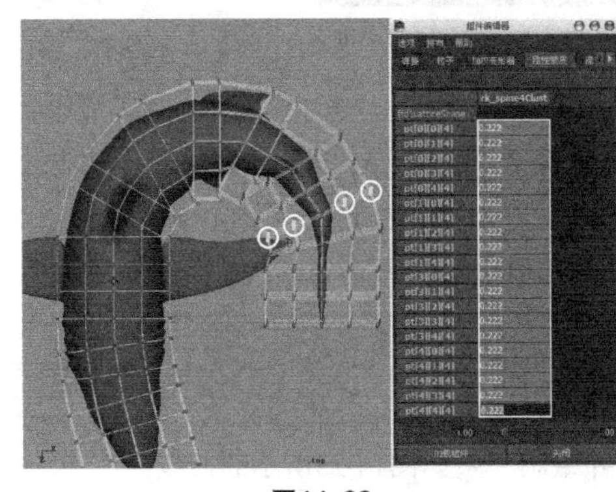

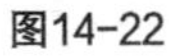

图14-22

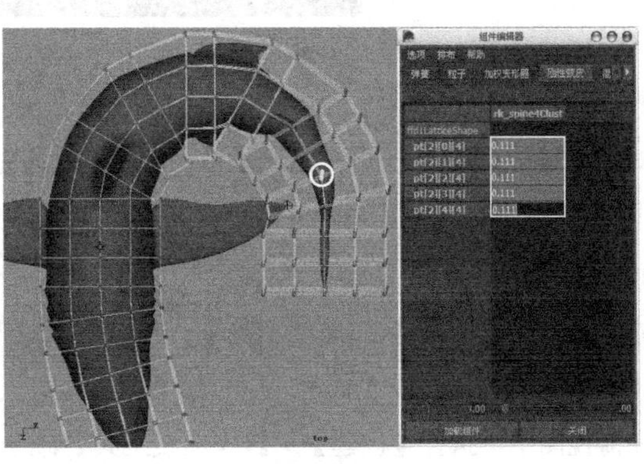

图14-23

08 对于其他位置不理想的晶格点，都可以采用这种方法进行校正，具体操作过程这里就不再详细介绍了。操作时要注意，应尽量使晶格点之间的连接线沿鲨鱼身体的弯曲走向接近圆弧形，这样才能使鲨鱼身体平滑变形。最终完成刚性蒙皮权重调整的晶格点影响鲨鱼身体模型的变形效果如图14-24所示。

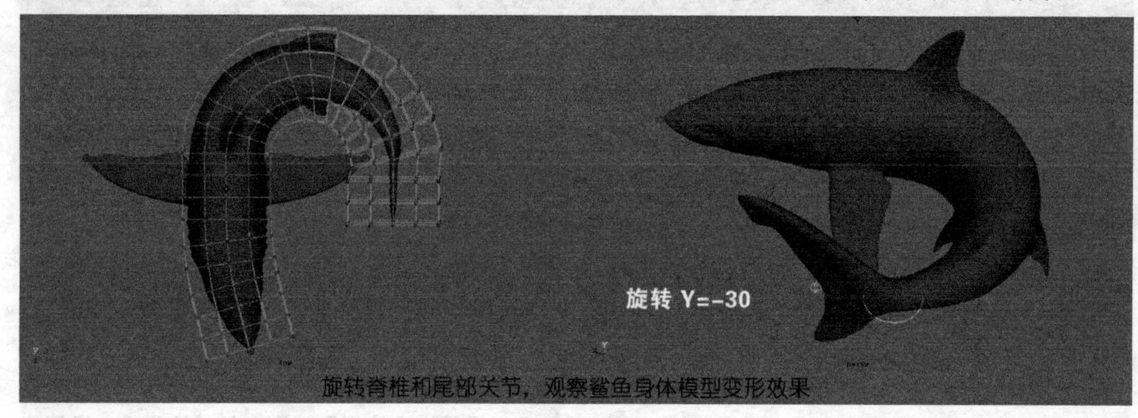

图14-24

【案例总结】

本案例是通过对鲨鱼进行刚性绑定和编辑，来强化【晶格】、【骨架】、【刚性绑定】命令的综合运用。

案例 142 线变形动画

场景位置	无
案例位置	Example>CH14>N2.mb
视频位置	Media>CH14>2. 线变形动画 .mp4
学习目标	强化制作线变形动画

（扫码观看视频）

最终效果图

【操作思路】

对线变形效果进行分析，Maya的logo呈立体状。先用曲线制作出Maya的logo轮廓线，再使用【线工具】制作立体logo。

【操作命令】

本例的操作命令是【CV曲线工具】、NURBS的【平面】、【线工具】命令。

【操作步骤】

01 在前视图中，执行【创建】>【CV曲线工具】命令，并绘制一条如图14-25所示的曲线。

02 以上一步绘制的曲线为参照，再绘制一条如图14-26所示的曲线。

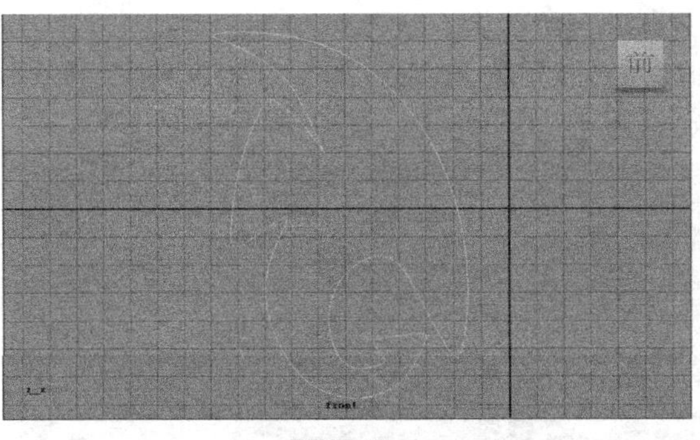

图14-25

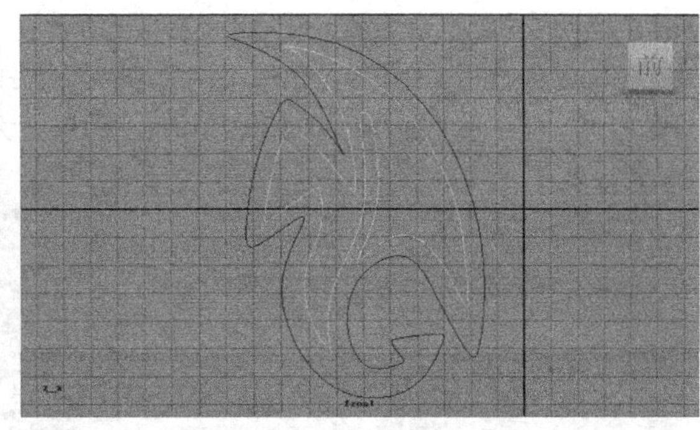

图14-26

03 绘制其他细节曲线，如图14-27所示。

04 执行【创建】>【NURBS基本体】>【平面】命令，创建一个如图14-28所示的NURBS平面。

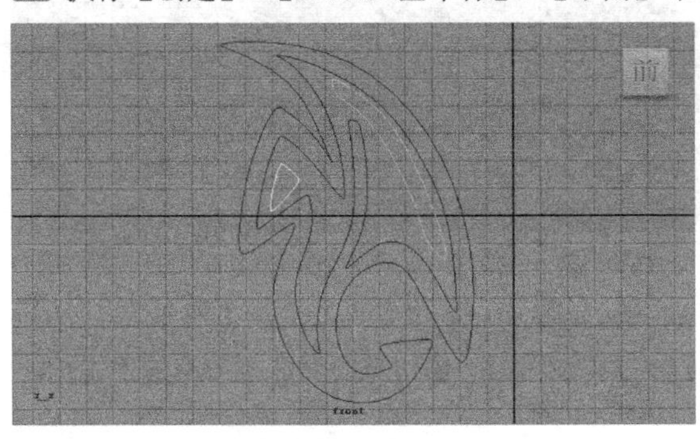

图14-27

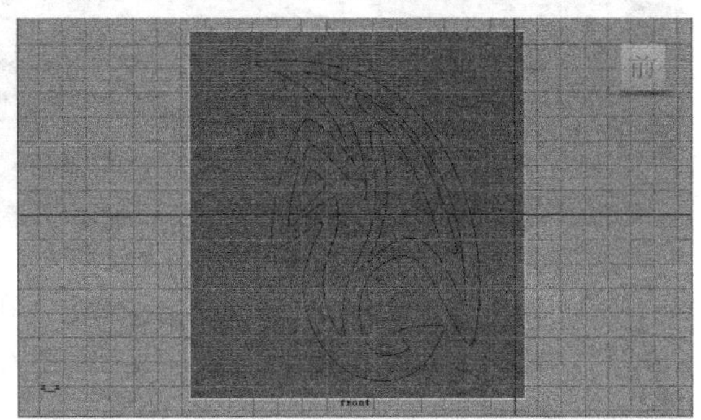

图14-28

05 在【通道盒】中将NURBS平面的【U向面片数】和【V向面片数】参数分别调整为150和200，如图14-29所示。

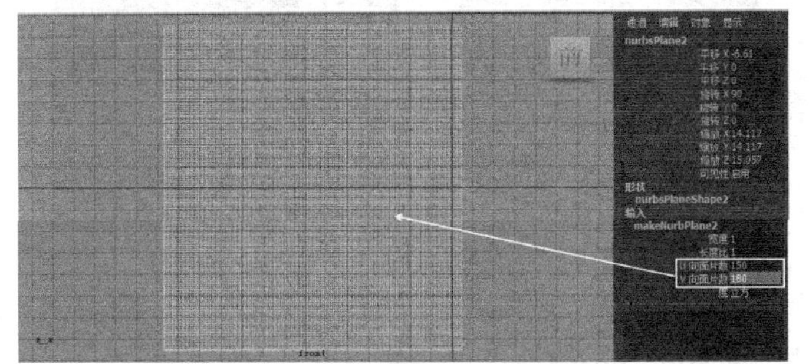

图14-29

06 在【创建变形器】>【线工具】命令后面单击□按钮，打开【工具设置】面板，单击【重置工具】按钮重置工具，此时光标会变成十字形状。单击选择NURBS平面，并按Enter键确认，如图14-30所示。

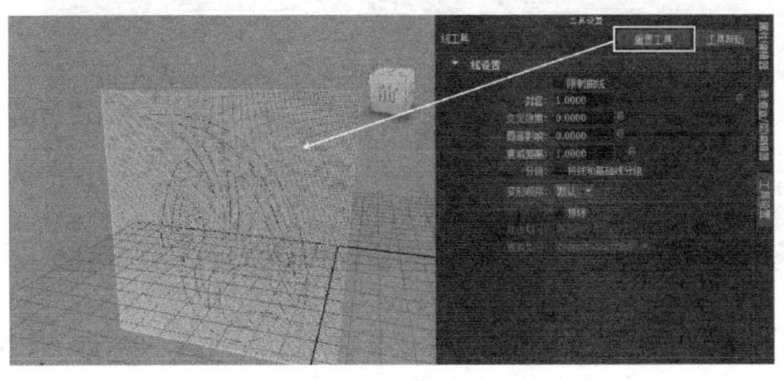

图14-30

07 选择场景中的所有曲线，然后再次按下Enter键，如图14-31所示。

08 选择场景中所有的曲线，使用【移动工具】将曲线向z轴方向移动，可以看到NURBS平面受到了曲线的影响，但是目前曲线影响NURBS平面的范围过大，导致图形稍显臃肿，如图14-32所示。

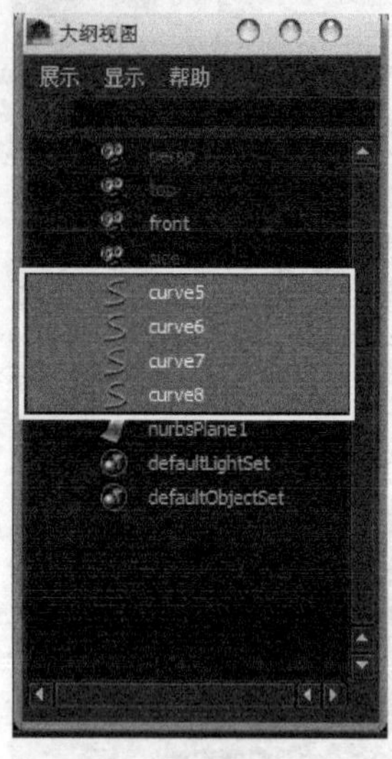

图14-31

图14-32

09 保持对曲线的选择，打开【属性编辑器】，在Wire1选项卡中展开【衰减距离】卷展栏，并将Curve5、Curve6、Curve7和Curve8参数全部调整为0.5，可以看到NURBS平面受曲线影响的范围缩小了，如图14-33所示。

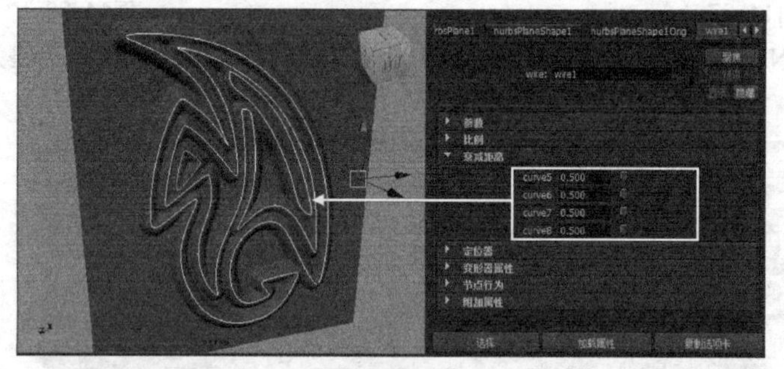

图14-33

10 在第1帧的位置将曲线的位移归零，使用快捷键Shift+W设置模型在【平移 X】、【平移 Y】和【平移 Z】参数上的关键帧，如图14-34所示。

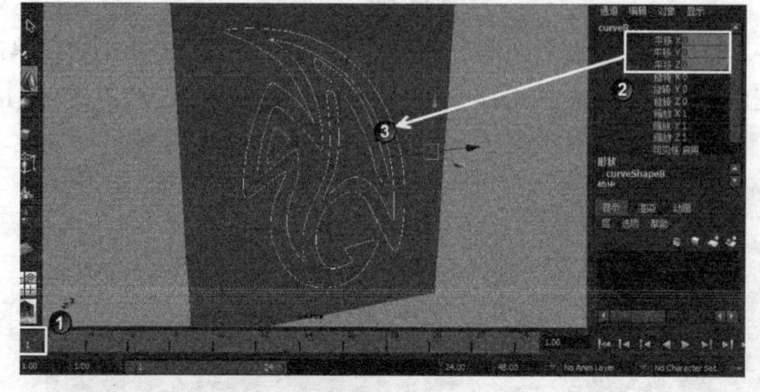

图14-34

11 将时间滑块移动到第18帧，然后使用【移动工具】将曲线在z轴方向上移动0.367的距离，使用快捷键Shift+W设置模型在【平移 X】、【平移 Y】和【平移 Z】参数上的关键帧，如图14-35所示。

，选择曲线，将它们隐藏，接着播放动画，可以看到随时间的推移，NURBS平
的标志，如图14-36所示。

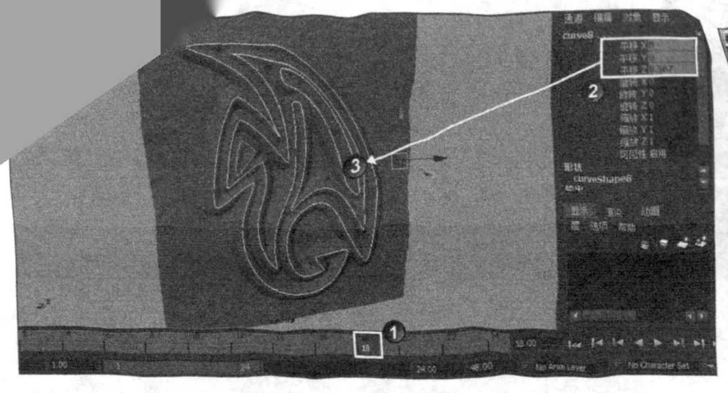

图14-35

图14-36

【案例总结】

本案例是通过制作线变形效果，来强化【CV曲线工具】、NURBS的【平面】、【线工具】命令的综合运用。

案例143 生日蜡烛

场景位置	无
案例位置	Example>CH14>N3.mb
视频位置	Media>CH14>3. 生日蜡烛 .mp4
学习目标	强化使用非线性工具

（扫码观看视频）

【操作思路】

对生日蜡烛效果进行分析，蜡烛主要由火焰和蜡烛构成，对立方体使用【扭曲】命令可制作蜡烛，对球体使用【挤压】、【扩张】、【弯曲】命令可制作火焰。

【操作命令】

本例的操作命令是多边形的【立方体】、【扭曲】、【球体】、【挤压】、【扩张】、【弯曲】、【圆柱体】命令。

最终效果图

【操作步骤】

制作蜡烛

01 执行【创建】>【多边形基本体】>【立方体】命令，在场景中创建一个立方体，如图14-37所示。

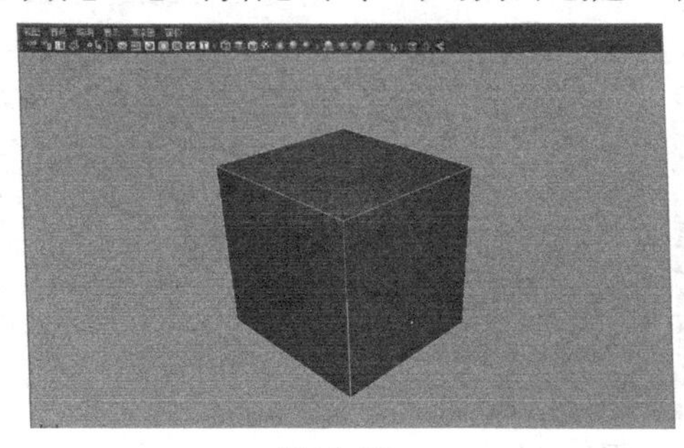

图14-37

02 在【通道盒】中设置立方体的高度和分段数，如图14-38所示，设置完成后的效果如图14-39所示。

图14-38

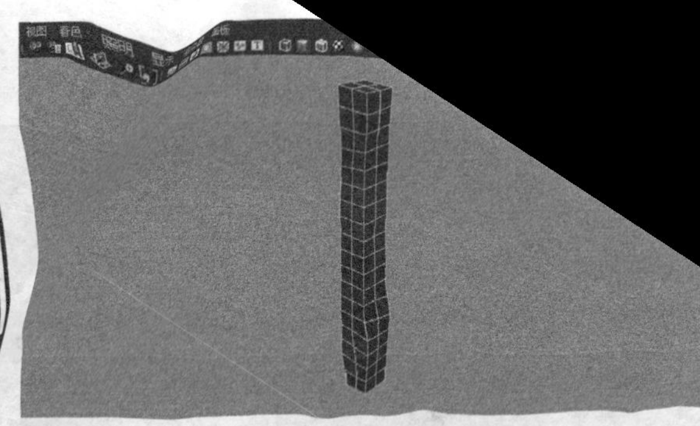
图14-39

03 选择立方体，执行【创建变形器】>【非线性】>【扭曲】命令，在【通道盒】中进行如图14-40所示的设置，效果如图14-41所示，这样蜡烛的模型就制作完成了。

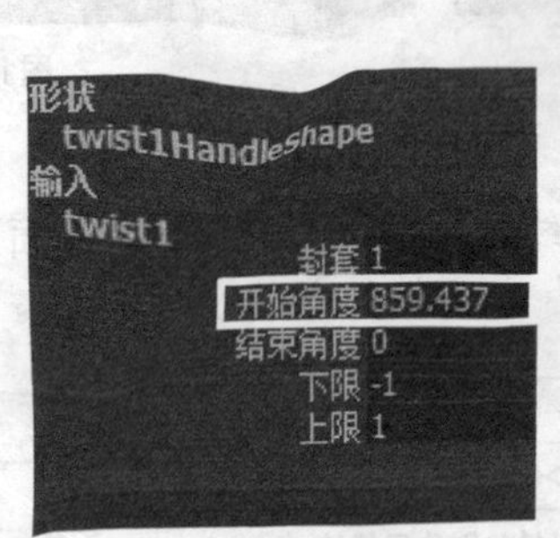

图14-40

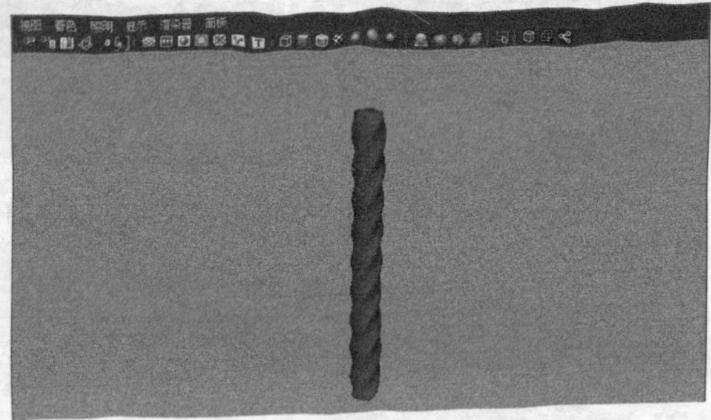
图14-41

制作火苗

01 执行【创建】>【多边形基本体】>【球体】命令，在场景中创建一个球体模型，如图14-42所示，具体参数设置如图14-43所示。

图14-42

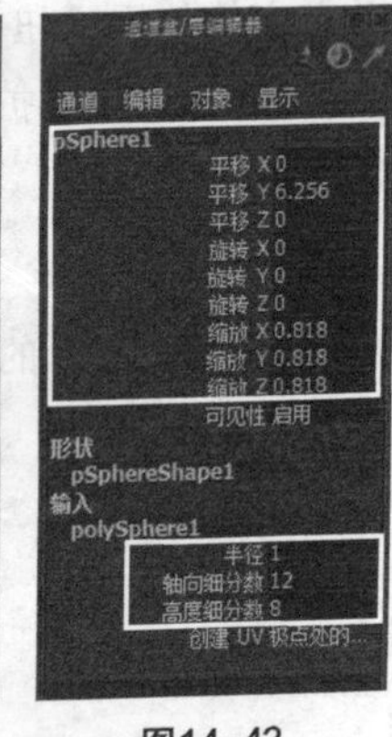

图14-43

02 选择球体模型，执行【创建变形器】>【非线性】>【挤压】命令，在【通道盒】中进行如图14-44所示的设置，效果如图14-45所示。

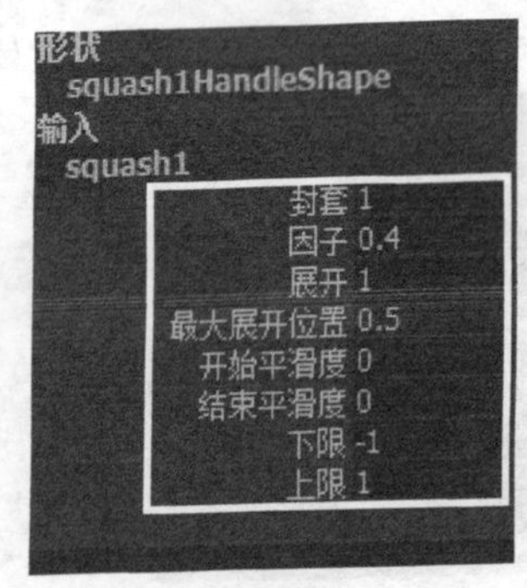

图14-44

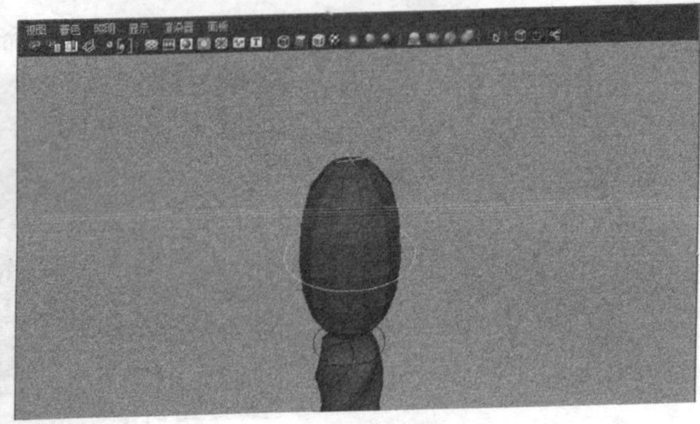
图14-45

择球体模型，执行【创建变形器】>【非线性】>【扩张】命令，在【通道盒】中进行如图14-46所示的设置，效果如图14-47所示。

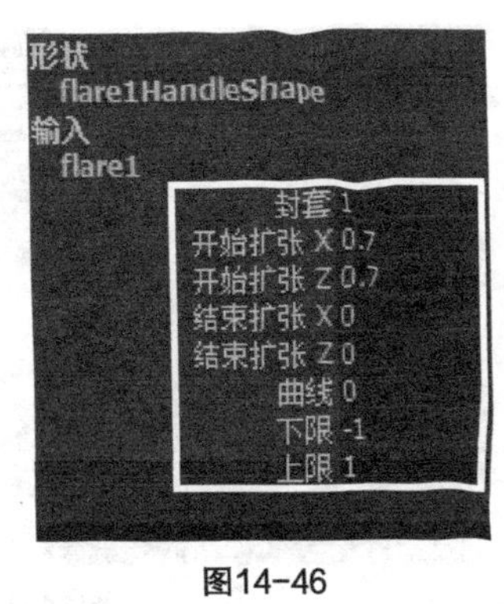

图14-46

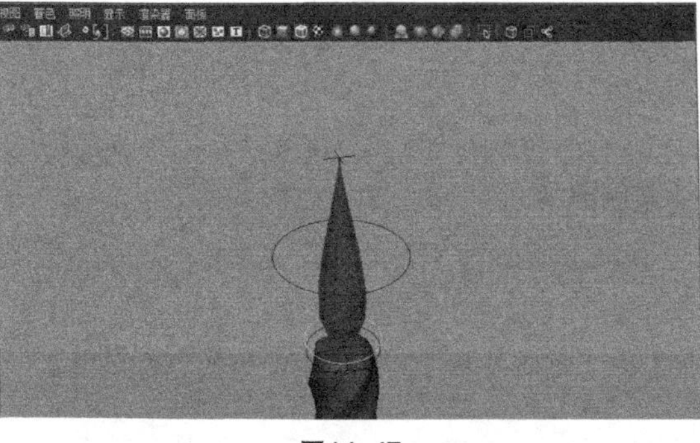

图14-47

04 选择火苗模型，执行【创建变形器】>【非线性】>【弯曲】命令，在【通道盒】中进行如图14-48所示的设置，效果如图14-49所示，这样火苗的模型就制作完成了。

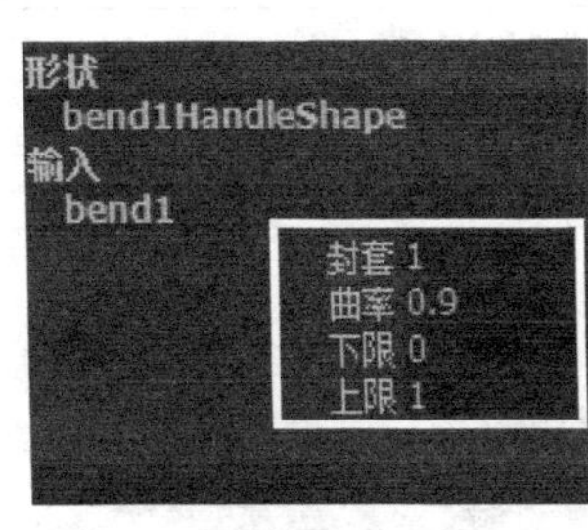

图14-48

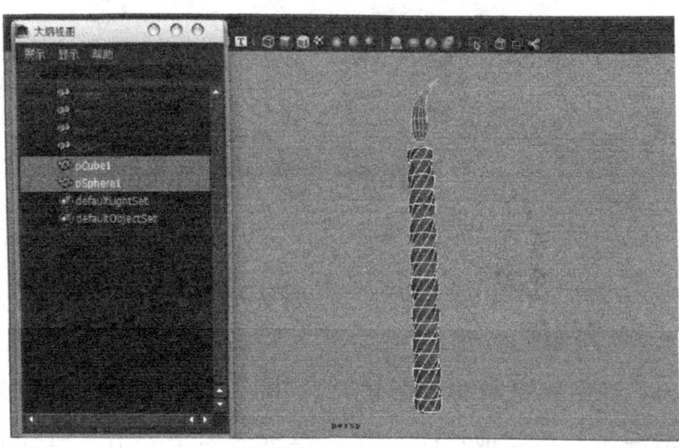

图14-49

05 在【大纲视图】窗口中，可以看到场景中有4个变形器的手柄，如图14-50所示。选择蜡烛和火苗模型，执行【编辑】>【按类型删除】>【历史】命令，删除模型的历史记录，如图14-51所示。

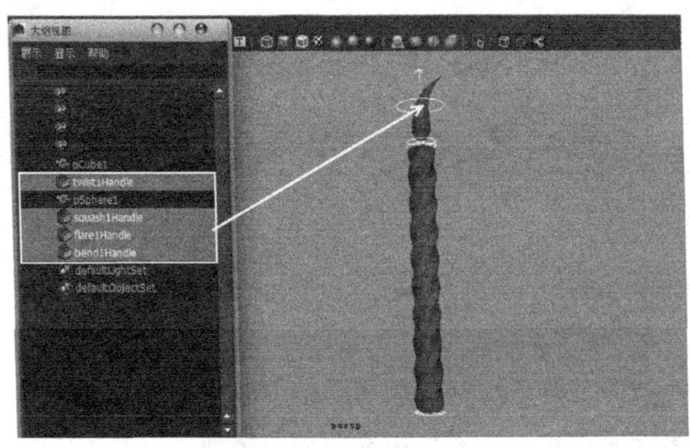

图14-50

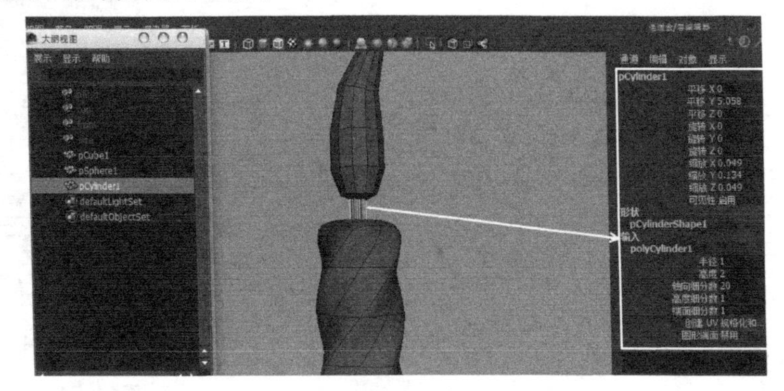

图14-51

06 执行【创建】>【多边形基本体】>【圆柱体】命令，在场景中创建一个圆柱体，制作出蜡烛的灯芯模型，具体参数设置和效果如图14-52所示。

图14-52

07 复制几个蜡烛的模型，最终效果如图14-53所示。

图14-53

【案例总结】

本案例是通过生日蜡烛，来强化多边形的【立方体】、【扭曲】、【球体】、【挤压】、【扩张】、【弯曲】和【圆柱体】命令的综合运用。

案例144 白头鹰舞动动画

场景位置	Scene>CH14>N2.mb
案例位置	Example>CH14>N4.mb
视频位置	Media>CH14>4. 白头鹰舞动动画 .mp4
学习目标	学习如何制作翅膀的伸展与折叠动作

（扫码观看视频）

最终效果图

【操作思路】

对白头鹰舞动动画进行分析，采用设置受驱动关键帧的方法来控制鸟类翅膀的伸展与折叠。在常规情况下，要完成这个动作需要旋转多个关节，操作起来非常烦琐。如果使用受驱动关键帧，只要采用一个附加属性就可以方便地控制鸟类翅膀的伸展与折叠动作。

【操作工具】

本例的操作工具是【驱动者】、【受驱动】、【添加属性】窗口。

【操作步骤】

打开场景“Scene>CH14>N2.mb”，如图14-54所示。

图14-54

关节添加新的附加属性

01 下面为翅膀关节left_upper_arm_jointA添加一个新的附加属性。先在场景视图中选择这个关节（可以使用选择控制柄方便地选择这个关节），如图14-55所示。

图14-55

02 执行【修改】>【添加属性】命令，打开【添加属性】对话框，在【长名称】文本框中输入属性名称Control Humerus Feather，设置【最小】为0、【最大】为5、【默认】为0，单击【添加】按钮 添加 ，如图14-56所示。这样可以在【通道盒】中添加一个新的附加属性，如图14-57所示。

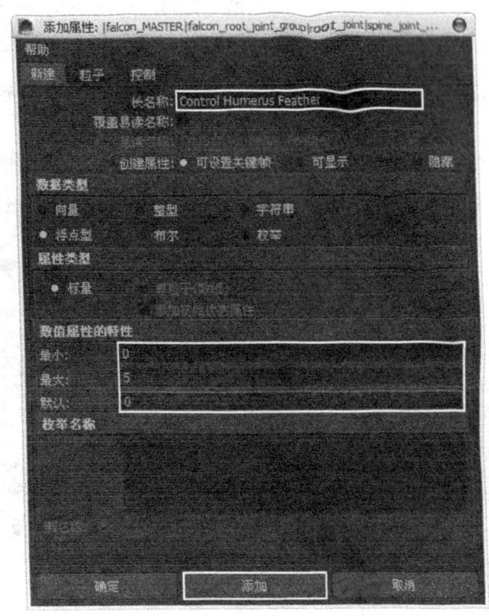

图14-56

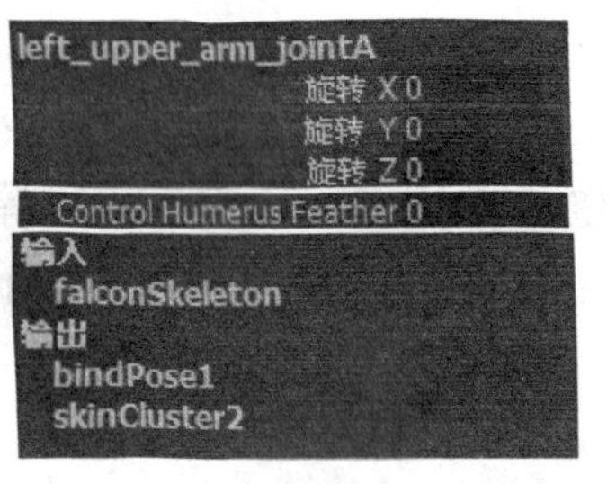

图14-57

03 下面为翅膀关节left_elbow_jointA添加一个新的附加属性。先在场景视图中选择这个关节，如图14-58所示。

图14-58

04 打开【添加属性】对话框，然后在【长名称】文本框中输入属性名称Control Forearm Feather，设置【最小】为0、【最大】为5、【默认】为0，单击【添加】按钮 添加 ，如图14-59所示。这样可以在【通道盒】中添加一个新的附加属性，如图14-60所示。

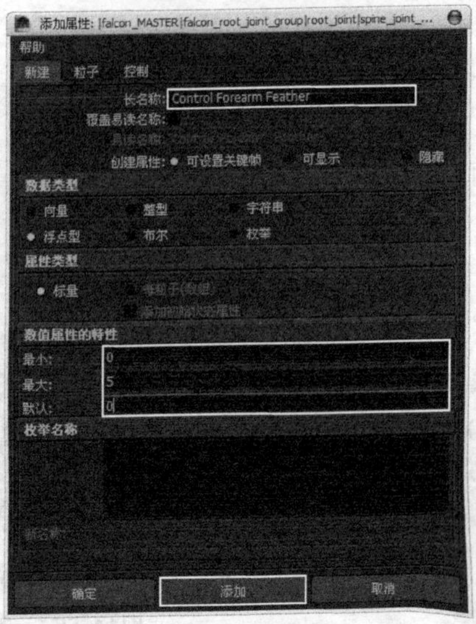

图14-59

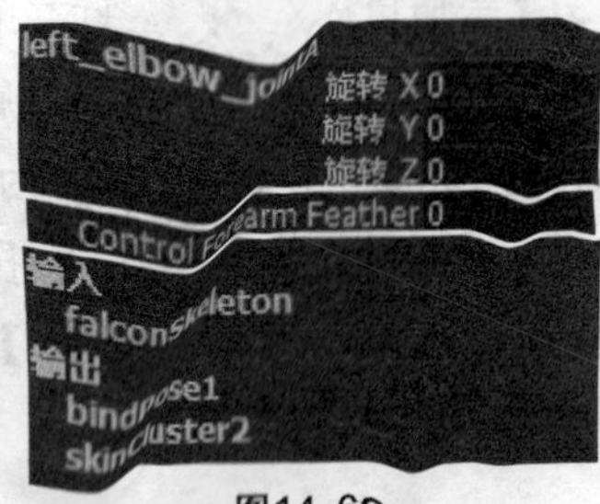

图14-60

05 下面为翅膀关节left_wrist_jointA添加一个新的附加属性。先在场景视图中选择这个关节，如图14-61所示。

图14-61

06 打开【添加属性】对话框，在【长名称】文本框中输入属性名称Control Metacarpals Feather，设置【最小】为0、【最大】为5、【默认】为0，单击【添加】按钮添加，如图14-62所示。这样可以在【通道盒】中添加一个新的附加属性，如图14-63所示。

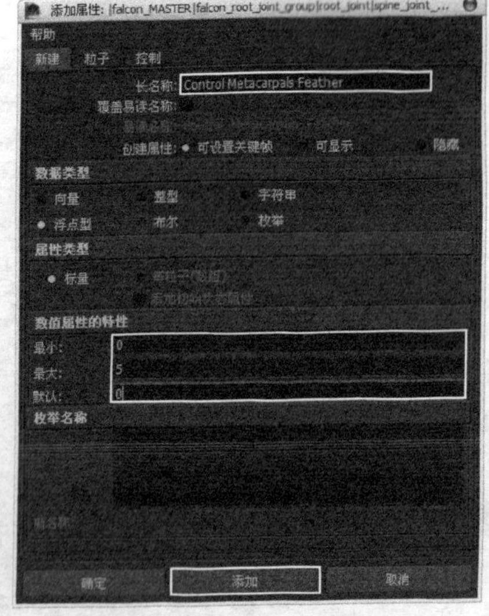

图14-62

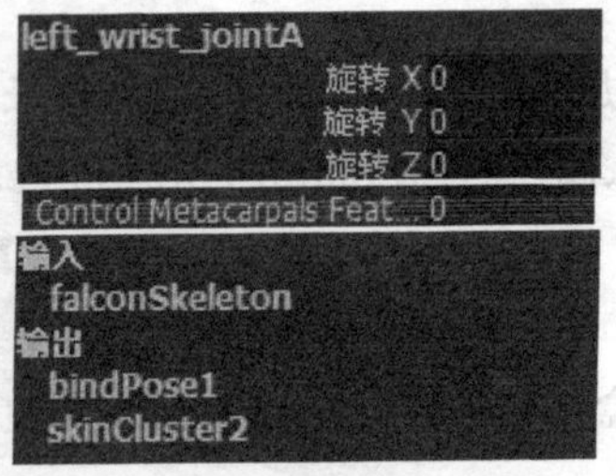

图14-63

折叠翅膀骨架链

01 选择关节left_upper_arm_jointA，在【通道盒】中设置【旋转 X】为-16.168、【旋转 Y】为43.663、【旋转 Z】为-56.711，如图14-64所示，效果如图14-65所示。

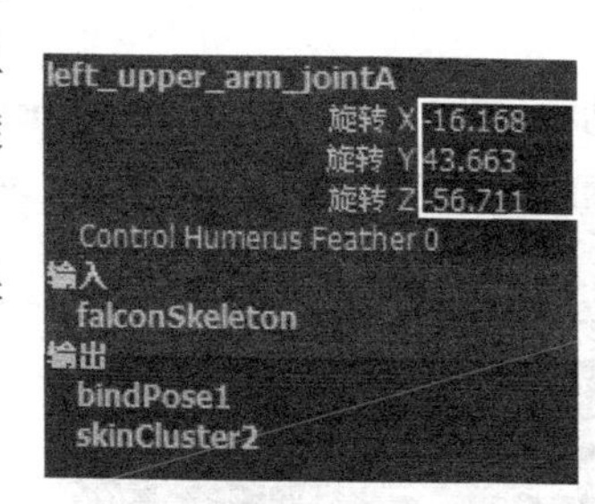

图14-64

图14-65

02 选择关节left_elbow_jointA，在【通道盒】中设置【旋转 X】为129.156、【旋转 Y】为-62.62、【旋转 Z】为-150.366，如图14-66所示，效果如图14-67所示。

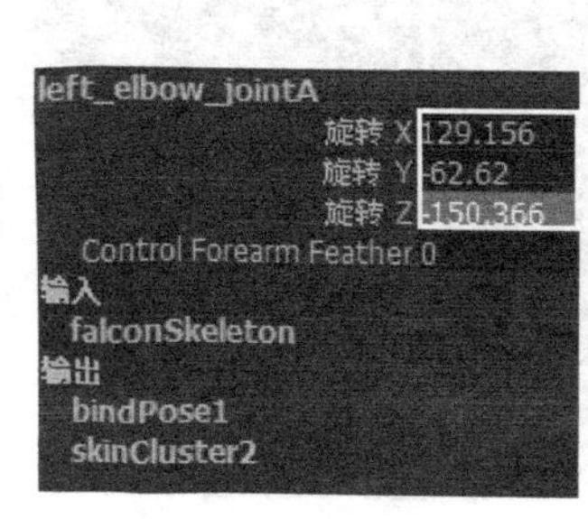

图14-66

图14-67

03 选择关节left_wrist_jointA，在【通道盒】中设置【旋转 X】为42.299、【旋转 Y】为99.683、【旋转 Z】为36.86，如图14-68所示，效果如图14-69所示。

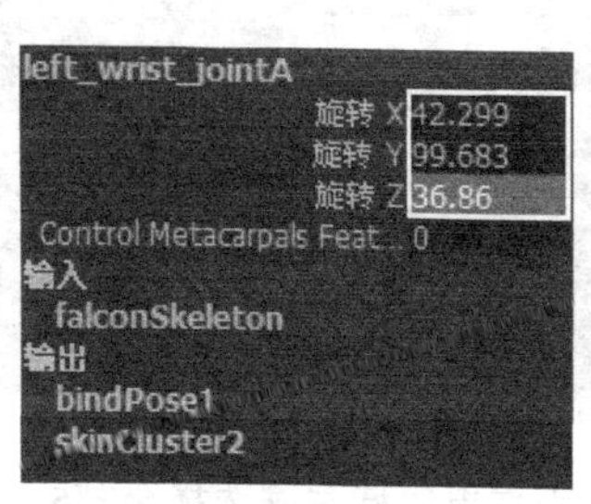

图14-68

图14-69

04 选择关节left_phalanges_joint，在【通道盒】中设置【旋转 X】为6.381、【旋转 Y】为20.005、【旋转 Z】为2.721，如图14-70所示，效果如图14-71所示。

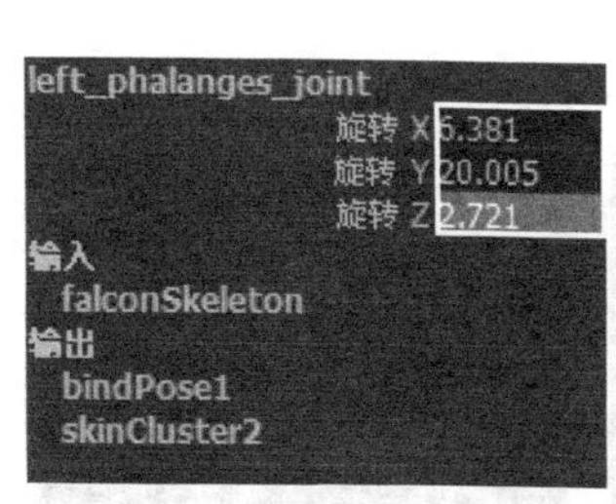

图14-70

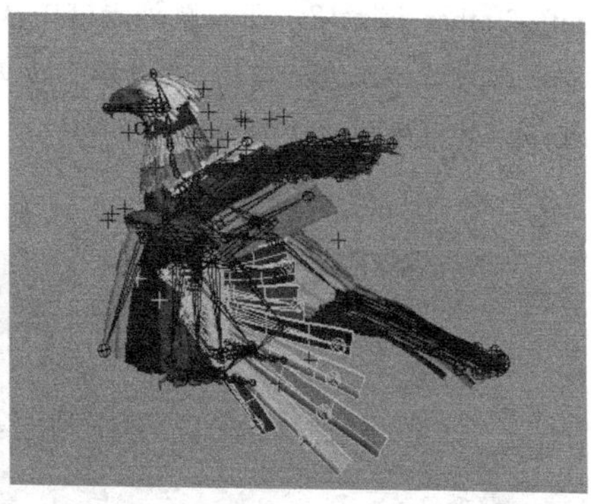
图14-71

将翅膀关节left_upper_arm_jointA与对应羽毛关节建立驱动连接关系

01 执行【动画】>【设置受驱动关键帧】>【设置】命令，打开【设置受驱动关键帧】对话框，如图14-72所示。

02 在场景视图中选择要作为驱动物体的翅膀关节left_upper_arm_jointA，在【设置受驱动关键帧】对话框中单击【加载驱动者】按钮，将选择翅膀关节的名称和属性加载到上方的【驱动者】列表窗口中，如图14-73所示。

03 在场景视图中同时选择要作为被驱动物体的5个羽毛关节left_feather_joint14至left_feather_joint18，在【设置受驱动关键帧】对话框中单击【加载受驱动项】按钮，将选择羽毛关节的名称加载到下方的【受驱动】列表窗口中，如图14-74所示。

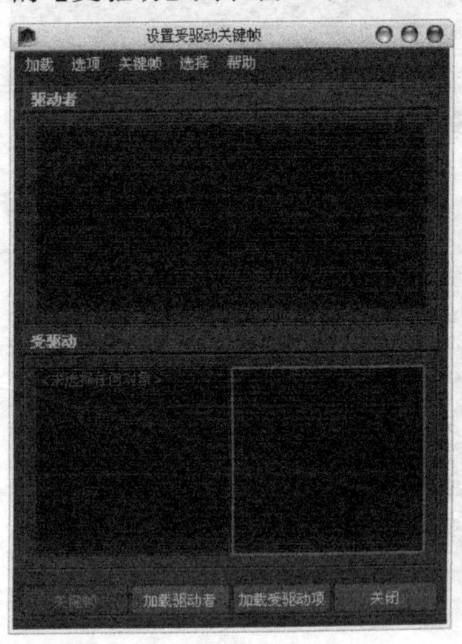

图14-72

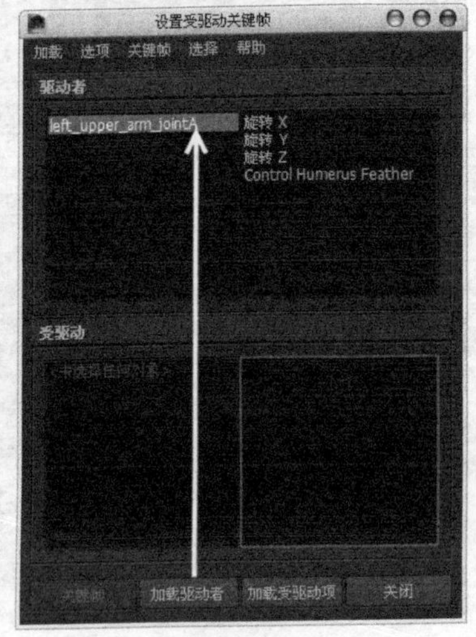

图14-73

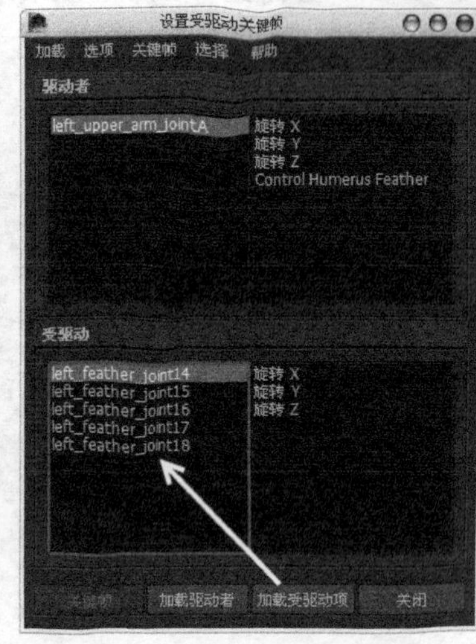

图14-74

04 在上方【驱动者】窗口的左侧列表框中选择驱动物体名称left_upper_arm_jointA，在右侧列表框中选择要作为驱动的属性Control Humerus Feather，如图14-75所示。在【通道盒】中设置该属性的数值为0，如图14-76所示。

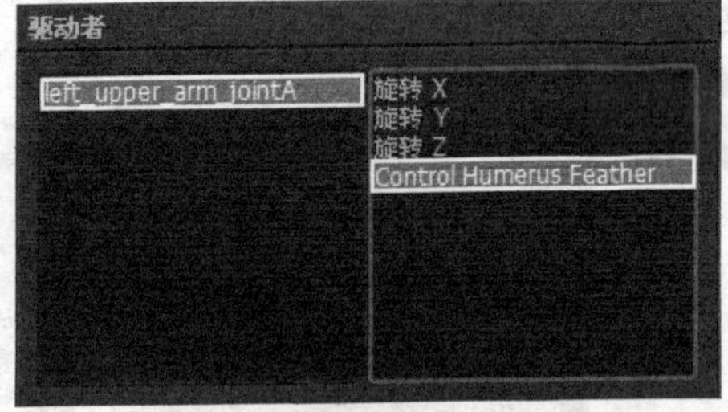

图14-75　　图14-76

05 在下方【受驱动】窗口的左侧列表框中拖曳鼠标左键选择全部5个羽毛关节名称left_feather_joint14至left_feather_joint18，在右侧列表框中选择要作为被驱动的属性【旋转 Y】，如图14-77所示。在【通道盒】中设置该属性的数值为0，单击【关键帧】按钮，完成第1个驱动关键帧的创建，如图14-78所示，效果如图14-79所示。

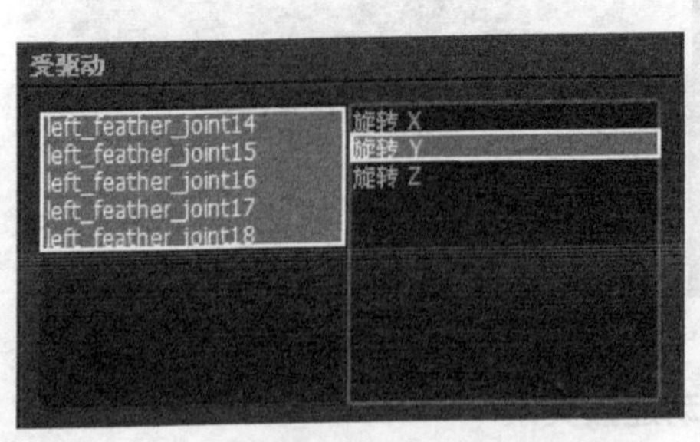

图14-77

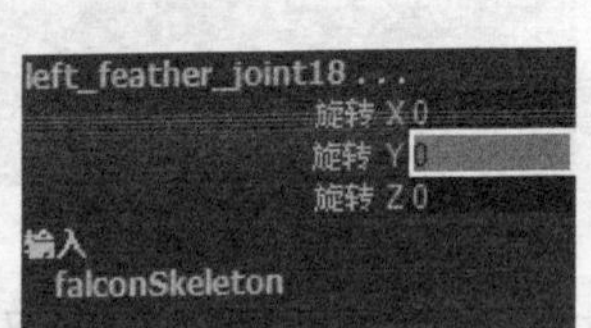

图14-78

图14-79

06 在上方【驱动者】窗口的左侧列表框中选择驱动物体名称left_upper_arm_jointA，在右侧列表框中选择驱动属性Control Humerus Feather，在【通道盒】中设置该属性的数值为5，如图14-80所示。

07 在下方【受驱动】窗口的左侧列表框中选择羽毛关节名称left_feather_joint14，在右侧列表框中选择被驱动属性【旋转 Y】，在【通道盒】中设置该属性的数值为-57.688，如图14-81所示。

08 在左侧列表框中选择羽毛关节名称left_feather_joint15，在右侧列表框中选择被驱动属性【旋转 Y】，在【通道盒】中设置该属性的数值为-56.904，如图14-82所示。

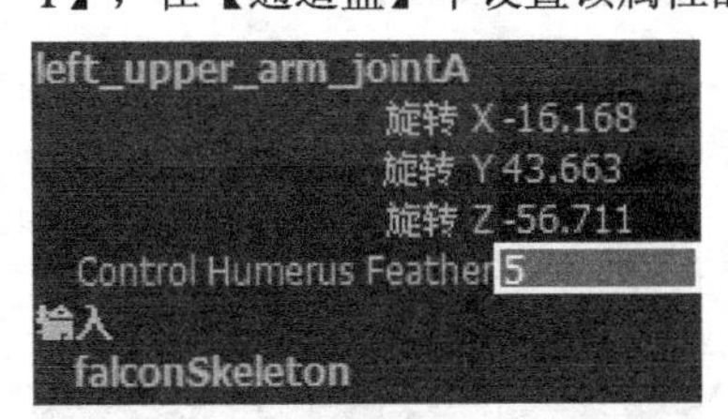

图14-80

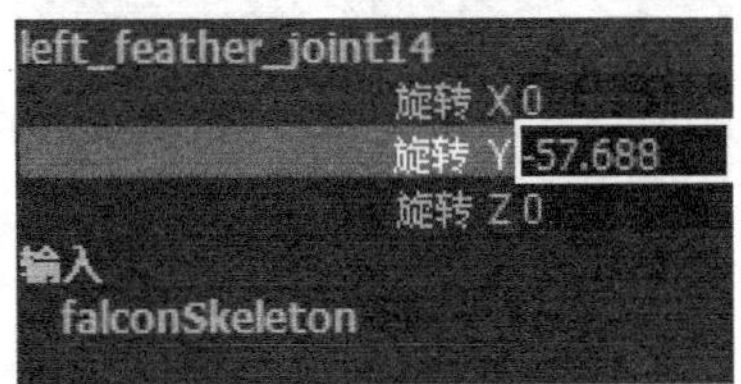

图14-81

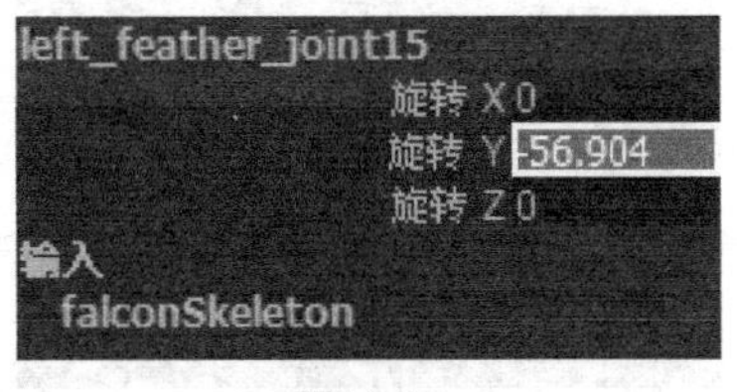

图14-82

09 在左侧列表框中选择羽毛关节名称left_feather_joint16，在右侧列表框中选择被驱动属性【旋转 Y】，在【通道盒】中设置该属性的数值为-55.554，如图14-83所示。

10 在左侧列表框中选择羽毛关节名称left_feather_joint17，在右侧列表框中选择被驱动属性【旋转 Y】，在【通道盒】中设置该属性的数值为-51.405，如图14-84所示。

11 在左侧列表框中选择羽毛关节名称left_feather_joint18，在右侧列表框中选择被驱动属性【旋转 Y】，在【通道盒】中设置该属性的数值为-50.424，如图14-85所示。

图14-83

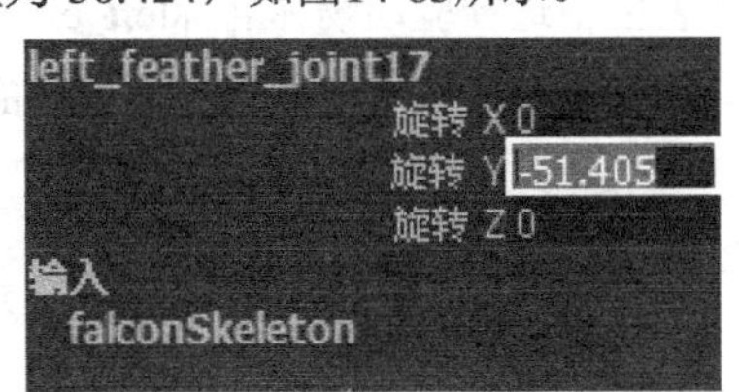

图14-84

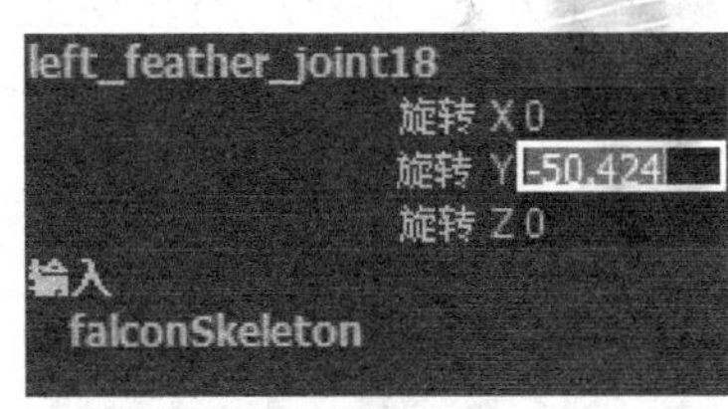

图14-85

12 完成5个羽毛关节的属性值设置后，在【受驱动】窗口的左侧列表框中拖曳鼠标左键选择全部5个羽毛关节名称，在右侧列表框中选择被驱动属性【旋转 Y】，单击【关键帧】按钮，完成第2个驱动关键帧的创建，如图14-86所示，效果如图14-87所示。

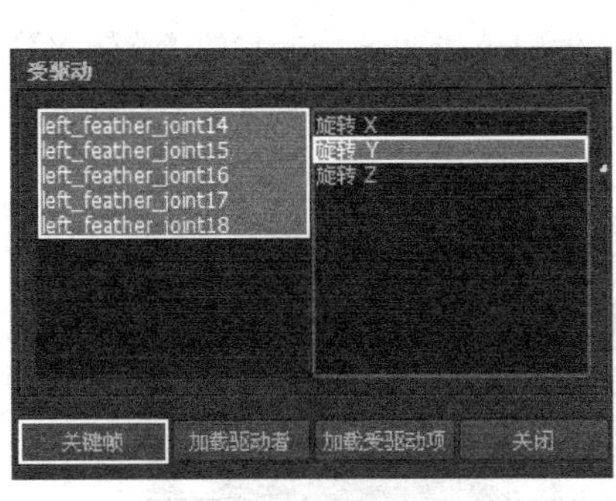

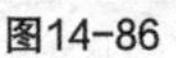

图14-86

图14-87

将翅膀关节left_elbow_jointA与对应羽毛关节建立驱动连接关系

01 在场景视图中选择要作为驱动物体的翅膀关节left_elbow_jointA，在【设置受驱动关键帧】对话框中单击【加载驱动者】按钮，将选择翅膀关节的名称和属性载入上方的【驱动者】列表窗口中，如图14-91所示。

02 在场景视图中同时选择要作为被驱动物体的5个羽毛关节left_feather_joint9至left_feather_joint13，在【设置受驱动关键帧】对话框中单击【加载受驱动项】按钮，将选择羽毛关节的名称载入下方的【受驱动】列表窗口中，如图14-89所示。

03 在上方【驱动者】窗口的左侧列表框中选择驱动物体名称left_elbow_jointA，在右侧列表框中选择要作为驱动的属性Control Forearm Feather，在【通道盒】中设置该属性的数值为0，如图14-90所示。

图14-88

图14-89

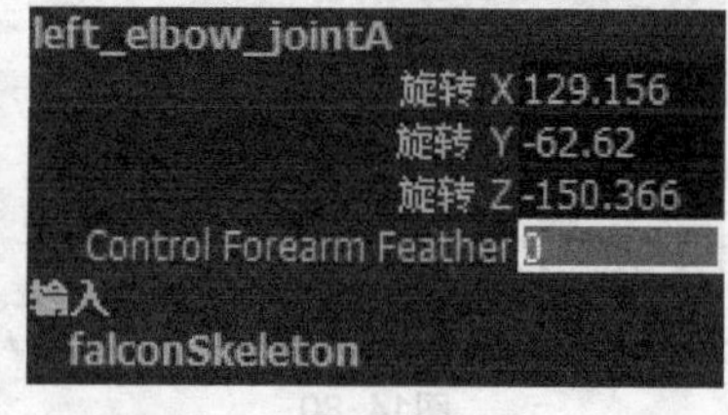

图14-90

04 在下方【受驱动】窗口的左侧列表框中拖曳鼠标左键选择全部5个羽毛关节名称left_feather_joint9至left_feather_joint13，在右侧列表框中选择要作为被驱动的属性【旋转 Y】，在【通道盒】中设置该属性的数值为0，如图14-91所示。

05 在【设置受驱动关键帧】对话框的下方单击【关键帧】按钮，完成第1个驱动关键帧的创建，效果如图14-92所示。

06 在上方【驱动者】窗口的左侧列表框中选择驱动物体名称left_elbow_jointA，然后在右侧列表框中选择驱动属性Control Forearm Feather，接着在【通道盒】中设置该属性的数值为5，如图14-93所示。

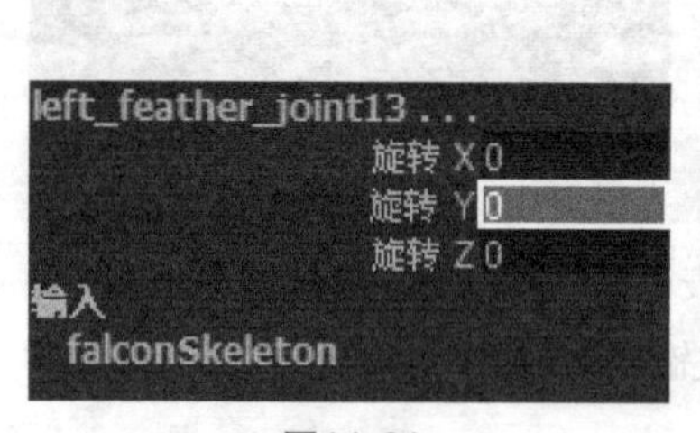

图14-91

图14-92

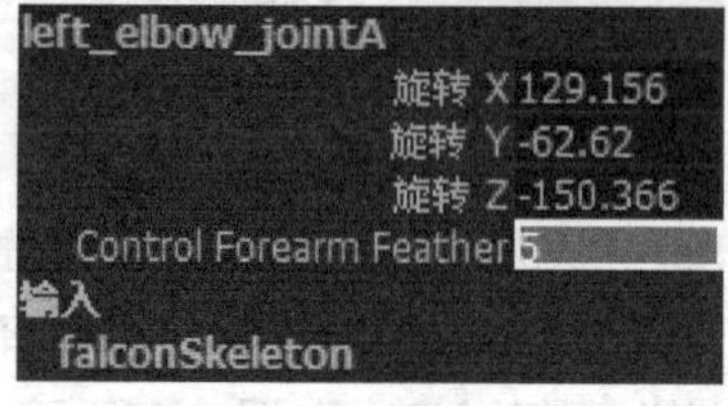

图14-93

07 在下方【受驱动】窗口的左侧列表框中选择羽毛关节名称left_feather_joint13，在右侧列表框中选择被驱动属性【旋转 Y】，在【通道盒】中设置该属性的数值为59.876，如图14-94所示。

08 用相同的方法分别设置另外4个羽毛关节的【旋转 Y】属性值。设置left_feather_joint12的【旋转 Y】属性值为55.44、left_feather_joint11的【旋转 Y】属性值为54、left_feather_joint10的【旋转 Y】属性值为63.683、left_feather_joint9的【旋转 Y】属性值为63.454，如图14-95所示。

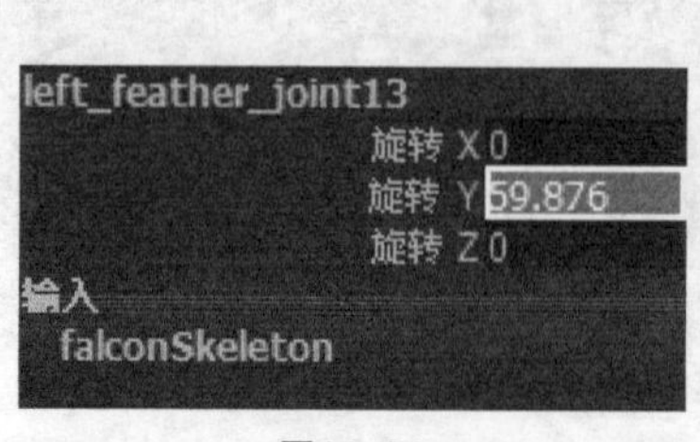

图14-94

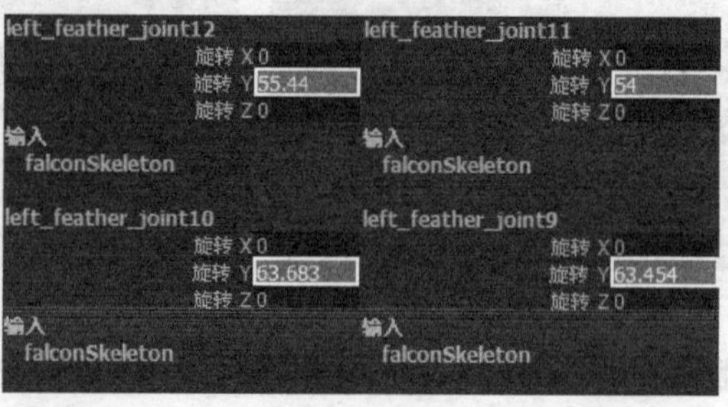

图14-95

09 完成5个羽毛关节的属性值设置后，在【受驱动】窗口的左侧列表框中拖曳鼠标左键选择全部5个羽毛关节名称，在右侧列表框中选择被驱动属性【旋转 Y】，单击【关键帧】按钮，完成第2个驱动关键帧的创建，如图14-96所示，效果如图14-97所示。

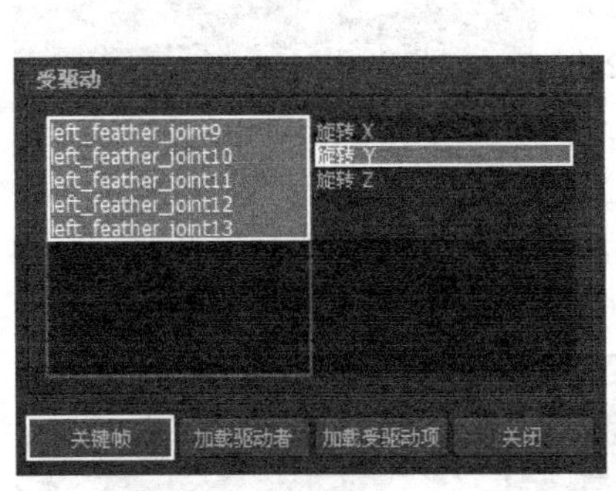

图14-96

图14-97

将翅膀关节left_wrist_jointA与对应羽毛关节建立驱动连接关系

01 在场景视图中选择要作为驱动物体的翅膀关节left_wrist_jointA，将其加载到上方的【驱动者】列表窗口中，如图14-98所示。

02 在场景视图中同时选择要作为被驱动物体的9个羽毛关节left_feather_joint至left_feather_joint8，将其加载到下方的【受驱动】列表窗口中，如图14-99所示。

03 在上方【驱动者】窗口的左侧列表框中选择驱动物体名称left_wrist_jointA，在右侧列表框中选择要作为驱动的属性Control Metacarpals Feather，在【通道盒】中设置该属性的数值为0，如图14-100所示。

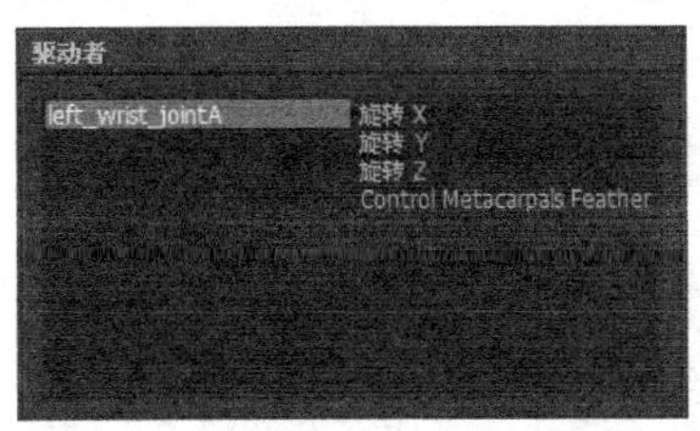

图14-98

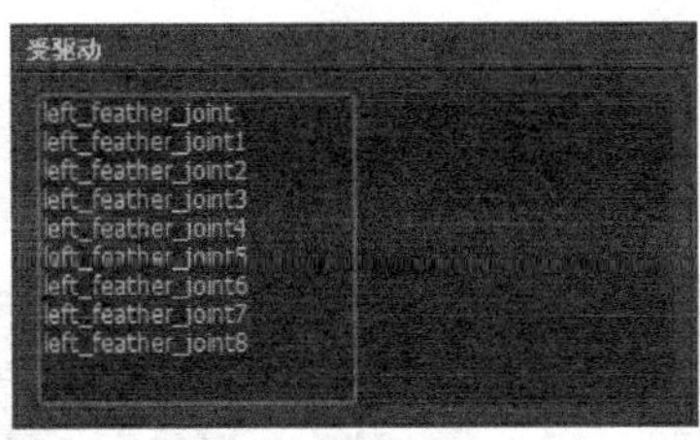

图14-99

图14-100

04 在下方【受驱动】窗口的左侧列表框中拖曳鼠标左键选择全部9个羽毛关节名称left_feather_joint至left_feather_joint8，在右侧列表框中选择要作为被驱动的属性【旋转 Y】，在【通道盒】中设置该属性的数值为0，如图14-101所示。

05 在【设置受驱动关键帧】对话框的下方单击【关键帧】按钮 关键帧 ，完成第1个驱动关键帧的创建，效果如图14-102所示。

06 在上方【驱动者】窗口的左侧列表框中选择驱动物体名称left_wrist_jointA，在右侧列表框中选择驱动属性Control Metacarpals Feather，在【通道盒】中设置该属性的数值为5，如图14-103所示。

图14-101

图14-102

图14-103

07 在下方【受驱动】窗口的左侧列表框中选择羽毛关节名称left_feather_joint，在右侧列表框中选择被驱动属性【旋转 Y】，在【通道盒】中设置该属性为37.848，如图14-104所示。

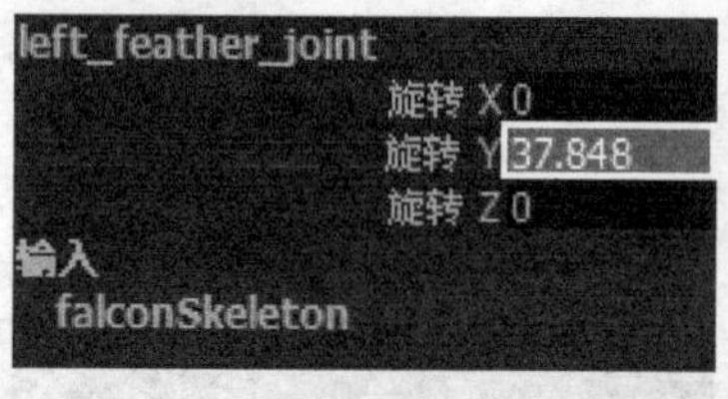

图14-104

08 用相同的方法分别设置另外8个羽毛关节的【旋转 Y】属性值。设置left_feather_joint1的【旋转 Y】为28.77、left_feather_joint2的【旋转 Y】为25.146、left_feather_joint3的【旋转 Y】为22.529、left_feather_joint4的【旋转 Y】为18.806、left_feather_joint5的【旋转 Y】为8.253、left_feather_joint6的【旋转 Y】为-2.254、left_feather_joint7的【旋转 Y】为-12.922、left_feather_joint8的【旋转 Y】为-20.855，如图14-105所示。

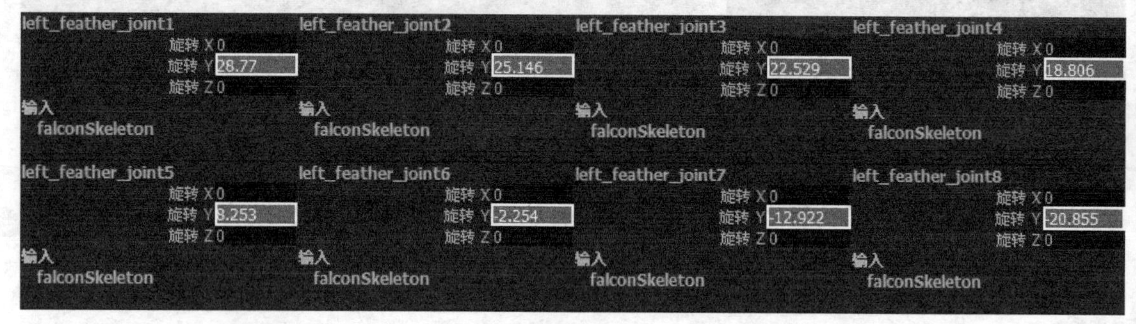

图14-105

09 完成9个羽毛关节的属性值设置后，在【受驱动】窗口的左侧列表框中拖曳鼠标左键选择全部9个羽毛关节名称，在右侧列表框中选择被驱动属性【旋转 Y】，单击【关键帧】按钮 关键帧 ，完成第2个驱动关键帧的创建，如图14-106所示，效果如图14-107所示。

图14-106

图14-107

添加属性控制翅膀总体运动

01 在场景视图中单击位于角色模型背部的一个选择控制柄，可以直接选择角色骨架链根关节的组节点falcon_root_joint_group，如图14-108所示。

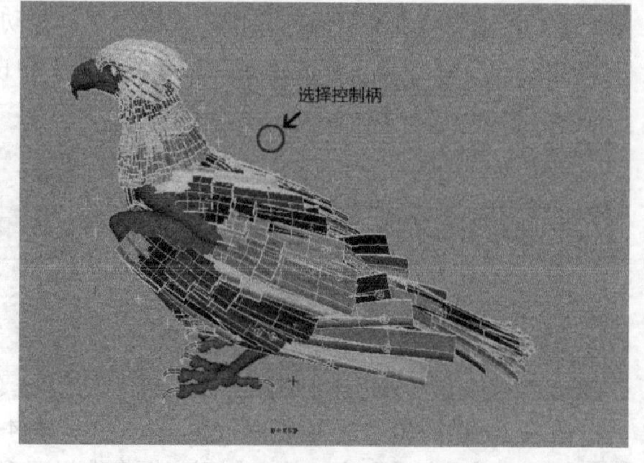

图14-108

02 执行【修改】>【添加属性】命令，打开【添加属性】对话框，在【长名称】文本框中输入属性名称Stretch And Fold，设置【最小】为-10、【最大】为10、【默认】为0，单击【添加】按钮 添加 ，如图14-109所示。这样可以在【通道盒】中添加一个新的附加属性，如图14-110所示。

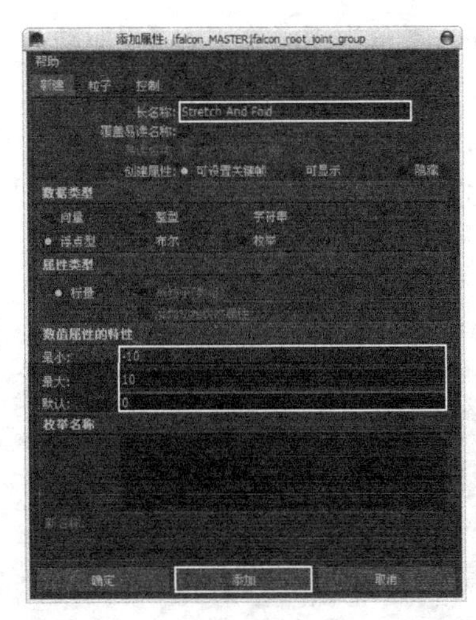

图14-109

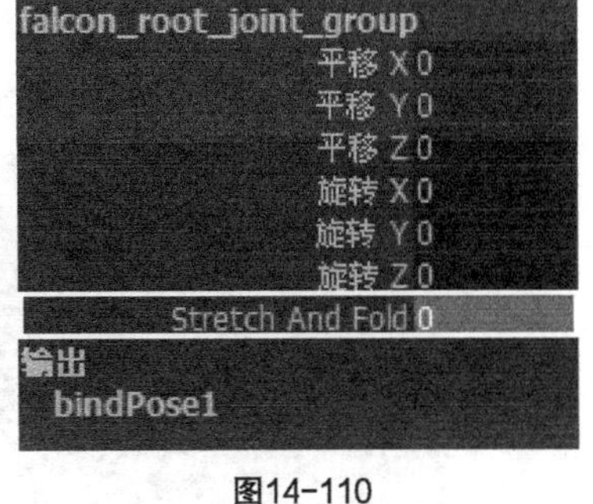

图14-110

设置受驱动关键帧控制翅膀折叠动作

01 打开【设置受驱动关键帧】对话框，然后将作为驱动物体的骨架链根关节组节点falcon_root_joint_group加载到上方的【驱动者】列表窗口中，如图14-111所示。

02 在场景视图中同时选择要作为被驱动物体的4个翅膀关节left_upper_arm_jointA、left_elbow_jointA、left_wrist_jointA和left_phalanges_joint，将其加载到下方的【受驱动】列表窗口中，如图14-112所示。

03 在上方【驱动者】窗口的左侧列表框中选择驱动物体名称falcon_root_joint_group，在右侧列表框中选择要作为驱动的属性Stretch And Fold，在【通道盒】中设置该属性的数值为-10，如图14-113所示。

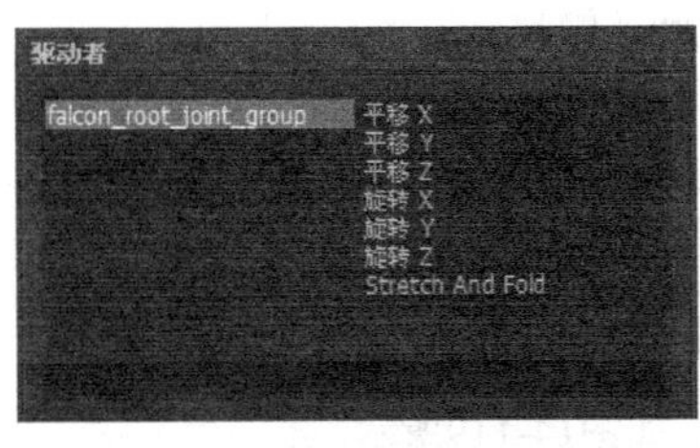

图14-111

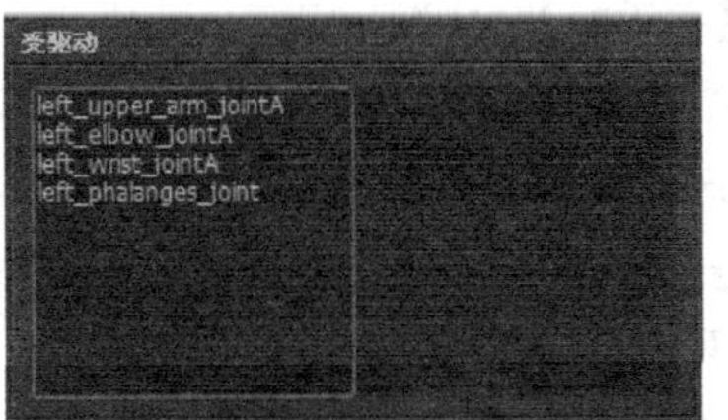

图14-112

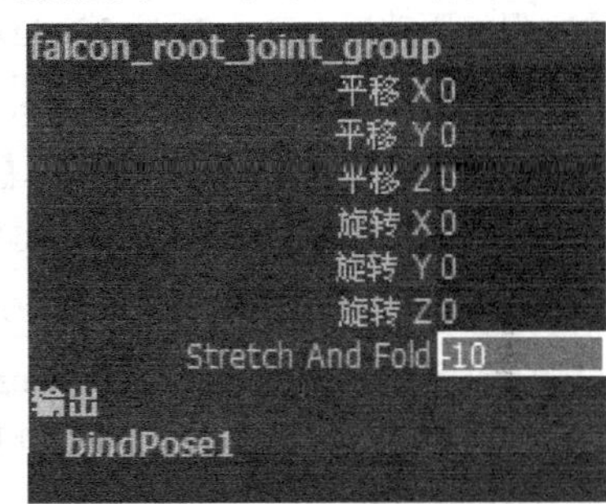

图14-113

04 在下方【受驱动】窗口的左侧列表框中拖曳鼠标左键选择全部4个翅膀关节名称，在右侧列表框中拖曳鼠标左键选择要作为被驱动的属性【旋转 X】、【旋转 Y】和【旋转 Z】，保持【通道盒】中当前的属性数值不变，单击【关键帧】按钮 关键帧 ，记录一个驱动关键帧，效果如图14-114所示。

图14-114

05 仍然保持驱动属性Stretch And Fold数值为-10，在下方【受驱动】窗口的左侧列表框中选择翅膀关节名称left_upper_arm_jointA，在右侧列表框中选择被驱动属性Control Humerus Feather，在【通道盒】中设置该属性数值为5，如图14-115所示。

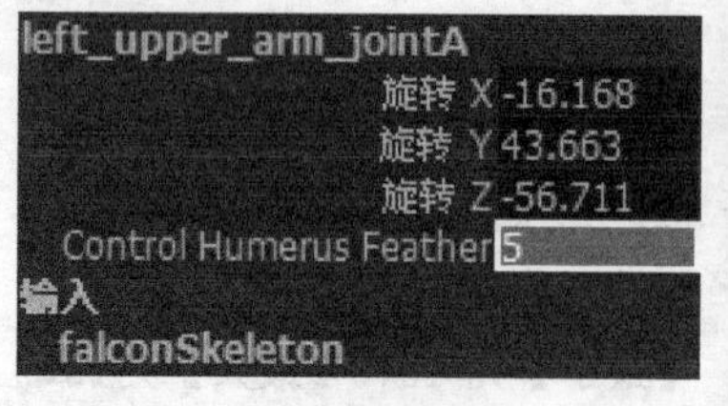

图14-115

06 单击【关键帧】按钮，记录一个驱动关键帧，效果如图14-116所示。

图14-116

07 保持驱动属性Stretch And Fold数值为-10，在下方【受驱动】窗口的左侧列表框中选择翅膀关节名称left_elbow_jointA，在右侧列表框中选择被驱动属性Control Forearm Feather，在【通道盒】中设置该属性数值为5，如图14-117所示。单击【关键帧】按钮，记录一个驱动关键帧。

08 保持驱动属性Stretch And Fold数值为-10，在下方【受驱动】窗口的左侧列表框中选择翅膀关节名称left_wrist_jointA，在右侧列表框中选择被驱动属性Control Metacarpals Feather，在【通道盒】中设置该属性数值为5，如图14-118所示。单击【关键帧】按钮，记录一个驱动关键帧。

09 在上方【驱动者】窗口的左侧列表框中选择驱动物体名称falcon_root_joint_group，在右侧列表框中选择驱动属性Stretch And Fold，在【通道盒】中设置该属性的数值为0，如图14-119所示。

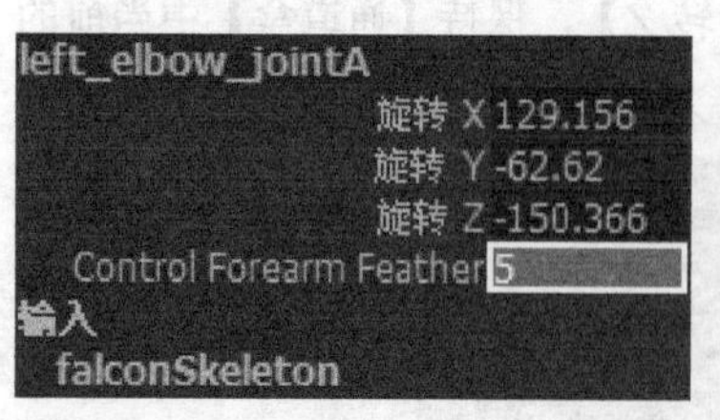

图14-117

left_wrist_jointA
旋转 X 42.299
旋转 Y 99.683
旋转 Z 36.86
Control Metacarpals Feat... 5
输入
falconSkeleton

图14-118

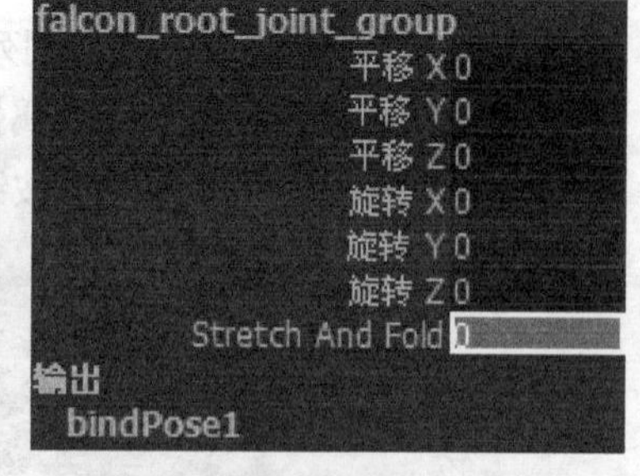

图14-119

10 在下方【受驱动】窗口的左侧列表框中拖曳鼠标左键选择全部4个翅膀关节名称，在右侧列表框中拖曳鼠标左键选择被驱动属性【旋转 X】、【旋转 Y】和【旋转 Z】，在【通道盒】中设置3个轴向的旋转属性数值为0，如图14-120所示。

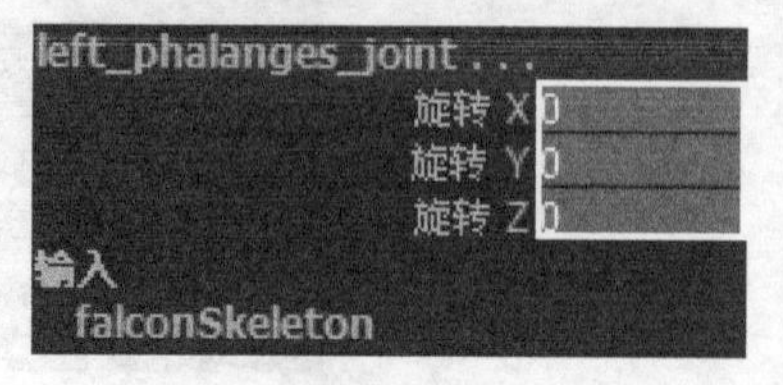

图14-120

11 单击【关键帧】按钮，记录一个驱动关键帧，效果如图14-121所示。

图14-121

12 仍然保持驱动属性Stretch And Fold数值为0，在下方【受驱动】窗口的左侧列表框中选择翅膀关节名称left_upper_arm_jointA，在右侧列表框中选择被驱动属性Control Humerus Feather，在【通道盒】中设置该属性的数值为0，如图14-122所示。单击【关键帧】按钮，记录一个驱动关键帧。

13 保持驱动属性Stretch And Fold数值为0，在下方【受驱动】窗口的左侧列表框中选择翅膀关节名称left_elbow_jointA，在右侧列表框中选择被驱动属性Control Forearm Feather，在【通道盒】中设置该属性的数值为0，如图14-123所示。单击【关键帧】按钮，记录一个驱动关键帧。

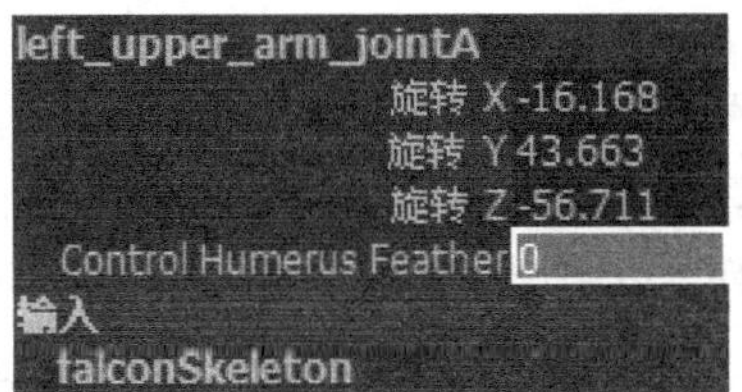

图14-122

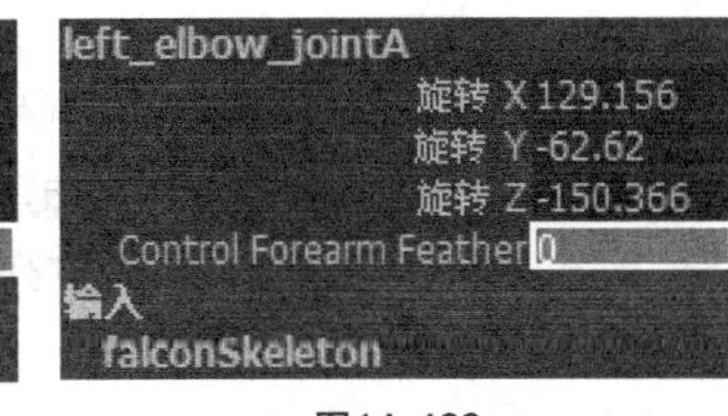

图14-123

14 保持驱动属性Stretch And Fold数值为0，在下方【受驱动】窗口的左侧列表框中选择翅膀关节名称left_wrist_jointA，在右侧列表框中选择被驱动属性Control Metacarpals Feather，在【通道盒】中设置该属性的数值为0，如图14-124所示。单击【关键帧】按钮，记录一个驱动关键帧，效果如图14-125所示。

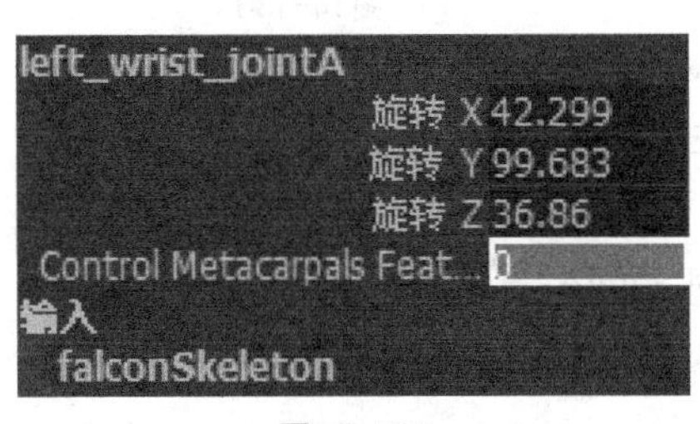

图14-124

图14-125

设置驱动关键帧控制翅膀伸展动作

01 在场景视图中选择翅膀关节left_phalanges_tip_joint，如图14-126所示。在【设置受驱动关键帧】对话框中的【选项】菜单下取消选择【加载时清除】选项，将关节加载到【受驱动】列表窗口中，如图14-127所示。

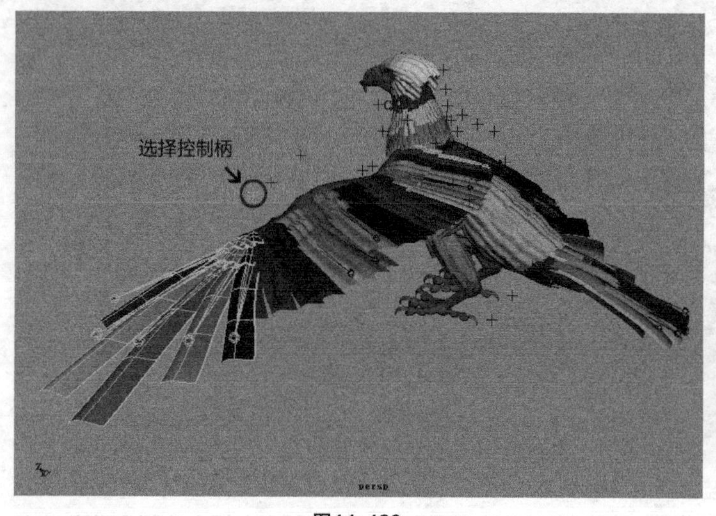

图14-126

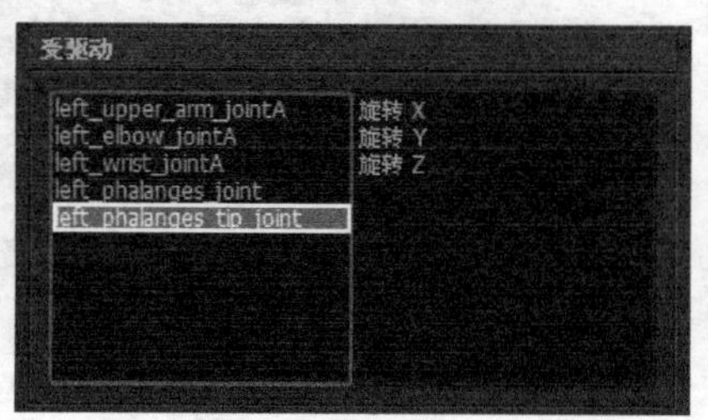

图14-127

02 保持驱动属性Stretch And Fold数值为0，在下方【受驱动】窗口的左侧列表框中选择翅膀关节名称left_phalanges_tip_joint，在右侧列表框中拖曳鼠标左键选择作为被驱动的属性【旋转 X】、【旋转 Y】和【旋转 Z】，在【通道盒】中设置【旋转 X/Y/Z】为0，如图14-128所示。单击【关键帧】按钮 关键帧 ，记录一个驱动关键帧。

03 在上方【驱动者】窗口的左侧列表框中选择驱动物体名称falcon_root_joint_group，然后在右侧列表框中选择驱动属性Stretch And Fold，接着在【通道盒】中设置该属性的数值为10，如图14-129所示。

04 在下方【受驱动】窗口的左侧列表框中选择翅膀关节left_upper_arm_jointA，在右侧列表框中拖曳鼠标左键选择被驱动属性【旋转 X】、【旋转 Y】和【旋转 Z】，在【通道盒】中分别设置这3个轴向的旋转属性数值为-20.209、4.7、39.059，如图14-130所示。

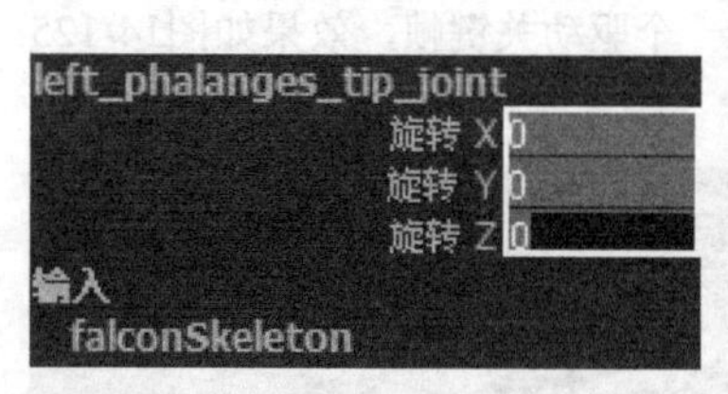

图14-128

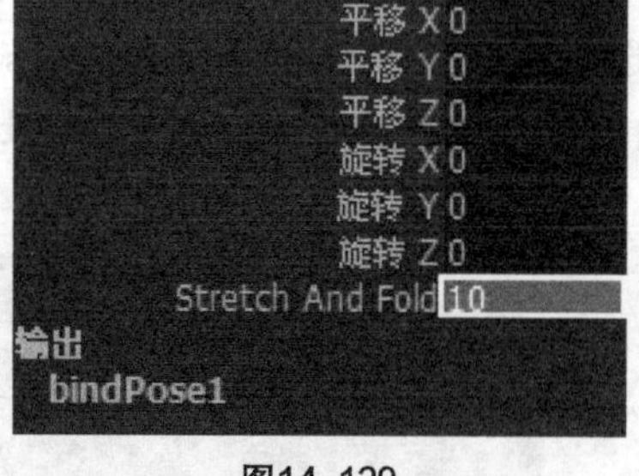

图14-129

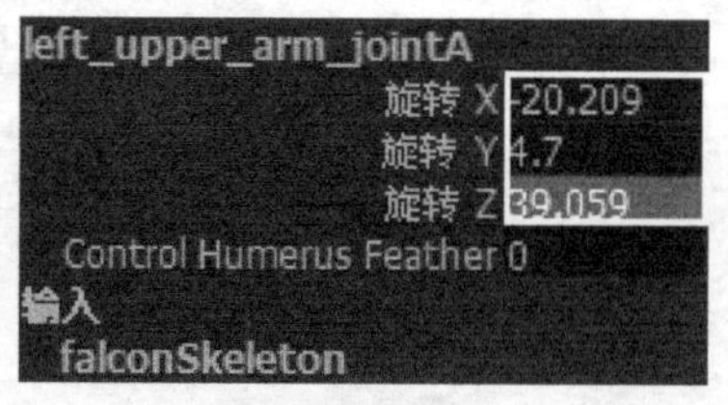

图14-130

05 在下方【受驱动】窗口的左侧列表框中选择翅膀关节left_elbow_jointA，在右侧列表框中拖曳鼠标左键选择被驱动属性【旋转 X】、【旋转 Y】和【旋转 Z】，接着在【通道盒】中分别设置这3个轴向的旋转属性数值为0.136、-4.181、-11.644，如图14-131所示。

06 在下方【受驱动】窗口的左侧列表框中选择翅膀关节left_wrist_jointA，在右侧列表框中拖曳鼠标左键选择被驱动属性【旋转 X】、【旋转 Y】和【旋转 Z】，接着在【通道盒】中分别设置这3个轴向的旋转属性值为-1.538、-2.123、-7.295，如图14-132所示。

07 在下方【受驱动】窗口的左侧列表框中选择翅膀关节left_phalanges_joint，在右侧列表框中拖曳鼠标左键选择被驱动属性【旋转 X】、【旋转 Y】和【旋转 Z】，接着在【通道盒】中分别设置这3个轴向的旋转属性数值为3.683、-1.799、-26.126，如图14-133所示。

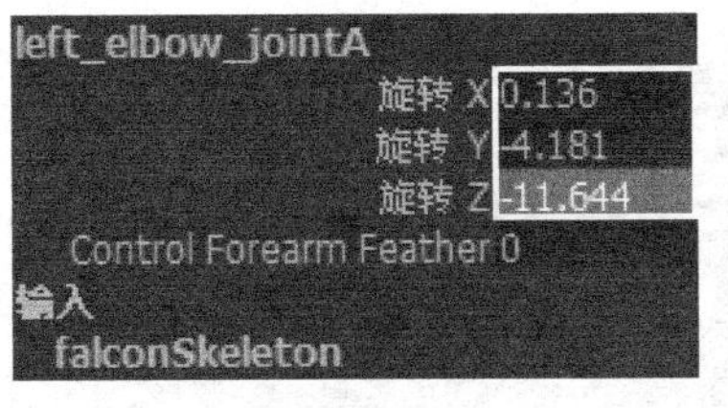

图14-131

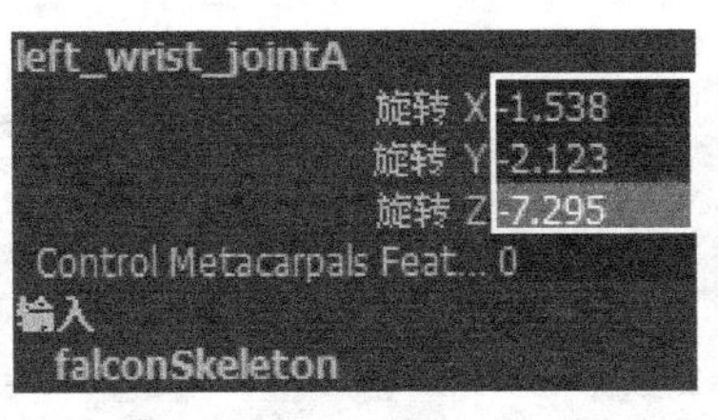

图14-132

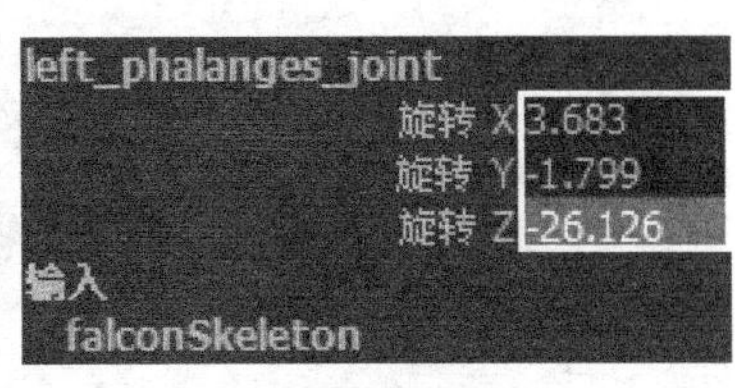

图14-133

08 在下方【受驱动】窗口的左侧列表框中选择翅膀关节left_phalanges_tip_joint，在右侧列表框中拖曳鼠标左键选择被驱动属性【旋转 X】、【旋转 Y】和【旋转 Z】，接着在【通道盒】中分别设置这3个轴向的旋转属性数值为9.004、-8.326、-8.266，如图14-134所示。最终调整完成的伸展翅膀，效果如图14-135所示。

left_phalanges_tip_joint
旋转 X 9.004
旋转 Y -8.326
旋转 Z -8.266
输入
falconSkeleton

图14-134

图14-135

09 在下方【受驱动】窗口的左侧列表框中拖曳鼠标左键选择全部5个翅膀关节名称，在右侧列表框中拖曳鼠标左键选择被驱动属性【旋转 X】、【旋转 Y】和【旋转 Z】，单击【关键帧】按钮 关键帧 ，记录一个驱动关键帧，如图14-136所示，效果如图14-137所示。

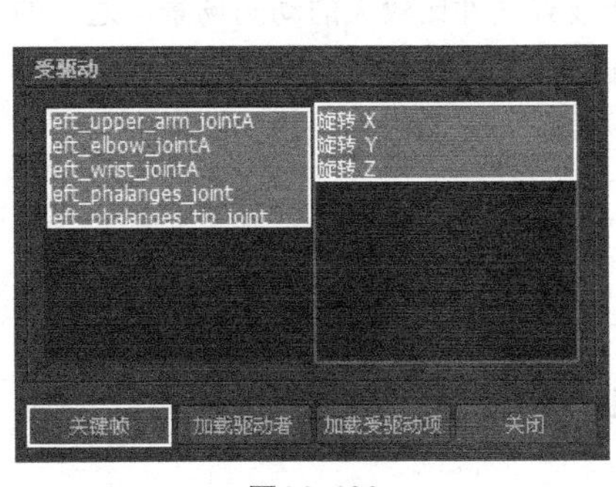

图14-136

图14-137

10 使用完全相同的方法将右侧翅膀关节属性与翅膀总体运动控制属性Stretch And Fold也建立驱动连接关系。当设置完成后，就可以选择角色骨架链根关节组节点falcon_root_joint_group，并在【通道盒】中单击属性名称Stretch And Fold，按住鼠标中键在场景视图中沿水平方向来回拖曳，效果如图14-138所示。

图14-138

【案例总结】

本案例是通过制作白头鹰舞动动画，来强化对【驱动者】、【受驱动】、【添加属性】窗口的综合运用。

案例145 美丽的海底世界

场景位置	Scene>CH14>N3-1、N3-2、N3-3、N3-4.mb
案例位置	Example>CH14>N5.mb
视频位置	Media>CH14>5. 美丽的海底世界 .mp4
学习目标	强化动画制作的流程和技巧

（扫码观看视频）

最终效果图

【操作思路】

对美丽的海底世界动画进行分析，本例包含了大量元素。对于场景文件比较大的动画场景，通常的做法是对这些动画元素进行拆分，然后在一个场景中将这些动画元素“拼凑”起来。因此把本例拆分为：制作动画元素模型、制作动画场景模型、导入动画元素模型、制作鱼类的路径动画、制作美人鱼的路径动画和添加海底物体7大部分。

【操作工具】

本例的操作工具是【创建多边形工具】、【交互式分割工具】、【平滑】命令、【连接到运动路径】命令、【流动路径对象】命令、【EP曲线工具】、【定位器】命令、【曲线图编辑器】窗口、【混合变形】、Visor窗口。

【操作步骤】

制作动画元素模型

01 打开场景“Scene>CH14>N3.mb”，这个美人鱼模型已经划分好了UV并制作好了贴图，如图14-139

所示。

02 当划分好美人鱼模型的UV以后，就该为模型创建骨架与蒙皮，这些操作方法在前面的内容和实例中已经讲解过，这里就不再重复讲解了，如图14-140所示。创建好的骨架和蒙皮文件是"Scene>CH14>N3-2.mb"。

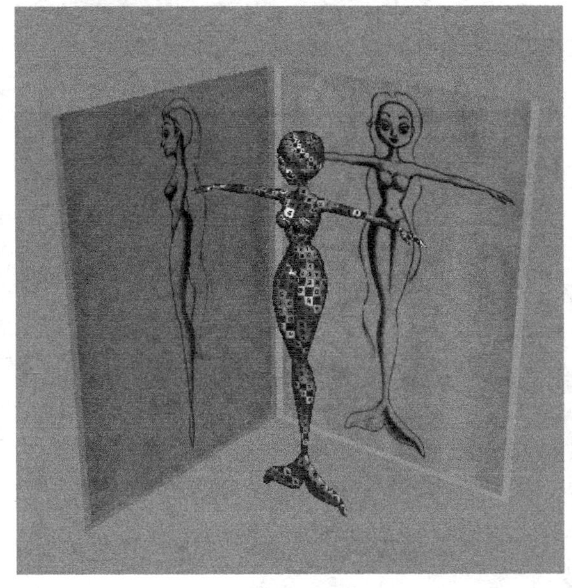

图14-139

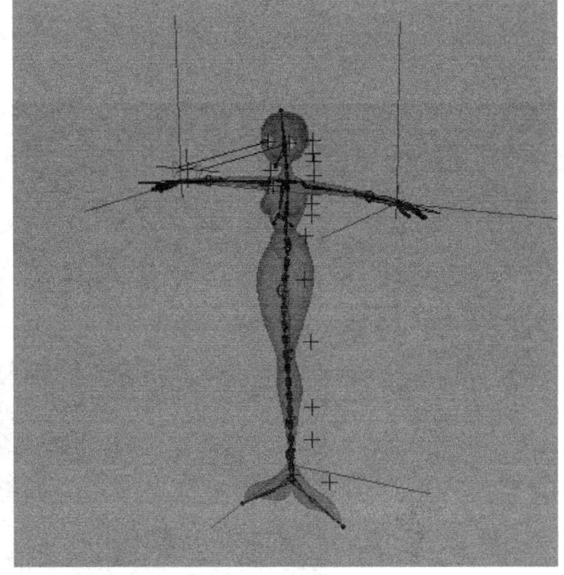

图14-140

03 打开场景"Scene>CH14>N3-3.mb、N3-4.mb"，然后对其进行UV划分、创建骨架和蒙皮，完成后的效果如图14-141和图14-142所示。

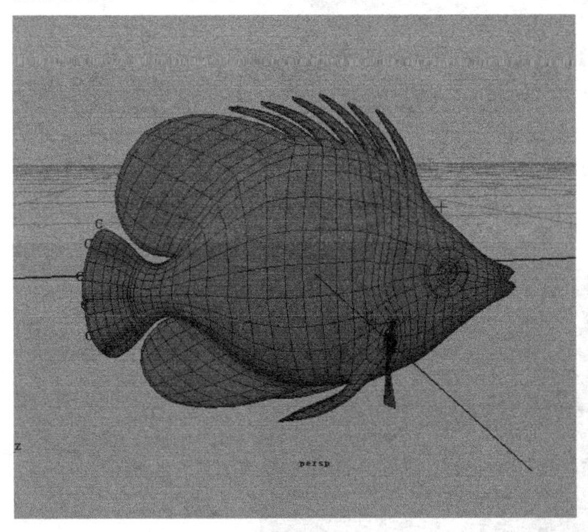

图14-141

图14-142

制作动画场景模型

01 执行【创建】>【NURBS基本体】>【平面】命令，在场景中创建一个平面作为海底的地面，使用【缩放工具】将其调整到合适大小，以便于容纳动画元素模型，复制出一个NURBS平面作为海面，如图14-143所示。

02 切换到【多边形】模块，执行【网格】>【创建多边形工具】命令，在场景中创建一些不规则的多边形面片，执行【编辑网格】>【交互式分割工具】命令，最后为多边形分割几条线，如图14-144所示。

01 02 03 04 05 06 07 08 09 10 11 12 13 14 15 16 17

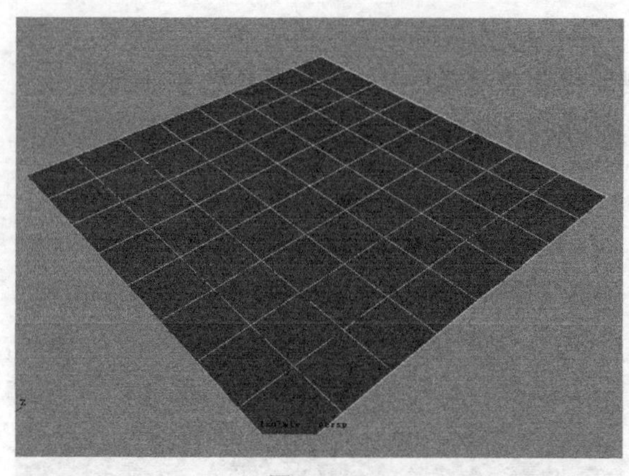

图14-143

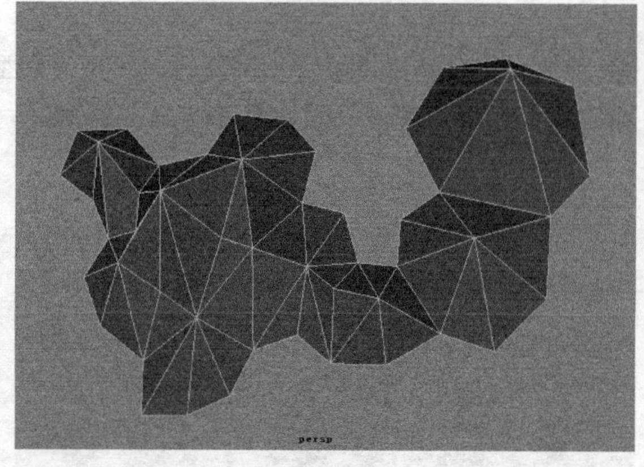

图14-144

03 执行【网格】>【平滑】命令，对模型网格进行平滑处理，进入模型的顶点级别，选择个别顶点，并使用【移动工具】将多边形面片调整成岩石形状，如图14-145所示。

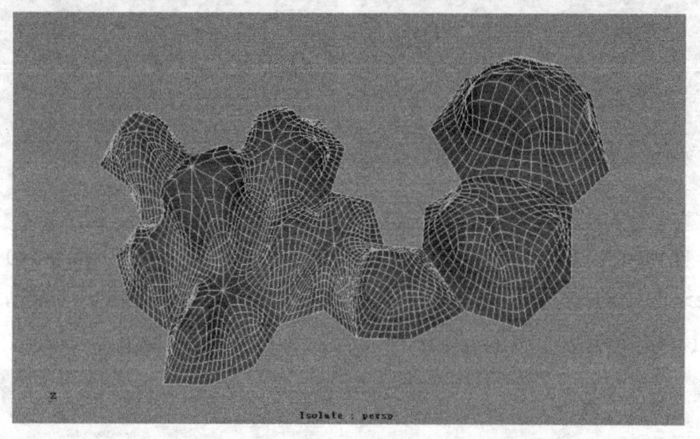

图14-145

导入动画元素模型

执行【文件】>【导入】命令，在弹出的对话框中分别导入“Scene>CH14>N3-2.mb、N3-3.mb、N3-4.mb”文件，如图14-146所示。

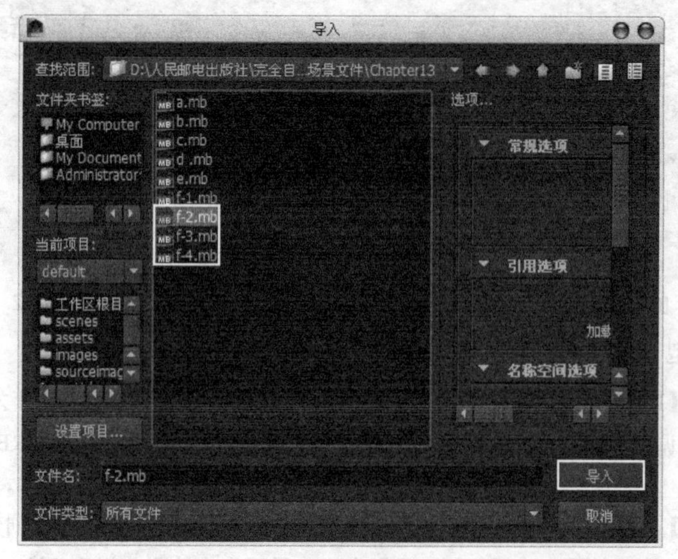

图14-146

制作鱼类的路径动画

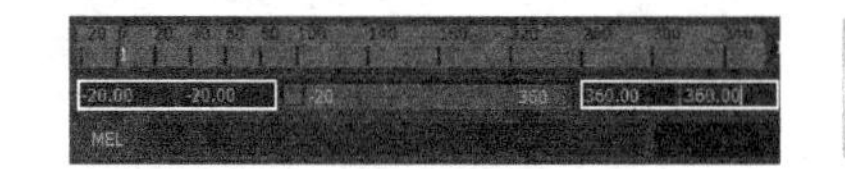

图14-147

01 将时间播放范围设置为-20~360帧，如图14-147所示。

02 选择鲨鱼的控制器，然后在顶视图中用【移动工具】将鲨鱼模型拖曳到右下角，使用【CV曲线工具】在顶视图中绘制一条曲线，作为鲨鱼的运动路径，如图14-148所示。

03 选择鲨鱼模型，加选运动路径曲线，单击【动画】>【运动路径】>【连接到运动路径】命令后面的按钮，打开【连接到运动路径选项】对话框，设置【前方向轴】为z轴、【上方向轴】为y轴，最后单击【附加】按钮，如图14-149所示。

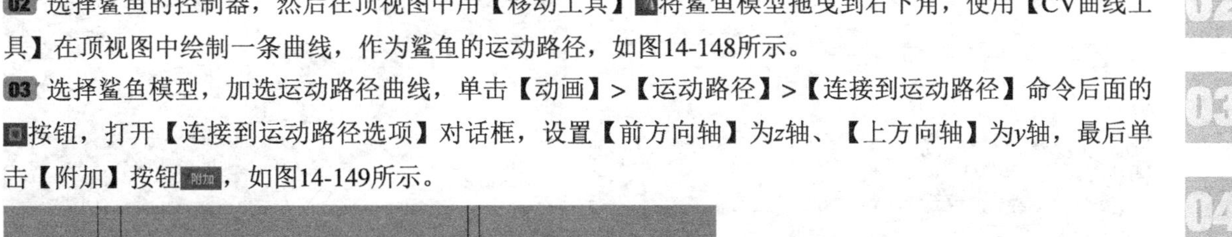

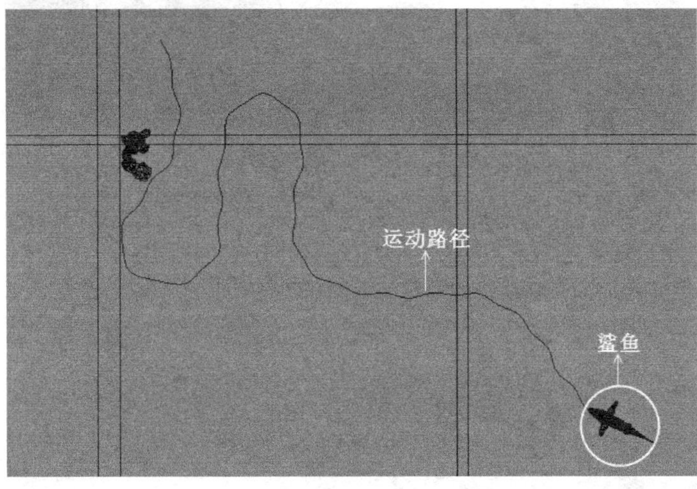

图14-148

图14-149

04 选择鲨鱼模型，单击【动画】>【运动路径】>【流动路径对象】命令后面的按钮，打开【流动路径对象选项】对话框，设置【分段：前】为25、【分段：上】为5、【分段：侧】为5，单击【流】按钮，如图14-150所示。

05 用【EP曲线工具】在顶视图中绘制一条曲线作为热带鱼的运动路径，如图14-151所示。

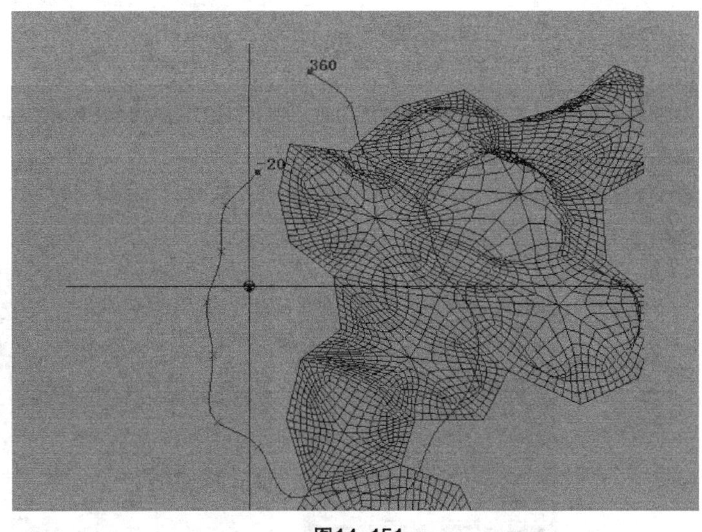

图14-150

图14-151

06 由于热带鱼距离摄影机比较近，因此需要稍微调整一下它的运动路径。选择上一步绘制的EP曲线，进入其编辑点级别，选择个别的几个点，用【移动工具】在y轴方向上进行移动操作，将其调整成如图14-152所示的效果。

07 选择热带鱼模型，加选EP曲线，采用制作鲨鱼运动路径动画的方法制作出热带鱼的路径动画，如图14-153所示。

图14-152

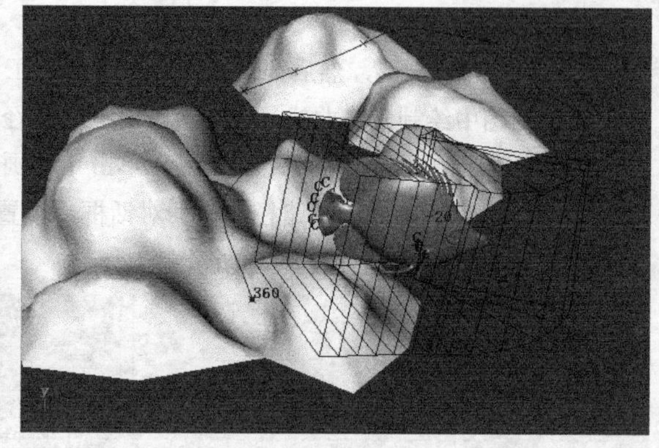

图14-153

制作美人鱼的路径动画

01 用【EP曲线工具】在顶视图中创建一条曲线，作为美人鱼的运动路径，如图14-154所示。

02 进入EP曲线的编辑点级别，然后在y轴方向上调整好曲线的形状，如图14-155所示。

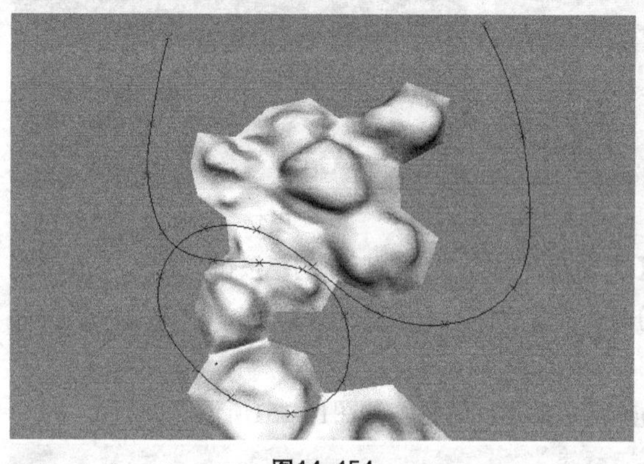

图14-154

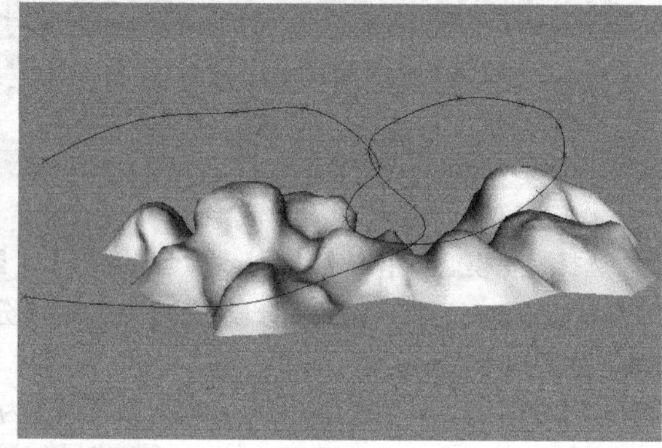

图14-155

03 执行【创建】>【定位器】命令，在场景中创建一个定位器，然后在【大纲视图】对话框中将其命名为Elsa_locator，按住鼠标中键将Elsa_MASTER组拖曳到Elsa_locator上，使其成为Elsa_locator的子物体，如图14-156所示。

04 选择Elsa_locator定位器，加选EP曲线，执行【动画】>【运动路径】>【连接到运动路径】命令，创建出美人鱼的运动路径动画，如图14-157所示。

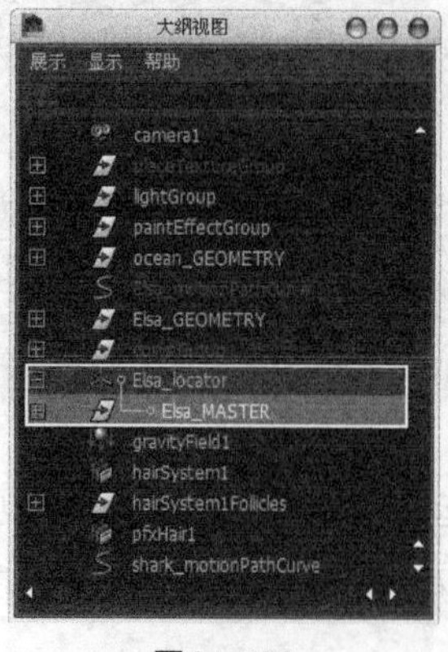

图14-156

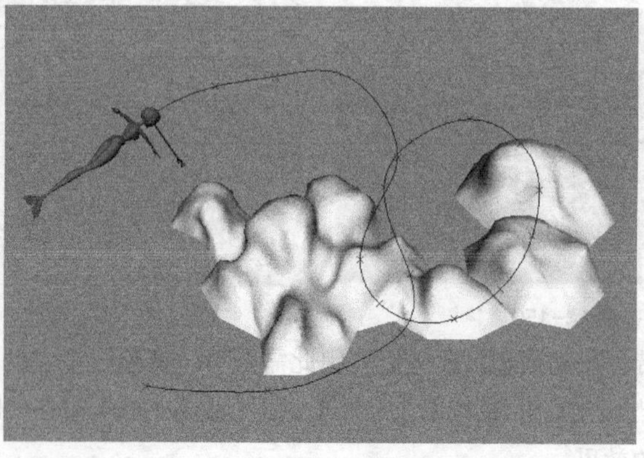

图14-157

05 选择美人鱼右手的控制器，执行【窗口】>【动画编辑器】>【曲线图编辑器】命令，打开【曲线编辑器】对话框，将其运动曲线调整成如图14-158所示的形状，用相同的方法调整好美人鱼左手的运动曲线形状。

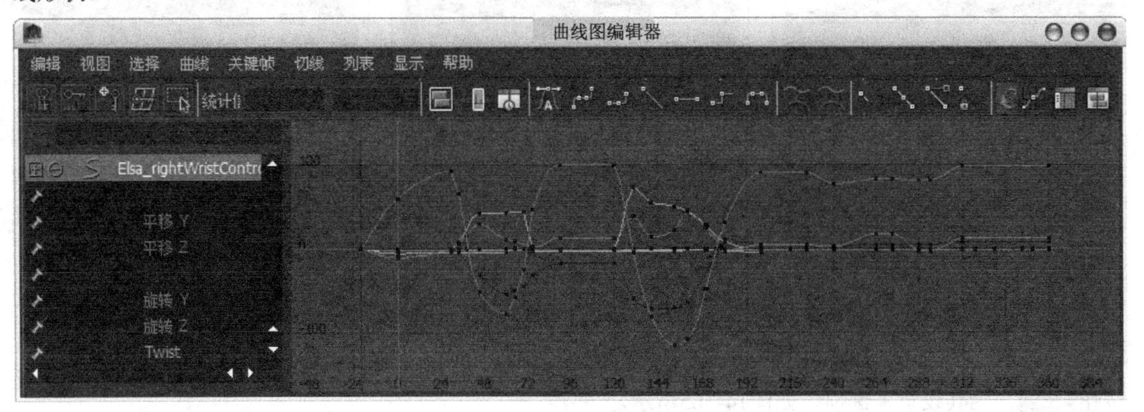

图14-158

06 选择美人鱼的头部模型，执行【窗口】>【动画编辑器】>【混合变形】命令，打开【混合变形】对话框，然后将时间滑块拖曳到第0帧位置，设置wink（眨眼）为0，单击wink（眨眼）选项下面的【关键帧】按钮 关键帧 ，为其设置关键帧，如图14-159所示。

07 将时间滑块拖曳到第44帧位置，设置wink（眨眼）为0.387，单击wink（眨眼）选项下面的【关键帧】按钮 关键帧 ，为其设置关键帧，如图14-160所示。

08 将时间滑块拖曳到第48帧位置，设置wink（眨眼）为1，单击wink（眨眼）选项下面的【关键帧】按钮 关键帧 ，为其设置关键帧，如图14-161所示。

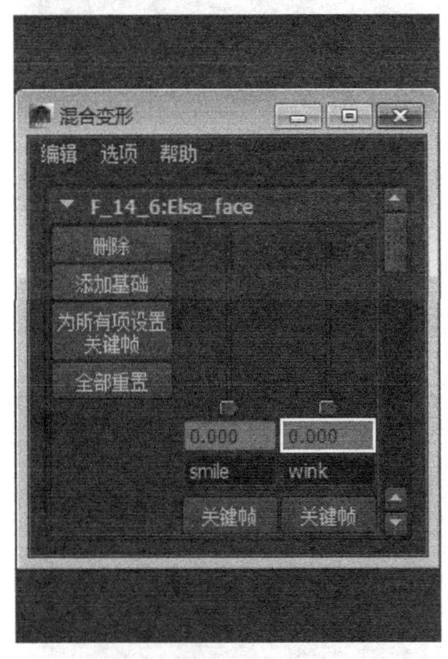

图14-159

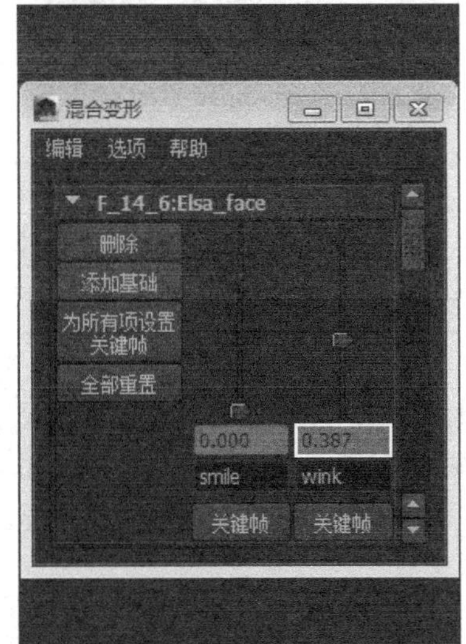

图14-160

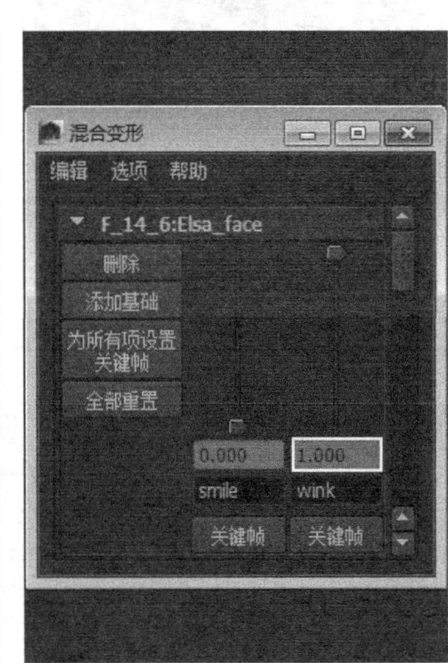

图14-161

09 将时间滑块拖曳到第52帧位置，设置wink（眨眼）为0.398，单击wink（眨眼）选项下面的【关键帧】按钮 关键帧 ，为其设置关键帧，如图14-162所示。

10 将时间滑块拖曳到第56帧位置，设置wink（眨眼）为0，单击wink（眨眼）选项下面的【关键帧】按钮 关键帧 ，为其设置关键帧，如图14-163所示，播放动画，可以观察到美人鱼已经具有了眨眼动作

11 将时间滑块拖曳到第130帧，设置smile（微笑）为0，单击smile（微笑）选项下面的【关键帧】按钮 关键帧 ，为其设置关键帧，如图14-164所示。

图14-162

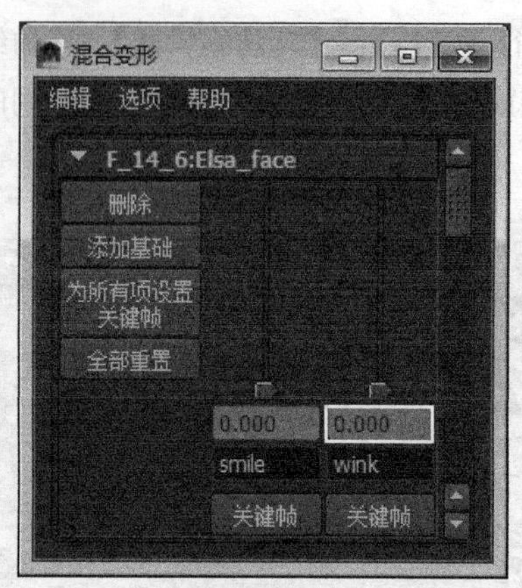

图14-163

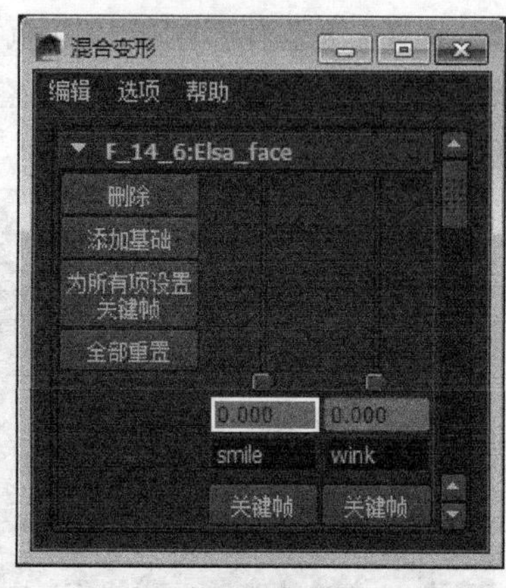

图14-164

12 将时间滑块拖曳到第134帧，设置smile（微笑）为0.237，单击smile（微笑）选项下面的【关键帧】按钮，为其设置关键帧，如图14-165所示。

13 将时间滑块拖曳到第138帧，设置smile（微笑）为0.72，单击smile（微笑）选项下面的【关键帧】按钮，为其设置关键帧，如图14-166所示。

14 将时间滑块拖曳到第142帧，设置smile（微笑）为0.258，单击smile（微笑）选项下面的【关键帧】按钮，为其设置关键帧，如图14-167所示。

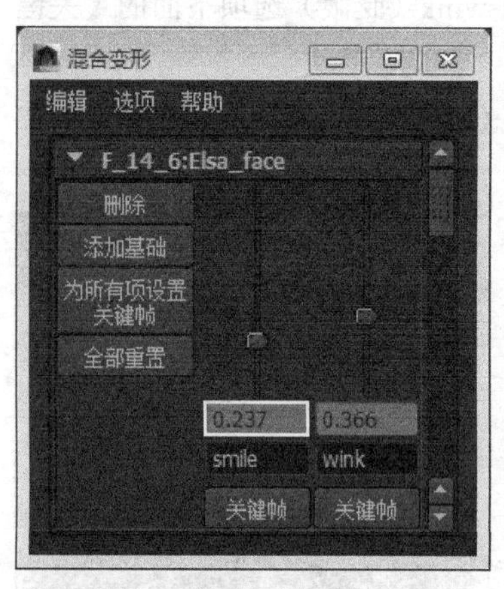

图14-165

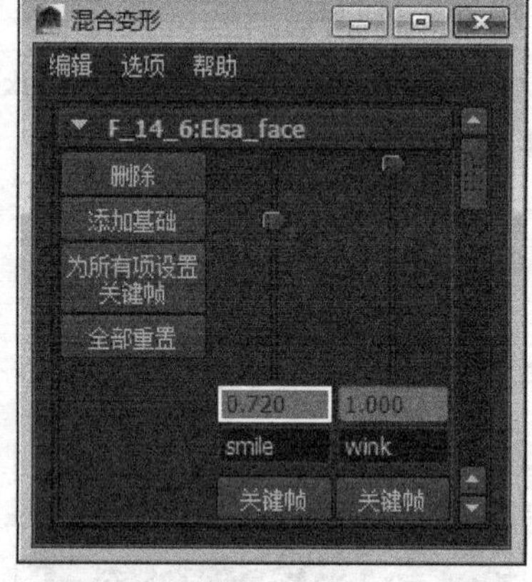

图14-166

图14-167

15 将时间滑块拖曳到第146帧，设置smile（微笑）为0，单击smile（微笑）选项下面的【关键帧】按钮，为其设置关键帧，如图14-168所示。最后播放动画，可以观察到美人鱼已经具有了微笑表情。

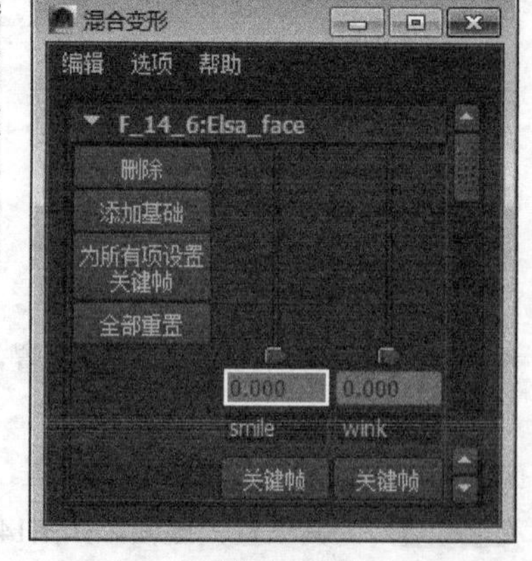

图14-168

添加海底物体

01 执行【窗口】>【常规编辑器】>Visor命令，打开Visor对话框，然后在Paint Effects（画笔特效）选项卡下选择underwater（水下）文件夹中的海葵笔刷特效，如图14-169所示。

02 保持对海葵笔刷的选择，按住B键和鼠标左键左右拖曳光标，调整好笔刷的大小，然后在岩石上绘制出海葵，如图14-170所示。

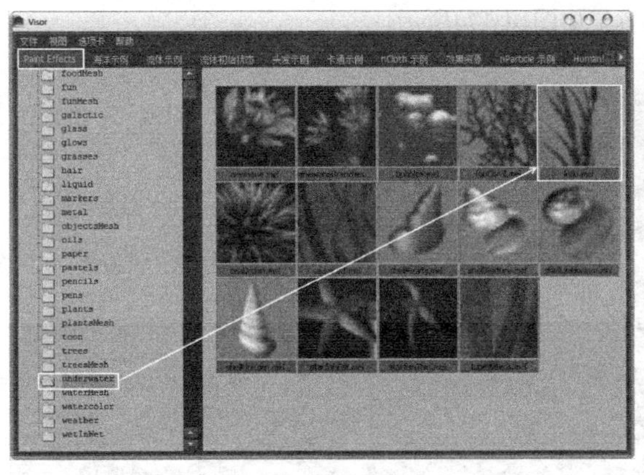

图14-169

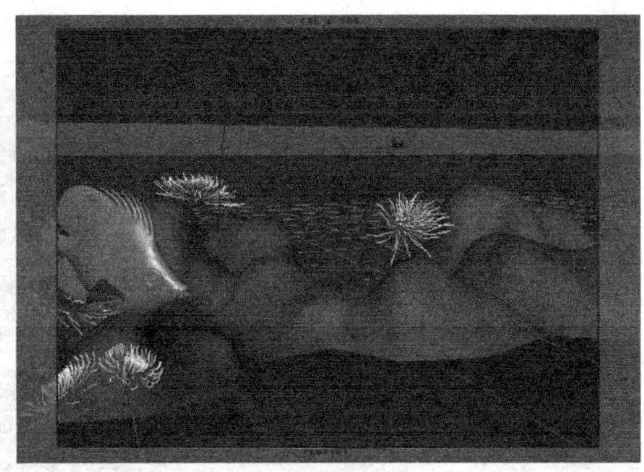

图14-170

03 在Visor对话框中选择珊瑚和海星笔刷特效，然后在岩石上绘制出珊瑚和海星，如图14-171所示。

图14-171

04 在Visor（取景器）对话框中选择气泡笔刷特效，如图14-172所示。在岩石模型的周围单击，创建出气泡。

05 播放动画并进行观察，效果如图14-173所示。

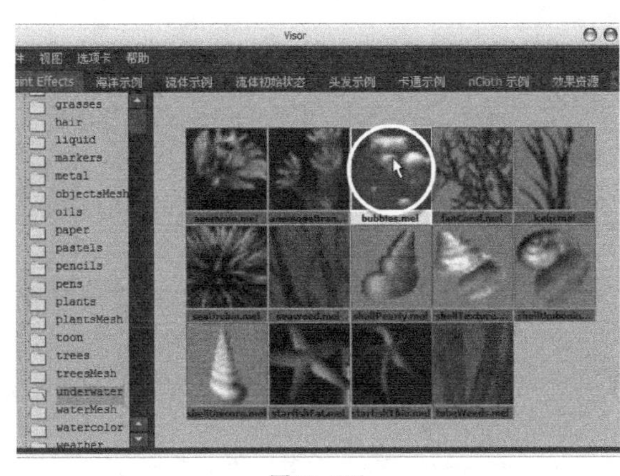

图14-172

图14-173

06 选择动画效果最明显的帧，渲染出单帧图，最终效果如图14-174所示。

图14-174

【案例总结】

本案例是通过美丽的海底世界，来强化【创建多边形工具】、【交互式分割工具】、【平滑】命令、【连接到运动路径】命令、【流动路径对象】命令、【EP曲线工具】、【定位器】命令、【曲线图编辑器】窗口、【混合变形】、Visor窗口的综合运用。

第 15 章

粒子系统

Maya作为最优秀的动画制作软件之一，其中一个重要的原因就是其令人称道的粒子系统。Maya的粒子系统相当强大，一方面它允许使用相对较少的输入命令来控制粒子的运动，还可以与各种动画工具混合使用，例如与场、关键帧、表达式等结合起来使用，同时Maya的粒子系统即使在控制大量粒子时也能进行交互式作业；另一方面粒子具有速度、颜色和寿命等属性，可以通过控制这些属性来获得理想的粒子效果。本章主要介绍如何创建与编辑粒子、粒子系统的运用、力场的类型、力场的使用技巧，通过本章的学习，可以模拟一些物理现象。

本章学习要点

掌握如何创建与编辑粒子
掌握如何运用粒子
掌握力场的类型
掌握力场的使用技巧
掌握如何综合使用粒子和力场

案例146 从对象发射粒子

场景位置	Scene>CH15>O1-1.mb 、O1-2.mb、 O1-2.mb
案例位置	Example>CH15> O1-1.mb 、O1-2.mb、 O1-2.mb
视频位置	Media>CH15>1. 从对象发射粒子 .mp4
学习目标	学习如何从对象上发射粒子

（扫码观看视频）

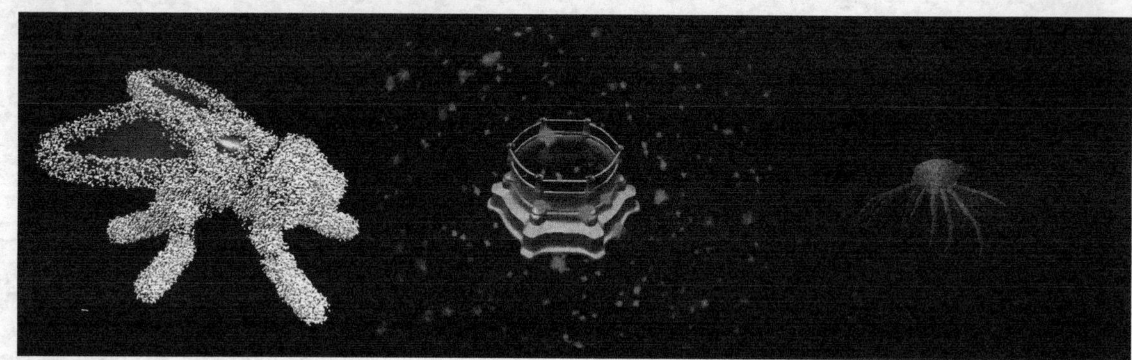
最终效果图

【操作思路】

对粒子造型进行分析，粒子都是从对象上发射出来，但是发射的方式有一定区别，分别为【泛向】、【表面】、【方向】，通过修改发射器的类型可获得这三种效果。

【操作命令】

本例的操作命令是【动力学】模块下的【粒子】>【创建发射器】命令，单击命令后面的设置按钮，将会弹出【发射器选项（从对象发射）】对话框，如图15-1所示。

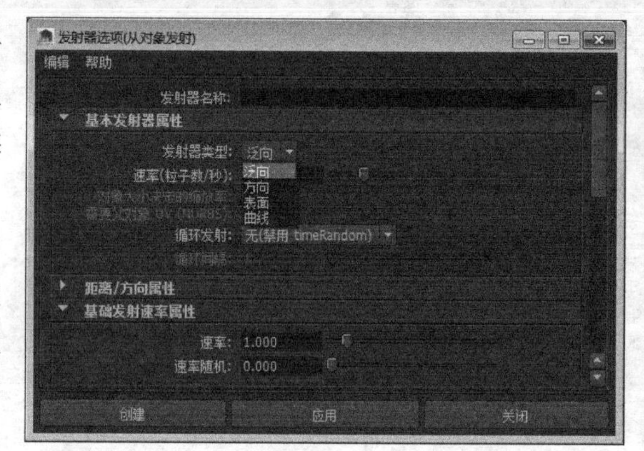

图15-1

发射器选项（从对象发射）参数介绍

发射器类型：指定发射器的类型，包含【泛向】【方向】和【体积】3种类型。

泛向：该发射器可以在所有方向发射粒子。

方向：该发射器可以让粒子沿通过【方向X】【方向Y】和【方向Z】属性指定的方向发射。

体积：该发射器可以从闭合的体积发射粒子。

速率（粒子数/秒）：设置每秒发射粒子的数量。

对象大小决定的缩放率：当设置【发射器类型】为【体积】时才可用。如果启用该选项，则发射粒子的对象的大小会影响每帧的粒子发射速率。对象越大，发射速率越高。

需要父对象UV（NURBS）：该选项仅适用于NURBS曲面发射器。如果启用该选项，则可以使用父对象UV驱动一些其他参数（例如颜色或不透明度）的值。

循环发射：通过该选项可以重新启动发射的随机编号序列。

无（禁用timeRandom）：随机编号生成器不会重新启动。

帧（启用timeRandom）：序列会以在下面的【循环间隔】选项中指定的帧数重新启动。

循环间隔：定义当使用【循环发射】时重新启动随机编号序列的间隔（帧数）。

最大距离：设置发射器执行发射的最大距离。

最小距离：设置发射器执行发射的最小距离。

方向X/Y/Z：设置相对于发射器的位置和方向的发射方向。这3个选项仅适用于【方向】发射器和【体积】发射器。

扩散：设置发射扩散角度，仅适用于【方向】发射器。该角度定义粒子随机发射的圆锥形区域，可以输入0~1的任意值。值为0.5表示90°；值为1表示180°。

速率：为已发射粒子的初始发射速度设置速度倍增。值为1时速度不变；值为0.5时速度减半；值为2时速度加倍。

速率随机：通过【速率随机】属性可以为发射速度添加随机性，而无须使用表达式。

切线速率：为曲面和曲线发射设置发射速度的切线分量的大小。

法线速率：为曲面和曲线发射设置发射速度的法线分量的大小。

体积形状：指定要将粒子发射到的体积的形状，共有【立方体】【球体】【圆柱体】【圆锥体】【圆环】5种。

体积偏移X/Y/Z：设置将发射体积从发射器的位置偏移。如果旋转发射器，会同时旋转偏移方向，因为它是在局部空间内操作。

体积扫描：定义除【立方体】外的所有体积的旋转范围，其取值范围为0~360°。

截面半径：仅适用于【圆环】体积形状，用于定义圆环的实体部分的厚度（相对于圆环的中心环的半径）。

离开发射体积时消亡：如果启用该选项，则发射的粒子将在离开体积时消亡。

远离中心：指定粒子离开【立方体】或【球体】体积中心点的速度。

远离轴：指定粒子离开【圆柱体】【圆锥体】或【圆环】体积的中心轴的速度。

沿轴：指定粒子沿所有体积的中心轴移动的速度。中心轴定义为【立方体】和【球体】体积的y正轴。

绕轴：指定粒子绕所有体积的中心轴移动的速度。

随机方向：为粒子的【体积速率属性】的方向和初始速度添加不规则性，有点像【扩散】对其他发射器类型的作用。

方向速率：在由所有体积发射器的【方向X】【方向Y】【方向Z】属性指定的方向上增加速度。

大小决定的缩放速率：如果启用该选项，则当增加体积的大小时，粒子的速度也会相应加快。

【操作步骤】

01 打开场景“Scene>CH15>O1-1.mb”，如图15-2所示。

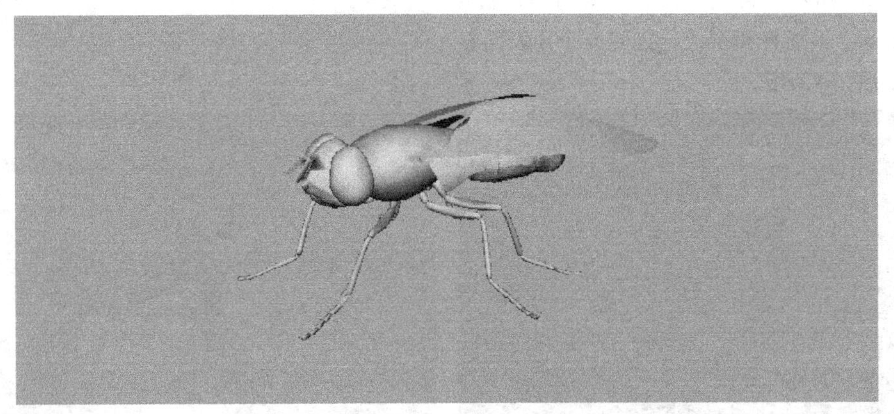

图15-2

02 打开【发射器选项（从对象发射）】对话框，然后设置【发射器类型】为【泛向】、【速率（粒子数/秒）】为50，接着设置【最大距离】和【最小距离】为0.5，如图15-3所示。再选择模型，最后单击 创建 【创建】按钮，此时在模型下面会创建一个【泛向】发射器，如图15-4所示。

基本发射器属性
发射器类型: 泛向
速率(粒子数/秒): 50.000
循环发射: 无(禁用 timeRandom)
距离/方向属性
最大距离: 0.500
最小距离: 0.500

图15-3

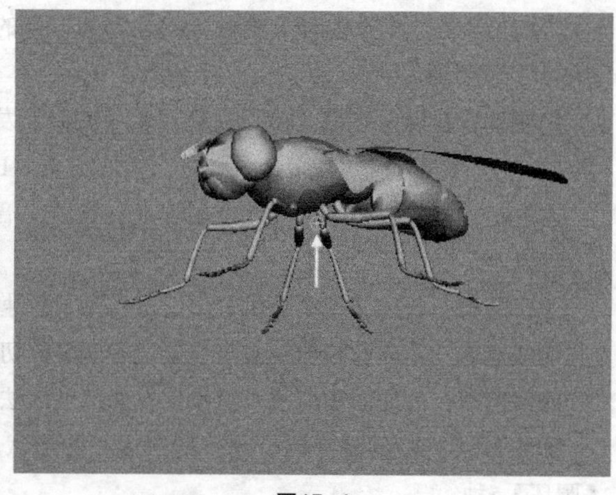

图15-4

03 播放动画，如图15-5所示分别是第2帧、4帧和6帧的粒子发射效果。

图15-5

04 打开场景“Scene>CH15>O1-2.mb”，如图15-6所示。

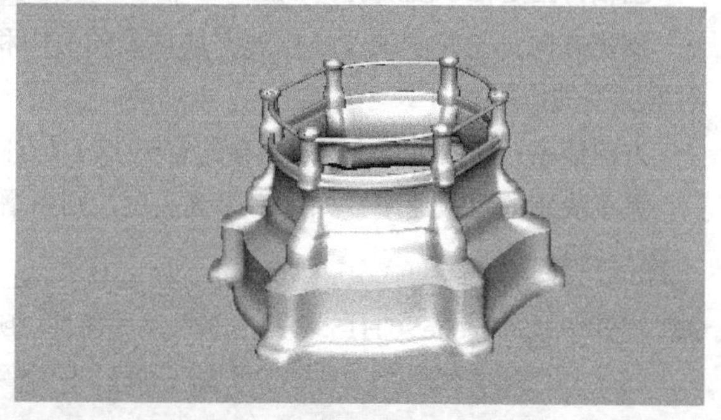

图15-6

05 打开【发射器选项（从对象发射）】对话框，然后设置【发射器类型】为【表面】、【速率（粒子数/秒）】为150，接着设置【速率】为0.7、【速率随机】为0、【切线速率】为0.5、【法线速率】为0，如图15-7所示，再选择模型，最后单击【创建】按钮。此时在模型上会创建一个【表面】发射器，如图15-8所示。

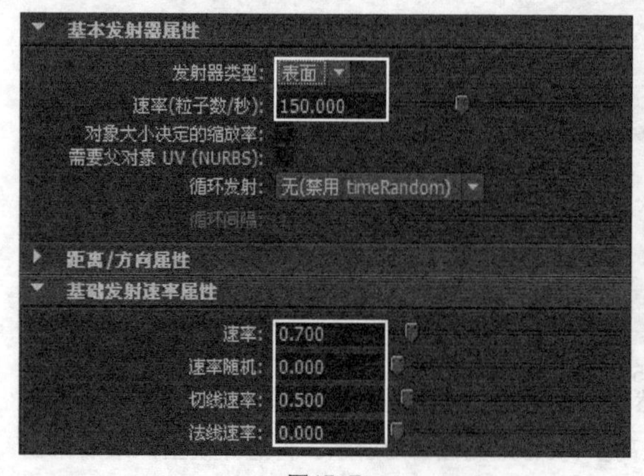

图15-7

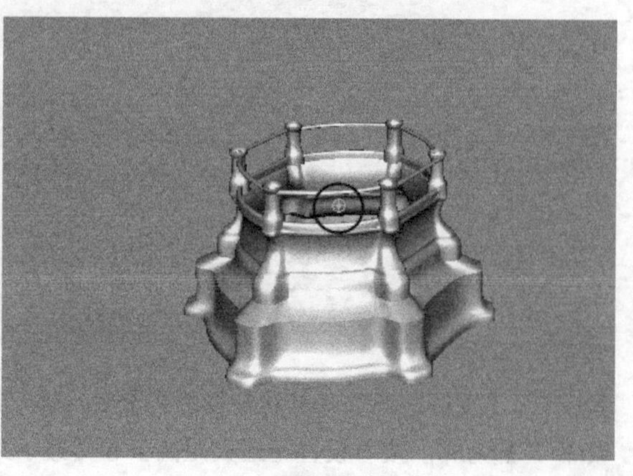

图15-8

06 设置时间播放范围为500帧，然后播放动画，如图15-9所示分别是第200帧、300帧和500帧的粒子发射效果。

图15-9

07 打开场景“Scene>CH15>O1-3.mb”，如图15-10所示。

08 进入边级别，然后选择脚模型上的3条边，如图15-11所示。接着切换到【曲面】模块，最后执行【编辑曲线】>【复制曲面曲线】命令。

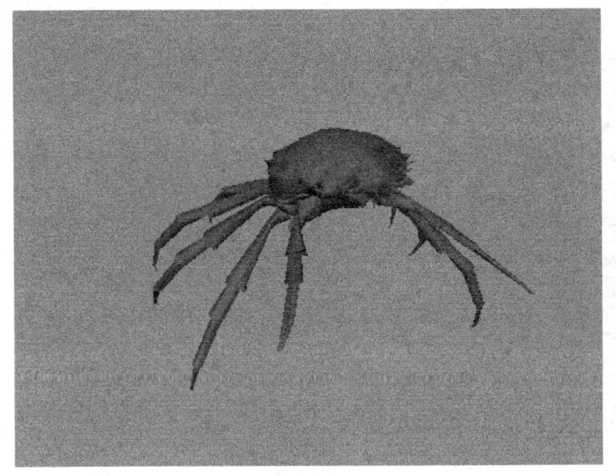

图15-10

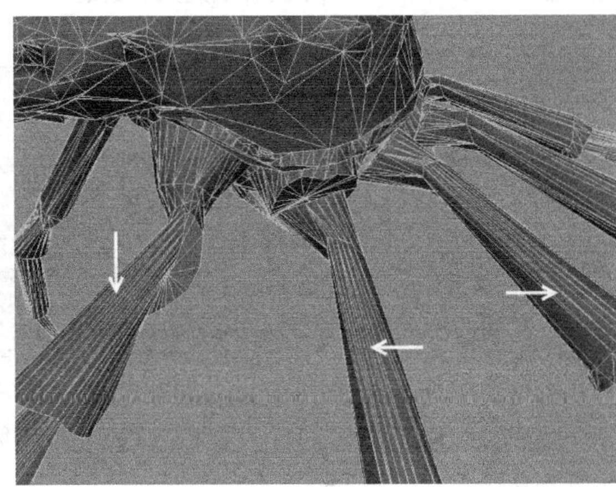

图15-11

09 选择复制出来的3条曲线，然后执行【粒子】>【从对象发射】命令，接着播放动画，可以观察到粒子已经从曲线上发射出来了，如图15-12所示。

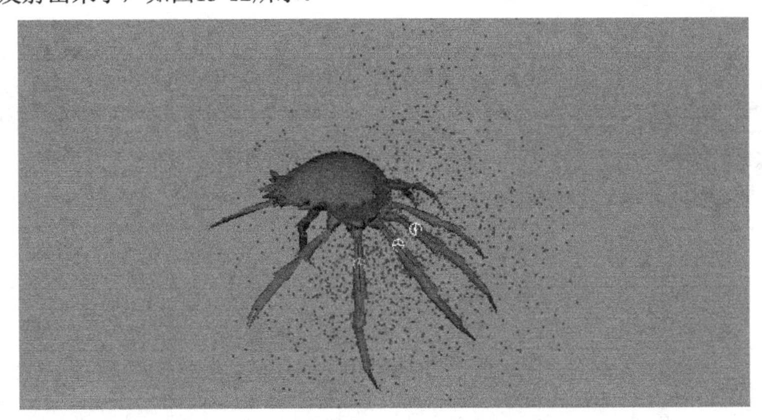

图15-12

10 选择3条曲线，然后按快捷键Ctrl+G将其群组，并将组命名为Curve，接着按住鼠标中键将其拖曳到particle1节点上，使其成为particle1的子物体，如图15-13所示。

11 由于粒子发射的形状并不理想，下面还需要对其进行调整。选择emitter1发射器，然后按快捷键

Ctrl+A打开其【属性编辑器】面板，接着设置【发射器类型】为【方向】、【速率（粒子/秒）】为50、【方向X】为0、【方向Y】为1、【方向Z】为0、【扩散】为0.3、【速率】为2，具体参数设置如图15-14所示。

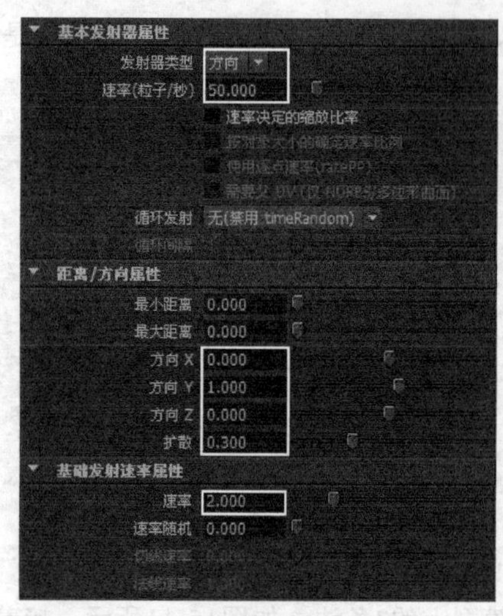

图15-13

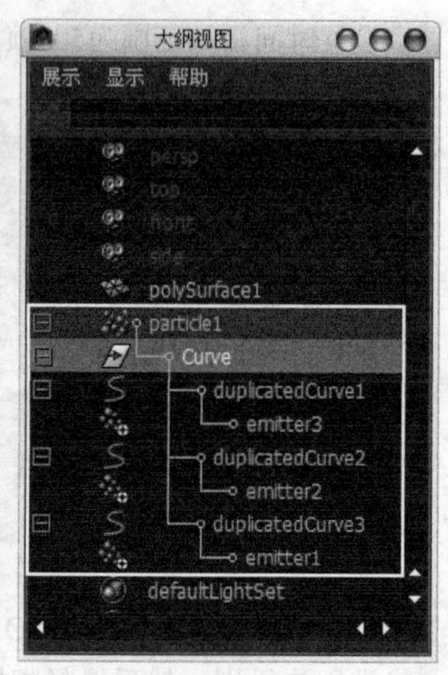

图15-14

12 播放动画，图15-15所示的分别是第120帧、160帧和200帧的粒子发射效果。

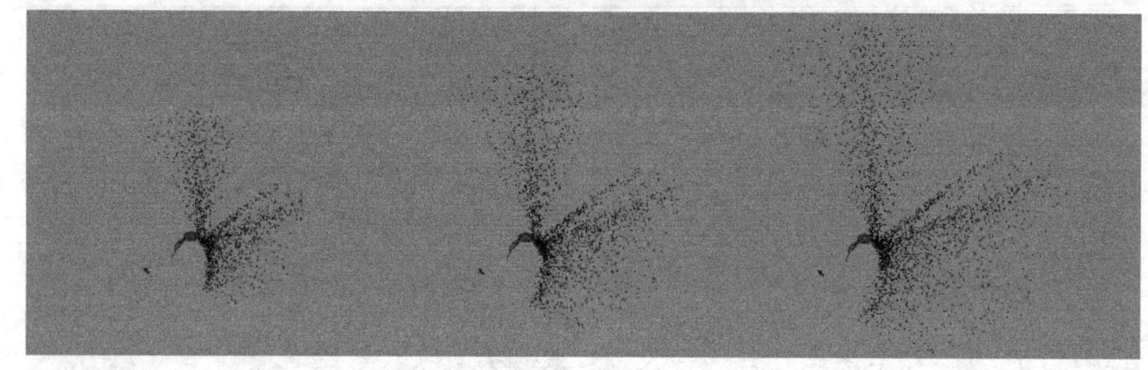

图15-15

【案例总结】

本案例是通过制作从对象上发射粒子，来掌握如何从对象上发射。该命令经常用于制作动画特效，配合力场可以制作酷炫的效果。

案例 147 使用选定发射器：多个渲染器发射粒子

场景位置	无
案例位置	Example>CH15>O2.mb
视频位置	Media>CH15>2. 使用选定发射器：多个渲染器发射粒子 .mp4
学习目标	学习如何指定发射器

（扫码观看视频）

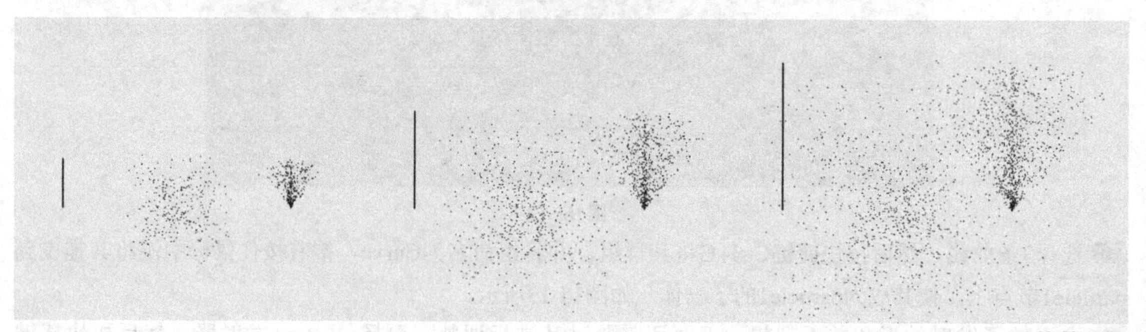

最终效果图

【操作思路】

对粒子造型进行分析，粒子有三种不同的发射方式，是由三个发射器发射的同一套粒子，【使用选定发射器】可为粒子指定发射器。

【操作命令】

本例的操作命令是【粒子】>【使用选定发射器】命令，如图15-16所示。

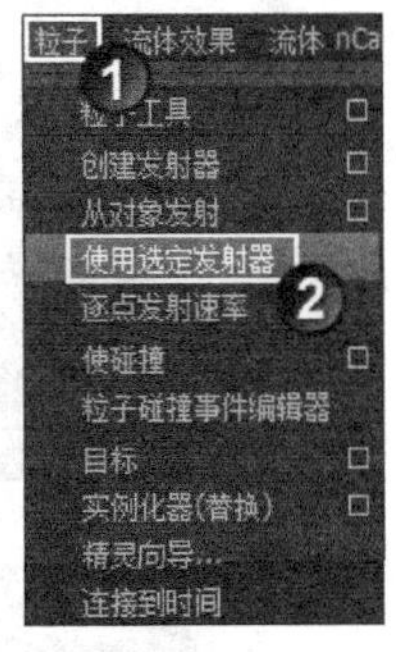

图15-16

【操作步骤】

01 打开【发射器选项（创建）】对话框，然后设置【发射器类型】为【方向】、【速率（粒子/秒）】为100，接着设置【方向X】为0、【方向Y】为1、【方向Z】为0、【扩散】为0.5，如图15-17所示。最后创建3个相同的【方向】发射器，如图15-18所示。

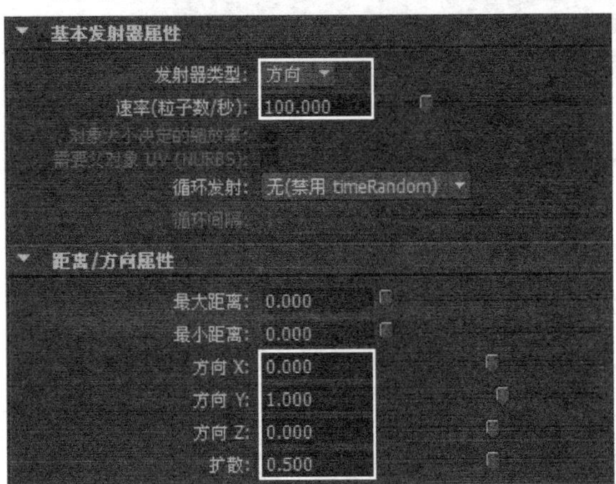

图15-17

图15-18

02 打开【大纲视图】，然后选择particle1和particle2节点，如图15-19所示，接着按Delete键将其删除。

03 播放粒子动画，可以观察到emitter1和emitter2没有发射粒子，如图15-20所示。

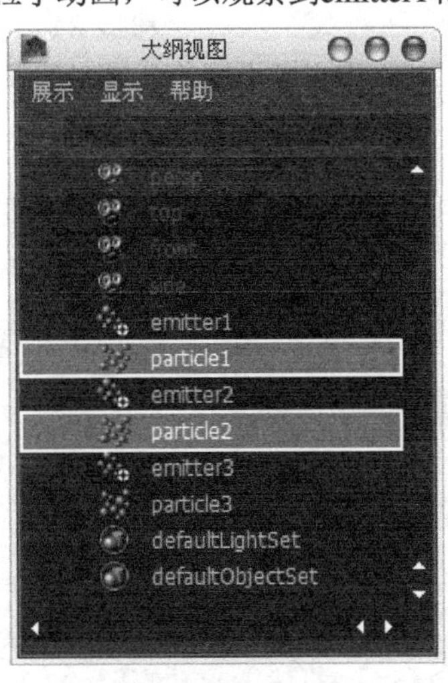

图15-19

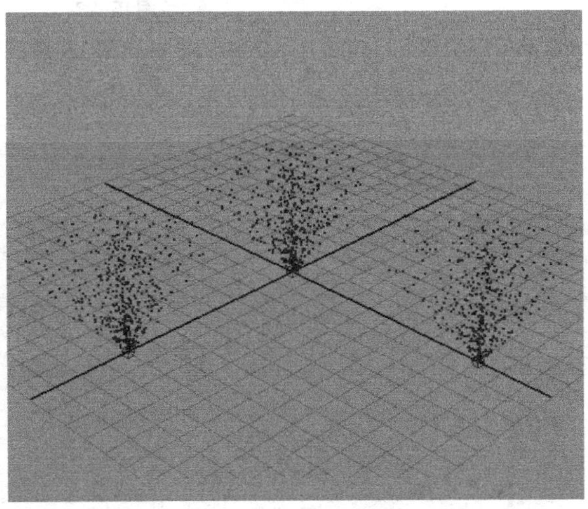

图15-20

04 在【大纲视图】中选择particle3节点，然后加选emitter1节点，如图15-21所示。接着执行【粒子】>【使用选定发射器】命令，这样可以将particle3节点连接到emitter1发射器上。完成后，用相同的方法将particle3节点连接到emitter2发射器上。

05 播放动画，可以观察到emitter1和emitter2发射器又发射出了粒子，如图15-22所示。

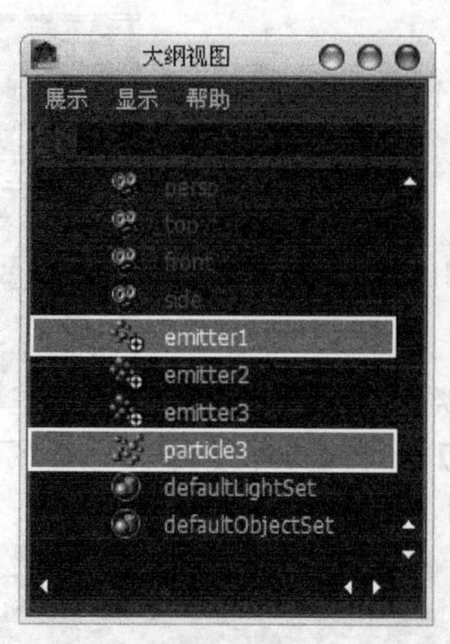

图15-21

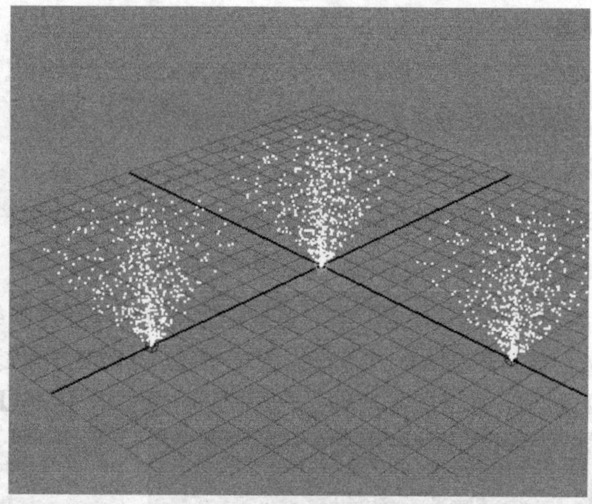

图15-22

06 选择emitter1发射器，然后按快捷键Ctrl+A打开其【属性编辑器】面板，接着设置【扩散】为0，如图15-23所示。

07 选择emitter2发射器，然后按快捷键Ctrl+A打开其【属性编辑器】对话框，接着设置【发射器类型】为【体积】、【速率（粒子/秒）】为50，最后设置【方向X】为0.5、【方向Y】为0.5、【方向Z】为0，如图15-24所示。

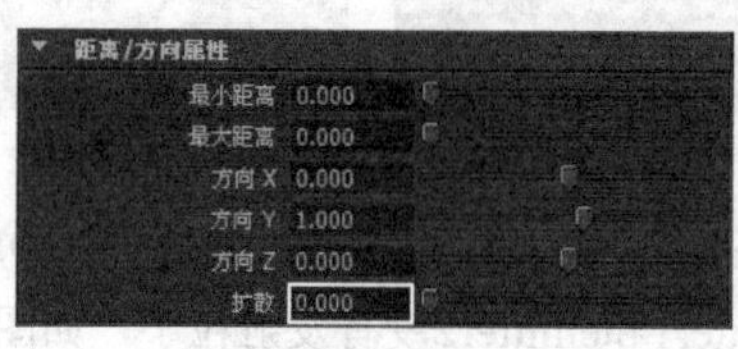

图15-23

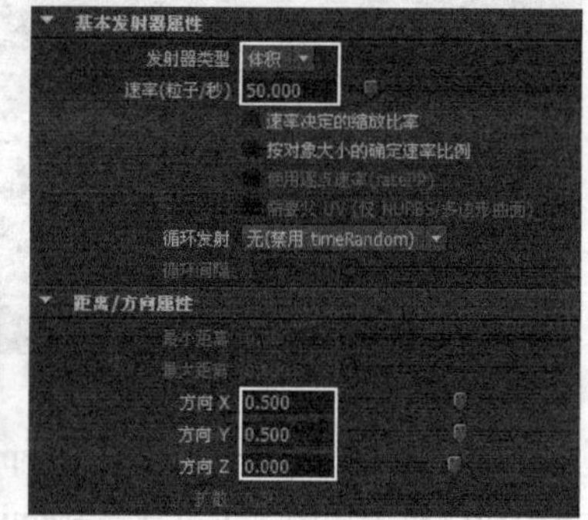

图15-24

08 播放动画，可以观察到emitter1、emitter2和emitter3发射的粒子呈现出了不同的状态，但发射的粒子类型是相同的，如图15-25所示。

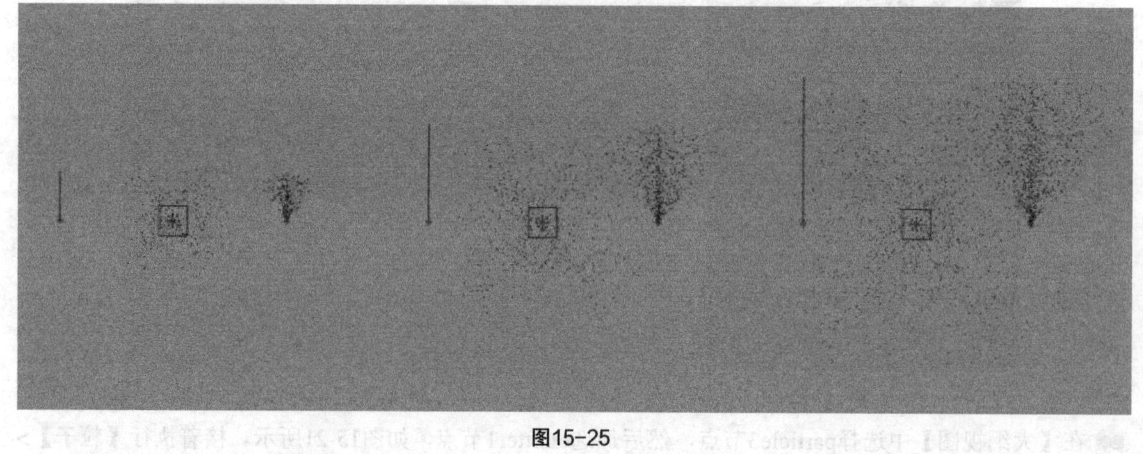

图15-25

【案例总结】

本案例是通过让三个发射器发射同一粒子，来掌握如何指定发射器。使用这种方法可以使多个发射器继承同样的粒子属性，从而可以不必去调整每个发射器的属性。

案例 148 逐点发射速率：粒子流动

场景位置	Scene>CH15> O2.mb
案例位置	Example>CH15>O3.mb
视频位置	Media>CH15>3. 逐点发射速率：粒子流动 .mp4
学习目标	学习如何调整粒子的发射速率

（扫码观看视频）

最终效果图

【操作思路】

对粒子流动效果进行分析，粒子成雾状有下落效果，并且分布不均匀，发射器发射的粒子数量也发生了变换。通过修改发射器的【速率（粒子/秒）】参数，可控制发射粒子的数量。

【操作命令】

本例使用发射器【属性编辑器】面板下的【速率（粒子/秒）】参数来控制发射速率，如图15-26所示。

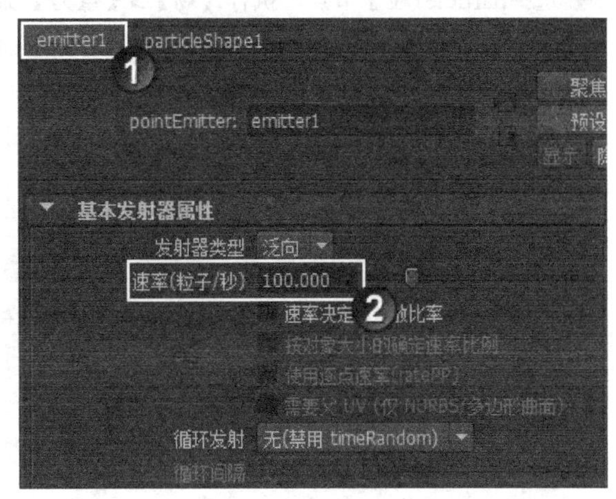

图15-26

【操作步骤】

01 打开场景“Scene>CH15> O2.mb”，如图15-27所示。

02 选择曲线，执行【粒子】>【从对象发射】命令，在【大纲视图】中选择particle1节点，按快捷键Ctrl+A打开其【属性编辑器】面板，在emitter1选项卡下设置【发射器类型】为【泛向】、【速率（粒子/秒）】为10，设置【最小距离】为1.333，如图15-28所示。

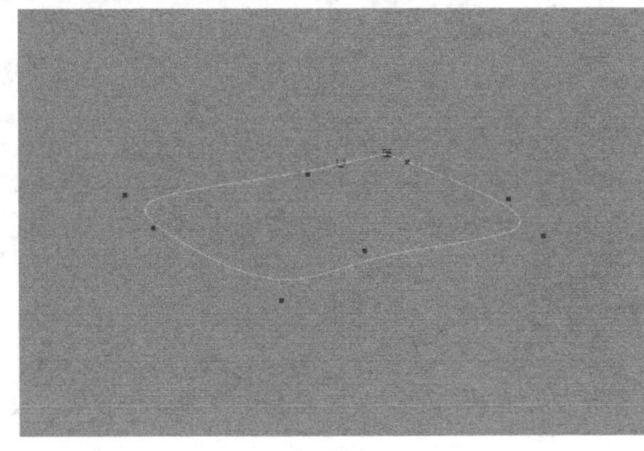
图15-27

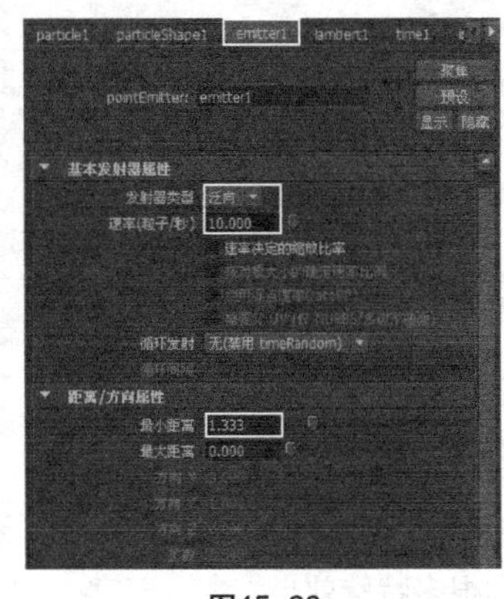
图15-28

03 切换到particleShape1选项卡，设置【粒子渲染类型】为【管状体（s/w）】，单击【当前渲染类型】按钮当前渲染类型，显示出下面的参数，设置【半径0】为0.28、【半径1】为0.34，如图15-29所示。

04 播放动画，观察粒子的运动状态，效果如图15-30所示。

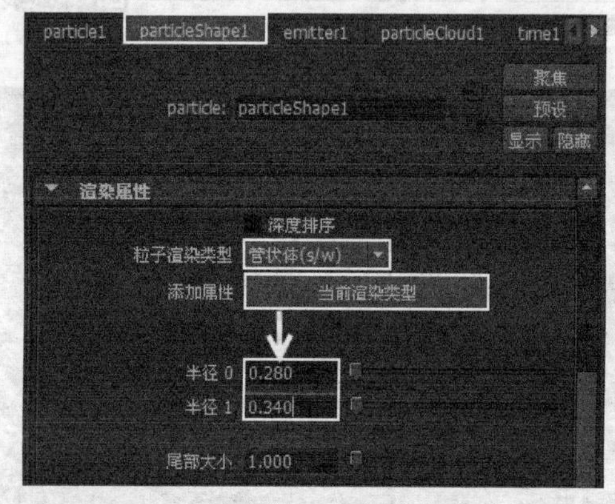

图15-29

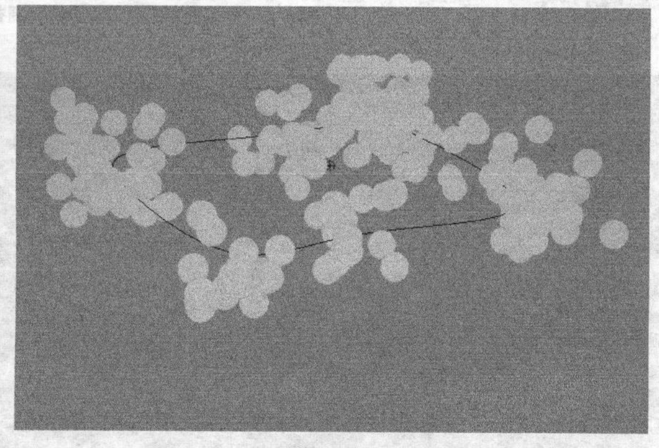

图15-30

05 选择particle1粒子节点，执行【场】>【重力】命令，为粒子添加一个重力场，播放动画，此时可以观察到粒子受重力影响而下落，但粒子的发射数量都是一样的，如图15-31所示。

06 选择曲线，执行【粒子】>【逐点发射速率】命令，按快捷键Ctrl+A打开曲线的【属性编辑器】面板，在【curveShape1】选项卡下调节好发射器的发射速率，如图15-32所示。

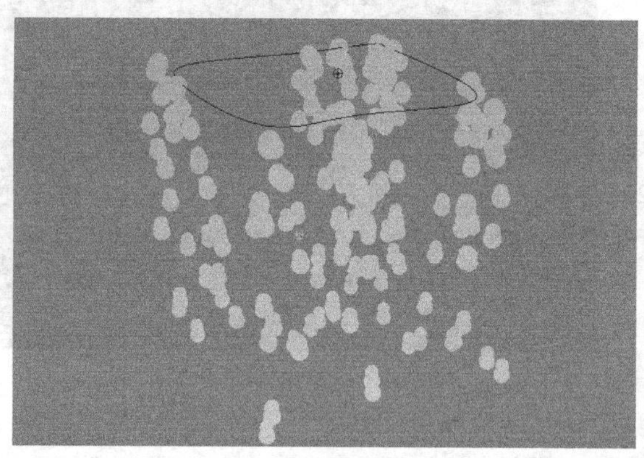

图15-31

图15-32

07 播放动画并进行观察，可以观察到每个点发射的粒子数量发生了变化，图15-33所示的分别是第15帧、30帧和40帧的粒子发射效果。

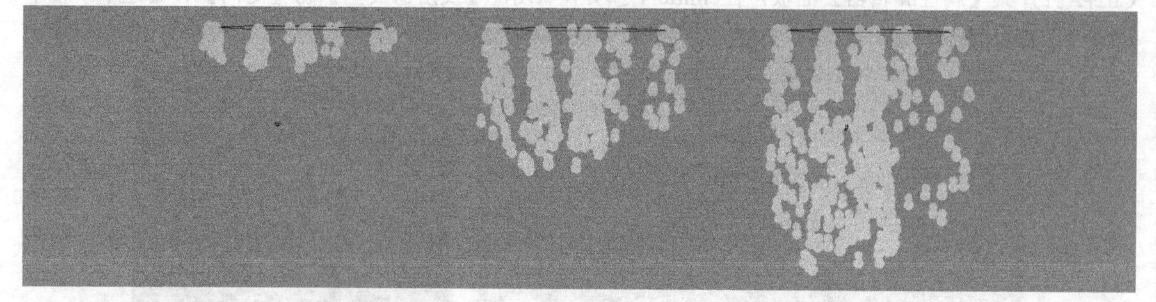

图15-33

【案例总结】

本案例是通过修改粒子的发射速率，来掌握发射器的参数。发射器有很多选项和参数，设置合理的参数可得到很多特殊效果。

案例 149 创建粒子碰撞事件：倒茶动画

场景位置	Scene>CH15> O3.mb
案例位置	Example>CH15>O4.mb
视频位置	Media>CH15>4. 创建粒子碰撞事件：倒茶动画 .mp4
学习目标	学习如何使粒子发生碰撞以及碰撞后如何产生其他事件

（扫码观看视频）

最终效果图

【操作思路】

对倒茶动画进行分析，粒子（茶水）从水壶中流下，遇到杯子时有反弹和飞溅效果，使用【使碰撞】和【粒子碰撞事件编辑器】命令，可使粒子发生碰撞以及碰撞后产生其他事件。

【操作命令】

本例的操作命令是【粒子】菜单下的【使碰撞】和【粒子碰撞事件编辑器】命令，如图15-34所示。打开【粒子碰撞事件编辑器】对话框，如图15-35所示。

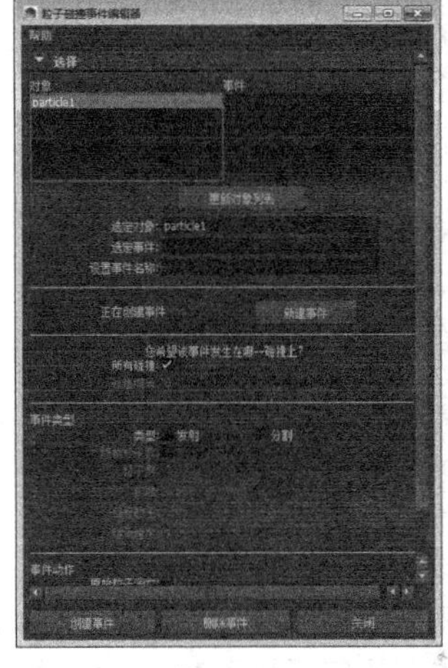
图15-34

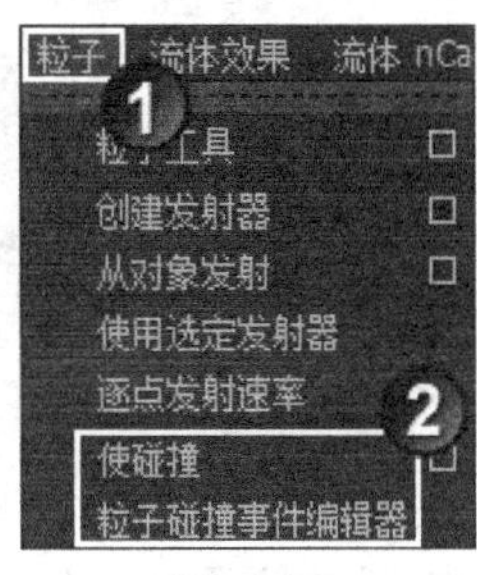

图15-35

粒子碰撞事件编辑器参数介绍

对象/事件：单击“对象”列表中的粒子可以选择粒子对象，所有属于选定对象的事件都会显示在“事件”列表中。

更新对象列表：在添加或删除粒子对象和事件时，单击该按钮可以更新对象列表。

选定对象：显示选择的粒子对象。

选定事件：显示选择的粒子事件。

设置事件名称：创建或修改事件的名称。

新建事件：单击该按钮可以为选定的粒子增加新的碰撞事件。

所有碰撞：选择该选项后，Maya将在每次粒子碰撞时都执行事件。

碰撞编号：如果关闭“所有碰撞”选项，则事件会按照所设置的“碰撞编号”进行碰撞。比如1表示第1次碰撞，2表示第2次碰撞。

类型：设置事件的类型。“发射”表示当粒子与物体发生碰撞时，粒子保持原有的运动状态，并且在碰撞之后能够发射新的粒子；“分割”表示当粒子与物体发生碰撞时，粒子在碰撞的瞬间会分裂成新的粒子。

随机粒子数：当关闭该选项时，分裂或发射产生的粒子数目由该选项决定；当选择该选项时，分裂或发射产生的粒子数目为1与该选项数值之间的随机数值。

粒子数：设置在事件之后所产生的粒子数量。

扩散：设置在事件之后粒子的扩散角度。0表示不扩散，0.5表示扩散90°，1表示扩散180°。

目标粒子：可以用于为事件指定目标粒子对象，输入要用作目标粒子的名称（可以使用粒子对象的形状节点的名称或其变换节点名称）。

继承速度：设置事件后产生的新粒子继承碰撞粒子速度的百分比。

原始粒子消亡：选择该选项后，当粒子与物体发生碰撞时会消亡。

事件程序：可以用于输入当指定的粒子（拥有事件的粒子）与对象碰撞时将被调用的MEL脚本事件程序。

【操作步骤】

01 打开场景“Scene>CH15> O3.mb”文件，如图15-36所示。然后播放动画，可以发现粒子并没有与茶杯发生碰撞，如图15-37所示。

图15-36

图15-37

02 选择粒子和茶杯，然后执行【粒子】>【使碰撞】命令，播放动画，可以观察到粒子与茶杯已经产生了碰撞现象，当粒子落在茶杯上时会立即被弹起来，如图15-38所示。

03 选择粒子，打开【粒子碰撞事件编辑器】对话框，设置【类型】为【发射】，再单击创建事件【创建事件】按钮，此时在【对象】列表中可以观察到多了一个particle2粒子，如图15-39所示。

图15-38

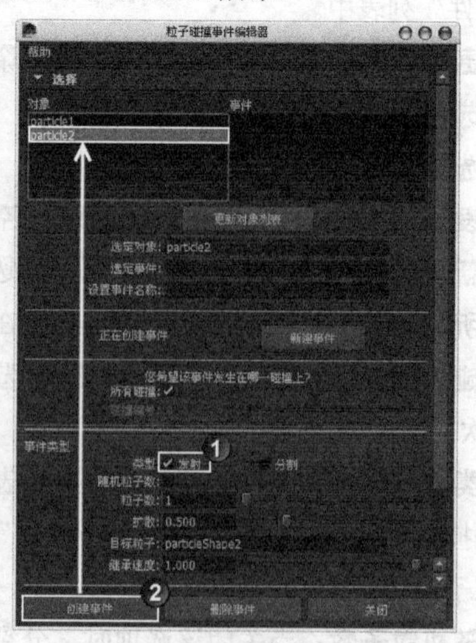

图15-39

04 播放粒子动画，可以观察到在粒子产生碰撞之后，又发射出了新的粒子，如图15-40所示。

05 在视图创建一个多边形平面作为地面，如图15-41所示。

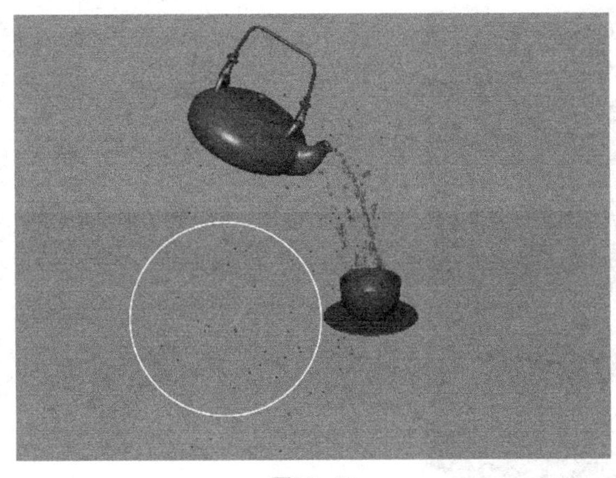

图15-40

图15-41

06 选择新产生的particle2和地面，执行【粒子】>【使碰撞】命令，接着播放动画，可以观察到particle2粒子和地面也产生了碰撞效果，如图15-42所示。

图15-42

07 选择particle2，按快捷键Ctrl+A打开其【属性编辑器】面板，设置【粒子渲染类型】为【球体】，单击当前渲染类型【当前渲染类型】按钮，显示出下面的参数，设置【半径】为0.1，如图15-43所示。播放粒子动画并进行观察，效果如图15-44所示。

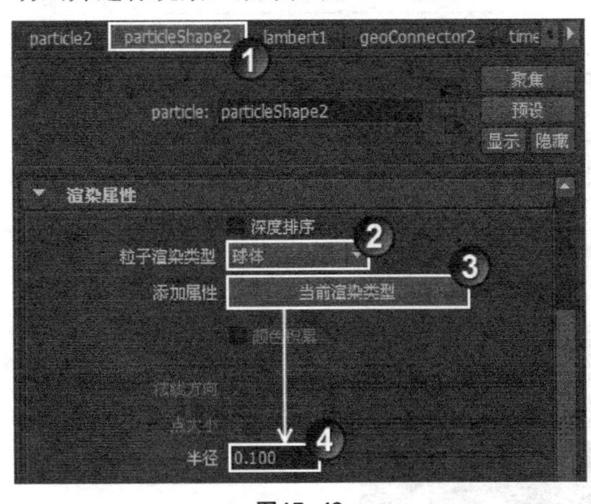

图15-43

图15-44

08 打开【粒子碰撞事件编辑器】对话框，选择particle1粒子，设置【粒子数】为3，并选择【原始粒子消亡】选项，如图15-45所示。

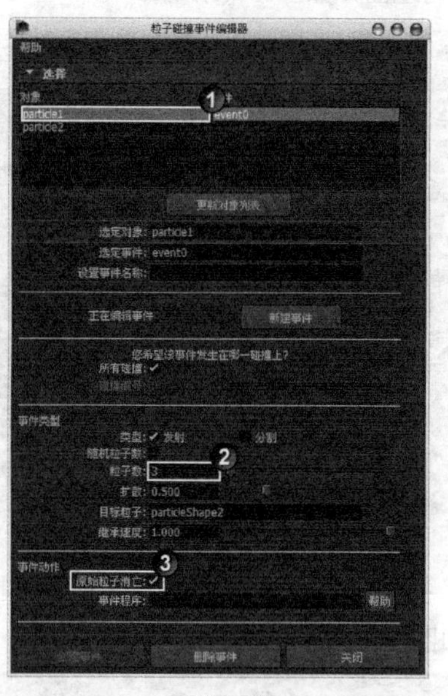

图15-45

09 播放动画，如图15-46所示分别是第30帧、50帧和80帧的粒子碰撞效果。

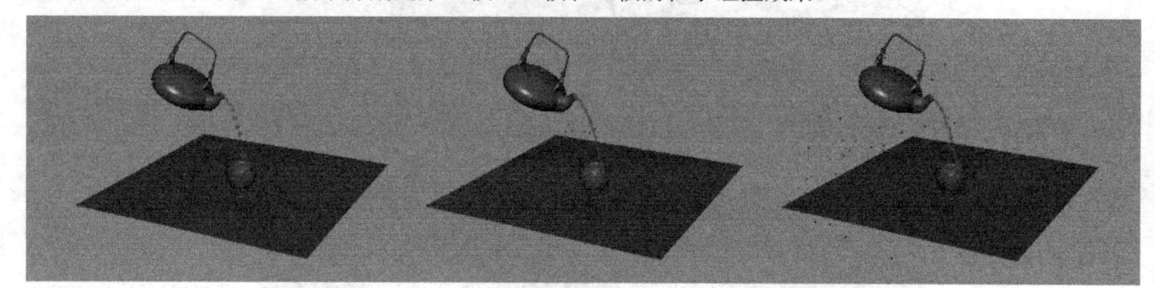

图15-46

【案例总结】

本案例是通过制作茶壶倒水动画，来掌握【使碰撞】和【粒子碰撞事件编辑器】命令的使用。这两个命令在制作复杂的特效时经常用到，应多加练习。

案例 150 目标：粒子跟随字体

场景位置	无
案例位置	Example>CH15>O5.mb
视频位置	Media>CH15>5. 目标：粒子跟随字体 .mp4
学习目标	学习如何制作粒子跟随效果

（扫码观看视频）

最终效果图

【操作思路】

对粒子跟随字体效果进行分析，播放动画后粒子会向字体移动，使用【目标】命令可以快速模拟该效果。

【操作命令】

本例的操作命令是【粒子】>【目标】命令，如图15-47所示。

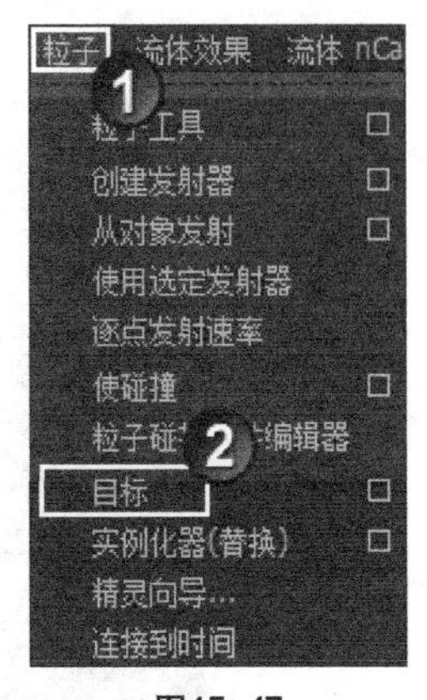

图15-47

【操作步骤】

01 单击【创建】>【文本】，制作Maya文字模型，如图15-48所示。

02 切换到【动力学】模块，执行【粒子】>【粒子工具】命令，如图15-49所示。

图15-48

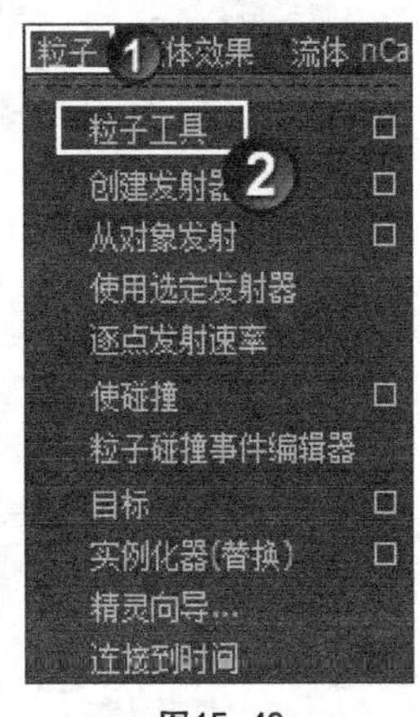

图15-49

03 在【工具设置】面板中设置【粒子数】为50、【最大半径】为3，然后在视图中单击创建粒子，接着按Enter键结束，如图15-50所示。

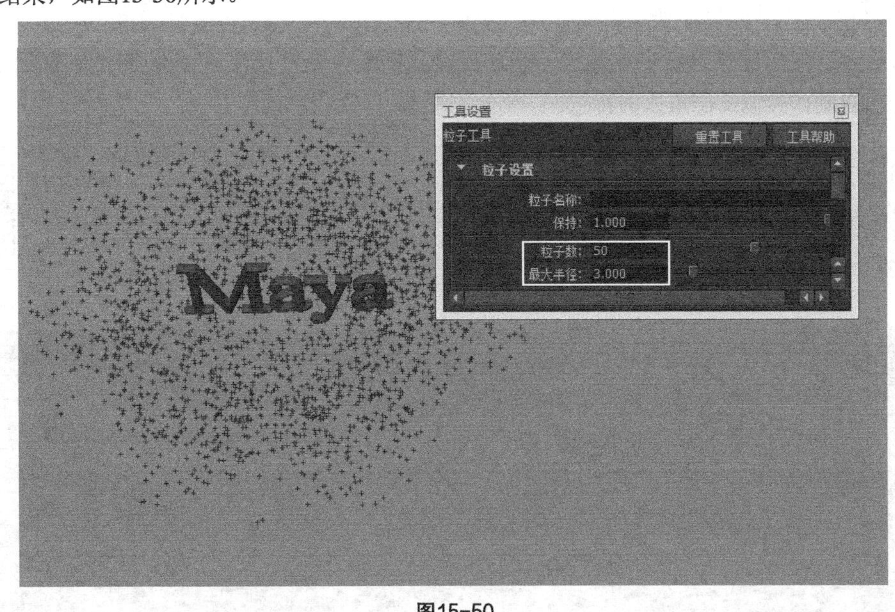

图15-50

04 选择模型和粒子，执行【粒子】>【目标】命令，如图15-51所示。

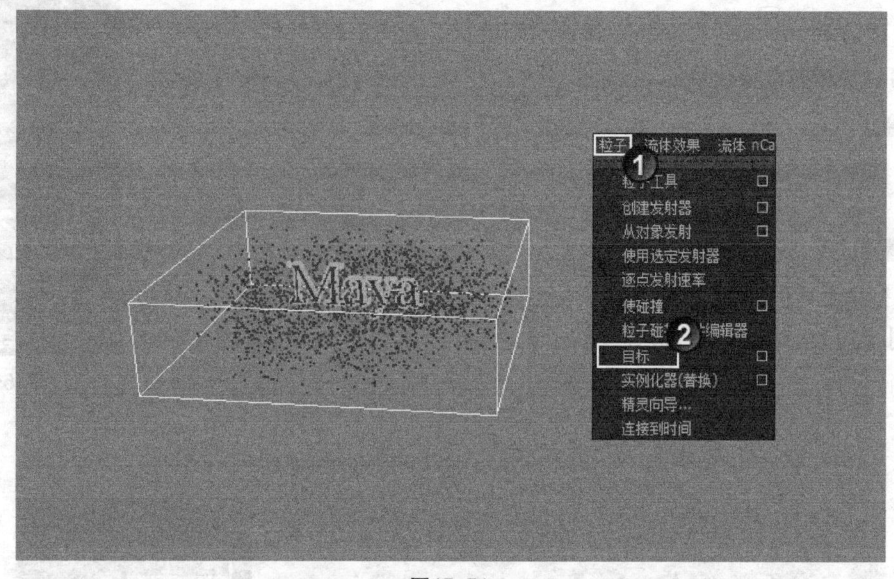

图15-51

05 播放当前粒子动画，粒子在第1帧、第5帧和第10帧的效果如图15-52所示。

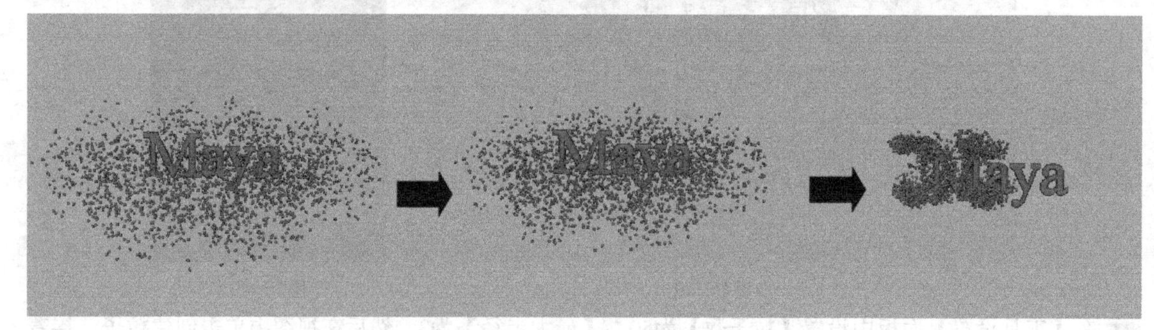

图15-52

【案例总结】

本案例是通过制作粒子跟随字体效果，来掌握【目标】命令的使用。该命令结合【实例化器（替换）】命令可以制作类似蜂群蜇人的特效。

案例 151 实例化器(替换)：蝴蝶群

场景位置	Scene>CH15> O4.mb
案例位置	Example>CH15>O6.mb
视频位置	Media>CH15>6. 实例化器（替换）：蝴蝶群 .mp4
学习目标	学习如何将粒子替换为其他对象

（扫码观看视频）

最终效果图

【操作思路】

对蝴蝶飞舞效果进行分析，有大量的蝴蝶，通过【实例化器（替换）】命令可将粒子替换成蝴蝶。

【操作命令】

本例的操作命令是【粒子】>【实例化器（替换）】命令，打开【粒子实例化器选项】对话框，如图15-53所示。

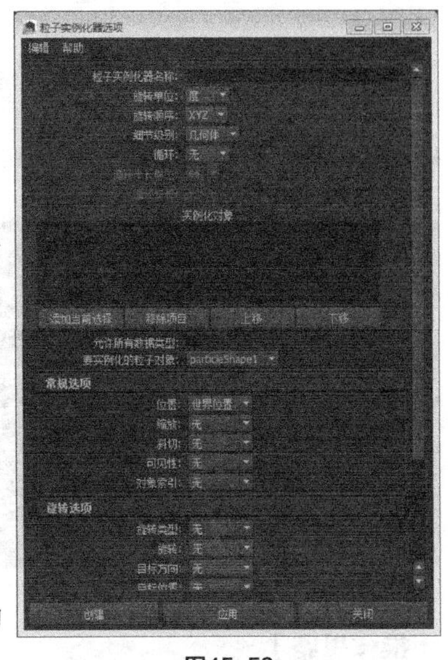

图15-53

【操作步骤】

01 打开场景“Scene>CH15> O4.mb”，本场景设置了一个蝴蝶扇动翅膀动画，如图15-54所示。

图15-54

02 执行【粒子】>【粒子工具】命令，在场景中创建一些粒子，如图15-55所示。

03 选择蝴蝶和粒子，执行【粒子】>【实例化器（替换）】命令，播放动画，可以观察到场景中已经产生了粒子替换效果（粒子为蝴蝶模型所替换），如图15-56所示。

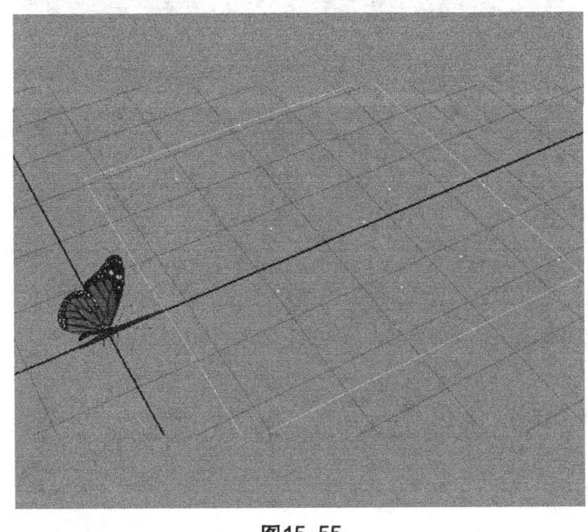

图15-55

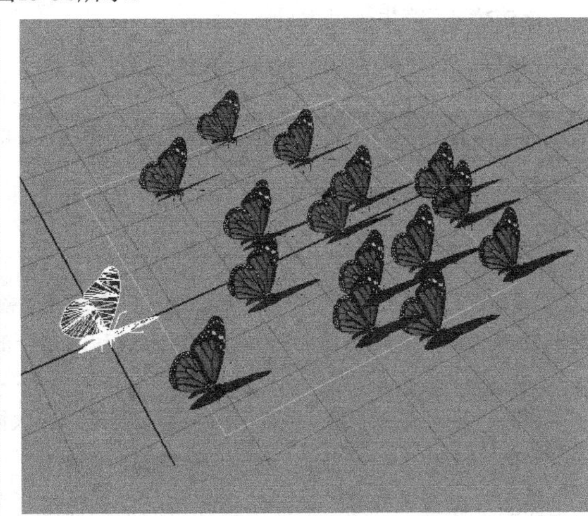

图15-56

【案例总结】

本案例是通过将粒子替换成蝴蝶，来掌握【实例化器（替换）】命令的使用。该命令经常用于制作简单的集群动画，也可配合其他命令制作一些特殊效果。

案例152 空气：粒子飞扬

场景位置	Scene>CH15>O5.mb
案例位置	Example>CH15>O7.mb
视频位置	Media>CH15>7. 空气：粒子飞扬 .mp4
学习目标	学习如何使用空气场

（扫码观看视频）

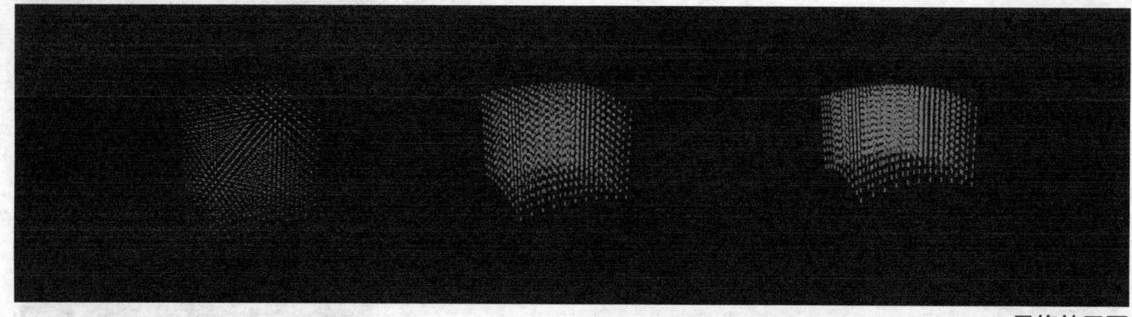
最终效果图

【操作思路】

对粒子效果进行分析，粒子受到力场作用产生移动。为粒子添加【空气】力场，可使粒子沿空气场方向移动。

【操作命令】

本例的操作命令是【场】>【空气】命令，打开【空气选项】对话框，如图15-57所示。

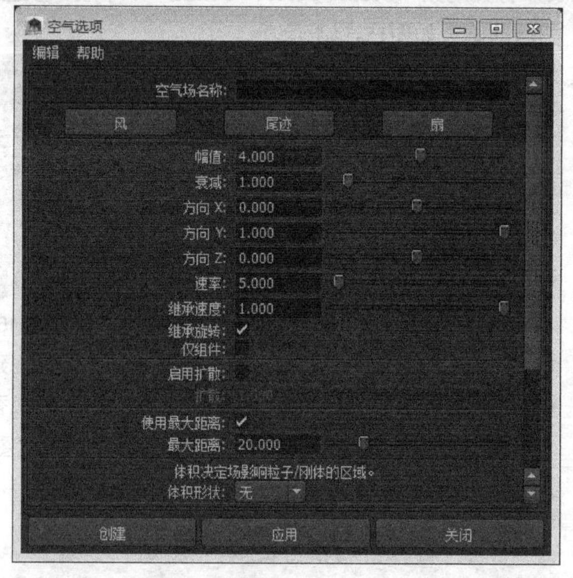

图15-57

空气选项参数介绍

空气场名称：设置空气场的名称。

风：产生接近自然风的效果。

尾迹：产生阵风效果。

扇：产生风扇吹出的风一样的效果。

幅值：设置空气场的强度。所有10个动力场都用该参数来控制力场对受影响物体作用的强弱。该值越大，力的作用越强。

技巧与提示

【幅值】可取负值，负值代表相反的方向。对于【牛顿】场，正值代表引力场，负值代表斥力场；对于【径向】场，正值代表斥力场，负值代表引力场；对于【阻力】场，正值代表阻碍当前运动，负值代表加速当前运动。

衰减：在一般情况下，力的作用会随距离的加大而减弱。

方向X/Y/Z：调节*x/y/z*轴方向上作用力的影响。

速率：设置空气场中的粒子或物体的运动速度。

继承速率：控制空气场作为子物体时，力场本身的运动速率给空气带来的影响。

继承旋转：控制空气场作为子物体时，空气场本身的旋转给空气带来的影响。

仅组件：选择该选项时，空气场仅对气流方向上的物体起作用；如果关闭该选项，空气场对所有物体的影响力都是相同的。

启用扩散：指定是否使用【扩散】角度。如果选择【启用扩散】选项，空气场将只影响【扩散】设置指定的区域内的连接对象，运动以类似圆锥的形状呈放射状向外扩散；如果关闭【启用扩散】选项，空气场将影响【最大距离】设置内的所有连接对象的运动方向是一致的。

使用最大距离：选择该选项后，可以激活下面的【最大距离】选项。

最大距离：设置力场的最大作用范围。

体积形状：决定场影响粒子/刚体的区域。

体积排除：选择该选项后，体积定义空间中场对粒子或刚体没有任何影响的区域。

体积偏移X/Y/Z：从场的位置偏移体积。如果旋转场，也会旋转偏移方向，因为它在局部空间内操作。

技巧与提示

注意，偏移体积仅更改体积的位置（因此，也会更改场影响的粒子），不会更改用于计算场力、衰减等实际场位置。

体积扫描：定义除【立方体】外的所有体积的旋转范围，其取值范围为0~360°。

截面半径：定义【圆环体】的实体部分的厚度（相对于圆环体的中心环的半径），中心环的半径由场的比例确定。如果缩放场，则【截面半径】将保持其相对于中心环的比例。

【操作步骤】

01 打开场景“Scenes>CH15>O5.mb”，如图15-58所示。

02 选择粒子，打开【空气选项】对话框，然后单击 风 【风】按钮，接着设置【幅值】为10、【最大距离】为15，最后单击 创建 【创建】按钮，如图15-59所示。

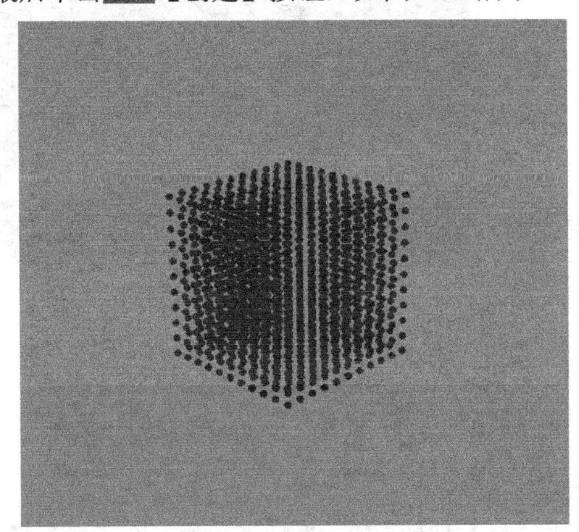

图15-58

图15-59

03 播放动画，如图15-60所示分别是第20帧、35帧和60帧的风力效果。

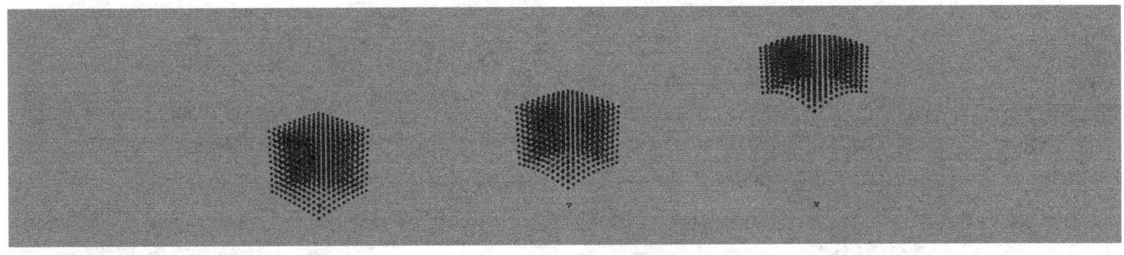

图15-60

【案例总结】

本案例是通过制作空气场效果，来掌握【空气】命令的使用。该命令可以使受到影响的物体沿着设置方向移动，如同被风吹走一样。

案例 153
阻力：阻碍效果

场景位置	Scene>CH15>O6.mb
案例位置	Example>CH15>O8.mb
视频位置	Media>CH15>8. 阻力：阻碍效果 .mp4
学习目标	学习如何使用阻力场

（扫码观看视频）

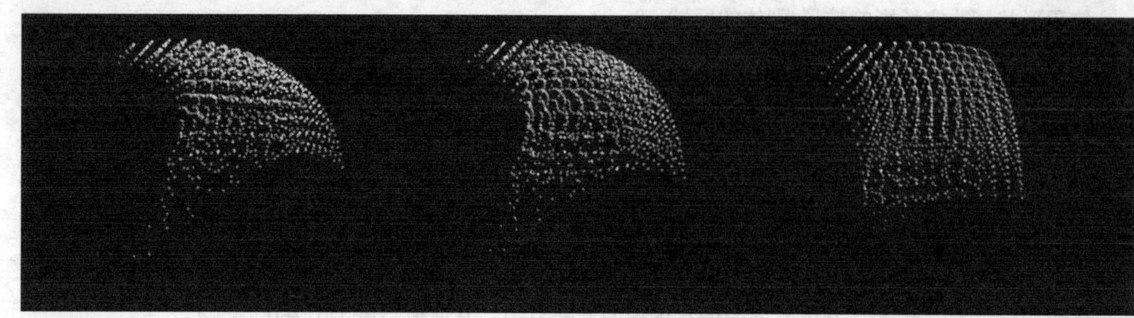
最终效果图

【操作思路】

对粒子效果进行分析，部分粒子在移动时遇到阻力，为粒子添加【阻力】力场，阻碍粒子运动。

【操作命令】

本例的操作命令是【场】>【阻力】命令，打开【阻力选项】对话框，如图15-61所示。

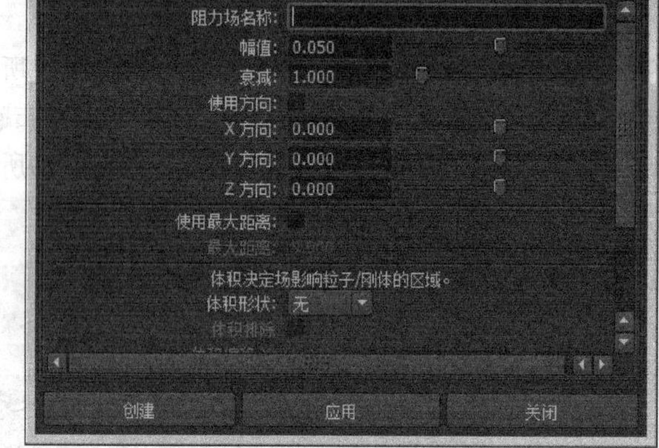

图15-61

阻力选项参数介绍

阻力场名字：设置阻力场的名字。

幅值：设置阻力场的强度。

衰减：当阻力场远离物体时，阻力场的强度就越小。

使用方向：设置阻力场的方向。

X/YZ方向：沿*x*、*y*和*z*轴设定阻力的影响方向。必须启用【使用方向】选项后，这3个选项才可用。

【操作步骤】

01 打开场景“Scene>CH15>O6.mb”，如图15-62所示。

02 选择粒子，打开【空气选项】对话框，单击【风】按钮，为粒子添加一个【风】场，如图15-63所示。

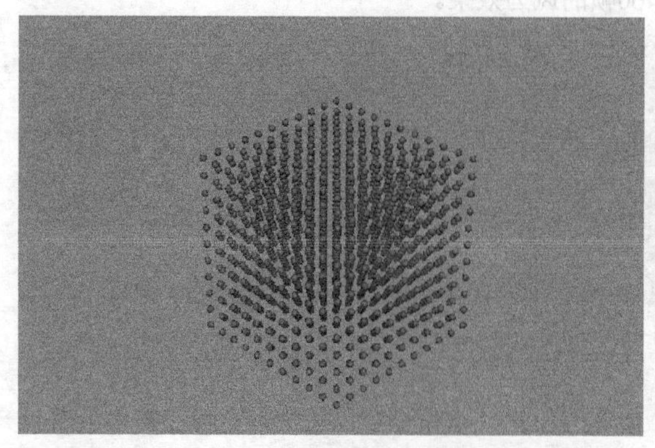
图15-62

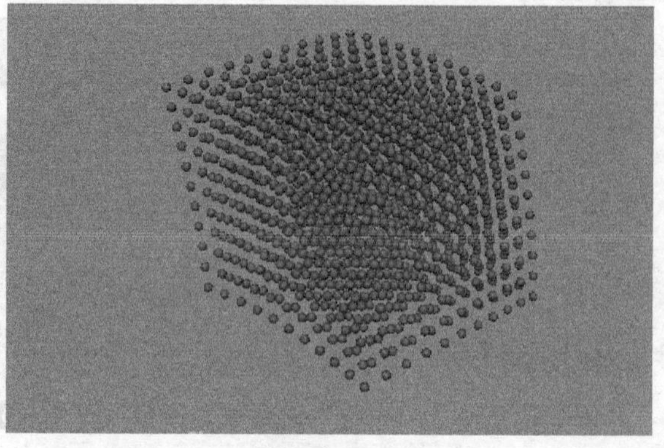
图15-63

03 选择粒子，打开【阻力选项】对话框，设置【幅值】为15、【衰减】为3，单击【创建】按钮 创建，如图15-64所示。

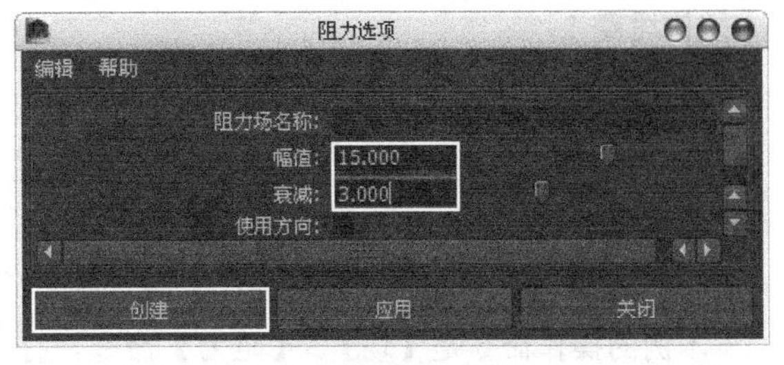

图15-64

04 播放动画，如图15-65所示分别是第60帧、100帧和140帧的阻力效果。

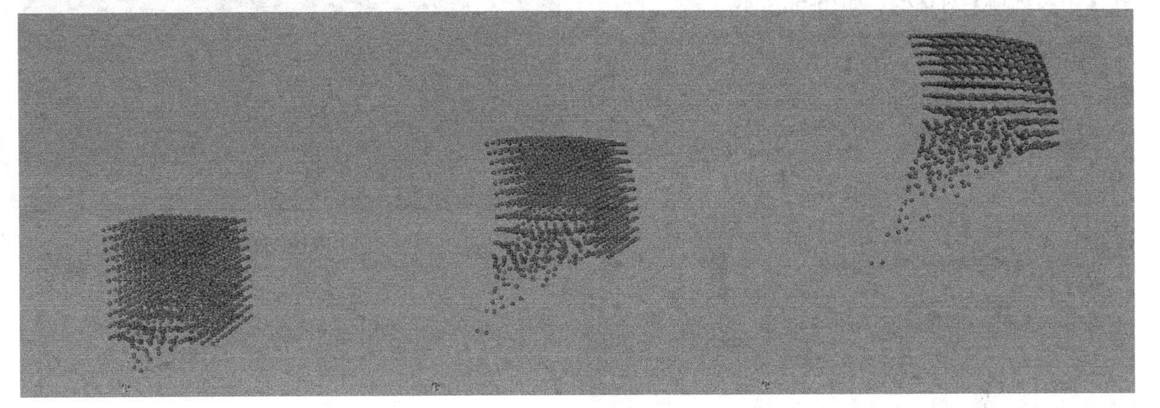
图15-65

技巧与提示

从本例中可以明显地观察到阻力对风力的影响，有了阻力就能够更加真实地模拟出现实生活中的阻力现象。

【案例总结】

本案例是通过制作阻力场效果，来掌握【阻力】命令的使用。该命令可以用来给运动中的动力学对象添加一个阻力，从而改变物体的运动速度。

案例154 牛顿：图纸飘落

场景位置	Scene>CH15>O7.mb
案例位置	Example>CH15>O9.mb
视频位置	Media>CH15>9. 牛顿：图纸飘落 .mp4
学习目标	学习如何使用牛顿场

（扫码观看视频）

最终效果图

【操作思路】

对粒子效果进行分析，粒子受到引力而下落。为粒子添加【牛顿】力场，可使粒子向引力中心移动。

【操作命令】

本例的操作命令是【场】>【阻力】命令，打开【牛顿选项】对话框，如15-66所示。

图15-66

【操作步骤】

01 打开场景“Scene>CH15>O7.mb”，如图15-67所示。

02 选择粒子物体（即物体），打开【牛顿选项】对话框，设置【幅值】和【衰减】为2，单击 创建 【创建】按钮，如图15-68所示。

图15-67

图15-68

03 播放动画，可以观察到照片受到万有引力的作用而下落，如图15-69所示。

04 选择牛顿场newtonField1，在【通道盒】中设置【幅值】为-20，如图15-70所示。

图15-69

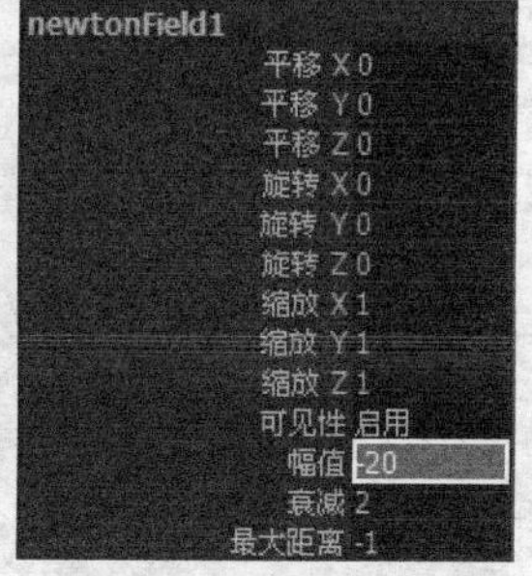

图15-70

05 播放动画，如图15-71所示分别是第150帧、260帧和400帧的动画效果。

图15-71

【案例总结】

本案例是通过制作牛顿场效果，来掌握【牛顿】命令的使用。该命令可以用来模拟物体在相互作用下的引力和斥力，相互接近的物体间会产生引力和斥力，其值的大小取决于物体的质量。

案例 155
径向：辐射效果

场景位置	Scene>CH15>O8.mb
案例位置	Example>CH15>O10.mb
视频位置	Media>CH15>10. 径向：辐射效果 .mp4
学习目标	学习如何使用径向场

（扫码观看视频）

最终效果图

【操作思路】

对粒子效果进行分析，粒子受到力场作用呈辐射状，为粒子添加【径向】力场，可使粒子产生辐射运动。

【操作命令】

本例的操作命令是【场】>【径向】命令，打开【径向选项】对话框，如图15-72所示。

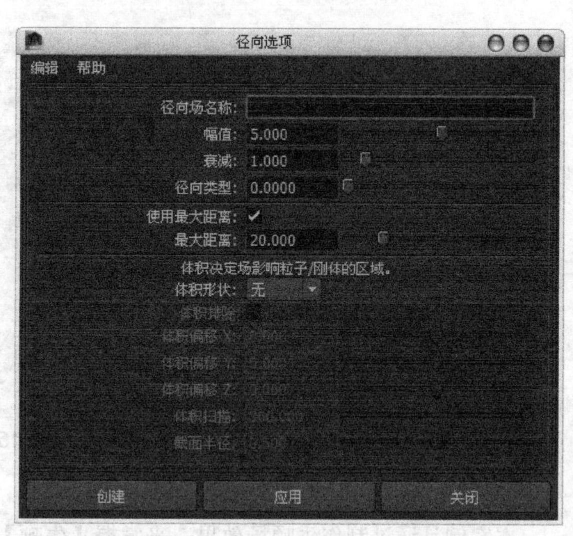

图15-72

【操作步骤】

01 打开场景“Scene>CH15>O8.mb”，如图15-73所示。

02 选择粒子，打开【径向选项】对话框，设置【幅值】为15、【衰减】为3，单击创建【创建】按钮，如图15-74所示。

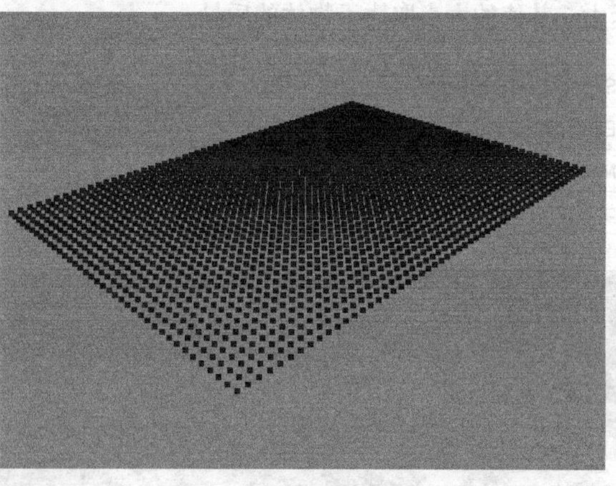

图15-73

图15-74

03 播放动画，观察斥力效果，图15-75所示的分别是第40帧、80帧和100帧的动画效果。

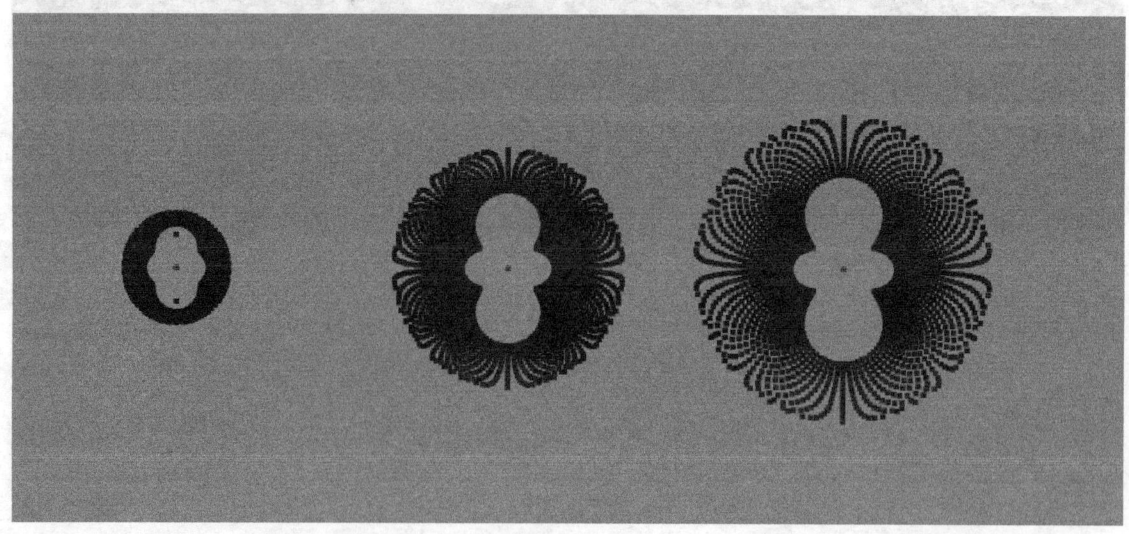

图15-75

04 在【通道盒】中设置【幅值】为-15，然后播放动画并观察引力效果，图15-76所示的分别是第60帧、80帧和180帧的动画效果。

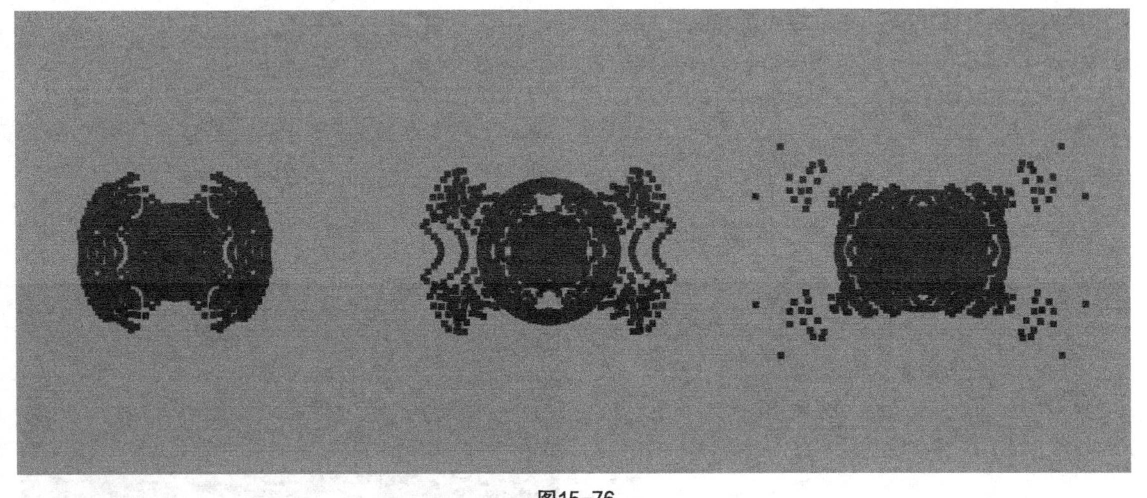

图15-76

【案例总结】

本案例是通过制作径向场效果，来掌握【径向】命令的使用。该命令可以用于控制爆炸等由中心向外辐射散发的各种现象，同样将【幅值】设置为负值时，也可以用来模拟把四周散开的物体聚集起来的效果。

案例156 湍流：扰乱效果

场景位置	Scene>CH15>O9.mb
案例位置	Example>CH15>O11.mb
视频位置	Media>CH15>11. 湍流：扰乱效果 .mp4
学习目标	学习如何使用湍流场

（扫码观看视频）

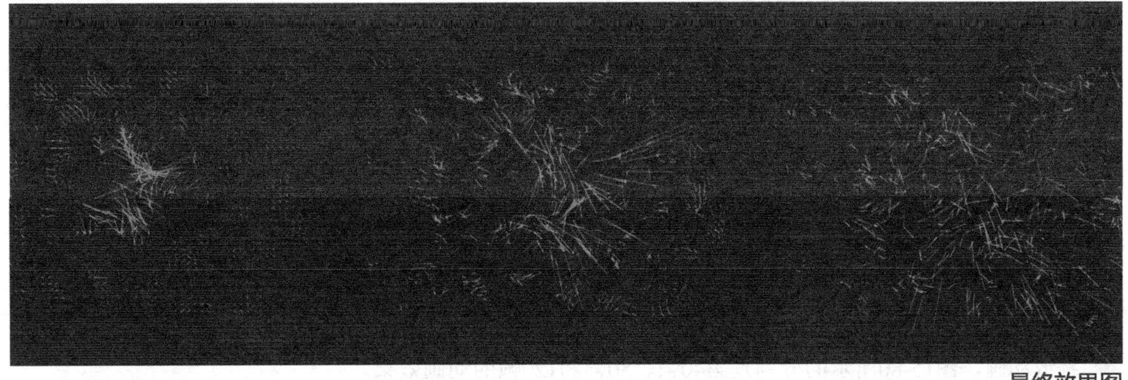

最终效果图

【操作思路】

对粒子效果进行分析，粒子受到力场作用随机分布。为粒子添加【湍流】力场，可使粒子产生不规律运动。

【操作命令】

本例的操作命令是【场】>【湍流】命令，打开【湍流选项】对话框，如图17-77所示。

湍流选项参数介绍

频率：该值越大，物体无规则运动的频率就越高。

相位X/Y/Z：设定湍流场的相位移，这决定了中断的方向。

噪波级别：值越大，湍流越不规则。“噪波级别”属性指定了要在噪波表中执行的额外查找的数量。值为0，表示仅执行一次查找。

噪波比：指定了连续查找的权重，权重得到累积。例如，如果将“噪波比”设定为0.5，则连续查找的权重为（0.5，0.25），依此类推；如果将“噪波级别”设定为0，则“噪波比”不起作用。

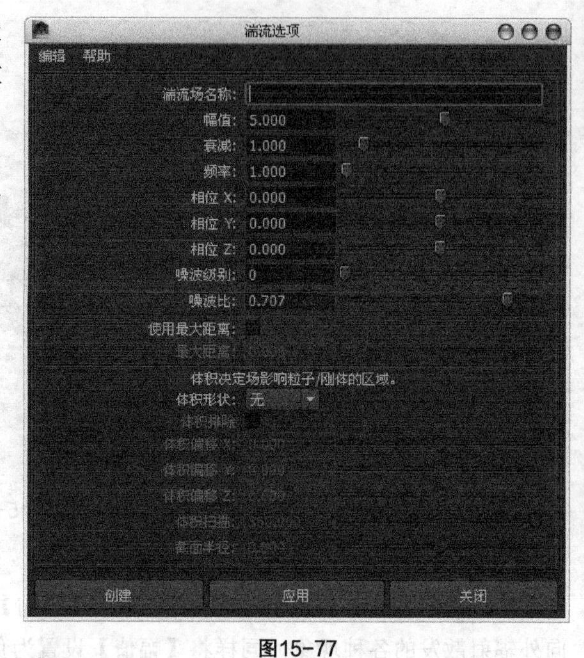

图15-77

【操作步骤】

01 打开场景“Scene>CH15>O9.mb”，如图15-78所示。

02 选择粒子，打开【湍流选项】对话框，接着设置【幅值】为5、【衰减】为2，最后单击创建【创建】按钮，如图15-79所示。

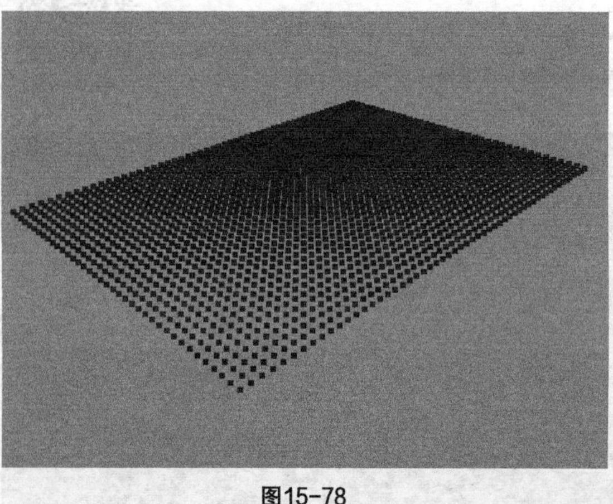

图15-78

湍流选项
编辑 帮助
湍流场名称:
幅值: 5.000
衰减: 2.000
频率: 1.000
相位 X: 0.000
创建 应用 关闭

图15-79

03 播放动画，图15-80所示的分别是第40帧、80帧和120帧的动画效果。

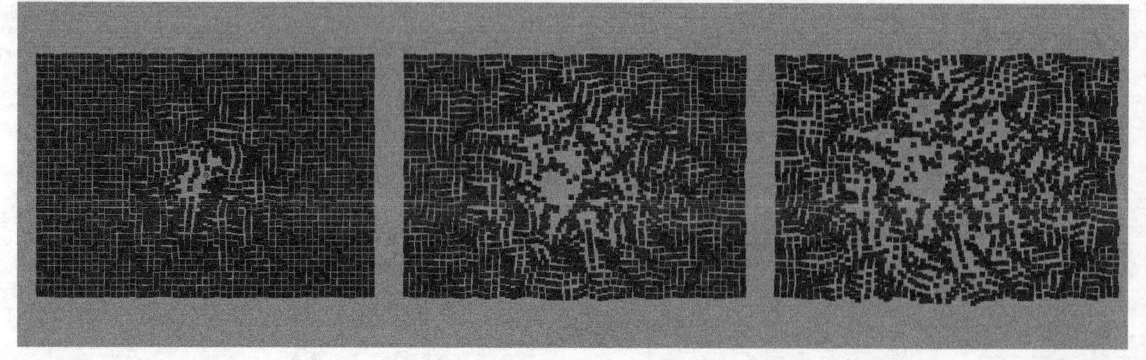

图15-80

【案例总结】

本案例是通过制作湍流场效果，来掌握【湍流】命令的使用。可以使范围内的对象产生随机运动效果，在模拟自然的运动效果时，常常用到该力场。

案例 157 一致：驱动效果

场景位置	Scene>CH15>O10.mb
案例位置	Example>CH15>O12.mb
视频位置	Media>CH15>12. 一致：驱动效果 .mp4
学习目标	学习如何使用一致场

（扫码观看视频）

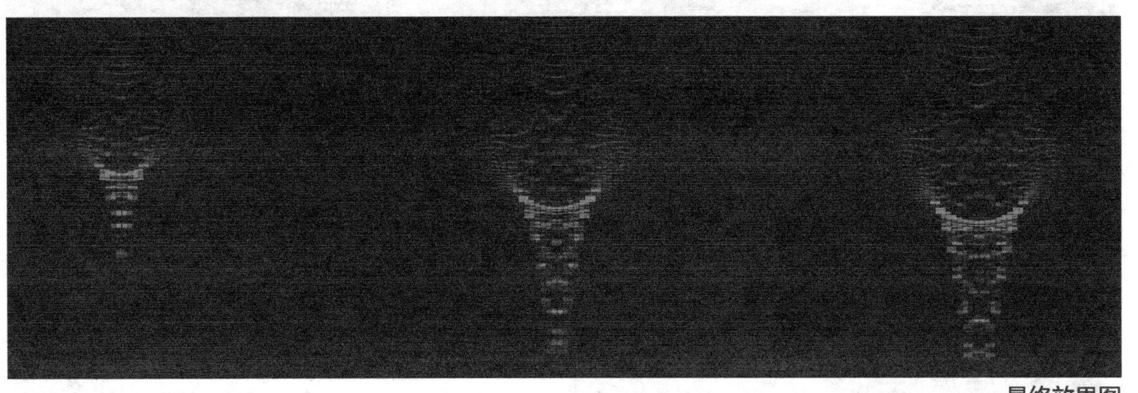

最终效果图

【操作思路】

对粒子效果进行分析，粒子受到力场作用产生移动。为粒子添加【一致】力场，可使粒子沿力场方向统一运动。

【操作命令】

本例的操作命令是【场】>【一致】命令，打开【一致选项】对话框，如图15-81所示。

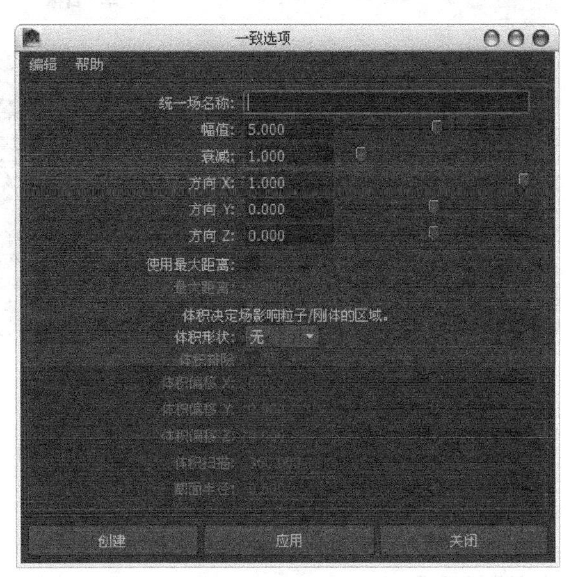

图15-81

【操作步骤】

01 打开场景“Scene>CH15>O10.mb”，如图15-82所示。

02 选择粒子，打开【一致选项】对话框，设置【幅值】为5、【衰减】为2，单击【创建】按钮，如图15-83所示。

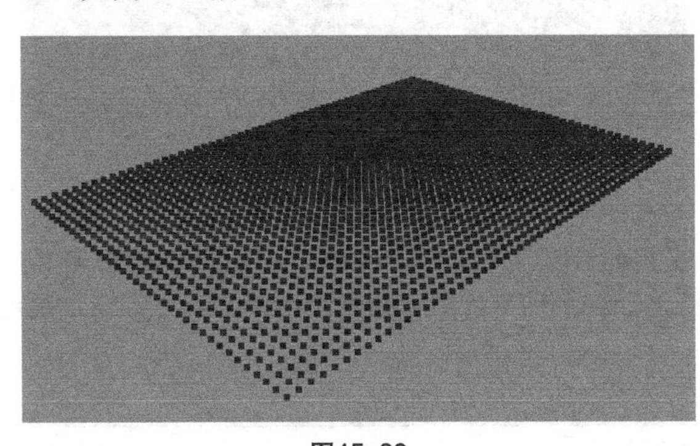

图15-82

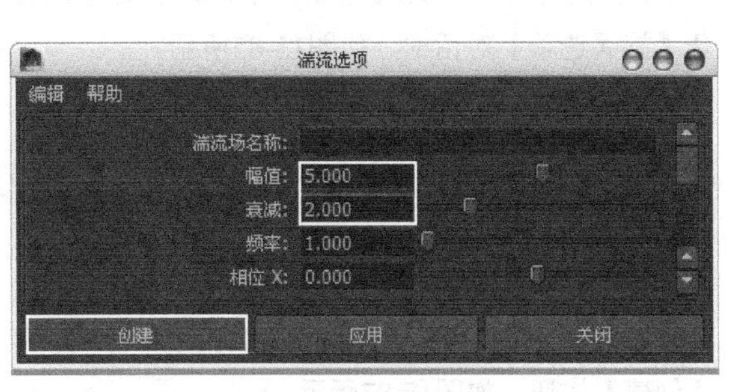

图15-83

03 播放动画，图15-84所示的分别是第100帧、150帧和200帧的动画效果。

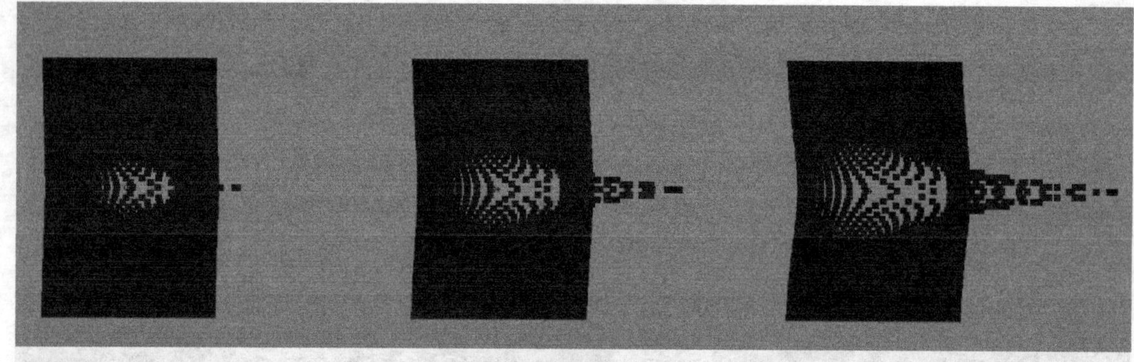

图15-84

【案例总结】

本案例是通过制作一致场效果，来掌握【一致】命令的使用。可以将所有受到影响的物体向同一个方向移动，靠近均匀中心的物体将受到更大程度的影响。

案例 158 旋涡：旋涡效果

场景位置	Scene>CH15>O11.mb
案例位置	Example>CH15>O13.mb
视频位置	Media>CH15>13. 旋涡：旋涡效果 .mp4
学习目标	学习如何使用旋涡场

（扫码观看视频）

最终效果图

【操作思路】

对粒子效果进行分析，粒子受到力场作用沿中心旋转。为粒子添加【旋涡】力场，可使粒子产生旋涡运动。

【操作命令】

本例的操作命令是【场】>【旋涡】命令，打开【旋涡选项】对话框，如图15-85所示。

【操作步骤】

01 打开场景“Scene>CH15>O11.mb”，如图15-86所示。

02 选择粒子，然后打开【旋涡选项】对话框，接着设置【幅值】为8、【衰减】为2，最后单击创建【创建】按钮，如图15-87所示。

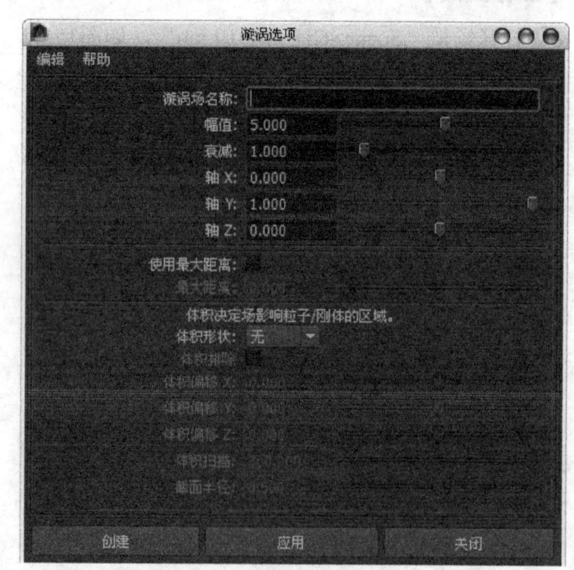

图15-85

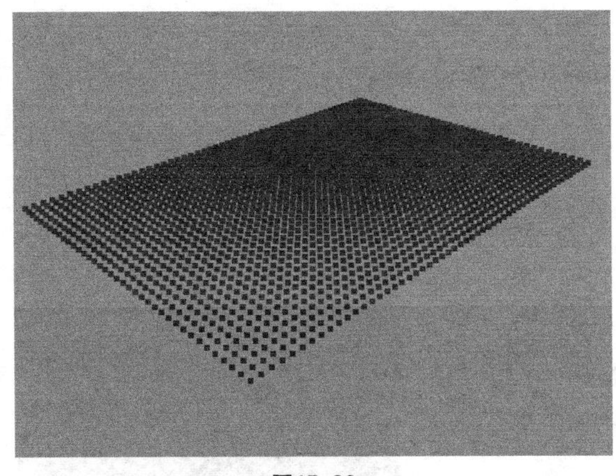

图15-86

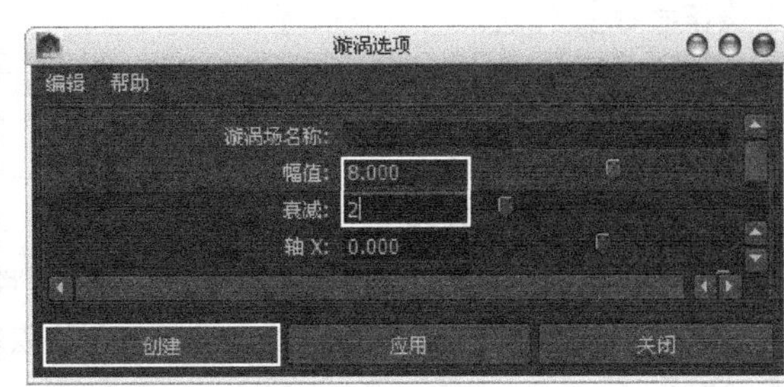

图15-87

03 播放动画，图15-88所示的分别是第750帧、950帧和1200帧的动画效果。

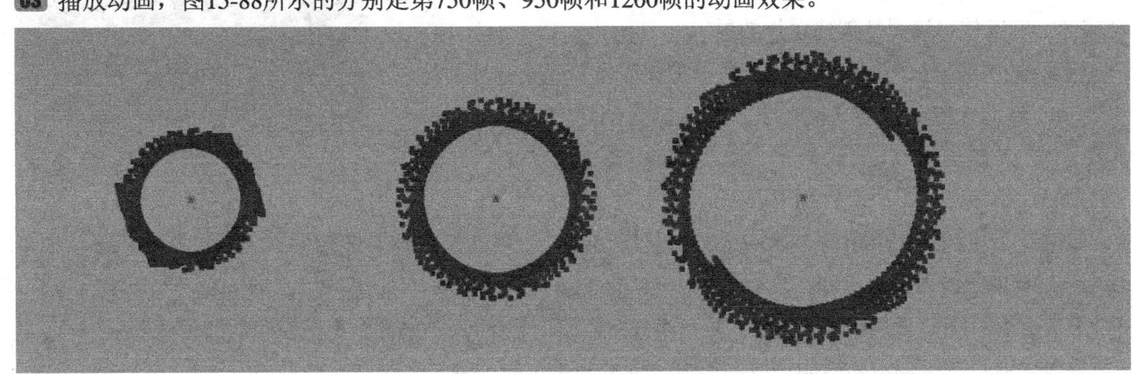

图15-88

【案例总结】

本案例是通过制作旋涡场效果，来掌握【旋涡】命令。该命令可以使物体沿指定的轴进行旋转，利用涡轮场可以很轻易地实现各种旋涡状的效果。

案例 159 体积轴：综合驱动效果

场景位置	无
案例位置	Example>CH15>O14.mb
视频位置	Media>CH15>14. 体积轴：综合驱动效果 .mp4
学习目标	学习如何使用体积轴场

（扫码观看视频）

最终效果图

【操作思路】

对粒子效果进行分析，粒子受到力场作用产生混合变化。为粒子添加【体积轴】力场，可综合驱动粒子。

【操作命令】

本例的操作命令是【场】>【桥接】命令，打开【体积轴选项】对话框，如图15-89所示。

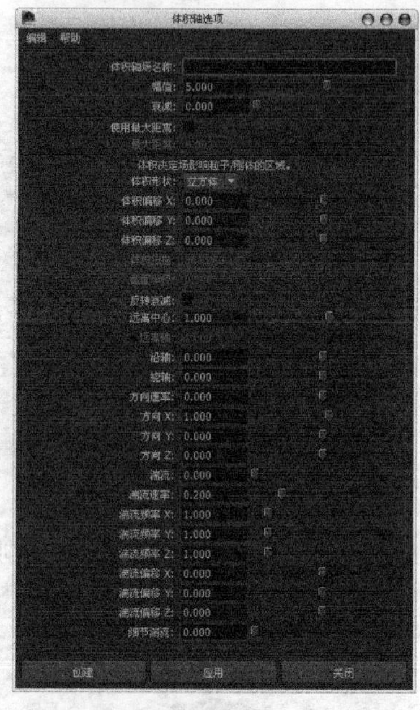

图15-89

体积轴选项参数介绍

反转衰减：当启用【反转衰减】并将【衰减】设定为大于0的值时，体积轴场的强度在体积的边缘上最强，在体积轴场的中心轴处衰减为0。

远离中心：指定粒子远离【立方体】或【球体】体积中心点的移动速度，可以使用该属性创建爆炸效果。

远离轴：指定粒子远离【圆柱体】、【圆锥体】或【圆环】体积中心轴的移动速度。对于【圆环】，中心轴为圆环实体部分的中心环形。

沿轴：指定粒子沿所有体积中心轴的移动速度。

绕轴：指定粒子围绕所有体积中心轴的移动速度。当与【圆柱体】体积形状结合使用时，该属性可以创建旋转的气体效果。

方向速率：在所有体积的【方向X】、【方向Y】、【方向Z】属性指定的方向添加速度。

湍流速率：指定湍流随时间更改的速度。湍流每单位时间内进行一次无缝循环。

湍流频率X/Y/Z：控制适用于发射器边界体积内部的湍流函数的重复次数，低值会创建非常平滑的湍流。

湍流偏移X/Y/Z：用该选项可以在体积内平移湍流，为其设置动画可以模拟吹动的湍流风。

细节湍流：设置第2个更高频率湍流的相对强度，第2个湍流的速度和频率均高于第1个湍流。当【细节湍流】不为0时，模拟运行可能有点慢，因为要计算第2个湍流。

【操作步骤】

01 执行【粒子】>【粒子工具】命令，在视图中连续单击以，创建出多个粒子，如图15-90所示。

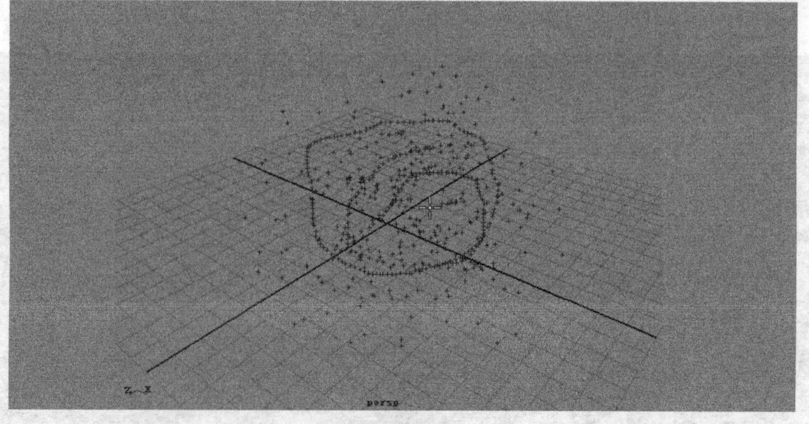

图15-90

02 选择所有粒子，打开【体积轴选项】对话框，设置【体积形状】为【球体】，如图15-91所示。单击 【创建】按钮，效果如图15-92所示。

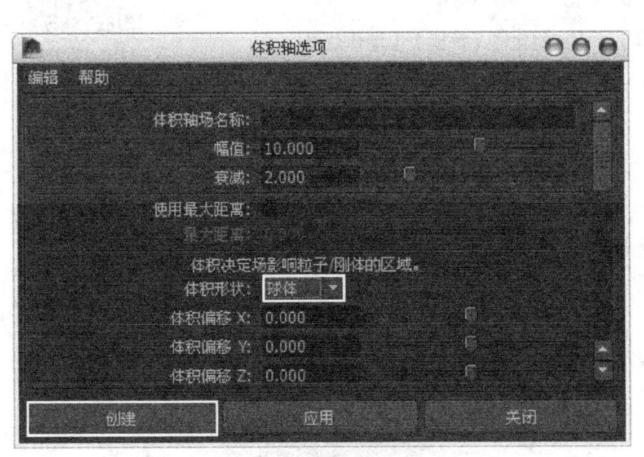

图15-91

图15-92

03 选择volumeAxisField1体积轴场，然后用【缩放工具】将其放大一些，如图15-93所示。

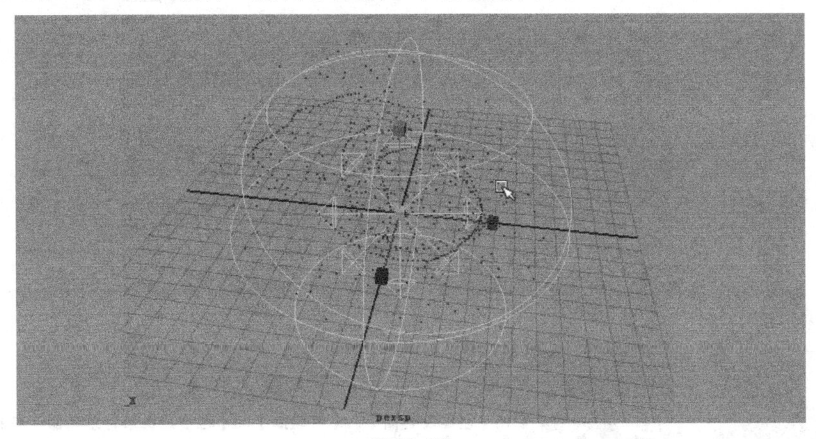

图15-93

04 播放动画，图15-94所示的分别是第60帧、100帧和160帧的动画效果。

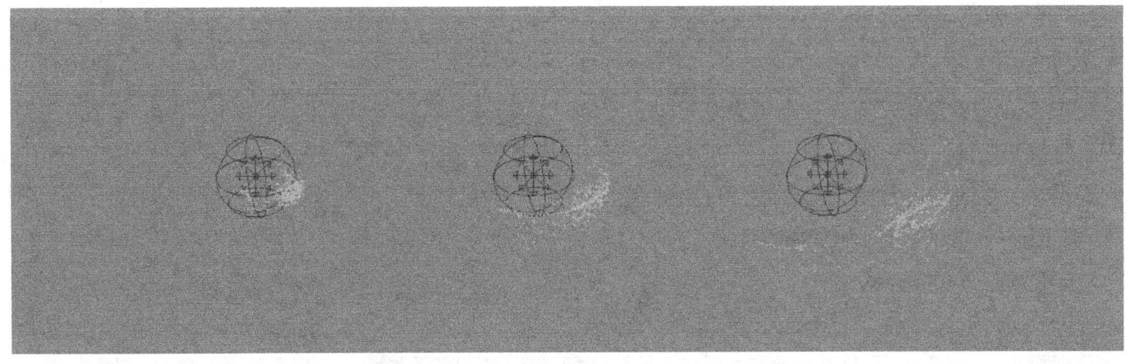

图15-94

【案例总结】

本案例是通过制作体积轴场效果，来掌握【体积轴】命令的使用。该命令是一种局部作用的范围场，只有在选定的形状范围内的物体才可能受到体积轴场的影响。在参数方面，体积轴场综合了旋涡场、一致场和湍流场的参数。

练习 026 制作太空场景

（扫码观看视频）

场景位置	Scene>CH15>O12.mb
案例位置	Example>CH15>O15.mb
视频位置	Media>CH15>15. 制作太空场景 .mp4
技术需求	使用【粒子工具】、【实例化器（替换）】制作效果

效果图如图15-95所示。

图15-95

【制作提示】

第1步：用粒子工具绘制粒子模拟太空陨石。

第2步：将粒子替换为陨石模型。

第3步：添加表达式让多个对象替换粒子。

步骤如图15-96所示。

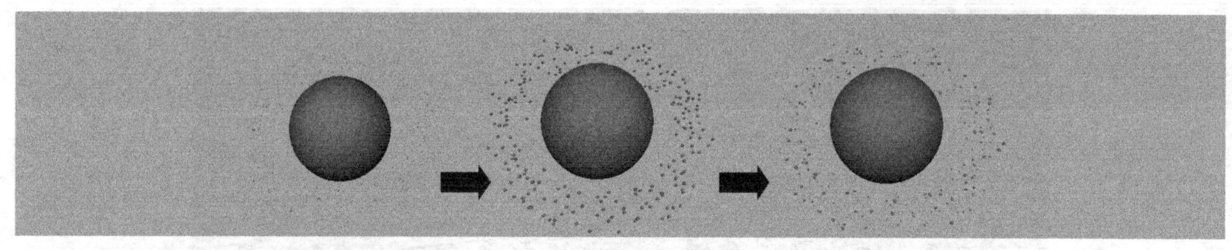
图15-96

练习 027 制作下雨

（扫码观看视频）

场景位置	无
案例位置	Example>CH15>O16.mb
视频位置	Media>CH15>16. 制作下雨 .mp4
技术需求	使用【创建发射器】、【使碰撞】、【粒子碰撞事件编辑器】来制作效果

效果图如图15-97所示。

图15-97

【制作提示】

第1步：创建两个平面，一个用来发射粒子，另一个与粒子碰撞。

第2步：为粒子添加重力场使粒子自由下落。

第3步：为粒子设置粒子碰撞事件。

步骤如图15-98所示。

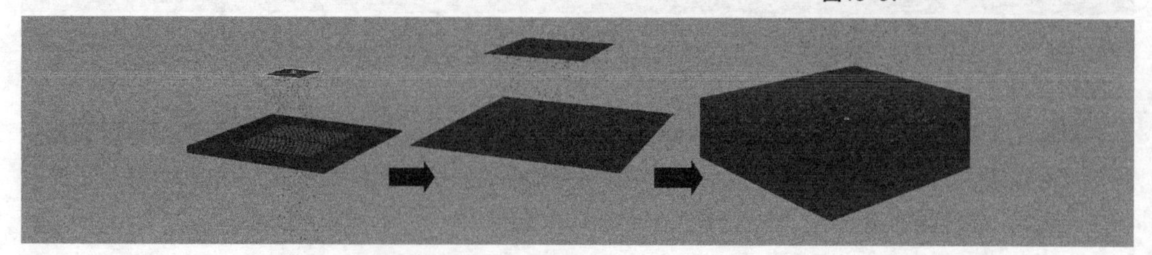
图15-98

第 16 章

刚 / 柔体与约束

刚体是把几何物体转换为不会变形的多边形物体来进行动力学解算的一种方法，可以用来模拟物理学中的动量碰撞等效果。柔体是将几何物体表面的CV点或顶点转换成柔体粒子，然后通过对不同部位的粒子给予不同权重值的方法来模拟自然界中的柔软物体，这是一种动力学解算方法。约束是用来制约刚/柔体，以达到特殊效果。本章主要介绍创建柔体、创建刚体、约束的类型和使用方法、刚/柔体的运用，通过对本章的学习，可以模拟自然界中逼真的动画。

本章学习要点

掌握如何创建柔体
掌握如何创建刚体
掌握常用约束的使用方法
掌握刚/柔体的运用

案例 160 创建柔体：海马弹跳动画

场景位置	Scene>CH16>P1.mb
案例位置	Example>CH16>P1.mb
视频位置	Media>CH16>1. 创建柔体：海马弹跳动画 .mp4
学习目标	学习如何创建柔体

（扫码观看视频）

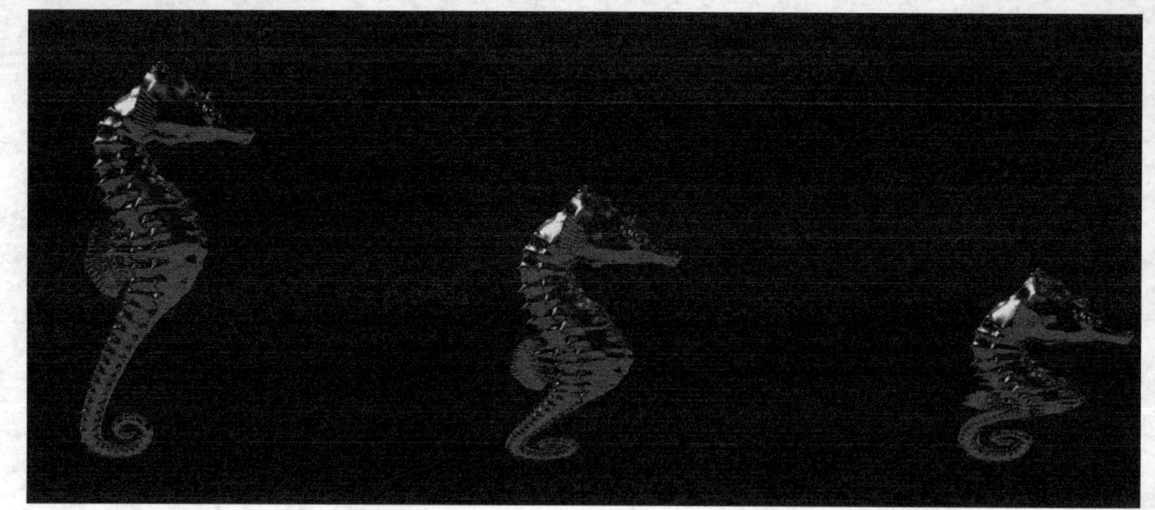

最终效果图

【操作思路】

对海马弹跳动画进行分析，海马有弹跳动画还伴随着变形效果。对海马模型执行【创建柔体】，可使海马产生弹性变形效果。

【操作命令】

本例的操作命令是【柔体/刚体】>【创建柔体】命令，如图16-1所示。

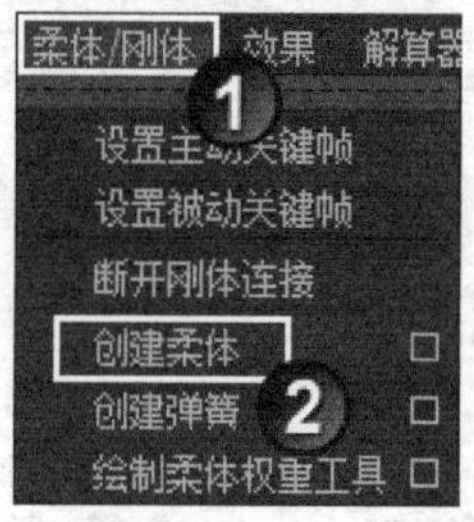

图16-1

【操作步骤】

01 打开场景“Scene>CH16>P1.mb”，如图16-2所示。

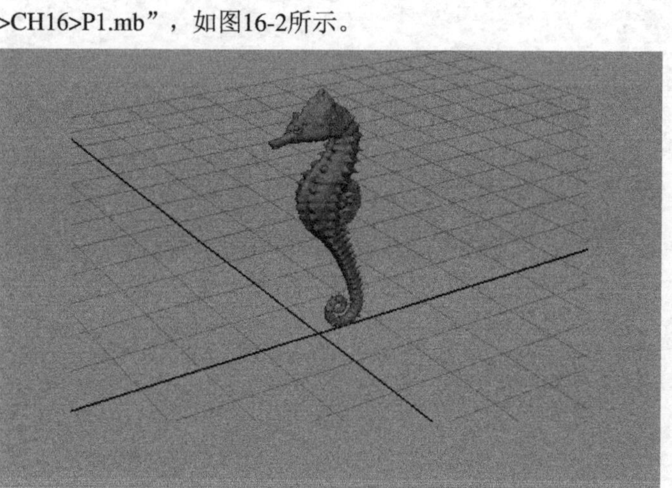

图16-2

02 选择海马模型，切换到【动画】模块，然后单击【创建变形器】>【晶格】命令后面的□按钮，打开【晶格选项】对话框，设置【分段】为（6，6，6）、【局部分段】为（6，6，6），单击创建【创建】按钮，如图16-3所示，效果如图16-4所示。

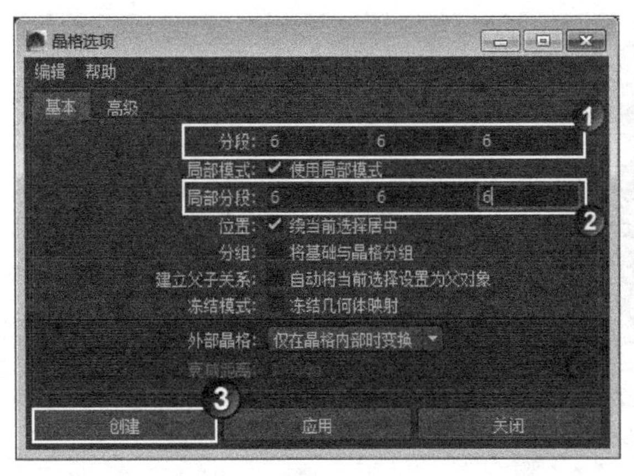

图16-3

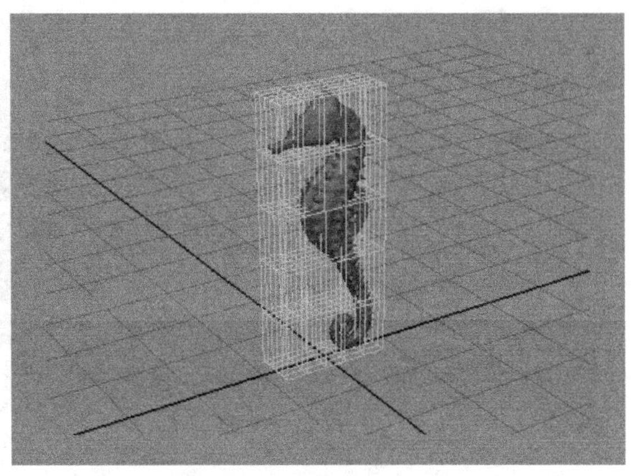

图16-4

03 选择ffd1Lattice晶格，切换到【动力学】模块，执行【柔体/刚体】>【创建柔体】命令（用默认设置），执行【创建】>【NURBS基本体】>【平面】命令，在视图中创建一个NURBS平面，在【通道盒】面板中设置【U向面片数】和【V向面片数】为20，如图16-5所示。

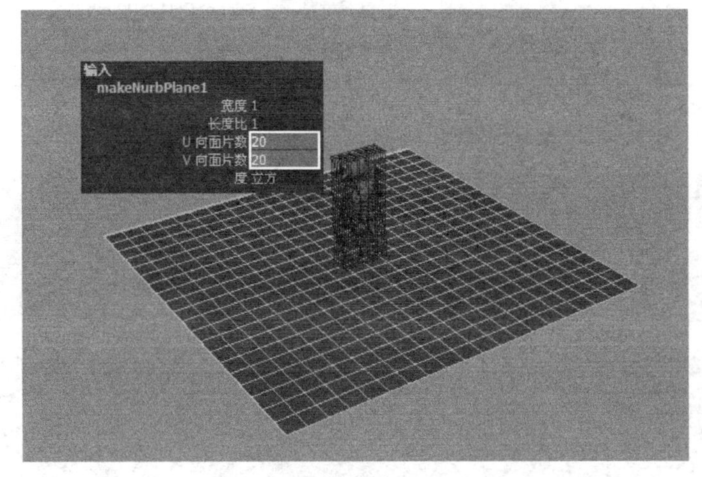

图16-5

04 在【大纲视图】中选择ffd1lattice晶格，如图16-6所示，执行【场】>【重力】命令。

05 选择ffd1Lattice晶格，加选NURBS平面，如图16-7所示，执行【粒子】>【使碰撞】命令。

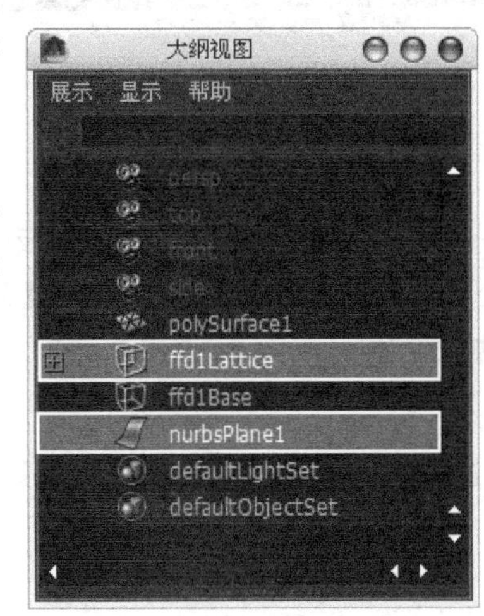

图16-6

图16-7

06 播放动画，如图16-8所示分别是第6帧、12帧和16帧的动画效果。

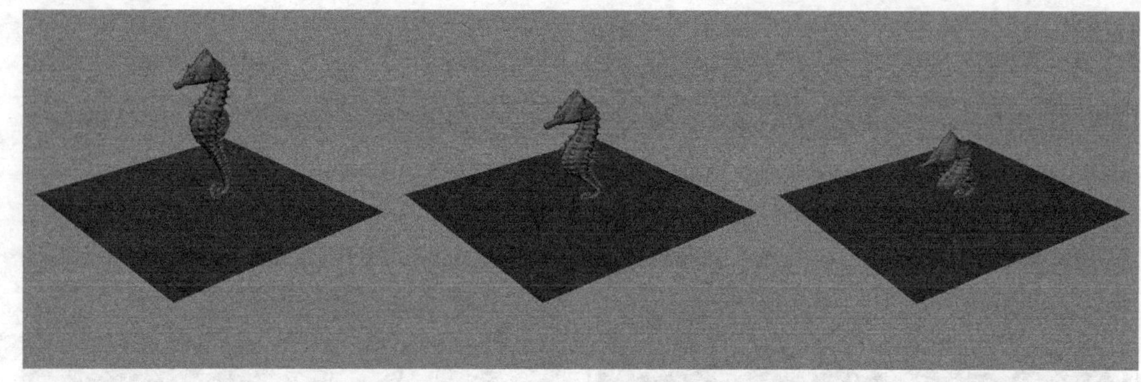

图16-8

【案例总结】

本案例是通过制作海马弹跳动画，来掌握【创建柔体】命令的使用。该命令可以用来模拟有一定几何外形但又不是很稳定且容易变形的物体，如旗帜和波纹等。

案例 161
创建刚体：盖子落地动画

场景位置	Scene>CH16>P2.mb
案例位置	Example>CH16>P2.mb
视频位置	Media>CH16>2. 创建刚体：盖子落地 .mp4
学习目标	学习如何创建刚体

（扫码观看视频）

最终效果图

【操作思路】

对盖子落地动画进行分析，盖子落地后与地面发生碰撞并且有反弹效果，而盖子本身没有发生形变。选择两个模型执行【创建主动刚体】、【创建被动刚体】命令，使它们成为主动刚体和被动刚体。

【操作命令】

本例的操作命令是【柔体/刚体】菜单下的【创建主动刚体】、【创建被动刚体】命令，如图16-9所示。

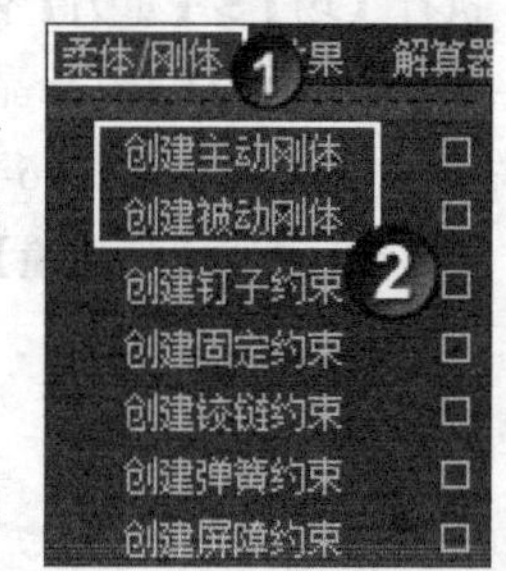

图16-9

【操作步骤】

01 打开场景“Scene>CH16>P2.mb”，如图16-10所示。

02 在【大纲视图】中选择guo模型，执行【柔体/刚体】>【创建主动刚体】命令，执行【场】>【重力】命令，如图16-11所示。

图16-10

图16-11

03 在【大纲视图】中选择pPlane模型，执行【柔体/刚体】>【创建被动刚体】命令，如图16-12所示。

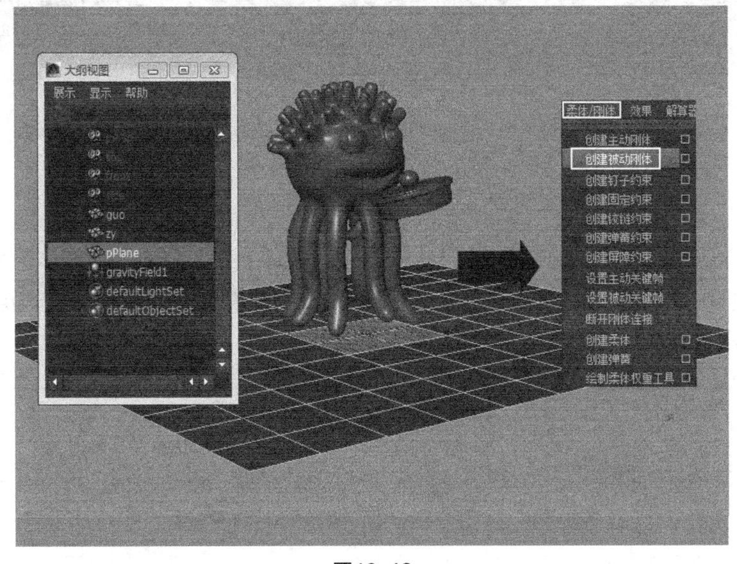

图16-12

04 选择guo模型，然后打开【重力选项】对话框，接着设置【X方向】为0、【Y方向】为-1、【Z方向】为0，最后单击创建【创建】按钮，如图16-13所示。

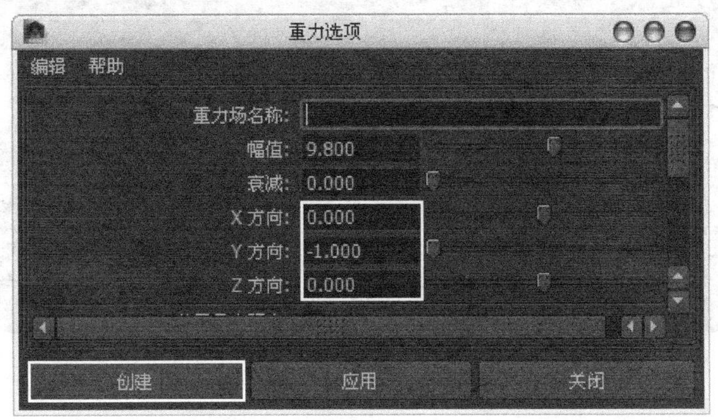

图16-13

05 选择guo模型，然后在【通道盒】中设置主动刚体的【质量】为3，如图16-14所示。

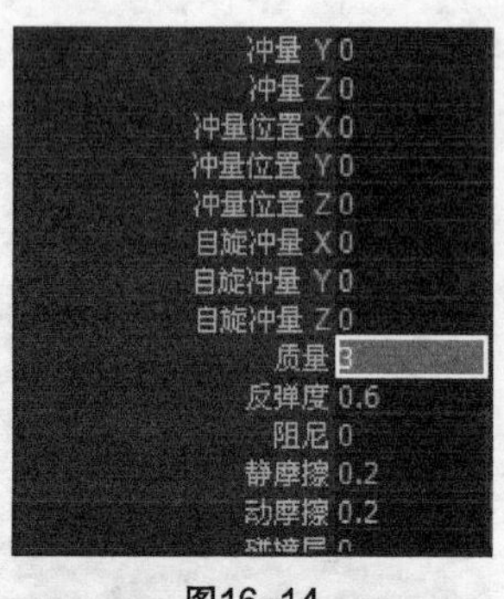

图16-14

06 播放动画，可以观察到guo模型受到重力掉在地上并和地面发生碰撞，然后又被弹了起来，如图16-15所示分别是第26帧、57帧和80帧的动画效果。

图16-15

【案例总结】

本案例是通过制作盖子落地动画，来掌握【创建主动刚体】、【创建被动刚体】命令的使用。主动刚体拥有一定的质量，可以受动力场、碰撞和非关键帧化的弹簧影响，从而改变运动状态。而被动刚体相当于无限大质量的刚体，能影响主动刚体的运动。

案例 162 创建钉子约束：撞击效果

场景位置	Scene>CH16>P3.mb
案例位置	Example >CH16>P3.mb
视频位置	Media>CH16>3. 创建钉子约束：撞击效果 .mp4
学习目标	学习如何使用钉子约束

（扫码观看视频）

最终效果图

【操作思路】

对撞击几何体碰撞动画进行分析，球体摆动与立方体和粒子发生碰撞。为球体执行【创建钉子约束】，使球体被约束在空中。

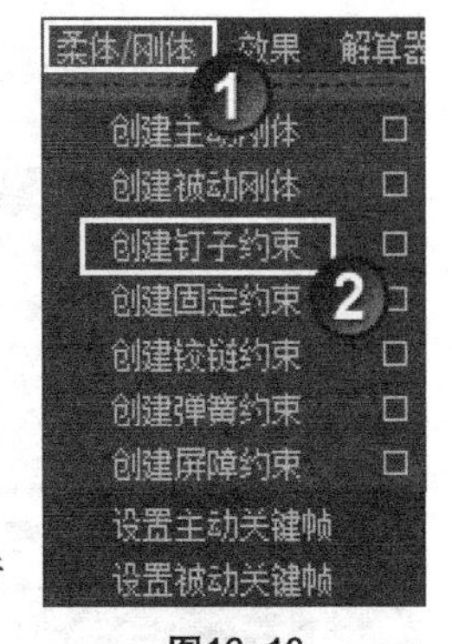

图16-16

【操作命令】

本例的操作命令是【柔体/刚体】>【创建钉子约束】命令，如图16-16所示。

【操作步骤】

01 打开场景“Scene>CH16>P3.mb”，如图16-17所示。

02 选择球体，执行【场】>【重力】命令，为球体创建一个重力场。接着执行【粒子】>【创建发射器】命令，并将发射器拖曳到如图16-18所示的位置。

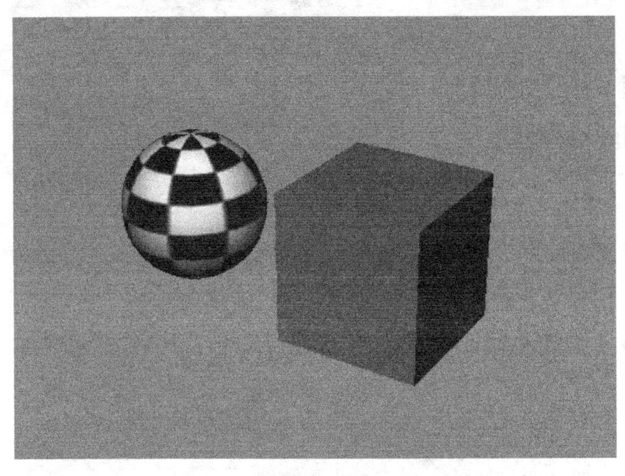

图16-17

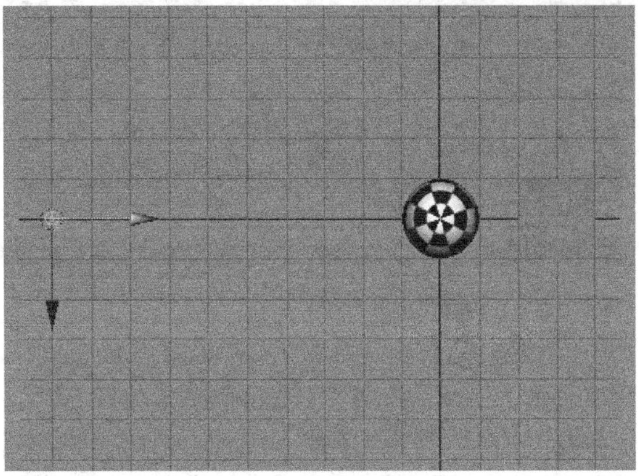

图16-18

03 选择发射器emitter1，按快捷键Ctrl+A打开其【属性编辑器】面板，然后在emitter1选项卡下设置【发射器类型】为【方向】、【速率（粒子/秒）】为1，接着设置【方向X】为1、【方向Y】为0、【方向Z】为0、【扩散】为0，如图16-19所示。

04 切换到particleShape1选项卡，然后设置【粒子渲染类型】为【数值】，如图16-20所示。

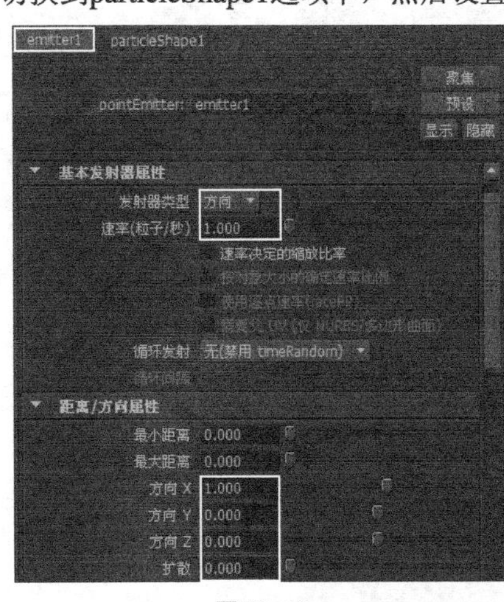

图16-19

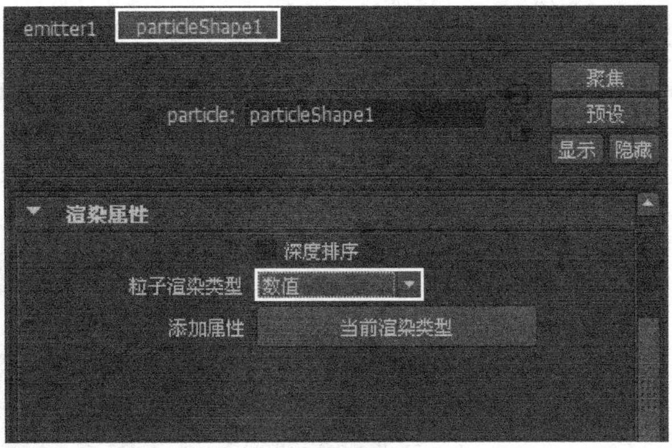

图16-20

05 播放动画，可以发现发射器发射出了数值粒子，同时球体受到重力的影响而下落，如图16-21所示。

06 选择球体，执行【柔体/刚体】>【创建钉子约束】命令，将钉子约束的控制柄拖曳到如图16-22所示的位置。

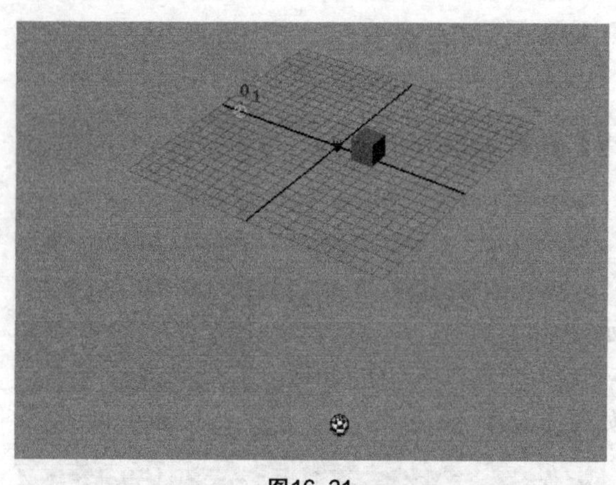
图16-21

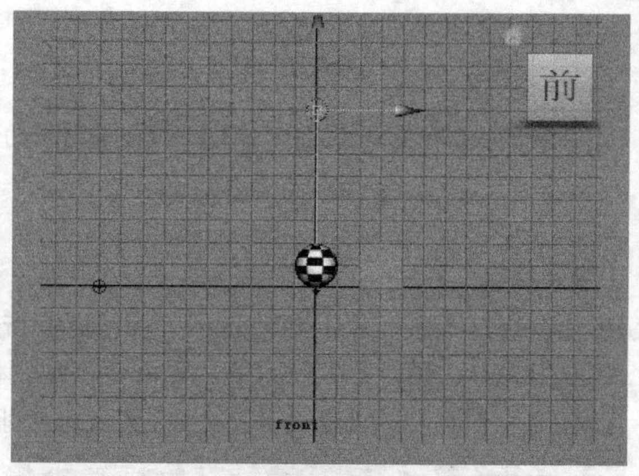

图16-22

07 选择粒子particle1，然后加选球体，执行【粒子】>【使碰撞】命令，接着打开球体的【属性编辑器】面板，最后在rigidBody1选项卡下选择【粒子碰撞】选项，如图16-23所示。

图16-23

08 播放动画，可以发现粒子打在球体上，球体被粒子打中后产生了摆动效果，如图16-24所示。

09 选择球体，然后加选盒子，执行【柔体/刚体】>【创建主动刚体】命令。播放动画，可以发现球体撞到盒子上，盒子被撞了出去，如图16-25所示。

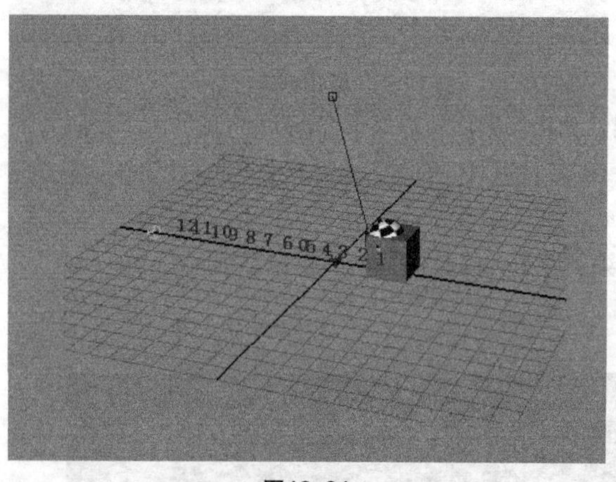
图16-24

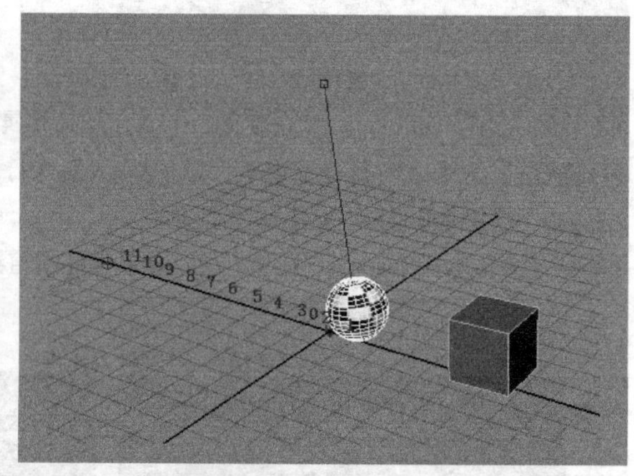
图16-25

10 执行【创建】>【多边形基本体】>【立方体】命令，在盒子的底部创建一个立方体作为地面，如图16-26所示。

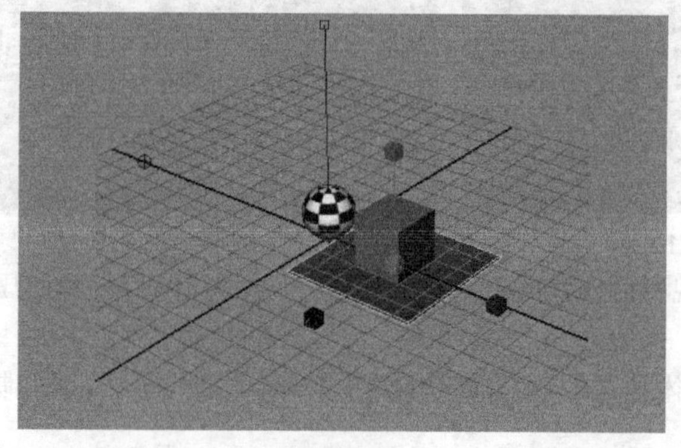
图16-26

11 选择盒子，执行【场】>【重力】命令，为盒子设置一个重力场；接着选择地面，执行【柔体/刚体】>【创建被动刚体】命令。播放动画，如图16-27所示分别是第280帧、350帧和400帧的动画效果。

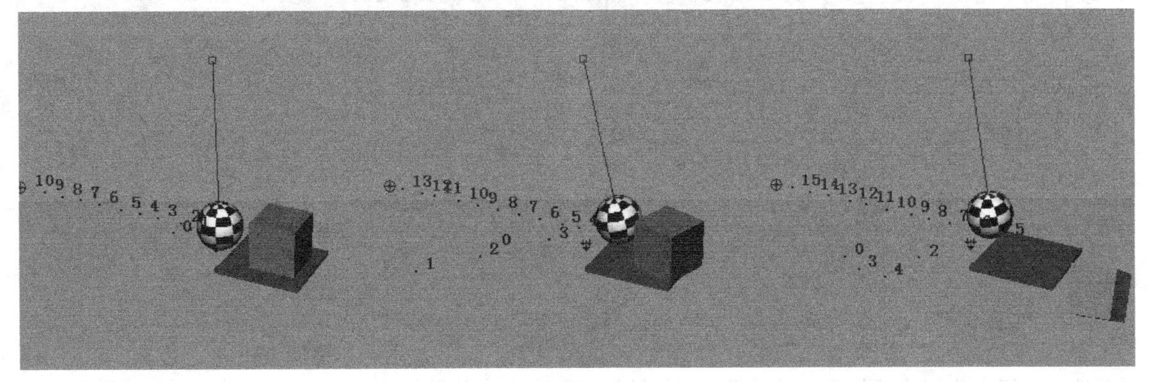

图16-27

【案例总结】

本案例是通过制作几何体碰撞动画，来掌握【创建钉子约束】命令的使用。该命令可以将主动刚体固定到世界空间的一点，相当于将一根绳子的一端系在刚体上，而另一端固定在空间的一个点上。

案例163 创建铰链约束：锤摆撞击瓶子

场景位置	Scene>CH16>P4.mb
案例位置	Example >CH16>P4.mb
视频位置	Media>CH16>4. 创建铰链约束：锤摆撞击瓶子 .mp4
学习目标	学习如何使用铰链约束

（扫码观看视频）

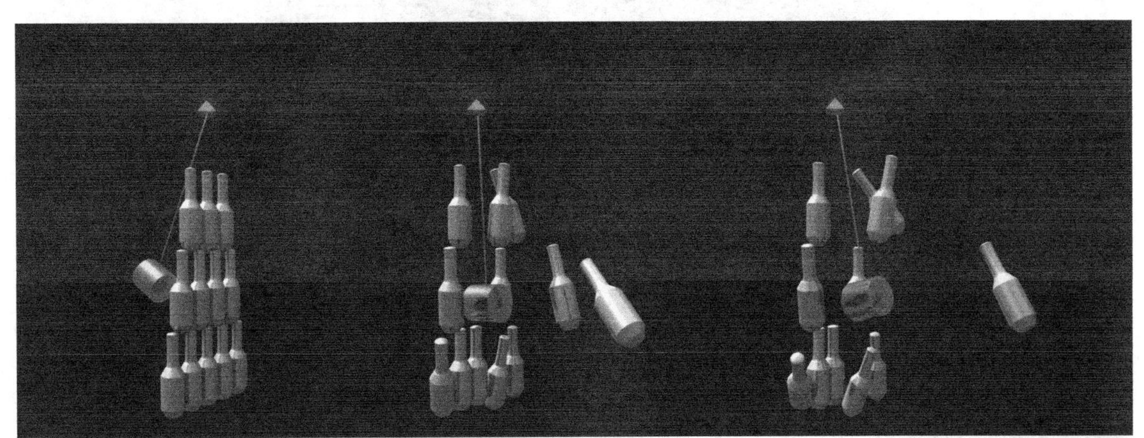

最终效果图

【操作思路】

对锤摆撞击瓶子动画进行分析，锤摆摆动与瓶子发生碰撞。为锤摆执行【创建铰链约束】，使锤摆被约束到空中。

【操作命令】

本例的操作命令是【柔体/刚体】>【创建铰链约束】，如图16-28所示。

图16-28

【操作步骤】

01 打开场景“Scene>CH16>P4.mb”，如图16-29所示。

02 选择锤摆，执行【场】>【重力】命令，接着播放动画，效果如图16-30所示。

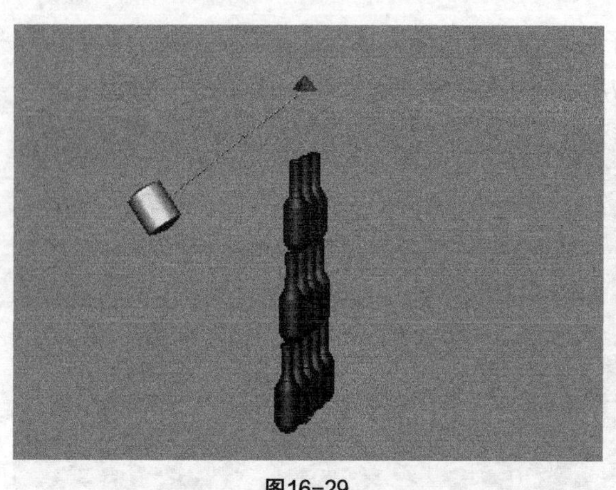

图16-29

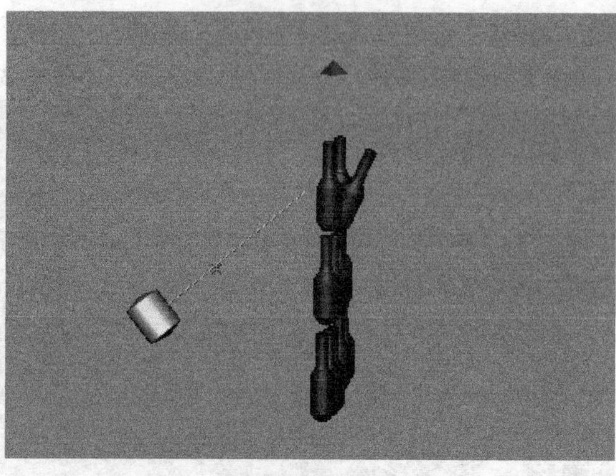

图16-30

03 选择球摆，执行【柔体/刚体】>【创建铰链约束】命令，将铰链约束rigidHingeConstraint1的中心点拖曳到上面的圆锥体上，在【通道盒】中设置【旋转Y】为268.247，如图16-31所示。

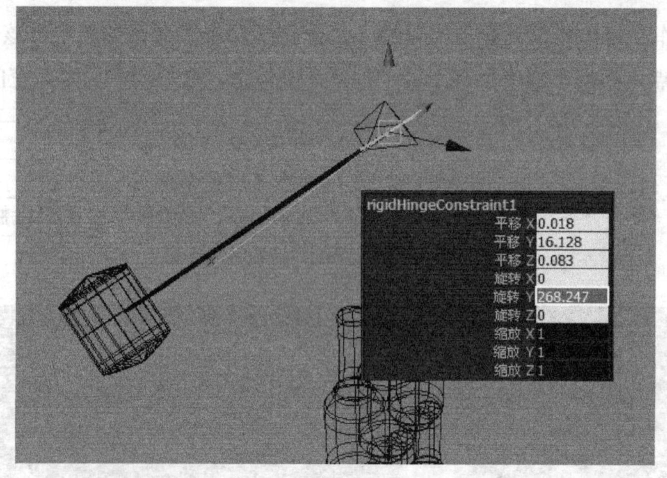

图16-31

04 播放动画，如图16-32所示分别是第60帧、90帧和120帧的动画效果。

图16-32

【案例总结】

本案例是通过制作锤摆撞击瓶子动画，来掌握【创建铰链约束】命令的使用。该命令可以创建诸如铰链门、连接列车车厢的链或时钟的钟摆之类的效果。

案例164
创建屏障约束：蝙蝠坠落动画

场景位置	Scene>CH16>P5.mb
案例位置	Example >CH16>P5.mb
视频位置	Media>CH16>5. 创建屏障约束：蝙蝠坠落动画 .mp4
学习目标	学习如何使用屏障约束

（扫码观看视频）

最终效果图

【操作思路】

对蝙蝠坠落动画进行分析，飞行中的蝙蝠忽然坠落。为蝙蝠执行【创建屏障约束】，使蝙蝠被约束到屏障范围内。

【操作命令】

本例的操作命令是【柔体/刚体】>【创建屏障约束】命令，如图16-33所示。

图16-33

【操作步骤】

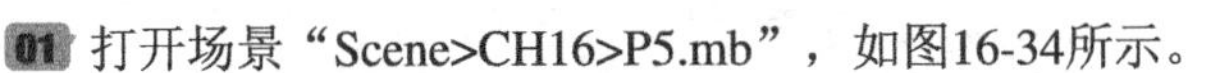
01 打开场景“Scene>CH16>P5.mb”，如图16-34所示。

02 选择蝙蝠模型，执行【柔体/刚体】>【创建屏障约束】命令，将屏障约束的控制柄拖曳到如图16-35所示的位置。

图16-34

图16-35

03 选择蝙蝠模型，执行【场】>【重力】命令。播放动画，如图16-36所示分别是第20帧、25帧和30帧的动画效果。

图16-36

【案例总结】

本案例是通过制作蝙蝠坠落动画，来掌握【创建屏障约束】命令的使用。该命令替代碰撞效果来节省处理时间，但是对象将偏转但不会弹开平面。

练习 028 制作保龄球

场景位置	Scene>CH16>P6.mb
案例位置	Example >CH16>P6.mb
视频位置	Media>CH16>6. 制作保龄球 .mp4
技术需求	使用【创建刚体】、【创建被动刚体】制作效果

（扫码观看视频）

效果图如图16-37所示。

图16-37

【制作提示】

第1步：将保龄球和地板设置为被动刚体。

第2步：将球瓶设置为主动刚体。

第3步：为球瓶添加重力场。

步骤如图16-38所示。

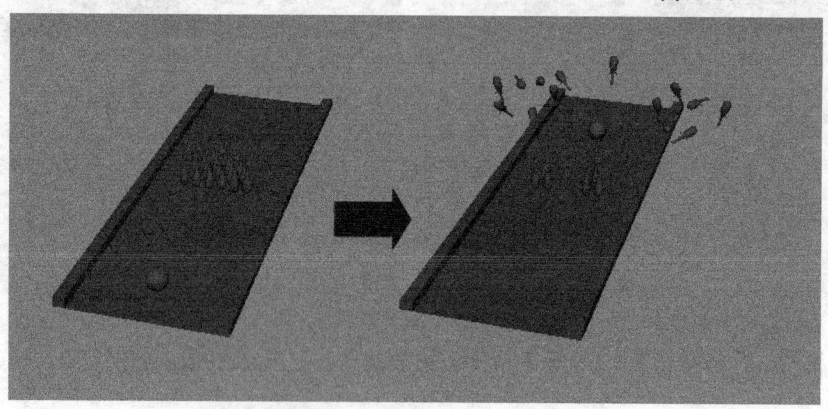

图16-38

第 17 章

流体与效果

流体最早是工程力学的一门分支学科，用来计算没有固定形态的物体在运动中的受力状态。随着计算机图形学的发展，流体也不再是现实学科的附属物了。Maya的动力学模块中的流体功能是一个非常强大的流体动画特效制作工具，使用流体可以模拟出没有固定形态的物体的运动状态，如云雾、爆炸、火焰和海洋等。效果也称“特效”，是一种比较难制作的动画效果。但在Maya中制作这些效果就是件比较容易的事情，可以模拟出现实生活中的很多特效，如光效、火焰、闪电和碎片。本章主要介绍创建和编辑流体、流体与其他对象的交互、海洋的创建、海洋尾迹的制作、效果的类型和使用方法，通过本章的学习，可以制作一些酷炫的特效动画。

本章学习要点

掌握流体的创建与编辑方法

掌握流体与对象的交互

掌握海洋的创建

掌握海洋尾迹的创建

掌握效果的类型和使用方法

案例165 创建流体：烟雾动画

场景位置	无
案例位置	Example>CH17>Q1.mb
视频位置	Media>CH17>1. 创建流体：烟雾动画 .mp4
学习目标	学习如何创建流体

（扫码观看视频）

【操作思路】

对流体造型进行分析，烟雾从发射器发射。执行【创建3D容器】、【创建2D容器】命令可创建流体发射器和容器。

【操作命令】

本例的操作命令是【流体效果】菜单下的【创建3D容器】、【创建2D容器】命令。单击命令后面的■设置按钮，将会弹出【创建3D容器选项】、【创建2D容器选项】对话框，如图17-1和图17-2所示。

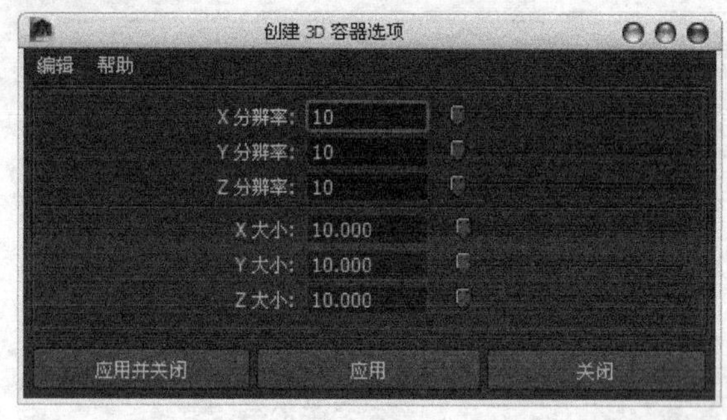

图17-1

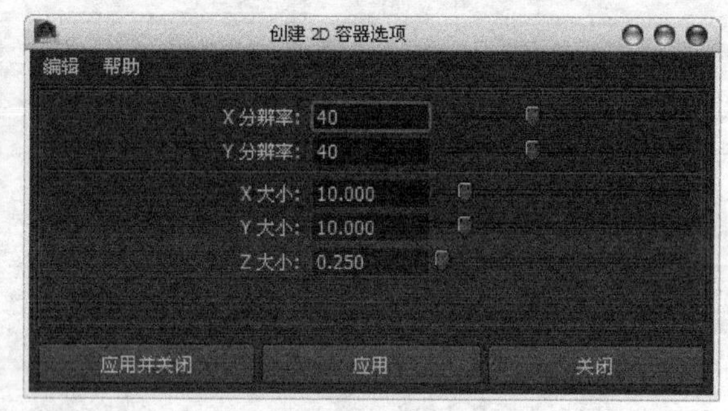

图17-2

创建3D/2D容器选项参数介绍

X/Y/Z分辨率：设置容器中流体显示的分辨率。分辨率越高，流体越清晰。

X/Y/Z大小：设置容器的大小。

【操作步骤】

01 分别执行【创建3D容器】和【创建2D容器】命令，在场景中创建一个3D和2D容器，如图17-3所示。

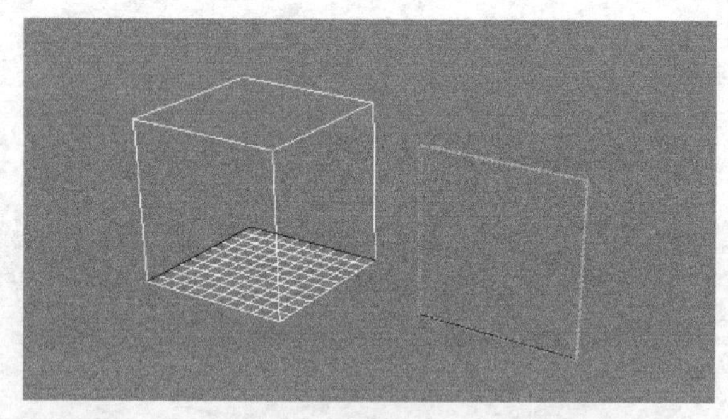

图17-3

02 选择3D容器，打开【发射器选项】对话框，设置【发射器类型】为【体积】、【体积形状】为【立方体】，单击应用并关闭【应用并关闭】按钮，如图17-4所示，效果如图17-5所示。

图17-4

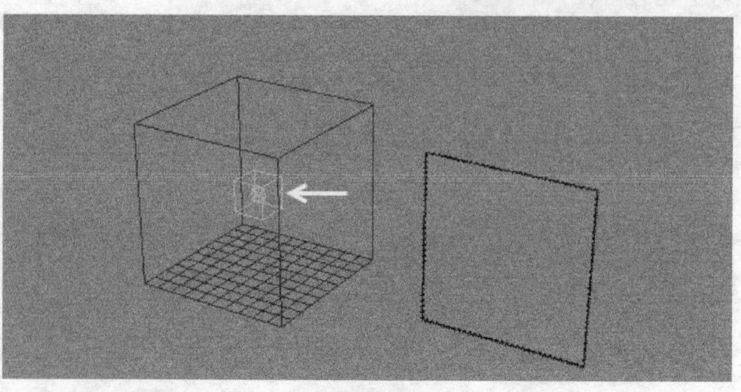

图17-5

03 创建发射器以后播放动画，可以观察到发射器会发射出流体，如图17-6所示。

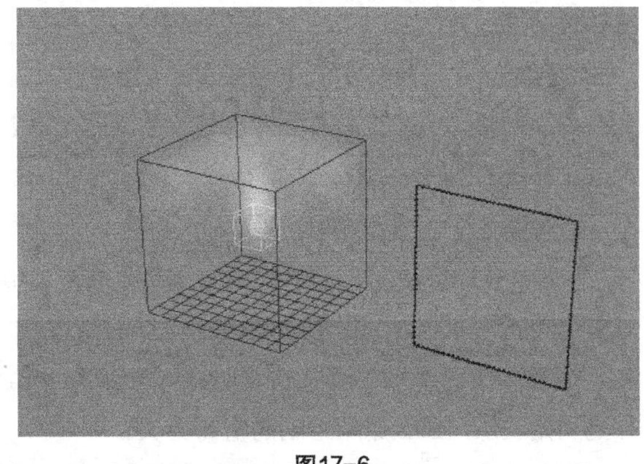

图17-6

04 选择2D容器，打开【发射器选项】对话框，设置【发射器类型】为【体积】、【体积形状】为【圆柱体】，单击【应用并关闭】按钮应用并关闭，如图17-7所示，效果如图17-8所示。

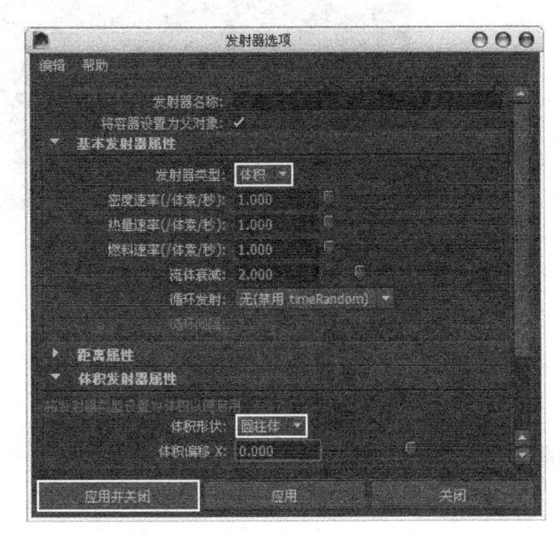

图17-7

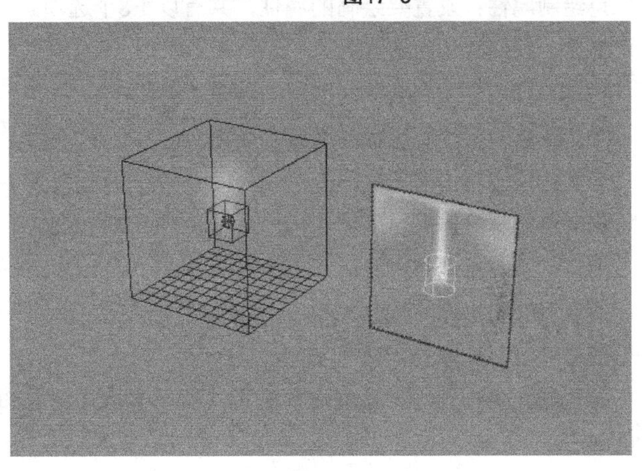

图17-8

【案例总结】

本案例是通过制作烟雾效果，来掌握【创建3D容器】和【创建2D容器】命令的使用。Maya的流体功能强大、效果逼真，是制作爆炸、烟雾、火焰特效的利器。

案例 166 绘制流体工具：流体文字动画

场景位置	无
案例位置	Example>CH17>Q2.mb
视频位置	Media>CH17>2. 绘制流体工具：流体文字动画 .mp4
学习目标	学习如何创建流体文字

（扫码观看视频）

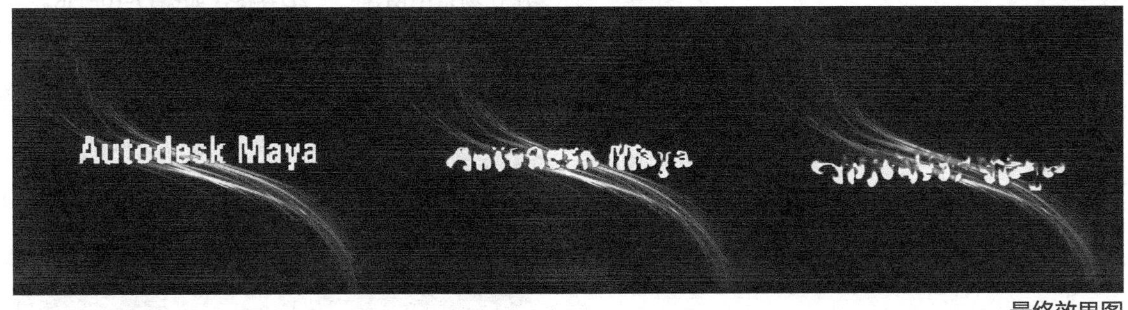

最终效果图

【操作思路】

对流体文字动画进行分析，文字呈烟雾状，播放动画文字随即飘散。执行【绘制流体工具】命令，可添加图片作为发射源。

【操作工具】

本例的操作工具是【流体效果】>【绘制流体工具】命令，单击命令后面的设置按钮，将会弹出【绘制流体工具】命令的工具设置面板，如图17-9所示。

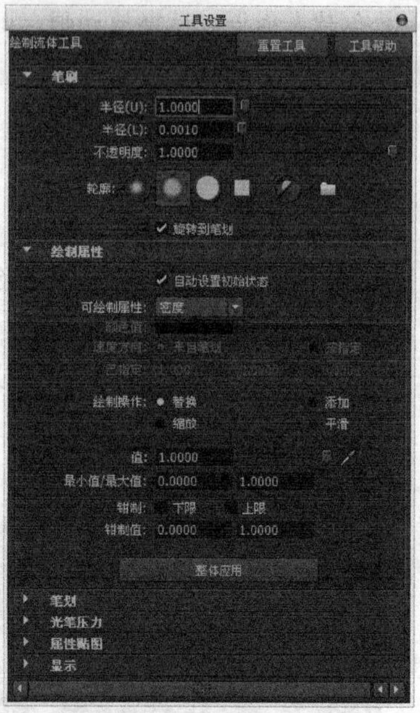

图17-9

绘制流体工具参数介绍

自动设置初始状态：如果启用该选项，那么在退出【绘制流体工具】、更改当前时间或更改当前选择时，会自动保存流体的当前状态；如果禁用该选项，并且在播放或单步执行模拟之前没有设定流体的初始状态，那么原始绘制的值将丢失。

可绘制属性：设置要绘制的属性，共有以下8个选项。

密度：绘制流体的密度。

密度和颜色：绘制流体的密度和颜色。

密度和燃料：绘制流体的密度和燃料。

速度：绘制流体的速度。

温度：绘制流体的温度。

燃料：绘制流体的燃料。

颜色：绘制流体的颜色。

衰减：绘制流体的衰减程度。

颜色值：当设置【可绘制属性】为【颜色】或【密度和颜色】时，该选项才可用，主要用来设置绘制的颜色。

速度方向：使用【速度方向】设置可选择如何定义所绘制的速度笔画的方向。

来自笔画：速度向量值的方向来自沿当前绘制切片的笔刷的方向。

按指定：选择该选项时，可以激活下面的【已指定】数值输入框，可以通过输入x、y、z的数值来指定速度向量值。

绘制操作：选择一个操作以定义希望绘制的值如何受影响。

替换：使用指定的明度值和不透明度替换绘制的值。

添加：将指定的明度值和不透明度与绘制的当前体素值相加。

缩放：按明度值和不透明度因子缩放绘制的值。

平滑：将值更改为周围的值的平均值。

值：设定执行任何绘制操作时要应用的值。

最小值/最大值：设定可能的最小和最大绘制值。默认情况下，可以绘制介于0~1的值。

钳制：选择是否要将值钳制在指定的范围内，而不管绘制时设定的【值】数值。

下限：将【下限】值钳制为指定的【钳制值】。

上限：将【上限】值钳制为指定的【钳制值】。

钳制值：为【钳制】设定【上限】和【下限】值。

整体应用：单击该按钮可以将笔刷设置应用于选定节点上的所有属性值。

【操作步骤】

01 在场景中创建一个2D容器，如图17-10所示。

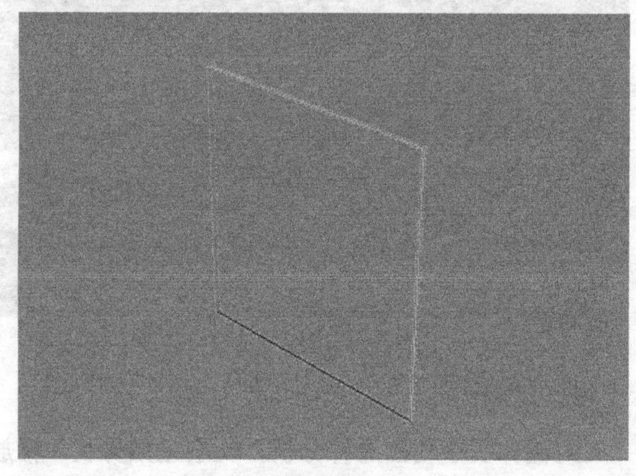

图17-10

02 打开2D容器的【属性编辑器】对话框，在fluidShape1选项卡下关闭【保持体素为方形】选项，设置【分辨率】为（120，120）、【大小】为（60，60，0.25），如图17-11所示，效果如图17-12所示。

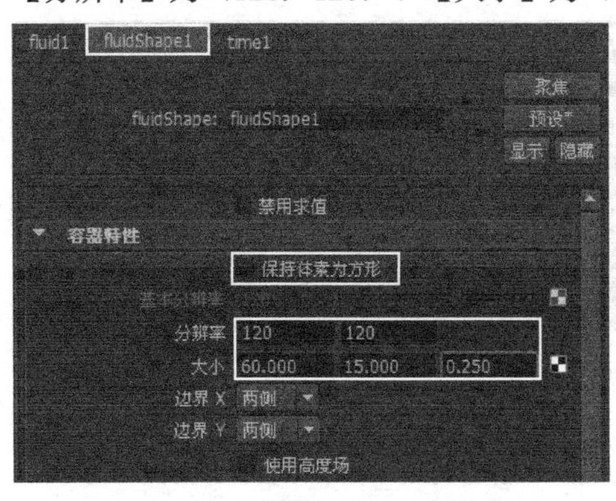

图17-11

图17-12

03 单击【流体效果】>【添加/编辑内容】>【绘制流体工具】命令后面的■设置按钮，打开【绘制流体工具】的【工具设置】对话框，设置【可绘制属性】为【密度】，展开【属性贴图】卷展栏下的【导入】复卷展栏，单击【导入】按钮，在弹出的对话框中选择配套资源中的“Examples>CH17>Q2>ziti.jpg”文件，如图17-13所示，此时在视图中可以观察到2D容器中已经产生了字体图案，如图17-14所示。

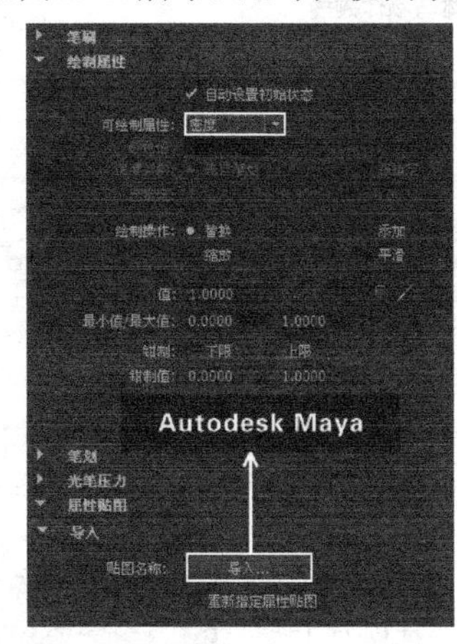

图17-13

图17-14

04 执行【流体效果】>【设置初始状态】命令，打开2D容器的【属性编辑器】对话框，在【容器特性】卷展栏下设置【边界X】和【边界Y】为【无】，在【内容详细信息】卷展栏下展开【密度】复卷展栏，设置【密度比例】为2.2、【浮力】为-1.6，如图17-15所示。

05 播放动画，然后渲染出效果最明显的帧，如图17-16所示分别是第1帧、10帧和18帧的渲染效果。

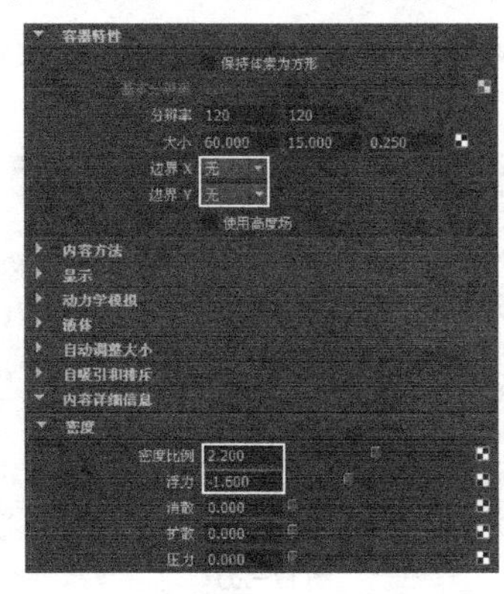

图17-15

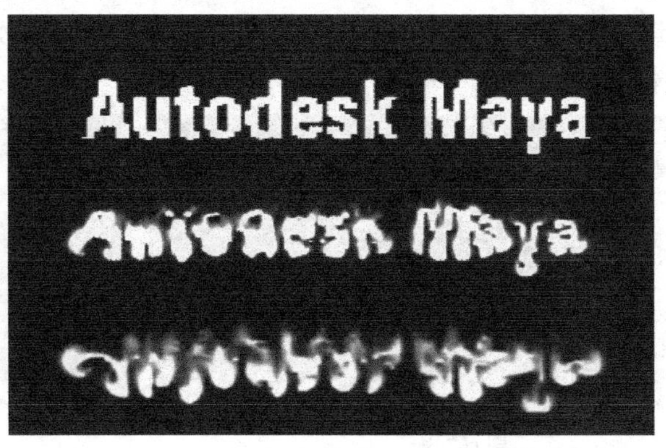

图17-16

06 渲染出单帧图后，可以将渲染文件保存为png格式的文件，然后在Photoshop中进行后期处理，将其运用到实际场景中，最终效果如图17-17所示。

图17-17

【案例总结】

本案例是通过制作流体文字动画，来掌握【绘制流体工具】命令的使用。该工具可绘制流体形状，也可添加图片作为发射源。

案例 167 使碰撞：流体碰撞动画

场景位置	Scene>CH17>Q1.mb
案例位置	Example>CH17>Q3.mb
视频位置	Media>CH17>3. 使碰撞：流体碰撞动画 .mp4
学习目标	学习如何使流体与物体碰撞

（扫码观看视频）

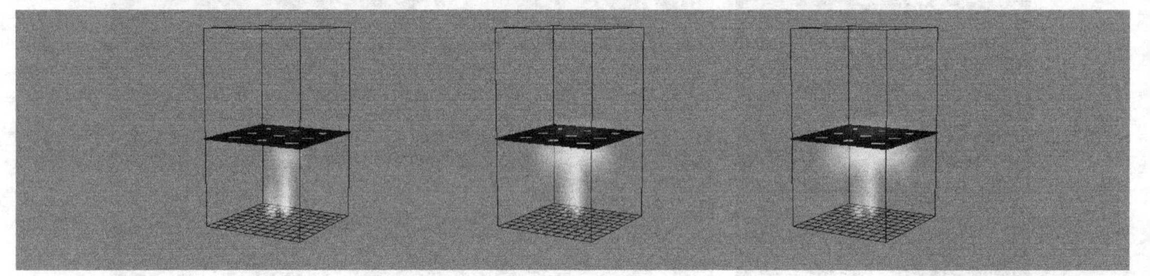
最终效果图

【操作思路】

对流体碰撞动画进行分析，流体遇到碰撞体后产生阻挡效果。选择流体和碰撞物体，执行【使碰撞】可使流体和物体碰撞。

流体效果 流体 nCache 场 柔
扩展流体 1
编辑流体分辨率
使碰撞
生成运动场 2
设置初始状态
清除初始状态
状态另存为...

图17-18

【操作命令】

本例的操作命令是【流体效果】>【使碰撞】命令，如图17-18所示。

【操作步骤】

01 打开场景“Scene>CH17>Q1.mb”，如图17-19所示。播放动画可看到流体穿透物体，没有发生碰撞，如图17-20所示。

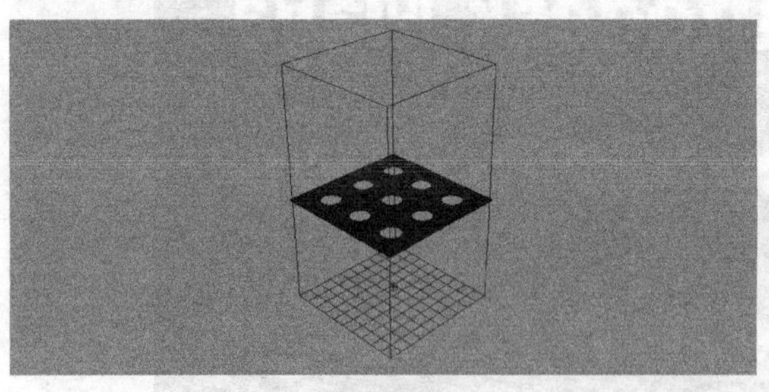
图17-19

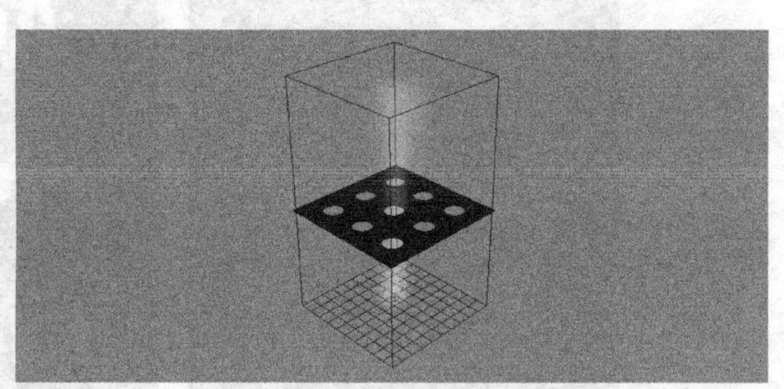
图17-20

02 在【大纲视图】对话框中选择polySurface2模型和fluid1流体，如图17-21所示。执行【流体效果】>【使碰撞】命令，这样当流体碰到带孔的模型时就会产生碰撞效果，如图17-22所示。

图17-21

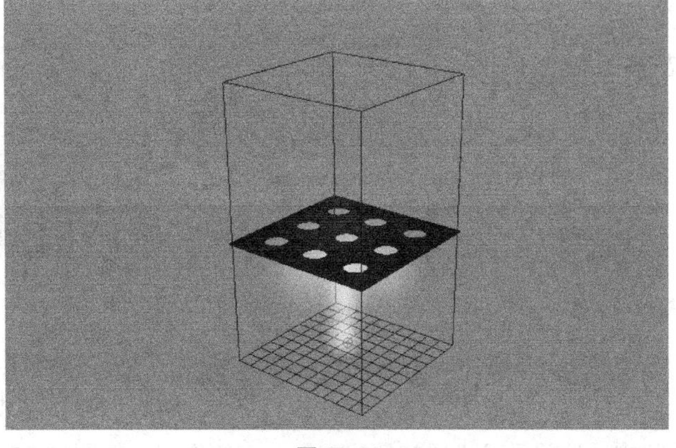

图17-22

03 打开流体发射器fluidEmitter1的【属性编辑器】对话框，在【流体属性】卷展栏下展开【流体发射湍流】复卷展栏，设置【湍流】为15，如图17-23所示。

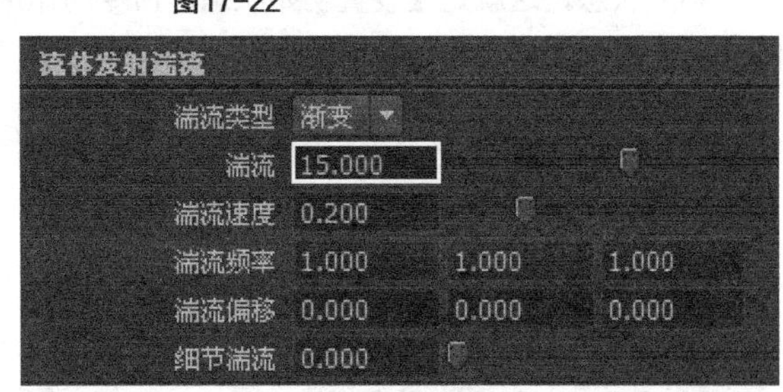

图17-23

04 播放动画，如图17-24所示是第80帧、160帧和220帧的碰撞动画效果。

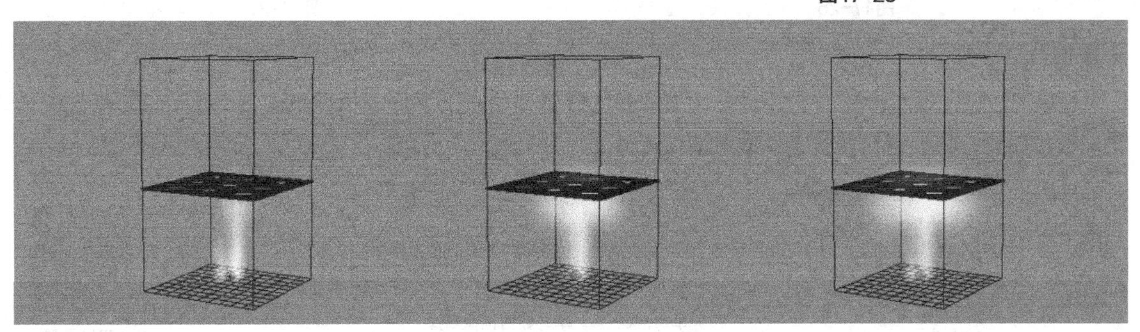

图17-24

【案例总结】

本案例是通过制作流体碰撞动画，来掌握【使碰撞】命令的使用。该命令可制作流体和物体之间的碰撞效果，使它们相互影响，以避免流体穿过物体。

案例 168 设置初始状态：调整流体形态

场景位置	Scene>CH17>Q2.mb
案例位置	Example>CH17>Q4.mb
视频位置	Media>CH17>4. 设置初始状态：调整流体形态 .mp4
学习目标	学习如何设置流体的初始状态

（扫码观看视频）

【操作思路】

对流体动画进行分析，容器初始状态充满流体。执行【设置初始状态】命令可将满意的流体形态设置为初始状态。

【操作命令】

本例的操作命令是【流体效果】>【设置初始状态】命令，如图17-25所示。

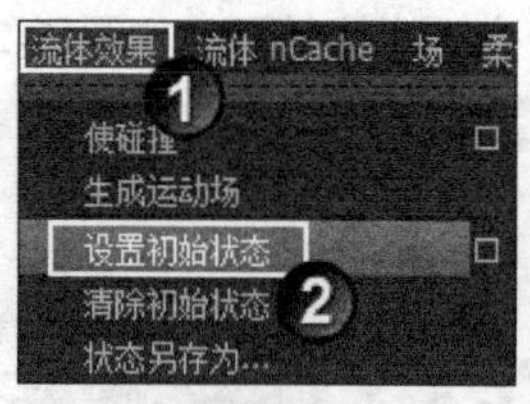

图17-25

最终效果图

【操作步骤】

01 打开场景“Scene>CH17>Q2.mb”，播放动画，并在第210帧停止播放，效果如图17-26所示。

02 选择流体容器，执行【设置初始状态】命令，将时间滑块拖曳到第1帧，此时的状态同样是第210帧时的播放状态，这就是【设置初始状态】命令的作用，如图17-27所示。

图17-26

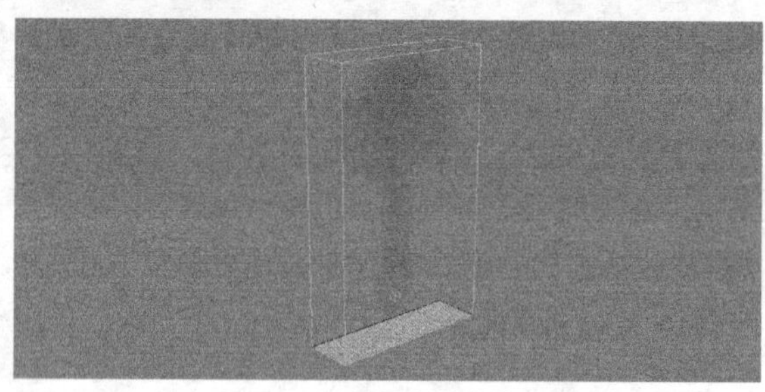

图17-27

【案例总结】

本案例是通过设置流体的初始状态，来掌握【设置初始状态】命令的使用。该命令可以将所选择的当前帧或任意一帧设为初始状态，即初始化流体。

案例169 创建海洋：海洋动画

场景位置	无
案例位置	Example>CH17>Q5.mb
视频位置	Media>CH17>5. 创建海洋：海洋动画 .mp4
学习目标	学习如何创建海洋

（扫码观看视频）

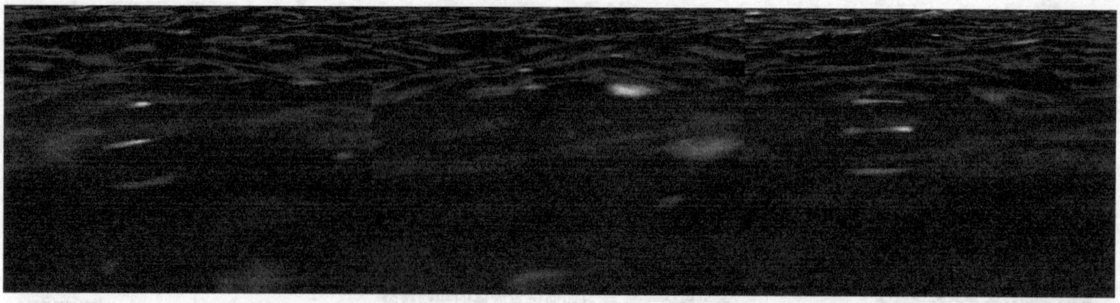

最终效果图

【操作思路】

对海洋动画进行分析，播放动画海水开始流动，执行【创建海洋】命令可快速创建海洋。

【操作命令】

本例的操作命令是【流体效果】>【海洋】>【创建海洋】命令，如图17-28所示。

【操作步骤】

01 执行【流体效果】>【海洋】>【创建海洋】命令，在场景中创建一个海洋流体模型，如图17-29所示。

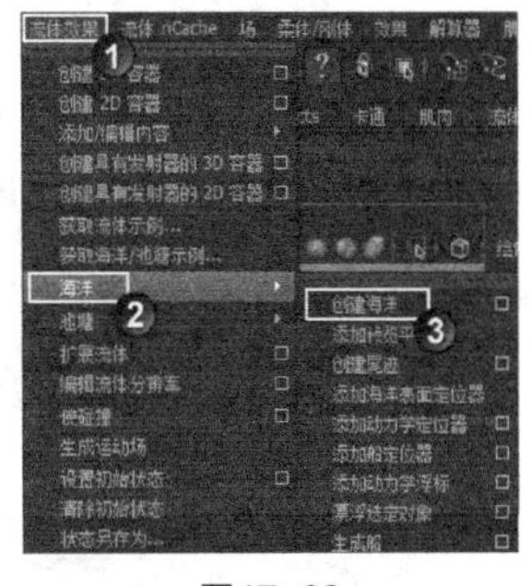

图17-28

02 打开海洋的【属性编辑器】面板，设置【比例】为1.5，调节好【波高度】、【波湍流】和【波峰】的曲线形状，设置【泡沫发射】为0.736、【泡沫阈值】为0.43、【泡沫偏移】为0.264，如图17-30所示。

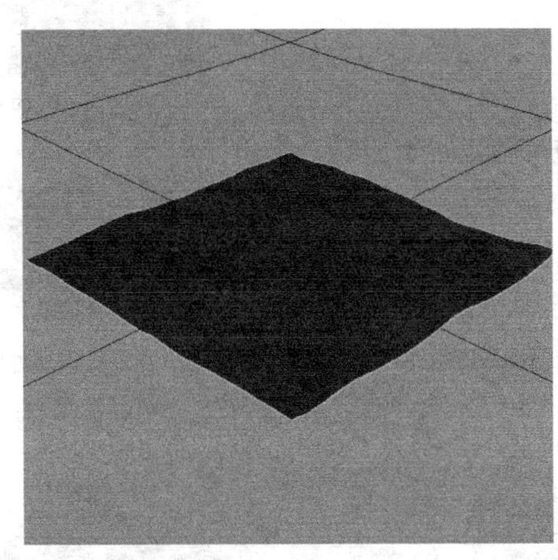

图17-29

图17-30

03 选择动画效果最明显的帧，然后渲染出单帧图，最终效果如图17-31所示。

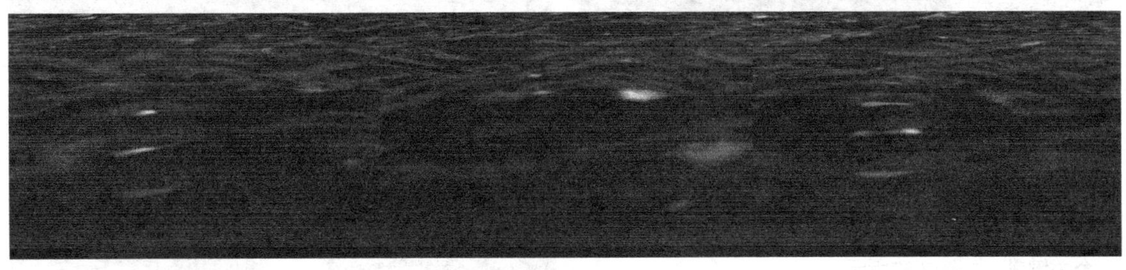

图17-31

【案例总结】

本案例是通过制作海洋动画，来掌握【创建海洋】命令的使用，该命令可以快速模拟出很逼真的海洋效果。

案例 170 创建海洋尾迹：船舶尾迹动画

场景位置	无
案例位置	Example>CH17>Q6.mb
视频位置	Media>CH17>6. 创建海洋尾迹：船舶尾迹动画 .mp4
学习目标	学习如何制作船舶航行留下的尾迹

（扫码观看视频）

最终效果图

【操作思路】

对船舶尾迹动画进行分析，物体经过的地方会留下尾迹，执行【创建海洋尾迹】可制作尾迹效果。

【操作命令】

本例的操作命令是【流体效果】>【海洋】>【创建海洋尾迹】命令，如图17-32所示。

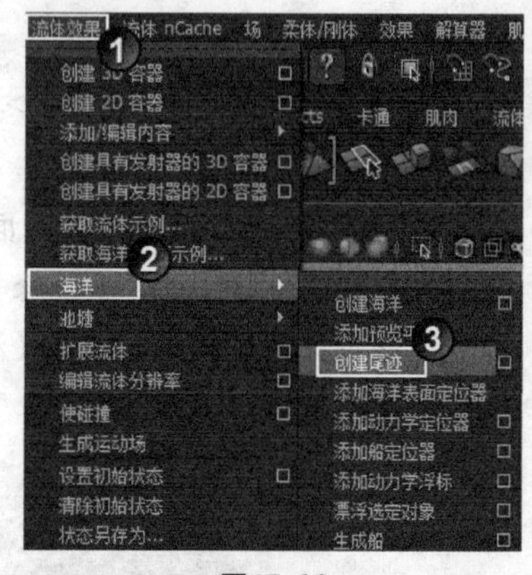

图17-32

【操作步骤】

01 打开【创建海洋】对话框，设置【预览平面大小】为70，单击 创建海洋【创建海洋】按钮，如图17-33所示。

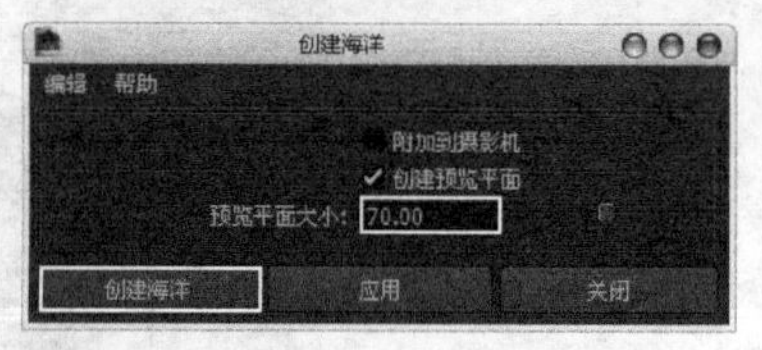

图17-33

02 选择海洋，打开【创建海洋尾迹】对话框，设置【泡沫创建】为6，单击 创建海洋尾迹【创建海洋尾迹】按钮，如图17-34所示。此时在海洋中心会创建一个海洋尾迹发射器OceanWakeEmitter1，如图17-35所示。

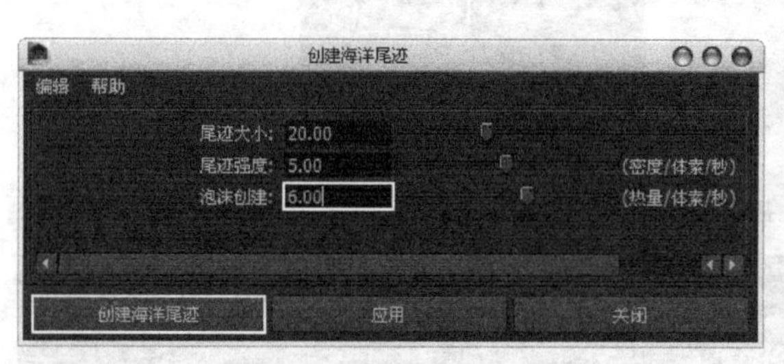

图17-34

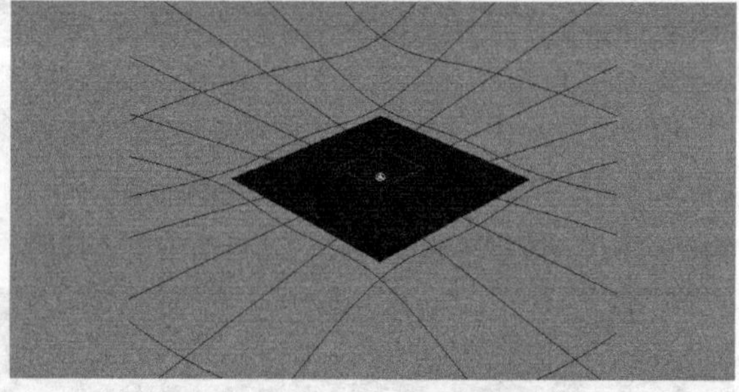

图17-35

03 选择海洋尾迹发射器OceanWakeEmitter1，在第1帧设【平移Z】为-88，按S键记录一个关键帧，如图17-36所示；在第100帧设置【平移Z】为88，按S键记录一个关键帧，如图17-37所示。

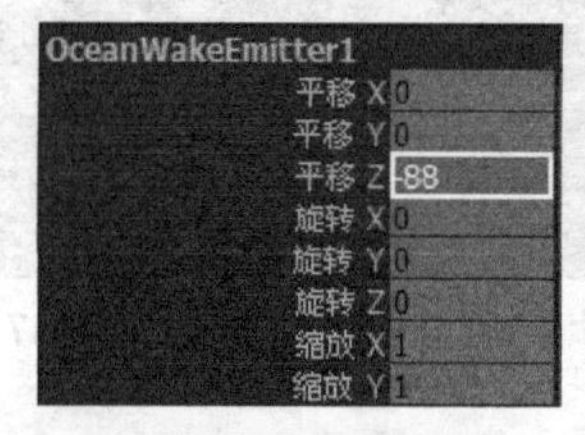

图17-36

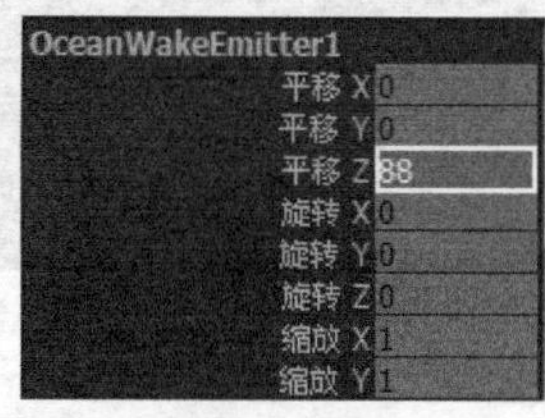

图17-37

04 选择动画效果最明显的帧，然后渲染出单帧图，最终效果如图17-38所示。

图17-38

【案例总结】

本案例是通过制作船舶尾迹动画，来掌握【创建海洋尾迹】命令的使用。该命令常用于船舶等物体，在海面上移动时产生的尾迹效果。

案例 171
创建火：火炬动画

场景位置	Scene>CH17>Q3.mb
案例位置	Example>CH17>Q7.mb
视频位置	Media>CH17>7. 创建火：火炬动画 .mp4
学习目标	学习如何制作火焰特效

（扫码观看视频）

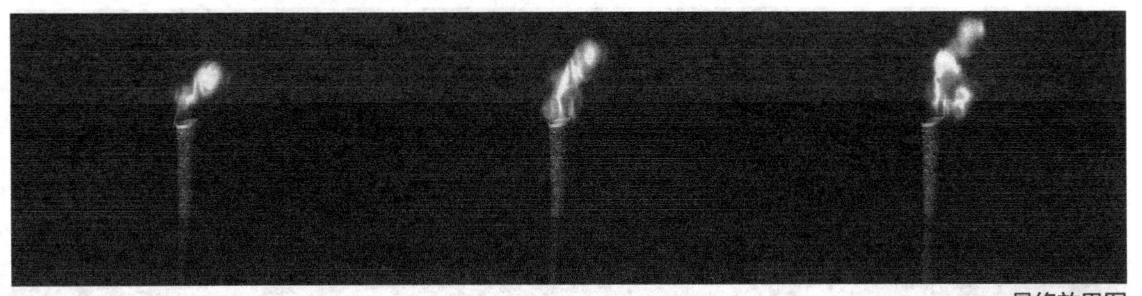

最终效果图

【操作思路】

对火炬动画进行分析，火炬上燃烧着熊熊烈火，执行【创建火】命令可快速创建火焰特效。

【操作命令】

本例的操作命令是【效果】>【创建火】命令，如图17-39所示。

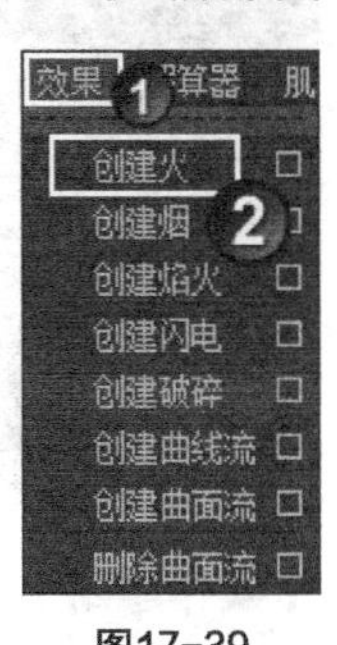

图17-39

【操作步骤】

01 打开场景“Scene>CH17>Q3.mb”，如图17-40所示。

02 选择火炬内的模型，如图17-41所示，执行【效果】>【创建火】命令。

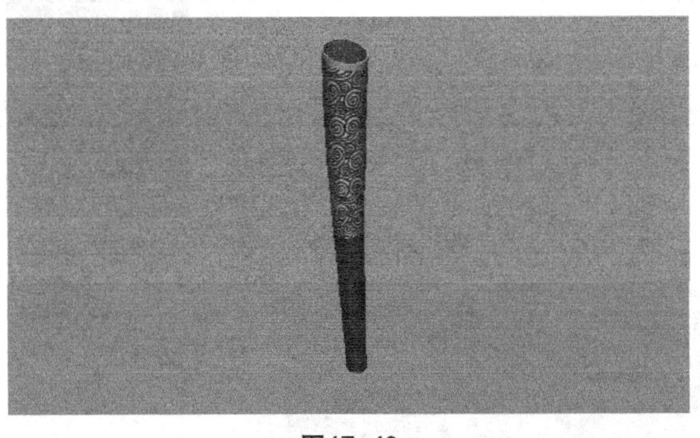

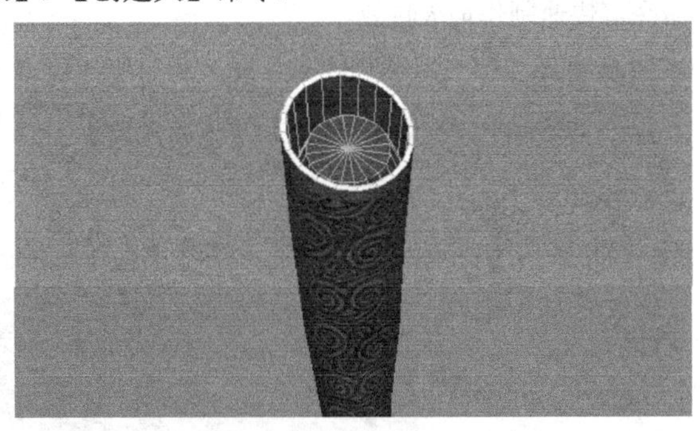

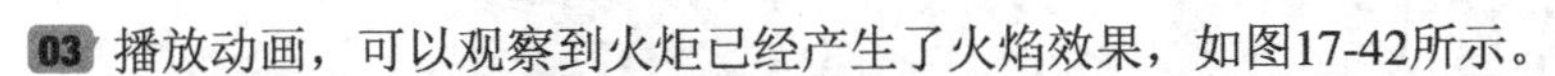

图17-40　　图17-41

03 播放动画，可以观察到火炬已经产生了火焰效果，如图17-42所示。

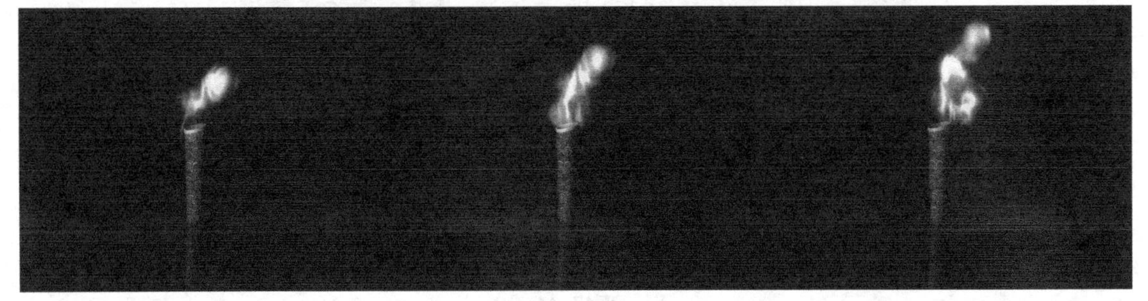

图17-42

【案例总结】

本案例是通过制作火炬动画，来掌握【创建火】命令的使用，该命令可快速制作火焰特效。

案例172
创建焰火：城市焰火动画

场景位置	Scene>CH17>Q4.mb
案例位置	Example>CH17>Q8.mb
视频位置	Media>CH17>8. 创建焰火：城市焰火动画.mp4
学习目标	学习如何制作焰火特效

（扫码观看视频）

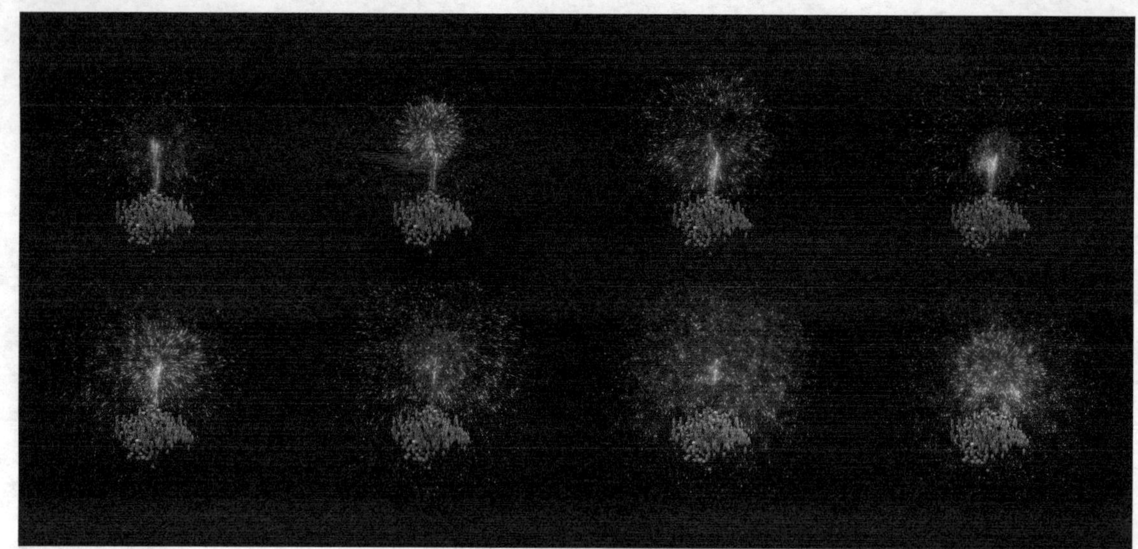
最终效果图

【操作思路】

对粒子城市焰火动画进行分析，城市上空布满五颜六色的焰火，执行【创建焰火】命令可快速制作焰火特效。

【操作命令】

本例的操作命令是【效果】>【创建焰火】命令，如图17-43所示。

图17-43

【操作步骤】

01 打开场景“Scene>CH17>Q4.mb”，如图17-44所示。

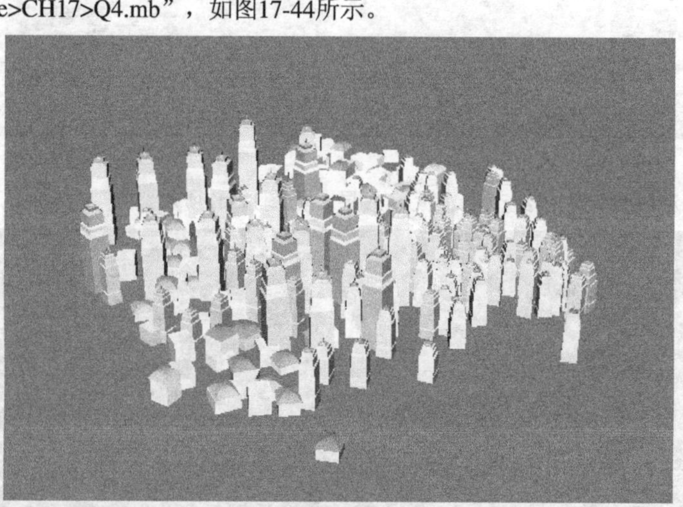
图17-44

02 执行【效果】>【创建焰火】命令，此时建筑群中会创建一个Fireworks焰火发射器，如图17-45所示。播放动画，效果如图17-46所示。

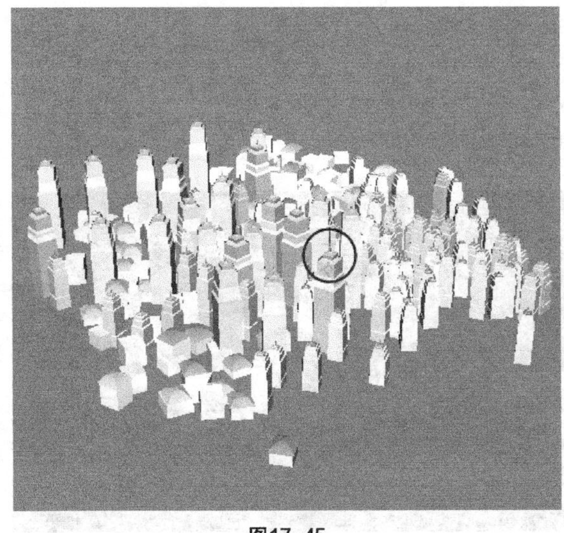

图17-45

图17-46

03 打开Fireworks焰火发射器的【属性编辑器】面板，在【附加属性】卷展栏下设置【最大爆炸速率】为80、【最小火花数】为200、【最大火花数】为400，如图17-47所示。

图17-47

04 播放动画，最终效果如图17-48所示。

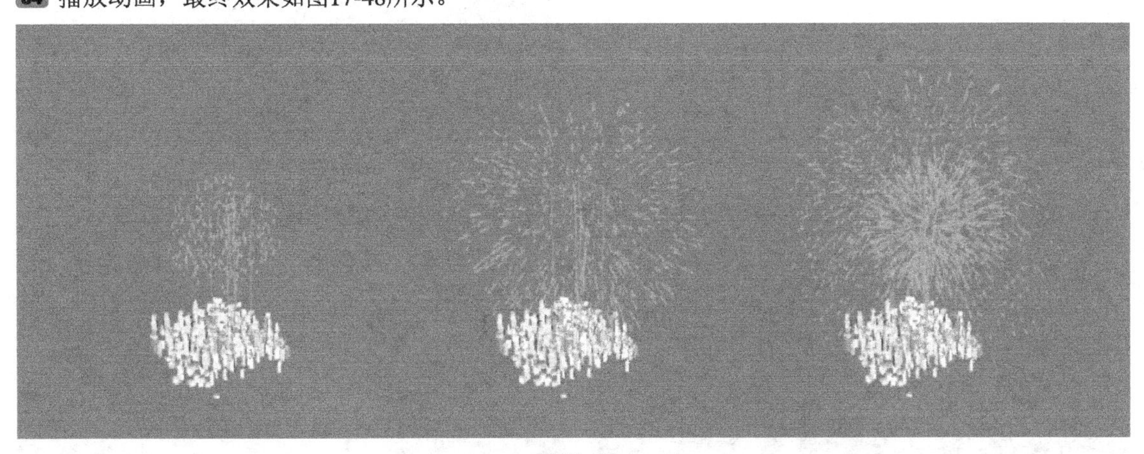

图17-48

【案例总结】

本案例是制作城市焰火动画，来掌握【创建焰火】命令的使用，该命令可快速制作焰火特效。

案例173 创建闪电：灯丝动画

场景位置	Scene>CH17>Q5.mb
案例位置	Example>CH17>Q9.mb
视频位置	Media>CH17>9. 创建闪电：灯丝动画 .mp4
学习目标	学习如何制作闪电特效

（扫码观看视频）

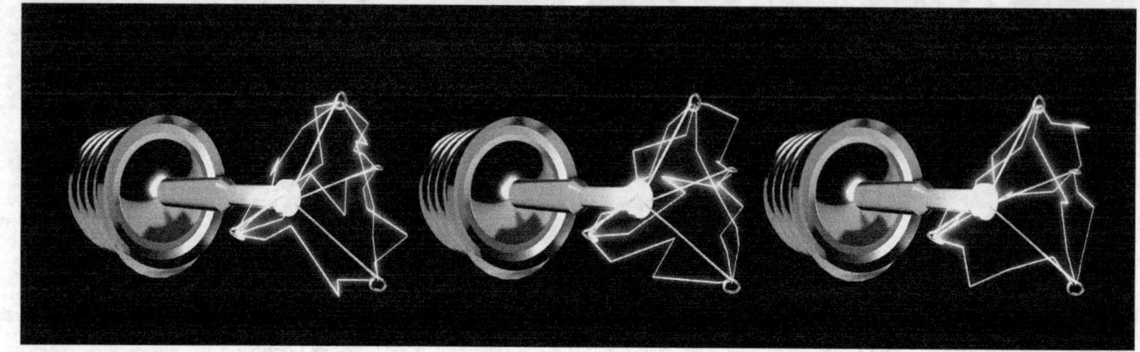

最终效果图

【操作思路】

对灯丝动画进行分析，电流经过灯丝发出亮光，执行【创建闪电】命令可快速制作电流效果。

【操作命令】

本例的操作命令是【效果】>【创建闪电】命令，如图17-49所示。

图17-49

【操作步骤】

01 打开场景“Scene>CH17>Q5.mb”，如图17-50所示。

02 选择如图17-51所示的两个小球，执行【效果】>【创建闪电】命令，效果如图17-52所示。

图17-50

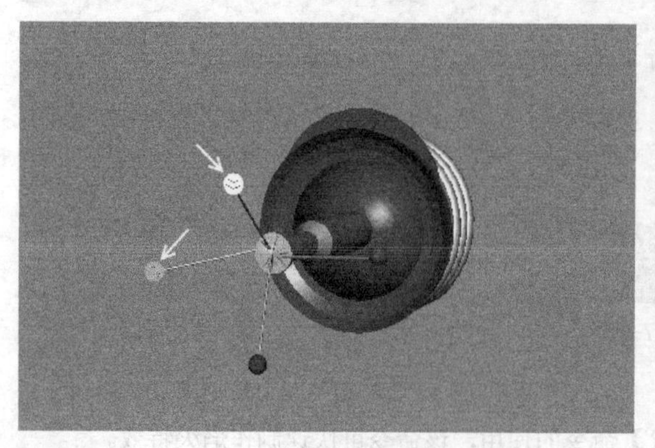

图17-51

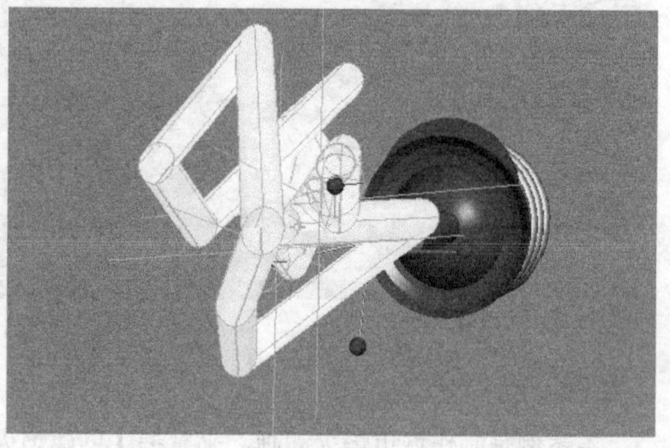

图17-52

03 打开闪电Lightning1的【属性编辑器】面板，在【附加属性】卷展栏下设置【厚度】为0.03、【最大扩散】为0.197、【闪电开始】为0.02、【闪电结束】为1、【辉光强度】为0.3、【灯光强度】为0.2、【颜色R】为0.645、【颜色G】为0.638、【颜色B】为0.5，具体参数设置如图17-53所示，效果如图17-54所示。

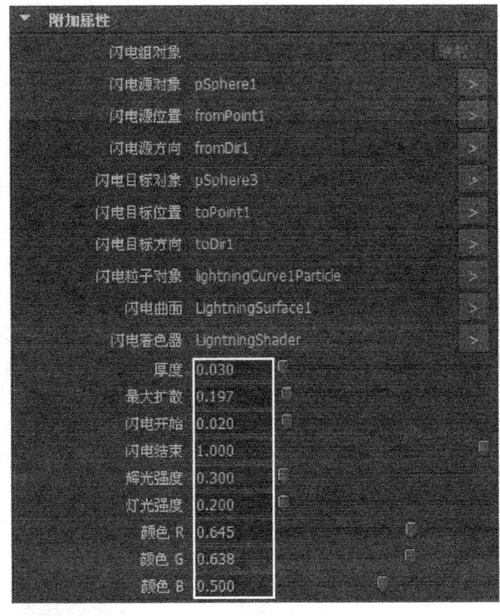

图17-53

图17-54

04 用相同的方法为其他几个小球也创建出闪电（闪电参数可参考步骤03），完成后的效果如图17-55所示。

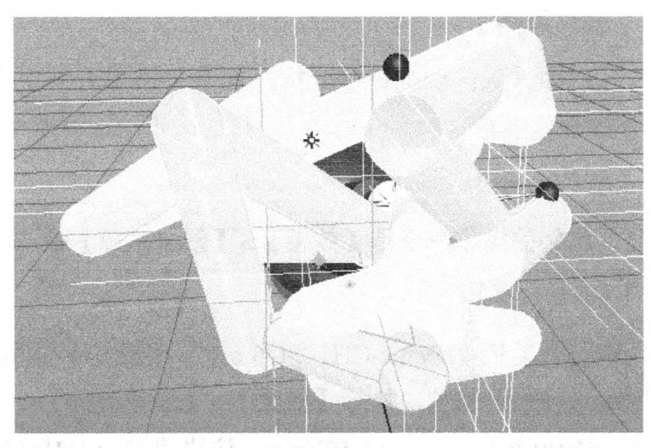

图17-55

05 选择动画效果最明显的帧，然后渲染出单帧图，最终效果如图17-56所示。

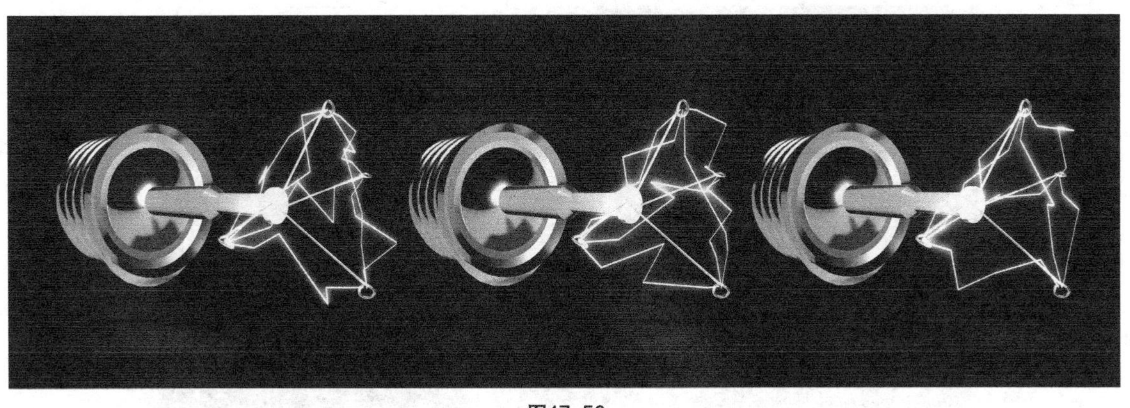

图17-56

【案例总结】

本案例是通过制作灯丝动画，来掌握【创建闪电】命令的使用，该命令可快速制作闪电特效。

案例174 创建破碎：面具破碎动画

场景位置	Scene>CH17>Q6.mb
案例位置	Example>CH17>Q10.mb
视频位置	Media>CH17>10. 创建破碎：面具破碎动画 .mp4
学习目标	学习如何制作破碎特效

（扫码观看视频）

最终效果图

【操作思路】

对面具破碎动画进行分析，面具分裂成若干块小碎片，执行【创建破碎】可快速制作碎片效果。

【操作命令】

本例的操作命令是【效果】>【创建破碎】命令，如图17-57所示。

图17-57

【操作步骤】

01 打开场景“Scene>CH17>Q6.mb”，如图17-58所示。

02 选择面具模型，执行【效果】>【创建破碎】命令，在【大纲视图】中选择Arch32_095_obj_009（这是原始模型），如图17-59所示，按快捷键Ctrl+H将其隐藏。

图17-58

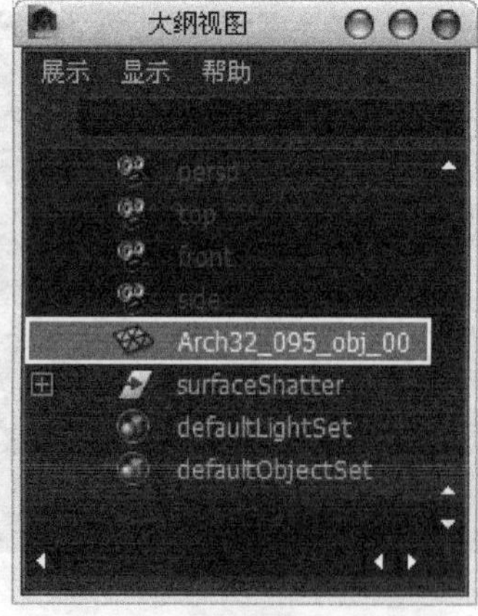

图17-59

03 将创建好的爆炸碎片拖曳到其他位置，以方便观察，最终效果如图17-60所示。

图17-60

【案例总结】

本案例是通过制作面具破碎动画，来掌握【创建破碎】命令的使用，该命令可快速制作破碎特效。

案例175 创建曲线流：章鱼触角粒子流动画

场景位置	Scene>CH17>Q7.mb
案例位置	Example>CH17>Q11.mb
视频位置	Media>CH17>11. 创建曲线流：章鱼触角粒子动画 .mp4
学习目标	学习如何制作曲线粒子流动画

（扫码观看视频）

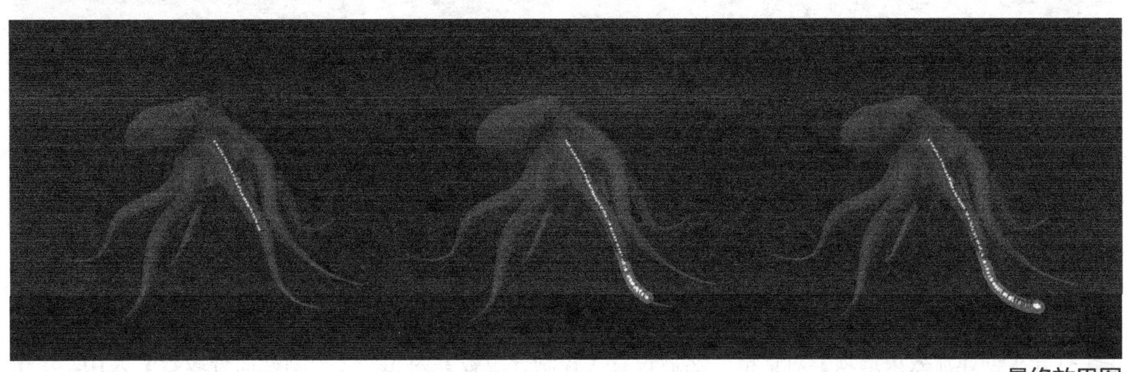

最终效果图

【操作思路】

对章鱼触角粒子动画进行分析，粒子沿章鱼触角移动。选择路径线执行【创建曲线流】命令，可制作曲线粒子流动画。

【操作命令】

本例的操作命令是【流体效果】>【创建曲线流】命令，如图17-62所示。单击命令后面的■设置按钮，将会弹出【创建流效果选项】对话框，如图17-62所示。

图17-61

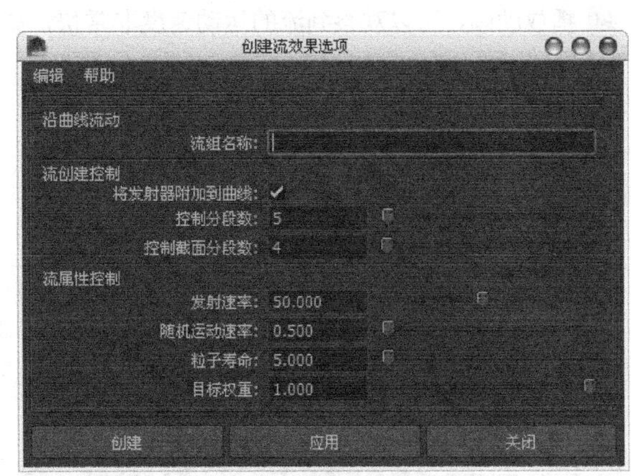

图17-62

创建流效果选项参数介绍

流组名称：设置曲线流的名称。

将发射器附加到曲线：如果启用该选项，【点】约束会使曲线流效果创建的发射器附加到曲线上的第1个流定位器（与曲线的第1个CV最接近的那个定位器）；如果禁用该选项，则可以将发射器移动到任意位置。

控制分段数：在可对粒子扩散和速度进行调整的流动路径上设定分段数。数值越大，对扩散和速度的操纵器控制越精细；数值越小，播放速度越快。

控制截面分段数：在分段之间设定分段数。数值越大，粒子可以更精确地跟随曲线；数值越小，播放速度越快。

发射速率：设定每单位时间发射粒子的速率。

随机运动速率：设定沿曲线移动时粒子的迂回程度。数值越大，粒子漫步程度越高；值为0，表示禁用漫步。

粒子寿命：设定从曲线的起点到终点每个发射粒子存在的秒数。值越高，粒子移动越慢。

目标权重：每个发射粒子沿路径移动时都跟随一个目标位置。【目标权重】设定粒子跟踪其目标的精确度。权重为1，表示粒子精确跟随其目标；值越小，跟随精确度越低。

【操作步骤】

01 打开场景“Scene>CH17>Q7.mb”，如图17-63所示。

02 在视图快捷栏中单击【X射线显示】按钮，这样可以观察到章鱼内部的对象，选择章鱼脚内部的曲线，如图17-64所示。

图17-63

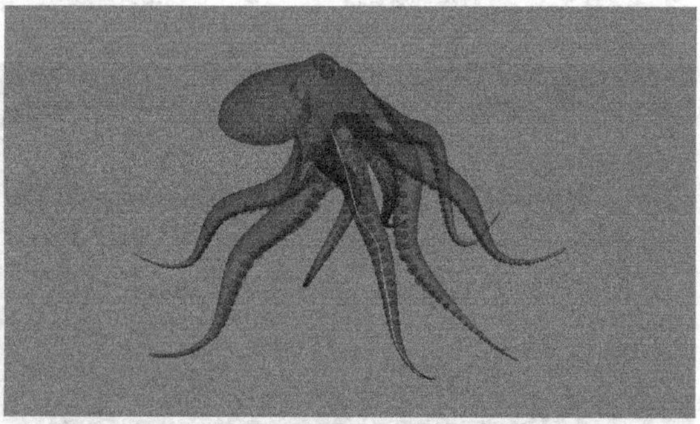

图17-64

03 打开【创建流效果选项】对话框，然后设置【控制分段数】为20、【控制截面分段数】为10，单击【创建】按钮，如图17-65所示。

04 播放动画，可以观察到流的运动速度非常快，如图17-66所示。

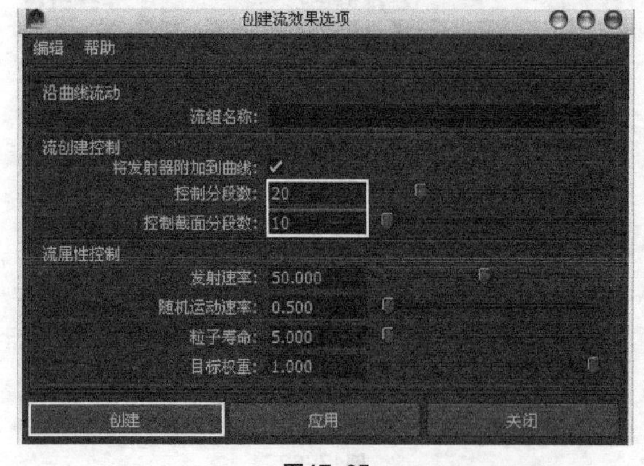

图17-65

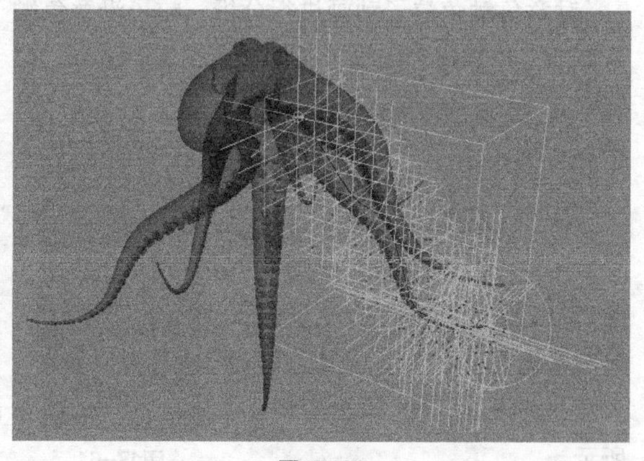

图17-66

05 打开Flow_particle流粒子的【属性编辑器】对话框，然后在Flow_particleShape选项卡下设置【粒子渲染类型】为【球体】，接着单击当前渲染类型【当前渲染类型】按钮，最后设置【半径】为0.05，如图17-67所示，效果如图17-68所示。

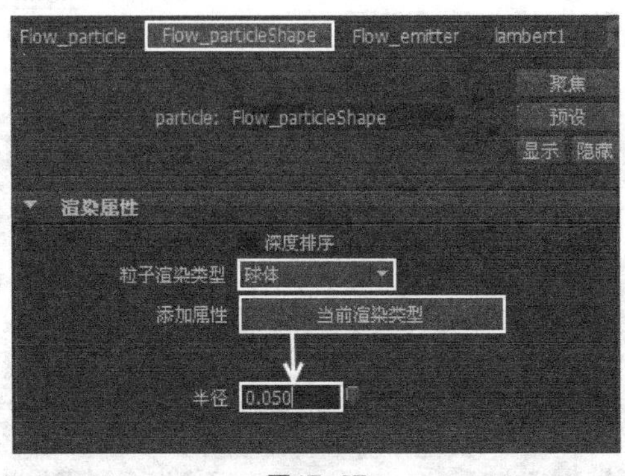

图17-67

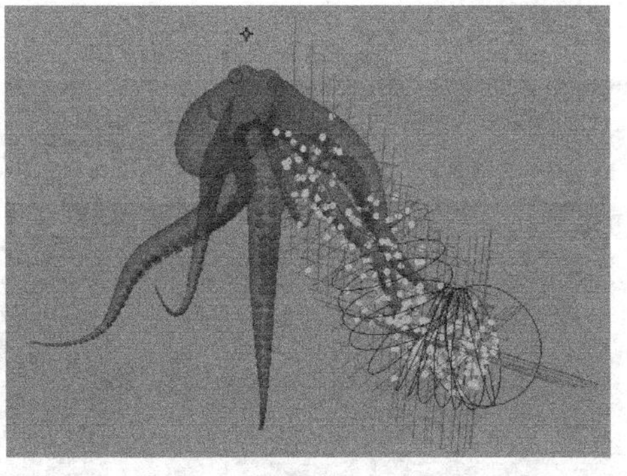

图17-68

06 在【大纲视图】中全选control_circle节点，如图17-69所示。然后在【通道盒】面板中设置Scale【缩放X】为0.024，如图17-70所示。

07 播放动画，可以观察到粒子流已经在章鱼脚的内部流动，效果如图17-71所示。

08 在【大纲视图】中选择Flow节点，然后打开其【属性编辑器】面板，接着在【附加属性】卷展栏下设置【随机运动速率】为0.7，如图17-72所示。

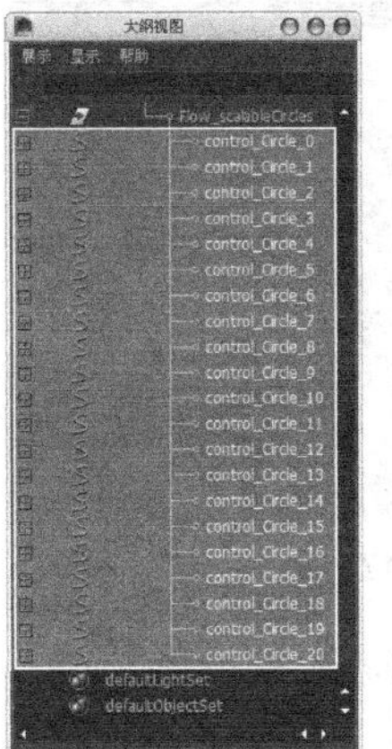

图17-69

control_Circle_20 . . .
缩放 X 0.024
形状
control_Circle_20Shape
control_Circle_20_pointConstr...
control_Circle_20_tangentCon...
节点状态 正常
Super Duplicated Curve 1...1

图17-70

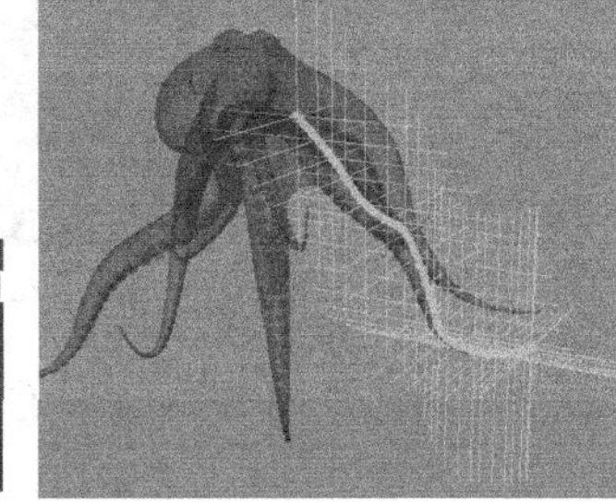

图17-71

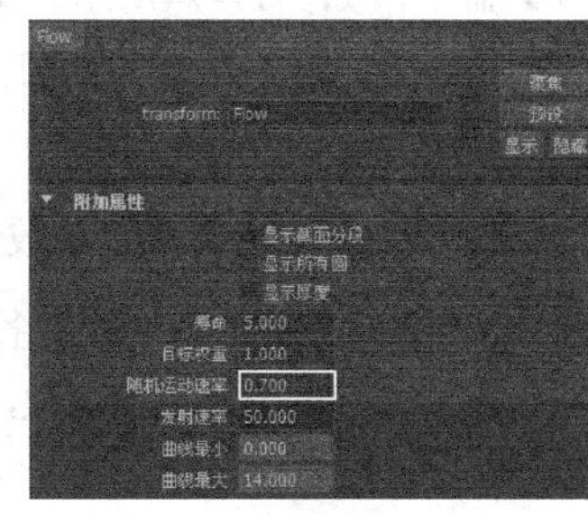

图17-72

09 播放动画，最终效果如图17-73所示。

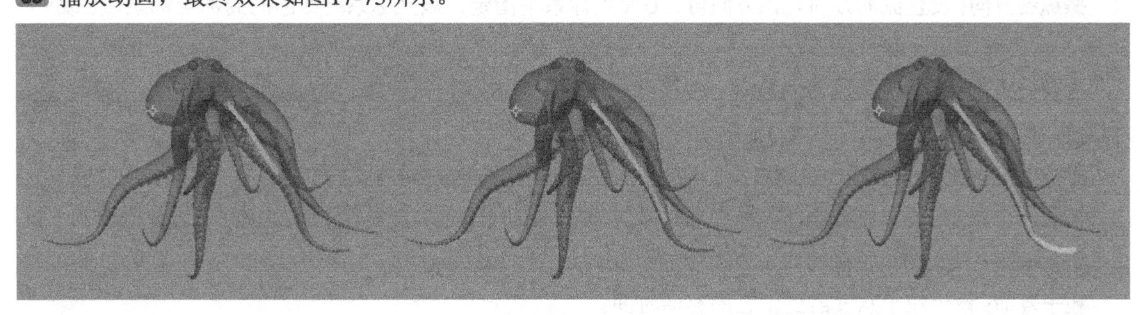

图17-73

【案例总结】

本案例是通过制作章鱼触角粒子流动画，来掌握【创建曲线流】命令的使用。该命令可以创建出粒子沿曲线流动的效果，流从曲线的第1个CV点开始发射，到曲线的最后一个CV点结束。

案例176 创建曲面流：拱门粒子流动画

场景位置	Scene>CH17>Q8.mb
案例位置	Example>CH17>Q12.mb
视频位置	Media>CH17>12. 创建曲面流 ：拱门粒子动画 .mp4
学习目标	学习如何制作曲面粒子流动画

（扫码观看视频）

最终效果图

【操作思路】

对拱门粒子动画进行分析，粒子沿曲面移动。选择曲面执行【创建曲面流】命令，可制作曲面粒子流动画。

【操作命令】

本例的操作命令是【流体效果】>【创建曲面流】命令，如图17-74所示。单击命令后面的▣设置按钮，将会弹出【创建曲面流效果选项】的对话框，如图17-75所示。

图17-74

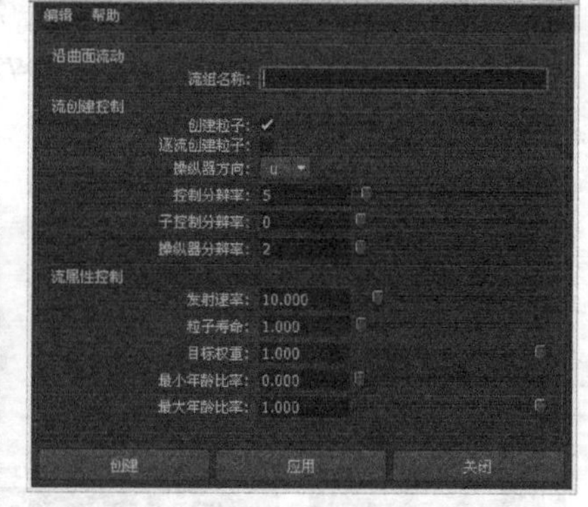

图17-75

创建曲面流效果选项参数介绍

流组名称：设置曲面流的名称。

创建粒子：如果启用该选项，则会为选定曲面上的流创建粒子；如果禁用该选项，则不会创建粒子。

逐流创建粒子：如果选择了多个曲面并希望为每个选定曲面创建单独的流，可以启用该选项。禁用该选项，可在所有选定曲面中创建一个流。

操纵器方向：设置流的方向。该方向可在U/V坐标系中指定，该坐标系是曲面的局部坐标系，U或V是正向，而-U或-V是反向。

控制分辨率：设置流操纵器的数量。使用流操纵器可以控制粒子速率、与曲面的距离及指定区域的其他设置。

子控制分辨率：设置每个流操纵器之间的子操纵器数量。子操纵器控制粒子流，但不能直接操纵它们。

控制器分辨率：设定控制器的分辨率。数值越大，粒子流动与表面匹配得越精确，表面曲率变化也越多。

发射速率：设定在单位时间内发射粒子的数量。

粒子寿命：设定粒子从发射到消亡的存活时间。

目标权重：设定粒子跟踪其目标的精确度。

设定流控制器对粒子的吸引程度：数值越大，控制器对粒子的吸引力就越大。

最小/最大年龄比率：设置粒子在流中的生命周期。

【操作步骤】

01 打开场景“Scene>CH17>Q8.mb”，如图17-76所示。

02 选择曲面模型，然后打开【创建曲面流效果选项】对话框，接着设置【操纵器方向】为-V、【子控制分辨率】为2，最后单击创建【创建】按钮，如图17-77所示。

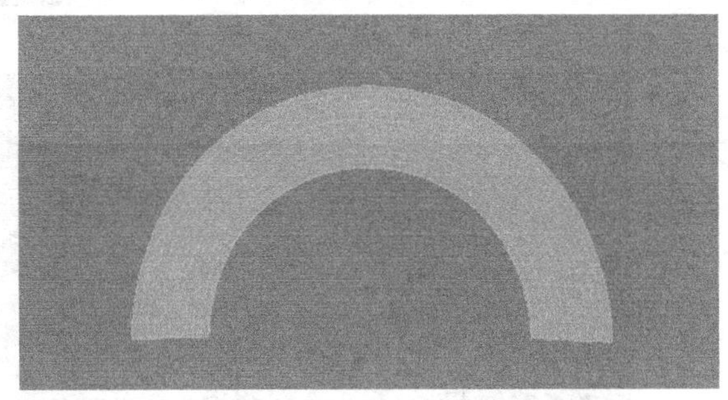

图17-76

图17-77

03 播放动画，观察粒子的流动效果，如图17-78所示。

04 在【大纲视图】中选择SurfaceFlow1节点，然后打开其【属性编辑器】面板，在【附加属性】卷展栏下设置【发射器速率】为100、V Location 1（V定位1）为0.835、V Location 2（V定位2）为0.669、V Location 3（V定位3）为0.256，如图17-79所示。

05 在【大纲视图】中选择particle1节点，打开其【属性编辑器】面板，在particleShape1选项卡下设置【粒子渲染类型】为【球体】，单击当前渲染类型【当前渲染类型】按钮，设置【半径】为0.2，如图17-80所示。

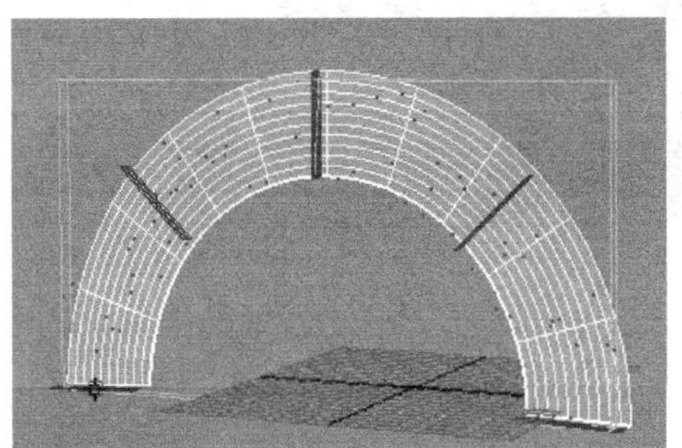

图17-78

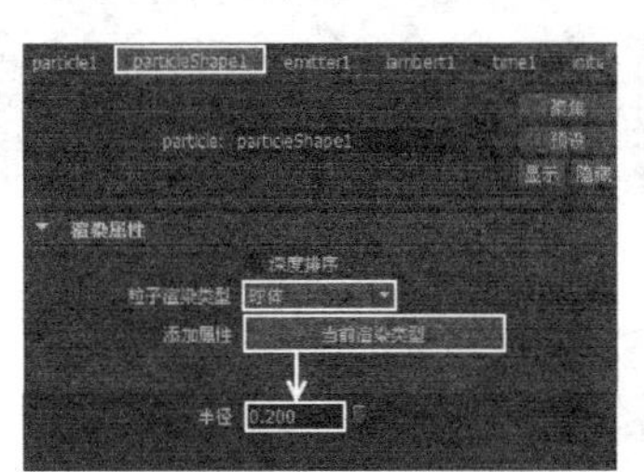

图17-79

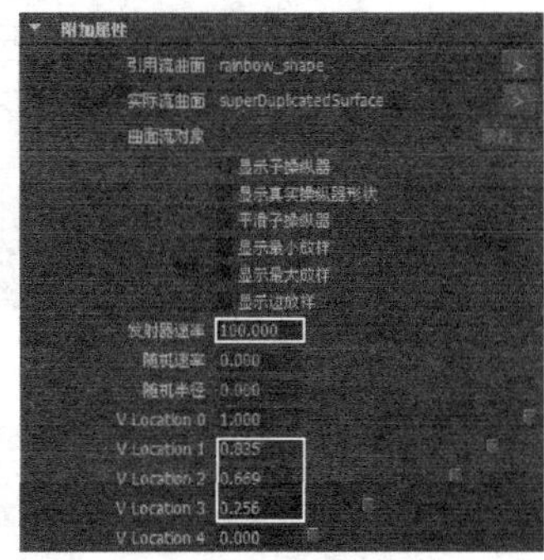

图17-80

06 播放动画，最终效果如图17-81所示。

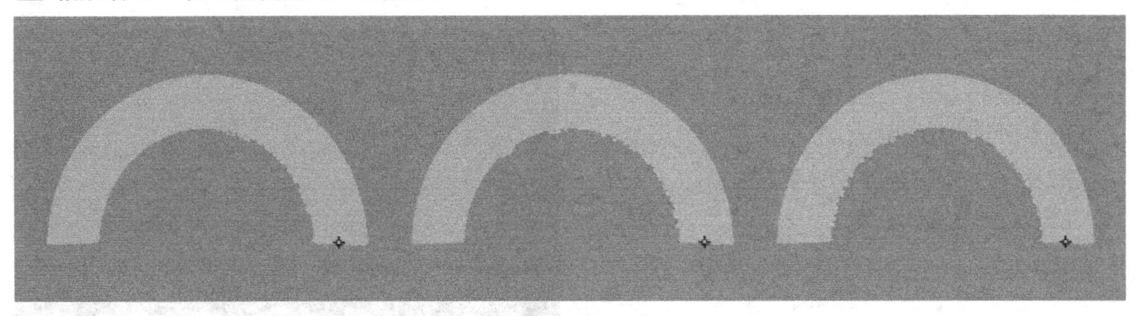

图17-81

【案例总结】

本案例是通过制作拱门粒子流动画，来掌握【创建曲面流】命令的使用，该命令可以创建出粒子沿曲面流动的效果。

练习 029 制作瀑布

场景位置	Scene>CH17>Q9.mb
案例位置	Example>CH17>Q13.mb
视频位置	Media>CH17>13. 制作瀑布 .mp4
技术需求	使用【创建粒子】、【创建 3D 容器】、【使碰撞】、【重力】命令来制作

（扫码观看视频）

效果图如图17-82所示。

【制作提示】

第1步：创建粒子，并模拟自由下落。

第2步：用粒子发射流体。

第3步：调整流体参数。

步骤如图17-83所示。

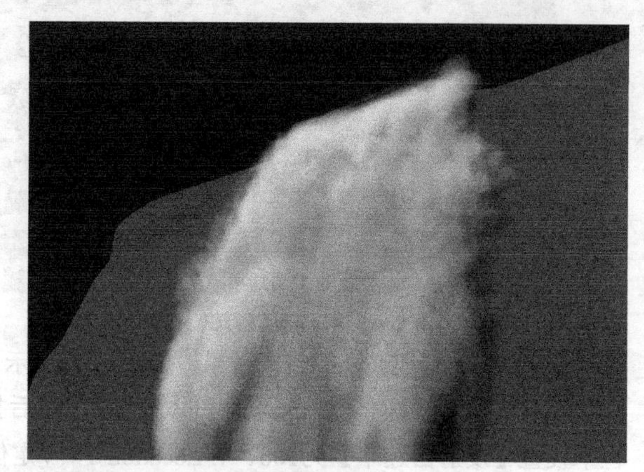

图17-82

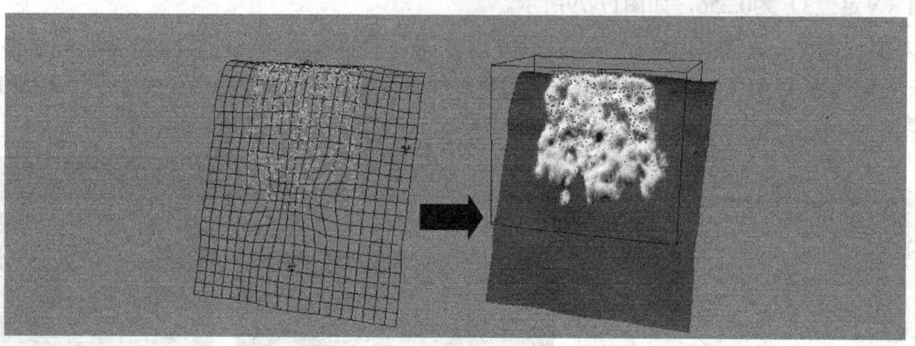

图17-83

练习 030 制作浓烟

场景位置	无
案例位置	Example>CH17>Q14.mb
视频位置	Media>CH17>14. 制作浓烟 .mp4
技术需求	使用【创建 3D 容器】制作效果

（扫码观看视频）

效果图如图17-84所示。

【制作提示】

第1步：创建3D容器。

第2步：为容器添加一个体积发射器。

第3步：调整流体参数。

图17-84